北京理工大学"双一流"建设精品出版工程

Organometallic Chemistry and Catalysis
金属有机化学与催化

李晓芳 ◎ 编著

北京理工大学出版社
BEIJING INSTITUTE OF TECHNOLOGY PRESS

内 容 提 要

本书详细介绍了金属有机化学的基本概念、理论知识及金属配合物的合成、结构、性能和应用。全书共分为6章，主要包括金属有机化学的发展史及金属有机化合物基本理论；金属有机化学基元反应及实例分析；过渡金属有机配合物催化剂的合成及非均相催化剂在炔烃聚合方面的发展与应用；烯烃复分解反应；金属催化的羰基化反应，C—H键活化，偶联反应，不对称氢化和点击化学等。本书特色：详细描述了金属有机化学的基本理论，注重知识的更新及规律性的总结，内容充实丰富，题材新颖，结构合理，系统性强，注重反映学科发展前沿的成就，并附有大量的参考文献。

本书可作为高等院校有机化学、应用化学等专业的研究生及本科高年级学生教学用书。同时也可以成为化学、化工有关科技人员的参考资料。

版权专有 侵权必究

图书在版编目（CIP）数据

金属有机化学与催化 / 李晓芳编著. -- 北京：北京理工大学出版社，2019.12
ISBN 978-7-5682-8035-8

Ⅰ. ①金… Ⅱ. ①李… Ⅲ. ①金属有机化学 – 催化反应 Ⅳ. ①O62

中国版本图书馆 CIP 数据核字（2019）第 286872 号

出版发行 / 北京理工大学出版社有限责任公司
社　　址 / 北京市海淀区中关村南大街 5 号
邮　　编 / 100081
电　　话 /（010）68914775（总编室）
　　　　　（010）82562903（教材售后服务热线）
　　　　　（010）68944723（其他图书服务热线）
网　　址 / http：//www.bitpress.com.cn
经　　销 / 全国各地新华书店
印　　刷 / 保定市中画美凯印刷有限公司
开　　本 / 787 毫米 × 1092 毫米　1/16
印　　张 / 35.25　　　　　　　　　　　　　责任编辑 / 刘兴春
字　　数 / 828 千字　　　　　　　　　　　　文案编辑 / 刘兴春
版　　次 / 2019 年 12 月第 1 版　2019 年 12 月第 1 次印刷　责任校对 / 周瑞红
定　　价 / 118.00 元　　　　　　　　　　　　责任印制 / 李志强

图书出现印装质量问题，请拨打售后服务热线，本社负责调换

前言

金属有机化学是有机化学与无机化学交叉出来的一门分支学科，它与材料科学、生命科学、环境科学及能源科学等研究领域相互渗透、相互交叉，从而形成了诸如材料金属有机化学、生物金属有机化学及金属有机催化等专门的研究领域。

众所周知，通过金属与碳原子直接相连成键而形成的有机化合物称为金属有机化合物，而金属有机化学是专门研究这类化合物的反应、合成、表征、性能及应用的一门学科。金属有机化学和有机金属化学是同一概念的不同说法，金属有机化学是一门既有趣又有用，既古老又新兴的学科。有趣主要在于其既具有多样性又具有意外性；有用主要在于该门学科可以解决有机合成中一些无法实现的反应；古老主要在于第一例主族金属有机化合物四甲基二胂于1760年已合成出来，随后锌、汞、铝、硅、镁等主族金属有机化合物相继出现，并且得到迅速发展；新兴主要是对于过渡金属及稀土金属有机化学而言，虽然在1827年第一例过渡金属有机化合物Zeise盐已经合成出来，但是随后没有继续研究和发展，使其停滞了很长时间，随着20世纪50年代人们意外发现二茂铁，过渡金属有机化学开始了蓬勃的发展。近年来金属有机化学的发展主要在两个方面：一个是主族金属和d区过渡金属有机化学的发展，另一个是稀土金属有机化学的发展。纵观金属有机化学近年来的发展及相关书籍的缺乏，我们通过对相关文献及书籍的整理、归纳及总结，比较全面地编写了一本反映现状的金属有机化学新教材。

本书主要介绍了金属有机化学的基本理论、基元反应、主族金属有机化合物、烯烃聚合、炔烃聚合、烯烃复分解反应及金属有机化学方法学等几个方面知识。第1章主要介绍了金属有机化学的发展历史、研究对象和相关内容，金属有机化合物的基本理论包括定义、命名及分类。第2章主要介绍了金属有机化学的五大基本反应（基元反应）及相关实例的分析。第3章通过Ziegler-Natta催化剂、茂金属催化剂及非茂金属催化剂等烯烃金属催化剂的基本概念和发展史详细介绍了烯烃聚合的发展。第4章主要介绍了过渡金属有机配合物催化剂的合成及非均相催化剂在炔烃聚合方面的发展与应用。第5章主要介绍了烯烃的复分解反应，该反应能够将呈化学惰性的碳碳双键与双键或三键之间进行彼此偶联，这种方法极大地拓展了人们构造有机分子中C—C骨架的手段。第6章主要介绍了金属催化的羰基化反应，C—H键活化，偶联反应，不对称氢化和点击化学。通过上述论述有利于反映它们的共性及特性，进而有利于我们了解、学习及掌握相关内容。

本书在编写过程中广泛阅读和参考了国内外有关书籍、论文及研究成果，通过整体的归纳、总结、筛选和整理，使得这本书更具系统性、实用性和先进性。比如书中的从主族金属到过渡金属再到稀土金属，从烯烃到炔烃再到其应用，整体连贯叙述性强，并且引用了部分原始的论文、评论及专著，使学生开阔视野以便于深入地学习。这些参考在书中均有标注，在此向上述有关作者表示衷心的感谢。

本书在编写过程中得到了北京理工大学出版社刘兴春编辑给予的关心、支持和帮助，感谢他们对本书的顺利出版所做的大量工作。

参与本书编写的有章力、闫向前、曹清彬、宋闯、陈聚朋、刘豪、徐欢、武晓林、付之杰等，感谢他们为本书编写所做出的贡献，全书由李晓芳统稿和定稿。

由于金属有机化学发展得十分迅速，而且内容丰富多样，加上作者水平有限，书中难免会有一些漏洞和疏忽之处，敬请批评指正。

李晓芳
2019 年 10 月

目 录
CONTENTS

第1章 绪论 ··· 001
  1.1 金属有机化合物概述 ··· 001
    1.1.1 金属有机化合物的定义 ·· 001
    1.1.2 金属—碳键的分类 ·· 002
    1.1.3 金属有机化合物的发展史 ··· 002
    1.1.4 金属有机化合物的分类 ·· 004
  1.2 金属有机配合物基本理论 ·· 005
    1.2.1 有机配体的齿合度 ·· 005
    1.2.2 配体的类型与电子数 ·· 005
    1.2.3 中心金属的氧化态 ·· 007
    1.2.4 中心金属的d电子数、配位数及几何构型 ·· 007
    1.2.5 中心金属18电子规则 ··· 009
  1.3 原子结构与轨道 ·· 011
    1.3.1 波函数 φ ··· 011
    1.3.2 四个主量子数 ··· 011
  1.4 晶体场理论 ··· 013
    1.4.1 晶体场中d轨道能级的分裂 ·· 013
    1.4.2 晶体场理论解释配合物的稳定性、磁性 ··· 015
  1.5 分子轨道理论 ·· 017
    1.5.1 分子轨道的形成 ··· 017
    1.5.2 常见配体的分子轨道能级和结构 ·· 019
    1.5.3 过渡金属配合物的分子轨道 ··· 020
  参考文献 ·· 024

第2章 金属有机化合物的基元反应 ·· 026
  2.1 配体的配位与解离 ·· 026
    2.2.1 配体配位与解离的机理 ·· 026

2.2.2 影响配体配位与解离的因素 ·· 027
  2.2.3 叔膦配体 ·· 027
 2.2 氧化加成与还原消除 ·· 029
  2.2.1 氧化加成 ·· 029
  2.2.2 还原消除 ·· 034
 2.3 插入和去插入反应 ·· 036
  2.3.1 插入反应 ·· 036
  2.3.2 去插入反应 ··· 038
 2.4 配体受到亲核试剂的进攻（配体官能团化） ································ 039
  2.4.1 配位在过渡金属有机配合物上的不饱和烃的官能团化 ············ 039
  2.4.2 配位在过渡金属有机配合物上 CO 的官能团化 ····················· 040
  2.4.3 配位在过渡金属有机配合物上芳烃的官能团化 ····················· 041
 2.5 转金属化反应 ··· 041
 2.6 基元反应实例与分析 ·· 042
  2.6.1 氢甲酰化反应 ·· 042
  2.6.2 甲醇羰基化反应 ··· 043
  2.6.3 Reppe 羰基化反应 ··· 044
  2.6.4 烯烃的氢氰化反应 ··· 044
  2.6.5 烯烃双键异构化 ··· 045
  2.6.6 芳烃的胺化反应 ··· 046
 参考文献 ··· 047

第 3 章　烯烃聚合 ·· 049
 3.1 金属有机化学基本知识 ··· 049
  3.1.1 烯烃配位聚合的机理及特点 ·· 049
  3.1.2 聚合物结构表征 ··· 051
  3.1.3 适用于配位聚合的单体和聚合物结构 ·································· 055
  3.1.4 烯烃聚合催化剂 ··· 060
 3.2 Ziegler–Natta 催化剂 ·· 061
  3.2.1 Ziegler–Natta 催化剂的发现 ·· 062
  3.2.2 Ziegler–Natta 催化剂的定义及组成 ·································· 064
  3.2.3 载体 ··· 066
  3.2.4 Ziegler–Natta 催化剂的给电子体 ····································· 071
  3.2.5 Ziegler–Natta 催化剂的配位聚合机理 ······························· 074
  3.2.6 Ziegler–Natta 催化剂的发展 ·· 076
 3.3 茂金属催化剂 ··· 078
  3.3.1 茂金属催化剂的发现与特性 ·· 079
  3.3.2 助催化剂 ·· 080
  3.3.3 茂过渡金属配合物 ··· 081
  3.3.4 茂稀土金属配合物 ··· 101

3.4 非茂金属催化剂 ··· 113
3.4.1 概述 ··· 113
3.4.2 非茂过渡金属催化剂 ··· 114
3.4.3 非茂稀土金属催化剂 ··· 155
参考文献 ··· 177

第4章 炔烃聚合 ··· 228
4.1 炔烃聚合概述 ··· 228
4.1.1 炔烃聚合简介 ··· 229
4.1.2 炔烃聚合的分类 ··· 229
4.1.3 炔烃聚合的方式 ··· 230
4.1.4 炔烃聚合的发展方向 ··· 232
4.2 端炔及二取代炔烃的聚合 ··· 233
4.2.1 催化剂体系发展 ··· 233
4.2.2 单取代炔烃聚合 ··· 235
4.2.3 二取代炔烃聚合 ··· 250
4.2.4 活性聚合体系 ··· 252
4.2.5 单体结构对聚合的影响 ··· 255
4.2.6 聚合物后修饰 ··· 257
4.2.7 手性响应螺旋聚合物 ··· 258
4.3 二炔基单体的聚合 ··· 265
4.3.1 二炔基单体的分类 ··· 265
4.3.2 二炔基单体聚合方式 ··· 265
4.3.3 二炔烃线性聚合 ··· 265
4.3.4 二炔烃的非线性聚合 ··· 274
4.4 三炔基单体聚合 ··· 278
4.4.1 三炔基单体聚合方式 ··· 278
4.4.2 偶联反应聚合 ··· 278
4.4.3 点击反应聚合 ··· 279
4.4.4 聚合物后修饰 ··· 281
4.5 聚合物结构分析 ··· 282
4.5.1 线性聚合物的区域结构 ··· 283
4.5.2 线性聚合物的立体结构 ··· 284
4.5.3 线性聚合物的形态结构 ··· 290
4.5.4 超支化聚合物的1,2,4-和1,3,5-三取代结构 ··· 294
4.5.5 超支化聚合物的1,4-和1,5-二取代结构 ··· 297
4.5.6 超支化聚合物的支化程度 ··· 301
4.5.7 超支化聚合物的结构调配 ··· 303
参考文献 ··· 306

第5章 烯烃复分解反应 ... 328
5.1 引言 ... 328
5.2 金属卡宾 ... 330
5.2.1 回顾文章、重点和评论 ... 330
5.2.2 烯烃复分解反应 ... 333
5.2.3 按金属分类的单个卡宾配合物 ... 353
参考文献 ... 389

第6章 金属有机化合物在有机反应中的应用 ... 397
6.1 金属有机发展历程 ... 397
6.2 羰基化反应 ... 399
6.2.1 铑催化的加氢甲酰化反应 ... 400
6.2.2 铱催化烯烃的加氢甲酰化反应 ... 402
6.2.3 钌催化的加氢甲酰化反应 ... 402
6.2.4 钯催化的加氢甲酰化反应 ... 404
6.2.5 铁催化的氨基羰基化反应 ... 406
6.3 C—H 键活化 ... 408
6.3.1 金属钪参与的 C—H 活化 ... 408
6.3.2 金属钛参与的 C—H 活化 ... 414
6.3.3 金属钒参与的 C—H 活化 ... 416
6.3.4 金属铬参与的 C—H 活化 ... 420
6.3.5 金属锰参与的 C—H 活化 ... 423
6.3.6 金属铁参与的 C—H 活化 ... 432
6.3.7 金属钴参与的 C—H 活化 ... 438
6.3.8 金属镍参与的 C—H 活化 ... 444
6.3.9 金属铜参与的 C—H 活化 ... 453
6.3.10 金属锌参与的 C—H 活化 ... 466
6.4 偶联反应 ... 468
6.4.1 Heck 偶联反应 ... 469
6.4.2 Sonogashira 偶联反应 ... 470
6.4.3 Kumada 偶联反应 ... 472
6.4.4 Negishi 偶联反应 ... 474
6.4.5 Stille 偶联反应 ... 476
6.4.6 Suzuki 偶联反应 ... 478
6.4.7 Hiyama 偶联反应 ... 480
6.4.8 Buchwald–Hartwig 偶联反应 ... 481
6.5 不对称氢化及其相关反应 ... 483
6.5.1 烯烃类化合物的不对称氢化反应 ... 484
6.5.2 炔烃类化合物的不对称氢化反应 ... 485
6.5.3 酮类衍生物的不对称氢化反应 ... 485

6.5.4	羧酸衍生物的不对称氢化反应	487
6.5.5	喹啉衍生物的不对称氢化反应	487
6.5.6	异喹啉衍生物的不对称氢化反应	493
6.5.7	喹喔啉衍生物的不对称氢化反应	494
6.5.8	吡啶衍生物的不对称氢化反应	496
6.5.9	吲哚衍生物的不对称氢化反应	499
6.5.10	吡咯衍生物的不对称氢化反应	502
6.5.11	咪唑的不对称氢化反应	505
6.5.12	噁唑的不对称氢化反应	505
6.5.13	呋喃衍生物的不对称氢化反应	506
6.6	点击化学	508
6.6.1	金属铜催化的点击反应	509
6.6.2	金属钌催化的点击反应	514
6.6.3	金属银催化的点击反应	515
6.6.4	金属金催化的点击反应	517
6.6.5	金属铱催化的点击反应	519
6.6.6	金属镍催化的点击反应	519
6.6.7	金属锌催化的点击反应	520
6.6.8	稀土金属催化的点击反应	521
参考文献		521

第1章 绪　　论

金属有机化合物的反应主要包括中心金属上的反应、配体上的反应以及金属—碳键之间发生的反应。鉴于金属原子、配体以及金属—碳键的多样性，金属有机化合物所发生的反应不仅多种多样，而且新颖独特，其中包括很多以前无法想象的反应（如 CO 和 H_2 直接反应生成 CH_3OH 等）。

在有机化学的发展过程中，金属有机化合物越来越多地参与到有机反应中，因此，也产生了许多高效的金属有机化合物催化的新反应。2005年的诺贝尔化学奖是关于过渡金属催化的烯烃复分解反应，2010年的诺贝尔化学奖是关于过渡金属催化的偶联反应。本章将主要向读者介绍金属有机物的基本理论和近些年的发展，希望从中能够反映出金属有机化学的重要性，不仅在于它对基础理论研究的科学意义，也在于它对推动人类社会、经济的发展以及日常生活所起到的积极作用。

1.1　金属有机化合物概述

1.1.1　金属有机化合物的定义

根据 Pauling 的计算所得元素电负性之值，如下所示。

H 2.2																
Li 1.0	Be 1.6										B 2.0	C 2.5	N 3.0	O 3.4	F 4.0	
Na 0.9	Mg 1.3										Al 1.6	Si 1.9	P 2.2	S 2.6	Cl 3.1	
K 0.8	Ca 1.0	Sc 1.3	Ti 1.5	V 1.6	Cr 1.6	Mn 1.6	Fe 1.8	Co 1.8	Ni 1.9	Cu 1.9	Zn 1.7	Ga 1.8	Ge 2.0	As 2.2	Se 2.6	Br 2.9
Rb 0.8	Sr 1.0	Y 1.2	Zr 1.3	Nb 1.8	Mo 2.1	Tc 1.9	Ru 2.2	Rh 2.3	Pd 2.2	Ag 1.9	Cd 1.7	In 1.8	Sn 1.8	Sb 2.0	Te 2.1	I 2.6
Cs 0.8	Ba 0.9	La 1.1	Hf 1.3	Ta 1.5	W 2.3	Re 1.9	Os 2.2	Ir 2.2	Pt 2.3	Au 2.5	Hg 2.0	Tl 1.6	Pb 1.9	Bi 2.0	Po 2.0	At 2.2

Lanthanoids：1.1—1.3
Actinoids：1.1—1.3

金属（M）用电负性 EN 来分，EN≤2.0 为金属，包括 B、Si、As；EN＞2.0 为非金属。金属有机化合物是指金属与有机基团之间至少含有一个金属—碳键的化合物。

①金属与碳间有氧、氮、硫原子相隔时，不管该金属化合物多么像有机化合物，都不能称为金属有机化合物，例如：ROM、RSM、Ti(OR)$_4$，如下分子式所示。

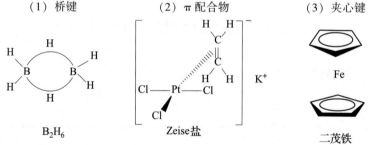

②有些化合物即使是具有金属—碳键的化合物，但显然属于无机化合物，而不算金属有机化合物。例如：金属的碳化物、氰化物、CaC$_2$、NaCN。

③金属氢化物显示出有机化合物的性质，属于金属有机化合物。

④含 B—C、Si—C、P—C、As—C 等键的有机化合物，在制法、性质和结构等方面与金属有机化合物类似，称为类金属有机化合物。

1.1.2 金属—碳键的分类

①经典键即共价键—金属与碳（氢）原子之间有直接的极性成键，$M^{\delta+}—C^{\delta-}$。虽然键的极性大小或强或弱，但并不包括离子键。如：烷基锌，Grignard 试剂，烷基过渡金属化合物，如 W(CH$_3$)$_6$，Cp$_2$Ti(CH$_3$)$_2$。

②非经典键包括桥键、π 配合物和夹心键。

(1) 桥键　　　　(2) π 配合物　　　　(3) 夹心键

B$_2$H$_6$　　　　Zeise 盐　　　　二茂铁

主族中缺电子化合物，如 Li、Be、Mg、B、Al 易形成桥键。

1.1.3 金属有机化合物的发展史

1760 年，巴黎的一家军方药房合成的胂类有机化合物被认为是金属有机化合物和元素有机化合物的起源。1827 年，W. C. Zeise 合成了第一个金属烯烃配合物 Zeise 盐[1,2]（分子式如下），这是标志着过渡金属有机化学发展起步的里程碑。

这是一个在空气中可以稳定存在的水合黄色配合物，可以在真空下加热脱水。1890 年，L. Mond 利用金属镍直接与 CO 反应，制备了第一个过渡金属羰基配合物——四羰基合镍[3]。

这个开拓性的工作标志着更多过渡金属羰基配合物的出现。19 世纪后期，此方法在工业上也被用于金属镍的纯化。随后，他的学生 F. A. V. Grignard 在此基础上发展了如下著名的 Grignard 反应。

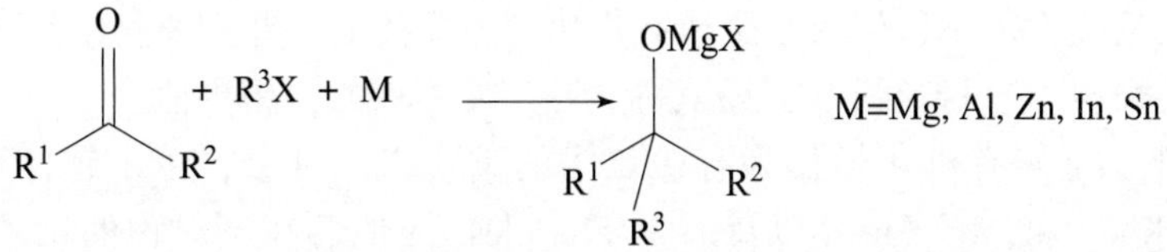

$$\underset{R^1}{\overset{O}{\underset{\|}{C}}}\underset{R^2}{} + R^3X + M \longrightarrow \underset{R^1}{\overset{OMgX}{\underset{|}{C}}}\underset{R^2}{\overset{}{\underset{R^3}{}}} \quad M=Mg, Al, Zn, In, Sn$$

1925 年，德国化学家 F. Fischer 和 H. Tropsch 开发了以钴为催化剂、以合成气（CO 和 H_2）为原料，在适当反应条件下合成以烷烃为主的液体燃料的 Fischer-Tropsch 合成法[4,5]。第二次世界大战后，金属有机化学得到飞速发展，二茂铁的发现以及 Ziegler-Natta 催化剂[6,7]在烯烃聚合中的应用标志着金属有机化学理论上的突破以及金属有机化合物在工业生产中产生的巨大影响，并兴起了新一波金属有机化学的研究热。许多具有重大理论研究意义以及实际应用价值的金属有机化合物，如 Vaska 配合物[8]、金属卡宾和卡拜配合物[9,10]、Wilkinson 催化剂[11]、双氮配合物[12]以及 f 区金属夹心配合物[13,14]等，均被合成并进行了认真的研究。1961 年，D. C. Hodgkin 利用 X 射线衍射证明了维生素 B_{12}（见图 1-1，详见第 14 页辅酶[15]中含有 Co—C 键）也属于金属有机化合物。

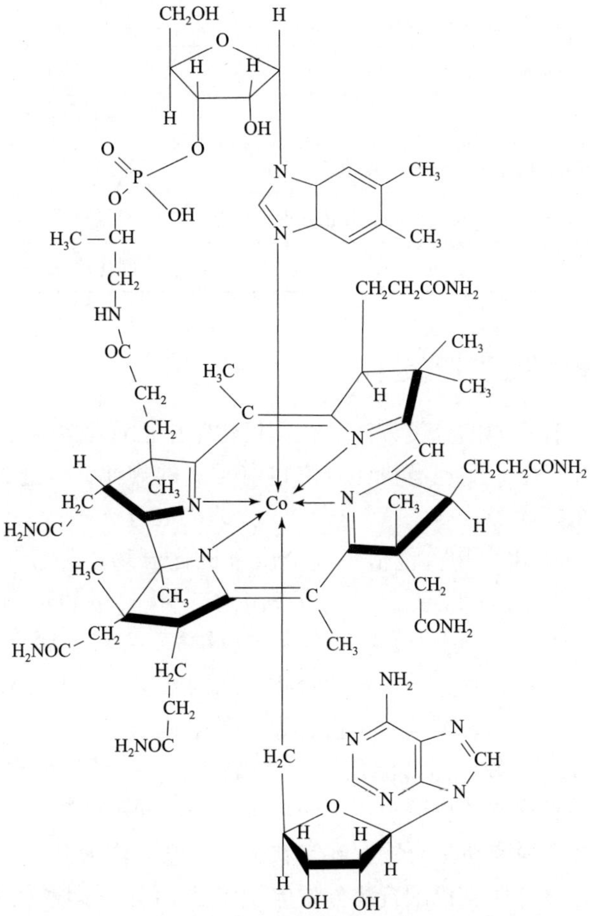

图 1-1　维生素 B_{12} 辅酶

1972 年，R. F. Heck 发现了在过渡金属催化下的芳香或苄基卤代物与烯烃的偶联反应，为后续过渡金属催化的碳碳键偶联反应开辟了新的研究方法[16-18]。随后，许多偶联反应，如 Sonogashira 偶联反应、Negishi 偶联反应、Stille 偶联反应、Suzuki 偶联反应等，以及金属有机化学理论的后续发展不仅解决了金属有机化学所关注的一些重要科学问题，也证明了金属有机化学在生命科学、材料科学、环境科学等交叉领域的应用价值。

21 世纪以来，金属有机化学作为有机化学的重要组成部分，越来越体现出其重要性。2001 年，W. S. Knowles、R. Noyori 以及 K. B. Sharpless 因他们在不对称催化领域的杰出成就而获得诺贝尔化学奖；2005 年，Y. Chauvin、R. H. Grubbs 以及 R. R. Schrock 因在烯烃复分解反应方面的杰出贡献而获得诺贝尔化学奖；2010 年，R. Heck、E-i. Negishi 以及 A. Suzuki 因在偶联反应中的杰出贡献而获得诺贝尔化学奖[19-25]。这些杰出贡献均与金属有机化学紧密相关（见表 1-1）。

表 1-1　金属有机化学所获得的诺贝尔化学奖

获奖年份	相关人物	所作贡献
1912 年	V. Grignard、Paul Sabatier	格氏试剂及催化氢化反应
1963 年	Ziegler、Natta	烯烃的聚合反应
1973 年	E. O. Fisher、G. Wilkinson	二茂铁等多层结构金属有机化合物
1976 年	W. N. Lipscomb	甲硼烷结构
1979 年	H. C. Brown、G. Witting	有机硼/磷试剂及其应用
2001 年	W. S. Knowles、R. Noyori、K. B. Sharpless	不对称催化有机反应
2005 年	Y. Chauvin、R. H. Grubbs、R. R. Schrock	烯烃复分解反应
2010 年	R. Heck、E-i. Negishi、A. Suzuki	钯催化交叉偶联反应

1.1.4　金属有机化合物的分类

由于出发点不同，有不同的分类方法。在无机化学中已详细阐述了元素周期律，同族元素及其无机化合物性质相似。金属有机化合物也有类似的规律，因此选择按周期表分类法，将金属有机化合物分为三大类。

(1) 非过渡金属有机化合物：包括主族金属有机化合物，类金属有机化合物和第 11、12 族金属有机化合物。它们的 d 层轨道中已填满电子，用 s、p 轨道中的电子与有机基团成键（有时第 11、12 族的 d 电子也可受激发而参与成键）。主族金属有机化合物与主族无机化合物遵循八隅律规则。当主族金属有机化合物金属的外层电子不足 8 个时，它们将自身缔合或与能提供电子的分子、离子配位，尽量达到八隅体。

(2) 过渡金属有机配合物：过渡金属除 s、p 轨道外，d 轨道的电子也参加成键。由于中心金属可以有不同的氧化态，也就出现了同一金属有不同配位数、不同价键状态的复杂情况。配位不饱和的过渡金属有机配合物存在空轨道，为它们作为催化剂和有机合成试剂提供了条件。通常稳定的过渡金属有机配合物外层电子应是 18 个，即遵循 18 电子规则。

(3) 稀土金属有机配合物：也是过渡金属有机配合物，其特点是 f 轨道电子参与成键。

相关的性质和反应会在后面的聚合反应部分和金属有机化合物催化反应部分具体介绍。

1.2 金属有机配合物基本理论

游离的金属原子或离子处于高度的配位不饱和状态容易与各种配体发生配位反应。在金属有机化合物中，配合物是指由中心金属（原子或离子）与配体（通常是带有孤对电子的分子、原子或离子）所形成的化合物。下面介绍中心金属和配体的基本理论。

1.2.1 有机配体的齿合度

不同的配体具有不同的齿合度（hapto number），或称为齿数。齿数是指配体中与金属原子或离子形成配位键的碳原子或杂原子的数目。常见的单齿配体，如 PPh_3、R 等，通常只与一个金属进行配位，有时也可以与两个金属发生桥联。

在由多个中心金属组成分子骨架的配位化合物中，一个配体同时和 n 个中心金属配位结合时，常在配体前加 μ_n-记号，如铁的羰基化合物 $Fe_3(CO)_{10}(\mu_2\text{-}CO)_2$，表示有 2 个 CO 分别同时和 2 个 Fe 原子结合成桥联结构，其余的 10 个 CO 都分别只与 1 个 Fe 原子结合。若一个配体有 n 个配位点与同一中心金属结合，则在配体前加 η^n-记号，如（$\eta^1\text{-}C_5H_5$）（$\eta^5\text{-}C_5H_5$），表示与 Be^{2+} 配位的有两种配体，其中一个环戊二烯负离子以一个碳负离子与 Be^{2+} 结合，另一个环戊二烯负离子以 5 个碳原子同时与 Be^{2+} 成键，其结构式如下：

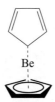

重要的过渡金属有机化合物二茂铁的系统命名为双（η^5-环戊二烯基）铁，就表明在此配合物中配体环戊二烯基是以 5 个碳原子的形式与亚铁离子配位的。

当配体以不饱和键的形式参与配位时，就需要在 η 的前面表示出参与成键的配位原子在配体结构中的具体位置。如，双（1,2,5,6-η 环辛四烯）镍和三羰基［1,4-η(1-苯基-6-对甲苯基-1,3,5-己三烯)］铁的结构式分别为：

1.2.2 配体的类型与电子数

由于金属有机化合物在有机合成、催化等许多方面具有重要的应用，发展极其迅速，种类极其繁多，所以配体有很多分类方法。从配体与中心金属的成键特征角度分类，可以将配体分为以下三类：

（1）σ-配体：配体大都为有机基团的阴离子，如烷基负离子。主族金属元素大多与 σ-配体形成稳定的配合物，而过渡金属虽然也能形成简单的烷基或芳基化合物，但稳定性比主族金属形成的化合物要差。

（2）π-配体：配体为不饱和烃，如烯烃、炔烃等，或具有离域π电子体系的环状化合物（大多为芳香化合物），如苯、环戊二烯负离子等。

（3）π-酸配体（或σ-π配体）：此类配体既是σ电子给予体，又是π接受体。配体一般为中性分子，如 CO、RNC（异腈）等，与中心金属形成反馈π键。

在金属有机化合物中，配体通常提供一定数量的电子到中心金属。根据配体所具有的这种可供配位的电子数的性质，就可以将配体分为"几"电子配体。以下为烯烃的两种配位方式：

炔烃可以是2电子配体，也可以是4电子配体：

在金属有机化合物中，环戊二烯可以以多种形式与金属形成配合物，其配位数也完全不同，可以有以下几种：

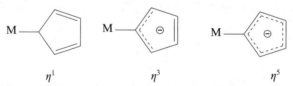

环辛四烯也存在多种配位方式。它可以以一根碳碳双键（η^2）、两根碳碳双键（η^4）、三根碳碳双键（η^6），以及四根碳碳双键（η^8）的方式形成配位。

表1-2和表1-3对常见的配体及其性质进行了总结。

表1-2 常见的配体

配体	表观电荷	配体电子数
阴离子配体：Cl^-、Br^-、I^-、^-CN、^-OR、H^-、R^-	-1	2
中性σ配体：PR_3、NR_3、ROR、RSR、CO、RCN、RNC	0	2

表1-3 常见配体的齿数、表观电荷及配位数

配体	齿数	表观电荷	配位数
芳基、σ-丙烯基	η^1	-1	1
烯烃	η^2	0	1
π-烯丙基正离子	η^3	+1	1
π-烯丙基负离子	η^3	-1	2

续表

配体	齿数	表观电荷	配位数
1,3-二烯	η^4	0	2
1,3-二烯负离子、环戊二烯负离子	η^5	-1	3
芳烃、三烯	η^6	0	3
1,3,5-三烯负离子、环庚三烯负离子	η^7	-1	4
环辛四烯	η^8	0	4
卡宾、氮宾	η^1	0	1

1.2.3 中心金属的氧化态

在过渡金属有机配合物 M—L 中，配体 L 以满壳层离开时，金属所保留的正电荷数，即中心金属在过渡金属有机配合物中的氧化态。例如 $(Ph_3P)_2RhCl$ 中氯满壳层是负一价，三苯基膦的磷是零价，所以铑应是正一价。中心金属所保留的价态如表 1-4 所示。

表 1-4 金属有机化合物中金属中心的价态

PhMgBr	MeLi	Me_2CuLi	$[Ir(PPh_3)_2CO]^+$	$[Mn(CO)_5]$
Mg: +2	Li: +1	Cu: +1; Li: +1	Ir: +1	Mn: 0

1.2.4 中心金属的 d 电子数、配位数及几何构型

金属有机化合物中，主族金属的氧化态与价层 s、p 轨道内的电子数紧密相关；而过渡金属的氧化态与价层 d 轨道的电子数相关。通常用 d^n 表示过渡金属在配合物中 d 轨道的电子数，d^n 又称为中心金属的价电子组态。

中心金属的配位数可以认为是金属原子与配体形成的配位键的数量。通常金属的配位数为 1~6，比如四（三苯基膦）钯 $Pd(PPh_3)_4$ 中金属钯的配位数为 4；烷基锂中金属锂的配位数为 1 等。但需要注意的是，有些情况下金属有机化合物容易发生多聚，例如 MeLi 无论是在固态还是在溶液中都以低聚态形式存在，最常见的是甲基锂的四聚体 Me_4Li_4，它属于 T_d 点群，可以看作扭曲的立方烷结构，此时金属锂的配位数就不再是 1 了。当烷基锂试剂中烷基的体积增大时，原子簇间的相互作用被空间位阻效应削弱，很难以聚集态形式存在。

1）价电子为 d^{10} 的过渡金属

Pt 的外层电子结构是 $5d^96s^1$。由于 5d 和 6s 轨道能量相近，在生成过渡金属有机配合物时，容易发生 d 到 s 的跃迁。在过渡金属有机化学中，人们更关注 d 电子，所以也把 Pt^0 称为 d^{10} 元素。同样，Ni^0、Pd^0、Pt^0、Cu^+、Ag^+、Au^+、Zn、Cd^{2+}、Hg^{2+} 等也都称为 d 元素。

具有这样价态的过渡金属有机合物，外层 5 个 d 轨道全充满，1 个 s 轨道和 3 个 p 轨道，采取 sp^3 杂化，中心金属的配位数为 4，所生成的配合物为四面体构型，如 $Pd(PPh_3)_4$ 的 4 个配体相同，具有正四面体构型。

2）价电子为 d^9 的过渡金属

Cu^{2+} 配合物中铜的一个 d 电子跃迁到 p 轨道上，因此中心金属离子采取 dsp^2 杂化，中心金属的配位数为 4，形成平面四边形构型。如 $[Cu(NH_3)_4]^{2+}$ 的 4 个配体相同，则为正方形。

3）价电子为 d^8 的过渡金属

Ni^{2+}、Pd^{2+}、Pt^{2+}、Rh^+、Ir^+ 等都形成 d 合物，中心金属离子采用 dsp^2 杂化，中心金属的配位数为 4，按平面四边形排布。

4）价电子为 d^7、d^6 的过渡金属

d^7、d^6 的中心金属，如 $[Co(CN)_6]^{4-}$ 中钴的 3d 轨道上一个电子被激发到能量更高的 5s 轨道上，采取 d^2sp^3 杂化，中心金属的配位数为 6，所生成的配合物为正八面体构型。

5）价电子为 d^5、d^4 的过渡金属

d^5、d^4 的中心金属，同样采取 d^2sp^3 杂化，中心金属的配位数为 6，所生成的配合物为八面体构型。

6）价电子为 d^2 的过渡金属

d^2 中心金属采取 d^4sp^3 杂化，中心金属的配位数为 8，所生成的配合物为十二面体构型。常见过渡金属有机配合物的立体构型，如表 1-5 所示。

表 1-5　常见过渡金属有机配合物的立体构型

配位数	构型	图形	实例
2	直线形	—M—	$(Me_3SiCH_2)_2Mn$
3	三角形		$Fe[N(SiMe_3)_2]_3$
	T 形	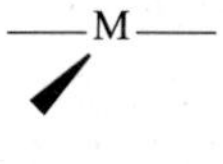	$Rh(PPh_3)^{3+}$
4	平行四边形	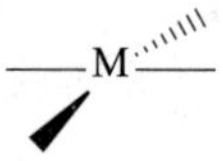	$RhCl(CO)(PPh_3)_2$
	四面体	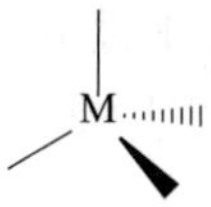	$Ni(CO)_4$
5	三角双锥		$Fe(CO)_5$
	四角锥	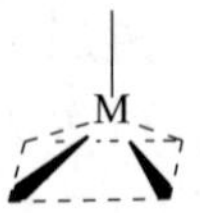	$Co(CNPh)_5^{2+}$

续表

配位数	构型	图形	实例
6	八面体		$Mo(CO)_6$
7	一面心八面体		$ReH(PR_3)_3(MeCN)_3^{2+}$
	五角双锥		$IrH_3(PPh_3)_2$
8	十二面体		$MOH_4(PR_3)_4$
	反四方棱柱体		TaF_8^{3-}
9	三面心三棱柱体		ReH_8^{2-}

1.2.5　中心金属 18 电子规则

在具有热力学稳定性的主族金属有机化合物中，中心金属的价电子数与配体所提供的电子数总和为 8 个，也就是满足八隅律。对于ⅠA、ⅡA、ⅢA 主族的金属有机化合物，通常以与溶剂分子配位或分子间自配位的形式达到八隅律的要求。如格氏试剂苯基溴化镁可以与溶剂分子乙醚形成配合物；二甲基氯化铝可以通过自身的相互配位形成配合物。

20 世纪 30 年代，人们在研究过渡金属的羰基化合物时发现，热力学稳定的过渡金属羰基化合物中每个金属原子的价电子数和它周围的配体提供的电子数加在一起等于 18 或等于最邻近的下一个稀有气体原子的价电子数，这种现象被称为 18 电子规则。满足 18 电子规则的金属有机化合物叫做配位饱和化合物，不满足的称为配位不饱和化合物，如下：

过渡金属有机配合物中，金属原子的外层包括 s、p、d 电子层，共 9 个轨道，完全填满应该有 18 个电子。当金属的外层电子利用配体提供的电子的总和为 18 时，该过渡金属有机配合物是热力学稳定的，这就是有效原子序数规则（effective atom number，缩写为 EAN）或称为 18 电子规则。$Fe(CO)_5$、$Ni(CO)_4$、$Pd(PPh_3)_4$ 等都是 EAN 为 18 的配合物，它们是热力学稳定的，但反过来并不成立。有许多过渡金属有机配合物，特别是作为催化剂的配合物，通常 EAN 小于 18。如 Wilkinson 配合物 $RhCl(PPh)_3$ 是著名的催化剂，EAN 为 16。另外中心金属的价电子数是奇数，又与提供偶数电子的配体配位时，就不可能达到 18 电子，如 $V(CO)_6$ 的 EAN 为 17，但是它能够稳定存在。$MeTiCl_3$ 的 EAN 为 8；Me_2NbCl_3 的 EAN 为 10；Cp_2Co 的 EAN 为 19；超过 18 电子但也能合成出来，如 Cp_2Ni 的 EAN 为 20。

过渡金属有机配合物外层电子数的计算方法有两种。其一是共价模型算法，即不考虑金属的氧化态，把金属都当成零价，配体也看成中性的；其二是离子模型算法，即计算金属的正电荷及配体的负电荷。表 1-6 列出了用两种方法计算的过渡金属有机配合物的有效原子序数。

表 1-6 有效原子序数计数方法

离子模型计算法		实例	共价模型计算法	
$C_5H_5^-$	6e	$Fe(C_5H_5)_2$	C_5H_5	5e
$C_5H_5^-$	6e		C_5H_5	5e
Fe^{2+}	6e		Fe	8e
	18e			18e
$4H^-$	8e	$MoH_4(PR_3)_4$	4H	4e
$4PR_3$	8e		$4PR_3$	8e
Mo^{4+}	2e		Mo	6e
	18e			18e
$2C_3H_5^-$	8e	Ni	$2C_3H_5$	6e
Ni^{2+}	8e		Ni	10e
	16e			16e
C_6H_6	6e	$Mo(C_6H_6)_2$	C_6H_6	6e
C_6H_6	6e		C_6H_6	6e
Mo	6e		Mo	6e
	18e			18e
$2Cl^-$	4e	Cp_2TiCl_2	2Cl	2e
$2C_5H_5^-$	12e		$2C_5H_5$	10e
Ti^{4+}	0e		Ti	4e
	12e			16e
$2C_5H_5^-$	12e	$[Cp_2Co]^+$	$2C_5H_5$	10e
Co^{3+}	6e		Co	9e
	18e	1 个正电荷		-1e
				18e

1.3 原子结构与轨道

1.3.1 波函数 φ

从化学的角度看,原子由原子核与核外电子组成。通常研究化学反应时不涉及原子核的变化,只是考虑原子核外电子的变化,特别是"价电子"的运动状态的变化。

电子具有波粒二象性,电子的运动规律可用量子力学的波动方程,即下面的薛定谔方程来描述。

$$\frac{\partial^2 \varphi}{\partial x^2} + \frac{\partial^2 \varphi}{\partial y^2} + \frac{\partial^2 \varphi}{\partial z^2} = -\frac{8\pi^2 m}{h^2}(E-V)\varphi$$

这是一个二阶偏微分方程。式中,E 是体系的总能量;V 是体系的电子势能;m 是电子的质量,体现了电子的微粒性;φ 是核外电子运动状态的函数,称为波函数,体现了电子的波动性。所以,薛定谔方程能正确反映出电子的运动状态。

波函数 φ 的解的意义如下:

①波函数 φ 描述了电子运动的区域,但不能确定出现的具体时间和位置。

②对于任何原子,波动方程有许多解,每个解都描述了原子的一个轨道。

③波函数的平方 (φ^2) 可由一系列坐标 (x, y, z) 来表示,它是指空间某一点的单位体积内电子出现的概率。φ^2 越大,单位体积内出现的概率也越大。

④φ 的数学表达式结合量子数,决定了原子轨道的能量大小和形状。

1.3.2 四个主量子数

对于原子核外的电子,可用 n、l、m 三个量子数表征它的波函数 φ,也就是描述电子的轨道运动状态。

1)主量子数 n

主量子数决定轨道能量高低和电子层。$n = 1, 2, \cdots, n$,n 越大,电子层离核越远,电子势能越高。也可以用符号表示电子层,与主量子数对应的符号为 K, L, M, N, O…。

2)角量子数 l

角量子数决定轨道的形状,l 为 $0 \sim (n-1)$ 的正整数。它与主量子数一起决定电子轨道运动的能量。l 的每一个值代表轨道的每一种形状,一个主层中 l 有多少值,就表示该主层中有多少个形状不同的亚层。也可用光谱符号 s, p, d, f, …表示。

l 的值与亚层符号以及轨道形状的对应关系如下:

角量子数 l: 0   1   2   3   ……

亚层符号: s   p   d   f   ……

轨道形状:球形   哑铃形   多为花瓣形

3)磁量子数 m

磁量子数决定电子运动轨道在空间不同亚层的方向。m 数值受 l 值的限制,其数值可以取 $+1$ 到 -1,包括 0 在内的整数。

4) 自旋量子数 m_s

自旋量子数决定电子运动的方向。m_s 取值为 +1/2 或 -1/2,对应电子按顺时针或逆时针方向转动:

自旋量子数 m_s:　　　　+1/2　　　　-1/2
自旋方向:　　　　　　　顺时针　　　逆时针
箭头方向:　　　　　　　　↑　　　　　↓

角量子数 l 和磁量子数 m 以及与轨道的数量与种类如表 1-7 所示。

表 1-7　l、m 取值与轨道名称的关系

l	m	轨道名称	亚层中轨道数
0	0	s	1
1	-1, 0, +1	p_x, p_y, p_z	3
2	-2, -1, 0, +1, +2	d_{xy}, d_{yz}, d_{xz}, d_{z^2}, $d_{x^2-y^2}$	5

图 1-2 是 s、p、d 原子轨道的示意图,图 1-3 是 s、p、d 原子轨道的角度分布剖面图。从图 1-2 可见,s 轨道是球形的,无方向性。p 有三个能量相同的轨道,分别沿 x、y、z 轴分布,呈哑铃形,有方向性。原点称为节面,其 φ(电子分布概率)为零。哑铃两头的 φ 符号,一头为"+",另一头为"-"。5 个能量相等 d 轨道的形状并不相同,其中 d_{xy}、d_{yz}、d_{xz} 3 个轨道分别在 xy、yz、xz 平面上,分布在过原点的 45°轴上,具有花瓣的形状。$d_{x^2-y^2}$ 是沿 x 和 y 轴的轨道,φ 的符号沿 x 轴为"+",沿 y 轴为"-"。d_{z^2} 沿 x 轴分布,φ 的符号为"+",沿 x 轴中间还有一个 φ 符号为"-"的环形轨道。

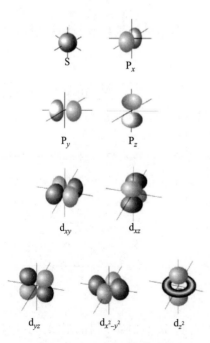

图 1-2　s,p,d 轨道形状

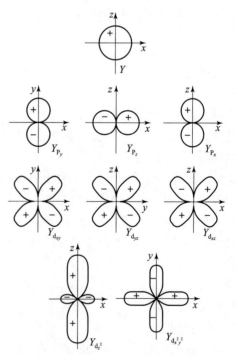

图 1-3　原子轨道角度分布剖面图

综上所述，原子轨道是指由三个量子数 n、l、m 确定的电子运动区域，而电子运动的状态则要由 n、l、m、m_s 四个量子数来描述。

原子轨道的能级按 1s＜2s＜2p＜3s＜3p＜4s＜3d＜4p＜5s＜4d…顺序增加。电子按照能量最低原理、Pauling 不相容原理和 Hund 规则填充。由此可以确定，各轨道分别可以填充 2 个自旋方向相反的电子，即 s 轨道的填充量为 2 个，p 轨道为 6 个，d 轨道为 10 个，每一个电子层中电子的最大容量，即主量子数 $n=1$（K 层），只有一个 1s 轨道，最多可有 2 个电子；$n=2$（L 层），有一个 2s 轨道，三个 2p 轨道，可容纳 8 个电子。依次推算出 $n=3$（M 层），$n=4$（N 层），$n=5$（O 层），$n=n$，电子的最大容量分别为 18，32，50，$2n^2$ 个。

1.4 晶体场理论

1929 年 Bethe 提出了晶体场理论，之后 Van Vleck 等又做了完善。晶体场理论的基本要点是：

（1）配合物的中心金属与配体之间的作用，类似于晶体中正负离子之间的静电作用。

（2）中心金属价层中能量相等的 5 个 d 轨道，受到配体所产生的晶体场影响而发生能级分裂。

（3）d 轨道能级的分裂，导致 d 轨道上电子重新排布，从而使整个体系总能量降低，配合物稳定。

通过这一理论可以很好地解释配合物的一些结构、磁性、光学性质以及反应机理等。

1.4.1 晶体场中 d 轨道能级的分裂

在形成配合物以前，过渡金属原子的 5 个 d 轨道，虽然在空间的伸展方向不同但能量完全相等，称为简并轨道 Eo，如图 1-4（a）所示。如果把中心金属离子置于带负电的球形对称场中，由于负电场与轨道中带负电的电子排斥作用，所有 d 轨道的能量升高，但仍然是简并的，不会产生裂分即 Es，如图 1-4（b）所示。

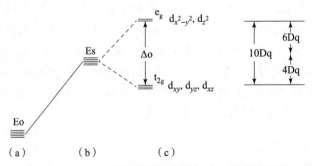

图 1-4　中心金属离子在八面体场中 d 轨道的分裂
(a) 自由离子；(b) 球形场；(c) 正八面体场中的离子

但当外来配体发生配位后，由于配体影响，原来简并的 d 轨道会发生分裂，不同金属配合物的构型将形成不同能级的 d 轨道。

1. 八面体金属配合物

对于六配位八面体的金属配合物来说，中心金属离子或原子在坐标原点，六个配体分别

沿 x、y、z 三个坐标轴的两边接近中心离子或原子。若为纯静电作用，它们之间分为两种情况：

（1）沿 x、y、z 个轴向伸展的 $d_{x^2-y^2}$ 和 d_{z^2} 两个轨道正好与配体迎头相遇，受到配体的排斥最大，因而它们的能量升高，如图 1-5（a）所示。

（2）夹在坐标轴之间的 d_{xy}、d_{yz}、d_{xz} 三个轨道，受到配体静电的排斥小而使能量降低，如图 1-5（b）所示。

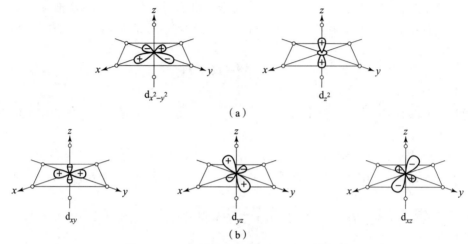

图 1-5 八面体场中 e_g(a) 和 t_{2g}(b) 的轨道

因此，在八面体配合物中，由于配体静电场的作用把原来能量相同的 5 个轨道分裂为两组，一组为能量较高的 $d_{x^2-y^2}$ 和 d_{z^2} 轨道；称为 e_g 轨道；另一组为能量较低的 d_{xy}、d_{yz}、d_{xz} 轨道，称为 t_{2g} 轨道。在 e_g 和 t_{2g} 之间的能级差叫做晶体场分裂能，用 Δ 表示，并人为地定义为 10Dq。

2. 四面体金属配合物

对于四配位的正四面体金属配合物，中心离子或原子处于正四面体的中心，即坐标的原点上，四个配位体分别处于立方体的四个相互间隔的顶点位置，如图 1-6（a）所示。也就是说，四个配体正好与坐标轴 x、y、z 错开。因此 d_{xy}、d_{yz}、d_{xz} 轨道受到的排斥较 $d_{x^2-y^2}$ 和 d_{z^2} 轨道大，如图 1-6（b）、（c）所示，5 个 d 轨道的能级分裂次序正好与正八面体相反。d_{xy}、d_{yz}、d_{xz} 三个轨道能量较高，用 t_2 表示；$d_{x^2-y^2}$ 和 d_{z^2} 两个轨道能量较低，用 e 表示。因正四面体无对称中心，所以不含下标 g。在四面体场中 t_2 轨道与 e 轨道都没有和配体迎头相遇的状况，所以其分裂能 Δ_{1t} 比八面体场小，仅为 $4/9\Delta_0$。

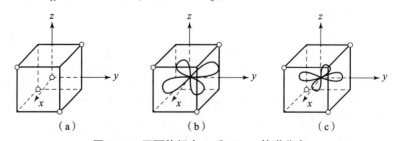

图 1-6 四面体场中 d_{xy} 和 $d_{x^2-y^2}$ 轨道分布

(a) 四面体场中配体的位置；(b) 四面体场中 d_{xy} 轨道的分布；(c) 四面体场中 $d_{x^2-y^2}$ 轨道的分布

3. 平面正方形金属配合物

对于四配位平面正方形金属配合物，可以看作八面体型配合物在 z 轴上取走两个处于反位的配体，剩下的四个配体沿 ±x 和 ±y 轴方向接近中心离子，使其 5 个 d 轨道出现四种情况：

（1）沿 x、y 两个轴向伸展的 $d_{x^2-y^2}$ 轨道正好与配体相遇，受到的排斥作用最强，如图 1-7（a）所示。

（2）xy 平面上的 d_{xy} 轨道受到配体的排斥作用次之，如图 1-7（b）所示。

（3）沿 z 轴向伸展的 d_{z^2} 轨道的中间环形轨道部分在 xy 平面上，受到配体的作用更小些，如图 1-7（c）所示。

（4）d_{yz}、d_{xz} 两个轨道分别与 xy 平面成 45°角，受配体排斥作用最弱。

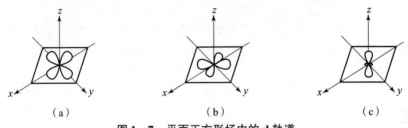

图 1-7 平面正方形场中的 d 轨道
(a) $d_{x^2-y^2}$；(b) d_{xy}；(c) d_{z^2}

上述一种对称场作用下的 d 轨道分裂情况，总结如图 1-8 所示。

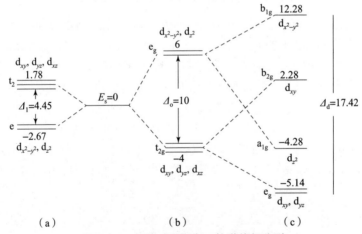

图 1-8 各种对称场中 d 轨道能级分裂
(a) 四面体场；(b) 八面体场；(c) 平面正方形场

1.4.2 晶体场理论解释配合物的稳定性、磁性

由配体静电场的作用，d 轨道的能级发生分裂，d 电子进入分裂后的轨道比处于未分裂轨道时的总能量降低了，称为晶体场稳定化能，以 CFSE（crystal field stabilization energy）表示。下降得越多，CFSE 的绝对值越大，配合物也就越稳定，因此配合物的稳定性可用 CFSE 的大小来衡量。

对于八面体场配合物，d 轨道分裂为 e_g 和 t_{2g} 两组后，在 e_g 轨道上有一个电子，总能量就升高 6Dq，在 t_{2g} 轨道上有一个电子，总能量就降低 4Dq。根据电子在轨道中的排列有以下几种不同的情况，得到不同的 Dq 值。

(1) 中心金属离子具有 d^1、d^2、d^3 电子结构，不管配体是弱场还是强场各个电子都进入能量较低的 t_{2g} 轨道，如图 1-9 所示，其 CFSE 分别为 $-4Dq$、$-8Dq$、$-12Dq$。

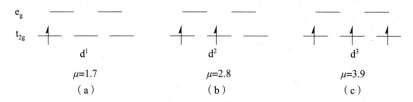

图 1-9　八面体配合物 d^1、d^2、d^3 电子组态

(2) 中心金属离子具有 d^8、d^9、d^{10} 电子结构，t_{2g} 轨道全部排满了电子，各自剩余的电子也只有一种排布形式（图 1-10），其 CFSE 分别为 $-12Dq$、$-6Dq$、0。

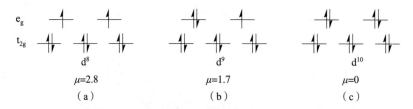

图 1-10　八面体配合物 d^8、d^9、d^{10} 电子组态

(3) 中心金属离子具有 d^4、d^5、d^6 和 d^7 的电子结构时，都有两种电子排布方式。第四个电子可以进入已有一个电子的 t_{2g} 轨道并与这个电子成对，也可以进入高能级的空的 e_g 轨道，第五、第六、第七个电子也存在这种情况。究竟采取哪种方式排布，取决于分裂能 Δ 和电子配对能 P 的相对大小。当 d 轨道中已有一个电子，另一个电子进入并与之配对时，必须克服电子间的相互排斥作用，所需的能量称为电子配对能，以符号 P 表示。前面已提到配体的弱场与强场对 Δ_o 的影响较大。因此，若 $P > \Delta_o$（弱场配体），电子进入 e_g 轨道形成高自旋构型（成单电子数多），如图 1-11 中（a）、（b）、（c）、（d）所示；若 $\Delta_o > P$（强场配体），则电子进入 t_{2g} 轨道配对，形成低自旋结构，如图 1-11 中（a'）、（b'）、（c'）、（d'）所示。

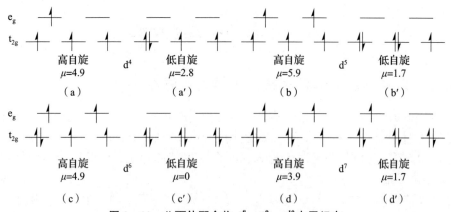

图 1-11　八面体配合物 d^8、d^9、d^{10} 电子组态

以上 d 电子的排布方式决定了中心金属离子或原子 d 轨道上的未成对电子数，也就决定了金属配合物的磁性质。磁性的大小可以用磁矩 μ 来表示，磁矩的单位为 B（波耳磁矩），例如，由 Fe^{2+} 组成的 $[Fe(H_2O)_6]^{2+}$ 与 $[Fe(CN)_6]^{4-}$ d^6 型两种配合物，H_2O 的配体场较弱属于高自旋化合物，磁矩 4.9 为顺磁性物质；CN^- 的配体场较强属于低自旋化合物，$\mu=0$ 为反磁性物质。

1.5 分子轨道理论

晶体场理论较好地说明了过渡金属配合物的稳定性、磁性及吸收光谱等问题。但是，由于它没有考虑金属原子或离子的原子轨道与配体轨道之间的重叠形成共价键，即对配体性质缺乏应有的重视，因此不能解释结构复杂的过渡金属配合物，尤其是过渡金属有机配合物的形成与性质。分子轨道理论在这些方面有了很大的改善。

1.5.1 分子轨道的形成

分子轨道是由原子轨道线性组合而成的，电子是在整个分子空间内运动。分子的状态和能量也可以用波函数 φ 来描述，并用 φ^2 来表示分子中电子在各处出现的概率相对密度。

原子轨道能否有效地组成分子轨道，必须符合能量近似、轨道最大重叠及对称性匹配这三个成键原则。分子轨道可分为：

(1) 原子轨道沿着连接两个核的轴线发生重叠，所形成的分子轨道称为 σ 分子轨道。
(2) 原子轨道以侧面发生平行重叠形成的分子轨道称为 π 分子轨道。

由两个 s 原子轨道组合成一个成键分子轨道 σ_s 和一个反键分子轨道 σ_s^*，如图 1-12 所示。成键分子轨道能量比原子轨道低，而反键分子轨道能量比原子轨道高。

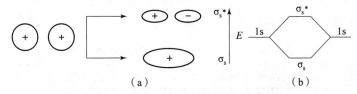

图 1-12 σ 分子轨道及其能级示意图
(a) σ 分子轨道形成；(b) 轨道能量变化

由 p 原子轨道组合成分子轨道有两种情况，一种情况是沿 x 轴方向的一对 p_x 原子轨道，头对头重叠组合成一个成键的 σ_p 分子轨道和一个反键的 σ_p^* 分子轨道，如图 1-13 所示。

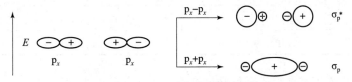

图 1-13 σ 分子轨道及其能级示意图

另一种情况是分别垂直于键轴的 p_y 或 p_z 原子轨道，肩并肩重叠纠合形成成键的 π_{p_y} 或 π_{p_z} 分子轨道和反键 $\pi_{p_y}^*$ 或 $\pi_{p_z}^*$ 分子轨道。图 1-14 所示为 π_{p_y} 的分子轨道形成图，π_{p_z} 与 π_{p_y} 的分子轨道图形相同，但相互垂直，$\pi_{p_z}^*$ 与 $\pi_{p_y}^*$ 也同样。

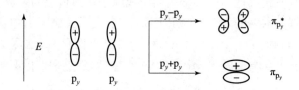

图 1-14 π_{p_y} 分子轨道及其能级示意图

只要符合成键三原则，不同原子轨道之间也能组合成分子轨道。例如，s 原子轨道与 p 原子轨道组合成成键轨道 σ_{sp} 和反键轨道 σ_{sp}^*，如图 1-15 所示。

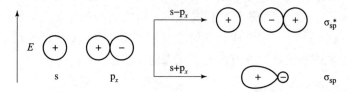

图 1-15 $s-p_x$ 轨道重叠成 $s-p_x$ 分子轨道

两个 φ 符号相同的原子轨道重叠时，形成成键和反键分子轨道。两个 φ 符号不同的原子轨道重叠，不能有效组成分子轨道，称之为非键轨道，如 s 轨道与 p_y 或 p_z 轨道，s 轨道与 d_{xy} 轨道，如图 1-16 所示。

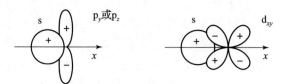

图 1-16 原子轨道的非键组合

其他原子轨道线性组合的对称性关系如表 1-8 所示。

表 1-8 原子轨道沿 X 轴线性组合对称条件

原子轨道	允许组合的原子轨道	禁止组合的原子轨道
s	s, p_x, $d_{x^2-y^2}$	p_y, p_z, d_{xy}, d_{yz}
p_x	s, p_x, $d_{x^2-y^2}$	p_y, p_z, d_{xy}, d_{xy}, d_{yz}
p_y	p_y	s, p_x, p_z, d_{yz}, $d_{x^2-y^2}$, d_{z^2}
d_{xy}	d_{xy}	s, p_x, p_z, d_{yz}, d_{xz}, $d_{x^2-y^2}$, d_{z^2}
d_{yz}	d_{yz}	s, p_x, p_y, p_z, d_{xy}, d_{xz}, $d_{x^2-y^2}$, d_{z^2}
$d_{x^2-y^2}$	s, p_x, $d_{x^2-y^2}$	p_y, p_z, d_{xy}, d_{xz}, d_{yz}

这样，原子轨道相重叠组成三种分子轨道：
(1) 成键分子轨道。
(2) 反键分子轨道。
(3) 非键分子轨道。

1.5.2　常见配体的分子轨道能级和结构

在金属有机化合物中，双原子分子是最重要的配体之一。双原子分子又分为同核双原子和异核双原子，用分子轨道理论可以说明它们的结构与一些性质。

1.5.2.1　同核双原子分子的结构

1. 氢的分子轨道

氢分子是最简单的双原子分子，由两个氢原子的 1s 轨道组合成一个成键分子轨道 σ_{1s} 和一个反键分子轨道 σ_{1s}^*。一个氢原子只有一个电子，氢分子共有两个电子，均填入能量较低的 σ_{1s} 成键分子轨道中，这样组合的氢分子是很稳定的，如图 1-17 所示。

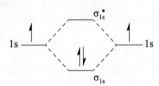

图 1-17　氢分子轨道

成键分子轨道上的电子总数与反键分子轨道上的电子总数之差的 1/2 值称为键级，它也可以粗略估计分子的稳定性。一般来说，键级越大键越强，分子越稳定。

键级 = 1/2(成键分子轨道上的电子数 - 反键分子轨道上的电子数)

在氢分子中，键级 = 1/2(2-0) = 1（一个单键），符合氢分子的结构。同一周期氦的原子轨道中含有两个电子，若组成分子轨道，就有 4 个电子。两个应在成键分子轨道，两个应在反键分子轨道上，它的键级 = 1/2(2-2) = 0。因此，氦原子不能形成双原子分子。

2. 氧的分子轨道

氧分子是由两个氧原子组成的。氧原子的电子层结构为 $1s^2 2s^2 2p^4$，氧分子共有 16 个电子。按分子轨道中电子由低到高填充，π_{2p} 轨道是双重简并的，填入 4 个电子，剩下的 2 个电子排在 π_{2p}^* 上，具有磁性。π_{2p}^* 能级上的两个电子抵消了一个 π_{2p} 轨道上的两个电子的成键效应。因此氧原子是由一个 σ 键和一个 π 键相结合的（图 1-18）。

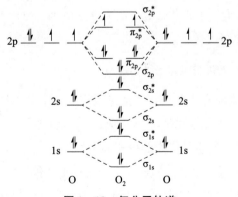

图 1-18　氧分子轨道

1.5.2.2　异核双原子分子的结构

由两种不同元素组成的异核双原子分子，如 NO、CO 等与同核双原子分子有所不同，这要从组成原子的轨道能量及电负性去理解，如表 1-9 所示。

表 1-9　第二周期元素轨道能量与电负性

原子序数	元素	轨道能量/eV		电负性
		2s	2p	
5	B	-14.0	-8.3	2.04
6	C	-19.5	-10.7	2.55
7	N	-25.5	-13.1	3.04
8	O	-32.4	-15.9	3.44
9	F	-46.4	-18.7	3.98

以碳原子与氧原子组成的 CO 分子为例。氧的电负性（3.44）比碳的电负性（2.55）大，氧的 2p 轨道的能量（-15.9 eV）比碳的 2p 轨道的能量（-10.7 eV）低。由于碳原子的电子结构（$1s^22s^22p^2$）和氧原子的电子结构（$1s^22s^22p^4$），CO 一共有 14 个电子，其中氧原子比碳原子（2p）多 2 个电子。CO 分子的轨道能级图与电子排布如图 1-19 所示。

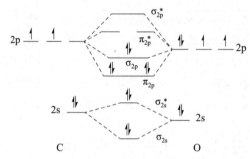

图 1-19　CO 分子的轨道能级图与电子排布

成键的 π 分子轨道应偏向于电负性大的氧，反键 π* 分子轨道则偏向于碳，而能量最高的一对孤对电子也集中在碳上。CO 比 O_2 少两个电子，6 个价电子正好布满 3 个 2p 轨道，因而分子中含有个 σ 键和两个简并的 π 键。由于这些原因，CO 与金属组成的配合物通常是 M—CO 形式，而不是 CO—M 形式。

1.5.3　过渡金属配合物的分子轨道

原则上，建立过渡金属配合物分子轨道的过程与双原子分子轨道相同。能够有效组成配合物分子轨道的原子轨道，也应满足成键三原则。

1.5.3.1　正八面体过渡金属配合物的分子轨道

过渡金属的价原子轨道有 1 个 ns 轨道、3 个 np 轨道和 5 个 $(n-1)$ 的 d 轨道，共 9 个。6 个配体则可能是 σ 或 π 两种价轨道，它们分别与金属的对称性相应的轨道成键。

1. 金属与配体间的 σ 键

金属离子或原子的 9 个原子轨道中，具有对称性的只有 6 个，与配体成键后可分为三类：

(1) 金属的 s 原子轨道与配体 σ 轨道生成成键 a_{1g} 分子轨道与反键 a_{1g}^* 分子轨道,如图 1-20 (a) 所示。

(2) 金属的 3 个 p 原子轨道与配体 σ 轨道生成成键三重简并的 t_{1u} 分子轨道与反键 t_{1u}^* 分子轨道,如图 1-20 (b) 所示。

(3) 金属的 $e_g(d_{x^2-y^2}, d_{z^2})$ 原子轨道与配体 σ 轨道生成二重简并的成键性 e_g 分子轨道与反键性 e_g^* 分子轨道,如图 1-20 (c)、(d) 所示。

金属 t_{2g} (即 d_{xy}, d_{yz}, d_{xz}) 原子轨道,不是指向配体,因此不能与配位体形成 σ 键,属非键轨道,能量保持不变。

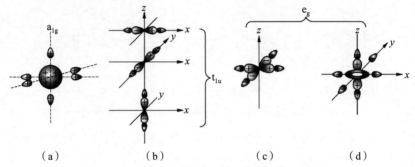

图 1-20 八面体配合物中形成的轴对称分子轨道

(a) 与 s 轨道的成键;(b) 与 $p_x(p_y, p_z)$ 轨道的成键;(c) 与 $d_{x^2-y^2}$ 轨道的成键;(d) 与 d_z 轨道的成键

根据以上成键的原理,可以画出六配体正八面体 (ML_6) 的分子轨道能级图,如图 1-21 所示。从图 1-21 中可以看出,配体的 σ 轨道能级低于金属的 d 轨道能级。在过渡金属配合物的分子轨道中,金属的 ns 和 np 原子轨道与配体的 σ 轨道重叠程度较大,形成的 a_{1g}^* 及 t_{1u}^* 成键分子轨道与 a_{1g}^* 及 t_{1u}^* 反键分子轨道,能级分离也较大。因此,成键分子轨道 a_{1g}、t_{1u} 的能级最低,反键分子轨道 a_{1g}^*、t_{1u}^* 的能级最高。

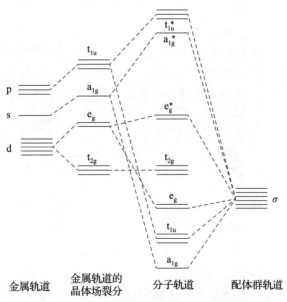

图 1-21 无 π 键的八面体配合物分子轨道能级示意图

2. 金属与配体间的 π 键

在晶体场理论中不存在金属离子或原子与配体间的 π 键合，但在分子轨道理论中可从成键理论推广到 π 键。实际上在金属配合物中带 π 轨道的配体是很多的。

前面已经提到中心金属离子或原子的 $t_{2g}(d_{xy},d_{yz},d_{xz})$ 轨道不指向配体，因而不能和配体形成 σ 键，属非键轨道。但是如果配体具有 π 对称轨道，就能和金属离子或原子的 t_{2g} 轨道重叠而形成 π 成键分子轨道和反键的 π^* 分子轨道。配体的 π 轨道可以是简单的 pπ 原子轨道如 F^-、Cl^-，简单的 dπ 原子轨道如磷、砷、硫等，或者是反键的 π^* 分子轨道如 CO、CN^-、烯烃等。中心金属的 t_{2g} 轨道与配体的 π 键形成分子轨道，如图 1-22 所示。

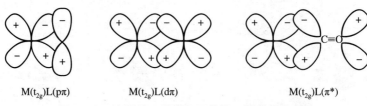

图 1-22　金属的 π 轨道与配体的 π 轨道间的重叠

由于配体的 d 轨道和 π^* 反键轨道通常是未填充电子的空轨道，因此在形成的配合物分子轨道中，配体的 d 轨道或 π^* 反键轨道是电子接受体，称为 π 接受配体。配体的 p 轨道通常填充了电子，与金属形成配合物的分子轨道中充当电子给予体，称为 π 给予配体。这两类配体在形成配合物分子轨道时，对分裂能 Δ 值的影响是不一样的。

例如，p 轨道中填充了电子的卤素离子，能级低于中心金属 d 轨道能级，生成的成键 $t_{2g}\pi$ 分子轨道基上不具有配体的特征，而反键的 $t_{2g}\pi^*$ 分子轨道基上具有金属的特征。因此，配体的 π 电子进入 t 轨道，中心原子的 d 电子进入 t 轨道。这样的 π 成键结果使金属离子 t_{2g} 轨道的能量升高，而与 e_g 轨道间的能级差，即分裂能 Δ 值减小，如图 1-23（a）所示。该类配合物为高自旋型，也说明了卤素离子配体在光谱化学序中属弱场配体的原因。

膦配体等除利用 s 和 p 原子轨道与金属 d 原子轨道形成 σ 分子轨道之外，其空的 d 轨道还可以与金属的 t_{2g} 原子轨道形成 π 分子轨道。但是这类配体 d 原子轨道的能级比金属的 d 原子轨道要高，在形成 π 分子轨道时，反键的 t_{2g}^* 轨道主要含有配体成分，能量升高。成键的 t_{2g} 轨道主要含有金属 t_{2g} 轨道成分，能量降低，从而使与 e_g 轨道间的能量差，即分裂能增大，如图 1-23（b）所示。这类配体均为强场配体，形成的配合物为低自旋型配体。

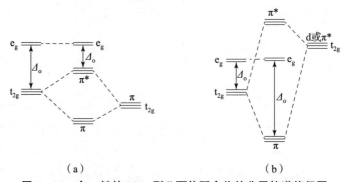

图 1-23　含 π 键的 ML_6 型八面体配合物的分子轨道能级图

（a）金属空 d 轨道与供电子性配体成 π 键；（b）充满电子的金属 d 轨道与受电子配体空轨道成 π 键

由于金属离子或原子 t_{2g} 轨道上的电子进入 π 成键分子轨道，从而使 d 电子通过 π 成键轨道移向配体，成为 π 电子给予体，而配体成为 π 电子接受体。这种金属离子或原子与配体间 π 电子的相互作用称为 π 反馈作用，即反馈键。过渡金属羰基配合物中的反馈键，如图 1-24 所示。

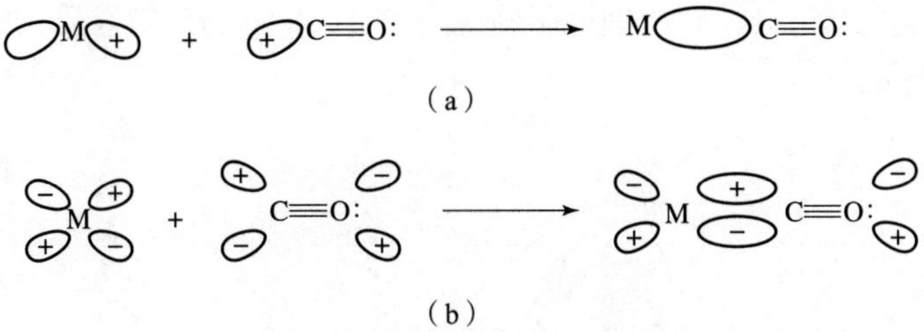

图 1-24 M—CO 的化学键

(a) M←C σ 键；(b) M→C π 键（反馈键）

图 1-24（a）中，配体 CO 用碳原子的一个 σ 轨道同过渡金属未填充电子的空 d 轨道发生重叠，电子由碳原子流向过渡金属形成 σ 配位键，又称 σ 给予键。图 1-24（b）中，过渡金属填充电子的 d 轨道与 CO 的 $2π^*$ 反键轨道重叠形成 π 反馈键，电子从过渡金属流向 CO 形成 π 反馈键，又称 π 接受键。这种 σ 给予与 π 接受的作用是协同的。当碳原子向过渡金属供给电子时，CO 上的电子云相对密度降低，并有利于通过反馈键从过渡金属获得电子。这样的结果导致 CO 中的碳氧三键被削弱，接近于双键性质；而过渡金属与碳之间的键加强，也接近于双键。

1.5.3.2 正四面体过渡金属配合物的分子轨道

正四面体配合物可以按正八面体对称性类别来分类。中心金属原子的原子轨道仍是 9 个。由群论可知，这 9 个轨道可分为类：

(1) s 轨道属于 a_1。
(2) p_x、p_y、p_z 三个 p 轨道和 d_{xy}、d_{yz}、d_{xz} 三个 d 轨道都属于 t_2。
(3) $d_{x^2-y^2}$ 和 d_{z^2} 两个 d 轨道属于 e。

当中心金属原子轨道仅与配体 σ 群轨道组成 σ 分子轨道时，可以采用 s 和 p_x、p_y、p_z 轨道或 s 和 d_{xy}、d_{yz}、d_{xz} 轨道成键，其能级如图 1-25 所示。

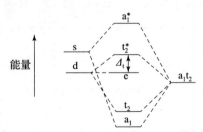

图 1-25 正四面体配合物中 σ 分子轨道能级图

此时没有 π 键合，中心金属原子的 e 轨道为非键轨道。t_2^* 与 e 之间的能量差相当于晶体场理论中的 t_2 和 t 之间的能级差 Δ_t。

金属的 d_{xy}、d_{yz}、d_{xz} 原子轨道处在两个坐标轴之间，不直接指向配体，中心金属原子轨道与配体轨道之间的重叠程度小，形成弱的 σ 键，t_2^* 的能级上升不大。所以 Δ_t 比 Δ_o 小。

如果是 π 成键作用，四个配体的 8 个 π 群轨道分属于 e、t_1 和 t_2，如图 1 – 26 所示。其中对称性为 e 和 t_2 的两组 π 轨道与中心金属原子的 e 和 t_2 对称性的原子轨道相互作用形成 π 键，而 t_1 这一组轨道，因中心金属原子上没有与其对称性相同的轨道，故为非键轨道。t_2^* 和 e^* 能级差即分裂能 Δ_t，分子轨道理论明确说明了 t_2^* 和 e^* 的反键性质，因而解释了正四面体 π 配合物也较稳定。

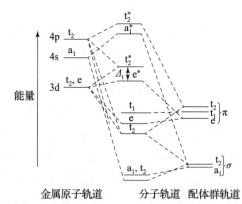

图 1 – 26　正四面体配合物中 π 分子轨道能级图

参考文献

［1］Zeise W C. Poggendorf's Ann Phys Chem，1827，9：632.

［2］Seyferth D．［（C_2H_4）$PtCl_3$］$^-$．The Anion of Zeise's Salt，K［（C_2H_4）$PtCl_3$］H_2O．Organometallics，2001，20：2 – 6.

［3］Mond L，Langer C，Quincke F. J Chem Soc，1890，57：749 – 753.

［4］Masters C. The Fisher – Tropsch Reaction. Adv Organomet Chem，1979，17：61 – 103.

［5］Muetterties E L，Stein J. Mechanistic features of catalytic carbon monoxide hydrogenation reaction. Chem Rev，1979，79：479 – 490.

［6］（a）Ziegler K，Holkanp E. Brel H，et al. Angew Chem，1955，67. 541 – 547；（b）Ziegler K.（b）A Forty Years' stroll through the Realms of Organometali Chemistry. Adv Ormanomet Chem，1968，6：1 – 17.

［7］Natta G. Scientific American，1961，205：3 – 11.

［8］Vaska L，Diluzio J W. Carbonyl and Hydrdo – carbonyl complexes of lridium by reaction with Alcohols. Hydrido complexes by reaction with Acid. J Am Chem Soc，1961，83：2784 – 2785.

［9］Fischer E O，Maasbol A. On the Exitence of a Tungsten Carbonyl Carbene Complex. Angew Chem Int Ed Engl，1964，3：580 – 581.

［10］Fischer E O，Kreis G，Kreiter C G，et al. tran – Halogeno – alky（aryl）carbin – tetracarbony – komplexe von chrom，Molybdän and Wolfram – Ein neuer Verbindungstyp mit Übergangsmetall – kohlenstoff – Dreifachbindung. Angew Chem，1973，14：618 – 620.

［11］Young J F，Osborn J A，Jardine F H，et al. Hydride intermediates in homogeneous hydrogenation reactions of olefins and acetylenes using rhodium catalysts. Chem Commun, 1965, 131 – 132.

[12] Allen A D, Senof C V. Nitrogenopentammineruthenium (Ⅱ) complexes. Chem Commun, 1965, 621 – 622.

[13] Streitwieser Jr A, Muller – Westerhoff U. Bis (cyclooctateraenyl) uranium (uranocene). A new class of sandwich complexes that utilize atomic f orbitals. J Am Chem Soc, 1968, 90: 7364 – 7364.

[14] Seyferth D. Uranocene. The first Member of a New Class of Organometallic Derivatives of the f Elements. Organometallics, 2004, 23: 3562 – 3583.

[15] Lenhert P G, Hodgkin D C. structhre of the 5, 6 – Dimethylbenzimidazolylcobamide Coenzyme. Nature, 1961, 192: 937 – 938.

[16] Heck R F, Nolley J P. Palladium – catalyzed vinylic hydrogen substitution reactions with aryl, benzyl and styryl halides. J Org Chem, 1972, 37: 2320 – 2322.

[17] Heck R F. Palladium – catalyzed reactions of organic halides with olefins. Acc Chem Res, 1979, 12: 146 – 151.

[18] Heck R F. Palladium – catalyzed reactions of organic halides with olefins. Pure Appl Chem, 1978, 50: 691 – 701.

[19] Thayer Js. organometallic chemistry: A Historical perspective. Adv Organomet Chem, 1975. 13. 146.

[20] Parshal G W. Trends and opportunities for organometallic chemistry in industry. Organometallics, 1987, 6: 687 – 692.

[21] Laidler K J. Lessons from the History of Chmistry. Acc Chem Res, 1995, 28: 187 – 192.

[22] Eisch J J. Henry Gilman: American Pioneer in the Rise of Organometallic Chemistry in Modern Science and Technology. Organometdlies, 2002, 21: 5439 – 5463.

[23] King R B, Bitterwolf T E. Coord. Metal carbonyl analogues of iron – sulfur clusters found in metalloenzyme chemistry. Chem Rew, 2000, 206 – 207, 563 – 578.

[24] Seyferth D. (Cyclobutadiene) iron Tricarbonyl – A Case of Theory before Experiment. Organometallics, 2003, 22: 12 – 20.

[25] Seyferth D. The Rise and Fall of Tetraethyllead. 2. Organometallics, 2003, 22: 5154 – 5178.

第 2 章
金属有机化合物的基元反应

金属有机化合物的反应主要指中心金属参与的反应、配体参与的反应以及金属与碳原子之间键的形成和断裂的反应。这些反应是多种多样、非常独特的。而在这些反应中，又具有许多相似性和类同点，通常将这些具有共同特点的反应称为基元反应（elementary reaction）。这些基元反应主要包括配位和解离、氧化加成和还原消除、插入和去插入、配体受到亲核试剂的进攻、转金属化，等等。下面将详细介绍这些基元反应。

2.1 配体的配位与解离

所谓配体的配位（coordination）反应，是指处于配位不饱和状态的中心金属与配体所发生的反应。那么反过来讲，配体从中心金属上离去的过程则称为配体的解离（dissociation）反应。

$$MX_n + L \rightleftharpoons MX_nL$$

这个可逆反应中，当配位的反应平衡常数 K_c 很大时，配位化合物非常稳定，反应活性很低；反之，当 K_c 很小时，配合物又很不稳定，活性太高。因此，一个能稳定存在且能分离鉴定的过渡金属配合物往往是配位饱和即满足 18 电子规则的。当它参与反应时，首先应该是配体的解离，形成配位不饱和的过渡金属配合物，这样能使得另一个反应底物进入，与之发生配位反应后重新满足 18 电子规则，之后才会有后续的反应。因此，配位与解离反应是金属有机化合物最基本的性质，是金属有机化合物参与反应的起点。

2.2.1 配体配位与解离的机理

平面四方形的过渡金属配合物在配体的解离和配位时通常存在两种机理[1-3]：配位饱和的化合物配体解离后再被另一个配体补充其空位并配位的 S_N1 反应，以及配位不饱和的化合物配体先与中心金属配位接着原有配体再解离的 S_N2 反应。在过渡金属催化的偶联反应中，最常用的催化剂四（三苯基膦）钯就采用了 S_N1 反应机理：配体 PPh_3 先解离，接着另一分子配体或溶剂分子 S 填充到其空位中：

$$Pd(PPh_3)_4 \xrightarrow{-PPh_3} Pd(PPh_3)_3 \xrightarrow{S} Pd(PPh_3)_3S$$

再例如四羰基镍的羰基被三苯基膦取代生成三羰基（三苯基膦）镍的反应：

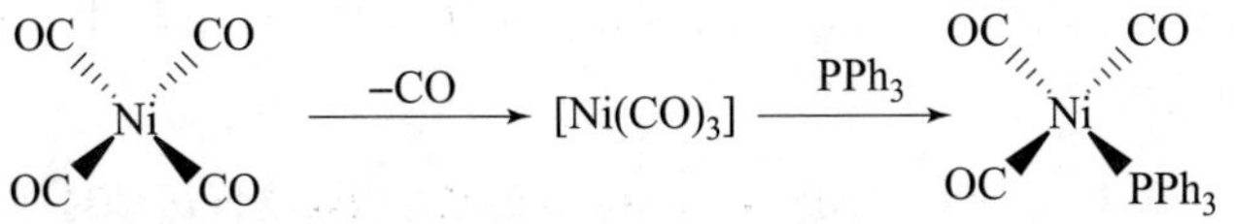

$$[Ni(CO)_4] \xrightarrow{-CO} [Ni(CO)_3] \xrightarrow{PPh_3} [Ni(CO)_3(PPh_3)]$$

配位不饱和的过渡金属配合物可以采用 S_N2 反应机理进行配体的配位与解离反应。例如一些中性铂配合物就遵循此过程[4]：

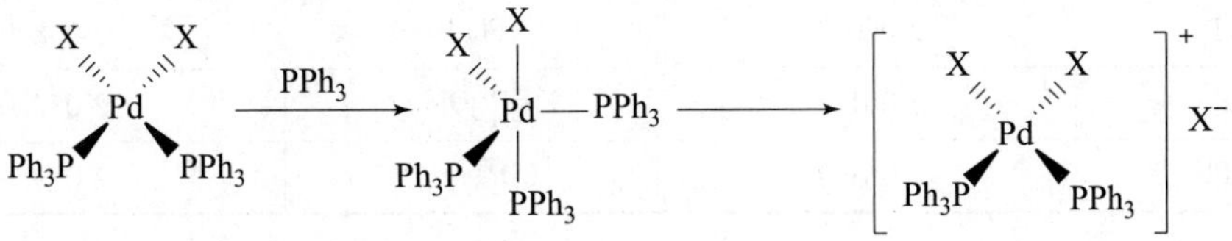

2.2.2 影响配体配位与解离的因素

（1）配体配位能力的强弱：配体的配位与解离是一个平衡反应，配位能力强的配体会把配位能力较弱的配体置换下来。但是如果提高弱配体的浓度，也可以将强配体置换下来。

常见的配体配位强弱次序为：H_2O、OH^-、H_3O^+、$Py < Cl^-$、$Br^-< SCN^-$、I^-、NO_2^-、$C_6H_5^- < CH_3^-$、$SC(NH_2)^-$、$< H^-$、$PR_3 < C_2H_4$、CN^-、CO。

在某些情况下，烯烃也可以作为配体参与配位与解离。配体的体积也会影响到其配位与解离。配体的体积越大，配体越容易解离。

（2）Lewis 酸对配体的离解速率也会产生影响：从实验数据测定得到结论，如果金属有机化合物发生配位解离反应时，体系在强酸性条件或有 BF_3、$AlCl_3$ 等 Lewis 酸存在时，离解速率可以大大提高，原因可能是由于形成质子化加成物，降低了配位化合物的金属原子的电子密度（即电正性增加了），这样导致金属和配体的络合强度减弱。例如：

$$Fe(CO)_5 + CF_3COOH \longrightarrow [HFe(CO)_5]^+ + CF_3COO^-$$
$$[HFe(CO)_5]^+ + C^*O \longrightarrow [HFe(C^*O)(CO)_4]^+ + CO$$
$$[HFe(C^*O)(CO)_4]^+ \longrightarrow Fe(C^*O)(CO)_4$$

（3）反位效应：由于金属和配体成键所用的轨道大多具有方向性，例如 d 轨道的五个轨道通过线性组合在空间上就有五个空间方向，当轨道之间的夹角为零时相互作用最大，所以两个配体互为反式时，它们之间通过成键轨道的相互作用最大。对于平面四边形配位物，配体的离解速率在很大程度上就取决于处于反式位上的配体的性质，而顺式位置上的配体对其离解速率几乎没有影响。

2.2.3 叔膦配体

这里介绍一类重要的配体——叔膦配体：叔膦之所以是一类重要的配体，是因为它的电子和立体性质均可随与磷原子相连的烷基的不同而改变。叔膦和过渡金属配位时，过去认为和 M—CO 的情况一样，P 既是作为 σ 供体（通过提供孤对电子），又是金属满 d 轨道电子的受体。过去曾认为磷原子的 3d 空轨道可以接受电子；直到 1992 年通过 ab 从头计算才发现可能是磷原子的 d 轨道起着极化作用，协助 P—R 键的 σ^* 轨道形成一种杂化 p 受体轨道。PF_3 是很好的 p^- 受体，因为 P—F 键的空 σ^* 轨道能量很低。叔膦配体中磷原子作为 p 受体的能力，按下列次序递增：PM_3、$P(NR_2)_3 < PAr_3 < P(OMe)_3 < P(OAr)_3 < PCl_3 < CO$、$PF_3$。

（1）叔膦配体的电子效应：$Ni(CO)_3L$ 型配合物在 CH_2Cl_2 溶液中，CO 的红外吸收波长 $v(CO)$ 如表 2-1 所示。

表 2-1　$PR_3 \rightarrow Ni(CO)_3$ 中 CO 的红外吸收波长 $v(CO)$

叔膦	$v/(cm^{-1})$	叔膦	$v/(cm^{-1})$
$^tBu_3P$	2 056.1	Me_3P	2 064.1
$^nBu_3P$	2 060.3	Ph_3P	2 068.9
Et_3P	2 061.7	$Ph_2P(OMe)$	2 072.0
Et_2PPh	2 063.7	$(OMe)_3P$	2 079.8

由表 2-1 可以看出，供电子性强的叔磷增加了 Ni 的电子密度，并以反馈形式部分传递到 CO，因而使 $v(CO)$ 降低。

（2）配体的立体影响：Tolman 研究了零价 $Ni(R_3P)_4$ 配体的配位和解离平衡反应与叔膦配体空间角之间的关系，并由此提出了配体空间角 θ 与解离常数 K_d 的关系。Tolman 选择一个精确制造的叔膦空间角测量分子模型作为模板测量物。将这个模型固定在一个木块上并使磷和镍原子的中心距离为 228 pm。通过旋转模型的 P-Ni 轴，测出以镍原子中心为顶点到 PR_3 分子中 R 基团最外面原子的空间角 θ。

经过研究，Tolman 发现解离平衡常数 K_d 和按规定方法测量的叔膦的圆锥角 θ 成正比（表 2-2，图 2-1）。配体空间位阻越大，一般越容易发生解离。

$$NiL_4 \underset{}{\overset{K_d}{\rightleftharpoons}} NiL_3 + L$$

表 2-2　叔膦及亚磷酸酯的圆锥角与 K_d 的关系

L	K_d	θ
$P(OEt)_3$	$<10^{-10}$ (70 ℃)	109
PMe_3	$<10^{-9}$ (70 ℃)	118
$P(O\text{-}p\text{-}C_6H_4Cl)_3$	2.0×10^{-10}	128
$P(O\text{-}p\text{-}Tol)_3$	6.0×10^{-10}	128
$P(O\text{-}i\text{-}Pr)_3$	2.7×10^{-5}	130
PEt_3	1.2×10^{-2}	132
$P(O\text{-}o\text{-}Tol)_3$	4.0×10^{-2}	141
$PMePh_2$	5.0×10^{-2}	136

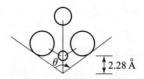

图 2-1　按规定方法测量的叔膦的圆锥角 θ

2.2 氧化加成与还原消除

2.2.1 氧化加成[5-8]

氧化加成是指低价态金属与一根共价键（σ键或π键）发生反应时，共价键发生断裂，其两边的原子同时与金属原子相连。最常见的氧化加成反应为两电子参与的反应，其结果使金属原子的氧化态升高了2价，通常也使其配位数增加。有时也会发生金属原子的单电子氧化加成，其结果使金属原子的氧化态升高1价。一般情况下，氧化加成使金属原子价态和配位数都升高2的这类反应可以分为以下三种情况，可用通式为：

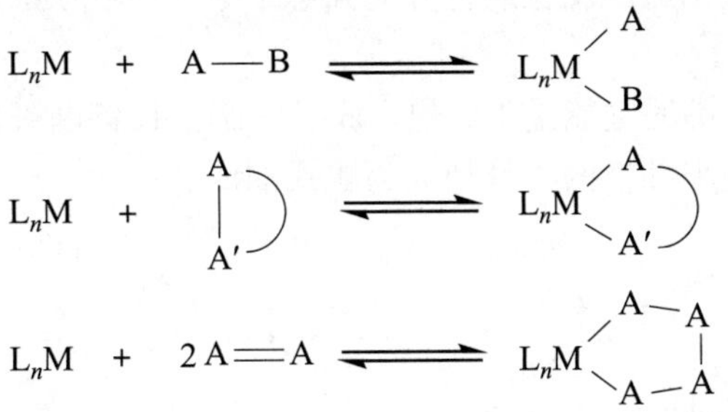

$$L_nM + A-B \rightleftharpoons L_nM\begin{matrix}A\\B\end{matrix}$$

$$L_nM + \begin{matrix}A\\|\\A'\end{matrix} \rightleftharpoons L_nM\begin{matrix}A\\A'\end{matrix}$$

$$L_nM + 2A=A \rightleftharpoons L_nM\begin{matrix}A-A\\A-A\end{matrix}$$

下面具体介绍氧化加成使金属原子价态和配位数都升高2的这类反应的反应机理。

氧化加成的机理：

氧化加成反应机理有多种说法，如把过渡金属有机配合物看成一个试剂，它与卤代烷的氧化加成可参照有机化学的 S_N1、S_N2 和自由基机理。

1) 氧化加成的 S_N2 反应机理

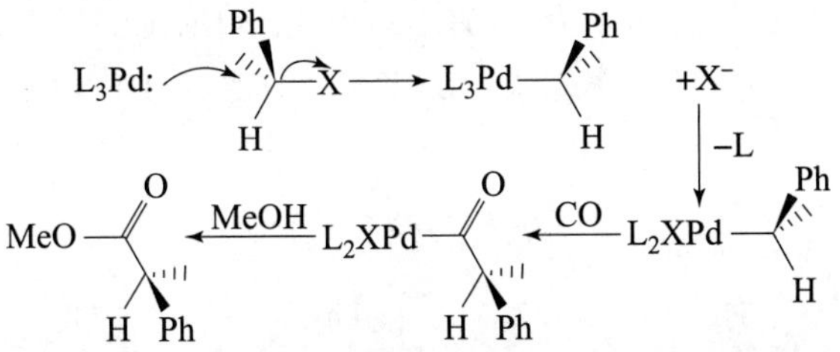

烷基卤、烯丙基卤、苄基卤、乙酰基卤等与过渡金属有机配合物进行氧化加成时，过渡金属有机配合物向 C—X 键进攻的同时，卤素离去，类似 S_N2 亲核取代反应，故称为 S_N2 型氧化加成。

2) 氧化加成的 S_N1 反应机理

氧化加成的 S_N1 反应机理也就是离子机理，只有那些在反应溶液中容易离解为阴、阳离子的反应物，与过渡金属有机配合物的氧化加成才按 S_N1 反应机理进行。例如，零价铂有机配合物中铂上的电子密度较大，因此 HX 与 $Pt(PPh_3)_3$ 的氧化加成反应就是按 S_N1 反应机理进行的。铂有机配合物先进攻质子，即质子化，然后再与 X^- 结合而完成氧化加成反应。

$$Pt(PPh_3)_4H^+ + Cl^- \xrightarrow{-PPh_3} [HPt(PPh_3)_3]^+ + Cl^- \xrightarrow{-PPh_3} [HPtCl(PPh_3)_2]$$

3) 氧化加成的自由基机理

氧化加成也可按自由基机理进行。自由基氧化加成机理可分为非链式和链式自由基两种机理。例如，卤代烷与 $Pt(PPh_3)_4$ 的氧化加成就是按非链式自由基机理进行的。

$$PtL_3 \longrightarrow PtL_2$$
$$PtL_2 + RX \longrightarrow \cdot PtL_2^+ + \cdot RX^- \longrightarrow \cdot PtXL_2 + \cdot R$$
$$\cdot PtXL_2 + \cdot R \longrightarrow RPtXL_2$$

再例如 Vaska 配合物与卤代烷的氧化加成反应，是烷基自由基首先与 Vaska 配合物加成，生成的产物自由基再与代烷反应攫取 RX 中的 X^-，放出烷基自由基而完成氧化加成反应。

$$R\cdot + IrCl(CO)L_2 \longrightarrow RIr\cdot Cl(CO)L_2$$
$$RIr\cdot Cl(CO)L_2 + RX \longrightarrow RXIrCl(CO)L_2 + R\cdot$$
$$2R\cdot \longrightarrow R_2$$

下面对不同种类的氧化加成反应进行分类并总结了一些氧化加成反应的应用。

1）氢气的氧化加成

在这一反应中 H—H 键的键能是 430 kJ·mol^{-1}，H—H 键断裂所需能量是由该反应中生成的两个 M—H 键的键能来补偿的，且加成为顺式加成。

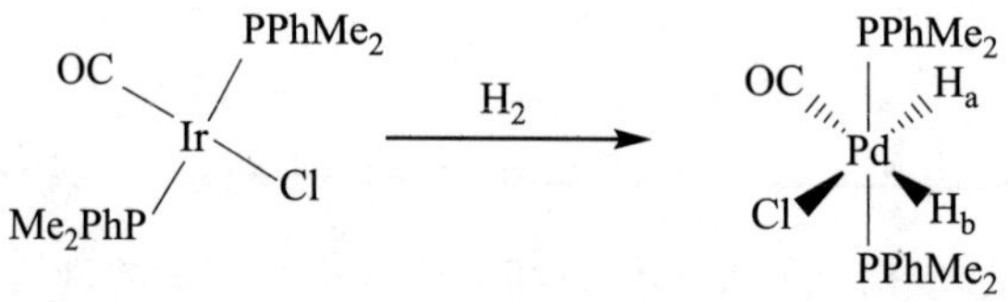

2）C—X 键的氧化加成

上面机理部分已经讲过一般卤代烷与低价过渡金属的反应都是按照 S_N2 机理进行的，可以看作是低价金属从 C—X 键的背面进攻，同时 X 以 X^- 形式离去，结果碳中心构型发生了翻转。反应式如下：

对于卤代烷烃氧化加成反应速率为：$CH_3I > CH_3Br > CH_3Cl$。

对于配体配位能力越强反应速率越快：$DMF > CH_2CN > THF > PhCl > PhH$。

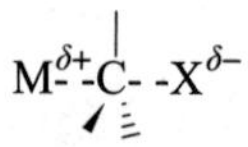

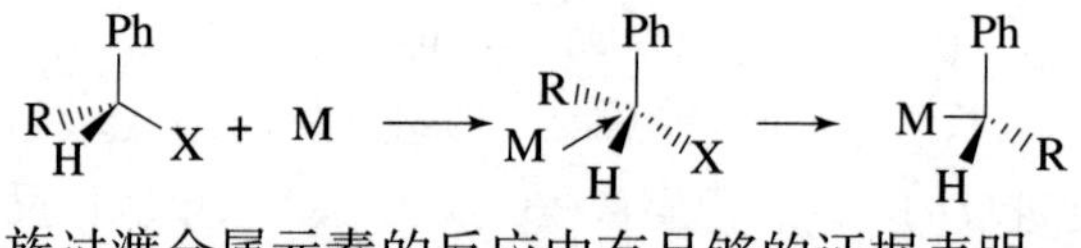

有机卤化物与第 8 族过渡金属元素的反应中有足够的证据表明，反应既有亲核取代过程也有自由基过程。另一方面有机卤代烷如异丙基碘化物与二甲基 1,10-菲罗林铂配合物的反应在加热下非常慢，但在光引发下可发生自由基链成氧化加成反应。

$$In\cdot + R-X \longrightarrow In-X + R\cdot \quad 引发$$

$$\left.\begin{array}{l} R\cdot + M \longrightarrow R-M \\ \quad n价 \qquad\qquad\quad n+1价 \\ R-M + X-R \longrightarrow R-M-X + R\cdot \\ \quad n+1价 \qquad\qquad\qquad n+2价 \end{array}\right\} 链增长$$

卤代烯烃的氧化加成：卤代烯烃与过渡金属发生氧化加成首先是过渡金属与双键配位，形成 π 配合物中间体，双键构型是保持的。

$$PtL_3 + \begin{array}{c}R\\ \diagup\hspace{-2pt}=\hspace{-2pt}\diagdown\\ H\end{array}\begin{array}{c}H\\ \\ X\end{array} \rightleftharpoons [\text{Pt 配合物中间体}] \longrightarrow [\text{L-Pt(X)(L) 烯基配合物}]$$

卤代芳烃的氧化加成：卤代芳烃与过渡金属的氧化加成可看作是过渡金属对苯环的亲核取代反应。当 R 为吸电子基时反应速率快，卤化物的反应活性为：I > Br > Cl。

C—X 的氧化加成最经典的反应是我们最熟知的格氏试剂的制备：

$$Mg + R-X \longrightarrow R-Mg-X$$

$$PdL_n + \begin{array}{c}X\\ \\ \text{Ar}\\ \\ R\end{array} \rightleftharpoons [L_nPd\cdots\text{Ar-X}] \xrightarrow{\text{决速步}} \begin{array}{c}PdL_mX\\ \\ \text{Ar}\\ \\ R\end{array}$$

这一类的 A-B 型分子有亲电性的 X_2、HY（Bronsted 酸）、$RSCl$、RSO_2Cl、RX、RCOX、RCN、$SnCl_4$、HgX_2、RSH、RCHO，以及非极性的 H_2、R_3SnH、R_3SiH、R_3GeH 和 ArH 等。

3) C—H 键的氧化加成

C—H 键的氧化加成可表示为

$$C-H + M \longrightarrow \begin{array}{c}C\quad H\\ \diagdown\hspace{-2pt}\diagup\\ M\end{array}$$

醛羰基上的 C—H 键与过渡金属有机配合物的氧化加成反应，特别是与低价铑的氧化加成反应，是以醛为原料，合成含羰基配合物的重要手段，也是脱羰基反应的中间过程。下面的反应包括氧化加成和配体置换两个基元反应。

$$\begin{array}{c}\text{喹啉-CHO}\end{array} + Rh(PPh_3)_3Cl \longrightarrow \begin{array}{c}\text{Rh 配合物}\end{array} + PPh_3$$

芳烃 C—H 键的氧化加成：烯烃、芳烃，特别是饱和烃的 C—H 键不是不能而是很难发生氧化加成。所以 C—H 键的活化仍是这一领域的研究热点。

$$Cp_2TaH_3 \xrightleftharpoons{-H_2} Cp_2TaH \xrightleftharpoons[-ArD]{ArD} Cp_2Ta\begin{array}{c}-Ar\\ -D\\ -H\end{array}$$

$$\rightleftharpoons Cp_2TaD + ArH$$

Hartwig 报道，一个金属-硼化合物可以活化饱和烷烃的碳—氢键，生成硼转移的有机硼化合物。除了饱和烷烃的碳—氢键被切断之外，该反应的另一个重要意义在于它一步生成了在合成化学中非常有意义的有机硼化合物。这也是将来合成化学对新方法的一个要求之一，即一步或一锅煮地得到官能团化的产物。

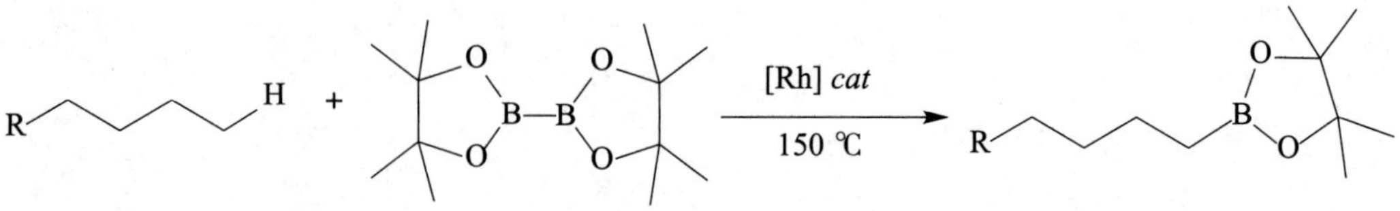

$$R-CH_2CH_2CH_2CH_2-H + \text{(Bpin)}_2 \xrightarrow[150\ ℃]{[Rh]\ cat} R-CH_2CH_2CH_2CH_2-Bpin$$

1993 年，Murai 等人发表了首例催化的高效高选择性碳—氢/烯烃偶联反应。反应底物如芳香酮中羰基的存在，使过渡金属催化剂被配位，从而发生邻位金属化反应。通过该反应，可以合成得到多种多样有用的化合物。例如，在过渡金属钌有机化合物的催化作用下，芳香酮与烯烃反应生成邻位烷基化产物。

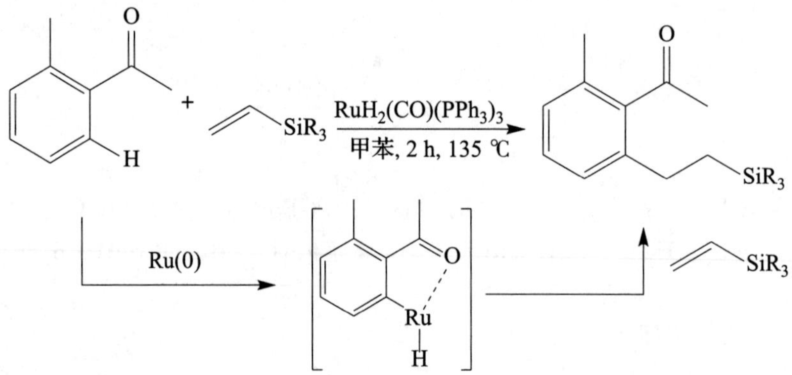

$$\text{ArC(O)CH}_3 + \text{CH}_2=\text{CHSiR}_3 \xrightarrow[\text{甲苯, 2 h, 135 ℃}]{\text{RuH}_2(\text{CO})(\text{PPh}_3)_3} \text{邻位烷基化产物}$$

（反应机理：Ru(0) → 环金属化中间体 → 产物 + CH$_2$=CHSiR$_3$）

4) C—C 键的氧化加成

C—C 的键氧化加成可表示为

$$C-C + M \longrightarrow \begin{array}{c} C\ \ \ C \\ \diagdown\diagup \\ M \end{array}$$

例如，铂的叔膦配体有机化合物可以和 F-C$_6$H$_4$CN 和 CH$_3$C(CN)$_3$ 在回流条件下发生 C—C 键的氧化加成：

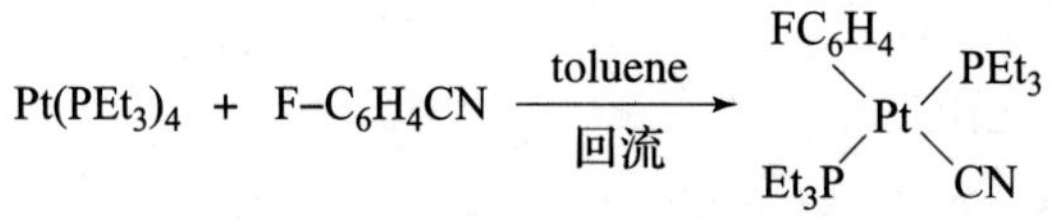

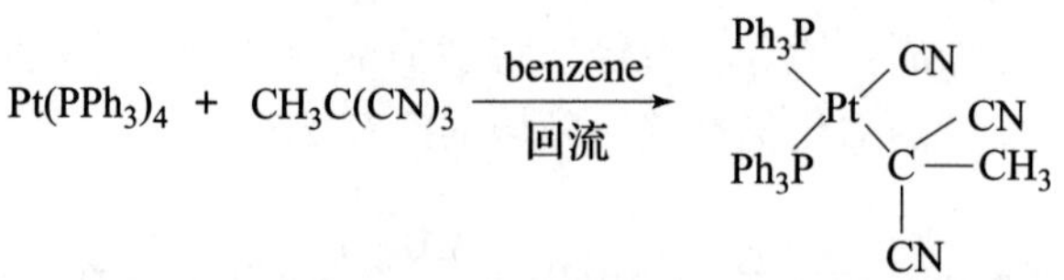

$$\text{Pt(PEt}_3)_4 + \text{F-C}_6\text{H}_4\text{CN} \xrightarrow[\text{回流}]{\text{toluene}} \textit{trans-}[\text{Pt(FC}_6\text{H}_4)(\text{CN})(\text{PEt}_3)_2]$$

$$\text{Pt(PPh}_3)_4 + \text{CH}_3\text{C(CN)}_3 \xrightarrow[\text{回流}]{\text{benzene}} [\text{Pt(PPh}_3)_2(\text{CN})(\text{C(CN)}_2\text{CH}_3)]$$

由于 C—C 键的键能较大，它的氧化加成比较困难，但存在环张力的环烷烃却可发生开环氧化加成反应。

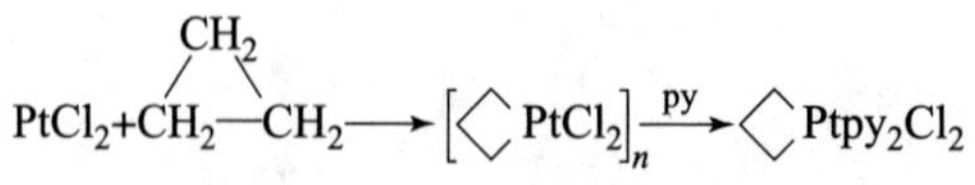

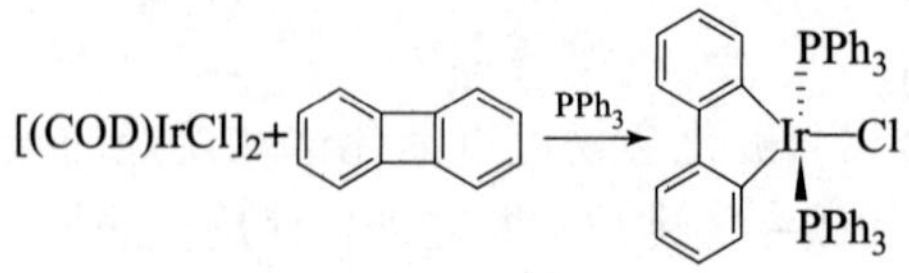

$$\text{PtCl}_2 + \text{环丙烷} \longrightarrow [\text{(环丁烷)PtCl}_2]_n \xrightarrow{\text{py}} \text{(环丁烷)Ptpy}_2\text{Cl}_2$$

$$[(\text{COD})\text{IrCl}]_2 + \text{联苯撑} \xrightarrow{\text{PPh}_3} \text{(联苯基)Ir(PPh}_3)_2\text{Cl}$$

5) 酯基上烷氧和酰氧加成

低价过渡金属有机化合物与酯、内酯或酸酐等羰基化合物的碳—氧单键发生氧化加成，可以有两个反应位置。一个是金属插入到烷—氧键中（A 途径）；另一个是金属插入到酰—氧键中（B 途径）。

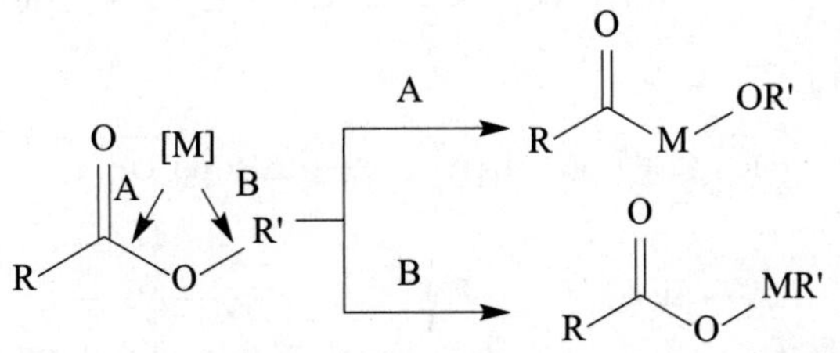

$$\text{R-C(=O)-O-R'} + [M] \xrightarrow{A} \text{R-C(=O)-M-OR'}$$
$$\xrightarrow{B} \text{R-C(=O)-O-MR'}$$

例如，镍催化剂常可用于酯基上烷氧和酰氧加成，其中间产物再经历其他反应可得到其他有机物，如烯烃等。

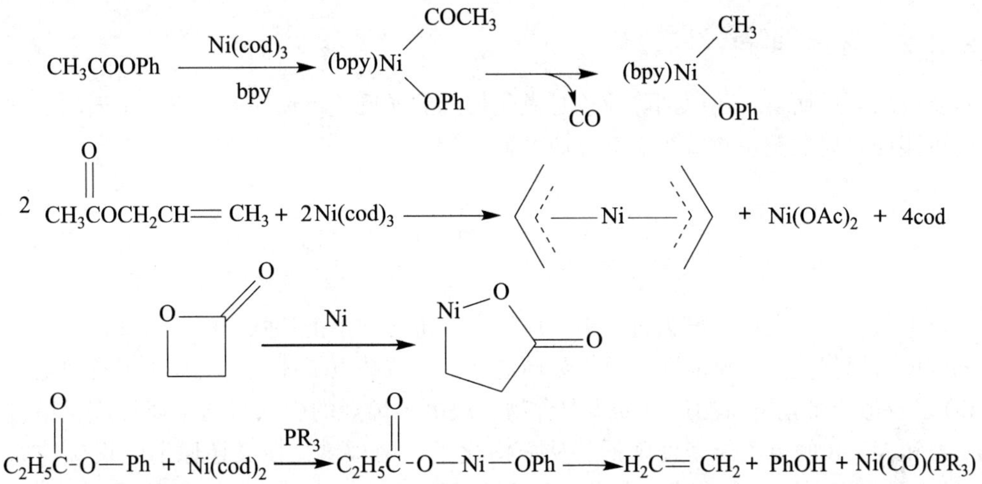

$$CH_3COOPh \xrightarrow[bpy]{Ni(cod)_3} (bpy)Ni\binom{COCH_3}{OPh} \xrightarrow{-CO} (bpy)Ni\binom{CH_3}{OPh}$$

$$2\ CH_3COCH_2CH=CH_2 + 2Ni(cod)_3 \longrightarrow [\text{环状 Ni 配合物}] + Ni(OAc)_2 + 4cod$$

$$[\beta\text{-丙内酯}] \xrightarrow{Ni} [\text{Ni 插入产物}]$$

$$C_2H_5C(=O)-O-Ph + Ni(cod)_2 \xrightarrow{PR_3} C_2H_5C(=O)-O-Ni-OPh \longrightarrow H_2C=CH_2 + PhOH + Ni(CO)(PR_3)$$

与切断酯、内酯或酸酐等基化合物的碳—氧单键相比，切断醚、醇或缩醛的碳—氧单键的例子更少。尤其是醇的碳—氧键（稀丙基化合物除外）切断例子极少。可能主要是因为在该类化合物中缺少羰基吸电子基的活化作用。因此，在研究切断该类碳—氧键的方法时，需要采用亲氧性更强的金属有机化合物，如稀土金属、钨和钼等。

6) 双键的氧化加成

双键的氧化加成为低价金属或其配合物对 π 键的氧化加成：

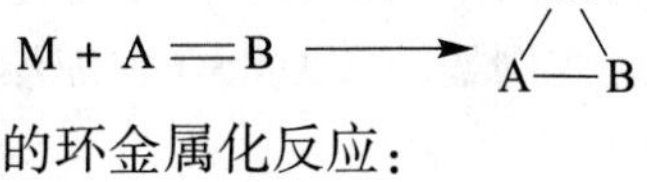

$$M + A=B \longrightarrow \underset{A-B}{\overset{M}{\triangle}}$$

这类反应主要有金属与烯烃的环金属化反应：

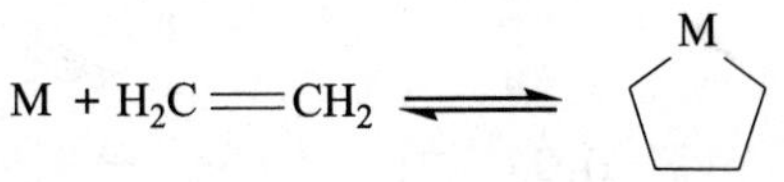

$$M + H_2C=CH_2 \rightleftharpoons [\text{金属环戊烷}]$$

这一类分子主要有 O_2、烯烃、炔烃、CS_2、氮氮双键化合物、环丙烷等。

7) 金属只"失去一个电子"的单电子氧化加成

在通常情况下，这类氧化加成还可以分为单核氧化加成和双核氧化加成。单核氧化加成的基本通式为

$$2M + A-B \rightleftharpoons M-A + M-B$$

1,2-二碘乙烷在二价 Co(Ⅱ) 配合物作用下转化为乙烯的反应就采用了单核氧化加成模式：

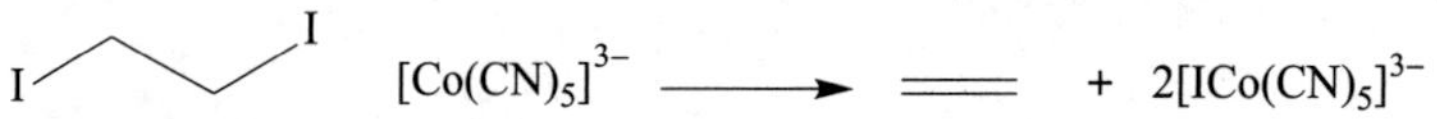

$$ICH_2CH_2I + [Co(CN)_5]^{3-} \longrightarrow CH_2=CH_2 + 2[ICo(CN)_5]^{3-}$$

双核氧化加成的反应有

$$(OC)_4Co-Co(CO)_4 + H_2 \longrightarrow 2HCo(CO)_4$$

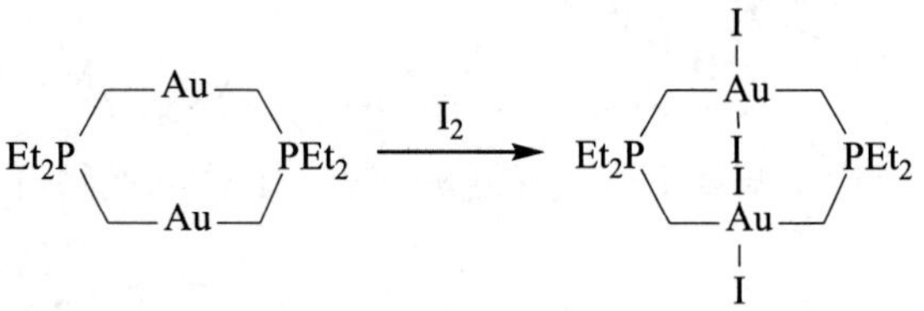

2.2.2 还原消除[9,10]

从反应的本质而言，还原消除应该是氧化加成的逆反应。反应的结果使金属的氧化态降低，也可能使金属的配位数减少。其反应的通式为

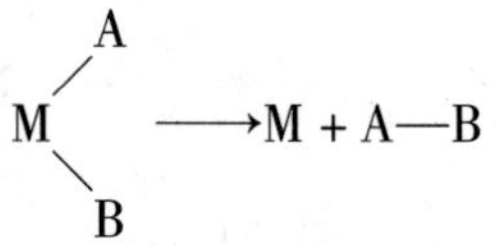

$$M\begin{matrix}A\\B\end{matrix} \longrightarrow M + A-B$$

从以上通式看，金属在离去过程中，应该是低价态、不饱和状态的，因此，加入一些缺电子的配体可以促使这个反应向正反应方向进行。这些缺电子体系的配体主要有缺电子的烯烃、CO 以及形成带正电荷的过渡金属配合物。缺电子烯烃的引入可与金属形成反馈键，使得 M—A 和 M—B 的电子云密度降低，从而活化了这两根键，使其还原消除反应的速率加快。CO 也是采用同样的方式接受金属 d 电子的反馈。

还原消除经过一个非极性、非自由基的三中心过渡态，所以在还原消除过程中碳原子上的立体结构保持不变。由于还原消除反应按三中心过渡态机理进行，发生消除反应的两个基团（如通式中 A 和 B）在过渡金属有机配合物中必须处在顺位。如下：

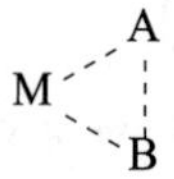

例如，平面四边形结构配合物中两个顺式的烷基很容易还原消除，得到烷烃，如果两个烷基处于反位，则不能发生反应。例如，在 DMSO 中加热以下两种钯配合物：

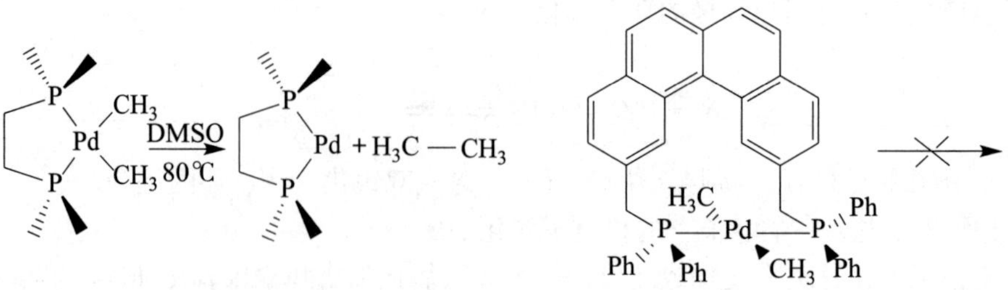

在前一个五元环体系中，两个甲基处在顺式的位置上，可以很快生成乙烷，Pd 从 2 价

转化为 0 价；而在后一个钯配合物中，由于芳香稠环的影响，双齿膦配体只能处在反式的位置，从而使得两个甲基也只能处在反式的位置上，这就无法进行还原消除反应。

中心金属上的电子密度对消除反应有影响：

（1）易发生消除反应的金属及其 d 构型。通常满足 18 电子的金属化合物，还原消除能得到稳定的金属碎片；氧化态越高，越容易发生还原消除。

$$d^8 = Ni(Ⅱ), Pd(Ⅱ), Au(Ⅲ)$$
$$d^6 = Pt(Ⅳ), Pd(Ⅳ), Ir(Ⅲ), Rh(Ⅲ)$$

（2）金属上的正电荷增加还原消除的速率。

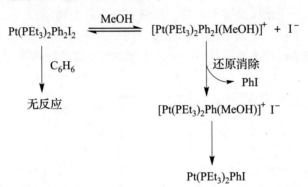

（3）加入其他配体降低金属上的电子云密度，增加还原消除的速率。还原消除过程中，配体的离去表现为带走金属上的电子云密度，这也成为驱动还原消除反应发生的动力；如果在反应过程中加入吸电子的配体，减少金属上的电子云密度，可加速还原消除反应，如顺丁烯二酸酐、丙烯腈等。例如，$Me_2Ni(bpy)$ 的热稳定性非常好，当加入丙烯腈时则易消除两个甲基得到乙烷。

这是因为丙烯腈与镍化合物配位后，通过 d-π 反馈键使镍的电子云密度降低，吸电子基又增强了双键接受金属 d 轨道中电子的反馈，更弱化了金属—碳键，即有利于还原消除反应。

Cassar. L 通过立方烷与铑配合物 $[Rh(CO)_2Cl]_2$ 的氧化加成生成铑（+Ⅲ）杂环化合物，它进一步发生 CO 插入反应可生成另一铑（+Ⅲ）杂环化合物，最后在 PPh_3 作用下发生还原消除生成立方烷酮化合物[11,12]。

除了上述单核还原消除反应外，还存在所谓的"双核"还原消除反应。它在形式上是双核金属配合物氧化加成反应的逆反应。

$$\text{ArCOMn(CO)}_5 + \text{HMn(CO)}_5 \longrightarrow \text{ArCHO} + \text{Mn}_2(\text{CO})_{10}$$

2.3 插入和去插入反应

2.3.1 插入反应

插入反应是指不饱和键插入到 M—H 或 M—C 键中，其结果相当于两个配体相互反应形成一个新的配合物，两个配体反应形成的物种继续与中心金属配位，以便进行后续的反应。插入反应主要分为两类：一类是不饱和键连接的两个原子 A 和 B 经插入反应后分别与金属和配体相连；另一类是这两个原子只有一个原子同时与金属及配体相连。

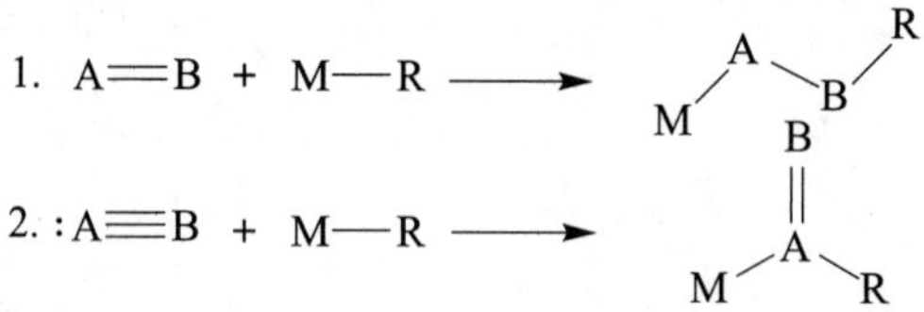

插入反应中的插入物种为了顺利与中心金属配位，通常带有不饱和键，如 CO、烯径以及炔烃等，从而形成金属-羰基化合物、金属-烷基化合物以及金属-烯烃化合物。

1）CO 的插入反应

CO 的插入反应是过渡金属催化最常见的一类反应。这个过程主要包括 CO 与金属的配位和 CO 的插入。首先，CO 作为 π 酸，可以接受金属的 d 电子向 CO 的，键反馈 π^* 导致 M—R 削弱，同时 CO 中的 C═O 键也被削弱。研究结果表明，接下来 CO 的插入过程应该是与金属连接基团先向 CO 中碳原子的迁移。如果与金属相连的基团为烷基，此过程称为烷基迁移机理，而且在迁移过程中烷基的构型保持不变。在烷基的迁移过程中，跟电子基团相比吸电子基团更容易迁移。

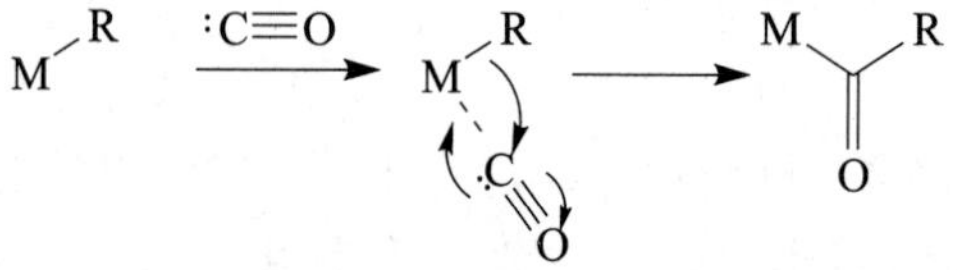

决定羰基插入反应速率的是烷基迁移速率而不是 CO 插入速率。烷基迁移的速度与烷基的性质有关，如 $\text{CpMo(CO)}_3\text{R}$ 的 R 的迁移速度顺序为：$\text{Et} > \text{Me} > \text{Bn} >$ 烯丙基；RMn(CO)_5 在 CO 存在下，R 的迁移顺序为：$n\text{-Pr} > \text{Et} > \text{Ph} > \text{Me} > \text{Bn}、\text{CF}_3$。在同一族的过渡金属中，上一周期的过渡金属烷基化合物比下一周期的过渡金属烷基化合物更容易发生烷基迁移。

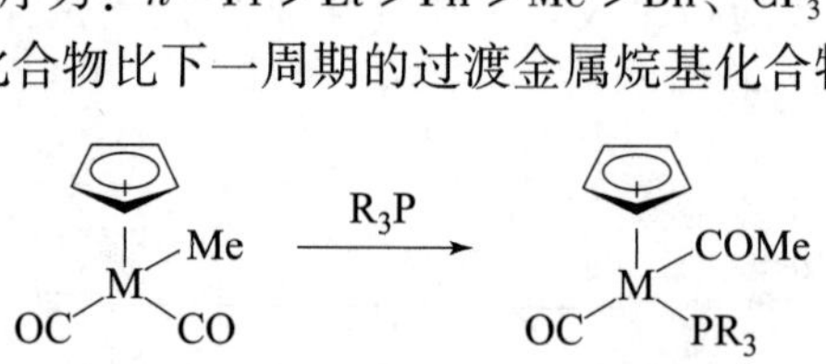

Fe > Ru ≥ Os

动力学研究证明，CO 插入反应分两步进行。第一步是一级反应，是分子内的烷基迁移，形成一个配位不饱和的中间体。第二步是二级反应，是这个中间体加成一个新配体如 CO 或叔膦。除此之外含孤电子对的 SO_2、RNC、CS、NO 等也能进行类似的插入反应。

$$L_nM\text{······}CO \rightleftharpoons [L_nM\text{—}COR] \underset{-L}{\overset{+L}{\rightleftharpoons}} (n+1)LM\text{—}COR$$

（R 在 L_nM 上）

CO 插入反应的逆反应为脱羰反应。如果金属配合物中存在可供 CO 配位的空位，就容易发生脱羰反应。

2）烯烃的插入反应

烯烃的插入反应首先是中心金属 d 轨道上的电子反馈到烯烃的 π^* 轨道，使烯烃活化，并削弱了 M—R 键，通过四元环过渡态的方式形成新的 M—C 键：

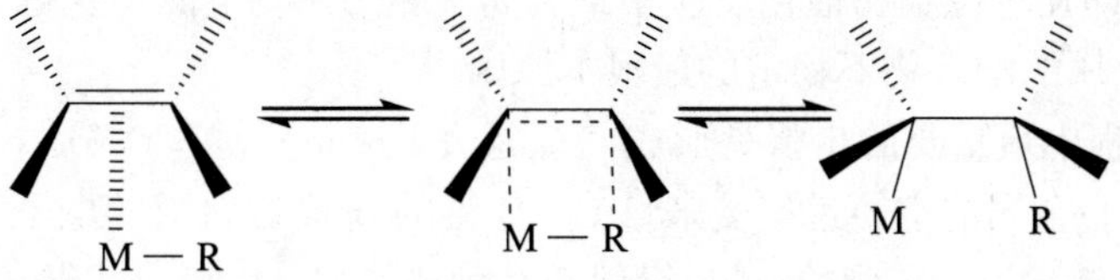

烯烃的插入反应经过了一个金属杂环丁烷过渡态，因此这个插入反应应该是顺式共平面的，相当于烯烃的顺式加成。

例如，由铂氢配合物通过乙烯插入 Pt—H 键生成 σ-乙基铂配合物：

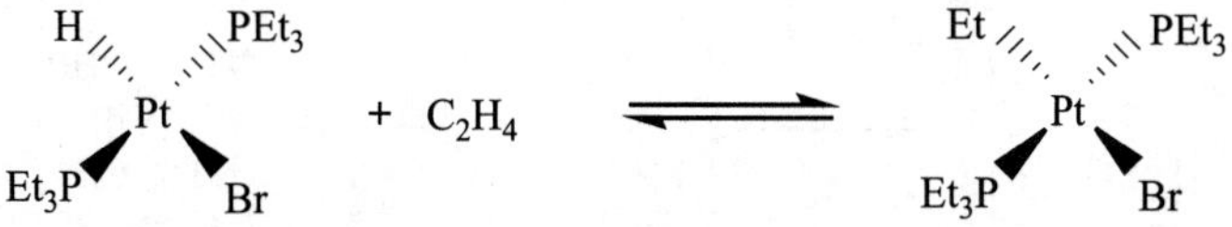

过渡金属催化的烯烃的加氢反应是一类非常典型的插入和去插入反应。以 Wilkinson 催化剂为例，它是一类均相催化剂，可溶于大多数有机溶剂中。首先是 Wilkinson 催化剂与 H_2 发生插入反应，两个氢原子处在顺式的位置；而后发生烯烃的配位与插入；最后发生还原消除得到烷烃。

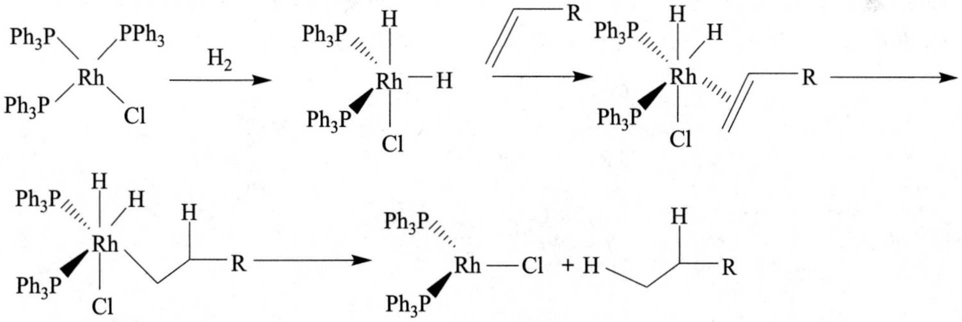

不对称烯烃 $RCH_2CH\!=\!CH_2$ 插入 M—H 键有两种途径：

$$M\text{—}H + RCH_2CH\!=\!CH_2 \xrightarrow{A} M\text{—}\underset{H}{\overset{CH_2R}{\underset{|}{\overset{|}{C}}}}\text{—}CH_3$$

$$M\text{—}H + RCH_2CH\!=\!CH_2 \xrightarrow{B} M\text{—}CH_2CH_2CH_2R$$

A 按照 Markovnikov 规则加成，得到带支链的烷基配合物，这就是烯烃聚合、齐聚时产生支链产物的原因。B 按反 Markovnikov 规则加成得到直链的烷基金属配合物。Schwartz 等发

现 $Cp_2Zr(H)Cl$ 与烯烃加成时，Cp_2ZrCl 总是与空间位阻较小的碳原子相连，结果使内烯烃异构成 α-烯烃。

2.3.2 去插入反应

烯烃插入反应的逆反应去插入反应也需要经过类似插入反应时的四元环过渡态。当 $R=H$ 时，此反应即在过渡金属催化反应中最为常见的 β—氢消除。这也是乙基以及乙基以上烷基连接中心金属的配合物不稳定的最根本原因。

β—氢消除过程中最重要的步骤是形成"抓氢（agostic）键" $C-H \rightarrow M$，即一个分子内的 3c-2e 键，由中心金属的空轨道接受来自 C—H 键的 σ 成键轨道的电子对所形成。同时中心金属的 d 电子反馈给 C—H 键的 σ^* 反键轨道，削弱了 C—H 键，使得 β—氢消除反应可以顺利进行。抓氢键的发现，也使得人们重新审视一些简单的烷基基团作为配体的意义，它不仅仅是一个惰性的、与反应无关的配体，而且在一个复杂的立体化学反应中起着重要的作用。

除了 β—氢消除反应外，在某些特殊情况下，过渡金属配合物也会发生 α-消除反应、β-杂原子消除反应和脱 CO、N_2 和 SO_2 等小分子的反应。

当一个过渡金属有机配合物没有 β—H 时，其他位置的氢也可发生消除，如 α-消除反应。例如 $[Cp_2Mo(PPh_3)(CH_3)]^-$ 的甲基配体只能发生 α—H 消除反应，形成过渡金属卡宾配合物，这是最早合成 Schrock 卡宾配合物的方法。Mo、Ta 的配合物，容易发生 α—H 消除，即使在有 β—H 的情况下，α—H 的消除速度也是 β—H 的 10^6 倍。

$$TaCl_2(CH_2Ph)_3 \xrightarrow{LiCp^*} Cp^*TaCl(CH_2Ph)_3 \xrightarrow{-PhCH_3} Cp^*Ta(=CHPh)Cl(CH_2Ph)$$

在某些特殊情况下，过渡金属配合物也会发生非氢原子消除的 β-消除反应。例如，在铂的配合物中存在氢与 β 位 OPh 基团的竞争消除：

再例如锆有机配合物和铑有机配合物也能发生 β – OR 消除反应。

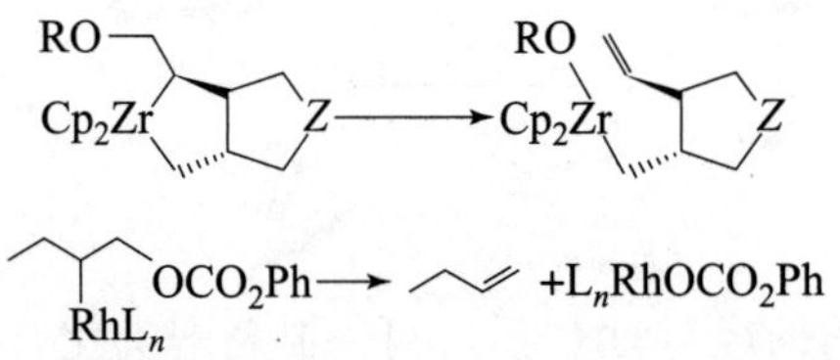

含羰基的过渡金属有机化合物容易脱除 CO，此外还有一些过渡金属化合物容易脱除 N_2 和 SO_2 等小分子，生成相应的 σ-烃基过渡金属有机化合物：

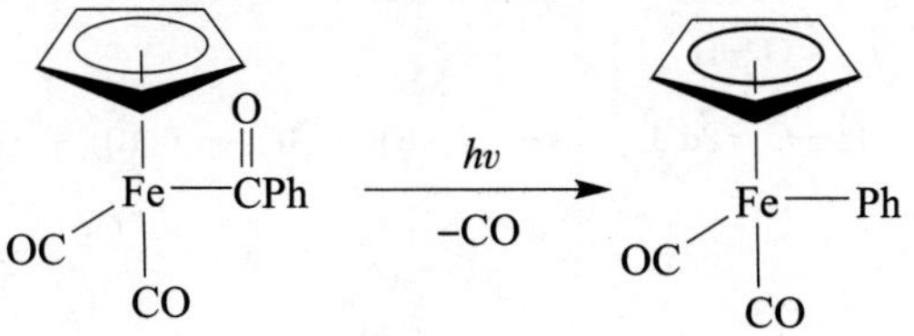

2.4 配体受到亲核试剂的进攻（配体官能团化）

在一定的反应条件下，过渡金属配合物的配体可以与一些亲核试剂进行反应，这种反应称为配体受到亲核试剂的进攻反应，也称为配体的官能团化反应。

该反应过程可表示为

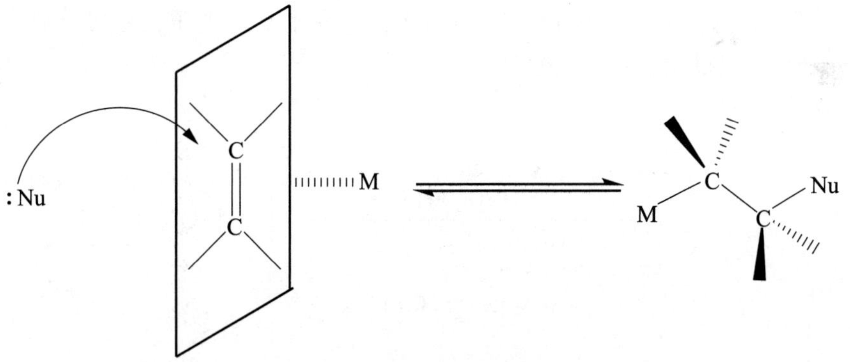

2.4.1 配位在过渡金属有机配合物上的不饱和烃的官能团化

配位在过渡金属有机配合物上的烯烃，双键上的电子云密度降低，能被亲核进攻。亲核试剂是从金属原子的反面进攻烯烃的，得到亲核试剂处于金属反位的立体专一产物。

当配位在金属中心上的烯烃不止一个时，亲核进攻应遵循以下规则：

（1）亲核进攻优先发生在碳原子数为偶数的多烯上。
（2）亲核进攻优先发生在开式配位的烯烃上。
（3）亲核试剂优先进攻偶数开式多烯的末端碳原子；只有当过渡金属配合物的吸电子能力很强时，才进攻奇数开式的多烯末端碳原子。

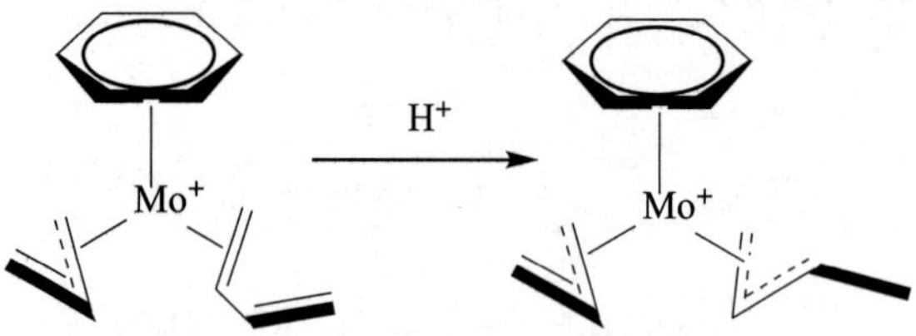

例如，利用与 Pb 配位的烯烃与 OH⁻ 反应可以制备醛类化合物：

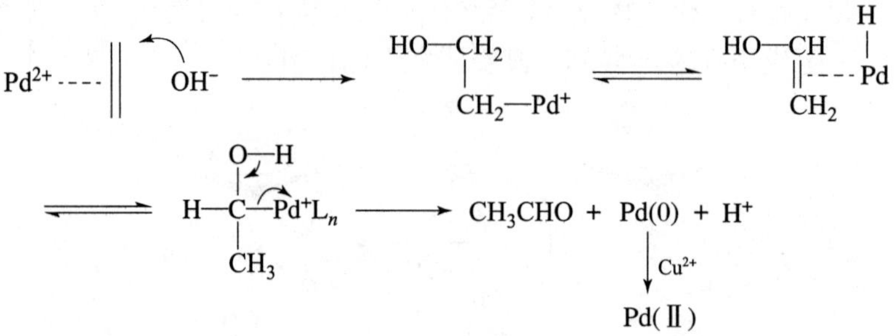

不饱和炔烃也能发生此类反应，例如 2-丙炔酸-1-卤-2-丁烯酯的三键与二价钯配位后与卤阴离子发生亲核加成反应。

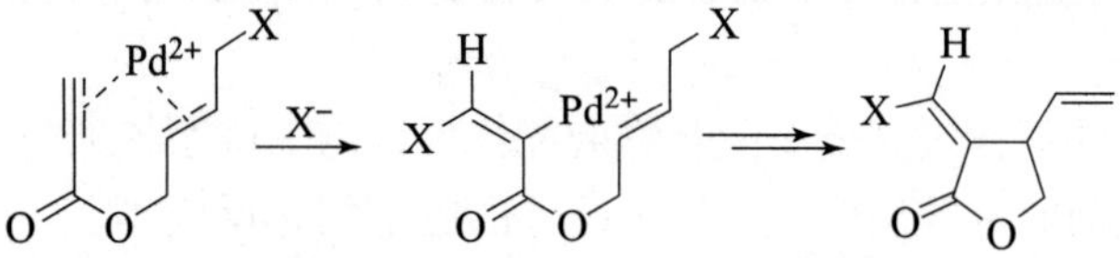

2.4.2 配位在过渡金属有机配合物上 CO 的官能团化

CO 与过渡金属有机配合物配位而得到活化，碳原子上的电子云密度降低，可以受到 ROH 的亲核进攻生成过渡金属羧酸酯合物：

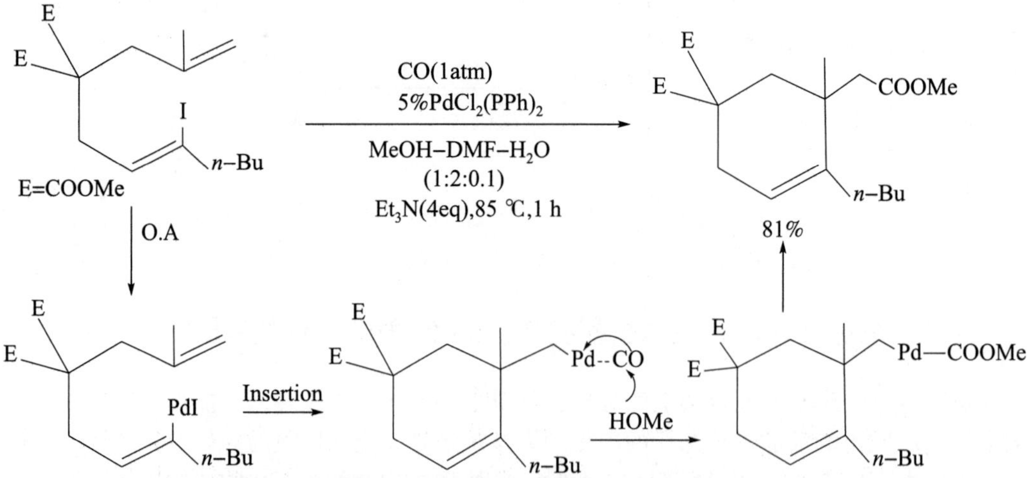

Wacker 法就是利用钯配合物中乙烯配体的官能团化的典型反应[13]：

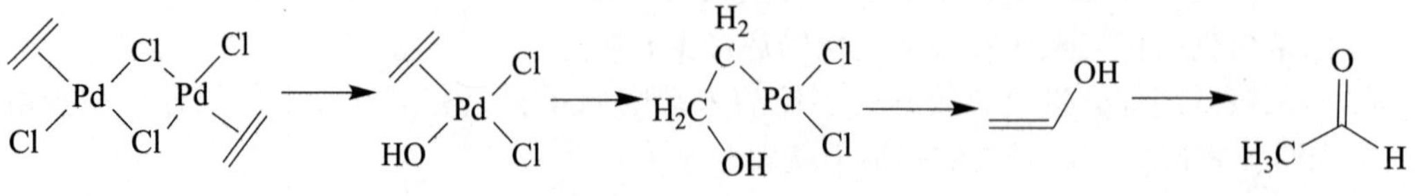

2.4.3 配位在过渡金属有机配合物上芳烃的官能团化

芳香族化合物与缺电子的过渡金属有机配合物配位之后,芳香环上的电子云密度降低,如芳香环上带有羧基会导致其酸性增强。如苯甲酸 PhCOOH 的 PKa = 5.68,而与 Cr 原子配位后的 $(\eta^6\text{-PhCOOH})Cr(CO)_3$ 的 PKa = 4.77;苯乙酸 $PhCH_2COOH$ 的 PKa = 5.64 与 Cr 原子配位后 $(\eta^6\text{-PhCH}_2COOH)Cr(CO)_3$ 的酸性都增强了。

卤代芳烃上的卤素原子是惰性的,不易发生亲核取代反应,但与过渡金属有机配合物配位后,反应就容易发生。这是因为过渡金属有机配合物使芳环上电子云相对密度降低,从而稳定了反应中间产物使反应顺利进行。

$$X=F,Cl; Y=CH(CO_2Me)_2, CMe_2CN, R_2N$$

配位在缺电子过渡金属有机配合物上的芳烃,环上氢原子的酸性增强,易发生金属化反应,芳烃侧链上的 α—H 更易金属化。金属化反应所得产物可与一系列亲电试剂反应得到芳香族的取代衍生物。

$$E^+=CO_2, RX, R_2CO, RCHO, CH_3OSO_2F 等$$

2.5 转金属化反应

转金属化反应是指有机配体从一种正电性较强的金属转移到另一种正电性较弱的金属的反应。转金属化反应主要分为主族金属间的转金属化以及主族金属与过渡金属间的转金属化。主族金属间的转金属化如烷基锂试剂可以与有机溴化镁进行反应转化为格氏试剂。主族金属与其他金属间的转金属化反应在金属催化反应中非常常见。

例如在 Stille 反应中,锡试剂的制备通常采用锂试剂与三烷基氯化锡进行转金属化反应:

再例如甲基锂与三氯化锑的反应:

$$3MeLi + SbCl_3 \longrightarrow Me_3Sb + 3LiCl$$

有机配体还可以从主族金属有机化合物的金属中心转移到过渡金属卤化物的金属中心上,或者是从过渡金属有机化合物的金属中心转移到主族金属卤化物的金属中心上。

$$2C_5H_5Na + ZrCl_4 \longrightarrow (C_5H_5)_2ZrCl_2 + 2NaCl$$

$$RZr(C_5H_5)_2Cl + HgCl_2 \longrightarrow RHgCl + 2(C_5H_2)_2ZrCl$$

此外,转金属化反应也可以发生在两种过渡金属有机化合物之间。例如乙烯基锆配合物与芳基镍配合物 $ArNiL_2Cl$ 之间的转金属化反应可以生成乙烯基镍配合物然后再还原消除得到芳基乙烯衍生物[14]。

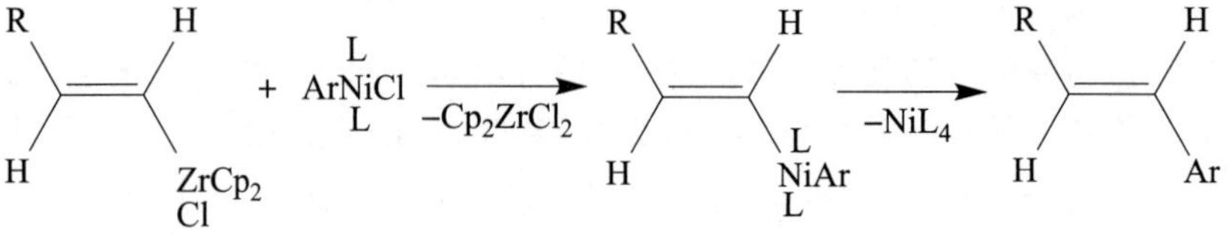

2.6 基元反应实例与分析

2.6.1 氢甲酰化反应

1938 年，Roelen 发现了氢甲酰化（hydroformylation）反应[15]。氢甲酰化指的是通过烯烃与合成气在催化剂作用下生成饱和醛的一种方法，它也称为 OXO 反应或 OXO 法。例如：

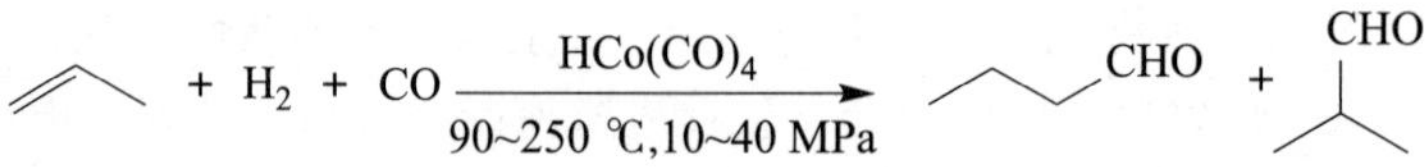

1961 年，Heck 和 Breslow 所提出的钴催化氢甲酰化机理已被人们普遍接受，如图 2-2 表示了催化循环的全过程[16]。

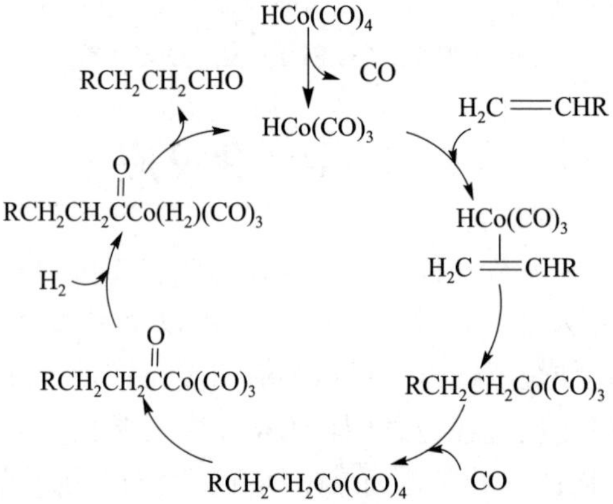

图 2-2 钴催化氢甲酰化机理

催化循环的过程如下：①首先是催化剂前体 $HCo(CO)_4$ 经过配体解离过程解离一分子 CO，产生该反应中的真正催化剂 $HCo(CO)_3$；②烯烃与金属钴配位生成 π-烯烃中间物，然后它进行插入反应生成 σ-烷基配合物；③CO 与 σ-烷基配合物配位生成配位饱和的 Co 化合物，然后它经 CO 插入生成 σ-酰基配合物；④H_2 与 σ-酰基配合物发生氧化加成产生双氢配合物；⑤最后是双氢配合物经还原消除反应生成醛，同时再生催化剂 $HCo(CO)_3$。

铑催化的氢甲酰化法最初是由 Wlkinson 研究组发展起来的[17,18]，后来被美国联合碳化公司于 1976 年实现商业化。这个方法主要用于由丙烯生产正丁醛：

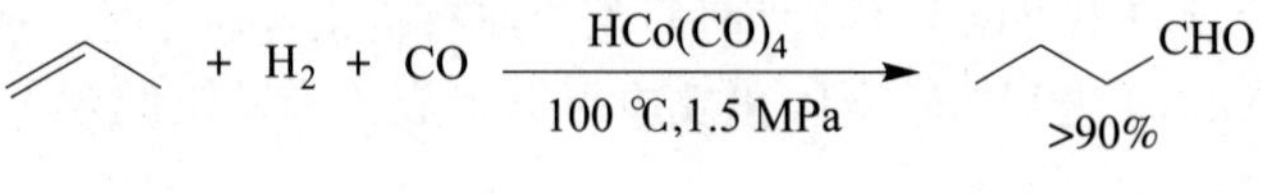

铑催化的氢甲酰化机理与钴催化的机理类似，如图 2-3 所示：①首先由催化剂前体 $H(CO)Rh(PPh_3)_3$ 解离下一个 PPh_3 配体，生成真正的催化剂 $H(CO)Rh(PPh_3)_2$；②催化剂与烯烃配位，配位的烯烃发生插入反应；③与 CO 配位，配位 CO 的发生插入反应；④与 H_2 氧化加成；⑤最后经还原消除而完成整个催化循环。

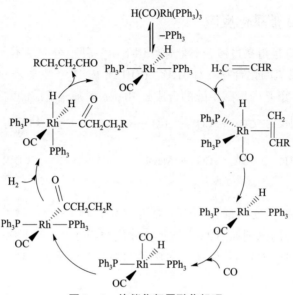

图 2-3　铑催化氢甲酰化机理

2.6.2　甲醇羰基化反应

利用甲醇与一氧化碳在均相催化剂作用下发生羰基化以生产醋酸的方法被称为孟山都醋酸合成法（Monsanto acetic acid process）。这一工业化生产醋酸的方法不仅反应条件温和、反应速率快，而且选择性好（>99%）、收率高（>90%）。

$$\text{MeOH} + \text{CO} \xrightarrow[\text{100 ℃, 1.5 MPa}]{\text{铑催化剂/I}^-} \text{MeCO}_2\text{H}$$

关于孟山都醋酸合成法的反应机理已有不少报道，而被人们普遍接受的机理如图 2-4 所示[19,20]。

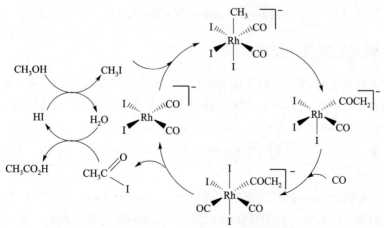

图 2-4　孟山都醋酸合成法反应机理

该催化循环的机理是：①首先由 CH_3OH 和 HI 反应生成的 CH_3I 对配位不饱和铑催化剂进行氧化加成生成中间物；②然后经 CH_3 向 CO 的迁移插入反应生成另一中间物；③再经 CO 配位；④最后消除乙酰碘并再生催化剂。产物醋酸以及生成 CH_3I 所需 HI 是由乙酰碘水解得到的。

2.6.3 Reppe 羰基化反应

Reppe 羰基化反应是指在过渡金属催化作用下由三种组分——不饱和有机化合物烯烃或炔烃、CO 以及含活泼氢的化合物（如 H_2O、ROH 或 RNH_2）生成羧酸及其衍生物的一类反应[21,22]，丙烯酸和 α-甲基丙烯酸甲酯的合成是 Reppe 羰基化反应的两个典型例子：

$$HC \equiv CH + CO + H_2O \longrightarrow H_2C = CHCO_2H$$

$$HC \equiv CMe + CO + MeOH \longrightarrow H_2C = C(Me)CO_2H$$

常用的 Reppe 羰基化反应催化剂为羰基金属化合物 $HCo(CO)_4$、$Ni(CO)_4$、$Fe(CO)_5$ 等。Reppe 羰基化反应的机理如图 2-5 所示：催化循环过程涉及催化剂前体 $Ni(CO)_4$ 和 HX 形成的真正催化剂 $HNi(CO)_2X$，以及它与炔烃的加成及随后的 CO 插入和醇解四个基元反应步骤[23]。

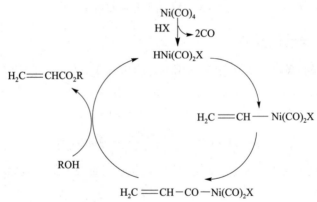

图 2-5 Reppe 羰基化反应的机理

2.6.4 烯烃的氢氰化反应

烯烃在过渡金属配合物的作用下能与 HCN 发生均相氢氰化反应（hydrocyanation）。例如，杜邦（DuPont）公司由 1,3-丁二烯和 HCN 生产尼龙-6,6 单体己二胺所需的原料己二腈的方法中就涉及这个反应。

$$\diagup\!\!\!\diagdown \xrightarrow[\text{Ni催化剂}]{\text{HCN}} \diagup\!\!\!\diagdown\text{CN} \xrightarrow{\text{Ni催化剂}} \diagup\!\!\!\diagdown\text{CN} \xrightarrow[\text{Ni催化剂}]{\text{HCN}} NC\diagup\!\!\!\diagdown\!\!\!\diagup\text{CN}$$

过渡金属配合物如 $Co_2(CO)_8$、$Pd[P(OPh)_3]_4$、$Na_3[P(OPh)_3]_4$ 和 $Na_4[Ni(CN)_4]$ 是烯烃氢氰化反应的催化剂前体。就钯催化剂来说，用亚磷酸酯作配体较好，这可能是因为亚磷酸酯能稳定催化循环中的氢化钯中间体。钯催化的氢氰化反应的可能机理如图 2-6 所示：

①HCN 对配合物零价钯的氧化加成；②烯烃配位；③配位烯烃对 Pd—H 键的插入；④最后一步可能是分子内还原消除，也可能是分子间还原消除。虽然分子内和分子间还原消除都是可能的，但前者缺乏令人信服的先例，而后者得到一个尚未确证的双核钯（+Ⅰ）配合物，因此烯烃氢氰化反应的机理还有待进一步研究。

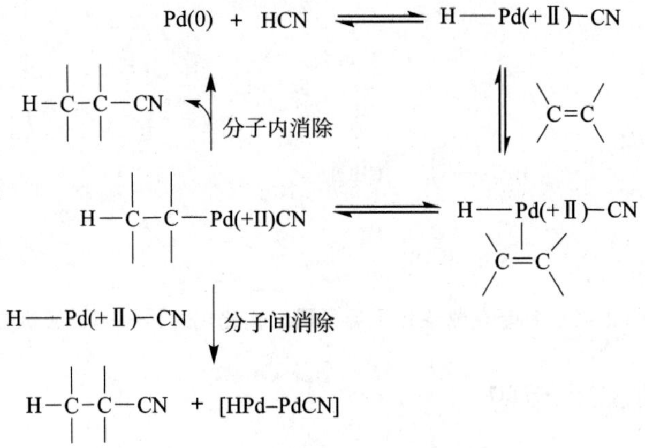

$$Pd(0) + HCN \rightleftharpoons H—Pd(+Ⅱ)—CN$$

图 2-6　钯催化的氢氰化反应的可能机理

2.6.5　烯烃双键异构化

许多过渡金属配合物可以催化烯烃分子中的双键氢原子发生 1,3-迁移，从而生成其 C═C 双键异构化（isomerization）的产物。在过渡金属氢化物 L_nMH 的催化作用下，烯烃的双键异构化主要经以下反应步骤：①烯烃双键与催化剂 L_nMH 配位生成中间物；②该中间物 M 所连氢原子在烯烃迁移插入中按马氏规则加到含 H 较多的双键碳原子上生成 σ-烷基中间物；③β-氢消除生成双键异构化的产物烯烃。

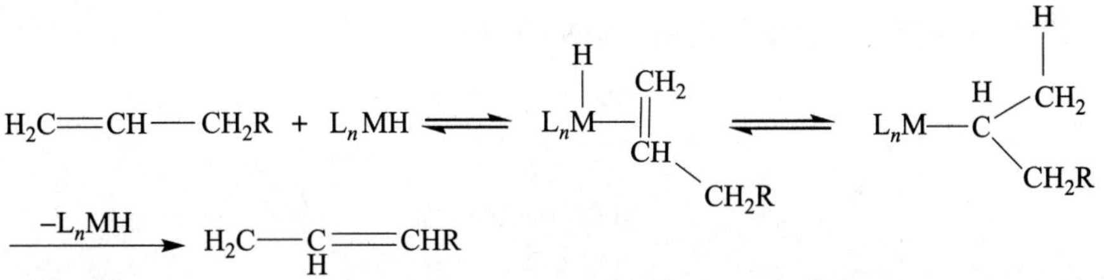

过渡金属催化的 C═C 双键异构化是合成某些药物和天然产物的一步重要反应。例如，用于合成维生素 A 的丙烯酮是由异丁烯、甲醛和丙酮生成的末端烯酮的 C═C 双键异构化生成的[24]：

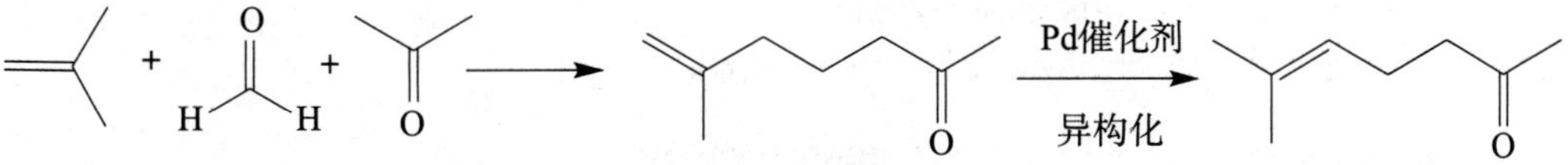

除了 C═C 双键异构化以外，某些过渡金属有机化合物还能催化烯醇的异构化。例如，钴氢化物可以催化烯丙醇异构化为丙醛。图 2-7 所示为烯丙醇在钴氢化物催化下转化为丙醛的异构化反应机理，其中涉及烯丙醇与催化剂配位生成 π-烯烃中间物，而后发生插入反应生成 σ-烷基钴，最后发生还原消除等基元反应。

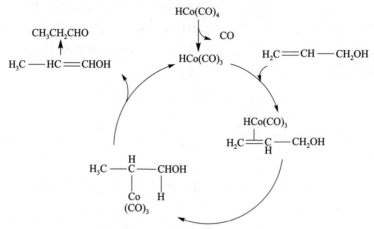

图 2-7 钴氢化物催化下烯丙醇异构化化为丙醛的反应机理

2.6.6 芳烃的胺化反应

经典的芳烃胺化反应一般是通过芳香化合物的亲核取代反应实现的，但需要使用较强烈的反应条件或使用反应活性较高的芳香化合物。Buchwald 于 1996 年发现，芳香溴代物与仲胺可在催化剂体系 $Pd_2(dba)_3$/BINAP/NaOBu^t 的存在下顺利地进行 C—N 键偶联反应，生成相应的芳香叔胺[25]：

$$ArBr + HNRR' + \xrightarrow[\text{NaOBu}^t, 甲苯, 80\ ℃]{Pd_2(dba)_3, BINAP} ArNRR'$$

该反应的机理如图 2-8 所示：①首先由催化剂前体 $Pd_2(dba)_3$ 与双磷配体 BINAP 形成真正的催化剂 (BINAP)Pd；②然后由这个反应形成的催化剂 (BINAP)Pd 与卤代芳烃发生氧化加成；③与胺配位形成配合物中间物；④在醇钠的作用下脱质子生成烃氨基钯；④最后发生还原消除生成偶联产物并再生催化剂 (BINAP)Pd[25]。

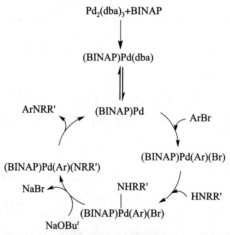

图 2-8 钯催化下的芳烃的胺化反应机理

通过 Pd 催化的胺化反应也可制备芳胺聚合物。例如，相对分子质量在 5 000~6 000 的芳胺聚合物可由对二溴苯与相应二胺的胺化反应制得[26]：

$$\text{Br}-\text{C}_6\text{H}_4-\text{Br} + \text{HN}-\text{(piperidine)}-(CH_2)_m-\text{(piperidine)}-\text{NH} \xrightarrow[\text{NaOBu}^t, 甲苯]{Pd[P(o-Tol)_3]_2Cl_2}$$

$$\left[-\text{C}_6\text{H}_4-\text{N(piperidine)}-(CH_2)_m-\text{(piperidine)N}-\right]_n$$

芳胺聚合物具有独特的电磁性质，它作为一类先进材料有着广阔的应用前量。

参考文献

[1] Anderson G K, Cross R. Isomerisation mechanisms of square – planar complexes. J. Chem Soc Rev, 1980, 9: 185 – 215.

[2] Ozawa F, Ito T, Nakamura Y, et al. Mechanisms of Thermal Decomposition of trans – and cis – Dialkylbis (tertiary phosphine) palladium (Ⅱ). Reductive Elimination and trans to cis lsomerizarion. Bull Chem Soc Jpn, 1981, 54: 1868 – 1880.

[3] Paonessa R S, Trogler W C. Solvent – dependent reactions of carbon dioxide with a platinum (Ⅱ) dihydride. J Am Chem Soc, 1982, 104: 3529 – 3536.

[4] Favez R, Roulet R, Pinkerton A A, et al. A study fo PtXl (PR$_3$) 2 in the presence of PR3 in dichloromethane solution and the Cis – Trans isomerization reaction as studied by phosphorus – 31 NMR. Cnystal structwe of [ptcl (PMe3)] Cl Inorg Chem, 1980, 19: 1356 – 1365.

[5] Halpern J. Oxidative – addition reactions of transition metal complexes. Acc Chem Res, 1970, 3: 386 – 392.

[6] Lappert M F, Lednor P W. Free Radicals in Organometallic Chemistry. Adv Organomet Chem, 1976, 14: 345 – 399.

[7] Vaska L. Reversible activation of covalent molecules by transition – metal complexes. The role of the covalent molecule. Acc Chem Res, 1968, 1: 335 – 344.

[8] Ugo R. The coordinative reactivity of phosphine complexes of platinum (o), palladium and nickel (o). Coord Chem Rev, 1968, 3: 319 – 344.

[9] Norton J R. Organometallic elimination mechanisms: studies on osmium alkyls and hydrides. Acc Chem Res, 1979, 12: 139 – 145.

[10] Baird M C. Transition metal – carbon6 – bond scission. J Organomet Chem, 1974, 64: 289 – 300.

[11] Cassar L, Eaton P E, Halpern J. Catalysis of symmetry – restriceted reactions by transition metal compouny Valence isomerization of cubane. J Am Chem Soc, 1970, 92: 3515 – 3518.

[12] Bishop Ⅲ K C, Transition metal catalyzed rearrangements of small ring organic molecules. Chem Rev, 1976, 76: 461 – 486.

[13] Smidt J, Hafner W, Jira R, et al. Katalytische Umsetzungen von Olefinen an Platinmetall – Verbindungen Das Consortium – Verfahren zur Herstellung von Acetaldehyd. Angew Chem, 1959, 71: 176 – 182.

[14] Neigishi E, Van Horn D E. Seletive carbon – carbon bond formation via trowsition metal catalysis. 4. A novel approach to cross – coupling exemplified by the nickel – catalyzed reaction of alkenylzirconium derivatives with aryl halides. J Am Chem Soc, 1977, 99: 3168 – 3170.

[15] Pruett R L. Hydroformylation. Adv Organomet Chem, 1979, 17: 1 – 60.

[16] Heck R F, Breslow D S. The Reaction of cobalt Hydrotetracarbonyl with Olefins. J Am Chem Soc, 1961, 83: 4023 – 4027.

[17] Evans D, Osborn J A, Wilkinson G. Homogeneous hydroformylation of alkense with hydridocorbunyltris – (triphenylphosphine) rhodium (I) as catalyst. J Chem Soc (A), 1968, 3133 – 3142.

[18] Brown C K, Wilkinson G. Hydroformylation of alkenes by use of rhodium complex catalysts. J Chem Soc (A), 1970, 2753 – 2764.

[19] Forster D. Mechanistic Pathways in the Catalytic Carbonylation of Methanol by Rhodium and Iridium Complexes. Adv Organomet Chem, 1979, 17: 255 – 267.

[20] Roth J F. At the academic/industry interface. J Organomet Chem, 1985, 279: 1 – 3.

[21] Reppe W, Vetter H. Carbonylierung VI. Synthesen mit Metall carbonylwasserstoffen. Justus Liebigs Ann Chem, 1953, 582: 133 – 161.

[22] Reppe W. Carbonylierung I. Über die Umsetzung Von Acetylen mit kohlenoxyd und Verbindungen mit reaktionsfähigen Wasserstoffatomen Synthesen α, β – ungesättigter Carbonsäuren und ihrer Derivate. Justus Liebigs Ann Chem, 1953, 582: 1 – 37.

[23] Heck R F. The Mechanism of the Ally Halide Carboxylation Reaction Catalyzed by Nickel Carbonyl. J Am Chem Soc, 1963, 85: 2013 – 2014.

[24] Pommer H, Norrenbach A. Industrial synthesis of terpene componds. Pure Appl Chem, 1975, 43: 527 – 551.

[25] Wolfe J P, Wagaw S, Buchwald S L. An improved Catalyst system for Aromatic Carbon – Nitrogen Bond Formation : The Possible Involvement of Bis (Phosphine) Palladium Complexes as Key Intermediates. J Am Chem Soc, 1996, 118: 7215 – 7216.

[26] Hartwig J F. Transiton Metal Catalyzed Synthesis of Arylamines and Aryl Ethers from Aryl Halides and Triflates : Scope and Mechanism. Angew Chem Int Ed, 1998, 37, 2046 – 2067.

第3章
烯烃聚合

3.1 金属有机化学基本知识

20世纪50年代，德国化学家Ziegler发现在常压或低压下$TiCl_4/AlEt_3$可使乙烯聚合形成线形高密度聚乙烯（HDPE）；1954年，意大利化学家Natta发现$TiCl_3/AlEt_3$可使丙烯发生聚合，形成了结晶性固体聚丙烯。在此之前，乙烯只能在高温（约200 ℃）、高压（100～300 MPa）下进行自由基聚合制得高分子量低密度聚乙烯（LDPE），而丙烯在lewis酸的存在下进行阳离子聚合，只能形成黏稠状的低聚物。因此Ziegler和Natta的上述重大发现就成为高分子科学和工业领域的开创性重大事件[1,2]。

为了阐明烯烃在过渡金属（Ⅳ～Ⅷ族，如Ti、V、Cr、Mo、Ni等）催化剂中聚合的本质，Natta于20世纪50年代中期提出了配位聚合的概念，即由两种或两种以上组分组成的配合物引发的聚合反应。后来经过不断的修改和完善确立了配位聚合历程：首先单体在过渡金属活性中心的空位进行配位，形成α-π配位配合物，进而这种被活化的单体插入过渡金属—碳键实现链增长，最后生成大分子。配位聚合由两位意大利科学家Karl Ziegler和Giulio Natta发明，他们在1963年共同获得了诺贝尔化学奖，他们使用Ziegler – Natta催化剂通过配位机理代替普通的链或阶段聚合来实现非极性（烯烃、环烯烃、二烯烃等）单体的聚合[3]。如果单体含有不对称碳，则聚合物可以表现出相应的立体特异性。自20世纪60年代以来，已开发出非均相和均相Ziegler – Natta催化剂，非均相催化剂由过渡金属化合物（如氯化钛）和有机金属化合物（如烷基铝烷）作为助催化剂组成。均相催化剂由过渡金属茂金属和烷基铝制成。茂金属通常是由两个环戊二烯基阴离子（Cp，其为$C_5H_5^-$）与氧化态Ⅱ的金属中心（M）结合而形成的配合物，得到的通式为$(C_5H_5)_2M$。然而，均相催化剂表现出低的活性。直到1980年，W. Kaminsky发现均相Ziegler – Natta催化剂的催化效果可以通过添加烷基铝与水反应得到的助催化剂（如甲基铝氧烷（MAO））大大提高。

3.1.1 烯烃配位聚合的机理及特点

一般情况下，烯烃在过渡金属催化剂的作用下发生配位 – 插入聚合。这种加成反应，其链增长机理是：先由烯烃（或二烯烃）单体的C═C双键与过渡金属原子（如Ti、V、Cr、Mo、Ni、Pd等）空的d轨道进行配位（coordination），然后单体移位 – 插入（migration-insertion）金属—碳键，从而发生链增长。如此不断重复上述过程，即可形成大分子。以乙烯为例，聚合机理的通式如图3 – 1所示。

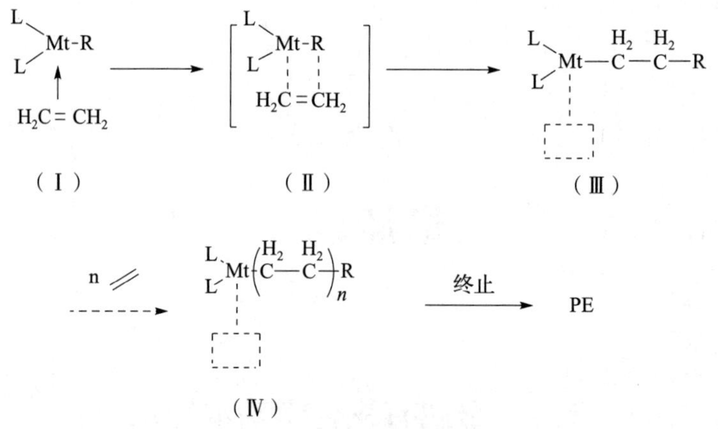

图 3-1 聚合机理的通式

L—配体；Mt—过渡金属；R—链末端烷基；□—空配位点

首先，乙烯向反应活性中间体（Ⅰ）中的过渡金属（Mt）进行配位，并形成四元环过渡态（Ⅱ），接着乙烯插入 Mt—C 键中得到活性中间体（Ⅲ）。重复前述过程即可得到长链大分子活性中间体（Ⅳ），终止后得到聚乙烯。由于单体在空的 d 轨道上配位而被活化，随后烷基及双键上的 π 电子对发生位移，得以链增长，故称之为配位-插入聚合（coordination-insertion polymerization）。

以钛为金属中心，简述下配位聚合的特点：

(1) 单体在正电性金属 Ti 的空位处配位。Ti（或其他 Mt）一般低于其最高氧化态，Ti—C 键为极性共价键显部分极性（但不是离子键），Ti 上需有供烯烃配位的空位点（即 d 空轨）；R—CH=CH$_2$（单体）需带富电子基团，富电子 C=C 对 Ti 配位后活化了 Ti—C 键；单体对 Ti 的配位需具有"介稳性"，即它能活化 Ti—C 键以利于插入反应，但不能太稳定，否则将形成稳定的配位配合物（如与带孤对电子的 O、N、P 化合物配位），使之难以发生插入增长。

(2) 活性物种经单体配位活化后形成四元环过渡态，随即单体与 Ti—C 键发生顺式加成（自由基、阴离子、阳离子一般为反式加成），Ti—C 键间发生插入增长。单体在 Ti—C 键间插入的结果是：单体的 α 碳与 Ti 相连，而与金属相连的碳原子直接与单体的 β-碳原子键合，新形成的 Ti$^{\delta+}$-C$^{\delta-}$ 极性共价键始终控制着插入单体的加成方式和构型。这种增长特征显然不同于典型的自由基和阴、阳离子聚合。

(3) 单体在 Ti—C 键间插入后，空出了原来的空位供下一个单体分子配位，为此又称为插入聚合（insertion polymerization）。

(4) α-烯烃对 Mt—C 键插入可有两种形式，即一级插入和二级插入[4,5]。以丙烯聚合为例：

一级插入（primary insertion）是丙烯的 α-碳与 Mt$^{\delta+}$ 相连：

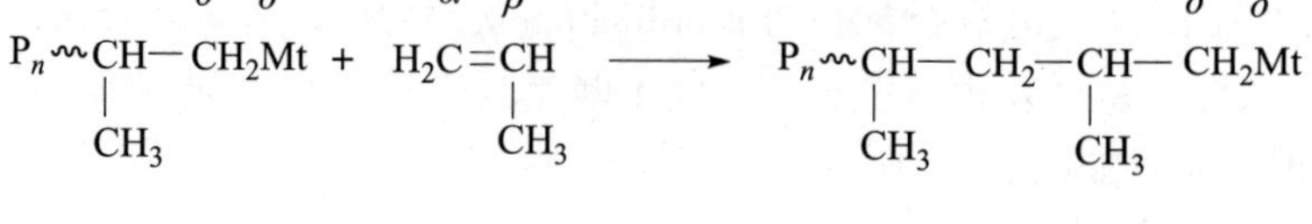

$$P_n\text{—}\underset{\delta^-}{C}H\text{—}\underset{\delta^+}{C}H_2Mt + H_2\underset{\alpha}{C}=\underset{\beta}{C}H \longrightarrow P_n\text{—}CH\text{—}CH_2\text{—}\underset{\delta^-}{C}H\text{—}\underset{\delta^+}{C}H_2Mt$$
$$\qquad\quad \mid \qquad\qquad\qquad \mid \qquad\qquad\qquad \mid \qquad\quad \mid$$
$$\qquad\quad CH_3 \qquad\qquad\qquad CH_3 \qquad\qquad\qquad CH_3 \quad\; CH_3$$

二级插入（secondary insertion）是丙烯的 β - 碳与 Mt 键合：

$$P_n \sim \overset{\delta^-}{CH} - \overset{\delta^+}{CH_2}Mt + \overset{\alpha}{H_2C} = \overset{\beta}{CH} \longrightarrow P_n \sim CH - CH_2 - \overset{\delta^-}{CH} - \overset{\delta^+}{CH_2}Mt$$
$$\quad\quad\; |\quad\quad\quad\quad\quad\quad\quad\quad |\quad\quad\quad\quad\quad |\quad\quad\quad\; |$$
$$\quad\quad CH_3\quad\quad\quad\quad\quad\quad\;\; CH_3\quad\quad\quad\;\; CH_3\quad\quad CH_3$$

一级插入和二级插入所得链结构虽完全相同，但其链端结构（瞬时裂解终止或 H 转移终止）却有所不同，一级插入形成 ～～C—CH$_2$ 端基，而后者却形成 ～～CH=CH—CH$_3$ 端基。
$\quad\quad\quad\quad\quad\quad\quad\quad\quad\quad\quad\quad\quad\quad\;\;|$
$\quad\quad\quad\quad\quad\quad\quad\quad\quad\quad\quad\quad\quad\quad CH_3$

据此可通过测定链端结构来估计增长链端的结构和性质。实验结果表明，丙烯的全同（等规）聚合和丁（二烯）-丙（烯）交替共聚均为一级插入，而丙烯的间同（间规）聚合和 π-烯丙基 NiX 引发的丁二烯聚合则为二级插入。

（5）配位聚合的一个最大特点是在配位聚合的链增长时，单体先与催化剂活性中心进行的配位反应是具有立体定向性的，使链增长的每一个大分子链节的排列也就有了立体规整性（或称定向性），故配位聚合属于"定向聚合"（stereo-specific polymerization）。

从以上的反应图式和简要分析可以看出，配位聚合是一类单体首先在活性物种上配位、由配位导致聚合、活性物种能控制增长的新型聚合反应。其引发、增长和终止历程完全不同于传统的自由基聚合和阳、阴离子聚合。

3.1.2 聚合物结构表征

3.1.2.1 分子量及分子量分布

聚合物主要应用于材料，强度是评估材料的基本参数，而分子量（molecular weight）是影响强度的一个重要因素。在聚合物合成和成型过程中，分子量则是评价聚合物的重要指标。低分子和高分子化合物的分子量没有明确的界限。低分子化合物的分子量一般在 1 000 以下，而高分子多在 10 000 以上，其间是过渡区，如表 3 – 1 所示。

表 3 – 1　低分子物和高分子物的分子量

名称	分子量	碳原子数	分子长度/nm
甲烷	16	1	0.125
低分子	<1 000	$1 \sim 10^2$	0.1~10
过渡区	$10^3 \sim 10^4$	$10^2 \sim 10^3$	10~100
高分子	$10^4 \sim 10^6$	$10^3 \sim 10^5$	100~10 000

聚合物强度随分子量的增加而增加，常用聚合物的分子量如表 3 – 2 所示。

表 3 – 2　常用聚合物分子量

塑料	分子量/($\times 10^4$)	纤维	分子量/($\times 10^4$)	橡胶	分子量/($\times 10^4$)
高密度聚乙烯	6~30	涤纶	1.8~2.3	天然橡胶	20~40

续表

塑料	分子量/($\times 10^4$)	纤维	分子量/($\times 10^4$)	橡胶	分子量/($\times 10^4$)
聚氯乙烯	5~15	尼龙-66	1.2~1.3	丁苯橡胶	15~20
聚苯乙烯	10~30	维尼纶	6~7.5	顺丁橡胶	25~30
聚碳酸酯	2~6	纤维素	50~100	氯丁橡胶	10~12

与乙醇、苯等低分子或酶类的生物高分子不同，同一聚合物试样往往由分子量不等的同系物混合而成，分子量存在一定的分布，通常所指的分子量是平均分子量，平均分子量有多种表示法，最常用的是数均分子量和重均分子量。

（1）数均分子量 $\overline{Mn}$。通常由渗透压、蒸气压等依数性方法测定，其定义是某体系的总质量 m 被分子总数所平均。

$$\overline{Mn} = \frac{m}{\sum ni} = \frac{\sum niMi}{\sum ni} = \frac{\sum mi}{\sum (mi/Mi)} = \sum xiMi$$

低分子量部分对数均分子量有较大的贡献。

（2）重均分子量 $\overline{Mw}$。通常由光散射法测定，其定义如下：

$$\overline{Mn} = \frac{\sum miMi}{\sum mi} = \frac{\sum niM_i^2}{\sum niMi} = \sum wiMi$$

高分子量部分对重均分子量有较大的贡献。

以上两式中 ni、mi、Mi 分别代表 i 聚体的分子数、质量和分子量。对所有大小的分子，即从 $i-1$ 到无穷作加和。凝胶渗透色谱可以同时测得数均分子量和重均分子量。

（3）黏均分子量 $\overline{Mv}$，聚合物分子量经常用黏度法来测定，黏度法测定分子量主要是使用乌氏黏度计在相对应的 Mark-Hawink 方程中适宜的温度和溶剂条件下，通过"一点法"制定，样品浓度一般为 0.02~0.03 g/(25 mL)。

$$[\eta] = \sqrt{2(\eta_{sp} - \ln\eta_r)}/c$$

式中 $[\eta]$——特性黏度；

η_{sp}——增比黏度，$\eta_{sp} = \eta_r - 1$；

η_r——相对黏度，$\eta_r = t_{溶液}/t_{溶剂}$；

c——聚合物溶液浓度，mol/L。

对于聚乙烯，在 135 ℃、十氢萘中，黏均分子量由 Mark-Hawink 方程计算：

$$[\eta] = 6.67 \times 10^{-4} \overline{Mv}^{0.67}$$

对于聚丙烯，在 135 ℃、十氢萘中，黏均分子量由 Mark-Hawink 方程计算：

$$[\eta] = 2.38 \times 10^{-4} \overline{Mv}^{0.725}$$

三种分子量大小依次为：$\overline{Mw} > \overline{Mv} > \overline{Mn}$。做深入研究时，还会出现 Z 均分子量。

合成聚合物总存在一定的分子量分布（molecular weight distribution，MWD，也称多分散指数（polydispersity index，PDI））。分子量分布指数定义为 $\overline{Mw}/\overline{Mn}$ 的比值，可用来表示分布的宽度。化合物的平均分子量相同，但是可能分布不同，因为相同分子量部分所占的百分比不一定相等。分子量分布也是影响相应聚合物性能的一个重要因素。低分子量部分将使聚合物的固化温度及强度降低，分子量太高则使得塑化成型困难。不同高分子材料应具有合适的分子量分布，合成纤维的分子量对应的分布需较窄，而合成橡胶的分子量分布应较宽。控制分子量和分子量分布是高分子合成的主要目的。聚烯烃的分子量及分子量分布可采用黏度法或凝胶色谱法进行分析测定。

凝胶色谱技术是20世纪60年代初发展起来的一种快速而又简单的分离技术，由于所需设备较简单，操作比较方便，不需要其他有机溶剂，对高分子物质具有很高的分离效果。凝胶色谱法又称分子排阻色谱法。根据分离对象是水溶性或有机溶剂可溶物，可分为凝胶过滤色谱（GFC）和凝胶渗透色谱（GPC）。凝胶过滤色谱（GFC）通常情况下用于分离水溶性的大分子。凝胶渗透色谱（GPC）主要用于有机溶剂中可溶的高聚物（聚苯乙烯、聚乙烯等）相对分子质量分布的分析和分离，常用的凝胶是交联的聚苯乙烯凝胶，洗脱溶剂常为THF等有机溶剂。凝胶色谱不仅可以分离测定高聚物的相对分子质量和相对分子质量分布，同时可根据所用凝胶的填料不同，分离油溶性及水溶性物质，分离相对分子质量的范围很宽。化学结构不相同但是相对分子质量相似的物质，无法通过凝胶色谱法达到非常完全的分离和纯化。凝胶色谱主要应用在高聚物的相对分子质量的分级分析及分布测试等方面。目前已经被分子生物学、生物化学、分子免疫学以及医学等有关领域广泛采用，不仅应用于科学实验研究，还应用于大规模的工业化生产中。

色谱柱的重要参数：

(1) 柱体积：柱体积是指在凝胶装柱以后，从柱的底板到凝胶沉积的表面的体积。在色谱柱中充满凝胶的部分称为凝胶床，因引柱体积又称"床"体积，常用 V_t 表示。

(2) 外水体积：色谱柱内凝胶的颗粒间隙部分称为外水体积，也称间隙体积，常用 V_o 表示。

(3) 内水体积：由于凝胶多为三维网状结构，颗粒内部仍存有部分空间，液体可进入到颗粒的内部，这部分间隙的总和称为内水体积，也称定相体积，常用 V_i 表示。其中不包含固体支持物的体积（V_g）。

(4) 峰洗脱体积：是指被分离的化合物在通过凝胶柱时所需要的洗脱液的体积，常用 V_e 表示。当使用样品的体积非常少时，（与洗脱体积比较可以忽略不计），在洗脱图中，从加样开始到峰顶位置所用的洗脱液体积为 V_e。当样品体积与洗脱体积相比较时不能进行忽略，洗脱体积的计算可以从样品体积的一半直至峰顶位置。当样品很大时，洗脱体积计算可以从应用样品的起始到洗脱峰升高的弯曲点（或半高处）。

3.1.2.2 结晶度

结晶度（crystallinity）是指材料中的离子、原子或者分子按照一定的空间顺序排列形成长而有序的过程，即聚合物的结晶部分占规整聚合物的百分数，通常以质量百分数 f_w^c 或体积分数 f_v^c 表示。结晶度是表征聚合物性质的一个重要参数，聚合物的一些物理、机械性能与结晶度有着密不可分的关系。结晶度越大，尺寸的稳定性越好，其强度、硬度及刚度越高；与此同时，耐热性和耐化学性也越好，但是，和链运动相关的性能如弹性、断裂伸长、溶胀度等相应降低。因而高分子材料结晶度的准确测定和描述对认识这类材料是很重要的。

$$f_w^c = \frac{w_c}{w_c + w_a} \times 100\%$$

$$f_w^c = \frac{V_c}{V_c + V_a} \times 100\%$$

式中，w 表示质量，V 表示体积，下标 c 表示结晶，a 表示非晶。

结晶度的概念虽然使用了很久，但是由于高聚物的晶区与非晶区的界限不明确：在一个样品中实际上同时存在着不同程度的有序状态，这自然要给准确确定结晶部分的含量带来了困难，由于各种测试结晶度的方法涉及不同的有序状态，或者说，各种方法对晶区和非晶区的理解不同，有时甚至会有很大出入。

结晶度测定方法一般可用比重法、X 射线分析法、差热扫描量热法（differential scanning calorimetry，DSC）和红外光谱法（infrarled spectrum，IR）等测定。对于聚乙烯，常采用 DSC 测定，测定时应消除热历史，即采用第二次升、降温曲线进行计算。其相应的计算公式为

$$\Delta X(\%) = (\Delta H_f / \Delta H_{f0}) \times 100\%$$

式中，ΔH_f 为 DSC 测定聚乙烯样品的熔化热；ΔH_{f0} 为完全结晶物质的理论熔融焓，PE 为 287.3 J/g。

优缺点：一方面通常我们认为的熔融吸热峰面积，实际上包括了比较难区分开的非结晶区黏流吸热的特性；另一方面，试样在等速升温的测试过程中还可能发生熔融再结晶过程，所以所测定的结果事实上是一种复杂过程的综合，而不是原始试样的结晶度。但由于其试样用的量少、简单容易实施等优点，成为近现代塑料的测试技术之一，在高聚物结晶度的测试方面得到广泛的应用。

3.1.2.3 熔点及玻璃化温度

熔点（melt temperature，T_m）是指高分子材料的熔点。在一些高分子材料中也会出现结晶现象，比如我们常用的聚乙烯就是一种结晶的高分子。而 T_m 一般指的就是高分子材料中晶区开始溶解时的温度。

玻璃化温度（glass transition temperature，T_g）指高聚物经高弹态转为玻璃态时对应的温度，即无定型聚合物（其中包括结晶型聚合物中的非结晶部分）由玻璃态向高弹态或由后者向前者的转变温度，是无定型聚合物大分子链段自由运动的最低温度，随测定的方法和条件存在一定的不同。玻璃化温度是高聚物的一种重要参数。在此温度以上，高聚物表现出弹性性质；在此温度以下，高聚物表现出脆性性质，在用作塑料、橡胶、合成纤维等材料时必须加以考虑。如聚氯乙烯的玻璃化温度是 80 ℃，但是它不是材料工作温度的上限，比如，橡胶的工作温度需在玻璃化温度以上，否则会失去应有的高弹性。

熔点和玻璃化温度均可采用 DSC 进行测定。在测定时同样需消除热历史，即需采用第二次的升温曲线进行确定。对于分子量分布窄的聚合物样品，其熔融峰很尖锐；而对于支化度高的聚乙烯样品，其熔程很宽。玻璃化温度也可以用动态力学分析（dynamic mechanical analysis，DMA）测试。

3.1.2.4 支化度及立构规整度

支化度（branching degree）是指 1 000 个碳中所含支链的量，可用红外光谱、核磁或流变等方法测定。红外光谱法是利用差减法，以 1 369 cm^{-1} 处的聚乙烯端基（甲基）的对称变

形振动谱带作为参考差减谱带，采用位于 1 378 cm^{-1}处的谱带作为分析谱带，按下式计算聚乙烯（PE）支化度：

$$N(支化度/1000 碳原子) = K \times (A/T)/D$$

式中，N 为支化度；A 为分析谱带的红外光谱的吸收率，%；T 为样品薄膜厚度，cm；D 为薄膜密度，g/cm^3；K 为吸收系数，对于乙基支链 $K = 0.59$，对于含有多种支链的情况 $K = 0.66$。

立构规整度（stereo tacticity 或 stereo regularity）是指立构规整的聚合物占总聚合物（包括无规的聚合物）的百分比，是评估聚合物性能及引发剂定向聚合能力的一个重要指标。可根据聚合物的性质，如结晶度、密度、熔点、溶解行为及化学键的特征吸收光谱等进行相应的测定。全同（或等规）聚丙烯的立构规整度，即全同指数或等规度（isotactic index of polypropylene，IIP）常用沸腾正庚烷的萃取剩余物所占的百分数进行表示。

聚丙烯的全同指数（IIP）= 沸腾正庚烷萃取剩余物质量/未萃取时的聚合物总质量，用红外光谱的特征吸收谱带测定：

$$IIP = K \times A_{975}/A_{1\,460}$$

式中，K 为仪器常数；A_{975} 为全同螺旋链段特征吸收峰面积；$A_{1\,460}$ 为甲基的特征吸收峰面积。

用^{13}C NMR 也可以测等规度，计算公式为

$$等规度:[mmmm] = (I_{mmmm}/I_{总}) \times 100\%$$
$$间规度:[rrrr] = (I_{rrrr}/I_{总}) \times 100\%$$

$$I_{总} = I_{mmmm} + I_{mmmr} + I_{rmmr} + I_{mmrr} + I_{mmrm}(I_{rmrr}) + I_{mrmr} + I_{rrrr} + I_{rrrm} + I_{mrrm}$$

式中，I_{mmmm}、I_{mmmr}、I_{rmmr}、I_{mmrr}、I_{mmrm}（I_{rmrr}）、I_{mrmr}、I_{rrrr}、I_{rrrm}、I_{mrrm} 分别表示聚合物 ^{13}C NMR 谱图中各 CH$_3$ 五元组的峰强度。其中 m 表示全同结构，r 表示间同结构[6-9]。

3.1.3 适用于配位聚合的单体和聚合物结构[10]

适用于配位聚合的单体，其首要条件是必须含有富电子基团或供电子原子，以利于与 Mt$^{\delta+}$ 配位。符合这一条件的单体主要有以下三类：①烯烃如 α-烯烃、二烯烃和环烯烃等；②乙烯基（或称烯类）单体，如（甲基）丙烯酸酯、醋酸乙烯酯、丙烯腈、丙烯酰胺和氯乙烯等；③含 O、S 杂原子的杂环化合物，如环醚、环硫醚、环亚胺、环酰胺和环内酯等。第二类单体虽含有 C═C 双键，但分子中同时含有更容易与 Mt$^{\delta+}$ 配位的—C═O、O、N 或 Cl 原子或基团，它们往往形成比较稳定的配位配合物，故一般只能停留在配位络合阶段，难以进行插入增长；而第三类单体同样也存在容易与 Mt$^{\delta+}$ 配位的杂原子，同时由于活性物种的非离子（Mt$^{\delta+}$ – C$^{\delta-}$ 极性共价键）特性，也不能诱发碳–杂原子弱键的断裂而开发。所以二、三类单体一般不能（或很难）进行配位聚合。而第一类烯烃单体的配位聚合是目前研究最多、应用最广且已具工业化实效的重要单体。

重要的烯烃单体有以下几种：

1) α-烯烃

即 C═C 双键位于分子首端的开链烯烃，主要有：乙烯（CH$_2$═CH$_2$）、丙烯（CH$_2$═CH—CH$_3$）、1-丁烯(CH$_2$═CH—CH$_2$—CH$_3$)和1-辛烯(CH$_2$═CH—(CH$_2$)$_5$CH$_3$)等。当采用 Ziegler – Natta 型催化剂进行配位聚合时，单体的聚合活性按以下顺序递减：

$$CH_2=CH_2 > CH_2=CH-CH_3 > CH_2=CH-CH_2-CH_3 > CH_2=CH-(CH_2)_5CH_3 > CH_2=CH-CH(CH_3)_2$$

即聚合活性（或速度）随 C—C 双键 α-碳的分支多而下降，当 α-碳上带有三个甲基即叔丁基乙烯时，尽管其 C=C 双键的富电子程度较高（有利于配位），但由于空阻太大，不仅阻碍了 C—C 进入空位，而且形成分子链时会产生张力，致使其不能进行配位聚合。

在有机化学中，将分子式相同但是性质不相同的化合物称之为异构体，这种现象称为异构现象。异构现象有两大类：结构异构与立体异构。聚烯烃也有这两大类现象：

结构异构（即同分异构）是指化学的组成相同，但原子、原子团的排列不同，比如头—尾、头—头和尾—尾连接的结构异构；或者两种单体在共聚物分子链上不同排列的序列异构。聚丙烯是 1-丁烯和乙烯交替共聚物的异构体。

立体异构是由于分子中原子或基团在空间排布的方式不同而引起的。分子中原子或基团在空间排布的方式称为构型。分子的组成及结构相同，只是构型不同的异构体称为立体异构体。聚烯烃中存在着复杂的立体异构现象，包括光学异构与几何异构。

光学异构体也称对映异构体，是由分子中含有手性碳原子引起的，分为 R 型和 S 型两种异构体。

对于 α-烯烃聚合物，分子链中与 R 基连接的碳原子有下述结构：

由于连接 C* 两端的分子链长度不等，或者端基不相同，C* 应该为手性碳原子，但这种手性碳原子并没有显示明显的旋光性，这主要是因为紧邻 C* 的原子差别极小，所以称为假手性原子。尽管如此，仍然存在着许多构型问题，它是聚合物立体化学中真正的立体异构中心，简称立构中心。

若聚合物的链节中包含一种、两种或三种立构中心，这类聚合物称为单规、双规或三规立构体，含有立构中心的重复结构单元称为构型单元，凡是立构中心的构型在分子链中呈现有规律地排列的聚合物称为立构规整性聚合物。

当 α-烯烃采用 Ziegler–Natta 型催化剂进行配位聚合时，由于活性种（$M^{\delta+}$-$C^{\delta-}$）具有很强的控制增长能力，一般可形成立构规整聚合物。对于乙烯，由于其分子为对称结构，进入分子链后不产生手性碳原子（C*），故其立构规整度（或线形性）只用甲基数/1 000 碳原子来表示（一般是 1~3）；对于取代的 α-烯烃如丙烯、1-丁烯等，由于聚合前无手性碳原子（称预手性碳原子），而聚合后却产生了手性碳原子（常用 C* 表示），这样就产生了手性碳原子的规整排布问题（即光学异构体）。众所周知，当分子链中的手性碳原子的构型相同时，称为全同立构（isotactic，或称等规）聚合物；当分子链中的手性碳原子的构型相间排列时，则称作间同立构（syndiotactic，或称间规）聚合物；若分子链中的手性碳原子的排列杂乱无章时，相应地称为无规聚合物（atactic polymer 或 atactic chains）。

全同立构聚合物和间同立构聚合物都属于立构规整性聚合物，统称为有规立构聚合物。如果聚合物的每个结构单元上含有两个立体异构中心，则异构现象就将复杂得多。α-烯烃配位聚合时形成何种立构规整聚合物以及聚合物分子链的立构规整度主要取决于催化剂和聚合条件。

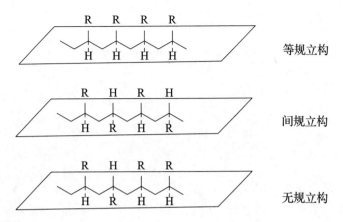

2) 共轭二烯烃

两个 C═C 双键被一个 C—C 单键隔开的二烯烃称作共轭二（双）烯烃，它们都可看作 1,3-丁二烯的同系物，其通式可写成

$$H_2C=C(R_1)-C(R_2)=CH-R_3$$

式中，$R_1=R_2=R_3=H$ 即 1,3-丁二烯；若 $R_1=R_3=H$，$R_2=CH_3$ 则为异戊二烯；当 $R_1=R_2=H$ 时，$R_3=CH_3$ 为 1,3-戊二烯；如 $R_1=R_3=H$，$R_2=Et$，^nPr，^tBu，Ph，则相应的名称为 2-乙基-1,3-丁二烯，2-正丙基-1,3-丁二烯，2-叔丁基-1,3-丁二烯和 2-苯基-1,3-丁二烯；当 $R_1=R_2=CH_3$ 时，$R_3=H$ 即称为 2,3-二甲基丁二烯，如此等等。这些共轭二烯烃都曾用作合成橡胶的单体，经阴离子或配位聚合合成各类橡胶弹性体。但是无论从原料来源、工业价值，还是从所得聚合物的结构及其实用意义，它们都远不如丁二烯、异戊二烯和 1,3-戊二烯重要（轻油裂解的 C_5 馏分中有近 20% 的异戊二烯和 1,3-戊二烯；C_4 馏分主要是丁二烯）。

几何异构体是由于聚合物分子链中双键或者环形结构上取代基的构型不同引起的，有两种异构体：顺式和反式。以聚丁二烯为例，如图 3-2 所示，在每个结构单元中，两个亚甲基在双键同一侧的称 cis-1,4-聚丁二烯，两个亚甲基在双键异侧称为 trans-1,4-聚丁二烯。

cis-1,4-聚丁二烯　　　trans-1,4-聚丁二烯

图 3-2　结构示意图

丁二烯是最简单的共轭二烯，其结构式为 $CH_2=CH-CH=CH_2$，形式上可看作两个乙烯经 C—C 单键连接起来的二烯烃，实际上由于两个双键发生共轭，4 个 π 电子形成大 π 键，π 电子的离域化使丁二烯比两个隔离双键的内能低 14.6 kJ/mol，键长趋于平均化，即丁二烯分子中 C═C 双键的键长为 0.137 nm（乙烯 C═C 双键的键长为 0.134 nm）、C—C 单键键长为 0.146 nm（乙烷的 C—C 单键键长为 0.153 nm）。中心单键键长的缩短增大了丁二烯在其基态的内旋转势垒，因而丁二烯在基态以两种构象（conformation）即 S-顺式和 S-反式存在：

S-顺式：

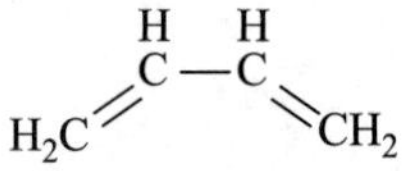

$$\text{H}_2\text{C}=\overset{\text{H}}{\text{C}}-\overset{\text{H}}{\text{C}}=\text{CH}_2 \quad \text{（室温下，S-cis占4%）}$$

S-反式：

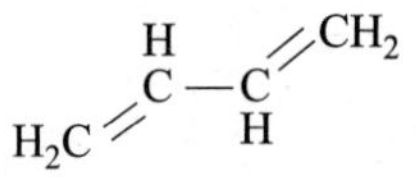

$$\text{H}_2\text{C}=\overset{\text{H}}{\underset{}{\text{C}}}-\underset{\text{H}}{\text{C}}=\text{CH}_2 \quad \text{（室温下，S-tran占4%）}$$

两种构象的转换能为9.6 kJ/mol。

异戊二烯与丁二烯相似，也有两种构象，即：

S-顺式：

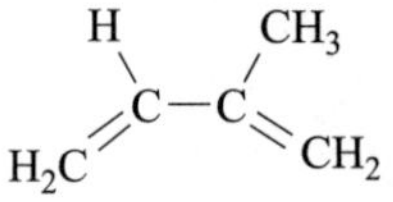

$$\text{H}_2\text{C}=\overset{\text{H}}{\text{C}}-\overset{\text{CH}_3}{\text{C}}=\text{CH}_2 \quad \text{（室温下，S-cis占96%）}$$

S-反式：

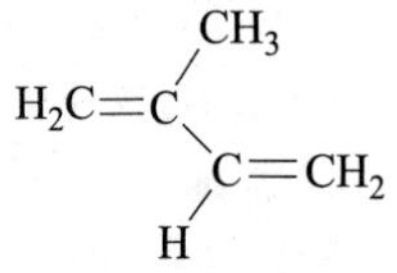

$$\text{H}_2\text{C}=\overset{\text{CH}_3}{\underset{}{\text{C}}}-\underset{\text{H}}{\text{C}}=\text{CH}_2 \quad \text{（室温下，S-tran占4%）}$$

至于1,3-戊二烯也以S-顺式和S-反式两种构象存在，由于分子末端存在甲基（CH₃），根据 CH₃ 和相邻 C═C 对该 C═C 双键平面的上下位置，两种 S－构象又可分别以顺式和反式两种构型（configuration）（几何异构体）存在，即：

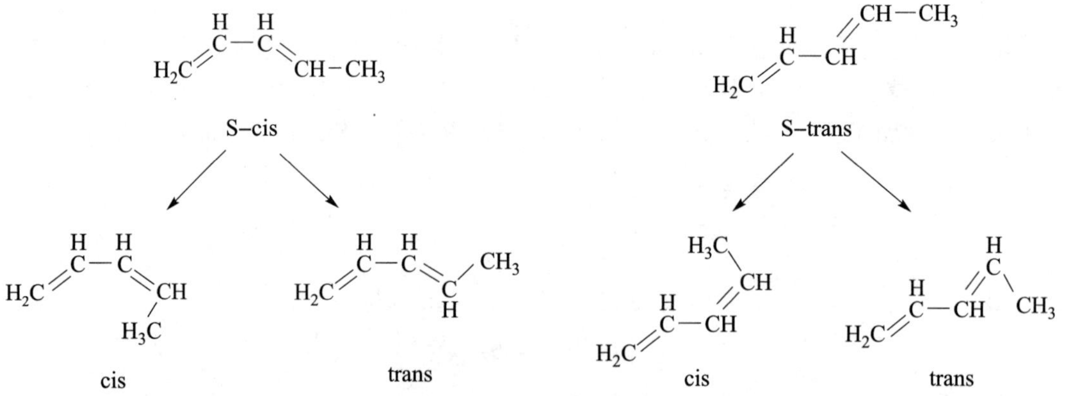

与α-烯烃的配位聚合相比，由于共轭二烯烃有两个双键，两个双键又有S-顺式和S-反式两种构象，对1,3-戊二烯两种构象又可分别以顺式、反式两种构型存在，因此在进行配位聚合时，依据活性物种的配位数不同，它们既可以一个双键与Mt$^{\delta+}$配位（称单座配位），又可以两个双键同时与Mt$^{\delta+}$配位（称双座配位），这样一来，它们形成的过渡态以及由此而来的聚合物的立构规整性必然更加复杂化和多样化。

共轭二烯发生加成聚合时的另一个特性是：既可以发生1,2(或3,4)-加成，又可以发生

1,4-加成，如果全部（或主要）发生 1,2-聚合，则和 α-烯烃的配位聚合一样会形成全同（等规）、间同（间规）或无规等立构规整性不同的聚合物；若全部（或主要）发生 1,4-加成聚合，则所得聚合物有顺式 1，4 和反式 1，4 两种几何异构体的立构规整性。对于 1,3-戊二烯的配位聚合，不仅会出现上述共轭二烯（丁二烯或异戊二烯）的单配位、双配位和所得聚合物的光学异构体单元、几何异构体单元的立构规整性，由于单体本身就有两种构型，所以还会形成立构规整性更为复杂的多种立构规整聚合物，理论上 1,3-戊二烯聚合后可形成 8 种立构规整聚合物。

二烯烃配位聚合的复杂性不仅来自配位时有单、双座配位，加成聚合时有 1,2-聚合和 1,4-聚合，形成的聚合物链节有顺式和反式构型等多种途径和方式，而且还在于增长链端结构至少存在以下两种平衡。

（1）增长链端 σ-烯丙基与 π-烯丙基之间的平衡（σ-π 平衡）[11]。

以丁二烯配位聚合为例：

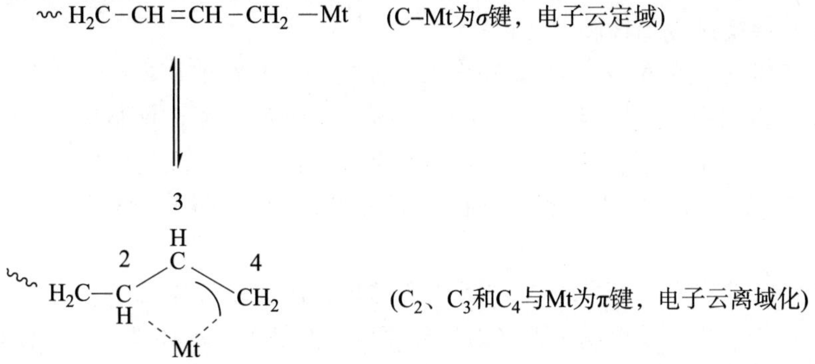
~H2C−CH=CH−CH2 −Mt
(C–Mt为σ键，电子云定域)
3
H
2
C
4
H2C—C
H
CH2
Mt
(C2、C3和C4与Mt为π键，电子云离域化)

（2）链端 π-烯丙基以对式（anti）和同式（syn）呈平衡状态[12]，以丁二烯配位聚合为例，如图 3－3 所示。

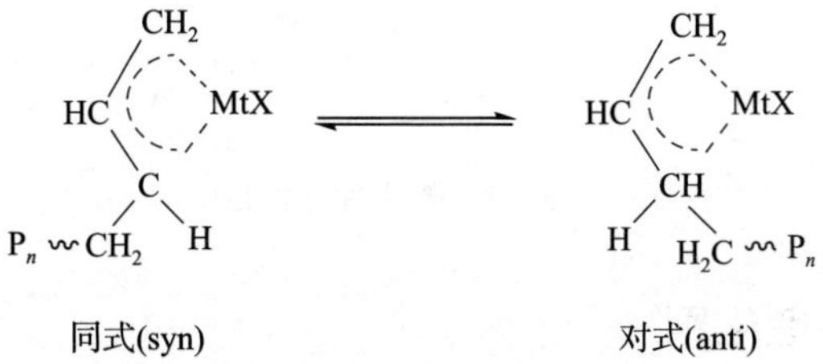
CH2
HC
MtX
C
Pn~CH2
H
同式(syn)
CH2
HC
MtX
CH
H
H2C~Pn
对式(anti)

图 3－3　同式－反式平衡

共轭二烯聚合物的微观结构及其立构规整性如 1,2（或 3,4）-结构、顺式 1，4 和反式 1，4 的含量和排布主要用红外光谱（IR）和核磁共振氢谱（^{1}H-NMR）和碳谱（^{13}C-NMR）测定。

3）环烯烃

环烯烃是 C ═C 双键处于环内的均碳环烯烃，研究中常用的环烯烃有：

（1）未取代的单环单烯烃，如环丙烯、环丁烯、环戊烯、环己烯、环辛烯、环癸烯和环十二单烯等。这类均碳环单烯烃由于环内无碳－杂原子弱键，且为内双键，故一般不易发生自由基和阴、阳离子聚合；但在 Ziegler－Natta 催化剂存在下却可以发生配位聚合，其聚合途径有两种：一是 C ═C 双键打开相互加成形成主链中带饱和碳环的线形加聚物；二是分子内的 C=C 双键通过与 Mt（过渡金属）配位、双键断裂并易位，即发生开环易位聚合，结果形成主链中仍带不饱和 C=C 双键的大环或线形聚合物（图 3-4）。

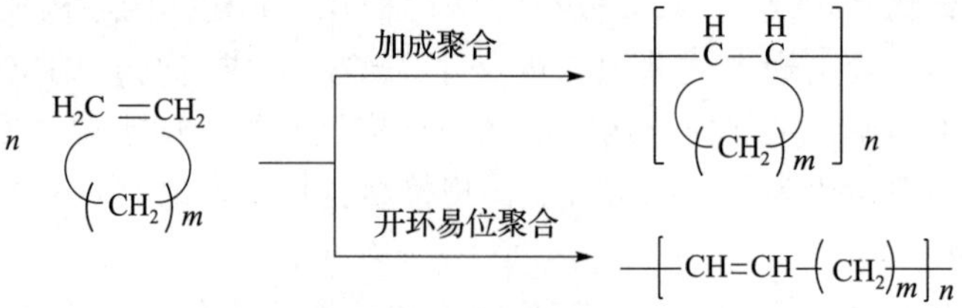

图 3-4 环烯烃聚合

发生加成聚合还是开环易位聚合主要取决于环的张力、环内 C=C 双键空间位阻和所用催化剂类型。例如环丙烯和环丁烯由于环的张力太、C=C 双键的空间位阻小，在 VCl_4/Al-Et_3 的作用下，加成聚合率可达 99%；而环丁烯在 WCl_6/$AlEt_3$ 体系存在下却 100% 发生易位开环聚合。这类单体中最具工业化前景的是环戊烯烃 W 系 Ziegler-Natta 催化剂催化易位开环聚合制得的反式聚环戊烯橡胶[13-15]。

（2）取代和未取代的单环二烯或多烯烃，如 3,7-二甲基-1-环辛烯、1-甲基-1,5-环辛二烯等。它们均可由相应的二烯烃（如 1,3-戊二烯）经催化二聚环化制得，它们经配位开环易位聚合可制得丁二烯/异戊二烯严格交替的共聚橡胶；至于未取代的单环二烯如 1,5-环辛二烯等可由丁二烯烃二聚环化制得，并已经开环易位聚合制得了类似于顺丁橡胶性能的橡胶。

（3）取代和未取代的双环、多环二烯或多烯烃，例如双环戊二烯、降冰片烯和亚乙基降冰片烯等。这些环烯烃虽也属于无张力的环烯烃，但是由于双环内的 C=C 双键空间位阻大，不易发生加成均聚，在 Ziegler-Natta 催化剂如 VCl_4/Al$(C_6H_{13})_3$ 存在下只发生开环易位聚合，形成主链中含环戊烯环的反式—CH=CH—的聚降冰片二烯（图 3-5）：

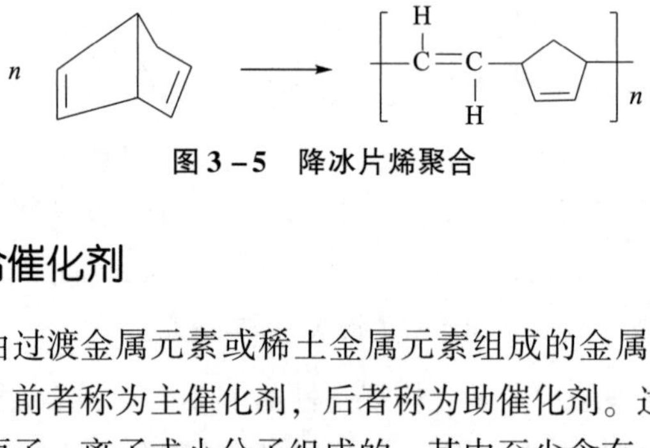

图 3-5 降冰片烯聚合

3.1.4 烯烃聚合催化剂

烯烃聚合催化剂是由过渡金属元素或稀土金属元素组成的金属有机配合物与 I~III 族烷基金属化合物组成的。前者称为主催化剂，后者称为助催化剂。过渡金属配合物是由金属原子或离子及围绕它的原子、离子或小分子组成的，其中至少含有一个金属—碳键。前者称为中心金属，后者称为配位体或配体。两者之间以多种键型（共价键或配位键）相结合，因此赋予了过渡金属配合物具有多种反应性。这正是它们具有催化作用的原因之一。配位作用使得过渡金属离子和配位体的电子分布都发生了变化，从而改变了它们的反应性能。在烯烃聚合过程中，过渡金属配合物与烯烃分子发生配位，并插入作用，从而引发聚合反应。

助催化剂在聚合过程中相对于主催化剂而言并非仅仅起辅助作用，即增强主催化剂的催化作用，而是使主催化剂单独使用时不至于完全没有活性。事实上，无论是传统的 Ziegler-Natta 催化剂中的烷基金属化合物（或氢化物），还是茂金属催化剂中的甲基铝氧烷或含硼阳离子活化剂等，都具有与主催化剂完全等同的重要性。其主要作用是：① 清除系统中的杂质；② 还原过渡金属并使其烷基化形成活性中心。但其用量并非越多越好，对于传统的 Ziegler – Natta 催化剂，过量的烷基金属化合物作为链增长的终止剂会降低聚合物的分子量。

配位聚合催化剂，按其是否含有主催化剂和助催化剂两种组分可分为单组分、双组分和多组分催化剂。铬系催化剂和部分水杨醛亚胺镍催化剂可作为单组分催化剂。茂金属催化剂属于双组分催化剂，如 Cp_2ZrCl_2/MAO 体系。Ziegler – Natta 催化剂往往是多组分催化剂，除了主催化剂和助催化剂外，还增加了内、外给电子体的组分。

作为一理想的烯烃聚合催化剂的综合性能需满足以下几点：① 较高的活性，可免除对聚合产物进行催化剂残渣后处理的操作；② 活性中心分布较为均匀，聚合速率较平稳，有较理想的聚合行为，聚合程度易于操控；③ 催化剂及聚合产物的形态较好，颗粒形状好（球形或类球形），颗粒分布较窄，表观密度高，流动性较好；④ 聚合物的分子量及分子量分布具有可调控性；⑤ 共聚性能好，可使乙烯、丙烯及多种共聚单体（包括极性单体）共聚合成多种不同性能的共聚物，催化聚合活性衰减慢，寿命长；⑥ 高定向性，使丙烯聚合得到高等规度聚丙烯，可省去脱除无规物的工序，而且等规度可调。

按催化剂形态可分为多活性中心的非均相催化剂（heterogeneous catalyst）和单活性中心的均相催化剂（homogeneous catalyst）。Ziegler – Natta 催化剂属于非均相催化剂，而茂金属催化剂和后过渡金属催化剂为均相催化剂。

催化活性与催化效率是衡量催化剂性能优劣的重要指标，但两者在概念上是完全不同的。

催化剂活性是指在单位时间、单位单体浓度（如乙烯的浓度或压力）下，单位（质量或物质的量）催化剂所得聚合物的质量。即：

$$催化活性 = 聚合物的质量/(主催化剂的量 \cdot 单体浓度 \cdot 时间)$$

催化活性的单位是 g（或 kg）聚合物/[g（或 mol）催化剂·单体浓度·小时]。对于单体为气体时，单体浓度则用气体的压力（如 atm）来表示，通常可省略。

催化效率可用转化数和转化频率表示。转化数（turnover number，TON）是指在一定的单体浓度和温度下，整个聚合时间内，单位催化剂的量转化烯烃的物质的量，单位是 mol 聚合物/mol 催化剂。其中转化烯烃的物质的量即所得聚合物的物质的量，即将聚合物的质量除以单体链节的分子量。

$$催化效率(TON) = mol 聚合物/mol 主催化剂$$

转化频率（turnover frequencies，TOFs）也常用来表示催化剂的活性，即每摩尔催化剂单位时间内转化烯烃的物质的量。

$$转化频率(TOFs) = mol 聚合物/(mol 主催化剂 \cdot 时间)$$

高效催化剂通常是指催化剂的催化活性在 10^5 g 聚合物/（mol 催化剂·h）以上。

3.2　Ziegler – Natta 催化剂

Ziegler – Natta 催化剂是烯烃聚合催化剂的总称。按照催化剂的组分可分为两组分催化剂和三组分（或多组分）Ziegler – Natta 催化剂：两组分催化剂通常由Ⅳ~Ⅷ族过渡金属卤化物、烷基、芳基、烷氧基或其羧酸盐等作主催化剂，Ⅰ~Ⅲ族烷基金属化合物作助催化剂构成；三组分催化剂通常是在上述两组分之外，再加入含 O、N、P 等的给电子体作第三组分，有的还同时加入内络合剂和外配合剂等称四组分或多组分 Ziegler–Natta 催化剂。如果按照催化剂组分在烃类溶剂中的溶解性，可分为烃可溶性催化剂（如烷基或芳基过渡金属卤化物与烷基铝组成的催化剂，由于两者及其反应产物均可溶于烃类溶剂，故称均相催化剂）和非均相催化剂（如 $TiCl_3/AlEt_3$），主催化剂及其与 $AlEt_3$ 的反应产物均不溶于烃类溶剂，使聚合体系始终为非均相；再如负载型 Ziegler–Natta 催化剂如 TiX_n/AlR_3/载体（SiO_2 或 Mg 盐）也是烃不溶性非均相催化剂。α-烯烃的配位聚合和定向聚合主要采用非均相 Ziegler–Natta 催化剂。如果按照催化活性和催化效率，还常分为常规催化剂（催化活性较低）和高（活性）效催化剂（所得聚合物质量达主催化剂质量的 10 万倍以上）。

3.2.1　Ziegler–Natta 催化剂的发现

1949 年，金属有机化学家 K. Ziegler 以 AlH_3 在压力下与乙烯反应的直接法合成三乙基铝（$AlEt_3$）[16]：

$$AlH_3 + H_2C= CH_2 \xrightarrow[60\sim80\ ℃]{5\ MPa} Al(C_2H_5)_3$$

Ziegler 发现如果反应在较高的温度下进行，那么形成的 $Al(C_2H_5)_3$ 可以继续与乙烯反应，形成烷基链长度不等的烷基铝[17,18]：

$$Al(C_2H_5)_3 + 3m\ H_2C=CH_2 \xrightarrow[100\sim120\ ℃]{5\ MPa} Al\begin{cases}(CH_2-CH_2)_n C_2H_5\\(CH_2-CH_2)_p C_2H_5\\(CH_2-CH_2)_q C_2H_5\end{cases}$$

式中，$3m = n + p + q$。形成的高级烷基铝加水或酸水解，可得到分子量达 30 000 的饱和直链烃。若反应在更高的温度下进行，则高级烷基铝分解，得到平均分子量为 10 000～30 000、端基带 $CH_2=CH-$ 的长链聚烯烃：

$$Al(CH_2-CH_2)_n C_2H_5 \xrightarrow{120\sim250\ ℃} AlH + H_2C=CH(CH_2)_n C_2H_5$$

控制反应条件就可制得链长短不同的 α-烯烃，该反应目前已发展为制取长链 α-烯烃 [1-辛烯、1-丁烯，用于与乙烯共聚制取线型低密度聚乙烯（LLDPE）] 的工业生产方法。

和 $Al(C_2H_5)_3$ 一样，高级烷基铝极易发生氧化和水解：

$$Al(CH_2-CH_2)_n C_2H_5 + O_2 \longrightarrow Al-O(CH_2-CH_2)_n C_2H_5$$

烷氧基铝加水分解，就可制得长链烷基醇：

$$Al-O(CH_2-CH_2)_n C_2H_5 \xrightarrow{HOH} Al-OH + HO(CH_2-CH_2)_n C_2H_5$$

控制高级烷基铝的聚合度（n）及其氧化、水解条件就可制得相应的高碳醇。这一反应目前已发展为合成高碳醇（$C_6\sim C_{30}$，用作制取高级脂肪酸的原料）的工业生产方法。

当 Ziegler 等人以 $AlEt_3$ 与乙烯在高压釜中于 100 ℃、10 MPa 下反应制备三己基铝和三辛基铝时，由于当时并不知道高压釜中残留微量 Raney Ni，出人意料地得到了定量的 1-丁烯，而不是高级烷基铝。这就意味着在 Ni 催化剂存在下烷基铝的取代反应远大于增长反应[17,19]。当时把这种 Ni 催化剂称作镍合成或镍效应（aufbau des Nickel）。

$$Al\begin{matrix}C_2H_5\\C_2H_5\\C_2H_5\end{matrix} \xrightarrow{NiX_2} \left[Ni\begin{matrix}C_2H_5\\X\end{matrix}\right] \xrightarrow{H_2C=CH_2} \xrightarrow{\beta-H消除} H_2C=CH-CH_2-CH_3$$

发现镍效应之后，K. Ziegler 曾经假定认为这是因为镍和铝形成了双金属催化剂，它使乙烯插入反应过早地终止。沿着镍可催化烷基铝取代反应的思路，Ziegler 等人发现在同族（Ⅷ族）过渡金属中只有钴（Co）和铂（Pt）才有类似的活性；当以ⅣB 族过渡金属的乙酰丙酮锆 [$Zr(acac)_4$] 作催化剂时，得到的不是低级的 α-烯烃，而是大量白色聚乙烯，分子量也很高。随后他们发现了 $TiCl_4$ 也和 $Zr(acac)_4$ 有一样的催化活性[17,20]，实际上这就是乙烯低压（或常压）聚合新型催化剂（$TiCl_4$/$AlEt_3$，即 Ziegler 催化剂）的诞生和由来。Ziegler 催化剂发现后，事隔仅两年，原联邦德国就实现了高密度聚乙烯（HDPE）的工业化生产。由此可认为 Ziegler 对高分子合成工业做出了三大贡献：① 发明了乙烯低压聚合制取 HDPE 的 Ziegler 催化剂——$TiCl_4$/$AlEt_3$；② 开发了 $AlEt_3$ + $CH_2=CH_2$ 控温调聚、裂解制取长链 α-烯烃的新技术，长链 α-烯烃（如 1-丁烯，1-己烯和 1-辛烯）是低压法生产线型低密度聚乙烯（LLDPE）的重要共聚单体；③ 开发出高级烷基铝经氧化、水解制取高碳醇的工业生产技术。目前上述三项技术均已实现 10 万～50 万吨级的大规模工业生产。

Ziegler 在发表他的新催化剂之前，曾把新催化剂的消息透露给 Natta 教授，Natta 教授是著名的物理化学和结晶化学家，当时兼任意大利 Montecatini 公司的顾问，他得到 Ziegler 的同意，以该催化剂进行 α-烯烃的动力学研究。但是他没有局限于 Ziegler 原催化剂和单体乙烯，而是改用 $TiCl_3$（晶体）/$AlEt_3$ 催化剂催化丙烯聚合，结果首次制得了高分子量的固体聚丙烯（在此以前丙烯只能经阳离子聚合形成低分子量液体聚合物）。实际上这就是最早能使丙烯和 α-烯烃进行立构规整聚合（或称定向聚合），并付诸工业应用的 Natta 催化剂。Natta 等进一步研究了这种固体聚丙烯的精细结构，提出了定向聚合（stereo specific polymerization）及聚合物的全同（或等规）立构（isotactic）、间同（或间规）（syndiotactic）和无规（atactic）等新的聚合物命名和概念[21,22]，继而用Ⅳ～Ⅷ族的过渡金属化合物与烷基铝组合使单取代的 α-烯烃如 1-丁烯、苯乙烯等聚合，发现均可制得立构规整聚合物[21,23]。而且，发现凡是可使单取代 α-烯烃聚合的催化剂，均对乙烯聚合有高活性，反之却不尽然。Natta 在对催化剂类型和聚合物结构进行系统研究的基础上建立了配位聚合机理模型，从而开创了定向聚合新领域。据此可认为 Natta 等对高分子科学和技术的重大贡献是：① 系统地研究了催化剂的类型和活性及聚 α-烯烃的结构，提出了一系列有关聚合物立体化学结构及聚合物合成化学新概念，建立了聚合机理模型，开创了定向聚合新领域；② 首次用 Natta 催化剂制得了全同聚丙烯，1957 年 $TiCl_3$/$AlEt_3$ 催化丙烯聚合实现了万吨级工业化生产，在此以前，丙烯只作为炼油厂和裂解装置的废气而排放，丙烯经 Natta 催化剂聚合后可生产优质高分子材料，聚丙烯自 1957 年工业化以来，一直是增长速度最快（年增长率≥10%）的聚合物材料；③ 在系统地研究了过渡金属催化剂之后，又开发了许多聚合物新品种，如乙丙橡胶、聚 1-丁烯和开环聚戊烯橡胶等。鉴于 Ziegler 和 Natta 对聚合物科学和工业作出的重大贡献，他们于 1963 年共同被授予诺贝尔化学奖[22]。

3.2.2　Ziegler – Natta 催化剂的定义及组成

3.2.2.1　Ziegler – Natta 催化剂的定义

Ziegler – Natta 催化剂：为带有金属—碳键并能够实现烯烃单元重复插入的一种过渡金属化合物。在一些书中把凡是活性催化剂中含有烷基金属化合物（或者氢化物）和过渡金属盐（或者配合物），不管是否加以改良（如存在第三组分、催化剂载体或就地合成的催化剂组分），都称作 Ziegler – Natta 催化剂。前者是以催化聚合反应中真正的活性结构进行定义的，而后者是以 Ziegler – Natta 催化剂实际的组成给出的定义，两者互为补充。其中过渡金属盐（或者配合物）通常称为主催化剂，烷基金属化合物（或者氢化物）称为助催化剂。需要说明的是，不是所有的过渡金属配合物（盐）都是有效的催化剂，其中很多配合物只对某些单体或在某些条件下才显示催化活性。

尽管在书刊和文献中经常把 Ziegler 催化剂和 Natta 催化剂统称为 Ziegler – Natta 催化剂，但实际上典型的 Ziegler 催化剂在相态、活性、结构和聚合选择性等方面和 Natta 催化剂是有很大差别的。

典型的 Ziegler 催化剂是 $TiCl_4/AlEt_3$（或 Al^iBu_3）。$TiCl_4$ 是液体微溶于烃类溶剂，Al^iBu_3（或 $AlEt_3$）也是液体可溶于烃类溶剂，当二者以等摩尔比在烃类溶剂（如汽油或甲苯）中于 $-78\ ℃$ 混合反应后，得到均相的暗红色配合物溶液，该溶液通入乙烯后可很快聚合，但是对丙烯聚合基本无活性。当温度从 $-78\ ℃$ 升高到 $-30 \sim -20\ ℃$ 时，该溶液产生棕黑色沉淀，若将温度重新降至 $-78\ ℃$，沉淀也不能再溶解，说明已发生了不可逆反应，经分析，这种非均相体系是含有 Ti^iBuCl_3 和 $Al_2^iBu_4/Cl_2$ 的混合物[24]，该棕黑色沉淀物对乙烯聚合有高活性，对丙烯或丁二烯聚合不仅转化率低而且所得聚合物的分子量也低[25]。所得聚丙烯的 IIP 仅为 40%~50%，所得聚丁二烯的顺式 1,4/反式 1,4 约为 50/50。

典型的 Natta 催化剂是 $TiCl_3/AlEt_3$，$TiCl_3$ 是不溶于烃类溶剂的紫色结晶固体，$TiCl_3$ 有 α、β、γ、δ 四种晶型。该催化剂与典型 Ziegler 催化剂的不同之处是：① 体系始终为非均相；② 对乙烯、丙烯等 α-烯烃聚合均有高活性；③ 对共轭二烯如丁二烯聚合也有（低）活性；④ 催化活性和所得聚合物的结构与 $TiCl_3$ 的晶型有很大关系。如果所用烷基铝均为 $AlEt_3$，而 $TiCl_3$ 是用 α、γ、δ-$TiCl_3$ 所得聚丙烯的 IIP 为 80%~85%，用于丁二烯聚合则主要形成反式 1,4-聚丁二烯（反式 1,4-含量 >90%）；若改用 β-$TiCl_3$，则所得聚丙烯的 IIP 仅为 40%~50%，若用于丁二烯聚合，所得聚丁二烯的顺式 1,4/反式 1,4 约为 50/50。由此可见，Ziegler 催化剂和 Natta 催化剂尽管其化学组成十分相似（$TiCl_3$ 只比 $TiCl_4$ 少一个 Cl 原子，$TiCl_3$ 是结晶固体，而 $TiCl_4$ 是液体），但其催化活性、催化体系的相态、活性种和所得聚合物的结构却完全不同。

3.2.2.2　Ziegler – Natta 催化剂的组成

在早期发现 Ziegler 催化剂时，曾根据只用 $Al(C_2H_5)_3$ 就可使乙烯聚合成低分子量聚乙烯的现象，把 $Al(C_2H_5)_3$ 认为是（主）催化剂，而把过渡金属化合物[如 $TiCl_4$ 或 $Zr(acac)_4$]称作助催化剂。Natta 在提出双金属机理模型时[26]，也认为单体是在 Ti 上配位、Al—C 键间增长，也意味着 AlR_3 是主催化剂。1958 年 Still 在 Ziegler – Natta 催化剂的评述中仍然沿用这种观点[27]。随着一些单一过渡金属化合物[$TiCl_3$ + 胺，研磨 $TiCl_2$ 和（π-allyl)₃Cr 等]就可使乙烯、丙烯聚合实验结果的披露,特别是在 1960 年 Cossee 正式提出单金属(过渡金属 Ti)机理模型后[28],在一些重要综述如 Gaylord 和 Mark[29]、Cooper[30]、Breuer 等[31]和 Dawans、Teyssie 等[32]有关 Ziegler – Natta 催化剂的命名中,才正式确认Ⅳ~Ⅷ族的过渡金属化合物是主催化剂, Ⅰ~Ⅲ族的有机金属化合物是助催化剂,并把由上述两组分构成的催化剂统称为 Ziegler – Natta 催化剂。

Ziegler – Natta 催化剂(烯烃聚合催化剂或配位聚合催化剂)是一大类催化剂的总称,一般由两组分构成:一是主催化剂通常是Ⅳ~Ⅷ族的过渡金属化合物;二是助催化剂通常是Ⅰ~Ⅲ族的金属有机化合物。

根据主催化剂的过渡金属配合物(盐)所处的族属和性质,可分为两类:

第一类是Ⅳ~Ⅷ族过渡金属的卤化物,氧卤化物、烷氧基化合物、乙酰丙酮(acac)化合物等。这类主催化剂的特点如下:

(1)它们大都是 Lewis 酸,多数不溶于有机溶剂(如烃类),所以反应多为非均相。当引入有机配体后可提高它在有机溶剂(如烃类)中的溶解度。

(2)与助催化剂作用引发聚合时,过渡金属的氧化态总是低于其最高氧化态。

(3)主要用于乙烯和 α-烯烃的聚合,对共轭二烯烃聚合也有活性,但是不仅活性低,而且聚合物的立构规整度也低。过渡金属的族属、价态和组成,不仅影响催化活性,而且还会改变其选择性。例如 Ti 系和 Cr 系催化剂常专用于乙烯的聚合;Mo、W 系常专用于环烯烃的开环易位聚合,V 系常用于乙-丙共聚,若用于二烯烃聚合则主要形成 1,2-结构;丙烯的立构规整聚合经常选用 Ti 系或 Zr 系催化剂等。

第二类是Ⅷ族过渡金属如 Ni、Co、Fe、Ru 和 Rh 等和稀土金属的卤化物、羧酸盐、乙酰丙酮基化合物等,它们与烷基铝等助催化剂组成的催化体系对共轭二烯烃聚合有高活性和高立构选择性,而对 α-烯烃聚合的活性较低。直到 1995 年 Brookhart 等发现,在 Ni、Co、Fe、Pd 等Ⅷ族过渡金属上引入二亚胺或三亚胺类有机配体后与 MAO(低聚铝氧烷)助催化剂组合,可以高活性引发乙烯聚合形成支化聚乙烯,并可用于 α-烯烃与极性单体(如 MMA 或丙烯酸甲酯)的共聚[33]。这类主催化剂常称为后过渡金属催化剂。

作为助催化剂的烷基金属化合物主要是指Ⅰ~Ⅲ主族金属烷基或烷基卤化物,或氢化物,如 RLi、R_2Zn、R_2MgX 和 AlR_3、AlR_2X、AlR_2H、MAO 等,选择不同的烷基铝与过渡金属盐匹配,可以在很大的范围内改变聚合产物的立构性能。

烷基铝包括三烷基铝和烷基铝氯化物,是经典非均相 Ziegler – Natta 配位聚合催化中的重要组分[34,35]。在早期的聚合反应文献中也报道了各种基于烷基铝作为助催化剂的均相 Ziegler – Natta 催化剂。例如,发现钒基催化剂与烷基铝结合在低于 -60 ℃ 的温度下促进丙烯的间同立构聚合[36,37]。这些催化剂也用于高级 α-烯烃的聚合以及较高 α-烯烃和乙烯的共聚[38,39]。虽然随着聚合温度的增加,聚合在这些体系中变得非特异性,但它们可用于制备各种均聚、嵌段、无规和交替的聚烯烃。当被烷基铝活化时,基于 Cr_{11}-和 Ni_{12}-的均相催化剂也分别称为二烯聚合和乙烯低聚催化剂。

Breslow 和 Newburg 首次发现了在氯化二乙基铝(Et_2AlCl)存在下由 Cp_2TiCl_2 组成的均相催化体系,用于在温和条件下进行乙烯聚合[40]。Natta 和 Pino 的后续研究[41]以及 Breslow 和 Long[42-44],Chien[45],和其他科学家[46]在使用均相 Ziegler – Natta 系统在助催化剂功能上进行的详细光谱、动力学和同位素标记研究,为活性物质的产生和烯烃插入机制方面的烯烃聚合的理解作出了重大贡献。Sinn 和 Kaminsky 等[47]随后研究了用烷基铝物质活化的锆茂配合物用于乙烯聚合。Eisch 等[48]后来确定了在甲硅烷基乙炔 $Me_3SiC≡CPh$ 存在下由 $Cp_2TiCl_2/AlMeCl_2$ 体系形成的初始插入产物的晶体结构。这一发现认为，$Cp_2TiCl_2 + AlMeCl_2$ 反应的活性组分是阳离子种类 Cp_2TiMe^+ 离子与阴离子 $AlCl_4^-$ 配对。

烷基铝在 Ziegler-Natta 催化剂中起着重要的作用：① 使作为主催化剂的过渡金属配合物（盐）成为催化剂活性中心；② 消除聚合反应体系中对催化剂有毒的物质；③ 在烯烃聚合过程中，烷基铝和烯烃单体在过渡金属盐固体表面上进行吸附竞争，聚合链可以向烷基铝发生转移，所以烷基铝是聚合体系中的一个链转移剂。

总的来说，由烷基铝卤化物活化的茂金属不能聚合丙烯和更高级的 α-烯烃限制了它们在该领域中的应用，许多科学家已经进行许多尝试来改善这些催化剂体系的性能。

3.2.3 载体[49-53]

作为主催化剂的过渡金属配合物（盐）通过物理或化学的方式固定在高比表面积载体的表面，金属原子保持分离状态，所有的金属原子都有变为活性中心的潜力。以 $TiCl_3$ 为基础的 Ziegler-Natta 催化剂，只有少量（大约10%以下）的活性中心暴露在晶体表面、边缘或缺陷处才起到催化作用，绝大多数的活性中心被包埋在晶体的内部起不到催化作用。因此，把催化剂负载在载体上可以大幅度提高催化剂的活性。作为非均相催化剂中一个重要的组成部分，载体不仅起到增大比表面积和机械强度的作用，而且载体与过渡金属配合物（盐）之间往往是通过氧桥相键连，因此，在某种程度上，载体还间接地起到"配体"或共催化剂的作用。

在 Ziegler-Natta 催化剂中，通常采用表面有功能基团的、高比表面积的无机化合物，如 SiO_2、Al_2O_3、羟基化的 MgO 或 $MgSO_4$ 等，作为过渡金属化合物的载体，或采用具有特殊功能性的载体，如石墨烯、磁性 Fe_2O_3、炭黑和有机高分子等。负载化的催化剂对烯烃的聚合活性较高，但对于聚合物的立构规整性，则主要取决于单体和活性中心的配位状况。一般情况下，对于载体的选择有以下几种要求：① 表观形态包括形状、颗粒大小及分布等较好，由于载体、催化剂与聚合物形态具有相似性，即存在着"复制"现象，因此载体形态决定着催化剂和聚合物形态；② 具有多孔的结构和高的比表面积；③ 具有化学惰性且负载活性组分的活性基团；④ 具有适宜的机械强度及耐磨强度。

3.2.3.1 Mg 系载体

Mg 系载体主要包括 $MgSO_4$、$MgOSiO_2$、MgO、$Mg(OH)_2$、Mg(OH)Cl、$MgCl_2$、$Mg(OEt)_2$ 等。例如，$MgSO_4$ 用 HCl、$TiCl_4$ 或两者的混合物进行处理可以得到活性较高的催化剂；$Mg(OH)Cl + TiCl_4 + AlEt_3$ 可制备出低结晶度和高结晶度的聚丙烯。之所以得到不同的聚合物结构，与活性中心所处的环境有密切关系，可能有少量的 $TiCl_3$ 存在，或在中心的 Mg(OH)Cl 具有诱导等规立构排列所需的几何形状。

载体 $MgCl_2$ 在催化体系中并不是"惰性"的，由于 Mg 的电负性（1.2）小于 Ti 的电负性（1.3），镁原子具有推电子效应（图 3-6），会使活性中心钛原子的电子密度增大，削弱 Ti—C 键，从而既有利于单体向活性中心 Ti 的配位，又有利于 Ti—C 键上的碳增长链与单体之间的移位和插入反应，增加链增长常数。因而，载体 $MgCl_2$ 不仅起到物理分散使活性点增多的作用，而且通过它与活性中心的化学结合使活性中心变得更加稳定而不易失活，类似于

"配体"的作用。此外,当一个活性中心的未配对电子与另一活性中心空轨道配位时,会引起活性中心失活,负载型催化剂的载体与活性中心通过键合作用使其固定在载体表面,载体的阻隔作用使活性中心难以相互接近,减少了双中心失活的机会,使催化剂活性增加[52]。

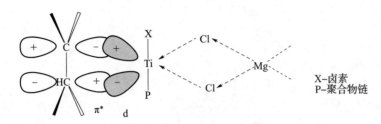

图 3-6 Mg—Cl—Ti 桥键结构

用于制备 $MgCl_2$ 载体的原料有多种,如无机镁的化合物 $MgCl_2 \cdot 6H_2O$、无水 $MgCl_2$、$Mg(OH)_2$、$Mg(OH)Cl$ 等,有机镁的化合物 $RMgCl$、MgR_2 等。以无水 $MgCl_2$ 为原料,其制备方法有研磨法、研磨-化学反应法和化学反应法等。

研磨法是将催化剂各组分(无水 $MgCl_2/TiCl_4$,或无水 $MgCl_2/TiCl_4/ID$)(ID 为内给电子体 internal electron donor 的缩写)以一定的配比在球磨机中共同研磨。研磨的主要作用是破坏 $MgCl_2$ 的晶体结构使其变为无序,使晶体变小,增加比表面积,$TiCl_4$ 嵌入 $MgCl_2$ 晶体缺陷中得到充分的分散,载体的活化与载 Ti 同时发生。此法工艺简单,但所制得的催化剂活性不高,形态不好。

研磨-化学反应法是将无水 $MgCl_2$ 和 ID 共同研磨以活化 $MgCl_2$,然后用 $TiCl_4$ 对研磨产物进行一次或多次处理。经过滤、洗涤以除去未反应的 $TiCl_4$ 和 $Ti \cdot ID$ 复合物,得到负载催化剂。此法较研磨法制备的催化剂活性高,定向性能好,但物理形态较差。

化学反应法是将 $MgCl_2$ 与给电子体反应生成能溶于溶剂的 $MgCl_2 \cdot xID$ 复合物溶液,经脱除溶剂使 $MgCl_2$ 重新结晶,控制结晶条件可制得形态好、比表面积高的活性载体,载 Ti 后便得到 $MgCl_2$ 载体催化剂。或者采用有机镁的化合物($RMgCl$、MgR_2 等)与含氯化合物($SiCl_4$ 或氯硅烷)反应制备高分散性的活性 $MgCl_2$ 载体,然后与 $TiCl_4$ 作用得到 Mg-Ti 载体催化剂。或者综合这两种情形,以 MgR_2 为例,其过程如下:

$$MgR_2 \xrightarrow{ID1} MgR_2 \cdot ID1 \xrightarrow{SiCl_4} MgCl_2 \cdot ID1 \xrightarrow{TiCl_4, ID2} \text{Mg-Ti 载体催化剂}$$

此外,可将 $RMgCl$ 或 MgR_2 与 $TiCl_4$ 直接反应,$TiCl_4$ 被还原为 $TiCl_3$,并与生成的 $MgCl_2$ 一起析出,$TiCl_3$ 便负载在 $MgCl_2$ 上而形成 $MgCl_2$ 载体催化剂。它们之间发生的反应为

$$RMgCl + TiCl_4 \longrightarrow MgCl_2 TiCl_3 + R \cdot$$

$$MgR_2 + TiCl_4 \longrightarrow MgCl_2 \cdot 2TiCl_3 + 2R \cdot$$

以 $Mg(OEt)_2$ 为载体的负载催化剂始于 20 世纪 70 年代,作为载体制备催化剂的特点是它比 $MgCl_2$ 载体催化剂的氯含量少。但与用格氏试剂、烷基镁化合物为起始原料一样,$Mg(OEt)_2$ 在催化剂制备过程中,无论有和无内给电子体,与 $TiCl_4$ 反应时最终转化为 $MgCl_2$。

$$Mg(OEt)_2/ID + TiCl_4 \longrightarrow Mg(OEt)Cl + ID + Ti(OEt)Cl_3$$

$$Mg(OEt)Cl + ID + TiCl_4 \longrightarrow MgCl_2 \cdot ID + Ti(OEt)Cl_3$$

$$Mg(OEt)_2/ID + TiCl_4 \longrightarrow MgCl_2 \cdot ID + Ti(OEt)_2Cl_2$$

3.2.3.2 SiO$_2$ 载体

该载体是非常常用的载体,由于其表面有大量的羟基的存在,很容易与具有催化活性的催化剂前体进行反应形成负载型催化剂。SiO$_2$ 表面除了含有少量物理吸附水和其他杂质外,还存在以下几种类型的羟基和硅氧烷基:

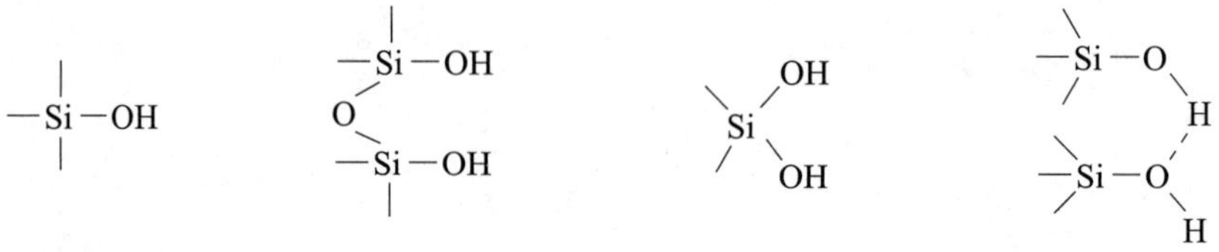

单羟基　　　　双羟基　　　　邻位羟基　　　　相邻接的羟基

当 SiO$_2$ 在真空中或氮气保护条件下加热时,相邻的羟基易发生脱水反应生成硅氧烷基:

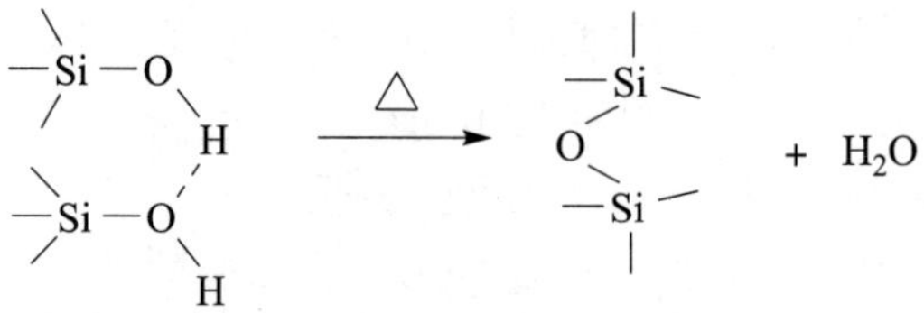

在 TiCl$_4$/SiO$_2$ 负载催化剂的制备过程中,TiCl$_4$ 与 SiO$_2$ 载体表面上这些活性基团发生了如下反应:

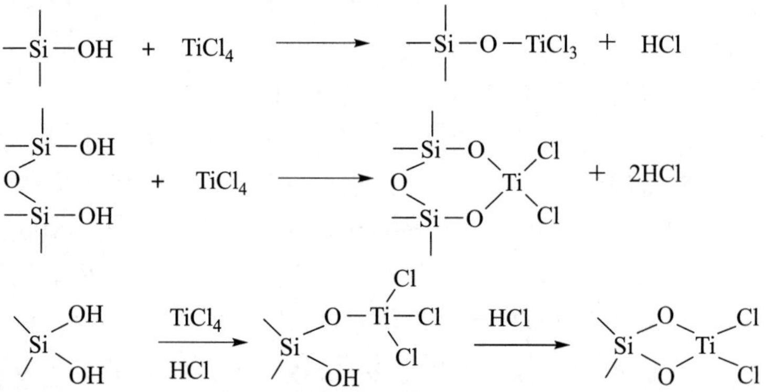

为了改善催化剂的活性,SiO$_2$ 表面可先经过 LiBu、NaH、烷基铝等进行适当处理,使表面的羟基及硅氧桥基脱除并生成新的表面基团,可避免活性组分 TiCl$_4$ 直接和 SiO$_2$ 表面的羟基或硅氧桥基发生反应生成催化活性较低的 Si-O-TiCl$_3$ 物种。随后再负载催化剂前驱体,可进一步改善催化剂的性能。以单羟基 SiO$_2$ 为例,与格式试剂和烷基铝发生的反应为

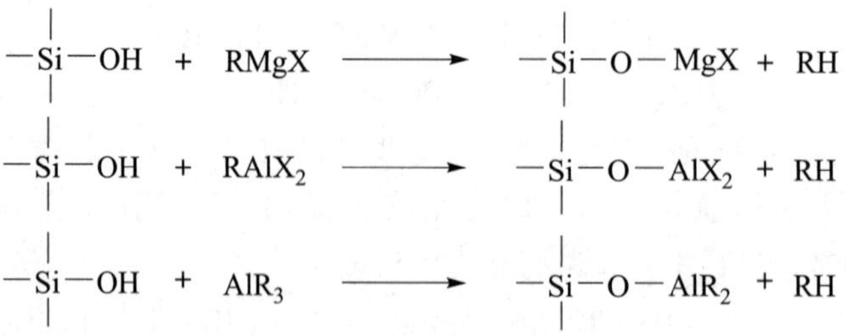

—Si—OH + RMgX ⟶ —Si—O—MgX + RH

—Si—OH + RAlX$_2$ ⟶ —Si—O—AlX$_2$ + RH

—Si—OH + AlR$_3$ ⟶ —Si—O—AlR$_2$ + RH

3.2.3.3 SiO$_2$/MgCl$_2$ 复合载体

由于 SiO$_2$ 载体催化剂对烯烃聚合的活性和立构定向性低,而 MgCl$_2$ 载体催化剂具有优

良的性能，于是人们将 $MgCl_2$ 负载在 SiO_2 载体上制成了 $SiO_2/MgCl_2$ 复合载体。这种由复合载体形成的催化剂 $(SiO_2/MgCl_2)/TiCl_4$ 既具有 $MgCl_2$ 载体的特性，又保持 SiO_2 载体的特性，因此，这种催化剂兼具良好的形态和高活性。在复合载体制备过程中，通常有三种方法：

方法一是首先将 $MgCl_2$ 或格氏试剂溶于醇中，然后与活化过的 SiO_2 进行作用得到复合载体。

以单羟基 SiO_2 为例，与 $MgCl_2$ 的醇溶液之间可能发生的反应为

$$\equiv\!Si\!-\!OH + MgCl_2 \cdot n BuOH \longrightarrow \equiv\!Si\!-\!O\!-\!MgCl \cdot n BuOH + HCl$$

复合载体与过量的 $TiCl_4$ 反应可制成复合载体催化剂 $(MgCl_2/SiO_2)/TiCl_4$，其中复合载体中的 nBuOH 与过量的 $TiCl_4$ 作用生成 $Ti(BuO)Cl_3$，同时 $TiCl_4$ 负载在脱醇后的复合载体上。$Ti(BuO)Cl_3$ 溶于 $TiCl_4$ 和洗涤溶剂中被除去。

方法二是将 $MgCl_2 \cdot 2THF$ 对 $TiCl_4/SiO_2$ 进行改性。$MgCl_2$ 的用量对乙烯、丙烯及乙丙共聚催化剂活性的影响较复杂，过量的 $MgCl_2$ 可导致催化剂活性中心被遮蔽而使活性下降，适当控制 Mg/Ti 物质的量之比，可得到头—头和尾—尾结构的聚丙烯及无规乙丙共聚物。

```
TiCl₄/SiO₂ ──┐
             ├──→ 复合载体催化剂
MgCl₂·2THF ──┘     (MgCl₂/SiO₂)/TiCl₄
```

以单羟基 SiO_2 为例，$MgCl_2 \cdot 2THF$ 与 $TiCl_4/SiO_2$ 之间可能发生的反应为

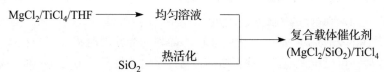

方法三是将热处理过的 SiO_2 载体与 $MgCl_2/TiCl_4$ 相作用制得复合载体的催化剂 $(SiO_2/MgCl_2)/TiCl_4$。

```
MgCl₂/TiCl₄/THF ──→ 均匀溶液 ──┐
                               ├──→ 复合载体催化剂
SiO₂ ──── 热活化 ──────────────┘     (MgCl₂/SiO₂)/TiCl₄
```

3.2.3.4 石墨烯载体

石墨烯（graphene）具有超高的强度，在室温下具有很好的导电、导热、高表面积及质轻等独特的物理、化学和机械性能，为复合材料的研究与开发提供新的动力。石墨烯/聚烯烃复合材料除了将石墨烯与聚烯烃直接共混制备外，近年来，采用石墨烯为载体负载钛催化剂和茂金属催化剂的研究逐渐受到人们的关注。与 SiO_2 负载催化剂的制备相似，首先将石墨氧化为氧化石墨烯（graphite oxide，GO），通过格氏试剂负载氯化镁，然后再加入 $TiCl_4$，得到石墨烯负载的催化剂，或氧化石墨烯与 MAO 反应后再加入茂金属催化剂，可得到相应的负载茂金属催化剂[54]。

以上述负载催化剂对乙烯或丙烯催化聚合，可以制备石墨烯/聚乙烯或石墨烯/聚丙烯复合材料（图 3-7）。有研究表明，石墨烯/聚乙烯复合材料与茂金属线型低密度聚乙烯比较，力学性能提高 50%，导电性能提高 120%；石墨烯/聚丙烯复合材料与现有聚丙烯比较，力学性能提高 30%，导电性能提高 100%。此外，石墨烯/聚烯烃复合材料还可以大大提高聚烯烃材料的屏蔽电磁辐射、抗静电的性能，用于制造柔性设备与电热转换设备等的材料。对于石墨烯，还可采用不同的烷基、芳基等修饰石墨烯，制备具有功能性的复合材料。可以预见，这方面的研究将掀起一场新的研究热潮。

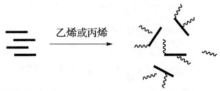

石墨烯负载催化剂纳米层状结构　　　　石墨烯/聚烯烃复合材料

图 3-7 复合材料的形成

3.2.3.5 磁性 Fe_3O_4 载体

Fe_3O_4 铁氧体是一种纳米级的磁活性物质载体，利用磁性粒子表面的羟基和 AlR_3 反应，然后加入 $TiCl_4$ 将 Ti 负载于磁性粒子表面，制备出新型负载型纳米磁性 Ziegler-Natta 催化剂。这种新型 Ziegler-Natta 催化剂，可用于乙烯聚合并产生新型的磁性聚乙烯复合材料。

3.2.3.6 炭黑载体

以炭黑为载体的负载型 Ziegler-Natta 催化剂，采用填充聚合的方法制备了聚乙烯复合材料，通过控制聚合效率和聚合时间可获得不同炭黑含量、炭黑高度分散的聚合物，此类材料具有很好的正温度系数（PTC）效应。有研究表明，将 $TiCl_4$-$AlEt_3$ 负载在炭黑上，利用聚合填充法制备炭黑填充聚乙烯时，聚合速度并不像传统的负载型催化剂那样由单体的扩散来控制，而是由吸附在载体表面的 $AlEt_3$ 二聚体同单体的反应来决定。

3.2.3.7 沸石载体

以沸石为载体的负载型 Ziegler-Natta 催化剂，定量加入 $Al_2Cl_3Et_3$ 主要生成 Si-O-$AlCl_2$ 和 Si-O-AlCl(Et)，具有双齿的锚接点，而足够远的锚接点致使负载钛和钛间的相互作用很弱。以这种沸石为载体的 Ziegler-Natta 催化剂催化乙烯和丙烯共聚时，发现当在体系中加入格氏试剂 C_6H_5MgCl 后，可以较大地提高催化活性，常压聚合活性可达 10.2 kg 聚合物/(g Ti·h)。

3.2.3.8 有机高分子载体

以有机物载体负载的 Ziegler – Natta 催化剂用于烯烃聚合，可以大大减少聚合产物中的无机灰分，所以近几年来有机载体催化剂也逐渐引起人们的兴趣。如图 3 – 8 所示，以聚乙烯-丙烯酸（EAC）和聚苯乙烯 – 丙烯酰胺（SAA）为载体负载 Ziegler – Natta 催化剂，载体与 $TiCl_4$ 的结合方式如下：

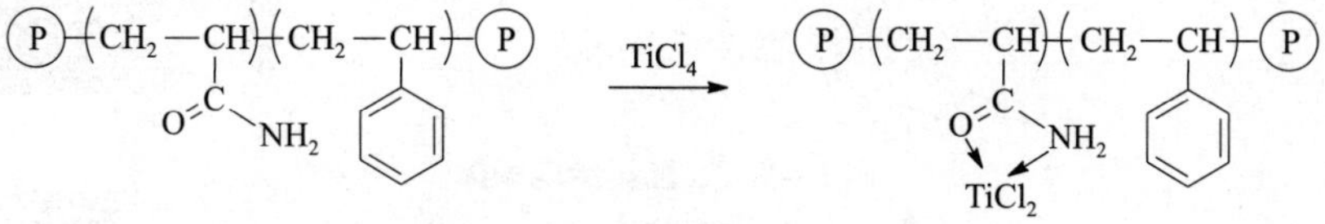

图 3 – 8 载体与 $TiCl_4$ 结合方式

3.2.4 Ziegler – Natta 催化剂的给电子体[51,52,55,56]

给电子体指的是一些能与催化剂体系中的某些组分进行配位，并对催化剂的性能施加影响的有机化合物，通常为 Lewis 碱。

20 世纪 60 年代后期，$MgCl_2$ 载体型催化剂对 PE、PP 都有高活性，但 PP 的等规度小于 50%。后来，研究者发现在催化剂的制备过程中加入适当的给电子体，能大大提高 PP 的等规度。按加入方式不同，给电子体又分为内给电子体（internal electron donor）和外给电子体（external electron donor）。内给电子体是指在固体催化剂制备过程中加入给电子体，外给电子体则是指那些加入烯烃聚合体系中的给电子体。两者对催化剂体系的影响各不相同。

3.2.4.1 内给电子体

内给电子体是人们最早意识到会提高 $MgCl_2$ 负载型催化剂的等规度的物质，相对于外给电子体而言起着核心的作用。其在催化体系中的作用体现在以下四个方面：

(1) 内给电子体化合物与 $TiCl_4$ 在 $MgCl_2$ 晶面竞争配位，防止无规活性中心的形成。

(2) 内给电子体可以选择毒化非立体定向活性中心。内给电子体可以选择毒化非立体定向活性中心。一般认为非立体定向活性中心的 Lewis 酸性比立体定向活性中心的要强，内给电子体是 Lewis 碱，优先与 Lewis 酸性强的活性中心配合使之失活。

(3) 内给电子体可以控制催化剂的载钛量。随着内给电子体的浓度增加，催化剂的载钛量减少到一定值后趋于稳定。

(4) 内给电子体影响 $MgCl_2$ 载体的微晶结构和形态。内给电子体能够影响 $MgCl_2$ 醇合物在 $TiCl_4$ 溶液中的分解和 $MgCl_2$ 的重结晶速度，从而影响 $MgCl_2$ 载体的微晶结构和形态。

常用的内给电子体有三种：单酯类给电子体、二酯类给电子体和二醚类内给电子体。

(1) 单酯类给电子体是最早采用的内给电子体，其通式为 R_1COOR_2。常用的单酯类化合物有苯甲酸甲酯、苯甲酸乙酯等（ethylbenzoate，EB），其中后者应用较多。在 $MgCl_2$ 负载 Ziegler – Natta 催化剂中，采用苯甲酸乙酯为内给电子体，苯基三乙基硅烷为外给电子体进行丙烯聚合时，活性为 2.4 ~ 6.0 kg PP/g 催化剂，聚合物等规度在 91% 左右。

(2) 二酯类给电子体可分为芳香族双酯类和脂肪族双酯类内给电子体，如琥珀酸酯类（图 3 – 9）。由这类给电子体制备的催化剂具有良好的立构规整控制性能，制备的聚丙烯具有非常宽的分子量分布，特别适合生产管材和片材。在聚丙烯催化剂体系中，芳香双酯类化合物是目前应用最为广泛的内给电子体。与单酯类内给电子体相比，由双酯作为内给电子体的催化剂活性高、寿命长、聚合平稳。

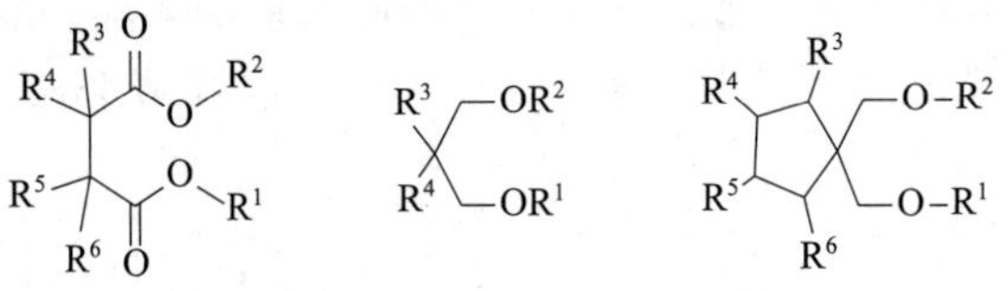

图 3-9　二酯类给电子体
(a) 琥珀酸酯类；(b) 烷基取代的二醚；(c) 芳基取代的二醚

（3）以二醚类化合物为给电子体的新一代 Ziegler-Natta 催化剂，在无须外给电子体条件下，显示出较高的催化活性，得到高等规度、高熔融指数、宽分子量分布的聚丙，适用于薄壁注塑、纺织、热压黏合等。以非对称结构的二醚为内给电子体，其取代基的空间位阻和给电子能力可显著影响催化剂的立体选择性。用于 Ziegler-Natta 催化剂的二醚一般为 2 位取代的 1,3-丙二醚类化合物，根据 2 位取代基的不同，二醚类给电子体可分为烷基取代二醚和芳基取代二醚。

醇酯类内给电子体，如 2,4-戊二醇二（对正丁基苯甲酸）酯，在不使用外给电子体时，仍可得到较高等规度的聚合物，同时催化剂对氢的敏感性也很好，所得聚合物的分子量分布较宽，有利于聚合物不同型号的开发。

3.2.4.2　外给电子体

采用只含有内给电子体的催化剂体系生产所得到的聚合物等规度仍不够高，为了进一步提高 $MgCl_2$ 载体型催化剂体系的立体定向性，引进了外给电子体。外给电子体作为一种立体调节剂，必须与内给电子体配合使用，才能达到提高聚合物等规度的目的。其作用可简述为可选择性毒化无规活性中心，从而提高催化剂的定向能力和聚合物的等规度。虽然使催化剂的活性中心总数减少，降低了催化剂的活性，但由于在主催化剂制备时加入了内给电子体，从而使主催化剂的活性得到补偿，因此外给电子体既是非等规活性基团的失活剂，又是产生等规基团的促进剂。

通常在内给电子体已确定的情况下，外给电子体的选择有如下的经验规律（表 3-3）。

表 3-3　外给电子体与内给电子体的选配

内给电子体	最佳的外给电子体
单功能型（芳香单酯）	单功能型（芳香单酯）
双功能型（芳香双酯）	多功能型（甲硅烷酯）或单功能型（胺类）
双功能型（1,3-二醚）	不用或双功能型（硅烷、二醚）

常见的外给电子体有以下几类：

（1）芳香族羧酸酯类化合物。它既可用作内给电子体，也可以作为外给电子体使用，可使催化剂的活性和聚合物的等规度都有很大程度的提高。

(2) 有机胺类。立体位阻大的胺类化合物在提高催化剂立体选择性上的作用效果非常明显。以 2,2,6,6-四甲基哌啶（TMPIP）作为外给电子体，与苯甲酸乙酯（EB）为内给电子体制备的 $MgCl_2$ 载体型钛催化剂配合使用，在 $AlEt_3$ 作用下，可使丙烯聚合的催化活性和聚丙烯的等规度大大增加。

(3) 有机硅氧烷类。有机硅氧烷的化学结构对 Ziegler – Natta 催化剂催化丙烯聚合有很大的影响，钝化（deactivation）的效率与硅氧烷的烷氧基数量有关，而钝化的选择性与烃基有关。作为与活性中心钛原子的配位体的 Lewis 碱，其本身的体积大小对聚合的进程有直接的影响，只有合适的空间位阻才能使丙烯分子按照一定的方向插入 Ti—R 键，进行链增长，即在提高催化剂的定向能力的同时又提高了活性。碱性强的 Lewis 碱给电子能力也强，在与活性中心配位时的推电子能力也大，它和 Ti 的配合使 Ti 原子上电子云密度增加而削弱了 Ti—R 键，故使催化活性提高，聚合速率常数（k_p）增加。因此通常选择与硅相连的烃基、苯基或异丁基以增加硅烷的给电子能力。

(4) 杯芳烃类。20 世纪 90 年代末，出现了一系列新的杯芳烃类外给电子体（图 3 – 10），通过与适当的内给电子体配合，可以达到工业应用的要求，而且这类外给电子体的合成方法并不复杂，成本不高。

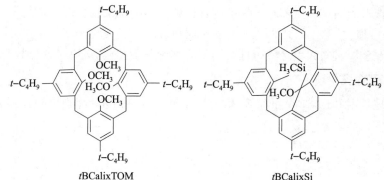

图 3 – 10　杯芳烃类外给电子体

3.2.4.3　内外给电子体的协同作用[57,58]

内外给电子体的协同作用对于活性中心的性质有重要影响。由于助催化剂 $AlEt_3$ 的配合作用，内给电子体易从催化剂载体上脱落。Ti 原子在催化剂表面不稳定使得催化剂的立体定向能力下降。

$$\text{Cat.} - \text{ID} + \text{AlEt}_3 \longrightarrow \text{Cat.} - \square + \text{AlEt}_3 - \text{ID}$$

加入外给电子体后,由于外给电子体和 AlEt$_3$ 配合作用使得游离的 AlEt$_3$ 活度降低,内给电子体不易被置换。

$$\text{Cat.} - \text{ID} + \text{AlEt}_3 + \text{ED} \longrightarrow \text{Cat.} - \text{ID} + \text{AlEt}_3 - \text{ED}$$

外给电子体可以在催化剂空位上配位,重新形成立体定向中心,明显提高聚合物的等规度。同时没有内给电子体的催化剂吸附外给电子体的能力比有内给电子体的催化剂要弱。

$$\text{Cat.} - \square + \text{AlEt}_3 - \text{ED} \longrightarrow \text{Cat.} \cdot \text{AlEt}_3 - \text{ED}$$

人们通过用测定活性中心数目和聚合物分子量分布及分级的方法获得了有关活性中心的分布及其详细的动力学参数,同时结合聚合物的微观结构,提出了给电子化合物的作用机理(图 3 – 11),解释了给电子体对不同的无规活性中心具有不同作用的现象,明确了给电子化合物将无规活性中心转化为等规活性中心的作用同给电子体结构的关系,还发现了给电子体的一种新的作用形式。

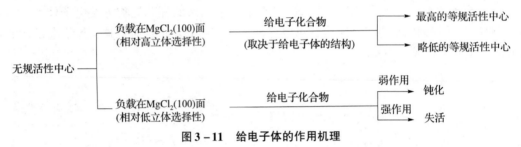

图 3 – 11　给电子体的作用机理

3.2.5　Ziegler – Natta 催化剂的配位聚合机理[10,49,50,59,60]

自 Ziegler – Natta 催化剂发现以来,科学家们对配位聚合机理进行了广泛的研究。由于传统的 Ziegler – Natta 催化剂是由非过渡元素的有机金属化合物和过渡元素的某些化合物组成的,如 TiCl$_4$ 或 TiCl$_3$ 和三烷基铝,它们在惰性烃类溶剂中反应后形成组成不同活性中间体,即混合铝和钛的烷基卤配合物。它们在常规的溶剂中溶解性差,且易分解,给机理的深入研究带来了很大的困难。目前,已提出的各种各样的配位聚合机理归结起来大体可分为四类:① 自由基机理;② 负离子机理;③ 双金属机理;④ 单金属机理。前两种属早期工作,已采用不多;双金属机理和单金属机理有一定的理论基础和实验依据,得到较多的认同。

3.2.5.1　双金属机理

双金属机理是由 Patat-Sinn 和 G. Natta 分别于 1958 年和 1960 年提出的,其活性中间体如图 3 – 12 所示。

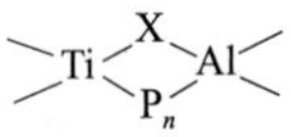

$$\text{Ti} \underset{P_n}{\overset{X}{<>}} \text{Al}$$

P$_n$ 为增长的聚合物链,X 为卤素

图 3 – 12　活性中间体

Patat-Sinn 认为乙烯单体先与 Ti 原子发生配位,然后插入 Ti—C 键并与之形成桥键。当单体与聚合物链的次甲基生成 σ 键的同时,原来的 Al—C 桥键移位至 Ti—C 键上的同一个 C 上,形成新的增殖了的聚合活性中间体。如此重复这个配位 – 插入 – 移位 – 成键过程,最终

得高分子量的聚合物（图 3-13）。

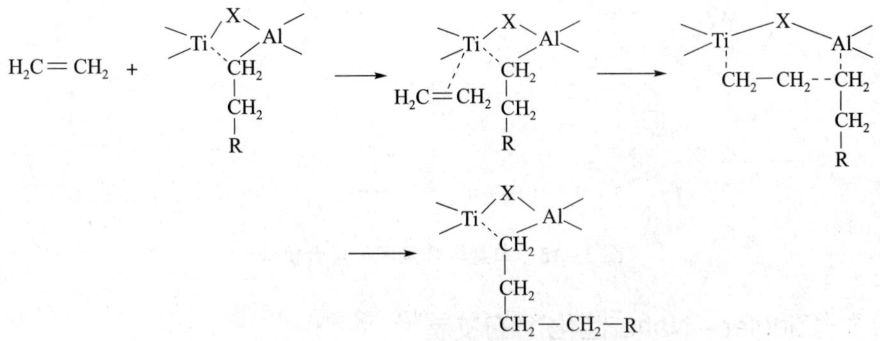

图 3-13　Patat-Sinn 提出的双金属烯烃配位聚合机理

而 Natta 认为，单体首先配位于 Ti 原子上并被活化，然后按图 3-14 插入至 Ti^+—C^- 键中形成六元环的中间体。该活化了的单体再进一步插入至 Al—C 键中后，并形成新的 Ti—C 键，即增殖了的聚合活性中间体。如此重复这个配位-插入-移位-成键过程，最终得到高分子量的聚合物。其核心是，金属 Ti 对乙烯单体起到活化（极化）的作用，而金属 Al 则作为链增长中心。

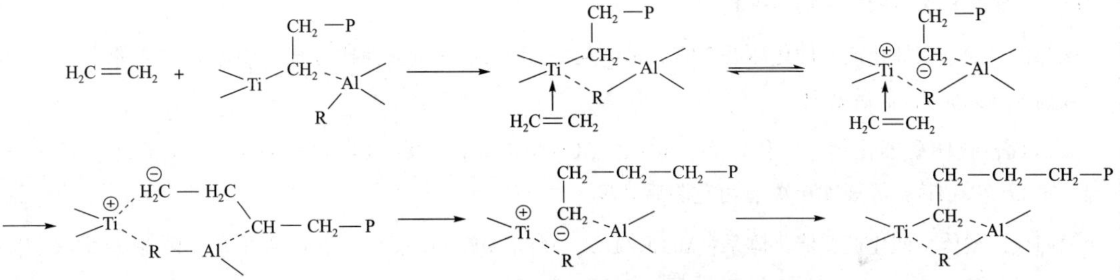

图 3-14　Natta 提出的双金属烯烃配位聚合机理

3.2.5.2　单金属机理

由 Cossee 等提出的单金属机理是基于以下实验事实：Beerman 和 Bestian 发现 $TiCl_4$ 或 $TiCl_3$ 很容易被 $Al(CH_3)_3$ 烷基化。控制 Al/Ti 物质的量之比，可以得到各种产物，并对所得的产物 CH_3TiCl_3 或 $(CH_3)_2TiCl_2$ 进行了表征。

$$TiCl_4 + Al(CH_3)_3 \longrightarrow CH_3TiCl_3 + Al(CH_3)_2Cl$$

对于 CrO_3-SiO_2 和 MoO_3-Al_2O_3 体系，无须烷基金属活化即可引发乙烯聚合，且具有很高的催化活性。这是单金属机理最有意义的证据。

单金属机理的观点是催化活性中心为 Ti—R 的中间体，烷基铝的作用是使 $TiCl_4$ 或 $TiCl_3$ 烷基化。

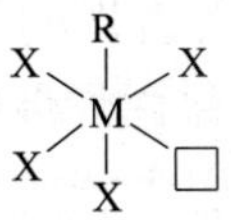

M—过渡金属；R—烷基；X—卤素；□—空穴

乙烯单体首先在活性中心 Ti 上进行配位，形成 π-配合物，然后进行移位-插入，得到增长了一个链节的活性中间体。如此重复下去便得到高分子量的聚乙烯（图 3-15）。

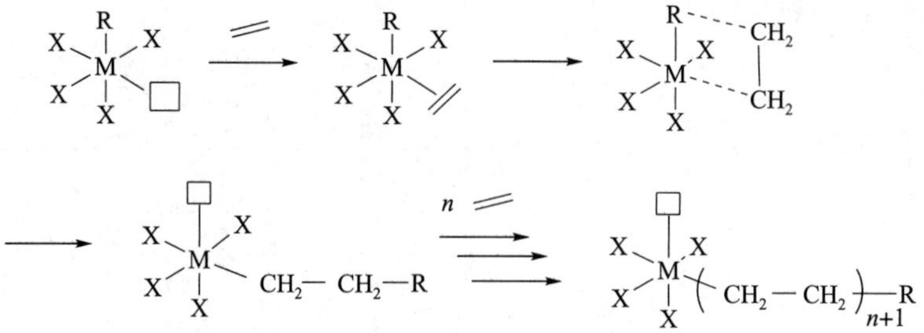

图 3–15 单金属烯烃配位聚合机理

3.2.6 Ziegler–Natta 催化剂的发展[50-52,55]

经过数十年的发展，Ziegler–Natta 催化剂按其发展历史过程和性能特点习惯上划分为五代，把茂金属催化剂列为第六代催化剂，把近年来出现的均相后过渡金属催化剂称为新一代催化剂（表 3–4）。

表 3–4　Ziegler-Natta 催化剂的发展阶段

第一代，常规 $TiCl_3$，催化体系：δ-$TiCl_3$ 0.33 $AlCl_3$-$AlEt_2Cl$，催化剂活性较低（丙烯：0.5~1.0 kg PP/gTi），等规度 88%~92%，需后处理。

第二代，配合型催化剂，催化体系 δ-$TiCl_3$·nR_2O-$AlEt_2Cl$，催化剂活性比常规 $TiCl_3$ 高 3~5 倍，等规度比较高（>94%），需后处理。

第三代，载体型催化剂，催化体系：$MgCl_2$/$TiCl_4$/PhCOOEt-$AlEt_3$/CH_3PhCOOEt，催化活性较高（丙烯：30 kg PP/gTi），等规度 95%，可免除后处理。

第四代，载体型催化剂，催化体系：$MgCl_2$/$TiCl_4$/双酯-$AlEt_3$/硅氧烷，催化活性高（丙烯：60 kg PP/gTi），等规度 >98%，聚合物形态好（球形），可免除后处理。

第五代，载体型催化剂，催化体系：$MgCl_2$/$TiCl_4$/二醚-$AlEt_3$，催化剂活性高（丙烯：70~120 kg PP/gTi），等规度 >95%，聚合物形态好（球形），可免除后处理。

第一代 Ziegler–Natta 催化剂：Natta 在 1954 年首次用 $AlEt_3$ 还原 $TiCl_4$ 所得 $TiCl_4$/3$AlCl_3$ 为主催化剂，AlEtCl 为助催化剂构成第一代 Ziegler–Natta 催化剂，得到了高等规度的聚合产品，经过不断的研究和改进，并实现了工业化生产。在催化剂发现后仅三年时间，新型工业树脂聚丙烯便问世。第一代催化剂的缺点是活性和等规度还较低，还需要脱除无规产物和催化剂残渣的后处理工序。此后很长时间，研究的重点是提高催化剂的活性和立体定向能力。各种晶型的 $TiCl_3$ 都能催化烯烃聚合，但是催化活性和定向性不同，其中 δ-$TiCl_3$ 的聚合活性和立体定向性最好。通过研磨或者热处理活化，可将其他晶型的 $TiCl_3$ 转化为 δ-$TiCl_3$。

第二代 Ziegler-Natta 催化剂：具有代表性的第二代聚丙烯催化剂是 Solvay 催化剂，于 1975 年投入工业化生产。它是在第一代聚丙烯催化剂的基础上用加给电子体（Lewis 碱）的方法提高 PP 等规度。在制备催化剂时引入醚类等给电子体，采用适当的工艺制得包含大量 δ-$TiCl_3$ 微晶颗粒的催化剂粒子，其比表面积由常规方法所得 $TiCl_3$ 30~40 m^2/g 提高到 150 m^2/g，催化剂的聚合活性有了很大的提高（提高了 4~5 倍）。虽然第二代催化剂的活性有了大幅度的提高，但催化剂中大部分钛原子仍然是非活性的，相关的聚合工艺仍需要有脱灰工艺等后处理系统。研究发现，在催化剂合成过程中加入给电子体化合物（如羧酸酯类、醚类），可将 PP 的等规度提高到 92%～94%，至此，对给电子体化合物的研究就成为聚丙烯催化剂研究的一个重要领域。

第三代 Ziegler-Natta 催化剂：由于 Natta 等人的深入研究，对 $TiCl_3$ 的结构分析表明，仅占少量的钛原子位于催化剂的表面、边缘和缺陷处，可以接触到烷基铝而被活化成活性中心原子，而位于 $TiCl_3$ 晶体内部的钛原子只是作为载体不能发挥活性中心原子的作用，并且 $TiCl_3$ 存在于聚合产物内，对产物的性能是有害的。要提高催化剂的活性，最好的方法是减小催化剂微晶的尺寸或者寻找高比表面的载体，以增加可被利用的钛的比例，由此导致了负载型催化剂的出现。最初选用的载体是一些无机氧化物、碳酸盐和卤化物等，但催化活性很低。

直至 20 世纪 60 年代末 Kashiwa 等人发现了以 $MgCl_2$ 负载的 $TiCl_4$ 催化剂在聚乙烯生产中获得了巨大的成功，但由于催化剂的立体选择性不高，尚不能用于等规聚丙烯生产。迄今为止，$MgCl_2$ 仍然是 $TiCl_4$ 负载催化剂最好的载体，$TiCl_4$ 负载催化剂的研究大部分集中在以 $MgCl_2$ 为载体的负载催化剂上。研究表明，只有选择合适的给电子体和催化剂制备方法才能同时实现催化剂的高活性和高立体选择性。因为采用活化的 $MgCl_2$ 作为载体，催化剂的活性得到很大改善，而采用合适的内外给电子体提高了催化剂的立体定向性，可以免去聚合工艺中的脱除催化剂残渣和无规聚丙烯工艺。

第四代 Ziegler–Natta 催化剂：在第三代高活性、高定向性 Ziegler–Natta 催化剂的基础上，Himont 公司又成功地开发出 $MgCl_4/TiCl_4$/邻苯二甲酸酯主催化剂与 AlR_3/硅烷助催化剂构成的催化体系。该催化剂为规整的球形微粒。控制适当的聚合条件可实现丙烯聚合的"复现效应"，所得聚丙烯颗粒是催化剂颗粒的几何放大，生产出直径 1.5 mm 的球形树脂颗粒，即著名的 Spheripol 聚丙烯工艺。第四代催化剂不仅具有高活性和高定向能力，而且能控制粒子形态，具有反应器颗粒技术的特点，有利于生产高性能的聚丙烯。第四代催化剂标志着聚丙烯催化技术的研究和生产趋于完善和成熟，反映了聚丙烯催化剂的发展由注重高活性、高定向性趋于注重产品系列高性能化的转变，能够精确控制聚合物的结构，生产各种专用品、高附加值产品。我国从 20 世纪 80 年代开始，开发出了一批国产第四代催化剂（如北京化工研究院的 N 催化剂、DQ 球形催化剂，化学所的 CS 系列催化剂，石油化工科学研究院的 HDC 球形催化剂等），开始从实验室走向市场，并部分替代了进口催化剂，产生了很好的社会效益和经济效益。

第五代 Ziegler-Natta 催化剂：20 世纪 90 年代，1,3-二醚的出现促成了新一代高效聚丙烯催化剂的诞生（即第五代 Ziegler–Natta 催化剂），在制备载体催化剂时仅加入 1,3-二醚，聚合时仅加入烷基铝，不再加入其他 Lewis 碱。催化活性高达 70～120 kg PP/gTi，等规度达 95% 以上。在 Spheripol 聚合工艺中，用这种催化剂进行环管液相丙烯本体聚合，可以得到球形 PP 粒子。这种技术不但可以省去造粒工艺，而且内部多孔性的球形 PP 粒子可以作为反应器生成多相聚烯烃，即称反应器颗粒技术（reactor granule technology），可作为后续加入的其他反应单体的多孔反应床，最终得到聚烯烃合金。

除此之外，Ziegler–Natta 稀土金属催化剂也得到相应的发展。传统的 Ziegler-Natta 稀土金属催化剂主要二元（L_nCl_3-AlR_3）和三元体系（L_nL_3-AlR_3-$HAlR_3$ 或 R_2AlX；L = 羧酸、烷氧基、烯丙基；X = 卤素）与茂金属催化剂相比，传统稀土催化剂制备简单、价格低廉、热稳定性好、对水和氧的耐受性好。同时，传统催化剂具有较好的立构选择性，可合成高顺式（cis-1,4-约97%）的共轭二烯聚合物，是最具有工业化应用前景的催化体系。在整个镧系催化剂体系中，钕系催化剂具有较高的活性且原料来源广泛，价格适中，是二烯烃有规聚合中最具发展潜力的催化剂品种。

稀土二元催化体系通常由无水氯化稀土金属与给电子试剂形成的配合物同烷基铝组成。NdX_3/AlR_3 是最先用于二烯烃聚合的钕系催化剂，该非均相体系具有很高的反应活性。但因非均相催化剂体系极易导致产品中凝胶含量过高，该二元非均相催化剂体系在工业化生产中的应用前景黯淡。出于对高活性的重视，关于 NdX_3 的研究仍在继续，研究重点在于提高催化剂性能。稀土三元催化体系是由稀土金属化合物/含卤素的化合物/烷基铝组成的。根据稀土金属化合物分类，包括羧酸钕体系、烷氧基钕体系、膦酸钕及磷酸钕体系、烯丙基钕体系等。

3.3 茂金属催化剂

茂金属催化剂（metallocene catalysts）通常指由茂金属配合物作为主催化剂和 Lewis 酸作为助催化剂所组成的催化体系。茂金属配合物一般是指结构中含有一个环戊二烯基（cyclopentadienyl, Cp）或环戊二烯基衍生物，如含取代基的环戊二烯基、茚基（indenyl, Ind）、芴基（fluorenyl, Flu）的配体与过渡金属元素（如 Ⅳ B 族元素钛、锆、铪）或稀土元素形成的一类有机金属配合物。Lewis 酸一般是指烷基铝氧烷，如甲基铝氧烷（methyluminoxane, MAO）、有机硼化合物等。茂金属催化剂归属于 Ziegler - Natta 催化剂的范畴。茂金属催化剂中的"茂"源于配体 cyclopentadienyl，为由 5 个碳构成的环戊二烯基，为了中文表达确切，且考虑其具有类似苯环的芳香性，在戊字上面加上草字头便成了中文的"茂"。同理，含有环戊二烯环的配体 indenyl 和 fluorenyl 相应地称为"茚"和"芴"。二茂铁（ferrocene）是最早发现的环戊二烯与过渡金属 Fe 的配合物，其结构是两个环戊二烯环互相平行，并与中心 Fe 原子以等价 π 键配位形成夹心结构。该配合物和其他 Mt（过渡金属）—C 键一样具有部分离子键特性，因此可写成 $[C_5H_5^- Fe^{2+} C_5H_5^-]$[61]。Metallocene 一词是由 ferrocene 延伸而来，所以最早的茂金属催化剂大都是指由两个对称的环戊二烯（或其同系物）与过渡金属（如 Ti、Zr、Hf）原子形成夹心结构的二茂金属配合物。随着茂金属配位化学的发展，这种对称夹心结构的概念已被打破，逐渐延伸至单茂、桥联混配茂、单茂和含孤对电子的元素如 O、S、N 与过渡金属原子所形成的配合物，甚至把以苯氧基作配体的卤化钛（专称非茂或杯形配体）如 2,2'-硫代二（6-叔丁基 4-甲基苯酚）基二氯化钛[62]，也归属于茂金属催化剂范畴。

与传统的 Ziegler - Natta 催化体系相比，茂金属催化剂具有以下 5 个方面的特点[63]：

（1）茂金属催化剂属单活性中心的催化剂，具有极高的催化活性，它几乎可以催化任何烯烃单体的聚合，而不论单体的分子量大小或空间上是否有阻碍。

（2）它克服了传统催化剂所产生的聚烯烃产物分子量分布宽和结构难以调控的缺点，所得到的高分子产物分子量分布狭窄，组成分布均匀，并能通过加入一种以上不同催化活性的催化剂构成多分布催化体系以适应需要宽分子量分布的场合。

（3）用于潜手性的烯烃单体（如 α-烯烃）聚合时，能有效地进行立体控制聚合，产生各种立构的聚合物，如：丙烯可获得全同、间同、半等规、无规与全同嵌段聚丙烯。也可使一些单体产生以往所不能得到的新型聚合物，如间同聚苯乙烯等。制得的特定规整度的聚烯烃可表现出特殊的物理、化学、机械加工性能。

（4）它还可以实现一些用多相催化剂难以实现的聚合反应，在高性能化聚合、共聚合及光学活性聚合方面表现出优异的特性。

（5）茂金属催化剂中的中心金属和配体可以在很大范围内调控，从而影响中心金属周围的电荷密度和配体空间环境，使形形色色聚合反应的活性和选择性得到控制。

茂金属催化剂的特点主要来自其特殊的结构，即以环戊二烯基或取代环戊二烯基为配体，尽管其本身并不直接参与催化烯烃聚合过程，但通过变化环戊二烯上取代基的电子和立体结构效应以及变化桥基的大小（对于桥连茂金属催化剂），来调节和控制茂金属催化剂的催化活性和立体选择性。

3.3.1 茂金属催化剂的发现与特性[10]

二茂铁是第一个合成得到的茂金属配合物[64,65]。新奇的夹心结构，与金属以 π-键特殊的成键形式和突出的芳香性，迅速引起人们的关注。1953 年，G. Wilkinson 报道了第一个钛族夹心结构的环戊二烯基配合物 Cp_2TiBr_2，次年又报道了 Cp_2TiCl_2 的合成[66,67]。1955 年，L. Summers 利用环戊二烯基锂和 $TiCl_4$ 在二甲苯中反应也成功地得到了 Cp_2TiCl_2[68]。1958 年，R. Gorsich 在此基础上合成了 $CpTiCl_3$[69]。

G. Natta[70] 和 D. Breslow[71] 等于 20 世纪 50 年代末各自独立发现环戊二烯基钛化合物（Cp_2TiCl_2）与 $AlEt_2Cl$ 能使乙烯聚合。与 Ziegler-Natta 催化剂中的主催化剂（$TiCl_4$ 或 $TiCl_3$）不同，由于在 Ti 上引入了环戊二烯基配体，从而使得其 Lewis 酸性大大降低，在有机溶剂中的溶解性大大提高而成为均相体系。由于催化剂结构远较非均相催化体系清楚，于是在此后长达 20 年的时间里，许多这类结构明确的均相催化剂用于聚合机理、动力学、催化活性中心性质等方面的研究。但由于这类催化剂对乙烯聚合活性低，催化寿命短，需在低温下聚合，并且不能使丙烯或高级 α-烯烃聚合，因而未能引起科技界更多的兴趣和关注[72]。

20 世纪 70 年代初，K. Reichert 等[73] 偶然发现将 $Cp_2TiCl_2/AlEtCl_2$ 用于乙烯聚合时，在 $AlEtCl_2$ 甲苯溶液中，少量水的存在可使聚合活性急剧上升，而且聚合物分子量增加，可惜当时对这一重要线索没有及时跟踪和进行深入的研究。

1976—1977 年，德国汉堡大学 W. Kaminsky 研究组在一次偶然的实验中也发现了在 $Cp_2ZrCl_2/AlMe_3$ 中含有微量的水可迅速引发乙烯聚合反应，但他们没有忽略这一"异常"现象，而是对此进行了深入细致的研究，最终揭开了其中的"奥秘"，原来是由 $AlMe_3$ 经部分水解生成了甲基铝氧烷（MAO）。接着，他们以二氯二茂锆为主催化剂、甲基铝氧烷为助催化剂，对乙烯、丙烯聚合做了大量的基础性研究工作，证实了茂金属催化剂可高活性地催化烯烃聚合[74,75]。此催化剂人们常称为 Kaminsky 催化剂。Kaminsky 的重要发现是特定组成的甲基铝氧烷（MAO）助催化剂，并与茂锆主催化剂组合成高活性烯烃聚合催化剂，以及据此开辟的烯烃均相聚合新领域。从此，由于助催化剂甲基铝氧烷的引入，可溶性茂金属催化剂取得突破性进展，引起人们对茂金属催化剂体系研究的极大兴趣。

1984 年，J. Ewen[76] 用 Cp_2TiPh_2/MAO 在低温下催化丙烯聚合得到部分全同立构聚丙烯，采用手性的 rac-Et[Ind]$_2$TiCl$_2$（56%）和非手性的 meso-Et[Ind]$_2$TiCl$_2$（44%）混合物在 $-60\ ℃$ 下催化丙烯聚合得到了 63% 的等规聚丙烯，从而结束了均相聚烯烃催化剂只能合成无规聚丙烯或间规聚丙烯的历史。这一重大发现开创了均相茂金属催化剂能合成等规聚合物的先例，是聚烯烃催化剂发展史上的又一里程碑。

此后十多年，又相继出现了一系列具有独特结构的不同类型的均相茂金属催化剂，广泛应用于烯烃及其衍生物的聚合和共聚合，得到性能优异的各类传统聚烯烃，包括高密度聚乙烯（m-HDPE）（注：区别于由 Ziegler–Natta 催化剂制备得到的高密度聚乙烯，m-HDPE 专门指由茂金属催化剂制备得到的高密度聚乙烯，以下同）、低密度聚乙烯（m-LDPE）、线型低密度聚乙烯（LLDPE）、极低密度聚乙烯（VLDPE）、乙丙橡胶、乙烯或丙烯与高级 α-烯烃的共聚物、等规聚丙烯、间规聚丙烯、半等规聚丙烯、间规聚苯乙烯、环烯烃聚合物、二烯烃聚合物等多种具有独特结构性能的新材料，大大拓宽了均相催化剂体系的应用领域和配位聚合范围。而这些用传统的 Ziegler–Natta 催化剂体系是很难甚至不可能办到的。

3.3.2 助催化剂

茂金属催化剂能够有今天的发展规模，助催化剂的不断发展与更新，起着极为关键的作用。对新型助催化剂的开发与探索，是茂金属催化剂聚烯烃领域的一大挑战，也是降低聚烯烃成本、迅速推广茂金属催化剂工业化的迫切要求。从 20 世纪 70 年代末至今[77]，茂金属助催化剂从烷基铝助催化剂发展到烷基铝氧烷助催化剂和含硼化合物助催化剂得到了很大的发展。烷基铝助催化剂：传统的两组分可溶性催化体系 Cp$_2$MX$_2$/RnAlCl$_{3-n}$，只能实现对乙烯的低活性聚合，对丙烯无活性。1998 年 Jolly 等[78]报道了 Cp*Cr(acac)Cl/Et$_3$Al（Al/Cr = 300）催化体系在 50 个标准大气压下对乙烯聚合的活性为 4.2×10^4 g PE mol Cr^{-1}h^{-1}，2003 年 Gabbai 等[79]报道了 Cp*Cr(C$_6$F$_5$)(η^3–Bz)/Et$_3$Al（Bz = benzyl，Al/Cr = 90）催化体系在一个标准大气压下对乙烯齐聚的活性为 2.1×10^5 g PE mol Cr^{-1}h^{-1}。

烷基铝氧烷助催化剂：烷基铝氧烷是由烷基铝部分水解得到的。反应原理十分简单，但铝原子的缺电子性，使烷基铝氧烷的组成及结构变得十分复杂，很难得到一种不含烷基铝的烷基铝氧烷[80]，其中(CH$_3$)$_2$—Al(CH$_3$)—O—Al(CH$_3$)—O—Al(CH$_3$)$_2$ 是一个重要的单元，这些结构单元能够通过与不饱和的铝原子配位而相互连接起来。其中三配位的铝原子部分显示了较强的 Lewis 酸性，而四配位的铝原子部分则构成了一个半开的十二面体 Al$_{16}$O$_{12}$(CH$_3$)$_{24}$ 的笼状结构[81]。

甲基铝氧烷：MAO 是由三甲基铝部分水解得到的一种低分子量齐聚物。正是由于 MAO 的出现才实现了茂金属催化剂对 α-烯烃的高活性聚合。此体系是目前该领域研究最广的一种助催化剂。一般认为 MAO 在催化体系中的主要作用是使茂金属催化剂烷基化，然后形成阳离子活性中心。MAO 在茂金属催化剂催化烯烃聚合过程中的主要作用是：①使茂金属配合物甲基化；②形成二茂金属烷基阳离子并使其稳定化；③重新活化已失活的活性种；④捕获聚合体系中易使催化活性中心毒化的含杂原子杂质。

复合型烷基铝氧烷：MAO 是更好的烷基化试剂。但由于 MAO 的结构复杂，并且它的结构也随着制备及纯化方法的不同而有所不同，MAO 中含有未完全反应的三甲基铝（TMA），这些都给研究带来了困难和麻烦，再者 MAO 价格较贵，安全性也较差，因此人们一直在探索替代 MAO 或减少 MAO 用量的方法。可用作茂金属助催化剂的还有乙基铝氧烷（EAO）、异丁基铝氧烷（IBAO）及叔丁基铝氧烷（TBAO）等。但总的来说，单独使用它们的活性都不及MAO[82]。但它们的稳定性较好，生产成本低，因此，人们都致力于复合型烷基铝氧烷的研究[83]。

硼助催化剂：有机硼化合物如$B(C_6F_5)_3$、$[C(C_6H_5)_3][B(C_6F_5)]$、$[PhNH(Me)_2][B(C_6F_5)_4]$等，具有与烷基铝氧烷相同的助催化作用。有机硼化合物的作用也是使茂金属配合物形成阳离子活性中心。1964年，Massey和Park首次合成了三（五氟苯基）硼[84]。对茂金属催化剂活性中心本质的研究，揭示了茂金属MAO催化体系的真正活性物种是茂金属烷基阳离子，如$[Cp_2ZrR]^+$这种阳离子催化活性中心能够在不需要MAO存在的条件下，用硼酸盐与烷基化茂金属如Cp_2ZrR_2，以1:1反应制得。但用这种方式催化烯烃聚合的活性很低，研究表明即使像$(C_6H_5)_4B^-$、$C_2B_9H_{12}^-$或其他硼负离子这类具有大空间体积且配位能力弱的阴离子与烷基化金属茂阳离子之间也存在很强的相互作用，不利于烯烃单体的配位和插入[85-89]。Marks通过引入五氟苯硼负离子在这方面获得了突破性进展[77]。通过L_2ZrMe_2与$[NHMe_2Ph]^+[B(C_6F_5)_4]^-$或$[Ph_3C]^+[B(C_6F_5)_4]^-$相互作用生成离子$[L_2ZrMe]^+B(C_6F_5)_4^-$，（L = 取代Cp或Ind），这种体系可以在短时间内以高活性催化丙烯或更高级烯烃聚合，这是第一次在没有MAO存在条件下，以确定结构的茂金属催化剂高效地催化烯烃聚合。强Lewis酸$B(C_6F_5)_3$同样能够从烷基化茂金属化合物中夺取一个烷基，形成茂金属阳离子与四配位硼化物阴离子，实现对α-烯烃高活性聚合。形成的阳离子型茂金属具有很高的催化活性，但很容易受微量杂质的影响而钝化。可加入少量$AlMe_3$或$Al(^iBu)_3$来去除杂质的干扰，稳定金属阳离子催化中心[88,89]。

3.3.3 茂过渡金属配合物[63,90-92]

茂金属催化剂可以通过修饰配体实现对催化剂分子结构的设计，从而改进催化剂分子的催化性能。配体上起修饰作用的取代基团在空间结构上与中心金属原子的距离影响着烯烃单体的配位插入－空间立体效应；配体上起修饰作用的取代基团的供电子或吸电子效应通过对茂环上电子云密度的改变把影响传递给中心金属原子，影响着烯烃单体的配位插入和催化剂分子的分定性－电子效应。无论是空间立体效应还是电子效应都直接影响着烯烃单体的配位插入聚合。选择具有合适空间结构和电子云密度的茂金属催化剂是定制聚合产品的关键。

3.3.3.1 单茂过渡金属配合物

当茂金属催化剂的配体中只有一个茂环时，催化剂分子能以茂环中心和金属原子相连的键为轴自由转动，通常把这类催化剂简称为单茂金属催化剂。这类催化剂的典型特征是半夹心结构，中心金属原子周围有较大的空间，有利于烯烃单体的配位插入聚合。同时，分子可以以中心轴线自由旋转导致烯烃单体插入无序性。典型的分子结构为$Cp'MR_1R_2R_3$（Cp'为简单环戊二烯基或取代环戊二烯基，还可以是环戊二烯的衍生物，如茚基、芴基或取代的茚基、芴基等；M为中心金属原子，可以为钛、锆、铪，也可为铁、钴等其他金属原子；R_1、R_2、R_3可以为相同的或不同的原子或基团，如卤素、烷基等）。如图3-16，这类催化剂具有较大的配位空间，可以实现乙烯与高级α-烯烃共聚、苯乙烯均聚、乙烯与苯乙烯共聚、环状烯烃均聚、乙烯与环状烯烃共聚等。

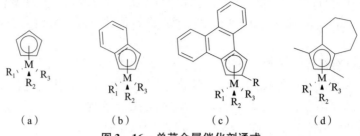

图 3-16　单茂金属催化剂通式

对于无取代的 $CpTiCl_3$ 的制备，实验室中最简单的合成方法是将 Cp_2TiCl_2 与 $TiCl_4$ 反应（图 3-17），不仅方便制得，而且产量高、纯度高。对于含取代基的单茂金属配合物的合成，通常是环戊二烯（或环戊二烯的衍生物）在 Na（或 BuLi）与 Me_3SiCl 分别作用下首先生成三甲硅基取代的环戊二烯，然后与四氯化钛直接反应制备一茂三氯化钛。该方法具有合成路线短、原料易得、产率高、产物易分离提纯等特点，已成为较常用的方法。

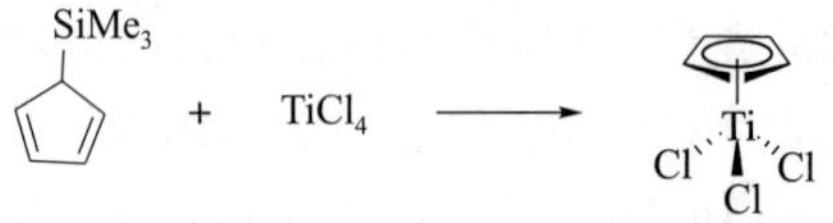

图 3-17　无取代 $CpTiCl_3$ 的制备

单茂金属配合物的合成还可以通过环戊二烯（或环戊二烯的衍生物）在 $Ti(NMe_2)_4$ 作用下首次生成一茂三（二甲胺基）钛，然后与三甲基氯硅烷或二甲基氯硅烷反应制备一茂三氯化钛（图 3-18）。

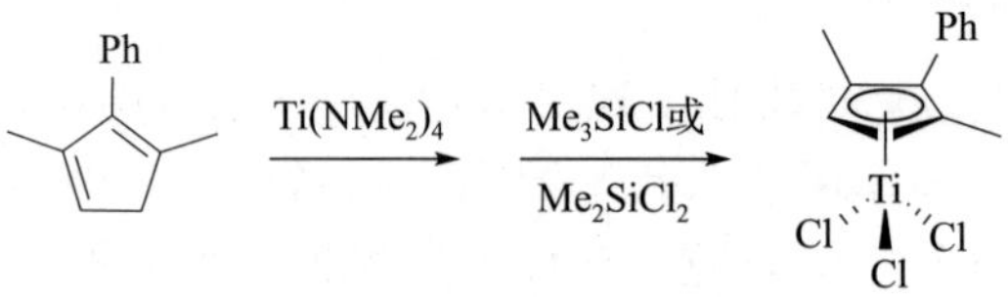

图 3-18　取代 $CpTiCl_3$ 的制备

Kaminsky 等[93]等发现当 $CpTiCl_3$ 中辅助配体 Cl 被 F 替代后，显示出异常高的催化活性，其中 $Cp*TiF_3$（$Cp*$ 是五甲基环戊二烯基配体）活性是 $Cp*TiCl_3$ 的 40 倍。Schellenberg 等[94]在 $Cp*TiF_3$ 的 MAO 体系中加入苯基硅烷（$PhSiH_3$），当 $PhSiH_3$ 与 $Cp*TiF_3$ 摩尔比为 300~600 时，催化活性明显增加，但也发生了向 $PhSiH_3$ 链转移而使聚合物分子量下降的现象。Xu 等[95]进一步发现茚氟钛化合物活性更高，约为茂氟钛的 4.5 倍。由于氟原子电负性极大，具有很强的极化作用，这种 Ti—F 键之间强的极化有利于 F 被 MAO 所取代，使 MAO 与亲电子的钛金属接近，从而产生更强的活性。茚氟钛化合物比 $CpTiF_3$ 活性高是由于茚基比 Cp 有更大的给电子能力，而 $Cp*$ 虽然给电子能力极强，但由于空间位阻太大，因此只有具有强的给电子能力，并且空间位阻不大的配体，才有利于链增长而不会由于 β—H 消除而发生终止。氟茂和氟茚催化剂在较低铝钛比 Al/Ti = 300 时，显示出极高的聚合活性，而且产物的分子量和熔点高。

Brintzinger 等发现当茂菲钛催化剂的 R 为苯基时，如图 3-19 所示，用于苯乙烯间规聚合，是迄今文献报道活性最高的催化剂，但需很高的铝钛比（4 000 左右）[96]。这种高活性可归结于巨大稠合环的“平顶”与苯乙烯单体之间形成 π 堆积（π stacking），稳定了活性中心。

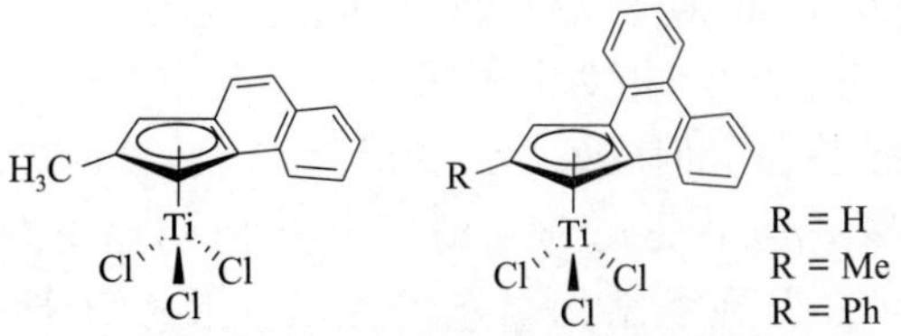

H3C
Ti
Cl
Cl
Cl
R
Ti
Cl
Cl
Cl
R = H
R = Me
R = Ph

图 3－19　单茂菲钛催化剂结构式

Chien 等[97]详细研究了一系列取代茚为配体的单茂钛类催化剂（图 3－20）在 MAO 的活化下催化苯乙烯聚合。这些茂金属化合物的催化活性顺序是 1-(Me_3C)Ind≪Cp＜H_4Ind＜Ind＜1-(Me)Ind。可见，催化剂催化烯烃聚合是空间立体效应和电子效应综合起作用的结果，催化活性顺序取决于哪种效应占主导地位。

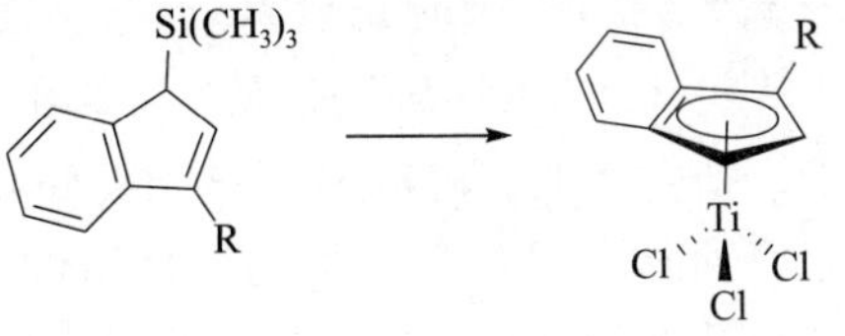

Si(CH3)3
R
R
Ti
Cl
Cl
Cl

R=H, CH_3, CH_2CH_3, $C(CH_3)_3$, $Si(CH_3)_3$, SCH_3

图 3－20　取代茚为配体的单茂钛类催化剂

3.3.3.2　单茂过渡金属杂环配合物（限制几何茂金属催化剂）

当茂金属化合物含一个环戊二烯基团时，环戊二烯基团与氮、氧、硫、磷等杂原子基团相连接，形成半夹心结构双官能团化合物，在助催化剂的活化下，催化烯烃聚合。杂原子基团和环戊二烯基团之间以一定大小的桥基相连接，限制金属原子不能以环戊二烯的中心为轴转动，就形成限制几何构型（constrained geometry）半夹心结构催化剂（图 3－21）。这种茂金属化合物的二齿配位结构稳定了金属电子云，短桥基团的存在又使配位体的位置发生偏移，在空间构型上使催化剂活性中心只能向一个方向打开，达到限制几何构型的目的。Okuda 等[98]报道了此种形式配体的钛类催化剂的合成及催化性能。随后 Dow 公司[99]和 Exxon 公司[100]进行了广泛深入的研究，发表了多项应用专利。

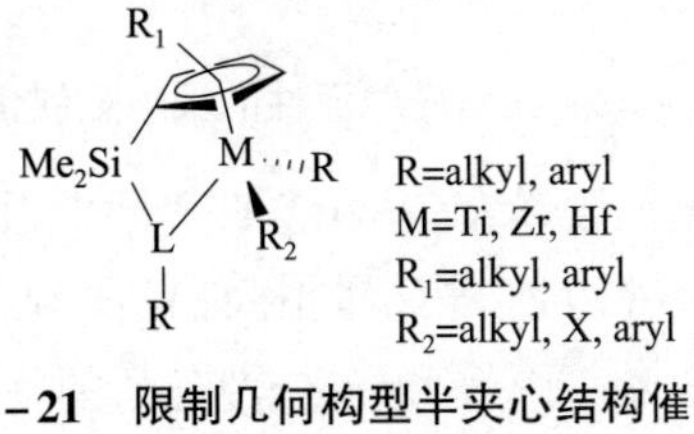

R1
Me2Si
M
R
L
R2
R
R=alkyl, aryl
M=Ti, Zr, Hf
R1=alkyl, aryl
R2=alkyl, X, aryl

图 3－21　限制几何构型半夹心结构催化剂

从结构上看，这种半夹心结构的催化剂不像双茂金属催化剂那样，它只有一个环戊二烯基屏蔽着金属原子的一边，另一边具有很大的空间，允许各种单体的配位插入，所以半夹心结构的催化剂不但能催化乙烯、丙烯、苯乙烯、各种环状烯烃的聚合，还能够催化乙烯与各种 α-烯烃（C3～C20），乙烯与环状烯烃共聚，共聚时共单体含量较大并可调[100－104]。例如，Dow 公司采用这种限制几何构型半夹心结构催化剂催化乙烯与 1-辛烯共聚反应，开发出可用于医疗方面的产品和弹性体材料[105]；Waymouth 采用这种限制几何构型催化剂催化乙烯与降冰片烯共聚得到共单体含量高达 46% 的聚合物，与双环戊二烯基茂金属催化剂相比，限制几何构型催化剂增强了对 MAO 的稳定性，拓宽了茂类催化剂聚合反应条件的限制范围[106]。通常的茂金属催化剂可得到相对分子量分布及共聚单体分布窄的均相无规共聚物。虽然聚合物的物理机械性能提高，但成型加工变得困难，需要通过树脂改性，甚至革新加工设备的方法来解决[87,107,108]。Dow 公司开发的限制几何构型催化剂及相关的 Insite 工艺（CGCT）改变了这种现状，得到了结构新颖的兼具优良加工性能和物理机械性能的聚乙烯[109]。

基于单硅桥联限制几何构型催化剂适当的分子空间构型和电子效应所产生的优良的催化性能，致力于增加活性、立体选择性等方面的催化剂分子设计工作不断取得进展。通过对茂环的修饰，得到了系列新型含修饰茚或芴基限制几何构型催化剂（[Me$_2$Si(2-R-Ind)(N^{t}Bu)]TiX$_2$(R = Me, Et, Pr)；[Me$_2$Si(Ind')(N^{t}Bu)]TiX$_2$(Ind' = 1,3-Me$_2$-IndH$_4$；2,3-Me$_2$-Ind；2-Me-4-Ph-Ind；2,3,4,6-Me$_4$-Ind；2,3,4,6,7-Me$_5$-Ind)；[Me$_2$Si(Flu')(N^{t}Bu)]TiX$_2$(Flu' = FluH$_4$，FluH$_8$))，以八氢芴（FluH$_8$）[110]，1,3-Me$_2$-Ind H$_4$ 等[111]茂环为配体的限制几何构型催化剂，显示了多样化的催化性能。研究表明，[Me$_2$Si(1,3-Me$_2$-IndH$_4$)(N^{t}Bu)]TiX$_2$ 在 50 ℃ 可以高活性催化乙烯和辛烯共聚，而其二甲基衍生物的催化活性虽比专利报道的 Me$_4$Cp 类催化剂低，但共聚物的分子量却显著增加。Dow 公司开发的以八氢芴为配体的新型催化剂，在催化活性、等规度、分子量等方面均比以 Me$_4$Cp 和 Flu 为茂环的类似催化剂有很大改善。限制几何构型类配体中的胺基基团部分可以修饰为含有手性特征的胺基，从而合成具有光学活性的聚烯烃催化剂（图 3 - 22）[112,113]，并且不存在复杂的纯化处理过程。碳桥联限制几何构型催化剂的开发，在一定程度上体现了一种常规、简洁的新型配体合成路线。Erker 等[114]在这方面做了大量卓有成效的研究。此种催化剂在催化乙烯聚合方面具有与硅桥联类似结构催化剂相当的催化性能，对于这类催化剂的深入研究工作还在不断的进行之中。

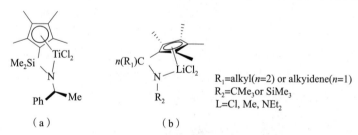

图 3 - 22　具有光学活性的聚烯烃催化剂

Marks 等[115]合成了一种新型的含苯氧基侧链的"限制几何构型"茂金属催化剂 a 和 b（图 3 - 23），由于苯酚的刚性结构使得该催化剂有明显的限制几何特征。经 Ph$_3$C$^+$B(C$_6$F$_5$)$_4^-$ 活化以后该催化剂对乙烯、丙烯和苯乙烯有高的活性并且生成的聚合物分子量也处于同类催化剂所能达到的较高范围内，有很高的开发潜力。Rothwell 等[116,117]合成了一系列含苯氧基侧链的茚基锆的化合物 c 和 d（图 3 - 23）。该配体先与 M(NMe$_2$)$_4$ 交换生成限制几何构型二胺基茚锆化合物，然后再与联萘酚反应生成具有手性中心的限制几何构型催化剂。德国 Enders 等[118]在 Marks 的基础上，把 N,N-二甲基苯胺和喹啉引入配体中并用这两种配体合成一系列二价和三价金属的化合物。用配体的单锂盐与 CoCl$_2$ 反应就可以得到钴的单氯化物，其中钴为二价。这类化合物中 N 原子上有三个取代基，与苯酚相比其与金属的结合是配位而不是键合，因此，该配体更易于与金属发生相互作用。

（a）　（b）　（c）　（d）

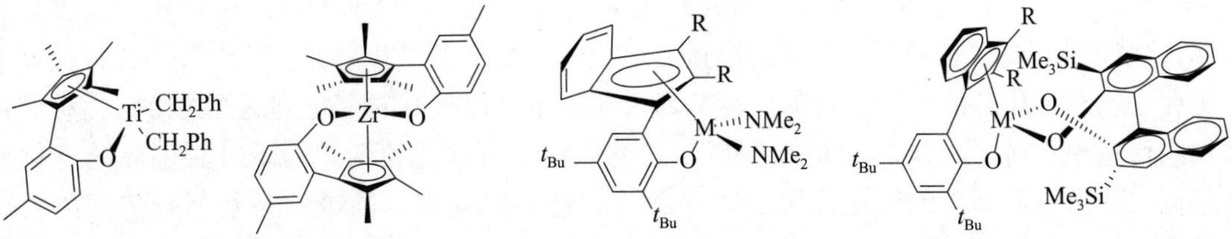

图 3－23　含苯氧基侧链的“限制几何构型”茂金属催化剂

同时还有大量关于铬类限制几何构型催化剂的报道（图 3－24）：Theopold 把铬引入经典的限制几何构型的配体 η^5-(Me_4C_5)$SiMe_2{}^tBu$ 中[119]，该类催化剂（a）对乙烯聚合具有活性，在用 1-己烯取代甲苯做溶剂的体系中得到的仍然是纯的聚乙烯而不是乙烯和 α-烯烃共聚物，显示出这种铬类催化剂对乙烯的选择性比其他的烯烃要高。Jolly 等[120－122]报道了一系列悬垂杂原子的茂环配体铬类催化剂（b 和 c），其中化合物［η^5-(Me_4C_5)$CH_2CH_2NMe_2$］$CrCl_2$ 在 MAO(MAO : Cr = 100）存在条件下，对丙烯均聚和丙烯降冰片烯共聚有活性，相对较低的 MAO 用量是它的另一个优势。这类茂铬催化剂在室温和 2 bar 的压力下对乙烯也有较高的活性，得到高分子量、低分子量分布的聚乙烯。Enders 等[123]把 N,N-二甲基苯胺和喹啉引入配体并得到了一系列的茂铬催化剂（d 和 e），其中化合物 e［η^5-(Me_4C_5)$C_6H_4N(CH_3)_2$］$CrCl_2$ 在 MAO（MAO : Cr = 1 000）存在条件下对乙烯聚合具有很高的活性，并且对丙烯均聚也有一定的活性。近年来钱延龙等[124]报道了利用富烯与吡啶或者 N,N-二甲基苯胺得到的配体合成的茂铬催化剂 f，并进行了乙烯均聚和乙烯与 1-己烯共聚的实验，其中化合物［η^5,η^1-($C_5H_2C_4H_4$)$C(CH_3CH_2CH_3)C_5H_4N$］$CrCl_2$ 表现了最好的活性，根据聚合得到的数据研究了茂环的化学环境变化以及茂环与吡啶（苯胺）之间的桥基变化，都影响了这一系列茂铬催化剂的烯烃聚合行为。

X=Me, Ph, Cl　　X=O, S, P　　R=H, Me, cyclo-C_4H_6 cyclo-C_5H_{10} X=Cl, Me

（a）　（b）　（c）

R=H, CH_3

（d）　（e）　（f）

R_1=R_2=Me
R_1=Me, R_2=Et
R=H, RCp=Ind
R_1, R_2= C_6H_{12}

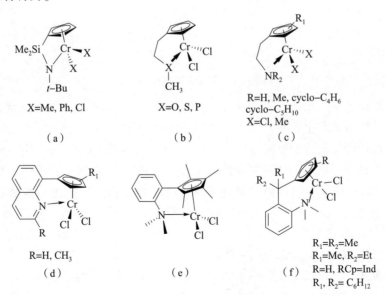

图 3－24　铬类限制几何构型催化剂

刘在群等课题组在此基础上开发出了碳桥联单茂含苯氧基侧链的限制几何构型催化剂 a（图 3 – 25）[125,126]。碳桥的引入和对苯酚邻位的修饰增强了配合物的稳定性。该类催化剂在 $Al^iBu_3/Ph_3C^+B(C_6F_5)_4^-$ 的活化下可催化乙烯聚合。另外通过修饰配体，设计并合成出具有限制几何构型的新型含苯氧基侧链的茂钛二氯化物和茂铬二氯化物 b – d[127,128]，并且探究了该类化合物在催化烯烃聚合方面的应用，通过总结不同取代基对催化剂活性的影响，对催化剂的设计思想进行了相应的验证和解释。此类催化剂对催化乙烯、丙烯具有很高的催化活性，同时还可以高活性的催化高级 α-烯烃均聚，环烯烃均聚，高级 α-烯烃、环烯烃与乙烯共聚，所得共聚物共单体含量很高。

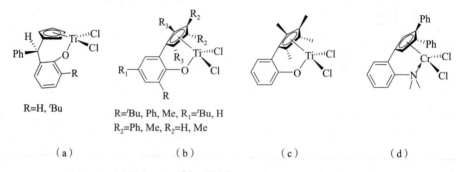

图 3 – 25 碳桥联单茂限制几何构型催化剂

3.3.3.3 双茂过渡金属配合物

当茂金属催化剂的配体中含有两个茂环时，催化剂分子仍能以茂环中心和金属原子连线围轴自由转动，通常把这类催化剂简称为双茂金属催化剂。如图 3 – 26 所示，Cp_2MR_2，$(Ind)_2MCl_2$（M = Ti，Zr，Hf），这类催化剂的典型特征是上下两个茂环与中心金属原子成夹心结构，过渡金属原子的 d 电子与两个茂基的芳环电子络合。

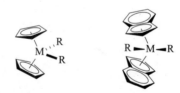

图 3 – 26 双茂金属催化剂通式

对于乙烯聚合，配体修饰作用主要通过立体效应和电子效应对催化剂的活性、聚合物的分子量、分子量分布等产生影响。对于潜手性 α-烯烃，如丙烯，引入合适的取代基来控制茂环的旋转，保持催化剂分子空间构型的相对固定，是控制聚 α-烯烃微观结构的关键。

Erker 等[129]认为在决定立体等规度的"对映活性中心"控制过程中，茂金属自身的手性信息在链插入过程中，重复一致地传递给增长着的聚合物链，从而影响聚合物的立体等规度。这种内在的手性特征，是控制烯烃单体插入立体化学行为的本质所在。Erker 认为，非桥联茂金属的茂环在旋转过程中，存在三种旋转异构体（图 3 – 27），而取代基的立体效应直接影响着它们之间的转换能垒。研究结果显示，大取代基能有效降低不同异构体间的变换速率，这种立体效应对丙烯聚合的立体控制尤为显著，基团越大，聚丙烯的等规度越高。

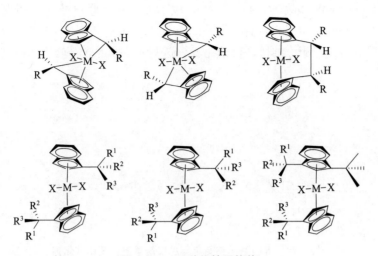

图 3-27 三种旋转异构体

Waymouth 等[130-131]报道了 2-芳基茚基为配体的茂锆类催化剂催化丙烯聚合（图 3-28）。此类化合物的晶体结构显示，同一晶胞内存在外消旋（race-like）和内消旋（meso-like）两种旋转异构体，表明这两种旋转异构体的能量十分接近。此类催化剂在溶液中存在外消旋和内消旋态的异构化平衡，这样，在丙烯聚合的链增长过程中，催化剂可以提供手性和非手性的空间配位环境，从而形成由等规和无规立构嵌段的热塑弹性聚丙烯。研究表明，处于茚环 2-位的取代苯基与刚性茚环之间有着 π 堆积效应，这种效应控制着配体茂环的转动，建立催化剂以 C_2 和 C_1 对称构型互相转换平衡，并控制构型转换的时间间隔，以满足生成等规链段和形成无规链段的条件[132]。

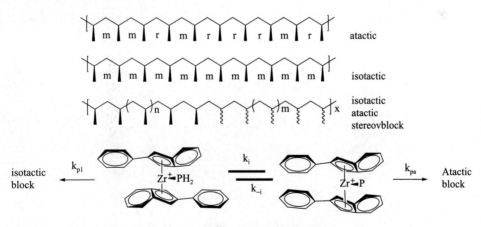

图 3-28 茂锆类催化剂催化丙烯聚合

芴基配体具有强供电子效应和刚性大框架空间效应双重优势，因而是一种优良的茂金属配体。Razavi 等[133]在芴基的 1-位上引入甲基合成了 (1-Me Flu)$_2$ZrCl$_2$，在 MAO 的活化下有效地实现了丙烯的等规聚合（等规度约 83%）。分析表明，甲基的引入导致化合物分子以 C_2 对称的优势构象存在，芴环绕环中心 - 金属轴的转动受到有效的阻滞，从而实现了以对映活性中心控制的烯烃插入过程。由此可见，对芴基这样的大框架配体，其结构上的微小变化即可导致催化性能的明显改善。Alt 等[134]合成了系列非桥联单芴基单环戊二烯基混合茂锆催化剂，并在芴基的 9-位引入具有一定空间效应的取代基（图 3-29），用其控制芴环的转动。研究结果显示，与相应的桥联茂锆比较，这些非桥联的含芴修饰的茂锆催化剂的活性相对较低。

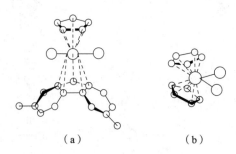

图 3-29　非桥联单芴基单环戊二烯基混合茂锆催化剂

Alt 等[135-137]报道，茂金属化合物的茂环上含有一定的烯烃基团时，发现它们在氢化试剂 LiAlH(tert-BuO)$_3$ 作用下，烯烃基团与中心原子 Zr 还原成键，形成环状化合物（图 3-30）。在 MAO 或(Ph$_3$C)$^+$[B(C$_6$F$_5$)$_4$]$^-$ 存在下，可催化乙烯聚合，而且聚合活性很高。这种催化剂产生的聚乙烯结构表明：它是一种有序支化结构，每隔 70 个主链碳原子连接着一个乙基支链。有序支化结构使这种聚乙烯具有特殊的材料性能。他们认为，有序乙基支化聚乙烯的产生，是因为聚合过程中烯烃插入到金属 Zr 与环状碳所形成的 Zr—C 键之中，进行链增长反应，使环不断增大，当大到一定张力时，环断裂形成支链的乙基，进一步形成小环，再使链增长，如此循环，形成有序乙基支化聚乙烯。采用化合物图 3-30 中（b）与 MAO 组成的催化体系催化乙烯聚合也可以得到这种有序乙基支化聚乙烯。这就证明，在催化聚合过程中，含有烯烃基团的茂金属催化剂其烯烃基团参与烯烃聚合过程，并起到协同作用。

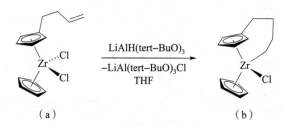

图 3-30　环状锆化合物的制备

金国新老师在此方面做了大量工作[135-140]，含有烯烃基团的茂金属化合物在自由基的引发下，可与苯乙烯共聚，形成高分子的茂金属化合物（图 3-31）；它们可以作为催化剂，在 MAO 作用下催化乙烯聚合。研究结果表明：中心原子为钛，形成高分子化的催化剂时，对乙烯的催化活性高于共聚前的含烯烃基团催化剂的活性，而含烯烃基团的茂金属化合物催化乙烯聚合的活性高于未取代烯烃基团的茂金属化合物 Cp$_2$TiCl$_2$[141]；而茂金属化合物中一个环戊二烯上含有烯烃基团经共聚所形成的高分子化的催化剂催化烯烃聚合的活性高于两个环戊二烯上含有烯烃基团的高分子化催化剂。

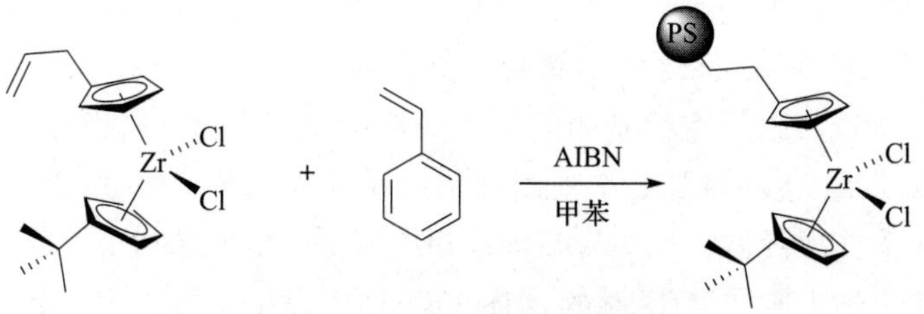

图 3–31　高分子茂金属化合物

　　一般来讲，茂环上给电子基团的增多，有利于稳定阳离子活性中心，从而增加催化剂的活性；取代基的空间效应增大，有利于延长活性、催化剂的寿命及保持活化阳离子中心的稳定，但同时也会阻碍烯烃单体的配位插入速率，降低催化剂的活性。Olive 等[142,143]研究了可溶性 Ziegler-Natta 催化剂体系，认为影响催化剂性能的几个重要因素如下：

　　（1）过渡金属（M）与烯烃单体的相互作用。烯烃与金属相互作用的一个特点就是烯烃作为一个配体，金属与烯烃之间的 σ 键和 π 键能够降低烯烃双键的稳定性，使它能够进行插入反应。而烯烃与金属的配位也应该削弱金属与 R 基的 M—R 键。随着烯烃分子变大，烯烃与金属之间的配位能力降低，则是由于受到空间效应因素和烯烃与金属之间成键轨道能量的影响。

　　（2）金属与烯烃成键的稳定性。通过改变配体的电子效应，能够调节中心金属与基团之间的成键强度。金属与烷烃之间的弱成键作用有利于 M—R 键的打开，能够使烯烃插入以形成新的 M—R 键。M—R 键的强度也与 R 本身有关，其稳定性次序如下：Me < Et < $(CH_2)_n CH_3$。

　　（3）配体的影响。茂环上供电子取代基减小催化剂活性中心金属上的正电性，削弱金属与其他配体的成键，提高聚合催化活性；反之亦然。

　　（4）空间效应的影响。大体积的取代基团，有利于 α-烯烃从一定方向上与活性中心金属配位插入聚合。但大体积取代基团减弱大体积烯烃单体配位插入能力。催化反应中间体构型受催化剂配体和环境的影响与控制。不含有桥基的单取代茂金属化合物上取代基团的大小和结构对茂金属构型有一定的影响，而这种构型产生的位阻效应与茂金属化合物催化烯烃聚合的立体选择性和催化活性有一定的关系。

　　一般来说，不同实验室采用的聚合条件不一样，主催化剂与助催化剂比例也不同，所以很难用一个标准来比较不同实验室的聚合结果。Korneev 等[144]研究了 $(C_5H_4R)_2ZrCl_2$/MAO 催化体系（R = H，$SiMe_3$，^tBu）催化烯烃聚合反应，发现聚合活性顺序为 $SiMe_3$ > H > ^tBu。由于取代基团 $SiMe_3$ 和 ^tBu 的立体效应相似，所以认为催化聚合反应活性不同是由于催化剂上取代基团电子效应不同造成的。在不同聚合条件下，另一个研究结果表明[145]，$(C_5H_4SiMe_3)_2ZrCl_2$ 做主催化剂时聚合活性远远大于$[C_5H_4(^tBu)]_2ZrCl_2$。由此证实环戊二烯上取代基团电子效应与催化活性之间的定性关系，即给电子能力的增强可以提高催化聚合反应的活性，但也要考虑到取代基团位阻效应的影响。Chien 等[146-148]研究表明，$(C_5H_4R)_2ZrCl_2$/MAO 体系的催化活性次序为 C_5H_4Me > C_5H_4Et > C_5H_4Nm > Cp*（Nm = neo-menthyl）。甲基是给电子基团，但当环戊二烯上 5 个氢全被甲基取代时，因配体体积增大，催化剂的位阻效应增强，催化聚合活性降低。但另一研究显示，在不同条件下，Cp_2ZrCl_2 的

催化活性大大高于 $[C_5H_4Nm]_2ZrCl_2$[149]。采用单环戊二烯的茂金属化合物与 MAO 组成的催化体系 $(C_5H_4R)_2ZrCl_2$/MAO 催化乙烯聚合，催化活性的次序为 R = $SiMe_3$ > ^iPr > Et > H > ^tBu[150,151]。他们认为仅仅根据取代基团的立体效应或电子效应一个因素不能解释以上催化活性的次序。环戊二烯上大体积的 ^iPr 基团使烯烃单体接近催化中心 Zr 原子的位阻效应增加，推断它的催化活性应降低，但实验结果正相反，所以他们认为 $[(^iPr)C_5H_4]_2ZrCl_2$ 具有高催化活性是环戊二烯上取代基团 ^iPr 的 α-H 与 Zr 原子发生氢化作用而造成的结果。

Erker 等[152]认为非桥联茂金属化合物的空间构型的停留时间相对于烯烃单体的配位插入速率，直接影响到聚丙烯的微观结构，引入取代基控制环戊二烯的旋转，可以控制丙烯插入反应的立体化学过程。他们报道了 $(CpCHR_1R_2)_2ZrCl_2$/MAO 系列催化丙烯的聚合，等规度由低到高的顺序为 R_1R_2 = Cy, H < Ph, H < Cy, 9-BBN < Ph, 9-BBN；对于类似的体系，R_1R_2 = Me, Cy < Me, Ph < CH_2R, Cy < CH_2R, Ph。

Waymouth[153]和 Yamasaki[154]等先后报道了含 1,2-二甲基-4-R-环戊二烯配体的非桥联茂类化合物和 1,3-二取代环戊二烯基茂锆系列的丙烯聚合结果。其中 1,2-二甲基-4-R-环戊二烯基非桥联茂锆以较高活性生成分子量达 10^5 的低等规度聚丙烯，而 rac-(1-Me-3-^tBuCp)$_2ZrCl_2$/MAO 在常温下可产生立规度达 50% 的低分子量的聚丙烯。通过对比，人们认为大立体阻碍取代基的确可以有效地控制非桥联配体环的转动，在烯烃插入过程中，建立立构对映活性中心为主的控制过程。对于非桥联茂钛催化剂体系，立体效应在影响催化性能方面起着关键性作用。对于乙烯聚合，催化活性的次序为 Cp_2TiCl_2 > (CpR)$CpTiCl_2$ > (CpR)$_2TiCl_2$(R = Me_4^iPr)[155]；而对于丙烯聚合，$(Cp^tBu)_2TiPh_2$/MAO 与无取代的相比，催化活性显著降低[156]。另外，通过催化体系 Cp_2ZrCl_2 和 $Cp*_2ZrCl_2$/MAO 的丙烯齐聚反应，对立体效应作了进一步研究，结果发现，对于前者 β-H 消除是唯一的链终止方式；对于后者，仅有 β-Me 消除被观察到，这可能是由五甲基取代的茂环提供了更拥挤的过渡态环境造成的[157]。不含桥基取代茚的茂金属化合物也可以作为一个模型来研究取代基团对聚合反应的影响。取代基团与茚上的六元共轭环相连，这样就减少位阻效应对催化聚合的影响。以 $(\eta^5-5,6-R_2Ind)_2ZrCl_2$/MAO 催化体系研究不同取代基团 R 对乙烯聚合的影响，结果发现它们的聚合活性顺序为 R = Me > H > 4,7-Me_2 > Cl > OMe，而聚合物分子量 (Mw) 大小顺序为 R = 4,7-Me_2 > Me > H > Cl > OMe[158]。取代基团 R 为吸电子基团时（如 Cl^-），降低了茂金属化合物配体的给电子能力，减小了聚合活性同时，降低了聚合物的分子量。以上结果表明，茚上含有给电子取代基团时增强烯烃聚合活性。5,6-二甲基茚和 4,7-二甲基茚的茂金属具有相同的给电子效应，但 5,6-二甲基茚茂金属化合物的位阻效应比相应的 4,7-二甲基茚的位阻效应小，所以它的聚合活性高。影响聚合物分子量大小的因素比较复杂，一般认为，取代茚茂金属化合物体系中催化聚合活性伴随着分子量的减小而降低。

3.3.3.4 桥联茂过渡金属配合物

茂金属化合物含有两个环戊二烯基团时，环戊二烯基团间可以引入一个合适的桥联基团与之相连接。桥基的引入使环戊二烯基不能绕金属与环戊二烯中心的轴线自由旋转，形成一定的空间对称性。按照对称性的差别，可以把桥联茂金属化合物划分成 C_2、C_s 和 C_1 对称性结构（图 3-32）。

C_1 对称：C_1 对称的茂金属化合物是对称性最低的一类催化剂。配体修饰可以使这类催

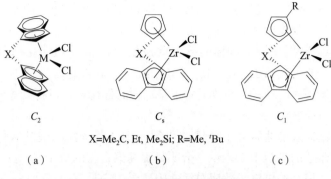

图 3-32 桥联茂金属化合物

化剂的空间特征接近 C_s、C_2 等对称性高的茂类化合物，从而表现出与这些化合物相似的催化行为。对这类催化剂结构的变化往往还可以产生高对称性催化剂所没有的特殊的催化行为，可以生成半等规、间规、等规、无规等不同微观结构的聚丙烯产品，特别是通过对非对称性的桥联茂类化合物的重新修饰。在 C_s 对称的茂金属 ^{i}Pr[CpFlu]ZrCl$_2$ 的环戊二烯部分（如环的 2-位）引入甲基，C_s 的对称性被破坏，形成典型的 C_1 构型。这种结构的催化剂因具有两种非对映的配位活性点，烯烃在不同活性点完成插入反应时立体化学行为发生了变化，导致非结晶性的半等规聚丙烯的生成。

Chien 等[159]对非对称 C_1 构型乙基桥联取代芴茚基锆茂催化剂体系作了较为系统的研究（图 3-33）。当茚的 2-位上为甲基取代时，聚丙烯的等规度明显提高；而当茚的 2-、4-、7-位均为甲基取代时，大幅改善了催化剂的活性和聚丙烯的等规度。在这里，甲基的供电子效应是活性提高的最直接因素，而高等规结构的获得使人们意识到配体修饰在控制催化剂催化行为方面的重要性。Chien 等[160,161]利用非对称的 rac-[CH$_3$CH(C$_5$Me$_4$)(Ind)TiCl$_2$]/MAO 及 rac-[CH$_3$CH(C$_5$Me$_4$)(Ind)TiMe$_2$]/MAO 催化体系合成了等规嵌段和无规嵌段构成的热缩弹性体，其在 Tm 以下呈网状结构，而在 Tm 以上则为线形黏弹体。

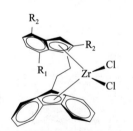

图 3-33 非对称 C_1 构型乙基桥联取代芴茚基锆茂催化剂

Razavi 等[162]对桥联环戊二烯基芴基茂锆化合物（C$_5$H$_4$—CMe$_2$—C$_{13}$H$_8$）ZrCl$_2$ 的配体修饰做了更为细致的研究，发现当在环戊二烯环的 3-位引入大立体阻碍取代基时，获得了等规聚丙烯。这是因为位于一侧配位点附近的 3-位大取代基阻挡了烯烃在此配位点的配位插入过程，而使烯烃的配位插入反应只能在另一侧无取代基影响的配位点处进行，这就相当于配体环境对称结构是恒定的，因而对称烯烃连续插入的立体化学行为是一致的，从而形成等规结构的聚合物长链。很明显，这种配体修饰是变化此类混合环戊二烯基芴基茂金属化合物的立规度从间规到等规的一种非常精妙的方法。通常认为，C_1 对称烯烃的桥联茂类催化剂存在两种状态的配位活性点，对这种特点的充分运用，可以得到特殊微观结构的聚丙烯。

C_2 对称：Yamazaki 等[163]合成了系列 C_2 对称硅桥联二取代锆、铪茂类化合物，在 MAO 的作用下，得到了高等规聚丙烯，并且发现环戊二烯上取代基的微小变化即可带来催化剂性能的显著改变。Soga 等[164]用 C_2 对称的硅桥联茂锆及茂铪系列催化剂 [$Me_2Si(R_nC_5H_{4-n})(R'_mC_5H_{4-m})MCl_2$ (M = Zr, Hf; R_n, R'_m = Me, ^tBu, 2,4-Me_2, 2,3,5-Me_3)，在 MAO 作用下催化丙烯聚合时发现，Cp 环 2、5 位上有甲基取代的催化剂可以得到等规度极高的聚合物（[mmmm] = 97%~98%）。

Spaleck 等[165]较为系统地研究了茂锆催化剂（图 3-34）的烷基取代基对聚丙烯的影响。结果显示，在茚基的 2-位上引入烷基会明显提高聚合物的分子量、立构规整度、熔点及催化活性，在这里，烷基的供电子效应对活性阳离子中心具有稳定作用，从而增加了催化活性；而其立体效应则控制了烯烃插入时的空间取向，提高了聚合物的等规度，同时又可以对 β-H 的迁移起到有效的阻碍作用，从而提高了聚合物的分子量。

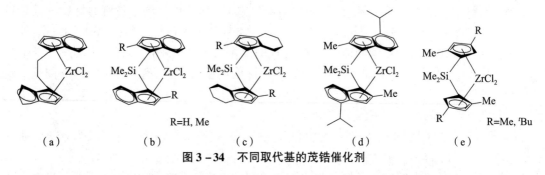

图 3-34　不同取代基的茂锆催化剂

Spaleck 等[165]还合成了系列芳环、稠环修饰的桥联茚基茂锆催化剂（图 3-35），在与烷基修饰的桥联茚基茂锆类化合物的比较中发现，当茚基的 4-位为芳基取代后，催化剂的催化活性和聚合物的分子量均有所提高，而苯基和萘基取代的化合物则使 PP 的立体规整度和熔点明显增加。

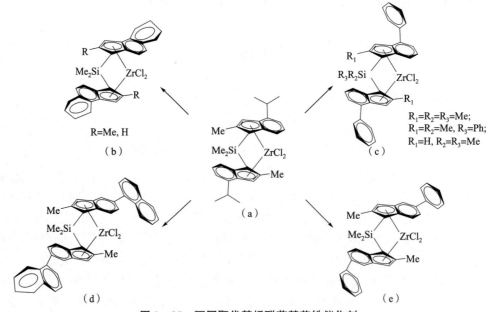

图 3-35　不同取代基桥联茚基茂锆催化剂

结合 Brintzinger 等[166]合成的系列大框架硅桥联苯并稠环修饰的茚基锆茂类化合物（图3-36），聚合丙烯的研究结果证明芳环和稠环特殊的电子效应和伸展的空间框架可以有效地阻止活性催化剂的双分子失活反应及与 MAO 的配位作用，延长了催化剂的寿命，同时，增强了催化剂的立体选择性，降低了 β-H 消除的发生，因而，极大地改善了无取代基茚基茂类化合物的催化性能。电子效应和立体效应是取代基修饰作用的两大基本效应。在不同的催化体系，或不同的修饰部位，同一种基团的这两种效应在对催化剂催化性能的影响上可能截然不同。

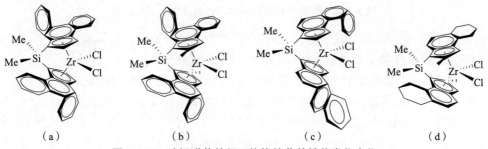

图 3-36　硅桥联苯并稠环修饰的茚基锆茂类化合物

C_{2v} 对称的茂金属催化剂在生成无规聚丙烯方面有显著的特性，最为典型的是桥联二芴基茂锆类催化剂（图 3-37）。Resconi 等[167]对非手性 C_{2v} 对称茂锆/MAO 催化体系的丙烯无规聚合进行了详细研究，发现二甲基硅桥联-9-芴二氯化锆能够以高活性得到分子量可达 15 万以上、窄分布、完全无规的聚丙烯。与非桥联茂类催化剂相比，C_{2v} 对称桥联茂锆催化剂拥有适宜的配位空隙，增大了链繁殖速率；而茂环相对固定的分子构型可以更为有效地阻止 β-H 消除过程，增大链繁殖速率相对于链消除速率的比值，因而获得较高分子量的聚丙烯。

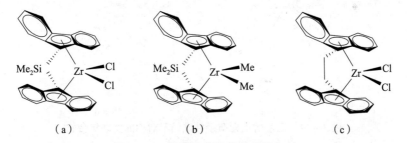

图 3-37　桥联二芴基茂锆类催化剂

C_s 对称：C_s 对称茂类化合物以典型的桥联单芴基单环戊二烯基茂锆金属化合物为代表（图 3-38），是产生间规聚丙烯的有效催化剂。1988 年，Ewen 首次合成新型 C_s 对称茂金属催化剂 [^{i}Pr(Cp)(Flu)ZrCl$_2$, ^{i}Pr(Cp)(Flu)HfCl$_2$]，在 MAO 活化下，得到间规度达 80% 以上的丙烯聚合物。Spaleck 等[168]利用茂金属化合物 Ph$_2$C(Flu)(Cp)ZrCl$_2$ 获得了分子量大为提高的间规聚丙烯。Alt 等[169]合成了大量的 C_s 对称桥联取代单芴基单环戊二烯茂类化合物，并对配体修饰作用所带来的聚合结果进行了归纳总结。在这类催化剂的配体中，芴基部分在对催化剂催化性能的关键性影响方面有着无可替代的空间和电子效应优势。数据显示，配体芴基部分的 2-,7-位以及 4-,5-位的各种不同取代基对这类催化剂的催化性能有着显著的影响。芴环 4-,5-位取代基的变化可直接导致间规度、分子量、催化活性的改变。这两个位置的取代基可以有效地阻挡 MAO 阴离子，使之与金属活性中心保持一定的空间间隔，因而，增大了活性点的配位空隙，并延长了催化剂的寿命。

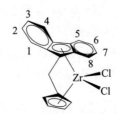

图 3-38　桥联单芴基单环戊二烯基茂锆金属化合物

按照桥联基团的不同，桥联茂金属催化剂还可分为：碳桥联茂金属催化剂、硅桥联茂金属催化剂、杂原子桥联茂金属催化剂和烯基桥联茂金属催化剂。

John. A. Ewen 首次报道用手性的乙基桥联茂金属催化剂 $Et(Ind)_2TiCl_2$/MAO 体系催化丙烯聚合，在 -60 ℃ 合成了部分全同立构的聚丙烯（等规度达 63%），并确认在 $Et(Ind)_2TiCl_2$ 消旋体（混合物）/MAO 体系下，丙烯聚合的全同立构来自 $Et(Ind)_2TiCl_2$ 的手性外消旋体。

Rieger 等[170]报道了乙基桥上含有手性碳的不对称的桥联化合物（图 3-39），其催化聚丙烯的立体规整度可由桥的空间构型来控制，其中，δ-型（在两个配体环中，处于相对位置的 $β^1$ 和 $β^3$ 部分处于朝前的位置）得到的聚丙烯具有很高的立体规整度，而 λ-构型（$β^1$ 和 $β^3$ 处于互相远离的位置）几乎无立体选择性；作为对比，无取代基的乙基桥联茂类催化剂的立体选择性则处于两者之间，可见桥的支撑作用除了保持分子的立体刚性外，还可以影响配体框架的伸展方向，从而构筑更精确的立体环境。

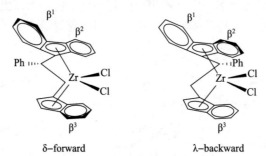

图 3-39　乙基桥上含有手性碳的不对称的桥联化合物

碳桥：异丙基等单碳桥联的茂金属化合物，在保持催化剂对称结构的同时，由于桥基的缩短，使得中心金属前部的张角明显增大，配位空间增大。有利于大体积 α-烯烃的插入，常用于催化乙烯或丙烯与其他高级 α-烯烃的共聚反应；但立体控制效应的减弱，会使潜手性 α-烯烃聚合的立构规整选择性变弱。

硅桥：单硅桥联配体既保证了茂锆化合物较高的立体刚性，更适宜的前部张角，同时，硅桥基作为强供电子基团，增加了茂环配体的富电子环境，从而提高了催化剂的催化活性，改善聚合物的立规度和分子量等。近年的研究结果显示，对硅桥基部分的修饰，在改善催化剂的催化性能方面存在很大潜力。Alt 等[171]发现以苯基替换二甲基硅桥中的两个甲基的催化剂 a，对催化剂的催化活性及聚丙烯的立规性有很明显的改善。Brintzinger[172] 和 Bercow[173] 等陆续报道了双硅桥类化合物 b 和 c，由于桥基占据了较大的空间，导致催化活性点附近的烯烃配位环境相对拥挤，催化剂的催化性能比单硅桥茂类催化剂差（图 3-40）。

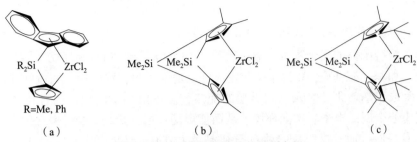

图 3-40　硅桥联配体的茂锆化合物

杂原子桥：利用硼、硫、锗、磷等作为桥联原子的茂金属化合物也显示了与众不同的催化性能。Chien 等[174]发现 rac-(1,2,3,4-四苯基-1,3-丁二烯基-1,4)锗二茚二氯化锆/Ph_3C^+[$B(C_6F_5)_4$]$^-$/TIBA 体系，在较大的温度范围内（0~60℃）均表现出较高的聚合活性和立构等规性，聚丙烯的分子量也高达几十万；Schaverien 等[175]制备的系列磷桥茂类化合物也显示了较高的聚丙烯活性；而硫桥二烷氧基茂钛化合物则比相应的单碳桥联化合物的催化活性高[176]；自活化催化剂作为最有前途和应用价值的一种待开发茂金属催化剂，是这一研究领域的难题之一，而硼原子的缺电子结构、较小的原子半径，较为活泼的化学性质，使这种元素成为构筑助催化剂的基本骨架，大量硼助催化剂的开发说明了这一点[177-179]。因而，硼桥茂类催化剂被认为是可开发成自活化催化剂的一类极有潜力的化合物。

烯基桥：Alt 等[180]在桥联单芴单环戊二烯基茂锆的桥基部分引入烯基作为修饰基团，该系列催化剂（图(a)~(c)）显示了非常特殊的催化行为（图 3-41）。这些催化剂被 MAO 活化后，能以高活性催化乙烯聚合并且不"污染"聚合反应器。显然，这类催化剂可以与乙烯形成共聚物而从聚合反应的溶剂体系中沉出。这一催化剂的"自固定环节"可将均相和非均相催化剂的优点结合起来而别具特色。

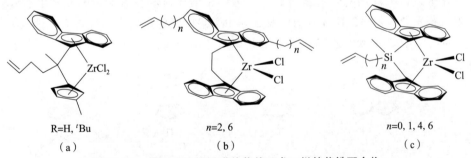

图 3-41　烯烃修饰的桥联单芴单环戊二烯基茂锆配合物

另外，在含有桥基的茂金属催化剂中，环戊二烯上取代基团的位置和大小可以影响它们催化 α-烯烃聚合所产生的聚合物的立体规整度，特别是在环戊二烯与桥基相连的桥头原子的 β 位上的取代基团对聚合物的立体规整度影响较大。这是由于环戊二烯 β 位上取代基团比较接近于高分子链增长的配位中心，它的大小影响 α-烯烃单体与中心原子的配位取向。含有很大 β 位取代基团的催化体系，例如含有硅桥的茂金属化合物 $Me_2Si[2-Me-4-^tBuC_5H_2]_2ZrCl_2$[138,178~181]、($Me_2Si[2-SiMe_3-4-^tBuC_5H_2]_2YH)_2$[182]、$Me_2Si(2-Me-4-aryl-1-Ind)_2ZrCl_2$[165]以及含有 C_1 桥的 $Me_2C[3-^tBuC_5H_3](Flu)ZrCl_2$[183]催化丙烯聚合可以得到全同聚丙烯，其立体规整度[mmmm]>0.95，即使在聚合温度 70~80℃下也可以得到这样构型的聚合物。

3.3.3.5 茂-非茂混合配体的过渡金属配合物

茂-非茂混合配体的配合物可用通式表示为 CpTiLX，其中 Cp 为环戊二烯基，或取代的环戊二烯基、茚基、芴基等；L 为非茂配体，可以是单齿的、双齿的、三齿的或四齿类的配体；X 为卤素或烷基。通过引入不同类型的配体，发挥两个不同配体的各自特点和协同作用，来改变中心金属的电子、空间环境，从而使得配合物在烯烃聚合时表现出多功能性、选择性和立体专一性，通常这类配合物的合成是由 CpTiCl₃ 或含取代基的 CpTiCl₃ 与醇、酚、胺等的锂盐反应得到（图3-42）。

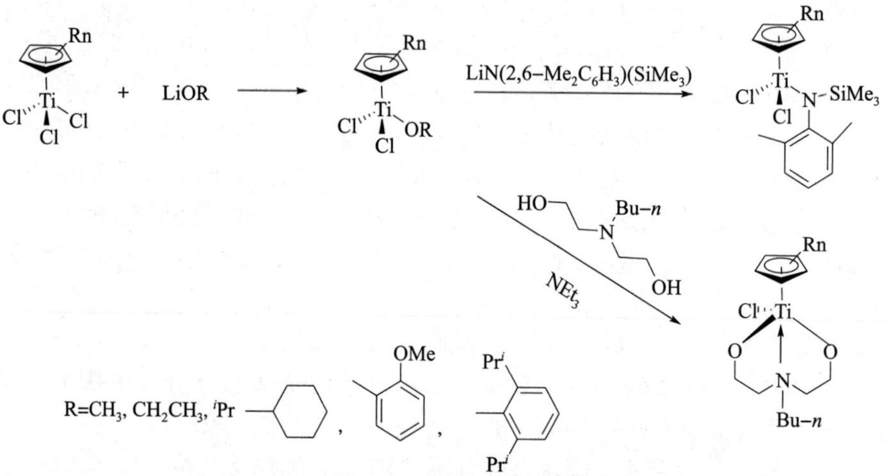

图 3-42 茂-非茂混合配体的配合物制备

Nomura 等合成了一系列如图3-43 所示的单茂金属化合物（图(a)~(h)），并在助催化剂的活化下进行了详细的烯烃聚合研究[184-188]。结果显示酚氧配体的苯环上2,6-位的取代基对聚合很重要，Ar = 2,6-Me₂C₆H₃ 及 2,6-ⁱPr₂C₆H₃ 时催化聚合活性最高。该系列催化剂在催化乙烯与α-烯烃共聚、乙烯与苯乙烯共聚、乙烯与降冰片烯共聚时都显示了其独特的催化性能[189-193]。

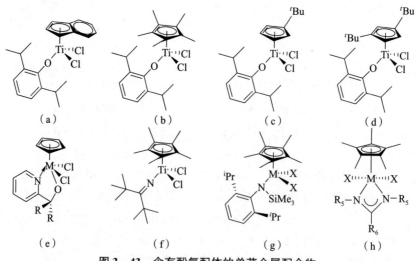

图 3-43 含有酚氧配体的单茂金属配合物

3.3.3.6 烯烃聚合[63,91,194-197]

1. 乙烯/α-烯烃聚合机理：

在对烯烃配位聚合众多的基础理论问题中，尤其是对于催化活性中心本质的认识与理解一直受到人们的关注。科学家们通过合成并分离出稳定的阳离子活性中间体，以及对中间体结构进行全面的表征等实验方法，积累了许多实验证据，从而对烯烃配位聚合机理有了深入的了解与认识。在此过程中，M. Brookhart 和 M. Green 首先于 1983 年发表了 M—C—H 之间存在的 Agostic 作用，这奠定了人们对链增长过程中金属与 $^\alpha$C—H 及金属与 $^\beta$C—H 键之间作用的本质；接着，R. Jordan 于 1986 年分离出第一个茂金属阳离子配合物 $[Cp_2ZrMe(THF)^+]$ $[BPh_4^-]$，奠定了人们普遍认为活性中心为阳离子的观点；之后，M. Bochmann、H. Turne、J. Petersen 等制备了一系列茂金属阳离子配合物，并发现这些阳离子配合物可作为单一组分催化烯烃聚合。由此，人们逐渐建立了以茂金属阳离子为活性中心的烯烃配位聚合机理。

以 L_2ZrCl_2（L 为茂基配体）为例，总的烯烃配位聚合机理如图 3-44 所示。

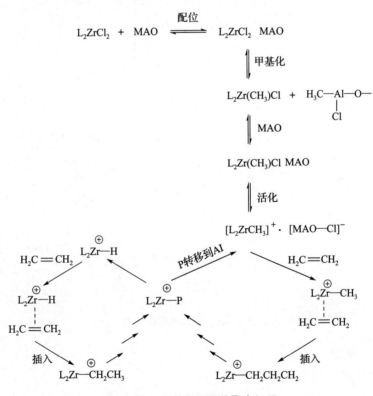

图 3-44 总的烯烃配位聚合机理

第一步：催化活性中心的形成。

首先 L_2ZrCl_2 与助催化剂 MAO 作用形成 $L_2Zr(CH_3)Cl$，在 MAO 进一步作用下形成一个缺电子性的活性阳离子对 $[L_2ZrCH_3]^+[MAO—Cl]^-$。

$$L_2ZrCl_2 \xrightarrow{MAO} L_2Zr(CH_3)Cl \xrightarrow{MAO} [L_2ZrCH_3]^+ \cdot [MAO—Cl]^-$$

第二步：链引发及增长 - 烯烃的配位插入。

这个缺电子性阳离子中心具有配位不饱和性，易于与具有一定电子给予能力的烯烃单体结合，形成配位化合物。烯烃与阳离子活性中心的配位削弱了中心金属 Zr 与烷烃的成键，有利于配位的烯烃插入反应，形成新的 14 电子阳离子活性中心，使烯烃单体进一步配位和插入，不断循环，形成聚烯烃产物。对于乙烯的迁移插入机理相对容易理解，而丙烯的迁移插入机理则较复杂。

乙烯的迁移插入：

丙烯的迁移插入：

丙烯的插入有两种方式：1,2-插入和 2,1-插入，其中 1,2-插入的速度比 2,1-插入快得多（图 3-45）。

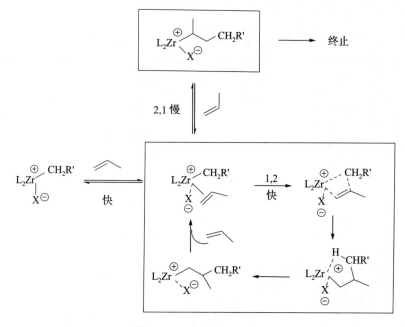

图 3-45　丙烯的配位插入

第三步：链转移及终止。

（1）乙烯聚合的链转移及终止。

对于乙烯聚合，其链转移及终止有两种方式。一种方式是由 β-H 原子从活性聚合物链上转移到催化活性中心金属 Zr 原子上，形成 Zr—H 键，即 β-H 消除反应，得到端烯基的聚乙烯链。而这个 Zr—H 基团能够与乙烯单体反应，形成 Zr—CH_2CH_3 端元，继续进行链增长反应。另一种方式是活性聚合物链向 MAO 转移，形成以 Al 为中心金属的活性聚合物链和 Cp_2Zr^+-Me 初始的催化活性中心。以 Al 为中心金属的活性聚合物链经水解，则得到端基为饱和的聚乙烯链（图 3-46）。

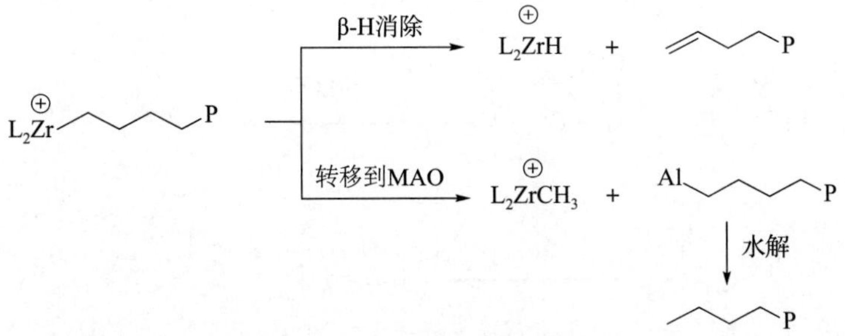

图 3-46　乙烯聚合的链转移及终止

(2) 丙烯聚合的链转移及终止。

对于丙烯聚合，其链转移及终止有三种方式：① 活性聚合物链的 β-H 消除得到 2-烯基的聚丙烯链；② 活性聚合物链的 β-Me 消除则得到端烯基的聚丙烯链；③ 活性聚合物链转移到 MAO 与乙烯聚合中的链转移及终止相似，经水解后得到端基为饱和的聚丙烯链。

β-H 转移：

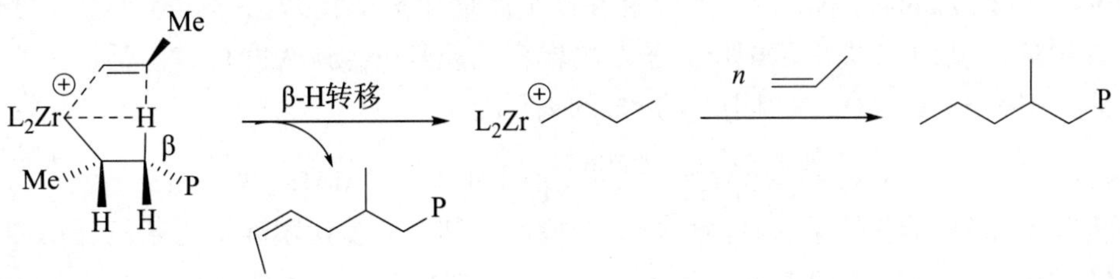

β-Me 转移：

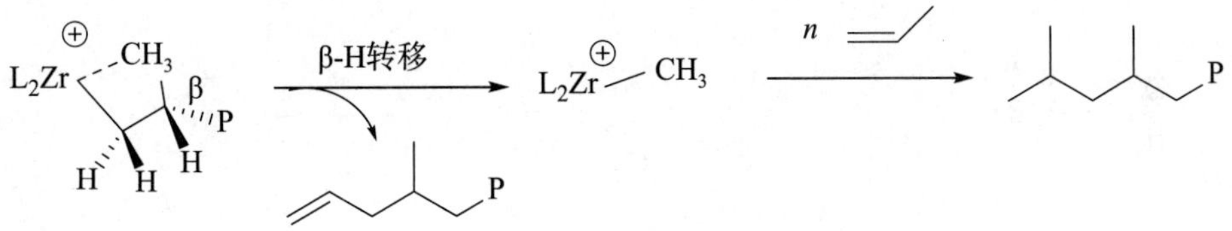

转移到铝：

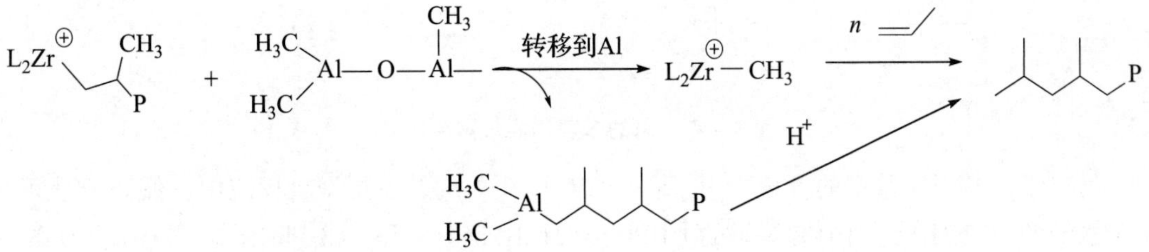

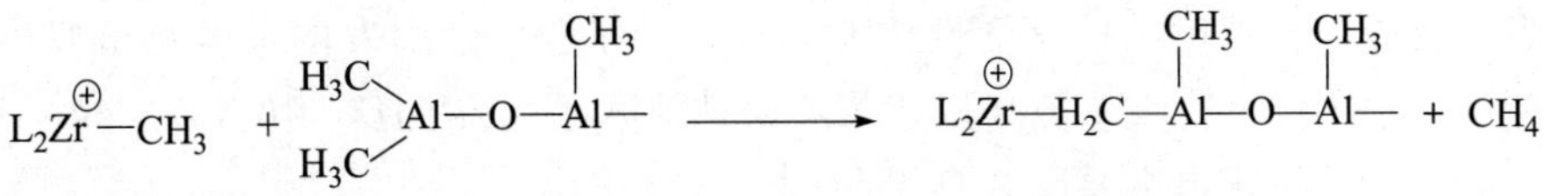

在烯烃的聚合反应中还涉及活性种的失活与再生及 H_2 解终止。

双分子失活：

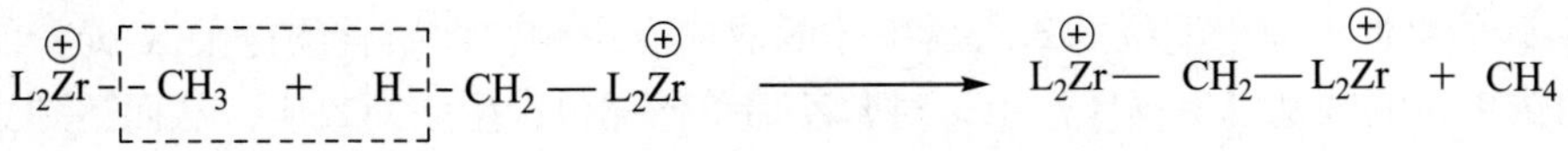

活性种再生：

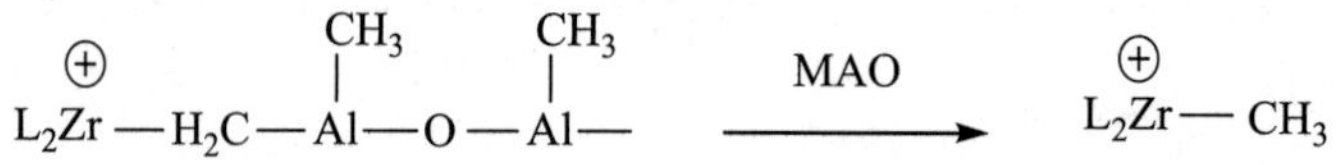

$$L_2Zr^{\oplus}-H_2C-Al(CH_3)-O-Al(CH_3)- \xrightarrow{MAO} L_2Zr^{\oplus}-CH_3$$

H_2 解终止：

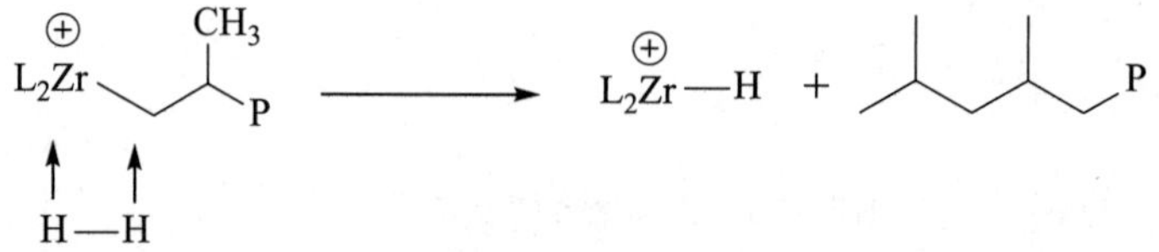

$$L_2Zr^{\oplus}-CH(CH_3)-P \xrightarrow{H-H} L_2Zr^{\oplus}-H + \text{(异构烷烃)}-P$$

聚合物的分子量（M_w）和分子量分布（MWD）受链转移过程的影响，链增长（单体的插入）反应的速率和链终止反应决定了聚合物链长度。茂金属催化剂中环戊二烯上的取代基团、催化剂的浓度、反应温度、溶剂等均会对链转移反应有一定的影响，从而影响聚合物的分子量和分子量分布。

2. 苯乙烯聚合机理

J. Chien 和 A. Zambelli 等[63,198-200]发现在茂金属催化剂催化苯乙烯间规聚合时活性中心主要为 Ti（Ⅲ），基于此提出了配位离子对的聚合机理假设，认为间规定向活性中心是由烷基钛（Ⅲ）阳离子和 MAO—X⁻阴离子形成的离子对。

$$CpTiX_3 \xrightarrow{AlMe_3} CpTiX_2 \xrightarrow{MAO} [CpTiCH_3]^+ \cdot [MAO-X]^-$$

对于茂钛/MAO 催化体系，在活性中心形成后，其中的茂钛阳离子与苯乙烯单体的乙烯基通过顺式配位，形成 [$CpTiCH_3$（聚苯乙烯）]⁺，然后苯乙烯单体在活性中心 Ti—CH_3 键之间进行插入，从而引发苯乙烯聚合，总的苯乙烯间规聚合机理如图 3-47 所示。

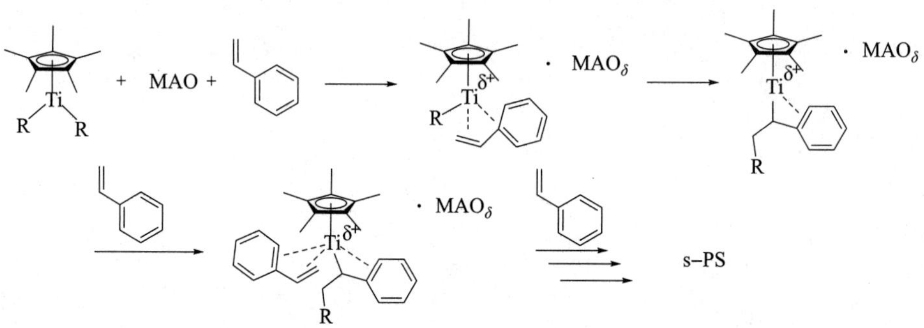

图 3-47　总的苯乙烯间规聚合机理

另有学者基于实验中的发现，由 [$CpTiCH_3$]⁺引发的苯乙烯聚合反应中，低分子量间规聚苯乙烯的¹³C NMR 谱图中有等量的 $CHPh=CHCHPhCH-$ 和 $-CHPhCH_2CHPhCH_3$，认为在苯乙烯的聚合反应中，真正的催化活性中心是由 [$CpTiCH_3$]⁺引发的聚合物链发生 β-H 消除反应产生的 [$CpTiH$]⁺，大多数间规聚苯乙烯是单体在 [$CpTiH$]⁺中 Ti—H 键之间的插入而形成的，并且链的终止也主要以 β-H 消除的方式终止。

对于链增长过程中的立构控制，有研究认为是聚合物链末端基控制机理。即 [$CpTiR$]⁺与苯乙烯上的乙烯基以顺式配位，形成过渡态 [$CPTiR$（styrene）]⁺，该过渡态中 R 上与 Ti 相连的 α-碳的手性对前来配位的苯乙烯单体的取向有影响，即聚合物链上 α-碳上的苯基与新来苯乙烯单体的苯基发生排斥作用，对苯乙烯单体配位产生空间效应，从而达到立构控制的目的。

苯乙烯聚合反应的链终止方式与乙烯、丙烯聚合反应的链终止方式相似,也有三种形式。

(1) 活性聚合物链的 β-H 消除。

$$\overset{*}{C}\!\sim\!\!P \longrightarrow \overset{*}{C}\!\sim\!\!H + \underset{Ph}{HC}\!=\!CH\!\sim\!\!P$$

其中

$$\overset{*}{C}\!\sim\!\!P = \text{(Cp*)Ti} \cdots \text{Ph} / \text{CH}_2\text{P}$$

(2) 活性聚合物链转移到 MAO。

$$\overset{*}{C}\!\sim\!\!P + \left(\!\!\underset{}{\overset{Me}{Al}}\!\!-\!O\!\right)\!\!\longrightarrow \overset{*}{C}\!\sim\!\!H + \left(\!\!\underset{}{\overset{P}{Al}}\!\!-\!O\!\right)$$

(3) 活性聚合物链转移到单体。

$$\overset{*}{C}\!\sim\!\!P \longrightarrow H_3C\!-\!\underset{Ph}{CH}\!-\!Me + P\!-\!H$$

3.3.4 茂稀土金属配合物

稀土元素有机金属化学的发展在很大程度上依赖于环戊二烯(Cp)基作为配体。根据每种金属中 Cp 配体的数量,目前报道的 Cp 配体稀土配合物大致可分为三类(图 3-48)。稀土配合物每个金属含有三种 Cp 配体(图 3-48(a)),于 20 世纪 50 年代初,该配合物首次被报道[201]。这种类型的配合物没有很好的反应活性,因为所有的金属-配体键都具有高度稳定的金属-Cpπ 键,除非 Cp 配体有一个非常大的空间位阻[202]。20 世纪 80 年代初,报道了单烷基和单氢化物稀土配合物,每个金属有两个 Cp 配体(图 3-48(b))[203]。这些配合物为高活性的烷基或氢化物,对多种化学转化有效[204-206],包括乙烯和极性单体如丙烯酸烷基酯和内酯的聚合和共聚,通过亲核加成烷基或氢化物物质到金属配位单体[207-210]。但是中性茂金属烷基和氢化物配合物对1-烯烃,苯乙烯,二烯和环烯烃等高级烯烃的聚合活性通常较差,因为这些配合物中的金属中心在电子和空间上都相对饱和,很难为它们接受较低反应性的高级烯烃的配位。最近,每个金属(如图 3-48(c))带有一个 Cp 配体的二烷基稀土配合物受到很多关注[211-214]。

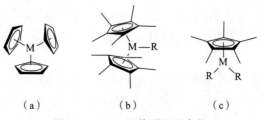

图 3-48 Cp 配体稀土配合物

通过适当的硼酸盐化合物除去两个烷基中的一个可产生相应的阳离子单烷基物质 a（图 3-49），其具有更正电、空间更少的金属中心，并且对聚合和共聚具有更高且独特的催化活性。此外，二烷基配合物与 H_2 的氢解导致形成一系列新的分子氢化物簇 b，在结构和反应性方面都具有新的特征[215-217]。

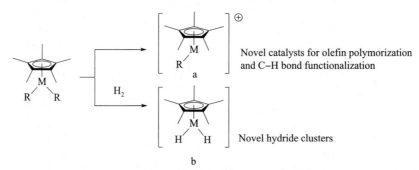

图 3-49　阳离子单烷基化合物 a 和分子氢化物簇 b

改变配合物的配体环境以改变其性质，已成为开发更高效或选择性催化剂的重要策略。到目前为止，稀土金属有机化学主要由茂金属配合物主导，它们具有两个取代或未取代的环戊二烯配体。近年来，在寻找新的配体体系方面有了新的进展，使镧系化合物的化学性质超越了传统的茂金属配合物领域，本小节主要讲聚合反应中具有新活性和选择性的配合物。在辅助配体类型的基础上，讨论分为三个主要部分，即茂金属配合物（双茂）、半茂金属配合物（单茂）和不含环戊二烯基的配合物。本部分主要介绍茂金属配合物和半茂金属配合物，非茂金属配合物后面会具体介绍。特别注意钐（Ⅱ）配合物和镧系元素（Ⅲ）烷基和氢化物配合物，因为它们在聚合反应中最常遇到。为简单起见，本节中镧系元素的定义适用于钪、钇和从镧到镥的元素。茂金属被定义为具有两个取代或未取代环戊二烯、茚或芴基作为辅助配体的配合物，而半茂金属被定义为具有一个这样的辅助配体的配合物。

3.3.4.1　双茂稀土金属配合物

镧系茂金属配合物是研究最广泛的有机镧系化合物，已有许多综述[218-221]。这一节主要局限于对聚合反应具有代表性的配合物。未取代环戊二烯配体的镧系茂金属配合物几乎不溶于烃类溶剂，通常活性较低[222-224]。然而，五甲基环戊二烯配体 C_5Me_5 通常可以为金属离子提供优良的溶解度和稳定性（可分离性），是稀土金属有机化学中应用最广泛的辅助配体。合成镧系元素茂金属配合物的一般方法是配体的碱金属盐与镧系元素卤化物之间的复分解反应。例如，$SmI_2(thf)_2$ 与 2 当量的 KC_5Me_5 反应容易得到钐茂金属（Ⅰ）配合物 1（图 3-50）[225]。$LnCl_3$ 与 LiC_5Me_5 的类似反应得到双（五甲基环戊二烯基）镧系元素（Ⅲ）氯化物配合物 2a-d，其再用 $LiCH(SiMe_3)_2$ 烷基化后产生相应的茂金属烷基配合物 3a-d[226]。3a-d 或其烯丙基类似物[227]与 H_2 的氢解反应容易产生茂金属氢化物配合物 4a-d。在某些情况下，金属-烷基键与 $PhSiH_3$ 的 Si—H 键的 σ 键复分解也为镧系元素氢化物配合物提供了便利的途径[228]。

还以类似的方式制备了具有各种连接的环戊二烯基配体的镧系金属茂配合物。含有甲硅烷基连接的螯合双（四甲基环戊二烯基）配体的配合物 3a-c 的合成路线示于图 3-51 中[229]。

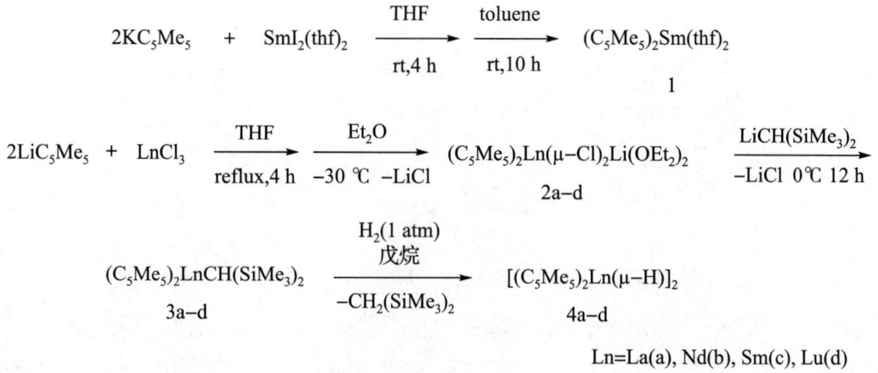
2KC5Me5 + SmI2(thf)2
THF
rt,4 h
toluene
rt,10 h
(C5Me5)2Sm(thf)2
1
2LiC5Me5 + LnCl3
THF
reflux,4 h
Et2O
−30 ℃ −LiCl
(C5Me5)2Ln(μ−Cl)2Li(OEt2)2
2a−d
LiCH(SiMe3)2
−LiCl 0℃ 12 h
(C5Me5)2LnCH(SiMe3)2
3a−d
H2(1 atm)
戊烷
−CH2(SiMe3)2
[(C5Me5)2Ln(μ−H)]2
4a−d
Ln=La(a), Nd(b), Sm(c), Lu(d)

图 3－50　碱金属盐与镧系卤化物的复分解反应

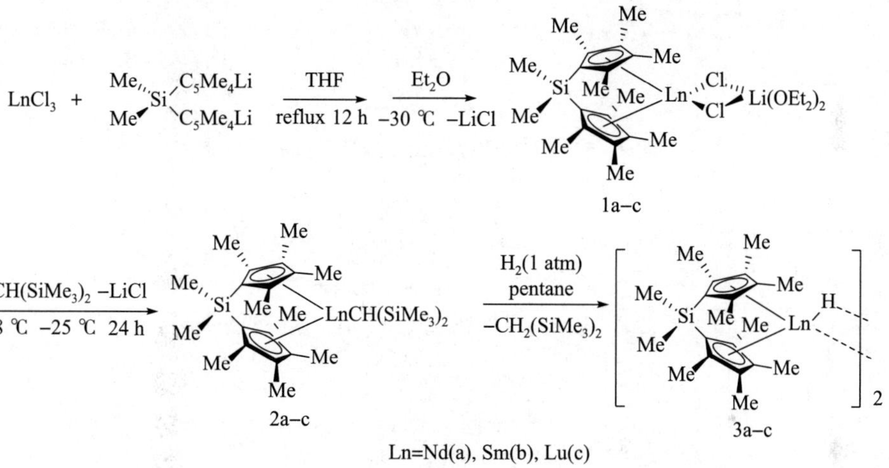
LnCl3 +
C5Me4Li
C5Me4Li
THF
reflux 12 h
Et2O
−30 ℃ −LiCl
Li(OEt2)2
1a−c
LiCH(SiMe3)2 −LiCl
−78 ℃ −25 ℃ 24 h
LnCH(SiMe3)2
2a−c
H2(1 atm)
pentane
−CH2(SiMe3)2
3a−c
Ln=Nd(a), Sm(b), Lu(c)

图 3－51　螯合双（四甲基环戊二烯基）配体的配合物的合成路线

与相应的未连接的双（环戊二烯基）配体体系相比，这种连接的环戊二烯基配体体系可以为金属中心提供更开放的配位点。连接、体积较小的环戊二烯基配体体系的配合物（图 3－52（a）～（e）），如 $[R_2Si(C_5Me_4)(C_5H_4)]^{2-}$（R/Me 或 Et）[230]、$[Me_2Si(C_5H_4)_2]_2$[231] 和 $[Me_2Si(C_5H_3R\text{-}3)_2]_2$[232－234] 或 $SiMe_3$[235]，以及那些连接环戊二烯基-芴基配体也类似地制备[236,237]。在这些配合物中，特别是在氢化物配合物中，配体跨越两个金属中心而不是螯合一个[230,235]。

当每个螯合的双（环戊二烯基）环被部分取代时，可以形成两种可能的异构体（外消旋和内消旋），其在许多情况下可以通过结晶彼此分离。在某些情况下，外消旋/内消旋异构化可以通过从金属中解离一个环戊二烯配体，在 Si—Cp 键周围旋转，以及在相对面上重新反应而在溶液中发生[233]。对于 $[Me_2Si(C_5H_2(SiMe_3)\text{-}2\text{-}R\text{-}4)_2]^{2-}$（R/^{t}Bu[182] 或 $SiMe_2{}^t$Bu[238]），其在二甲基亚甲硅基连接基的位置 α 处具有庞大的三甲基甲硅烷基取代基，由于 meso-茂金属楔体窄段内的 $SiMe_3$ 取代基之间的空间排斥作用，钇几乎仅提供茂金属配合物的外消旋异构体（图 3－53(a)(b)）。二重钐通过 SmI_2 与相应配体的钾盐的复分解反应，制备了带有各种连接的环戊二烯基配体（图 3－53(c)(d)）的配合物[239]。

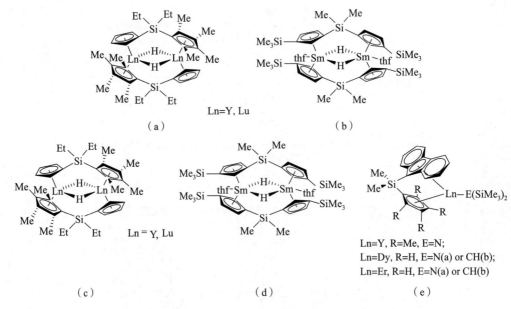

图 3-52 不同取代环戊二烯基配体的配合物

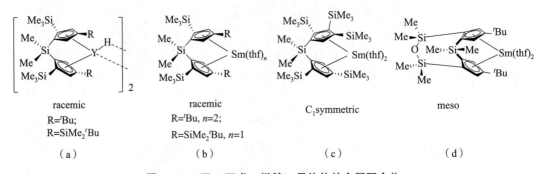

图 3-53 双（环戊二烯基）异构体的金属配合物

当 $[Me_2Si(C_5H_2(SiMe_3)\text{-}2\text{-}^tBu\text{-}4)_2]^{2-}$ 中的亚甲硅基连接基上的两个甲基被 C_2-对称的 1,1′-联萘-2,2′-二醇酯基团取代时，对映选择性由于手性连接基的 1,1′-联萘-2,2′-二醇环的 3-和 3′-次甲基位置与在环戊二烯基环上 α-三甲基甲硅烷基取代基之间的空间相互作用，已经实现了该配体的金属化[240]。该配体与钇的配位以完全非对映选择性方式发生：由（R）-(+)-1,1′-二-2-萘甲酸酯基团制备的配体进行 (S)-噻吩二烯（图 3-54）的形成。而来自 (S)-(−)-1,1′-二-2-萘甲酸酯基团的引导形成（R）-二茂钇配合物（图 3-54（a））。在 $[Me_2Si(C_5Me_4)(C_5H_4)]^{2-}$ 的未取代的环戊二烯基环中引入手性助剂（R*），例如（+）-薄荷基，（−）-薄荷基或（−）-苯基薄荷基等还能够分离光学纯的镧系元素茂金属配合物（图 3-54（b））[241]。烷基配合物在 1 atm 的 H_2 下在 25 ℃ 下在 C_6D_6 中氢解快速进行，得到 $CH_2(SiMe_3)_2$ 和有机金属氢化物配合物。然而，与非手性氢化物配合物不同，在这种情况下形成的手性氢化物在室温溶液中是热不稳定的，并且没有被分离[241]。

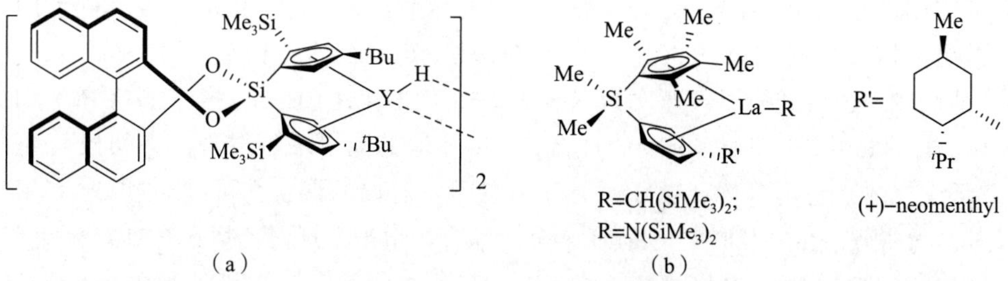

图 3-54 手性配体金属配合物

对于具有易于获得的 +2 氧化态的镧系元素，例如钐、铕和镱，其二价茂金属配合物与适当的底物的氧化也是通向相应的镧系元素（Ⅲ）配合物的途径。例如，1,3-丁二烯与图 3-55（a）的反应容易产生相应的钐茂金属（Ⅲ）烯丙基配合物图 3-55（b），主要是因为单电子从 Sm(Ⅱ) 转移到 1,3-丁二烯，然后产生自由基阴离子的二聚反应[242]。$(C_5^iPr_4H)_2Sm$ 以 0.5 摩尔当量的叔丁基过氧化物氧化生成醇氧基配合物 $(C_5^iPr_4H)_2SmO^tBu$[243]。图 3-55（a）与过量 $AlMe_3$ 的反应产生 Sm(Ⅲ)/Al(Ⅲ) 四核配合物图 3-55（c），其与溶液中的双核配合物图 3-55（d）存在平衡[244,245]。与上述相似，$(C_5Me_5)_2Yb(thf)_2$ 与 $AlEt_3$ 的类似反应得到加合物产物 $(C_5Me_5)_2Yb(\mu,\eta^2\text{-Et})AlEt_2(thf)$[246]。

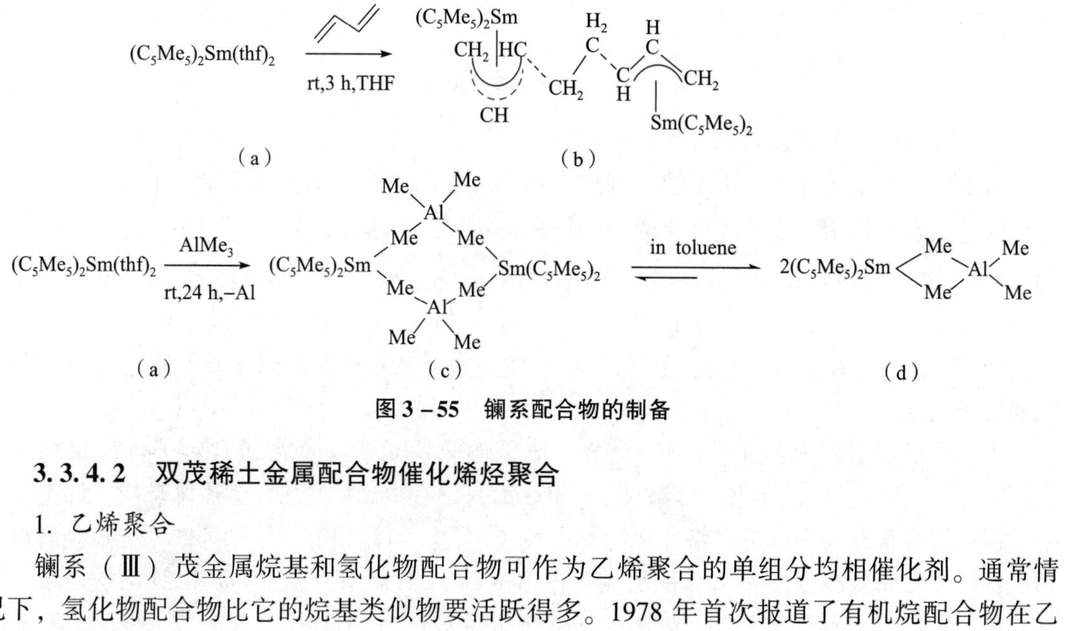

图 3-55 镧系配合物的制备

3.3.4.2 双茂稀土金属配合物催化烯烃聚合

1. 乙烯聚合

镧系（Ⅲ）茂金属烷基和氢化物配合物可作为乙烯聚合的单组分均相催化剂。通常情况下，氢化物配合物比它的烷基类似物要活跃得多。1978 年首次报道了有机镧配合物在乙烯聚合中的应用。Ballard 等报道了在使用茂金属烷基配合物 $[(C_5H_4R')_2LnR]_2$（Ln = Y，Er；R = Me，^{n}Bu，$AlMe_4$；R' = H，Me，Et，$SiMe_3$）[247]。

几年后，Watson 等通过甲基镥配合物 $[(C_5Me_5)_2LuMe]_2$ 在 50~80 ℃（ca. 70 g mmol^{-1}·h^{-1}·atm^{-1}）实现了乙烯的聚合。Marks 及其同事对一系列镧系茂金属烷基和氢化物配合物的乙烯聚合进行了较为详细的研究。他们发现，茂金属氢化物配合物 $[(C_5Me_5)_2LnH]_2$（4：Ln = La，Nd，Lu）是生产高分子量聚乙烯的非常活跃的催化剂[226]。聚合活性一般随金属离子半径（La≥Nd≥Lu）的增大而增大。在相同条件下，双（三甲基硅基）甲基茂金属配合物

$(C_5Me_5)_2LnCH(SiMe_3)_2$（Ln = La,Nd,Sm,Lu）对乙烯聚合无活性。Bercaw 及其同事用一系列钪茂金属配合物 $(C_5Me_5)_2ScR$（R =H 或烷基）作为乙烯齐格勒 – 纳塔聚合的力学模型[248]。他们发现了烯烃的插入速率为 Sc – H≫Sc – $CH_2CH_2CH_3$ ≥Sc – $CH_2(CH_2)_nCH_3$（$n \geq 2$）> Sc – CH_3 > Sc – CH_2CH_3 > Sc – C_6H_5。Evans 和他的同事最近发现，空间极其拥挤的三（五甲基环戊二烯）钐配合物 $(C_5Me_5)_3Sm$ 可以引发乙烯的聚合，可能通过（η^5-$C_5Me_5)_2$Sm（η^1-C_5Me_5）等 η^1-C_5Me_5 中间体。Sm-Al 杂金属配合物也被发现对乙烯聚合具有活性[245,247]。

基础的硅烷如 $PhSiH_3$、$PhCH_2SiH_3$、n-$BuSiH_3$ 等可作为链转移剂用于乙烯的有机烷催化聚合，得到带有甲基硅烷的聚乙烯类[249]。一个可能的催化循环如图 3 – 56（a）所示。噻吩取代硅烷的使用提供了带有噻吩的聚乙烯类（图 3 – 56（b））[250]。在这种情况下，$(C_5Me_5)_2La(2-C_4H_3S)$ 与噻吩反应容易生成 2-噻吩基 $(2-C_5Me_5)_2La(2-C_4H_3S)$，是一种真正的催化剂。

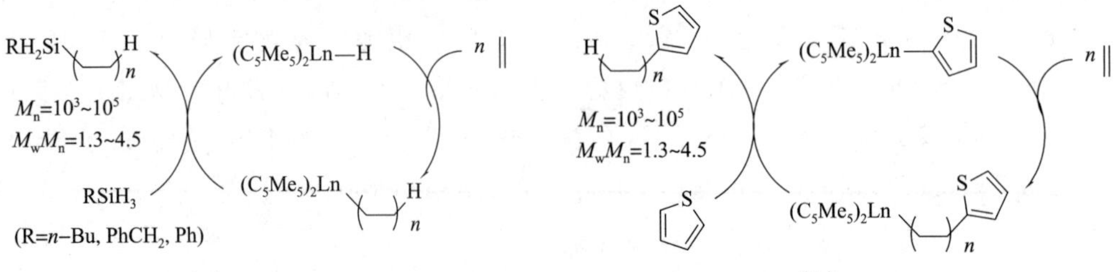

图 3 – 56 乙烯的有机烷催化聚合

2. 苯乙烯和 1-烯烃的聚合

由于空间位阻的存在，镧系茂金属配合物聚合苯乙烯比乙烯困难得多。$(C_5Me_5)_2Sm$ 与过量苯乙烯在甲苯中反应生成稳定的双金属配合物 $[(C_5Me_5)_2Sm]_2(m-CH_2CHPh)$[251]，即使在非常高的压力（>5 000 atm）下也对苯乙烯惰性[252,253]。含有较少空间要求的 $C_5H_4^tBu$ 配体的配合物，如 $[(C_5H_4^tBu)_2LnMe]_2$（Ln = Pr, Nd, Gd）[254]，$[(C_5H_4^tBu)_2 – Yb(thf)_2]$[$BPh_4$][255] 和 $(C_5H_4^tBu)_2YbAlH_3(OEt_2)$[256] 报道表明苯乙烯在高温下具有聚合活性，得到无规聚苯乙烯。

由于形成稳定的 η^3-烯丙基型配合物，非手性镧系元素配合物通常对 1-烯烃聚合无活性[226,229,242]。通过 NMR 光谱在低温（< –100 ℃）下观察到一些双（五甲基环戊二烯基）– 钇/烷基/烯烃配合物中的烯烃络合和烷基迁移[257-259]。与此相反，一系列镧系三茂金属配合物被报道为 1-烯烃聚合的单组分催化剂。由 Bercaw 及其同事开发的 rac-钇氢化物是第一种具有异位特异性的有机镧系茂金属化合物催化 1-烯烃聚合的催化剂[182]。尽管在 25 ℃的温度下，聚合速度相当慢，需要几天的时间才能聚合出中等分子量的聚合物，但是丙烯以及纯的 1-丁烯、1-戊烯和 1-己烯都可以进行聚合。Yasuda 和他的同事们用空间要求更高的 $SiMe_2^tBu$ 基团取代配体中的叔丁基，它能在 0 ℃或室温下聚合 1-戊烯和 1-己烯，获得高收率[238]。在已连接的双（环戊二烯）钐（Ⅱ）配合物中，只有外消旋配合物对 1-戊烯和 1-己烯的聚合活性较低[239]。

3. 二烯烃聚合

镧系茂金属配合物作为单一组分，由于易于形成稳定的 η^3-烯丙基型配合物，通常对丁二烯聚合无活性[226,229,242]。然而，在添加助催化剂后，这种配合物可以作为丁二烯聚合的一种很好的催化体系。侯召民课题组通过研究表明，当用 MMAO（含有异丁基铝氧烷的改性甲基铝氧烷）或 Al(^{i}Bu)$_3$/[Ph$_3$C][B(C$_6$F$_5$)$_4$]处理时，镧系茂金属配合物可以迅速引发 1, 4-以活性方式顺式-立体定向聚合 1,3-丁二烯，得到具有极高 1,4-顺式微观结构（高达 99.5%）、高分子量（Mn 高达 10^6）和窄分子量分布的聚丁二烯（图 3-57）[260-262]。虽然 1,3-丁二烯的聚合已经在各种催化体系中得到广泛的研究，但这是首次报道同时具有 1,4-顺式聚丁二烯的高含量（>98%）和窄分子量分布的聚合物（M_w/M_n<2）。预期这种聚合物在高弹性和耐磨的合成橡胶材料等方面具有广泛的用途。该体系中的催化剂物质被认为是烷基桥连的 Sm(Ⅲ)/Al(Ⅲ)异金属阳离子，但细节尚未阐明。

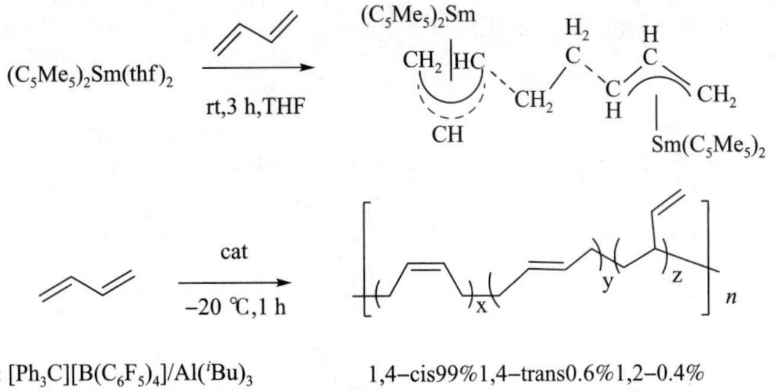

图 3-57 镧系茂金属配合物定向聚合 1,3-丁二烯

1,5-己二烯可以通过二环钌氢化物配合物进行环化聚合，得到聚（亚甲基-1,3-环戊二基），为 45/55 顺式-反式混合物[238]。这种环化聚合反应也可以通过 rac-钐茂金属（Ⅱ）配合物实现，尽管速度要慢得多[239]。相反，钪（Ⅲ）氢化物配合物 Me$_2$Si(C$_5$Me$_4$)$_2$ScH(PMe$_3$)和[Me$_2$Si(C$_5$H$_3'$Bu-3)$_2$ScH]$_2$ 催化环化一系列的 α,ω-二烯烃到亚甲基环烷烃而不是环化聚合[263]。

3.3.4.3 半茂稀土金属配合物（单茂）

1. C$_5$Me$_5$-单齿阴离子配体的配合物

通常，由于配体再分配问题，分离带有混合环戊二烯基-单齿-阴离子配体的镧系元素半茂金属配合物比茂金属更难。然而，通过使用适当的配体组合，已经分离出几种类型的这种半茂金属配合物并且已经研究了它们的反应性。

(C$_5$Me$_5$)$_2$Sm(thf)$_2$ 与 1 当量的 HOAr（Ar = C$_6$H$_2$^{t}Bu$_2$-2,6-Me-4）部分质子化或 (C$_5$Me$_5$)$_2$Sm(thf)$_2$ 与 1 当量的 Sm(OAr)$_2$(thf)$_3$ 在甲苯的溶液中发生复分解反应容易得到 C$_5$Me$_5$-OAr-连接的 Sm(Ⅱ)配合物 Cat.1，其通过 μ-OAr 桥采用了二聚体结构（图 3-58）[264]。通过 KC$_5$Me$_5$ 的 Sm(OAr)$_2$(thf)$_3$ 与 1 当量 K(ER)之间的反应，尝试合成 Cat.1，得到了异构体[(C$_5$Me$_5$)Sm(OAr)(thf)K(thf)$_2$]$_n$（图 3-58 中的 a），其形式为 Cat.1 的单体形式的"(C$_5$Me$_5$)K(thf)$_2$"加合物。事实上，在 Cat.1 的 THF 溶液中加入 1 当量 KC$_5$Me$_5$（每 Sm），分离得到图 3-58 中 a 的产率可以达到 80%~85%。制备图 3-58 中 a 最有效的途径是(C$_5$Me$_5$)$_2$Sm(thf)$_2$ 与 1 当量 KOAr 的反应，该方法已成功扩展到类似硫醇盐（图 3-58 中的 c）[265]、酰胺（图 3-58 中的 e~f）[265]、甲硅烷基（图 3-58 中的 g~i）[266]和烷基（图 3-58 中的 j~l）[266]的合成。如图 3-58 中所示的镧系元素（Ⅱ）配合物，配

合物（图 3-58 中的 a~l）均可视为由中性"C_5Me_5K"配体稳定的 C_5Me_5-ER-ligated-Ln（Ⅱ）配合物。K 原子和 C_5Me_5 配体之间的"分子间"相互作用在所有这些配合物中构成类似的聚合结构。

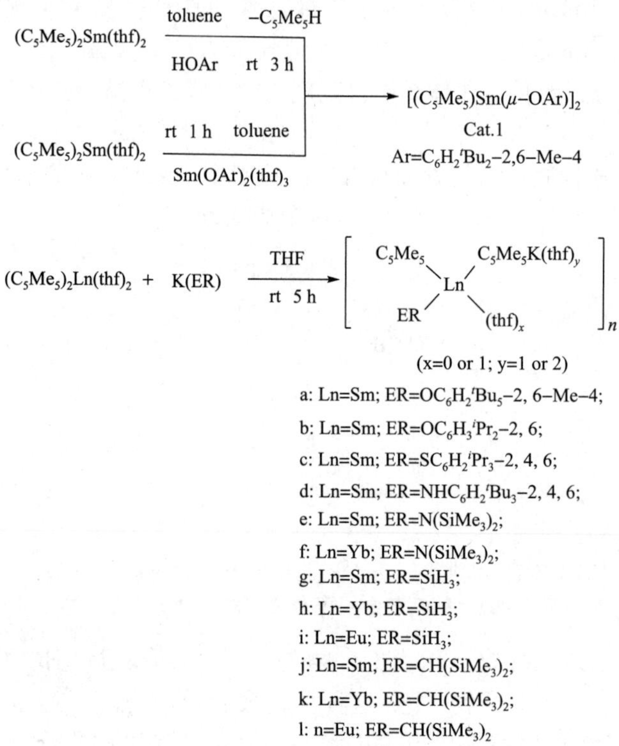

$$(C_5Me_5)_2Sm(thf)_2 \xrightarrow[\text{HOAr rt 3 h}]{\text{toluene} \; -C_5Me_5H} [(C_5Me_5)Sm(\mu\text{-}OAr)]_2$$
$$(C_5Me_5)_2Sm(thf)_2 \xrightarrow[\text{Sm(OAr)}_2(thf)_3]{\text{rt 1 h toluene}} \text{Cat.1}$$
$$Ar = C_6H_2{}^tBu_2\text{-}2,6\text{-}Me\text{-}4$$

$$(C_5Me_5)_2Ln(thf)_2 + K(ER) \xrightarrow[\text{rt 5 h}]{\text{THF}} \left[\begin{array}{c} C_5Me_5 \quad C_5Me_5K(thf)_y \\ \diagdown \; Ln \; \diagup \\ \diagup \quad \diagdown \\ ER \quad (thf)_x \end{array}\right]_n$$

(x=0 or 1; y=1 or 2)

a: Ln=Sm; ER=$OC_6H_2{}^tBu_3$-2, 6-Me-4;
b: Ln=Sm; ER=$OC_6H_3{}^iPr_2$-2, 6;
c: Ln=Sm; ER=$SC_6H_2{}^iPr_3$-2, 4, 6;
d: Ln=Sm; ER=$NHC_6H_2{}^tBu_3$-2, 4, 6;
e: Ln=Sm; ER=$N(SiMe_3)_2$;
f: Ln=Yb; ER=$N(SiMe_3)_2$;
g: Ln=Sm; ER=SiH_3;
h: Ln=Yb; ER=SiH_3;
i: Ln=Eu; ER=SiH_3;
j: Ln=Sm; ER=$CH(SiMe_3)_2$;
k: Ln=Yb; ER=$CH(SiMe_3)_2$;
l: n=Eu; ER=$CH(SiMe_3)_2$

图 3-58 C_5Me_5-单齿阴离子配体的配合物的制备

$(C_5Me_5)_2Sm(thf)_2$ 与 1 当量的 $KPHAr$（$Ar = C_6H_3{}^tBu_3$-2,4,6）反应生成磷化配合物 a（图 3-59）。与图 3-58 中 a~l 中通过 C_5Me_5 部分与 Ln（Ⅱ）中心结合形成的"C_5Me_5K"单元相比较，图 3-59 中的"C_5Me_5K"单元通过其 K 原子与磷化物位点结合，这可能是由于磷化物配体具有较强的供电子能力。"C_5Me_5Na"也可以作为 C_5Me_5-$N(SiMe_3)_2$-连接镧（Ⅱ）配合物的稳定配体。在与 $(C_5Me_5)_2$-$Ln(thf)_2$ 的反应中，用 $NaN(SiMe_3)_2$ 取代 $KN(SiMe_3)_2$，得到了"$C_5Me_5Na(thf)_3$"配位的 Ln（Ⅱ）复合物 b 和 c（Ln = Sm，Yb），由于三种 thf 配体与 Na 原子的配位，形成了"单体"结构[265]。

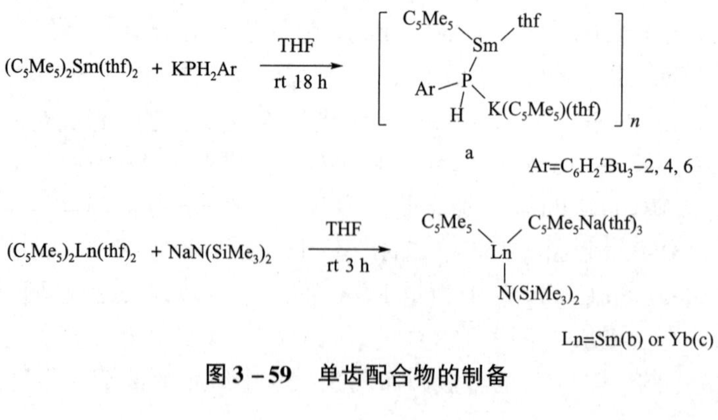

$$(C_5Me_5)_2Sm(thf)_2 + KPH_2Ar \xrightarrow[\text{rt 18 h}]{\text{THF}} \left[\begin{array}{c} C_5Me_5 \quad thf \\ \diagdown Sm \diagup \\ Ar \text{—} P \\ \diagup \quad \diagdown \\ H \quad K(C_5Me_5)(thf) \end{array}\right]_n$$

a $\quad Ar = C_6H_2{}^tBu_3$-2, 4, 6

$$(C_5Me_5)_2Ln(thf)_2 + NaN(SiMe_3)_2 \xrightarrow[\text{rt 3 h}]{\text{THF}} \begin{array}{c} C_5Me_5 \quad C_5Me_5Na(thf)_3 \\ \diagdown Ln \diagup \\ \mid \\ N(SiMe_3)_2 \end{array}$$

Ln=Sm(b) or Yb(c)

图 3-59 单齿配合物的制备

图 3-60 中，LaI_3 与 1 当量的 KC_5Me_5 在 THF 中的反应得到了单（五甲基环戊二烯基）碘化镧配合物（a）[267]，经 Me_3SiI 处理后得到未溶剂化的类似物（b）[268]。(b) 与 2 当量的 $KCH(SiMe_3)_2$ 的亚甲基化反应直接得到了二烷基配合物（c）。以 $(C_5Me_5)Y(OAr)_2$（d）与 1 当量的 $KCH(SiMe_3)_2$ 在正己烷中反应合成了 C_5Me_5-OAr 连接的烷基钇配合物（e）（Ar = $C_6H_3{}^tBu_2$-2,6）[269]。(e) 与 H_2 的氢化反应生成氢化物配合物（f）。

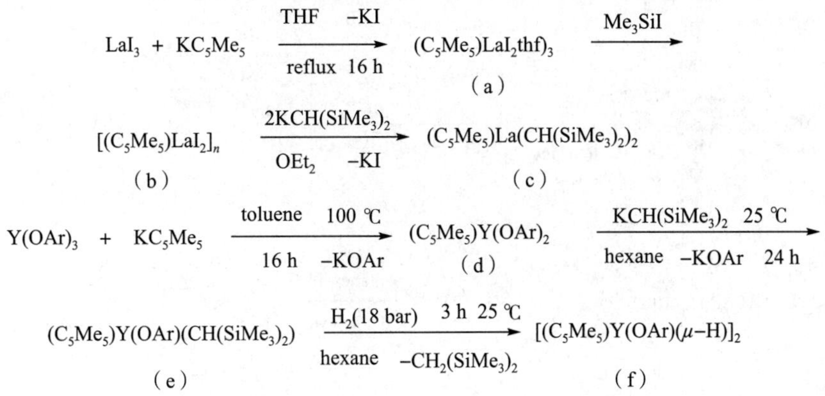

$$LaI_3 + KC_5Me_5 \xrightarrow[\text{reflux 16 h}]{\text{THF} \quad -KI} (C_5Me_5)LaI_2thf)_3 \xrightarrow{Me_3SiI}$$
$$\text{(a)}$$

$$[(C_5Me_5)LaI_2]_n \xrightarrow[\text{OEt}_2 \quad -KI]{2KCH(SiMe_3)_2} (C_5Me_5)La(CH(SiMe_3)_2)_2$$
$$\text{(b)} \qquad\qquad\qquad\qquad \text{(c)}$$

$$Y(OAr)_3 + KC_5Me_5 \xrightarrow[\text{16 h} \quad -KOAr]{\text{toluene} \quad 100\ ℃} (C_5Me_5)Y(OAr)_2 \xrightarrow[\text{hexane} \quad -KOAr \quad 24 h]{KCH(SiMe_3)_2 \quad 25\ ℃}$$
$$\text{(d)}$$

$$(C_5Me_5)Y(OAr)(CH(SiMe_3)_2) \xrightarrow[\text{hexane} \quad -CH_2(SiMe_3)_2]{H_2(18\ bar) \quad 3\ h\ 25\ ℃} [(C_5Me_5)Y(OAr)(\mu-H)]_2$$
$$\text{(e)} \qquad\qquad\qquad\qquad \text{(f)}$$

图 3-60 单（五甲基环戊二烯基）金属配合物的制备

$YCl_3(thf)_{3.5}$ 与 KC_5Me_5 反应，然后 $Li(OEt_2)[PhC(NSiMe_3)_2]$ 在 THF 中反应得到稳定的钇环戊二烯基-苯甲酰胺氯化物配合物 $[(C_5Me_5)Y(PhC(NSiMe_3)_2)(\mu-Cl)]_2$，在 TMEDA 存在下，与 2 当量 MeLi 反应得到结构表征的 Me-桥连 Y-Li 异双金属配合物 $(C_5Me_5)Y(PhC(NSiMe_3)_2)(\mu-Me)_2Li$-(tmeda)[270]。

2. 带有环戊二烯基-酰氨基或-膦基配体的配合物

$ScCl_3(thf)_3$ 与 $Li_2[Me_2Si(C_5Me_4)N^tBu]$ 在甲苯中的亚甲基化反应生成相应的亚甲硅基-环戊二烯-酰胺/氯化物的配合物 a，与 $LiCH$-$(SiMe_3)_2$ 烷基化得到烷基配合物 b[271]。在 PMe_3 存在下，b 的氢化反应生成相应的 PMe_3 配位氢化物复合物 c。$Ln(CH_2Si$-$Me_3)_3(thf)_2$（Ln = Y, Yb, Lu）和 $(C_5Me_4H)Si$-Me_2NH^tBu 在 0 ℃戊烷中的烷烃消去反应为连接环戊二烯-酰胺镧系烷基配合物 1d-f 提供了一条很好的无盐生成路线（图 3-61）[272-274]。在室温下，d-f 与 H_2 或 $PhSiH_3$ 反应很容易得到氢化物配合物 2d-f。类似的钪烷基-氢化物配合物也以类似的方法制备了与环戊二烯环成键的供氨基[275]。体积较大的烷基配合物 $Ln[CH(SiMe_3)_2]_3$（Ln = Yb, Lu）与 $(C_5Me_4H)Si$-$Me_2(NH^tBu)$ 之间的类似反应需要甲苯回流才能生成 Me_2-$Si(C_5Me_4)(N^tBu)LnCH(SiMe_3)_2$[276]。

利用亚甲硅基环戊二烯-叔丁基氨基配体 $[Me_2Si(C_5Me_4)(N^tBu)]^{2-}$ 合成类似镧系（Ⅱ）配合物的尝试尚未成功。$SmI_2(thf)_2$ 与 $Li_2[Me_2Si(C_5Me_4)N^tBu]$ 的反应生成了一种未知的黄色化合物，可能是 Sm(Ⅲ) 化合物，而与 $YbI_2(thf)_2$ 的类似反应导致 LiI 掺入产物[277,278]。$(C_5Me_4H)SiMe_2NH^tBu$ 与 $Ln[N(SiMe_3)_2]_2(thf)_2$ 之间的酸碱反应仅在环戊二烯基上发生金属化反应，得到茂金属配合物 $Ln(C_5Me_4SiMe_2NH^tBu)_2$（Ln = Sm, Yb）。利用 $(C_5Me_4H)SiMe_2NHPh$ 等更为质子化的苯胺衍生物与 $Ln[N(SiMe_3)_2]_2(thf)_2$（Ln = Sm, Yb）反应，成功制备了相应的环戊二烯-苯胺镧（Ⅱ）配合物 a 和 b[278]。再从甲苯-正己烷中

结晶得到 b，除去了三个 thf 配体中的两个，通过分子间的 Yb-Ph π-相互作用产生了二聚体 Yb(Ⅱ) 复合物[$Me_2Si(C_5Me_4)(NPh)Yb(thf)$]$_2$。

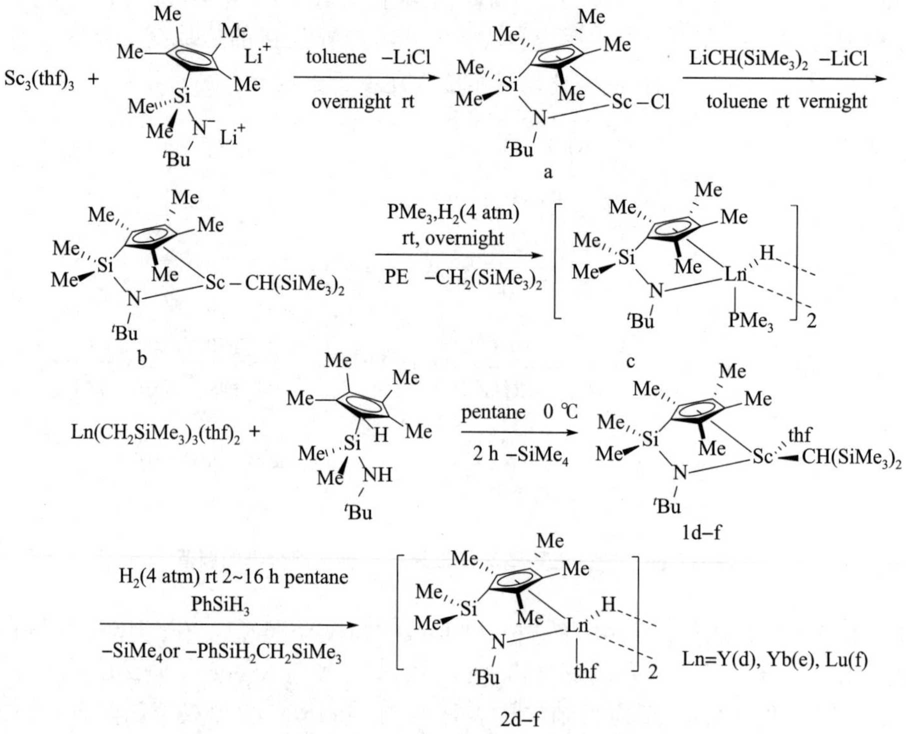

图 3-61 环戊二烯基-酰氨基配体金属配合物的制备

与许多不同金属的亚甲硅基环戊二烯-酰胺复合物相比[106,279]，由于 P—Si 键容易断裂，类似的膦化合物仍然非常罕见[280]。侯召民课题组在最近的工作中表明，含硅联环戊二烯-膦配体的镧系化合物较多，而且比第 4 组金属类似物稳定[281]。尽管配体存在强烈的扭曲，但是 LnI$_2$(thf)$_2$(Ln＝Sm, Yb) 与 [$Me_2Si(C_5Me_4)(PAr)K_2(thf)_4$]$_2$ 的复分解反应很容易产生相应的环戊二烯-膦镧(Ⅱ) 配合物 a～d（图 3-62）[281]。这些配合物在室温惰性气氛下稳定，但在 8 h THF 溶液中逐渐分解为未知产物。然而，它们的反应可以在 THF 或甲苯中进行检测[281]。

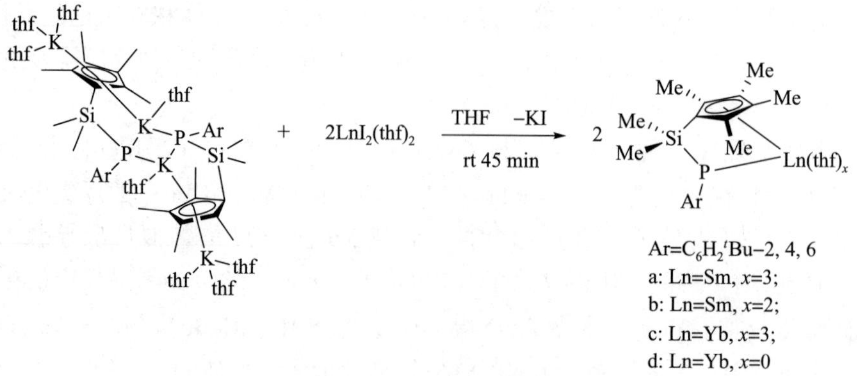

Ar=$C_6H_2^tBu$-2, 4, 6
a: Ln=Sm, x=3;
b: Ln=Sm, x=2;
c: Ln=Yb, x=3;
d: Ln=Yb, x=0

图 3-62 环戊二烯-膦镧(Ⅱ) 配合物的制备

3.3.4.4 半茂稀土金属配合物（单茂）催化烯烃聚合

1. 乙烯聚合

环戊二烯基-苯胺基钐（Ⅱ）配合物（图3-63 a和b）显示出对乙烯聚合的中等活性、高分子量和窄多分散性的线性聚乙烯[278]。这些结果与报道的钐（Ⅱ）配合物（C_5Me_5)$_2$Sm(thf) 相比和双（甲硅烷基氨基）钐（Ⅱ）配合物 Sm[N(SiMe_3)_2]_2(thf)_2，混合配体效应明显[239,265,282]，它们在相同条件下对乙烯聚合呈惰性[265]。

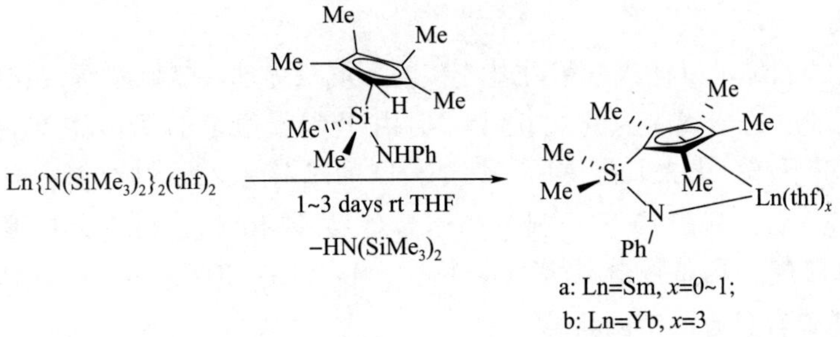

图3-63 亚甲硅基环戊二烯-叔丁基氨基配体金属配合物的制备

通过单(thf)-配位的环戊二烯基-膦酰基钐（Ⅱ）配合物 b（图3-64）聚合乙烯产生极高的分子量，该聚合物在135℃下不溶于邻二氯苯[281]。相反，三(thf)-配位的Sm(Ⅱ)类似物 a 在相同条件下不显示乙烯聚合的活性。这些结果表明，空间（或配位）不饱和金属中心的产生对于聚合反应是必不可少的。然而，在相同条件下[281]，无thf或单thf配位，还原性降低的 Yb（Ⅱ）配合物 d 或 [Me_2Si(C_5Me_4)(NPh)Yb(thf)]_2 无活性，表明本发明的镧系元素（Ⅱ）促进的聚合反应是通过从 Ln(Ⅱ) 中心到乙烯单体的单电子转移引发的。

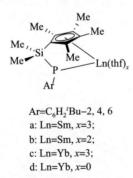

Ar=$C_6H_2^tBu$-2,4,6
a: Ln=Sm, x=3;
b: Ln=Sm, x=2;
c: Ln=Yb, x=3;
d: Ln=Yb, x=0

图3-64 环戊二烯-膦镧（Ⅱ）配合物

甲硅烷基烯烃基环戊二烯基-酰氨基钇（Ⅲ）烷基（图3-61 化合物1d）或氢化物（2d）配合物对乙烯的聚合反应显示出非常低的活性，这可能是由于存在强配位的配体[273]。C_5Me_5—OAr 支持的 Y(Ⅲ) 氢化物配合物（图3-60 化合物f）的活性也非常低，可能是因为强 μ-H-桥[269]。单环戊二烯基镧二烷基配合物(C_5Me_5)La(CH(SiMe_3)_2)_2(thf)(33·thf)在25℃下对乙烯聚合具有中等活性，产生了线型聚乙烯[283]。

C_5Me_5-ER-连接的Sm（Ⅱ）配合物（图3-58 化合物a~e,g,j 和图3-59 化合物a,b），其带有中性的 "C_5Me_5M" 配体（M=K或Na），均显示出良好的聚合活性，在25℃和

1 atm 下得到高分子量的线性聚乙烯。这些未连接的混合配体负载的配合物通常比钐茂金属（Ⅱ）配合物$(C_5Me_5)_2Sm(thf)_n$($n=0 \sim 2$)以及亚甲硅基连接的环戊二烯基/苯胺基和/磷酸酯类似物（图3-62 化合物 a 和图3-64 化合物 b）更具活性。可能是由于"C_5Me_5M"配体易于解离而产生不饱和性，使得 C_5Me_5-ER-连接的 Sm(Ⅱ) 中心更具有活性。观察到 ER-配体对该系列复合物中反应性的依赖性。$4\text{-Me-2},6\text{-}^tBu_2C_6H_2O$ 连接的复合物（图3-58 化合物 a）显示出最高的活性，而 $(Me_3Si)_2N$-连接的复合物（图3-58 化合物 e）显示出最高分子量的聚乙烯。[265]

2. 苯乙烯聚合

已经表明，苯乙烯可以插入亚甲硅基连接的环戊二烯基—酰氨基钪或钇配合物（图3-61 化合物 c 或 2d）的金属—氢化物键中，但由于形成稳定的烯丙型配合物而不发生聚合[271,273]。在真空下部分失去其配体后，烷基桥联的二聚体钇配合物 $[Me_2Si(C_5Me_4)(N^tBu)Y(m\text{-}C_6H_{13})(thf)]_2$，其在 25 ℃下显示出聚合苯乙烯的活性，得到无规聚苯乙烯[273]，并进一步发现了单环戊二烯基镧二烷基配合物 $(C_5Me_5)La(CH(SiMe_3)_2)_2(thf)$（33·thf）在50 ℃下对苯乙烯聚合具有一定的活性[283]。

C_5Me_5-ER-连接的 Sm(Ⅱ) 配合物 a~e，g，j（图3-65）在室温下均表现出高的苯乙烯聚合活性，与均配型 Sm(Ⅱ) 配合物 $(C_5Me_5)_2Sm(THF)_n$($n=0,2$)形成鲜明对比。$Sm(OAr)_2(THF)_3$($Ar=C_6H_2^tBu_2\text{-}2,6\text{-Me-}4$) 和 $Sm(N(SiMe_3)_2)_2(THF)_2$，它们是在相同条件下对苯乙烯聚合无活性[265,266]。在大多数情况下，可以在 1 h（0.14 mol% 催化剂）左右实现定量转化，得到无规聚苯乙烯，还观察到 ER-配体对活性的依赖性。具有空间要求较低的 $2,6\text{-}^iPr_2C_6H_3O$ 配体的配合物 b 比 $4\text{-Me-2},6\text{-}^tBu_2C_6H_2O$ 连接的配合物 a 更具活性。给电子的酰胺越多配合物 d、e 显示出比芳氧化物和硫醇盐配合物 b 更高的活性。类似的，还原性较低的 Yb(Ⅱ) 或 Eu(Ⅱ) 配合物 f、k、l 在相同条件下对苯乙烯聚合没有显示出活性。因此，与乙烯的情况一样，苯乙烯聚合也必须通过"C_5Me_5K"单元从 Sm(Ⅱ) 中心的解离开始，然后从 C_5Me_5-ER-连接的 Sm(Ⅱ) 配体到单体发生单电子转移。

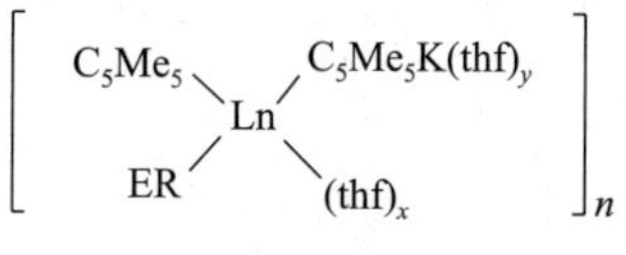

$$\left[\begin{array}{c} C_5Me_5 \diagdown \quad \diagup C_5Me_5K(thf)_y \\ Ln \\ ER \diagup \quad \diagdown (thf)_x \end{array} \right]_n$$

$(x=0,1; y=1,2)$

a: Ln=Sm; ER=$OC_6H_2^tBu\text{-}2,6\text{-Me-}4$;
b: Ln=Sm; ER=$OC_6H_3^iPr\text{-}2,6$;
c: Ln=Sm; ER=$SC_6H_2^iPr_3\text{-}2,4,6$;
d: Ln=Sm; ER=$NHC_6H_2^tBu_3\text{-}2,4,6$;
e: Ln=Sm; ER=$N(SiMe_3)_2$;
f: Ln=Yb; ER=$N(SiMe_3)_2$;
g: Ln=Sm; ER=SiH_3;
h: Ln=Yb; ER=SiH_3;
i: Ln=Eu; ER=SiH_3;
j: Ln=Sm; ER=$CH(SiMe_3)_2$;
k: Ln=Yb; ER=$CH(SiMe_3)_2$;
l: Ln=Eu; ER=$CH(SiMe_3)_2$;

图 3-65 C_5Me_5-ER-连接的 Sm(Ⅱ) 配合物

3. 1-烯烃、二烯和其他单体聚合

通过连接的环戊二烯基—酰氨基钪氢化物配合物（图3-61 化合物 b）聚合 1-烯烃，得到低分子量的无规立构产物，并且其与丙烯之间的化学计量反应产生不含磷、正丙基桥联的钪二聚体 $[Me_2Si(C_5Me_4)(N^tBu)Sc(\mu\text{-}^nPr)]_2$，其活性相对于在 25 ℃条件下膦配位化合物

（图 3 – 61 化合物 c）聚合 1-戊烯高，并且提供分子量更高的聚合物。类似的氢化钇配合物（图 3 – 61 化合物 2d）不影响 1-烯烃聚合，可能是因为存在强配位的 thf 配体[273,274]。C_5Me_5-OAr-连接的氢化钇配合物 36 对 1-己烯的聚合具有活性，得到了聚合物。配合物（图 3 – 60 化合物 f）还可以实现 1,5-己二烯的催化环聚合，得到聚（亚甲基-1,3-环戊二基）。在 MMAO 作为助催化剂的存在下，连接的环戊二烯基 – 磷酰基钐（Ⅱ）配合物（图 3 – 64 化合物 b）影响 1,3-丁二烯的 1,4-顺式-立体定向聚合，尽管其活性和立体选择性不如以钕茂金属为基础的体系。单环戊二烯基镧二烷基配合物 $(C_5Me_5)La(CH(SiMe_3)_2)_2(thf)$（33 · thf）聚合 MMA，己基异氰酸酯和丙烯腈，以及己内酯的开环聚合反应[283]。还报道了 C_5Me_5-OAr-连接的二聚体-Sm（Ⅱ）配合物[284] 和亚甲硅基连接的环戊二烯基 – 磷酸化 Sm（Ⅱ）配合物[281] 己内酯开环聚合。

3.4 非茂金属催化剂

3.4.1 概述[285]

非茂金属催化剂是指在金属催化剂结构中不含环戊二烯基配体，配位原子为氧、氮、硫和磷，中心金属包括所有过渡金属元素、部分主族金属元素及稀土金属元素，在助催化剂烷基铝、甲基铝氧烷及苯基硼等的作用下可以催化烯烃聚合。由于时间上出现在茂金属催化剂之后，因此有学者把它们称为"茂后"烯烃聚合催化剂[286,287]。按中心金属在元素周期表中的位置，通常把这些催化剂分为非茂过渡金属催化剂（主要是 ⅥB 族和Ⅷ族过渡金属配合物）和非茂稀土金属催化剂（主要是ⅢB 族稀土金属配合物）。

非茂金属催化剂与传统的 Ziegler-Natta 催化剂和茂金属催化剂相比具有以下特点：

（1）非茂金属催化剂属于单一活性中心的催化体系，催化活性可与茂金属催化剂相媲美，甚至更高，所生成的聚合物分子量分布窄，聚合物结构可控，可对聚合物进行分子剪裁。

（2）非茂金属催化剂中的中心金属和配体可以在很大范围内调控，从而影响中心金属周围的电荷密度和配体空间环境，使形形色色聚合反应的活性和选择性得到控制。

（3）非茂金属催化剂所配位中心原子不仅仅为前过渡金属离子，同时也可配位后过渡金属离子。

在过渡金属催化剂中又可细分为前过渡金属催化剂和后过渡金属催化剂，与基于前过渡金属的烯烃聚合催化剂相比，后过渡金属催化剂具有以下独特的性能：

（1）"链行走"机理。后过渡金属催化剂在催化烯烃聚合时经一系列连续不断的链转移和插入反应，使活性中心在聚合物链上不断移动，好像在聚合物链上"行走"一样，由此可由单一乙烯单体聚合得到支化度很高的聚乙烯。

（2）低亲氧性。相对前过渡金属催化剂而言，后过渡金属催化剂的亲氧性较低，能够忍耐一些含杂原子，如 O、N、S、P 等极性单体。典型的 α-二亚胺钯催化剂可对乙烯与丙烯酸甲酯进行共聚得到共聚物。在有些情况下，甚至可实现烯烃在水相中聚合。

3.4.2 非茂过渡金属催化剂

自 Ziegler-Natta 催化剂和茂金属催化剂发现以来，人们对烯烃聚合催化剂的设计与合成及其在烯烃聚合中的应用,以及催化聚合机理进行了深入的研究。一般地,一个烯烃聚合催化剂包含一个中心金属、配体和一个增长的聚合物链以及一个供单体配位的空位(图3－66),这似乎给我们一种概念,即在一个催化剂中金属是催化中心,配体是辅助金属完成催化行为,如保持金属处于单金属形式,或保持金属处于适当高的亲电性和氧化态,对于待插入单体保证反应空间等。

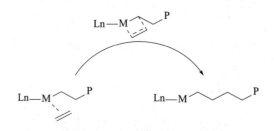

Ln-配体;M-中心金属;P-增长的聚合物链

图3－66　烯烃聚合催化剂结构

然而,事实上,配体以更积极和活跃的方式作用于中心金属。对于茂金属催化剂的分子模拟计算表明,茂环上的电子在金属和配体之间随配位的乙烯插入 Zr—C 键的反应而流动。这表明配体必须有足够的电子流动性,既可从配位的烯烃通过金属接受电子,也可在烯烃的插入反应中随时释放电子。

据此得出配体设计的策略应满足以下条件:

(1) 适中的给电子作用。
(2) 满足热稳定性要求的整合结构。
(3) 满足能形成16电子或少于16电子的配合物,保证在聚烯烃催化聚合中有高的催化活性。
(4) 不对称的整合结构。
(5) 配体结构易修饰,合成简便。

对于非茂金属催化剂应满足以下条件:

(1) 中心离子应有较强的亲电性,且具有顺式二烷基或二卤素金属中心结构,使之容易进行烯烃插入和 σ 键转移。
(2) 金属易烷基化,使之有利于阳离子的生成。
(3) 形成的配合物具有限定的几何构型、立体选择性、电负性及手性可调节性。
(4) 形成的 M—C 键容易极化。

已有的一些非茂配体及其金属催化剂大多符合上述条件。

关于后过渡催化剂的研究始于20世纪50年代,当时 Reppe 和 Magin 首次发现四氰合镍(Ⅱ) 化钾 $K_2Ni(CN)_4$ 可以催化乙烯与 CO 共聚得到"聚酮"[288]。

20世纪50年代中期,K. Ziegler 发现镍的无机化合物在 $AlEt_3$ 的作用下催化乙烯聚合得到1-丁烯。

20世纪60年代后期和70年代初期,W. Keim 等发现镍的 (P^O) 配合物可催化乙烯齐聚得到α-烯烃,即著名的 SHOP (shell high olefin process) 催化剂[289]。

20 世纪 70—80 年代，U. Klabunde 和 S. Ittel 对 SHOP 催化剂进行修饰，合成了含弱配位吡啶配体的镍（P^O）配合物，该配合物催化乙烯聚合可得到高分子量的聚乙烯[290]。

1988 年左右 G. Wilke 等发现烯丙基镍催化剂可以得到高分子量的聚乙烯[291]。

Carvell 等合成带有吡啶-羧酸基整合配体的中性镍（Ⅱ）配合物，在无助催化剂条件下也可实现对乙烯齐聚及乙烯和一氧化碳共聚[292]。

20 世纪 90 年代初，M. Brookhart 教授及其合作者发现采用 α-二亚胺镍、钯催化剂催化乙烯聚合得到的聚乙烯微观结构为支化聚乙烯完全不同于基于前过渡金属的 Ziegler-Natta 催化剂和茂金属催化剂所得到的线型高密度聚乙烯。人们习惯上把 α-二亚胺镍、钯催化剂称为 Brookhart 催化剂[293]。

1998 年，他们又将吡啶环引入二亚胺体系，合成 2,6-二亚胺吡啶配体及其三配位的 Fe（Ⅱ）和 Co（Ⅱ）配合物。与此同时，英国帝国学院的 V. Gibbson 研究组也发现了这类结构的催化剂可高活性地催化乙烯聚合得到高分子量的聚乙烯[294-296]。

1998 年，R. Grubbs 等采用含大的立体效应的（N—O）螯合配体代替 SHOP 催化剂中的（P^O）螯合配体，选择水杨醛亚胺作为骨架，合成了中性镍（Ⅱ）配合物。结果发现这类配合物甚至在无任何助催化剂的存在下，可高活性地催化乙烯聚合，得到高分子量的聚乙烯。人们把水杨醛亚胺中性镍（Ⅱ）配合物称为 Grubbs 催化剂[297,298]。

至此，这一系列后过渡金属催化剂的发现，打破了人们长期以来认为后过渡金属催化剂只能引发乙烯齐聚而难以获得高聚物的观念，成为烯烃配位-插入聚合发展史上又一个重要的里程碑。

总而言之，非茂金属催化剂在各方各面都有着长足的发展。非茂金属催化体系中通过催化剂配体些许的改变，就可能引起催化剂催化性能巨大的变化，而且在聚合物结构控制方面也会存在较大的改观。

3.4.2.1 以非茂单齿配体作支撑骨架的金属配合物

Nomura 课题组[299]研究并合成出非 Cp 单-亚氨基钒配合物（图 3-67 化合物 a），这类配合物可被视为与 Cp-芳氧化物 Ti（Ⅳ）配合物通用结构 b 是等值的。对于 a（R = 2,6-^{i}Pr$_2$C$_6$H$_3$，R' = H）观察到 120 g mmol^{-1}·h^{-1}·bar^{-1} 的乙烯聚合活性略低于 Cp* 取代的 Ti 配合物观察到的乙烯聚合活性，但是聚合物的分子量大大增加[300]。

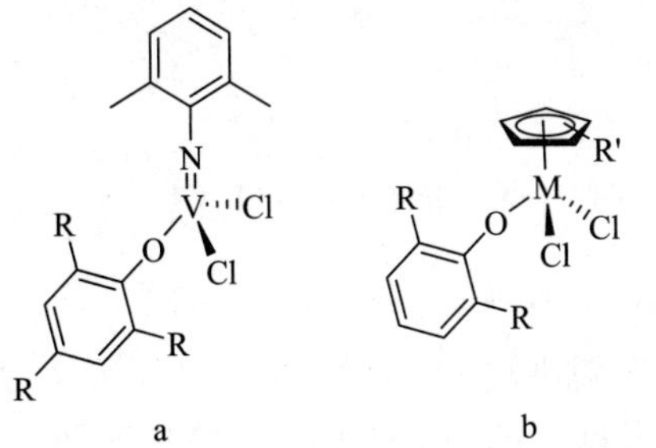

图 3-67 非 Cp 单-亚氨基钒配合物

有趣的探究可以得出钒（Ⅳ）酰亚胺配合物和基于 d^0 钒更成熟的酰亚胺配合物 a（图 3-68）。配合物 a 是结构表征 d^1 酰亚胺钒配合物的一个罕见例子，在与 EtAlCl$_2$ 活化后，其乙烯聚合活性为 120 g mmol^{-1}·h^{-1}·bar^{-1}[301]。MAO 的活性略低，会使人联想到 d^0 Cp-亚氨基第5族金属配合物所导致的结果。在简单的二酰胺配合物 b 中报道了在钒（IV）系列催化剂中观察到了最高活性。以 b 为催化剂，在多种铝助催化剂的作用下，催化乙烯聚合及乙烯与丙烯的共聚反应[302]。

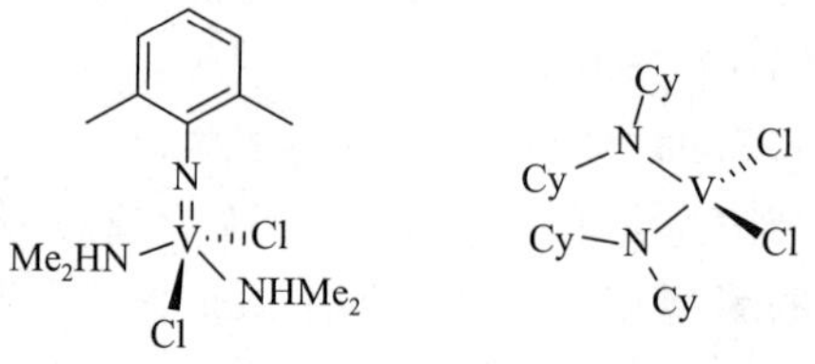

图 3-68 非 Cp 单齿配体金属钒配合物

Imanishi 课题组报道了含有芳氧基配体的芳基亚氨基钒（V）配合物，V(NAr)Cl$_2$(OAr′)[Ar=2,6-Me$_2$C$_6$H$_3$(OAr′=O-2,6-Me$_2$C$_6$H$_3$(a)，O-2,6-^{i}Pr$_2$C$_6$H$_3$(b)，O-2,6-^{t}Bu$_2$-4-MeC$_6$H$_2$(c)，O-2,6-Ph$_2$C$_6$H$_3$(d))]（图 3-69），在 MAO 存在下对乙烯具有显著的聚合活性，得到均匀分子量分布的超高分子量线性聚乙烯[300,303-305]。芳氧基配体上的取代基影响催化活性，活性也受 Al/V 摩尔比和温度的影响；a 显示活性最高，活性在 0 ℃ 和 40 ℃ 下会有所降低。在 70 ℃ 下丙烯聚合中的催化活性明显低于乙烯聚合反应，所得聚合物具有较高的分子量和单峰分子量分布。但是，所得聚丙烯的^{13}C NMR 谱表明这些聚合物没有立体规整性并含有 1,2-和 2,1-插入单元（无规则油）。尽管所得聚合物具有单峰分子量分布，但在 25 ℃ 下 1-己烯聚合反应中的活性低于乙烯和丙烯聚合反应中的活性。所得聚合物没有立构规整性并含有 1,2-和 2,1-插入的单元[300]。配合物 b-MAO 催化剂对苯乙烯聚合显示出极低的活性。

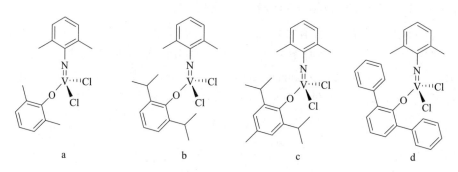

图 3-69 芳基亚氨基钒（V）配合物

当引入 N-杂环卡宾（NHC）作为辅助配体时[306-310]，Ru-亚烷基催化剂设计得到飞速发展。这种类型的配体显示出高的典型的 σ-供体倾向性，但是表现出轻微的 π-后键合趋势，而且是强路易斯碱且产生相当稳定的金属—碳键[311-313]。事实上，NHC—Ru 键强度计算比 R$_3$P—Ru 键强度强 20~40 kcal/mol[314]。

赫尔曼是第一个提出修饰 Grubbs 催化剂的公司，该催化剂包括用咪唑啉-2-亚基配体取代两种配体膦（图 3-70）。化合物 a~d 显示出对官能团的高耐受性，它们是非常活跃的催化剂[315-317]。它们的活性低于原始 Grubbs 催化剂[318]，可能是因为 NHC 配体比膦更不稳定并且催化活性的 14e⁻ 物质形成得更慢,这些结果表明 NHC 可能确实是钌基烯烃复分解催化剂的有效配体。

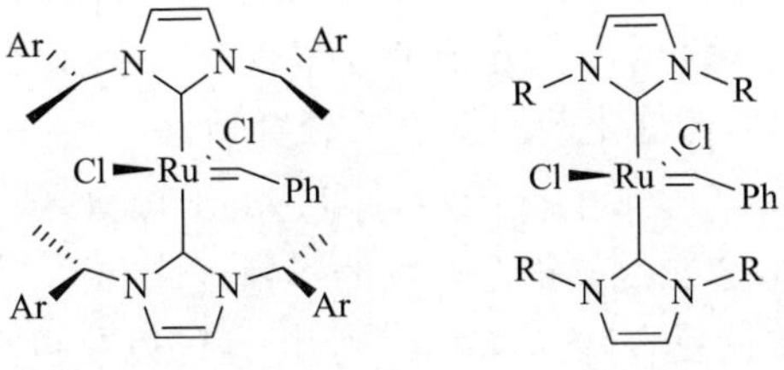

(R, R)–a Ar=Ph;
(R, R)–b Ar=Naph;
c R=^{i}Pr;
d R=Cy

图 3–70 咪唑啉-2-亚基配体金属配合物

考虑到 NHC 配体的稳定作用,Nolan[319]、Grubbs[320],以及 Furstner 和 Herrmann 等[317]分别且几乎同时提出了将不稳定的膦基与不稳定的 NHC 配体结合起来起始快速转位的想法。得到的混合膦/NHC 配合物 a ~ c(图 3–71)在整体复分解活性方面证明优于双(NHC)和双(膦)配合物。

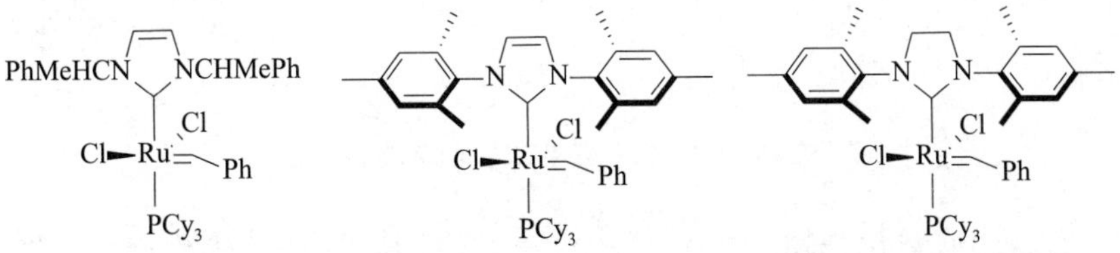

图 3–71 混合膦/NHC 配合物

Grubbs 课题组随后发现,与不饱和(IMes)前驱体 b 相比[318],含有饱和骨架的 N-杂环卡宾(SIMes)催化剂 c 的催化性能得到进一步的提高。这些新型钌催化剂含有 N 杂环卡宾配体,在许多情况下,显示了以前只有最有效的钼催化剂才能达到的性能[321-324],同时保持稳定和官能团相容性,这是典型的后期金属催化剂。配合物 b 和 c 能够催化二乙基二烯丙基丙二酸二酯[325]和环辛二烯[326]的聚合,值得注意的是,c 在负载率低至 0.05 mol % 时有效,在负载率低至 0.000 1 mol % 时仍然有效。

3.4.2.2 以非茂二齿配体作支撑骨架的金属配合物

1. 以二齿配体 [N^N] 为支撑配体的金属配合物

1) 二胺配体

1996 年,McConville 课题组报道了钛的螯合二胺配合物 a(图 3–72）[327,328]用于聚合高级 α-烯烃的高活性催化剂,其中含有大量 2,6-二取代苯基取代基。当用 $B(C_6F_5)_3$ 活化时,尽管与用 MAO 活化时相比,活性显著降低,但是 Ti 二甲基配合物 a_1 能够在室温下以活体方式聚合 1-己烯。随后,确定 1-己烯的聚合通过 1,2-插入机理进行[329]。Uozumi 课题组利用二氯化钛复合物 a_2,与不同的辅催化剂如 $Al^iBu_3/[CPh_3][B(C_6F_5)_4]$ 结合,使乙烯与 2-丁烯共聚[330],并使丙烯聚合[331,332],两者都具有低至中等活性。在后一种情况下,聚合通过 1,2 插入机制进行,在高浓度丙烯或环己烯存在的情况下,得到了等规聚丙烯([mmmm] 高达 83%）。这种立体专一性被认为是由于环己烯或第二丙烯分子与活性物质的配位作用导致的对映体位置控制，如全同立构聚合物的形成速率对丙烯压力的二级依赖性所示[332]。当使用干燥的 MMAO 作为助催化剂时，报道了使用 a_2 的丙烯的活性聚合，产率适中[333]。聚合物分子量随时间和转化率呈线性增加，分子量分布较窄。含有全氟化芳基取代基的 Zr 二苄基衍生物 a_3 仅显示出与 MAO 助催化剂的低乙烯聚合活性[334]；用 N-甲硅烷基 Zr 和 Ti 衍生物 b 获得略微更高的活性[335,336]。b 的低活性可能是由于 MAO 或 TMA 通过配体降解使催化剂失活，也可能与其他硅酰胺-二烷基锆配合物的不稳定性有关[337]。另一方面，在乙烯聚合中使用甲硅烷基取代的二胺钛复合物 c-MMAO[338,339]，可以获得高达几百克 $mmol^{-1} \cdot h^{-1} \cdot bar^{-1}$ 的高活性，以及乙烯与 R-烯烃的共聚合[340,341]。Patton 课题组报道了二酰胺配合物 $d^{[342]}$ 和 $e^{[343]}$ 这两种催化剂均得到高分子量乙烯和 1-辛烯的共聚物，具有较高的活性，但是由于其形成多个活性位点，得到的分子量分布较宽。

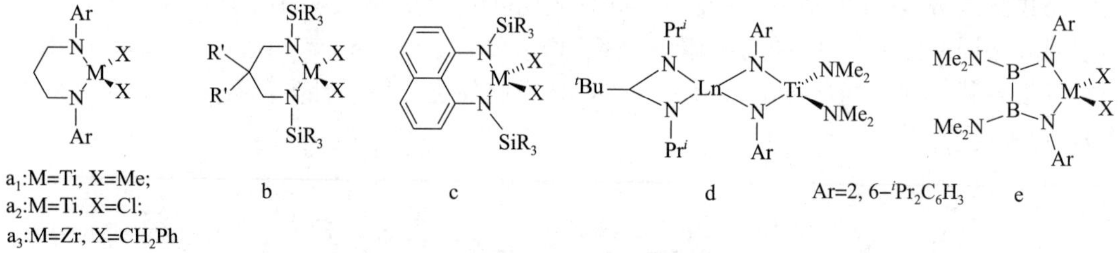

a_1:M=Ti, X=Me;
a_2:M=Ti, X=Cl;
a_3:M=Zr, X=CH_2Ph

b

c

d Ar=2,6-$^iPr_2C_6H_3$

e

图 3-72　螯合二胺配合物

据报道，螯合二胺类化合物 $f^{[344,345]}$，$g^{[346]}$，$h^{[347]}$ 和 $i^{[348]}$ 的乙烯均聚活性较低，而锆类化合物 j 的螯合二胺类化合物的乙烯均聚活性较高，尽管它们只能在很短的运行时间内测量[349]。预催化剂具有较强的活化效果，其二氯化物衍生物与 MAO 反应时乙烯聚合活性较低[350]，而类似的二苄基配合物与 [CPh_3][$B(C_6F_5)_4$] 反应使乙烯齐聚成 α-烯烃，活性可达 500 $g \cdot mmol^{-1} \cdot h^{-1} \cdot bar^{-1}$[351]。这突出了螯合二酰胺配合物的一般趋势，这是活性和选择性对助催化剂和溶剂性质的显著依赖性。假设阳离子烷基配合物作为配合物 a~l（图 3-72 和图 3-73）的活性物质[352]，活化后形成高度路易斯酸性三配位金属中心。在某些情况下，发现它们通过与溶剂的相互作用而容易失活；因此，当聚合反应在甲苯中而不是在烷烃或纯烯烃中进行时，观察到 a~c 的活性较低[329,335,340]。较大的助催化剂（MMAO 对 MAO 或 [CPh_3][$(B(C_6F_5)_4$] 对 $B(C_6F_5)_3$）也导致催化剂 a 和 c 的活性更高，可能是由于活性物种中阳离子-阴离子相互作用减少[333,340]。总的来说，这些观察结果表明带有酰氨基配体的预催化剂比聚合条件更敏感，尤其是溶剂和活化剂或清除剂的性质。

二茂铁桥连配合物 l 提供了氧化还原可调烯烃聚合催化剂的可能性。Zr 和 Ti 配合物 l_1 对乙烯的聚合具有活性，尽管尚未报道聚合物数据[353]。在 Ti 二甲基配合物 l_2 的情况下，已经分离出与 $B(C_6F_5)_3$ 或 [CPh_3][$B(C_6F_5)_4$] 反应产生的阳离子衍生物，显示乙烯低聚，活性高达 100 $g \cdot mmol^{-1} \cdot h^{-1}$，活性强取决于路易斯酸的性质[354,355]。

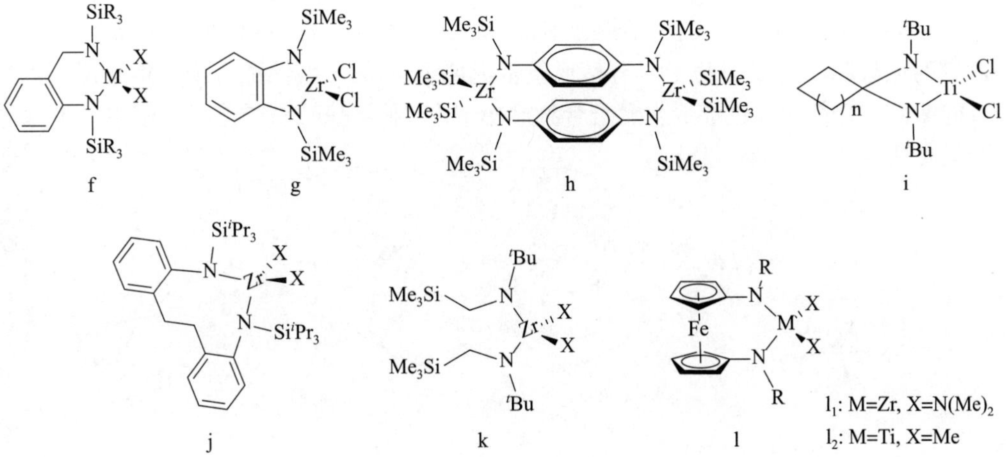

图 3-73 螯合二胺类锆、钛配合物

Choukroun 课题组制备了配合物 a（图 3-74），用 Al 咪唑啉（[HNMe($C_{18}H_{37}$)$_2$][(C_6F_5)$_3$AlNC$_3$H$_3$NAl(C_6F_5)$_3$]）进行活化，在相同条件下比 a 的活性高一个数量级。在第 5 组金属烯烃聚合催化的关键进展中，引入了基于中价钒（Ⅳ）和（Ⅲ）金属中心的催化剂。使用 d^1 钒（Ⅳ）可以直接与第 4 族金属的同构 d^0 配合物进行比较。对二胺配合物 b 进行了观察，其显示出对乙烯聚合的活性非常低，比用相关的 c 型金属配合物获得的活性低一个数量级。对于 [Cp$_2$VMe]$^+$，第 4 族茂金属烷基阳离子的直接类似物，也观察到 d^1 钒（Ⅳ）配合物与其第 4 族同构 d^0 配合物相比较显现出低的活性，芳炔衍生物对乙烯聚合无活性[356]。

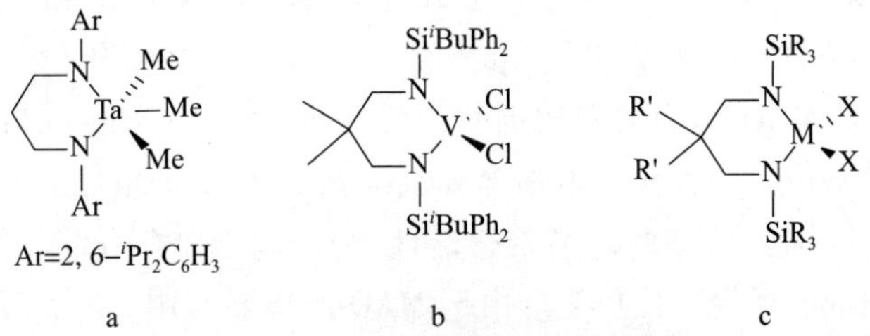

图 3-74 螯合二胺基配体金属配合物

2) β-二亚胺基和相关的六元螯合配体

具有大量 N-取代基的二亚胺基或"nacnac"配体最近已成功用于稳定各种具有低配位数的过渡金属和主族金属配合物中[357]。同时，早期的活性乙烯聚合催化剂的许多实例已经报道了具有 β-二亚胺基团的过渡金属和相关的六元螯合配体，但烯烃聚合活性通常为中等偏低。配合物 a（R = Me，图 3-75）[358] 显示 45 g·mmol^{-1}·h^{-1}·bar^{-1} 的活性；用相关的单（β-二亚胺基）Ti^{Ⅲ} 配合物 b 获得了类似的活性[359]。通过使用较大的均三甲苯基 N-取代基，Budzelaar 课题组能够将无碱基的四面体 Ti^{Ⅲ} 二甲基类似物分离到 b 中，但其对 R 烯烃的反应性低[360]。观察到双（β-二亚胺基）Zr 配合物 c（Ar = Ph）的活性略有改善[361]。有趣的是，在 d 的 η^5 配位模式中也发现了 β-二亚胺基配体[362]。这将配体转化为 6e$^-$ 供体，得到茂金属相关的复合物，吸电子 p-CF$_3$C$_6$H$_4$ 基团连接到 β-二亚胺基氮原子上时其活性高达

2 200 g·mmol^{-1}·h^{-1}·bar^{-1}[361]。复合物 e 中 β-二亚胺基化合物的一侧被吡啶环取代，具有 75 g·mmol^{-1}·h^{-1}·bar^{-1} 的乙烯聚合活性，它比双配体配合物 f 的数量级高一个数量级。对于乙烯的低聚和聚合，用基于 7-芳基亚氨基-吲哚配体的 g 型钛配合物获得室温下乙烯活性聚合的活性催化剂，其也形成六元螯合物[363]。用与亚氨基氮原子连接的吸电子五氟苯基观察到最高活性[364]。

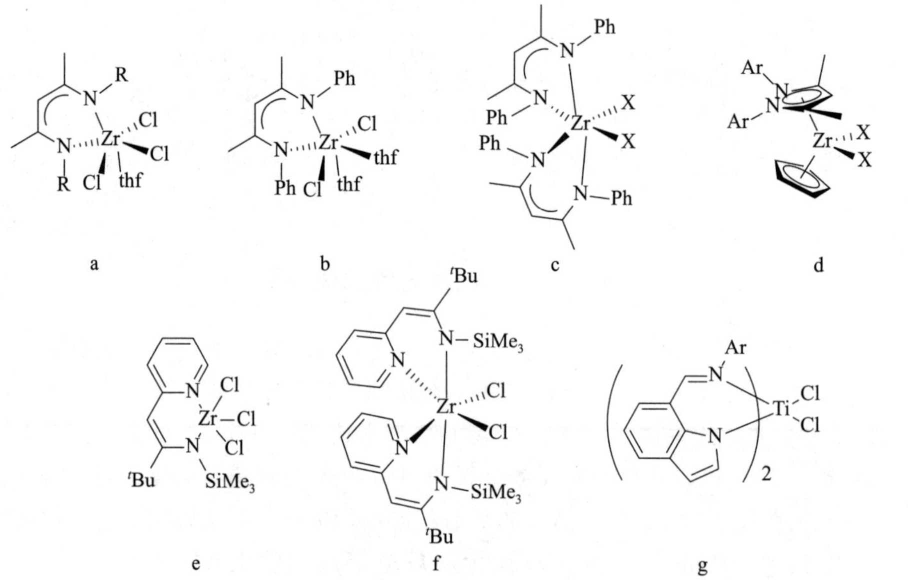

图 3-75 β-二亚胺基团和相关六元螯合配体的金属配合物

据报道，双核 Cr 配合物 a（Ar = 2, 6-^{i}Pr$_2$C$_6$H$_3$，图 3-76）[365]和相关双核 Cr 配合物的活性略低，带有较少的苯基取代基[366]。单核 β-二亚胺配合物 b$_1$[365] 和 b$_2$[359] 产生高分子量 PE，当用 Et$_2$AlCl 代替 MAO 作为助催化剂时，活性明显较高。Theopold 课题组也能够分离并表征一个阳离子烷基衍生物，该衍生物含有 2,6-^{i}Pr$_2$C$_6$H$_3$ 取代的 β-二亚胺配体，并报道了在没有辅催化剂的情况下，适度的乙烯聚合活性[367]。与烷基氯化铝活化的预催化剂相比，茂金属活化的预催化剂的活性要低得多。由于 MAO 的重要作用方式是从金属预催化剂中提取烷基阴离子以得到阳离子活性位点，因此该观察结果可表明传播中心是中性的，而不是阳离子的烷基。如果活性位点具有假八面体配位几何结构，则八面体 Cr^{III} 中心的动力学稳定性也可以起重要作用。

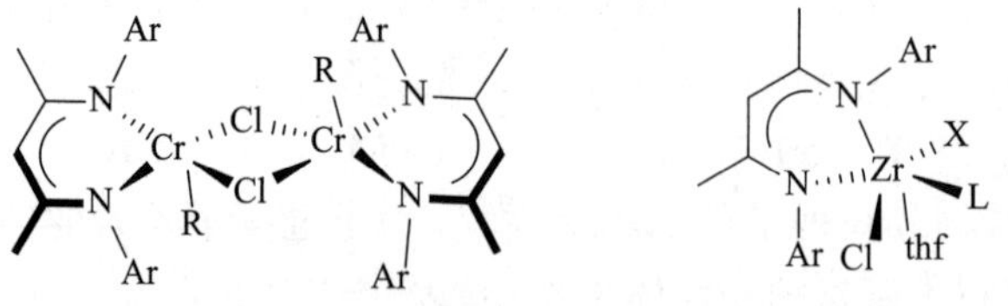

b$_1$: Ar=2, 6=iPrC$_6$H$_3$, X^L=PhCOO
b$_2$: Ar=Ph, X=Cl, L=thf

图 3-76 单核和双核 β-二亚胺配合物

3) 亚胺吡咯及其相关的五元螯合配体

Fujitaand[368-370]及 Bochmann[371]等课题组已经报道了第 4 族金属配合物与亚氨基吡咯配体的合成和烯烃聚合活性（a 和 b，图 3-77）。这些复合物以及相关氨基-吡咯化物复合物 c 的 X 射线分析在所有情况下均显示氯配体的顺式构型[372]。在金属中心周围的辅助亚氨基-吡咯化物配体的排列取决于金属的性质和亚氨基氮供体上取代基的空间体积。对于基于 Zr 的配合物，观察到吡咯化物供体的顺式（a，c）和反式（b_1）构型，而 b 型的 Ti 配合物中的吡咯化合物部分仅为反式。在乙烯聚合研究中，发现 Zr 配合物 a~c 对于乙烯的聚合仅具有中等活性，而对于 Ti 配合物 b_2 可以获得高达 14 000 g·mmol^{-1}·h^{-1}·bar^{-1} 的活性[370]。配合物 b_2 对乙烯和降冰片烯的活性共聚反应也具有高活性，产生分子量分布为 1.16 和共聚单体含量约为 50:50 的高分子量聚合物[373]。由 Gibson 课题组报道的亚氨基-吡咯化物 Cr 配合物 e 与 Et$_2$AlCl 组合提供 70 g·mmol^{-1}·h^{-1}·bar^{-1} 的乙烯聚合活性[374]。

用于乙烯聚合的相关五元 Zr 氨基体系（d）已在专利文献中公开[375]。Zr(benzyl)$_4$ 对添加的 R-二胺配体的中性亚氨基部分的亲核攻击形成预催化剂，然后用 MMAO 活化。据报道，对于乙烯聚合，活性高达 6 100 g·mmol^{-1}·h^{-1}·bar^{-1}。使用 f 能够实现乙烯与 1-己烯的共聚并且具有更高的活性[376,377]。活性强烈依赖于芳基取代基的大小。对于 Ar = 2,6-^{i}Pr-C$_6$H$_3$ 观察到最高活性，而更大体积或体积更小的取代基（Ar = 2,4,6-^{t}Bu$_3$C$_6$H$_2$ 或 Ph）导致活性大大降低。f 型相关的 Hf 配合物[378]与各种助催化剂一起也用于乙烯与苯乙烯和 1-辛烯的共聚合。

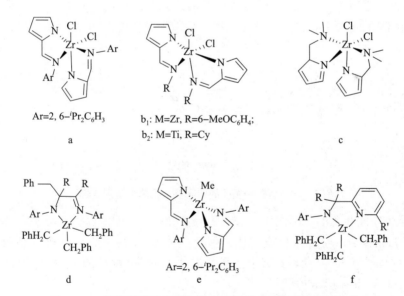

图 3-77 亚氨基吡咯及其相关的五元螯合配体锆金属配合物

结构改性在大多数情况下也已应用于 Co 配合物，并且观察到乙烯聚合的通常类似的活性趋势。至于铁体系，偏离双（亚氨基）吡啶配体框架的偏差通常会显著降低活性。例如，亚氨基-吡咯烷配体的配合物如图 3-78 分别仅表现出适度的乙烯聚合和低聚反应活性[371]。带有双-（膦酰亚胺）吡啶和双（亚氨基）-吡咯配体的类似 Fe 配合物对乙烯无法发生反应。

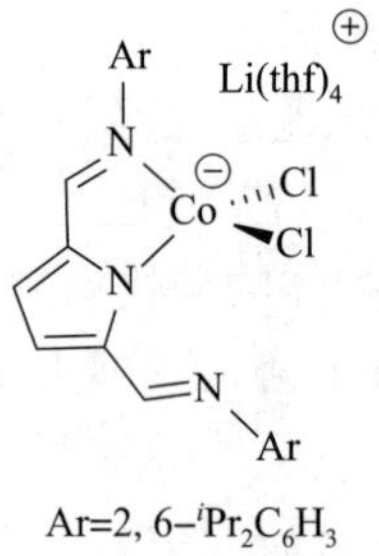

图 3-78 亚氨基吡咯配体钴金属配合物

4) 脒基和相关的四元螯合配体

基于脒基配体如 a 和 b 的第 4 族金属配合物（图 3-79）在烯烃聚合催化中长期存在[379]。最近，Eisen 课题组报道了使用带有手性 N-取代基的三-(脒基) Zr 配合物[380]或在较高丙烯压力下带有非手性取代基 R 的双（脒基）配合物 a 形成全同立构 PP[381]。在较低的丙烯压力下，差向异构化比丙烯的有规立构插入更快，因此形成无规立构聚合物[382,383]。Jayaratne 和 Sita 报道的 b 型（R≠R'）的不对称取代的脒基配合物对 1-己烯的聚合具有中等活性[384]。用 [HNMe$_2$Ph][B(C$_6$F$_5$)$_4$] 活化后的 1-己烯，在低温下聚合以活性聚合额方式进行，具有良好的立体控制，形成全同立构（>95%）聚（1-己烯）。随后该课题组还描述了具有高活性的乙烯基环己烷的聚合[385]。Collins 课题组报道了相关的双（亚氨基膦酰胺）配合物 c，其乙烯聚合活性为 1 400 g·mmol^{-1}·h^{-1}·bar^{-1}，显著高于 a 双脒基配合物[386]。Green 课题组已经报道了 Ti 和 Zr(d) 的双核草酸盐脒基配合物，并显示出适度的乙烯聚合活性；通过用 TMA 或 Al^{i}Bu$_3$ 预二烷基化二甲基酰胺配合物可以增加活性[387]。

图 3-79 脒基和相关的四元螯合配体金属配合物

与脒基配体空间相关的是胍配体，如图 3-80 所示，该配体提供了增强阳离子金属中心共振稳定性的可能性。与其脒基类相比，催化剂表现出更高的乙烯聚合活性（340 g·mmol^{-1}·h^{-1}·bar^{-1}）[388]。专利文献中公开了含有杂环胍基配体的 Ti 和 Zr 配合物的活性高达 800 g·mmol^{-1}·h^{-1}·bar^{-1}[389]。

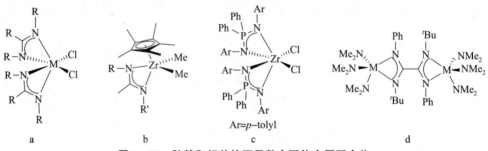

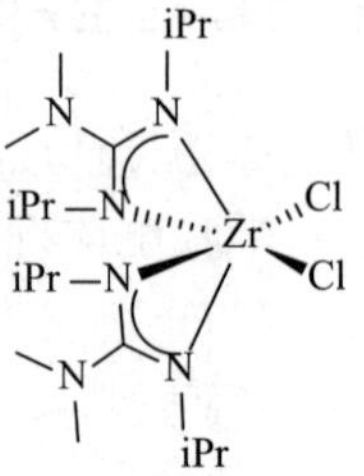

图 3-80 胍配体金属配合物

活性组分从 V^{III} 减少到 V^{II} 也导致催化剂寿命较短,因此双核配合物只发现了适度的乙烯聚合活性[390]。使用类似的失活方法用于 a 配合物(图 3-81),其对于形成低分子量 PE 和 α-烯烃表现出非常低的活性[391,392]。迄今为止,关于基于铜的烯烃聚合催化剂的报道很少。苯并脒盐配合物 b[393]和苯并咪唑配合物 c[394]均显示出低乙烯聚合活性。催化剂 c 还能够生产具有极低活性的富含丙烯酸酯的乙烯-丙烯酸酯共聚物[367,394]。

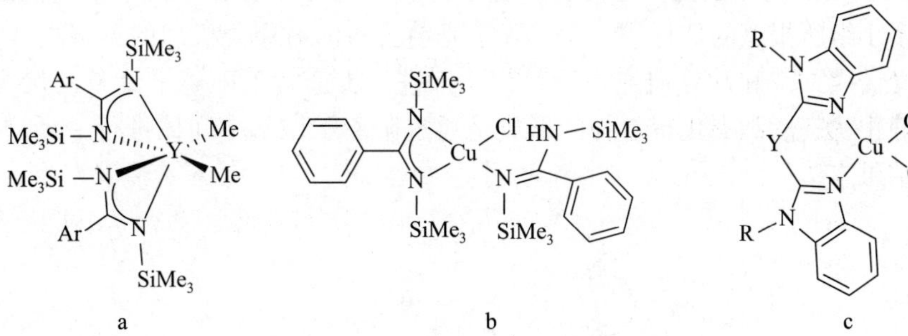

图 3-81 二齿螯合配体金属配合物

5)形成三元螯合物的氨基配体

为了形成丙烯与弹性体 PP 聚合的催化剂,Eisen 课题组制备了膦酰亚胺配合物(X = Cl)(图 3-82)[395]。在 MAO 存在下,八面体 C_2 对称与四面体 C_{2v} 对称结构发生快速动态平衡,分别诱导了等规聚合物和无规聚合物的形成。这两种结构之间的快速、动态相互转化导致了弹性 PP 的产生。

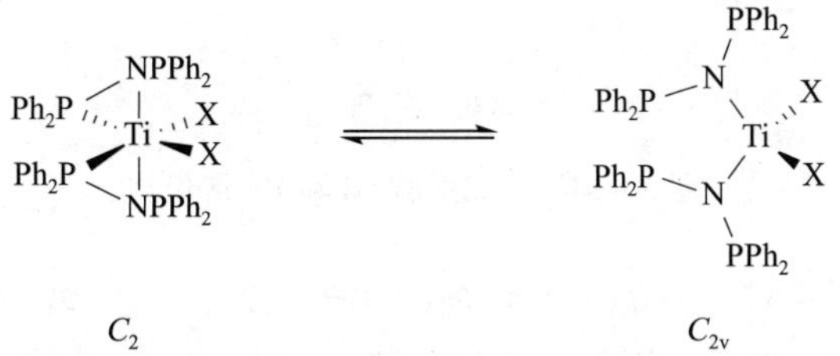

图 3-82 膦酰亚胺金属配合物

6)α-二亚胺及其相关配体

与类似的 Ni 配合物相比,α-二亚胺 Co 配合物观察到活性和聚合物性质的显著差异,在用 MAO 活化后,图 3-83 所示化合物催化乙烯聚油状支化低聚物,活性高达 340 g·mmol^{-1}·h^{-1}·bar^{-1}。而相关的 α-二亚胺 Ni 配合物以高速率形成高分子量的 PE[396,397]。

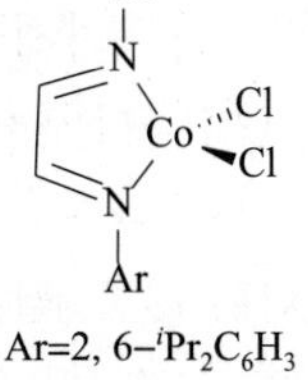

Ar=2,6-^{i}Pr$_2$C$_6$H$_3$

图 3-83 α-二亚胺 Co 配合物

由 Brookhart 课题组[290]介绍的 α-二亚胺 Ni 和 Pd 催化剂（图 3-84）系列依然得到广泛的关注。通过改变亚氨基碳和氮取代基可以容易地调节 α-二亚胺配体的空间和电子性质，因此在学术和专利文献中已经报道了大量的结构变化。在最近的工作中，Gottfried 和 Brookhart 课题组报道了使用 Pd 催化剂在 5 ℃ 和 100~400 psi 乙烯压力下乙烯的活性聚合[398]。低温和高压的组合导致催化剂稳定性和引发率提高，因此，可以获得多分散性约 1.05 随时间线性增加的分子量。这说明聚合条件对催化剂性能和所得聚合物性能的显著影响，正如许多小组所报道的那样[399-406]。除了先前公布的对聚合机理的见解之外[407,408]，还进行了许多光谱[409-412]和计算研究[413-416]，并且进一步证实了阳离子烷基乙烯配合物是催化剂体系的静止状态。高支化聚合物的形成是通过阳离子烷基中间体进行一系列氢消除/再插入反应的结果。

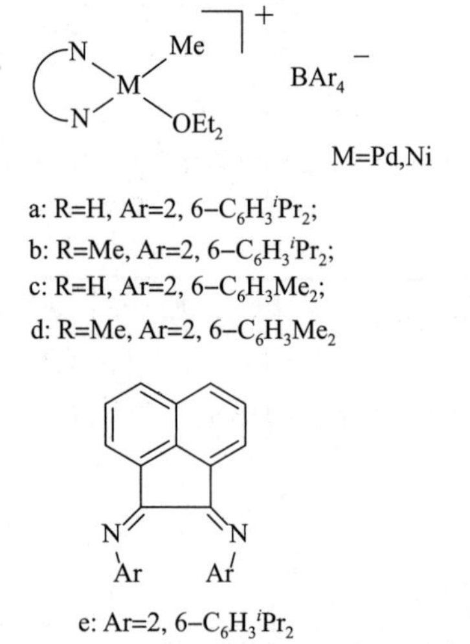

a: R=H, Ar=2, 6-$C_6H_3^iPr_2$;
b: R=Me, Ar=2, 6-$C_6H_3^iPr_2$;
c: R=H, Ar=2, 6-$C_6H_3Me_2$;
d: R=Me, Ar=2, 6-$C_6H_3Me_2$

e: Ar=2, 6-$C_6H_3^iPr_2$

图 3-84　α-二亚胺 Ni 和 Pd 催化剂

Erker 课题组研究了一种不同的预催化剂活化模式，他们分离并结构表征了一种两性离子 α-二亚胺镍配合物 a（图 3-85），该配合物 6 衍生自（α-二亚胺）Ni-(η^4-丁二烯）与 $B(C_6F_5)_3$ 的反应；在不存在助催化剂的情况下[417]，乙烯聚合活性达到 80 g·$mmol^{-1}$·h^{-1}·bar^{-1}。Eastman Chemical Co. 公开了一系列配体修饰，其中 N-吡咯基取代基为降低 β-链转移率所需的金属中心提供空间保护，复合物 a_1 可以达到高达 5 800 g·$mmol^{-1}$·h^{-1}·bar^{-1} 的乙烯聚合活性，在相似条件下与相关亚氨基-芳基衍生物的范围相同。

Brookhart 和 Pellecchia 课题组[418]还研究了 α-二亚胺 Ni 和 Pd 催化剂聚合 α-烯烃的能力。在低温下，使用 Ni 催化剂的丙烯聚合在很大程度上是间同立构，其主要原因是链末端控制[419]。由于所得聚合物是无定形弹性体，许多小组已经进行了努力以制备 C_2-对称 α-二亚胺 Ni 和 Pd 配合物，以通过对映异构位点控制机制获得全同立构 PP[420,421]。在 C_2 对称配合物 a_2 中带有含有两个不同邻位取代基的亚氨基-芳基的配体的结果表明，两种机理同时起作用，导致聚合物的间同立构规整度与对称 α-二亚胺配合物相比降低[422]。

已经报道了使用 a 型阳离子 α-二亚胺 Ni 烯丙基配合物与 $B(C_6F_5)_3$ 活化剂的组合在高温和高压下实现了乙烯与丙烯酸酯的共聚合[367,423]；温度/压力范围显著高于早期共聚合的温度/压力范围。使用 α-二亚胺 Pd 配合物的研究通常提供优异的共聚单体掺入[424-426],此外,还研究了乙烯与其他极性乙烯基单体的共聚反应[427-429]。

α-二亚胺 Ni 和 Pd 催化剂还在早期过渡金属催化剂的反应器共混实验中成功应用,以提供具有新颖微观结构和性质的聚合物[430-432]。乙烯聚合反应也可以在双相甲苯/离子液体介质中[433]或在水中进行[434],但与在更常规的有机溶剂中进行的反应相比,活性分别降至中等或非常低的水平。由于乙烯在水中的低溶解度,在低于 20 bar 的压力下,烯烃配位成为聚合速率的决定步骤。与在有机溶剂中进行的反应相比,在水相中与 a 型 Pd 配合物一起获得的无定形橡胶状聚合物通常显示出较低的支化度和较高的分子量[435]。

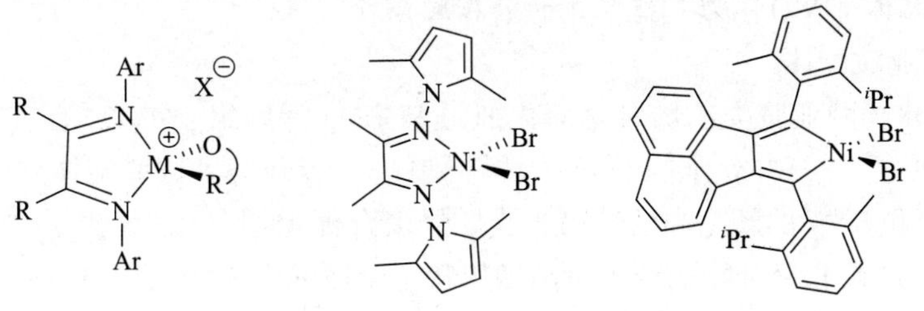

图 3-85 α-二亚胺 Ni 烯丙基配合物

α-二亚胺 Cu^{II} 配合物(图 3-86)催化乙烯聚合可得到中等活性、超高分子量的 PE[436]。通过与邻苯基的弱相互作用稳定活性物质,配体基团似乎有助于催化剂的稳定性,因为在该位置仅带有异丙基取代基的配体仅仅得到痕量的聚合物。对于相关的 Ni 催化剂,还注意到邻苯基取代基的有益效果[437]。

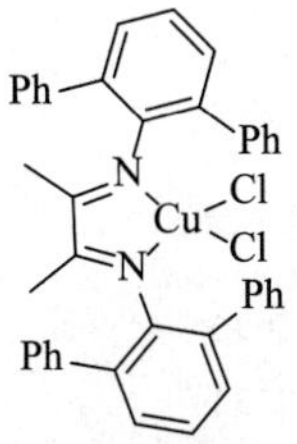

图 3-86 α-二亚胺 Cu^{II} 配合物

7) 其他中性氮基配体

如前面所述,图 3-85 中 a 型催化剂中方形平面活性物质轴向位置的空间保护对于延迟缔合链置换反应是必不可少的。当使用空间要求较低的芳基取代基时,除氢后可快速发生烯烃置换,导致 α-烯烃的形成[438]。对于图 3-87 中所示的基于吡啶的配体已经进行了类似的观察,具有不对称亚氨基-吡啶配体的中性和阳离子 Ni 和 Pd 配合物 a,通常会大大降低乙烯聚合的活性并且获得较低分子量聚合物[439,440]。虽然在催化剂 b/MMAO(含 R═R′═H),c/$Et_3Al_2Cl_3$[441]和 d/MAO[442]中没有任何显著的空间保护导致 α-烯烃的形成,但是 b 型的一些取代的联吡啶配合物(R, R′≠H)也得到了少量固体聚合物[443]。对于带有中性 2,6-双(亚氨基)苯酚配体的 Ni 配合物,观察到独特形成具有高活性的低分子量 α-烯烃[444]。

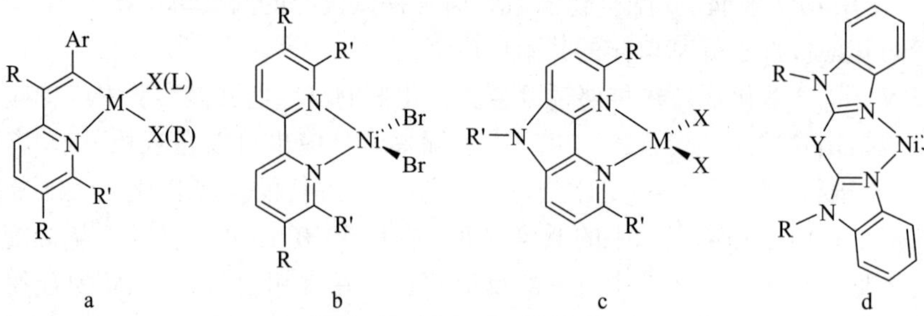

图 3-87 基于吡啶配体的金属配合物

2. 以二齿配体 [N^O] 为支撑配体的金属配合物

1) 水杨醛亚胺配体

两种 Zr 型水杨醛亚胺类乙烯聚合催化剂由 Floriani 课题组于 1995 年首次报道，但乙烯聚合活性非常低[445]。三井化学的 Fujita 及其同事进一步开发了这些配体并报道了一系列通用类型 a[446-448] 和 b[449] 的新型高活性第 4 族烯烃聚合催化剂（图 3-88）。在乙烯的聚合反应中，催化剂的活性和聚合物的分子量高度依赖于金属的性质和在 a 中与亚氨基氮原子和邻位取代基 R 连接的基团（R″）的大小。

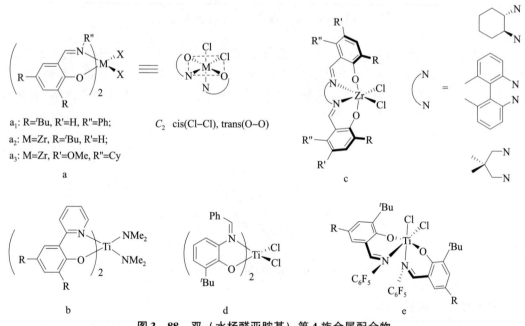

图 3-88 双（水杨醛亚胺基）第 4 族金属配合物

与 MAO 组合的 b 型预催化剂对乙烯的聚合仅具有中等活性，比 a 型的相关 Ti 配合物低 2 个数量级[449]。在这种情况下，邻苯氧基取代基空间体积的变化对聚合活性的影响很小。对活性物种的 DFT 计算表明，b 中的配体不采用观察到的所有结构特征的 a 型高活性预催化剂的 C_2-对称配位模式，其中苯氧基供体的反式构型和氯配体的顺式构型，促使得到了反式位置的亚胺配体[446-448]。在由 b 衍生物所提出的活性物质中，顺式定位的聚合物链和乙烯反式配位点为苯氧基供体。在这样的构型中，苯氧基供体 R 的邻位取代基指向活性位点，这解释了为什么它对聚合活性几乎没有影响。Erker 课题组也制备了 a 型的 Ti 和 Zr 配合物，其中位于苯氧基供体的邻位没有取代基[450]。以 MAO 为辅助催化剂只获得了中等的聚合活性，这再次说明了在这种位置的立构体是达到高活性的必要因素，相关的 c 配合物对乙烯聚合也只有中等活性[451,452]。用水杨酸-CpTi 配合物配体可以催化乙烯聚合具有中等的活性[453]。Fujita 课题组已经表明，环外亚胺 Ti 衍生物 d 在用 MAO 或 $^iBu_3Al/[CPh_3][B(C_6F_5)_4]$ 活化时产生高活性乙烯聚合催化剂，得到了高分子量 PE[454]。

双（水杨醛亚胺基）第 4 族金属配合物的成功不限于乙烯的聚合。当用 $^iBu_3Al/[CPh_3][B(C_6F_5)_4]$ 活化时，a_1 型 Ti 预催化剂将 1-己烯聚合成具有高活性的无规立构，高分子量聚（1-己烯）[455]。此外，e 型预催化剂在室温下进行乙烯[456]和丙烯[457,458]的聚合。乙烯聚合活性高，丙烯聚合活性较低，但聚合过程具有高度的共聚合特性。聚合的具体机理和立体调控的性质还没有完全阐明，但聚合物端基分析揭示了在链生长过程中一个主要的 2,1 插入机制，通过链端调控机制导致了间规聚丙烯的形成[459,460]。研究的活性聚合体系已用于合成辛二聚（丙烯）-嵌段-聚（乙丙烯-共丙烯）型二嵌段共聚物[458]。

水杨醛亚胺配体也已用于稳定 Cr^{III} 催化剂，由 Gibson 课题组描述的方锥体双螯合物复合物 a（图 3-89）产生高分子量的聚乙烯[461]。使用单壳席夫碱配体的化合物 b 获得略高的活性[462]，同样，Et_2AlCl 催化剂比 MAO 提供了更多的活性催化剂。在邻位引入一个体积较大的蒽基取代基，可以得到 c 型的单螯合预催化剂，现在最好使用 MAO 来激活这些预催化剂，最可能的原因是在激活时形成了阳离子烷基。当小的取代基连接到亚氨基氮供体上并获得非常高分子量的聚乙烯时，获得最活泼的催化剂。较大的取代基，例如 2,6-二异丙基苯基，提供低活性催化剂。这种差异已被合理化，因为大芳基的异丙基单元在非方形平面配位几何形状中的不利定位。

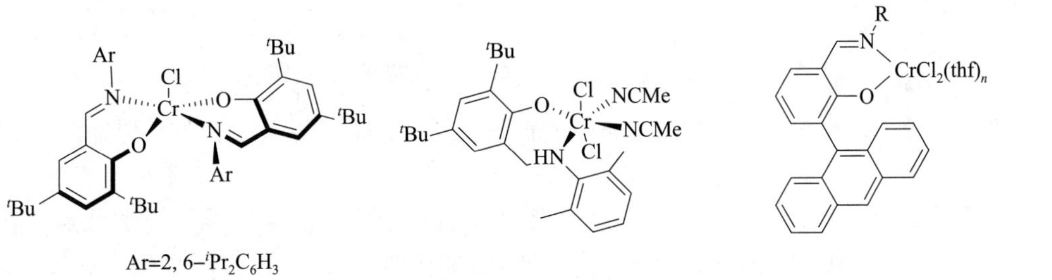

图 3-89 水杨醛亚胺配体 Cr^{III} 催化剂

Grubbs 课题组报道了一系列具有大体积亚氨基取代基的 Ni 的水杨醛亚胺配合物 a（图 3-90）[463]。庞大的基团以与阳离子 Ni（α-二亚胺）体系大致相同的方式延迟缔合置换反应。计算研究还表明，空间要求高的邻苯氧基取代基促进了引发过程中供体基团 L（PPh_3，MeCN）的解离[464]，还防止了无活性双配体配合物的形成。因此，观察到活性对 R 的显著依赖性，并且由 Ni（COD）$_2$ 在活化 a（L = PPh_3）后，催化剂活性以及分子量和线性度以 $^tBu <$ Ph < 9-菲基 < 9-蒽基的顺序增加。用含有弱配位乙腈配体 L 的配合物观察到最高活性。该系列中性 Ni 催化剂还表现出良好的官能团耐受性，并且在极性或质子溶剂存在下仍保持活性[465,466]，此外，它还含有取代的降冰片烯和 α,ω-官能化烯烃[467,468]。计算出极性单体通过 π-配合物与 a 的结合优于 O- 或 N-配合物质[469,470]。带有乙烯基取代的芳基的衍生物已用于固定催化剂[471]。Novak 课题组最近报道了一种单组分 Ni 催化剂 b，其带有胺-醛 [NO]

配体，用于乙烯的聚合，具有与 a 相似的活性[472]。Carlini 课题组研究了使用带有阴离子 [NO] 和 [OO] 螯合配体的多种中性 Ni 配合物的乙烯低聚反应，并且通常在高压下获得低至中等活性[473-475]。

Brookhart 课题组报道了一种基于水杨醛亚胺配体的中性 Ni 催化剂，形成五元螯合物 c[476]。不需要磷化氢清除剂，产生中等活性的高分子量聚乙烯。多分散性在 1.75~2.03 范围内并且与反应条件无关，支化数随压力降低，分子量增加。在水存在下，催化活性仅降低 3.5 倍。

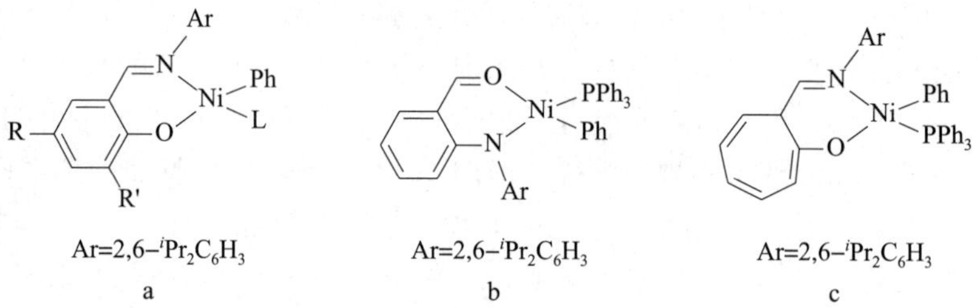

图 3-90 水杨醛亚胺配体 Ni 催化剂

3. 以二齿配体 [O^O] 为支撑配体的金属配合物

讨论了含苯氧基醚 [O, O] 螯合配体 a 和 b（a：R = ^{t}Bu；b：R = 1-金刚烷基）的 Ti 配合物（FE 催化剂，图 3-91）对乙烯聚合反应的催化行为。

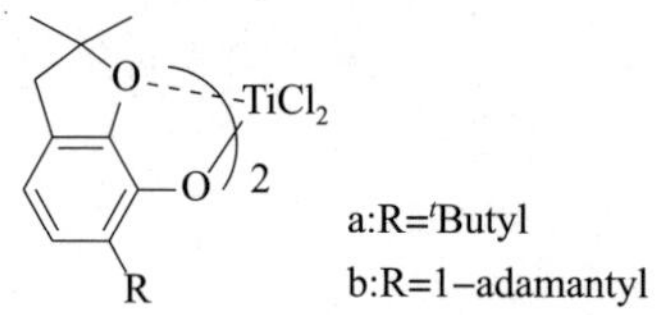

图 3-91 含苯氧基醚 [O, O] 螯合配体 Ti 配合物

催化剂名称 FE 来自 Fenokishi-Eteru 的日语发音。DFT 计算研究表明，衍生自 FE 催化剂 a 和 b 的乙烯配位阳离子甲基物质呈现八面体几何结构，具有反式-苯氧基-氧，顺式-醚氧化物和顺式-Me/配位-乙烯配置，表明顺式聚合位于中性醚-氧原子上的位点。在 25 ℃ 下用 MAO 或 ^{i}Bu$_3$Al/(Ph$_3$C)[B(C$_6$F$_5$)$_4$] 处理 FE 催化剂 a 和 b，得到了用于乙烯聚合的活性催化剂。所有催化剂体系都将乙烯转化为具有高分子量且具有高效率的高线性聚乙烯，代表出现了一种罕见的基于单阴离子二齿 [O, O] 螯合配体的 Ti 高活性催化剂。带有与苯氧基-氧原子邻位的金属基团的 FE 催化剂 a 显示出比在相同位置具有 ^{t}Bu 基团的 FE 催化剂 b 更高的活性。对于 PI 催化剂和 FI 催化剂，观察到在活性位点附近的空间阻碍的取代基的类似有益效果[370,448,477]。在类似条件下 Ti 基非茂金属催化剂是目前已报道的催化剂中最佳活性之一。FE 催化剂 a/MAO 形成具有极高分子量的聚乙烯，是用分子催化剂获得的最高分子量之一。具有空间上较大的邻位取代基的 FE 催化剂 b 提供了比 FE 催化剂 a 更低（但仍然非常高）的分子量，这是相当出乎意料的。考虑到分子量由链增长和链转移的相对速率决定，在这种情况下，苯氧基邻位的空间阻碍基团比链转移更显著地影响链增长速率[478]。

芳基氧化物、醇氧基配体：

基于带有芳氧化物、醇盐和硫醇盐供体的配体的各种配合物总结在图 3-92 中，由杯 [4] 芳烃配体支持的复合物 a、b 和 c 以及 Ti 配合物对乙烯的聚合仅具有中等活性[479-481]。

简单的 Zr 和 Ti 双（乙酰丙酮）二氯化物配合物产生具有中等活性的弹性体 PP[482]。同样地，双（水杨醛）MCl$_2$ 配合物如 d 在乙烯聚合中表现出中等至良好的活性[483]。

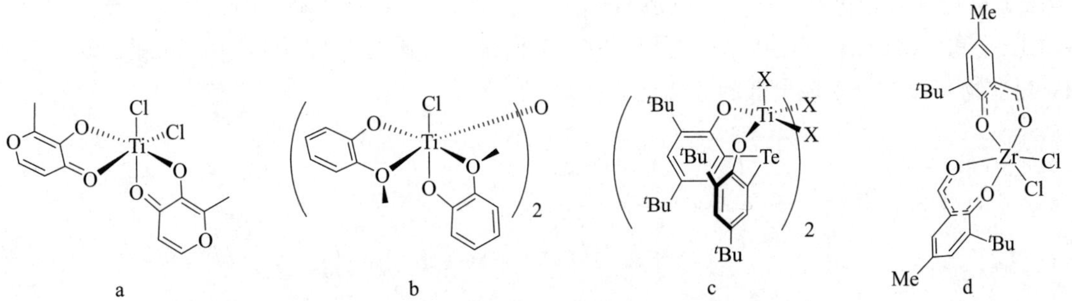

图 3-92　芳氧化物、醇盐和硫醇盐配体的配合物

钒（Ⅲ）配合物作为烯烃聚合催化剂的前体也受到广泛的关注。这可能是令人惊讶的，因为简单的 V^{Ⅲ} 配合物如 V(acac)$_3$ 在商业上广泛用于乙烯-丙烯二烯（EPDM）弹性体的合成。Gambarotta 课题组发现，对于乙烯-丙烯共聚合使用各种取代的 V(acac)$_3$（图 3-93）和 Et$_2$AlCl 或 Et$_3$Al$_2$Cl$_3$ 作为助催化剂的三种配合物，可以达到 1 170 g·mmol^{-1}·h^{-1}·bar^{-1} 的活性[484]。在缺乏单体的情况下，活性组分不稳定，一些含有 V^{Ⅱ} 中心的分解产物可以被分离出来并进行结构表征。

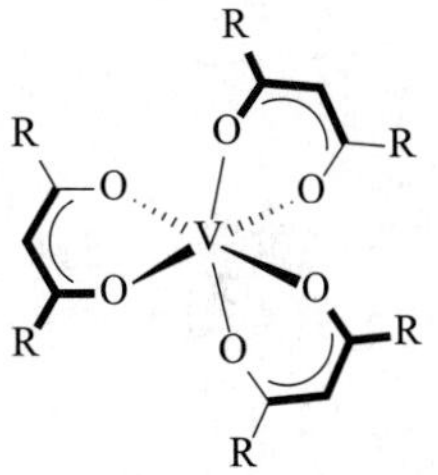

图 3-93　V^{Ⅲ} 配合物

用于单中心催化剂的螯合双阴离子聚合稳定的阴离子辅助配体可以是二烷基氧化物和二芳基氧化物、二酰胺，或具有额外供体原子的这些二价阴离子。一种流行的二芳氧基配体是桥连的二酚盐基团。Mulhaupt、Okuda 及其同事使用钛双（酚盐）配合物（图 3-94）与亚甲基、乙烯、硫化物和亚砜基团桥联的酚盐研究了乙烯-苯乙烯共聚合[485,486]，虽然催化剂活性按 S > SO > C$_2$H$_4$ ≈ CH$_2$ 的顺序下降，但 1,2-乙烯-桥联配合物引入的苯乙烯共聚单体是催化剂中最有效的。Sumitomo 课题组研究探索了双（酚盐）钛配合物的行为，其中桥联基团是含硫或含氮的亚甲基[483]。这些催化剂的活性远远大于类似的硫桥联双（酚盐）钛催化剂。

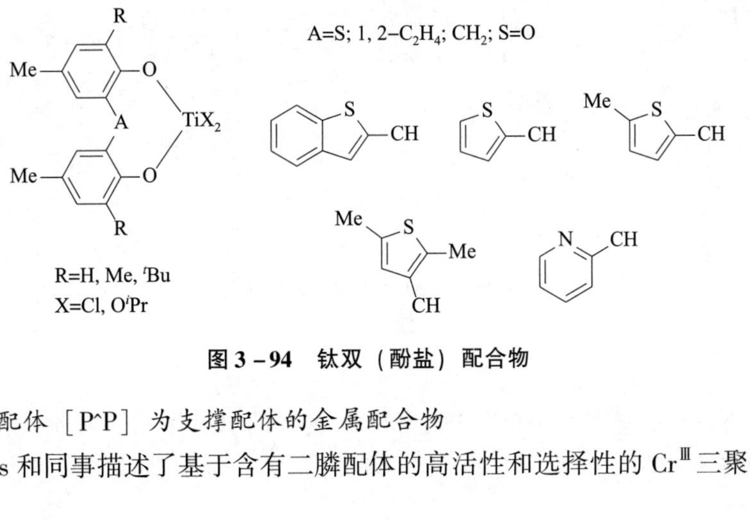

图 3-94　钛双（酚盐）配合物

4. 以二齿配体 [P^P] 为支撑配体的金属配合物

BP 的 Wass 和同事描述了基于含有二膦配体的高活性和选择性的 Cr^{Ⅲ} 三聚催化剂 a（图

3-95)[487,488]。桥联亚氨基（NR）单元和带有邻甲氧基取代基的芳基取代基在体系活性和选择性方面起着至关重要的作用。该体系的活性可与最活跃的乙烯聚合体系相媲美，为原位生成 1-己烯共聚物提供了前景。有趣的是，含有二膦衍生物具有相同的芳基取代基，但具有—CH_2—和—CH_2CH_2—连接基团的配合物，它们是不活跃的。四面体二膦 Co 配合物 b 与其 Fe 对应物一样，仅表现出低的乙烯低聚活性[489]。

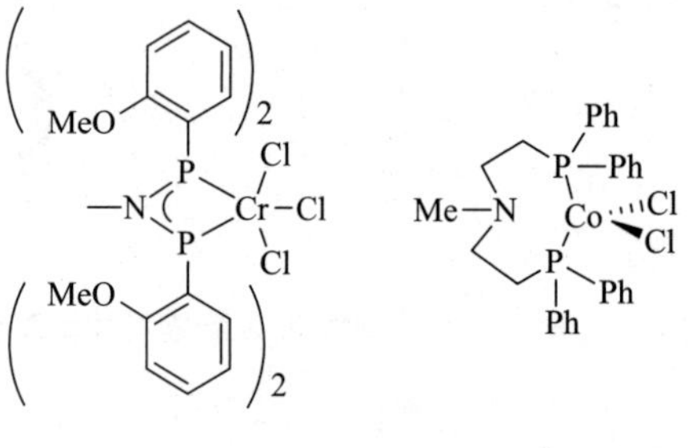

图 3-95 二膦配体金属配合物

膦配体与后过渡金属之间存在丰富的配位化学，但这些配体的强 σ-供体能力被认为更适合亲核金属中心的催化反应[427]，通过低的乙烯聚合活性得到验证。通过反应观察到二膦钯配合物 a（[$H(OEt)_2$][$B(Ar^F)_4$]活化），其在空间上类似于 α-二亚胺配合物，这表明这些第 10 族金属体系中的聚合活性强烈依赖于供体原子的性质[428]。具有中性亚氨基膦配体的 Ni 配合物也报道了低乙烯聚合活性[429]。然而，Pringle、Wass 等课题组已经观察到高达 2 200 g·$mmol^{-1}$·h^{-1} 的乙烯高聚合活性。膦基化合物 b（图 3-96）催化剂表现出对乙烯压力的零级依赖性并产生高分子量聚合物[430]。与 α-二亚胺配合物类似，减小芳基膦取代基的尺寸导致活性降低和聚合物分子量降低。将配体 NMe 骨架取代为 CH_2 单元（c_1）导致活性增加，但更高的消除速率导致形成低分子量、高度支化的聚乙烯。较不刚性的乙基-和丙基-桥联的二膦配合物 c_2、c_3 对乙烯无聚合反应[431]，而亚苯基衍生物 d 再次具有活性，这表明主链刚性对催化剂活性具有显著影响。

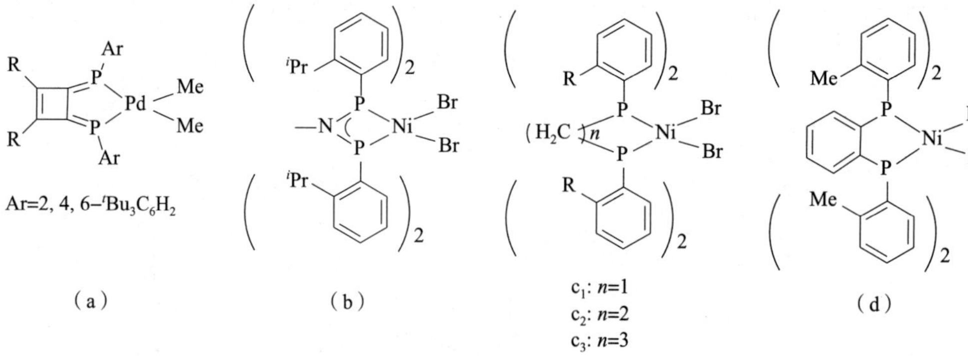

Ar=2, 4, 6-$^tBu_3C_6H_2$

(a)   (b) c_1: n=1 c_2: n=2 c_3: n=3   (d)

图 3-96 二膦配体后过渡金属配合物

5. 其他二齿杂原子配体为支撑配体的金属配合物

1）（PO）配合物

Brookhart 课题组报道了使用带有中性[PO]配体的单组分 Ni 催化剂（图 3-97）催化乙烯聚合，活性高达 700 g·$mmol^{-1}$·h^{-1}·bar^{-1}[490]。类似的 Pd 配合物的活性与其相比较低一个数量级,并且聚合物的分子量也大大降低。还进行了该配合物催化乙烯与10-十一碳烯酸甲酯的共聚,尽管活性大大降低,但可以获得高达6.6 mol%的极性单体掺入量。

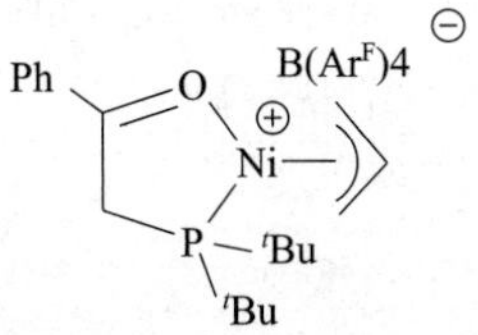

图3-97 中性[PO]配体Ni催化剂

单阴离子[PO]配体与第10族金属结合,形成形式上的中性催化剂,并且已经作为Shell Higher Olefin Process (SHOP) 广泛用于乙烯低聚的研究。通过改变反应条件,固体PE也可以用通式结构a(图3-98)的配合物获得[490,491]。预催化剂可以通过用合适的试剂处理来活化以提取供体基团L(例如,Ni(COD)$_2$或B(C_6F_5)$_3$,L=PPh$_3$),但是活性催化剂也可以通过处理反应液方便地获得。

已报道含氟取代基(R=COOR;R'=CF$_3$,C$_3$F$_7$或C$_6$F$_5$)的镍配合物a,乙烯聚合活性可达5 300 g·mmol^{-1}·h^{-1}·bar^{-1},其聚合活性显著高于碳氢化合物[492]。该聚合物具有高度线性、分子量分布窄等特点。通过研究发现酯取代基的大小对该体系中的活性或分子量几乎没有影响。通过它们在水存在下聚合烯烃的能力可以证明这些中性催化剂对极性官能团的敏感性降低。已经在水乳液和水作为反应介质中研究了使用配合物a[493]以及双核配合物b[494]的乙烯和α-烯烃的均聚和共聚合。乳液聚合活性降低了2个数量级,但是可以获得稳定的聚合物,尤其是来自共聚反应的聚合物[495],并且对催化水性聚合进行了综述[496]。

Gibson课题组已经证明,与氧供体相邻带有庞大的基团能够显著提高催化活性,主要原因可能是相对暴露的O$^-$供体原子的空间保护的结果。例如,c给出1 730 g·mmol^{-1}·h^{-1}的活性,而空间上更受保护的衍生物d提供34 880 g·mmol^{-1}·h^{-1}的活性(使用Ni(COD)$_2$作为膦清除剂)[497]。后者比a型(具有R=R'=Ph)体积较小的复合物高几个数量级。然而,聚合物性质与邻近氧供体的取代基的性质无关:在所有情况下,得到Mn在5 000~10 000范围内并具有窄分子量分布(2.0~3.7)的线性聚乙烯。c和d型配合物能够使乙烯与甲基丙烯酸甲酯(MMA)共聚,得到MMA-末端官能化的聚乙烯,这与聚合机理一致,包括将MMA插入生长的PE链中,然后立即通过氢链转移终止[498]。随后报道了使用膦基-磺酸盐Pd配合物的乙烯与甲基丙烯酸酯(MA)的共聚合以使MA结合到PE链中[499]。

图3-98 单阴离子[PO]配体镍配合物

Bazan及其同事已经报道了一种将中性Ni催化剂转化为更缺电子的阳离子物质的新方法(图3-99)。向膦基-羧酸盐Ni配合物a中加入B(C_6F_5)$_3$,通过B(C_6F_5)$_3$与羧酸盐单元的羰基氧的配位,导致形成阳离子物质b[500]。阳离子衍生物提供比其中性对应物更高的乙烯低聚活性，1-丁烯在所有情况下都可以发生聚合[501]。将这些 Ni 体系与能够将 α-烯烃结合到生长聚合物中的早期过渡金属催化剂的双催化剂共混实验导致形成支化聚乙烯。B(C_6F_5)$_3$ 对乙烯聚合的增强速率也在（α-亚胺基）-吡啶甲酰胺化合物，（吡啶）-甲酰胺化物，亚氨基羧酸酯和 α-亚氨基酰胺体系中观察到[502-505]。

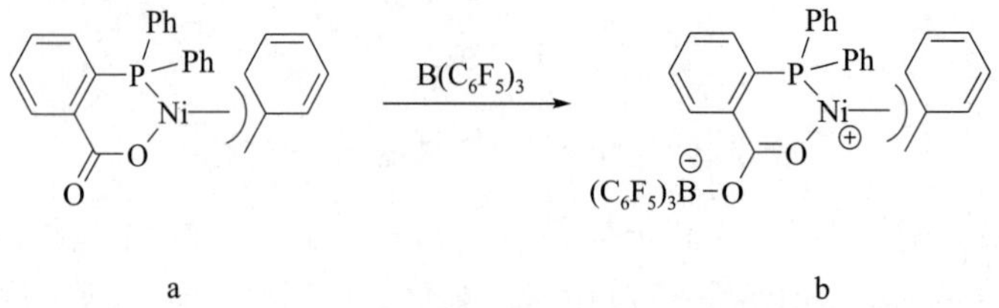

图 3-99 中性 Ni 催化剂转化为更缺电子的阳离子催化剂

2）其他单阴离子配体

已经报道了许多其他中性催化剂，并总结在图 3-100 中。a 所示类型的单组分膦基磺酰胺 Ni 催化剂，即使具有庞大的芳基取代基，也不聚合乙烯，但产生具有中等活性的支化低聚物[506]。与 B(C_6F_5)$_3$ 组合的相关五元［NO］螯合物 b 的活性低，低聚合乙烯[507]。草醛胺配体 c 可以提供源自两个供体的金属中心的空间保护。不太庞大的芳基取代基如邻甲苯基仅导致 α-烯烃的形成，在取代基为 Ar≡Ar′=均三甲苯时催化固体乙烯聚合，具有较低的活性[508,509]。Novak 课题组描述了一系列亚氨基-吡咯化物 Pd 配合物 d，它们对乙烯无反应但产生富含丙烯酸酯的 1-己烯-甲基丙烯酸酯共聚物[510]。使用配合物 e 和 f 与合适的路易斯酸（如 B(C_6F_5)$_3$）和相关的中性［PN］，［PO］和［NO］Ni 烯丙基，获得具有非常低活性的乙烯/丙烯酸酯共聚物复合物[505,511,512]。

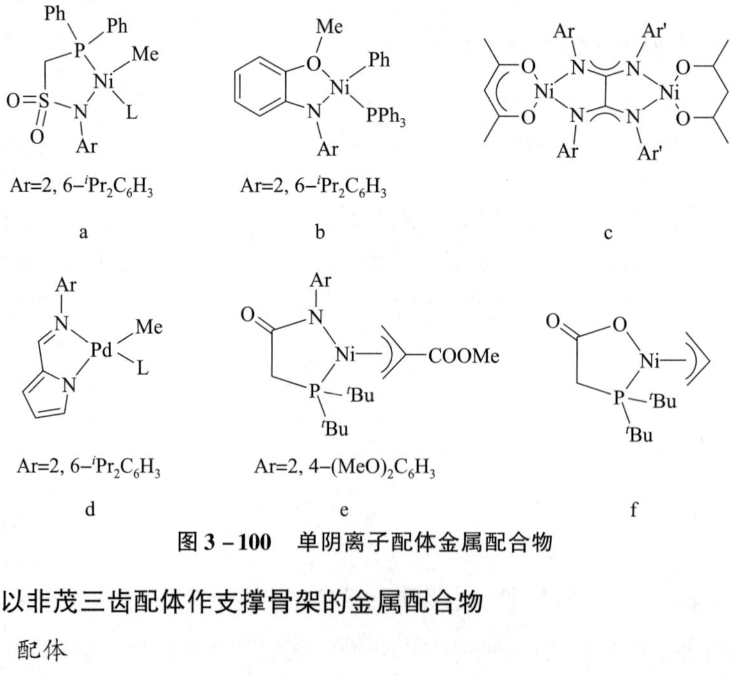

图 3-100 单阴离子配体金属配合物

3.4.2.3 以非茂三齿配体作支撑骨架的金属配合物

1.［CNC］配体

含双（芳基）胺的 Zr 配合物 a 与［Ph_3C］［B(C_6F_5)$_4$］活化后，催化丙烯聚合得到无规聚丙烯，催化活性较低[513]。Gibson 课题组报道了含有双（卡宾）吡啶配体的钛（Ti）、钒

（V）和铬（Cr）配合物 b（图 3-101），与助催化剂如 MAO、DMAO、MMAO、TIBA 和 Et_2AlCl 作用[514]，对乙烯齐聚或聚合具有催化活性。在这些配合物中，所有的 Cr 配合物 $b_1 \sim b_5$ 都表现出非常高的乙烯齐聚活性。此外，V 配合物 b_2 对乙烯聚合也表现出很高的活性。而相应的铁、钴配合物则无活性。

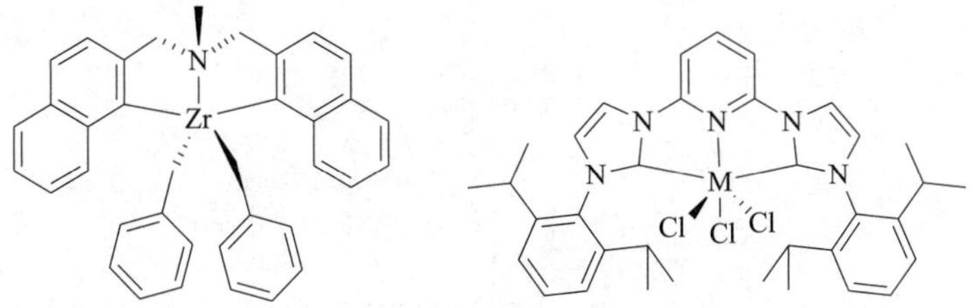

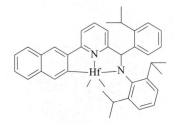

b_1: M=Ti, R=2, 6-^{i}Pr$_2$C$_6$H$_3$;
b_2: M=V, R=2, 6-^{i}Pr$_2$C$_6$H$_3$;
b_3: M=Cr, R=^{i}Pr;
b_4: M=Cr, R=2, 6-^{i}Pr$_2$C$_6$H$_3$;

图 3-101　[CNC] 三齿配体金属配合物

Macchioni 课题组报道了铪（Hf）二甲基配合物（图 3-102）能够很好地催化 α-烯烃，如丙烯、1-丁烯和 1-己烯聚合[515]。在 1-丁烯聚合中，他们制备出高等规聚（1-丁烯）。核磁共振谱图表明，在引发过程中单体插入到 Hf—C 芳基键而不是 Hf—C 烷基键中，这与 DFT 的研究结果一致。随后使用配合物/$[Ph_3C][B(C_6F_5)_4]$/Al^{i}Bu$_3$ 系统促进 α,ω-二烯如 1,5-己二烯（HD）、1,7-辛二烯（OD）等与丙烯与烯烃的共聚反应。在环聚 HD 或 OD 反应中，预催化剂的催化活性高。在这两种情况下，高环化选择性（高达 100%），顺式选择性（HD：69.5%；OD：100%），高等规选择性（HD：98.7%；OD >99%）。通过 DFT 方法对非键合相互作用进行建模来研究环化步骤，这与实验结果一致。最近，Marks 课题组报道了配合物在加入 $[Ph_3C][B(C_6F_5)_4]$ 或 $[PhNMe_2H][B(C_6F_5)_4]$ 活化后对乙烯的聚合或乙烯与 1-辛烯的共聚有着很高的催化活性，得到了高活性、高分子量乙烯-1-辛烯共聚物。

图 3-102　铪（Hf）二甲基配合物

Giambastiani 课题组[516]合成了锆（Zr）配合物 a~b（图 3-103）。Zr 配合物 $a_1 \sim a_2$ 与 MAO 活化后，在 15 atm 乙烯压力以及不同温度下（50~80 ℃）聚合活性非常低，在 Tm 为 121 ℃左右时生成高密度聚乙烯（PEs）。与之相关的 Zr 配合物 a 和 $b_1 \sim b_4$ 经 $[Ph_3C][B(C_6F_5)_4]$ 活化后进行 1-己烯的聚合，活性中等偏高，得到中等分子量的等规聚（1-己烯）。此外，还有 Zr 配合物 a 和 $b_4/[Ph_3C][B(C_6F_5)_4]$ 用于丙烯聚合形成全规聚丙烯（iPPs）也表现出中等至高活性。这类催化剂用于乙烯与 1-辛烯共聚的活性也很高（1.1×10^5 g·mol^{-1}

$h^{-1} \cdot atm^{-1}$），所得共聚物分子量适中，1-辛烯含量在 4.2~8.4 mol% 范围内[517]。

a_1: R=^{i}Pr, $n=0$
a_2: R=Me, X=Me$_2$NH, $n=1$

b_1: X$_1$=X$_2$=NMe$_2$, X$_3$=HNMe$_2$, D=S, $m=1$；
b_2: X$_1$=X$_2$=NMe$_2$, D=S, $m=0$；
b_3: X$_1$=X$_2$=Bn, D=S, $m=0$；
b_4: X$_1$=X$_2$=Bn, D=O, $m=0$

图 3-103　锆（Zr）配合物

2. [CNP] 配体

金国新课题组经过研究表明，2-亚胺-二苯基膦镍（Ni）与钯（Pd）配合物 $a_1 \sim a_2$（图 3-104）在 100 ℃ 助催化剂 MAO（[Al]/[metal] = 8 000）活化下聚合冰片烯，具有很高的活性[518]。结果表明，Pd 配合物 a_2 的活性高于 Ni 类似物 a_1，这可能与 Pd 配合物的钯（Ⅱ）中心离子半径较大有关。

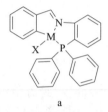

a_1: M=Ni, X=Br;
a_2: M=Pd, X=Cl

图 3-104　2-亚胺-二苯基膦配体金属配合物

3. [CNS] 配体

Ortega-Jimenez 课题组合成了 a 型和 b 型 Pd 配合物（图 3-105）[519]。这两种 Pd 配合物 a~b/MAO 体系均可作为乙烯聚合的单体催化剂，在 80 ℃ 条件下活性均可达到 6.6×10^5 g · mol^{-1} · $h^{-1} \cdot atm^{-1}$。同时，配合物 a_3 和 b 在乙烯与 10-十一醇共聚反应中也具有较高的活性（6.5×10^5 g · mol^{-1} · h^{-1} · atm^{-1}），他们得到了聚（乙烯-共-十一碳烯-1-醇）。共聚物的 DSC 曲线与 PEs（135 ℃）相比熔点显示较低（101~131 ℃），表明共聚体插入到 PE 链中。金国新课题组[518]发现了 Ni 和 Pd 配合物 c 和 MAO 合成的高活性催化剂用于冰片烯聚合。在 50 ℃ 条件下，复合物 c_1 的活性可达 6.6×10^6 g · mol^{-1} · h^{-1}。

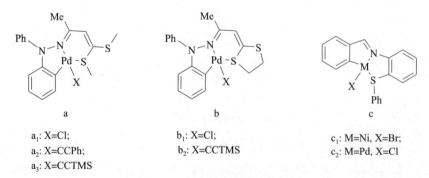

a_1: X=Cl;
a_2: X=CCPh;
a_3: X=CCTMS

b_1: X=Cl;
b_2: X=CCTMS

c_1: M=Ni, X=Br;
c_2: M=Pd, X=Cl

图 3-105　[CNS] 配体金属配合物

4. [NNN] 配体

当用 MAO 激活时，V 配合物 a_1（图 3-106）在 MAO 存在下对乙烯或丙烯的聚合具有活性，说明 V 配合物具有较高的催化活性（1.4×10^5 g · mol^{-1} · h^{-1} · atm^{-1}）[520]。在乙烯

聚合反应中，得到分子量适中的聚乙烯及较宽的分子量分布。该配合物通过聚合丙烯（7 atm）可得到黏性油状物质活性约为 $1.0 \times 10^3 \mathrm{g \cdot mol^{-1} \cdot h^{-1} \cdot atm^{-1}}$。相关 Nb 配合物 $a_5 \sim a_7$ 在 $\mathrm{B(C_6F_5)_3}$ 下对乙烯（1 atm）聚合中有很好的活性[521]。配合物 a_7 的活性（$1.3 \times 10^5 \mathrm{g \cdot mol^{-1} \cdot h^{-1} \cdot atm^{-1}}$）高于非取代配合物 a_5（$2.0 \times 10^4 \mathrm{g \cdot mol^{-1} \cdot h^{-1} \cdot atm^{-1}}$）。Mountford 课题组[522]还描述了使用 V 配合物 $a_1 \sim a_4$ 与 MAO 活化后进行乙烯（6 atm）聚合，聚合过程中表现为中等活性。配合物 $a_2 \sim a_4$（$(1.9 \sim 3.0) \times 10^4 \mathrm{g \cdot mol^{-1} \cdot h^{-1} \cdot atm^{-1}}$）比配合物 a_1（$6.0 \times 10^3 \mathrm{g \cdot mol^{-1} \cdot h^{-1} \cdot atm^{-1}}$）具有更高的活性。由此产生的 PEs 具有中等的分子量和宽的分子量分布。

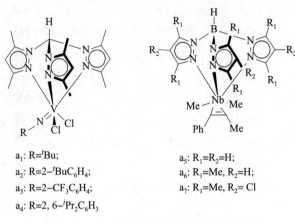

a_1: R=^{t}Bu;
a_2: R=2-^{t}BuC$_6$H$_4$;
a_3: R=2-CF$_3$C$_6$H$_4$;
a_4: R=2,6-^{i}Pr$_2$C$_6$H$_3$

a_5: R$_1$=R$_2$=H;
a_6: R$_1$=Me, R$_2$=H;
a_7: R$_1$=Me, R$_2$=Cl

图 3-106 三（吡唑啉）配体金属配合物

Garcia-Orozco 课题组[523]发现了一系列含三（吡唑啉）甲烷配体的铬（Cr）配合物（图 3-107）与 MAO 反应后，显示出较高的乙烯聚合活性。Tpm 配体甲烷中心碳上的取代基对聚合活性影响很大。这些 Cr 配合物用于乙烯聚合的活性降低顺序为 c > e > b, a > d。由此产生的线性 PEs 具有低到适中的分子量和宽的分子量分布。

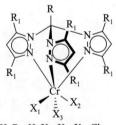

a: R=H, R$_1$=H, X$_1$=X$_2$=X$_3$=Cl;
b: R=H, R$_1$=Me, X$_1$=X$_2$=X$_3$=Cl;
c: R=Me, R$_1$=H, X$_1$=X$_2$=X$_3$=Cl;
d: R=CH$_2$OH, R$_1$=H, X$_1$=X$_2$=X$_3$=Cl;
e: R=CH$_2$OSO$_2$Me, R$_1$=H, X$_1$=X$_2$=X$_3$=Cl

图 3-107 三（吡唑啉）甲烷配体的铬（Cr）配合物

Romano 课题组[524]已经证明了三（吡唑啉）-硼酸盐螯合镍和 Pd 配合物（图 3-108）在经 MAO 活化后进行乙烯的聚合。Tpb 配体中吡唑啉基的取代基体积较大，在乙烯聚合中起着重要作用。这些 Ni 配合物的活性下降顺序为 c（$R^2 = 4-^i\mathrm{PrC_6H_4}$）> b（$R^2 = {}^t\mathrm{Bu}$）> a（$R^2 = \mathrm{Me}$）。采用 a~c 配合物制备了低熔点（Tm = 102-118 ℃）的 PEs。

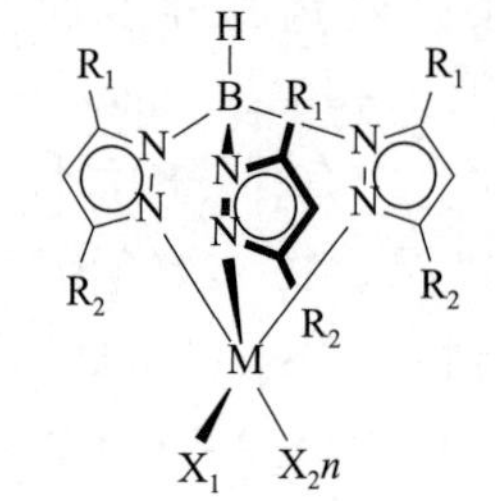

a: M=Ni, $R_1=R_2=Me$, $X_1=Cl$, $n=0$;
b: M=Ni, $R_1=Me$, $R_2={}^tBu$, $X_1=Cl$, $n=0$;
c: M=Ni, $R_1=Me$, $R_2=4-{}^iPrC_6H_4$, $X_1=Cl$, $X_2=Pyrazol$, $n=0$;
d: M=Pd, $R_1=R_2=Me$, $X_1=allyl$, $n=0$

图 3-108 三（吡唑啉）-硼酸盐配体金属配合物

双（吡唑啉）吡啶 V 配合物 a~b（图 3-109）与 $AlEtCl_2$ 双组分催化剂可作为乙烯的（1 或 10 atm）聚合，得到具有高分子量、分子量分布从中等到较宽的 PEs[525]。相比之下，这些催化剂的使用寿命更长。Cr 配合物 c 和 f 经 MAO 活化后的乙烯聚合活性为 $(0.3 \sim 2.6) \times 10^5 \text{ g} \cdot \text{mol}^{-1} \cdot \text{h}^{-1} \cdot \text{atm}^{-1}$，Cr 体系下得到中等分子量和高熔点的 PEs[526]。由 Son 课题组合成的含有 2,6-双（吡唑-1-乙基甲基）吡啶衍生物的 Cr 配合物 d~e[527]，以 DMAO 为助催化剂用于乙烯的聚合反应具有中等活性（d: $1.1 \times 10^4 \text{g} \cdot \text{mol}^{-1} \cdot \text{h}^{-1} \cdot \text{atm}^{-1}$; e: $2.2 \times 10^4 \text{g} \cdot \text{mol}^{-1} \cdot \text{h}^{-1} \cdot \text{atm}^{-1}$），得到的 PEs 分子量大部分非常低，中等分子量分布。

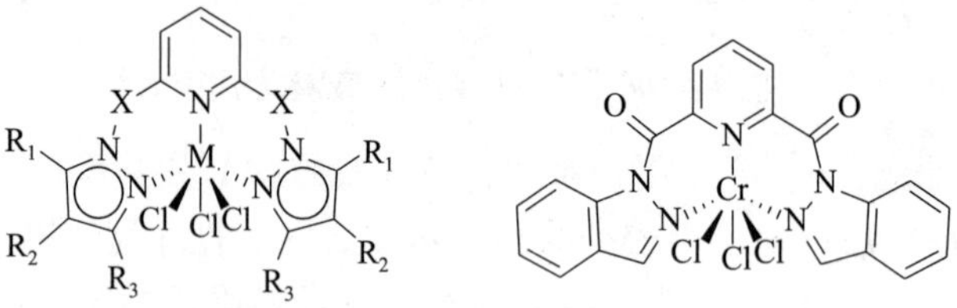

a: M=V, X=C(O), $R_1=R_3=Me$, $R_2=H$;
b: M=V, X=CH_2, $R_1=R_3=Me$, $R_2=H$;
c: M=Cr, X=C(O), $R_1=R_3=Me$, $R_2=H$;
d: M=Cr, X=CH_2, $R_1=R_2=R_3=H$;
e: M=Cr, X=CH_2, $R_1=R_2=Me$, $R_3=H$

图 3-109 双（吡唑啉）吡啶配体金属配合物

助催化剂（MAO 或二乙基氯化铝）（DEAC）和螯合配体（桥式给体原子）通常被认为在镍配合物 a（图 3-110）中催化乙烯齐聚反应的性能中起着至关重要的作用[528]。配合物 a 经 DEAC 活化后，对乙烯的齐聚反应表现出良好的选择性，产生 (72~81) mol% 的低聚体（1-丁烯），活性为 $(1.0 \sim 1.3) \times 10^5 \text{ g} \cdot \text{mol}^{-1} \cdot \text{h}^{-1} \cdot \text{atm}^{-1}$。Ojwach 课题组[529]报道的 Ni 配合物 b_1 在加入过量铝盐后产生高分子量 PNBs，其多分散性指数约为 2.44（$M_n = 8.6 \times 10^5 \text{ g} \cdot \text{mol}^{-1}$）。此外，含有双（吡唑啉）吡啶配体的 Ni 配合物 b_2，经 MAO 活化后，乙烯齐聚反应活性约为 $3.0 \times 10^4 \text{ g} \cdot \text{mol}^{-1} \cdot \text{h}^{-1} \cdot \text{atm}^{-1}$，主要为 1-丁烯低聚物[530]。含（吡唑啉）硼酸配体的锰（Mn）的配合物 c 经 MMAO 或 TB/TIBA 活化后实现了乙烯（如 1-丁烯和 1-己烯）的聚合和乙烯与 1-烯烃共聚[531,532]。其中，配合物 c_4 用于乙烯或丙烯聚合，乙烯活性最高（约 $4.6 \times 10^4 \text{g} \cdot \text{mol}^{-1} \cdot \text{h}^{-1} \cdot \text{atm}^{-1}$）。此外，配合物 c_4 对乙烯与 1-丁烯或 1-己烯的共聚也有活性。

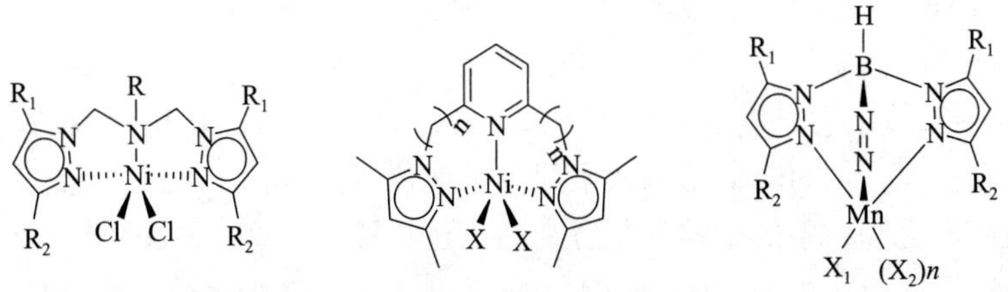

[NNN]三齿配体金属催化剂结构图

a:
a₁: R₁=R₂=Me, R=Bz;
a₂: R₁=R₂=Me, R=ᵗBu

b:
b₁: X=Cl, n=1;
b₂: X=Br, n=0

c:
c₁: R₁=Me, R₂=Ph, X₁=Cl, X₂=MeCN, n=1;
c₂: R₁=ⁱPr, R₂=Ph, X₁=Cl, n=1;
c₃: R₁=ⁱPr, R₂=ⁱPr, X₁=Cl, X₂=3,5-ⁱPrPzH, n=1;
c₄: R₁=ⁱPr, R₂=ᵗBu, X₁=Cl, n=1;
c₅: R₁=ⁱPr, R₂=ᵗBu, X₁=Br, n=1;
c₆: R₁=ⁱPr, R₂=ᵗBu, X₁=NO₂, n=1

图 3–110 [NNN]三齿配体金属催化剂

武彪课题组已经证明，在 MAO 活化下，2-吡唑啉取代 1,10-菲罗啉二卤化镍配合物 a~x（图 3–111）在乙烯齐聚反应中表现出良好的催化活性（$3.0 \times 10^5 \text{g} \cdot \text{mol}^{-1} \cdot \text{h}^{-1} \cdot \text{atm}^{-1}$）[533]。大位阻取代基 R^1 在 1,10-菲罗啉的 9 位，配体主链吡唑啉环上的 R^2 和 R^3 可提高活性，降低链转移反应速率。对于给定的 R^2 和 R^3，w（R^1 = 甲酰基）比 e（R^1 = H）活性增加了 3 倍。当 R^1 相同时，这些配合物的活性增加顺序依次为 a、b、g、h、m、n、s、t（$R^2 = R^3 = $ Me）< c、d、i、j、o、p、u、v（$R^2 = $ Me 和 $R^3 = $ Ph）< e、f、k、l、q、r、w、x（$R^2 = $ Me 和 $R^3 = $ Ph）。最高的 C_6 百分比（高达 12.7%）是配合物 k、l、q、r、w、x（$R^1 = $ 芳基，$R^2 = R^3 = $ Ph）。从芳基的空间体积出发，他们提出了一种使乙烯更有效地配位到金属中心的反应过程，不仅增加了乙烯插入 Ni—C 或 Ni—H 键的可能性，而且降低了乙烯再离解的可能性。一般认为镍配合物在乙烯聚合的催化性能受助催化剂和溶剂的影响。用 EtAlCl₂ 在甲苯中得到低聚体，而氯苯中既可以生成低聚体，也可以生成高支化聚乙烯[534]。在 MAO 激活后，配合物产生线性 PEs，在甲苯中的活性为 $2.2 \times 10^5 \text{g} \cdot \text{mol}^{-1} \cdot \text{h}^{-1} \cdot \text{atm}^{-1}$。

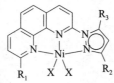

a: R₁=H, R₂=R₃=Me, X=Cl;
b: R₁=H, R₂=R₃=Me, X=Br;
c: R₁=H, R₂=Me, R₃=Ph, X=Cl;
d: R₁=H, R₂=Me, R₃=Ph, X=Br;
e: R₁=H, R₂=R₃=Ph, X=Cl;
f: R₁=H, R₂=R₃=Ph, X=Br;
g: R₁=Ph, R₂=R₃=Me, X=Cl;
h: R₁=Ph, R₂=R₃=Me, X=Br;
i: R₁=Ph, R₂=Me, R₃=Ph, X=Cl;
j: R₁=Ph, R₂=Me, R₃=Ph, X=Br;
k: R₁=Ph, R₂=R₃=Ph, X=Cl;
l: R₁=Ph, R₂=R₃=Ph, X=Br;
m: R₁=1-Nap, R₂=R₃=Me, X=Cl;
n: R₁=1-Nap, R₂=R₃=Me, X=Br;
o: R₁=1-Nap, R₂=Me, R₃=Ph, X=Cl;
p: R₁=1-Nap, R₂=Me, R₃=Ph, X=Br;
q: R₁=1-Nap, R₂=R₃=Ph, X=Cl;
r: R₁=1-Nap, R₂=R₃=Ph, X=Br;
s: R₁=Mes, R₂=R₃=Me, X=Cl;
t: R₁=Mes, R₂=R₃=Me, X=Br;
u: R₁=Mes, R₂=Me, R₃=Ph, X=Cl;
v: R₁=Mes, R₂=Me, R₃=Ph, X=Br;
w: R₁=Mes, R₂=R₃=Ph, X=Cl;
x: R₁=Mes, R₂=R₃=Ph, X=Br

图 3–111 2-吡唑啉取代 1,10-菲罗啉二卤化镍配合物

孙文华课题组[535]报道了1,10-邻二氮杂菲镍配合物a和b（图3-112），在二乙基氯化铝（Et_2AlCl）活化下，在乙烯齐聚反应中的高活性最高可达 $3.1 \times 10^5 g \cdot mol^{-1} \cdot h^{-1} \cdot atm^{-1}$。在噁唑啉或苯并噁唑中加入供电子烷基（$a_2$（Me）、$b_2$（Me）或 b_3（^tBu））可能会将更多的电子推向阳离子镍，从而降低乙烯齐聚反应的催化活性。含 $a_1 \sim a_4$ 的噁唑啉类化合物对1-丁烯的催化活性比含 $b_1 \sim b_4$ 的噁唑类化合物高，选择性低。这一结果可能是由于苯环的立体效应以及噁唑啉类化合物对金属中心的电子贡献低于苯并噁唑类化合物。Cavell课题组[536]报道了包含三咪唑[NNN]配体Cr配合物c被MMAO激活后，在乙烯齐聚中表现出低活性（$5.3 \times 10^3 g \cdot mol^{-1} \cdot h^{-1} \cdot atm^{-1}$）。

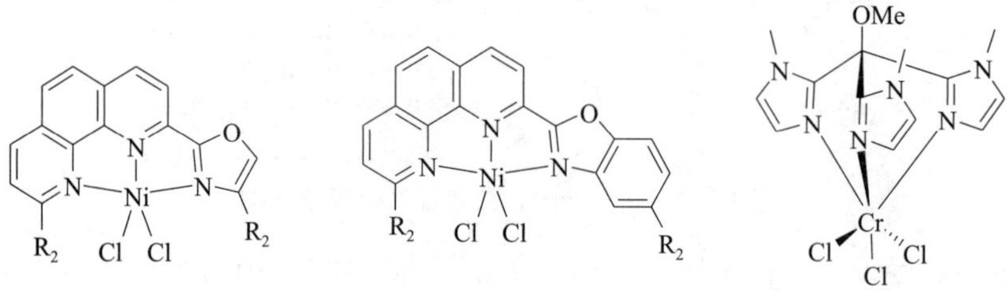

a

a_1: $R_1=R_2=H$;
a_2: $R_1=H, R_2=Me$;
a_3: $R_1=Ph, R_2=H$;
a_4: $R_1=Ph, R_2=Me$

b

b_1: $R_1=R_2=H$;
b_2: $R_1=H, R_2=Me$;
b_3: $R_1=H, R_2=^tBu$;
b_4: $R_1=Ph, R_2=H$;

图3-112　1,10-邻二氮杂菲镍配合物和三咪唑[NNN]配体Cr配合物

孙文华课题组[537,538]已经展示了一系列包含（2-亚胺-6-(苯并咪唑基)吡啶）配体的Ni配合物（图3-113），它们通过 $AlEt_2Cl$ 活化后，可以高活性催化乙烯齐聚。其活性与烷基取代基 R^1、R^2 和卤化物原子有关。体积较大的配体降低了催化剂的活性，依次为 a > j > b > g > c > h > i > d。含有2,6-二氯苯取代配体的f和l配合物的催化活性高于二烷基苯基类似物（f > e > c 和 l > k > h > i）。

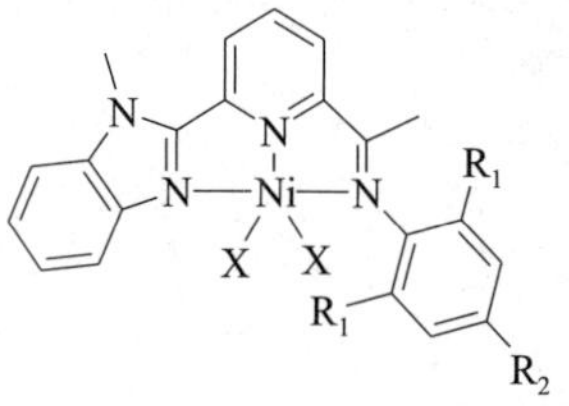

a: $R_1=Me, R_2=H, X=Cl$;
b: $R_1=Et, R_2=H, X=Cl$;
c: $R_1=^iPr, R_2=H, X=Cl$;
d: $R_1=Me, R_2=Me, X=Cl$;
e: $R_1=Et, R_2=Me, X=Cl$;
f: $R_1=Cl, R_2=H, X=Cl$

g: $R_1=Me, R_2=H, X=Br$;
h: $R_1=Et, R_2=H, X=Br$;
i: $R_1=^iPr, R_2=H, X=Br$;
j: $R_1=Me, R_2=Me, X=Br$;
k: $R_1=Et, R_2=Me, X=Br$;
l: $R_1=Cl, R_2=H, X=Br$;
m: $R_1=Br, R_2=H, X=Cl$

图3-113　(2-亚胺-6-(苯并咪唑基)吡啶)配体Ni配合物

Small课题组[539]已经描述了一系列双(亚胺)吡啶Cr配合物 a~j（图3-114），这些配合物被MAO活化后对乙烯齐聚和聚合均具有很高的活性。产物的分子量和分子量分布都与芳基环上取代基的大小有关。预催化剂a齐聚乙烯形成2-己烯，配合物b~d和h催化乙烯聚合得到 1-丁烯。包含 3 个邻位烷基配合物 i~j 可制备线性 α-烯烃，且其活性适中（i：$1.8×10^4 g·mol^{-1}·h^{-1}·atm^{-1}$；j：$11.3×10^4 g·mol^{-1}·h^{-1}·atm^{-1}$），选择性适中。相比之下，含 4 个邻甲基的 2-叔丁基预催化剂 f，可得到蜡类和聚 PEs。

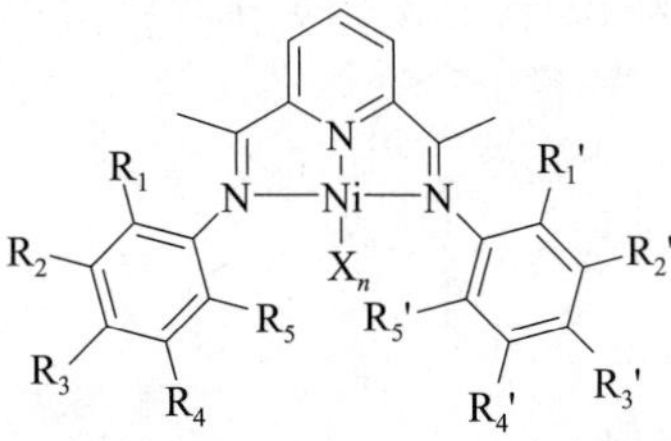

a: M=Cr, $R_1=R_2=R_3=R_4=R_5=R_1'=R_2'=R_3'=R_4'=R_5'$=H, X=Cl, n=2;
b: M=Cr, $R_1=R_1'$=Me, $R_2=R_3=R_4=R_5=R_2'=R_3'=R_4'=R_5'$=H, X=Cl, n=2;
c: M=Cr, $R_1=R_1'$=Et, $R_2=R_3=R_4=R_5=R_2'=R_3'=R_4'=R_5'$=H, X=Cl, n=2;
d: M=Cr, $R_1=R_1'$=^{i}Pr, $R_2=R_3=R_4=R_5=R_2'=R_3'=R_4'=R_5'$=H, X=Cl, n=2;
e: M=Cr, $R_1=R_1'$=^{t}Bu, $R_2=R_3=R_4=R_5=R_2'=R_3'=R_4'=R_5'$=H, X=Cl, n=2;
f: M=Cr, $R_1=R_5=R_1'=R_5'$=Me, $R_2=R_3=R_4=R_2'=R_3'=R_4'$=H, X=Cl, n=2;
g: M=Cr, $R_1=R_1'=R_4=R_4'$=^{t}Bu, $R_2=R_3=R_5=R_2'=R_3'=R_5'$=H, X=Cl, n=2;
h: M=Cr, $R_1=R_3=R_5$=Me, $R_2=R_4$=H, R_3'=^{t}Bu, $R_1'=R_2'=R_4'=R_5'$=H, X=Cl, n=2;
i: M=Cr, $R_1=R_3=R_5$=Me, $R_2=R_4$=H, R_1'=Me, $R_2'=R_3'=R_4'=R_5'$=H, X=Cl, n=2;
j: M=Cr, $R_1=R_3=R_5$=Me, $R_2=R_4$=H, R_1'=Et, $R_2'=R_3'=R_4'=R_5'$=H, X=Cl, n=2

图 3–114　双（亚胺）吡啶 Cr 配合物

Duchateau 课题组[540]使用了这种类型的 Cr 配合物 a 和 b（图 3–115）与 MAO 结合，均可催化乙烯聚合，且两者都具有很高的活性（高达 $2.7×10^6 g·mol^{-1}·h^{-1}·atm^{-1}$）。部分过渡金属化的复合物 b 表明配体脱金属化是催化剂失活的可能途径。

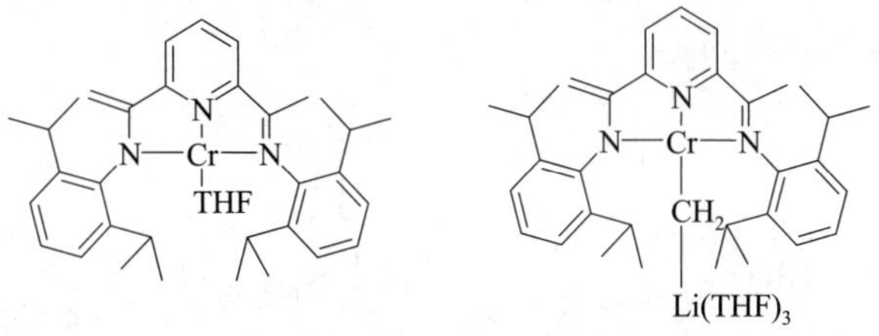

图 3–115　亚胺-氨基-吡啶配体金属配合物

通过在 2-亚胺-1,10-菲罗啉配体中引入不同的取代基，MAO 活化的 Cr 配合物（图 3–116）在常压下甲苯溶液中对乙烯聚合具有不同的催化性能[541]。这些铬配合物的催化活性、产物的分布和 α-烯烃的选择性受到 2-亚胺-1,10-邻二氮杂菲配体的空间位阻和电子效应的影响。R^2 取代基的不同对配体亚胺基—C 的变化导致了催化性能的变化。复合物 j~l（R^2 = H）和配合物 a~c（R^2 = Ph）的活性（可达 $9.8×10^5 g·mol^{-1}·H^{-1}·atm^{-1}$）比相应的配合物 d~i 展现出更高的活性。在 R^2 取代基相同的情况下，体积较大的催化剂的催化活性有所降低。这些结果可能是由于亚胺-n 芳基环邻位上庞大的异丙基阻止乙烯进入催化位点，从而导致催化活性较低。在配体的亚胺基—C 上有相同的 R^2（R^2 = Me）取代基，配合物为 g~i（R^1 = F, Cl, Br）较含 d~f 烷基的配合物具有较高的齐聚活性。此外，配合物 j~l（R^2 = H）不仅具有较高的乙烯齐聚活性，还具有较高的乙烯聚合活性。这些配合物在 10 atm 乙烯压力下与 MAO 活化也被用来催化乙烯低聚反应。取代基 R^1 对齐聚活性的影响与乙烯压力下 1 atm 时的影响相似。配合物 a ~ l 对齐聚反应具有很高的催化活性，对聚合反应具有中等的催化活性。配合物 d ~ i（R^2 = Me）活性低于配合物 a ~ c，其中，配合物 b（R^2 = Ph）活性最高（1.2×10^6 g · mol^{-1} · h^{-1} · atm^{-1}）。复合物 c（R^2 = Ph）表现出最大的 *K* 值为 0.74，而复合物 e（R^2 = Me）显示 α-烯烃选择性最高。

a: R_1=Me, R_2=Ph;
b: R_1=Et, R_2=Ph;
c: R_1=^{i}Pr, R_2=Ph;
d: R_1=Me, R_2=Me;
e: R_1=Et, R_2=Me;
f: R_1=^{i}Pr, R_2=Me
g: R_1=F, R_2=Me;
h: R_1=Cl, R_2=Me;
i: R_1=Br, R_2=Me;
j: R_1=Me, R_2=H;
k: R_1=Et, R_2=H;
l: R_1=^{i}Pr, R_2=H

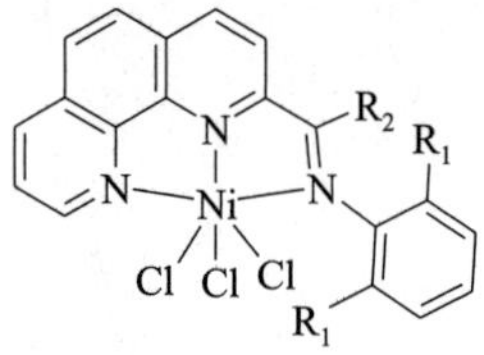

图 3 - 116　2-亚胺-1,10-菲罗啉配体 Ni 配合物

牟颖课题组[542]报道了含有喹啉基苯胺配体的 Cr 配合物 a ~ b（图 3 - 117）在 MAO 活化后对乙烯聚合具有活性。其中，配合物 b_2 的活性最高，约为 4.4×10^4 g · mol^{-1} · h^{-1} · atm^{-1}，分子量适中，具有较宽的分子量分布。Gao 及其同事研究出 c ~ d 型喹啉基苯胺 - 亚胺镍配合物[543]，在 MAO 活化后，包含大位阻的邻位取代基配合物 c_2 比配合物 c_1 在降冰片烯的聚合中显示更高的活性，这主要归因于配合物 c_2 的大位阻取代基在轴向位置形成一个更稳定的活性物种。相比之下，配合物 d_1 的活性与配合物 d_2 相似，约为 1.0×10^5 g · mol^{-1} · h^{-1}。这些结果表明，配合物 d_1 和 d_2 主要受电子效应的影响，而不是螯合配体的位阻，由此产生的 PNBs 的分子量非常高。

a_1: R=2, 6–$Me_2C_6H_3$;
a_2: R=2, 6–$Et_2C_6H_3$;
a_3: R=2, 6–^{i}PrC_6H_3

a_4

b_1: R=2, 6–$Me_2C_6H_3$;
b_2: R=2, 6–$Et_2C_6H_3$;
b_3: R=2, 6–^{i}PrC_6H_3

c_1: R=Me;
c_2: R=^{i}Pr

d_1: R=Me;
d_2: R=^{i}Pr

d_4

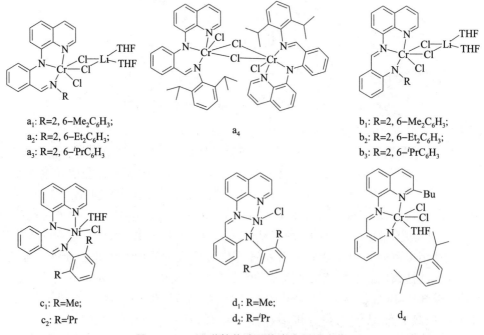

图 3 - 117　喹啉基苯胺配体类金属配合物

5. [NNP] 配体

唐勇课题组[544]将高活性镍催化剂 $a_1 \sim a_3$（图3-118）推广到降冰片烯的聚合反应中。Ni配合物 a_1 在MMAO的活化后达到 $5.5 \times 10^7 \mathrm{g \cdot mol^{-1} \cdot h^{-1}}$，得到分子量分布窄的高分子量PNBs。相比之下，Pd类似物 a_4 对降冰片烯聚合几乎没有活性。黄国维课题组[545]已经表明，b~c 型Cr配合物在与MAO或 AlR_3（R = Me, Et, ^{i}Bu）反应时，乙烯聚合活性较低 $(4.4 \times 10^3 \mathrm{g \cdot mol^{-1} \cdot h^{-1} \cdot atm^{-1}})$，得到具有较低分子量的线性PEs。Cr配合物 d 经MAO处理后，催化剂催化乙烯聚合的活性非常低 $(6.2 \times 10^2 \mathrm{g \cdot mol^{-1} \cdot h^{-1} \cdot atm^{-1}})$[546]。

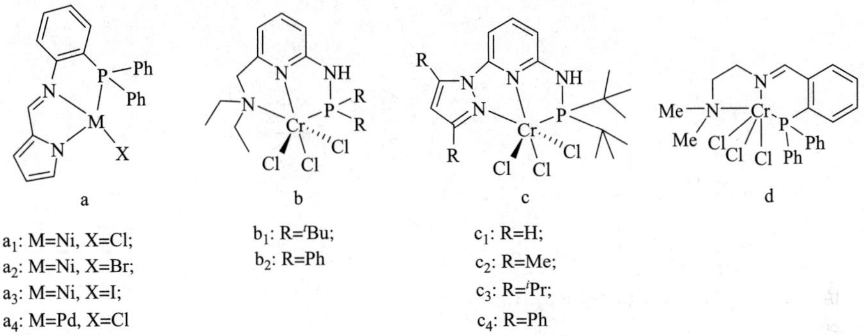

a

a_1: M=Ni, X=Cl;
a_2: M=Ni, X=Br;
a_3: M=Ni, X=I;
a_4: M=Pd, X=Cl

b

b_1: R=^{t}Bu;
b_2: R=Ph

c

c_1: R=H;
c_2: R=Me;
c_3: R=^{i}Pr;
c_4: R=Ph

d

图3-118 [NNP] 三齿配体金属配合物

6. [NNO] 配体

Gibson课题组[547]制备了Cr配合物 a（图3-119），经MAO活化后，Cr配合物活性高达 $7.0 \times 10^6 \mathrm{g \cdot mol^{-1} \cdot h^{-1} \cdot atm^{-1}}$，具有很高的乙烯聚合活性，得到了分子量极低的线性PEs。含有水杨基亚胺的配体的V配合物 b、c_1 和 d_1 对乙烯的聚合和乙烯与1-己烯的共聚具有活性[548]。配合物 c_1 对乙烯聚合反应活性最高，共聚物中插入量高（1-己烯的含量约为12.9 mol%，降冰片烯的含量为42.8 mol%）。李悦生课题组[549]报道的 c_2 型和 d_2 型钒配合物与 Et_2AlCl 和 $Cl_3CCOOEt$ 结合可以催化乙烯聚合。改变侧臂的主链能够显著影响这些配合物在催化乙烯聚合中的行为。复合物 c_2 的活性高于配合物 d_2 约为 $1.7 \times 10^6 \mathrm{g \cdot mol^{-1} \cdot h^{-1} \cdot atm^{-1}}$。Gibson课题组制备的第4族金属配合物 e 对乙烯聚合活性取决于金属中心和助催化剂的性质[550]。配合物 e_1 经MAO活化后，乙烯聚合活性极低。当 Al^iBu_3/DMAO（无TMA）为助催化剂时，配合物 e_1 得到了中等分子量的PEs，其活性明显更高。相比之下，复杂的 $e_2 \sim e_4$/MAO 和 $e_4/Al^iBu_3/[Ph_3C][B(C_6F_5)_4]$ 体系对乙烯聚合无活性。

Paolucci课题组报道在MAO活化后，Zr和Hf配合物 a 可以促进乙烯或 α-烯烃的聚合[551]。配合物 $a_1 \sim a_3$（图3-120）在结合MAO或 $B(C_6F_5)_3)/Al^iBu_3$ 体系后在乙烯聚合中活性低（$(0.5 \sim 6.5) \times 10^3 \mathrm{g \cdot mol^{-1} \cdot h^{-1} \cdot atm^{-1}}$），分子量呈线性增加，得到了具有高熔点的PEs。配合物的 a_1/MAO体系也催化 α-烯烃比如丙烯、1-丁烯、1-戊烯和1-己烯等的全同立构聚合，得到相应的全同立构聚（α-烯烃）、聚（丙烯）（[mmmm] = 49 mol%）、聚（1-丁烯）（[mmmm] = 87 mol%）、聚（1-戊烯）（[mmmm] = 91 mol%）和聚（1-己烯）（[mmmm] = 99 mol%）。等规戊烷的含量与单体大小呈线性关系，说明单体取代基大小对空间控制有影响。翁林红课题组将Ti配合物 b 与MAO结合作为活性催化剂用于乙烯聚合，得到了较宽分子量分布的PEs[552]。配合物 b_1 还催化乙烯与1-己烯的共聚反应，得到了含1-己烯的共聚物。

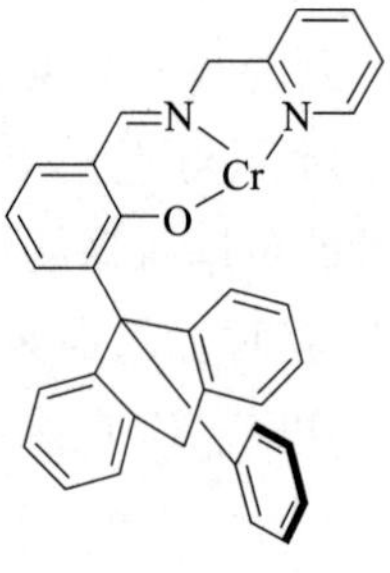

a

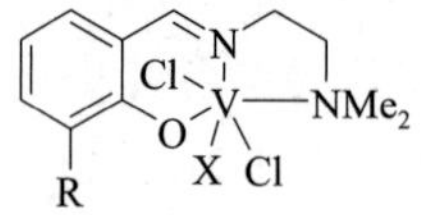

b

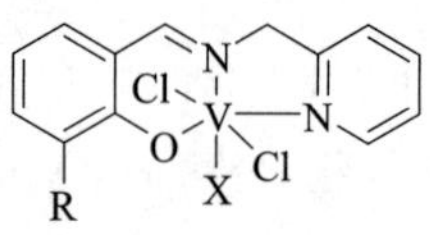

c_1: R=^{t}Bu, X=THF;
c_2: R=H, X=(=N(2, 6–$Me_2C_6H_3$))

c

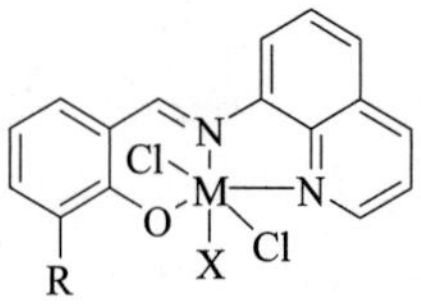

d_1: M=V, R=H, X=THF;
d_2: M=V, R=^{t}Bu, X=(=N(2, 6–$Me_2C_6H_3$))

d

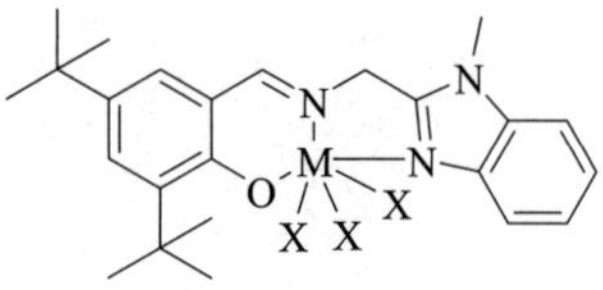

e_1: M=Ti, X=Cl;
e_2: M=Zr, X=Cl;
e_3: M=Hf, X=Cl;
e_4: M=Zr, X=Bn;
e_5: M=Hf, X=Bn

e

图 3 – 119 苯酚 – 亚胺类配体金属配合物

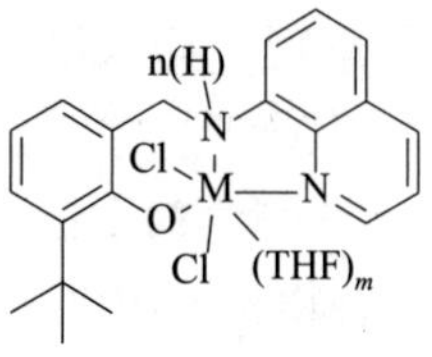

a

a_1: M=Zr, m=0, *n*=1;
a_2: M=Zr, m=0, *n*=1;
a_3: M=Zr, m=0, *n*=1

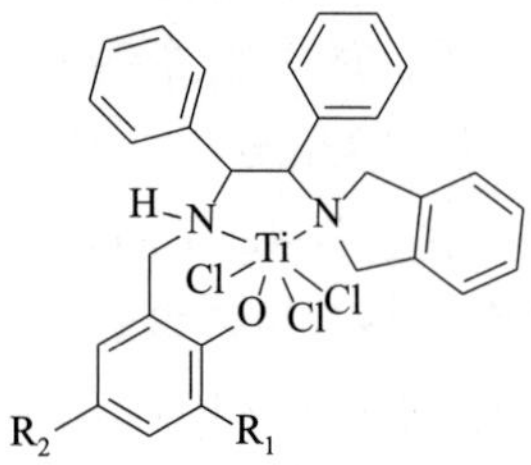

b

b_1: R_1=R_2=^{t}Bu;
b_2: R_1=R_2=I

图 3 – 120 ［NNO］三齿配体锆、钛金属配合物

李伯耿课题组合成了 Ni 和 Pd 复合物 a ~ c（图 3 – 121），并报道了它们与 MAO 活化后在降冰片烯聚合中的催化性能[553]。配合物 a_1 对降冰片烯聚合具有很高的活性（3.8×10^6g · mol^{-1} · h^{-1}），得到分子量分布为单峰的高分子量 PNBs。相比之下，复合物 c_2 具有更高的催化活性，可以达到 1.9×10^7 g · mol^{-1} · h^{-1}，从而得到分子量分布为双峰的高分子量 PNBs，这可能与催化体系中两种不同活性物质的形成有关。黄国维课题组对 d ~ e 型 Zr 配合物用 MMAO 活化后，进行了乙烯聚合活性催化剂的研究[554]。催化活性受螯合配体上的 R_1 基团的空间尺寸、不同溶剂（甲苯或邻二甲苯）、MMAO/Zr 摩尔比和不同温度（110 ℃或 140 ℃）的影响。Cr 配合物 f 可以催化 1-己烯齐聚反应或乙烯聚合反应[555]。配合物 f_1 在乙烯齐聚中表现出较高的选择性。当与四异丁基二铝氧烷反应时（DIBAL-O），复合物 $f_1 \sim f_3$ 只产生活性中等的 PEs（$9.4 \times 10^4 \mathrm{g \cdot mol^{-1} \cdot h^{-1} \cdot atm^{-1}}$）。

a_1: $R_1 = {}^iPr$, $R_2 = H$, $R_3 = Me$, $X = Cl$;
a_2: $R_1 = {}^iPr$, $R_2 = H$, $R_3 = Me$, $X = Br$;
a_3: $R_1 = Et$, $R_2 = H$, $R_3 = Me$, $X = Cl$;
a_4: $R_1 = R_2 = R_3 = Me$, $X = Cl$;
a_5: $R_1 = {}^iPr$, $R_2 = H$, $R_3 = Me$, $X = Cl$

c_1: $R_1 = {}^iPr$;
c_2: $R_1 = Et$

d_1: $R_1 = R_2 = {}^tBu$, $R_3 = R_4 = H$;
d_2: $R_1 = R_2 = CMe_2Ph$, $R_3 = R_4 = H$;
d_3: $R_1 = CPh_3$, $R_2 = {}^tBu$, $R_3 = R_4 = H$;
d_4: $R_1 = R_2 = CMe_2Ph$, $R_3 = R_4 = Benzo$

e_1: $R_1 = R_2 = CMe_2Ph$;
e_2: $R_1 = CPh_3$, $R_2 = {}^tBu$

f_1: $R = H$, $X = Cl$, $m = 1$;
f_2: $X = THF$, $m = 0$;
f_3: $R = Me$, $X = Cl$, $m = 1$;
f_3: $R = Me$, $X = THF$, $m = 1$

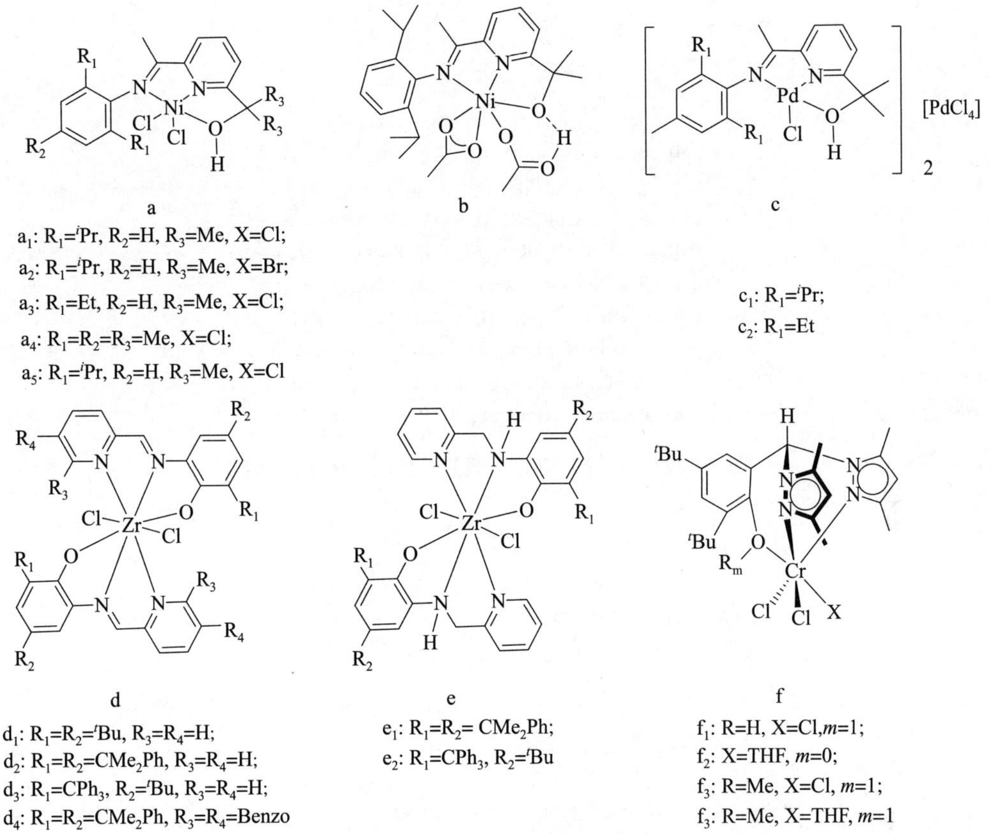

图 3 – 121　[NNO] 三齿配体金属配合物

孙文华课题组报道的一系列 Cr 配合物 a~f（图 3 – 122）在乙烯聚合中表现出不同的催化性能，这取决于助催化剂的性质（如 $EtAlCl_2$，MMAO，MAO，TEA，DEAC）[541]。与 DEAC 或 TEA 组合的配合物 a 对乙烯聚合无活性。当用 MMAO 或 MAO 活化时，配合物 a 表现出适度的乙烯聚合活性。Small 课题组描述 Cr 配合物 g~i 在 MAO 活化后，作为乙烯的高活性催化剂，可以用于乙烯聚合反应[539]。催化活性在很大程度上取决于亚胺芳基环上邻位取代基的大小。这些复合物的活性降低顺序为 g（$9.5 \times 10^4 \mathrm{g \cdot mol^{-1} \cdot h^{-1} \cdot atm^{-1}}$）> i（$6.2 \times 10^4 \mathrm{g \cdot mol^{-1} \cdot h^{-1} \cdot atm^{-1}}$）> h（$2.0 \times 10^4 \mathrm{g \cdot mol^{-1} \cdot h^{-1} \cdot atm^{-1}}$）。

孙文华课题组研究了镍配合物 a（图 3 – 123）对乙烯齐聚反应的影响，得到了较为温和的反应活性[537]。这些配合物的活性降低顺序为 a_1（$9.0 \times 10^3 \mathrm{g \cdot mol^{-1} \cdot h^{-1} \cdot atm^{-1}}$）> a_3（$7.3 \times 10^3 \mathrm{g \cdot mol^{-1} \cdot h^{-1} \cdot atm^{-1}}$）> a_2（$2.9 \times 10^3 \mathrm{g \cdot mol^{-1} \cdot h^{-1} \cdot atm^{-1}}$）。刘学端课题组描述了使用 Cr 配合物 b 经 MAO 活化后进行乙烯聚合[556]。这些配合物的催化性能受不同 R 的一部分因素的影响。在乙烯聚合中，在 R 位置上含苯基的配合物 b_2（$6.5 \times 10^4 \mathrm{g \cdot mol^{-1} \cdot h^{-1} \cdot atm^{-1}}$）的催化活性比配合物 b_1（$9.4 \times 10^5 \mathrm{g \cdot mol^{-1} \cdot h^{-1} \cdot atm^{-1}}$）低一个数量级。

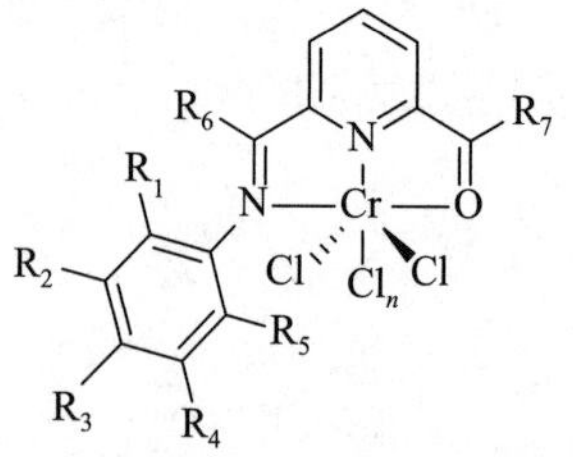

a: $R_1=R_5=Me, R_2=R_3=R_4=H, R_6=Me, R_7=OEt, n=1$;
b: $R_1=R_5=Et, R_2=R_3=R_4=H, R_6=Me, R_7=OEt, n=1$;
c: $R_1=R_5={}^iPr, R_2=R_3=R_4=H, R_6=Me, R_7=OEt, n=1$;
d: $R_1=R_5=F, R_2=R_3=R_4=H, R_6=Me, R_7=OEt, n=1$;
e: $R_1=R_5=Cl, R_2=R_3=R_4=H, R_6=Me, R_7=OEt, n=1$;
f: $R_1=R_5=Br, R_2=R_3=R_4=H, R_6=Me, R_7=OEt, n=1$;
g: $R_1=R_5=Me, R_2=R_3=R_4=H, R_6=H, R_7=Me, n=0$;
h: $R_1=R_5={}^iPr, R_2=R_3=R_4=H, R_6=Me, R_7=Me, n=0$;
i: $R_1={}^tBu, R_2=R_3=R_4=R_5=R_6=H, R_7=Me, n=0$

图 3-122 吡啶-亚胺-酮基三齿配体金属配合物

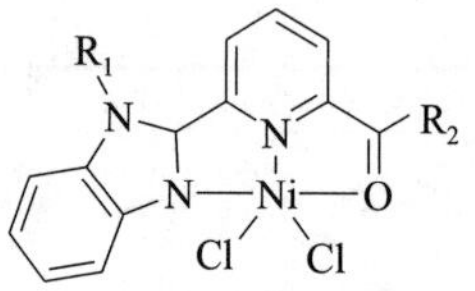

a
a_1: $R_1=H, R_2=OEt$;
a_2: $R_1=Me, R_2=OEt$;
a_3: $R_1=Me, R_2=Me$

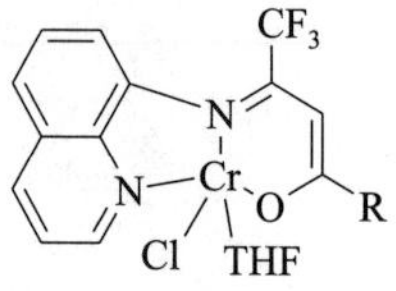

b
b_1: $R={}^tBu$;
b_2: $R=Ph$

图 3-123 吡啶-亚胺类三齿配体金属配合物

Carpentier 课题组报道了吡咯烷酮-亚胺-醚 Cr 复合物 a,与 MAO 活化后,铬配合物在乙烯齐聚反应中显示出适中的活性（$8.1 \times 10^4 \text{g} \cdot \text{mol}^{-1} \cdot \text{h}^{-1} \cdot \text{atm}^{-1}$）,较轻的 α-烯烃馏分作为主要产物[557]。由 Ojwach 课题组制备的吡唑基-(膦酰基)吡啶 Ni 配合物 $b_1 \sim b_3$（图 3-124）在用 EtAlCl$_2$,MAO 或 AlMe$_3$ 活化后显示出良好的乙烯齐聚选择性,以提供主要的 C4 低聚物,如果是用 EtAlCl$_2$ 作助催化剂,催化活性最高[530]。通过配合物 b_2 催化 1-己烯聚合得到高活性和高选择性聚（1-己烯）。

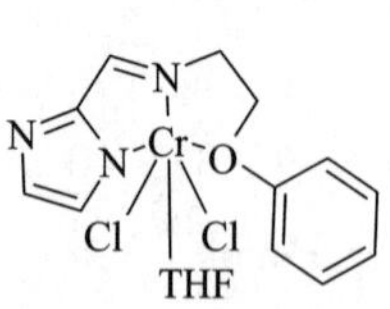

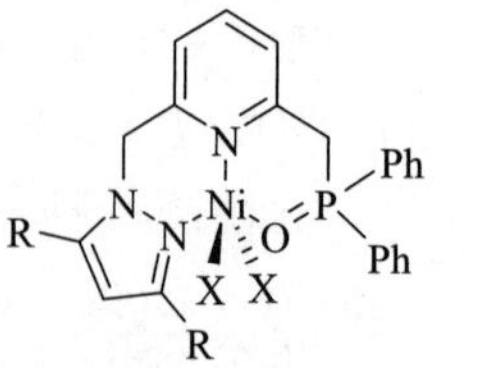

b_1: R=Me, X=Cl;
b_2: R=Me, X=Br;
b_3: R=Ph, X=Br

图 3-124 吡咯烷酮-亚胺-醚 Cr 复合物和吡唑基-(膦酰基)吡啶 Ni 配合物

7. [NNS] 配体

武清课题组报告了 Ni 和 Pd 配合物为聚合降冰片烯的活性预催化剂[558]（图 3-125）。钯催化降冰片烯聚合的活性（约 $2.7 \times 10^8 g \cdot mol^{-1} \cdot h^{-1}$）比 Ni 配合物（约 $8.2 \times 10^6 g \cdot mol^{-1} \cdot h^{-1}$）更高。聚合物的活性和分子量都依赖于配合物的芳基取代基。含有大量芳基取代基的配合物具有较高的活性，产生较高的分子量聚合物。N-芳基上含有 2,6-二异丙基的复合物 d 的活性最高，约为 $2.7 \times 10^8 g \cdot mol^{-1} \cdot h^{-1}$。这些结果表明，体积较大的空间位阻可以形成更稳定的活性物质，阻碍链转移反应。

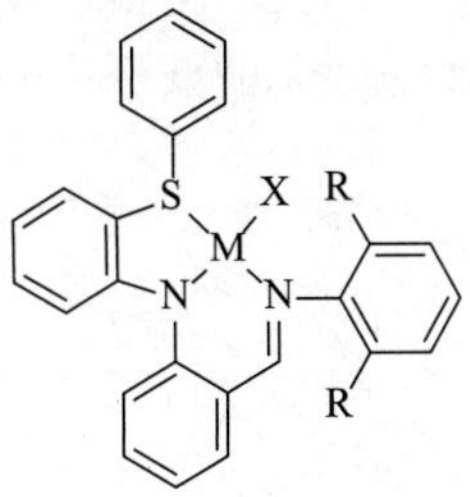

a: M=Ni, R=^{i}Pr, X=Br;   d: M=Pd, R=^{i}Pr, X=Me;
b: M=Ni, R=Me, X=Br;   e: M=Pd, R=Me, X=Me;
c: M=Ni, R=H, X=Br   f: M=Pd, R=H, X=Me

图 3-125　[NNS] 三齿配体金属配合物

8. [NXN] 配体 (X = H, C, P, O, S 等)

Jordan 课题组已经证明，硼酸双（吡唑啉）Zr 和 Hf 配合物 a 和 b（图 3-126）在加入 $[Ph_3C][B(C_6F_5)_4]$ 后可作为中活性乙烯聚合催化剂[559]。配合物 a_1（$2.5 \times 10^4 g \cdot mol^{-1} \cdot h^{-1} \cdot atm^{-1}$）活性高于配合物 b_1（$0.8 \times 10^4 g \cdot mol^{-1} \cdot h^{-1} \cdot atm^{-1}$），$b_2$ 和 b_3 在 0 ℃ 和 23 ℃ 时乙烯聚合活性非常低，这可能是由 Et_2O 配位性较强所致。由配合物 a_1 产生的线性 PE 显示出双峰分子量分布，相反，复合物 a_2 产生具有单峰分子量分布的线性 PEs。牟颖课题组报道了相关 Cr 配合物 $c_1 \sim c_3$ 在 C_6H_5Cl 中可以作为异戊二烯聚合的高效预催化剂[560]。在 AlR_3 和 $[Ph_3C][B(C_6F_5)_4]$ 活化下，这些配合物催化活性为 $(1.0 \sim 27.3) \times 10^4 g \cdot mol^{-1} \cdot h^{-1}$，对异戊二烯聚合得到高分子量和适中分子量分布的聚（异戊二烯）。

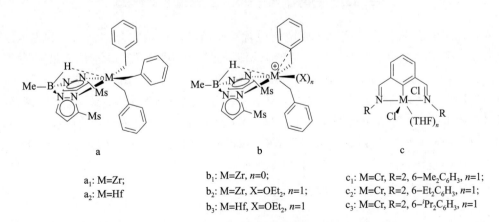

a_1: M=Zr; b_1: M=Zr, n=0; c_1: M=Cr, R=2, 6-$Me_2C_6H_3$, n=1;
a_2: M=Hf b_2: M=Zr, X=OEt, n=1; c_2: M=Cr, R=2, 6-$Et_2C_6H_3$, n=1;
                       b_3: M=Hf, X=OEt, n=1 c_3: M=Cr, R=2, 6-$^iPr_2C_6H_3$, n=1

图 3-126　硼酸双（吡唑啉）配合物和二亚胺类配合物

Lee 课题组使用第 4 族金属含（氨基）膦配体配合物 a 和 b（图 3-127）与助催化剂结合，如 MMAO，$[HNMe(C_{18}H_{37})_2][B(C_6F_5)_4]$ 或 $[Ph_3C](B(C_6F_5)_4)$ 催化乙烯聚合或乙烯和 α-辛烯的共聚[561,562]。配合物 a_3/MMAO，a_4/MMAO 和 $a_5/[Ph_3C][B(C_6F_5)_4]$ 体系中，共聚物中 1-辛烯插入率为小于 2 mol%，且活性适中（$(8.0 \sim 26.0) \times 10^5 g \cdot mol^{-1} \cdot h^{-1} \cdot atm^{-1}$）。相比之下，$b_1 \sim b_4$ 配合物的共聚活性几乎为零。Ti 配合物 c 与 MAO 活化后在乙烯聚合过程中只产生微量的 PEs。李悦生课题组研究了 2,2-亚氨基二苯硫化物 Cr 配合物 $d_1 \sim d_3$ 与 MMAO 结合用于乙烯聚合[563]。Casagrande 课题组报道了镍配合物 e 与 MAO 或 DEAC 作用下的乙烯齐聚反应[528]。配体环境对催化性能有显著影响。与 MAO 结合，配合物 e_1 的活性高于复合物 e_2，得到了 72~82 mol% 的低聚体（1-丁烯）。

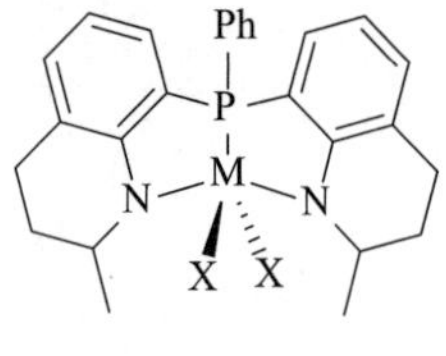

a
a_1: M=Hf, X=CH$_2$Ph;
a_2: M=Zr, X=CH$_2$Ph;
a_3: M=Hf, X=Cl;
a_4: M=Zr, X=Cl;
a_5: M=Hf, X=Me;
a_6: M=Zr, X=Me

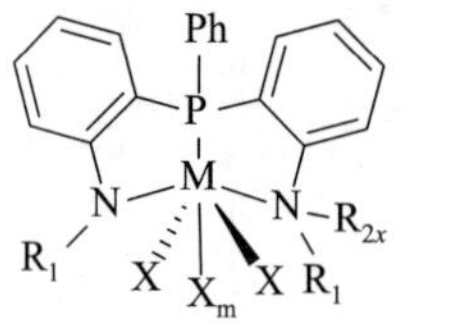

b
b_1: M=Hf, R_1=Et, X=CH$_2$Ph, x=m=0;
b_2: M=Zr, R_1=Et, X=CH$_2$Ph, x=m=0;
b_3: M=Hf, R_1=Me, R_2=H, X=Cl, x=m=1;
b_4: M=Zr, R_1=Me, R_2=H, X=Cl, x=m=1

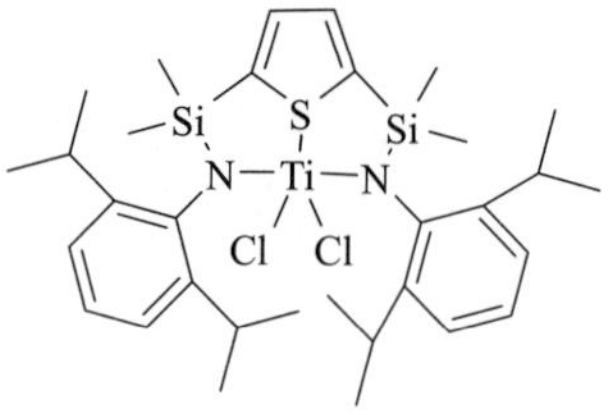

c

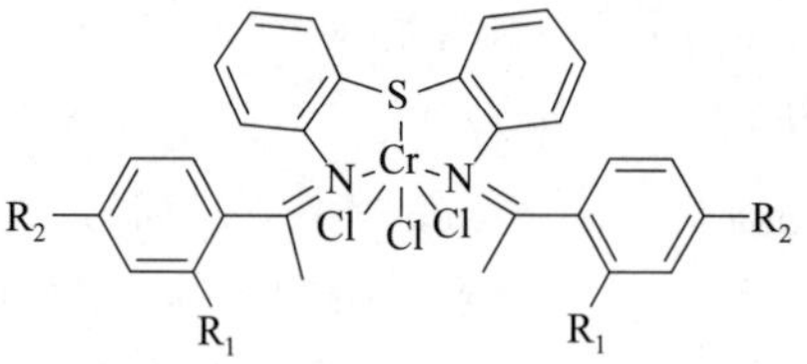

d
d_1: R_1=R_2=Me;
d_2: R_1=Me, R_2=H;
d_3: R_1=H, R_2=Me

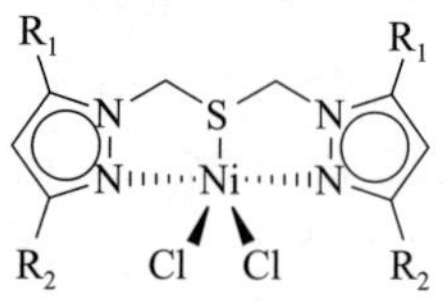

e
e_1: R_1=R_2=Me;
e_2: R_1=H, R_2=Ph

图 3-127　[NPN] 和 [NSN] 三齿配体金属配合物

Schrock 课题组报告了一些第 4 族金属包含 [NON] 配体的配合物 a~c（图 3-128），在硼酸盐或硼烷的作用下，用于 1-己烯的齐聚或乙烯和 1-己烯的共聚合。Zr 配合物 a_1 与 $[PhNHMe_2][B(C_6F_5)_4]$ 体系对乙烯聚合反应活性高，约为 $8.0 \times 10^5 g \cdot mol^{-1} h^{-1} atm^{-1}$。这个体系显示出高催化活性，对 1-己烯聚合具有中等分子量和较窄分子量分布。Hu 课题组报道许多吡啶或喹啉酮类 Cr 复合物 $d_1 \sim d_4$，与 MAO 活化后，对于乙烯聚合活性较高（$(2.0 \sim 5.6) \times 10^5 g \cdot mol^{-1} \cdot h^{-1} \cdot atm^{-1}$），配体构型对聚合活性影响很小。配合物 d_2 的活性为 $2.8 \times 10^5 g \cdot mol^{-1} \cdot h^{-1} \cdot atm^{-1}$，相关配合物如 d_1、d_3 和 d_4 也具有类似的活性。结果表明，电子效应在催化活性中起着重要作用。

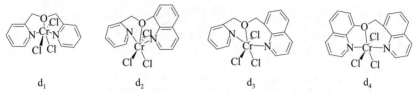

a_1: M=Zr, R=C(CD$_3$)$_2$CH$_3$, X=Me;　　a_6: M=Ti, R=Cy, X=Me;
a_2: M=Zr, R=^{i}Pr, X=Me;　　　　　　　　a_7: M=Ti, R=Cy, X=CH$_2$CMe$_3$;
a_3: M=Zr, R=^{i}Pr, X=Et;　　　　　　　　　a_8: M=Ti, R=Cy, X=^{i}Bu;
a_4: M=Zr, R=^{i}Pr, X=^{i}Bu;　　　　　　　　a_9: M=Hf, R=SiMe$_3$, X=Me;
a_5: M=Zr, R=^{i}Pr, X=CH$_2$CMe$_3$;　　　　a_{10}: M=Zr, R=2,4,6-Me$_3$C$_6$H$_2$, X=Me

图 3-128　[NON] 三齿配体金属配合物

9. [PNO] 配体

唐勇课题组报道了 Ti 配合物 a、b$_1$ 和 c$_1$ (图 3-129) 的合成及其对乙烯聚合的催化性能, 以及乙烯与 NBE 或 1-己烯经 MMAO 活化后的共聚反应[564]。配合物 a 对乙烯聚合具有中等活性, 配合物 b$_1$ 和 c$_1$ 对乙烯聚合活性较高 (c$_1$: 1.4×10^6 g·mol^{-1}·h^{-1}·atm^{-1}; b$_1$: 1.1×10^7 g·mol^{-1}·h^{-1}·atm^{-1})。在后一种情况下, 分子量较高的 PEs 分子量分布适中 (c$_1$: $M_n=4.7\times10^5$ g·mol^{-1}; D=1.53; b$_1$: $M_n=1.3\times10^5$ g·mol^{-1}; D=1.54)。这些催化剂对乙烯与 NBE 或 1-己烯的共聚反应也表现出良好的催化活性。共聚物中共聚单体的含量可由共聚单体的初始浓度控制。随着 1-己烯浓度从 0.27 增加到 5.33 mol·L^{-1}, 共聚物中 1-己烯的掺入量从 5 mol% 增加到 41 mol%。此外, 当降冰片烯浓度为 0.22~3.74 mol·L^{-1} 时, 所得共聚物的降冰片烯含量从 4.1 mol% 增加到 35.3 mol%。这一结果可能与金属中心周围开放的活性位点有关。在与 Et$_2$AlCl 活化后, 带有水杨酸二胺配体的配合物 c$_2$ 催化乙烯聚合以及 1-己烯和降冰片烯共聚, 提供聚乙烯与共聚单体掺入的相应共聚物[548]。

唐勇课题组合成的一系列 Ti 配合物 b$_1$~b$_3$ (图 3-129) 作为高活性催化剂经 MMAO 活化后可催化乙烯聚合以及乙烯和 α-烯烃的共聚[565]。螯合配体的位阻对催化剂的活性有明显的影响。配合物 b$_1$~b$_3$ 的活性降低顺序为 b$_1$ (6.8×10^6 g·mol^{-1}·h^{-1}·atm^{-1}) > b$_3$ (4.3×10^6 g·mol^{-1}·h^{-1}·atm^{-1}) > b$_2$ (1.0×10^6 g·mol^{-1}·h^{-1}·atm^{-1})。通过配合物 b$_1$ 的催化, α-烯烃 (如 1-己烯、1-辛烯、1-十二烯) 或降冰片烯插入到 PE, 且活性高达 2.6×10^6 g·mol^{-1}·h^{-1}·atm^{-1}。随着共聚单体浓度的增加, 共聚单体在共聚物中的掺入比提高, 所得共聚物的 T_m 降低到 87.7 ℃。李悦生课题组报道的 V 配合物 c$_3$~c$_4$ 经 Et$_2$AlCl 和 Cl$_3$CCOOEt 活化后催化乙烯聚合具有很高的活性[549]。作为均相 V 催化剂, 在高温下的活性最高的配合物 c$_3$ 的活性可达 1.7×10^7 g·mol^{-1}·h^{-1}·atm^{-1}, 得到了高分子量的 PEs。

10. [PNS] 配体

经 MAO 助催化剂活化后, Cr 配合物 a~c (图 3-130) 对乙烯聚合的催化性能不同[546]。配合物 a 对乙烯聚合反应生成 1-己烯具有良好的选择性 (82 wt%), 而经配合物 b 得到 PEs (56 wt%) 和 1-己烯的混合物 (44 wt%), 配合物 c 主要得到 PEs (81 wt%)。

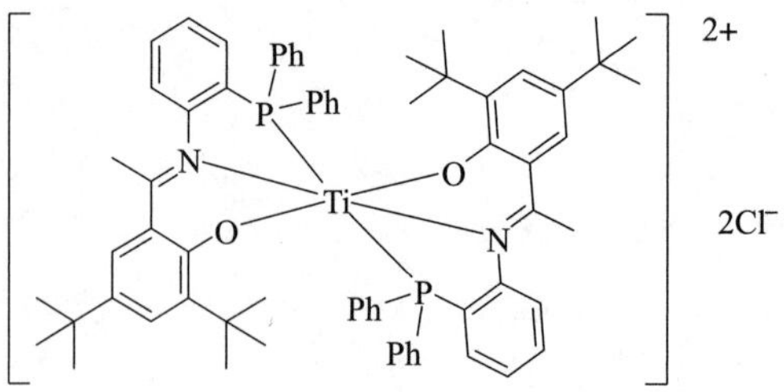

a

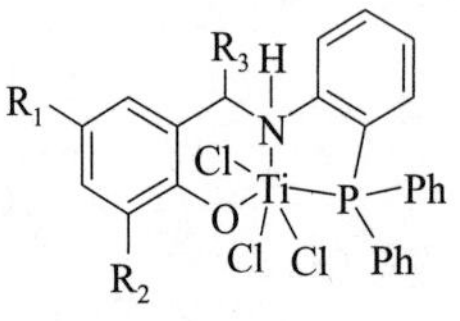

b_1: $R_1=R_2={}^tBu$, $R_3=H$;
b_2: $R_1=R_3=H$, $R_2=Ph$;
b_3: $R_1=R_2=R_3={}^tBu$

b

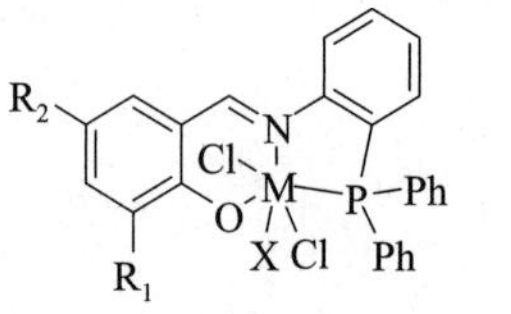

c_1: M=Ti, $R_1=R_2={}^tBu$, X=Cl;
c_2: M=V, $R_1=R_2=H$, X=THF;
c_3: M=V, $R_1=R_2={}^tBu$, X=(=N(2, 6–MeC_6H_3));
c_4: M=V, $R_1={}^tBu$, $R_2=H$, X=(=N(2, 6–MeC_6H_3))

c

图 3 – 129　［ONP］三齿配体金属配合物

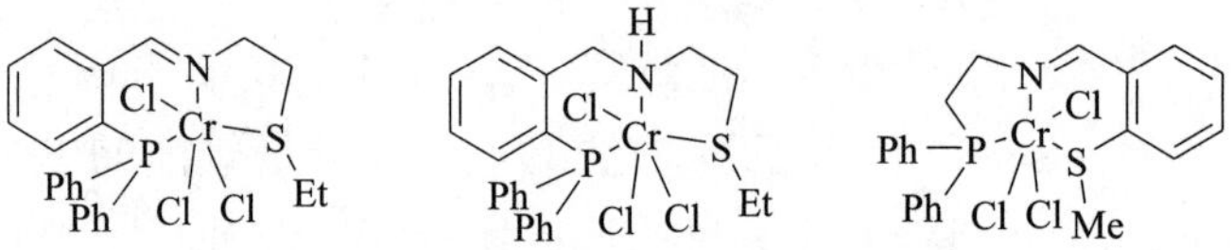

图 3 – 130　［PNS］三齿配体 Cr 配合物

11. ［OOO］配体

Okuda 课题组报道了用双（酚醛）Ti 配合物 a（图 3 – 131），经 MAO 活化后催化乙烯或苯乙烯聚合[566]。配合物 a 催化乙烯聚合活性为 $3.4\times10^4 g\cdot mol^{-1}\cdot h^{-1}\cdot atm^{-1}$，得到中等分子量的 PEs。该催化剂还促进苯乙烯的间规聚合，其活性约为 $6.9\times10^4 g\cdot mol^{-1}\cdot h^{-1}\cdot atm^{-1}$，生成分子量适中、分子量分布较广的 sPSs。Magna 课题组使用的是芳氧基 Ti 配合物 $b_1\sim b_2$（图 3 – 131）经 MAO 活化后，催化乙烯聚合，活性适中（$(1.1\sim1.3)\times10^4 g\cdot mol^{-1}\cdot h^{-1}\cdot atm^{-1}$），产物以 PEs 为主（93%～94%）[567]。

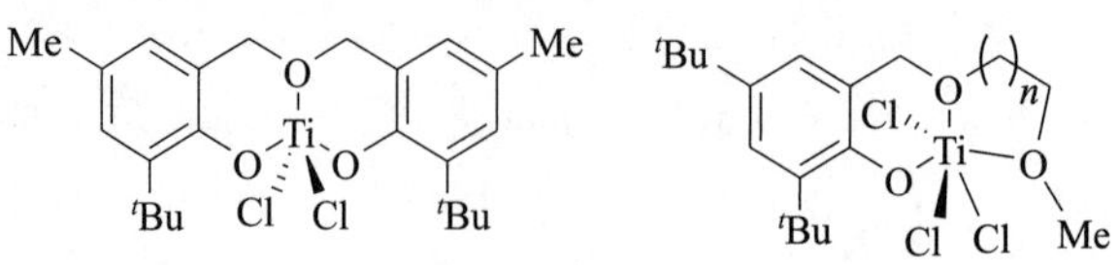

b_1: n=1;
b_2: n=2

图 3 – 131　［OOO］三齿配体 Ti 配合物

12. ［OCO］配体

Kawaguchi 课题组报道了 Ti 配合物 a～e（图 3 – 132），经 MMAO 活化得到一种高活性乙烯聚合催化剂，生成中等分子量的 PEs[568]。孙文华课题组还制备了相关的 Ti、Zr、Hf 配合物 e～g（图 3 – 132），这些配合物与 MMAO 活化后对乙烯聚合也有活性。而在 f/[Ph_3C][$B(C_6F_5)_4$]或 g/[Ph_3C][$B(C_6F_5)_4$]体系中导致低聚（1-己烯）的缓慢形成[541,569,570]。

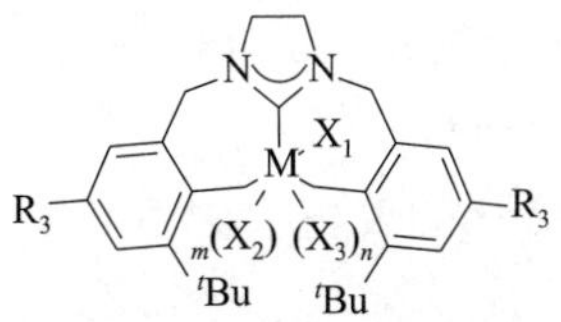

a: M=Ti, $X_1=X_2$=Cl, R_3=^{t}Bu, X_3=THF, $m=n=1$;
b: M=Ti, $X_1=X_2$=CH_2Ph, R_3=^{t}Bu, $m=1$, $n=0$;
c: M=Ti, $X_1=X_2$=Cl, R_3=Me, X_3=THF, $m=n=1$;
d: M=Ti, $X_1=X_2$=Cl, R_3=^{t}Bu, X_3=THF, $m=n=1$;
e: M=Ti, X_1=Br, R_3=^{t}Bu, X_3=THF, $m=0$, $n=2$;
f: M=Zr, $X_1=X_2$=CH_2Ph, R_3=^{t}Bu, $m=1$, $n=0$;
g: M=Hf, $X_1=X_2$=CH_2Ph, R_3=^{t}Bu, $m=1$, $n=0$

图 3-132 [OCO] 三齿配体金属配合物

13. [ONO] 配体

Kim 课题组报道了同时含有三齿状 N-烷基-N, N-二乙醇胺配体和 Cp*配体的 N, N-二氧基苯胺 Ti 和 Zr 复合物 a~c (图 3-133) 的合成[570]。在 MMAO 作用下, 配合物 a~c 在聚合乙烯方面具有中等活性, 得到中等到宽分子量分布的线性 PEs。此外, a/MMAO 体系和 c/MMAO 体系可作为苯乙烯间规聚合的有效催化剂。李悦生课题组报道用相关的 Ti 配合物 d~f (图 3-133) 对苯乙烯进行间规聚合[571]。催化剂活性和聚合物性能与三齿配体的空间效应和电子效应密切相关。这些配合物的活性为 $(8.9 \sim 25.7) \times 10^6 g \cdot mol^{-1} \cdot h^{-1} \cdot atm^{-1}$, 比它们原本的配合物 Cp*$TiCl_3$ 具有更高的间同立构规整度 (>98%), 产生更高分子量的 SPSs。Carpentier 课题组报道了相关 Ti 和 Zr 配合物 g~i (图 3-133) 在 MAO 或 [Ph_3C][$B(C_6F_5)_4$]/Al^{i}Bu$_3$ 的作用下催化乙烯聚合, 催化活性为 $(0.4 \sim 178.0) \times 10^4 g \cdot mol^{-1} \cdot h^{-1} \cdot atm^{-1}$, 得到了高分子量的 PEs[572]。Lee 课题组所述的 Ti 配合物 j~l (4.133) 具有很高的催化活性 $((2.1 \sim 23.3) \times 10^6 g \cdot mol^{-1} \cdot h^{-1} \cdot atm^{-1})$, 经 MAO 活化后用于苯乙烯的聚合[573]。此外, j/MAO 体系的聚合活性随着温度升高至 90 ℃ 而逐渐增加, 表明具有空间位阻的三齿螯合配体似乎稳定了活性物质并且在高聚合温度下表现出热稳定性。

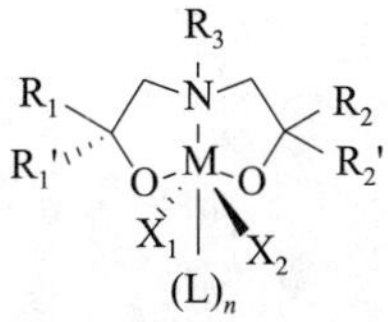

a: M=Ti, $R_1=R_1'=R_2=R_2'$=H, R_3=Me, X_1=Cl, X_2=Cp*, $n=0$;
b: M=Zr, $R_1=R_1'=R_2=R_2'$=H, R_3=Me, X_1=Cl, X_2=Cp*, $n=0$;
c: M=Ti, $R_1=R_1'=R_2=R_2'$=H, R_3=^{n}Bu, X_1=Cl, X_2=Cp*, $n=0$;
d: M=Ti, $R_1=R_1'=R_2=R_2'$=H, R_3=Ph, X_1=Cl, X_2=Cp*, $n=0$;
e: M=Ti, $R_1=R_1'=R_2=R_2'$=H, R_3=2,6-$Me_2C_6H_3$, X_1=Cl, X_2=Cp*, $n=0$;
f: M=Ti, $R_1=R_2$=Me, $R_1'=R_2'$=H, R_3=Ph, X_1=Cl, X_2=Cp*, $n=0$;
g: M=Zr, $R_1=R_1'=R_2=R_2'$=Me, R_3=CH_2Ph, $X_1=X_2$=Cl, $n=0$;
h: M=Ti, $R_1=R_1'=R_2=R_2'$=Me, R_3=CH_2Ph, $X_1=X_2$=Cl, $n=0$;
i: M=Ti, $R_1=R_1'=R_2=R_2'$=Me, R_3=CH_2Ph, $X_1=X_2$=Cl, $n=0$;
j: M=Ti, $R_1=R_1'=R_2=R_2'$=H, R_3=Me, X_1=Cl, X_2=Cp*, $n=0$;
k: M=Ti, $R_1=R_1'$=Me, $R_2=R_2'$=H, R_3=Me, X_1=Cl, X_2=Cp*, $n=0$;
l: M=Ti, $R_1=R_1'=R_2=R_2'$=Me, R_3=Me, X_1=Cl, X_2=Cp*, $n=0$

图 3-133 [ONO] 三齿配体钛、锆金属配合物

Suzuki 课题组使用了一些 Ti 配合物 $a_1 \sim a_3$ 和 a_5（图 3-134）在 MAO 活化下，用于乙烯聚合但活性较低。相关的 a_4 配合物对乙烯或丙烯聚合也有活性，从而得到高密度聚乙烯和弹性聚丙烯[574]。有机铝化合物活化的 V 配合物 b 也能催化烯烃聚合得到中到高分子量的 PEs，该聚合活性取决于助催化剂的性质[575]。当二乙基乙氧基氯（DEAC）作为助催化剂时，这些催化剂的活性降低顺序为 b_2（$1.5 \times 10^5 g \cdot mol^{-1} \cdot h^{-1} \cdot atm^{-1}$）> b_1（$8.2 \times 10^4 g \cdot mol^{-1} \cdot h^{-1} \cdot atm^{-1}$）> b_3（$6.0 \times 10^4 g \cdot mol^{-1} \cdot h^{-1} \cdot atm^{-1}$）。用三氯乙酸甲酯（MTCA）处理复杂的 $b_1 \sim b_3$/DEAC 体系，其活性增加了 $2 \sim 4$ 倍。将 $B(C_6F_5)_3$ 添加到 Ta 复合物 c_1 中，在室温下产生非活性体系[576]。当反应温度升高到 80 ℃时，配合物 c_1 与 $B(C_6F_5)_3$ 的活化导致低活性乙烯齐聚体系，生成低聚物。随后，引入 Ti 和 V 配合物 $c_2 \sim c_6$ 进行丙烯聚合以及乙烯与 1-辛烯的共聚。在这些配合物中，配合物 c_5 显示最高的活性（$1.6 \times 10^5 g \cdot mol^{-1} \cdot h^{-1} \cdot atm^{-1}$），得到高分子量和宽分子量分布的聚丙烯和乙烯与 1-辛烯（单体插入量为 6.6 mol%）的共聚物[577]。

Carpentier 课题组还研究了第 4 族配合物 d（图 3-134）聚合乙烯或丙烯的能力[578]。d_1、d_2 和 d_4 与 $[Ph_3C][(C_6F_5)_4]$ 反应活化后，在丙烯聚合过程中不产生任何聚合活性。而 Zr 前体 d_5 经 MAO 活化后表现出中等活性（$(6.5 \sim 9.9) \times 10^4 g \cdot mol^{-1} \cdot h^{-1} \cdot atm^{-1}$），得到双峰分布高分子量的 PPs。经 MAO 处理后，配合物 d_1 和 d_3 对乙烯聚合活性较低。相比之下，d_1、d_2 和 d_4 配合物在 $[Ph_3C][(C_6F_5)_4]$ 和 Al^iBu_3 活化后显示出较高的活性（$(4.2 \sim 6.1) \times 10^5 g \cdot mol^{-1} \cdot h^{-1} \cdot atm^{-1}$），得到具有单峰分布的 PPs。

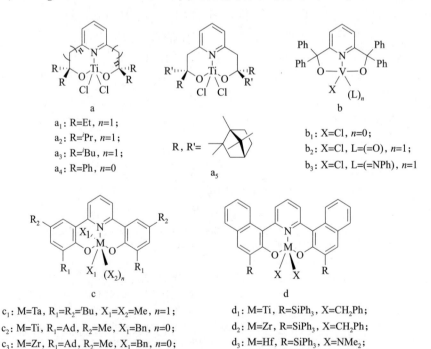

图 3-134　吡啶-双（羟基）三齿配体金属配合物

唐勇课题组研究表明 Ti 配合物 a（图 3-135）经 MMAO 活化后催化乙烯聚合表现为适中活性，得到高线性、宽分子量分布的 PEs[579]。配合物 a_1 经 MMAO 活化后在乙烯与 1-己烯共聚方面也表现出一定的活性。配合物 b/MMAO 体系（图 3-135）在催化乙烯与 9-葵烯-1-醇的共聚方面显示出高的催化活性（$3.0 \times 10^5 g \cdot mol^{-1} \cdot h^{-1} \cdot atm^{-1}$）。在用 MMAO 活化后，发现 β-二亚胺基 Cr 配合物 c（图 3-135）在催化烯烃聚合方面表现为低聚合活性并得到极低分子量聚合物。

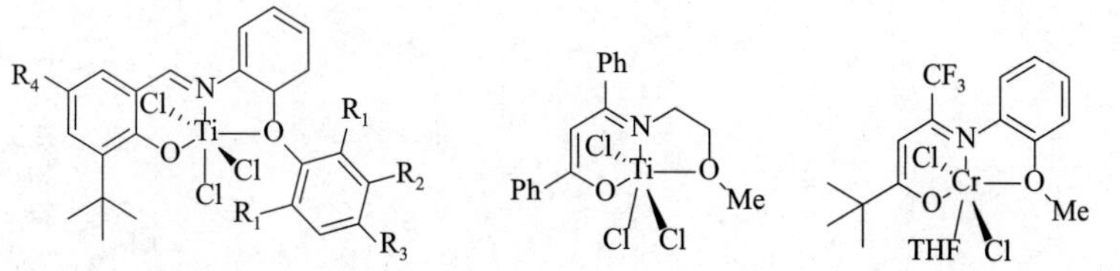

a_1: $R_1=R_2=R_3=H$, $R_4=^tBu$;
a_2: $R_1=Cl$, $R_2=R_3=H$, $R_4=^tBu$;
a_3: $R_1=Me$, $R_2=R_3=H$, $R_4=^tBu$;
a_4: $R_1=^iPr$, $R_2=R_3=H$, $R_4=^tBu$

图 3-135　[ONO] 三齿配体钛、铬配合物

14. [OSO] 配体

Miyatake 课题组报道了一系列 Ti、Zr 和 V 配合物 a~i（图 3-136），用于乙烯、丙烯及苯乙烯的聚合，以及乙烯与苯乙烯通过与 MAO、MMAO 或 [Ph_3C][$B(C_6F_5)_4$]/Al^{i}Bu$_3$ 的活化而共聚[62,580,581]。配合物 a 在聚合反应中表现出最高的活性（乙烯为 $7.7 \times 10^5 g \cdot mol^{-1} \cdot h^{-1} \cdot atm^{-1}$，丙烯为 $8.9 \times 10^6 g \cdot mol^{-1} \cdot h^{-1} \cdot atm^{-1}$，苯乙烯为 $2.4 \times 10^6 g \cdot mol^{-1} \cdot h^{-1} \cdot atm^{-1}$）。而配合物 b 对乙烯与苯乙烯的共聚反应活性最高（$3.1 \times 10^4 g \cdot mol^{-1} \cdot h^{-1} \cdot atm^{-1}$），得到乙烯和苯乙烯共聚物。Okuda 课题组报道由双（酚）二苯硫醚 Ti 二甲基配合物 j 与硼酸盐如 $B(C_6F_5)_3$ 反应[582]，催化乙烯聚合但活性较低，这可能是因为在 -20 ℃以上配合物 j 大量分解。

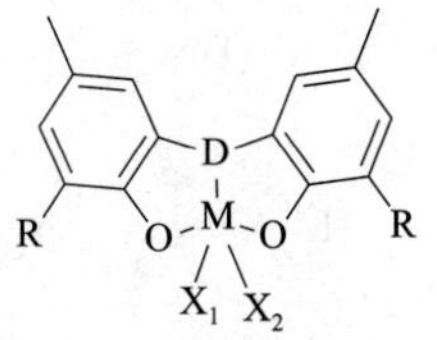

a: M=Ti, R=^{t}Bu, $X_1=X_2$=Cl, D=S;
b: M=Ti, R=^{t}Bu, $X_1=X_2$=O^{i}Pr, D=S;
c: M=Zr, R=^{t}Bu, $X_1=X_2$=O^{i}Pr, D=S;
d: M=Ti, R=Me, $X_1=X_2$=Cl, D=S;
e: M=Ti, R=^{i}Pr, $X_1=X_2$=Cl, D=S;
f: M=Ti, R=Si(^{i}Pr)$_3$, $X_1=X_2$=Cl, D=S;
g: M=Ti, R=^{t}Bu, $X_1=X_2$=Cl, D=SO2;
h: M=V, R=^{t}Bu, X_1=(=O), X_2=Cl, D=S;
i: M=V, R=^{t}Bu, X_1=(=O), X_2=OBu, D=S;
j: M=Ti, R=^{t}Bu, $X_1=X_2$=Me, D=S

图 3-136　一系列 Ti、Zr 和 V 配合物

15. [ONS] 配体

唐勇课题组描述了 Ti 配合物 $a_1 \sim a_3$（图 3-137）与 MMAO 的结合能够催化乙烯和降冰片烯的共聚，可以得到降冰片烯含量在 13.7 mol% 到 48.8 mol% 之间的共聚物[583]。配合物 a_1（R=Me）表现出非常高的催化活性（$2.0 \times 10^6 g \cdot mol^{-1} \cdot h^{-1} \cdot atm^{-1}$），相比较配合物 a_3

(R = Ph) 要活泼 10 倍 (2.3×10^5 g·mol^{-1}·h^{-1}·atm^{-1})。这样的结果表明,硫原子上取代基的立体效应在这些配合物上会影响烯烃的共聚。共聚物的分子量降低如下:$M_n = 11.6 \times 10^4$ g·mol^{-1}(a_1) > $M_n = 7.6 \times 10^4$ g·mol^{-1}(a_2) > $M_n = 4.6 \times 10^4$ g·mol^{-1}(a_3),这可能与铝中心的链转移反应有关。使用 V 配合物 b 经 Et$_2$AlCl 和 Cl$_3$CCOOEt 活化后,乙烯聚合活性可达 3.6×10^6 g·mol^{-1}·h^{-1}·atm^{-1}[549]。在 30 atm 的乙烯压力下,Cr 配合物 c 与 MAO 活化后催化乙烯聚合,虽然展现出相对较低的活性 (8.2×10^2 g·mol^{-1}·h^{-1}·atm^{-1}),但是具有很好的选择性[546]。

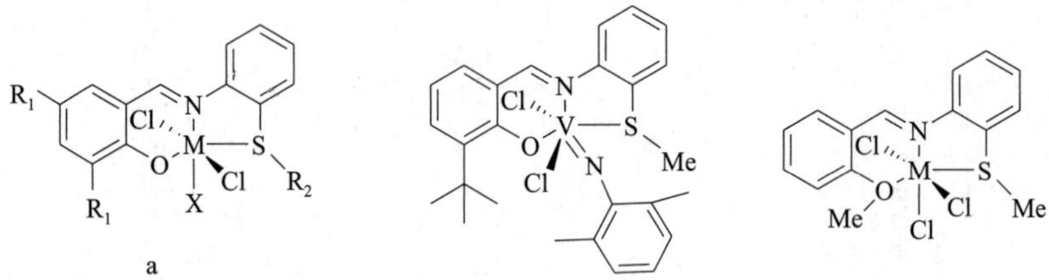

图 3-137 [ONS] 三齿配体钛、钒配合物

a$_1$: M=Ti, R$_1$=^{t}Bu, R$_2$=Me, X=Cl;
a$_2$: M=Ti, R$_1$=^{t}Bu, R$_2$=^{i}Pr, X=Cl;
a$_3$: M=Ti, R$_1$=^{t}Bu, R$_2$=Ph, X=Cl;
a$_3$: M=V, R$_1$=R$_2$=Me, X=THF

Ti 配合物 a(图 3-138)经助催化剂 MMAO 活化后,在甲苯(50 mL)40 ℃下实现乙烯和官能团烯烃的共聚[584]。其中,配合物 a_6 在 9-葵烯-1-醇与乙烯的共聚中显示出最高的活性(1.3×10^8 g·mol^{-1}·h^{-1}·atm^{-1}),得到共聚物(9-葵烯-1-醇含量 3.3 mol%)。配合物 b/MMAO 体系在 1 atm 的乙烯压力在甲苯(50 mL)25 ℃下,催化乙烯和极性烯烃的共聚,显示很高的催化活性(11.2×10^6 g·mol^{-1}·h^{-1}·atm^{-1})。Cr 配合物 c 经 MMAO 活化后,在 25 ℃下,在甲苯(80 mL)溶液中,4 atm 压力的乙烯条件下,对乙烯聚合,显示出很高的催化活性(8.6×10^5 g·mol^{-1}·h^{-1}·atm^{-1}),而类似物 c_2 在类似条件下仅产生微量聚合物[585]。这些结果表明,配体主链上不同取代基的性质影响乙烯聚合的催化行为。

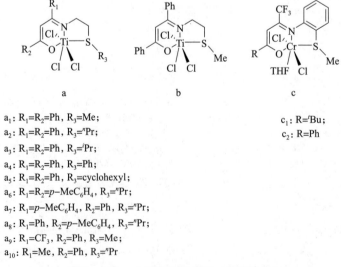

a$_1$: R$_1$=R$_2$=Ph, R$_3$=Me;
a$_2$: R$_1$=R$_2$=Ph, R$_3$=^{i}Pr;
a$_3$: R$_1$=R$_2$=Ph, R$_3$=^{n}Pr;
a$_4$: R$_1$=R$_2$=Ph, R$_3$=Ph;
a$_5$: R$_1$=R$_2$=Ph, R$_3$=cyclohexyl;
a$_6$: R$_1$=R$_2$=p-MeC$_6$H$_4$, R$_3$=^{n}Pr;
a$_7$: R$_1$=p-MeC$_6$H$_4$, R$_2$=Ph, R$_3$=^{n}Pr;
a$_8$: R$_1$=Ph, R$_2$=p-MeC$_6$H$_4$, R$_3$=^{n}Pr;
a$_9$: R$_1$=CF$_3$, R$_2$=Ph, R$_3$=Me;
a$_{10}$: R$_1$=Me, R$_2$=Ph, R$_3$=^{n}Pr

c$_1$: R=^{t}Bu;
c$_2$: R=Ph

图 3-138 [ONS] 三齿钛、铬配合物

在 MAO 存在下，Cr 配合物 a 和 b（图 3-139）在 30 atm 乙烯压力下，在 24~31℃下，均能有效地催化乙烯聚合。配合物 b 表现出更高的活性和更高的 PE 选择性[546]。使用 Ti 配合物 c（图 3-139），经 MMAO 活化后，可实现 1-辛烯和 1-十八醇烯的共聚得到聚烯烃[565]。

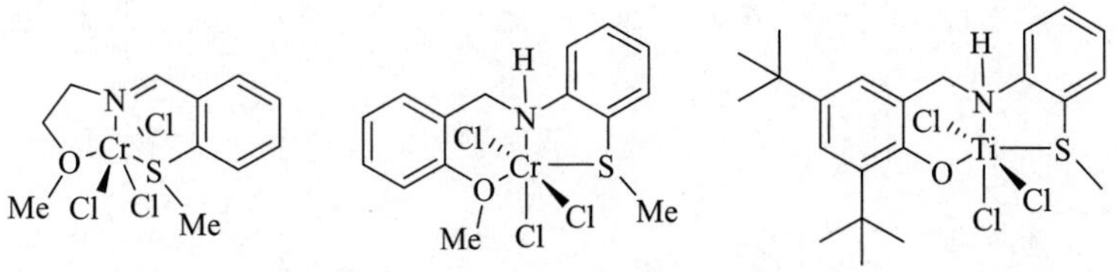

图 3-139　[ONS] 三齿配体金属配合物

16. [SSS] 配体

Pakkanen 课题组报道了 1,4,7-三噻唑烷 Rh 配合物 a_1 和 Pt 配合物 a_2（图 3-140）经 MAO 活化后，对乙烯聚合具有活性[586]。在相同条件下，Rh 配合物/MAO 体系的活性（$6.7×10^3 g·mol^{-1}·h^{-1}·atm^{-1}$）低于 Pt 配合物体系（$1.2×10^4 g·mol^{-1}·h^{-1}·atm^{-1}$）。Rh 配合物/MAO 体系获得的分子量低于 Pt 配合物体系获得的分子量。

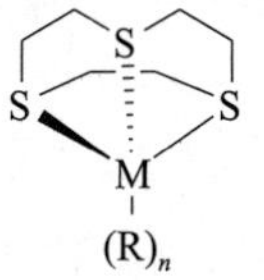

a_1: M=Rh, R=Cl, n=3;
a_2: M=Pt, R=Cl, n=4

图 3-140　1,4,7-三噻唑烷配合物

17. [SNS] 配体

在 MAO 作用下，双硫醚亚胺 Cr 配合物 a（图 3-141）对乙烯聚合的活性较低（$7.8×10^3 g·mol^{-1}·h^{-1}·atm^{-1}$），双（硫醚）氨基 V 配合物 b（图 3-141）在铝盐作用下也能催化乙烯或 1-己烯的聚合反应[546]。配合物 b/MMAO-3A 体系比配合物 b/MMAO-IP 体系具有更高的乙烯聚合活性，说明 MMAO 中 AlR_3 水平越高，活性越高。

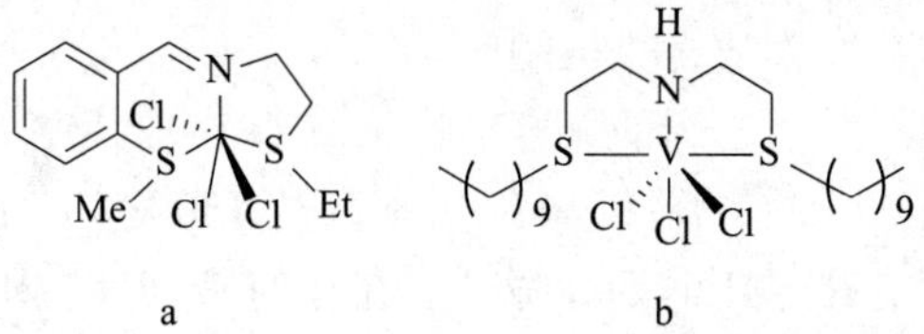

图 3-141　双硫醚亚胺 Cr 配合物和双（硫醚）氨基 V 配合物

18. [SOS] 配体

Sobota 课题组使用 2,2′-双氧乙硫醇 V 配合物 a 和 b（图 3-142）结合 $AlEt_2Cl$ 和 $MgCl_2$ 用于乙烯聚合，配合物 a 和 b 显示高的催化活性（$(1.7~3.3)×10^5 g·mol^{-1}·h^{-1}·atm^{-1}$），得到宽分子量分布的 PEs[587]。V 配合物 c（图 3-142）在 $AlEt_2Cl$ 和 $MgCl_2$ 的作用下也对乙烯聚合具有活性，活性中等约为 $4.3×10^4 g·mol^{-1}·h^{-1}·atm^{-1}$[588]。

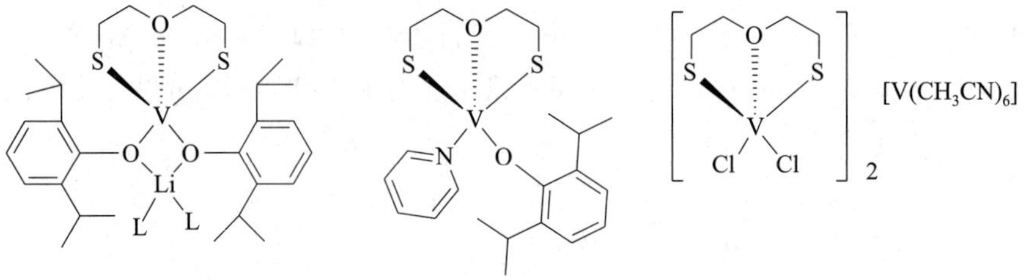

a₁: L=THF;
a₂: L=CH₃CN

图 3 – 142　2,2′-双氧乙硫醇 V 配合物

3.4.2.4　以非茂多齿配体作支撑骨架的金属配合物

1. 双（苯氧基）胺配体

Kol 课题组非常成功地引入了用于 1-己烯聚合催化剂，即 a 和 B(C_6F_5)₃ 反应得到的双（苯氧基）-氨基催化剂[589,590]。据报道 Zr 衍生物 a_1 的活性高达 50 000 g·mmol^{-1}·h^{-1}（R = ^tBu，D = OMe，X = CH_2Ph，图 3 – 143）[591]。与上述描述的水杨醛亚胺基复合物相似，结构上表征的预催化剂 a 均采用顺式—(X—X)，反式—(OO) 配体构型[592,593]。对于 D = NMe_2 或 OMe，活性以 Zr > Hf > Ti 的顺序降低[594]。另外供体 D 的性质对聚合活性和所得聚合物的分子量具有显著影响。在没有另外的供体的情况下，仅获得中等活性。在 Zr 系列 a_2 中，活性以 D = OMe > NMe_2 > SMe > py > NEt_2 的顺序降低。令人惊讶的是，在 a_3 中减小苯氧基邻位取代基（R = Me vs ^tBu）的尺寸对 1-己烯聚合的活性几乎没有影响。聚合物的多分散性通常较低，但 Zr 配合物 a 不具有以活性聚合的方式聚合 1-己烯的性质。相反，Ti 类似物 a_4（D = NMe_2[594] 或 D = OMe[595]）尽管速率较低，但产生非常窄的分散性聚（1-己烯）。通过顺序加入单体合成嵌段共聚物聚（1-己烯-嵌段-1-辛烯）来证明聚合反应的活性。用 B(C_6F_5)₃ 活化的相关双（苯氧基）-双（氨基）Ti 配合物 b 也以活性方式聚合 1-己烯，具有类似的中等活性，所得聚合物的全同立构度 >95%[596]。前催化剂中 C_2 对称的配体环境，结合苄基的顺式（X—X）排列，表明对映体的立体选择性可能是由对映体位置控制造成的。在丙烯聚合过程中也可以获得类似的活性和立体调控程度，但在这种情况下，可以观察到快速单分子辅助 β-氢消除作为链终止机制[597]。

化合物 a（图 3 – 144）对于乙烯的聚合活性依赖于 R 取代基的大小与氢化物-三（吡唑啉）硼酸配体和助催化剂的性质。用 R = Me 实现高达 130 g·mmol^{-1}·h^{-1}·bar^{-1} 的活性，而用 B(C_6F_5)₃ 活化后[521]，R═H 的活性降低。在任何聚合反应中，用 MAO 处理预催化剂不能得到相应的聚合物。已报道六（芳氧化物）配合物 b（图 3 – 144）用 MMAO 活化后主要与乙烯形成低聚产物，但仅具有低活性和低选择性[598]。由 4,13-二氮杂-18-冠-6 和 Zr(CH_2Ph)₄ 制备的化合物 c（图 3 – 144）在与 B(C_6F_5)₃ 反应时形成单（苄基）阳离子，可催化甲苯基乙炔为二聚(Z)-1,4-二–对-甲苯基-1-丁烯-3-炔[599]。通过含有氮供体的二烷氧基配体合成了乙二胺（亚水杨基亚胺基）锆配合物 d（图 3 – 144）[600]。将该配合物负载在二氧化硅上并用 MAO 活化以形成催化剂，该催化剂在乙烯聚合方面表现为适度的高活性。

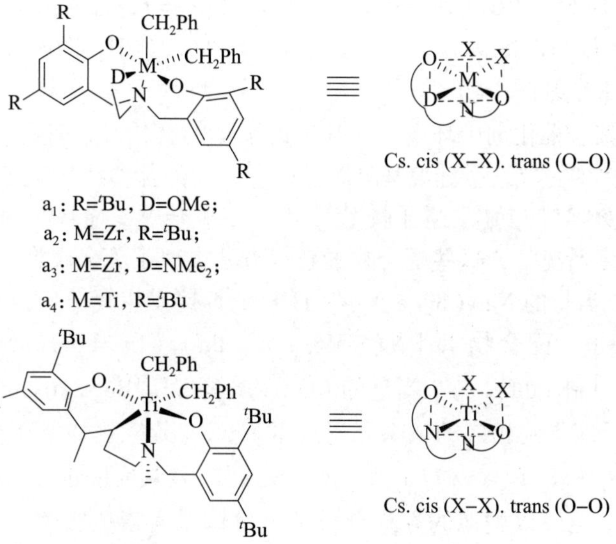

图 3－143 双（苯氧基）－氨基催化剂

图 3－144 多齿配体金属配合物

3.4.3 非茂稀土金属催化剂

3.4.3.1 以非茂单齿配体作支撑骨架的金属配合物

Edelmann 课题组综述了非环戊二烯基有机镧系元素配合物的合成和结构化学[601]。马克斯课题组已经发表了一篇关于使用吡唑基硼酸盐配体的镧系元素化学的综述[602]。使用体积非常大的三苯基型配体，可以分离和表征几种单芳基镧系二卤化物[603]。DmpLi（Dmp = 2,6-二甲基苯基）与 $LnCl_3$（Ln = Sc，Y，Yb）在 THF 中以 1∶1 摩尔比在室温下反应，甲苯/己烷在 30 ℃下结晶，生成 $DmpLnCl_2(THF)_2$（Ln = Sc, Yb）和 $DmpYCl_2(THF)_3$。这些材料的分子结构以金属原子的畸变双锥配合物（Ln = Sc，Yb）或八面体配合物（Ln = Y）为特征，其中两个氯配体占据了轴向位置[603]。三苯基衍生物 $DnpLnCl_2(THF)_2$（Dnp = 2,6-二(1-萘基)苯基的分子结构（Ln = Y，Tm，Yb）已被报道（图 3－145）[604]。

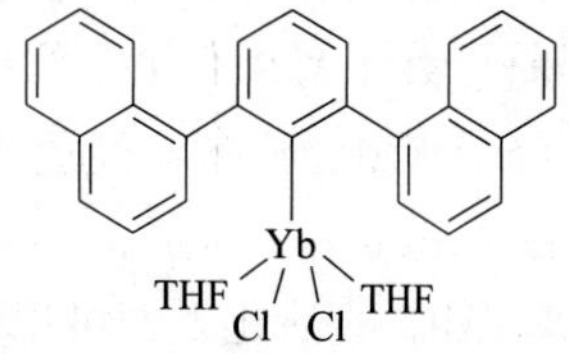

在冠醚存在下，稀土金属－烷基配合物 $Ln(CH_2SiMe_3)_3$ $(THF)_3$（Ln = Y，Lu）与 $B(C_6X_5)_3$（X = H，F）反应得到离子对 [Ln

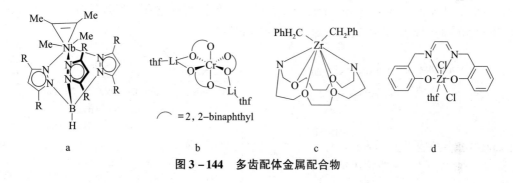

图 3－145 三苯基衍生物

$(CH_2SiMe_3)(CE)(THF)_n][B(CH_2SiMe_3)(C_6X_5)_3]$ (CE = 12-冠-4, $n=1$; CE = 15-冠-5, 18-冠-6, $n=0$)。化合物 $[Lu(CH_2SiMe_3)_2(12-冠-4)(THF)][B(CH_2SiMe_3)Ph_3]$ 是第一种结构表征的阳离子镧系元素烷基配合物[605]。

作为镧系金属聚合催化剂中环戊二烯基辅助配体的替代品,各种单齿和多齿配体体系,如醇盐或芳氧化物[284,606,607]、甲硅烷基酰胺[608-610]、硫醇盐[611,612]、氢化物(吡唑基)硼酸盐[613,614]、苯甲酰胺[615,616]、β-二酮亚胺[617]、1,5-二氮杂戊二烯基[618]和亚氨基甲基吡咯[619]已经被研究。在许多情况下,这些配合物的合成方法类似于茂金属类似物的合成方法。

$LnI_2(thf)_2$ 与2当量的 $NaN(SiMe_3)_2$ 在 THF 中直接发生复分解反应得到双(甲硅烷基氨基)镧系元素(Ⅱ)配合物 $Ln[N(SiMe_3)_2]_2(thf)_2$ (Ln = Sm(a_1), Yb(a_2))(图3-146)[620]。类似地,$LnI_2(thf)_2$ 与2当量的 KOAr(Ar = $C_6H_2^tBu_2$-2,6-Me-4)或 KPHAr(Ar = $C_6H_2^tBu_3$-2,4,6)反应得到相应的镧系元素(Ⅱ)双(芳氧化物)配合物 b_1 和 b_2[621]或双(磷化物)配合物 c_1 和 c_2[622]。a_1、a_2 和 HOAr 之间的酸碱反应也为芳氧化物配合物 b_1、b_2 提供了方便的途径。已经以类似的方式合成了三价镧系元素酰胺[623]、芳基氧化物[607]和磷化物[624]配合物,如图3-146所示。

金属 Ln 与1.5当量的 PhSSPh 反应如图3-146所示,为镧系元素(Ⅲ)三硫醇盐配合物 $Ln(SPh)_3(hmpa)_3$ (d, Ln = Sm, Eu, Yb) 提供了方便的无盐途径。在该反应中使用过量的 Ln,得到相应的镧系元素(Ⅱ)二硫醇盐配合物[611,612]。

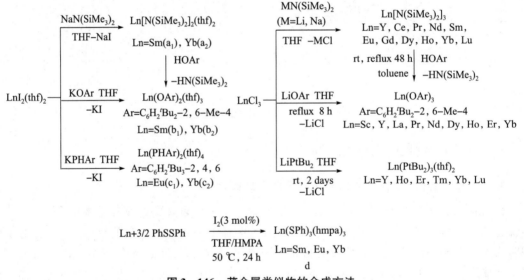

图3-146 茂金属类似物的合成方法

由于 R 基团的不同,$Ln(OR)_3$ 与烷基铝 $AlMe_3$ 反应后可以得到三种不同的单稀土金属配合物(图3-147)[625]。当采用2,6-二叔丁基对甲基苯酚时,生成的配合物中只配位了一分子 $AlMe_3$ (a),经过2当量 Et_2AlCl 活化后,对异戊二烯没有催化活性。另外两种结构的配合物 b 和 c(图3-147)中含有二分子或三分子 $AlMe_3$,相应的铵和镧配合物在2当量 Et_2AlCl 的活化下,可以高活性催化异戊二烯聚合,所得聚合物具有很高的顺式-1,4结构,含量超过99 mol%;但是类似结构的 Y 配合物就没有催化活性。另外,当助催化剂 Et_2AlCl 与配合物比例不等于2时,催化体系的活性会降低。他们推测了催化反应的活性物种为

（Me_2LnCl）$_n$ 或者（$MeLnCl_2$）$_n$。此外，他们将 $LnCl_3$（Ln = Sc, Y, La, Nd）与 2 当量的 LiN($SiHMe_2$)$_2$ 反应后，生成三种配合物的混合物[626]。这两类配合物 [Ln(N($SiHMe_2$)$_x$)Cl$_y$thf$_z$] 与过量的 $AlMe_3$ 作用后，可以生产无定形的固体 [Ln$_a$Al$_b$Me$_c$Cl$_d$]$_n$（Ln = Sc, Y, La, Nd; $a+b=1, a>b; c+d=3, d>c$）。当中心金属为钕时，该体系可以中等活性的催化异戊二烯高顺式-1,4 选择性聚合（>99 mol%）。此外，作者还报道了铈和镨的 Ln-Al 杂原子配合物也能够与 1-3 当量的 E_2AlCl 作用催化异戊二烯高顺式-1,4 选择性聚合[627]。

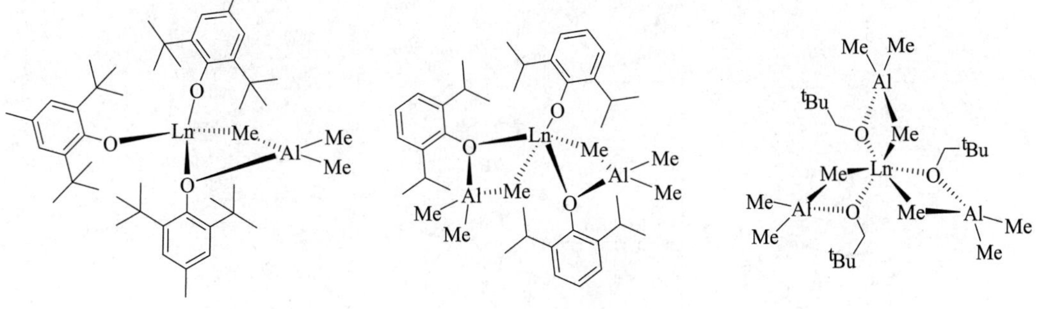

图 3-147 单稀土金属配合物

侯召民课题组报道了一种新型配体 PNP 支持的稀土金属烷基配合物[628,629]。研究显示，该配合物与有机硼盐 borate 试剂构成的二元催化体系可以催化单体的活性聚合，该类催化剂在催化丁二烯和异戊二烯聚合中显示出非常高的 cis-1,4-选择性（99 mol%）和优异的反应活性，如图 3-148 所示。

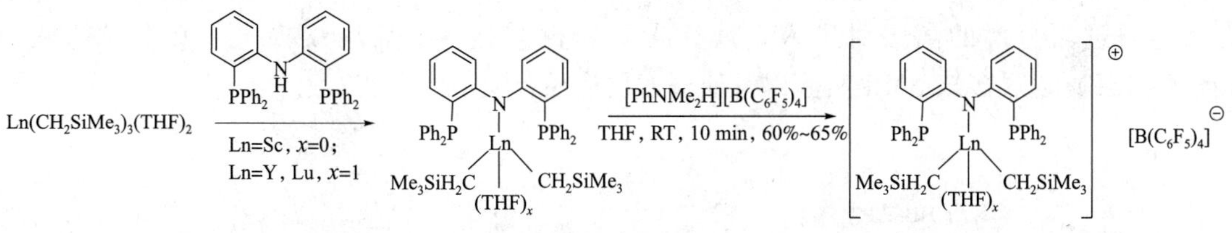

图 3-148 新型配体 PNP 支持的稀土金属烷基配合物

3.4.3.2 以非茂双齿配体作支撑骨架的金属配合物

1. 以二齿配体 [N^N] 为支撑配体的金属配合物

1）β-二亚胺配体

β-二亚胺配体作为有机镧系元素化学中的辅助配体越来越受欢迎，图 3-149 总结了通过大体积 β-二亚胺配体稳定的二聚体钪配合物的典型合成路线[630]。

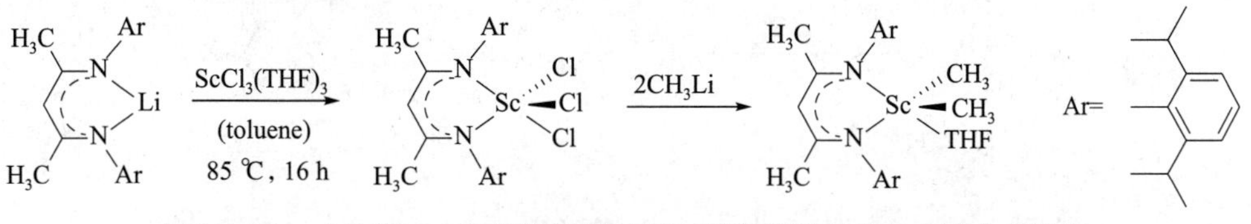

图 3-149 大体积 β-二亚胺配体稳定的二聚体钪配合物的典型合成路线

最近还报道了 β-二亚胺配体（L = ^{t}Bu）支持的特殊的阳离子钪甲基配合物。如图 3 - 150 中所示，单体二甲基钪前体与不同当量的 B(C_6F_5)$_3$ 反应形成不同的离子对。与 0.5 当量硼烷反应形成 α-甲基二聚体，其非常不稳定并且缓慢地释放甲烷。然而，当用完全当量的 B(C_6F_5)$_3$ 处理二甲基配合物时，单体离子对 [LBu^{t}ScMe][MeB(C_6F_5)$_3$] 以极好的产率从己烷中沉淀出黄色结晶固体。甚至连第二甲基钪也可被提取，形成分析纯白色固体[631]。

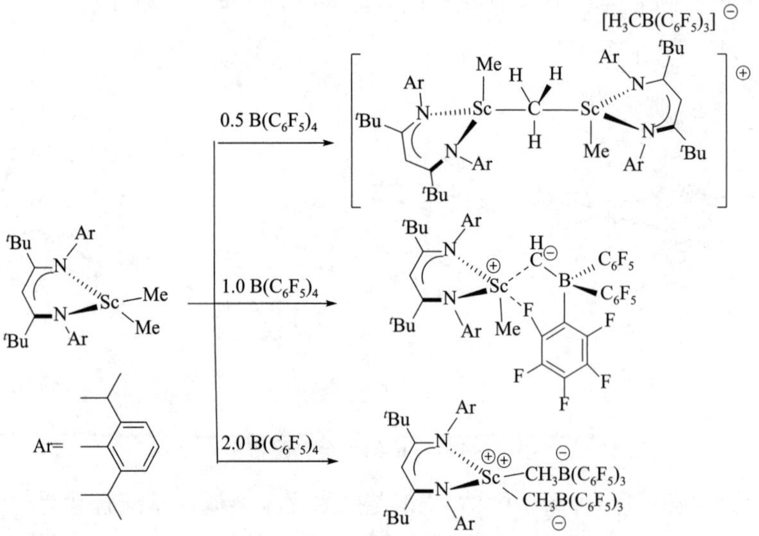

图 3-150 阳离子钪甲基配合物

已经研究了用双（五氟苯基）硼烷活化的 β-二亚胺钪二甲基配合物中的配体金属化。发现 LScMe$_2$（L =（Ar）NC(^{t}Bu)CHC(^{t}Bu)N(Ar)、Ar = 2,6-^{i}Pr$_2C_6H_3$）和 HB(C_6F_5)$_2$ 的等摩尔反应通过可分离的离子对进入金属化形成钪硼酸盐，随后甲烷损失。所提出的机制（图 3-151）通过多核 NMR 实验以及通过替代途径合成得到证实[632]。

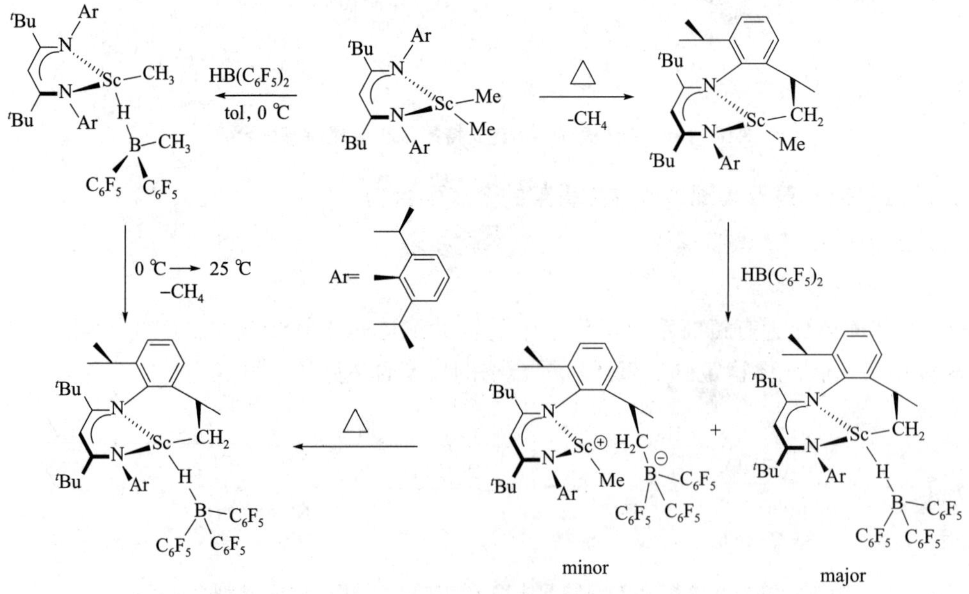

图 3-151 β-二亚胺钪二甲基配合物中的配体金属化

LScMe$_2$ 与 2 当量的 HB(C$_6$F$_5$)$_2$ 反应产生 2-氢硼酸盐配合物 [LScMe][(μ-H)$_2$B(C$_6$F$_5$)$_2$],而和 4 当量硼烷反应得到双-2-氢杂硼酸盐配合物 [Sc][(μ-H)$_2$B(C$_6$F$_5$)$_2$]$_2$(图 3-152)[632]。2002 年,Piers 课题组报道了 β-二亚胺螯合的钪二甲基配合物 (a)[631],在助催化剂的作用下可以较高活性催化乙烯聚合。

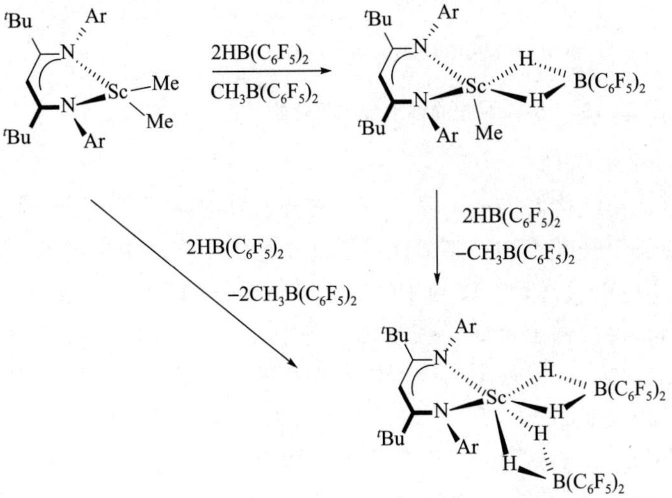

图 3-152 β-二亚胺螯合的钪二甲基配合物

Piers 课题组[617]利用双烯酮二亚胺为支持配体成功合成了稀土钪二烷基配合物 a 和 b(图 3-153)以及对应的阳离子型配合物,取得了一系列优异的科研成果[633-635]。他们成功合成了双烯酮亚胺钪二苄基化合物、双烯酮亚胺二甲基化合物。并且通过对双烯酮亚胺配体进行微观修饰(将甲基变为位阻更大的叔丁基),获得了稳定性更高的阳离子化合物[631]。Piers 课题组又设计合成出具有类似结构的芳胺基亚胺配体[636],该配体同时具有水杨醛亚胺和双烯酮亚胺配体的优点,成功地稳定了稀土钇 (Y) 的二烷基化合物 c。配合物如图 3-153 所示。

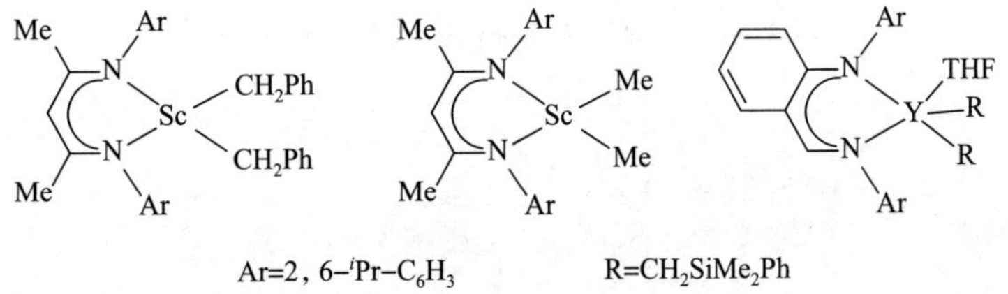

Ar=2,6-^{i}Pr-C$_6$H$_3$ R=CH$_2$SiMe$_2$Ph

图 3-153 双烯酮二亚胺稀土配合物

β-二亚胺的稀土金属氯化物(图 3-154)也能够在两种助剂[PhNMe$_2$H][B(C$_6$F$_5$)$_4$]/Al^{i}Bu$_3$ 的共同作用下,高活性高顺式-1,4 选择性催化异戊二烯聚合[637]。但是,作者发现该体系的催化活性与两种助催化剂的加料顺序具有直接关系:当先将 Ln 与 Al^{i}Bu$_3$ 混合,再加入有机硼盐时,只得到痕量的聚合物;而当 Ln 先与有机硼盐混合,再加入 Al^{i}Bu$_3$ 时,可以高活性催化异戊二烯聚合。作者分析了原因:先加入有机硼盐,使得配合物分解,配体脱落,生成的 Ln 离子通过烷基化或者 β-H 转移生成催化活性物种;而先加入 Al^{i}Bu$_3$ 时,催化体系容易生成含有较强 Ln—Cl 键的中间体而失去了活性。作者得到了几个反应中间物种的晶体结构,证明了自己的假设。

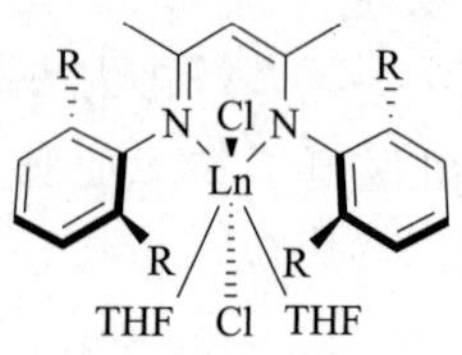

R=Me, Ln=Gd, Nd, Dy, Er, Y
R=Et, Ln=Gd

图 3-154 β-二亚胺的稀土金属氯化物

2) 脒基或胍基作为配体

近年来,非茂基配体的合成与结构修饰成为又一研究热点。Hessen 课题组[638,639] 报道了一系列以脒基为配体的稀土金属烷基配合物,该配体可以成功稳定所有稀土金属离子。利用稀土金属三烷基化合物 $Ln(CH_2SiMe_3)_3(THF)_2$ 与中性脒基支持配体的反应,得到了 η^3 配位的脒基稀土金属二烷基化合物,再往稀土金属二烷基化合物中加入 $[PhNMe_2H][BPh_4]$,又成功得到了阳离子型单烷基化合物,该系列阳离子型化合物在催化乙烯的聚合反应中显现出了非常高的活性。配合物合成路线如图 3-155 所示,庞大的胍基配体已成功用于稳定钇烷基配合物。$[(Me_3Si)_2NC(NPr^i)_2]_2Ln(\mu\text{-Me})_2Li(TMEDA)$ 和 $[(Me_3Si)_2NC(NPr^i)_2]_2Ln(\mu\text{-Me})_2Li(THF)_2$ 型胍基镧系元素甲基配合物(通过使氯桥联的前体与甲基锂反应)可以以良好的收率获得(Ln = Nd,Yb)(图 3-156)[640]。

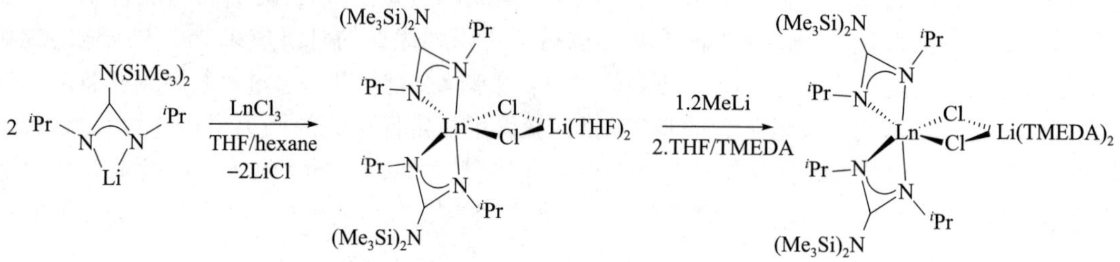

图 3-155 以脒基为配体的稀土金属配合物

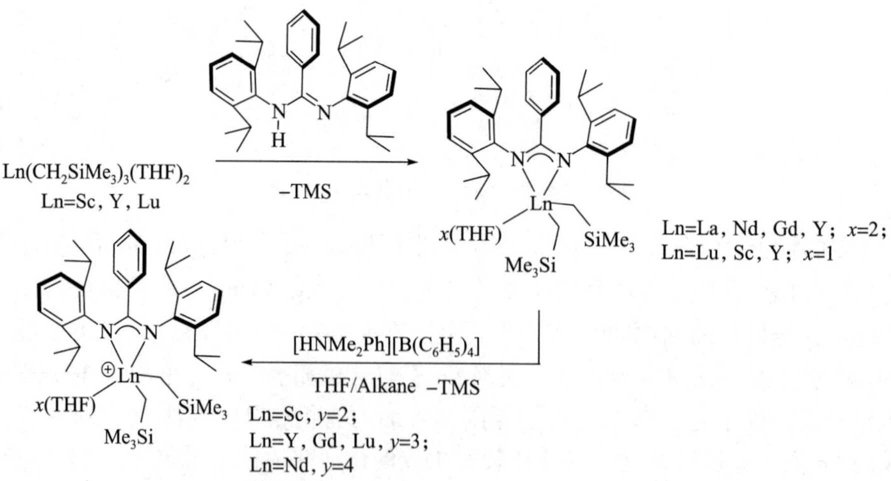

Ln=La, Nd, Gd, Y; x=2;
Ln=Lu, Sc, Y; x=1

Ln=Sc, y=2;
Ln=Y, Gd, Lu, y=3;
Ln=Nd, y=4

图 3-156 胍基镧系元素甲基配合物

双（苯甲酰胺化物）－连接的氯化钇复合物 a，其通过 $YCl_3(thf)_{3.5}$ 与 2 当量的 $Li[PhC(NSiMe_3)_2]$ 反应制备。$Li[PhC(NSiMe_3)_2]$ 的作用是烷基配合物 b 的良好前体。b 的氢解易于提供氢化物配合物 c（图 3－157）[641]。带有（烷氧基甲硅烷基）酰氨基配体 $[Me_2Si(O^tBu)(N^tBu)-]$[642] 和双（亚氨基磷酰基）甲烷配体 $[CH(Ph_2P=NSiMe_3)_2]$ 的镧系元素配合物也可类似地制备。双（二氮杂戊二烯基）镱（Ⅱ）配合物 d 已经从 $YbBr_2$ 与 2 当量的 $K[(C_5H_4N)_2CPh]$ 反应中分离为红色晶体（图 3－157）[618]。而 SmI_2 与 $K[(C_5H_4N)_2CPh]$ 的类似反应导致形成含有杂质的油状产物。

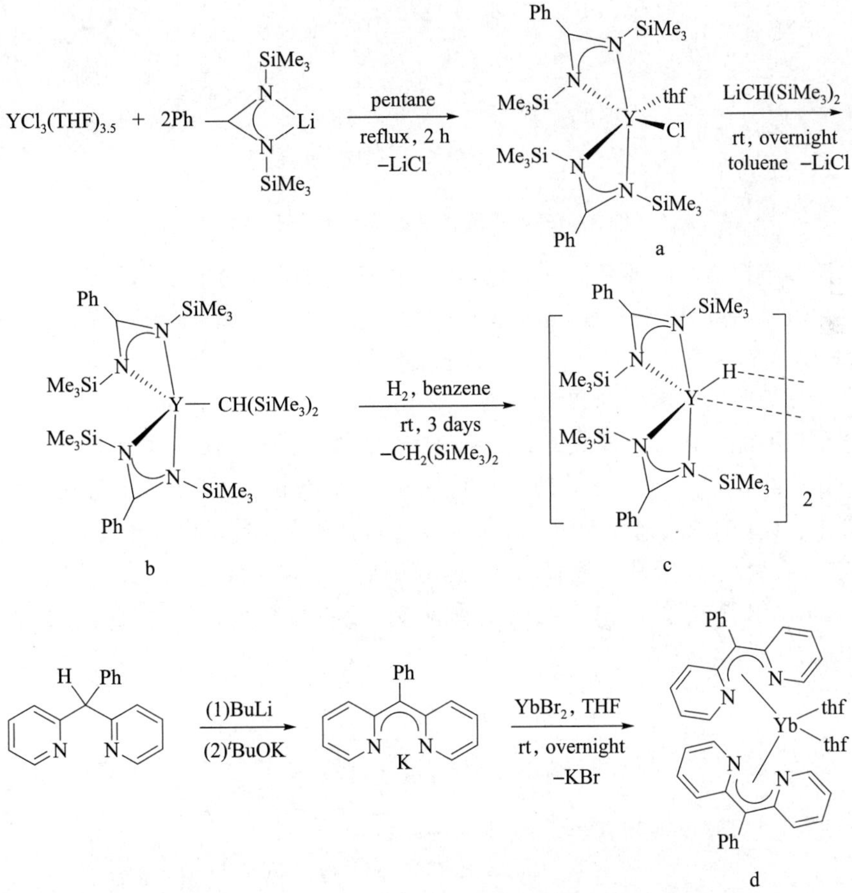

图 3－157　[NN] 二齿配体稀土配合物的制备

沈琪课题组报道了脒基稀土金属配合物 a$[(SiMe_3)_2NC(N^iPr)_2Ln(\mu-Me)_2Li(TMEDA)]$ (Ln = Nd, Yb)（图 3－158）[644]。该类配合物可以单组分催化苯乙烯聚合，70~100℃反应 10 min，产率达到 60%~100%，所得聚苯乙烯为无规结构（rr<53%），具有较高的分子量。Trifonov 课题组采用脒为配体，合成了一系列稀土金属氢化物 $[Ln[(Me_3Si)_2NC(N^iPr)_2]_2(\mu-H)]_2$ (Ln = Y, Nd, Sm, Gd, Yb) (b)[643]。这些配合物都能够中等至高活性的催化乙烯聚合，当中心金属为钐时活性最高。值得一提的是，此类催化剂寿命较长，1~3 天催化活性不衰减。Hessen 课题组采用具有较大空间位阻和刚性骨架的脒基配体，合成了脒基双烷基钇配合物 $[PhC(2,6-C_6H_3^iPr_2N)_2]Y(CH_2SiMe_3)_2(THF)_n$ (c)[645]。单四氢呋喃的配合物在有机硼盐活化后，催化乙烯聚合活性非常高，并且表现出了可控活性聚合的特征。缺点是催化剂寿

命较短，随着聚合时间的延长，催化活性明显降低。双四氢呋喃的配合物需要在有机硼盐和烷基铝的共同作用下才能高活性引发乙烯聚合。在此基础上，他们还深入研究了中心金属种类对乙烯聚合催化活性的影响[639]。研究发现在相同条件下钪配合物对乙烯的催化活性最低，钇配合物的活性最高，其顺序为：Y > Gd > Nd > > Lu > La > Sc。

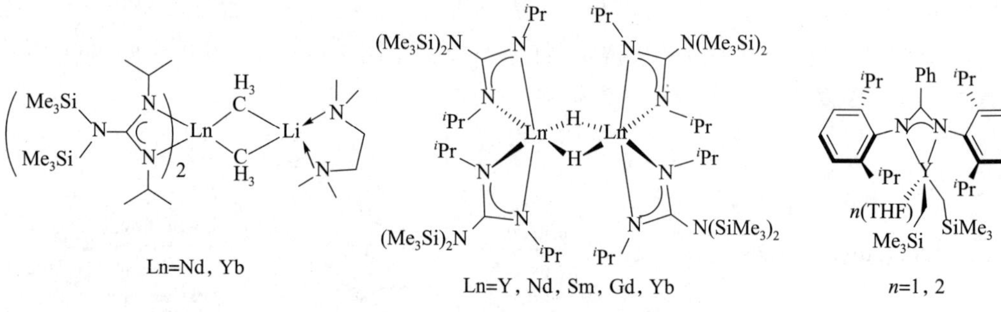

图 3-158 胍基和脒基稀土金属配合物

罗云杰课题组报道了能够高活性催化异戊二烯聚合的脒基稀土胺基配合物[646,647]。他们合成了中性单（脒基）稀土金属二胺基配合物 [RC(N-2,6-$Me_2C_6H_3$)$_2$]Y[N(SiMe$_3$)$_2$]$_2$(THF)$_x$(R = Cy, Ph)，并研究了其作为阳离子催化剂前身催化聚合异戊二烯的性能。他们发现这些化合物作为单组分催化剂和[RC(N-2,6-$Me_2C_6H_3$)$_2$]Y[N(SiMe$_3$)$_2$]$_2$(THF)$_x$/AlR$_3$双组分催化体系均不能催化聚合异戊二烯。于是，他们又在该系列配合物中加入等当量的阳离子化试剂[Ph$_3$C][B(C$_6$F$_5$)$_4$]，得到了相应的阳离子型稀土金属单胺基活性种 [LLn-NR$_2$]$^+$（其中，L = 单脒基辅助配体，Ln = 稀土金属离子，NR$_2$ = 胺基），但是，该活性种不能催化异戊二烯聚合。可是，他们发现 [RC(N-2,6-$Me_2C_6H_3$)$_2$]Y[N(SiMe$_3$)$_2$]$_2$(THF)$_x$/Borate/AlR$_3$ 构成的三组分催化体系能够高活性催化异戊二烯聚合，合成及催化反应式如图 3-159 所示。

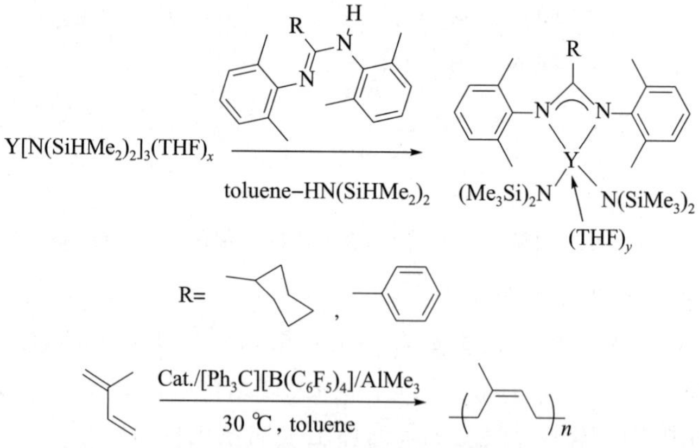

图 3-159 催化异戊二烯聚合的脒基稀土胺基配合物

NPN 型双芳基稀土金属烷基化物（NPN^{Ar}）Ln(CH$_2$SiMe$_3$)$_2$(THF)（Ln = Sc, Y, Lu, Er）（图 3-160），在 Al^{i}Bu$_3$/[Ph$_3$C][B(C$_6$F$_5$)$_4$]活化后能高活性催化异戊二烯聚合，所得聚合物的3,4-结构含量最高可达99.4 mol%（-20 ℃），并且催化活性几乎不受配体空间位阻和金属种类的影响[648]。这是首次采用非茂稀土金属体系催化得到高3,4-选择性的聚异戊二烯。

作者还系统研究了亚胺 N 上芳香取代基 Ar 的种类对立体选择性的影响。增加 Ar 的邻位取代基的位阻能够增加聚异戊二烯中的 3,4-结构含量，这是由于随着中心金属空间屏蔽的增大，聚合过程中异戊二烯单体更趋向于以一个双键，即配位方式与中心金属配位，倾向于得到具有 3,4-结构的产物。实验表明，亚胺上两个芳环的位阻大小对聚合选择性同等重要。此外，采用供电子取代基（如吡啶）的配合物也能够增加聚异戊二烯中的 3,4-结构的含量，这是由于吡啶上的 N 原子与中心金属原子配位，使中心金属离子的不饱和度降低，导致异戊二烯单体更趋向于以 η^2 方式进行配位。

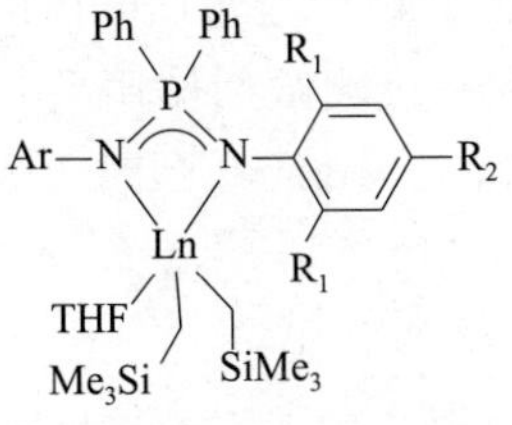

图 3-160　NPN 型双芳基稀土金属烷基化合物

3) 亚胺基吡咯或吡啶作配体

Y[N(SiMe$_3$)$_2$]$_3$ 与 1 当量 2,5-双[N-(2,6-二甲基苯基)亚氨基甲基]吡咯（a）之间的胺消除反应，主要产生单（吡咯基）配合物 b（图 3-161），其中吡咯单元充当三齿配体[619]。相反，用 Y[N(SiMe$_3$)$_2$]$_3$ 类似处理较大的 2,5-双[N-(2,6-二异丙基苯基)亚氨基甲基]吡咯（c）得到双（吡咯基）配合物 d（图 3-161），其中吡咯单元表现为二齿配体。

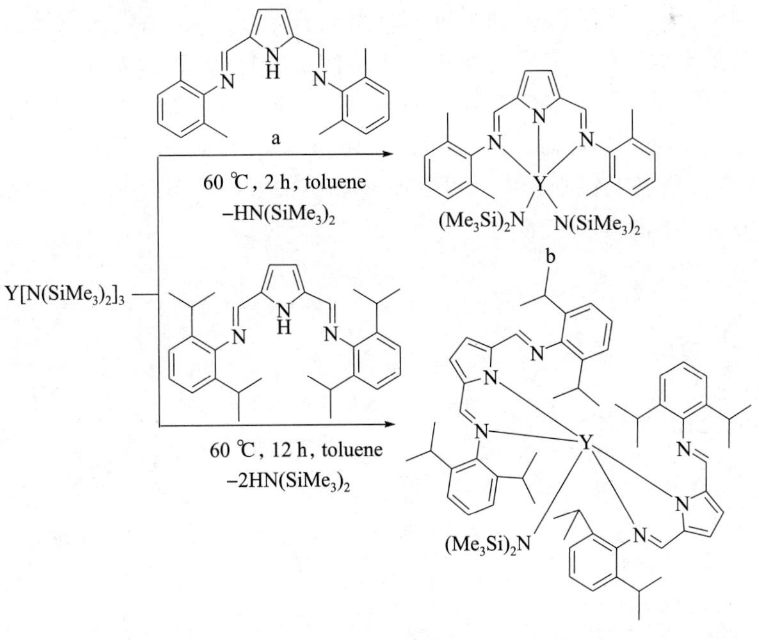

图 3-161　单/双（吡咯基）配合物

崔冬梅课题组报道了一系列 8-氨基喹啉配位的二烷基钪配合物 a（图 3-162）[649]，与

Al^{i}Bu$_3$/[(Ph$_3$C)B(C$_6$F$_5$)$_4$]作用后可以高活性催化苯乙烯聚合,所得聚合物间规度为94% (r=0.94)。崔冬梅课题组在稀土金属配合物催化异戊二烯方面做了许多工作,取得了重要进展。2007年,他们报道了吡咯亚胺配位的稀土金属烷基化物 [2-[(2,6-R$_2$Ph)N=CH]-C$_4$H$_3$N]$_x$Ln(CH$_2$SiMe$_3$)$_y$(THF)$_n$ (Ln=Lu,Sc),当R为小位阻的甲基时,x=1, y=2,配合物为单配体二烷基结构的配合物 b (图3-162);当R为大位阻的异丙基时,x=2, y=1,配合物为双配体单烷基结构的配合物 c (图3-162)[650]。无论中心金属是镥还是钪,其二烷基配合物与烷基铝和有机硼试剂作用后,都可以引发异戊二烯聚合,得到顺式-1,4结构含量较高(62.0~76.4 mol%)的聚合物。当增加配体的位阻,即将吡咯环变为吲哚环后为配合物 d (图3-162),与烷基铝和有机硼试剂作用后,得到的聚异戊二烯具有较高的分子量和较窄的分子量分布,在低温(-60 ℃)时,聚合物中顺式-1,4结构含量可达98.2 mol%[651]。

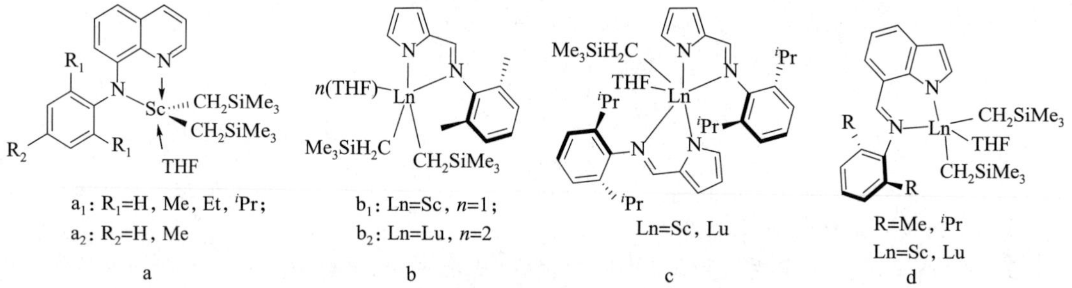

图3-162 8-氨基喹啉和吡咯亚胺配体配合物

迄今为止,催化得到具有高反式-1,4结构的聚共轭二烯的稀土金属催化体系,配合物中绝大多数含有环戊二烯基配体。2008年,崔冬梅课题组报道了含噻吩的非茂稀土金属配合物 a (图3-163)[652],经过 Al^{i}Bu/[PhNMe$_2$H][B(C$_6$F$_5$)$_4$]活化后,该类配合物能够中等活性催化丁二烯聚合,所得聚合物反式-1,4结构含量为49.2~91.3 mol%,催化性能取决于中心金属种类、烷基铝种类和苯胺环上邻位取代基的空间大小。最近,他们还利用8-氨基喹啉配位的烷基稀土金属配合物 b 和 c (图3-163)催化得到具有反式-1,4结构的聚共轭二烯[653]。取代基为异丙基的钇配合物,可以在 AlMe$_3$/[Ph$_3$C][B(C$_6$F$_5$)$_4$]活化后得到反式-1,4结构含量为91 mol%的聚丁二烯。

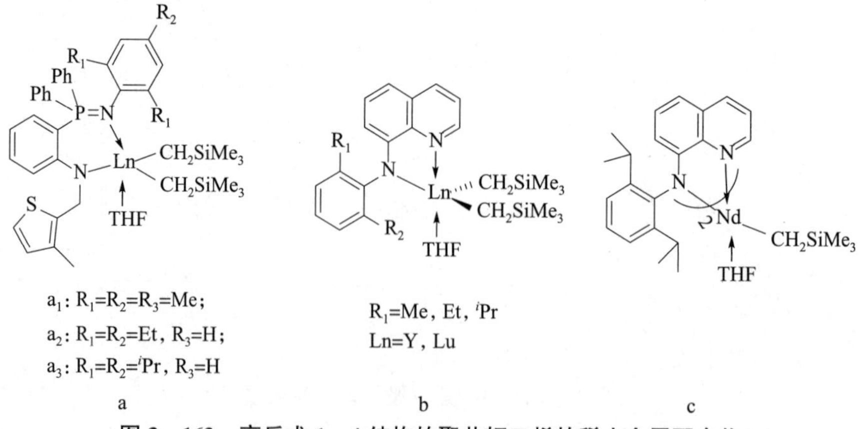

图3-163 高反式-1,4结构的聚共轭二烯的稀土金属配合物

与此同时，Kempe 课题组报道了 2-氨基吡啶配位的二烷基钪配合物 a（图 3-164）[654]，经过有机硼盐活化后，可以催化得到 3,4-选择性大于 95 mol% 的聚异戊二烯，聚合物分子量分布窄，呈现可控聚合的特性。与之前报道不同的是，烷基铝的加入对聚合反应不利——聚合物中 3,4-结构降低或者分子量分布变宽。有趣的是，当采用相同配体的三氨基钪配合物时，催化得到顺式-1,4 选择性为 96 mol% 的聚异戊二烯。随后，李晓芳课题组报道了一系列 α-二亚胺稀土金属烷基化物 b（图 3-164）[655]。经过 $[Ph_3C][B(C_6F_5)_4]$ 活化后，这些配合物都能够催化异戊二烯 3,4-选择性聚合，并且反应活性和选择性与配体的空间位阻有关。当 R = ^{i}Pr 时，钪、钇和镥的配合物催化所得聚异戊二烯既有 3,4-结构又有反式-1,4 结构；当 R = Me 时，这些配合物显示出了良好的 3,4-选择性（90~99 mol%），其中镥配合物选择性最高。当在体系中加入 2 倍当成 Al^{i}Bu$_3$ 时，催化体系表现了活性聚合的特征，所的聚异戊二烯 3,4-结构含量很高（91~100 mol%）。

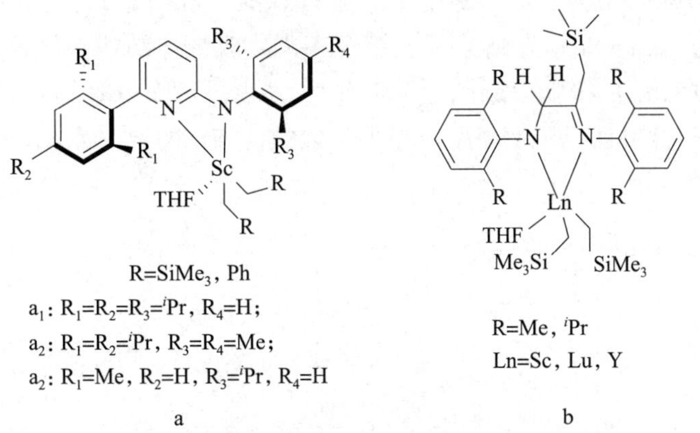

图 3-164 2-氨基吡啶配体和 α-二亚胺配体稀土金属配合物

Kernpe 课题组[656]合成了 ApSc[N(SiHMe$_2$)$_2$]$_2$（Ap = aminopyridinato）稀土金属胺基配合物，并首次发现稀土金属二胺基配合物[PhNMe$_2$H][B(C$_6$F$_5$)$_4$]/Al^{i}Bu$_3$ 所构成的三组分催化体系能够高效实现异戊二烯的 cis-1,4 聚合，该配合物的合成反应式如图 3-165 所示。

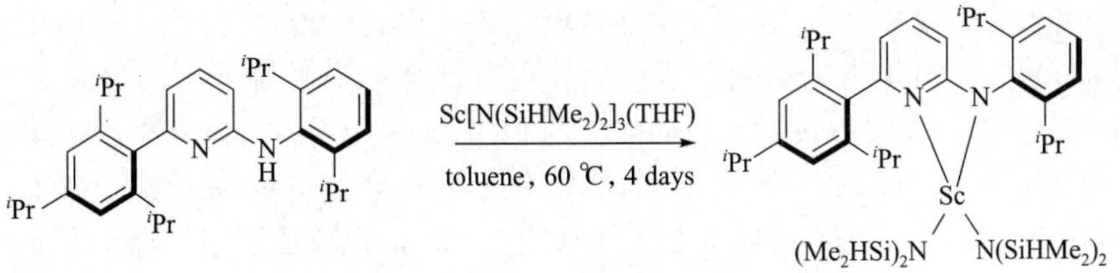

图 3-165 稀土金属胺基配合物的合成

4) [NO] 配体

如图 3-166 中所示，Ln(CH$_2$SiMe$_3$)$_3$(THF)$_2$(Ln = Sc, Y) 与庞大的水杨醛亚胺基配体的反应导致非对映选择性形成高度热稳定的 L$_2$LnR 配合物，其与二氢反应形成第 3 族金属氢化物已经调查。对于 Y 衍生物，观察到与 H$_2$（4 atm，RT）的平稳反应，导致形成二聚氢化物[657]。

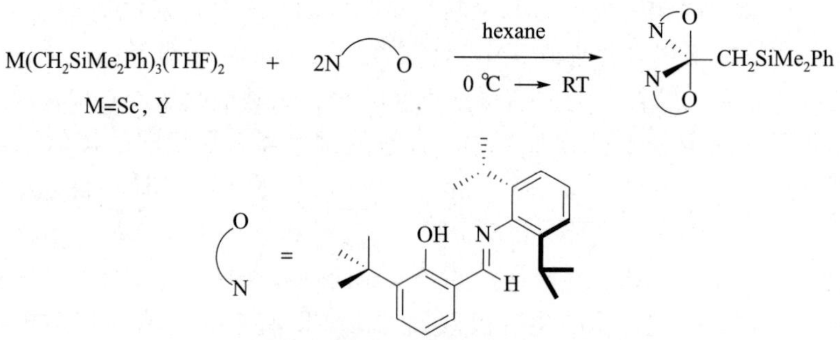

图 3-166 水杨醛亚胺基配体稀土金属配合物

通过使用特别设计的大体积亚氨基酚配体，可以获得钪和钇的相关双（烷基）配合物。在温和条件下等摩尔量的 2-(2,4,6-Me$_3$C$_6$H$_2$NCH)(6-Bu^t)C$_6$H$_3$OH(=HL) 与 Ln(CH$_2$SiMe$_2$Ph)$_3$(THF)$_2$(Ln=Sc,Y)的反应得到 Ln(CH$_2$SiMe$_2$Ph)$_3$(THF)(L)（图 3-167）。这些二烷基化合物（Ln=Sc）在结晶学上符合三角-双锥体结构。尽管钪配合物在室温下在溶液中稳定，但钇衍生物缓慢歧化，得到 YL$_3$，其也可从 Y(CH$_2$SiMe$_3$)$_3$(THF)$_2$ 和三 HL 反应获得[658]。通过此方法已经制备了一系列类似的钪和钇的单（水杨醛亚胺）双烷基稀土金属配合物[659]。

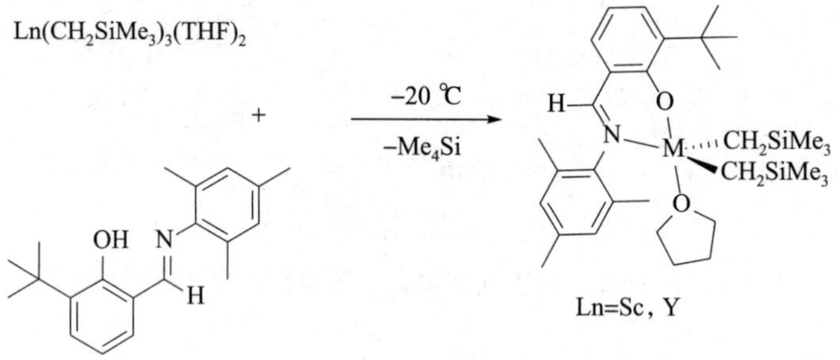

图 3-167 亚氨基酚配体稀土金属配合物

5) [OO] 配体

Anwander 课题组考察了稀土金属羧酸盐 Ln(OOR)$_3$、烷氧基或芳氧基配合物 Ln(OR)$_3$ 与烷基铝反应后的生成物，以及它们催化共轭二烯的聚合性能[659,660]。[Ln(O$_2$CC$_6$H$_2$^{i}Pr-2,4,6)$_3$]$_n$(Ln=Y,La,Nd,Lu) 与 AlMe$_3$ 反应后，可以得到一类己烷可溶的单金属中心配合物（图 3-168）。当中心金属为钕时，与助催化剂 Et$_2$AlCl 作用后，可高顺式-1,4 选择性催化异戊二烯聚合（Nd∶Al=1∶1，62 mol% 转化率，cis-1,4=94 mol%；Nd∶Al=1∶5，35 mol% 转化率，cis-1,4>99 mol%）。在此基础上，他们也合成了不同稀土金属羧酸盐与不同烷基铝生成的配合物。在与 Et$_2$AlCl 作用后，这些配合物可以催化得到具有高顺式-1,4 结构（>99 mol%）的聚异戊二烯，催化活性与中心金属种类有关（Nd>Gd>La）。

6) 其他二齿杂原子配体

在用三甲基甲硅烷基碘处理钕配合物 LNd[N(SiMe$_3$)$_2$]$_2$ 时，观察到侧臂杂环卡宾配体的区域特异性官能化。在该反应过程中，在 C_4-卡宾环位置引入三甲基甲硅烷基，得到甲硅烷基化的配合物 [LNd(N(SiMe$_3$)$_2$)(μ-I)]$_2$(L=Bu^{t}C$_3$H(SiMe$_3$)N$_2$CH$_2$CH$_2$NBu^t)，再试图用钾石墨还原该化合物最终形成 LNd[N(SiMe$_3$)$_2$]$_2$（图 3-169）[661]。

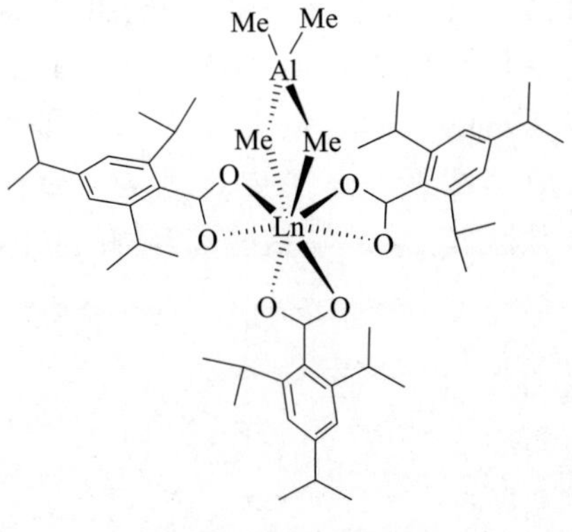

Ln=Y, La, Nd, Lu

图 3-168 单金属中心稀土金属羧酸盐配合物

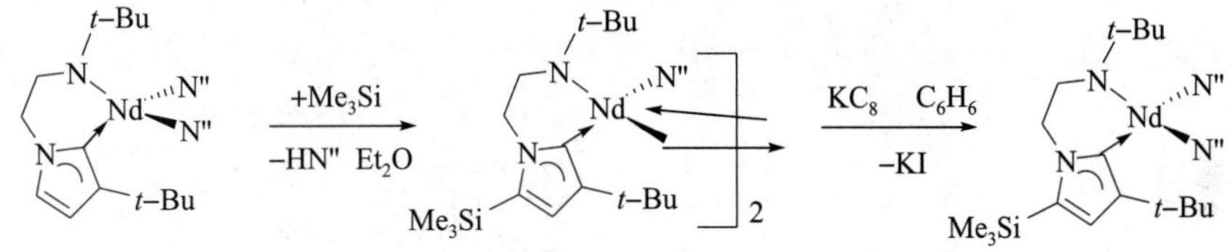

图 3-169 化合物 LNd[N(SiMe₃)₂]₂ 的制备

铈碳键参与两种新的铈（Ⅲ）配合物的合成，其中含有 C_1-对称双（甲硅烷基）甲基配体 [CH(SiMe₃)(SiMe(OMe)₂)][662]。由于在含有庞大的双（膦亚氨基）甲烷配体的几种镧系元素配合物中检测到了弱的 Ln—C 相互作用，否则严格意义上不应将其视为有机镧系元素配合物[663,664]。

二苯基膦苯胺[665]和膦亚胺-氨基[666]配位的二烷基钪配合物 a 和 b（图 3-170），也是乙烯聚合的活性催化剂。

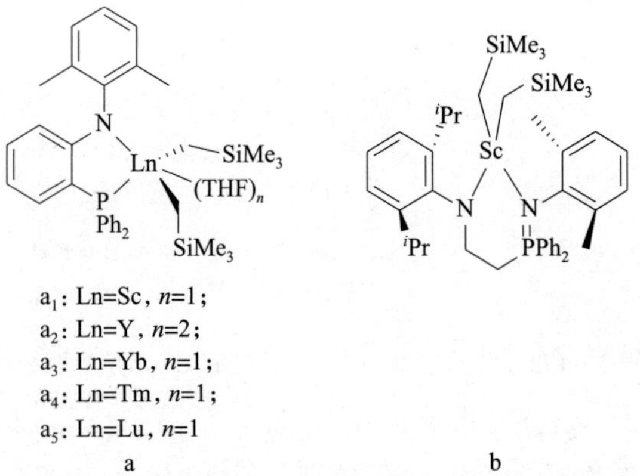

a₁: Ln=Sc, n=1;
a₂: Ln=Y, n=2;
a₃: Ln=Yb, n=1;
a₄: Ln=Tm, n=1;
a₅: Ln=Lu, n=1

图 3-170 二苯基膦苯胺和膦亚胺-氨基配位的二烷基钪配合物

3.4.3.3 以非茂三齿配体作支撑骨架的金属配合物

1．[CCC] 配体

[CCC] 配体是一种研究较少的三齿配体类型，可作为第 3 族金属配合物的螯合配体。崔冬梅课题组以一系列稀土金属为原料制备了一系列稀土金属二溴化配合物（图 3-

171)[667]。在 [Ph₃C][B(C₆F₅)₄] 和 AlR₃(R = Me, Et, ^{i}Bu) 的存在下，这些金属配合物在异戊二烯的聚合中表现出高活性，高顺式-1,4 选择性（高达 99.6 mol%），相比较于钪(Sc)(a)、镧(La)(c)、钐(Sm)(e)、铥(Tm)(i) 和镥(Lu)(j) 的配合物在类似条件下，对异戊二烯聚合反应不活跃，这主要是因为金属中心周围的环境是由不同的(NHC)C—Ln—C(NHC)键角引起的，影响了这些配合物的立体化学性质。

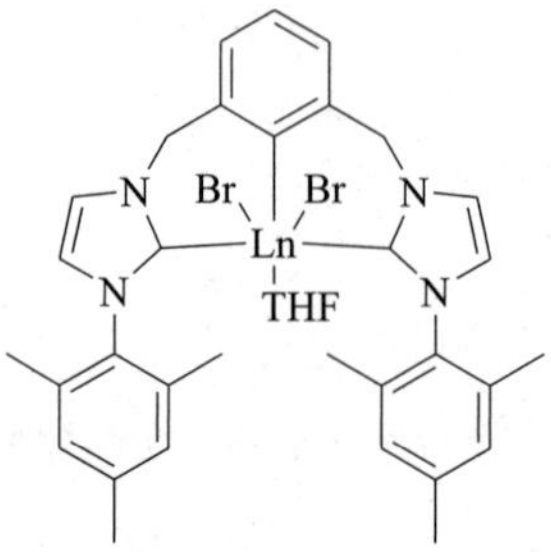

a: Ln=Sc;   f: Ln=Gd;
b: Ln=Y;   g: Ln=Dy;
c: Ln=La;   h: Ln=Ho;
d: Ln=Nd;   i: Ln=Tm;
e: Ln=Sm;   j: Ln=Lu

图 3-171　稀土金属二溴化配合物

最近，崔冬梅课题组报道了使用脒基修饰的 NHC 配位的 Lu 二烷基配合物（图 3-172）在助催化剂如 [Ph₃C][B(C₆F₅)₄] 的作用下，聚合形成 3,4-聚异戊二烯（PIPs）[668]。3,4-选择性受反应温度（0~80 ℃）、溶剂、单体/引发剂比（500~5 000）和使用的有机硼酸盐类型的影响较小。在 0 ℃ 左右的低温条件下，聚合以一种具有良好区域控制的活性方式进行，形成分子量分布较窄的 3,4-选择性的 PIPs。合成的 3,4 选择性的 PIPs 具有高的 T_g（38~48 ℃）和适当的间同规整度。此外，活性镥-聚异戊二烯物种可能会进一步引发 ε-己内酯开环聚合得到中到高分子量的聚（3,4 异戊二烯-ε-己内酯）。

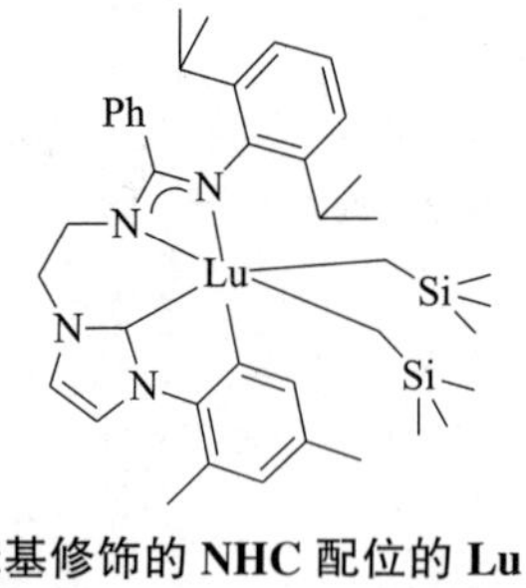

图 3-172　脒基修饰的 NHC 配位的 Lu 二烷基配合物

Bianconi 课题组报道了 a 与两当量的 RLi 反应合成了三（吡唑啉）硼酸盐 Y 配合物 b~d（图 3-173）[613]。配合物 b、c 的分子量较高，活性较低。相反，即使在低温下，复合物 d 也是不稳定的。此外，对于 c 与 8 atm 的 H₂ 反应得到的 Tbp-Y 氢化物配合物，得到宽分子量分布的 PEs。Mountford 课题组采用三（吡唑啉）甲烷配体还开发了 Sc 和 Y 三烷基复合物 e、f[669]。当 Sc 复合物被 B(C₆F₅)₃ 活化后，其聚合乙烯的活性约为 $3.0 \times 10^5 \mathrm{g \cdot mol^{-1} \cdot h^{-1} \cdot atm^{-1}}$。如果使用 [Ph₃C][B(C₆F₅)₄] 作为辅助催化剂，则获得了更高的活性（$8.3 \times 10^5 \mathrm{g \cdot mol^{-1} \cdot h^{-1} \cdot atm^{-1}}$）。而在相同条件下，Y 配合物 f 是不活跃的。配合物 e 在 [Ph₃C]

［B(C_6F_5)$_4$］（2 当量）的活化下，在 22 ℃ 氯苯中发生 1-己烯聚合，也表现出较高的活性（3.0×10^5 g·mol^{-1}·h^{-1}·atm^{-1}），分子量适中[670]。

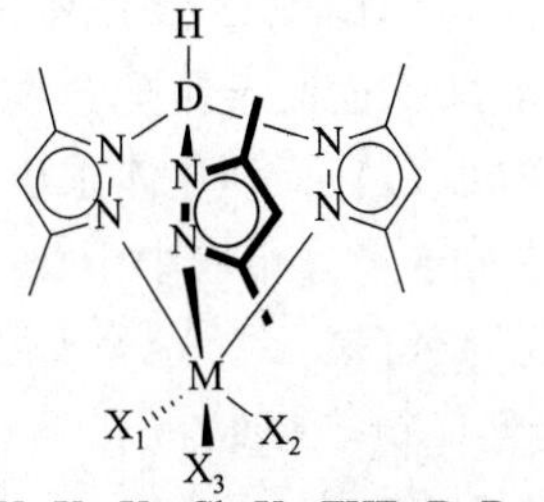

a: M=Y, $X_1=X_2$=Cl, X_3=THF, D=B;
b: M=Y, $X_1=X_2$=Ph, X_3=THF, D=B;
c: M=Y, $X_1=X_2$=CH_2SiMe_3, D=B;
d: M=Y, $X_1=X_2$=Me, X_3=THF, D=B;
e: M=Sc, $X_1=X_2=X_3$=CH_2SiMe_3, D=C;
f: M=Y, $X_1=X_2=X_3$=CH_2SiMe_3, D=C

图 3-173 三（吡唑啉）配体稀土金属配合物

2. ［NNN］配体

Paolucci 课题组报道了稀土金属配合物 $a_1 \sim a_7$（图 3-174），经 MAO 活化后，制备得到乙烯聚合催化剂，其活性在（$0.3 \sim 1.3$）$\times 10^4$ g·mol^{-1}·h^{-1}·atm^{-1}。所得的 PEs 分子量高，分子量分布适中[671]。除了钪衍生物，金属中心的性质在很大程度上影响聚合活性，活性随金属中心离子半径的线性增加而增加。此外，复合物 a_3 的活性也非常低（0.3×10^2 g·mol^{-1}·h^{-1}·atm^{-1}），等规度（［mm］=81%）。在丙烯聚合中，较低空间配体的预催化剂可以改善丙烯聚合。Mountford 课题组制备的 Sc 和 Zr 配合物 b 和 c 表现出很高的活性（3.2×10^6 g·mol^{-1}·h^{-1}·atm^{-1}），经 MAO 活化后进行乙烯聚合，得到分子量中等至高的 PEs，分子量分布中等至宽[672]。

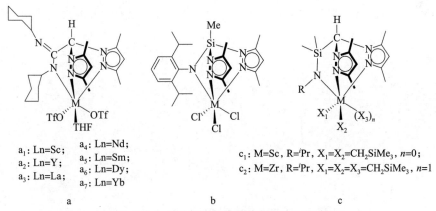

a_1: Ln=Sc; a_4: Ln=Nd;
a_2: Ln=Y; a_5: Ln=Sm;
a_3: Ln=La; a_6: Ln=Dy;
               a_7: Ln=Yb
a

c_1: M=Sc, R=^{i}Pr, $X_1=X_2$=CH_2SiMe_3, n=0;
c_2: M=Zr, R=^{i}Pr, $X_1=X_2=X_3$=CH_2SiMe_3, n=1

b   c

图 3-174 ［NNN］三齿配体稀土金属配合物

Anwander 课题组研究了 α-氨基吡啶配体螯合的稀土金属烷基化物 a 对乙烯的催化性能[673]。发现在 25 ℃，10 bar 乙烯压力下，钪配合物催化乙烯聚合活性为 33 kg（PE）·mol（Cat.）$^{-1}$·h^{-1}·bar^{-1}；而相同的条件下钇配合物的活性只有 13 kg（PE）·mol（Cat.）$^{-1}$·h^{-1}·bar^{-1}。值得一提的是，作者表征了催化活性物种为单烷基稀土金属阳离子。Gade 课题组在稀土金属催化 α-烯烃领域取得了重要进展[674-676]。他们采用 C_3 对称的三噁唑啉配体螯合的三烷基钪配合物b，经过2倍当量[Ph$_3$C][B(C$_6$F$_5$)$_4$]活化，在21 ℃时能够高活性催化1-己烯聚合。当聚合温度降到-30 ℃时，能够获得高分子量高等规度的聚1-己烯[674]。这是首次采用稀土金属体系高活性高立构规整性引发α-烯烃聚合。当采用其他稀土金属配合物为催化剂时，催化1-己烯的活性远远低于钪配合物[675]。在稀释后的条件下，[Sc(^{i}Pr-trisox)(CH$_2$SiMe$_2$R)$_3$]/2[Ph$_3$C][B(C$_6$F$_5$)$_4$]催化体系也能够高活性高立构规整性催化不同碳链长度的α-烯烃聚合，所得聚合物分子量分布均小于2。在低温条件下（-40 ℃或-30 ℃），所得聚丙烯等规度为71%，其余长碳链聚α-烯烃等规度均为99%[677]。DFT计算分析表明，该催化体系对α-烯烃的立体控制遵循链端控制机理[678]。图3-175所示为α-氨基吡啶配体和三噁唑啉配体螯合的稀土金属配合物。

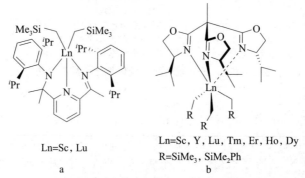

图3-175　α-氨基吡啶配体和三噁唑啉配体螯合的稀土金属配合物

Bercaw课题组报道了[NNN]三齿螯合的烷基稀土金属配合物a[Ln(Me$_3$[9]aneN$_3$)Me$_3$]（Ln=Sc，Y）（图3-176）[679]。当中心金属为钪时，相应配合物在有机硼盐活化下能够催化1-戊烯缓慢齐聚（M_n = 2 800）。当将烷基由甲基换作体积更大的三甲基硅亚甲基后[669]，催化乙烯聚合活性可以达到240 kg(PE)·mol(Cat.)$^{-1}$·h^{-1}·bar^{-1}。同样，另一种[NNN]三齿螯合的烷基钪配合物b[Sc(HC(Me$_2$pz)$_3$)(CH$_2$SiMe$_3$)$_3$]也可以高活性催化乙烯聚合（290 kg(PE)·mol(Cat.)$^{-1}$·h^{-1}·bar^{-1}）。

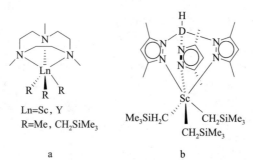

图3-176　[NNN]三齿螯合的烷基稀土金属配合物

Gade课题组报道了[674]含有C_3手性三唑啉配体（噁唑啉）稀土金属配合物（图3-177），可以作为1-己烯聚合的高效、高选择性催化剂。与1当量[Ph$_3$C][B(C$_6$F$_5$)$_4$]反应得到Sc配合物a的阳离子物种具有较低的催化活性。然而，配合物a与2当量的[Ph$_3$C][B(C$_6$F$_5$)$_4$]反应，对1-己烯的等规专一聚合表现出很高的活性（3.6×10^7 g·mol^{-1}·h^{-1}），产生分子量分布窄至中等的高分子量的iso-PHs，这些结果表明，双阳离子物种可能是这种稀土金属聚合催化剂中的活性物质。此外，在 2 当量的 [Ph₃C][B(C₆F₅)₄] 配合物 d~h 能促进1-己烯、1-庚烯和1-辛烯的等规聚合，具有较高的活性，得到了高分子量聚烯烃，具有高全同立构选择性[675]。相比之下，Y 配合物 b 在这些条件下只产生少量的聚合物，而苯基二甲基衍生物 c 与 2 当量的 [Ph₃C][B(C₆F₅)₄] 对烯烃聚合无活性。所有配合物对 α-烯烃聚合的催化活性从 Lu 增加到 Tm，然后随着金属中心离子半径的进一步增加而降低。

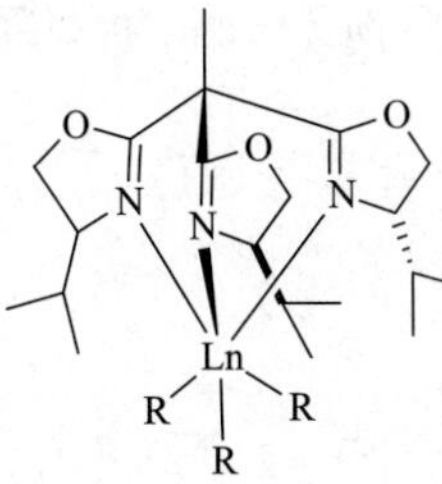

a: Ln=Sc, R=CH₂SiMe₃;
b: Ln=Y, R=CH₂SiMe₃;
c: Ln=Lu, R=CH₂SiMe₃Ph;
d: Ln=Lu, R=CH₂SiMe₃;
e: Ln=Tm, R=CH₂SiMe₃;
f: Ln=Er, R=CH₂SiMe₃;
g: Ln=Ho, R=CH₂SiMe₃;
h: Ln=Dy, R=CH₂SiMe₃。

图 3 – 177 手性三唑啉配体（噁唑啉）稀土金属配合物

Berg 课题组制备了咔唑-双（噁唑啉）（Czx）稀土金属配合物 $a_1 \sim a_3$[680]，并用 [Ph₃C][B(C₆F₅)₄] 活化后聚合 2,3-二甲基丁二烯，得到少量聚合物。相比之下，这些配合物 $a_4 \sim a_6$ 对 1,3-二甲基丁二烯聚合没有活性。

本课题组已报道了一些含有手性双（噁唑基苯基）胺配体的稀土金属配合物 b_1 和 b_2（图 3 – 178）[681]。稀土金属二烷基配合物 b_1 和 b_2 在硼酸盐 [Ph₃C][B(C₆F₅)₄] 作引发剂的作用下，无论是否存在少量的 Al^{i}Bu₃，用于异戊二烯类活性聚合，其活性均高达 6.8×10^5 g·mol^{-1}·h^{-1} 和显著的 trans-1,4 选择性（最高可达 100 mol%）。trans-1,4-PIPS 分子量适中，分子量分布由窄到宽，表明均相单一位点的催化物种在聚合中的优点。在高温（90 ℃）下，高的反式 1,4 选择性几乎保持在同一水平。

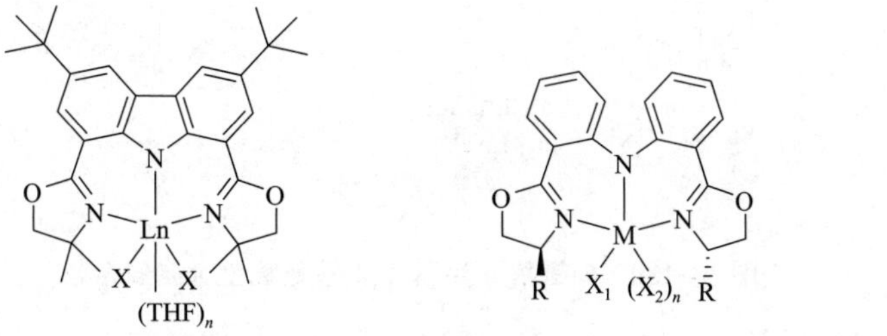

a_1: Ln=Y, X=CH₂SiMe₃, n=0;
a_2: Ln=Er, X=CH₂SiMe₃, n=0;
a_3: Ln=Yb, X=CH₂SiMe₃, n=0;
a_4: Ln=Y, X=Cl, n=1;
a_5: Ln=Er, X=Cl, n=1;
a_6: Ln=Yb, X=Cl, n=1;

b_1: M=Sc, X_1=X_2=CH₂SiMe₃, R=^{i}Pr, n=1;
b_2: M=Lu, X_1=X_2=CH₂SiMe₃, R=^{i}Pr, n=1

a   b

图 3 – 178 手性双（噁唑基苯基）胺配体的稀土金属配合物

崔冬梅课题组报道的稀土金属二烷基配合物 a~c（图 3 – 179）经硼酸盐活化后，对异戊二烯的聚合具有较高的活性和选择性[682]。一般来说，配合物 b、c 比它们的类似物 a 表现出更高的活性。Y 配合物 c_1 采用混 η^5/k^1 配位模式，在异戊二烯聚合表现出最高的活性 ($4.5 \times 10^4 \mathrm{g \cdot mol^{-1} \cdot h^{-1}}$)。钪配合物 a_1 和 b 用于异戊二烯聚合上具有 3,4-选择性（高达 87 mol%），这样的结果可能归因于较小的 Sc^{3+} 离子周围更多的空间位阻，更喜欢异戊二烯 η^2-配位，最终得到更高 3,4-选择性的 PIPs。而 cis-1,4-PIPs 是由 Y 配合物 a_2 和 c_1（顺式-1,4-选择性：a_2 为 80.9 mol%；c_1 为 94.1 mol%），这是由于较大的 Y^{3+} 周围更开放的球体，允许异戊二烯 η^4-配位。相反，Lu 配合物 a_3 和 c_2 提供了无规 PIP。

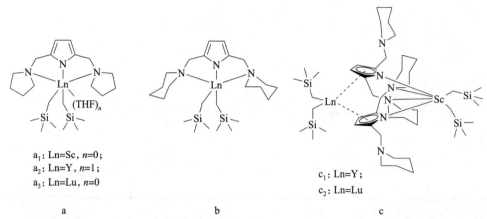

图 3-179 稀土金属二烷基配合物

Hessen 课题组研究了一系列 6-氨基-6-甲基-1,4-重氮稀土金属配合物 a 和 b（图 3-180）[683,684]，报道了 $[PhNMe_2H][B(C_6F_5)_4]$ 活化后乙烯聚合活性非常高。配合物 a_1 的活性 ($1.2 \times 10^6 \mathrm{g \cdot mol^{-1} \cdot h^{-1} \cdot atm^{-1}}$) 高于配合物 a_2 ($5.5 \times 10^5 \mathrm{g \cdot mol^{-1} \cdot h^{-1} \cdot atm^{-1}}$)，分子量略高，分子量分布较广。对于配合物 $a/[PhMe_2NH][B](C_6F_5)_4$ 体系，在乙烯聚合中得到高活性、高分子量的聚合物。

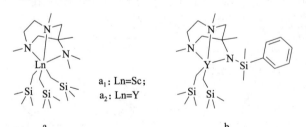

图 3-180 6-氨基-6-甲基-1,4-重氮稀土金属配合物

崔冬梅课题组报道的 Lu 和 Y 二烷基配合物（图 3-181）显示中等到高的活性（a_1: $6.8 \times 10^4 \mathrm{g \cdot mol^{-1} \cdot h^{-1}}$；$a_2$: $2.7 \times 10^5 \mathrm{g \cdot mol^{-1} \cdot h^{-1}}$)，在经过 ($[PhMe_2NH][B(C_6F_5)_4]$、$[Ph_3C][B(C_6F_5)_4]$、$B(C_6F_5)_3$) 和 Al^iBu_3 或 $MgBu_2$ 活化，异戊二烯实现 3,4-选择性聚合（选择性约 88 mol%）[685]。

3. [NNB] 配体

当被 $[PhNHMe_2][B(C_6F_5)_4]$ 和 Mg^nBu_2 激活后，亚磷酸亚胺-氨基吡啶 Nd 配合物（图 3-182）活性聚合异戊二烯，具有良好的 trans-1,4 选择性（高达 97%），形成低活性的 trans-1,4-PIPs（约 $9.3 \times 10^3 \mathrm{g \cdot mol^{-1} \cdot h^{-1}}$）[685]。

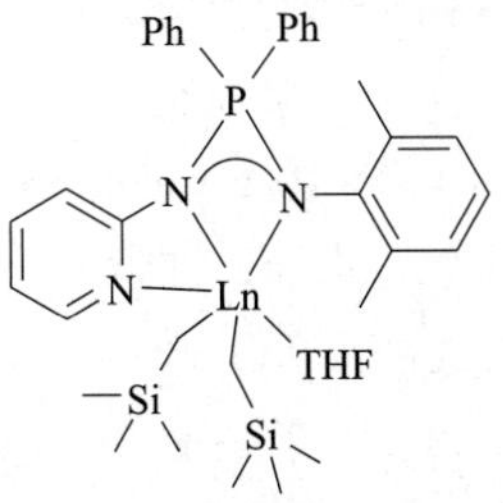

a₁: Ln=Lu;
a₂: Ln=Y

图 3-181　Lu 和 Y 二烷基配合物

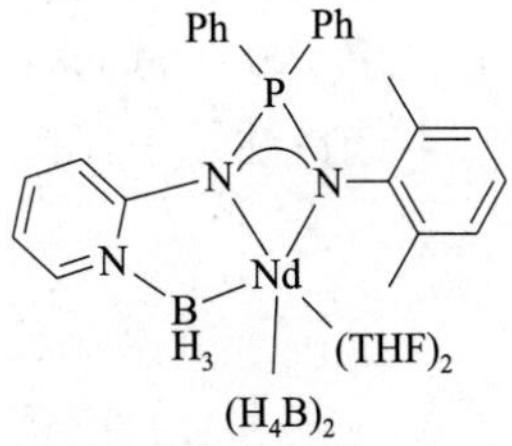

图 3-182　亚磷酸亚胺-氨基吡啶 Nd 配合物

4. [NNO] 配体

Paolucci 课题组报道了 Sc 配合物（图 3-183）在用 MAO 活化后聚合乙烯的催化性能[686]。配合物用于乙烯聚合为中等活性，得到具有中等多分散性的高分子量线性 PEs。

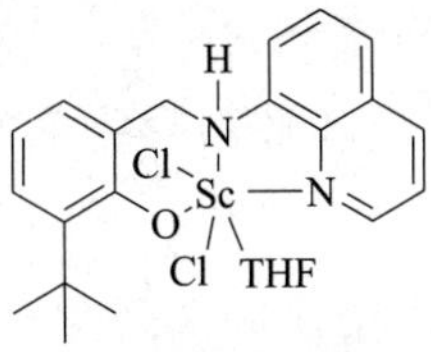

图 3-183　[NNO] 三齿配体 Sc 配合物

崔冬梅课题组合成了稀土金属二烷基配合物 a~e（图 3-184）并将其作为异戊二烯聚合的预催化剂[687]。在 [Ph₃C][B(C₆F₅)₄] 和 Al^{i}Bu₃ 存在下，配合物 c 得到的 PIPs 包含 3,4-选择性约 52 mol% 和 1,4-选择性（trans-1,4-选择性约 96 mol%）。Trifonov 课题组也报道了相关配合物 f~h（图 3-184）[688]。在有活化剂的情况下，配合物 f~h 对异戊二烯的顺式-1,4 聚合活性高，最高可达 $3.2 \times 10^5 \mathrm{g \cdot mol^{-1} \cdot h^{-1}}$。与 B(C₆F₅)₃ 相比，[PhNHMe₂][B(C₆F₅)₄] 和 [Ph₃C][B(C₆F₅)₄] 是较高效的助催化剂。PIPs 顺-1,4 选择性高达 96.6 mol%，具有从窄到宽的多分散性。

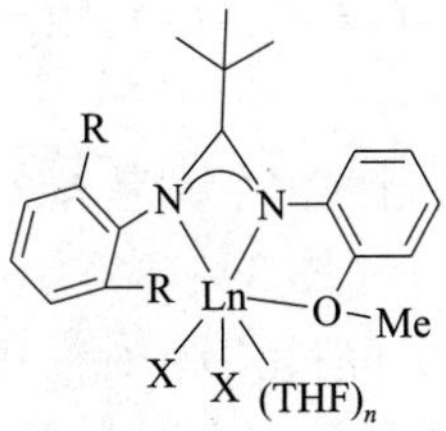

a: Ln=Y, R=Me, X=CH₂SiMe₃, Y=OMe, n=1;
b: Ln=Lu, R=Me, X=CH₂SiMe₃, Y=OMe, n=1;
c: Ln=Y, R=^{i}Pr, X=CH₂SiMe₃, Y=OMe, n=1;
d: Ln=Lu, R=^{i}Pr, X=CH₂SiMe₃, Y=OMe, n=1;
e: Ln=Y, R=^{i}Pr, X=2,6-^{i}Pr₂C₆H₃NH, Y=OMe, n=1;
f: Ln=Y, R=Me, X=CH₂SiMe₃, Y=(O)PPh₂, n=1;
g: Ln=Er, R=Me, X=CH₂SiMe₃, Y=(O)PPh₂, n=1;
h: Ln=Lu, R=Me, X=CH₂SiMe₃, Y=(O)PPh₂, n=0

图 3-184　稀土金属二烷基配合物

5. [NCN] 配体

崔冬梅课题组描述了基于含有双（亚胺）苯配体 a~i（图 3-185）的第 3 族高活性和选择性的催化剂与 AlR₃ 和 [Ph₃C][B(C₆F₅)₄] 结合后，可以聚合共轭二烯（如丁二烯和异戊二烯），具有显著的活性和选择性[689]。AlR_3 等助催化剂的庞大性和配体中 N-芳基环的邻位取代基的特殊空间对催化活性和选择性有明显的影响，而中心金属类型对比选择性几乎没有影响，但略会影响催化活性。通过配合物 b 得到高活性（$1.3 \times 10^5 \text{g} \cdot \text{mol}^{-1} \cdot \text{h}^{-1}$）顺-1,4 选择性聚合物（丁二烯：99.7 mol%；异戊二烯：98.8 mol%）。此外，即使在高温（80 ℃）下，如此高的顺-1,4-选择性几乎保持在同一水平。

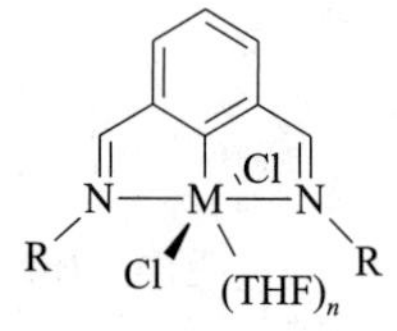

a: M=Y, R=2, 6-$Me_2C_6H_3$, n=2;
b: M=Y, R=2, 6-$Et_2C_6H_3$, n=2;
c: M=Y, R=2, 6-$^iPr_2C_6H_3$, n=2;
d: M=La, R=2, 6-$Et_2C_6H_3$, n=2;
e: M=Nd, R=2, 6-$Et_2C_6H_3$, n=2;
f: M=Gd, R=2, 6-$Et_2C_6H_3$, n=2;
g: M=Tb, R=2, 6-$Et_2C_6H_3$, n=2;
h: M=Dy, R=2, 6-$Et_2C_6H_3$, n=2;
i: M=Ho, R=2, 6-$Et_2C_6H_3$, n=2

图 3-185　双（亚胺）苯配体金属配合物

6. [PNP] 配体

Okuda 课题组报道了采用非茂稀土金属阳离子化合物催化共轭二烯聚合[690,691]。Y-Al 杂多核均配物或者类似结构的钇的酸根锂盐，与 1 倍或 2 倍当量的 $[PhNMe_2H][B(C_6F_5)_4]$ 反应后生成了一价阳离子 $[YMe_2(solv)_x]^+$ 或二价阳离子 $[YMe(solv)_y]_2^+$。这两种阳离子都可以催化共轭二烯聚合，但是反应活性较低，所得聚合物中交联现象严重。作者还得到了 $[YMe_2(solv)_5]^+$ 的单晶结构。有趣的是，当在体系中加入 Al^iBu_3 后，催化活性有了明显的提高，而且避免了产物的交联现象。尤其是采用 $[YMe(solv)_y]^{2+}/Al^iBu_3$ 体系催化丁二烯聚合，反应 14 h 后，产率达到 100%，所得聚丁二烯具有较窄的分子量分布和较高的顺式-1,4 结构（97 mol%）。此后，作者还制备了稀土金属烯丙基一价阳离子 $[Ln(\eta^3-C_3H_5)_2(thf)_3]^+$（Ln = Y, La, Ce, Pr, Nd）和二价阳离子 $[Ln(\eta^3-C_3H_5)(thf)_6]^*$（Ln = La, Nd），经过 Al^iBu_3 作用后，它们能够催化丁二烯聚合，得到顺式-1,4 结构含量为 92.5 mol% 的聚合物[691]。

侯召民课题组报道了 PNP 型稀土金属烷基配合物 $[(2-(Ph_2PC_6H_4)_2N)Ln(CH_2SiMe_3)(thf)_x]$（Ln = Sc, Y, Lu）（a）（图 3-186），可以实现共轭二烯的高顺式-1,4 选择性聚合，反应呈现活性聚合特征[628]。经过 $[Ph_3C][B(C_6F_5)_4]$ 活化后，钪、钇和镥配合物都可以催化异戊二烯高顺式-1,4 选择性聚合。其中，钇配合物的选择性最高，室温下得到的聚异戊二烯中顺式-1,4 结构含量达到 99.3 mol%，分子量分布为 1.10；钪和镥的配合物得到聚合物中顺式-1,4 结构含量略低（96.5~97.1 mol%）。随着单体加入量的增加，所得聚合物分子量呈线性增加，且分子量分布很窄，催化体系呈现活性聚合的特征。因此，该体系也能够催化异戊二烯和丁二烯嵌段共聚，所得共聚物中两种单体单元顺式-1,4 结构含量都大于 99 mol%。在高温 80 ℃ 时，该体系仍然保持了较高的顺式-1,4 选择性（98.5 mol%）和活性聚合的特征。作者还分离得到了催化活性物种，即镥的阳离子化合物 $[([2-(Ph_2P)C_6H_4]_2N)Lu(CH_2SiMe_3)(thf)_2]^+[B(C_6F_5)_4]^-$，并且表征了其单晶结构。

随后，崔冬梅课题组报道了一类 PNP 型咔唑稀土金属苄基氨基配合物（b）（图3-186）[692]，经过［Ph₃C］[B(C₆F₅)₄] 活化后，也可以高活性高顺式-1,4 选择性（>99 mol%）聚（共轭二烯），呈现活性聚合的特征。此外，钇配合物还可以催化异戊二烯和己内酯嵌段共聚，共聚物中异戊二烯单元的顺式-1,4 结构含量大于 99 mol%。

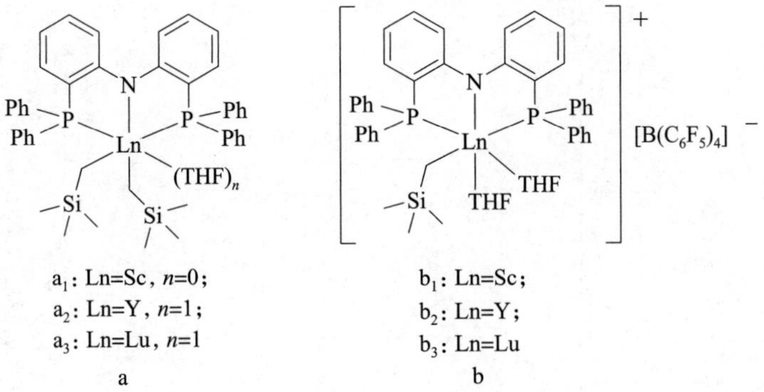

图 3-186　［PNP］配体三齿金属配合物

7. ［SSS］配体

Mountford 课题组报道的 Sc 配合物（图3-187）在与 $B(C_6F_5)_3$ 或 $[Ph_3C]_3(C_6F_5)_4]$/Al^iBu_3 活化后聚合出高活性的乙烯，约为 $1.1 \times 10^5 g \cdot mol^{-1} \cdot h^{-1} \cdot atm^{-1}$。配合物与 $[Ph_3C][B(C_6F_5)_4]$ 反应表明，在 -30 ℃ 条件下，1-己烯聚合具有很高的活性，最高可达 $3.7 \times 10^6 g \cdot mol^{-1} \cdot h^{-1}$，为得到分子量分布较广的全规 PHs 提供了条件。该催化剂对苯乙烯聚合也表现出极高的活性，最高可达 $1.4 \times 10^7 g \cdot mol^{-1} \cdot h^{-1}$ [693]。

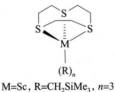

M=Sc, R=CH₂SiMe₃, n=3

图 3-187　［SSS］三齿配体金属配合物

3.4.3.4　以非茂多齿配体作支撑骨架的金属配合物

首先简单介绍了用于烷基钪和烷基钇稳定的相关配位体的新组合。典型的反应总结在图 3-188 中。

由杯-吡咯配体体系（Et₈-杯-吡咯）(R)Sm(μ_3-Cl)[Li(THF)]₂[Li₂(THF)₃] (R = Me, CH=CH₂) 负载的三价甲基和乙烯基钐衍生物通过 (Et₈-杯-吡咯)(Cl)Sm[Li₂(THF)₃] 与相应的有机锂试剂反应制备。双核配合物 (Et₈-杯-吡咯)Sm₂((μ-Cl)₂[Li(THF)₂])₂ 在乙醚中烷基化，形成同构烷基配合物 (Et₈-杯-吡咯)Sm₂[(μ-CH₃)₂[Li(THF)₂]]₂。已报道存在于杯-四吡咯四阴离子配体（[R₂C(C₄H₂N)]₄）₄(R = [(-CH₂)₅-]₀.₅, Et)，如图3-189所示，相应的 Sm(Ⅱ) 化合物与乙炔的反应性类型有很大影响。

图 3-188 烷基钪和烷基钇稳定的相关配位体的制备

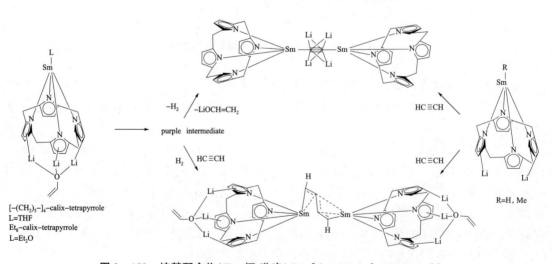

图 3-189 烷基配合物 (Et_8-杯-吡咯)Sm_2[(μ-CH_3)$_2$[Li(THF)$_2$]]$_2$

Hessen 课题组报道了对催化乙烯聚合具有较高活性的 [NNNN] 四齿螯合二烷基钇配合物 [(N,N-R$_2$-tacn-N"-(CH$_2$)$_2$N^{t}Bu)Y(CH$_2$SiMe$_3$)$_2$](R = Me,^{i}Pr; tacn = 1,4,7-triazacyclononane)(a)[694]，在反应温度 80 ℃时，该体系催化活性可达 1 790 kg(PE)·mol(Cat.)$^{-1}$·h^{-1}·atm^{-1}。此后，他们将配体变为开放的三氮环 b（图 3 – 190），发现所合成的配合物的稳定性以及对乙烯的催化活性明显下降[695]。

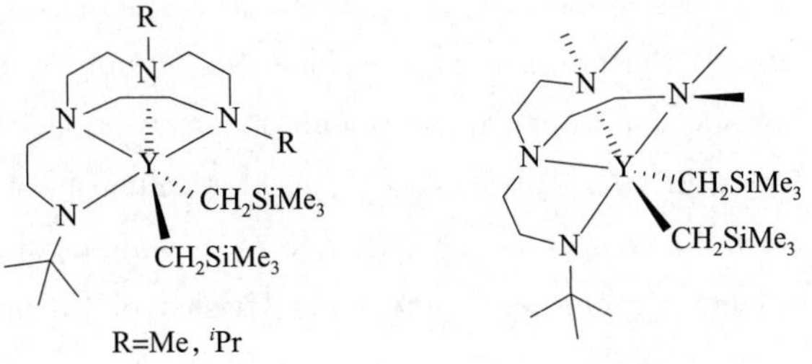

图 3 – 190　[NNNN] 四齿螯合二烷基钇配合物

Okuda 课题组使用冠醚螯合的镥阳离子配合物催化乙烯聚合，显示了较高的催化活性[696]。随后，他们又发现将三烷基稀土金属配合物与 2 倍当量的有机硼盐作用后，可以得到单烷基稀土金属二价阳离子[697]。该类二价阳离子能够高活性地催化乙烯聚合，其中铽化合物的活性最高，所得聚乙烯 M_n = 3 500~45 000，M_w/M_n = 2~6。2005 年，Mountford 课题组报道了三硫环螯合的三烷基钪配合物 [([9]aneS$_3$)Sc(CH$_2$SiMe$_3$)$_3$][693]，与 1 倍当量的 [Ph$_3$C][B(C$_6$F$_5$)$_4$] 作用后，可以中等活性催化乙烯或 1-己烯聚合。然而，当与 2 倍当量的 [Ph$_3$C][B(C$_6$F$_5$)$_4$] 作用后，即使在 –30 ℃时，也可以非常高活性地催化 1-己烯聚合，得到无规聚合物（mmmm = 32%）。

参考文献

[1] Ziegler K, Holzkamp E, Breil H, et al. Polymerisation von Äthylen und anderen Olefinen [J]. Angewandte Chemie, 1955, 67 (16): 426 – 426.

[2] Natta G, Pino P, Corradini P, et al. Crystalline high polymers of α-Olefins [J]. Journal of the American Chemical Society, 1955, 77 (6): 1708 – 1710.

[3] Stannett V T. Ziegler—Natta catalysts and polymerizations: By John Boor, Jr., Academic Press, New York, 1979. 670 pp. $65.00 [J]. Journal of Colloid and Interface Science, 1980, 74 (2): 577.

[4] Locatelli P, Sacchi M C, Tritto I, et al. Isotactic polymerization of propene: initiation at titanium-phenyl bonds [J]. Macromolecules, 1985, 18 (4): 627 – 630.

[5] Zambelli A, Tosi C. In Stereochemistry of propylene polymerization, Berlin, Heidelberg, Springer Berlin Heidelberg: Berlin, Heidelberg, 1974: 31 – 60.

[6] 肖士镜，余赋生．烯烃配位聚合催化剂及聚烯烃 [M]．北京：北京出版社，2002．

[7] Joucla L, Djakovitch L. Transition Metal-Catalysed, Direct and Site-Selective N1-, C2-or C3-Arylation of the Indole Nucleus: 20 Years of Improvements [J]. Adv. Synth Catal 2009, 351:

673 – 714.

[8] 张乾, 解天川, 范晓东, DSC 法测定聚乙烯结晶度的研究 – 张乾 [J]. 中国塑料, 2002, 16 (9): 74 – 76.

[9] Usami T, Takayama S. Identification of Branches in Low – Density Polyethylenes by Fourier Transform Infrared Spectroscopy [J]. Polymer Journal, 1984, 16 (10): 731 – 738.

[10] 焦书科. 烯烃配位聚合理论与实践 [M]. 2004. 北京: 化学工业出版社, 2013.

[11] Beylen M V, Bywater S, Smets G, et al. Developments in anionic polymerization — A critical review [J]. Polysiloxane Copolymers/Anionic Polymerization 1988, 86: 87 – 143.

[12] Dolgoplosk B A, Oreshkin I A, Tinyakova E I, et al. Mechanism of decomposition of transition – metal organometallic compounds and the role of the intermediate products in catalysis. Bulletin of the Academy of Sciences of the Ussr Division of Chemical Science, 1982, 31 (5): 1011 – 1022.

[13] Clark M B, Zimm B H. A Linearized Chain Model for Dielectric Loss in Polymers. 1972.

[14] Heimbach P, Wilke, Günther. über die katalytische Umwandlung von Olefinen, Ⅳ Synthese von cis. trans-Cyclodecadien-(1.5) and Decatrien- (1. trans-4.9) Mischoligomerisation von Butadien mit Äthylen [J]. European Journal of Organic Chemistry, 2010, 727 (1): 183 – 193.

[15] Carson G D, Smith L P. Escherichia coli endotoxin shock complicating Bartholin's gland abscess [J]. Canadian Medical Association Journal, 1980, 122 (12): 1397.

[16] Ziegler E H K. Aluminium – organische Synthese im Bereich olefinischer Kohlenwasserstoffe [J]. Angewandte Chemie, 2010, 64 (12): 323 – 329.

[17] Hogen-Esch T E. Stereochemistry of anionic vinyl polymerization [J]. Macromolecular Symposia, 2011, 67 (1): 43 – 66.

[18] Agadzhanyan A K, Ziegler B. Paläontologie. Vom Leben in der Vorzeit. Stuttgart: E. Schweizerbart'sche Verlagsbuchhandlug [J]. 2008, 293 S. Paleontological Journal, 2009, 43 (4): 469 – 472.

[19] Ziegler K, Gellert H G, Martin H, et al. Metallorganische Verbindungen ⅩⅨ: Reaktionen der Aluminium – Wasserstoff – Bindung mit Olefinen [J]. Justus Liebigs Annalen der Chemie, 1954, 589 (2): 91 – 121.

[20] Ziegler K. La polymerisation de lethylene [J]. Bulletin De La Societe Chimique De France, 1956 (1): 1 – 6.

[21] Liu Y, Liu Y, Drew M G B. Correlation between regioselectivity and site charge in propene polymerisation catalysed by metallocene [J]. Structural Chemistry, 2010, 21 (1): 21 – 28.

[22] Ujaque G, Maseras F, Kaltsoyannis N, et al. Applications of Hybrid DFT/Molecular Mechanics to Homogeneous Catalysis. 2004.

[23] Natta V G, Corradini P, Bassi I W. Vorlaufige Mitteilung: über die Kristallstruktur des isotaktischen Poly – α – butens. Macromolecular Chemistry & Physics, 1956, 21 (1): 240 – 244.

[24] Uelzmann H. Soluble complex from titanium tetrachloride and triisobutyl aluminum at −78°.

Journal of Polymer Science Part A Polymer Chemistry, 1959, 37 (132): 561 -564.

[25] Kashiwa N, Yoshitake J, Tsutsui T. Olefin Polymerizations with a Highly Active $MgCl_2$ Supported $TiCl_4$ Catalyst System: Comparison on the Behaviors of Propylene, Butene-1 Ethylene and Styrene Polymerizations, 1988: 33 -34.

[26] Natta G, Mazzanti G. Organometallic complexes as catalysts in ionic polymerizations. Tetrahedron, 1960, 8 (1): 86 -100.

[27] Bann B, Miller S A. Melamine And Derivatives Of Melamine. Chemical Reviews, 1958, 58 (1): 131 -172.

[28] Brasted C R, Advances in the chemistry of the coordination compounds (Kirschner, Stanley, ed.). *Journal of Chemical Education*, 1962, 39 (3): 163.

[29] None Mark H F, Gaylord N G, Bikales N M, Encyclopedia of Polymer Science and Technology. Volume II. Amino resins to casein. Interscience Publishers, a division of John Wiley and Sons, Inc., New York, London, Sydney 1965. XIII + 871 Seiten, Format 19 × 27. *Starch – Stärke*, 1965, 17 (12): 1.

[30] Robb J C, Peaker F W, Rice S A. Progress in High Polymers, Volume 1 [J]. *Physics Today*, 1962, 15 (9): 68 -68.

[31] Williams J R. The Chemistry of the Vitamins. S. F. Dyke. Interscience (Wiley), New York, 1965. x + 363 pp. Illus. $10. *Science*, 1965, 150 (3700): 1145 -1145.

[32] Gladkovskii G A, Skorokhodov S S, Slyvina S G, et al. Synthesis and properties of vinyltropylium perchlorate. *Bulletin of the Academy of Sciences of the Ussr Division of Chemical Science*, 1963, 12 (7): 1158 -1161.

[33] J. P. Britovsek, G.; C. Gibson, V.; J. McTavish, S.; A. Solan, G.; J. P. White, A.; J. Williams, D.; J. P. Britovsek, G.; S. Kimberley, B.; J. Maddox, P., Novel olefin polymerization catalysts based on iron and cobalt. *Chemical Communications* 1998, (7): 849 -850.

[34] Stannett V T. Ziegler—Natta catalysts and polymerizations: By John Boor, Jr., Academic Press, New York, 1979. 670 pp. $65.00. *Journal of Colloid & Interface Science*, 1980, 74 (2): 577 -577.

[35] Teyssie P, Julemont M, Thomassin J M, et al. Stereospecific Polymerization of Dioelfins by h3 - Allylic Coordination Complexes [M] //*Coordination Polymerization. Academic Press*, 1975, 17 (1): 327 -347.

[36] Natta G, Pasquon I, Zambelli A. Stereospecific Catalysts for the Head - To - Tail Polymerization of Propylene to a Crystalline Syndiotactic Polymer. *Journal of the American Chemical Society*, 1962, 84 (8): 1488 -1490.

[37] Doi Y, Ueki S, Keii T. "Living" Coordination Polymerization of Propene Initiated by the Soluble V $(acac)_3$-Al $(C_2H_5)_2$Cl System. *Macromolecules*, 1979, 12 (5): 814 -819.

[38] Bier G. Hochmolekulare Olefin - Mischpolymerisate hergestellt unter Verwendung von Ziegler - Mischkatalysatoren. *Angewandte Chemie*, 1961, 73 (6): 186 -197.

[39] Boor Jr J, Youngman E A. Preparation and characterization of syndiotactic polypropylene.

Journal of Polymer Science Part A - 1：*Polymer Chemistry*，1966，4（7）：1861 - 1884.

[40] Bloom B M, Gardocki J F, Hutcheon D E. et al. A new class of potent central nervous system depressants [J]. *Journal of the American Chemical Society*，1957，79（18）：5072 - 5072.

[41] Mislow K, Rutkin P, Lazarus A K. The absolute configuration of 6，6′-dinitro-2，2′-diphenic acid and 6，6′-dimethyl-2，2′-biphenyldiamine. *Journal of the American Chemical Society*，1957，79（11）：2974 - 2975.

[42] Long W P, Breslow D S. Polymerization of Ethylene with Bis-(cyclopentadienyl)-titanium Dichloride and Diethylaluminum Chloride. *Journal of the American Chemical Society*，1960，82（8）：1953 - 1957.

[43] Breslow D S, Newburg N R. Bis - (cyclopentadienyl) - titanium Dichloride - Alkylaluminum Complexes as Soluble Catalysts for the Polymerization of Ethylene[1,2]. *Journal of the American Chemical Society*，1959，81（1）：81 - 86.

[44] Long W P. Complexes of Aluminum Chloride and Methylaluminum Dichloride with Bis - (cyclopentadienyl) - titanium Dichloride as Catalysts for the Polymerization of Ethylene[1]. *Journal of the American Chemical Society*，1959，81（20）：5312 - 5316.

[45] Chien J C W. Kinetics of Ethylene Polymerization Catalyzed by Bis - (cyclopentadienyl) - titanium Dichloride - Dimethylaluminum Chloride1. *Journal of the American Chemical Society*，1959，81（1）：86 - 92.

[46] Skupinska J. Oligomerization of . alpha. - olefins to higher oligomers. *Chemical Reviews*，1991，91（4）：613 - 648.

[47] Sinn H, Kaminsky W, Ziegler - Natta Catalysis. In *Advances in Organometallic Chemistry*，Stone，F. G. A.；West，R.，Eds. Academic Press，1980，18：99 - 149.

[48] Eisch J J, Piotrowski A M, Brownstein S K, et al. Organometallic compounds of Group Ⅲ. Part 41. Direct observation of the initial insertion of an unsaturated hydrocarbon into the titanium - carbon bond of the soluble Ziegler polymerization catalyst Cp_2TiCl_2 - $MeAlCl_2$. *Journal of the American Chemical Society*，1985，107（24）：7219 - 7221.

[49] 张琳萍，侯红卫，樊耀亭，程凤宏. 配位聚合物 [J]. 无机化学学报，2000，16（1）：1 - 12.

[50] Pasquini, N. 聚丙烯手册 [M]. 胡友良，译. 北京：化学工业出版社，2008.

[51] 黄葆同，沈之荃. 烯烃双烯烃配位聚合进展 [M]. 北京：科学出版社，1998.

[52] 肖士镜，赋生. 烯烃配位聚合催化剂及聚烯烃 [M]. 北京：北京工业大学出版社，2002.

[53] 胡友良. 烯烃聚合催化剂研究开发进展 [J]. 石化技术与应用，2002，20（1）：1 - 6.

[54] Potts J R, Dreyer D R, Bielawski C W, et al. Graphene-based polymer nanocomposites. *Polymer*，2011，52（1）：5 - 25.

[55] 王世波，刘东兵，毛炳权. 烯烃聚合五十年 [J]. 化工进展，2005，24（5）：455 - 463.

[56] 汪洁. Ziegler—Natta 烯烃聚合催化剂进展 [J]. 石化技术，2007，14（3）：62 - 65.

[57] Wang L, Feng L X, Jim - Ting X U, et al. Studies on $TiCl_4/Al_2Et_3Cl_3/Y$ Zeolite High Effective Catalytic System for Copolymerization of Ethylene and Propylene. *Chemical Research*

in Chinese Universities, 1993.

[58] Soga K, Shiono T, Doi Y. Influence of internal and external donors on activity and stereospecificity of ziegler-natta catalysts. *Macromolecular Chemistry & Physics*, 1988, 189 (7): 1531-1541.

[59] 齐格勒—纳塔催化剂和聚合. 1986.

[60] Cossee P. Ziegler-Natta catalysis I. Mechanism of polymerization of α-olefins with Ziegler-Natta catalysts. *Journal of Catalysis*, 1964, 3 (1): 80-88.

[61] Busico V, Mevo L, Palumbo G, et al. Preliminary results on ethylene/propene copolymerization in the presence of $Cp_2Ti(CH_3)_2/Al(CH_3)_3/H_2O$. *Macromolecular Chemistry & Physics*, 1983, 184 (11): 2193-2198.

[62] Miyatake T, Mizunuma K, Kakugo M. In Ti complex catalysts including thiobisphenoxy group as a ligand for olefin polymerization, *Makromolekulare Chemie. Macromolecular Symposia*, Wiley Online Library, 1993: 203-214.

[63] 黄葆同, 陈伟. 茂金属催化剂及其烯烃聚合物 [M]. 北京: 化学工业出版社, 2000.

[64] Kealy T J Pauson P L. A New Type of Organo-Iron Compound. *Nature*, 1951, 168 (4285): 1039-1040.

[65] Wilkinson G, Rosenblum M, Whiting M C, et al. The Structure of Iron Bis-Cyclopentadienyl. *Journal of the American Chemical Society*, 1952, 74 (8): 2125-2126.

[66] Wilkinson G, Pauson P L, Birmingham J M, et al. Bis-cyclopentadienyl derivatives of some transition elements [J]. *Journal of the American Chemical Society*, 1953, 75 (4): 1011-1012.

[67] Wilkinson G, Birmingham J M. Bis-cyclopentadienyl Compounds of Ti, Zr, V, Nb and Ta. *Journal of the American Chemical Society*, 1954, 76 (17): 4281-4284.

[68] Summers L, Uloth R H, Holmes A. Diaryl Bis-(cyclopentadienyl)-titanium Compounds[1]. *Journal of the American Chemical Society*, 1955, 77 (13): 3604-3606.

[69] Gilman H, Gorsich R D. Cyclic Organosilicon Compounds. Ⅱ. Reactions Involving Certain Functional and Related Dibenzosilole Compounds. *Journal of the American Chemical Society*, 1958, 80 (13): 3243-3246.

[70] Natta G, Pino P, Mazzanti G, et al. *Chem. Ind. (Milan)*, 1957, 39: 19.

[71] Breslow D S, Newburg N R. Bis-(cyclopentadienyl)-titanium dichloride—alkylaluminum complexls as catalysts for the polymerization of ethylene [J]. *Journal of the American Chemical Society*, 1959, 81 (1): 5072-5073.

[72] Anderson D M W, Wang W P. The tree exudate gums permitted in foodstuffs as emulsifiers, stabilisers and thickeners [J]. *Chemistry and Industry of Forest Products*, 1994, 14 (2): 73-83.

[73] Reichert K H, Meyer K R. Zur kinetik der niederdruckpolymerisation von äthylen mit löslichen ZIEGLER-atalysatoren. *Macromolecular Chemistry & Physics*, 1973, 169 (1): 163-176.

[74] Sinn H, Kaminsky W, Vollmer H J, et al. "Lebende Polymere" bei Ziegler-Katalysatoren

extremer Produktivität. *Angewandte Chemie* 1980, 92 (5): 396-402.

[75] Garoff T, Iiskola E, Sormunen P. *Transition Metals and Organometallics as Catalysts for Olefin Polymerization.* 1988.

[76] Ewen J A. Mechanisms of stereochemical control in propylene polymerizations with soluble Group 4B metallocene/methylalumoxane catalysts. *Journal of the American Chemical Society*, 1984, 106 (21): 6355-6364.

[77] Ready T E, Chien J C W, Rausch M D. Alkyl-substituted indenyl titanium precursors for syndiospecific ziegler-natta polymerization of styrene. *Journal of Organometallic Chemistry*, 1996, 519 (1): 21-28.

[78] Heinemann O, Jolly P W, Krüger C, et al. A facile access to CpCr (acac) Cl and related systems. *Journal of Organometallic Chemistry*, 1998, 553 (1): 477-479.

[79] Mani G, Gabbaï F P. A neutral chromium (Ⅲ) catalyst for the living "Aufbaureaktion". *Angewandte Chemie International Edition*, 2004, 43 (17): 2263-2266.

[80] Reddy S S, Radhakrishnan K, Sivaram, S. Methylaluminoxane: synthesis, characterization and catalysis of ethylene polymerization. *Polymer Bulletin*, 1996, 36 (2): 165-171.

[81] Kaminsky W. New polymers by metallocene catalysis. *Macromolecular Chemistry and Physics* 1996, 197 (12): 3907-3945.

[82] Sugano T, Matsubara K, Fujita T, et al. Characterization of alumoxanes by 27Al-NMR spectra. *Journal of molecular catalysis*, 1993, 82 (1): 93-101.

[83] Wang Q, Zhao Y, Song L, et al. Characterization of aluminoxanes by ESR spin probe method. *Macromolecular Chemistry and Physics*, 2001, 202 (3): 448-452.

[84] Massey A, Park A. Perfluorophenyl derivatives of the elements: I. Tris (pentafluorophenyl) boron. *Journal of Organometallic Chemistry*, 1964, 2 (3): 245-250.

[85] Hlatky G G, Turner H W, Eckman R R. Ionic, base-free zirconocene catalysts for ethylene polymerization. *Journal of the American Chemical Society*, 1989, 111 (7): 2728-2729.

[86] Schmidt H H H W, Nau H, Wittfoht W, et al. Arginine is a physiological precursor of endothelium-derived nitric oxide [J]. *European journal of pharmacology*, 1988, 154 (2): 213-216.

[87] Pellecchia C, Grassi A. Syndiotactic-specific polymerization of styrene: Catalyst structure and polymerization mechanism. *Topics in Catalysis*, 1999, 7 (1-4): 125-132.

[88] Chien J C, Tsai W M, Rausch M D. Isospecific polymerization of propylene catalyzed by rac-ethylenebis (indenyl) methylzirconium cation. *Journal of the American Chemical Society*, 1991, 113 (22): 8570-8571.

[89] Bochmann M, Lancaster S J. Monomer-Dimer Equilibria in Homo-and Heterodinuclear Cationic Alkylzirconium Complexes and Their Role in Polymerization Catalysis. *Angewandte Chemie International Edition in English*, 1994, 33 (15-16): 1634-1637.

[90] Qian Y, Huang J, Bala M D, et al. Synthesis, Structures, and Catalytic Reactions of Ring-Substituted Titanium (Ⅳ) Complexes. *Chemical Reviews*, 2003, 103 (7), 2633-2690.

[91] 何仁. 金属有机化学 [M]. 上海: 华东理工大学出版社, 2007.

[92] 倪建国. 茂金属催化剂催化烯烃聚合的研究 [J]. 长春：吉林大学，2008.
[93] Kaminsky W, Lenk S, Scholz V, et al. Fluorinated half‑sandwich complexes as catalysts in syndiospecific styrene polymerization. *Macromolecules*, 1997, 30 (25): 7647‑7650.
[94] Schellenberg J, Newman T H. The influence of phenylsilane on the syndiotactic polymerization of styrene with η5‑pentamethylcyclopentadienyl titanium trifluoride. *Journal of Polymer Science Part A: Polymer Chemistry*, 2000, 38 (19): 3476‑3485.
[95] Xu G, Ruckenstein E. Syndiospecific polymerization of styrene using fluorinated indenyltitanium complexes. *Journal of Polymer Science Part A: Polymer Chemistry*, 1999, 37 (14): 2481‑2488.
[96] Schneider N, Prosenc M‑H, Brintzinger H‑H. Cyclopenta [1] phenanthrene titanium trichloride derivatives: syntheses, crystal structure and properties as catalysts for styrene polymerization. *Journal of organometallic chemistry*, 1997, 545: 291‑295.
[97] Ready T E, Chien J C, Rausch M D. Alkyl‑substituted indenyl titanium precursors for syndiospecific Ziegler‑Natta polymerization of styrene. *Journal of organometallic chemistry*, 1996, 519 (1‑2): 21‑28.
[98] Okuda J. Functionalized cyclopentadienyl ligands, Ⅳ. Synthesis and complexation of linked cyclopentadienyl‑amido ligands. *Chemische Berichte* 1990, 123 (8): 1649‑1651.
[99] Rosen R K, Kolthammer B W. Synthesis of cyclopentadienyl metal coordination complexes from metal hydrocarbyloxides. Google Patents: 1996.
[100] Harrington B A H. Method forpreparing α‑olefin/cycloolefin copolymers: Us, 5635573.
[101] Jutzi P, Fluxional, et al. 1‑cyclopentadienyl compounds of main‑group elements. *Chemical Reviews*, 1986, 86 (6): 983‑996.
[102] Herrmann W A, Morawietz M J. Synthesis and characterization of bridged half‑sandwich amides of titanium and zirconium. *Journal of organometallic chemistry*, 1994, 482 (1‑2): 169‑181.
[103] Dias H R, Wang Z, Bott S G. Preparation of Group 4 metal complexes of a bulky amido‑fluorenyl ligand. *Journal of organometallic chemistry*, 1996, 508 (1‑2): 91‑99.
[104] Foster P, Rausch M D, Chien J C W. J. Organometal. Chem, 1997, 571: 171.
[105] Adams R D, Abel E H, Stone F G A, et al. *Comprehensive Organometallic Chemistry* Ⅱ: *A Review of the Literature 1982‑1994. Heteronuclear Metal‑metal Bonds*; Volume Editor, Richard D. Adams. Pergamon: 1995.
[106] McKnight A L, Waymouth R M. Group 4 ansa‑cyclopentadienyl‑amido catalysts for olefin polymerization. *Chemical Reviews*, 1998, 98 (7): 2587‑2598.
[107] Rapp R T. Process and apparatus for utilization of meat‑and‑bone meal as synthesis and fuel gas‑Goerz, J. et al. Eur. Pat. Appl. EP 1, 217, 063 (Cl. C10J3/48), 26 Jun 2002, DE Appl. 10, 064, 686, 22 Dec 2000. 7. (In German). *Fuel & Energy Abstracts*, 1975, 44 (3): 499‑525.
[108] Ishizaki‑Nishizawa O, Fujii T, Azuma M, et al. Low‑temperature resistance of higher plants is significantly enhanced by a nonspecific cyanobacterial desaturase. *Nature biotech‑*

nology, 1996, 14 (8): 1003.

[109] Chianese R, Ciaramella V, Fasano S, et al. Announcement—Society for Adolescent Medicine 1992 Meeting. *Journal of Adolescent Health*, 1991, 12 (3): 283 – 285.

[110] Lima, Silveira G V, Oshiro C M, et al. Reducing sulfur dioxide emissions from coal combustion: Holcomb, R. R. PCT Int. Appl. WO 02 79, 356 (Cl. C10L5/00), 10 Oct 2002, US Appl. PV279, 325. *Iheringia Série Zoologia*, 2006, 96 (1): 81 – 87.

[111] LaPointe R E, Stevens J C, Nickias P N, et al. Homogeneous olefin polymerization catalyst by abstraction with lewis acids: U. S. Patent 5, 721, 185 [P]. 1998 – 2 – 24.

[112] Okuda J, Verch S, Spaniol T P, et al. Optically Active Titanium Complexes Containing Linked Amido-cyclopentadienyl Ligands: Their Use as Asymmetric Hydrogenation Catalysts. *Chemische Berichte*, 1996, 129 (12): 1429 – 1431.

[113] McKnight A L, Masood M A, Waymouth R M, et al. Selectivity in Propylene Polymerization with Group 4 Cp-Amido Catalysts. *Organometallics*, 1997, 16 (13): 2879 – 2885.

[114] Duda L, Erker G, Fröhlich R, et al. Formation of a Constrained – Geometry Ziegler Catalyst System Containing a C_1 Instead of the Usual Si1 Connection Between the Cyclopentadienyl and Amido Ligand Components. *European Journal of Inorganic Chemistry*, 1998, 1998 (8): 1153 – 1162.

[115] Chen Y – X, Fu P – F, Stern C L, et al. A Novel Phenolate "Constrained Geometry" Catalyst System. Efficient Synthesis, Structural Characterization, and α – Olefin Polymerization Catalysis. *Organometallics*, 1997, 16 (26): 5958 – 5963.

[116] Turner L E, Thorn M G, Fanwick P E, et al. Facile resolution of constrained geometry indenyl – phenoxide ligation. *Chemical Communications*, 2003 (9): 1034 – 1035.

[117] Turner L E, Thorn M G, Fanwick P E, et al. Structural and stereochemical aspects of the group 4 metal chemistry of constrained – geometry 2 – (indenyl) phenoxide ligation. *Organometallics*, 2004, 23 (7): 1576 – 1593.

[118] Enders M, Ludwig G, Pritzkow H. Nitrogen – functionalized cyclopentadienyl ligands with a rigid framework: Complexation behavior and properties of Cobalt (Ⅰ), - (Ⅱ), and- (Ⅲ) half – sandwich complexes. *Organometallics*, 2001, 20 (5): 827 – 833.

[119] Liang Y, Yap G P A, Rheingold A L, et al. Constrained geometry chromium catalysts for olefin polymerization [J]. *Organometallics*, 1996, 15 (25): 5284 – 5286.

[120] Emrich R, Heinemann O, Jolly P W, et al. The role of metallacycles in the chromium – catalyzed trimerization of ethylene. *Organometallics*, 1997, 16 (8): 1511 – 1513.

[121] Döhring A, Göhre J, Jolly P, et al. Donor – ligand – substituted cyclopentadienylchromium (Ⅲ) complexes: a new class of alkene polymerization catalyst. 1. Amino – substituted systems. *Organometallics*, 2000, 19 (4): 388 – 402.

[122] Döhring A, Jensen V R, Jolly P W. et al. Donor – ligand – substituted cyclopentadienylchromium (Ⅲ) complexes: A new class of alkene polymerization catalyst. 2. phosphinoalkyl – substituted systems. *Organometallics*, 2001, 20 (11): 2234 – 2245.

[123] Enders M, Fernández P, Ludwig G, et al. New chromium (Ⅲ) complexes as highly active

catalysts for olefin polymerization. *Organometallics* 2001, 20 (24): 5005 – 5007.

[124] Zhang H, Ma J, Qian Y, et al. Synthesis and characterization of nitrogen – functionalized cyclopentadienylchromium complexes and their use as catalysts for olefin polymerization. *Organometallics*, 2004, 23 (24): 5681 – 5688.

[125] Wang J – h, Mu Y, Pu W – m, et al. Sythesis, Characterization and Catalysis of [eta^5, eta^1-C~5H~4-CHPh-PhO] TiCl~2. *Chemical Research in Chinese Universities*, 2001, 17 (1): 115 – 116.

[126] 沈志刚, 林尚安. 加强茂金属技术研发, 促进聚烯烃工业发展. 科技导报, 2001, 19 (019): 39 – 42.

[127] Zhang Y, Wang J, Mu Y, et al. Synthesis, structures, and catalytic properties of constrained geometry cyclopentadienyl – phenoxytitanium dichlorides. *Organometallics* 2003, 22 (19): 3877 – 3883.

[128] Zhang Y, Mu Y, Lü C, et al. Constrained geometry tetramethylcyclopentadienyl – phenoxytitanium dichlorides: Template synthesis, structures, and catalytic properties for ethylene polymerization. *Organometallics*, 2004, 23 (3): 540 – 546.

[129] Erker G, Aulbach M, Knickmeier M, et al. The role of torsional isomers of planarly chiral nonbridged bis (indenyl) metal type complexes in stereoselective propene polymerization. *Journal of the American Chemical Society*, 1993, 115 (11): 4590 – 4601.

[130] Coates G W, Waymouth R M. Oscillating stereocontrol: a strategy for the synthesis of thermoplastic elastomeric polypropylene. *Science*, 1995, 267 (5195): 217 – 219.

[131] Busico V, Cipullo R, Kretschmer W P, et al. "Oscillating" Metallocene Catalysts: How Do They Oscillate? *Angewandte Chemie International Edition*, 2002, 41 (3): 505 – 508.

[132] Petoff J M, Bruce M, Waymouth R, et al. Propylene polymerization with unbridged metallocenes: Ligand effects on the selectivity for elastomeric polypropylene. *Organometallics*, 1997, 16 (26): 5909 – 5916.

[133] Razavi A, Atwood J L. Isospecific propylene polymerization with unbridged group 4 metallocenes. *Journal of the American Chemical Society*, 1993, 115 (16): 7529 – 7530.

[134] Schmid M A, Alt H G, Milius W. Unbridged cyclopentadienyl – fluorenyl complexes of zirconium as catalysts for homogeneous olefin polymerization. *Journal of organometallic chemistry*, 1995, 501 (1 – 2): 101 – 106.

[135] Patsidis K, Alt H G, Palackal S J, et al. Ansa bis (fluorenyl) complexes as homogeneous catalysts for propylene polymerization. *Russian Chemical Bulletin*, 1996, 45 (9): 2216 – 2221.

[136] Alt H G, Milius W, Palackal S J. Verbrückte Bis (fluorenyl) komplexe des zirconiums und hafniums als hochreaktive katalysatoren bei der homogenen olefinpolymerisation. Die molekülstrukturen von ($C_{13}H_9$—C_2H_4—$C_{13}H_9$) und (η^5: η^5-$C_{13}H_8$—C_2H_4—$C_{13}H_8$) $ZrCl_2$. *Journal of organometallic chemistry*, 1994, 472 (1 – 2): 113 – 118.

[137] Alt H G, Jung S H, Thewalt U. Zirkonocenkomplexe mit einem funktionalisierten cyclopentadienylliganden. Molekülstruktur von (η^5-C_5H_5) (η^5: η^2-$C_5H_4CMe_2C_9H_7$) Zr (PMe$_3$).

Journal of organometallic chemistry, 1993, 456 (1): 89 – 95.

[138] Qian Y, Huang J, Huang T, et al. New substituted titanocene, zirconocene and hafnocene dichlorides. *Transition Metal Chemistry*, 1996, 21 (5): 393 – 397.

[139] Qian Y, Huang J. In Preparation of alkenylcyclopentadienyl metal complexes – monomers of organometallic polymers, *Macromolecular Symposia*, Wiley Online Library: 1996: 205 – 210.

[140] 金国新, 周光远, 刘长坤, 等. "茂后"烯烃聚合催化剂 [J]. 应用化学, 1999, 16 (1): 1 – 5.

[141] Busico V, Mevo L, Palumbo G, et al. Preliminary results on ethylene/propene copolymerization in the presence of $Cp_2Ti(CH_3)_2/Al(CH_3)_3/H_2O$. *Die Makromolekulare Chemie: Macromolecular Chemistry and Physics*, 1983, 184 (11): 2193 – 2198.

[142] Möhring P C, Coville N J. Homogeneous Group 4 metallocene Ziegler – Natta catalysts: the influence of cyclopentadienyl – ring substituents. *Journal of Organometallic Chemistry*, 1994, 479 (1 – 2): 1 – 29.

[143] Henrici – Olivé G, Olivé S. Influence of ligands on the activity and specificity of soluble transition metal catalysts. *Angewandte Chemie International Edition in English*, 1971, 10 (2): 105 – 115.

[144] Nekhaeva L, Bondarenko G, Rykov S, et al. IR and NMR studies on zirconocene dichloride/methylalumoxane systems catalysts for olefin polymerization. *Journal of organometallic chemistry* 1991, 406 (1 – 2): 139 – 146.

[145] Nekhaeva L, Kleiner V, Krentsel B, et al. Polymerization of ethylene and its copolymerization with vinylcyclohexane on homogeneous catalytic – systems on the zirconocene methylalumoxane base. *Vysokomolekulyarnye soedineniya aeriya a*, 1990, 32 (9): 1951 – 1955.

[146] Chien J C W, Wang B – P. Metallocene – methylaluminoxane catalysts for olefin polymerization. V. Comparison of Cp_2ZrCl_2 and $CpZrCl_3$. *Journal of Polymer Science Part A Polymer Chemistry*, 1990, 28 (1), 15 – 38.

[147] Chien J C W, Razavi A. Metallocene – methylaluminoxane catalyst for olefin polymerization. Ⅱ. Bis – η^5 – (neomenthyl cyclopentadienyl) zirconium dichloride. *Journal of Polymer Science Part A Polymer Chemistry*, 1988, 26 (9): 2369 – 2380.

[148] Ewen J A. Ligand Effects on Metallocene Catalyzed Ziegler – Natta Polymerizations. *Studies in Surface Science & Catalysis*, 1986, 25: 271 – 292.

[149] Kaminsky W, Engehausen R, Zoumis K, et al. Standardized polymerizations of ethylene and propene with bridged and unbridged metallocene derivatives: a comparison. *Die Makromolekulare Chemie*, 1992, 193 (7): 1643 – 1651.

[150] Hegedus L S. Transition metals in organic synthesis annual survey covering the year 1990. *Journal of Organometallic Chemistry*, 1992, 422 (1 – 3): 301 – 681.

[151] Schild H G. Poly (N – isopropylacrylamide): experiment, theory and application. *Progress in Polymer Science*, 1992, 17 (2): 163 – 249.

[152] Erker G, Nolte R, Tsay Y H, et al. Double stereodifferentiation in the formation of isotactic polypropylene at chiral ($C_5H_4CHMePh)_2ZrCl_2$/methylalumoxane catalysts. *Angewandte*

Chemie International Edition in English, 1989, 28 (5): 628 - 629.

[153] Ramamurthy V, Caspar J V, Corbin D R. Generation, entrapment, and spectroscopic characterization of radical cations of. alpha. , . omega. - diphenyl polyenes within the channels of pentasil zeolites. *Journal of the American Chemical Society*, 1991, 113 (2): 594 - 600.

[154] Yamazaki H, Kimura K, Nakano M, et al. Novel high performance ansa-zirconocene catalysts for isospecific polymerization of propylene. *Chemistry Letters*, 1999, 28 (12): 1311 - 1312.

[155] Mallin D T, Rausch M D, Mintz E A, et al. Synthetic, X - ray structural and polymerization studies on isopropyltetramethylcyclopentadienyl derivatives of titanium. *Journal of Organometallic Chemistry*, 1990, 381 (1): 35 - 44.

[156] Erker G, Korek U, Petrenz R, et al. Preparation of metallacyclic titanocene hydrocarbyl complexes and their use in propene polymerization reactions. *Journal of Organometallic Chemistry*, 1991, 421 (2 - 3): 215 - 231.

[157] Resconi L, Piemontesi F, Franciscono G, et al. Olefin polymerization at bis (pentamethylcyclopentadienyl) zirconium and - hafnium centers: chain - transfer mechanisms. *Journal of the American Chemical Society*, 1992, 114 (3): 1025 - 1032.

[158] Lee I M, Gauthier W J, Ball J M, et al. Electronic effects of Ziegler - Natta polymerization of propylene and ethylene using soluble metallocene catalysts. *Organometallics*, 1992, 11 (6): 2115 - 2122.

[159] Thomas E J, Chien J C, Rausch M D. Influence of alkyl substituents on the polymerization behavior of asymmetric ethylene - bridged zirconocene catalysts. *Organometallics*, 1999, 18 (8): 1439 - 1443.

[160] Chien J C, Llinas G H, Rausch M D, et al. Two - state propagation mechanism for propylene polymerization catalyzed by rac - [anti - ethylidene (1 -. eta. 5 - tetramethylcyclopentadienyl) (1 -. eta. 5 - indenyl)] dimethyltitanium. *Journal of the American Chemical Society*, 1991, 113 (22): 8569 - 8570.

[161] Babu G N, Newmark R A, Cheng H, et al. Microstructure of elastomeric polypropylenes obtained with nonsymmetric ansa - titanocene catalysts. *Macromolecules*, 1992, 25 (26): 7400 - 7402.

[162] Razavi A, Peters L, Nafpliotis L, et al. In The geometry of the site and its relevance for chain migration and stereospecificity, *Macromolecular Symposia*, Wiley Online Library: 1995: 345 - 367.

[163] Mise T, Miya S, Yamazaki H. Excellent stereoregular isotactic polymerizations of propylene with C2 - symmetric silylene - bridged metallocene catalysts. *Chemistry Letters*, 1989, 18 (10): 1853 - 1856.

[164] Canich J A M. Olefin polymerization catalysts. Google Patents: 1991.

[165] Spaleck W, Kueber F, Winter A, et al. The influence of aromatic substituents on the polymerization behavior of bridged zirconocene catalysts. *Organometallics*, 1994, 13 (3): 954 - 963.

[166] Schneider N, Huttenloch M E, Stehling U, et al. Ansa – Zirconocene Complexes with Modified Benzindenyl Ligands: Syntheses, Crystal Structure, and Properties as Propene Polymerization Catalysts[1,2]. *Organometallics*, 1997, 16 (15): 3413 – 3420.

[167] Resconi L, Jones R L, Rheingold A L, et al. High – molecular – weight atactic polypropylene from metallocene catalysts. [1]. Me$_2$Si (9 – Flu)$_2$ZrX$_2$ (X = Cl, Me). *Organometallics*, 1996, 15 (3): 998 – 1005.

[168] Spaleck W, Antberg M, Dolle V, et al. Stereorigid metallocenes: correlations between structure and behaviour in homopolymerizations of propylene. *New Journal of Chemistry*, 1990, 14 (6 – 7): 499 – 503.

[169] Alt H G, Samuel E. Fluorenyl complexes of zirconium and hafnium as catalysts for olefin polymerization. *Chemical Society Reviews*, 1998, 27 (5): 323 – 329.

[170] Rieger B, Jany G, Fawzi R, et al. Unsymmetric ansa – zirconocene complexes with chiral ethylene bridges: Influence of bridge conformation and monomer concentration on the stereoselectivity of the propene polymerization reaction. *Organometallics*, 1994, 13 (2): 647 – 653.

[171] Patsidis K, Alt H G, Milius W, et al. The synthesis, characterization and polymerization behavior of ansa cyclopentadienyl fluorenyl complexes; the X – ray structures of the complexes [(C$_{13}$H$_8$) SiR$_2$ (C$_5$H$_4$)] ZrCl$_2$ (RMe or Ph). *Journal of Organometallic Chemistry*, 1996, 509 (1): 63 – 71.

[172] Mengele W, Diebold J, Troll C, et al. Ansa – Metallocene derivatives. 27. Chiral zirconocene complexes with two dimethylsilylene bridges. *Organometallics*, 1993, 12 (5): 1931 – 1935.

[173] Miyake S, Henling L M, Bercaw J E. Synthesis, Molecular Structure, and Racemate—Meso Interconversion for rac- (Me$_2$Si)$_2$ {η^5-C$_5$H-3- (CHMe$_2$) -5-Me}$_2$MCl$_2$ (M = Ti and Zr). *Organometallics*, 1998, 17 (25): 5528 – 5533.

[174] Chen Y X, Rausch M D, Chien J C. Stereoselective Synthesis of a Germanium – Bridged Zirconocene for Temperature – Invariant Propylene Polymerizations. *Organometallics*, 1994, 13 (3): 748 – 749.

[175] Schaverien C J, Ernst R, Terlouw W, et al. Phosphorus – bridged metallocenes: New homogeneous catalysts for the polymerization of propene. *Journal of Molecular Catalysis A: Chemical*, 1998, 128 (1 – 3): 245 – 256.

[176] Fokken S, Spaniol T P, Kang H – C, et al. Titanium Complexes of Chelating Bis (phenolato) Ligands with Long Titanium-Sulfur Bonds. A Novel Type of Ancillary Ligand for Olefin Polymerization Catalysts. *Organometallics* 1996, 15 (23): 5069 – 5072.

[177] Yang X, Stern C L, Marks T J. Cation – like homogeneous olefin polymerization catalysts based upon zirconocene alkyls and tris (pentafluorophenyl) borane. *Journal of the American Chemical Society*, 1991, 113 (9): 3623 – 3625.

[178] Hlatky G G, Eckman R R, Turner H W. Metallacarboranes as labile anions for ionic zirconocene olefin polymerization catalysts. *Organometallics*, 1992, 11 (3): 1413 – 1416.

[179] Chien J C, Xu B. Olefin copolymerization and olefin/diene terpolymerization with a zirconocenium catalyst system. *Die Makromolekulare Chemie, Rapid Communications*, 1993, 14

(2): 109-114.

[180] Peifer B, Milius W, Alt H G. Selbstimmobilisierende metallocenkatalysatoren. *Journal of Organometallic Chemistry*, 1998, 553 (1-2): 205-220.

[181] Rieger B, Reinmuth A, Röll W, et al. Highly isotactic polypropene prepared with rac-dimethylsilyl-bis (2-methyl-4-t-butyl-cyclopentadienyl) zirconiumdichloride: an NMR investigation of the polymer microstructure. *Journal of Molecular Catalysis*, 1993, 82 (1): 67-73.

[182] Coughlin E B, Bercaw J E. Iso-specific Ziegler-Natta polymerization of. alpha.-olefins with a single-component organoyttrium catalyst. *Journal of the American Chemical Society*, 1992, 114 (19): 7606-7607.

[183] Kaminsky W, Arndt M. Metallocenes for polymer catalysis. In *Polymer Synthesis/Polymer Catalysis*, Springer: 1997, 143-187.

[184] Nomura K, Tsubota M, Fujiki M. Efficient ethylene/norbornene copolymerization by (aryloxo) (indenyl) titanium (IV) complexes-MAO catalyst system. *Macromolecules*, 2003, 36 (11): 3797-3799.

[185] Nomura K, Hatanaka Y, Okumura H, et al. Polymerization of 1, 5-Hexadiene by the Nonbridged Half-Titanocene Complex-MAO Catalyst System: Remarkable Difference in the Selectivity of Repeated 1, 2-Insertion. *Macromolecules*, 2004, 37 (5): 1693-1695.

[186] Zhang H, Nomura K. Living copolymerization of ethylene with styrene catalyzed by (cyclopentadienyl) (ketimide) titanium (IV) complex—MAO catalyst system: Effect of anionic ancillary donor ligand. *Macromolecules*, 2006, 39 (16): 5266-5274.

[187] Nomura K, Takemoto A, Hatanaka Y, et al. Polymerization of 1, 5-Hexadiene by Half-Titanocenes-MAO Catalyst Systems: Factors Affecting the Selectivity for the Favored Repeated 1, 2-Insertion. *Macromolecules*, 2006, 39 (12): 4009-4017.

[188] Nomura K, Fujii K. Synthesis of Nonbridged (Anilide) (cyclopentadienyl) titanium (IV) Complexes of the Type Cp′TiCl$_2$ [N (2, 6-Me$_2$C$_6$H$_3$) (R)] and Their Use in Catalysis for Olefin Polymerization. *Organometallics*, 2002, 21 (14): 3042-3049.

[189] Nomura K, Naga N, Miki M, Yanagi K. Olefin polymerization by (cyclopentadienyl) (aryloxy) titanium (IV) complexes-cocatalyst systems. *Macromolecules*, 1998, 31 (22): 7588-7597.

[190] Nomura K, Oya K, Komatsu T, et al. Effect of the Cyclopentadienyl Fragment on Monomer Reactivities and Monomer Sequence Distributions in Ethylene/α-Olefin Copolymerization by a Nonbridged (Cyclopentadienyl) (aryloxy) titanium (IV) Complex-MAO Catalyst System. *Macromolecules*, 2000, 33 (9): 3187-3189.

[191] Nomura K, Komatsu T, Imanishi Y. Syndiospecific styrene polymerization and efficient ethylene/styrene copolymerization catalyzed by (cyclopentadienyl) (aryloxy) titanium (IV) complexes-MAO system. *Macromolecules*, 2000, 33 (22): 8122-8124.

[192] Nomura K, Oya K, Imanishi Y. Ethylene/α-olefin copolymerization by various nonbridged (cyclopentadienyl) (aryloxy) titanium (IV) complexes-MAO catalyst system. *Journal of*

Molecular Catalysis A: Chemical, 2001, 174 (1-2): 127-140.

[193] Nomura K, Okumura H, Komatsu T, et al. Ethylene/styrene copolymerization by various (cyclopentadienyl) (aryloxy) titanium (IV) complexes - MAO catalyst systems. Macromolecules, 2002, 35 (14): 5388-5395.

[194] Kaminsky W. Highly active metallocene catalysts for olefin polymerization. Journal of the Chemical Society, Dalton Transactions, 1998 (9): 1413-1418.

[195] Sishta C, Hathorn R M, Marks T J. Group 4 metallocene - alumoxane olefin polymerization catalysts. CPMAS - NMR spectroscopic observation of cation - like zirconocene alkyls. Journal of the American Chemical Society, 1992, 114 (3): 1112-1114.

[196] Jordan R F, Bajgur C S, Willett R, Scott B., Ethylene polymerization by a cationic dicyclopentadienyl zirconium (IV) alkyl complex. Journal of the American Chemical Society 1986, 108 (23): 7410-7411.

[197] Jordan R F, LaPointe R E, Bajgur C S, et al. Chemistry of cationic zirconium (IV) benzyl complexes. One - electron oxidation of d^0 organometallics. Journal of the American Chemical Society, 1987, 109 (13): 4111-4113.

[198] Zambelli A, Pellecchia C, Oliva L. In Stereospecific polymerization of 1 - olefins and styrene in the presence of homogeneous catalysts, Makromolekulare Chemie. Macromolecular Symposia, Wiley Online Library, 1991: 297-316.

[199] Zambelli A, Pellecchia C, Oliva L. et al. Catalysts for syndiotactics - pecific polymerization of styrene: A tentative interpretation of some experimental data. Die Makromolekulare Chemie, 1991, 192 (2): 223-231.

[200] Longo P, Proto A, Zambelli A. Syndiotactic specific polymerization of styrene: driving energy of the steric control and reaction mechanism. Macromolecular Chemistry and Physics, 1995, 196 (9): 3015-3029.

[201] Wilkinson G, Pauson P L, Cotton F A. Bis - cyclopentadienyl Compounds of Nickel and Cobalt. Journal of the American Chemical Society, 1954, 76 (7): 1970-1974.

[202] Rodrigues I, Xue T Y, Roussel P, et al. (t-BuC$_5$H$_4$)$_3$Nd: A triscyclopentadienyl rare earth compound as non-classical isoprene polymerization pre-catalyst. Journal of Organometallic Chemistry, 2013, 743: 139-146.

[203] Setzer W N, Schleyer P V R. X - ray structural analyses of organolithium compounds. In Advances in Organometallic Chemistry, Elsevier: 1985, 24: 353-451.

[204] Hong S, Marks T J. Organolanthanide-catalyzed hydroamination. Accounts of Chemical Research, 2004, 37 (9): 673-686.

[205] Molander G A, Romero J A C. Lanthanocene catalysts in selective organic synthesis. Chemical Reviews, 2002, 102 (6): 2161-2186.

[206] Zimmermann M, Anwander R. Homoleptic rare - earth metal complexes containing Ln - C σ - bonds. Chemical Reviews, 2010, 110 (10): 6194-6259.

[207] Watson P L, Parshall G W. Organolanthanides in catalysis. Accounts of Chemical Research, 1985, 18 (2): 51-56.

[208] Yasuda H. Organo – rare – earth – metal initiated living polymerizations of polar and nonpolar monomers. *Journal of Organometallic Chemistry*, 2002, 647 (1 – 2): 128 – 138.

[209] Hou Z, Wakatsuki, Y., Recent developments in organolanthanide polymerization catalysts. *Coordination Chemistry Reviews*, 2002, 231 (1 – 2): 1 – 22.

[210] Chen E Y – X. Coordination polymerization of polar vinyl monomers by single – site metal catalysts. *Chemical Reviews*, 2009, 109 (11): 5157 – 5214.

[211] Nishiura M, Hou Z. Novel polymerization catalysts and hydride clusters from rare – earth metal dialkyls. *Nature Chemistry*, 2010, 2 (4): 257.

[212] Guo F, Nishiura M, Koshino H, et al. Cycloterpolymerization of 1, 6 – heptadiene with ethylene and styrene catalyzed by a THF – free half – sandwich scandium complex. *Macromolecules*, 2011, 44 (8), 2400 – 2403.

[213] Valente A, Mortreux A, Visseaux M, et al. Coordinative chain transfer polymerization. *Chemical Reviews*, 2013, 113 (5): 3836 – 3857.

[214] Zeimentz P M, Arndt S, Elvidge B R, et al. Cationic organometallic complexes of scandium, yttrium, and the lanthanoids. *Chemical Reviews*, 2006, 106 (6): 2404 – 2433.

[215] Hou Z. Recent progress in the chemistry of rare earth metal alkyl and hydrido complexes bearing mono (cyclopentadienyl) ligands. *Bulletin of the Chemical Society of Japan*, 2003, 76 (12): 2253 – 2266.

[216] Hou Z, Nishiura M, Shima T. Synthesis and reactions of polynuclear polyhydrido rare earth metal complexes containing "($C_5Me_4SiMe_3$) LnH_2" units: a new frontier in rare earth metal hydride chemistry. *European Journal of Inorganic Chemistry*, 2007, 2007 (18): 2535 – 2545.

[217] Nishiura M, Baldamus J, Shima T, et al. Synthesis and Structures of the $C_5Me_4SiMe_3$ – Supported Polyhydride Complexes over the Full Size Range of the Rare Earth Series. *Chemistry – A European Journal*, 2011, 17 (18): 5033 – 5044.

[218] Evans W J. The organometallic chemistry of the lanthanide elements in low oxidation states. *Polyhedron*, 1987, 6 (5), 803 – 835.

[219] Schaverien C J. Orgarometallic Chemisty of the Lanthanides [J]. *Advances in Organometallic Chemistry*, 1994, 36: 283.

[220] Edelmann F. Comprehensive Organometallic Chemistry Ⅱ. *by EW Abel, FGA Stone, G. Wilkinson, and MF Lappert, Pergamon, Oxford*, 1995, 4: 11.

[221] Schumann H, Meese – Marktscheffel J A, Esser L. Synthesis, Structure, and Reactivity of Organometallic. pi. – Complexes of the Rare Earths in the Oxidation State Ln3 + with Aromatic Ligands. *Chemical Reviews*, 1995, 95 (4): 865 – 986.

[222] Namy J, Girard P, Kagan H, et al. Smooth synthesis and characterization of divalent samarium and ytterbium derivatives. *Nouveau Journal De Chimie – New Journal of Chemistry*, 1981, 5 (10): 479 – 484.

[223] Maginn R – E, Manastyrskyj S, Dubeck M. The dicyclopentadienyllanthanide chlorides. *Journal of the American Chemical Society*, 1963, 85 (6): 672 – 676.

[224] Evans W J, Meadows J H, Hunter W E, et al. Organolanthanide and organoyttrium hydride chemistry. 5. Improved synthesis of [(C_5H_4R)$_2$YH (THF)]$_2$ complexes and their reactivity with alkenes, alkynes, 1, 2 - propadiene, nitriles, and pyridine, including structural characterization of an alkylideneamido product. *Journal of the American Chemical Society*, 1984, 106 (5): 1291 - 1300.

[225] Evans W J, Grate J W, Choi H W, et al. Solution synthesis and crystallographic characterization of the divalent organosamarium complexes (C_5Me_5)$_2$Sm (THF)$_2$ and [(C_5Me_5)Sm (.mu. - I)(THF)$_2$]$_2$. *Journal of the American Chemical Society* 1985, 107 (4): 941 - 946.

[226] Jeske G, Lauke H. Mauermann H, et al. Highly reactive organolanthanides. Systematic routes to and olefin chemistry of early and late bis (pentamethylcyclopentadienyl) 4f hydrocarbyl and hydride complexes. *Journal of the American Chemical Society*, 1985, 107 (26): 8091 - 8103.

[227] Evans W J, Seibel C A, Ziller J W. Unsolvated Lanthanide Metallocene Cations [(C_5Me_5)$_2$Ln][BPh_4]: Multiple Syntheses, Structural Characterization, and Reactivity Including the Formation of (C_5Me_5)$_3$Nd[1]. *Journal of the American Chemical Society*, 1998, 120 (27): 6745 - 6752.

[228] Voskoboynikov A Z, Parshina I N, Shestakova A K, et al. Reactivity of lanthanide and yttrium hydrides and hydrocarbyls toward organosilicon hydrides and related compounds. *Organometallics*, 1997, 16 (19): 4041 - 4055.

[229] Jeske G, Schock L E, Swepston P N, et al. Highly reactive organolanthanides. Synthesis, chemistry, and structures of 4f hydrocarbyls and hydrides with chelating bis (polymethylcyclopentadienyl) ligands. *Journal of the American Chemical Society*, 1985, 107 (26): 8103 - 8110.

[230] Stern D, Sabat M, Marks T J. Manipulation of organolanthanide coordinative unsaturation. Synthesis, structures, structural dynamics, comparative reactivity, and comparative thermochemistry of dinuclear. mu. - hydrides and. mu. - alkyls with [.mu. - R_2Si (Me_4C_5)(C_5H_4)]$_2$ supporting ligation. *Journal of the American Chemical Society*, 1990, 112 (26): 9558 - 9575.

[231] Höck N, Oroschin W, Paolucci G, et al. Dimeric Chloro [dicyclopentadienyl (dimethyl) silyl] - ytterbium (iii), a Rare Example of a Complex Involving Metal - Bridging instead of Chelating [Me_2Si (η^5 - C_5H_4)$_2$] Ligands. *Angewandte Chemie International Edition in English*, 1986, 25 (8): 738 - 739.

[232] Bunel E, Burger B J, Bercaw J E. Carbon - carbon bond activation via. beta. - alkyl elimination. Reversible branching of 1, 4 - pentadienes catalyzed by scandocene hydride derivatives. *Journal of the American Chemical Society*, 1988, 110 (3): 976 - 978.

[233] Yoder J C, Day M W, Bercaw J E. Racemic - Meso Interconversion for ansa - Scandocene and ansa - Yttrocene Derivatives. Molecular Structures of rac-{Me_2Si [η^5 - C_5H_2 - 2, 4 - ($CHMe_2$)$_2$]$_2$} ScCl, LiCl (THF)$_2$, [meso - {Me_2Si [η^5 - C_5H_2 - 2, 4 - ($CHMe_2$)$_2$]$_2$}

Y $(\mu^2-Cl)]_2$, and meso - $\{Me_2Si [\eta^5-C_5H_2-2, 4-(CHMe_2)_2]_2\} Zr (NMe_2)_2$. *Organometallics*, 1998, 17 (23): 4946 - 4958.

[234] Molander G A, Dowdy E D, Noll B C. Investigation of the regioselectivity of alkene hydrosilylation catalyzed by organolanthanide and group 3 metallocene complexes. *Organometallics*, 1998, 17 (17): 3754 - 3758.

[235] Desurmont G, Li Y, Yasuda H, et al. Reaction pathway for the formation of binuclear samarocene hydride from monomeric alkyl samarocene derivative and the effective catalysis of samarocene hydride for the block copolymerization of ethylene with polar monomers. *Organometallics*, 2000, 19 (10): 1811 - 1813.

[236] Lee M H, Hwang J - W, Kim Y, et al. The first fluorenyl ansa - yttrocene complexes: Synthesis, structures, and polymerization of methyl methacrylate. *Organometallics*, 1999, 18 (24): 5124 - 5129.

[237] Qian C, Nie W, Sun J. C s - Symmetric a nsa - Lanthanocenes Designed for Stereospecific Polymerization of Methyl Methacrylate. Synthesis and Structural Characterization of Silylene - Bridged Fluorenyl Cyclopentadienyl Lanthanide Halides, Amides, and Hydrocarbyls. *Organometallics*, 2000, 19 (20): 4134 - 4140.

[238] Yasuda H, Ihara E. Polymerization of olefins by rare earth metal complex with bulky substituents. *Tetrahedron*, 1995, 51 (15): 4563 - 4570.

[239] Ihara E, Nodono M, Katsura K, et al. Synthesis and olefin polymerization catalysis of new divalent samarium complexes with bridging bis (cyclopentadienyl) ligands. *Organometallics*, 1998, 17 (18): 3945 - 3956.

[240] Mitchell J P, Hajela S, Brookhart S K, et al. Preparation and Structural Characterization of an Enantiomerically Pure, C_2 - Symmetric, Single - Component Ziegler - Natta α - Olefin Polymerization Catalyst. *Journal of the American Chemical Society*, 1996, 118 (5): 1045 - 1053.

[241] Giardello M A, Conticello V P, Brard L, et al. Chiral Organolanthanides Designed for Asymmetric Catalysis. Synthesis, Characterization, and Configurational Interconversions of Chiral, C1 - Symmetric Organolanthanide Halides, Amides, and Hydrocarbyls. *Journal of the American Chemical Society*, 1994, 116 (22): 10212 - 10240.

[242] Evans W J, Ulibarri T A, Ziller J W. Reactivity of $(C_5Me_5)_2Sm$ and related species with alkenes: Synthesis and structural characterization of a series of organosamarium allyl complexes. *Journal of the American Chemical Society*, 1990, 112 (6): 2314 - 2324.

[243] Barbier - Baudry D, Heiner S, Kubicki M M, et al., An Easy Synthetic Route to Heteroleptic Samarium Monoalkoxides for Ring - Opening Polymerization Initiators. Molecular Structures of $[(C_5H^iPr_4) SmI (THF)_2]_2$, $SmI_2O t - Bu (THF)_4$, and $(C_4Me_4P)_2SmO t - Bu (THF)$. *Organometallics*, 2001, 20 (20): 4207 - 4210.

[244] Evans W J, Chamberlain L, Ulibarri T A, et al. Reactivity of trimethylaluminum with $(C_5Me_5)_2Sm (THF)_2$: synthesis, structure, and reactivity of the samarium methyl complexes $(C_5Me_5)_2Sm [(.mu. - Me) AlMe_2 (.mu. - Me)]_2Sm (C_5Me_5)_2$ and

(C₅Me₅)₂SmMe (THF). *Journal of the American Chemical Society*, 1988, 110 (19): 6423-6432.

[245] Evans W J, Chamberlain L, Ziller J W. Synthesis and x-ray crystal structure of a heterobimetallic ethyl-bridged organoaluminum complex: (C₅Me₅)₂Sm (.mu.-C₂H₅)₂Al (C₂H₅)₂. *Journal of the American Chemical Society*, 1987, 109 (23): 7209-7211.

[246] Yamamoto H, Yasuda H, Yokota K, et al. *Chem. Lett*, 1963.

[247] Ballard D G, Courtis A, Holton J, et al. Alkyl bridged complexes of the group 3 A and lanthanoid metals as homogeneous ethylene polymerisation catalysts. *Journal of the Chemical Society, Chemical Communications*, 1978 (22): 994-995.

[248] Burger B J, Thompson M E, Cotter W D, et al. Ethylene insertion and .beta.-hydrogen elimination for permethylscandocene alkyl complexes. A study of the chain propagation and termination steps in Ziegler-Natta polymerization of ethylene. *Journal of the American Chemical Society*, 1990, 112 (4): 1566-1577.

[249] Koo K, Fu P-F, Marks T J. Organolanthanide-mediated silanolytic chain transfer processes. Scope and mechanism of single reactor catalytic routes to silapolyolefins. *Macromolecules*, 1999, 32 (4): 981-988.

[250] Ringelberg S N, Meetsma A, Hessen B, et al. Thiophene C-H Activation as a Chain-Transfer Mechanism in Ethylene Polymerization: Catalytic Formation of Thienyl-Capped Polyethylene. *Journal of the American Chemical Society*, 1999, 121 (25): 6082-6083.

[251] Evans W J, Ulibarri T A, Ziller J W. Reactivity of (C₅Me₅)₂Sm with aryl-substituted alkenes: synthesis and structure of a bimetallic styrene complex that contains an. eta. 2-arene lanthanide interaction. *Journal of the American Chemical Society*, 1990, 112 (1): 219-223.

[252] Evans W J, DeCoster D M, Greaves J. Field desorption mass spectrometry studies of the samarium-catalyzed polymerization of ethylene under hydrogen. *Macromolecules*, 1995, 28 (23): 7929-7936.

[253] Zhang Y, Hou Z, Wakatsuki Y. Polymerization of styrene by divalent organolanthanide catalysts under high pressure. *Macromolecules*, 1999, 32 (3): 939-941.

[254] Cheng Y, ShenQ. Styrene polymerization by oganolathanide complexes [(Bu^{t}Cp)~2LnCH~3]~2 (Ln = Pr, Nd, Gd). *Chinese Chenical Letters*, 1993, 4: 743-743.

[255] Fugen Y, Qi S, Jie S. Synthesis and molecular structure of [(t-C₄H₉C₅H₄)₂Yb(THF)₂] [BPh₄]. THF and its catalytic activity for the polymerization of styrene. *Journal of Organometallic Chemistry*, 1997, 538 (1): 135-136.

[256] Knjazhanski S Y, Kalyuzhnaya E S, et al. Alane complexes of divalent ytterbocenes. Bimetallic mechanism of styrene polymerization. *Journal of Organometallic Chemistry*, 1997, 531 (1-2): 19-25.

[257] Casey C P, Lee T-Y, Tunge J A, et al. Direct Observation of a Nonchelated Metal-Alkyl-Alkene Complex and Measurement of the Rate of Alkyl Migration to a Coordinated Alkene. *Journal of the American Chemical Society*, 2001, 123 (43): 10762-10763.

[258] Casey C P, Klein J F, Fagan M A. Kinetics and Thermodynamics of Alkene Complexation in d^0 Metal – Alkyl – Alkene Complexes. *Journal of the American Chemical Society*, 2000, 122 (18): 4320 – 4330.

[259] Casey C P, Hallenbeck S L, Wright J M, et al. Formation and Spectroscopic Characterization of Chelated d0 Yttrium (Ⅲ) – Alkyl – Alkene Complexes. *Journal of the American Chemical Society*, 1997, 119 (41): 9680 – 9690.

[260] Hou Z, Kaita S, Wakatsuki Y. Novel polymerization and copolymerization of ethylene, styrene, and/or butadiene by new organolanthanide – based catalysts. *Pure and Applied Chemistry*, 2001, 73 (2): 291 – 294.

[261] Kaita S, Hou Z, Wakatsuki Y. Stereospecific polymerization of 1, 3 – butadiene with samarocene – based catalysts. *Macromolecules*, 1999, 32 (26): 9078 – 9079.

[262] Kaita S, Hou Z, Wakatsuki Y. Random – and block – copolymerization of 1, 3 – butadiene with styrene based on the stereospecific living system: $(C_5Me_5)_2Sm(\mu-Me)_2AlMe_2$/Al$(i-Bu)_3$/ $[Ph_3C][B(C_6F_5)_4]$. *Macromolecules*, 2001, 34 (6): 1539 – 1541.

[263] Piers W E, Shapiro P J, Bunel E E, et al. Coping with Extreme Lewis Acidity: Strategies for the Synthesis of Stable, Mononuclear Organometallic Derivatives of Scandium. *Synlett*, 1990, 1990 (02): 74 – 84.

[264] Hou Z, Zhang Y, Yoshimura T, et al. Novel Heteroleptic Samarium (Ⅱ) Complexes Bearing both Aryloxide and Pentamethylcyclopentadienide Ligands. *Organometallics*, 1997, 16 (13): 2963 – 2970.

[265] Hou Z, Zhang Y, Tezuka H, et al. C5Me5/ER – Ligated Samarium (Ⅱ) Complexes with the Neutral "C_5Me_5M" Ligand (ER = OAr, SAr, NRR', or PHAr; M = K or Na): A Unique Catalytic System for Polymerization and Block – Copolymerization of Styrene and Ethylene. *Journal of the American Chemical Society*, 2000, 122 (43): 10533 – 10543.

[266] Hou Z, Zhang Y, Tardif O, et al. (Pentamethylcyclopentadienyl) samarium (Ⅱ) Alkyl Complex with the Neutral "C_5Me_5K" Ligand: A Precursor to the First Dihydrido Lanthanide (Ⅲ) Complex and a Precatalyst for Hydrosilylation of Olefins. *Journal of the American Chemical Society*, 2001, 123 (37): 9216 – 9217.

[267] Hazin P N, Huffman J C, Bruno J W. Synthetic and structural studies of pentamethyl cyclopentadienyl complexes of lanthanum and cerium. *Organometallics*, 1987, 6 (1): 23 – 27.

[268] Van der Heijden H, Schaverien C J, Orpen A G. The first salt – and solvent – free monocyclopentadienyl lanthanide dialkyl complex. X – ray structure determinations of La (.eta. 5 – C_5Me_5) $[CH(SiMe_3)_2]_2$ and of its tetrahydrofuran adduct: compounds containing agostic silicon – carbon bonds. *Organometallics*, 1989, 8 (1): 255 – 258.

[269] Schaverien C J. Alkoxides as ancillary ligands in organolanthanide chemistry: synthesis of, reactivity of, and olefin polymerization by the. mu. – hydride –. mu. – alkyl compounds $[Y(C_5Me_5)(OC_6H_3{}^tBu_2)]_2$ (.mu. – H) (.mu. – alkyl). *Organometallics*, 1994, 13 (1): 69 – 82.

[270] Duchateau R, Meetsma A, Teuben J H. Mono (pentamethylcyclopentadienyl) yttrium Com-

pounds Stabilized by N, N ' – Bis (Trimethylsilyl) benzamidinate Ligands. *Organometallics*, 1996, 15 (6): 1656 – 1661.

[271] Shapiro P J, Schaefer W P, Labinger J A, et al. Model Ziegler – Natta. alpha. – Olefin Polymerization Catalysts Derived from [{ (. eta. 5 – C_5Me_4) $SiMe_2$ (. eta. 1 – $NCMe_3$)} (PMe_3) Sc (. mu. 2 – H)]$_2$ and [{ (. eta. 5 – C_5Me_4) $SiMe_2$ (. eta. 1 – $NCMe_3$)} Sc (. mu. 2 – $CH_2CH_2CH_3$)]$_2$. Synthesis, Structures, and Kinetic and Equilibrium Investigations of the Catalytically Active Species in Solution. *Journal of the American Chemical Society*, 1994, 116 (11): 4623 – 4640.

[272] Hultzsch K C, Spaniol T P, Okuda J. Half – Sandwich Alkyl and Hydrido Complexes of Yttrium: Convenient Synthesis and Polymerization Catalysis of Polar Monomers. *Angewandte Chemie International Edition*, 1999, 38 (1 – 2): 227 – 230.

[273] Hultzsch K C, Voth P, Beckerle K, et al. Single – Component Polymerization Catalysts for Ethylene and Styrene: Synthesis, Characterization, and Reactivity of Alkyl and Hydrido Yttrium Complexes Containing a Linked Amido – Cyclopentadienyl Ligand. *Organometallics*, 2000, 19 (3): 228 – 243.

[274] Arndt S, Voth P, Spaniol T P, et al. Dimeric Hydrido Complexes of Rare-Earth Metals Containing a Linked Amido – Cyclopentadienyl Ligand: Synthesis, Characterization, and Monomer-Dimer Equilibrium. *Organometallics*, 2000, 19 (23): 4690 – 4700.

[275] Mu Y, Piers W E, MacQuarrie D C, et al. Use of Alkane Elimination in the One – Step Synthesis of Organoscandium Complexes Containing a New Multidentate Cyclopentadienyl Ligand. *Organometallics*, 1996, 15 (12): 2720 – 2726.

[276] Tian S, Arredondo V M, Stern C L, et al. Constrained geometry organolanthanide catalysts. Synthesis, structural characterization, and enhanced aminoalkene hydroamination/cyclization activity. *Organometallics*, 1999, 18 (14): 2568 – 2570.

[277] Hou Z, Wakatsuki Y. Lanthanide (II) complexes bearing mixed linked and unlinked cyclopentadienyl – monodentate – anionic ligands. *Journal of Organometallic Chemistry*, 2002, 647 (1 – 2): 61 – 70.

[278] Hou Z, Koizumi T – a, Nishiura M, et al. Lanthanide (II) Complexes Bearing Linked Cyclopentadienyl – Anilido Ligands: Synthesis, Structures, and One – Electron – Transfer and Ethylene Polymerization Reactions. *Organometallics*, 2001, 20 (15): 3323 – 3328.

[279] Togni A, Halterman R. Metallocenes, vol. 2. Wiley – VCH, Weinheim: 1998.

[280] Koch T, Blaurock S, Somoza F B, et al. Unexpected P-Si or P-C Bond Cleavage in the Reaction of Li$_2$ [(C_5Me_4) $SiMe_2PR$] (R = Cyclohexyl, 2, 4, 6-Me$_3$C$_6$H$_2$) and Li [(C_5H_4) CMe$_2$PHR] (R = Ph, ^{t}Bu) with ZrCl$_4$ or [TiCl$_3$ (thf)$_3$]: Formation and Molecular Structure of the ansa – Metallocenes [{ (η-C$_5$Me$_4$)$_2$SiMe$_2$} ZrCl$_2$] and [{ (η-C$_5$H$_4$)$_2$CMe$_2$} MCl$_2$] (M = Ti, Zr). *Organometallics*, 2000: 19 (13): 2556 – 2563.

[281] Tardif O, Hou Z, Nishiura M, et al. Structures, and Reactivity of the First Silylene – Linked Cyclopentadienyl – Phosphido Lanthanide Complexes. *Organometallics*, 2001, 20 (22): 4565 – 4573.

[282] Evans W. RA Kcycr. JW Ziller. *J. Organomet. Chern*, 1990, 394: 87.

[283] Tanaka K, Furo M, Ihara E, et al. Unique dual function of La (C_5Me_5) [CH (SiMe$_3$)$_2$]$_2$ (THF) for polymerizations of both nonpolar and polar monomers. *Journal of Polymer Science Part A: Polymer Chemistry*, 2001, 39 (9): 1382-1390.

[284] Nishiura M, Hou Z, Koizumi T-a, et al. Ring-opening polymerization and copolymerization of lactones by samarium (Ⅱ) aryloxide complexes. *Macromolecules*, 1999, 32 (25): 8245-8251.

[285] 焦书科. 烯烃配位聚合理论与实践 [M]. 北京: 化学工业出版社, 2013.

[286] Gibson V C, Spitzmesser S K. Advances in non-metallocene olefin polymerization catalysis. *Chemical Reviews*, 2003, 103 (1): 283-316.

[287] 义建军, 赵伟. 非茂有机金属配合物烯烃聚合催化剂 [J]. 石油化工, 2000, 29 (6): 455-460.

[288] Mul W, van der Made A, Smaardijk A, et al. Catalytic synthesis of copolymers and terpolymers. In *Catalytic synthesis of alkene-carbon monoxide copolymers and cooligomers*, Springer: 2003: 87-140.

[289] Keim W, Kowaldt F H, Goddard R, et al. Novel coordination of (benzoylmethylene) triphenylphosphorane in a nickel oligomerization catalyst. *Angewandte Chemie International Edition in English*, 1978, 17 (6): 466-467.

[290] Johnson L K, Killian C M, Brookhart M. New Pd (Ⅱ) - and Ni (Ⅱ) - based catalysts for polymerization of ethylene and. alpha. - olefins. *Journal of the American Chemical Society*, 1995, 117 (23): 6414-6415.

[291] Wilke G. Contributions to Organo-Nickel Chemistry. *Angewandte Chemie International Edition in English*, 1988, 27 (1): 185-206.

[292] Desjardins S Y, Cavell K J, Hoare J L, et al. Single component NO chelated arylnickel (Ⅱ) complexes as ethene polymerisation and CO/ethene copolymerisation catalysts. Examples of ligand induced changes to the reaction pathway. *Journal of Organometallic Chemistry*, 1997, 544 (2): 163-174.

[293] Killian C M, Tempel D J, Johnson L K, et al. Living polymerization of α-olefins using Ni (Ⅱ) -α-diimine catalysts. Synthesis of new block polymers based on α-olefins. *Journal of the American Chemical Society*, 1996, 118 (46): 11664-11665.

[294] Cheng M, Lobkovsky E B, Coates G W. Catalytic reactions involving C_1 feedstocks: new high-activity Zn (Ⅱ) -based catalysts for the alternating copolymerization of carbon dioxide and epoxides. *Journal of the American Chemical Society*, 1998, 120 (42): 11018-11019.

[295] Small B L, Brookhart M. Polymerization of propylene by a new generation of iron catalysts: mechanisms of chain initiation, propagation, and termination. *Macromolecules*, 1999, 32 (7): 2120-2130.

[296] Britovsek G J, Gibson V C, McTavish S J, et al. Novel olefin polymerization catalysts based on iron and cobalt. *Chemical Communications*, 1998 (7): 849-850.

[297] Wang C, Friedrich S, Younkin T R, et al. Neutral nickel (Ⅱ) - based catalysts for ethylene polymerization [J]. *Organometallics*, 1998, 17 (15): 3149 - 3151.

[298] Younkin T R, Connor E F, Henderson J I, et al. Neutral, single - component nickel (Ⅱ) polyolefin catalysts that tolerate heteroatoms. *Science*, 2000, 287 (5452): 460 - 462.

[299] Nomura K, Sagara A, Imanishi Y. Ethylene Polymerization and Ring - Opening Metathesis Polymerization of Norbornene Catalyzed by (Arylimido) (aryloxy) vanadium (V) Complexes of the Type, V (Nar) (OAr') X_2 (X = Cl, CH_2Ph). *Chemistry Letters*, 2001, 30 (1): 36 - 37.

[300] Nomura K, Sagara A, Imanishi Y. Olefin polymerization and ring - opening metathesis polymerization of norbornene by (arylimido) (aryloxo) vanadium (v) complexes of the type VX_2 (NAr) (OAr'). Remarkable effect of aluminum cocatalyst for the coordination and insertion and ring - opening metathesis polymerization. *Macromolecules*, 2002, 35 (5): 1583 - 1590.

[301] Lorber C, Donnadieu B, Choukroun R. Synthesis and X - ray characterization of a monomeric Cp - free d 1 - imido - vanadium (Ⅳ) complex. *Journal of the Chemical Society, Dalton Transactions*, 2000 (24): 4497 - 4498.

[302] Desmangles N, Gambarotta S, Bensimon C, et al. Preparation and characterization of $(R_2N)_2VCl_2$ [R = Cy, i - Pr] and its activity as olefin polymerization catalyst. *Journal of Organometallic Chemistry*, 1998, 562 (1): 53 - 60.

[303] Nomura K, Sagara A, Imanishi Y, J. Polym. Sci., Polym. Chem. Ed. J. Polym. Sci., Polym. Chem. Ed. 10, 471, 1972. *Chemistry Letters*, 2001, 2001 (1): 36 - 37.

[304] Wang W, Yamada J, Fujiki M, et al. Effect of aryloxo ligand for ethylene polymerization by (arylimido) (aryloxo) vanadium (V) complexes - MAO catalyst systems: attempt for polymerization of styrene. *Catalysis Communications*, 2003, 4 (4): 159 - 164.

[305] Wang W, Nomura K. Remarkable effects of aluminum cocatalyst and comonomer in ethylene copolymerizations catalyzed by (arylimido) (aryloxo) vanadium complexes: efficient synthesis of high molecular weight ethylene/norbornene copolymer. *Macromolecules*, 2005, 38 (14): 5905 - 5913.

[306] Crudden C M, Allen D P. Stability and reactivity of N - heterocyclic carbene complexes. *Coordination Chemistry Reviews*, 2004, 248 (21 - 24): 2247 - 2273.

[307] Arduengo A J. Looking for stable carbenes: the difficulty in starting anew. *Accounts of Chemical Research*, 1999, 32 (11): 913 - 921.

[308] Bourissou D, Guerret O, Gabbai F P, et al. Stable carbenes. *Chemical Reviews*, 2000, 100 (1): 39 - 92.

[309] Hermann W, Weskamp T, Bohm V P. Metal complexes of stable carbenes. *Advances in Organometallic Chemistry*, 2001, 48: 1 - 71.

[310] Dragutan V, Dragutan I, Demonceau A. Ruthenium Complexes Bearing N - Heterocyclic Carbene (NHC) Ligands. *Platinum Metals Review*, 2005, 49 (3): 123 - 137.

[311] Herrmann W A, Koecher C. N - Heterocyclic carbenes. *Angewandte Chemie International E-*

dition in English, 1997, 36 (20): 2162 - 2187.

[312] Huang J, Schanz H - J, Stevens E D, et al. Stereoelectronic effects characterizing nucleophilic carbene ligands bound to the Cp*RuCl (Cp* = η^5 - C_5Me_5) moiety: A structural and thermochemical investigation. *Organometallics*, 1999, 18 (12): 2370 - 2375.

[313] Fürstner A, Leitner A. General and user - friendly method for Suzuki reactions with aryl chlorides. *Synlett*, 2001, 2001 (02): 0290 - 0292.

[314] Weskamp T, Schattenmann W, Spiegler M, et al. A Novel Class of Ruthenium Catalyst for Olefin Metathesis: Correction. *Angew. Chem., Int. Ed*, 1999, 38: 262 - 262.

[315] Weskamp T, Schattenmann W C, Spiegler M, et al. A novel class of ruthenium catalysts for olefin metathesis. *Angewandte Chemie International Edition*, 1998, 37 (18): 2490 - 2493.

[316] Weskamp T, Kohl F J, Herrmann W A. N - heterocyclic carbenes: novel ruthenium - alkylidene complexes. *Journal of Organometallic Chemistry*, 1999, 582 (2): 362 - 365.

[317] Ackermann L, Fürstner A, Weskamp T, et al. Ruthenium carbene complexes with imidazolin - 2 - ylidene ligands allow the formation of tetrasubstituted cycloalkenes by RCM. *Tetrahedron Letters*, 1999, 40 (26): 4787 - 4790.

[318] Scholl M, Ding S, Lee C W, et al. Synthesis and activity of a new generation of ruthenium - based olefin metathesis catalysts coordinated with 1, 3 - dimesityl - 4, 5 - dihydroimidazol - 2 - ylidene ligands. *Organic Letters*, 1999, 1 (6): 953 - 956.

[319] Huang J, Stevens E D, Nolan S P, et al. Olefin metathesis - active ruthenium complexes bearing a nucleophilic carbene ligand. *Journal of the American Chemical Society*, 1999, 121 (12): 2674 - 2678.

[320] Scholl M, Trnka T M, Morgan J P, et al. Increased ring closing metathesis activity of ruthenium - based olefin metathesis catalysts coordinated with imidazolin - 2 - ylidene ligands. *Tetrahedron Letters*, 1999, 40 (12): 2247 - 2250.

[321] Hoveyda A H, Schrock R R. Catalytic asymmetric olefin metathesis. *Chemistry - A European Journal*, 2001, 7 (5): 945 - 950.

[322] Schrock R R, Hoveyda A H. Cover Picture: Molybdenum and Tungsten Imido Alkylidene Complexes as Efficient Olefin - Metathesis Catalysts (Angew. Chem. Int. Ed. 38/2003). *Angewandte Chemie International Edition*, 2003, 42 (38): 4555 - 4555.

[323] Schrock R R. Recent advances in the chemistry and applications of high oxidation state alkylidene complexes. *Pure and Applied Chemistry*, 1994, 66 (7): 1447 - 1454.

[324] Murdzek J S, Schrock R R. Well - characterized olefin metathesis catalysts that contain molybdenum. *Organometallics*, 1987, 6 (6): 1373 - 1374.

[325] Zeng X, Wei X, Farina V, et al. Epimerization reaction of a substituted vinylcyclopropane catalyzed by ruthenium carbenes: mechanistic analysis. *The Journal of Organic Chemistry*, 2006, 71 (23): 8864 - 8875.

[326] Bielawski C W, Grubbs R H. Highly efficient ring - opening metathesis polymerization (ROMP) using new ruthenium catalysts containing N - heterocyclic carbene ligands. *Angewandte Chemie International Edition*, 2000, 39 (16): 2903 - 2906.

[327] Scollard J D, McConville D H, Payne N C, et al. Polymerization of α – olefins by chelating diamide complexes of titanium. *Macromolecules*, 1996, 29 (15): 5241 – 5243.

[328] Scollard J D, McConville D H. Living polymerization of α – olefins by chelating diamide complexes of titanium. *Journal of the American Chemical Society*, 1996, 118 (41): 10008 – 10009.

[329] Scollard J D, McConville D H, Vittal J J, et al. Chelating diamide complexes of titanium: new catalyst precursors for the highly active and living polymerization of α – olefins. *Journal of Molecular Catalysis A: Chemical*, 1998, 128 (1 – 3): 201 – 214.

[330] Ahn C H, Tahara M, Uozumi T, et al. Copolymerization of 2 – butene and ethylene with catalysts based on titanium and zirconium complexes. *Macromolecular Rapid Communications*, 2000, 21 (7): 385 – 389.

[331] Uozumi T, Tsubaki S, Jin J, et al. Isospecific propylene polymerization using the [ArN(CH_2)$_3$NAr] $TiCl_2$/Al (^iBu)$_3$/Ph_3CB (C_6F_5)$_4$ catalyst system in the presence of cyclohexene. *Macromolecular Chemistry and Physics*, 2001, 202 (17): 3279 – 3283.

[332] Tsubaki S, Jin J, Ahn C H, et al. Synthesis of isotactic poly (propylene) by titanium based catalysts containing diamide ligands. *Macromolecular Chemistry and Physics*, 2001, 202 (4): 482 – 487.

[333] Hagimoto H, Shiono T, Ikeda T. Living polymerization of propene with a chelating diamide complex of titanium using dried methylaluminoxane. *Macromolecular Rapid Communications*, 2002, 23 (1): 73 – 76.

[334] Ziniuk Z, Goldberg I, Kol M. Zirconium complexes of chelating dianionic bis (pentafluorophenylamido) ligands: synthesis, structure and ethylene polymerisation activity. *Inorganic Chemistry Communications*, 1999, 2 (11): 549 – 551.

[335] Lorber C, Donnadieu B, Choukroun R. Synthesis and structure of group 4 and 5 metal complexes with an ancillary sterically demanding diamido ligand. *Organometallics*, 2000, 19 (10): 1963 – 1966.

[336] Lee C H, La Y – H, Park J W. Zirconium (Ⅳ) complexes having a rigid 1, 8 – naphthalene diamide versus a flexible 1, 3 – propylene diamide for olefin polymerization. *Organometallics*, 2000, 19 (3): 344 – 351.

[337] Schrock R R, Seidel S W, Schrodi Y, et al. Synthesis of Zirconium Complexes That Contain the Diamidophosphine Ligands [($Me_3SiNCH_2CH_2$)$_2$PPh]$_2$ – or [($RNSiMe_2CH_2$)$_2$PPh]$_2$ – (R = t – Bu or 2, 6 – $Me_2C_6H_3$). *Organometallics*, 1999, 18 (3): 428 – 437.

[338] Nomura K, Naga N, Takaoki K. Ethylene Homopolymerization and Ethylene/1 – Butene Copolymerization Catalyzed by a [1, 8 – $C_{10}H_6$ (NR)$_2$] $TiCl_2$ – Cocatalyst System. *Macromolecules*, 1998, 31 (23): 8009 – 8015.

[339] Lee C H, La Y – H, Park S J, et al. Preparation of N, N' – Disilylated 1, 8 – Diaminonaphthalene Chelates and Their Group 4 Metal Complexes for Ethylene Polymerization. *Organometallics*, 1998, 17 (17): 3648 – 3655.

[340] Nomura K, Naga N, Takaoki K, et al. Synthesis of titanium (Ⅳ) complexes that contain

the Bis (silylamide) ligand of the type [1, 8 – $C_{10}H_6$ (NR)$_2$]$_2$, and alkene polymerization catalyzed by [1, 8 – $C_{10}H_6$ (NR)$_2$] TiCl$_2$ – cocatalyst system. *Journal of Molecular Catalysis A: Chemical*, 1998, 130 (3): L209 – L213.

[341] Nomura K, Oya K, Imanishi Y. Copolymerization of ethylene with α – olefin catalyzed by [1, 8 – $C_{10}H_6$ (NSi^{i}BuMe$_2$)$_2$] TiCl$_2$ and [ArN (CH$_2$)$_3$NAr] TiCl$_2$ (Ar = 2, 6 –^{i}Pr$_2$C$_6$H$_3$) – MMAO catalyst systems. *Polymer*, 2000, 41 (8): 2755 – 2764.

[342] Patton J T, Bokota M M, Abboud K A. Indium – bridged chelating diamide group IV metal olefin polymerization catalysts. *Organometallics*, 2002, 21 (10): 2145 – 2148.

[343] Patton J T, Feng S G, Abboud K A. Chelating diamide group IV metal olefin polymerization catalysts. *Organometallics*, 2001, 20 (16): 3399 – 3405.

[344] Jeon Y – M, Heo J, Lee W M, et al. Titanium and Zirconium Complexes with the New Ancillary Diamido Ligand N, N'-Bis (trimethylsilyl) amidobenzylamido (2-): Syntheses, Structures, and α – Olefin Polymerization Activities. *Organometallics*, 1999, 18 (20): 4107 – 4113.

[345] Gauvin R M, Lorber C, Choukroun R, et al. Synthesis, Characterization and Ethylene Polymerization Activity of Zirconium Complexes Containing Nonsymmetric Diamido Ligands Derived from 2 – Aminobenzylamine. *European Journal of Inorganic Chemistry*, 2001, 2001 (9): 2337 – 2346.

[346] Danièle S, Hitchcock P B, Lappert M F, et al. Synthesis, structures and catalytic properties of chelating N, N' – bis (silylated) 1, 2 – benzenediamidozirconium (IV) chlorides [and a titanium (IV) analogue] and dimethylamides. *Journal of the Chemical Society Dalton Transactions*, 2001, 1 (1): 13 – 19.

[347] Hitchcock P, Lappert M. meta – and para – Bis [zirconyl (IV) amino] cyclophanes; 1, 3 – or 1, 4 – C_6H_4 [N (SiMe$_3$)]$_2$ as bridging ligands. *Chemical Communications*, 1999, (18): 1909 – 1910.

[348] Kim S – J, Jung I N, Yoo B R, et al. Sterically Controlled Silacycloalkyl Diamide Complexes of Titanium (IV): Synthesis, Structure, and Catalytic Behavior of (cycl) Si (NBut)$_2$TiCl$_2$ [(cycl) Si = Silacyclobutane, Silacyclopentane, Silacyclopentene, and Silacyclohexane]. *Organometallics*, 2001, 20 (11): 2136 – 2144.

[349] Jeon Y – M, Park S J, Heo J, et al. Zirconium Complexes with the New Ancillary Diamido Ligand 2, 2'-Ethylenebis (N, N'- (triisopropylsilyl) anilinido) 2-: Syntheses, Structures, and Living α-Olefin Polymerization Activities. *Organometallics*, 1998, 17 (15): 3161 – 3163.

[350] Jäger F, Roesky H W, Dora H, et al. Metallacyclodisiladiazanes of Titanium and Zirconium: Synthesis, Structure and Polymerization Studies. *Chemische Berichte*, 1997, 130 (3): 399 – 404.

[351] Horton A D, von Hebel K L, de With J. In New highly active and selective Et oligomerization catalysts based on cationic diamide zirconium complexes. *Macromolecular Symposia*, Wiley Online Library, 2001: 123 – 136.

［352］ Deng L, Schmid R, Ziegler T. Diiminates and Diamides as Ligands in Polymerization Catalysts with M (Ⅲ) (M = Ti, V, Cr) Metal Centers. A Theoretical Study. *Organometallics*, 2000, 19 (16): 3069 – 3076.

［353］ Siemeling U, Kuhnert O, Neumann B, et al. First Examples of a New Family of Redox – Functionalised Chelate Complexes Based on a 1, 1'-Ferrocenediyl – Bridged Di (amido) Ligand. *European Journal of Inorganic Chemistry*, 2001, 2001 (4): 913 – 916.

［354］ Shafir A, Power M P, Whitener G D, et al. Silylated 1, 1'-Diaminoferrocene: Ti and Zr Complexes of a New Chelating Diamide Ligand. *Organometallics*, 2001, 20 (7): 1365 – 1369.

［355］ Shafir A, Arnold J. Stabilization of a Cationic Ti Center by a Ferrocene Moiety: A Remarkably Short Ti – Fe Interaction in the Diamide $\{[(\eta^5\text{-}C_5H_4NSiMe_3)_2Fe]TiCl\}_2^{2+}$. *Journal of the American Chemical Society*, 2001, 123 (37): 9212 – 9213.

［356］ Choukroun R, Lorber C, Donnadieu B. Cationic vanadium (Ⅳ) methyl complexes [Cp_2VMe (CH_3CN)] [B (C_6H_5)$_4$] and [Cp_2VMe (THF)] [MeB (C_6F_5)$_3$]. *Organometallics*, 2002, 21 (6): 1124 – 1126.

［357］ Bourget – Merle L, Lappert M F, Severn J R. The chemistry of β – diketiminatometal complexes. *Chemical Reviews*, 2002, 102 (9): 3031 – 3066.

［358］ Jin X, Novak B M. Synthesis of β – iminoaminate zirconium complexes and their application in ethylene polymerization. *Macromolecules*, 2000, 33 (17): 6205 – 6207.

［359］ Kim W – K, Fevola M J, Liable – Sands L M, et al. [(Ph)$_2$nacnac] MCl$_2$ (THF)$_2$ (M = Ti, V, Cr): A New Class of Homogeneous Olefin Polymerization Catalysts Featuring β – Diiminate Ligands. *Organometallics*, 1998, 17 (21): 4541 – 4543.

［360］ M. Budzelaar P H, van Oort A B, Orpen A G. β – Diiminato Complexes of VIII and TiIII – Formation and Structure of Stable Paramagnetic Dialkylmetal Compounds. *European Journal of Inorganic Chemistry*, 1998, 1998 (10): 1485 – 1494.

［361］ Vollmerhaus R, Rahim M, Tomaszewski R, et al. Ethylene Polymerization Using β – Diketimine Complexes of Zirconium. *Organometallics*, 2000, 19 (11): 2161 – 2169.

［362］ Rahim M, Taylor N J, Xin S, et al. Synthesis and structure of acyclic bis (ketenimine) complexes of zirconium. *Organometallics*, 1998, 17 (7): 1315 – 1323.

［363］ Matsugi T, Matsui S, Kojoh S, et al. New titanium complexes having two indolide – imine chelate ligands for living ethylene polymerization. *Chemistry Letters*, 2001, 30 (6): 566 – 567.

［364］ Matsugi T, Matsui S, Kojoh S, et al. New Titanium Complexes Bearing Two Indolide – Imine Chelate Ligands for the Polymerization of Ethylene. *Macromolecules*, 2002, 35 (13): 4880 – 4887.

［365］ Gibson V C, Newton C, Redshaw C, et al. Synthesis, Structures and Ethylene Polymerisation Behaviour of Low Valent β – Diketiminato Chromium Complexes. *European Journal of Inorganic Chemistry*, 2001, 2001 (7): 1895 – 1903.

［366］ MacAdams L A, Kim W – K, Liable – Sands L M, et al. The (Ph)$_2$nacnac ligand in organochromium chemistry. *Organometallics*, 2002, 21 (5): 952 - 960.

[367] Tareke E, Rydberg P, Karlsson P, et al. Analysis of acrylamide, a carcinogen formed in heated foodstuffs. *Journal of Agricultural and Food Chemistry*, 2002, 50 (17): 4998 - 5006.

[368] Yoshida Y, Matsui S, Takagi Y, et al. Post - metallocenes: new bis (pyrrolyl - 2 - aldiminato) titanium complexes for ethylene polymerization. *Chemistry Letters*, 2000, 29 (11): 1270 - 1271.

[369] Matsuo Y, Mashima K, Tani K. Synthesis and characterization of bis (iminopyrrolyl) zirconium complexes. *Chemistry Letters*, 2000, 29 (10): 1114 - 1115.

[370] Yoshida Y, Matsui S, Takagi Y, et al. New Titanium Complexes Having Two Pyrrolide - Imine Chelate Ligands: Syntheses, Structures, and Ethylene Polymerization Behavior. *Organometallics*, 2001, 20 (23): 4793 - 4799.

[371] Dawson D M, Walker D A, Thornton - Pett M, et al. Synthesis and reactivity of sterically hindered iminopyrrolato complexes of zirconium, iron, cobalt and nickel. *Journal of the Chemical Society, Dalton Transactions*, 2000 (4): 459 - 466.

[372] Huang J - H, Chi L - S, Yu R - C, et al. Zirconium complexes containing bidentate pyrrole ligands: Synthesis, structural characterization, and ethylene polymerization. *Organometallics*, 2001, 20 (26): 5788 - 5791.

[373] Yoshida Y, Saito J, Mitani M, et al. Living ethylene/norbornene copolymerisation catalyzed by titanium complexes having two pyrrolide - imine chelate ligands. *Chemical Communications*, 2002 (12): 1298 - 1299.

[374] Gibson V C, Newton C, Redshaw C, et al. Chromium (Ⅲ) complexes bearing N, N - chelate ligands as ethene polymerization catalysts. *Chemical Communications*, 1998 (16): 1651 - 1652.

[375] Sugata N, Munekata E, Todokoro K. Characterization of a novel kinetochore protein, CENP - H. *Journal of Biological Chemistry*, 1999, 274 (39): 27343 - 27346.

[376] Murray R In *PCT Int. Appl. WO*9901460, 1999, Chem. Abstr, 1999: 125530.

[377] Haes A J, Van Duyne R P. A nanoscale optical biosensor: sensitivity and selectivity of an approach based on the localized surface plasmon resonance spectroscopy of triangular silver nanoparticles. *Journal of the American Chemical Society*, 2002, 124 (35): 10596 - 10604.

[378] Boussie T, Diamond G, Goh C, et al. V. In *PCT Int. Appl. WO*0238628, 2002, Chem. Abstr, 2002: 386578.

[379] Richter J, Edelmann F T, Noltemeyer M, et al. Metallocene analogues containing bulky heteroallylic ligands and their use as new olefin polymerization catalysts. *Journal of Molecular Catalysis A: Chemical*, 1998, 130 (1 - 2): 149 - 162.

[380] Averbuj C, Tish E, Eisen M S. Stereoregular polymerization of α - olefins catalyzed by chiral group 4 benzamidinate complexes of C_1 and C_3 symmetry. *Journal of the American Chemical Society*, 1998, 120 (34): 8640 - 8646.

[381] Volkis V, Shmulinson M, Averbuj C, et al. Pressure modulates stereoregularities in the polymerization of propylene promoted by rac – octahedral heteroallylic complexes. *Organometallics*, 1998, 17 (15): 3155 – 3157.

[382] Duncan C J, Pugh N, Pasco D S, et al. Isolation of a galactomannan that enhances macrophage activation from the edible fungus Morchella esculenta. *Journal of Agricultural and Food Chemistry*, 2002, 50 (20): 5683 – 5685.

[383] Busico V, Cipullo R, Caporaso L, et al. C_2 – symmetric ansa – metallocene catalysts for propene polymerization: Stereoselectivity and enantioselectivity. *Journal of Molecular Catalysis A: Chemical*, 1998, 128 (1 – 3): 53 – 64.

[384] Jayaratne K C, Sita L R. Stereospecific living Ziegler – Natta polymerization of 1 – hexene. *Journal of the American Chemical Society*, 2000, 122 (5): 958 – 959.

[385] Keaton R J, Jayaratne K C, Henningsen D A, et al. Dramatic enhancement of activities for living Ziegler – Natta polymerizations mediated by "exposed" zirconium acetamidinate initiators: the isospecific living polymerization of vinylcyclohexane. *Journal of the American Chemical Society*, 2001, 123 (25): 6197 – 6198.

[386] Vollmerhaus R, Shao P, Taylor N J, et al. Synthesis of and ethylene polymerization using iminophosphonamide complexes of group 4. *Organometallics*, 1999, 18 (15): 2731 – 2733.

[387] Mathieson T, Schier A, Schmidbaur H. Supramolecular chemistry of gold (I) thiocyanate complexes with thiophene, phosphine and isocyanide ligands, and the structure of 2, 6 – dimethylphenyl isocyanide. *J. Chem. Soc. Dalton Trans*, 2001, 42 (8): 1196 – 1200.

[388] Duncan A P, Mullins S M, Arnold J, et al. Synthesis, structural investigation, and reactivity of neutral and cationic bis (guanidinato) zirconium (IV) complexes. *Organometallics*, 2001, 20 (9): 1808 – 1819.

[389] Petersen J E, Cornwell J C, Kemp W M. Implicit scaling in the design of experimental aquatic ecosystems. *Oikos*, 1999: 3 – 18.

[390] Feghali K, Harding D J, Reardon D, et al. Stability of metal-carbon bond versus metal reduction during ethylene polymerization promoted by a vanadium complex: The role of the aluminum cocatalyst. *Organometallics*, 2002, 21 (5): 968 – 976.

[391] Brussee E A, Meetsma A, Hessen B, et al. Electron – deficient vanadium (III) alkyl and allyl complexes with amidinate ancillary ligands. *Organometallics*, 1998, 17 (18): 4090 – 4095.

[392] Brussee E A, Meetsma A, Hessen B, et al. The N, N' – bis (trimethylsilyl) pentafluorobenzamidinate ligand: enhanced ethene oligomerisation with a neutral V (III) bis (benzamidinate) alkyl catalystElectronic supplementary information (ESI) available. Synthetic and spectroscopic details and ethene oligomerisation experiments. *Chemical Communications*, 2000 (6): 497 – 498.

[393] Lu S – Y, Hamerton I. Recent developments in the chemistry of halogen – free flame retardant polymers. *Progress in Polymer Science*, 2002, 27 (8): 1661 – 1712.

[394] Stibrany R, Schulz D, Kacker S, et al. In *PCT Int. Appl.* WO9930822, 1999, Chem. Abstr, 1999: 45236.

[395] Kühl O, Koch T, Somoza Jr, F B, et al. Formation of elastomeric polypropylene promoted by the dynamic complexes [TiCl$_2$ {N (PPh$_2$)$_2$}$_2$] and [Zr (NPhPPh$_2$)$_4$]. *Journal of Organometallic Chemistry*, 2000, 604 (1): 116 – 125.

[396] Johnson L, Killian C, Arthur S, et al. In *PCT Int. Appl.* WO9623010, 1996, Chem. Abstr, 1996: 222773.

[397] Laine T V, Klinga M, Maaninen A, et al. Effect of Metal on the Ethylene Polymerization Behavior of a Diimine – Based Homogeneous Late Transition Metal Catalyst System. *Acta Chemica Scandinavica*, 1999, 53: 968 – 973.

[398] Gottfried A C, Brookhart M. Living polymerization of ethylene using Pd (Ⅱ) α – diimine catalysts. *Macromolecules*, 2001, 34 (5): 1140 – 1142.

[399] Gates D P, Svejda S A, Oñate E, et al. Synthesis of branched polyethylene using (α – diimine) nickel (Ⅱ) catalysts: influence of temperature, ethylene pressure, and ligand structure on polymer properties. *Macromolecules*, 2000, 33 (7): 2320 – 2334.

[400] Rochefort Neto O I, Mauler R S, de Souza R F. Influence of Hydrogen on the Polymerization of Ethylene with Nickel – α – diimine Catalyst. *Macromolecular Chemistry and Physics*, 2001, 202 (17): 3432 – 3436.

[401] Simon L, De Souza R, Soares J, et al. Effect of molecular structure on dynamic mechanical properties of polyethylene obtained with nickel – diimine catalysts. *Polymer*, 2001, 42 (11): 4885 – 4892.

[402] Escher F F, Mauler R S, Souza R F d. Control of branch formation in ethylene polymerization by a [Ni (eta$_3$ – 2 – MeC$_3$H$_4$) (diimine)] PF$_6$/DEAC catalyst system. *Journal of the Brazilian Chemical Society*, 2001, 12 (1): 47 – 51.

[403] Simon L C, Mauler R S, De Souza R F. Effect of the alkylaluminum cocatalyst on ethylene polymerization by a nickel – diimine complex. *Journal of Polymer Science Part A: Polymer Chemistry*, 1999, 37 (24): 4656 – 4663.

[404] Mauler R, De Souza R, Vesccia D, et al. Effect of the co – catalyst on the polymerization of ethylene and styrene by nickel – diimine complexes. *Macromolecular Rapid Communications*, 2000, 21 (8): 458 – 463.

[405] Maldanis R J, Wood J S, Chandrasekaran A, et al. The formation and polymerization behavior of Ni (Ⅱ) α – diimine complexes using various aluminum activators. *Journal of organometallic chemistry* 2002, 645 (1 – 2): 158 – 167.

[406] Plentz Meneghetti S, Kress J, Lutz P J. Structural investigation of poly (olefin) s and copolymers of ethylene with polar monomers prepared under various reaction conditions in the presence of palladium catalysts. *Macromolecular Chemistry and Physics*, 2000, 201 (14): 1823 – 1832.

[407] Ittel S D, Johnson L K, Brookhart M. Late – metal catalysts for ethylene homo – and copolymerization. *Chemical Reviews*, 2000, 100 (4): 1169 – 1204.

[408] Guan Z, Cotts P, McCord E, McLain S. Chain walking: a new strategy to control polymer topology. *Science*, 1999, 283 (5410): 2059 – 2062.

[409] Shultz L H, Brookhart M. Measurement of the barrier to β – hydride elimination in a β – agostic palladium – ethyl complex: a model for the energetics of chain – walking in (α – diimine) PdR⁺ olefin polymerization catalysts. *Organometallics*, 2001, 20 (19): 3975 – 3982.

[410] Shultz L H, Tempel D J, Brookhart M. Palladium (Ⅱ) β – agostic alkyl cations and alkyl ethylene complexes: investigation of polymer chain isomerization mechanisms. *Journal of the American Chemical Society*, 2001, 123 (47): 11539 – 11555.

[411] Simon L C, Williams C P, Soares J B, et al. Kinetic investigation of ethylene polymerization catalyzed by nickel – diimine catalysts. *Journal of Molecular Catalysis A: Chemical*, 2001, 165 (1 – 2): 55 – 66.

[412] Yang Z – H, Luo H – K, Mao B – Q, et al. In Situ UV Vis Studies on Nickel Catalyst for Ethylene Polymerization. *Acta Physico – Chimica Sinica*, 2001, 17 (05): 460 – 464.

[413] Simon L C, Williams C P, Soares J B, et al. Effect of polymerization temperature and pressure on the microstructure of Ni – diimine – catalyzed polyethylene: parameter identification for Monte – Carlo simulation. *Chemical Engineering Science*, 2001, 56 (13): 4181 – 4190.

[414] Woo T K, Blöchl P E, Ziegler T. Monomer capture in Brookhart's Ni (Ⅱ) diimine olefin polymerization catalyst: static and dynamic quantum mechanics/molecular mechanics study. *The Journal of Physical Chemistry A*, 2000, 104 (1): 121 – 129.

[415] Michalak A, Ziegler T. DFT studies on substituent effects in palladium – catalyzed olefin polymerization. *Organometallics*, 2000, 19 (10): 1850 – 1858.

[416] Michalak A, Ziegler T. DFT Studies on the Copolymerization of α – Olefins with Polar Monomers: Ethylene – Methyl Acrylate Copolymerization Catalyzed by a Pd – Based Diimine Catalyst. *Journal of the American Chemical Society*, 2001, 123 (49): 12266 – 12278.

[417] Strauch J W, Erker G, Kehr G, et al. Formation of a Butadienenickel – Based Zwitterionic Single – Component Catalyst for Ethylene Polymerization: An Alternative Activation Pathway for Homogeneous Ziegler – Natta Catalysts of Late Transition Metals. *Angewandte Chemie International Edition*, 2002, 41 (14): 2543 – 2546.

[418] Pellecchia C, Zambelli A, Mazzeo M, et al. Syndiotactic – specific polymerization of propene with Nickel – based catalysts. 3. Polymer end – groups and regiochemistry of propagation. *Journal of Molecular Catalysis A: Chemical*, 1998, 128 (1 – 3): 229 – 237.

[419] Milano G, Guerra G, Pellecchia C, et al. Mechanism of U nlike Stereoselectivity in 1 – Alkene Primary Insertions: Syndiospecific Propene Polymerization by Brookhart – Type Nickel (Ⅱ) Catalysts. *Organometallics*, 2000, 19 (7): 1343 – 1349.

[420] Schmid M, Eberhardt R, Klinga M, et al. New C_2 V – and chiral C_2 – symmetric olefin polymerization catalysts based on nickel (Ⅱ) and palladium (Ⅱ) diimine complexes bearing 2, 6 – diphenyl aniline moieties: Synthesis, structural characterization, and first insight

into polymerization properties. *Organometallics*, 2001, 20 (11): 2321 - 2330.

[421] Schleis T, Heinemann J, Spaniol T P, et al. Ni (II) and Pd (II) complexes of camphor - derived diazadiene ligands: steric bulk tuning and ethylene polymerization. *Inorganic Chemistry Communications*, 1998, 1 (11): 431 - 434.

[422] Pappalardo D, Mazzeo M, Antinucci S, et al. Some evidence of a dual stereodifferentiation mechanism in the polymerization of propene by α - diimine nickel catalysts. *Macromolecules*, 2000, 33 (26): 9483 - 9487.

[423] Hu M, Hartland G V. Heat dissipation for Au particles in aqueous solution: relaxation time versus size. *The Journal of Physical Chemistry B*, 2002, 106 (28): 7029 - 7033.

[424] Johnson L K, Mecking S, Brookhart M. Copolymerization of ethylene and propylene with functionalized vinyl monomers by palladium (II) catalysts. *Journal of the American Chemical Society*, 1996, 118 (1): 267 - 268.

[425] Mecking S, Johnson L K, Wang L, et al. Mechanistic studies of the palladium - catalyzed copolymerization of ethylene and α - olefins with methyl acrylate. *Journal of the American Chemical Society*, 1998, 120 (5): 888 - 899.

[426] Heinemann J, Mülhaupt R, Brinkmann P, et al. Copolymerization of ethene with methyl acrylate and ethyl 10 - undecenoate using a cationic palladium diimine catalyst. *Macromolecular Chemistry and Physics*, 1999, 200 (2): 384 - 389.

[427] Fernandes S, Marques M M, Correia S G, et al. Diimine nickel catalysis of ethylene copolymerization with polar cyclic monomers. *Macromolecular Chemistry and Physics*, 2000, 201 (17): 2566 - 2572.

[428] Marques M M, Fernandes S, Correia S G, et al. Synthesis of acrylamide/olefin copolymers by a diimine nickel catalyst. *Macromolecular Chemistry and Physics*, 2000, 201 (17): 2464 - 2468.

[429] Marques M M, Fernandes S, Correia S G, et al. Synthesis of polar vinyl monomer - olefin copolymers by α - diimine nickel catalyst. *Polymer International*, 2001, 50 (5): 579 - 587.

[430] de Souza R F, Casagrande Jr O L. Recent advances in olefin polymerization using binary catalyst systems. *Macromolecular Rapid Communications*, 2001, 22 (16): 1293 - 1301.

[431] Mota F F, Mauler R S, de Souza R F, et al. Tailoring Polyethylene Characteristics Using a Combination of Nickel α - Diimine and Zirconocene Catalysts under Reactor Blending Conditions. *Macromolecular Chemistry and Physics*, 2001, 202 (7): 1016 - 1020.

[432] Kunrath F A, de Souza R F, Casagrande J, et al. Combination of nickel and titanium complexes containing nitrogen ligands as catalyst for polyethylene reactor blending. *Macromolecular Rapid Communications*, 2000, 21 (6): 277 - 280.

[433] Pinheiro M F, Mauler R S, de Souza R F. Biphasic ethylene polymerization with a diiminenickel catalyst. *Macromolecular Rapid Communications*, 2001, 22 (6): 425 - 428.

[434] Held A, Bauers F M, Mecking S. Coordination polymerization of ethylene in water by Pd (II) and Ni (II) catalysts. *Chemical Communications*, 2000, (4): 301 - 302.

[435] Held A, Mecking S. Coordination polymerization in water affording amorphous polyethylenes. *Chemistry – A European Journal*, 2000, 6 (24): 4623 – 4629.

[436] Gibson V C, Tomov A, Wass D F, et al. Ethylene polymerisation by a copper catalyst bearing α – diimine ligands. *Journal of the Chemical Society, Dalton Transactions*, 2002 (11): 2261 – 2262.

[437] Wang H, Dai S – Y, at el. Direct Synthesis of Polyethylene Theomoplastic Elastomers Vsing Hybrid Bulky Acenaphthene – Based 2 – Diimine Ni (Ⅱ) Catalysts. *Molecules*, 2023, 28 (5): 2266 – 2275.

[438] Killian C M, Johnson L K, Brookhart M. Preparation of linear α – olefins using cationic nickel (Ⅱ) α – diimine catalysts. *Organometallics*, 1997, 16 (10): 2005 – 2007.

[439] Laine T V, Klinga M, Leskelä M. Synthesis and X – ray Structures of New Mononuclear and Dinuclear Diimine Complexes of Late Transition Metals. *European Journal of Inorganic Chemistry*, 1999, 1999 (6): 959 – 964.

[440] Laine T V, Lappalainen K, Liimatta J, et al. Polymerization of ethylene with new diimine complexes of late transition metals. *Macromolecular Rapid Communications*, 1999, 20 (9): 487 – 491.

[441] Schareina T, Hillebrand G, Fuhrmann H, et al. Dipyridylamine Ligands-Synthesis, Coordination Chemistry of the Group 10 Metals and Application of Nickel Complexes in Ethylene Oligomerization. *European Journal of Inorganic Chemistry*, 2001, 2001 (9): 2421 – 2426.

[442] Castillo Ⅰ, at el. Intramolecular hydroxylation of a terabenzimidazole – based dicopper complex. *Inorgania Chimia Acta*, 2018, 481: 181 – 188.

[443] Kinnunen T – J, Haukka M, Pakkanen T T, et al. Four – coordinated bipyridine complexes of nickel for ethene polymerization – the role of ligand structure. *Journal of Organometallic Chemistry*, 2000, 613 (2): 257 – 262.

[444] Wang L, Sun W – H, Han L, et al. Cobalt and nickel complexes bearing 2, 6 – bis (imino) phenoxy ligands: syntheses, structures and oligomerization studies. *Journal of Organometallic Chemistry*, 2002, 650 (1 – 2): 59 – 64.

[445] Cozzi P G, Gallo E, Floriani C, et al. (Hydroxyphenyl) oxazoline: a novel and remarkably facile entry into the area of chiral cationic alkylzirconium complexes which serve as polymerization catalysts. *Organometallics*, 1995, 14 (11): 4994 – 4996.

[446] Matsui S, Mitani M, Saito J, et al. Post – metallocenes: A new bis (salicylaldiminato) zirconium complex for ethylene polymerization. *Chemistry Letters*, 1999, 28 (12): 1263 – 1264.

[447] Matsui S, Tohi Y, Mitani M, et al. New bis (salicylaldiminato) titanium complexes for ethylene polymerization. *Chemistry Letters*, 1999, 28 (10): 1065 – 1066.

[448] Matsui S, Mitani M, Saito J, et al. A family of zirconium complexes having two phenoxy – imine chelate ligands for olefin polymerization. *Journal of the American Chemical Society*, 2001, 123 (28): 6847 – 6856.

[449] Inoue Y, Nakano T, Tanaka H, et al. Ethylene Polymerization Behavior of New Titanium Complexes Having Two Phenoxy – Pyridine Chelate Ligands. *Chemistry Letters*, 2001, 30 (10): 1060 – 1061.

[450] Strauch J, Warren T H, Erker G, et al. Formation and structural properties of salicylaldiminato complexes of zirconium and titanium. *Inorganica Chimica Acta*, 2000, 300: 810 – 821.

[451] Corden J, Wallbridge M H. Stereochemical control of cis – and trans – $TiCl_2$ groups in six – coordinate complexes [(L) $TiCl_2$] ($L_2 = N_2O_2$ – donor Schiff base) and reactions with trimethylaluminium to form cationic aluminium species. *Chemical Communications*, 1999, (4): 323 – 324.

[452] Knight P D, Clarke A J, Kimberley B S, et al. Problems and solutions for alkene polymerisation catalysts incorporating Schiff – bases; migratory insertion and radical mechanisms of catalyst deactivation. *Chemical Communications*, 2002 (4): 352 – 353.

[453] Huang J, Lian B, Qian Y, et al. Syntheses of titanium (IV) complexes with mono – Cp and Schiff base ligands and their catalytic activities for ethylene polymerization and ethylene/1 – hexene copolymerization. *Macromolecules*, 2002, 35 (13): 4871 – 4874.

[454] Suzuki Y, Kashiwa N, Fujita T. Synthesis and Ethylene Polymerization Behavior of a New Titanium Complex Having Two Imine-Phenoxy Chelate Ligands. *Chemistry Letters*, 2002, 31 (3): 358 – 359.

[455] Saito J, Mitani M, Matsui S, et al. Polymerization of 1 – hexene with bis [N – (3 – tert – butylsalicylidene) phenylaminato] titanium (IV) dichloride using $^iBu_3Al/Ph_3CB$ $(C_6F_5)_4$ as a cocatalyst. *Macromolecular Rapid Communications*, 2000, 21 (18): 1333 – 1336.

[456] Saito J, Mitani M, Mohri J i, et al. Living Polymerization of Ethylene with a Titanium Complex Containing Two Phenoxy – Imine Chelate Ligands. *Angewandte Chemie International Edition*, 2001, 40 (15): 2918 – 2920.

[457] Tian J, Coates G W. Development of a Diversity – Based Approach for the Discovery of Stereoselective Polymerization Catalysts: Identification of a Catalyst for the Synthesis of Syndiotactic Polypropylene. *Angewandte Chemie*, 2000, 112 (20): 3772 – 3775.

[458] Tian J, Hustad P D, Coates G W. A new catalyst for highly syndiospecific living olefin polymerization: homopolymers and block copolymers from ethylene and propylene. *Journal of the American Chemical Society*, 2001, 123 (21): 5134 – 5135.

[459] Lamberti M, Pappalardo D, Zambelli A, et al. Syndiospecific polymerization of propene promoted by bis (salicylaldiminato) titanium catalysts: regiochemistry of monomer insertion and polymerization mechanism. *Macromolecules*, 2002, 35 (3): 658 – 663.

[460] Hustad P D, Tian J, Coates G W. Mechanism of propylene insertion using bis (Phenoxyimine) – based titanium catalysts: An unusual secondary insertion of propylene in a group IV catalyst system. *Journal of the American Chemical Society*, 2002, 124 (14): 3614 – 3621.

[461] Gibson V C, Mastroianni S, Newton C, et al. A five – coordinate chromium alkyl complex

stabilised by salicylaldiminato ligands. *Journal of the Chemical Society, Dalton Transactions*, 2000 (13): 1969 – 1971.

[462] Gibson V, Solan G, White A P, et al. Chromium ethylene polymerisation catalysts bearing reduced Schiff – base N, O – chelate ligands. *Journal of the Chemical Society, Dalton Transactions*, 1999 (6): 827 – 830.

[463] Wang C Friedrich S, Younkin T R, et al. Neutral nickel (Ⅱ) – based catalysts for ethylene polymerization. *Organometallics*, 1998, 17 (15): 3149 – 3151.

[464] Chan M S, Deng L, Ziegler T. Density functional study of neutral salicylaldiminato nickel (Ⅱ) complexes as olefin polymerization catalysts. *Organometallics*, 2000, 19 (14): 2741 – 2750.

[465] Bauers F M, Mecking S. High molecular mass polyethylene aqueous latexes by catalytic polymerization. *Angewandte Chemie International Edition*, 2001, 40 (16): 3020 – 3022.

[466] Bauers F M, Mecking S. Aqueous homo – and copolymerization of ethylene by neutral nickel (Ⅱ) complexes. *Macromolecules*, 2001, 34 (5): 1165 – 1171.

[467] Jacobsen E N, Breinbauer R. Nickel comes full cycle. *Science*, 2000, 287 (5452): 437 – 438.

[468] Connor E F, Younkin T R, Henderson J I, et al. Linear functionalized polyethylene prepared with highly active neutral Ni (Ⅱ) complexes. *Journal of Polymer Science Part A: Polymer Chemistry*, 2002, 40 (16): 2842 – 2854.

[469] Michalak A, Ziegler T. DFT Studies on the Copolymerization of α – Olefins with Polar Monomers: Comonomer Binding by Nickel – and Palladium – Based Catalysts with Brookhart and Grubbs Ligands. *Organometallics*, 2001, 20 (8): 1521 – 1532.

[470] Deubel D V, Ziegler T. DFT Study of Olefin versus Nitrogen Bonding in the Coordination of Nitrogen – Containing Polar Monomers to Diimine and Salicylaldiminato Nickel (Ⅱ) and Palladium (Ⅱ) Complexes. Implications for Copolymerization of Olefins with Nitrogen – Containing Polar Monomers. *Organometallics*, 2002, 21 (8): 1603 – 1611.

[471] Zhang D Jin G – X, Hu N. Self – immobilized catalysts for ethylene polymerization: neutral, single – component salicylaldiminato phenyl nickel (Ⅱ) complexes bearing allyl substituents. *Chemical Communications*, 2002 (6): 574 – 575.

[472] Sakihama Y, Cohen M F, Grace S C, et al. Plant phenolic antioxidant and prooxidant activities: phenolics – induced oxidative damage mediated by metals in plants. *Toxicology*, 2002, 177 (1): 67 – 80.

[473] Carlini C, Marchionna M, Patrini R, et al. Catalytic performances of homogeneous systems based on α – nitroacetophenonate – nickel (Ⅱ) complexes and organoaluminium compounds in ethylene oligomerisation. *Applied Catalysis A: General*, 2001, 216 (1 – 2): 1 – 8.

[474] Carlini C, Marchionna M, Galletti A M R, et al. Olefin oligomerization by novel catalysts prepared by oxidative addition of carboxylic acids to nickel (0) precursors and modified by phosphine ancillary ligands and organoaluminum compounds. *Journal of Molecular Catalysis A: Chemical*, 2001, 169 (1 – 2): 79 – 88.

[475] Carlini C, Marchionna M, Galletti A M R, et al. Novel α – nitroketonate nickel (Ⅱ) complexes as homogeneous catalysts for ethylene oligomerization. *Applied Catalysis A: General*, 2001, 206 (1): 1 – 12.

[476] Hicks F A, Brookhart M. A highly active anilinotropone – based neutral nickel (Ⅱ) catalyst for ethylene polymerization. *Organometallics*, 2001, 20 (15): 3217 – 3219.

[477] Yoshida Y, Mohri J, Ishii S, et al. Living copolymerization of ethylene with norbornene catalyzed by bis (pyrrolide – imine) titanium complexes with MAO. *Journal of the American Chemical Society*, 2004, 126 (38): 12023 – 12032.

[478] Suzuki Y, Inoue Y, Tanaka H, et al. Phenoxy – Ether Ligated Ti Complexes for the Polymerization of Ethylene. *Macromolecular Rapid Communications*, 2004, 25 (3): 493 – 497.

[479] Sobota P, Przybylak K, Utko J, et al. Syntheses, structure, and reactivity of chiral titanium compounds: Procatalysts for olefin polymerization. *Chemistry – A European Journal*, 2001, 7 (5): 951 – 958.

[480] Nakayama Y, Watanabe K, Ueyama N, et al. Titanium complexes having chelating diaryloxo ligands bridged by tellurium and their catalytic behavior in the polymerization of ethylene. *Organometallics*, 2000, 19 (13): 2498 – 2503.

[481] Ozerov O V, Rath N P, Ladipo F T. Synthesis, characterization, and reactivity of titanium (Ⅳ) complexes supported by proximally bridged p – tert – butylcalix [4] arene ligands. *Journal of Organometallic Chemistry*, 1999, 586 (2): 223 – 233.

[482] Shmulinson M, Galan – Fereres M, Lisovskii A, et al. Formation of elastomeric polypropylene promoted by racemic acetylacetonate group 4 complexes. *Organometallics*, 2000, 19 (7): 1208 – 1210.

[483] Hlatky G G. Single – site catalysts for olefin polymerization: Annual review for 1997. *Coordination Chemistry Reviews*, 2000, 199 (1): 235 – 329.

[484] Ma Y, Reardon D, Gambarotta S, et al. Vanadium – Catalyzed Ethylene – Propylene Copolymerization: The Question of the Metal Oxidation State in Ziegler – Natta Polymerization Promoted by (β – diketonate)$_3$V. *Organometallics*, 1999, 18 (15): 2773 – 2781.

[485] Fokken S, Spaniol T P, Okuda J, et al. Nine – membered titanacyclic complexes based on an ethylene – bridged bis (phenolato) ligand: Synthesis, structure, and olefin polymerization activity. *Organometallics*, 1997, 16 (20): 4240 – 4242.

[486] Sernetz F G, Mülhaupt R, Fokken S, et al. Copolymerization of ethene with styrene using methylaluminoxane – activated bis (phenolate) complexes. *Macromolecules*, 1997, 30 (6): 1562 – 1569.

[487] Briggs J R. The selective trimerization of ethylene to hexlene. *Journal of the Chemical Society, Chemical Communications*, 1989 (11): 674 – 675.

[488] Carter A, Cohen S A, Cooley N A, et al. High activity ethylene trimerisation catalysts based on diphosphine ligands. *Chemical Communications*, 2002 (8): 858 – 859.

[489] Gan J, Tian H, Wang Z, et al. Synthesis and luminescence properties of novel ferrocene –

naphthalimides dyads. *Journal of Organometallic Chemistry*, 2002, 645 (1): 168 – 175.

[490] Heinicke J, He M, Dal A, et al. Methyl (2 – phosphanylphenolato [P, O]) nickel (Ⅱ) Complexes-Synthesis, Structure, and Activity as Ethene Oligomerization Catalysts. *European Journal of Inorganic Chemistry*, 2000, 2000 (3), 431 – 440.

[491] Heinicke J, Koesling M, Brüll R, et al. Nickel Chelate Complexes of 2 – Alkylphenylphosphanylphenolates: Synthesis, Structural Investigation and Use in Ethylene Polymerization. *European Journal of Inorganic Chemistry*, 2000, 2000 (2): 299 – 305.

[492] Soula R, Broyer J, Llauro M, et al. Very active neutral P, O – chelated nickel catalysts for ethylene polymerization. *Macromolecules*, 2001, 34 (8): 2438 – 2442.

[493] Soula R, Novat C, Tomov A, et al. Catalytic polymerization of ethylene in emulsion. *Macromolecules*, 2001, 34 (7): 2022 – 2026.

[494] Tomov A, Broyer J P, Spitz R. In Emulsion polymerization of ethylene in water medium catalysed by organotransition metal complexes, *Macromolecular Symposia*, Wiley Online Library, 2000: 53 – 58.

[495] Soula R, Saillard B, Spitz R, et al. Catalytic copolymerization of ethylene and polar and nonpolar α – olefins in emulsion. *Macromolecules*, 2002, 35 (5): 1513 – 1523.

[496] Mecking S, Held A, Bauers F M. Aqueous catalytic polymerization of olefins. *Angewandte Chemie International Edition*, 2002, 41 (4): 544 – 561.

[497] Gibson V C, Tomov A, White A J, et al. The effect of bulky substituents on the olefin polymerisation behaviour of nickel catalysts bearing [P, O] chelate ligands. *Chemical Communications*, 2001 (8): 719 – 720.

[498] Gibson V C, Tomov A. Functionalised polyolefin synthesis using [P, O] Ni catalysts. *Chemical Communications*, 2001 (19): 1964 – 1965.

[499] Drent E, van Dijk R, van Ginkel R, et al. Palladium catalysed copolymerisation of ethene with alkylacrylates: polar comonomer built into the linear polymer chain. *Chemical Communications*, 2002 (7): 744 – 745.

[500] Bonnet M C, Dahan F, Ecke A, et al. Synthesis of cationic and neutral methallyl nickel complexes and applications in ethene oligomerisation. *Journal of the Chemical Society, Chemical Communications*, 1994 (5): 615 – 616.

[501] Komon Z J, Bu X, Bazan G C. Synthesis, Characterization, and Ethylene Oligomerization Action of [$(C_6H_5)_2PC_6H_4C(OB(C_6F_5)_3)O-\kappa_2 P, O$] Ni ($\eta^3 – CH_2C_6H_5$). *Journal of the American Chemical Society*, 2000, 122 (49): 12379 – 12380.

[502] Komon Z J, Bazan G C. Synthesis of branched polyethylene by tandem catalysis. *Macromolecular Rapid Communications*, 2001, 22 (7): 467 – 478.

[503] Lee B Y, Bazan G C, Vela J, et al. α – Iminocarboxamidato – Nickel (Ⅱ) Ethylene Polymerization Catalysts. *Journal of the American Chemical Society*, 2001, 123 (22): 5352 – 5353.

[504] Lee B Y, Bu X, Bazan G C. Pyridinecarboxamidato – Nickel (Ⅱ) Complexes. *Organometallics*, 2001, 20 (25): 5425 – 5431.

[505] Schmitt M R, Kirsch D R, Harris J E, et al. Substituted - triazolopyrimidines as anticancer agents: *U. S. Patent 7*, 329, 663 [P]. 2008 - 2 - 12. .

[506] Rachita M J, Huff R L, Bennett J L, et al. Oligomerization of ethylene to branched alkenes using neutral phosphinosulfonamide nickel (Ⅱ) complexes. *Journal of Polymer Science Part A: Polymer Chemistry*, 2000, 38 (S1): 4627 - 4640.

[507] Guram A S, Lapointe A M, Turner H W, et al. Catalyst ligands, catalytic metal complexes and processes using and methods of making same, 2001.

[508] Döhler T, Görls H, Walther D. Di - and oligo - nuclear nickel complexes with oxalic amidinato bridging ligands: syntheses, structures and catalytic reactions Electronic supplementary information (ESI) available: general procedures and full spectroscopic characterisation of complexes 1 - 7. *Chemical Communications*, 2000 (11): 945 - 946.

[509] Walther D, Döhler T, Theyssen N, et al. Di - , Tri - , and Tetranuclear Complexes of Ni, Pd, and Zn with Oxalamidinato Bridges: Syntheses, Structures and Catalytic Reactions. *European Journal of Inorganic Chemistry*, 2001, 2001 (8): 2049 - 2060.

[510] Tian G, Boone H W, Novak B M. Neutral Palladium Complexes as Catalysts for Olefin - Methyl Acrylate Copolymerization: A Cautionary Tale. *Macromolecules*, 2001, 34 (22): 7656 - 7663.

[511] Johnson L, Wang L, McCord E. In *PCT Int. Appl.* WO0192354, 2001, Chem. Abstr, 2002: 20356.

[512] Wang L, Hauptman E, Johnson L, et al. In *PCT Int. Appl.* WO0192342, 2001, Chem. Abstr, 2002: 20364.

[513] Bouwkamp M, van Leusen D, Meetsma A, et al. Highly Electron - Deficient Neutral and Cationic Zirconium Complexes with Bis (σ - aryl) amine Dianionic Tridentate Ligands. *Organometallics*, 1998, 17 (17): 3645 - 3647.

[514] McGuinness D S, Gibson V C, Steed J W. Bis (carbene) pyridine complexes of the early to middle transition metals: survey of ethylene oligomerization and polymerization capability. *Organometallics*, 2004, 23 (26): 6288 - 6292.

[515] Zuccaccia C, Busico V, Cipullo R, et al. On the First Insertion of α - Olefins in Hafnium Pyridyl - Amido Polymerization Catalysts. *Organometallics*, 2009, 28 (18): 5445 - 5458.

[516] Luconi L, Giambastiani G, Rossin A, et al. Intramolecular σ - Bond Metathesis/Protonolysis on Zirconium (IV) and Hafnium (IV) Pyridylamido Olefin Polymerization Catalyst Precursors: Exploring Unexpected Reactivity Paths. *Inorganic chemistry*, 2010, 49 (15): 6811 - 6813.

[517] Luconi L, Rossin A, Tuci G, et al. Facing Unexpected Reactivity Paths with ZrIV - Pyridylamido Polymerization Catalysts. *Chemistry - A European Journal*, 2012, 18 (2): 671 - 687.

[518] Qiao Y - L, Jin G - X. Nickel (Ⅱ) and palladium (Ⅱ) complexes with tridentate [C, N, S] and [C, N, P] ligands: Syntheses, characterization, and catalytic norbornene polymerization. *Organometallics*, 2013, 32 (6): 1932 - 1937.

[519] Mentzel U V, Højholt K T, Holm M S, et al. Conversion of methanol to hydrocarbons over conventional and mesoporous H-ZSM-5 and H-Ga-MFI: Major differences in deactivation behavior. *Applied Catalysis A: General*, 2012, 417: 290-297.

[520] Scheuer S, Fischer J, Kress J. Synthesis, structure, and olefin polymerization activity of vanadium (V) catalysts stabilized by imido and hydrotris (pyrazolyl) borato ligands. *Organometallics*, 1995, 14 (6): 2627-2629.

[521] Jaffart J, Nayral C, Choukroun R, et al. Ethylene polymerization with hydridotris (pyrazolyl) boratoniobium complexes as precursors. *European journal of inorganic chemistry*, 1998, 1998 (4): 425-428.

[522] Bigmore H R, Zuideveld M A, Kowalczyk R M, et al. Synthesis, Structures, and Olefin Polymerization Capability of Vanadium (4+) Imido Compounds with fac-N_3 Donor Ligands. *Inorganic Chemistry*, 2006, 45 (16): 6411-6423.

[523] García-Orozco I, Quijada R, Vera K, et al. Tris (pyrazolyl) methane-chromium (Ⅲ) complexes as highly active catalysts for ethylene polymerization. *Journal of Molecular Catalysis A: Chemical*, 2006, 260 (1-2): 70-76.

[524] Santi R, Romano A M, Sommazzi A, et al. Catalytic polymerisation of ethylene with tris (pyrazolyl) borate complexes of late transition metals. *Journal of Molecular Catalysis A: Chemical*, 2005, 229 (1-2): 191-197.

[525] Abbo H S, Mapolie S F, Darkwa J, et al. Bis (pyrazolyl) pyridine vanadium (Ⅲ) complexes as highly active ethylene polymerization catalysts. *Journal of Organometallic Chemistry*, 2007, 692 (24): 5327-5330.

[526] Hurtado J, Ugarte J, Rojas R, et al. New bis (azolylcarbonyl) pyridine chromium (Ⅲ) complexes as initiators for ethylene polymerization. *Inorganica Chimica Acta*, 2011, 378 (1): 218-223.

[527] Woo J O, Kang S K, Park J-E, et al. Synthesis, characterization, and ethylene polymerization behavior of Cr (Ⅲ) catalysts based on bis (pyrazolylmethyl) pyridine and its derivatives. *Journal of Molecular Catalysis A: Chemical*, 2015, 404: 204-210.

[528] de Oliveira L L, Campedelli R R, Kuhn M C, et al. Highly selective nickel catalysts for ethylene oligomerization based on tridentate pyrazolyl ligands. *Journal of Molecular Catalysis A: Chemical*, 2008, 288 (1-2): 58-62.

[529] Benade L L, Ojwach S O, Obuah C, et al. Vinyl-addition polymerization of norbornene catalyzed by (pyrazol-1-ylmethyl) pyridine divalent iron, cobalt and nickel complexes. *Polyhedron*, 2011, 30 (17): 2878-2883.

[530] Nyamato G S, Alam M G, Ojwach S O, et al. (Pyrazolyl)-(phosphinoyl) pyridine iron (Ⅱ), cobalt (Ⅱ) and nickel (Ⅱ) complexes: Synthesis, characterization and ethylene oligomerization studies. *Journal of Organometallic Chemistry*, 2015, 783: 64-72.

[531] Nabika M, Seki Y, Miyatake T, et al. Manganese catalysts with scorpionate ligands for olefin polymerization. *Organometallics*, 2004, 23 (19): 4335-4337.

[532] Nabika M, Kiuchi S, Miyatake T, et al. Influences of steric bulkiness in hydrotris

(pyrazolyl) borate ligands on ethylene polymerization reaction. *Journal of Polymer Science Part A: Polymer Chemistry*, 2009, 47 (21): 5720 - 5727.

[533] Yang Y, Yang P, Zhang C, et al. Synthesis, structure, and catalytic ethylene oligomerization of nickel complexes bearing 2 - pyrazolyl substituted 1, 10 - phenanthroline ligands. *Journal of Molecular Catalysis A: Chemical*, 2008, 296 (1 - 2): 9 - 17.

[534] Obuah C, Omondi B, Nozaki K, et al. Solvent and co - catalyst dependent pyrazolylpyridinamine and pyrazolylpyrroleamine nickel (II) catalyzed oligomerization and polymerization of ethylene. *Journal of Molecular Catalysis A: Chemical*, 2014, 382: 31 - 40.

[535] Zhang M, Gao R, Hao X, et al. 2 - Oxazoline/benzoxazole - 1, 10 - phenanthrolinylmetal (iron, cobalt or nickel) dichloride: Synthesis, characterization and their catalytic reactivity for the ethylene oligomerization. *Journal of Organometallic Chemistry*, 2008, 693 (26): 3867 - 3877.

[536] Rüther T, Braussaud N, Cavell K J. Novel chromium (III) complexes containing imidazole - based chelate ligands with varying donor sets: synthesis and reactivity. *Organometallics*, 2001, 20 (6): 1247 - 1250.

[537] Hao P, Zhang S, Sun W - H, et al. Synthesis, characterization and ethylene oligomerization studies of nickel complexes bearing 2 - benzimidazolylpyridine derivatives. *Organometallics*, 2007, 26 (9): 2439 - 2446.

[538] Wang X L, Lu Y, Fu H, et al. The construction of a new POMs - based inorganic - organic hybrid framework involving in - situ ligand conversion from 1, 3 - bis (4 - pyridyl) propane to isonicotinic acid. *Inorganica Chimica Acta*, 2011, 370 (1): 203 - 206.

[539] Small B L, Carney M J, Holman D M, et al. New Chromium Complexes for Ethylene Oligomerization: Extended Use of Tridentate Ligands in Metal - Catalyzed Olefin Polymerization. *Macromolecules*, 2004, 37 (12): 4375 - 4386.

[540] Vidyaratne I, Scott J, Gambarotta S, et al. Reactivity of Chromium Complexes of a Bis (imino) pyridine Ligand: Highly Active Ethylene Polymerization Catalysts Carrying the Metal in a Formally Low Oxidation State. *Organometallics*, 2007, 26 (13): 3201 - 3211.

[541] Zhang S, Jie S, Shi Q, et al. Chromium (III) complexes bearing 2 - imino - 1, 10 - phenanthrolines: Synthesis, molecular structures and ethylene oligomerization and polymerization. *Journal of Molecular Catalysis A: Chemical*, 2007, 276 (1 - 2): 174 - 183.

[542] Hao Z, Xu B, Gao W, et al. Chromium complexes with N, N, N - tridentate quinolinyl anilido - imine ligand: synthesis, characterization, and catalysis in ethylene polymerization. *Organometallics*, 2015, 34 (12): 2783 - 2790.

[543] Hao Z, Yang N, Gao W, et al. Nickel complexes bearing N, N, N - tridentate quinolinyl anilido - imine ligands: Synthesis, characterization and catalysis on norbornene addition polymerization. *Journal of Organometallic Chemistry*, 2014, 749: 350 - 355.

[544] Han F - B, Zhang Y - L, Sun X - L, et al. Synthesis and characterization of pyrrole - imine [n - np] nickel (II) and palladium (II) complexes and their applications to norbornene polymerization. *Organometallics*, 2008, 27 (8): 1924 - 1928.

[545] Gong D, Liu W, Chen T, et al. Ethylene polymerization by PN$_3$ - type pincer chromium (Ⅲ) complexes. *Journal of Molecular Catalysis A: Chemical*, 2014, 395: 100 - 107.

[546] Bluhm M E, Walter O, Döring M. Chromium imine and amine complexes as homogeneous catalysts for the trimerisation and polymerisation of ethylene. *Journal of Organometallic Chemistry*, 2005, 690 (3): 713 - 721.

[547] Jones D J, Gibson V C, Green S M, et al. Discovery of a new family of chromium ethylene polymerisation catalysts using high throughput screening methodology. *Chemical Communications*, 2002 (10): 1038 - 1039.

[548] Wu J - Q, Pan L, Li Y - G, et al. Synthesis, structural characterization, and olefin polymerization behavior of vanadium (Ⅲ) complexes bearing tridentate schiff base ligands. *Organometallics*, 2009, 28 (6): 1817 - 1825.

[549] Lu L P, Wang J B, Liu J Y, et al. Synthesis, structural characterization, and ethylene polymerization behavior of (arylimido) vanadium (V) complexes bearing tridentate Schiff base ligands. *Journal of Polymer Science Part A: Polymer Chemistry*, 2014, 52 (18), 2633 - 2642.

[550] Cariou R, Gibson V C, Tomov A K, et al. Group 4 metal complexes bearing new tridentate (NNO) ligands: Benzyl migration and formation of unusual C - C coupled products. *Journal of Organometallic Chemistry*, 2009, 694 (5): 703 - 716.

[551] Lamberti M, Bortoluzzi M, Paolucci G, et al. Synthesis and olefin polymerization activity of (quinolin - 8 - ylamino) phenolate and (quinolin - 8 - ylamido) phenolate Group 4 metal complexes. *Journal of Molecular Catalysis A: Chemical*, 2011, 351: 112 - 119.

[552] Wan L, Zhang D, Wang Q, et al. Trans - 1, 2 - diphenylethylene bridged salicylaldiminato - isoindoline titanium (Ⅳ) chloride complexes: Synthesis, characterization and catalytic polymerization. *Journal of Organometallic Chemistry*, 2013, 724: 155 - 162.

[553] Jie S, Ai P, Zhou Q, et al. Nickel and cationic palladium complexes bearing (imino) pyridyl alcohol ligands: Synthesis, characterization and vinyl polymerization of norbornene. *Journal of Organometallic Chemistry*, 2011, 696 (7): 1465 - 1473.

[554] Li A, Ma H, Huang J. Highly thermally stable eight - coordinate dichloride zirconium complexes supported by tridentate [ONN] ligands: syntheses, characterization, and ethylene polymerization behavior. *Organometallics*, 2013, 32 (24): 7460 - 7469.

[555] Kilpatrick A F, Kulangara S V, Cushion M G, et al. Synthesis and ethylene trimerisation capability of new chromium (Ⅱ) and chromium (Ⅲ) heteroscorpionate complexes. *Dalton Transactions*, 2010, 39 (15): 3653 - 3664.

[556] Lu L, Li L, Hu T, et al. Preparation, characterization, and photocatalytic activity of three - dimensionally ordered macroporous hybrid monosubstituted polyoxometalate K_5 [Co (H_2O) $PW_{11}O_{39}$] amine functionalized titanium catalysts. *Journal of Molecular Catalysis A Chemical*, 2014, 394 (10): 283 - 294.

[557] Pinheiro A C, Roisnel T, Kirillov E, et al. Ethylene oligomerization promoted by chromium complexes bearing pyrrolide - imine - amine/ether tridentate ligands. *Dalton Transactions*,

2015, 44 (36): 16073 - 16080.

[558] Long J, Gao H, Song K, et al. Synthesis and characterization of Ni (Ⅱ) and pd (Ⅱ) complexes bearing N, N, S tridentate ligands and their catalytic properties for norbornene polymerization. *European Journal of Inorganic Chemistry*, 2008, 2008 (27): 4296 - 4305.

[559] Chen C, Jordan R F. Synthesis and ethylene polymerization behavior of {MeB (3 - Ph - pyrazolyl)₃} TiCl₃. *Journal of Organometallic Chemistry*, 2010, 695 (23): 2543 - 2547.

[560] Liu Z, Gao W, Liu X, et al. Pincer Chromium (Ⅱ) and Chromium (Ⅲ) Complexes Supported by Bis (imino) aryl NCN ligands: Synthesis and Catalysis on Isoprene Polymerization. *Organometallics*, 2011, 30 (4): 752 - 759.

[561] Lee C S, Park J H, Hwang E Y, et al. Preparation of [bis (amido) - phosphine] and [amido - phosphine sulfide or oxide] hafnium and zirconium complexes for olefin polymerization. *Journal of Organometallic Chemistry*, 2014, 772: 172 - 181.

[562] Huang J L, Lian B, Yong L, et al. Syntheses of some new group 4 non-Cp complexes bearing schiff - base, thiophene diamide ligands respectively and their catalytic activities for α - olefin polymerization. *Chinese Journal of Chemistry*, 2004, 22 (6): 577 - 584.

[563] Liu J - Y, Li Y - S, Liu J - Y, et al. Syntheses of chromium (Ⅲ) complexes with Schiff - base ligands and their catalytic behaviors for ethylene polymerization. *Journal of Molecular Catalysis A: Chemical*, 2006, 244 (1 - 2): 99 - 104.

[564] Hu W - Q, Sun X - L, Wang C, et al. Synthesis and characterization of novel tridentate [NOP] titanium complexes and their application to copolymerization and polymerization of ethylene. *Organometallics*, 2004, 23 (8): 1684 - 1688.

[565] Wan D W, Chen Z, Gao Y S, et al. Synthesis and characterization of tridentate [O - N (H) X] titanium complexes and their applications in olefin polymerization. *Journal of Polymer Science Part A: Polymer Chemistry*, 2013, 51 (11): 2495 - 2503.

[566] Reimer V, Spaniol T P, Okuda J, et al. Titanium and zirconium complexes that contain a tridentate bis (phenolato) ligand of the [OOO] - type. *Inorganica Chimica Acta*, 2003, 345: 221 - 227.

[567] Audouin H, Bellini R, Magna L, et al. Tridentate Aryloxy - Based Titanium Catalysts towards Ethylene Oligomerization and Polymerization. *European Journal of Inorganic Chemistry*, 2015, 2015 (31): 5272 - 5280.

[568] Aihara H, Matsuo T, Kawaguchi H. Titanium N - heterocyclic carbene complexes incorporating an imidazolium - linked bis (phenol). *Chemical Communications*, 2003 (17): 2204 - 2205.

[569] Dagorne S, Bellemin - Laponnaz S, Romain C. Neutral and cationic N - heterocyclic carbene zirconium and hafnium benzyl complexes: highly regioselective oligomerization of 1 - hexene with a preference for trimer formation. *Organometallics*, 2013, 32 (9): 2736 - 2743.

[570] Kim Y, Han Y, Do Y. New half - sandwich metallocene catalysts for polyethylene and polystyrene. *Journal of Organometallic Chemistry*, 2001, 634 (1): 19 - 24.

[571] Chen J, Zheng Z J, Pan L, et al. Syndiospecific polymerization of styrene with Cp*TiCl((OCH(R)CH$_2$)$_2$NAr)/MMAO. *Journal of Polymer Science Part A: Polymer Chemistry*, 2005, 43(8): 1562-1568.

[572] Lavanant L, Toupet L, Lehmann C W, et al. Group 4 metal complexes of nitrogen-bridged dialkoxide ligands: Synthesis, structure, and polymerization activity studies. *Organometallics*, 2005, 24(23): 5620-5633.

[573] Hong Y, Mun S-d, Lee J, et al. Sythesis, characterization, and cataytic activities in sydiospeufic polymerization of styrene for half-sandwich titanium complexes with non-Cp tridentate dianionic ligands MeN(CH$_2$CR$_2$O$^-$)$_2$. *Journal of Organouetallic chenistry*, 2008, 693, 1945.

[574] Suzuki N, Kobayashi G, Hasegawa T, et al. Syntheses and structures of titanium complexes having O, N, O-tridentate ligands and their catalytic ability for ethylene polymerization. *Journal of Organometallic Chemistry*, 2012, 717: 23-28.

[575] Kurmaev D A, Kolosov N A, Gagieva S C, et al. Coordination compounds of chromium(+3) and vanadium(+3) and (+5) with 2,6-bis(diphenylhydroxymethyl) pyridyl ligand: Synthesis and study of catalytic activity in the polymerization of ethylene. *Inorganica Chimica Acta*, 2013, 396: 136-143.

[576] Agapie T, Day M W, Bercaw J E. Synthesis and Reactivity of Tantalum Complexes Supported by Bidentate X$_2$ and Tridentate LX$_2$ Ligands with Two Phenolates Linked to Pyridine, Thiophene, Furan, and Benzene Connectors: Mechanistic Studies of the Formation of a Tantalum Benzylidene and Insertion Chemistry for Tantalum-Carbon Bonds. *Organometallics*, 2008, 27(23): 6123-6142.

[577] Golisz S R, Bercaw J E. Synthesis of early transition metal bisphenolate complexes and their use as olefin polymerization catalysts. *Macromolecules*, 2009, 42(22): 8751-8762.

[578] Kirillov E, Roisnel T, Razavi A, et al. Group 4 post-metallocene complexes incorporating tridentate silyl-substituted bis(naphthoxy) pyridine and bis(naphthoxy) thiophene ligands: probing systems for "oscillating" olefin polymerization catalysis. *Organometallics*, 2009, 28(17): 5036-5051.

[579] Wang C, Ma Z, Sun X-L, et al. Synthesis and characterization of titanium(IV) complexes bearing monoanionic [O-NX] (X=O, S, Se) tridentate ligands and their behaviors in ethylene homo- and copolymerizaton with 1-hexene. *Organometallics*, 2006, 25(13): 3259-3266.

[580] Miyatake T, Mizunuma K, Seki Y, et al. 2,2'-thiobis(6-tert-butyl-4-methylphenoxy) titanium or zirconium complex-methylalumoxane catalysts for polymerization of olefins. *Die Makromolekulare Chemie, Rapid Communications*, 1989, 10(7): 349-352.

[581] Takaoki K, Miyatake T In Titanium and vanadium based non-metallocene catalysts for olefin polymerization. *Macromolecular Symposia*, Wiley Online Library, 2000: 251-257.

[582] Fokken S, Reichwald F, Spaniol T P, et al. Dialkyl titanium complexes that contain a sulfur-linked bis(phenolato) ligand: The structure of an olefin polymerization catalyst precursor.

Journal of Organometallic Chemistry, 2002, 663 (1-2): 158-163.

[583] Gao M, Wang C, Sun X, et al. Ethylene - Norbornene Copolymerization by New Titanium Complexes Bearing Tridentate Ligands. Sidearm Effects on Catalytic Activity. *Macromolecular Rapid Communications*, 2007, 28 (15): 1511-1516.

[584] Chen Z, Li J-F, Tao W-J, et al. Copolymerization of ethylene with functionalized olefins by [ONX] titanium complexes. *Macromolecules*, 2013, 46 (7): 2870-2875.

[585] O' Hern S C, Boutilier M S, Idrobo J-C, et al. Selective ionic transport through tunable subnanometer pores in single - layer graphene membranes. *Nano Letters*, 2014, 14 (3): 1234-1241.

[586] Timonen S, Pakkanen T T, Pakkanen T A. Novel single - site catalysts containing a platinum group metal and a macrocyclic sulfur ligand for ethylene polymerization. *Journal of Molecular Catalysis A: Chemical*, 1996, 111 (3): 267-272.

[587] Jerzykiewicz L, Richards R. Synthesis and molecular structure of vanadium (Ⅲ) dithiolate complexes: A new class of alkene polymerization catalysts. *Chemical Communications*, 1999 (11): 1015-1106.

[588] Janas Z, Jerzykiewicz L B, Przybylak, et al. Syntheses and Structural Characterization of Vanadium and Aluminum Thiolates. *Organometallics*, 2000, 19 (21): 4252-4257.

[589] Tshuva E Y, Versano M, Goldberg I, et al. Titanium complexes of chelating dianionic amine bis (phenolate) ligands: an extra donor makes a big difference. *Inorganic Chemistry Communications*, 1999, 2 (8): 371-373.

[590] Tshuva E Y, Goldberg I, Kol M, et al. Novel zirconium complexes of amine bis (phenolate) ligands. Remarkable reactivity in polymerization of 1 - hexene due to an extra donor arm Electronic supplementary information (ESI) available: selected spectroscopic data. *Chemical Communications*, 2000 (5): 379-380.

[591] Tshuva E Y, Groysman S, Goldberg I, et al. [ONXO] - type amine bis (phenolate) zirconium and hafnium complexes as extremely active 1 - hexene polymerization catalysts. *Organometallics*, 2002, 21 (4): 662-670.

[592] Tshuva E Y, Goldberg I, Kol M, et al. Zirconium complexes of amine - bis (phenolate) ligands as catalysts for 1 - hexene polymerization: Peripheral structural parameters strongly affect reactivity. *Organometallics*, 2001, 20 (14): 3017-3028.

[593] Tshuva E Y, Goldberg I, Kol M, et al. Coordination chemistry of amine bis (phenolate) titanium complexes: tuning complex type and structure by ligand modification. *Inorganic Chemistry*, 2001, 40 (17): 4263-4270.

[594] Tshuva E Y, Goldberg I, Kol M, et al. Living polymerization of 1 - hexene due to an extra donor arm on a novel amine bis (phenolate) titanium catalyst. *Inorganic Chemistry Communications*, 2000, 3 (11): 611-614.

[595] Tshuva E Y, Goldberg I, Kol M, et al. Living polymerization and block copolymerization of α - olefins by an amine bis (phenolate) titanium catalyst Electronic. *Chemical Communications*, 2001 (20): 2120-2121.

［596］Tshuva E Y, Goldberg I, Kol M. Isospecific living polymerization of 1 - hexene by a readily available nonmetallocene C_2 - symmetrical zirconium catalyst. *Journal of the American Chemical Society*, 2000, 122 (43): 10706 - 10707.

［597］Busico V, Cipullo R, Ronca S, et al. Mimicking Ziegler - Natta Catalysts in Homogeneous Phase, 1. C_2 - Symmetric Octahedral Zr (IV) Complexes with Tetradentate ［ONNO］- Type Ligands. *Macromolecular Rapid Communications*, 2001, 22 (17): 1405 - 1410.

［598］Ikeda H, Manoi T, Nakayama Y, et al. *J. Organomet. Chem*, 2002, 642, 156.

［599］Lee L, Berg D J, Bushnell G W. Cationic zirconium dialkyl and alkyl complexes supported by DAC (Deprotonated 4, 13 - diaza - 18 - crown - 6) ligation. *Organometallics*, 1997, 16 (12): 2556 - 2561.

［600］Repo T, Klinga M, Pietikäinen P, et al. Ethylenebis (salicylideneiminato) zirconium dichloride: crystal structure and use as a heterogeneous catalyst in the polymerization of ethylene. *Macromolecules*, 1997, 30 (2): 171 - 175.

［601］Edelmann F T, Freckmann D M, Schumann H. Synthesis and structural chemistry of non - cyclopentadienyl organolanthanide complexes. *Chemical Reviews*, 2002, 102 (6): 1851 - 1896.

［602］Marques N, Sella A, Takats J. Chemistry of the lanthanides using pyrazolylborate ligands. *Chemical Reviews*, 2002, 102 (6): 2137 - 2160.

［603］Rabe G W, Bérubé C D, Yap G P, et al. Synthesis and structural characterization of 2, 6 - dimesitylphenyl complexes of scandium, ytterbium, and yttrium. *Inorganic Chemistry* 2002, 41 (6): 1446 - 1453.

［604］Rabe G W, Bérubé C D, Yap G P. Terphenyl ligand systems in lanthanide chemistry: Use of the 2, 6 - di (1 - naphthyl) phenyl ligand for the synthesis of kinetically stabilized complexes of trivalent ytterbium, thulium, and yttrium. *Inorganic Chemistry*, 2001, 40 (12): 2682 - 2685.

［605］Arndt S, Spaniol T P, Okuda J. The first structurally characterized cationic lanthanide - alkyl complexes. *Chemical Communications*, 2002 (8): 896 - 897.

［606］Hou Z, Fujita A, Yoshimura T, et al. Heteroleptic lanthanide complexes with aryloxide ligands. synthesis and structural characterization of divalent and trivalent samarium aryloxide/halide and aryloxide/cyclopentadienide complexes. *Inorganic Chemistry*, 1996, 35 (25): 7190 - 7195.

［607］Lappert M F, Singh A, Smith R G, et al. Hydrocarbon-Soluble Homoleptic Bulky Aryl Oxides of the Lanthanide Metals: ［Ln (OArR)$_3$］. *Inorganic Syntheses*, 1990, 27: 164 - 168.

［608］Evans W J, Drummond D K, Zhang H, et al. Synthesis and x - ray crystal structure of the divalent ［bis (trimethylsilyl) amido］ samarium complexes ［(Me$_3$Si)$_2$N］$_2$Sm (THF)$_2$ and ｛［(Me$_3$Si)$_2$N］Sm (.mu. - I) (DME) (THF)｝$_2$. *Inorganic Chemistry*, 1988, 27 (3): 575 - 579.

［609］Bradley D C, Ghotra J S, Hart F A. Low co - ordination numbers in lanthanide and actinide compounds. Part I. The preparation and characterization of tris｛bis（trimethylsilyl）- amido｝lanthanides. *Journal of the Chemical Society, Dalton Transactions*, 1973（10）: 1021-1023.

[610] Herrmann W A, Anwander R, Kleine M, et al. Lanthanoiden-Komplexe, I Solvensfreie Alkoxid-Komplexe des Neodyms und Dysprosiums. Kristall-und Molekülstruktur von trans-Bis（acetonitril）tris（tri-tert-butylmethoxy）neodym. *Chemische Berichte*, 1992, 125（9）: 1971-1979.

[611] Mashima K, Nakayama Y, Shibahara T, et al. Synthesis of arenethiolate complexes of divalent and trivalent lanthanides from metallic lanthanides and diaryl disulfides: crystal structures of [｛Yb（hmpa）$_3$｝$_2$（μ-SPh）$_3$][SPh] and Ln（SPh）$_3$（hmpa）$_3$（Ln=Sm, Yb; hmpa=hexamethylphosphoric triamide）. *Inorganic Chemistry*, 1996, 35（1）: 93-99.

[612] Mashima K, Nakamura A. Novel synthesis of lanthanoid complexes starting from metallic lanthanoid sources. *Journal of the Chemical Society, Dalton Transactions*, 1999（22）: 3899-3907.

[613] Long D P, Bianconi P A. A catalytic system for ethylene polymerization based on group Ⅲ and lanthanide complexes of tris（pyrazolyl）borate ligands. *Journal of the American Chemical Society*, 1996, 118（49）: 12453-12454.

[614] Ferrence G M, McDonald R, Takats J. Stabilization of a discrete lanthanide（Ⅱ）hydrido complex by a bulky hydrotris（pyrazolyl）borate ligand. *Angewandte Chemie International Edition*, 1999, 38（15）: 2233-2237.

[615] Duchateau R, van Wee C T, Teuben J H. Insertion and C-H Bond Activation of Unsaturated Substrates by Bis（benzamidinato）yttrium Alkyl, [PhC（NSiMe$_3$）$_2$]$_2$YR（R=CH$_2$Ph, THF, CH（SiMe$_3$）$_2$）, and Hydrido, ｛[PhC（NSiMe$_3$）$_2$]$_2$Y（μ-H）｝$_2$, Compounds. *Organometallics*, 1996, 15（9）: 2291-2302.

[616] Barbier-Baudry D, Bouazza A, Brachais C H, et al. Lanthanides benzimidinates: initiators or real catalysts for the ε-caprolactone polymerization. *Macromolecular Rapid Communications*, 2000, 21（5）: 213-217.

[617] Lee L W, Piers W E, Elsegood M R, et al. Synthesis of dialkylscandium complexes supported by β-diketiminato ligands and activation with tris（pentafluorophenyl）borane. *Organometallics*, 1999, 18（16）: 2947-2949.

[618] Ihara E, Koyama K, Yasuda H, et al. Catalytic activity of allyl-, azaallyl-and diaza-pentadienyllanthanide complexes for polymerization of methyl methacrylate. *Journal of Organometallic Chemistry*, 1999, 574（1）: 40-49.

[619] Matsuo Y, Mashima K, Tani K. Selective formation of homoleptic and heteroleptic 2, 5-bis（N-aryliminomethyl）pyrrolyl yttrium complexes and their performance as initiators of ε-caprolactone polymerization. *Organometallics*, 2001, 20（16）: 3510-3518.

[620] Tilley T D, Andersen R A, Zalkin A. Tertiary phosphine complexes of the f-block metals. Crystal structure of Yb[N（SiMe$_3$）$_2$]$_2$[Me$_2$PCH$_2$CH$_2$PMe$_2$]: evidence for a ytterbium-.

gamma. – carbon interaction. *Journal of the American Chemical Society*, 1982, 104 (13): 3725 – 3727.

[621] van den Hende J R, Hitchcock P B, Holmes S A, et al. Synthesis and characterisation of lanthanide (II) aryloxides including the first structurally characterised europium (II) compound [Eu (OC$_6$H$_2$Bu$^t_2$-2, 6 – Me – 4)$_2$ (thf)$_3$] · thf (thf = tetrahydrofuran). *Journal of the Chemical Society, Dalton Transactions*, 1995 (9): 1427 – 1433.

[622] Rabe G W, Guzei I A, Rheingold A L. Synthesis and X – ray Crystal Structure Determination of the First Lanthanide Complexes Containing Primary Phosphide Ligands: Ln [P(H) Mes*]$_2$ (thf)$_4$ (Ln = Yb, Eu). *Inorganic Chemistry*, 1997, 36 (22): 4914 – 4915.

[623] LaDuca R L, Wolczanski P T. Preparation of lanthanide nitrides via ammonolysis of molten { (Me$_3$Si)$_2$N }$_3$Ln: onset of crystallization catalyzed by lithium amide and lithium chloride. *Inorganic Chemistry*, 1992, 31 (8): 1311 – 1313.

[624] Schumann H, Frisch G. Organometallic compounds of the lanthanides, VII [1] tris (di – t – butylphosphine) derivatives of yttrium, holmium, erbium, thulium, ytterbium, and lutetium. *Zeitschrift fuer Naturforschung. Teil B: Anorganische Chemie, Organische Chemie, Biochemie, Biophysik, Biologie*, 1979, 34 (5): 748 – 749.

[625] Fischbach A, Meermann C, Eickerling G, et al. Discrete lanthanide aryl (alk) oxide trimethylaluminum adducts as isoprene polymerization catalysts. *Macromolecules*, 2006, 39 (20): 6811 – 6816.

[626] Meermann C, Törnroos K W, Nerdal W, et al. Rare – Earth Metal Mixed Chloro/Methyl Compounds: Heterogeneous – Homogeneous Borderline Catalysts in 1, 3 – Diene Polymerization. *Angewandte Chemie International Edition*, 2007, 46 (34): 6508 – 6513.

[627] Zimmermann M, Frøystein N Å, Fischbach A, et al. Homoleptic Rare – Earth Metal (III) Tetramethylaluminates: Structural Chemistry, Reactivity, and Performance in Isoprene Polymerization. *Chemistry – A European Journal*, 2007, 13 (31): 8784 – 8800.

[628] Zhang L, Suzuki T, Luo Y, Nishiura M, et al. Cationic Alkyl Rare – Earth Metal Complexes Bearing an Ancillary Bis (phosphinophenyl) amido Ligand: A Catalytic System for Living cis – 1, 4 – Polymerization and Copolymerization of Isoprene and Butadiene. *Angewandte Chemie International Edition*, 2007, 46 (11): 1909 – 1913.

[629] Jiang Y, Zhu X, Chen M, et al. Synthesis and Structural Characterization of Mixed – Valent Ytterbium and Europium Complexes Supported by a Phenoxy (quinolinyl) amide Ligand. *Organometallics*, 2014, 33 (8): 1972 – 1976.

[630] Hayes P G, Piers W E, Lee L W, et al. Dialkylscandium complexes supported by β – diketiminato ligands: synthesis, characterization, and thermal stability of a new family of organoscandium complexes. *Organometallics*, 2001, 20 (12): 2533 – 2544.

[631] Hayes P G, Piers W E, McDonald R. Cationic scandium methyl complexes supported by a β – diketiminato ("nacnac") ligand framework. *Journal of the American Chemical Society*, 2002, 124 (10): 2132 – 2133.

[632] Conroy K D, Hayes P G, Piers W E, et al. Accelerated ligand metalation in a β – diketimi-

nato scandium dimethyl complex activated with bis (pentafluorophenyl) borane. *Organometallics*, 2007, 26 (18), 4464-4470.

[633] Hayes P G, Piers W E, Parvez M. Synthesis, structure, and ion pair dynamics of β-diketiminato-supported organoscandium contact ion pairs. *Organometallics*, 2005, 24 (6): 1173-1183.

[634] Hayes P G, Piers W E, Parvez M. Cationic organoscandium β-diketiminato chemistry: arene exchange kinetics in solvent separated ion pairs. *Journal of the American Chemical Society*, 2003, 125 (19): 5622-5623.

[635] Hayes P G, Piers W E, Parvez M. Arene Complexes of β-Diketiminato Supported Organoscandium Cations: Mechanism of Arene Exchange and Alkyne Insertion in Solvent Separated Ion Pairs. *Chemistry - A European Journal*, 2007, 13 (9): 2632-2640.

[636] Hayes P G, Welch G C, Emslie D J, et al. A new chelating anilido-imine donor related to β-diketiminato ligands for stabilization of organoyttrium cations. *Organometallics*, 2003, 22 (8): 1577-1579.

[637] Li D, Li S, Cui D, et al. β-diketiminato rare-earth metal complexes. Structures, catalysis, and active species for highly cis-1,4-selective polymerization of isoprene. *Organometallics*, 2010, 29 (9): 2186-2193.

[638] Bambirra S, van Leusen D, Meetsma A, et al. Yttrium alkyl complexes with a sterically demanding benzamidinate ligand: synthesis, structure and catalytic ethene polymerisation. *Chemical Communications*, 2003 (4): 522-523.

[639] Bambirra S, Bouwkamp M W, Meetsma A, et al. One ligand fits all: cationic mono (amidinate) alkyl catalysts over the full size range of the group 3 and lanthanide metals. *Journal of the American Chemical Society*, 2004, 126 (30): 9182-9183.

[640] Luo Y, Yao Y, Shen Q, et al. Synthesis and Characterization of Lanthanide (III) Bis (guanidinate) Derivatives and the Catalytic Activity of Methyllanthanide Bis (guanidinate) Complexes for the Polymerization of ε-Caprolactone and Methyl Methacrylate. *European Journal of Inorganic Chemistry*, 2003, 2003 (2): 318-323.

[641] Duchateau R, Van Wee C T, Meetsma A, et al. Ancillary ligand effects in organoyttrium chemistry: synthesis, characterization, and electronic structure of bis (benzamidinato) yttrium compounds. *Organometallics*, 1996, 15 (9): 2279-2290.

[642] Duchateau R, Tuinstra T, Brussee E A, et al. Alternatives for Cyclopentadienyl Ligands in Organoyttrium Chemistry: Bis (N, O-bis (tert-butyl) (alkoxydimethylsilyl) amido) yttrium Compounds. *Organometallics*, 1997, 16 (15): 3511-3522.

[643] Gamer M T, Dehnen S, Roesky P W. Synthesis and Structure of Yttrium and Lanthanide Bis (phosphinimino) methanides. *Organometallics*, 2001, 20 (20): 4230-4236.

[644] Luo Y, Yao Y, Shen Q. [$(SiMe_3)_2NC(N^iPr)_2]_2Ln(\mu-Me)_2Li$ (TMEDA) (Ln = Nd, Yb) as Effective Single-Component Initiators for Styrene Polymerization. *Macromolecules*, 2002, 35 (23): 8670-8671.

[645] Gollwitzer A. Highly Flexible Synthesis of Linear Alpha Olefins from Ethylene. Universität

Bayreuth, 2018.

[646] Bozic-Weber B, Constable E C, Housecroft C E, et al. The intramolecular aryl embrace: from light emission to light absorption. *Dalton Trans*, 2011, 40 (46): 12584-12594.

[647] Luo Y, Lei Y, Fan S, et al. Synthesis of mono-amidinate-ligated rare-earth-metal bis (silylamide) complexes and their reactivity with [Ph$_3$C] [B (C$_6$F$_5$)$_4$], AlMe$_3$ and isoprene. *Dalton Transactions*, 2013, 42 (11): 4040-4051.

[648] Li S, Cui D, Li D, et al. Highly 3, 4-Selective Polymerization of Isoprene with NPN Ligand Stabilized Rare-Earth Metal Bis (alkyl) s. Structures and Performances. *Organometallics*, 2009, 28 (16): 4814-4822.

[649] Liu D, Luo Y, Gao W, et al. Stereoselective polymerization of styrene with cationic scandium precursors bearing quinolyl aniline ligands. *Organometallics*, 2010, 29 (8): 1916-1923.

[650] Yang Y, Liu B, Lv K, et al. Pyrrolide-supported lanthanide alkyl complexes. Influence of ligands on molecular structure and catalytic activity toward isoprene polymerization. *Organometallics*, 2007, 26 (18): 4575-4584.

[651] Yang Y, Wang Q, Cui D. Isoprene polymerization with indolide-imine supported rare-earth metal alkyl and amidinate complexes. *Journal of Polymer Science Part A: Polymer Chemistry*, 2008, 46 (15): 5251-5262.

[652] Wang D, Li S, Liu X, et al. Thiophene-NPN ligand supported rare-earth metal bis (alkyl) complexes. Synthesis and catalysis toward highly trans-1, 4 selective polymerization of butadiene. *Organometallics*, 2008, 27 (24): 6531-6538.

[653] Li S, Miao W, Tang T, et al. New rare earth metal bis (alkyl) s bearing an iminophosphonamido ligand. Synthesis and catalysis toward highly 3, 4-selective polymerization of isoprene. *Organometallics*, 2008, 27 (4): 718-725.

[654] Döring C, Kretschmer W P, Bauer T, et al. Scandium Aminopyridinates: Synthesis, Structure and Isoprene Polymerization. *European Journal of Inorganic Chemistry*, 2009, 2009 (28): 4255-4264.

[655] Du G, Wei Y, Ai L, et al. Living 3, 4-polymerization of isoprene by cationic rare earth metal alkyl complexes bearing iminoamido ligands. *Organometallics*, 2010, 30 (1): 160-170.

[656] Emslie D J, Piers W E, Parvez M, et al. Organometallic complexes of scandium and yttrium supported by a bulky salicylaldimine ligand. *Organometallics*, 2002, 21 (20): 4226-4240.

[657] Sun D, Cao R, Weng J, et al. A novel luminescent 3D polymer containing silver chains formed by ligand unsupported Ag-Ag interactions and organic spacers. *Journal of the Chemical Society, Dalton Transactions*, 2002, (3): 291-292.

[658] Lara-Sanchez A n, Rodriguez A, Hughes D L, et al. Synthesis, structure and catalytic activity of new iminophenolato complexes of scandium and yttrium. *Journal of Organometallic Chemistry*, 2002, 663 (1-2): 63-69.

[659] Fischbach A, Perdih F, Sirsch P, et al. Rare-Earth Ziegler-Natta Catalysts: Carboxylate-

Alkyl Interchange. *Organometallics*, 2002, 21 (22): 4569-4571.

[660] Fischbach A, Perdih F, Herdtweck E, et al. Structure-Reactivity Relationships in Rare-Earth Metal Carboxylate-Based Binary Ziegler-Type Catalysts. *Organometallics*, 2006, 25 (7): 1626-1642.

[661] Arnold P L, Liddle S T. Regioselective C-H activation of lanthanide-bound N-heterocyclic carbenes. *Chemical Communications*, 2005 (45): 5638-5640.

[662] Hitchcock P B, Huang Q, Lappert M F, et al. The coordination chemistry of the C 1-symmetric bis (silyl) methyl ligand [CH (SiMe$_3$) {SiMe (OMe)$_2$}] - revisited: Li/M - (M = Zn, Tl, Ce), Li$_4$ - or Ce$_2$ - methoxy - bridged alkyls. *Dalton Transactions*, 2005 (18): 2988-2993.

[663] Gamer M T, Rastätter M, Roesky P W, et al. Yttrium and lanthanide complexes with various p, n ligands in the coordination sphere: synthesis, structure, and polymerization studies. *Chemistry - A European Journal*, 2005, 11 (10): 3165-3172.

[664] Panda T K, Zulys A, Gamer M T, et al. Bis (phosphinimino) methanides as ligands in divalent lanthanide and alkaline earth chemistry - synthesis, structure, and catalysis. *Journal of Organometallic Chemistry*, 2005, 690 (23): 5078-5089.

[665] Li S, Miao W, Tang T, et al. Rare earth metal bis (alkyl) complexes bearing amino phosphine ligands: Synthesis and catalytic activity toward ethylene polymerization. *Journal of Organometallic Chemistry*, 2007, 692 (22): 4943-4952.

[666] Li D, Li S, Cui D, et al. Scandium alkyl complex with phosphinimino-amine ligand: Synthesis, structure and catalysis on ethylene polymerization. *Dalton Transactions*, 2011, 40 (10): 2151-2153.

[667] Lv K, Cui D. CCC-Pincer Bis (carbene) Lanthanide Dibromides. Catalysis on Highly cis-1, 4-Selective Polymerization of Isoprene and Active Species. *Organometallics*, 2010, 29 (13): 2987-2993.

[668] Yao C, Liu D, Li P, et al. Highly 3, 4-Selective Living Polymerization of Isoprene and Copolymerization with ε-Caprolactone by an Amidino N-Heterocyclic Carbene Ligated Lutetium Bis (alkyl) Complex. *Organometallics*, 2014, 33 (3): 684-691.

[669] Lawrence S C, Ward B D, Dubberley S R, et al. Highly efficient ethylene polymerisation by scandium alkyls supported by neutral fac-kappa^3 coordinated N~3 donor ligands. *Chemical Communications*, 2004, 9 (23): 2880-2881.

[670] Tredget C S, Clot E, Mountford P. Synthesis, DFT Studies, and Reactions of Scandium and Yttrium Dialkyl Cations Containing Neutral fac-N$_3$ and fac-S$_3$ Donor Ligands. *Organometallics*, 2008, 27 (14): 3458-3473.

[671] Paolucci G, Bortoluzzi M, Napoli M, et al. The role of the ionic radius in the ethylene polymerization catalyzed by new group 3 and lanthanide scorpionate complexes. *Journal of Molecular Catalysis A: Chemical*, 2010, 317 (1-2): 54-60.

[672] Howe R G, Tredget C S, Lawrence S C, et al. A novel transformation of a zirconium imido compound and the development of a new class of N$_3$ donor heteroscorpionate ligand. *Chemi-*

cal Communications, 2006 (2): 223 – 225.

[673] Zimmermann M, Törnroos K W, Waymouth R M, et al. Structure – Reactivity Relationships of Amido – Pyridine – Supported Rare – Earth – Metal Alkyl Complexes. *Organometallics*, 2008, 27 (17): 4310 – 4317.

[674] Ward B D, Bellemin – Laponnaz S, Gade L H. C3 Chirality in Polymerization Catalysis: A Highly Active Dicationic Scandium (Ⅲ) Catalyst for the Isoselective Polymerization of 1 – Hexene. *Angewandte Chemie International Edition*, 2005, 44 (11): 1668 – 1671.

[675] Lukešová L, Ward B D, Bellemin – Laponnaz S, et al. High tacticity control in organolanthanide polymerization catalysis: formation of isotactic poly (α – alkenes) with a chiral C 3 – symmetric thulium complex. *Dalton Transactions*, 2007 (9): 920 – 922.

[676] Lukešová L, Ward B D, Bellemin – Laponnaz S, et al. C_3 – Symmetric Chiral Organolanthanide Complexes: Synthesis, Characterization, and Stereospecific Polymerization of α – Olefins. *Organometallics*, 2007, 26 (18): 4652 – 4657.

[677] Ward B D, Lukešová L, Wadepohl H, et al. Scandium – Catalyzed Polymerization of CH_3 $(CH_2)_n CH = CH_2$ (n = 0 – 4): Remarkable Activity and Tacticity Control. *European Journal of Inorganic Chemistry*, 2009, 2009 (7): 866 – 871.

[678] Kang X, Song Y, Luo Y, et al. Computational studies on isospecific polymerization of 1 – hexene catalyzed by cationic rare earth metal alkyl complex bearing a $C_3{}^i Pr$ – trisox ligand. *Macromolecules*, 2012, 45 (2): 640 – 651.

[679] Hajela S, Schaefer W P, Bercaw J E. Highly electron deficient group 3 organometallic complexes based on the 1, 4, 7 – trimethyl – 1, 4, 7 – triazacyclononane ligand system. *Journal of Organometallic Chemistry*, 1997, 532 (1 – 2): 45 – 53.

[680] Zou J, Berg D J, Stuart D, et al. Carbazole – bis (oxazolines) as Monoanionic, Tridentate Chelates in Lanthanide Chemistry: Synthesis and Structural Studies of Thermally Robust and Kinetically Stable Dialkyl and Dichloride Complexes. *Organometallics*, 2011, 30 (18): 4958 – 4967.

[681] He J, Liu Z, Du G, et al. Chiral Palladium (Ⅱ) and Nickel (Ⅱ) Complexes with C_2 – Symmetrical Tridentate Bis (oxazoline) Ligands: Synthesis, Characterization, and Catalytic Norbornene Polymerization. *Organometallics*, 2014, 33 (21): 6103 – 6112.

[682] Wang L, Liu D, Cui D. NNN – Tridentate pyrrolyl rare – earth metal complexes: Structure and catalysis on specific selective living polymerization of isoprene. *Organometallics*, 2012, 31 (17): 6014 – 6021.

[683] Ge S, Meetsma A, Hessen B. Monoanionic fac – κ3 ligands derived from 6 – amino – 1, 4 – diazepine: ligand dependence of stability and catalytic activity of their scandium alkyl derivatives. *Organometallics*, 2007, 26 (22): 5278 – 5284.

[684] Ge S, Bambirra S r, Meetsma A, et al. The 6 – amino – 6 – methyl – 1, 4 – diazepine group as an ancillary ligand framework for neutral and cationic scandium and yttrium alkyls. *Chemical Communications*, 2006, 233 (31): 3320 – 3322.

[685] Yang Y, Lv K, Wang L, et al. Isoprene polymerization with aminopyridinato ligand suppor-

ted rare - earth metal complexes. Switching of the regio - and stereoselectivity. *Chemical Communications*, 2010, 46 (33): 6150 - 6152.

[686] Paolucci G, Bortoluzzi M, Napoli M, et al. Scandium complexes with [N, N, Cp] and [N, N, O] donor - set ancillary ligands as catalysts in olefin polymerization. *Journal of Molecular Catalysis A: Chemical*, 2008, 287 (1 - 2): 121 - 127.

[687] Radkov V Y, Skvortsov G G, Lyubov D M, et al. Dialkyl Rare Earth Complexes Supported by Potentially Tridentate Amidinate Ligands: Synthesis, Structures, and Catalytic Activity in Isoprene Polymerization. *European Journal of Inorganic Chemistry*, 2012, 2012 (13): 2289 - 2297.

[688] Tolpygin A O, Glukhova T A, Cherkasov A V, et al. Bis (alkyl) rare - earth complexes supported by a new tridentate amidinate ligand with a pendant diphenylphosphine oxide group. Synthesis, structures and catalytic activity in isoprene polymerization. *Dalton Transactions*, 2015, 44 (37): 16465 - 16474.

[689] Gao W, Cui D. Highly cis - 1, 4 Selective Polymerization of Dienes with Homogeneous Ziegler - Natta Catalysts Based on NCN - Pincer Rare Earth Metal Dichloride Precursors. *Journal of the American Chemical Society*, 2008, 130 (14): 4984 - 4991.

[690] Arndt S, Beckerle K, Zeimentz P M, et al. Cationic Yttrium Methyl Complexes as Functional Models for Polymerization Catalysts of 1, 3 - Dienes. *Angewandte Chemie International Edition*, 2005, 44 (45): 7473 - 7477.

[691] Robert D, Abinet E, Spaniol T P, et al. Cationic Allyl Complexes of the Rare - Earth Metals: Synthesis, Structural Characterization, and 1, 3 - Butadiene Polymerization Catalysis. *Chemistry - A European Journal*, 2009, 15 (44): 11937 - 11947.

[692] Wang L, Cui D, Hou Z, et al. Highly cis - 1, 4 - selective living polymerization of 1, 3 - conjugated dienes and copolymerization with ε - caprolactone by bis (phosphino) carbazolide rare - earth - metal complexes. *Organometallics*, 2011, 30 (4): 760 - 767.

[693] Tredget C S, Bonnet F, Cowley A R, et al. The first rare earth organometallic complex of 1, 4, 7 - trithiacyclononane: a precursor to unique cationic ethylene and α - olefin polymerisation catalysts supported by an all - sulfur donor ligand. *Chemical Communications*, 2005, 26 (26): 3301 - 3303.

[694] Bambirra S, Leusen D V, Meetsma A, et al. Yttrium alkyl complexes with a sterically demanding benzamidinate ligand: synthesis, structure and catalytic ethene polymerisation. *Chemical Communications*, 2003, 9 (4): 522 - 523.

[695] Bambirra S, Boot S J, van Leusen D, et al. Yttrium Alkyl Complexes with Triamino - Amide Ligands. *Organometallics*, 2004, 23 (8): 1891 - 1898.

[696] Arndt S, Spaniol T P, Okuda J. The first structurally characterized cationic lanthanide - alkyl complexes. *Chemical Communications*, 2002, 8 (8): 896 - 897.

[697] Arndt S, Spaniol T P, Okuda J. Homogeneous Ethylene - Polymerization Catalysts Based on Alkyl Cations of the Rare - Earth Metals: Are Dicationic Mono (alkyl) Complexes the Active Species? *Angewandte Chemie International Edition*, 2003, 42 (41): 5075 - 5079.

第 4 章
炔 烃 聚 合

共轭高分子的众多优异性能吸引了全世界的科学工作者投身于其合成方法的研究，以开发具有更丰富的结构和功能的高分子。通常，有机共轭高分子的构建基元是含双键或者三键的化合物，例如聚乙炔、聚苯乙炔及其衍生物。有些含杂原子如硼、氮、硅、硫等的高分子，会形成 p-或者 n-型共轭体系。在庞大的单体群体中，炔烃由于其构建多样性共轭结构高分子的能力受到高分子化学家们的重视。

炔烃构建的共轭高分子可以衍生出多种多样的结构。通过自偶联或者交叉偶联，炔烃可以形成三键 – 三键相连的重复单元，或者被硫、硅等杂原子间隔开的双键重复单元。炔烃还可以通过环化或者环三聚反应形成芳香环或者三唑环单元。一些经典的有机反应，例如 Glaser – Hay 偶联、Sonogashira 偶联、叠氮 – 巯基点击反应以及三聚环化反应等，已经被广泛应用于构筑功能性共轭高分子。除此之外，人们也开发了诸如金属催化的氧化偶联聚合、脱羟基偶联聚合、多组分级联聚合反应等基于炔烃的新型有机反应。

在过去的几十年里，高分子化学家和材料工程学家们共同致力于研究探索共轭高分子的性能和应用。功能性共轭高分子在半导体、发光材料、电子设备等领域已经有广泛的应用，其中部分高分子材料甚至已具备巨大的商业价值。然而，共轭高分子在一些新兴的高科技领域，如刺激响应材料、金属陶瓷、信息存储和医疗诊断领域的应用还有待开发。

4.1 炔烃聚合概述

无论是在工业界还是在学术研究上，利用过渡金属催化剂催化各类单体聚合都是较为常见的。Ziegler – Natta 和 Kaminsky 催化剂作为最卓越的催化剂实例被应用于世界上最大的化工行业——乙烯及丙烯的聚合。过渡金属催化剂作为工业用聚合催化剂的首选，不仅反应条件温和，而且可以控制聚合反应及聚合产物的立体选择性、聚合物的分子局部有序性以及立体异构性等。过渡金属催化剂催化乙炔及其衍生物聚合得到的聚乙炔，主链是单双键相互交替的共轭构型。共轭聚合物无与伦比的半导体导电性和光电性使其成为新一代最受欢迎的光电材料之一，近些年来也受到学术界以及工业界的广泛关注。因此，根据聚合物应用来设计相应的过渡金属催化剂，实现可控聚合从而得到性能优良、构型特异的共轭聚合物成为研究的热门方向。特别是在 Heeger、MacDiarmid 和 Shirakawa 因发现聚乙炔掺杂金属后具有良好的金属导电性而获得 2000 年诺贝尔奖之后，聚乙炔及其衍生物的研究受到广泛关注。此外，关于聚乙炔导电性的重要报道也激发了人们对乙炔聚合的研究兴趣。研究发现,引入取代基后的聚乙炔不仅加工性增强,而且具有独特优异的性能,如非线性光学性质、磁性、透气性、感光、电致发光等。从乙炔单体聚合之初,过渡金属催化剂就已经被应用。

4.1.1 炔烃聚合简介

1958年,Natta利用基于金属钛的金属催化剂催化聚合苯乙炔,这是关于苯乙炔聚合催化剂的最早报道。随后,人们发现了Ziegler型催化剂,但是这种催化剂只能催化空间不受阻的乙炔单体聚合[1]。后来,Masuda等发展了第Ⅵ族的过渡金属催化剂,从而使得具有取代基的炔烃单体聚合成为现实。随着研究的深入,不仅单体聚合的范围变得更加宽泛,而且所得聚合物的立体构型也得到有效控制。现在,大量的过渡金属催化剂可以选择应用于炔烃单体聚合。总结这些报道后,我们大致可以将这些催化剂分为前过渡金属催化剂和后过渡金属催化剂(图4-1)。不同的金属催化剂,能够催化不同的单体,而且催化所得聚合物的结构也是千差万别的。

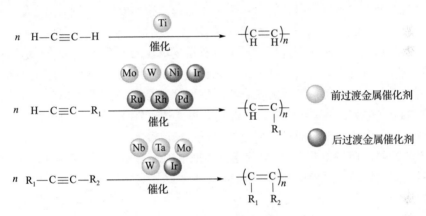

图4-1 乙炔及其衍生物的催化聚合

聚合物的合成具有重要的理论价值和技术意义,长期以来一直是一个重要的研究领域。最早的聚合反应可以追溯到19世纪:1839年,Simon发现苯乙炔在加热的状态下从液体变成固体。1972年,Bayer发现酚醛类化合物的反应也会导致树脂的形成。20世纪20年代,Staudinger提出了"大分子"的概念;20世纪30年代,Carothers成功合成了聚酯,并建立了缩聚理论模型[1,2]。这些开创性的作品在20世纪初奠定了坚实的基础,聚合物化学和改变聚合物合成从艺术或技能走向真正的科学。

4.1.2 炔烃聚合的分类

根据高分子化学教材分类,聚合反应一般分为两类:缩聚和加聚反应。典型例子分别是二官能单体的缩聚和烯烃单体的加成聚合[3,4]。Simon苯乙炔反应属于加成聚合反应,而Bayer的酚醛反应属于缩聚反应。一般来说,当分子的双功能单体例如X—R—Y(X和Y是相互反应官能团),通过消除小分子聚合副产物(X-Y)生成线性缩聚物的一般公式为X-(R)$_n$-Y。当分子为H$_2$C=CHR等烯单体时,加成聚合生成聚合物的结构为-[-H$_2$C—CH(R)-]$_n$-(图4-2)。双官能团和烯烃单体是主要的单体来源,它们的通过缩聚和加成聚合反应分别是合成聚酯、聚苯乙烯等"常规"聚合物的主要途径。

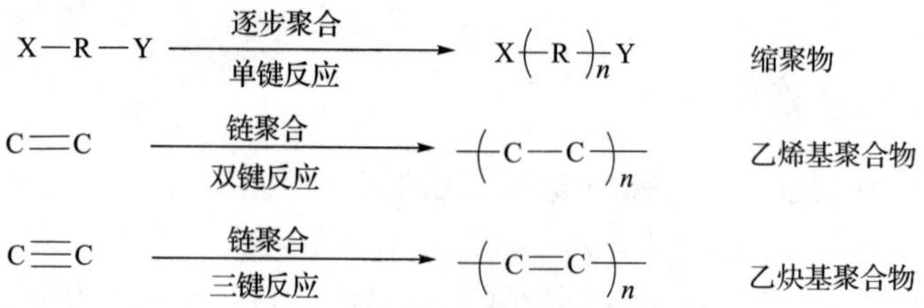

$$X-R-Y \xrightarrow[\text{单键反应}]{\text{逐步聚合}} X(R)_n Y \quad \text{缩聚物}$$

$$C=C \xrightarrow[\text{双键反应}]{\text{链聚合}} (C-C)_n \quad \text{乙烯基聚合物}$$

$$C\equiv C \xrightarrow[\text{三键反应}]{\text{链聚合}} (C=C)_n \quad \text{乙炔基聚合物}$$

图 4-2 聚合反应

从化学键的结构来看，缩聚和加聚单体分别对应单键和双键。当单键和双键打开反应，便生成高分子量的聚合物，但是，生成的聚合物结构单元都是通过单键连接的，单键属于电子饱和体，没有自由移动的电子。因此，传统意义上的聚合物通常用于日常方面，如塑料、橡胶、农用薄膜等方面。

然而，当一个三键被打开时，它会产生一个双键。这些双键活性物质的多个键可以提供多烯或聚芳烯。三重键也可以以未被破坏或"完整"的形式偶联，从而产生具有多个三重键的聚炔。因此，三键单体的聚合可以产生具有重复单元的聚合物，这些重复单元通过电子不饱和双键或三键编织在一起（图 4-2），因此有望成为电子活性体。但是，在研究初期，由于炔烃单体开发较少，而且形成的聚合物溶解性都不是很好，相对于烯烃单体来说，发展较为缓慢。Natta 在 1958 年聚合乙炔，但得到的聚乙炔（PA）粉末溶解性较差。从 20 世纪末期，大量的炔烃单体涌现，而且大部分的炔烃单体已经实现商业化。大量单体的涌现也促使了炔烃聚合物的出现，20 世纪 70 年代末期，Shirakawa、MacDiarmid 和 Heeger 发现聚乙炔掺杂金属后具有良好的金属导电性而获得 2000 年诺贝尔奖之后，聚乙炔及其衍生物的研究也开始受到广泛关注[5-8]。

4.1.3 炔烃聚合的方式

从聚炔的结构来看，每个结构单元之间都形成了 π 共轭作用，促进了电子的相互流通，因此，这会赋予炔聚合物不同的性能。实现这一诱人潜力的先决条件是建立合成聚合物的通用工艺。这促使世界各地的许多研究小组致力于探索乙炔基聚合反应。因此，产生了各种各样的乙炔聚合反应[9-70]，尤其是 Shirakawa、MacDiarmid 和 Heeger 在 20 世纪 70 年代进行了开创性的工作之后[5]。

例如，根据易位、插入、环化、偶联等反应机理，研究含有一个三键（单炔）和含有两个三键（二炔）的末端和内部炔的有效聚合过程，得到了具有线性和环状分子结构的乙炔聚合物，如聚乙炔、聚苯乙炔、聚 1,2,3-三氮唑等聚合物（图 4-3）。

在过去的几十年里，聚合物科学家们一直在研究这种物质，他们的研究领域从线性系统到非线性系统，尤其是超支化[71-77]。沿着这条路线，十几个研究小组已经开始这项研究，以开发从乙炔单体合成超支化大分子的有效聚合工艺。环三聚 A_2 类型的二炔、环加成 AB_2 类型的羰基二炔、A_3 类型的偶联反应等都已经用来合成超支化聚合产物。交叉偶联反应用于 A_2(二炔) + B_3(三卤素) 类型的单体，用于合成交叉偶联聚合物。A_3(三炔) + B_2(叠氮化合物) 类型单体通过点击反应用于合成超支化聚合物（图 4-4）。

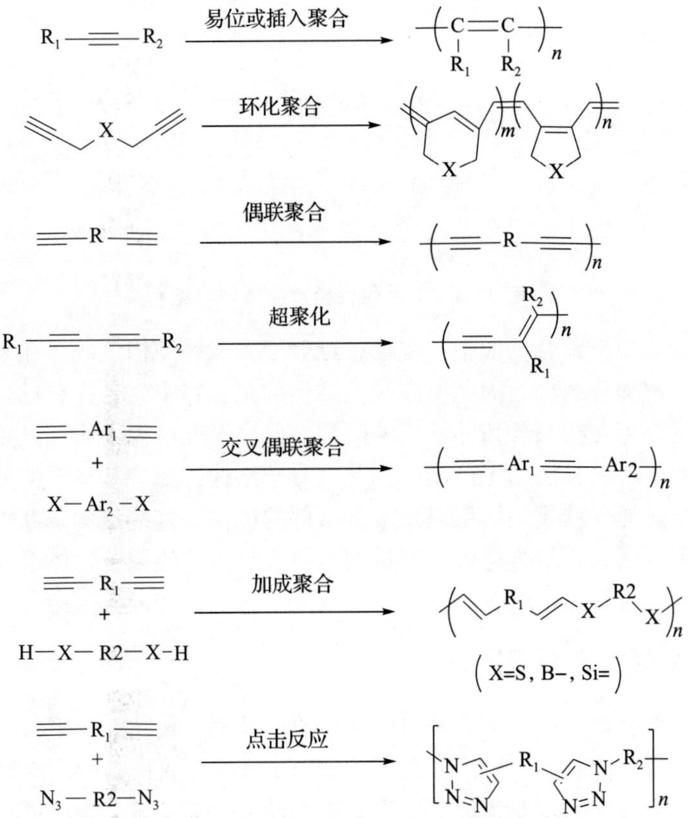

图 4-3 线性炔烃聚合反应类型

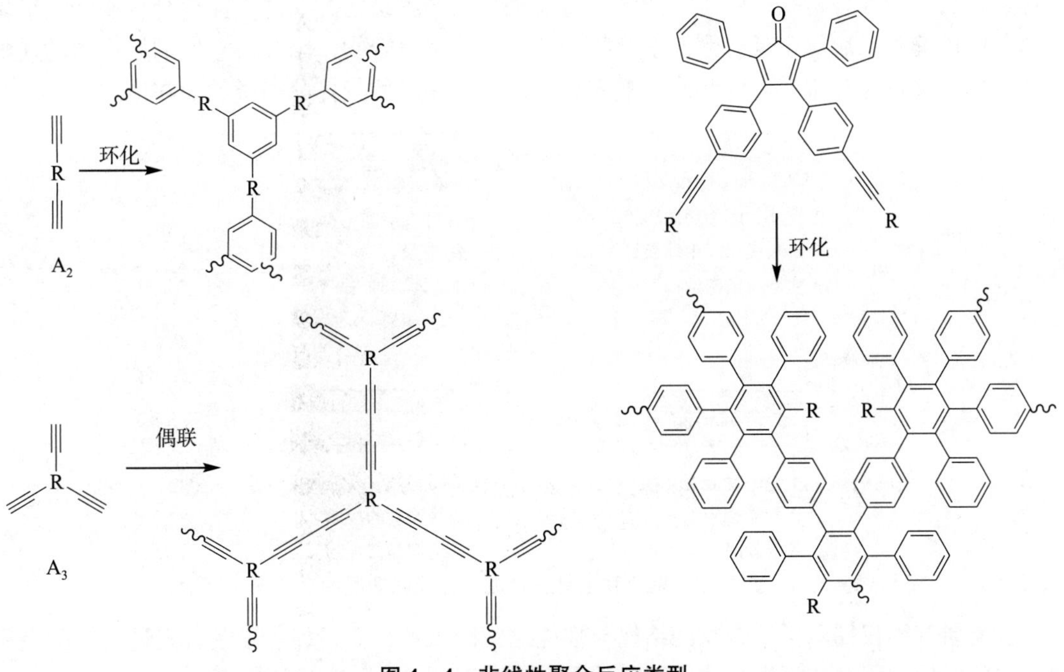

图 4-4 非线性聚合反应类型

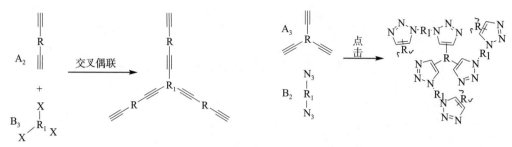

图 4-4 非线性聚合反应类型（续）

上述线性或者非线性聚合反应中，炔烃三键会变为双键结构、既存在三键又有双键的链结构或者是苯环、三唑环结构。因此，在线性结构的聚合物中就会存在结构的问题，而对于超支化的聚合物就会存在构象和拓扑结构的问题。研究者已经做了研究，用很多方法来了解结构问题，并采取了各种方法用于控制或调节大分子结构，如烷基单体的分子结构设计，寻找立体专一或区域选择性催化剂体系以及聚合条件的优化。这些结构研究中有相当一部分是与聚合物材料性能的研究相结合进行的，目的是收集有关乙炔聚合物体系的结构-性能关系的信息，并获得深入了解。

4.1.4 炔烃聚合的发展方向

聚合物设计、聚合物合成、聚合物结构和性质以及聚合物功能是平行研究的，它们相互影响（图 4-5）。与其他情况一样，聚合物合成和聚合物性质最初被广泛研究，聚合物设计和聚合物功能也成为目前的重要领域。在聚合物设计和合成领域，聚合催化剂和新型单体在一开始就被广泛研究，但最近重点转向更先进的领域，包括活性聚合，螺旋聚合物的合成，通过聚合反应或聚合物反应引入官能团，以及独特聚合物结构的构造，如聚合物刷和星形聚合物。取代的聚乙炔属于具有刚性聚合物链的一类共轭聚合物，因此对它们的性质和功能的研究可能会开发对有机光电子和刺激响应材料以及进一步的气体分离膜的潜在应用。

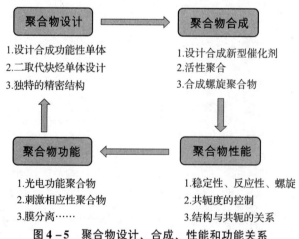

图 4-5 聚合物设计、合成、性能和功能关系

性能研究不仅揭示了聚合物的结构与性能之间的关系，而且促进了具有先进功能的特种聚合物的发展。因为炔属聚合物的驱动力研究早期为生成 π 共轭聚合物，一直致力于高导电材料的发展。直到像上述聚炔烃、聚二炔、三唑的出现，由于它们结构中存在丰富的 π

电子，从而增强了聚合物中电子的流动性。通过有效的共轭长度，在聚合物链或球体中形成具有不同光学和光子响应的"动态"色团，由于认识到共轭聚合物的节段或分支是显色单元，人们对光学和光学活性聚合物的发展产生了浓厚的兴趣。因此，乙炔聚合物具有光电导性、发光性、色差、折射率、光学非线性和光化学图案性等多种特性。引入液晶、手性基团、金属配体和生物功能分子作为高分子链或球体的悬坠物，产生了具有液晶性、手性、磁化率和生物相容性的新型乙炔聚合物。

因此，通过高分子化学家和材料科学家在过去几十年里的努力，乙炔的单体被合成为具有不同性能聚合物、π共轭聚合物和乙炔的聚合反应成为有用的、技术先进的特种聚合物的合成新颖的分子结构和独特的功能性质，而这也必将是炔烃聚合的进一步发展方向[78-102]。

4.2 端炔及二取代炔烃的聚合

虽然以三键乙炔单体为基础的聚合物合成技术在早期已经落后于以双键乙烯基单体为基础的聚合物合成技术，但近几十年来该领域取得了显著的进展。在探索有效的催化体系、发展多用途聚合反应和控制聚合过程方面取得的成功导致了各种各样的乙炔聚合物的产生。乙炔基单体现在可以很容易地通过各种合成策略连接在一起，以提供线性和超支化聚合物。单体的直接聚合和聚合物的聚合后修饰的结合使用，为在分子水平上调整聚合物的结构和调节其功能提供了一种分子工程手段。

本部分将讨论单体聚合，特别是基于各种过渡金属的催化剂体系的有效性，以及含取代基数量和种类的乙炔单体的可聚合性。该领域最值得注意的进展是对耐功能聚合催化剂和活性聚合催化剂的探索，这些催化剂合成使具有明确构象结构和分子量高的功能化取代聚炔烃成为可能。此外，有效的聚合后修饰的成功发展使得功能化聚炔烃的制备成为可能，而功能化聚炔烃是无法通过直接聚合其相应的单体来实现的。

4.2.1 催化剂体系发展

图4-1给出了基于不同过渡金属种类的单炔聚合有效催化剂体系的典型例子。1958年，Natta团队利用钛基的Ziegler催化剂合成聚乙炔。当时的聚合物科学家设想聚炔可能具有半导体特性。在20世纪60年代末和70年代初进行的理论计算表明，聚乙炔（PA）可能甚至显示高温超导性[103]。这些有趣的预测吸引了几个研究小组来研究钛基和铁基Ziegler-Natta催化剂的乙炔聚合[104]。乙炔聚合是通过插入机制进行的，生成了具有可选单键和双键的聚合物。然而，获得的结果并不乐观，由于其不溶性，这种黑色粉末聚合物很难加工成适合于测量其物理性质的样品。因此，这些早期研究没有取得重大进展。1974年，Shirakawa团队研究表明通过使用高度浓缩的方法，可以在很宽的温度范围内制备具有金属光泽的PA薄膜[105]。后来Heeger、MacDiarmid和Shirakawa发现PA薄膜在掺杂金属后表现出很高的电导率[106]。

为了使PA具有可加工性、稳定性和功能性，几个课题组试图进行聚合PA。这项任务的成败关键在于探索有效的催化剂体系。在早期，采用传统的Ziegler-Natta催化剂对乙炔聚合反应进行了研究。然而，催化剂只能将不受空间阻碍的单取代乙炔聚合成不溶性聚合物或可溶性低聚物[107-112]。早在1974年，Masuda首次报道了WCl_6和$MoCl_5$催化取代乙炔聚合，所得聚乙炔的产率适中，聚合物不仅分子量高达 15 000 g/mol，而且可以溶解于甲苯、氯仿等一些常用的有机溶剂。1976 年，Masuda 等将少量的 Ph_4Sn 加入 WCl_6 后应用于炔烃聚合，实验结果表明该混合体系与单独的 WCl_6 比能明显加速催化乙炔聚合。该催化体系不仅在 30 ℃时甲苯中催化乙炔聚合所得聚合物的分子量高达 10 000 g/mol，甚至在 0 ℃时也具有良好的催化活性和高聚合产率。

然而，WCl_6 和 $MoCl_5$ 催化剂体系对空气和水分敏感，不耐受单体中的极性官能团，尤其是含有活性氢原子的单体，如氨基[113]。金属羰基配合物比金属卤化物更稳定，但需要用含氯添加剂或紫外光辐照在卤化溶剂中预活化[114,115]。1989 年，唐本忠课题组发现几个稳定的金属羰基配合物可以催化单取代的聚合，唐本忠课题组在该领域进行了进一步的研究，并制备了一系列过渡金属羰基与 $M(CO)_xL_y$ 的一般公式配合物，M 为 Mo 和 W[116]，如图 4-6 所示。值得注意的是，这些配合物被发现在没有紫外线照射的正常非卤化溶剂中可以聚合各种功能化乙炔单体。而聚合机理被 Masuda 提出[117]，并且被 Katz 证实[118]。除了商业上可用的金属卤化物盐外，Schrock 还开发并定义了 Mo-卡宾配合物[119-121]。这些盐和配合物已被证明是多种单、二取代乙炔聚合的有效催化剂，包括那些位阻比较大的单体。

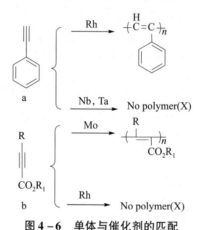

图 4-6　单体与催化剂的匹配

随着易位催化剂的不断发展，以铑基为基础的配合物被发现可以聚合乙炔，从而在插入机制中生成聚乙炔。虽然 Kern 在 1969 年发现苯乙炔能够在 $RhCl_3$-$LiBH_4$ 和 $Rh(PPh_3)_3Cl$ 做催化剂的条件下发生聚合[111]，但直到 Furlani 在 1989 年和 Tabata 在 1991 年的合成一系列铑的配合物 $[Rh(diene)Cl]_2$ [diene = 2,5-norbornadiene (nbd)，1,5-cyclooctadiene (cod)]，工作才极大推动了苯乙炔聚合的发展。而且他们发现在无机或者有机碱的催化作用下能够极大提高反应速率[122,123]。Masuda 发现在加入一些例如 PhLi、Et_2Zn、Et_3B 和 Et_3Al 等金属有机化合物时[124]，也能够提高聚合的效率。Noroyi 发现了阴阳离子对性的铑化合物 Rh^+(nbd)$[B^-(C_6H_5)_4]$ 也能够聚合苯乙炔，在没有助催化剂的条件下也能够得到中等分子量的聚合物[125]。唐本忠课题组研究了一种水溶性的铑催化剂（$Rh(diene)(tos)(H_2O)$（tos = p-toluenesulfonate）），即使在自来水和空气氛围下也能够聚合苯乙炔，得到高产率高选择性高分子量的聚合物[126]。虽然铑催化剂对极性功能单体或者溶剂都具有很强的容忍性，聚合都能得到高顺式产物，但是这类催化剂仅限于单取代炔烃。

在最近几年，对于取代炔的聚合，后过渡金属催化剂的应用已受到广泛关注，因为与前过渡金属相比，后过渡金属催化剂不仅能在非极性溶剂内应用，同时也可以应用于极性溶剂，而且具有非常好的官能团耐受性（单体含有羟基、氨基、羧基、偶氮以及自由基等），从而使得其应用范围更加广阔，随之对于后过渡金属催化剂的研究最近几年受到广泛的关注。

4.2.2 单取代炔烃聚合

本小节具体包括介绍聚合催化剂的开发、新型聚合物的合成、结构的阐明、性质的研究以及功能的开发。主要特点如下：开发了一系列基于第 5 族、第 6 族和第 9 族过渡金属（Nb、Ta、Mo、W 和 Rh）的催化剂，其中包括活性聚合催化剂。利用这些催化剂，合成了许多新的取代聚乙炔，它们的分子量很高（$M_w = 10^4 \sim 10^6$）。与聚乙炔不同，大多数聚合物可溶于许多常见溶剂，在空气中足够稳定。

4.2.2.1 W 和 Mo 催化剂

早期用于催化取代乙炔聚合的过渡金属催化剂，最常见的金属有 Mo、W、Nb 和 Ta。其中 Mo 和 W 催化剂（图 4-7）能够有效催化单取代乙炔（HC≡CR），特别是大位阻的单取代乙炔（R = tert - butyl 或 ortho - substituted phenyl groups）聚合，催化聚合产率高而且得到高分子量的聚合物。然而对于位阻较小的取代乙炔，催化聚合产率低而且聚合物的分子量极低。

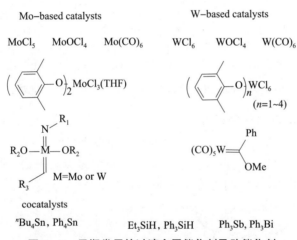

图 4-7 早期常用的过渡金属催化剂及助催化剂

1982 年 Masuda 等发现甲苯作溶剂时，使用 Mo(CO)$_6$ 催化 1-氯-2-苯乙炔聚合时可得到分子量高达 2×10^6 g/mol 的聚合物。2008 年，Balcar 等采用硅藻土作载体负载 Mo 后制备多相催化剂，得到两种基于 MoO$_3$ 和 Shrock 卡宾的催化剂 Mo(CHCMe$_2$Ph) 和 (N - C$_6$H$_3$-2, 6-^{i}Pr$_2$)[OCMe(CF$_3$)$_2$]$_2$。特别是第二种催化剂，在催化 1-己炔聚合时表现出极高的催化活性，最高产率可达 64%，所得聚合物的分子量为 30 000 g/mol。随后，含有四重 Na$_4$[W$_2$Cl$_8$(THF)$_x$] 和 [WCl$_4$(thf)$_2$] 配合物也被应用于催化单取代和双取代的乙炔聚合，而且都具有非常好的催化活性。特别是 Na$_4$[W$_2$Cl$_8$(THF)$_x$] 表现出了超高的催化活性以及良好的催化产率，同时所得的聚合物分子量也较高（$M_n = 105\ 000$ g/mol）。2009 年，Mertis 利用含有三重键的 K$_3$[W2(μ - Cl)$_3$Cl$_6$] 和 Na[W$_2$(μ - Cl)$_3$Cl$_4$(THF)$_2$] 配合物催化单取代乙炔聚合也有着非常高的催化聚合活性和聚合产率（96%）。

4.2.2.2 Nb 和 Ta 催化剂

第Ⅴ族的金属催化剂 Nb 和 Ta 在催化大位阻取代的乙炔聚合时均表现出非常高的催化活性。早在 1980 年，Masuda 等就利用 Nb 和 Ta 的卤化物催化取代乙炔，但是均得到环三聚产物。1981 年 Cotton 等合成了一种含有 Nb 和 Ta 的双核配合物，一个配合物分子内包含 6 个氯和 3 个四氢噻吩配体，实验结果表明该种配合物对 1-苯基-1-苯炔聚合具有良好的催化效果。1987 年 Masuda 等又利用 Nb 和 Ta 的五卤化物直接催化二取代的苯乙炔聚合，其中 $TaCl_5$ 和 $TaBr_5$ 催化聚合得到的聚合物能完全溶解于常用的有机溶剂中，同时具有较高的分子量（$M_w = 5 \times 10^5 \sim 1 \times 10^6$ g/mol）。当向 $TaCl_5$ 和 $TaBr_5$ 催化体系中加入助催化剂后，催化剂的催化活性有了极大的提高，同时所得聚合物的分子量也提高到 1.5×10^6 g/mol。直到现在，$NbCl_5$ 和 $TaCl_5$ 也是催化大位阻取代单体的聚合的最佳催化剂，该类催化剂可以催化内炔、1-芳基-1-炔以及二苯基乙炔等聚合。然而，当用 Nb 和 Ta 金属催化剂催化不具有空间位阻的单体（1-炔烃和苯乙炔）时，所得产物主要是线性的低聚物或三聚物。

4.2.2.3 Nb、Ta、Mo 和 W 催化机理

人们认为 Nb、Ta、Mo 和 W 等金属催化剂催化乙炔及其衍生物聚合的机理为复分解反应机理（图 4-8）。在这一机理中，亚烷基配合物（即具有金属—碳 sp^2 双键）是催化活性物种。

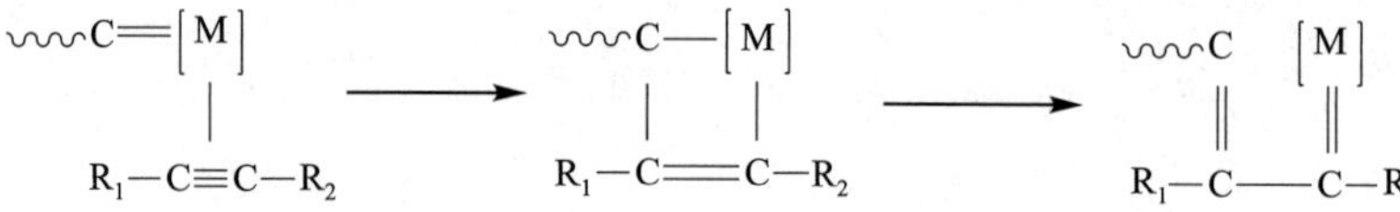

图 4-8　Nb、Ta、Mo 和 W 等催化聚合乙炔的机理

4.2.2.4 Ni 和 Ru 的金属催化剂

2010 年 Buchowicz 等合成了一系列含 Ni 的金属配合物（图 4-9）。在过量的 MAO 作用下，此类催化剂可以催化苯乙炔聚合，但所得的聚合物多为寡聚物，产率最高也只能达到 60%，而且聚合物分子量为 $M_n = 1\,200 \sim 1\,600$ g/mol。

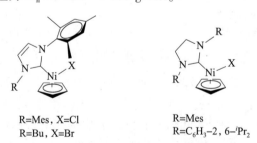

R=Mes, X=Cl
R=Bu, X=Br

R=Mes
R'=C_6H_3-2, 6-$^iPr_2$

图 4-9　Ni 金属配合物

2005 年，Masuda 也利用了一系列的 Grubbs 型催化剂（图 4-10）催化单取代和二取代的乙炔聚合，但是聚合产率都不高（4%~28%），得到的聚合物分子量也偏低。

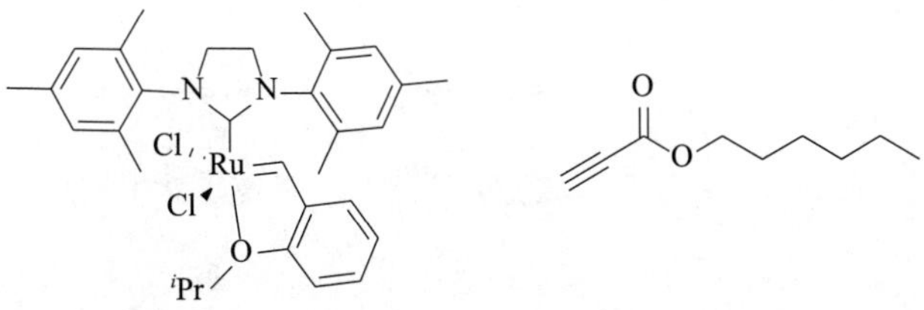

图4－10　Grubbs－Hoveyda型催化剂和单体

4.2.2.5　Pd金属催化剂

早在1981年，人们就采用钯金属催化剂来催化乙炔聚合，但是所用的催化剂都是简单的钯金属配合物，如［$(CH_3CN)_4Pd$］$(BF_4)_2$ 和 $Pd(PPh_3)_2Cl_2$。尽管［$(CH_3CN)_4Pd$］$(BF_4)_2$ 的结构简单，但是其催化PA聚合却有着非常高的产率（30%～90%）以及分子量（M_n =2 000～9 000 g/mol）。随后Russo等开发了一系列的［$(Ph_3P)_2Pd(C\equiv CR)_2$］催化剂并将其应用于具有极性官能团取代的炔烃单体的聚合，得到低聚物/聚合物，如含有羟基的芴炔（M_n <2 000 g/mol），炔丙基的醇（M_n >35 000 g/mol）以及N,N-二甲基的丙炔（M_n >9 300 g/mol）。Mujie Yang等在2000年，将一系列［$(R^1_3P)_2Pd(R^2)_2$］的Pd配合物应用于一些含有极性或非极性官能团的取代炔烃单体（$HC\equiv CR$，其中 $R = CH_2OH$，CH_2OCOR'，$C_6H_4-p-C\equiv CH$，$C_6H_4-p-C\equiv CC_6H_5$）的聚合，聚合产率均高于61%，所得聚合物的分子量 M_w >4 000 g/mol（图4－11）。

$PdR_2(PPh_3)_2$　　R=

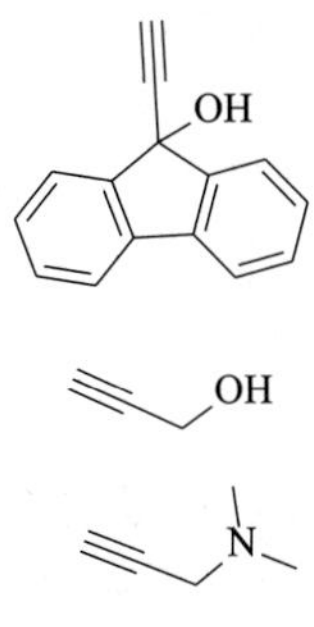

a_1

a_2

a_3

b：$Pd(PPh_3)_2(C\equiv CC_6H_4C\equiv CH)_2$

c：$Pd(PPh_3)_2(C\equiv CCH_2OH)_2$

d：$Pd(PBu_3)_2(C\equiv CC_6H_4C\equiv CH)_2$

e：$Pd(PBu_3)_2(C\equiv CCH_2OH)_2$

图4－11　早期几类Pd金属催化剂

2002年，Darkwa等报道了一系列的［(diphosphine)PdMeCl］配合物（图4－12）。这些配合物在三氟甲磺酸银作用下形成了阳离子型活性物种，催化剂的催化活性得到显著提高。特别是［(dppf)PdMe($NCCH_3$)］OTf在催化炔烃聚合时产率可高达81%～100%，聚合物分子量为4 500～12 000 g/mol。

2003年，Pelagatti等合成了一系列三配位的Pd配合物，并且成功地应用于炔烃的水相聚合（图4－13），但是得到高聚物时产率却非常低（<9%），而且多数产物都是寡聚物，

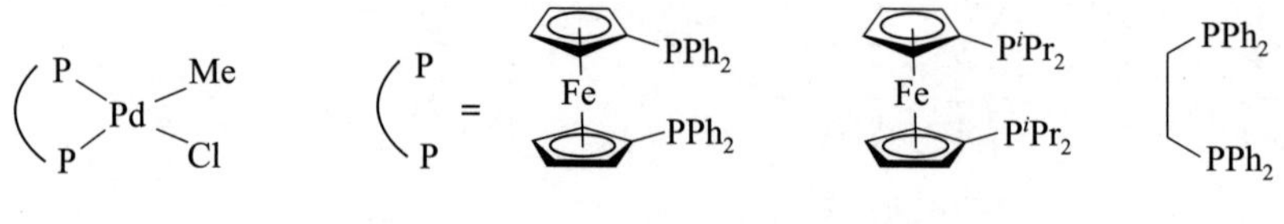

图 4-12　含有双磷配体的 Pd 催化剂

分子量 <1 400 g/mol。随后 Carfagna 于 2003 年合成了一种二胺 Pd 配合物，此类配合物不仅对羰基环化有很明显的催化作用，而且在低温下催化苯乙炔聚合也有较好的催化活性。2008 年，Darkwa 等合成了一系列含吡唑的 Pd 配合物（图 4-14），并且成功应用于催化炔烃聚合。配体上不同的取代基会影响催化剂的催化活性和聚合产率，带有大的取代基团（如叔丁基和苯基）的配合物催化聚合时的催化活性和产率都要高于含有小位阻取代基（如甲基）的配合物。所得聚合物的分子量（4 000~12 900 g/mol）和聚合物分子量分布 PDI（2.29~2.99）与反应条件密切相关。2011 年，Mapolie 等合成了一系列亚苄基-2,6-二异丙酯苯基亚胺配体，然后将此类配体与 Pd 和不同的配体反应后制备了新型的 Pd 金属化合物。之后，他们将此类 Pd 金属配合物与 $NaBAr_4$ 反应合成了一系列阳离子 Pd 化合物（图 4-15）。最后他们成功地将此类阳离子化合物应用于催化炔烃聚合，膦配体在很大程度上影响着所得聚合物的分子量。当配体为三甲基膦时，所得聚合物的分子量 M_w >59 000 g/mol，但是聚合产率较低。

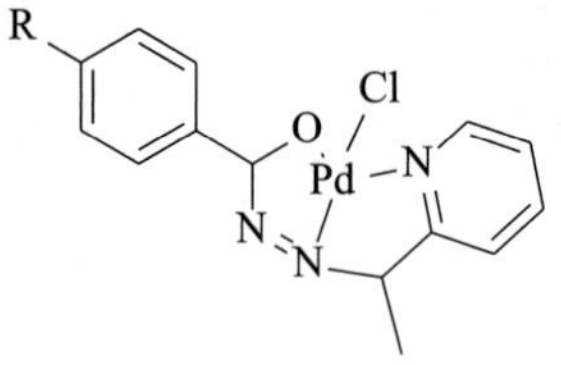

R=Br, OMe, Me

图 4-13　含有三配位配体的 Pd 催化剂

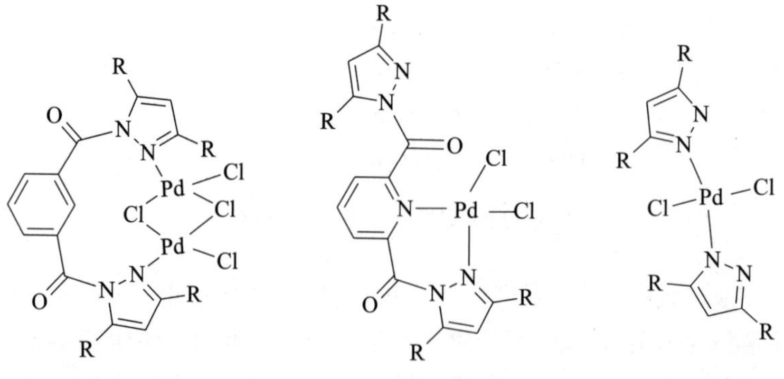

R=^{t}Bu, Ph, Me
a

R=^{t}Bu, Me
b

R=^{t}Bu, H, Me
c

图 4-14　含吡唑配体的 Pd 催化剂

2012年，Masuda等合成了一系列的［(dppf)PdBr(R)］金属化合物（图4-16）并应用于催化含有极性官能团的单取代脂肪炔烃聚合。在二氯甲烷和乙腈混合溶剂作反应溶剂、三氟甲基磺酸银作助催化剂的情况下，聚合产率为69%~94%。

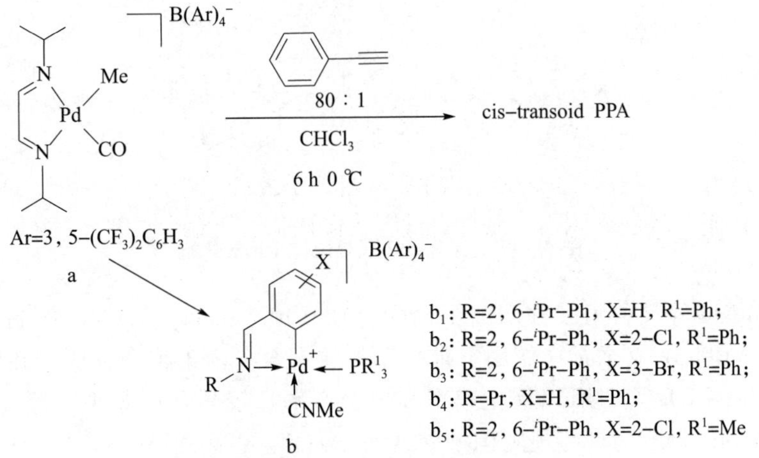

图 4-15　含有亚胺配体 Pd 催化剂催化苯乙炔聚合

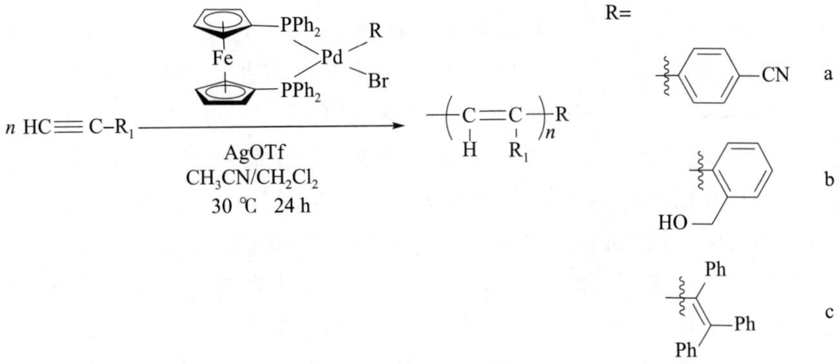

图 4-16　含有 dppf 配体的 Pd 催化剂催化苯乙炔衍生物聚合

4.2.2.6　Rh 金属催化剂

铑配合物由于其催化炔烃反应的高活性和高的 cis-transoid 立体选择性激起了很多人的兴趣。此外，基于铑的催化体系具有非常良好、宽泛的官能团（如含氮、羟基和自由基基团）耐受性，因此利用铑金属催化剂催化炔烃聚合实现高度功能化聚炔的制备成为可能。与对水分敏感的前过渡金属催化剂相比，铑金属催化剂由于其本身固有的低亲氧性而对水更为稳定。此种特性也就使得铑催化炔烃聚合既能在低极性溶剂（CH_2Cl_2，THF）中进行，也能在醇、胺和水等高极性溶剂中进行。

1. 早期铑催化剂

1969年，Kern 首次报道了铑配合物催化剂催化苯乙炔聚合。60 ℃时使用［Rh(Cl)(PPh$_3$)$_3$］对苯乙炔进行了催化聚合，反应 16 h 得到橘黄色固体。但是得到的聚合物分子量偏低，M_n 低至 1 100 g/mol^{-1}。1986年 Furlani 首次利用［Rh(cod)Chel］PF$_6$ 配合物在甲醇为溶剂的体系中（图 4-17）催化苯乙炔聚合，并对所得聚合物的构型进行完整且较为清晰的构型分析。通过核磁的氢谱和碳谱分析表明该催化体系催化所得的聚乙炔优势构型为 cis - transoid[53]。

[Rh(cod)Chel]PF$_6$

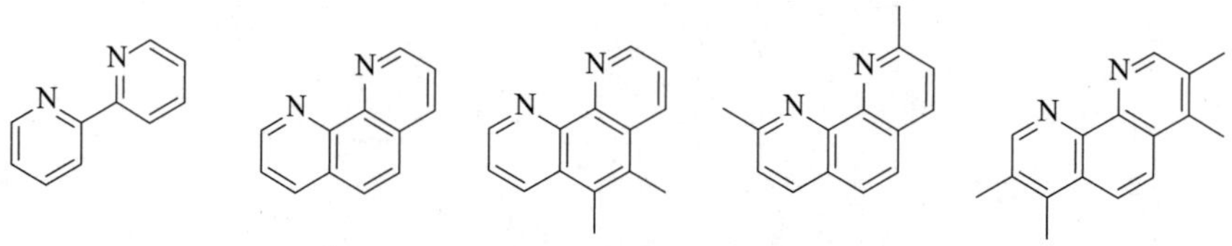

a　　b　　c　　d　　e

图 4-17　含有 cod 双烯配体 Rh 催化剂

1989 年 Furlani 等又利用多种阳离子铑配合物 [Rh(diene)(L)]X(dinene = nbd, cod, X = PF$_6$, ClO$_4$, BPh$_4$) 在 NaOH 作用下催化苯乙炔聚合。由于聚合反应是在甲醇或甲苯下进行,均为均相体系反应,所以催化速率和聚合产率都较高（甲苯中回流反应 3 h,产率 90%）,聚合得到的聚合物具有规则构型 cis - transoild （最高可达 98%）,且平均分子量由 10 000 ~ 100 000 g·mol^{-1} 不等,同时也做了室温反应,室温反应时间久且产率偏低。

2. 含氮配体铑催化剂

1993 年,Haup 等合成了一系列 [Rh(cod)Py(CH$_2$)$_2$P(Ph)(CH$_2$)$_3$ZR]PF$_6$(Z = O, NH)铑阳离子型催化剂（图 4-18）[55]。该催化体系具有非常高的催化活性,室温下 1 h 的转换率为 32.5% ~ 87.6%,同时聚合物分子量也很高,从 99 000 ~ 238 000 g/mol 不等。特别是含有 dbn 和 dbu 配体的配合物,催化乙炔聚合时的转化率（1292 和 1327）和分子量（166 200 g/mol 和 131 200 g/mol）都非常高。1996 年,Haup 等在之前的基础上,保留含氮配体的同时引入新的 nbd 双烯配体,合成了一系列阳离子型的配合物。结构表明将 cod 双烯配体换成 nbd 双烯配体时（图 4-19）,炔烃催化聚合的转换率和聚合物分子量都有了极大的提高（cod: yield = 53%, M_w = 180 700 g/mol; nbd: yield = 94.5%, M_w = 1 745 060 g/mol）。随后 Fumiyuki 等合成了一系列含三吡唑硼配体的铑金属配合物,并成功地催化苯乙炔聚合。数据显示有两个方面影响催化剂的催化活性:一方面是咪唑配体上的取代基,另一方面是与铑配位的双烯配体。咪唑配体上的取代基越多催化活性越好（表 4-1）。配合物在溶液中会有一个配位平衡的转换过程,再加上双烯配体空间排斥作用的影响,当咪唑基上取代基越多或越大时越有利于配位平衡向 k$_2$ 异构体的方向移动,形成的 6 配位的配合物越有利于活性物种的形成,从而加速了催化聚合反应（图 4-20）。这些配合物催化苯乙炔聚合是在二氯甲烷中 40 ℃ 的条件下进行的,所得聚合物的分子量 M_n 从 15 000 ~ 32 000 g/mol 不等。2003 年,Stanisław 等对吡唑配体进行了进一步的修饰,合成了一系列铑配合物,并将这些配体物应用于炔烃催化聚合,在二氯甲烷体系中聚合产率可高达 100%,聚合物分子量 M_w 为 15 000 ~ 84 600 g/mol 不等,且以 cis - transoid 构型为主。

[Rh(COD)(o-Py(CH$_2$)$_2$P(Ph)(CH$_2$)$_3$ZR]PF$_6$
(ZR=OC$_2$H$_5$, OPh, NHPh, NHcyclo-C$_6$H$_{11}$)

图 4-18　含有 cod 双烯配体的几种离子型催化剂

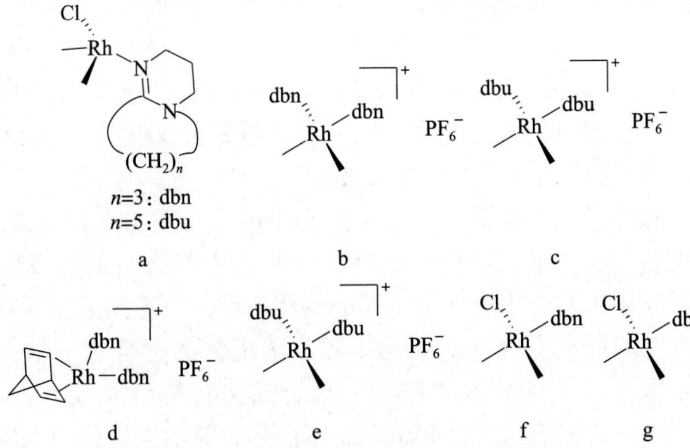

图 4-19 cod 和 nbd 配体的 Rh 催化剂

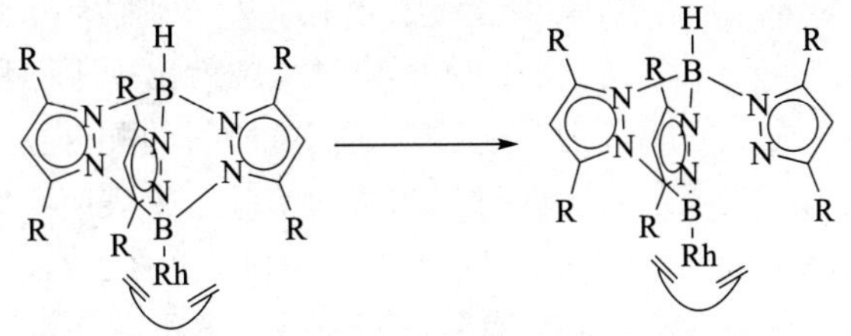

图 4-20 含有三吡唑硼配体的 Rh 催化剂

表 4-1 含有不同咪唑配体的 Rh 催化剂催化苯乙炔聚合

Catalyst	时间/h	Yield/%	M_n	M_w/M_n
TpRh（cod）	24	2	—	
Tp^{Me2}Rh（cod）	24	91	28 000	2.04
Tp^{Ph2}Rh（cod）	24	98	15 000	2.48
Tp^{iPr2}Rh（cod）	24	93	23 000	2.43
Tp^{Me2}Rh（nbd）	24	14	30 000	1.79
Bp^{Me2}Rh（cod）	24	84	32 000	2.43
$Bp^{(CF_3)2}$Rh（cod）	24	0	21 000	2.34
CpRh（cod）	24	0	—	—
Tp^{Me2}Rh（cod）	3	5	16 000	2.20
Tp^{Ph2}Rh（cod）	3	18	7 000	1.94
Tp^{iPr2}Rh（cod）	3	99	27 000	2.32
Bp^{Me2}Rh（cod）	3	3	21 000	2.41
$Bp^{(CF_3)2}$Rh（cod）	3	3	21 000	2.34

注：聚合一般条件：二氯甲烷溶剂，40 ℃，[Rh] = 6.0 mmol

2005 年，Buchmeiser 合成了一系列含有氮杂环卡宾配体的铑配合物（图 4-21）。此类铑配合物在氯代的有机溶剂和醇中催化苯乙炔聚合时，催化活性较低（yield = 4.7% ~

90%），但所得聚合物的分子分布都相对窄（1.37~3.72）。2006 年，Trzeciak 等从 [{Rh(μ-OMe)(cod)}$_2$] 出发，使其与 1-丁基-3-甲基咪唑卤化物反应后制备了一系列含有卡宾配体的配合物 [(cod)Rh(X)(bmim)]（X = Cl,Br,I）（图 4 - 22）。此类配合物在二氯甲烷为溶剂中催化苯乙炔聚合时表现出较低的催化活性，但是当聚合反应将二氯甲烷（yield = 69%，M_w = 26 700 g·mol^{-1}）改变成在离子液体（yield = 75%，M_w = 47 700 g·mol）中进行时，高分子聚合物的产率和分子量大幅增加。同年，Masuda 等合成了 5 种含氮配体的铑配合物。其中含水杨醛亚胺配体与 β-二胺支撑配体的铑配合物在甲苯为溶剂的条件下催化苯乙炔聚合时，含有不同双烯配体的配合物表现出不同的催化活性。当支撑配体为水杨醛亚胺时，含 nbd 双烯配体的配合物的催化活性要高于含 cod 双烯配体的配合物的催化活（24 h 产率：97% 和 77%）。然而当支撑配体为 β-二胺时，聚合结果却恰恰相反（24 h 产率：68% 和 93%）（图 4 - 23）。通过研究表明，这些是含有不同的含氮支撑配体的铑配合物的催化机理不同所导致的，这些配合物催化乙炔聚合后能够得到高分子量的聚合物（M_n = 15 000 ~ 93 000 g·mol^{-1}）。McGowan 等于 2008 年合成了含 1,4,7-三氮杂环壬烷配体的铑金属配合物（图 4 - 24）。因为配体内含有 3 个氮，因此在配位过程中就出现了两种不同的配位方式，从而也就形成了 1 配位和 3 配位的配合物。随后，他们将所得的配合物与传统的含 cod 双烯配体的铑催化剂进行了催化乙炔聚合的活性对比测试。实验结果表明，所制备的配合物均要比传统的配合物催化活性高，而且 1 配位的配合物（yield = 99%，cis = 87.2%）无论是在催化所得聚乙炔的立体的选择 cis – transoid 构型方面还是分子量方面都要高于 3 配位的铑配合物（yield = 31.1%，cis = 39.3%）。

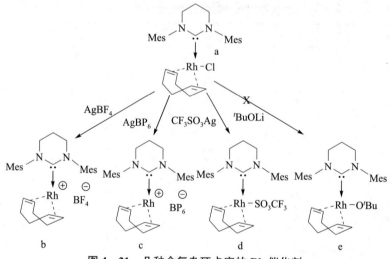

图 4 - 21　几种含氮杂环卡宾的 Rh 催化剂

3. 双核铑催化剂

2008 年 Wagner 等首次合成了含有双吡唑基的双硼酸配体的铑金属配合物（图 4 - 25），并将这些配合物应用于催化苯乙炔聚合测试。实验结果表明，所得的双金属配合物中，只有配合物 e、f 和 g 才对乙炔聚合有催化活性，所得聚合物以 cis – transoid 构型为主，具有高度的立体规整性。Yamane 于 2010 年合成了烷氧基桥联的双核铑配合物（图 4 - 26），在催化苯乙炔聚合时得到了全 trans 构型的聚合物。

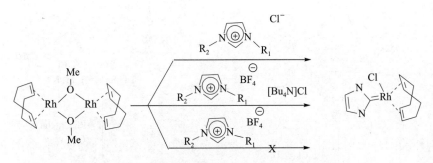

图 4-22　几种含有氮杂环卡宾配体的 Rh 催化剂

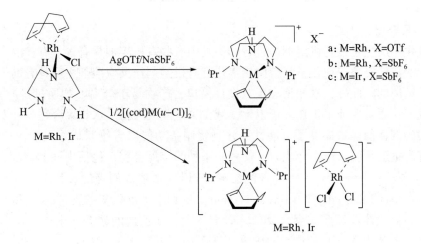

图 4-23　含有水杨醛与 β-二胺配体的 Rh 催化剂

图 4-24　含 1,4,7-三氮杂壬烷配体的 Rh 催化剂

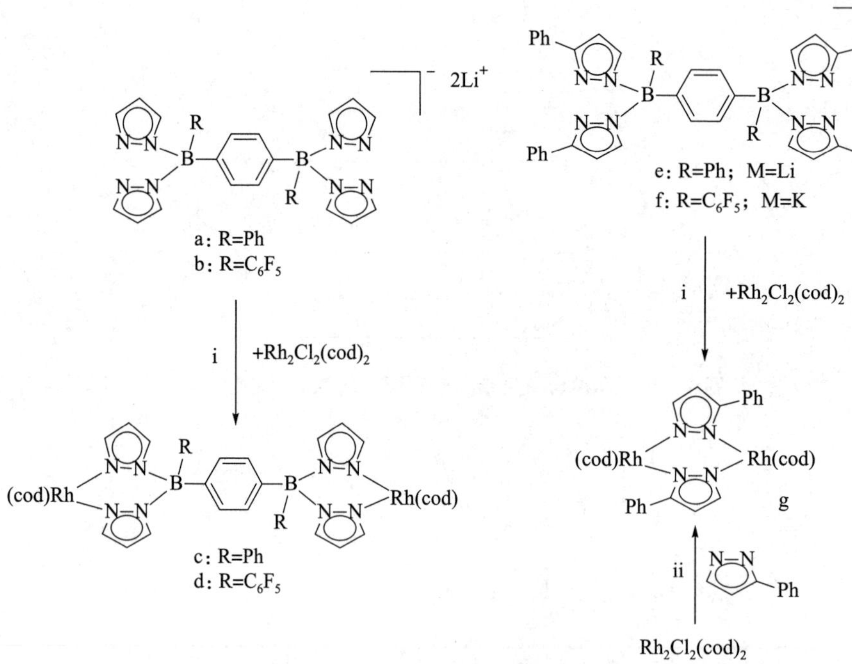

图 4-25　几种含有双硼酸配体的 Rh 催化剂

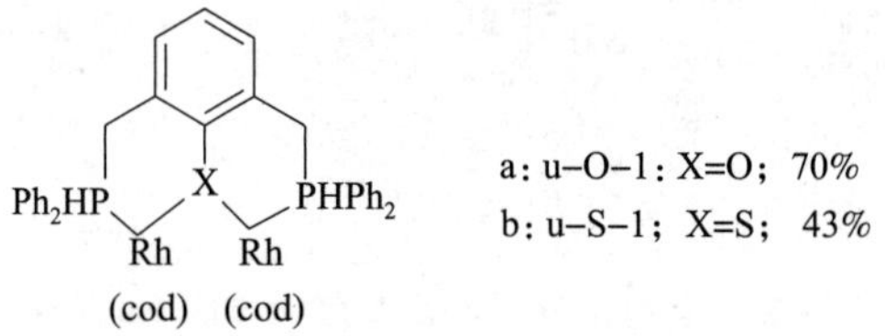

图 4-26　烷氧基桥联的双核 Rh 催化剂

4. 水相聚合铑催化剂

大多数化学反应是在有机溶剂内进行的，其中有些有机溶剂是有毒、有害的。而水是无毒的、廉价的自然资源，在化学反应中用水代替有机溶剂作反应溶剂无疑是有助于保护公共卫生和生活环境的。此外，水相聚合工艺设计简单，产物易于分离（如通过过滤），不仅降低了生产成本，而且保证了工作环境卫生，减少了危险废弃物。水相聚合还为开发可循环或可重复利用的催化剂体系提供了可能性，并且使制备功能聚合物膜成为可能。1997 年，唐本忠团队首次报道了以水作为介质时，使用一系列的铑配合物，包括中性的铑配合物（[Rh(diene)Cl]$_2$ 和 Rh(diene)(L)Cl(L:含氮配体)）以及水溶性的铑配合物（Rh(diene)(tos)(H$_2$O)，diene = cod and nbd 和 [Rh(cod)(mid)2]$^+$PF$_6^-$）催化苯乙炔（PA）和（对甲基苯基）乙炔进行高立体选择性的聚合反应。研究发现，苯乙炔的聚合在水相中比有机溶剂中具有更快的聚合速率（水相中，THF 和甲苯：Rh(nbd)(tos)(H$_2$O) 产率80%，78.5%，1.1%；Rh(cod)(tos)(H$_2$O) 产率分别为81.9%，70.3%，2.4%）和更高的立构选择性（水相中，THF 和甲苯：Rh(nbd)(tos)(H$_2$O) 选择性 cis-transoid 89%，90%，86%；Rh(cod)(tos)(H$_2$O) 选择性 cis-transoid 分别为100%，99.5%，94.7%）。2003 年，Masuda

等合成了一种水溶性的（nbd）Rh[PPh₂(m-NaOSO₂C₆H₄)][C(Ph)=CPh₂]铑金属化合物（图4-27），并设计了水溶性的苯乙炔衍生物单体。此类催化剂在水相中进行聚合催化反应时，不仅得到较高的催化产率，而且所得聚合物可溶于水（yield = 71%，M_n = 8 200 g·mol^{-1}，PDI = 1.7）。Yashima 等利用水溶性的铑配合物在水相中与氢氧化钠共同催化聚合了几种水溶性的炔烃单体，聚合产率为 86%～100%，所得聚合物也有较高的分子量（M_n = 14 000～24 000 g·mol^{-1}）。

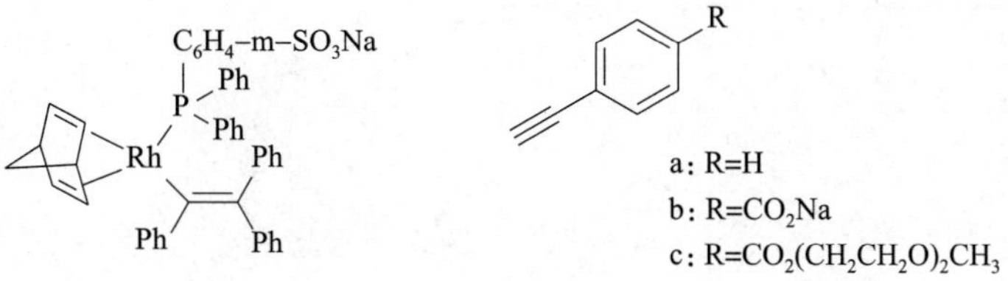

图4-27　水溶性 Rh 催化剂和苯乙炔及苯乙炔衍生物单体

2007 年，Fu-Yu Tsai 等将水溶性阳离子联吡啶与氯桥联铑配合物相结合后，在水相中催化苯乙炔聚合，不仅表现出较好的催化活性和立构选择性（yield = 95%，cis-transoid = 90%），而且聚合后回收的催化剂仍具有催化活性。2011 年，邓建平团队用手性十二烷基苯丙胺酸形成了手性的微型胶囊，再将[Rh(nbd)Cl]₂ 与该微球反应后制备了一个手性取代的铑金属配合物。他们利用该配合物在水相中对非手性取代乙炔进行了催化聚合反应研究。实验结果表明，聚合反应基本上都是在微球内发生，因此得到的聚合物也是具有纳米尺度的微球，且分子量分布也非常窄（PDI = 1.52～1.53）。而且由于微囊具有手性，催化聚合后所得的聚合物也具有单手性螺旋性（图4-28）。

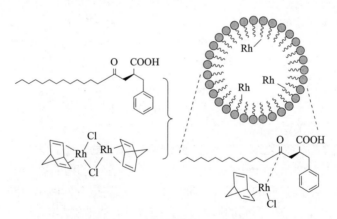

图4-28　含有微囊的 Rh 催化剂

随着生物技术的发展，2009 年 Takafumi 等首次将传统的[Rh(nbd)Cl]₂ 引入球形的铁蛋白内[84]，形成了一个具有纳米尺度大小的反应容器。在水相中苯乙炔可以透过球形铁蛋白进入腔体内并与铑发生聚合反应，最后得到纳米尺度大小的聚炔，与传统的[Rh(nbd)Cl]₂（PDI = 21.4 ± 0.4）相比相同的条件下所得聚炔的分子量分布更窄（PDI = 2.6 ± 0.3）。2012 年 Hayashi 等也将金属 Rh 引入蛋白质内，通过修饰蛋白质上面的残基部分引入 Cp，进一步与铑金属结合形成了一个类似酶的金属催化剂。该金属酶催化剂在弱碱性的水相条件下催化苯乙炔聚合时，得到的聚乙炔优势构型以 trans 为主，最高 trans 构型可高达53%，分子量分布也比传统的催化剂催化所得的聚合物要窄（图4-29），这一结果与现今所知的所有只能催化得到顺式聚苯乙炔的铑催化剂形成鲜明对比。随后，Hayashi 等对该金属酶体系进行了进一步研究，通过基因突变改变了金属铑周围的氨基酸残基，从而起到了调控聚合物构型的效果。相同条件下，通过改变氨基酸残基，新的催化剂在催化炔烃聚合时得到的聚炔的 trans 构型也随之改变，最高 trans 构型可达82%。

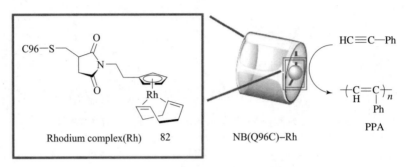

图4-29 引入蛋白质内的 Rh 催化剂

5. 负载铑催化剂

最近也有文献报道了一些异相铑催化剂用于催化苯乙炔聚合的研究。2003 年 Balcar 等将 [Rh(cod)Cl]$_2$ 负载到由 3-氨基丙基三甲氧基硅烷改性的硅质介孔分子筛 MCM-41 上，制备了一种新型的混合型催化剂（图4-30），并将该类催化剂应用于炔烃聚合。催化剂不溶于有机溶剂，但是聚合得到的聚乙炔可溶于有机溶剂，这不仅有利于催化剂与聚合物的分离，而且有利用催化剂的重复利用。该类改性的催化剂不仅大大提高了催化聚合苯乙炔的产率，同时也提高了聚乙炔的立体构型（cis-transoild = 90%~95%）。2008 年，Trzeciak 等将铑与聚乙烯吡咯烷酮制备成了稳定的铑纳米粒子，再在醇中加入不同的烯烃作助催化剂的条件下，对苯乙炔进行了催化聚合反应的研究。实验结果表明，不仅聚合产率较高（90%），而且所得聚乙炔完全都是 cis-transoild 构型。更加值得关注的是，该文章还报道了原子力光谱技术第一次被应用于检测螺旋形聚苯乙炔，不仅使人们对聚苯乙炔的主链结构有了更直观的认识，而且为聚乙炔的结构鉴定提供了一种科学的方法。Sweigart 等首次报道了利用自支撑的金属铑醌类纳米粒子催化苯乙炔聚合的研究。他们通过调控在四氢呋喃中发生反应的 [(H$_2$Q)Rh(cod)]BF$_4$ 与 Al(O^{i}Pr)$_3$ 的配比制备了不同纳米尺度的催化剂（图4-31），并用于催化苯乙炔聚合。不同尺度的纳米粒子催化剂催化乙炔聚合的活性不同，对所得聚合物的分子量以及分子量分布也有着不同的影响，其中对所得聚炔的立体构型的影响最为显著。大致趋势是，催化剂纳米粒子尺度越小，催化所得聚炔的分子量越高，构型越单一（cis-transoild 高到96%）[89]。因为催化剂是由铑配合物和铝化合物组成，所以能够通过离心回收而且回收的纳米粒子几乎显示与回收前相同的催化活性。2009 年 Sweigart 等[90]通过表面溶胶—凝胶法将醌型铑配合物固定在硅胶上制备得到一种新型的金属催化剂，然后通过改变硅胶上的金属（图4-32）获得了不同的催化剂。他们将这些催化剂应用于苯乙炔聚合时，大大提高了催化产率（yield = 75%~99%）、聚乙炔分子量（M_n = 9 200~187 200 g·mol^{-1}）和 cis-transoid 构型（97%）。

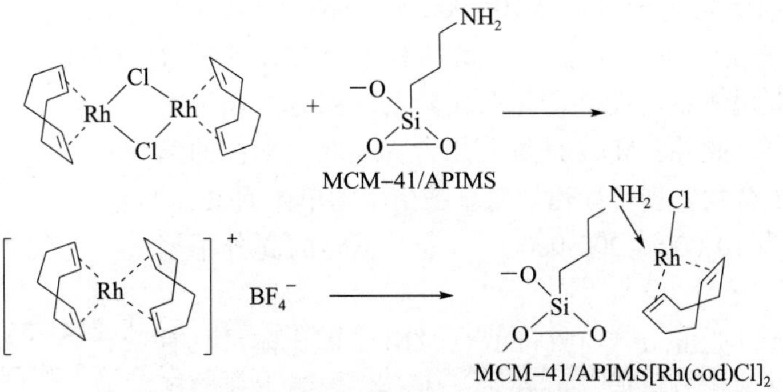

图4-30 负载到硅烷上面的Rh催化剂

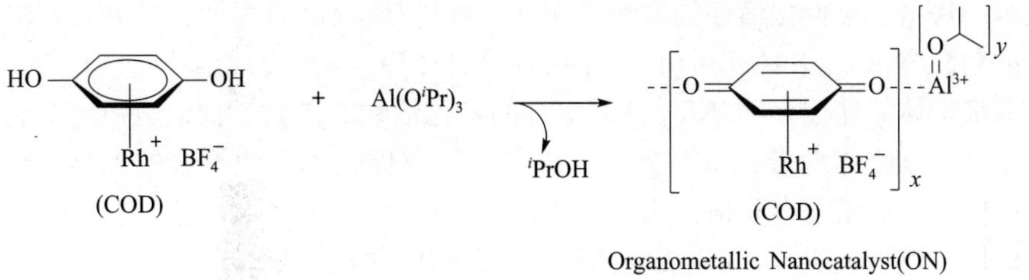

图4-31 Rh醌类纳米粒子催化剂

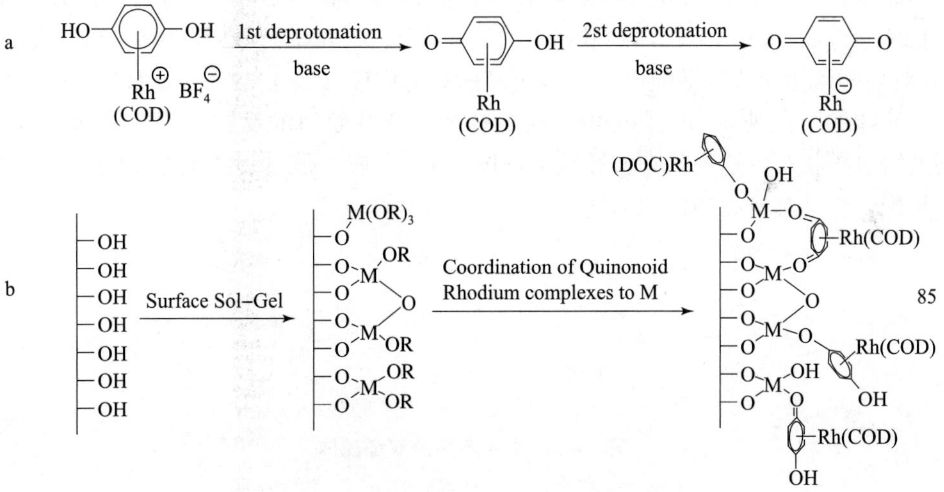

图4-32 负载到硅胶上面的Rh催化剂

6. 双烯铑催化剂

1993年，Alper等[91]计划将Et_3SiH、苯乙炔、$Rh(cod)BPh_4$实现硅氢化反应，但是出乎意料地得到了一种高性能的炔烃聚合催化剂。由此配合物催化所得的聚苯乙炔重均分子量高达35 000 g·mol^{-1}，而且具有较高的cis-transoid构型（分子量分布指数为1.7~5.0）。在不加入Et_3SiH时，即使是在高温条件下该类铑配合物催化炔烃聚合也只表现出适中的催化活性。在此基础上，Noyori等[80]意识到铑配合物中双烯配体对催化性能的重要性，于是将配合物[(diolefin)Rh(η_6-C_6H_5)BPh_3]中的cod双烯配体替换为nbd双烯配体（图4-33），得到催化活性更高的铑配合物。含nbd双烯配体的铑催化剂在THF和CH_2Cl_2中催化炔烃均相聚合得到数均分子量大于100 000 g·mol^{-1},以及高cis-transoid 构型的聚合物,而且聚合物具有适当的分子量分布。这个简单的催化体系也能够催化取代苯乙炔聚合,几乎能实现聚合物的量产。此外,Masuda 等利用含 nbd 双烯配体的两性离子型金属铑配合物实现了新乙炔氨基酸衍生物单体的聚合,得到数均分子量为 10 000~200 000 g·mol^{-1}不等的高分子聚合物。

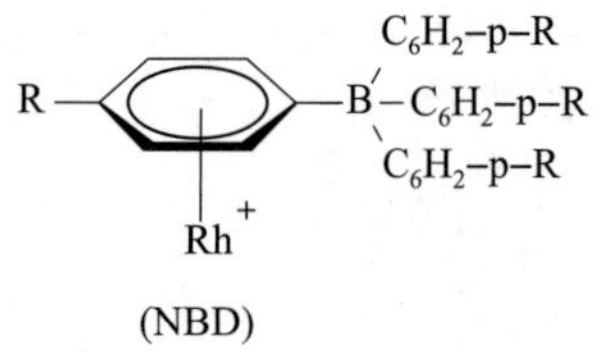

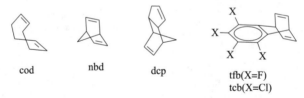

图 4-33 含有 nbd 双烯配体的 Rh 催化剂

在了解了二元 [{Rh(μ-Cl)(nbd)}$_2$]/NEt$_3$ 催化体系具有良好的苯乙炔聚合催化效果后,2006 年,Masuda 等重点研究了双烯配体((diene=(cod),(dcp),(nbd),(tfb) 和 (tcb)))的性质对氯桥联的双核铑前体在催化苯乙炔聚合中催化活性的影响(图 4-34)。研究结果表明,含 tfb 双烯配体和 tcb 双烯配体的铑配合物 [{Rh(all-Cl)(cliolefin)}$_2$]/NEt$_3$ 体系表现出比传统的含 cod 双烯配体和 nbd 双烯配体的铑配合物/NEt$_3$ 体系更高的催化活性。同时,他们也研究了在强烷基化试剂或碱金属氨化物作助催化剂条件下,该催化体系催化苯乙炔聚合的催化性能。结果表明,这些助催化剂对聚合有积极作用。比较含 nbd 和 tfb 双烯配体的铑金属配合物/碱催化体系的催化活性,数据表明含 tfb 双烯配体的铑配合物催化乙炔聚合的催化活性比含 nbd 双烯配体的铑配合物的活性高。对这两种双烯配体电子性质的研究为这一实验结果提供了合理解释:与 nbd 双烯配体相比,tfb 双烯配体表现出更高的 π-酸性,而且 tfb 双烯配体有更低的 LUMO 能级。同时,tfb 双烯配体中双烯上的质子在 ^{1}H NMR 谱图中向高场的位移更大。这些都是 tfb 双烯配体比 nbd 双烯配体 π 酸性更高的有力佐证(表 4-2)。tfb 双烯配体的高 π 酸性诱导了从铑的全充满 4d 轨道到 tfb 双烯配体的 LUMO 轨道的反馈 π 键,从而使得铑金属处于高度缺电子状态。这种状态就导致了单体与 Rh 金属在催过程中更容易配位,从而使该类铑金属配合物具有更高的催化活性。

图 4-34 5 种不同的双烯配体

表 4-2 [Rh(μ-Cl)(diolefin)]$_2$/NEt$_3$ 二元体系催化苯乙炔聚合

催化剂	产率/%	M_n	M_w/M_n
[Rh(μ-Cl)(cod)]$_2$	5	22 000	2.16
[Rh(μ-Cl)(nbd)]$_2$	69	118 000	1.85
[Rh(μ-Cl)(dcp)]$_2$	trace	—	—
[Rh(μ-Cl)(tfb)]$_2$	100	281 000	1.70
[Rh(μ-Cl)(tcb)]$_2$	100	227 000	1.79

聚合条件:甲苯,30 ℃,1 min;[Rh]=2 mmol,[Et$_3$N]/[Rh]=1.0

由于人们意识到双烯配体对配合物的催化性能有极大的影响,因此寻找新的双烯配体制备高活性的催化剂成为一种可能。2009 年 Masuda 等[96]报道的一系列含更强 π 酸性双烯配体(如 tfb)的铑配合物的催化活性比含 nbd 双烯配体的铑金属配合物的催化活性高,而且催化炔烃聚合产率更高(yield = 100%)。同时,他们还测试了含 tfbb 双烯配体的两性离子铑金属配合物 $[(tfb-Mex)Rh^+(\eta_6-C_6H_5BPh_3)]^-$(图 4-35)在催化苯乙炔聚合时的催化性能。在不使用任何助催化剂的情况下,此类催化剂的催化活性随着 tfbb 双烯配体上所含甲基基团的增加而降低。这一系列工作衍生出对于 C_2 轴对称 tfb 手性双烯配体及其手性铑金属配合物的制备和催化剂催化性能的研究。研究人员合成了光学纯度的两性离子配合物(图 4-36),并将这类手性配合物应用于催化功能化单取代乙炔单体的聚合研究,得到了具有单手性螺旋构型的聚合物。

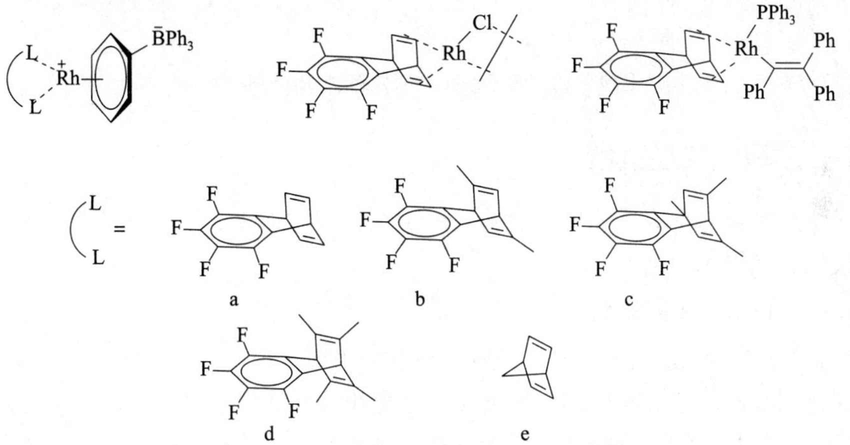

图 4-35 含有 tfb 双烯配体的 Rh 催化剂

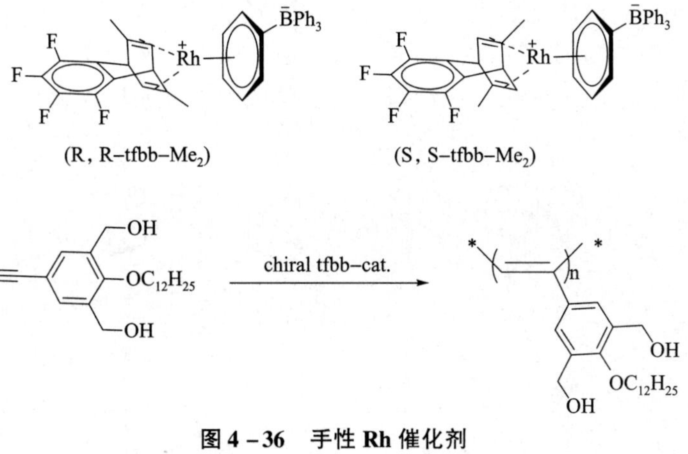

图 4-36 手性 Rh 催化剂

2013 年 Shiotsuki 等对双烯配体进行进一步的修饰制备了两种含 N 和 P 原子的新双烯配体,同时也合成了相应的铑金属配合物(图 4-37 和图 4-38),并测试了这些配合物催化苯乙炔及其衍生物聚合的催化活性。配合物的催化活性大致是 c > b > a,配合物 a 单独催化苯乙炔聚合时几乎没有活性,当加入三乙胺作为助催化剂时却能够催化苯乙炔聚合,而配合物 b 和 c 不需要加入任何助催化剂就表现出良好的苯乙炔聚合催化性能。

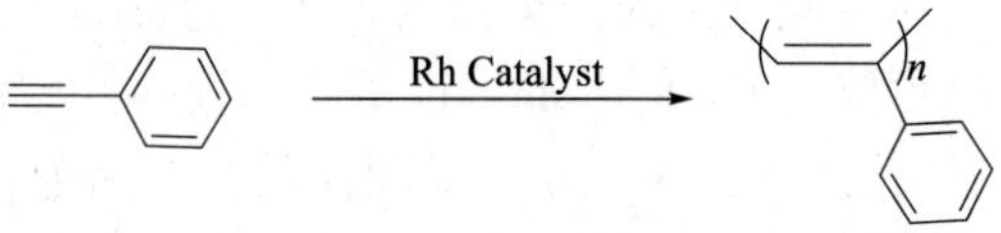

图 4-37 含 P、N 的双烯配体 Rh 催化剂

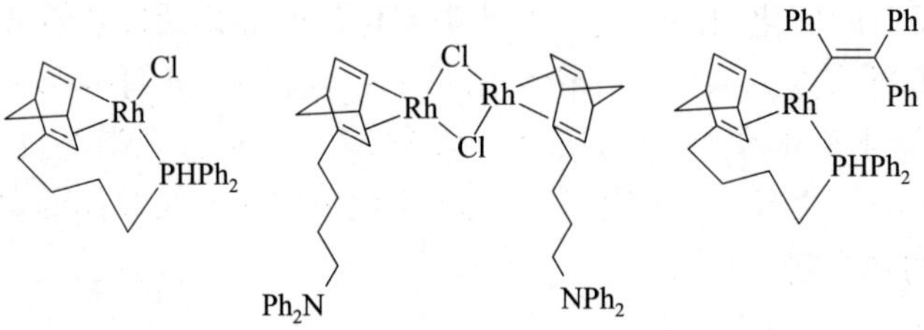

图 4-38 含 P、N 的双烯配体 Rh 催化剂

4.2.3 二取代炔烃聚合

二取代炔烃聚合与单取代炔烃比起来，由于结构发生改变，有很多不同的结构和性质，因此二取代炔烃显得尤为重要。

4.2.3.1 Mo 和 Ru 催化剂

以钌为金属中心的 Grubbs 型催化剂最初是应用于烯烃聚合，直到第二代 Grubbs 型催化剂应用于催化二苯乙炔聚合时得到一个被认为是聚炔烃活性中间体的烯烃卡宾配合物，从而引起了人们的兴趣和关注，并将其应用于炔烃单体聚合。后来，2003 年 Nuyken 等将一系列 Grubbs 催化剂（图 4-39）应用于二炔烃的聚合，可以得到环化的聚合物。这些催化剂不仅在有机相中表现出较高的催化活性，同时在水相中也能催化二炔烃聚合，而且水相聚合得到的聚合物最高分子量 M_n 高达 27 500 g·mol^{-1}。随后 Nuyken 又合成了一系列新的 Grubbs 型催化剂（图 4-40）应用于催化二炔烃聚合，不仅得到了五元环聚合物，而且实现了活性聚合。

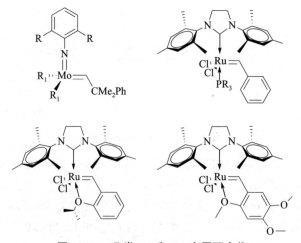

图 4-39 几类 Mo 和 Ru 金属配合物

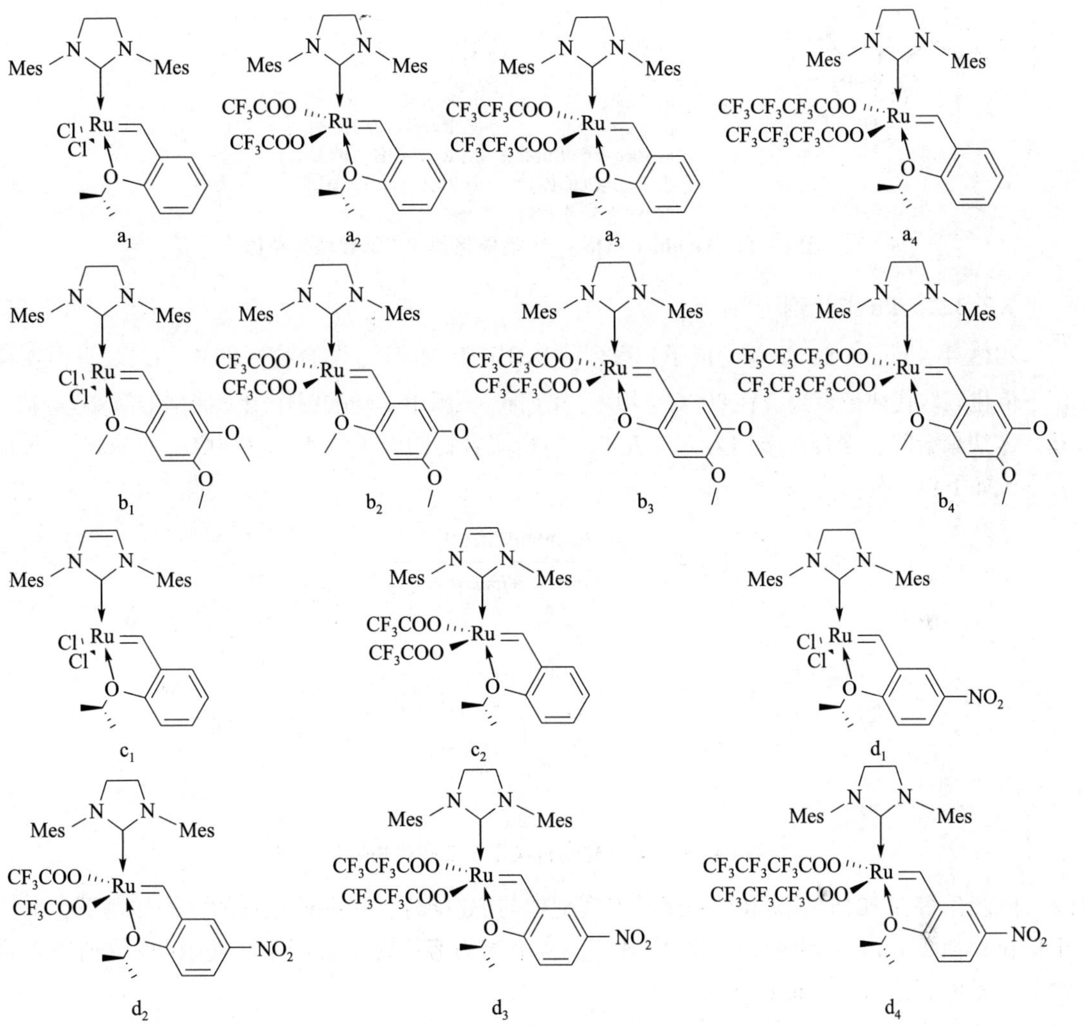

图 4 - 40　Grubbs 型金属化合物

2005 年，Masuda 也利用了一系列 Grubbs 型催化剂（图 4 - 41）催化单取代和二取代的乙炔聚合，但是聚合产率都不高（4% ~ 28%），得到的聚合物分子量也偏低。2006 年 Masuda 将 Grubbs - Hoceyda 型催化剂首次应用于具有极性官能团的二取代炔烃聚合（图 4 - 42），最高聚合产率可达 48%，同时聚合物分子量 M_n 也能达到 178 000 g·mol^{-1}。

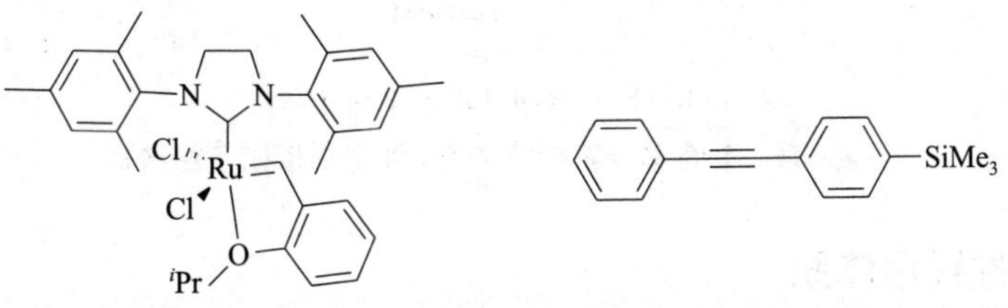

图 4 - 41　Grubbs - Hoceyda 型催化剂和二取代单体

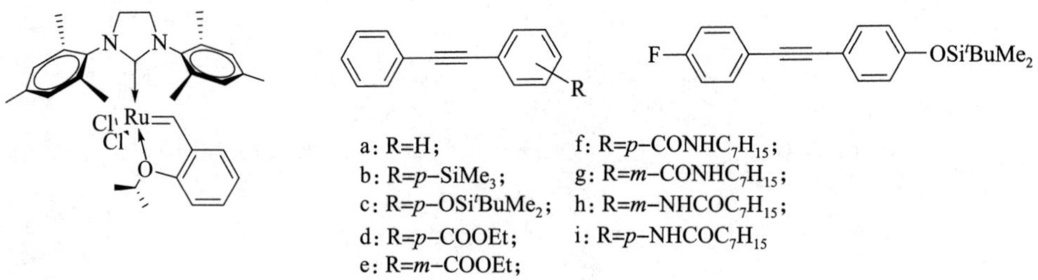
Ru
O
F
OSi^{t}BuMe$_2$
R
a: R=H;
b: R=p-SiMe$_3$;
c: R=p-OSi^{t}BuMe$_2$;
d: R=p-COOEt;
e: R=m-COOEt;
f: R=p-CONHC$_7$H$_{15}$;
g: R=m-CONHC$_7$H$_{15}$;
h: R=m-NHCOC$_7$H$_{15}$;
i: R=p-NHCOC$_7$H$_{15}$

图 4－42　Grubbs－Hoceyda 型催化剂和二取代炔烃单体

4.2.3.2　Pd 催化剂

2013 年，Fumio Sanda 等合成了一系列$[(R_2R'P)PdMeCl]_m$ 配合物（图 4－43），并首次应用于催化二取代炔烃聚合。在 80 ℃、甲苯为溶剂、三氟甲基磺酸银作用下催化 1-氯-2-(4-叔丁基）苯炔聚合时，聚合产率均为 76% 左右，所得聚合物的分子量 $M_w > 17\ 000\ g \cdot mol^{-1}$。反应方程式如下：

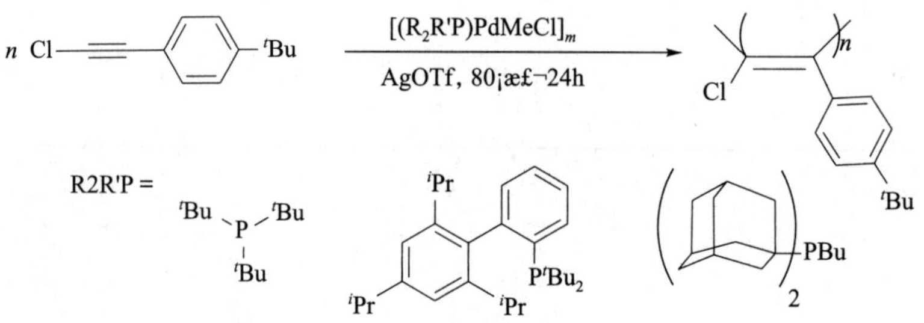
n Cl
^{t}Bu
[(R$_2$R'P)PdMeCl]$_m$
AgOTf, 80¡æ£¬24h
Cl
n
^{t}Bu
R2R'P =
^{t}Bu
P
^{t}Bu
^{t}Bu
^{i}Pr
P^{t}Bu$_2$
^{i}Pr
^{i}Pr
PBu
2

a　　　b　　　c

图 4－43　Pd 催化剂首次用于二取代炔烃聚合

陈昶乐等在 2015 年报道了采用单卡宾配体与 Pd 配合，在助催化剂的共同作用下，应用于催化 1-氯-2-(R) 乙炔聚合（图 4－44）。在甲苯为溶剂时聚合产率高达 100%，所得聚合物分子量可高达 $M_n = 160\ 000$。

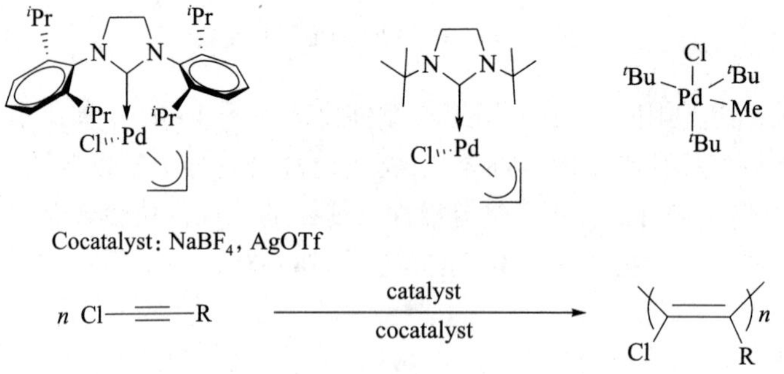
^{i}Pr
^{i}Pr
N
N
^{i}Pr
^{i}Pr
Cl Pd
N
N
Cl Pd
Cl
^{t}Bu
^{t}Bu
Pd
Me
^{t}Bu
Cocatalyst: NaBF$_4$, AgOTf
n Cl
R
catalyst
cocatalyst
Cl
R
n

a: R=Ph　b: R=p–Tol　c: R=n–Hexyl

图 4－44　含有单卡宾配体的 Pd 催化剂催化二炔聚合

4.2.4　活性聚合体系

活性聚合对高分子科学产生了革命性的影响，为合成分子量均匀、结构精确、形貌纳米化的大分子开辟了新的途径。在活性聚合中，只有链增长的过程没有链终止反应。聚合物的数均分子量只和单体浓度与催化活性中心浓度的比值有关，分子量分布也很窄。炔烃单体的活性聚合使得结构明确和性能可预测成为可能[85]。这一有趣的可能性促使一些研究小组探索开发取代乙炔的活性聚合体系的可能性。

4.2.4.1 Mo、Ta、W 催化的活性聚合

据统计，过渡金属卤化物（图 4 – 45）a ~ f[127-135]，过渡金属卡宾化合物 g 和 h 还有铑配合物[136-140]已经被发现可以用于炔烃的活性聚合[141-147]。

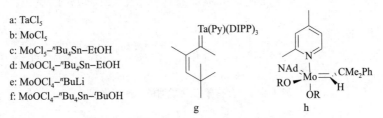

图 4 – 45　Ta、Mo、W 活性聚合催化剂

20 世纪 80 年代，Percec 和 Masuda 报道了通过催化剂（图 4 – 45）a、c 和 d 催化一系列取代炔烃单体的活性聚合。假设取代基体积较大的烷基提供较大的空间位阻从而抑制链终止和链转移，从而促进活性聚合。在 $MoCl_5$ 引发的叔丁基乙炔聚合反应即使分子量分布宽度较大（>1.9）也属于活性聚合，因为分子量增长与时间或聚合动力学方程都呈现直线关系。Masuda 成功利用 d 催化剂实现了 A – B – A 类型和 B – A – B 类型的三嵌段共聚物。虽然转化率较低，但也属于活性聚合。

1989 年，Schrock 等报道了利用钽基催化剂 g 实现了对 2-丁炔的活性聚合，聚合所得到的聚 2-丁炔聚合度为 200，分子量分布宽度为 1.03。而且他们发现对于此反应的引发几乎是定量发生的，并且通过 Witting 反应能够实现末端基团的功能化。但是，g 催化剂只对 2-丁炔实现了活性聚合。因此，Schrock 课题组又对 h Mo 基催化剂进行了研究，h 催化剂与 g 催化剂相比可以实现更多单体的活性聚合。通过调节 Mo 基催化剂周围的配体，从而影响金属中心的位阻和电子效应实现对活性和选择性的调控。

4.2.4.2 Rh 活性聚合催化剂

1994 年，Noyori 等首次利用金属铑配合物实现了对苯乙炔的活性聚合。[{Rh(μ – Cl)(nbd)}$_2$]、LiC≡CPh 和 PPh_3 在乙醚中反应后得到了 Rh(C≡CC_6H_5)(2,5 – norbornadiene)[P(C_6H_5)$_3$]$_2$ 金属化合物 a（图 4 – 46），该配合物中金属铑与两个三苯基膦配位。在 4-二甲基氨吡啶作助催化剂的条件下，实现了对苯乙炔及其衍生物的活性聚合（yield = 100%，PDI = 1.11 ~ 1.29），同时也实现了苯乙炔和 4-甲氧基苯乙炔的共聚（M_n = 15 300 g·mol^{-1}，PDI = 1.16）。随后，Noyori 等对该催化体系进行了进一步研究，利用 [Rh(OCH_3)(nbd)]$_2$/P(C_6H_5)$_3$/DMAP 催化体系实现了对苯乙炔及其衍生物的活性聚合（yield = 100%，PDI = 1.17）。另外，他们也合成了含有一个三苯基膦配体的 Rh(C≡CC_6H_5)(2,5-norbornadiene)[P(C_6H_5)$_3$] 铑金属化合物。通过聚合研究发现，该体系中真正的活性物种是含有一个三苯基磷配体的四配位的金属配合物 b（图 4 – 46）。研究表明，五配位的 [Rh(nbd)(C≡CC_6H_5)(PPh$_3$)$_2$] 铑金属配合物只有在 DMAP 存在下才能实现苯乙炔活性聚合。因此，DMAP 在这一催化体系内起到至关重要的作用，尤其是在调控分子量分布方面。当单独使用

[Rh(nbd)(C≡CC₆H₅)(PPh₃)₂] 进行催化时,得到双核铑环戊二烯配合物,这一物质也是形成少量高聚物的一个重要因素。2001 年,Farnetti 等利用新的 [Rh(nbd)(OMe)]₂/dppd 催化体系实现了对苯乙炔活性聚合。通过核磁监测显示,首先 [Rh(nbd)(OMe)]₂ 与二磷配体形成了三种构型的催化剂前体,催化剂前体再与炔反应质子化后形成真正的活性物种,从而起到催化作用(yield = 100%,M_n = 940 000 g·mol)(图 4-47)。

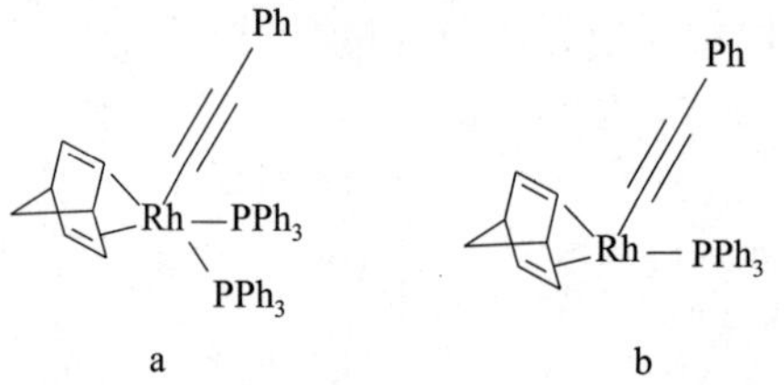

图 4-46 含有苯乙炔配体的 Rh 催化剂

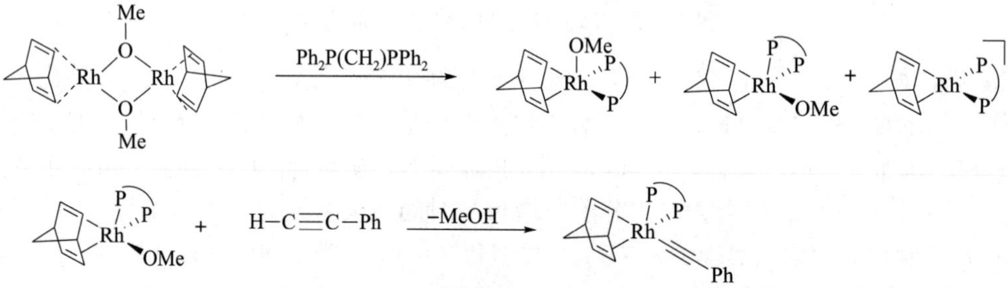

图 4-47 还有苯乙炔和 dppd 配体的 Rh 催化剂

1998 年,Masuda 等[68]利用 [(nbd)RhCl]₂/Ph₂C=CPhLi/PPh₃ 三元催化体系实现了苯乙炔活性聚合。1999 年,Masuda 等研究发现,在 [{Rh(μ-Cl)(nbd)}₂] 中选择性地加入一些有机金属化合物(ⁿBuLi, MeLi, ᵗBuLi, PhLi, Et₂Zn, Et₃B, Et₃Al)作为共催化剂后能诱导苯乙炔在甲苯中瞬时聚合,得高产率、高分子量的黄色聚合物(yield = 90%,M_n = 257 000 g·mol⁻¹)。随后 Masuda 等对这一系列工作的延伸研究使人们意识到,碱金属氨基化合物(A[N(SiMe₃)₂](A=Li, Na, K)和 Li[N(CHMe₂)₂])与 [{Rh(μ-Cl)(nbd)}₂] 作共催化剂是良好的苯乙炔聚合催化体系。相比之下,[{Rh(μ-Cl)(nbd)}₂]/碱金属氨基化合物体系催化苯乙炔聚合得到的聚合物分子量为 270 000~396 000 g·mol⁻¹ 不等,明显要比由 [{Rh(μ-Cl)(nbd)}₂]/NEt₃ 体系催化聚合得到的聚苯乙炔的分子量高(M_n = 118 000 g·mol⁻¹)。导致这一结果的原因可能是高度活泼的不饱和 14 电子构型的形成,这一构型也被认为是导致快速聚合的一个重要因素(图 4-48)。随后 2000 年,他们通过改变双烯配体、烯烃锂以及磷配体研究了不同催化体系催化苯乙炔聚合的催化性能。实验结果表明,双烯配体、烯烃锂以及磷配体的结构对聚合活性起到非常大的影响,只有在一定的组合状态下才能得到活性催化体系。后来,Masuda 等将这个三元体系通过组合不同的双烯、烯烃锂及磷配体应用到不同的苯乙炔及其衍生物单体聚合中,同样实现了活性聚合或共聚(图 4-49)。2006 年,Masuda 将 Ph₂C=C(Ph)Li、[(tfb)RhCl]₂ 和三苯基膦反应合成了一种新型的金属化合物(图 4-50)。这类金属化合物在催化苯乙炔聚合时不仅表现出非常高的催化活性,而且实现了对聚合反应可控调节的活性聚合,得到高分子量的聚合物(yield = 100%,M_n = 401 000 g·mol⁻¹,PDI = 1.12)。

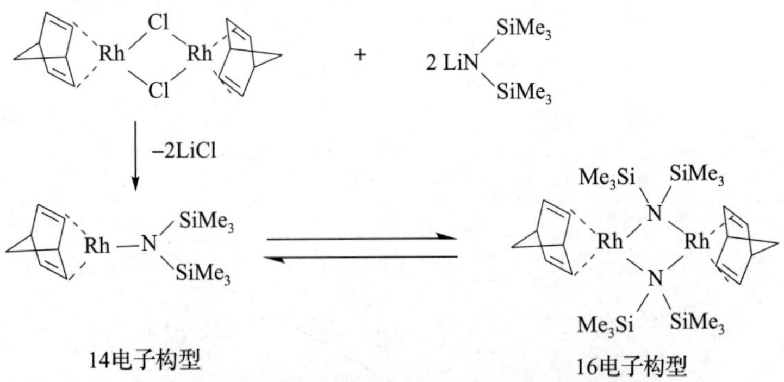

图 4-48 14 电子构型和 16 电子构型的相互转换

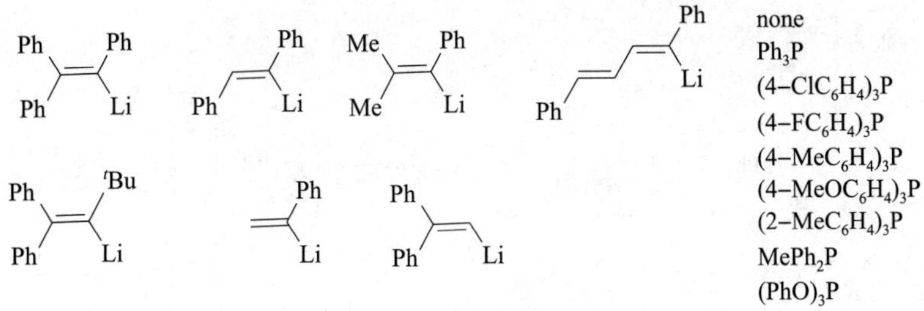

图 4-49 不同烯烃锂和磷配体

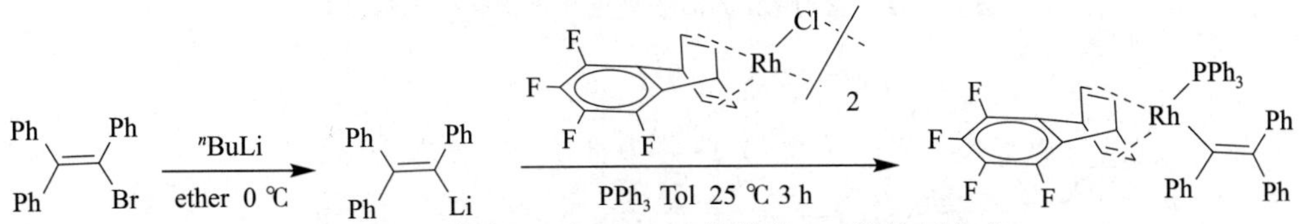

图 4-50 含有 tfb 和 PPh_3 乙炔基的 Rh 催化剂合成

最近，Shiotsuki 等利用阳离子型的 $[(tfb)Rh(PPh_3)_2]BPh_4$ 与助催化剂二异丙基胺在四氢呋喃为溶剂的条件下实现了对苯乙炔的活性聚合（yield = 99%，M_n = 100 000 g·mol^{-1}，PDI = 1.09）。

Shiotsuki 等在之前的基础上进行了更进一步的研究，所用的催化剂 $[Rh(tfb)(PPh_3)_2]$ $[BPh_4]$ 配合物是由两性离子配合物 $[Rh(tfb)(\mu^6-C_6H_5BPh_3)]$ 与三苯基膦反应制得的，采用 $^iPrNH_2$ 为助催化剂的情况下可对苯乙炔实现活性聚合（M_n = 60 000 ~ 500 000 g·mol^{-1}，PDI = 1.09 ~ 1.47）。核磁监测表明，助催化剂 $^iPrNH_2$ 的作用是解离配位的 PPh_3 从而形成活性物种，继而引发聚合（图 4-51）。

4.2.5 单体结构对聚合的影响

乙炔单体的分子结构极大地影响了它们的聚合行为，例如，上面讨论的底物-催化剂匹配在结构上是敏感的：官能团中看似微小的变化可以极大地影响既定催化剂对单体的可聚合性。单体 a 和单体 b 仅仅是结构上酯基位置的不同（图 4-52），当用 $W(CO)_3$ 作为催化剂聚合时，对于 b 单体具有催化活性，而 a 则没有[116]。同时，助催化剂和溶剂也对聚合反应有一定的影响，例如单体 c 选择不同的助催化剂时，表现出不同的聚合效果，而对于 d 这种单体，仅仅溶剂的不同，反映出不同的聚合效果。当选择甲苯溶剂时，就没有得到聚合物，但是当选择 1,4-二氧六环时，就以 56% 聚合产率得到聚合产物[148]。

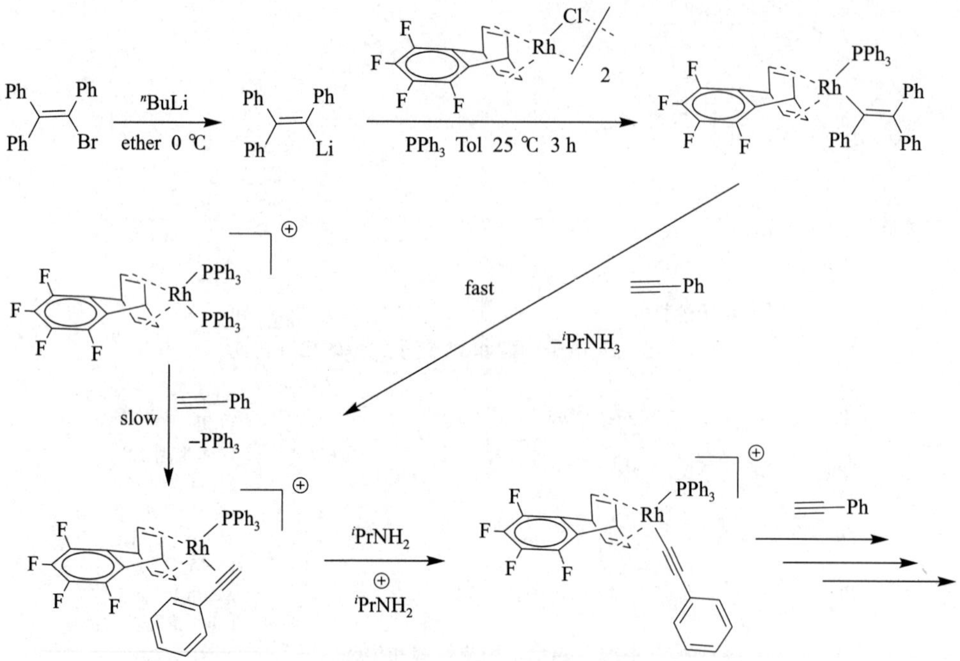

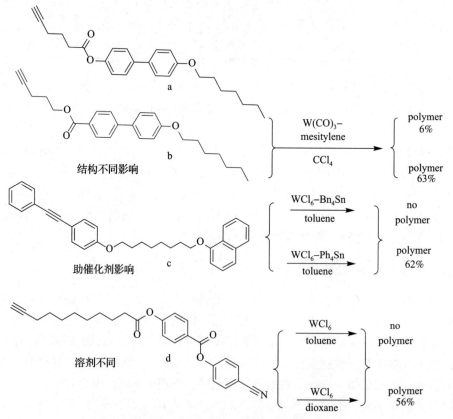

图 4-51 含有 tfb 的离子型催化剂催化苯乙炔聚合

图 4-52 结构、助催化剂、溶剂对聚合反应的影响

带有功能基团的炔烃聚合物也引起了广泛的重视。但是，比较难解决的问题是功能基团的极性基团与前过渡金属的相容性。即使使用铑催化剂（图4-53），对于那些高极性或者具有质子酸的单体也很难聚合。例如，4-乙炔基苯乙酸就很难聚合[149-151]。通常得到其聚合物的方法是通过对单体进行酯化保护，再进行聚合，后脱保护。唐本忠团队则攻克了这一难题，通过直接聚合的方式得到大量的高极性聚合物[152-162]。在最优的条件下，功能性的极性单体，无论带有什么样的极性基团（氧、羰基、酯基、磺酸基、氨基等）都可以在Rh催化剂催化作用下形成聚合物。所得到的聚合物分子量较高，分子量分布在1.03左右，产率也较高。

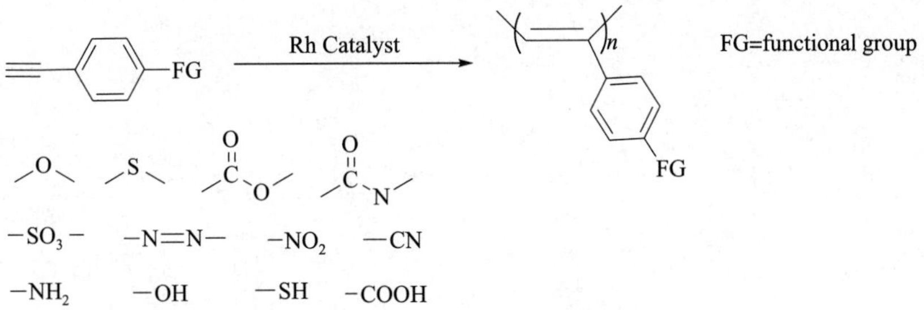

图4-53 Rh催化的功能性单体聚合

4.2.6 聚合物后修饰

聚合物的后修饰是解决在利用单体直接聚合不能得到功能性聚合物最普遍的一种方法，通过结构修饰调控炔烃聚合物的性能。唐本忠课题组开发了一系列简单的聚合物反应用于炔烃聚合物的功能化[43,163-169]。聚合物a包括疏水性聚苯乙炔骨架和亲水性胺基取代基（图4-54）。由于这种独特的结构特征，聚合物不溶于有机溶剂或水介质。通过盐酸的离子化可以得到聚合物b，b聚合物就变得易溶于水溶剂。再如，一般分子比较大的反应通常不会进行到100%，但c的脱保护反应非常完美地进行完全反应：通过酸催化水解分解其醚保护基团得到d聚合物，变为不含任何醚残基的细胞相容性糖取代基[166]。

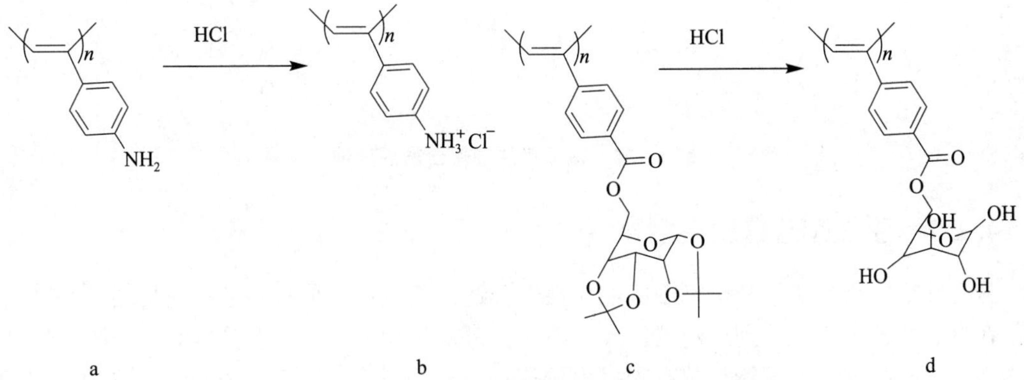

图4-54 单取代炔烃聚合物后修饰

虽然在过去的几十年中，对炔类单体聚合的研究取得了令人印象深刻的进展，但由于早期过渡金属复分解催化剂体系对极性的固有不耐受性，通过其相应单体的直接聚合来获得功能性的双取代聚苯乙炔仍然非常困难。但是，通过聚合物的后功能化也解决了此问题。例如，利用点击反应等不同反应类型，唐本忠团队在聚合物链上引入很多不同的极性功能聚合物 c（图 4-55）。聚合物 d 和 f 通过亲核取代反应和水解反应分别得到了新功能性聚合物 e 和 g。另外，聚酰亚胺 h 的肼催化脱保护产生聚胺 i，经氢溴酸进一步电离得到聚电解质盐 j。

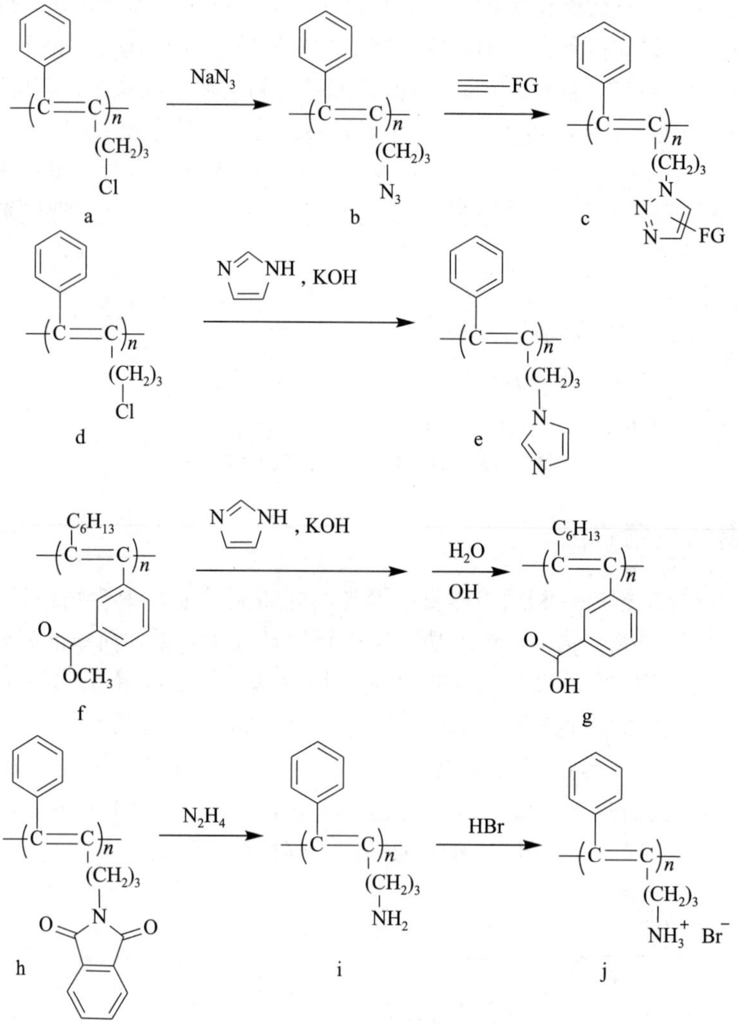

图 4-55 双取代炔烃聚合物后修饰

4.2.7 手性响应螺旋聚合物

具有外部物理、化学和电刺激的响应性聚合物，其结构、形状、形态或功能发生巨大变化，在过去的几十年中得到广泛的发展，不仅在模拟生物过程，还在分析和生物医学领域以及纳米技术中对智能或智能材料有吸引力的应用。到目前为止，已经合成大量对光、温度、pH、溶剂、电场和磁场以及客体浓度敏感的刺激响应性聚合物，并且已经对细节进行了彻底研究，但对手性刺激表现出形态或构象变化的响应性聚合物的例子相当有限。手性是生命系统中的一个关键因素，因为生命有机体由各种光学活性小分子和大分子组成，它们在维持生命中起着重要作用，因此，一对映体，特别是手性药物，往往表现出截然不同的生物活性。因此，分子和超分子水平上分子手性的检测和分配最近变得非常重要。为此，设计并合成了许多合成的受体分子、超分子和 π 共轭聚合物。其中，发色动态螺旋聚合物，例如，具有功能侧基的聚苯乙炔，是特别有趣和有效的，因为这些聚合物可以通过非共价键相互作用对生物重要手性分子的手性做出反应。最重要的是，手性通过显著的放大传递到聚合物主链上，导致产生过量的右旋或左旋螺旋构象，从而在聚合物主链的吸收区域产生诱导的圆二向色性（ICD）。这种聚合物可以看作一种典型的手性响应性聚合物，为构建新型的手性传感体系来确定客体分子的绝对构型和对映体过量（ee）提供了基础。

生物聚合物，如蛋白质和核酸，具有典型的单手螺旋结构，这通常与其在生物系统中的复杂功能相联系。受这种精细螺旋结构的启发，已经合成了许多具有过量的优选螺旋意义的螺旋聚合物，以模拟生物螺旋的结构和功能。1995 年，Katsuhiro Maeda 课题组报道了一种独特的手性响应性螺旋聚合物，顺式跨球聚（4-羧基苯基）乙炔（图 4-56）。

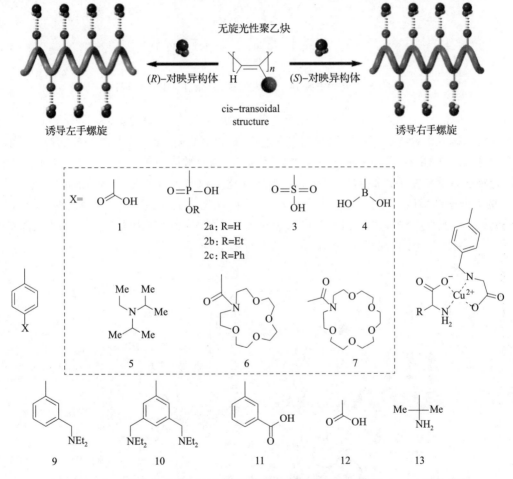

图 4-56 与手性络合后带有不同官能团的聚乙炔螺旋诱导示意图（1~13）化合物

通过使用铑催化剂聚合（4-羧基苯基）乙炔制备，在二甲基亚砜（DMSO）中与非外消旋伯胺和氨基醇（14~18）络合后折叠成优先手螺旋构象（图 4-57）。

酸碱配合物在 π 共轭聚合物主链的长波长区表现出特征性的 ICD。与螺旋聚合物 1 相对应的诱导 cotton 效应信号可用于预测胺的绝对构型，因为当构型相同时，所有伯胺给出相同

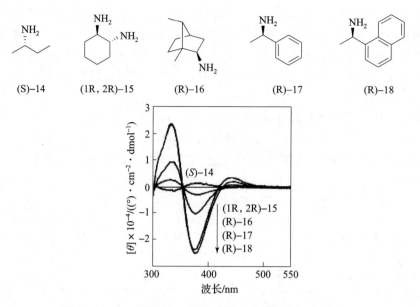

图 4-57 与手性胺 14~18 络合后 CD 谱（DMSO 溶剂）

的 cotton 效应信号（图 4-57）。这种现象的基本原理被认为是这样的事实，即聚（苯乙炔）是一种动态螺旋聚合物，其右手螺旋构象和左手螺旋构象被像多异氰酸酯一样的螺旋反转可互换地分离，如 Green 等提出的。在 1 中显著的 CD 诱导被认为是由于在非外消旋胺的辅助下聚合物的右手和左手螺旋的种群发生了剧烈变化。相当有趣的是，由光学活性胺诱导的 1~3 的大分子螺旋度可以保持，即"记忆"，即使在完全去除并用非手性胺替换手性胺之后，例如，2-氨基乙醇（19）和正丁胺（20）为 1（图 4-58），10 和二胺（如乙二胺）为 2 和 3。大分子螺旋度记忆不是暂时性的，持续了很长时间。

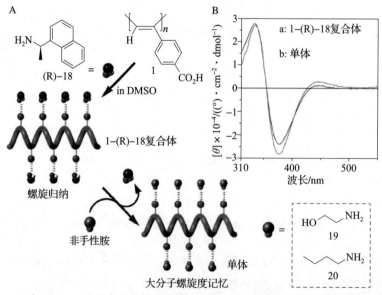

图 4-58 （A）与（R）-18 络合后的螺旋度在 1 中的诱导示意图以及诱导高分子的记忆非手性胺取代后的螺旋性；（B）1-（R）-18 配合物和非手性胺取代后的 CD 图（DMSO 溶剂）

使用 π 共轭聚乙炔的本系统的优点不仅是其长波吸收和高灵敏度而无须衍生化，而且易于制备成手性响应膜和凝胶（图 4-59）。该膜和凝胶可以响应固体和膨胀凝胶中非外消旋胺的手性以显示类似的 ICDs。这些方法比溶液法更方便地感觉到胺的手性。

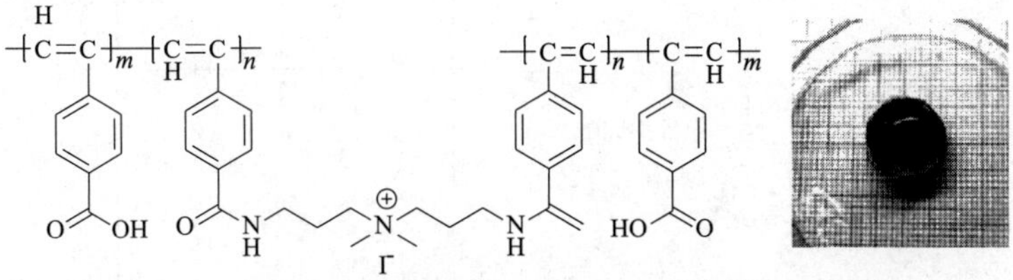

图 4-59 对手性反应的聚苯乙炔凝胶的结构和凝胶的照片

自从在动态螺旋聚合物 1 中发现优先手性螺旋性诱导以来，通过引入特定的官能团作为侧基（图 4-56 中的 2~13），已经设计和合成了多种对目标手性分子具有手性响应的聚乙炔。这些官能化聚乙炔也被证明对能够与侧基官能团相互作用的分子的手性敏感，导致 ICD 反映客体分子在有机溶剂和水溶剂中的立体化学。在分别与手性胺和氨基酸络合的 21 和 22 中，观察到过多的单手诱导类似的螺旋度诱导。在一种有趣的方法中，对映体纯阳离子 C_{60}-双加合物通过非共价键相互作用在动态外消旋的聚（苯乙炔）（2b）中诱导出以单手为主的螺旋，在 DMSO-水混合物中通过非共价键相互作用产生相反的负电荷，这进一步导致了 C_{60}-双加合物的螺旋阵列，沿聚合物链具有重要的螺旋意义（图 4-60）。这种方法将提供一种有用的手段来沿着模板聚合物将所需的功能分子排列成单手螺旋阵列。

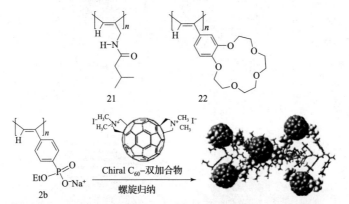

图 4-60 用光学活性 C_{60} 诱导 2b 大分子螺旋度的示意图

在聚乙炔中，含有庞大的氮杂-18-冠-6-醚（7）和二异丙胺甲基（5）的聚苯乙炔，其官能团对氨基酸和羧酸在乙腈和酸性水中的手性最敏感。例如，聚合物 7 在 0.1 当量的 L-丙氨酸（L-Ala）存在下形成几乎单手螺旋，其强烈的 CD 可与过量的 L-Ala 诱导的 CD 相媲美。有趣的是，即使是 5%ee 的 Ala 也在光学纯 Ala 诱导下产生了 7 聚合物完整的 ICD（图 4-61）。

聚合物 7 和 5 的极高灵敏度使得能够分别检测氨基酸和羧酸中非常小的对映体不平衡，例如 Ala 和小于 0.005% ee 的苯基乳酸（图 4-62 中的 23），显示没有衍生的明显 ICDs 信号。这些结果定性地与应用于多异氰酸酯中观察到的类似多数规则效应的手性放大理论分析相一致。聚合物 5 和 7 的高灵敏度可能是由于巨大的悬垂基团导致聚合物主链的刚性，这可能增加了由很少发生的螺旋反转分开的螺旋段。事实上，5 的持续长度（q）估计为 26.2 nm，这是评估棒状螺旋聚合物在水中的刚度的一个有用的测量方法。

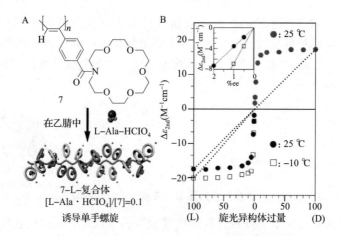

图4-61 （A）用少量 L-Ala，HClO$_4$ 对 7 中的螺旋度诱导进行示意图；
（B）在 25 ℃和 -10 ℃与 7 在乙腈中络合期间，7 的 ICD 强度相对于 L-Ala，HClO$_4$ 的%ee 的变化

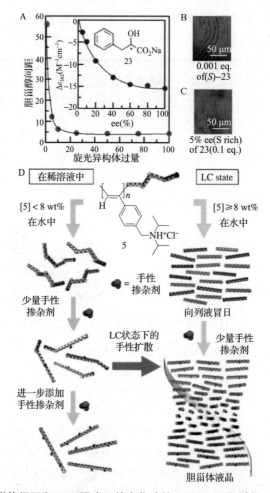

图4-62 （A）胆甾体间距和 ICD 强度 5 的变化浓缩（wt %）和稀释（1 mg/mL）水溶液；
（B，C）在水中存在 0.001 当量的（S）-23 和 5%ee（富含 S）的水中 5（20wt%）的胆甾相
LC 相的偏光显微照片；（D）大分子手性分层扩增的说明 5 在稀溶液和液相中的螺旋度示意图

聚乙炔 5 在其刚性主链的基础上，在浓水中形成溶致向列相液晶（LC）相。正如预期的那样，通过掺杂少量的光学活性酸（如（S）-23 或具有非常低的 ee 的 23），向列相 LC 相被转化为胆甾型相（图 4 – 62 B，C）。有趣的是，由非外消旋 23 在稀酸水中诱导的日光感觉过量 5 在 LC 状态下被进一步放大，如胆固醇间距的变化所揭示的（图 4 – 62）。在 LC 相中，螺旋螺距随着 ee 的增加而减小，并在 10% ee 左右达到恒定值，而在稀溶液中，ICD 值在超过 60% ee 时变得恒定（图 4 – 62 A）。在胆甾型 LC 形成期间螺旋感觉超过 5 的这种分级放大过程表明相互转换之间的螺旋反转的群体与稀溶液中的相比，聚合物的右手和左手螺旋链段在 LC 状态下可能会减少，因为扭结的螺旋聚合物链可能会干扰 LC 状态下螺旋聚合物链的紧密平行堆积（图 4 – 62 D）。这种分级放大效应有一个先例，如 Green 等人在 LC 多异氰酸酯中观察到的，并被称为"坏邻居规则"。

虽然已经合成了大量具有脂肪族和芳香族侧基的立体正则顺 – 氨基聚乙炔，但其确切结构尚未确定。最近，我们成功地确定了含有 L – 或 D – 丙氨酸残基的聚（苯乙炔）的螺旋结构（24），包括通过直接原子力显微镜（AFM）观察到的螺旋间距和利手性，以及它们的 X 射线结构分析和 CD 测量（图 4 – 63）。这些结果表明，24 具有 11 个单位/5 圈螺旋，螺旋间距为 2.3 nm，L – 24 具有相对于悬挂排列的左旋螺旋阵列，而主链具有相反的右旋螺旋结构。

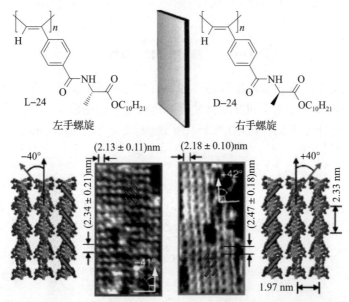

图 4 – 63 L – 和 D – 24 （20 × 40 nm）的 AFM 相位图像，以及具有对足斜垂排列
的螺旋平台 D – 24 2D 晶体的镜像关系示意图，在 X 射线结构分析的
基础上构建可能的模型（左和右）

由苯乙炔单元组成的折叠化合物迅速扩展，一些衍生物，如（图 4 – 64）中 53 – 57 已经合成，这可能是开发手性响应聚合物的潜在有效。

螺旋度反转的手性响应性螺旋聚合物，由与生物螺旋紧密相连的外部刺激调节的螺旋度反转是动态螺旋聚合物最独有的特征之一。非手性刺激，如改变温度和溶剂，或用光照射，经常被用来可逆地控制大分子的螺旋度。另外，通过手性刺激切换大分子螺旋度的情况仍然相当少见，但可以用来感知手性客体的手性。报道了具有手性侧基（图 4 – 65 中 58 ~ 60）的动态螺旋聚苯乙炔的手性刺激响应性大分子螺旋性反转。其中，60β-环糊精残基作为侧基

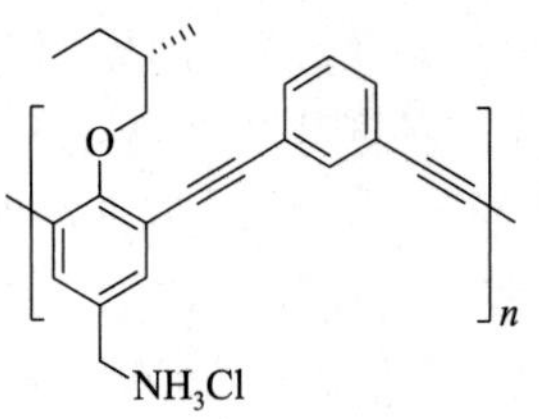

53

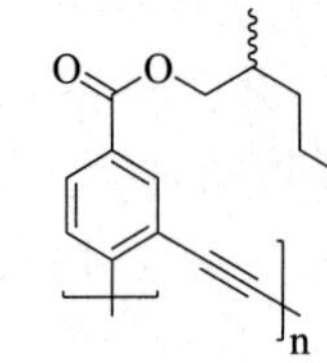

54

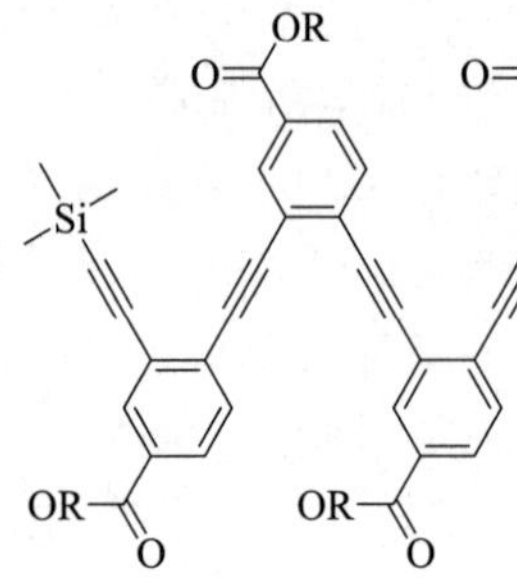

R=-(CH₂CH₂O)₃CH₃

55

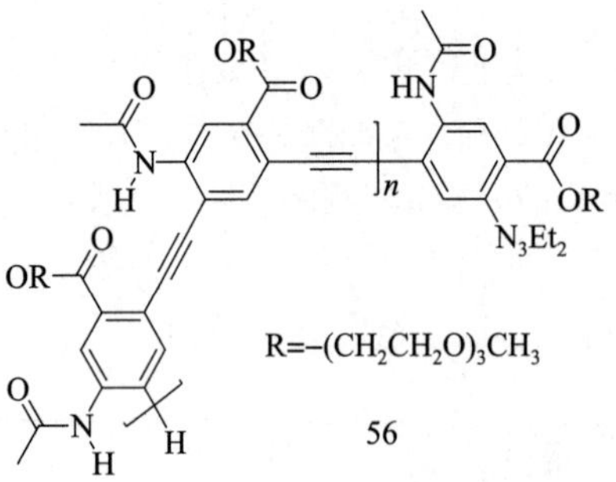

R=-$(CH_2CH_2O)_3CH_3$

56

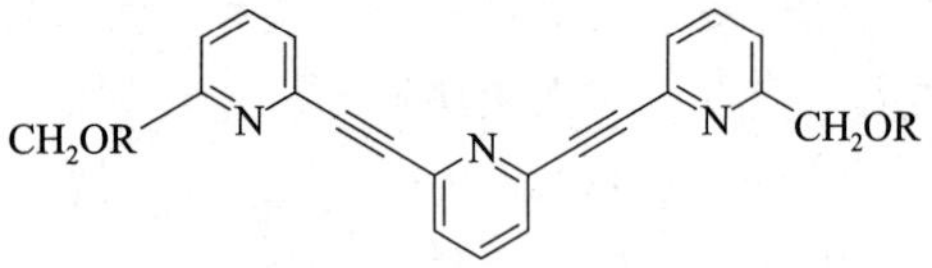

R=-CH_3, -L-menthyl, -tert-butyldimethylsilyl

57

图 4-64　一些潜在手性相应聚合物

是特别有趣的，因为它表现出螺旋度反转伴随着由非对映异构体相互作用引起的可见颜色变化对映体胺。颜色的变化归因于 60*β* 主链共轭双键扭转角的变化。结果，螺旋间距可以是可调的。该系统在概念上是新的，可以应用于使用螺旋聚合物作为颜色指示剂的新型手性传感方法。

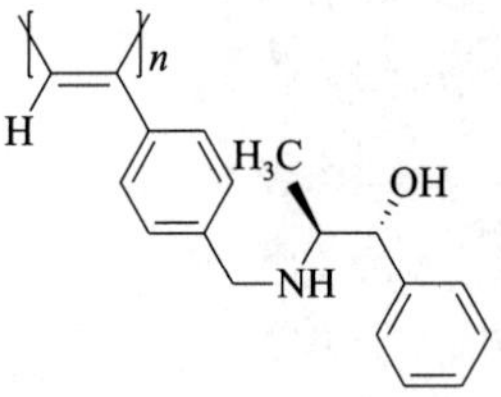

58

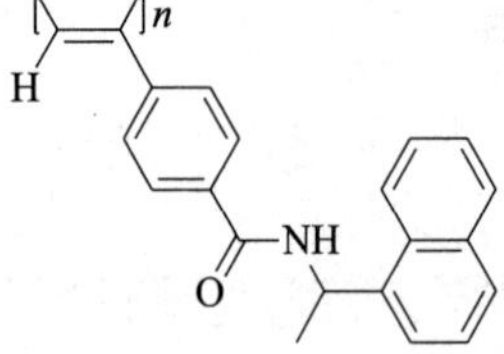

(R)-or(S)-59

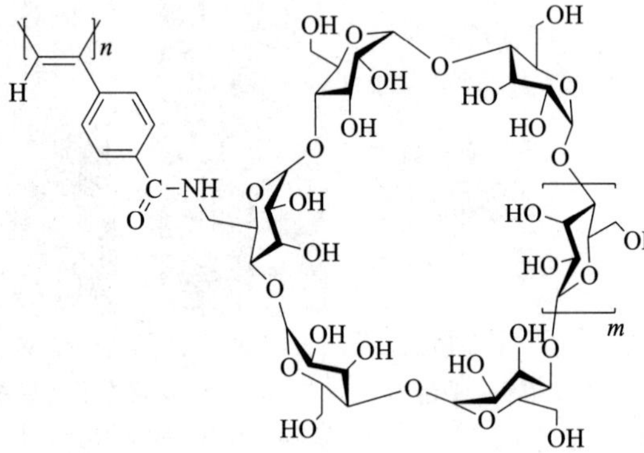

m=1: 60a
m=2: 60b
m=3: 60g

图 4-65　动态螺旋聚苯乙炔的手性刺激响应性大分子螺旋性反转

4.3 二炔基单体的聚合

二炔基单体聚合与乙炔和单取代炔烃或二取代炔烃完全不同,聚合方式也有差异。因此,聚合得到的聚合物也不相同,分为线性和非线性聚合。

4.3.1 二炔基单体的分类

二炔是一类单分子中含有两个三键的乙炔衍生物,作为炔烃聚合的潜在单体已被广泛研究。利用末端和内部双炔单体 a~e (图4-66) 作为构建基块,可以构建具有不同分子构象和拓扑结构的聚合物。

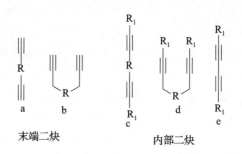

图4-66 二炔基单体的分类

4.3.2 二炔基单体聚合方式

与上面讨论的单炔单体不同,双炔单体不仅可以通过线性聚合反应,还可以通过非线性聚合反应进行聚合。线性聚合反应的典型实例包括1,6-庚二炔的环聚合,内二炔的复分解聚合,二炔与二卤化物的交叉偶联聚合,二炔的光诱导固态聚合,二炔与(二)硅烷的多硅氢化,二炔与硼烷的多硼氢化,二炔与二硫醇的硫氢化反应,二炔与双环戊二烯的Diels-Alder反应,二炔与二叠氮的点击聚合等反应。非线性聚合反应包括二炔与三碘化物的偶联、二乙炔基硅烷的多氢硅烷化、二乙炔基二硫化物的多双硫化、环戊二烯基二炔的多环加成、二炔的多环三聚和叠氮二炔的点击聚合。

4.3.3 二炔烃线性聚合

众所周知,在Mo基和W基催化剂的存在下,单炔发生复分解聚合。理论上,二炔单体的聚合通常产生高度交联的聚合物。然而,由于其特殊的几何排列,1,6-庚二炔 (图4-67 b) 和 (图4-67 d) 可以聚合成具有沿主链循环结构的线性聚炔[170]。典型的1,6-庚二炔如图4-67所示。五元和六元烯基环的混合物通常在1,6-庚二烯的环聚合中形成[171-174]。然而,Schrock型复分解复合物可以区域选择性的环聚二乙基二丙基丙二酸二乙酯 (图4-67 a,R = R' = CO₂C₂H₅) 具有五元或六元重复单元的聚合物。研究了一系列三氟乙酸和五氟苯甲酸改性 Grubs-Hoveyda-庚二烯酯、二丙胺、二丙胺盐和烷基取代的二丙胺基醚为主链重复单元 (>95%) 的五元环聚合成环状多烯[62]。

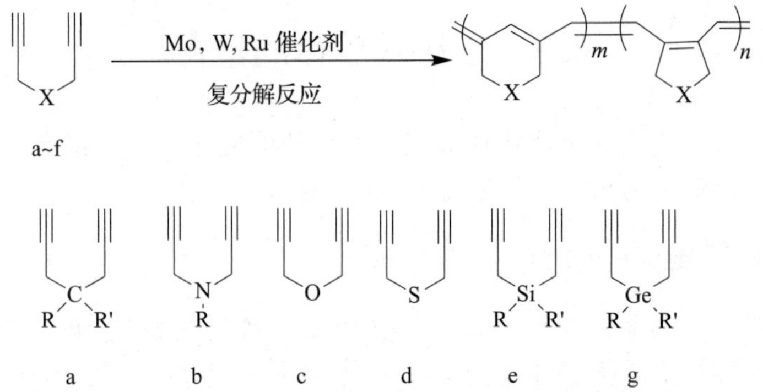

图 4 – 67 1,6-庚二炔衍生物的环聚

与国外对二炔聚合反应研究相比，国内对末端1,6-庚二烯聚合反应的研究较少，主要是由于合成难度大。唐本忠课题组设计合成了一组含不同芳环的 α,ω-二取代的炔烃[175]。末端取代1,6-庚二炔，结构如图4–68a～d所示，聚合机理与未经取代二炔烃有明显的不同：前者不能被二元 $MoCl_5$ – Ph_4Sn 二元体系有效聚合，对后者的聚合有很好的催化作用。然而令人高兴的是，唐本忠课题组发现，二元 WCl_5 – Ph_4Sn 混合物可以有效地将芳基二取代的1,6-庚二烯衍生物转化为仅由六元环组成的高分子量环状聚烯烃。如预期的那样，由稳定芳香环取代的具有不稳定烯烃氢原子的聚烯烃非常稳定且易于加工。

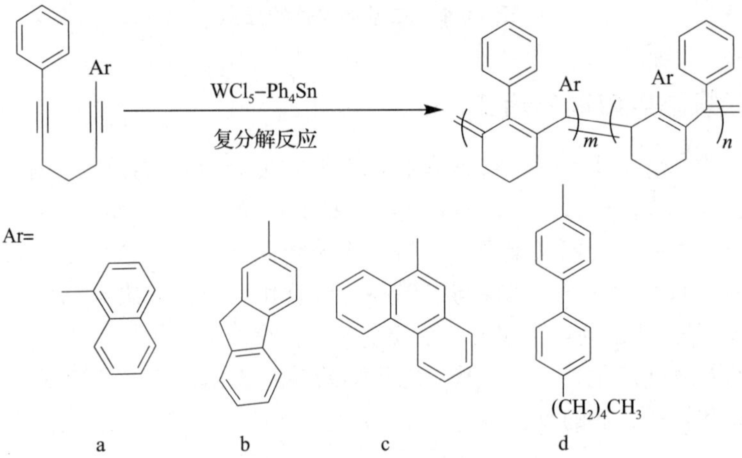

图 4 – 68 内二炔的环聚

Schrock 钨 – 碳炔配合物 $(^tBuO)_3W\equiv C^tBu$ 可以催化炔烃易位反应[176,177]。Schrock 和 Bazan 已经证明该配合物能够引发环状炔烃的开环易位聚合[178,179]。1997 年，Bunz 和 Müllen 报道了采用烷基转位 $(^tBuO)_3W\equiv C^tBu$ 引发 2,5-二己基 – 1,4-二丙基苯的无环易位聚合合成聚（苯乙烯 – 乙炔）s（PPEs），得到了 $DP_n \approx 100$ 的无缺陷聚合物[180]，收率高。然而，Schrock 催化剂很难制备，对空气和水分敏感，必须在手套箱或 Schlenk 生产线中小心干燥的溶剂中使用[181]。另一方面，Mortreux – Mori – Bunz 催化剂可以在未纯化的溶剂中工作，该催化剂由市场上可用的 $Mo(CO)_6$ 和苯酚试剂原位生成。将一系列二丙基苯（图4–69a）进行复分解聚合，得到定量产率高、纯度高的 PPES（图4–69b）。当长侧链（R）在 53 中用作增溶烷基链时，聚苯醚的 DP_n 可以达到非常高的值（高达 2 000）。在高温下进行的复分

解聚合产生了高分子量聚合物。

图4-69 内二炔化合物的复分解聚合

炔烃的特征反应之一是偶联反应：在适当的条件下，炔烃可以进行均相和交叉偶联反应，产生具有新形成的碳—碳键的分子。Hay 第一个研究了末端二炔的氧化性多偶联[182-184]。从中产生了一类新的 PDYs，可以将溶液浇铸成薄膜或纺成纤维。来自间二乙炔基苯（图4-70a）的聚合物（图4-70b）具有特别高的碳含量（~97%）并形成透明的柔性薄膜。由这些富碳聚合物制造具有高机械强度和模量的碳纤维。从聚合物到石墨纤维的转化很快，可以在几分钟内完成。含有二炔部分的聚合物是光敏的并且可以通过光照射进行交联[185,186]。

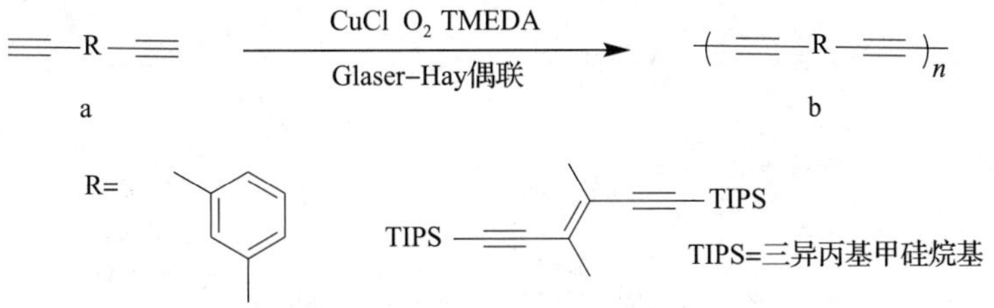

图4-70 端二炔的偶联聚合

Diederich 等通过 Glaser-Hay 偶联反应设计并合成了一系列各种炔属全碳或富碳聚合物，这些富含碳的乙酰基支架和纳米结构的构建，为化学与材料科学的接口基础研究和技术创新开辟了新的途径[187,188]。例如，稳定和可溶的聚（三乙炔）（图4-70b-TIPS）共轭分子线显示出有用的电子和光学性质[189]。

除了炔复分解方法外，二炔和二卤化物之间的交叉偶联反应也用于合成共轭聚芳炔聚合物（图4-71）。值得注意的是，在这个 A_2+B_2 聚合结构策略中，必须确保相互反应的 A 和 B 基团的化学计量平衡，以获得高分子量的聚芳炔。Bunz 综述了聚芳炔的合成，包括底物结构和反应条件的影响。钯催化剂催化的交叉偶联聚合对不同取代基的底物都具有很好的耐受性。通过直接聚合和聚合物反应，已经制备了各种各样的官能化聚芳炔。例如，取代基包括碟烯结构的（d）[190]，冠醚结构的（e）[191]，离子对（f-h）[192-194]糖（i）[195]，含有过渡金属结构的（g 和 k）[196]。一大批科研团队（Swager[197]，Mullen[198]，Weder[199,200]，Bunz，Schanze[201]，Whitten[202]，Huang[203]，Wong）都致力于研究功能性聚芳炔并研究其在爆炸物探测器、生物传感器、有机发光二极管（OLED）、液晶显示器（LCD）、光伏电池（PVC）等中找到实际应用。

Wegner 发现了一种独特的二炔聚合反应，即1,4-丁二炔的固态聚合（图4-72）。当反应性二炔单体在与最终 PDA 中重复单元之间的距离相当时[204-207]，施加热或光化学能可以引发拓扑聚合反应。在单层，LB-多层，双层囊泡和小管中的一些丁二炔晶体和一些丁二炔两亲物中满足该方式聚合[208-216]。

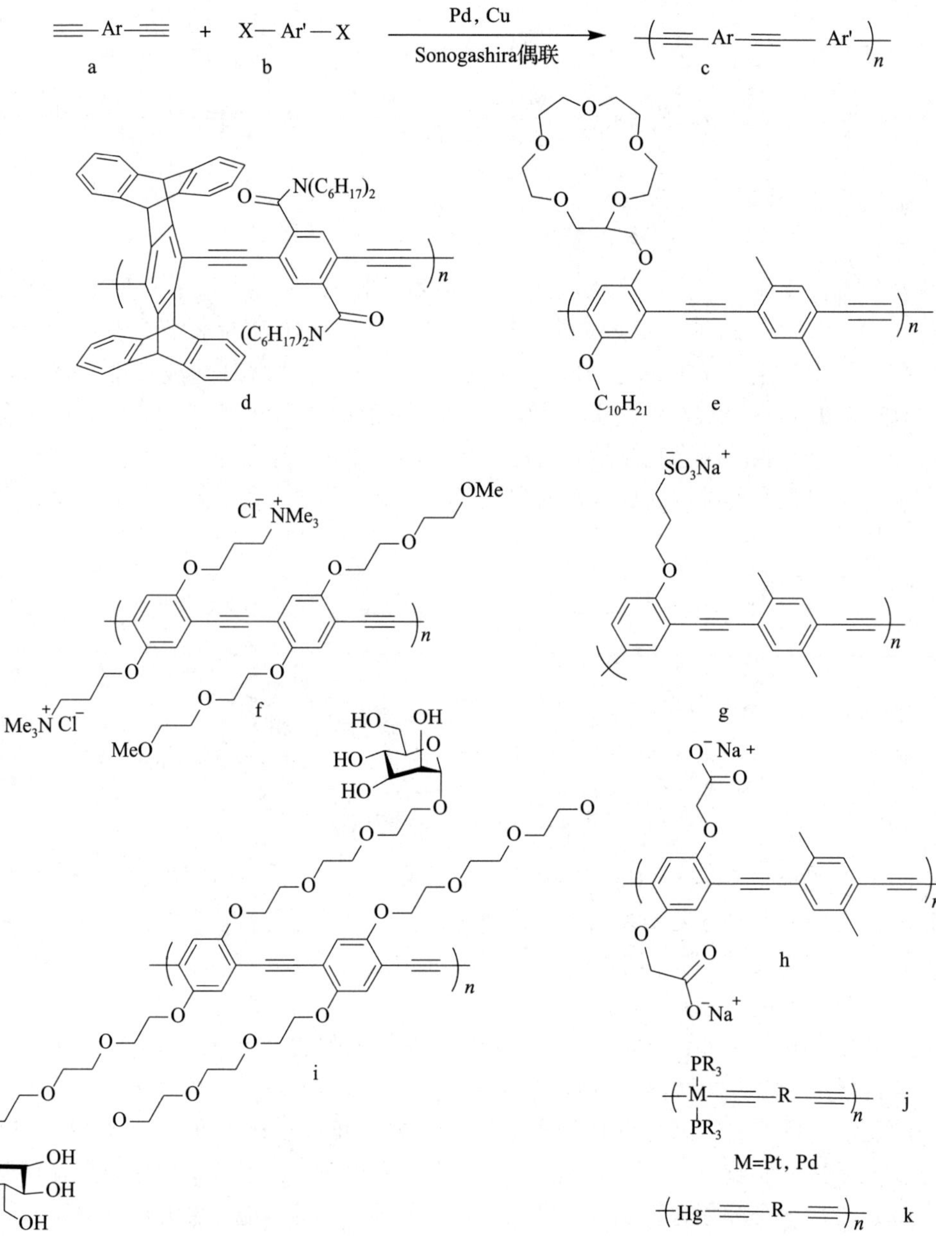

图 4-71　芳二炔与芳二卤化物的交叉偶联聚合

例如，紧密堆积和适当排序的丁二炔容易通过 1,4 加成聚合，得到烯—炔交替的聚合物链，例如图 4-72 聚合物 C 就属于这样一类聚合，在紫外或者 γ 射线照射下的聚合反应。由于在聚合过程中不使用化学引发剂或催化剂，因此聚合物不会被杂质污染，因此不需要纯化步骤。而且这类聚合物单晶属于准二维结构，具有很好的非线性光学特性和高的光导电率[217,218]。PDA 的最具特色和吸引力的特性是它们引人注目的变色过渡。通常，通过光诱导的拓扑聚合产生的 PDA 具有蓝色。PDA 响应于热搅动、溶剂熏蒸、机械应力或配体-受体交互作用扰动而发生蓝色至红色的颜色变化[219]。

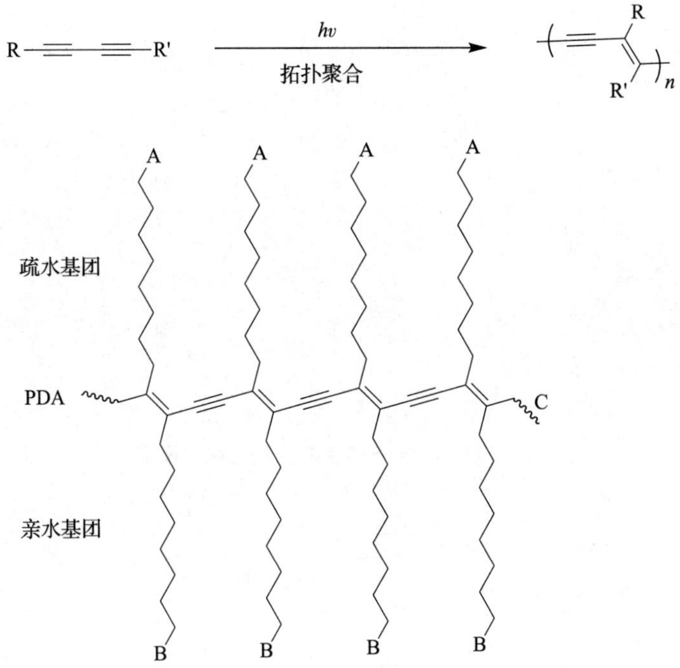

图 4-72 二乙炔的拓扑聚合

乙炔衍生物易与含杂原子的化合物进行加成反应，如硅烷（氢化硅烷化）、硼烷（硼氢化）和硫醇（硫氢化）。许多研究小组致力于利用这些反应合成含杂原子的炔属聚合物。二炔的多氢化硅烷化导致聚（亚甲硅基亚乙烯基）的形成[220-224]，由于沿聚合物主链的独特 $\sigma^*-\pi^*$ 共轭[225]，其具有优异的加工性和稳定性，并且已经发现作为陶瓷前体，可交联预聚物，电子传输介质和发光材料的应用。通过碳碳三键与硅氢键的反应实现了聚合，产生亚甲硅基亚乙烯基单元。该反应可耐受各种官能团，如酯、腈、胺、酰胺、硝基、酮、醚、磷酸盐、硫化物和砜。在结构上，炔烃氢化硅烷化可以产生几种异构体，包括反式（E）、顺式（Z）和由 β-1,2（顺式和反式）和 R-2,1 加成产生的孪生产物。区域和立体选择性取决于空间效应、动力学控制和所用催化剂。在过去的几十年中，已经研究了许多金属配合物作为潜在的氢化硅烷化催化剂。其中最受欢迎的是铂、钯、铑和钌配合物。Speier 的六氯铂酸已成为大多数氢化硅烷化反应的首选催化剂[226]。

通过增加取代基的位阻效应和通过动力学控制，Keller[227]、Luneva、Shim[228] 和 Trogler[229] 等已经通过使用 Speier 催化剂制备了高反式立构规整度的各种聚（亚甲硅基亚乙烯基）（图 4-73）。在某些情况下，由于 Si—H 键进一步氢化硅烷化到聚合过程中形成的亚乙烯基单元，因此发生了孪位连接和链支化[230]。钯配合物不如铂配合物，一般反应活性不高。铑催化剂可以控制形成的区域和立体异构体的比例。使用 Wilkinson 催化剂 Rh(PPh$_3$)$_3$Cl，Luh 课题组开发了非常有用的氢化硅烷化方案，用于以区域和有规立构方式合成携带两种以上不同发色团的聚合物（图 4-74）[231]，已经系统地研究了具有所有高反式亚乙烯基结构的聚合物的光学性质。

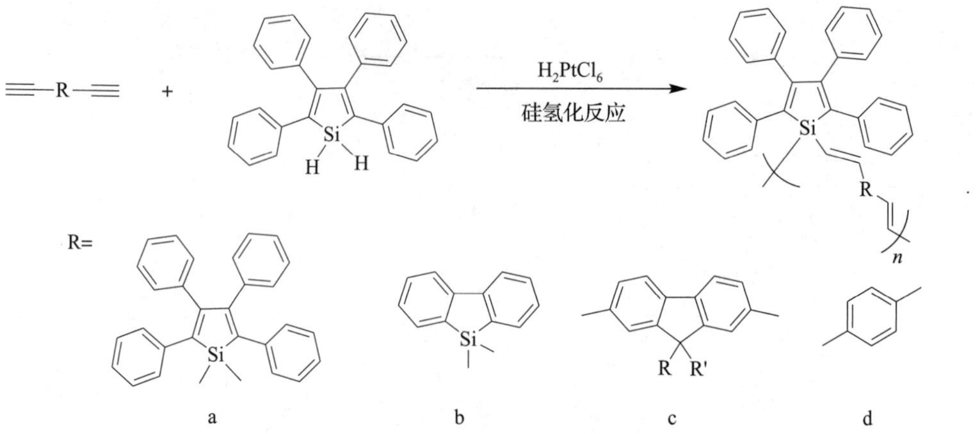

图 4-73 二炔与硅烷的多氢硅烷化反应

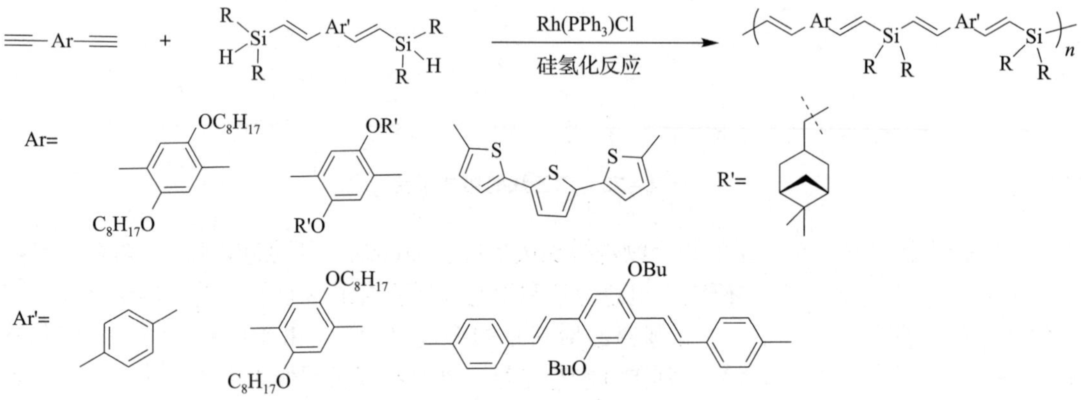

图 4-74 二炔与二硅烷的多氢硅烷化反应

Mori 发现 Rh(PPh₃)₃I 可用于制备具有高反式或高顺式富集构象的聚合物，这取决于单体添加顺序和聚合温度[232]。使用二硅烷基亚芳基和双乙炔基单体对，制备具有反式或顺式富集结构的高分子量聚合物。反式聚合物的荧光量子产率（$Φ_F$）远高于其顺式对应物的荧光量子产率（$Φ_F$）。这是因为反式异构体在电子上更加离域，与顺式异构体相比，这使得单体单元之间的轨道重叠更加广泛。在紫外线照射下，顺式结构异构化为全反式结构，这表明 $Φ_F$ 的预期增加以及 Si—C 键的高稳定性[233]。

尽管炔烃硼氢化在有机化学中是众所周知的，但使用该反应合成聚合物的实例是罕见的。Chujo 等合成的有机硼聚合物 c 具有中等分子量，在室温下通过芳族二炔 a 与均三甲硼烷 b 在四氢呋喃（THF）反应得到聚合物，但是硼烷与炔的反应具有高度区域选择性（图 4-75），聚合物显示出高溶解度，但对空气和热的稳定性相对较低。

Corriu、Douglas 和 Siebert 发现用二氯甲烷（DCM）作溶剂 $HBCl_2$ 和 Et_3SiH 处理的 2,5-二炔基噻吩（RC≡C）$_2C_4H_2S$（R = Ph、Me₃Si、^tBu）进行硼氢化聚合，得到高度着色的聚合物，对氧气和水特别敏感[234]。在 Chujo 制备的聚合物中，观察到 π-共轭通过硼原子的延伸[235]。进一步的研究表明，这些聚合物属于典型的电子缺陷型 n 型共轭聚合物。预期供体

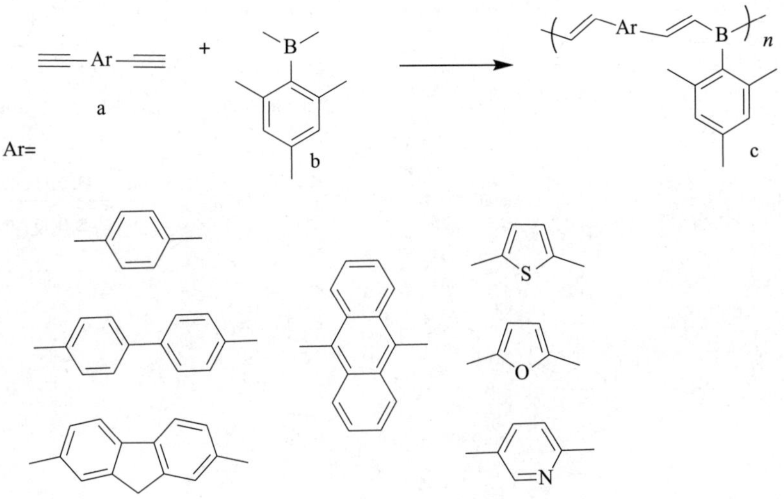

图 4-75 二炔与硼烷的多氢硼化反应

发色团的掺入会调节聚合物的光学性质。实际上，当聚合物含有噻吩时，呋喃和吡啶的给电子单元发射蓝光。例如，c 含有噻吩和呋喃结构和吡啶结构，由于供体和受体相互作用而分别发出绿光和白光。

与氢化硅烷化和硼氢化相似，硫代硫酸化是合成含杂原子的炔属聚合物的潜在有用反应。该反应首先由 Truce 和 Simms 在 20 世纪 50 年代报道：当芳基烷基乙炔与硫醇钠混合时，发生亲核反应并形成乙烯基硫化物[236]。Newton 试图用钼配合物催化反应，但产物收率低。Ogawa[237] 和 Shimada[238] 发现铑和钯配合物可有效催化炔烃硫氢化，使乙烯基硫化物具有直链和支链结构[239,240]。Love 和同事开发了用于合成乙烯基硫化物的 Rh 基催化剂。虽然炔烃硫氢化可以通过具有优异原子经济性的自由基、亲核和配位机制进行，但产物通常是区域和立体异构体的混合物[241]。例如，硫醇 b 可以与炔 a 一起进行 Markovnikov 加成，得到支化的乙烯基硫化物 c。反应也可以以反马方式进行，得到具有 Z(d) 和 E(e) 构象的线性加合物（图 4-76）。

显然，区域和立体化学是开发更有用的反应需要解决的重要问题。通过炔烃硫氢化合成富含硫的聚合物实际上尚未开发，尽管预期这些聚合物显示出有趣的光子性质，例如高折射率（RIs）。具有高折射率值的可加工聚合物材料的开发是一个令人着迷的研究领域，因为它们在光学器件如光波导和全息图像记录系统中具有广阔的应用前景。

唐本忠团队成功地将炔烃硫氢化反应开发成有用的聚合技术[242]，在仲胺如二苯胺存在下，将二硫醇与二炔物在二甲基甲酰胺（DMF）中反应（图 4-76）。在室温下搅拌 24 h 后，以几乎定量的产率获得具有高分子量（$M_w \approx 30 \times 10^3$）的聚合物。光谱分析显示聚合物是线性反 Markovnikov 反应产物，具有主要的 Z 构象"Z/E=3.6∶1"。完全没有得到支链异构体，表明多氢硫代化反应以区域选择性方式进行。发现铑配合物 Rh(PPh$_3$)$_3$Cl 有效地催化多氢硫醇化，使聚合物具有高分子量和高产率的独特 E-构象。这是非常令人兴奋的，因为它证明了炔烃多氢硫醇化的立体化学可以通过催化剂体系的选择来控制，并且 Rh 催化的聚合反应是区域选择性和立体选择性的。

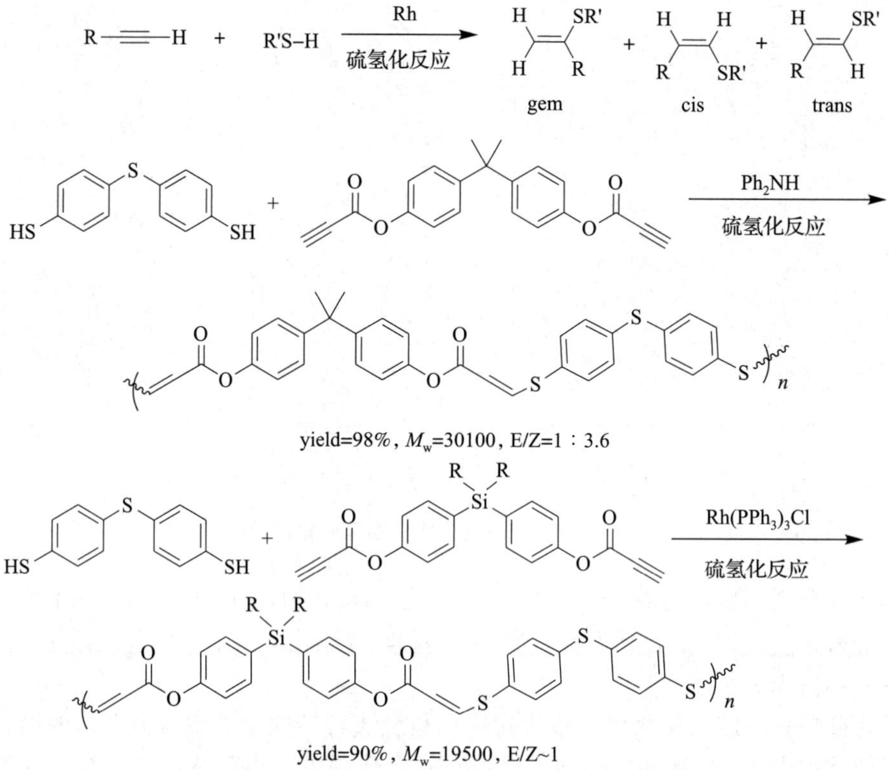

图 4-76 二炔类化合物与二硫醇的多氢硫化反应

Oligaruso[243]、Ried[244]和 Mullen[245]利用四苯基环戊二烯与单烯的分子间 Diels-Alder [4+2] 环加成,二炔或三炔衍生物建立有效的合成路线,以获得大的单分散低聚物,具有潜在的电子材料应用价值。线性 PPs 的制备由 Stille 及其同事完成[246]。在高温(高达 250 ℃)下,对或间二乙炔基苯与双(四苯基环戊二烯酮)的多环加成反应进行一氧化碳的脱出,导致以高产率形成聚合物(图 4-77)。

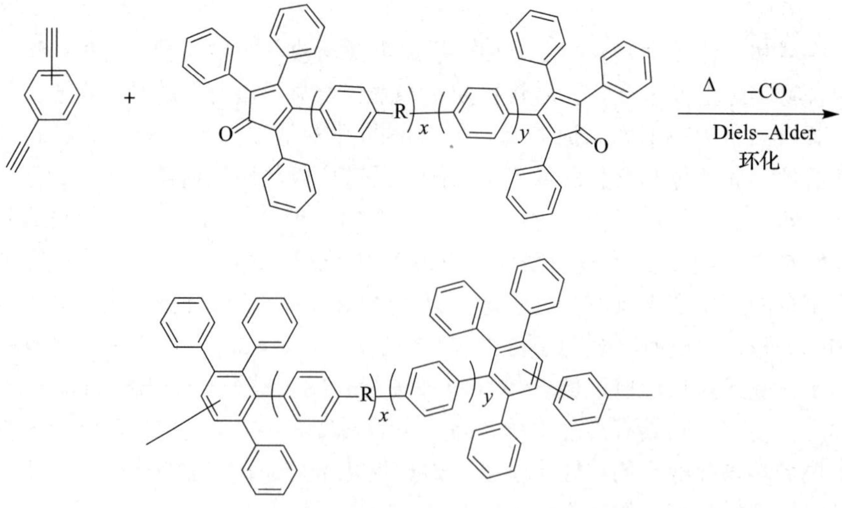

图 4-77 二炔与双环戊二烯酮的多环加成反应

该聚合物几乎是无色和无定形的并且具有高分子量（数均分子量 M_n = 20 000 ~ 100 000）。然而，聚合物的溶解性差，只有15%可溶于普通有机溶剂。多环加成反应是区域性的，即使在反应中使用对二乙炔基苯，也不能得到结构上明确的聚（对亚苯基）。原则上，两个在每个 [4+2]-环加成反应中可能存在区域异构体。这就是聚合物链含有对位和间位异构单元的原因。

Huisgen 在20世纪80年代系统地研究了炔烃-叠氮化物1,3-偶极环加成反应，该方面的研究就一直沉默下去了，直到 Sharpless 和同事报告 Cu(Ⅰ) 物种有效催化环加成反应，得到区域选择性1,4-二取代三唑。这一反应是由 Sharpless 及其同事创造的"点击反应"，具有许多显著特征，如基质适用性广，效率高，区域选择性好，反应条件温和，纯化程序简单[247-249]。点击反应已成为一种多功能的合成工具，已广泛应用于多种研究领域，如生物共轭、表面功能化和材料改性[250-255]。点击反应也已用于聚合物科学，但重点在于通过后聚合方法改性预制聚合物[256-266]。将点击反应发展成聚合技术的努力仅取得了有限的成功。在早期研究中，聚合物化学家使用点击化学来构建树枝状和线性聚合物。然而，树枝状聚合物的制备需要多步反应和烦琐的产物分离，而长反应时间和差的产物溶解度是通过点击反应途径合成线性聚合物的障碍[32]。

在尝试的点击聚合中，二炔和二叠氮化物通常在 THF/水混合物中使用 $CuSO_4$/抗坏血酸钠共聚合（图4-78）Cu(Ⅰ)-催化的芳基二嗪和芳基二炔（芳基）苯基、吡啶基、芴基等的点击聚合反应缓慢，需要长达7~10天才能完成。产物通常甚至在低聚物阶段从反应混合物中沉淀出来或在纯化后变得不溶于普通有机溶剂，除非非常长的烷基链（如十二烷基）连接到聚合物的芳环。不溶性很可能是由含水混合物对所得 PTA 的低溶剂化能力引起的。

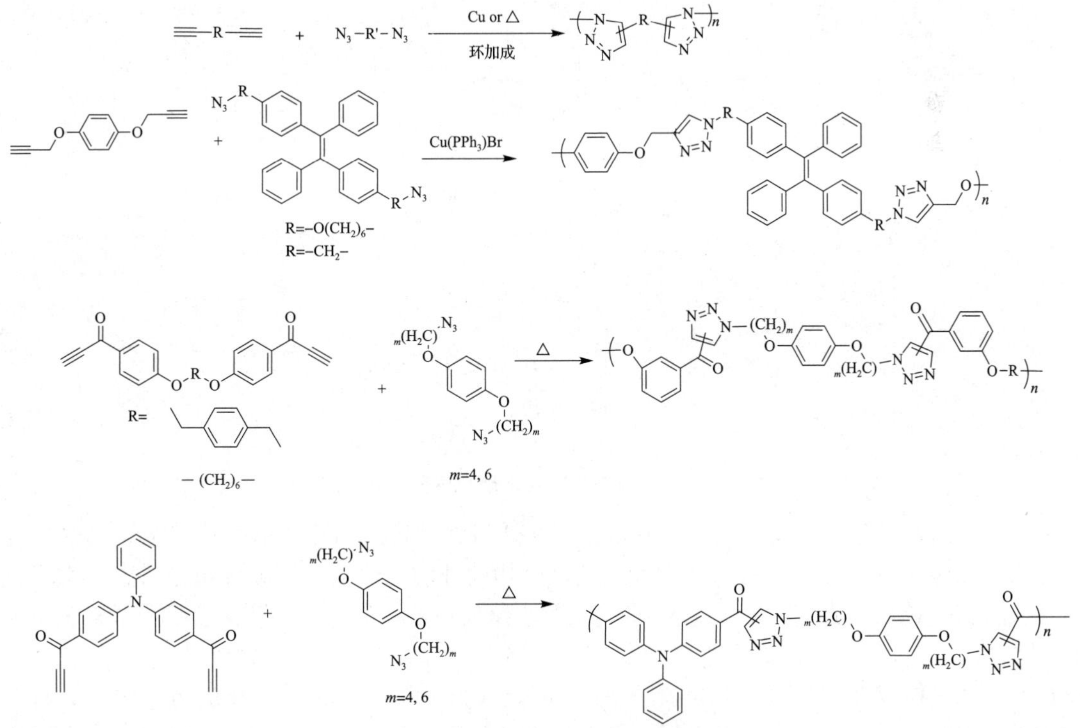

图4-78 二炔类化合物与二叠氮化物的点击聚合

如果使用可溶于有机溶剂的催化剂在有机介质中进行点击聚合，则可以克服该缺点。实际上，通过使用有机可溶性催化剂 $Cu(PPh_3)_3Br$，唐本忠课题组成功地将二炔与二叠氮化物聚合以获得具有高分子量和1,4-区域规整度的可溶性线性 PTA（图 4 – 78）。

实验和理论研究表明，反应很大程度上受到底物的影响：具有与吸附基团相邻的吸电子基团的炔烃单体即使在不存在金属催化剂的情况下，碳—碳三键也容易进行多环加成反应。唐本忠团队最近开发出一种用于电子缺乏的炔烃单体的热活化，无金属点击聚合方法。线性聚（芳酰基三唑）s(f 和 i) 具有高的区域规整性（1,4-含量或 $F_{1,4}$ 高至 ~92%）并且在普通有机溶剂中具有优异的溶解性，通过简单地将双（芳酰乙炔）s(d 和 g) 和二叠氮（e）的反应混合物在中温（100 ℃）等极性溶剂中回流短时间（6 h）在开放的大气中，就可以在普通有机溶剂中获得优异的溶解性的聚合物。

4.3.4 二炔烃的非线性聚合

非线性炔烃聚合使得能够合成具有三维分子结构的炔属聚合物。芳基二烯与芳基三碘化物的多偶联是构建超支化聚（亚芳基亚乙炔基）（hb – PAEs）的有效方法。聚合物也可以由 AB_2 型单体制备，但是由于相互反应的 A 和 B 官能团之间的自身低聚作用，这种方法难以进行单体合成[267-269]。$A_2 + B_3$ 聚合方式提供多种单体的选择，但存在形成交联网络或凝胶的风险。因此，控制多重偶联条件是合成具有所需结构和性质的可加工的 hb – PAEs 的必要条件。通过优化聚合条件，如反应时间、单体和催化剂浓度，在共聚单体的添加方式中，唐本忠团队成功合成了含有荧光基团的 hb – PAEs，如芴和蒽以及偶氮核推挽非线性光学（NLO）发色团（图 4 – 79）[270,271]。

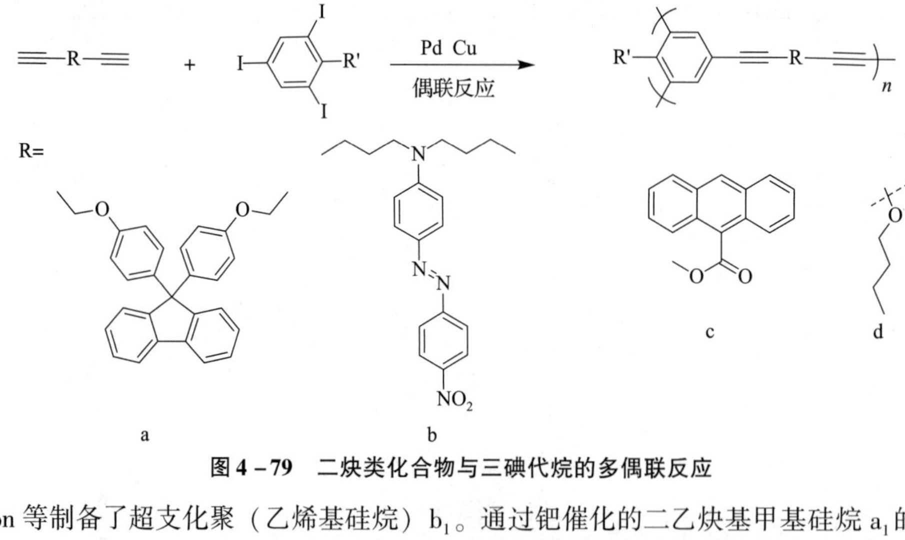

图 4 – 79 二炔类化合物与三碘代烷的多偶联反应

Son 等制备了超支化聚（乙烯基硅烷）b_1。通过钯催化的二乙炔基甲基硅烷 a_1 的多氢化硅烷化（图 4 – 80）黏性，可溶性和稳定性聚合物的外围乙炔基经历了热和光诱导的交联反应。Kwak 和 Masuda 通过 Rh 催化的 AB_2 型硅烷单体 a_2 的多氢化硅烷化制备具有 σ – π 共轭 b_2 的超支化聚合物。所得聚合物含有 95% 反式亚乙烯基单元，并且当在氮气下加热至高达 900 ℃ 的温度时仅损失其质量的 9%。唐本忠团队通过 $RhCl(PPh_3)_3$ 催化的芳基二烯 c 与亚芳基三硅烷的 $A_2 + B_3$ 多氢化硅烷化合成高收率的超支化聚（亚芳基乙烯基硅烷）e。尽管通过线性聚合物（如聚苯乙烯）标准校准的 GPC 分析经常大大低估非线性超支化聚合物的分子量，但聚合物的凝胶渗透色谱（GPC）测量值仍为 63 000~98 000。聚合物是成膜的并且显示出显著的光子性质。

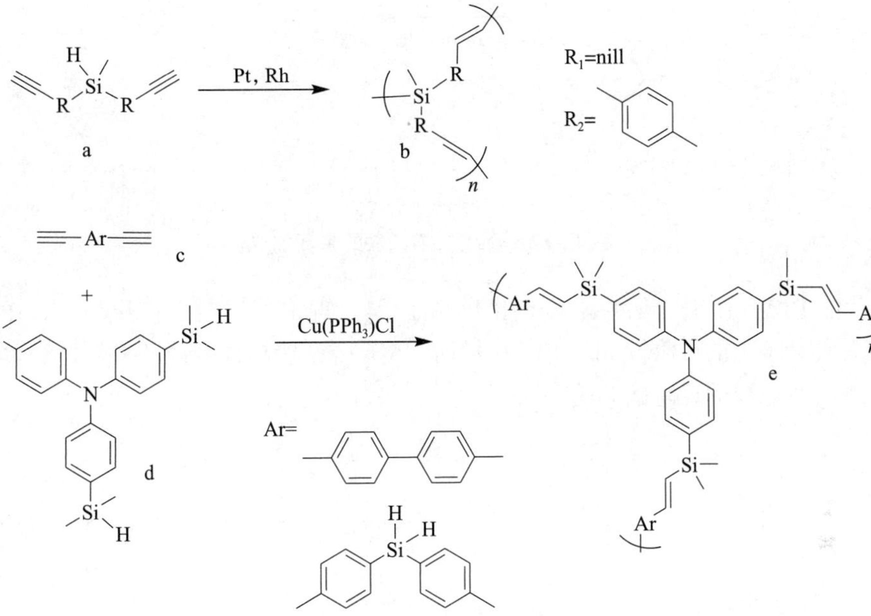

图 4-80 烷炔-硅烷多氢硅烷化实例

在独特的自加成聚合中，二乙炔二硫化物图 4-81 a（A_2B_2 型单体）在 Pd 催化剂存在下进行自身硫化反应。合成了具有 Z-取代的二硫代烯烃单元的聚合物 c（图 4-81）。聚合物 c 的 M_n 和 M_w 值分别高达 8 100 和 57 000。通过 ^1H 和 ^{13}C NMR 光谱分析证实 c 的有规立构构象。该聚合物可溶于普通的有机溶剂，如苯、丙酮和氯仿。当聚合反应进行很长一段时间时，形成不溶性凝胶。

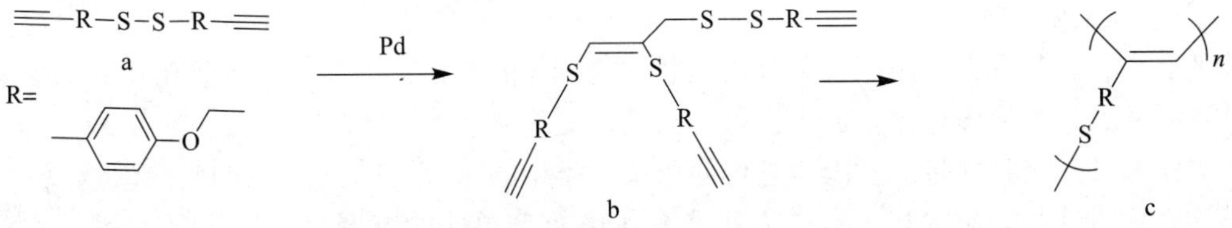

图 4-81 二炔基二硫醚的多双硫化反应

Mullen 报道了通过 3,4-双（4-乙炔基苯基）-2,5-二苯基环戊二烯酮（图 4-72a）的 AB_2 单体的自缩合合成三维超支化聚亚苯基（hb-PPs）（图 4-82 b）[272]。hb-PP 仅由五苯基苯单元组成，具有高 DB。聚合物 b_1 是浅棕色的并且在普通溶剂中难溶。溶解性差可能是由于苯环的密集堆积或聚合物的刚性核心结构。从合成的观点来看，由于空间效应和统计规则，聚合物仍含有大量反应性末端乙炔基。通过动态光散射（DLS）技术表征聚合物 b_2，发现其平均直径约为 15 nm。因此，聚合物 b_2 可以被认为是多分散的 hb-PP 纳米颗粒。

Voit 和同事发现，hb-PTAs 可以通过 1,3-偶极环加成反应从 AB_2 单体合成。图 4-83 a 的聚合通过加热引发或由 Cu(I) 物质催化（图 4-83），热方法导致形成完全可溶的 1,4-和

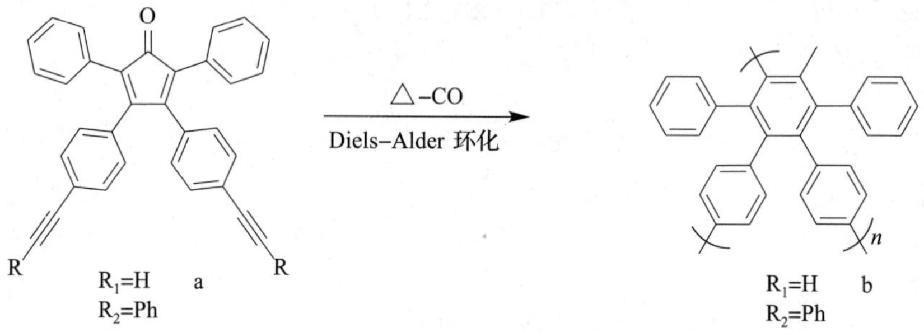

图 4-82 环戊二烯二炔的多环加成

1,5-二取代的 PTA，而铜催化的体系产生不溶的 1,4-二取代的 PTA。内炔的 AB_2 单体可以热聚合成具有高分子量的可溶性 hb-PTA。然而，AB_2 方法受单体合成的复杂性和单体制备和储存过程中自身低聚的风险的影响[273]。

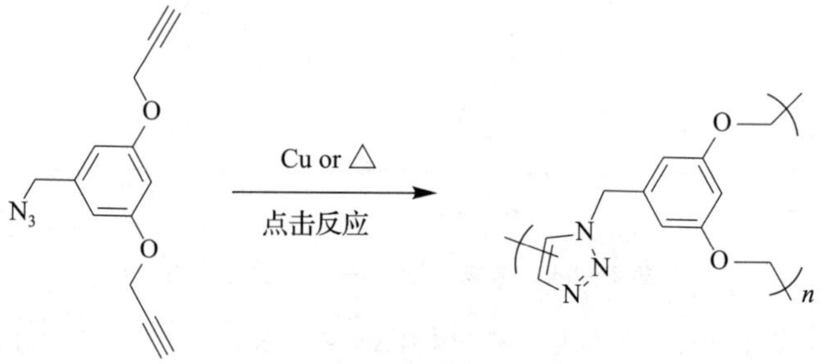

图 4-83 叠氮二炔的点击聚合

乙炔环三聚是一种具有百年历史的反应，用于将单分子有效转化为苯环。二炔分子的多环三聚化可以产生 hb-PP，其中重复单元通过坚固的苯环编织在一起。然而，二炔多环加成容易失控，产生交联不溶性凝胶[274]。因此，挑战是如何设法控制反应。唐本忠团队已经接受了这一挑战，并致力于通过 A_2 型二炔多环化合物合成超支化聚合物[275-277]。通过精心设计的努力，尤其是催化剂探索和合成工艺优化方面的努力，唐本忠团队成功建立了受控聚合体系，并通过二炔多环化合成了多种功能性超支化聚合物[242,278-298]。

二炔多环三聚是独特的，因为它仅使用单一类型的 A_2 单体（图 4-84）。超支化聚合物的常用合成方法是利用 AB_n（$n \geq 2$）和（A_2+B_3）型单体的缩聚反应，其中 A 和 B 表示相互反应的官能团，例如羧基（$-CO_2H$）和羟基（$-OH$）。然而，由于在单个分子中存在多个相互反应的基团，AB_n 的合成方式在单体制备和单体储存过程中的自身寡聚化方面存在合成困难。另外，A_2+B_3 方法需要两种单体的化学计量平衡，以获得具有高分子量和 DB 值的聚合物。相比之下，A_2 型二炔单体在没有催化物质的情况下在室温下是稳定的，并且它们的多环三聚反应基本上是单分子进行的。换句话说，在二炔系统中没有自身低聚的复杂性和化学计量平衡的要求，其聚合因此可能产生具有非常高的分子量和 DB 值的超支化聚合物。此外，在三维空间中通过坚固的苯环连接分支使能够合成具有高稳定性和优异加工性的超支化聚合物，而由缩聚制备的超支化聚合物通常是不稳定的（例如，经历水解降解），并且线性（未取代的）PP 由于其线性的规则包装，当它们的分子量仅达到几千时通常变得不可溶。

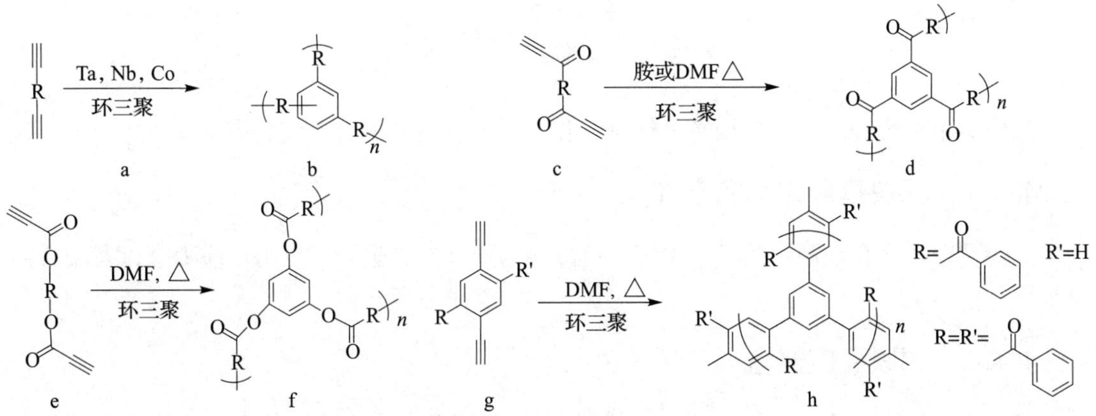

图 4-84　二炔类化合物的多环三聚反应

唐本忠团队在将炔烃环三聚反应开发成合成超支化聚合物的有用方案的过程中遇到了交联问题。最初，他们使用与烷基链或芳环桥接的末端二炔作为单体。反应中涉及交联或凝胶化，但通过单体结构的分子工程和聚合条件的优化，他们成功地合成了具有优异溶解性的超支化聚（亚烷基亚苯基）或聚亚芳基聚合物。已经发现聚合物显示出一系列新特性，例如高热稳定性（高达 600 ℃），易于光固化，有效发光（Φ_F 高至 98%），大的光学非线性和低光学色散。Ta 和 Nb 催化的二炔多环化合物可以产生具有高分子量但对极性官能团几乎不耐受的聚合物。尽管 Co 催化剂可聚合带有某些极性基团的二炔，但由于聚合物中存在难以除去的催化剂残余物，所得聚合物通常具有比 Ta 和 Nb 催化剂制备的那些更低的分子量和更差的光学和光子性质。

通过进一步的研究，唐本忠团队发现由非金属催化剂或有机催化剂如哌啶引发的双（芳酰基乙炔）的多环三聚反应在离子机理中顺利进行并产生超支化聚（芳酰基亚乙烯基）（hb-PAAs）高 DB 的高产率。该聚合反应是极性官能团，并且严格区域选择性，使聚合物具有唯一的 1,3,5-区域结构。然而，双（芳基乙炔）单体难以制备。制备单体需要很多步反应，反应涉及使用有毒重金属如 MnO_2 和 CrO_3。对双（芳酰基乙炔）结构的分析表明，该聚合反应适用于其三键与吸电子基团连接的二炔。如果芳酰基乙炔中的羰基键可被酯基取代，则可使单体合成更容易，因为乙炔羧酸（或丙炔酸）是可商购的化合物，可以很容易地用二醇酯化形成二丙醇酯。如果双丙烯酸酯单体可以容易地聚合，它将为超支化聚合物的容易和经济合成铺平合成路径。唐本忠团队已经探索了这种可能性并证明了在回流的 DMF 中聚丙烯酸酯的聚环化反应可以产生具有完全支化结构和 1,3,5-区域规整性的高产率的可加工的超支化聚合物。

沿着这一系列的研究努力，设想这种多环三聚反应也可用于具有通过电子可传递或可传输单元与乙炔三键连接的缺电子基团的单体。唐本忠课题组设计了一组新的芳香二炔，其中羰基通过苯环与乙炔三键连接，使系统缺电子。实际上，g 在回流 DMF 中的多环三聚合反应可以良好地以高产率得到 1,3,5-区域选择性的，可加工的超支化聚合物 h。这一成功有助于我们进一步了解聚合机理，并表明存在很大的空间来扩展该聚合途径对其他单体体系的适用性。

4.4 三炔基单体聚合

三炔基单体聚合与上述二炔基单体聚合相似，所采用的聚合反应相同。

4.4.1 三炔基单体聚合方式

三炔基单体聚合从利用的反应不同，可以分为偶联反应聚合、点击反应聚合以及聚合后修饰。

4.4.2 偶联反应聚合

已经积极探索了 Glaser–Hay 氧化偶联反应在富碳聚合物构建中的应用。挑战在于如何提高这种聚合物的可加工性，因为它们的线性链通常甚至在低聚物阶段变得不可溶，超支化聚合物的合成有助于避免可加工性问题，因为聚合物具有独特的球状拓扑结构，其包含许多分子内空隙或大的自由体积，有助于溶剂化。唐本忠团队一直对富碳 hb–PDY 的设计和合成感兴趣，预计这种聚合物具有与其高密度二炔棒相关的新特性。例如，二炔官能团的丰富反应性可赋予聚合物光敏性、热固化性和金属配位能力。为了合成 hb–PDYs，唐本忠团队采用了 A_3 偶联方法：通过使用 Glaser–Hay 氧化偶联反应将三炔单体编织在一起。通过相应的三炔单体 a 的均聚偶联合成含有各种官能团，如醚、胺和氧化磷的 hb–PDY b（图 4–85）。为了防止形成网络，通过在凝胶点之前将反应混合物倒入酸化的甲醇中来停止聚合。

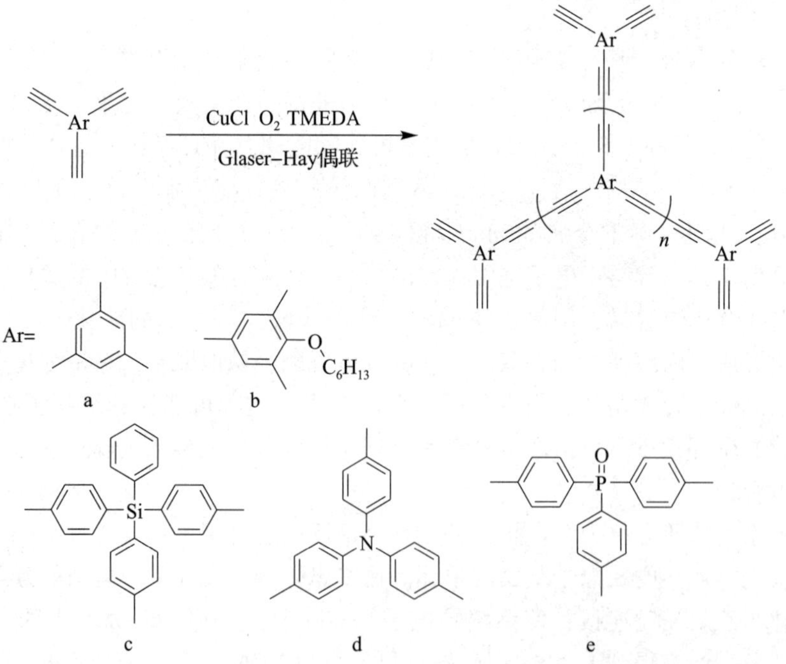

图 4–85 三炔的多重偶联

4.4.3 点击反应聚合

在他们对线性点击聚合的研究中，唐本忠团队开发了一种无金属、热引发的区域选择性多环加成方法：简单地加热双（芳基乙炔）（图4-78d）和二叠氮化物（图4-78e）的混合物，在极性溶剂如DMF/甲苯混合物中容易提供线性PTA与高产量（高达98%）的高区域规整度（高达92%）。唐本忠团队试图将这一过程应用于hb-PTA的合成。采取了A_3+B_2方法：制备和稳定保持三炔（A_3）和二叠氮化物（B_2）用作单体（图4-86），以避免在AB_2系统中遇到的自身寡聚化问题。A_2/B_3单体（图4-86 a/b）容易通过金属介导的点击反应和热激活的环加成反应聚合。铜和钌催化的点击聚合提供具有规则的1,4-和1,5-连接的超支化聚合物，即分别为hb-1,4-PTA(c)和hb-1,5-PTA(e)，而热引发聚合体系产生区域无规聚合物hb-r-PTA d。所有聚合物均易溶于常见有机溶剂，如DCM、THF和二甲基亚砜（DMSO），代表了具有区域规则结构和宏观可加工性的hb-PTA的首批实例。

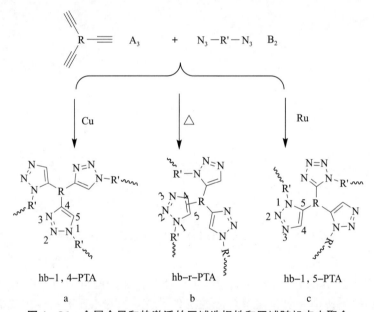

图4-86 金属介导和热激活的区域选择性和区域随机点击聚合

图4-86单体的热聚合将叠氮化物-炔烃单体高产率地转化为HB-r-PTA b，GPC估计其M_w和PDI分别为11 400 g·mol^{-1}和2.7。如上所述，众所周知，GPC体系经常低估超支化聚合物的分子量。唐本忠课题组利用激光散射技术测量了聚合物的绝对分子量，发现其为177 500，比GPC估计的值高出约14倍。在合成区域规则聚合物的尝试中，唐本忠团队在"标准"点击反应条件下将单体与$CuSO_4$/抗坏血酸钠混合。不可溶性沉淀物立即形成，不能溶于任何常见的有机溶剂。因此，点击反应的标准配方不适合于合成可加工的hb-PTA。

在标准点击聚合反应中，$CuSO_4$/抗坏血酸钠催化剂用于THF/水混合物中。生长的hb-PTA物质与水性介质之间的不相容性可能已经诱导聚合物聚集并因此沉淀。为了避免使用含水介质，唐本忠团队使用$Cu(PPh_3)_3Br$的非水性点击催化剂来引发三炔单体与二叠氮化物的点击聚合（图4-87）。$Cu(PPh_3)_3Br$催化的聚合反应生成hb-1,4-PTA（图4-77a），m=4，产率为46%，可溶于常用有机溶剂，包括二氯甲烷、四氢呋喃、二甲基甲酰胺和二甲基亚砜。类似地，在非水介质中进行的聚合得到可溶性 hb-1,4-PTA（图 4-87a），$m=6$，收率为 52%。与热激活体系相比，Cu(Ⅰ) 催化剂大大加快了多环加成过程（60 ℃时 80 min）。

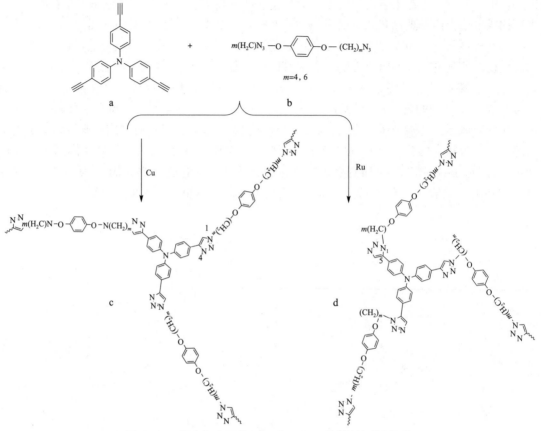

图 4-87 铜和钌介导的 1,4-和 1,5-区域选择性点击聚合

Cp*Ru(PPh$_3$)$_2$Cl 催化的单体的 1,5-区域选择性点击聚合进行得更快：例如，图 4-87b 的聚合在中生成可溶性 hb-1,5-PTA，产率为 75%，在短时间（30 min）内可达。然而，Ru(Ⅱ) 配合物的制备是一项非常难合成的工作[299]。二氯（五甲基环戊二烯基）钌(Ⅲ) 低聚物（Cp*RuCl$_2$)$_n$ 是 Cp*Ru(PPh$_3$)$_2$Cl 的前体，并且可以通过回流 RuCl$_3$·nH$_2$O 以及高产率来容易地制备。五甲基环戊二烯在乙醇中搅拌数小时。虽然有人担心稳定的 Ru(Ⅲ) 前体可能不能很好地作为点击催化剂。（Cp*RuCl$_2$)$_n$ 能够在 40 ℃下以 >83% 产率很好地催化单体聚合得到聚合物。

所有新制备的超支化聚合物样品，包括随机 hb-r-PTA 和区域规则 hb-1,4-和 hb-1,5-PTA，均可加工：薄固体薄膜可通过静态浇铸或旋涂方便地制备，将 1,2-二氯乙烷溶液加到固体基质上，如硅片、载玻片和云母板。无论制备它们的聚合方法如何，所有聚合物都是稳定的。例如，hb-PTA 在 374~407 ℃的温度范围内损失其原始质量的 10%，表明它们对热解的强烈抵抗力。当聚合物加热至 200 ℃时，通过差示扫描量热法（DSC）测量没有检测到玻璃化转变温度。

然而，由 Cu(PPh$_3$)$_3$Br 催化剂制备的 hb-1,4-PTA 在环境条件下储存后逐渐变得部分不溶。在对照实验中，将少量的 CuSO$_4$/抗坏血酸钠与其混合由 Ru 催化的点击聚合制备的 hb-

1,5-PTA。聚合物在几分钟内变得不溶，尽管在没有外部添加的 Cu 催化剂的情况下储存几个月后它仍然可溶。Cu 物种可以催化聚合物周围的叠氮基和乙炔基末端基团的环加成反应，使其交联并因此不溶解。通过用胺溶剂洗涤 hb-1,4-PTA 去除催化剂残留物已经付出了很多努力，但是由于聚合物在亲水性溶剂中的溶解性差，结果不令人满意。

hb-1,4-PTA 随储存的溶解度变化的另一个可能原因是固态的聚集体形成。理论模拟表明，在优化的构象中，1,4-异构体的苯基和三唑环经历很小的空间相互作用并且几乎可以位于同一平面内。在储存期间，hb-1,4-PTA 的环状板可借助于其芳族单元之间的 π-π 堆叠吸引力逐渐包装。这种"物理交联"过程逐渐将更多的聚合物分子编织在一起并加宽三维网络，因此逐渐降低聚合物的溶解度。相反，在 1,5-异构体中苯基和三唑环之间存在空间排斥。因此，环被扭曲出平面度以减轻所涉及的空间效应。这种扭曲的非平面结构使得 hb-1,5-PTA 的环状单元难以以固态包装。因此，1,5-区域规则聚合物可以长时间保持其良好的溶解性。通过热聚合制备的 hb-r-PTA 具有区域随机结构并且难以以固态包装。此外，在热聚合过程中没有使用过渡金属催化剂；换句话说，聚合物中没有留下金属残留物。因此，hb-r-PTA 应具有良好的溶解性，实际上，聚合物在环境条件下以固态储存数月后仍保持可溶性。

4.4.4 聚合物后修饰

与线性聚合物的反应相比，超支化聚合物反应更有趣。由于在其外围具有高密度的反应性基团，超支化聚合物可以通过许多官能团进行后改性，以提供具有新功能性质的各种聚合物。例如，可以将许多亲水性刷子接枝到疏水性超支化聚合物的表面，以得到可以作为大分子胶束分散在水中的单独的两亲性纳米颗粒。光谱分析显示 hb-PDY 含有末端单环三键，其允许外围通过封端反应进行修饰。这通过图 4-88 的偶联来证明。

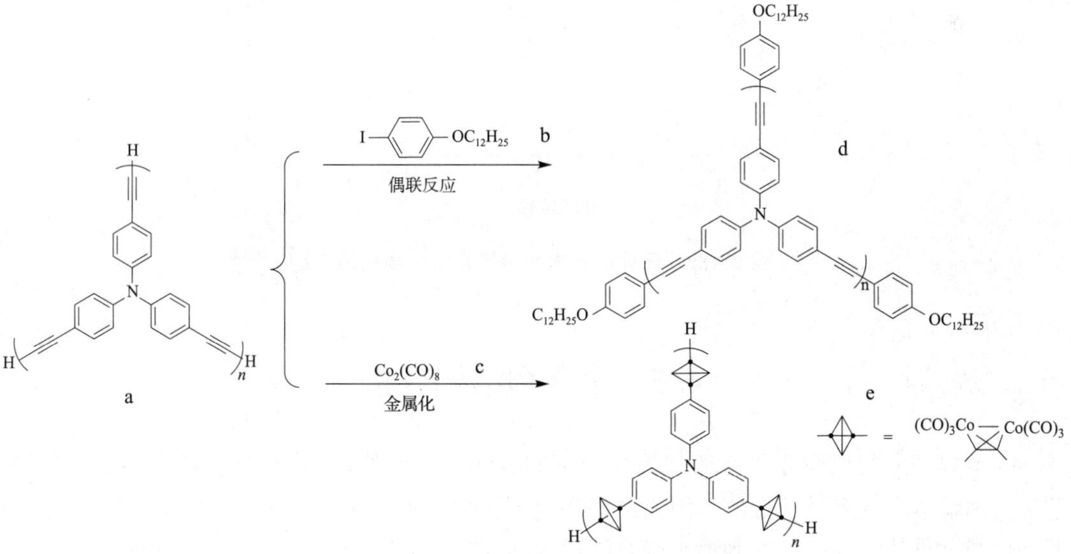

图 4-88 超支化聚二炔的封端和金属化

对于封端剂 b（图 4-88）的长的正十二烷氧基，该封端的聚合物 d 显示出比其母体形式 a 高得多的溶解度。在 ^{1}H NMR 光谱中未观察到末端乙炔质子的共振信号（图 4-89），表明封端反应已进行至完成。由于炔烃是众所周知且广泛用于有机金属化学的配体，因此可以通过其炔烃三键与金属物质的配位相互作用来实现 hb – PDY 的金属化。由于炔烃是众所周知且广泛用于有机金属化学的配体，因此可以通过其炔烃三键与金属物质的配位相互作用来实现 hb – PDY 的金属化。在室温下将图 4 – 88 中 a 与 c 在 THF 中混合后，溶液颜色从黄色变为棕色，伴随着一氧化碳气体逸出。在反应结束时混合物保持均匀，并通过将 THF 溶液倒入己烷中来纯化产物。所得聚合物配合物在空气中稳定，并且通过光谱分析验证钴金属掺入聚合物结构中。聚合物 – 金属配合物被证明是磁性陶瓷的良好前体。这个例子也可以很好地证明聚合物反应在高官能化材料制备中的应用。

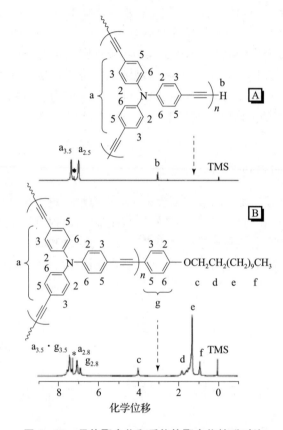

图 4 – 89 母体聚合物和后修饰聚合物核磁对比

4.5 聚合物结构分析

与常规的非共轭缩合和乙烯基聚合物不同，π-共轭的炔属聚合物具有其独特的结构问题，其理解本身具有科学价值。因为结构决定了属性，因此找到对诸如如何生成所需结构以及如何通过结构定制或外部刺激来调节结构的结构问题的适当答案是非常重要的。了解结构形成和变异过程的确切机制将有助于建立结构 – 性质关系，这将反过来指导聚合物合成中的分子工程或结构设计。所开展的调查、所收集的信息以及不同研究小组对乙炔聚合物等级结构所获得的见解，包括其主要构型、二级构象和高阶形态，将在本节中详细阐述。

4.5.1 线性聚合物的区域结构

聚合物的主要结构包括化学组成（例如，重复单元中的元素）、连接模式［例如，头对尾（H-T）或头对头（H-H）添加］和各种异构体（例如，顺式或反式构象和R或S立体异构体）。乙炔聚合中出色的机械问题是添加方式。图4-90中示出的聚合作为实例，其中活性物质可以增殖或者单体重复单元可以通过H-T或H-H添加模式并入聚合物链中。了解单体如何添加到增长链中具有根本重要性，但是在快速链聚合过程中收集关于该动态生长反应步骤的实验信息是非常困难的，如果不是不可能的话。由于信号之间的细微差别，不能采用光谱技术来区分H-T和H-H单元的共振峰。

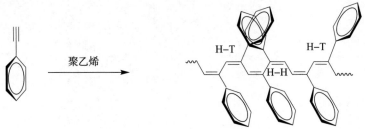

图4-90 苯乙炔聚合物区域结构

Simionescu和Percec发现PPA的热降解伴随着三苯基苯的环化和释放作为热分解产物。如图4-91中所示，在加热时，a链的链段通过构象异构化为b。b的已三烯部分经历6π电环化的热允许周环反应，得到环己二烯物质c。空间拥挤c的断链产生两个基团d和e，随后e中环己二烯部分的芳构化产生三取代的苯g。通过分析PPA衍生物的芳构化产物，唐本忠团队深入了解了聚合反应中的加成方式。其方法背后的基本原理是：（i）如果芳构化仅产生1,3,5个取代的苯，则单体重复单元必须连接或聚合反应必须以H-T模式传播；（ii）如果三取代位于1,2,4位，则链增长必须通过H-H加成模式；（iii）如果产生1,3,5-和1,2,4-三取代的苯的混合物，则聚合反应将以非区域特异性的方式进行。光谱分析表明，1,3,5-三取代苯是热芳构化反应的唯一产物，这为PPA链中单体重复单元的H-T键提供了第一个明确的实验证据。这提供了使用"静态"或"死"降解产物收集关于"动态"或"活性"链聚合过程的机械信息的一个很好的例子。

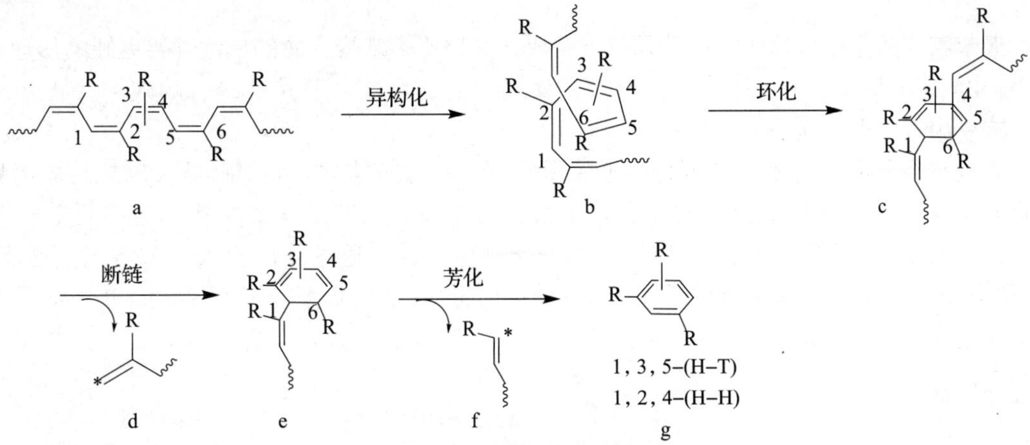

图4-91 PPA热分解机理

由复分解催化剂引发的1,6-庚二炔单体的环化聚合产生环状多烯。环聚合产物中的重复单元可以由五元和/或六元环组成，这取决于增殖反应中单体单元的加成方式。Schrock等已经提出了1,6-庚二烯的环聚合的加成机理（图4-92）。在增长反应中，单体a中的一个乙炔三键与R-和β-加成模式中的金属-卡宾（MdC；M = Mo, W）键反应，得到金属环丁烯中间体b或c，然后是开环反应分别得到乙烯基亚烷基配合物d和e。单体的另一个乙炔三键与新形成的金属碳键反应生成金属环丁烯中间体f和g，然后再次开环反应，分别得到h或i的五元和六元链烯基环。因此，R-和α-加成模式分别产生五元和六元环。尽管由五元和六元环组成的聚合物都是电子共轭的，但已经表明，由五元重复单元组成的聚合物具有更长的有效共轭长度和更高的电导率。

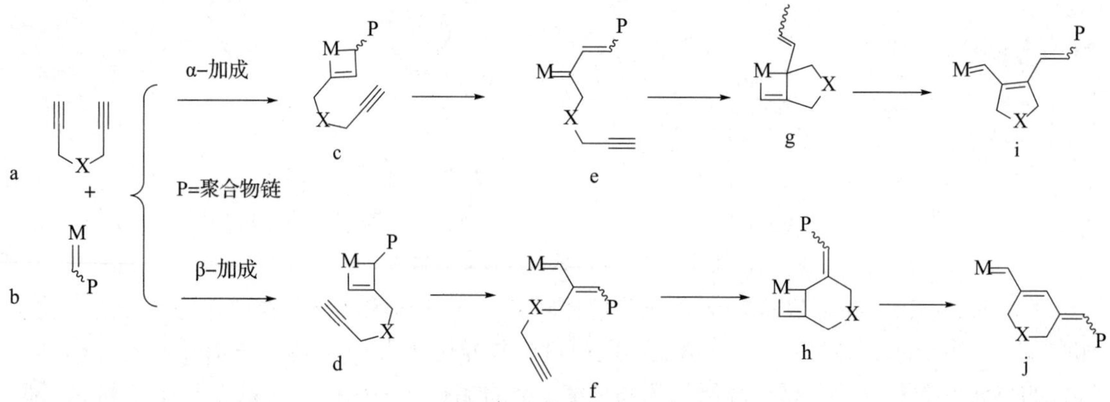

图4-92　1,6-庚二炔复分解环聚反应中五元环和六元环的形成

环大小由第一乙炔三键与亚烷基物质的R-对γ-加成的程度控制。如在聚合物合成部分中所讨论的，催化剂体系和底物结构的变化决定了环状多烯中五元和六元重复单元的含量。到目前为止，已经使用Schrock和Grubbs-Hoveyda复分解催化剂成功地制备了包含单独的五元或六元重复单元的聚合物。除了调节区域选择性之外，另一个值得注意的问题是"悬空"乙炔三键。如果分子内环化反应相对于普通的分子间聚合反应不够快，则e和f可用作交联点以使聚合物不溶。

4.5.2　线性聚合物的立体结构

聚苯乙炔的主链由替代的单键和双键组成，其比乙烯基聚合物的单键骨架更硬。从理论上讲，PA链中存在4个立体构型：反式-反式（a），反式-顺式（c），顺式-反式（b）和顺式-顺式（d），如图4-93所示。

通过铑催化的聚合制备的聚合物通常呈顺式-顺式链构象。具有顺式-顺式构象的聚合物通常是结晶的并因此是不可溶的。a和c或b和d之间的构象交换通过单键旋转发生，其涉及少量能量并因此对环境周围的变化敏感。这为通过外部刺激（如溶剂、温度、pH和添加剂）调整链构象提供了一个很好的机会。在20世纪70年代后期，Percec及其同事通过在 ^{1}H NMR光谱分析的基础上推导出以下等式，开发了一种测定PPA顺式含量的简单方法：

$$\text{cis}(\%) = \frac{A_{5.82} \times 10^4}{A_t \times 16.66}$$

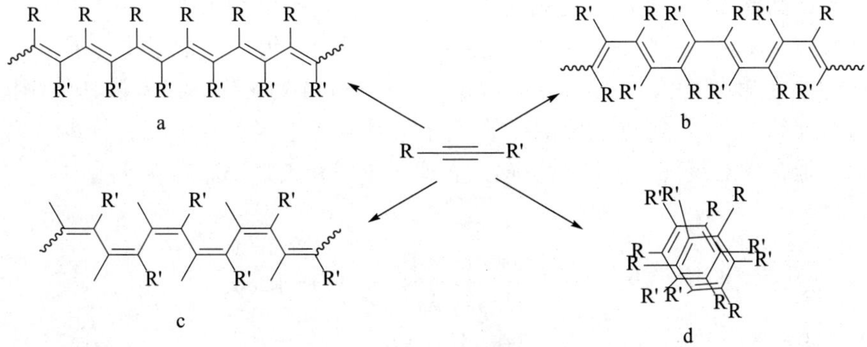

图4-93　PA链段的立体化学构象

其中$A_{5.82}$和A_t分别是$\delta=5.82$的PPA的顺式烯属质子的共振的积分峰面积和其芳香族和烯属质子的总共振峰的积分峰面积。唐本忠课题组修改了方程，使其可用于估算PPA衍生物和其他取代的PA的顺式含量。除了通过改变催化剂、配体、添加剂、反应条件等控制聚合过程来调节PA链的立体规整性之外，外部刺激也已用于诱导链构象的变化。Percec、Tabata和唐本忠研究小组已经报道了通过加热、加压、电场、光照和超声辐照激活的各种顺反异构化过程。已经提出这些异构化方法通过自由基机理（图4-94）进行，其已经由电子自旋共振测量支持。作为这些研究工作的结果，已经建立了用于操纵溶液和固态中PA链构象的广泛方法。

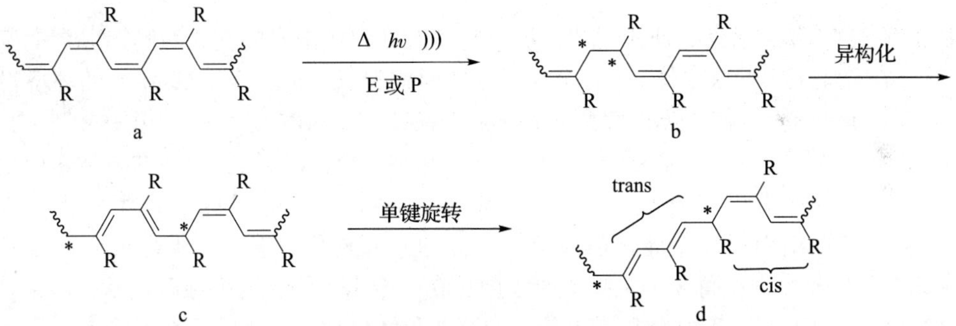

图4-94　外界刺激诱导的PA链段顺式-反式异构化

虽然未取代的PA是对称的大分子，但其链对称性可以通过将侧基连接到多烯骨架上来破坏（内部扰动），它的链构象可以通过改变环境条件（外部扰动）来调整。理论模拟表明，携带大体积垂饰的取代PA链中的链段可呈现螺旋构象。当附属物是手性物种时，具有长持久性长度的大多数链段将以一种主要的螺旋方式旋转。除了通过共价键合将手性物质在分子水平上融合到聚合物结构中之外，当共轭多烯骨架的π电子和/或非手性取代基的官能团经历时，由于分子与外部手性物种的相互作用，PA链也可以在不对称力场中被诱导螺旋旋转。

人工生成具有链螺旋性的手性PA特别有趣。与π-电子共轭偶联的螺旋手性可赋予聚合物一系列独特的材料性质，这可发现作为光学偏振膜、手性固定相、不对称电极、各向异性分子线等的高科技应用。这些迷人的潜力引发了对光学有源PA的发展的极大兴趣。在过去的几十年中，聚合物科学家开发了多种工艺，用于内部和外部扰乱PA链的构象，并创造了大量具有微观螺旋性和宏观手性的光学活性PA。

第一个光学活性 PA 的合成可追溯到 20 世纪 60 年代末和 70 年代初，当时 Ciardelli 及其同事使用 Ziegler – Natta 催化剂 Fe(acac)$_3$ – Al(^{i}Bu)$_3$ 聚合一组乙炔衍生物与手性烷基链 a 至聚（1-炔）S – b 的螺旋构象（图 4 – 95）。然而，Ciardelli 的工作并没有被其他团体所遵循，该地区保持沉默约 20 年。造成这种情况的部分原因可能是聚合物的溶解性差（部分溶解）和不稳定性。聚合物对氧气、光和热敏感，必须在氮气和黑暗中储存在冰箱中。

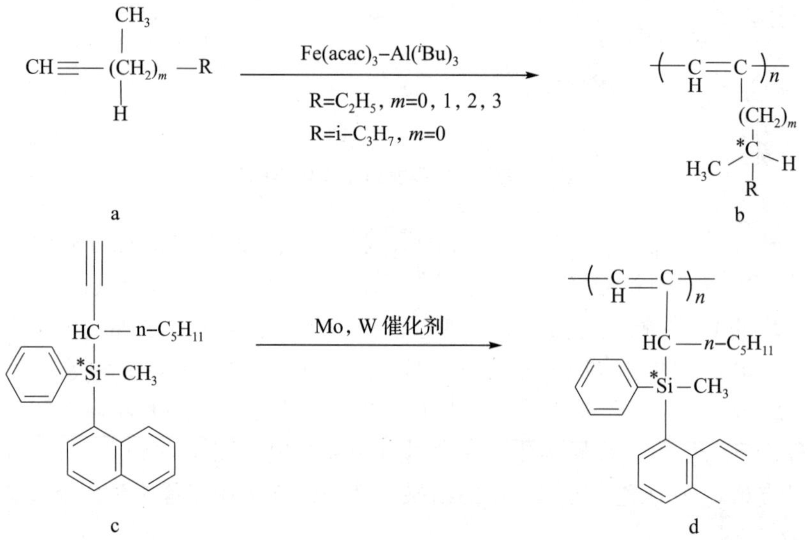

图 4 – 95 螺旋 PAS

在 20 世纪 80 年代后期，唐本忠团队通过将含有立体硅中心的庞大的侧链引入 1-辛炔的 3 位，设计并合成了手性炔单体 c，并开发了一组通式 M(CO)$_x$L$_y$（M = Mo，W 的环境稳定的过渡金属羰基催化剂。）将 c 转化为光学活性聚合物 d。这是 PA 衍生物的第一个例子，其链手性由对映体纯杂原子（Si＊）诱导。与上面讨论的聚合物 b 不同，聚合物 d 是热稳定的并且完全可溶于普通的有机溶剂中。1991 年，Moore、Gorman 和 Grubbs 合成了一组单取代的手性环辛四烯和使用钨亚烷基催化剂来引发它们的开环复分解聚合。所得聚合物是共轭的 PA，在其重复单元中，在每 8 个主链碳原子中存在一个 R＊的支链手性取代基，即 – [(HC-dCH)$_3$(HCdCR＊)]$_n$ –。聚合物显示出基本的圆二色性（CD），表明手性垂饰不对称地扰乱了聚合物的链构象，有效地将它们以主要的螺旋方式扭曲。

自从这些关于通过内部手征扰动产生光学活性 PA 的早期研究报道以来，许多研究小组已经致力于螺旋 PA 衍生物的设计和合成。将立体异构基团（R＊）连接到 PPA 的苯环上导致形成多种具有通式 – [HCdC(C$_6$H$_4$R＊)]$_n$ – 的光学活性 PPA 衍生物，如唐本忠团队所报道的，Aoki、Yashima 和 Okamoto、Masuda。具有手性垂饰的聚（1-炔）基团由 Noyori 和唐本忠，Masuda 和 Tabata 的团体合成了螺旋聚（丙二醇酯 s – [HCdC(COOR＊)]含有不同链长和支化点的不对称烷基和具有不同数量和大小的环的环状烃。与单取代的 PA 相比，具有螺旋链手性的二取代的 PA 由于涉及合成困难，很少准备。唐本忠团队和 Aoki 的研究小组成功地合成了光学活性的二取代 PA。例如，唐本忠团队已经开发了一种简便的聚合体系，用于合成一些聚（苯丙酸酯）衍生物，其一般结构为 – [(C$_6$H$_5$)CDC(CO$_2$R＊)]。

唐本忠课题组已经广泛研究了手性垂饰对含有天然存在的结构单元（如氨基酸、糖类、核苷和甾醇）的光学活性 PPA 的链螺旋性的影响。图 4 – 96 (a) 显示了一对 CD 光谱的例子。携带具有 D 和 L 构型的 R-苯基甘氨酸垂饰的 PPA。长波长区域中正负符号的 Cotton 效应证实，带有相反手性的侧基的 PPA 链段形成相反螺旋性的螺旋，其由链内和链间氢键稳定。显然，骨架螺旋性由相同环境条件下的悬垂手性决定。

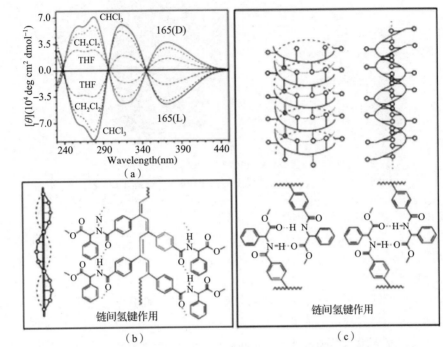

图 4-96 链螺旋度，由侧性手性确定，并通过溶剂变化对其影响；
(a)(b)(c) 由链内和链间氢键稳定的 PA 链的单链和双螺旋链的示意图

将庞大的非手性垂饰附着到多烯骨架上也可以诱导螺旋构象的形成。Percec 及其同事合成了一系列具有非手性树枝状垂饰的自组织 PPA 衍生物。由于树枝中的支化引起的空间效应导致聚合物主链构象变形。根据聚合物取向薄膜或纤维的 X 射线衍射分析数据，提出了它们的螺旋结构。例如，分析图 4-97 中所示的 PPA 衍生物 (a) 具有圆柱形状的螺旋构象。然而，该聚合物没有显示出光学活性，因为它是一种动态螺旋聚合物，没有螺旋检测偏好。它具有形成左旋和右旋螺旋的相等概率，左旋和右旋螺旋由沿聚合物链的螺旋反转连接分开。然而，通过引入手性中心成功开发出具有优选螺旋手性的树枝状悬垂，可自组织的树枝状聚合物。

除了通过分子工程努力的内部方法之外，外部扰动策略也已用于产生螺旋 PA 链。例如，具有手性垂饰的 PA 链的螺旋性已经通过外部刺激调整，非手性炔属单体通过在不对称反应场下或在手性催化剂体系存在下的螺旋-感应选择性（或螺旋选择性）聚合而聚合成螺旋聚合物。通过非手性垂饰与手性掺杂剂的非共价结合诱导链螺旋性。

如上所述，携带手性垂饰的 PA 衍生物的链构象对环境的变化（如溶剂、温度、pH 和添加剂）敏感，并且其螺旋手性可通过外部刺激调节。图 4-96(a) 中所示的数据清楚地证明了这一点：当聚合物溶液的溶剂从氯仿变为 THF 时，聚合物的 Cotton 效应显著降低。螺旋链链段通过手性垂饰之间的链内和链间氢键稳定（图 4-96(b)(c)）。非共价稳定可以通过外部扰动来打破，系统将达到新的平衡。这种动态过程使光学活性 PA 能够应对其环

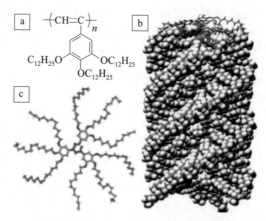

图4-97 （a）树枝化的 PPA 衍生物的化学结构和其具有
（b）空间和（c）棒填充模型的自组织圆柱体结构的顶视图

境周围的变化，螺旋生物聚合物如蛋白质也是如此。

由 Akagi 和 Shirakawa 领导的研究小组在手性联萘产生的不对称反应场下，通过 Ziegler-Natta 催化剂 $Ti(OBu)_4$-$AlEt_3$ 引发的乙炔聚合，制备了（未取代的）具有左旋螺杆感的宏观螺旋的螺旋形螺旋向列型液晶。由手性介晶分子产生的不对称空腔和通道可以引导传播链以一种优选的加成模式生长，并且由所得的共轭 PA 链和手性联萘环之间的 π-π 电子相互作用产生力场。液晶可以稳定形成聚合物链的螺旋构象。通过 CD 光谱分析证明了 PA 链的优选的单手螺旋构象。虽然 Akagi 和 Shirakawa 的螺旋选择性聚合是在未取代的 PA 上，但 Aoki 及其同事开发了铑催化的聚合体系，用于通过使用手性胺助催化剂从非手性单体 a 合成手性取代的 PA b（图4-98）。所得聚合物具有单手螺旋链。该体系是取代乙炔的螺旋选择性聚合的第一个实例，其中形成的聚合物链的螺旋构象通过溶液中的分子内氢键稳定。

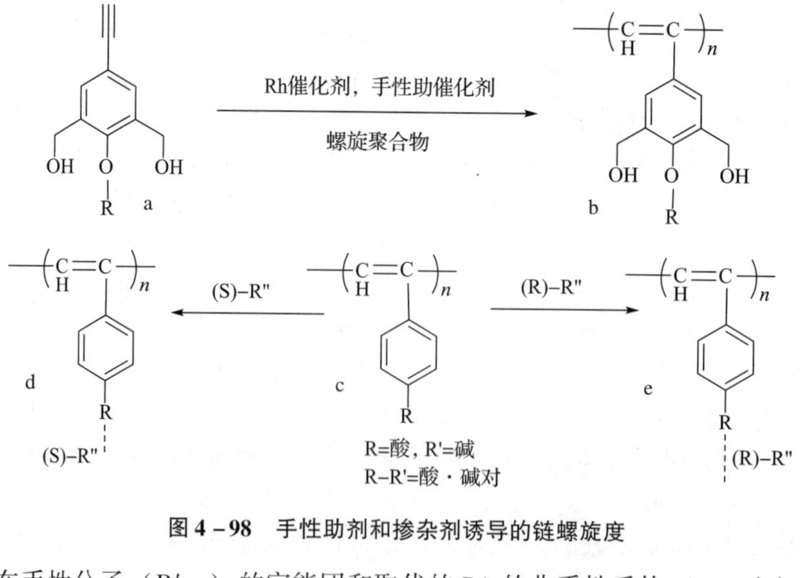

图4-98 手性助剂和掺杂剂诱导的链螺旋度

已发现在手性分子（R'*）的官能团和取代的 PA 的非手性垂饰（R）之间形成聚合物配合物螺旋扭曲 PA 链。Yashima 及其同事已经开发出一种简便的方法，用于通过聚合后与特定手性客体的非共价键相互作用构建具有过量螺旋意义的动态螺旋 PA。携带非手性羧基垂饰的 PPA 衍生物 c 是光学无活性的（图 4-98）。然而，当其与手性碱基络合时，诱导 PA 链采取动态优选的单手螺旋构象（d 或 e）。大分子复合物在多烯主链吸收的典型波长区域中表现出诱导的 CD 信号。这种 CD 诱导归因于可相互转换的左旋和右旋螺旋群体中的不平衡分布，这通过非手性垂饰和手性配体之间的非共价键合相互作用来实现。值得注意的是，即使在除去配体或聚合物解络合后，由手性胺络合引起的螺旋链手性也可由聚合物 "记忆"。

除 PA 系统外，还发现其他在骨架中具有双键的炔属聚合物具有螺旋构象。Luh 及其同事使用 Thorpe-Ingold 效应的概念来合理化含有手性取代基的聚（甲硅烷基间隔的二乙烯基节烃共聚物）的链螺旋性。例如，在通过炔烃氢化硅烷化（a）制备的聚（亚甲硅基亚乙烯基）中，硅原子上庞大的异丙基取代基迫使单体重复单元呈现顺式构象。如其 CD 活性所揭示的，聚合物链被折叠成螺旋结构。图 4-99 中显示的可逆的温度依赖性 CD 曲线证实了聚合物链的螺旋构象。在 0 ℃，30 ℃，60 ℃ 和 100 ℃ 的多个热阶段中，在 300 nm 和 368 nm 处监测十二烷中聚合物的 CD 信号。由于动态构象变化，信号在 100 ℃ 消失，在 60 ℃ 和 30 ℃ 逐渐再现，并在 0 ℃ 完全恢复。这些 CD 曲线在几个热处理循环中是可重复的，如图 4-99 的数据所示。

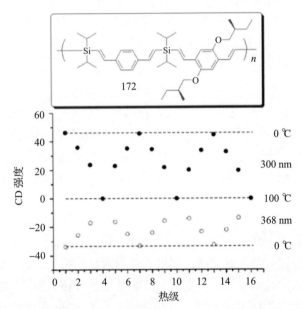

图 4-99 在多个热处理阶段中十二烷中聚合物 172 的 CD 强度的变化，并在 300 nm（●）和 368 nm（○）处进行监测。阶段 1、7 和 13：0 ℃；阶段 2、6、8、12 和 14：30 ℃；阶段 3、5、9、11 和 15：60 ℃；阶段 4、10 和 16：100 ℃

基于间亚苯基亚乙炔基低聚物的 "Foldamers" 由于其在适当条件下折叠成螺旋构象的能力而引起很大兴趣。许多研究工作致力于通过使用疏溶剂相互作用来控制或调节非生物或非天然寡聚体的二级结构，因为这些研究有望加深我们对生物大分子的自然折叠或自组织行为的理解。Moore 和同事已合成并研究了可折叠成螺旋链构象的寡聚体系统（图 4-100）。在这些系统中，螺旋偏好受几个因素控制，包括单体重复单元的元连接，这允许低聚物链折回，并使用极地取代基和非极性骨架。当具有足够长度的这种两亲性低聚物溶解在极性溶剂中时，将形成螺旋构象，因为这样的构象使极性溶剂与极性垂饰的有利相互作用以及芳族 π-π 堆积相互作用最大化，但最小化烃骨架和极性溶剂之间的不利接触。

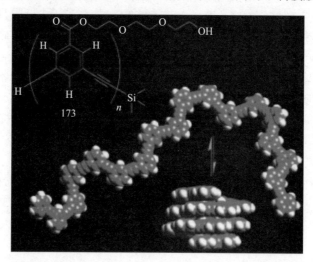

图 4-100　用于低聚（间苯乙炔）（$n=18$）中链折叠-去折叠过程的空间填充模型，以响应环境条件的变化，为了清楚起见，省略了侧链和端基

4.5.3　线性聚合物的形态结构

当前，通过合成聚合物制造仿生分层结构具有重要意义。受蛋白质等生物聚合物结构层次的启发，一些研究小组一直在研究乙炔聚合物的组织形态结构。Tang 和同事设计并合成了一系列带有天然氨基酸垂饰的螺旋 PA。注意到这些聚合物的独特两亲性来源于它们的疏水骨架和亲水性取代基，唐本忠团队研究了他们的超分子组装行为。发现两亲性 PA 可以自组织成各种形态结构，使人想起天然结构基序，如囊泡、小管、螺旋和蜂窝。例如，174 的甲醇溶液的自然蒸发产生一串纳米颗粒（图 4-101A）。当溶剂变为 THF 时形成螺旋绳。向 175 的甲醇溶液中加入 KOH 将螺旋电缆（图 4-101B）改为随机螺纹（图 4-101D）。K^+ 离子与羧基（CO_2^-）的结合破坏了氢键。带电的聚电解质链彼此排斥，使得聚合物链难以缔合成多股螺旋电缆。这就是在碱性条件下形成薄的无规线圈的原因。这些形态学数据清楚地表明聚合物的组装结构可以通过改变它们的分子结构和环境条件来控制。

类似地，具有螺旋带的聚合物膜在 176 的稀释 THF 溶液的自然蒸发下形成（图 4-102a）。与从甲醇溶液的蒸发获得的那些不同，这里观察到的螺旋带是左旋的并且螺旋地扭曲。它们中的一些卷绕形成环形或笼状形态。聚合物 176 在 THF 中表现出比在甲醇中更强的 Cotton 效果，结果，通过蒸发诱导的 THF 溶液的超分子自组装过程形成了更有序的超螺旋带层级结构。由具有相似浓度的 176 的氯仿溶液的自然蒸发获得的形态明显不同，代替螺旋电缆，形成卵形卵或球形囊泡（图 4-102b）。然而，这种差异并非完全出乎意料。与甲醇和 THF 不同，氯仿是氨基酸垂饰的不良溶剂。两亲性聚合物链可以形成胶束状结构，其中 L-丙氨酸甲酯垂饰位于核中，多烯骨架位于壳的外部。在溶剂蒸发过程中，胶束可以在尺寸上生长并通过胶束间氢键结合在一起以形成大胶束以最小化界面表面积。大胶束可以进一步融合成珍珠状纳米球，再次借助壳间氢键合。当使用具有相对高浓度（6.5 μm）的氯

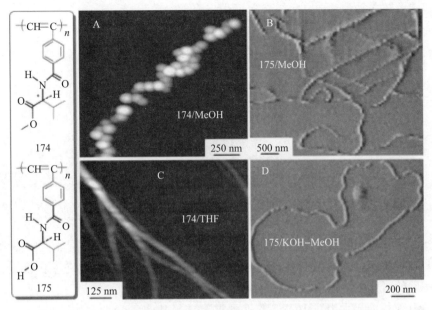

图 4-101 含有氨基酸的 PA 衍生物 174 和 175 的溶液自然蒸发形成的超分子组装结构的 AFM 图像

仿溶液时，由于该高分子量聚合物优异的成膜能力，形成了一块漂亮的中孔膜（图 4-102c）。将一小滴聚合物溶液涂布在涂有碳的铜网上，得到一层薄膜，其中有许多不同直径的同心环（图 4-102d）。

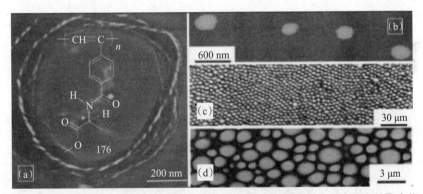

图 4-102 AFM 图像（a）具有左旋的超螺旋带和（b）在新解理的云母表面上的聚合物 176 的稀薄（a）THF 和（b）氯仿溶液自然蒸发形成的纳米球；（c）POM 和（d）由 176 的"浓缩"氯仿溶液在（c）玻片和（d）涂碳铜栅上自然蒸发形成的多孔膜的 POM 和（d）TEM 图像

还研究了 PA 衍生物的二维自组装行为。Yashima 及其同事报告说，在暴露于特定溶剂蒸气时，沉积在高度取向的热解石墨（HOPG）上的动态螺旋 PPA 衍生物（177）的聚合物链可以自组装成二维螺旋束。在溶液状态下，177 包括由螺旋反转分开的可相互转换的右旋和左旋螺旋段的相等混合物，因此不显示光学活性。在 HOPG 上的 177 的高分辨率原子力显微镜（AFM）图像显示，在单独的聚合物链中，右手和左手螺旋段通过螺旋反转接合点分开（图 4-103 中的箭头标记）。177 的 AFM 图像连同其 X 射线衍射（XRD）数据给出 11/5 螺旋，螺旋间距为 2.3 nm。在对一系列高分辨率 AFM 图像进行统计分析的基础上，发现

177 中的螺旋反转在平均约 300 个单体单元中仅出现一次。

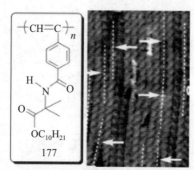

图 4-103　高度定向热解石墨上带有无手性悬挂物的 177 个二维自组装
右（红）和左手（蓝）链的 AFM 高度图像

可自组织的树枝状聚合物表现出令人感兴趣的单分子组装行为。例如，聚合物本身可以自组装成具有明确尺寸的离散圆柱形和球形结构。Percec 和同事一直在积极探索这一领域。最近，Percec 的研究小组报道了携带自组装树枝状吊坠（178）的 PPA 衍生物由于与外周烷基尾部的相互作用而显示出对 HOPG 的外延吸附。AFM 将各个聚合物链可视化为扁圆柱形物体。在 50 ℃退火 1 h 后，单层 178 经历独特的结构变化，伴随着具有不同取向的细长线性结构的亚微米区域的形成，所述细长线性结构由小杆组成（图 4-104a）。在 100 ℃下进一步退火导致畴尺寸的增加和畴内沿圆柱轴顺序的改善（图 4-104b）。

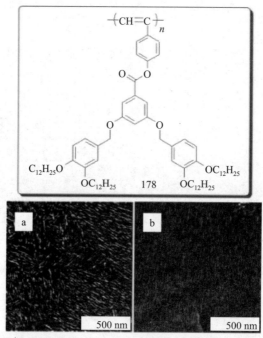

图 4-104　在（a）50 ℃和（b）100 ℃退火 1 h 后，在 HOPG 上自旋铸造的
单层自组织树枝状 PPA 衍生物 178 的 AFM 相图像

尽管上述讨论的取代的 PA 的自组装能力主要由它们的两亲结构和相互作用的垂饰赋予，但未取代的 PA 链通过外部控制自组织成高阶形态结构。Akagi 及其同事发现 PA 链在不

对称反应场下组装成微纤维，其具有明显的螺旋形态和结构层次（图 4-105）。在 PA 微纤维中，螺旋束包括直径小于 100 nm 的纳米纤维，其被扭曲并同心地卷曲。通过仔细的显微镜检查，Akagi 得出结论，在该系统中，左手和右手螺旋 PA 链在(R)- 和(S)- 手性神经元的存在下形成，这些螺旋链分别通过范德华力进一步捆绑在一起，分子间相互作用使螺旋纳米纤维具有与手性 nematogens 相反的螺旋方向。

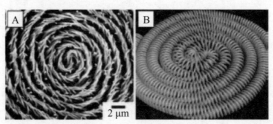

图 4-105　螺旋 PA 超细纤维的 SEM 图像（A）和（B）由 PA 纳米纤维的扭曲束组成的螺旋形态的图解表示

虽然已经充分研究了具有单螺旋构象的炔属聚合物的形态结构，但是很少研究双螺旋聚合物。Yashima 及其同事报道了一种由互补均聚物组成的双链螺旋聚合物。通过相应单体的 Sonogashira 缩聚制备带有手性脒和具有间三联苯骨架的非手性羧酸的均聚物。在适当的溶剂中混合后，互补的均聚物自组装成双链螺旋聚合物，具有通过链间盐桥的扭曲感偏压（179；图 4-106）。179 的超分子组装结构通过高分辨率 AFM 结合 XRD 分析表征，其螺旋间距为 1.47 nm，具有过量的右旋螺旋感。

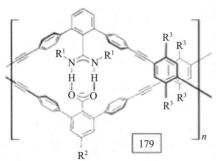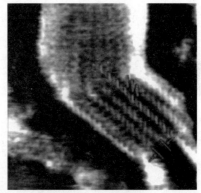

R^1=(R)-1-phenylethyl, R^2=1-octynyl,
R^3=n-octyl

图 4-106　HOPG 上聚合物 179 互补双螺旋链的 AFM 图像

已经发现形态结构严重影响有机-无机纳米复合物的功能。炔属聚合物已与许多无机材料杂化。Lu 和 Brinker 已经使用一系列低聚（乙二醇）官能化的二乙炔表面活性剂 180(n) 作为两亲物，以指导薄膜二氧化硅中间相的自组装和作为共轭 PDA 的单体前体（图 4-107）。从均匀的硅酸和表面活性剂溶液开始，在 THF/水混合物中，初始表面活性剂浓度远低于临界胶束浓度。卢和布林克用蒸发浸涂、旋涂或静态浇铸程序，以在硅 \u003c100\u003e 或熔融石英基底上制备薄膜。在沉积期间，THF 溶剂优先蒸发浓缩沉积溶液。逐渐增加的表面活性剂浓度诱导丁二炔/二氧化硅表面活性剂胶束的形成并驱使它们组装成有序的三维 LC 中间相。紫外辐射引发的丁二炔单元聚合和催化剂促进的硅氧烷缩聚将无色中间相转化为蓝色 PDA/二氧化硅纳米复合材料，保留了高度有序的自组装结构。

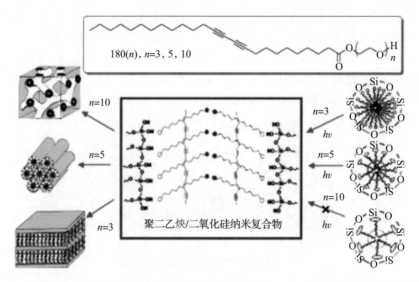

图4-107 在180中增加亲水表面活性剂头基的亚基的数目（n）导致形成更高曲率的中间相：层状（n）3、六边形（n）5和立方体（n）10。大头基团（n）10用作间隔物，并防止纯180(10)表面活性剂的聚合发生

表面活性剂的选择极大地影响所得纳米混合物的介观结构。增加 n 的值会增加表面活性剂头部区域。这反过来降低了表面活性剂填充参数并促进了逐渐形成更高曲率的中间相：$n=3$ 时为层状，$n=5$ 时为六边形，$n=10$ 时为立方体。通过透射电子显微镜观察到的高度有序的纳米复合材料介观结构（TEM），推断表面活性剂单体/结构导向剂在聚合之前均匀地组织成精确的空间排列。这些排列确定了表面活性剂单体中反应性丁二炔单元的接近度，从而促进了乙炔聚合过程。

4.5.4 超支化聚合物的1,2,4-和1,3,5-三取代结构

如何在聚合反应中将单体重复单元编织在一起决定了所得聚合物的拓扑结构，并最终确定了它们的溶解性和功能。在A2型二炔单体的过渡金属催化的多环三聚反应中存在一种区域结构问题：将三个炔属三键环化形成具有对称1,3,5-和/或不对称1,2,4-三取代模式的苯环。根据唐本忠团队提出的Ta催化的聚环三聚机理（图4-108），活性Ta物质氧化加成乙炔三键以产生钽环丙烯物种（a）。将另一个乙炔三键插入a可以提供三种钽环戊二烯区域异构体（b_{1-3}），其中由于所涉及的立体化学作用，形成 b_3 的可能性最低。向 b_1 添加第三个三键可以产生两个钽基环庚三烯物种（c_1）和两个噻吩丙二烯二烯的Diels-Alder加合物（c_2），每个都经历不同的空间位阻但是都给出相同的产物d，1,2,4-三取代的苯异构体。另一方面，向 b_2 中加入乙炔三键，得到钽环庚三烯（e_1）和钽拉氮二烯（e_2），其还原消除得到f，1,3,5-三取代的苯异构体。

为了收集涉及多环三聚反应的区域化学的实验信息，唐本忠团队设计并进行了两个模型反应。第一个模型反应是由 $TaBr_5$ 催化的1的环三聚反应（图4-109）。在模型反应中没有形成聚合物产物，这明确地排除了二炔通过 $TaBr_5$ 的易位聚合机理聚合成多烯的可能性。原料产物的 ^1H NMR 谱显示它们是混合物1,2,4-和1,3,5-三苯基苯，即a和b。通过重结晶分

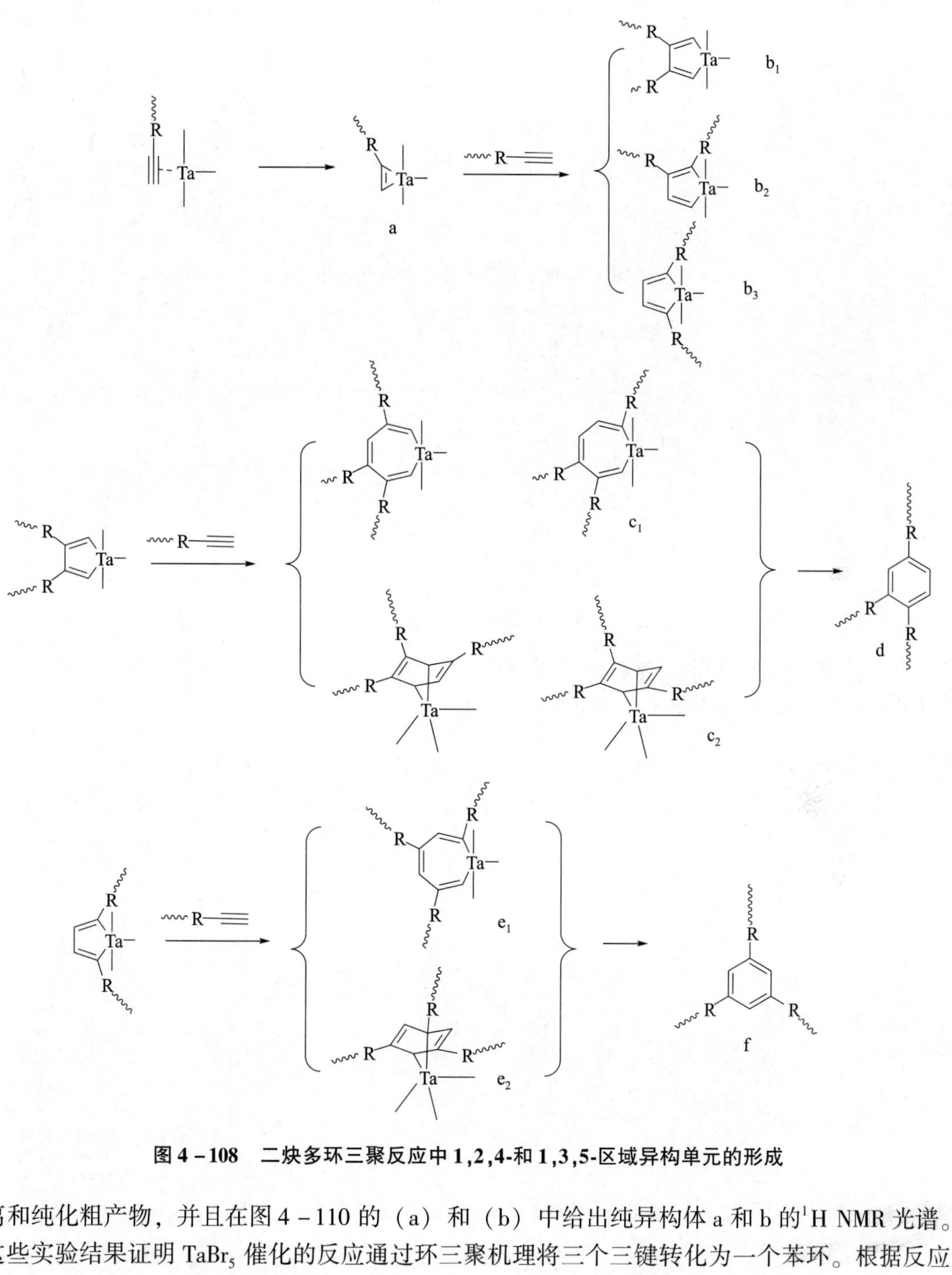

图4-108 二炔多环三聚反应中1,2,4-和1,3,5-区域异构单元的形成

离和纯化粗产物,并且在图4-110的(a)和(b)中给出纯异构体a和b的 ^{1}H NMR 光谱。这些实验结果证明 TaBr$_5$ 催化的反应通过环三聚机理将三个三键转化为一个苯环。根据反应混合物的 ^{1}H NMR 光谱,根据方程式(其中,$N_{1,2,4}$ 和 $N_{1,3,5}$ 是异构体的数量 a 和 b,A_h 和 A_d 分别为共振峰 h 和 d 的积分面积),a~b 的摩尔比计算为 2.0:1.0。

$$\frac{N_{1,2,4}}{N_{1,3,5}} = \frac{A_h/10}{A_d/3} = \frac{3A_h}{10A_d}$$

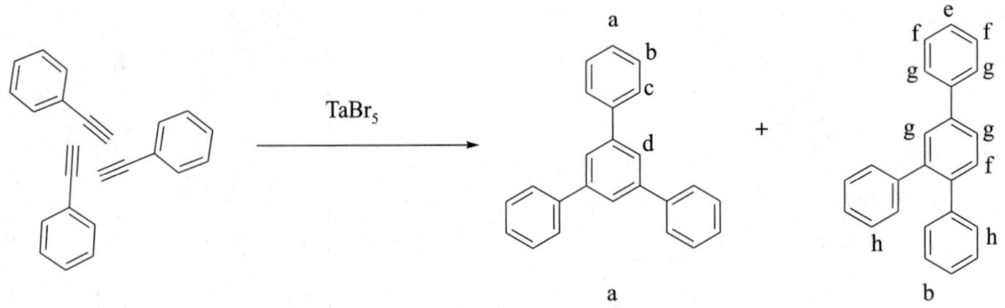

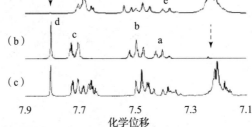

图 4-109 苯乙炔环三聚反应模型

图 4-110 苯乙炔三聚反应核磁氢谱（A）a（B）b（C）187（2）

第二个模型反应是聚合物 b（m）的酸催化分解（图 4-111），众所周知，强质子酸，如 CF_3CO_2H，$HClO_4$ 和 H_2SO_4，可以裂解 Si—C 键。

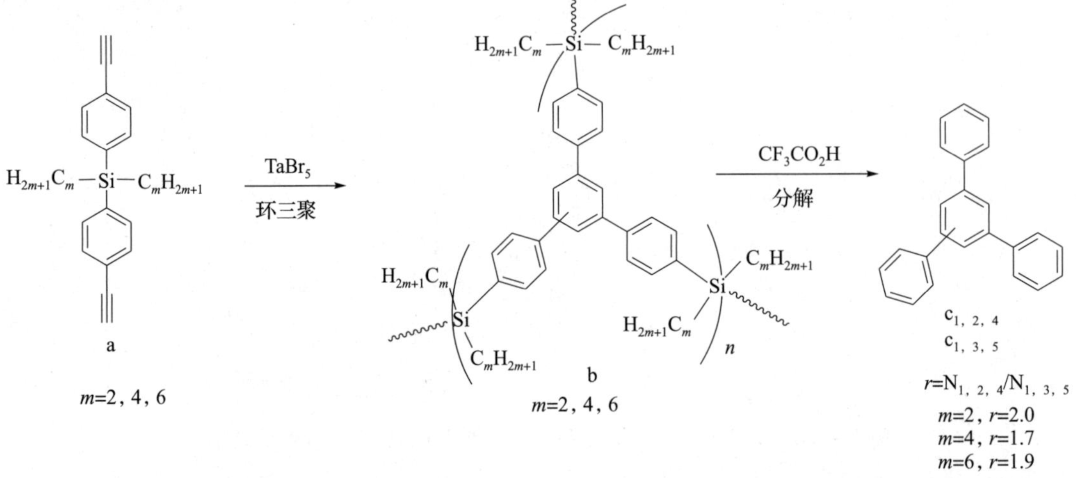

图 4-111 酸催化脱硅法测定聚合物中 1,2,4-和 1,3,5-三取代苯单元的区域异构比（r = 比值）

当 b（2）和 CF_3CO_2H 的混合物在氮气下在 DCM 中回流 96 h 时，聚合物分解成 $c_{1,2,4}$ 和 $c_{1,3,5}$，如通过 IR、NMR 和 MS 分析所证实的。光谱结果进一步证实在 a（2）的 $TaBr_5$ 催化聚合中已形成新的苯环。计算 $c_{1,2,4}$ 和 $c_{1,3,5}$ 的异构体含量得到摩尔比为 2.0 : 1.0。在相同的实验条件下分析 b（4）和 b（6）的结构，对于 b（4）和 b（6），计算的摩尔比 $c_{1,2,4}$ 至 $c_{1,3,5}$ 分别为 1.7 : 1.0 和 1.9 : 1.0。由分解产物得到的比例与从第一模型反应得到的比例很好地吻合，即苯乙炔环三聚。

过渡金属催化的 A2-型二炔多环三聚反应得到超支化聚合物，由1,2,4-和1,3,5-三取代苯的区域混合物组成，通常比例为2:1，这使得聚合物结构不规则。唐本忠团队进一步开发了一种新的超支化聚芳烃合成路线，具有完美的1,3,5-区域规整性。

这里的单体不同于上面讨论的过渡金属催化的配位聚合中使用的单体，并含有吸电子基团（EWG）。二炔多环三聚反应由简单的有机胺如哌啶催化，其在离子机理中进行并提供具有1,3,5-区域规则结构的超支化聚合物。所提出的聚合机理如图4-112所示。区域选择性源于碱催化反应的离子而非配位机制。在二炔多环三聚中哌啶以迈克尔加成模式与乙炔三键（a）反应得到酮酰胺（b），其进一步与另外两个乙炔三键反应，得到二氢苯（e）。e中的胺部分通过与另一个三键的反应而裂解，芳构化得到1,3,5-三取代的苯环（f）。重复该反应循环导致形成具有高分子量的超支化聚合物。该多环三聚机理适用于几种类型的含有吸电子基团（EWG）的二炔单体，如芳基乙炔基酮、丙炔酯和乙炔基芳基酮。图4-113中显示了碱催化的二炔多环化三聚体系的典型实例。

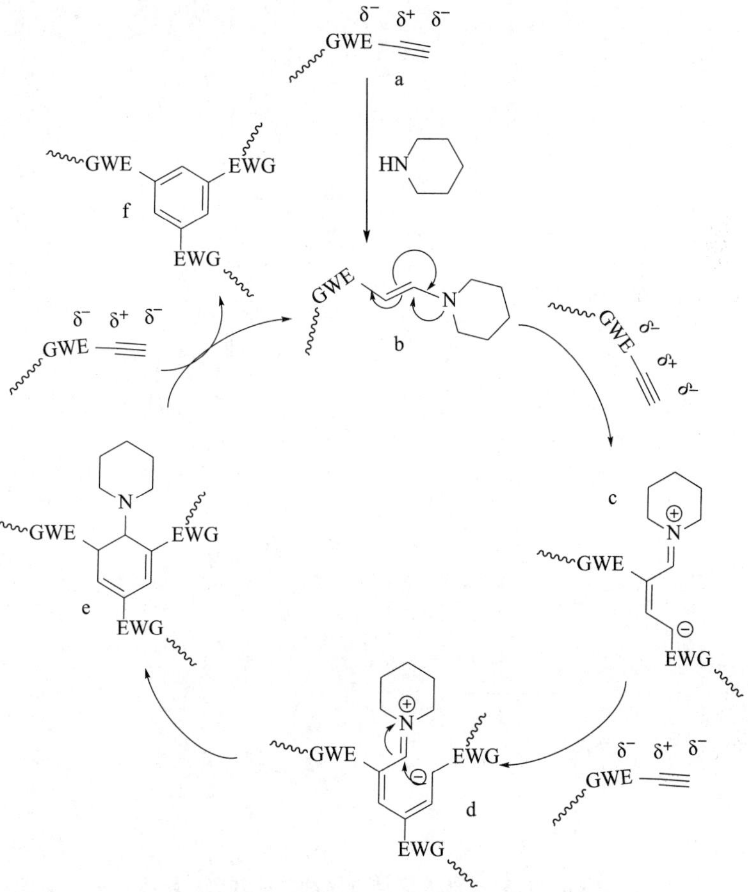

图4-112 胺催化缺电子二炔1,3,5区域选择性多环三聚反应的机理

4.5.5 超支化聚合物的1,4-和1,5-二取代结构

通过 Cu(Ⅰ) 和 Ru(Ⅱ) 介导的点击聚合分别完成了 hb-1,4-PTA 和 hb-1,5-PTA 的区域选择性合成。特别有趣的是，区域规整性的变化极大地影响了聚合物的溶解性和功能性。因此，理解聚合机理可以帮助指导设计和生成新的基于 PTA 的功能材料。

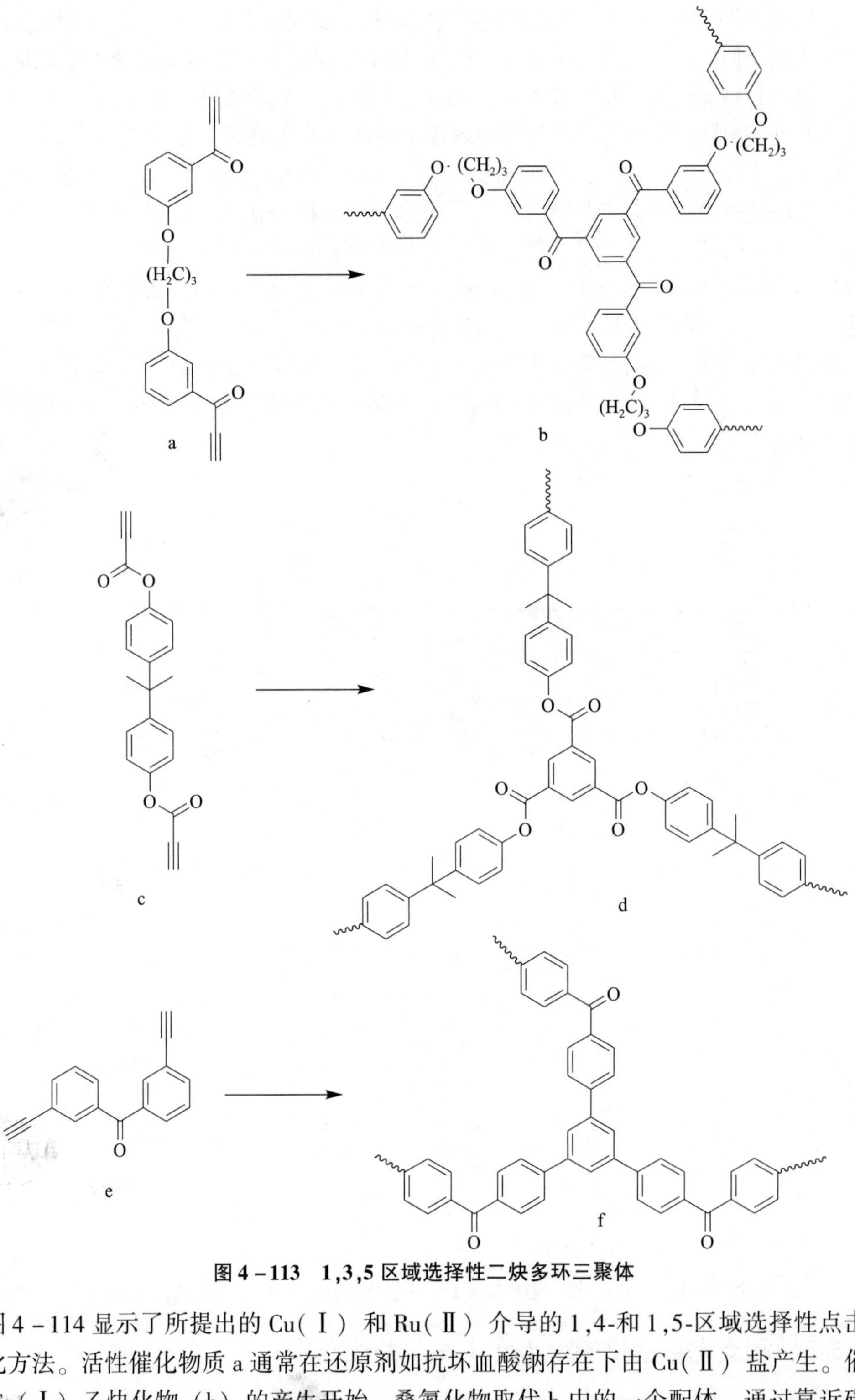

图 4-113　1,3,5 区域选择性二炔多环三聚体

图 4-114 显示了所提出的 Cu(Ⅰ) 和 Ru(Ⅱ) 介导的 1,4-和 1,5-区域选择性点击聚合的催化方法。活性催化物质 a 通常在还原剂如抗坏血酸钠存在下由 Cu(Ⅱ) 盐产生。催化循环从 Cu(Ⅰ) 乙炔化物 (b) 的产生开始。叠氮化物取代 b 中的一个配体，通过靠近碳的氮与 Cu(Ⅰ) 中心结合，形成中间体 d。叠氮化物的远端氮在 d 中攻击 Cu(Ⅰ) 乙炔化物的 C-2 碳，形成不寻常的六元 Cu(Ⅲ)，金属环 e 产生三唑基-Cu 衍生物 f 的环收缩阻挡层非

常低。f 的蛋白水解释放三唑产物,从而完成催化循环。

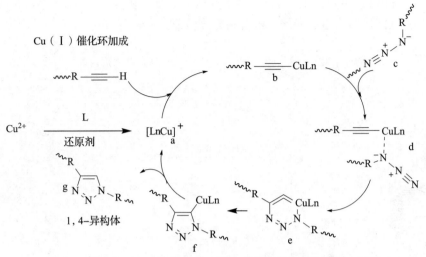

图 4-114 Cu(Ⅰ)介导的 1,4-和 1,5-区域选择性点击聚合机理

在 Ru(Ⅱ)催化的点击反应中,观察配体从 Cp*Ru(PPh$_3$)$_2$Cl(e)的置换产生活化的配合物 a,其通过炔烃和叠氮化物的氧化偶合转化为钌环 b(图 4-115)。该步骤控制整个过程的区域选择性。新的 C—N 键在炔烃的较多电负性和较低空间要求的碳与叠氮化物的末端氮之间形成。金属环中间体经历还原消除,释放芳族三唑产物并再生催化剂或活化的配合物 a,催化循环的重复导致 1,5-区域规则 PTA 的形成。

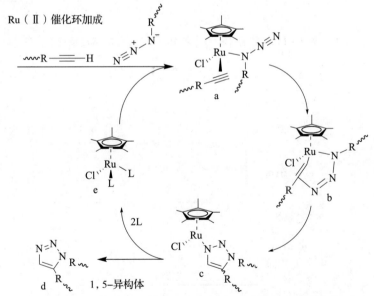

图 4-115 Ru(Ⅱ)介导的 1,4-和 1,5-区域选择性点击聚合机理

唐本忠团队进行了模型反应,以分析其 PTA 的区域结构并收集点击聚合机制的信息。在 Cu(Ⅰ)和 Ru(Ⅱ)催化剂存在下,三炔 a 与单叠氮化物 b 反应,得到 1,4-和 1,5-二取代的 1,2,3-三唑 c 和 d 的预期反应产物(图 4-116),分别通过标准光谱方法表征纯异构体。它们的 ^{1}H NMR 光谱的实例在图 4-117 中给出。c 显示 $\delta \approx 8.64$ 处的强共振峰,d 在该化学

位移区域中不共振。通过比较这些模型化合物和超支化聚合物之间的 ^{1}H NMR 光谱，确认 hb - PTA 129（6）和 130（6）分别为 1,4 - 和 1,5 区域规整（图 4 - 117）。这是 hb - PTAs 的首次系统研究，其区域结构通过光谱分析得到充分验证。

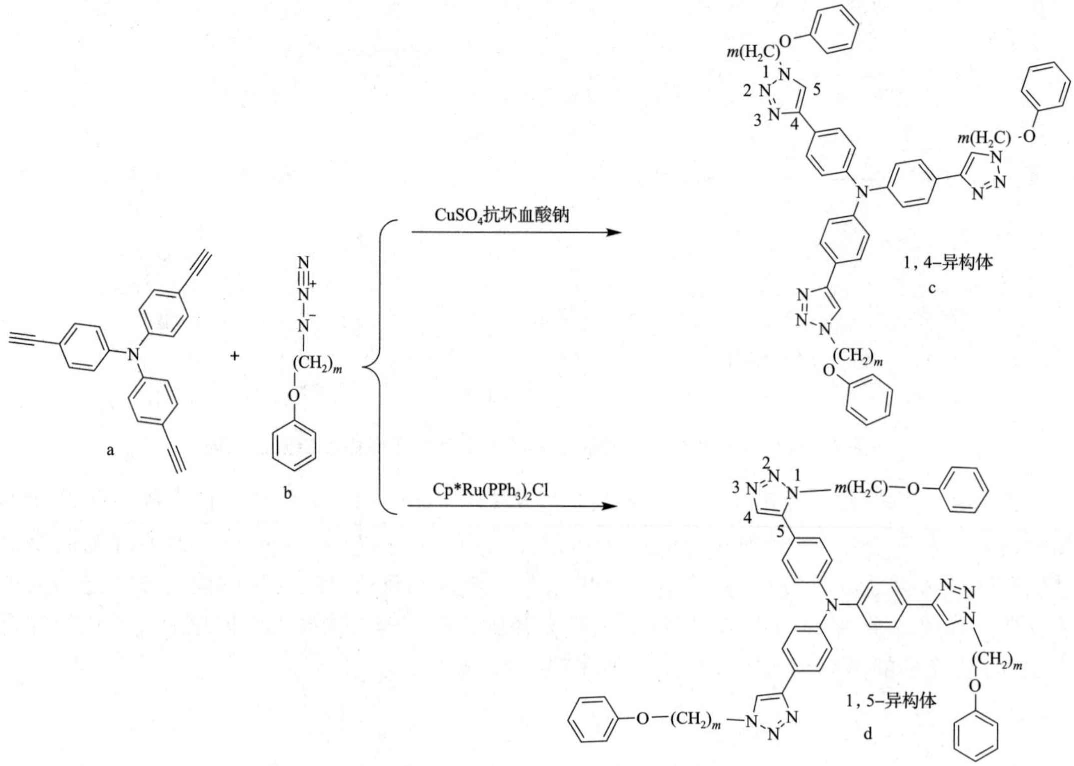

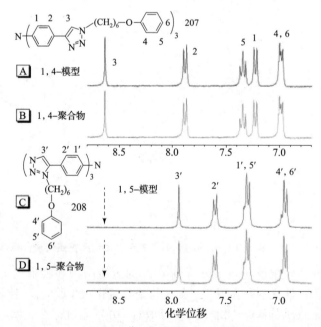

图 4 - 116　模拟 Cu(Ⅰ) 和 Ru(Ⅱ) 介导的点击反应

图 4 - 117　Cu(Ⅰ) 和 Ru(Ⅱ) 介导的点击反应模拟物和聚合物核磁

4.5.6 超支化聚合物的支化程度

自从 20 世纪 80 年代后期首次有意合成超支化聚合物以来，许多研究小组已经开始研究这种新型聚合物。与其线性类似物相比，具有球状分子结构的超支化聚合物表现出更高的溶解度和更低的黏度。超支化聚合物的重要结构参数是其 DB，其影响其许多化学和物理性质，尤其是上述两种溶液性质。超支化聚合物含有三个基本的支链，即树枝状（D）、线性（L）和末端（T）单元。DB 由以下等式定义：

$$f_D = \frac{N_D}{N_D + N_T + N_L}$$

$$f_T = \frac{N_T}{N_D + N_T + N_L}$$

$$f_L = \frac{N_L}{N_D + N_T + N_L}$$

$$f_T + f_D + f_L = 1$$

$$DB = \frac{N_D + N_T}{N_D + N_T + N_L} = f_D + f_T$$

其中，N_D、N_L 和 N_T 是 D、L 和 T 单位的数量；f_D、f_T 和 f_L 分别是 D、T 和 L 单位的分数。根据定义，树枝状聚合物的 DB 为 100%，超支化聚合物的 DB 为 100%。

确定超支化乙炔聚合物的 DB 值并不是一件容易的事。例如，由新开发的 A2 型单体的多环三聚制备的超支化聚合物具有图 4-118 中所示的 D、L 和 T 单元的一般结构。不幸的是，D、T 和 L 单元中新形成的苯环的 NMR 信号和聚合物的 T 和 L 单元中未反应的乙炔三键不容易相互区别，难以计算聚合物中 D、T 和 L 单元的比例，这反过来使得难以直接确定它们的 DB 值。然而，可以建立 DB 值与其他可表征的参数之间的某些关系，例如 DPn 和反应的三键的分数（p）。借助于理论模拟，已经估计了聚合物的 DB。尽管由 AB2 型单体制备的常规超支化聚合物的 DB 值通常约为 0.5，但对于超支化炔属聚合物的 DB 值通常远高于 0.5。

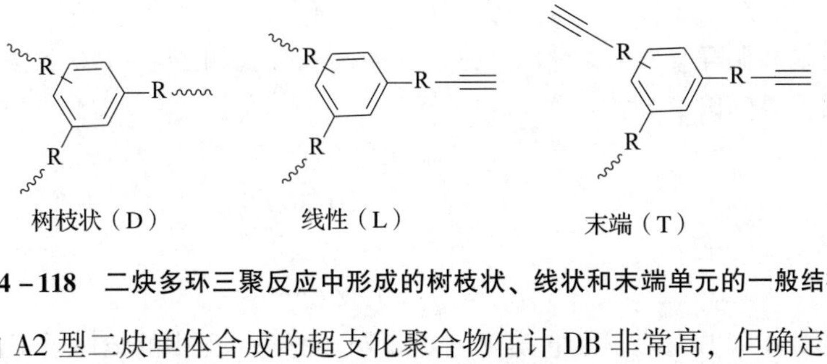

图 4-118　二炔多环三聚反应中形成的树枝状、线状和末端单元的一般结构

虽然对于由 A2 型二炔单体合成的超支化聚合物估计 DB 非常高，但确定它们的绝对 DB 值仍然是一项具有挑战性的任务。唐本忠团队成功地确定了具有 1,3,5-区域规整性的超支化炔属聚合物的绝对 DB 值。以下示出图 4-119 中聚合物的 DB 值的推导作为示例。聚合物由单体多环三聚合成，由于这种多环三聚反应在离子机理中进行，它在分支末端产生具有烯胺基团但不具有乙炔三键的 L 和 T 单元（图 4-119）。正是这种独特的结构特征使其能够确定其绝对 DB 值。

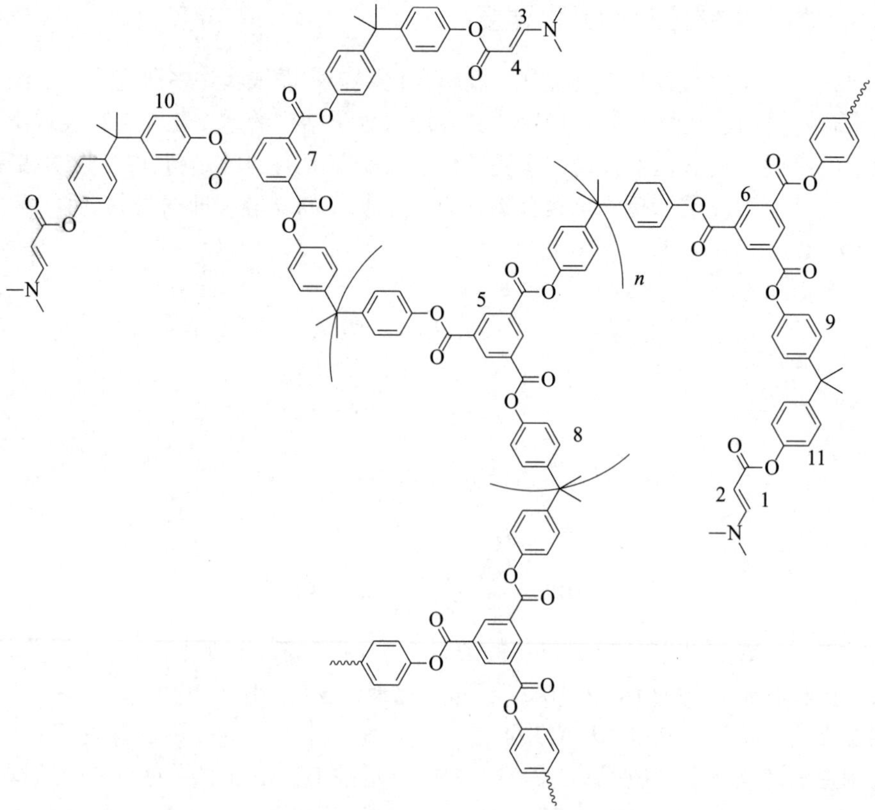

图 4-119　超支化聚合物的化学结构

聚合物图 4-120 中的 D、L 和 T 单元示于图 4-110 中。通过将其聚合物的 ^{1}H NMR 光谱与单体和模型化合物（图 4-121）的 ^{1}H NMR 光谱进行比较，发现三个结构单元（f_D，f_L 和 f_T）的分数之间的以下关系成立：

$$\frac{3f_L + 3f_T + 3f_D}{f_L + 2f_T} = \frac{A_{5-7}}{A_{1,3}}$$

其中 A_{5-7} 和 $A_{1,3}$ 是共振峰（5~7）和（1,3）区域的积分，如图 4-110 和图 4-111 中所示。根据 ^{1}H NMR 谱，得到以下等式：

$$\frac{3f_L + 3f_T + 3f_D}{f_L + 2f_T} = \frac{1}{0.362}$$

方程组合给出了方程：

$$f_L + 2f_T = 1.086$$

在 $\delta = 7.91$ 处扩大共振峰显示它实际上是双峰。线性单元中的烯属质子的量为终端单元中的为 1/8 倍。因此建立了等式：

$$\frac{f_L}{2f_T} = \frac{1}{8}$$

从方程计算得到 f_L：

$$f_L = 0.121$$

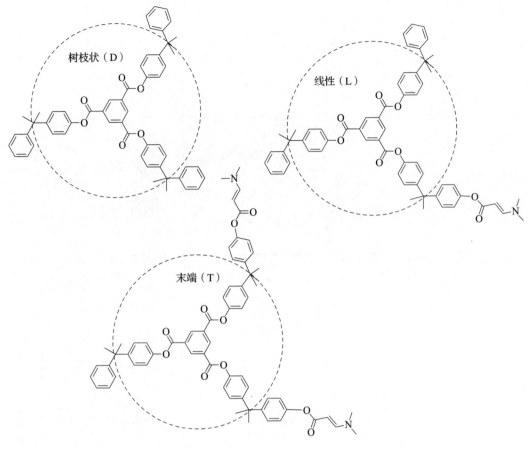

图 4-120 超支化聚合物中的 D、L 和 T 单位

方程的组合给出了 DB 值:

$$DB = f_D + f_T = 1 - f_L = 0.879$$

该值远高于传统的超支化聚合物。该实例清楚地表明，简单的 A2 型构建策略是用于合成高度支化聚合物的通用工具。

由（A2+B3）型单体的点击聚合合成的 hb-PTA 的 DB 值，其测定在程序上稍微复杂一些。在 hb-PTA 中，有 6 个基本结构单元，如图 4-122 所示，即一个 D(a)，两个 L(b) 和 (c)，以及三个 T[(d),(e) 和 (f)] 单位。通过仔细的数学推导，PTA 的 DB 值计算约为 90%。这再次证明炔属单体是构建具有非常高 DB 值的超支化聚合物的必要构成部分。

4.5.7 超支化聚合物的结构调配

二炔均聚环化反应取得了巨大成功，并且很容易将大量二炔单体转化为超支化 PP。聚合物的分子结构已由唐本忠团队通过单体结构的设计催化剂体系的选择、聚合条件的变化等获得。唐本忠团队通过二炔与单烯的共聚改性进一步操纵聚合物结构，其中单烯共聚单体用作反应性调节剂，并有助于使通常快速进行的聚合反应得到控制。因此，通过明智地使用二炔-单体组合，可以在聚合体系中完全避免凝胶形成。来自具有来自活性中心的两个三键的单烯的一个三键的共环化产生 L 单元，来自活性中心的一个三键的单炔的两个三键的 CBC

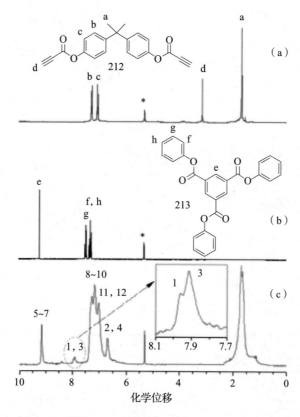

图 4-121 ¹H NMR 谱图 （a）单体、（b）复合物、（c）聚合物（CD_2Cl_2）

三聚产生 T 单元。因此，共环化产生 L 和 T 单元，但不产生 D 单元，导致结构单元的比例发生变化。因此，通过简单地改变共聚环三聚体系统中单烯共聚单体的量，可以改变聚合物的拓扑结构。另外，由于通过二炔-单烯烃环化三聚生成 L 和 T 单元，超支化聚合物的核可以通过嵌入单烯共聚单体中的官能团进行修饰。

下面给出几个实例以证明共聚环三聚方法的实用性。由 Ta 基催化剂引发的 1,4-二乙炔苯（a）的均聚环三聚反应导致全芳族超支化 PP 具有非常差的溶解性，因为二炔多环三聚反应进行得非常快，并且极高密度的苯环制成的聚合物很难被解决。唐本忠团队用苯乙炔和 1,4-二乙炔苯（a）共聚，得到可溶于普通有机溶剂的超支化 PP b（图 4-122）。它仍然是富含碳的全芳烃聚合物，但苯环密度降低。聚合物内增加的自由体积和三维球体扩大的空间半径使得聚合物能够将溶剂分子溶剂化。

唐本忠团队进一步将这一战略扩展到含二茂铁的炔属单体，旨在调整超支化聚合物中二茂铁基单元的密度和分布。从图 4-123 可以看出，二炔 a 与二茂铁基炔烃 b 的共聚合导致形成有机金属超支化聚合物，其中二茂铁基单元主要位于外围，含有二茂铁的二炔 c 和单烯烃 b 的共聚反应得到聚合物 e，其中二茂铁基单元分布在核和外围中。后一种情况下的典型实例示于图 4-124 中，a 和 b 的共聚得到聚合物 c，它是电活性的并且用作磁性陶瓷的优异前体。

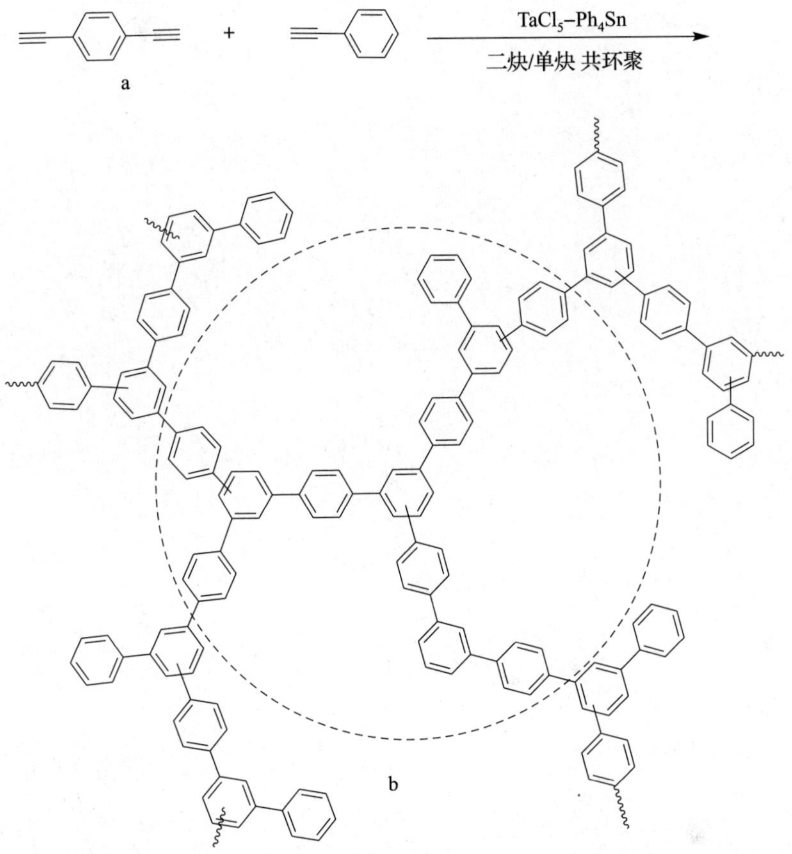

图 4-122 采用炔基共聚环三聚法合成无取代基的可溶性纯超支化聚苯乙烯

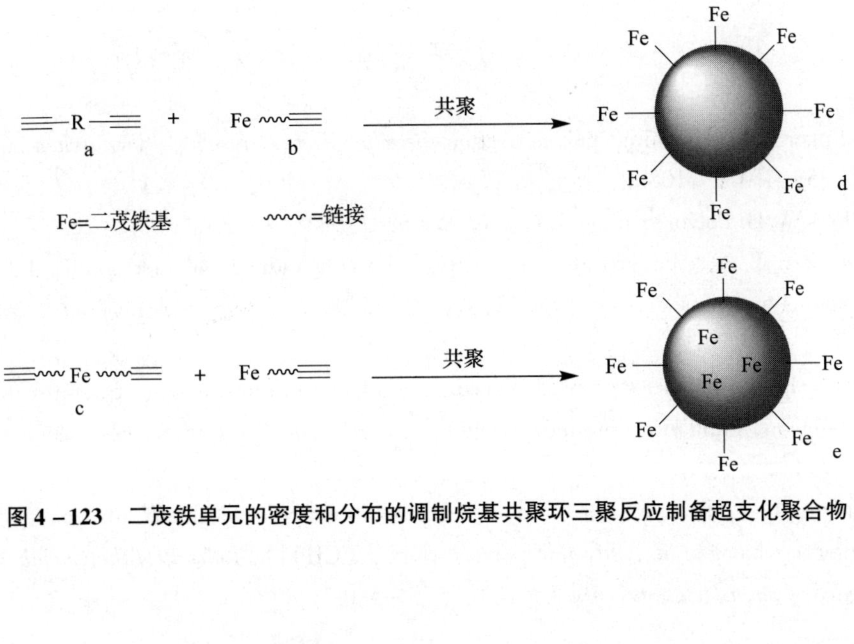

图 4-123 二茂铁单元的密度和分布的调制炔基共聚环三聚反应制备超支化聚合物

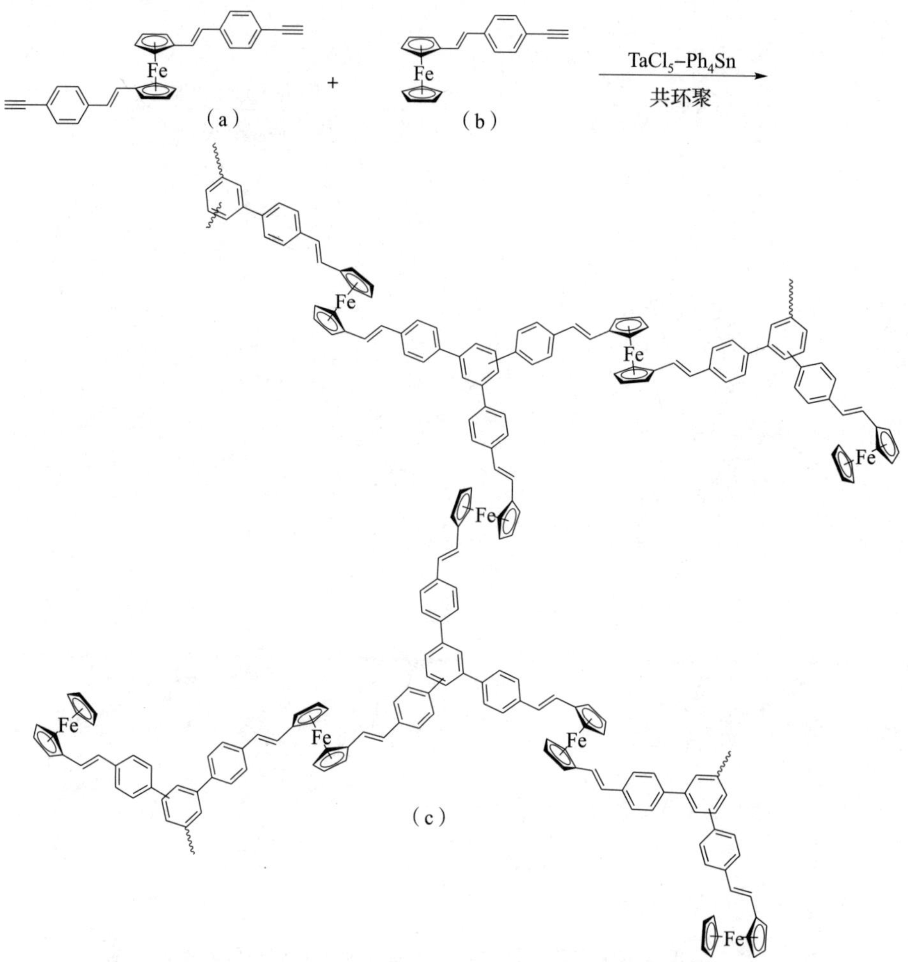

图 4-124 超支化聚合物的例子，其核心和外围有高密度的二茂铁单元

参考文献

[1] Staudinger H. Concerning polymerisation. *Berichte Der Deutschen Chemischen Gesellschaft*, 1920, 53: 1073-1085.

[2] Carothers W H. Polymerization. *Chemical Reviews*, 1931, 8 (3): 353-426.

[3] Braunecker W A, Matyjaszewski K. Controlled/living radical polymerization: Features, developments and perspectives (vol 32, pg 93, 2007). *Progress in Polymer Science*, 2008, 33 (1), 165-165.

[4] Yoon Y, Ho R M, Li F M, et al. Existence of highly ordered smectic structures in a series of main-chain liquid-crystalline polyethers. *Progress in Polymer Science*, 1997, 22 (4): 765-794.

[5] Shirakawa H, Louis E J, Macdiarmid A G, et al. Synthesis of electrically conducting organic polymers - halogen derivatives of polyacetylene, (CH) X. *Journal of the Chemical Society - Chemical Communications*, 1977 (16): 578-580.

[6] Shirakawa H. The discovery of polyacetylene film: The dawning of an era of conducting polymers (Nobel lecture). *Angewandte Chemie - International Edition*, 2001, 40 (14): 2575 - 2580.

[7] MacDiarmid A G. "Synthetic metals": A novel role for organic polymers (Nobel lecture). *Angewandte Chemie - International Edition*, 2001, 40 (14): 2581 - 2590.

[8] Heeger A J. Semiconducting and metallic polymers: The fourth generation of polymeric materials (Nobel lecture). *Angewandte Chemie - International Edition*, 2001, 40 (14): 2591 - 2611.

[9] Simiones C, Dumitres S, Percec V. Study on polymerization of acetylene derivates. 13. Synthesis and properties of polyphenylthioacetylene. *Makromolekulare Chemie*, 1971, 150 (NDEC): 95 - 97.

[10] Masuda T, Hasegawa K I, Higashimura T. Polymerization of phenylacetylenes. 1. Polymerization of phenylacetylene catalyzed by wcl6 and mocl5. *Macromolecules*, 1974, 7 (6): 728 - 731.

[11] Scherman W, Wegner G. Topochemical reactions of monomers with conjugated triple bonds. 10. Electrical - conductivity of single - crystals from polydiacetylenes. *Makromolekulare Chemie - Macromolecular Chemistry And Physics*, 1974, 175 (2): 667 - 674.

[12] Kang E T, Ehrlich P, Bhatt A P, et al. Photoconductivity in trans - poly (phenylacetylene) and its charge - transfer complexes. *Macromolecules*, 1984, 17 (5): 1020 - 1024.

[13] Tang B Z, Kotera N. Synthesis of optically - active polyacetylene containing an asymmetric silicon by using organotransition - metal complexes as catalysts. *Macromolecules*, 1989, 22 (11): 4388 - 4390.

[14] Masuda T, Hamano T, Tsuchihara K, et al. Polymerization of si - containing acetylenes. 10. Synthesis and characterization of poly ortho - (trimethylsilyl) phenyl acetylene. *Macromolecules*, 1990, 23 (5): 1374 - 1380.

[15] Kishimoto Y, Eckerle P, Miyatake T, et al. Living polymerization of phenylacetylenes initiated by rh(C - CC6H5)(2,5-NORBORNADIENE) P(C6H5)(3)(2). *Journal of the American Chemical Society* 1994, 116 (26): 12131 - 12132.

[16] Lee H J, Gal Y S, Lee W C, et al. Synthesis of unsymmetrically alpha - substituted poly (dipropargyl ether) derivatives by metathesis catalysts. *Macromolecules*, 1995, 28 (4): 1208 - 1213.

[17] Nishide H, Kaneko T, Nii T, et al. Poly (phenylenevinylene) - attached phenoxyl radicals: Ferromagnetic interaction through planarized and pi - conjugated skeletons. *Journal of the American Chemical Society*, 1996, 118 (40): 9695 - 9704.

[18] Yashima E, Matsushima T, Okamoto Y. Chirality assignment of amines and amino alcohols based on circular dichroism induced by helix formation of a stereoregular poly ((4 - carboxyphenyl) acetylene) through acid - base complexation. *Journal of the American Chemical Society*, 1997, 119 (27): 6345 - 6359.

[19] Akagi K, Piao G, Kaneko S, et al. Helical polyacetylene synthesized with a chiral nematic reaction field. *Science*, 1998, 282 (5394): 1683 - 1686.

[20] Aoki T, Kobayashi Y, Kaneko T, et al. Synthesis and properties of polymers from disubstituted acetylenes with chiral pinanyl groups. *Macromolecules*, 1999, 32 (1): 79 – 85.

[21] Koltzenburg S, Stelzer F, Nuyken O. Synthesis and characterization of a liquid crystalline polyacetylene with cholesteryl side groups using Schrock – type molybdenum initiators. *Macromolecular Chemistry and Physics*, 1999, 200 (4): 821 – 827.

[22] Brizius G, Pschirer N G, Steffen W, et al. Alkyne metathesis with simple catalyst systems: Efficient synthesis of conjugated polymers containing vinyl groups in main or side chain. *Journal of the American Chemical Society*, 2000, 122 (50): 12435 – 12440.

[23] Tang B Z, Chen H Z, Xu R S, et al. Structure – property relationships for photoconduction in substituted polyacetylenes. *Chemistry of Materials*, 2000, 12 (1): 213 – 221.

[24] Lu Y F, Yang Y, Sellinger A, et al. Self – assembly of mesoscopically ordered chromatic polydiacetylene/silica nanocomposites. *Nature*, 2001, 410 (6831): 913 – 917.

[25] Liu Y, Mills R C, Boncella J M, et al. Fluorescent polyacetylene thin film sensor for nitroaromatics. *Langmuir*, 2001, 17 (24): 7452 – 7455.

[26] Li B S, Cheuk K K L, Salhi F, et al. Tuning the chain helicity and organizational morphology of an L – valine – containing polyacetylene by pH change. *Nano Letters*, 2001, 1 (6): 323 – 328.

[27] Gao G Z, Sanda F, Masuda T. Synthesis and properties of amino acid – based polyacetylenes. *Macromolecules*, 2003, 36 (11): 3932 – 3937.

[28] Scherman O A, Rutenberg I M, Grubbs R H. Direct synthesis of soluble, end – functionalized polyenes and polyacetylene block copolymers. *Journal of the American Chemical Society*, 2003, 125 (28): 8515 – 8522.

[29] Cheng Y J, Liang H, Luh T Y. Chiral silylene – spaced divinylarene copolymers. *Macromolecules*, 2003, 36 (16): 5912 – 5914.

[30] Li B S, Cheuk K K L, Yang D L, et al. Self – assembling of an amphiphilic polyacetylene carrying L – leucine pendants: A homopolymer case. *Macromolecules*, 2003, 36 (15): 5447 – 5450.

[31] Li B S, Chen J W, Zhu C F, et al. Formation of porous films and vesicular fibers via self – organization of an amphiphilic chiral oligomer. *Langmuir*, 2004, 20 (6): 2515 – 2518.

[32] Wu P, Feldman A K, Nugent A K, et al. Efficiency and fidelity in a click – chemistry route to triazoledendrimers by the copper (I) – catalyzed ligation of azides and alkynes. *Angewandte Chemie – International Edition*, 2004, 43 (30): 3928 – 3932.

[33] Scheel A J, Komber H, Voit B I. Novel hyperbranched poly (1,2,3-triazole) s derived from AB (2) monomers by a 1, 3 – dipolar cycloaddition. *Macromolecular Rapid Communications*, 2004, 25 (12): 1175 – 1180.

[34] Smet M, Metten K, Dehaen W. Synthesis of new AB (2) monomers for polymerization to hyperbranched polymers by 1, 3-dipolar cycloaddition. *Collection of Czechoslovak Chemical Communications*, 2004, 69 (5): 1097 – 1108.

[35] Haussler M, Zheng R H, Lam J W Y, et al. Hyperbranched polyynes: Syntheses, photolu-

minescence, light refraction, thermal curing, metal complexation, pyrolytic ceramization, and soft magnetization. *Journal of Physical Chemistry B*, 2004, 108 (30): 10645 – 10650.

[36] Diaz D D, Punna S, Holzer P, et al. Click chemistry in materials synthesis. 1. Adhesive polymers from copper – catalyzed azide – alkyne cycloaddition. *Journal of Polymer Science Part a – Polymer Chemistry*, 2004, 42 (17): 4392 – 4403.

[37] Malkoch M, Thibault R J, Drockenmuller E, Messerschmidt M, et al. Orthogonal approaches to the simultaneous and cascade functionalization of macromolecules using click chemistry. *Journal of the American Chemical Society*, 2005, 127 (42): 14942 – 14949.

[38] van Steenis D, David O R P, van Strijdonck G P F, et al. Click – chemistry as an efficient synthetic tool for the preparation of novel conjugated polymers. *Chemical Communications*, 2005 (34): 4333 – 4335.

[39] Ye C, Xu G Q, Yu Z Q, et al. Frustrated molecular packing in highly ordered smectic phase of side – chain liquid crystalline polymer with rigid polyaceiylene backbone. *Journal of the American Chemical Society*, 2005, 127 (21): 7668 – 7669.

[40] Wosnick J H, Mello C M, Swager T M. Synthesis and application of poly (phenylene ethynylene) s for bioconjugation: A conjugated polymer – based fluorogenic probe for proteases. *Journal of the American Chemical Society*, 2005, 127 (10): 3400 – 3405.

[41] Liu Y, Wang N, Li Y J, et al. New class of conjugated polyacetylenes having perylene bisimide units and pendant fullerene or porphyrin groups. *Macromolecules*, 2005, 38 (11): 4880 – 4887.

[42] Percec V, Aqad E, Peterca M, et al. Steric communication of chiral information observed in dendronized polyacetylenes. *Journal of the American Chemical Society*, 2006, 128 (50): 16365 – 16372.

[43] Li Z, Li Q, Qin A, Dong Y, et al. Synthesis and characterization of a new disubstituted polyacetylene containing indolylazo moieties in side chains. *Journal Of Polymer Science Part a – Polymer Chemistry*, 2006, 44 (19): 5672 – 5681.

[44] Yin S C, Xu H Y, Su X Y, et al. Optical – limiting and nonlinear optical polyacetylenes: Synthesis of azobenzene – containing poly (1 – alkyne) s with different spacer and tail lengths. *Journal Of Polymer Science Part a – Polymer Chemistry*, 2006, 44 (7): 2346 – 2357.

[45] Knapton D, Rowan S J, Weder C. Synthesis and properties of metallo – supramolecular poly (p – phenylene ethynylene) s. *Macromolecules*, 2006, 39 (2): 651 – 657.

[46] Fukushima T, Takachi K, Tsuchihara K. Optically active poly (phenylacetylene) film: Simultaneous change of color and helical structure. *Macromolecules*, 2006, 39: (9), 3103 – 3105.

[47] Mayershofer M G, Nuyken O, Buchmeiser M R. Binuclear schrock – type alkylidene – triggered ROMP and cyclopolymerization of 1,6-heptadiynes: Access to homopolymers and ABA – type block copolymers. *Macromolecules*, 2006, 39 (7): 2452 – 2459.

[48] Zhao X, Pinto M R, Hardison L M, et al. Variable band gap poly (arylene ethynylene)

conjugated polyelectrolytes. *Macromolecules*, 2006, 39 (19): 6355-6366.

[49] Bakbak S, Leech P J, Carson B E, et al. 1,3-dipolar cycloaddition for the generation of nanostructured semiconductors by heated probe tips. *Macromolecules*, 2006, 39 (20): 6793-6795.

[50] Murata H, Miyajima D, Nishide H. A high-spin and helical organic polymer: Poly{4-(dianisylaminium) phenyl acetylene}. *Macromolecules*, 2006, 39 (19): 6331-6335.

[51] Nakahashi A, Fujita M, Miyoshi E, et al. Synthesis of sulfur-containing hyperbranched polymers by the bisthiolation polymerization of diethynyl disulfide derivatives. *Journal of Polymer Science Part a – Polymer Chemistry*, 2007, 45 (16): 3580-3587.

[52] Otsuka I, Hongo T, Nakade H, et al. Chiroptical and lectin recognition properties of glyco-conjugated poly (phenylacetylene) s featuring variable saccharide functionalities. *Macromolecules*, 2007, 40 (25): 8930-8937.

[53] Qin A, Jim C K W, Lu W, et al. Click polymerization: Facile synthesis of functional poly (aroyltriazole) s by metal-free, regioselective 1,3-dipolar polycycloaddition. *Macromolecules*, 2007, 40 (7): 2308-2317.

[54] Scriban C, Schrock R R, Mueller P. Synthesis of Oligo (1,6-heptadiynes) with a Single Structure and Terminal Methylene Groups Using Molybdenum-Based Wittig and Metathesis Chemistry. 1. 2,6-Dimethylphenylimido Systems. *Organometallics*, 2008, 27 (23): 6202-6214.

[55] Matsumi N, Chujo Y. pi-conjugated organoboron polymers via the vacant p-orbital of the boron atom. *Polymer Journal*, 2008, 40 (2): 77-89.

[56] Cheuk K K L, Li B S, Lam J W Y, et al. Synthesis, chain helicity, assembling structure, and biological compatibility of poly (phenylacetylene) s containing L-alanine moieties. *Macromolecules*, 2008, 41 (16): 5997-6005.

[57] Qin A, Lam J W Y, Jim C K W, et al. Hyperbranched polytriazoles: Click polymerization, regioisomeric structure, light emission, and fluorescent patterning. *Macromolecules*, 2008, 41 (11): 3808-3822.

[58] Xie J, Hu L, Shi W, et al. Synthesis and characterization of hyperbranched polytriazole via an 'A (2) +B-3' approach based on click chemistry. *Polymer International*, 2008, 57 (8): 965-974.

[59] Yeh M-Y, Luh T-Y. Thorpe-Ingold effect on the helicity of chiral alternating silylene-divinylarene copolymers. *Chemistry – an Asian Journal*, 2008, 3 (8-9): 1620-1624.

[60] Kwak G, Lee W-E, Jeong H, et al. Swelling-Induced Emission Enhancement in Substituted Acetylene Polymer Film with Large Fractional Free Volume: Fluorescence Response to Organic Solvent Stimuli. *Macromolecules*, 2009, 42 (1): 20-24.

[61] Deng J, Chen B, Luo X, et al. Synthesis of Nano-Latex Particles of Optically Active Helical Substituted Polyacetylenes via Catalytic Microemulsion Polymerization in Aqueous Systems. *Macromolecules*, 2009, 42 (4): 933-938.

[62] Kumar P S, Wurst K, Buchmeiser M R. Factors Relevant for the Regioselective Cyclopoly-

merization of 1,6-Heptadiynes, N,N-Dipropargylamines, N,N-Dipropargylammonium Salts, and Dipropargyl Ethers by Ru – IV – Alkylidene – Based Metathesis Initiators. *Journal of the American Chemical Society*, 2009, 131 (1): 387 – 395.

[63] Tang Y, Zhou Z, Ogawa K, et al. Synthesis, Self – Assembly, and Photophysical Behavior of Oligo Phenylene Ethynylenes: From Molecular to Supramolecular Properties. *Langmuir*, 2009, 25 (1): 21 – 25.

[64] Dei S, Matsumoto A. Synthesis, Structure, Chromatic Properties, and Induced Circular Dichromism of Polydiacetylenes with an Extended Conjugated System in the Side Chain. *Macromolecular Chemistry and Physics*, 2009, 210 (1): 11 – 21.

[65] Kaneko T, Horie T, Matsumoto S, et al. Phenyleneethynylene Macrocycle – Fused Phenylacetylene Monomers: Synthesis and Polymerization. *Macromolecular Chemistry and Physics*, 2009, 210 (1): 22 – 36.

[66] Yang S – H, Huang C – H, Chen C – H, et al. Synthesis and Electroluminescent Properties of Disubstituted Polyacetylene Derivatives Containing Multi – Fluorophenyl and Cyclohexylphenyl Side Groups. *Macromolecular Chemistry and Physics*, 2009, 210 (1): 37 – 47.

[67] Qin A, Tang L, Lam J W Y, et al. Metal – Free Click Polymerization: Synthesis and Photonic Properties of Poly (aroyltriazole) s. *Advanced Functional Materials*, 2009, 19 (12): 1891 – 1900.

[68] Qin A, Lam J W Y, Tang L, et al. Polytriazoles with Aggregation – Induced Emission Characteristics: Synthesis by Click Polymerization and Application as Explosive Chemosensors. *Macromolecules*, 2009, 42 (5): 1421 – 1424.

[69] Kokado K, Chujo Y. Emission via Aggregation of Alternating Polymers with o – Carborane and p – Phenylene – Ethynylene Sequences. *Macromolecules*, 2009, 42 (5): 1418 – 1420.

[70] Zhou D, Chen Y, Chen L, et al. Synthesis and Properties of Polyacetylenes Containing Terphenyl Pendent Group with Different Spacers. *Macromolecules*, 2009, 42 (5): 1454 – 1461.

[71] Chen J, Cao Y. Silole – containing polymers: Chemistry and optoelectronic properties. *Macromolecular Rapid Communications*, 2007, 28 (17): 1714 – 1742.

[72] Voit B. Hyperbranched polymers – All problems solved after 15 years of research?. *Journal of Polymer Science Part a – Polymer Chemistry*, 2005, 43 (13): 2679 – 2699.

[73] Tomalia D A. Birth of a new macromolecular architecture: dendrimers as quantized building blocks for nanoscale synthetic polymer chemistry. *Progress in Polymer Science*, 2005, 30 (3 – 4): 294 – 324.

[74] Yates C R, Hayes W. Synthesis and applications of hyperbranched polymers. *European Polymer Journal*, 2004, 40 (7): 1257 – 1281.

[75] Gao C, Yan D. Hyperbranched polymers: from synthesis to applications. *Progress in Polymer Science*, 2004, 29 (3): 183 – 275.

[76] Hecht S. Functionalizing the interior of dendrimers: Synthetic challenges and applications. *Journal of Polymer Science Part a – Polymer Chemistry*, 2003, 41 (8): 1047 – 1058.

[77] Kim Y H. Hyperbranchecs polymers 10 years after. *Journal of Polymer Science Part a – Polymer Chemistry*, 1998, 36 (11): 1685–1698.

[78] Choi S K, Gal Y S, Jin S H, et al. Poly (1,6-heptadiyne) – based materials by metathesis polymerization. *Chemical Reviews* 2000, 100 (4), 1645–1681.

[79] Bunz U H F. Poly (aryleneethynylene) s: Syntheses, properties, structures, and applications. *Chemical Reviews*, 2000, 100 (4): 1605–1644.

[80] Watson M D, Fechtenkotter A, Mullen K. Big is beautiful – "Aromaticity" revisited from the viewpoint of macromolecular and supramolecular benzene chemistry. *Chemical Reviews*, 2001, 101 (5): 1267–1300.

[81] Hill D J, Mio M J, Prince R B, et al. A field guide to foldamers. *Chemical Reviews*, 2001, 101 (12): 3893–4011.

[82] Lam J W Y, Tang B Z. Liquid – crystal line and light – emitting polyacetylenes. *Journal of Polymer Science Part a – Polymer Chemistry*, 2003, 41 (17): 2607–2629.

[83] Zhao D H, Moore J S. Shape – persistent arylene ethynylene macrocycles: syntheses and supramolecular chemistry. *Chemical Communications* 2003, (7), 807–818.

[84] Yamamoto T. Synthesis of pi – conjugated polymers bearing electronic and optical functionalities by organometallic polycondensations. Chemical properties and applications of the pi – conjugated polymers. *Synlett*, 2003, (4): 425–450.

[85] Mayershofer M G, Nuyken O. Living polymerization of substituted acetylenes. *Journal of Polymer Science Part a – Polymer Chemistry*, 2005, 43 (23): 5723–5747.

[86] Wong W Y. Recent advances in luminescent transition metal polyyne polymers. *Journal of Inorganic And Organometallic Polymers And Materials* 2005, 15 (2), 197–219.

[87] Nielsen M B. Diederich, F. Conjugated oligoenynes based on the diethynylethene unit. *Chemical Reviews*, 2005, 105 (5): 1837–1867.

[88] Lam J W Y, Tang B Z. Functional polyacetylenes. *Accounts of Chemical Research*, 2005, 38 (9): 745–754.

[89] Iwasaki T, Nishide H. Electro – and magneto – responsible chiral polymers. *Current Organic Chemistry*, 2005, 9 (16): 1665–1684.

[90] Furstner A, Davies P W. Alkyne metathesis. *Chemical Communications*, 2005, (18): 2307–2320.

[91] Voskerician G, Weder C. Electronic properties of PAEs. *Poly (Arylene Etynylene) S: From Synthesis To Application*, Weder, C., Ed., 2005, 177: 209–248.

[92] Luh T – Y, Cheng Y – J. Alternating divinylarene – silylene copolymers. *Chemical Communications*, 2006 (45): 4669–4678.

[93] Rudick J G, Percec V. Helical chirality in dendronized polyarylacetylenes. *New Journal of Chemistry*, 2007, 31 (7): 1083–1096.

[94] Masuda T. Substituted polyacetylenes. *Journal of Polymer Science Part a – Polymer Chemistry*, 2007, 45 (2): 165–180.

[95] Haeussler M, Qin A, Tang B Z. Acetylenes with multiple triple bonds: A group of versatile

A (n) - type building blocks for the construction of functional hyperbranched polymers. *Polymer*, 2007, 48 (21): 6181 - 6204.

[96] Swager T M. Iptycenes in the design of high performance polymers. *Accounts of Chemical Research*, 2008, 41 (9): 1181 - 1189.

[97] Rudick J G, Percec V. Induced Helical Backbone Conformations of Self - Organizable Dendronized Polymers. *Accounts of Chemical Research*, 2008, 41 (12): 1641 - 1652.

[98] Yashima E, Maeda K, Furusho Y. Single - and double - stranded helical polymers: Synthesis, structures, and functions. *Accounts of Chemical Research*, 2008, 41 (9): 1166 - 1180.

[99] Sanchez J C, Trogler W C. Hydrosilylation of diynes as a route to functional polymers delocalized through silicon. *Macromolecular Chemistry and Physics*, 2008, 209 (15): 1528 - 1540.

[100] Akagi K, Mori T. Helical Polyacetylene - Origins and Synthesis. *Chemical Record*, 2008, 8 (6): 395 - 406.

[101] Kivala M, Diederich F. Acetylene - Derived Strong Organic Acceptors for Planar and Nonplanar Push - Pull Chromophores. *Accounts of Chemical Research*, 2009, 42 (2): 235 - 248.

[102] Grimsdale A C, Chan K L, Martin R E, et al. Synthesis of Light - Emitting Conjugated Polymers for Applications in Electroluminescent Devices. *Chemical Reviews*, 2009, 109 (3): 897 - 1091.

[103] Little W A. Superconductivity of organic polymers. *Journal of Polymer Science Part C - Polymer Symposium*, 1967 (17PC): 3 - 12.

[104] Ehrlich P, Kern R J, Pierron E D, et al. On structure crystallinity and paramagnetism of polyphenylacetylene. *Journal of Polymer Science Part B - Polymer Letters*, 1967, 5 (10PB): 911 - 915.

[105] Ito T, Shirakawa H, Ikeda S. Simultaneous polymerization and formation of polyacetylene film on surface of concenirated soluble ziegler - type catalyst solution. *Journal of Polymer Science Part a - Polymer Chemistry*, 1974, 12 (1): 11 - 20.

[106] Chiang C K, Fincher C R, Park Y W, et al. Electrical - conducticity in doped polyacetylene. *Physical Review Letters*, 1977, 39 (17): 1098 - 1101.

[107] Berlin A A, Cherkash Mi. Effective conjugation and structure of polyconjugated macromolecules. *Vysokomolekulyarnye Soedineniya Section A*, 1971, 13 (10): 2298 - 2299.

[108] Simionescu C, Dumitrescu S, Percec V. Polymerization of acetylenic derivatives. 25. Synthesis and properties of isomeric poly (beta - ethynylnaphthalene). *Polymer Journal*, 1976, 8 (2): 139 - 149.

[109] Simionescu C, Dumitrescu S, Percec V. Polymerization of acetylenic derivatives. 24. Some structural peculiarities of poly (alpha - ethynylnaphthalene). *Polymer Journal*, 1976, 8 (4): 313 - 317.

[110] Simionescu C I, Percec V, Dumitrescu S. Polymerization of acetylenic derivatives. 30. Iso-

mers of polyphenylacetylene. *Journal of Polymer Science Part a – Polymer Chemistry*, 1977, 15 (10): 2497 – 2509.

[111] Kern R J. Preparation and properties of isomeric polyphenylacetylenes. *Journal of Polymer Science Part a – 1 – Polymer Chemistry*, 1969, 7 (2PA1): 621 – 625.

[112] Holob G M, Allendoe Rd, Ehrlich P. Electron – spin resonance in crystallizable, High molecular – weight polyphenylacetylene. *Macromolecules*, 1972, 5 (5): 569 – 570.

[113] Masuda T, Higashimura T. Synthesis of high polymers from substitutes acetylenes – exploitation of molybdenum – based and tungsten – based catalysts. *Accounts of Chemical Research*, 1984, 17 (2): 51 – 56.

[114] Masuda T, Yamamoto K, Higashimura T. Polymerization of phenylacetylens. 12. Polymerization of phenylacetylene induced by uv irradiation of grour – 6 transition – metal carbonyls. *Polymer*, 1982, 23 (11): 1663 – 1666.

[115] Masuda T, Kuwane Y, Higashimura T. Polymerization of phenylacetylenes. 2. Polymerization of 1 – Chloro – 2 – Phenylacetylene induced by uv irradiation of mo (co) 6. *Journal of Polymer Science Part a – Polymer Chemistry*, 1982, 20 (4): 1043 – 1050.

[116] Xu K T, Peng H, Lam J W Y, et al. Transition metal carbonyl catalysts for polymerizations of substituted acetylenes. *Macromolecules*, 2000, 33 (19): 6918 – 6924.

[117] Masuda T, Sasaki N, Higashimura T. Polymerization of phenylacetylenes. 3. Structure and properties of poly (phenylacetylene) s obtained by wcl6 or mocl5. *Macromolecules*, 1975, 8 (6): 717 – 721.

[118] Katz T J, Hacker S M, Kendrick R D, et al. Mechanisms of phenylacetylene polymerization by molybdenum and titanium initiators. *Journal of the American Chemical Society*, 1985, 107 (7): 2182 – 2183.

[119] Wallace K C, Liu A H, Davis W M, et al. Living polymerization of 2 – butyne using a well – characterized tantalum catalyst. *Organometallics*, 1989, 8 (3): 644 – 654.

[120] Schrock R R, Luo S F, Zanetti N C, et al. Living polymerization of (o-(trimethylsilyl) phenyl) acetylene using small alkoxide molybdenum (VI) initiators. *Organometallics*, 1994, 13 (9): 3396 – 3398.

[121] Schrock R R, Luo S F, Lee J C, et al. Living polymerization of (o-(trimethylsilyl) phenyl) acetylene by molybdenum imido alkylidene complexes. *Journal of the American Chemical Society*, 1996, 118 (16): 3883 – 3895.

[122] Furlani A, Napoletano C, Russo M V, et al. The influence of the ligands on the catalytic activity of a series of rh1 complexes in reactions with phenylacetylene – synthesis of stereoregular poly (phenyl) acetylene. *Journal of Polymer Science Part a – Polymer Chemistry*, 1989, 27 (1): 75 – 86.

[123] Yang W, Tabata M, Kobayashi S, et al. Synthesis of ultra – high – molecular – weight aromatic polyacetylenes with rh (norbornadiene) cl 2 – Triethylamine and solvent – induced crystallization of the obtained amorphous polyacetylenes. *Polymer Journal*, 1991, 23 (9): 1135 – 1138.

[124] Kanki K, Misumi Y, Masuda T. Remarkable cocatalytic effect of organometallics and rate control by triphenylphosphine in the Rh – catalyzed polymerization of phenylacetylene. *Macromolecules*, 1999, 32（7）: 2384 – 2386.

[125] Kishimoto Y, Itou M, Miyatake T, et al. Polymerization of monosubstituted acetylenes with a zwitterionic rhodiun（I）complex, RH +（2,5-Norbornadiene）[（eta6 – C6H5）B –（C6H5）3]. *Macromolecules*, 1995, 28（19）: 6662 – 6666.

[126] Tang B Z, Poon W H, Leung S M, et al. Synthesis of stereoregular poly（phenylacetylene）s by organorhodium complexes in aqueous media. *Macromolecules*, 1997, 30（7）: 2209 – 2212.

[127] Masuda T, Yoshimura T, Fujimori J, et al. Living polymerization of substituted acetylenes by Mocl5 – Based and Moocl4 – Based catalysts. *Journal of the Chemical Society – Chemical Communications*, 1987（23）: 1805 – 1806.

[128] Yoshimura T, Masuda T, Higashimura T. Living polymerization of 1 – Chloro – 1 – Alkynes catalyzed by Mocl5 – N – BU4SN – Etoh. *Macromolecules*, 1988, 21（7）: 1899 – 1903.

[129] Masuda T, Yoshimura T, Higashimura T. Living polymerization of 1 – Chloro – 1 – Alkynes by Moocl4 – N – BU4SN – Etoh catalyst. *Macromolecules*, 1989, 22（9）: 3804 – 3806.

[130] Kunzler J, Percec V. The polymerization of alkyl substituted acetylenes using metal halide based initiators – the bulky substituent effect. *Polymer Bulletin*, 1992, 29（3 – 4）: 335 – 342.

[131] Masuda T, Mishima K, Fujimori J, et al. Living metathesis polymerization of ortho –（trifluoromethyl）phenyl acetylene bymolybdenum – based 3 – component catalysts. *Macromolecules*, 1992, 25（5）: 1401 – 1404.

[132] Hayano S, Masuda T. Living polymerization of substituted acetylenes by a novel binary catalyst, MoOCl4 – n – BuLi. *Macromolecules*, 1998, 31（10）: 3170 – 3174.

[133] Hayano S, Masuda T. Living polymerization of o-（trifluoromethyl）phenyl acetylene by WOCl4 – based catalysts such as WOCl4 – n – Bu4Sn – t – BuOH（1∶1∶1）. *Macromolecules*, 1999, 32（22）: 7344 – 7348.

[134] Kaneshiro H, Hayano S, Masuda T. Living polymerization of o-（trifluoromethyl）phenyl acetylene by a new catalyst system, MoOCl4 – Et3Al – EtOH（1∶1∶4）. *Macromolecular Chemistry and Physics*, 1999, 200（1）: 113 – 117.

[135] Kubo H, Hayano S, Misumi Y, et al. Living metathesis polymerization of diethyl di – 2 – butynyl malonate by molybdenum – based ternary catalysts. *Macromolecular Chemistry and Physics*, 2002, 203（2）: 279 – 283.

[136] Kishimoto Y, Miyatake T, Ikariya T, et al. An efficient rhodium（I）initiator for stereospecific living polymerization of phenylacetylenes. *Macromolecules*, 1996, 29（14）: 5054 – 5055.

[137] Kishimoto Y, Eckerle P, Miyatake T, et al. Well – controlled polymerization of phenylacetylenes with organorhodium（I）complexes: Mechanism and structure of the polyenes. *Journal of the American Chemical Society*, 1999, 121（51）: 12035 – 12044.

[138] Misumi Y, Masuda T. Living polymerization of phenylacetylene by novel rhodium catalysts. Quantitative initiation and introduction of functional groups at the initiating chain end. *Macromolecules*, 1998, 31 (21): 7572-7573.

[139] Miyake M, Misumi Y, Masuda T. Living polymerization of phenylacetylene by isolated rhodium complexes, Rh C(C_6H_5) = C(C_6H_5) (2) (nbd) (4 - XC6H4) (3) P(X = F, Cl). *Macromolecules*, 2000, 33 (18): 6636-6639.

[140] Saeed I, Shiotsuki M, Masuda T. Living polymerization of phenylacetylene with tetrafluorobenzobarrelene ligand - containing rhodium catalyst systems featuring the synthesis of high molecular weight polymer. *Macromolecules*, 2006, 39 (25): 8567-8573.

[141] Moad G, Rizzardo E, Thang S H. Toward living radical polymerization. *Accounts of Chemical Research*, 2008, 41 (9): 1133-1142.

[142] Goethals E J, Du Prez F. Carbocationic polymerizations. *Progress in Polymer Science*, 2007, 32 (2): 220-246.

[143] Domski G J, Rose J M, Coates G W, et al. Living alkene polymerization: New methods for the precision synthesis of polyolefins. *Progress in Polymer Science*, 2007, 32 (1): 30-92.

[144] Tsarevsky N V, Matyjaszewski K. "Green" atom transfer radical polymerization: From process design to preparation of well - defined environmentally friendly polymeric materials. *Chemical Reviews*, 2007, 107 (6): 2270-2299.

[145] Smid J, Van Beylen M, Hogen - Esch T E. Perspectives on the contributions of Michael Szwarc to living polymerization. *Progress in Polymer Science*, 2006, 31 (12): 1041-1067.

[146] Kamigaito M, Ando T, Sawamoto M. Metal - catalyzed living radical polymerization. *Chemical Reviews*, 2001, 101 (12): 3689-3745.

[147] Asandei A D, Percec V. From metal - catalyzed radical telomerization to Metal - catalyzed radical polymerization of vinyl chloride: Toward living radical polymerization of vinyl chloride. *Journal of Polymer Science Part a - Polymer Chemistry*, 2001, 39 (19): 3392-3418.

[148] Tang B Z, Kong X X, Wan X H, et al. Synthesis and properties of stereoregularpolyacetylenes containing cyano groups, poly 4 - n - (4' - cyano - 4 - biphenylyl) oxy alkyl oxy carbonyl phenyl acetylenes. *Macromolecules*, 1997, 30 (19): 5620-5628.

[149] Sanda F, Yukawa Y, Masuda T. Synthesis and properties of optically active substituted polyacetylenes having carboxyl and/or amino groups. *Polymer*, 2004, 45 (3): 849-854.

[150] Maeda K, Goto H, Yashima E. Stereospecific polymerization of propiolic acid with rhodium complexes in the presence of bases and helix induction on the polymer in water. *Macromolecules*, 2001, 34 (5): 1160-1164.

[151] Saito M A, Maeda K, Onouchi H, et al. Synthesis and macromolecular helicity induction of a stereoregular polyacetylene bearing a carboxy group with natural amino acids in water. *Macromolecules*, 2000, 33 (13): 4616-4618.

[152] Yuan W Z, Tang L, Zhao H, et al. Direct Polymerization of Highly Polar Acetylene Derivatives and Facile Fabrication of Nanoparticle – Decorated Carbon Nanotubes. *Macromolecules*, 2009, 42 (1): 52 – 61.

[153] Tang B Z, Kong X X, Wan X H, et al. Liquid crystalline polyacetylenes: Synthesis and properties of poly {n – ((4' – cyano – 4 – biphenylyl) oxy) carbonyl – 1 – alkynes}. *Macromolecules*, 1998, 31 (8): 2419 – 2432.

[154] Kong X X, Lam J W Y, Tang B Z. Synthesis, mesomorphism, isomerization, and aromatization of stereoregular poly {4 – ({6 – ({4' – (heptyl) oxy – 4 – biphenylyl carbonyl} oxy) – hexyl oxy} carbonyl) phenyl acety lene}. *Macromolecules*, 1999, 32 (6): 1722 – 1730.

[155] Lam J W Y, Luo J D, Dong Y P, et al. Functional polyacetylenes: Synthesis, thermal stability, liquid crystallinity, and light emission of polypropiolates. *Macromolecules*, 2002, 35 (22): 8288 – 8299.

[156] Lam J W Y, Dong Y P, Luo J D, et al. Synthesis and photoluminescence of liquid crystalline poly (1 – alkynes). *Thin Solid Films*, 2002, 417 (1 – 2): 143 – 146.

[157] Yuan W Z, Sun J Z, Dong Y, et al. Wrapping carbon nanotubes in pyrene – containing poly (phenylacetylene) chains: Solubility, stability, light emission, and surface photovoltaic properties. *Macromolecules*, 2006, 39 (23): 8011 – 8020.

[158] Yuan W, Zhao H, Xu H, Sun J, et al. Improvement of the solubility of multiwalled carbon nanotubes with disubstituted polyacetylenes bearing different side – chains. *Acta Polymerica Sinica*, 2007, (10): 901 – 904.

[159] Hua J L, Li Z, Lam J W Y, et al. Induced chain alignment, efficient energy transfer, and enhanced light emission in functional polyacetylene – perovskite hybrids. *Macromolecules*, 2005, 38 (20): 8127 – 8130.

[160] Xu H – P, Xie B – Y, Yuan W – Z, et al. Hybridization of thiol – functionalized poly (phenylacetylene) with cadmium sulfide nanorods: improved miscibility and enhanced photoconductivity. *Chemical Communications*, 2007 (13): 1322 – 1324.

[161] Xu H, Jin J K, Mao Y, et al. Synthesis of sulfur – containing polyacetylenes and fabrication of their hybrids with ZnO nanoparticles. *Macromolecules*, 2008, 41 (11): 3874 – 3883.

[162] Yin S C, Xu H Y, Shi W F, et al. Synthesis and optical properties of polyacetylenes containing nonlinear optical chromophores. *Polymer*, 2005, 46 (18): 7670 – 7677.

[163] Hua J L, Lam J W Y, Li Z, et al. Synthesis of liquid crystalline poly (1 – pentyne) s and fabrication of polyacetylene – perovskite hybrids. *Journal of Polymer Science Part a – Polymer Chemistry*, 2006, 44 (11): 3538 – 3550.

[164] Li Z, Dong Y Q, Haussler M, et al. Synthesis of light emission from, and optical power limiting in soluble single – walled carbon nanotubes functionalized by disubstituted polyacetylenes. *Journal of Physical Chemistry B*, 2006, 110 (5): 2302 – 2309.

[165] Li Z, Dong Y Q, Qin A J, et al. Functionalization of disubstituted polyacetylenes through

polymer reactions: Syntheses of functional poly (1 - phenyl - 1 - alkyne) s. *Macromolecules*, 2006, 39 (2): 467 - 469.

[166] Zeng Q, Li Z a, Li Z, et al. Convenient attachment of highly polar azo chromophore moieties to disubstituted polyacetylene through polymer reactions by using "Click" chemistry. *Macromolecules*, 2007, 40 (16): 5634 - 5637.

[167] Zeng Q, Cai P, Li Z, et al. An imidazole - functionalized polyacetylene: convenient synthesis and selective chemosensor for metal ions and cyanide. *Chemical Communications*, 2008 (9): 1094 - 1096.

[168] Zeng Q, Lam J W Y, Jim C K W, et al. New Chemosensory Materials Based on Disubstituted Polyacetylene with Strong Green Fluorescence. *Journal of Polymer Science Part a - Polymer Chemistry*, 2008, 46 (24): 8070 - 8080.

[169] Zeng Q, Zhang L, Li Z, Qin J, et al. New polyacetylene - based chemosensory materials for the "turn - on" sensing of alpha - amino acids. *Polymer*, 2009, 50 (2): 434 - 440.

[170] Buchmeiser M R. Regioselective polymerization of 1 - alkynes and stereoselective cyclopolymerization of alpha, omega - heptadiynes. In *Metathesis Polymerization*, Buchmeiser, M. R., Ed., 2005, 176: 89 - 119.

[171] Fox H H, Schrock R R. Living cyclopolymerization of diethyl dipropargylmalonate by mo (CH - T - BU) (NAR) ocme (CF3) 2 2 in dimethoxyethane. *Organometallics*, 1992, 11 (8): 2763 - 2765.

[172] Fox H H, Wolf M O, Odell R, et al. Living cyclopolymerization of 1,6-heptadiyne derivatives using well - defined alkylidene complexes - polymerization mechanism, polymer structure, and polymer properties. *Journal of the American Chemical Society*, 1994, 116 (7): 2827 - 2843.

[173] Schattenmann F J, Schrock R R, Davis W M. Preparation of biscarboxylato imido alkylidene complexes of molybdenum and cyclopolymerization of diethyldipropargylmalonate to give a polyene containing only six - membered rings. *Journal of the American Chemical Society*, 1996, 118 (13): 3295 - 3296.

[174] Anders U, Nuyken O, Buchmeiser M R, et al. Fine - tuning of molybdenum imido alkylidene complexes for the cyclopolymerization of 1,6-heptadiynes to give polyenes containing exclusively five - membered rings. *Macromolecules*, 2002, 35 (24): 9029 - 9038.

[175] Law C C W, Lam J W Y, Dong Y P, et al. From nonconjugated diynes to conjugated polyenes: Syntheses of poly (1 - phenyl - 7 - aryl - 1,6-heptadiyne) s by cyclopolymerizations of asymmetrically alpha, omega - disubstituted alkadiynes. *Macromolecules*, 2005, 38 (3): 660 - 662.

[176] Schrock R R, Clark D N, Sancho J, et al. Multiple metal - carbon bonds. 31. Tungsten (VI) neopentylidyne complexes. *Organometallics*, 1982, 1 (12): 1645 - 1651.

[177] Listemann M L, Schrock R R. Multiple metal - carbon bonds. 35. A general - route to tri - tert - butoxytungsten alkylidyne complexes - scission of acetylenes by ditungsten hexa - tert - butoxide. *Organometallics*, 1985, 4 (1): 74 - 83.

[178] Krouse S A, Schrock R R. Preparation of polycyclooctyne by ring – opening polymerization employing d0 tungsten and molybdenum alkylidyne complexea. *Macromolecules*, 1989, 22 (6): 2569 – 2576.

[179] Zhang X P, Bazan G C. Regiospecific head – to – tail ring – opening acetylene metathesis polymerization of tetrasilacycloocta – 3,7′-diynes. *Macromolecules*, 1994, 27 (16): 4627 – 4628.

[180] Weiss K, Michel A, Auth E M, et al. Acyclic diyne metathesis (ADIMET), an efficient route to poly (phenylene) ethynylenes (PPEs) and nonconjugated polyalkynylenes of high molecular weight. *Angewandte Chemie – International Edition In English*, 1997, 36 (5): 506 – 509.

[181] Bunz U H F. Poly (p – phenyleneethynylene) s by alkyne metathesis. *Accounts of Chemical Research*, 2001, 34 (12): 998 – 1010.

[182] Hay A S. Polymerization by oxidative coupling: Discovery and commercialization of PPO (R) and Noryl (R) resins. *Journal of Polymer Science Part a – Polymer Chemistry*, 1998, 36 (4): 505 – 517.

[183] Hay A S. Preparation of meta – diethynylbenzenes and para – diethynylbenzenes. *Journal of Organic Chemistry*, 1960, 25 (4): 637 – 638.

[184] Newkirk A E, McDonald R S, Hay A S. Thermal degradation of poly (m – diethynylene benzene). *Journal of Polymer Science Part a – General Papers*, 1964, 2 (5PA), 2217 – 2220.

[185] Hay A S, Bolon D A, Leimer K R. Photosensitization of polyacetylenes. *Journal of Polymer Science Part a – 1 – Polymer Chemistry*, 1970, 8 (4): 1022 – 1023.

[186] Hay A S, Bolon D A, Leimer K R, et al. Photosensitive polyacetylenes. *Journal of Polymer Science Part B – Polymer Letters*, 1970, 8 (2): 97 – 99.

[187] Diederich F. Carbon – rich acetylenic scaffolding: rods, rings and switches. *Chemical Communications*, 2001 (03): 219 – 227.

[188] Diederich F. Carbon scaffolding – building acetylenic all – carbon and carbon – rich compounds. *Nature*, 1994, 369 (6477): 199 – 207.

[189] Anthony J, Boudon C, Diederich F, et al. Stable soluble conjugated carbon rods with a persilylethynylated polytriacetylene backbone. *Angewandte Chemie – International Edition In English*, 1994, 33 (7): 763 – 766.

[190] Yang J S, Swager T M. Fluorescent porous polymer films as TNT chemosensors: Electronic and structural effects. *Journal of the American Chemical Society*, 1998, 120 (46): 11864 – 11873.

[191] Kim J, McQuade D T, McHugh S K, et al. Ion – specific aggregation in conjugated polymers: Highly sensitive and selective fluorescent ion chemosensors. *Angewandte Chemie – International Edition*, 2000, 39 (21): 3868 – 3872.

[192] Kumaraswamy S, Bergstedt T, Shi X B, et al. Fluorescent – conjugated polymer superquenching facilitates highly sensitive detection of proteases. *Proceedings of the National Academy of Sciences of the United States of America*, 2004, 101 (20): 7511 – 7515.

[193] Tan C Y, Pinto M R, Kose M E, et al. Solvent – induced self – assembly of a meta – linked conjugated polyelectrolyte. Helix formation, guest intercalation, and amplified quenching. *Advanced Materials*, 2004, 16 (14): 1208 – 1210.

[194] Jiang H, Zhao X, Schanze K S. Amplified fluorescence quenching of a conjugated polyelectrolyte mediated by Ca2 + . *Langmuir*, 2006, 22 (13): 5541 – 5543.

[195] Kim I B, Wilson J N, Bunz U H F. Mannose – substituted PPEs detect lectins: A model for Ricin sensing. *Chemical Communications*, 2005 (10): 1273 – 1275.

[196] Wong W – Y. Luminescent organometallic poly (aryleneethynylene) s: functional properties towards implications in molecular optoelectronics. *Dalton Transactions*, 2007 (40): 4495 – 4510.

[197] Thomas S W, III Joly G D, Swager T M. Chemical sensors based on amplifying fluorescent conjugated polymers. *Chemical Reviews*, 2007, 107 (4): 1339 – 1386.

[198] Mangel T, Eberhardt A, Scherf U, et al. Synthesis and optical – properties of some novel arylene – alkynylene polymers. *Macromolecular Rapid Communications*, 1995, 16 (8): 571 – 580.

[199] Weder C, Sarwa C, Montali A, et al. Incorporation of photoluminescent polarizers into liquid crystal displays. *Science*, 1998, 279 (5352): 835 – 837.

[200] Montali A, Bastiaansen G, Smith P, et al. Polarizing energy transfer in photoluminescent materials for display applications. *Nature*, 1998, 392 (6673): 261 – 264.

[201] Pinto M R, Schanze K S. Amplified fluorescence sensing of protease activity with conjugated polyelectrolytes. *Proceedings of the National Academy of Sciences of the United States of America*, 2004, 101 (20): 7505 – 7510.

[202] Rininsland F, Xia W S, Wittenburg S, et al. Metal ion – mediated polymer superquenching for highly sensitive detection of kinase and phosphatase activities. *Proceedings of the National Academy of Sciences of the United States of America*, 2004, 101 (43): 15295 – 15300.

[203] Fan Q L, Zhou Y, Lu X M, et al. Water – soluble cationic poly (p – phenyleneethynylene) s (PPEs): Effects of acidity and ionic strength on optical behaviour. *Macromolecules*, 2005, 38 (7): 2927 – 2936.

[204] Wegner G. Topochemical reactions of monomers with conjugated triple bonds. I. Polymerization of 2.4 – Hexadiyn – 1.6 – diols deivatives in crystalline state. *Zeitschrift Fur Naturforschung Part B – Chemie Biochemie Biophysik Biologie Und Verwandten Gebiete*, 1969, B 24 (7): 824 – 832.

[205] Wegner G. Topochemical reactions of monomers with conjugated triple bonds. 6. Topochemical polymerization of monomers with conjugated triple bonds. *Makromolekulare Chemie*, 1972, 154 (NAPR): 35 – 40.

[206] Tieke B, Lieser G, Wegner G. Polymerization of diacetylenes in multilayers. *Journal of Polymer Science Part a – Polymer Chemistry*, 1979, 17 (6): 1631 – 1644.

[207] Wegner G. Mechanism of solid – state polymerizations. *Molecular Crystals And Liquid Crystals*, 1979, 52 (1 – 4): 535 – 537.

[208] Day D, Ringsdorf H. Polymerization of diacetylene carbonic – acid monolayers at gas – water interface. *Journal of Polymer Science Part C – Polymer Letters*, 1978, 16 (5): 205 – 210.

[209] Bader H, Ringsdorf H, Skura J. Polyreactions in oriented systems. 24. Liposomes from polymerizable glycolipids. *Angewandte Chemie – International Edition In English*, 1981, 20 (1): 91 – 92.

[210] Lauher J W, Fowler F W, Goroff N S. Single – crystal – to – single – crystal topochemical polymerizations by design. *Accounts of Chemical Research*, 2008, 41 (9): 1215 – 1229.

[211] Baughman R H. Solid – state synthesis of large polymer single – crystals. *Journal of Polymer Science Part B – Polymer Physics*, 1974, 12 (8): 1511 – 1535.

[212] Sun A W, Lauher J W, Goroff N S. Preparation of poly (diiododiacetylene), an ordered conjugated polymer of carbon and iodine. *Science*, 2006, 312 (5776): 1030 – 1034.

[213] Fowler F W, Lauher J W. A rational design of molecular materials. *Journal of Physical Organic Chemistry*, 2000, 13 (12): 850 – 857.

[214] Mueller A, O'Brien D F. Supramolecular materials via polymerization of mesophases of hydrated amphiphiles. *Chemical Reviews*, 2002, 102 (3): 727 – 757.

[215] Zhou W, Li Y, Zhu D. Progress in polydiacetylene nanowires by self – assembly and self – polymerization. *Chemistry – an Asian Journal*, 2007, 2 (2): 222 – 229.

[216] Okada S, Peng S, Spevak W, et al. Color and chromism of polydiacetylene vesicles. *Accounts of Chemical Research*, 1998, 31 (5): 229 – 239.

[217] Korshak Y V, Medvedeva T V, Ovchinnikov A A, et al. Organic polymer ferromagnet. *Nature*, 1987, 326 (6111): 370 – 372.

[218] Shutt J D, Rickert S E. Poly (diacetylene) salts as thin – film dielectrics in metal langmuir film semiconductor – devices. *Langmuir*, 1987, 3 (4): 460 – 467.

[219] Chu B, Xu R L. Chromatic transition of polydiacetylene in solution. *Accounts of Chemical Research*, 1991, 24 (12): 384 – 389.

[220] Xiao Y X, Wong R A, Son D Y. Synthesis of a new hyperbranched poly (silylenevinylene) with ethynyl functionalization. *Macromolecules*, 2000, 33 (20): 7232 – 7234.

[221] Kwak G, Masuda T. Synthesis, characterization and optical properties of a novel Si – containing sigma – pi – conjugated hyperbranched polymer. *Macromolecular Rapid Communications*, 2002, 23 (1): 68 – 72.

[222] Guo A, Fry B E, Neckers D C. Highly active visible – light photocatalysts for curing a ceramic precursor. *Chemistry of Materials*, 1998, 10 (2): 531 – 536.

[223] Pang Y, Ijadimaghsoodi S, Barton T J. Catalytic synthesis of silylene vinylene preceramic polymers from ethynylsilanes. *Macromolecules*, 1993, 26 (21): 5671 – 5675.

[224] Sanchez J C, DiPasquale A G, Rheingold A L, et al. Synthesis, luminescence properties and explosives sensing with 1,1-tetraphenylsilole – and 1,1-silafluorene – vinylene polymers. *Chemistry of Materials*, 2007, 19 (26): 6459 – 6470.

[225] Tamao K, Uchida M, Izumizawa T, et al. Silole derivatives as efficient electron transporting materials. *Journal of the American Chemical Society*, 1996, 118 (47): 11974 –

11975.

[226] Speier J L, Webster J A, Barnes G H. The addition of silicon hydrides to olefinic double bonds. 2. The use of group - viii metal catalysts. *Journal of the American Chemical Society*, 1957, 79 (4): 974 - 979.

[227] Son D Y, Bucca D, Keller T M. Hydrosilylation reactions of bis (dimethylsilyl) acetylenes: A potential route to novel sigma - and pi - conjugated polymers. *Tetrahedron Letters*, 1996, 37 (10): 1579 - 1582.

[228] Kim D S, Shim S C. Synthesis and properties of poly (silylenephenylenevinylene) s. *Journal of Polymer Science Part a - Polymer Chemistry*, 1999, 37 (13): 2263 - 2273.

[229] Sanchez J C, Urbas S A, Toal S J, et al. Catalytic hydrosilylation routes to divinylbenzene bridged silole and silafluorene polymers. Applications to surface imaging of explosive particulates. *Macromolecules*, 2008, 41 (4): 1237 - 1245.

[230] Kim D S, Shim S C. Synthesis and properties of poly (silylenevinylene (bi) phenylenevinylene) s by hydrosilylation polymerization. *Journal of Polymer Science Part a - Polymer Chemistry*, 1999, 37 (15): 2933 - 2940.

[231] Chen R M, Chien K M, Wong K T, et al. Synthesis and photophysical studies of silylene - spaced divinylarene copolymers. Molecular weight dependent fluorescence of alternating silylene - divinylbenzene copolymers. *Journal of the American Chemical Society*, 1997, 119 (46): 11321 - 11322.

[232] Mori A, Takahisa E, Kajiro H, et al. Regio - and stereocontrolled hydrosilylation polyaddition catalyzed by RhI (PPh3) (3). Syntheses of polymers containing (E) - or(Z) - alkenylsilane moieties. *Macromolecules*, 2000, 33 (4): 1115 - 1116.

[233] Sumiya K I, Kwak G, Sanda F, et al. Synthesis and properties of blue light - emitting, silicon - containing, regio - and stereoregular conjugated polymers. *Journal of Polymer Science Part a - Polymer Chemistry*, 2004, 42 (11): 2774 - 2783.

[234] Corriu R J P, Deforth T, Douglas W E, et al. Unsaturated polymers containing boron and thiophene units in the backbone. *Chemical Communications*, 1998 (9): 963 - 964.

[235] Matsumi N, Naka K, Chujo Y. Extension of pi - conjugation length via the vacant p - orbital of the boron atom. Synthesis of novel electron deficient pi - conjugated systems by hydroboration polymerization and their blue light emission. *Journal of the American Chemical Society*, 1998, 120 (20): 5112 - 5113.

[236] Truce W E, Simms J A. Stereospecific reactions of nucleophilic agents with acetylenes and vinyl - type halides. 4. The stereochemistry of nucleophilic additions of thiols to acetylenic hydrocarbons. *Journal of the American Chemical Society*, 1956, 78 (12): 2756 - 2759.

[237] Kuniyasu H, Ogawa A, Sato K I, et al. The 1st example of transition - metal - catalyzed addition of aromatic thiols to acetylenes. *Journal of the American Chemical Society*, 1992, 114 (14): 5902 - 5903.

[238] Han L B, Zhang C, Yazawa H, et al. Efficient and selective nickel - catalyzed addition of H - P (O) and H - S bonds to alkynes. *Journal of the American Chemical Society*, 2004,

126（16）: 5080-5081.

[239] Cao C S, Fraser L R, Love J A. Rhodium-catalyzed alkyne hydrothiolation with aromatic and aliphatic thiols. *Journal of the American Chemical Society*, 2005, 127（50）: 17614-17615.

[240] Shoai S, Bichler P, Kang B, et al. Catalytic alkyne hydrothiolation with alkanethiols using Wilkinson's catalyst. *Organometallics*, 2007, 26（24）: 5778-5781.

[241] Ogawa A, Ikeda T, Kimura K, et al. Highly regio-and stereocontrolled synthesis of vinyl sulfides via transition-metal-catalyzed hydrothiolation of alkynes with thiols. *Journal of the American Chemical Society*, 1999, 121（22）: 5108-5114.

[242] Jim C K W, Qin A, Lam J W Y, et al. Facile Polycyclotrimerization of "Simple" Arylene Bipropiolates: A Metal-Free, Regioselective Route to Functional Hyperbranched Polymers with High Optical Transparency, Tunable Refractive Index, Low Chromatic Aberration, and Photoresponsive Patternability. *Macromolecules*, 2009, 42（12）: 4099-4109.

[243] Ogliarus Ma, Becker E I. Bistetracyclones and bishexaphenylbenzenes. 2. *Journal of Organic Chemistry*, 1965, 30（10）: 3354-3357.

[244] Ried W, Freitag D. Oligophenyls oligophenylenes and polyphenyls a class of thermally very stable compounds. *Angewandte Chemie-International Edition*, 1968, 7（11）: 835-844.

[245] Berresheim A J, Muller M, Mullen K. Polyphenylene nanostructures. *Chemical Reviews*, 1999, 99（7）: 1747-1785.

[246] Mukamal H, Harris F W, Stille J K. Diels-alder polymers. 3. Polymers containing phenylated phenylene units. *Journal of Polymer Science Part a-1-Polymer Chemistry*, 1967, 5（11PA）: 2721-2725.

[247] Kolb H C, Finn M G, Sharpless K B. Click chemistry: Diverse chemical function from a few good reactions. *Angewandte Chemie-International Edition*, 2001, 40（11）: 2004-2021.

[248] Rostovtsev V V, Green L G, Fokin V V, et al. A stepwise Huisgen cycloaddition process: Copper（I）-catalyzed regioselective "ligation" of azides and terminal alkynes. *Angewandte Chemie-International Edition*, 2002, 41（14）: 2596-2599.

[249] Tornoe C W, Christensen C, Meldal M. Peptidotriazoles on solid phase: 1,2,3-triazoles by regiospecific copper（I）-catalyzed 1,3-dipolar cycloadditions of terminal alkynes to azides. *Journal of Organic Chemistry*, 2002, 67（9）: 3057-3064.

[250] Angell Y L, Burgess K. Peptidomimetics via copper-catalyzed azide-alkyne cycloadditions. *Chemical Society Reviews*, 2007, 36（10）: 1674-1689.

[251] Moses J E, Moorhouse A D. The growing applications of click chemistry. *Chemical Society Reviews*, 2007, 36（8）: 1249-1262.

[252] O'Reilly R K, Joralemon M J, Wooley K L, et al. Functionalization of micelles and shell cross-linked nanoparticles using click chemistry. *Chemistry of Materials*, 2005, 17（24）: 5976-5988.

[253] Boldt G E, Dickerson T J, Janda K D. Emerging chemical and biological approaches for the

preparation of discovery libraries. *Drug Discovery Today*, 2006, 11 (3–4): 143–148.

[254] Sohma Y, Kiso Y. "Click peptides" – Chemical biology – oriented synthesis of Alzheimer's disease – related amyloid beta peptide (A beta) analogues based on the "O – acyl isopeptide method". *Chembiochem*, 2006, 7 (10): 1549–1557.

[255] Braunschweig A B, Dichtel W R, Miljanic O S, et al. Modular synthesis and dynamics of a variety of donor – acceptor interlocked compounds prepared by click chemistry. *Chemistry – an Asian Journal*, 2007, 2 (5): 634–647.

[256] Fournier D, Hoogenboom R, Schubert U S. Clicking polymers: a straightforward approach to novel macromolecular architectures. *Chemical Society Reviews*, 2007, 36 (8): 1369–1380.

[257] Lutz J – F. 1,3-dipolar cycloadditions of azides and alkynes: A universal ligation tool in polymer and materials science. *Angewandte Chemie – International Edition*, 2007, 46 (7): 1018–1025.

[258] Voit B. The potential of cycloaddition reactions in the synthesis of dendritic polymers. *New Journal of Chemistry*, 2007, 31 (7): 1139–1151.

[259] Binder W H, Sachsenhofer R. 'Click' chemistry in polymer and materials science. *Macromolecular Rapid Communications*, 2007, 28 (1): 15–54.

[260] Williams C K. Synthesis of functionalized biodegradable polyesters. *Chemical Society Reviews*, 2007, 36 (10): 1573–1580.

[261] Golas P L, Matyjaszewski K. Click chemistry and ATRP: A beneficial union for the preparation of functional materials. *Qsar & Combinatorial Science*, 2007, 26 (11–12): 1116–1134.

[262] Spain S G, Gibson M I, Cameron N R. Recent advances in the synthesis of well – defined glycopolymers. *Journal of Polymer Science Part a – Polymer Chemistry*, 2007, 45 (11): 2059–2072.

[263] Barner L, Davis T P, Stenzel M H, et al. Complex macromolecular architectures by reversible addition fragmentation chain transfer chemistry: Theory and practice. *Macromolecular Rapid Communications*, 2007, 28 (5): 539–559.

[264] Yagci Y, Tasdelen M A. Mechanistic transformations involving living and controlled/living polymerization methods. *Progress in Polymer Science*, 2006, 31 (12): 1133–1170.

[265] Goodall G W, Hayes W. Advances in cycloaddition polymerizations. *Chemical Society Reviews*, 2006, 35 (3): 280–312.

[266] Hawker C J, Wooley K L. The convergence of synthetic organic and polymer chemistries. *Science*, 2005, 309 (5738): 1200–1205.

[267] Bharathi P, Moore J S. Controlled synthesis of hyperbranched polymers by slow monomer addition to a core. *Macromolecules*, 2000, 33 (9): 3212–3218.

[268] Kim C, Chang Y K, Kim J S. Dendritic hyperbranched polyethynylenes with the 1,3,5-s – triazine moiety. *Macromolecules*, 1996, 29 (19): 6353–6355.

[269] Fomina L, Salcedo R. Synthesis and polymerization of beta, beta – dibromo – 4 – ethynyl-

styrene; Preparation of a new polyconjugated, hyperbranched polymer. *Polymer*, 1996, 37 (9): 1723-1728.

[270] Dong Y Q, Li Z, Lam J W Y, et al. Synthesis and photoluminescence of an anthracene-containing hyperbranched poly (aryleneethynylene). *Chinese Journal of Polymer Science*, 2005, 23 (6): 665-669.

[271] Li Z, Qin A J, Lam J W Y, et al. Facile synthesis, large optical nonlinearity, and excellent thermal stability of hyperbranched poly (aryleneethynylene) s containing azobenzene chromophores. *Macromolecules*, 2006, 39 (4): 1436-1442.

[272] Morgenroth F, Mullen K. Dendritic and hyperbranched polyphenylenes via a simple Diels-Alder route. *Tetrahedron*, 1997, 53 (45): 15349-15366.

[273] Li Z a, Yu G, Hu P, et al. New Azo-Chromophore-Containing Hyperbranched Polytriazoles Derived from AB (2) Monomers via Click Chemistry under Copper (I) Catalysis. *Macromolecules*, 2009, 42 (5): 1589-1596.

[274] Korshak V V, Sergeev V A, Shitikov V K, et al. Polycyclotrimerization as a new method of aromatic polymer producing. *Doklady Akademii Nauk Sssr*, 1971, 201 (1): 112-115.

[275] Lam J W Y, Luo J D, Peng H, et al. Linear and hyperbranched polymers with high thermal stability and luminescence efficiency. *Chinese Journal of Polymer Science*, 2001, 19 (6): 585-590.

[276] Lam J W Y, Dong Y P, Cheuk K K L, et al. Helical disubstituted polyacetylenes: Synthesis and chiroptical properties of poly (phenylpropiolate) s. *Macromolecules*, 2003, 36 (21): 7927-7938.

[277] Haussler M, Dong H C, Lam J W Y, et al. Hyperbranched conjugative macromolecules constructed from triple-bond building blocks. *Chinese Journal of Polymer Science*, 2005, 23 (6): 567-591.

[278] Xu K T, Tang B Z. Polycyclotrimerization of diynes, a new approach to hyperbranched polyphenylenes. *Chinese Journal of Polymer Science*, 1999, 17 (4): 397-402.

[279] Xu K T, Peng H, Sun Q H, et al. Polycyclotrimerization of diynes: Synthesis and properties of hyperbranched polyphenylenes. *Macromolecules*, 2002, 35 (15): 5821-5834.

[280] Chen J W, Peng H, Law C C W, et al. Hyperbranched poly (phenylenesilolene) s: Synthesis, thermal stability, electronic conjugation, optical power limiting, and cooling-enhanced light emission. *Macromolecules*, 2003, 36 (12): 4319-4327.

[281] Lam J W Y, Chen J W, Law C C W, et al. Silole-containing linear and hyperbranched polymers: Synthesis, thermal stability, light emission, nano-dimensional aggregation, and optical power limiting. *Macromolecular Symposia*, 2003, 196 (1): 289-300.

[282] Peng H, Luo J D, Cheng L, et al. Synthesis and optical properties of hyperbranched polyarylenes. *Optical Materials*, 2003, 21 (1-3): 315-320.

[283] Xie Z L, Peng H, Lam J W Y, et al. Synthesis and optical properties of hyperbranched polyarylenes and linear polyacetylenes. *Macromolecular Symposia*, 2003, 195: 179-184.

[284] Haussler M, Chen J W, Lam J W Y, et al. Unusual electronic and photonic behaviors of

linear poly (silolylacetylene) s and hyperbranched poly (silolylenearylene) s. *Journal of Nonlinear Optical Physics & Materials*, 2004, 13 (3-4): 335-345.

[285] Law C C W, Chen J W, Lam J W Y, et al. Synthesis, thermal stability, and light-emitting properties of hyperbranched poly (phenylenegermolene) s. *Journal of Inorganic And Organometallic Polymers And Materials*, 2004, 14 (1): 39-51.

[286] Peng H, Dong H C, Dong Y P, et al. Syntheses and characterizations of hyperbranched polyphenylenes. *Chinese Journal of Polymer Science*, 2004, 22 (6): 501-503.

[287] Zheng R H, Dong H C, Peng H, et al. Construction of hyperbranched poly (alkenephenylene) s by diyne polycyclotrimerization: Single-component catalyst, glycogen-like macromolecular structure, facile thermal curing, and strong thermolysis resistance. *Macromolecules*, 2004, 37 (14): 5196-5210.

[288] Dong H C, Zheng R H, Lam J W Y, et al. A new route to hyperbranched macromolecules: Syntheses of photosensitive poly (aroylarylene) s via 1,3,5-regioselective polycyclotrimerization of bis (aroylacetylene) s. *Macromolecules*, 2005, 38 (15): 6382-6391.

[289] Peng H, Lam J W Y, Tang B Z. Facile synthesis, high thermal stability, and unique optical properties of hyperbranched polyarylenes. *Polymer*, 2005, 46 (15): 5746-5751.

[290] Peng H, Lam J W Y, Tang B Z. Hyperbranchedl poly (aryleneethynylene) s: Synthesis, thermal stability and optical properties. *Macromolecular Rapid Communications*, 2005, 26 (9): 673-677.

[291] Peng H, Zheng R H, Dong H C, etal. Synthesis of hyperbranched conjugative poly (aryleneethynylene) s by alkyne polycyclotrimerization. *Chinese Journal of Polymer Science*, 2005, 23 (1): 1-3.

[292] Li Z, Lam J W Y, Dong Y, et al. Construction of hyperbranched polyphenylenes containing ferrocenyl units by alkyne polycyclotrimerization. *Macromolecules*, 2006, 39 (19): 6458-6466.

[293] Haeussler M, Liu J, Lam J W Y, et al. Polycyclotrimerization of aromatic diynes: Synthesis, thermal stability, and light-emitting properties of hyperbranched polyarylenes. *Journal of Polymer Science Part a-Polymer Chemistry*, 2007, 45 (18): 4249-4263.

[294] Haeussler M, Liu J, Zheng R, et al. Synthesis, thermal stability, and linear and nonlinear optical properties of hyperbranched polyarylenes containing carbazole and/or fluorene moieties. *Macromolecules*, 2007, 40 (6): 1914-1925.

[295] Qin A, Lam J W Y, Dong H, et al. Metal-free, regioselective diyne polycyclotrimerization: Synthesis, photoluminescence, solvatochromism, and two-photon absorption of a triphenylamine-containing hyperbranched poly (aroylarylene). *Macromolecules*, 2007, 40 (14): 4879-4886.

[296] Shi J, Tong B, Li Z, et al. Hyperbranched poly (ferrocenylphenylenes): Synthesis, characterization, redox activity, metal complexation, pyrolytic ceramization, and soft ferromagnetism. *Macromolecules*, 2007, 40 (23): 8195-8204.

[297] Shi J, Tong B, Zhao W, et al. Acetylene polycyclotrimerization: Synthesis and characterization of ferrocene – containing hyperbranched polyarylenes. *Macromolecules*, 2007, 40 (15): 5612 – 5617.

[298] Liu J, Zheng R, Tang Y, et al. Hyperbranched poly (silylenephenylenes) from polycyclotrimerization of A (2) – type diyne monomers: Synthesis, characterization, structural modeling, thermal stability, and fluorescent Patterning. *Macromolecules*, 2007, 40 (21): 7473 – 7486.

[299] Zhang L, Chen X G, Xue P, et al. Ruthenium – catalyzed cycloaddition of alkynes and organic azides. *Journal of the American Chemical Society*, 2005, 127 (46): 15998 – 15999.

第 5 章
烯烃复分解反应

5.1 引　　言

烯烃复分解反应是指在金属配合物的催化下，碳—碳双键被拆分重组形成新分子的过程。它是指一类有机分子，其中有一个碳原子与一个金属原子以双键连接，这些金属配合物一般是有催化烯烃分子的切断与重组的化学能力的金属卡宾[1,2]。简单且有效的碳—碳键形成是有机合成反应进行的基础，而烯烃复分解反应是其中重要的方法之一。该反应能够将呈化学惰性的碳—碳双键与双键或三键之间进行彼此偶联，这种方法极大地拓展了人们构造有机分子中碳—碳骨架的手段。随着医药、食品、化工和生物技术产业方面等的研究和应用越来越多，烯烃复分解反应在其中也发挥着重大作用[3-5]。

可以把它们看作一对拉着双手的舞伴。在与烯烃分子相遇后，两对舞伴会暂时组合起来，手拉手跳起四人舞蹈。随后它们"交换舞伴"，组合成两个新分子，其中一个是新的烯烃分子，另一个是金属原子和它的新舞伴。后者会继续寻找下一个烯烃分子，再次"交换舞伴"。诺贝尔奖设立一个世纪以来，已有 5 次有机化学合成方法论上的研究成果获得了诺贝尔化学奖[6,7]。而此次烯烃换位反应和适宜的催化剂的发现，可以说是有机合成领域上的再一次突破。1912 年，格林尼亚试剂的发明且有机化合物的催化加氢；1950 年，发现了双烯合成反应，即 Diels—Alder 反应；1979 年，在有机合成中发展了有机硼、有机磷试剂和反应；2001 年，手性催化开创药物和材料合成；2005 年，发现了烯烃复分解反应换位合成法。N-杂环卡宾（NHC）配体类似于膦的化合物，最近在设计各种均相催化体系时正受到广泛的关注[8-10]。碳—碳键的形成一直是有机合成化学家的重点研究课题，烯烃复分解反应（碳—碳双键的次烷基单元的交换反应），从一个实验室的"黑匣子"变成一个合成碳—碳双键化合物的有用工具。2005 年的诺贝尔化学奖颁给了三位在烯烃复分解反应研究方面做出突出贡献的化学家伊夫·肖万、罗伯特·格拉布和理查德·施罗克[6]（图 5-1）。

烯烃复分解反应，是指在金属（如钨、钼、铼、钌等）配合物的催化下碳—碳双键的切断并重新结合的过程。按照反应过程中分子骨架的变化，可以分为 5 种情况：开环复分解（ROCP）、开环复分解聚合（ROMP）、交叉复分解聚合（ADMET）、关环复分解（RCM）以及交叉（CM）[11-13]（图 5-2）。由此可以看出，烯烃复分解反应在高分子材料化学、有机合成化学等方面具有重要意义。根据美国《科学观察》所列举的化学领域的最热门课题，钌（Ru，一种稀有元素）金属配合物催化的烯烃复分解反应，自被发现以来长期成为化学研究领域中的热点[14,15]。

伊夫·肖万　　　　罗伯特·格拉布　　　理查德·施罗克

图 5-1　2005 年的诺贝尔化学奖获得者

图 5-2　烯烃复分解反应类型

烯烃复分解反应目前所公认的是 Chauvin 机理。烯烃复分解反应领域研究的最基本问题是碳—碳双键或三键化学键的断裂与形成，但碳—碳双键或三键的键能比碳—碳单键要高得多，因此要切断双键或三键并使其按希望的方式重新结合，则需更高的能量，所以寻找适当的催化剂实现上述转化成为化学家近半个世纪的挑战课题[16,17]。烯烃复分解反应是一个平衡反应，产物中含有所有可能组合的烯烃。当起始原料中两个烯烃的 8 个取代基都各不相同时，产物中可包含 10 个不同的烯烃，其比例取决于各个烯烃的热力学稳定性。当产物中有一个是易挥发的低沸点气体时，平衡可完全移向右方，使该反应具有制备价值。当两个双键存在于同一个分子中时，即可发生闭环复分解反应（RCM），生成环烯烃（Ts 表示对甲苯磺酰基）；相反，环烯烃在催化剂存在下与过量的乙烯发生开环复分解反应，生成链状端基二烯[18-21]。1971年肖万提出被普遍接受的烯烃复分解反应的机理（图5-3），它是包含一个金属卡宾（金属亚甲基）和一个含金属的四元环中间体的链反应[22,23]。已经发现很多过渡金属配合物能催化烯烃复分解反应，其中以施罗克催化剂和格拉布催化剂最有效、最常用，尤其是后者与底物分子中存在的其他有机官能团的相容性最好。在烯烃复分解反应催化剂存在下，环烯能发生催化开环聚合（ROMP），生成含不饱和双键的聚合物，它可以进一步被硫化或交联，成为更高的分子量，强度更好的高分子材料。链状二烯也能发生聚合，它常是链状二烯闭环复分解反应中的主要副反应。二取代炔烃也能发生复分解反应，其机理是经过金属环丁二烯中间体[24-26]。

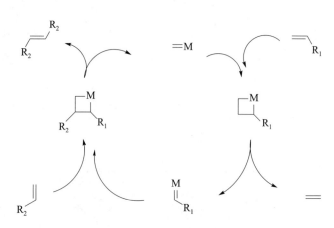

图5-3 烯烃复分解反应机理

5.2 金属卡宾

5.2.1 回顾文章、重点和评论

近年来针对卡宾络合引发的烯烃复分解的某些方面，发表了许多文章，具体包括以下几个方面：①绿色催化碳碳双键的裂解制乙烯[27]；②与其他催化反应过程串联的转位[26]；③ROMP催化剂的序列选择性设计[16]；④含铁催化剂催化的ROMP反应[28]；⑤外部调节的ROMP反应的发展；⑥通过1-取代的ROMP高选择性合成交替共聚物-环丁烯；⑦工业规模的烯烃复分解反应；⑧以转位为核心的近期美国专利文献[29,30]；⑨大型转位反应中钌杂质的去除；⑩低温催化剂通过还原活化；⑪室温下离子液体为溶剂油脂化工原料进行复分解反应[31]；⑫转位催化剂的固定化；⑬负载的转位催化剂；⑭固相转位反应[32-34]；⑮转位催化剂与蛋白（人工酶）的结合；⑯RCM在二氢呋喃和二氢吡喃天然产物制备中的最新应用；⑰转位法合成卤代烯烃[35,36]；⑱烯烃复分解合成噁环类天然产物[36]；⑲肽合成中的环闭合转位[37]；⑳负载型钼、钨、稀土氧化物多相烯烃复分解催化剂的制备及其催化活性[38]；㉑钌催化共轭多烯的转位。对环烯烃的转位聚合进行了综述[39]。综述了近年来日本烯烃复分解催化不对称合成平面手性过渡金属配合物的研究进展[11,12]。

一些综述文章报道了各种化合物或化合物类的合成，其中卡宾配合物引发的烯烃复分解反应是常用的合成路线[13,40,41]。具体所代表的化合物或化合物类包括：①碳水化合物；②三氟甲基化氮杂环；③白甲氧基生物碱；④小枝生物碱；⑤苋科生物碱；⑥吡咯里嗪类生物碱；⑦石松生物碱的喹嗪；⑧聚孔内酯和莫匹罗星；⑨fluviricin 及其苷配基；⑩氮杂环芳香族杂环；⑪3,6-二氢-2h-1,2-噁嗪类；⑫cephalosporolides；⑬cyclophellitolaziridines；⑭苯并[a]喹诺利嗪衍生物；⑮含有连续四元立体中心的天然产物；⑯七元及以上杂环化合物（采用微波技术）；⑰甲胺呋硫；⑱大环内酯的大环内酯类似物；⑲连接整体晶型聚烯烃与传统缩聚物之间空隙的长链脂肪族聚合物；⑳含茂金属大分子；㉑共轭聚合物；㉒多腔大环宿主分子；㉓环肽类药物；㉔聚对苯 2-亚乙烯基；㉕钴 cenium 或阳离子铁 cp 芳烃配位聚合物；㉖吡啶硼酸盐（包括 ROMP 聚合物）。日语的评论包括：①氮杂环的立体选择性合成；②功能化甲基吡啶聚合物和低聚物的螺旋结构稳定[42,43]。

其他综述文章包括卡宾配位引发的烯烃复分解的重要部分。这类文章主要围绕以下主题展开：①工业为何不使用固定化催化剂的评论；②单点多相催化剂的设计；③面向单位点多相催化剂发展的表面有机金属配合化学；④流动反应器中负载催化剂的使用；⑤含金刚石支架的催化剂；⑥催化对映选择性脱环反应，导致全碳四元立体中心；⑦涉及加氢和脱水的多金属工艺；⑧五元环噁胺并环（如图 5-4 中催化剂 4 和 5）作为中间体和催化剂代理；⑨用于聚酮结构的对映选择性醇功能化；⑩Achmatowicz 反应及其在生物活性分子合成中的应用；⑪通过化学合成捕获天然产物片段中的生物活性；⑫基于生物素-链霉亲和素技术的人工金属酶的挑战与机遇；⑬多组分多催化反应；⑭表面结合聚合物的聚合后改性[11,44,45]。

许多综述文章都集中在以过渡金属催化重氮化合物失氮为关键反应事件的反应过程，包括：①金属卟啉配合物作为立体选择性卡宾转移反应催化剂的研究进展；②钌（Ⅱ）配合物环丙烯不对称化；③手性 dirhodium（Ⅱ）选择性金属卡宾转移反应催化剂；④铑催化的 α-烷基-a-重氮酯分子间反应对 b-氢物迁移具有选择性；⑤卡宾配合物与强调重氮及相关化合物分解生成卡宾配合物的炔的反应；⑥利用金属卡宾配合物插入 sp^3 C—H 键的研究进展；⑦催化金属卡宾 CAH 插入反应合成 b-内酰胺；⑧α-重氮乙酰酰胺四元环与五元环形成的催化剂与底物控制；⑨卡宾类中间体合成生物碱；⑩利用金配合物催化重氮化合物的反应。一些综述文章集中在过渡金属催化卡宾转移过程中使用的来源，而不是重氮化合物，包括：①除了重氮化合物外的金属卡宾配合物的生成；②铑催化磺化三唑分解合成杂环化合物的研究进展；③烯醛或酮类化合物生成卡宾类化合物；④含有活化 C—H 或杂原子-H 键与对苯肼带的化合物的铜催化交叉耦合；⑤金属催化耦合含各种卡宾配合物前驱体的炔；⑥金卡宾与金稳定碳正离子、与金催化烯炔环异构化有关的阳离子中间体；⑦稳定性和反应性控制的最新进展的卡宾体。许多评论文章都聚焦于此稳定卡宾配合物的制备、反应活性及性质，包括：①非异原子稳定组 6 卡宾配合物；②采用 c，d 不饱和 Fisher 卡宾配合物合成 [5+5] 到菲骨架的路线；③合成吡喃萘醌的制备方法；④合成金属呋喃的反应活性；⑤稳定的 cAAC 配合物低配位金属；⑥卡宾的年度调查以及 2014 年的 carbyne complex。评论重点讲述气相金属-卡宾配合物键活化的研究。中文综述包括：①金属-卡宾配合物的研究进展以及磺化三唑的形成；②a-重氮磷酸盐的应用进展的研究[12,13,40-43,46,47]。

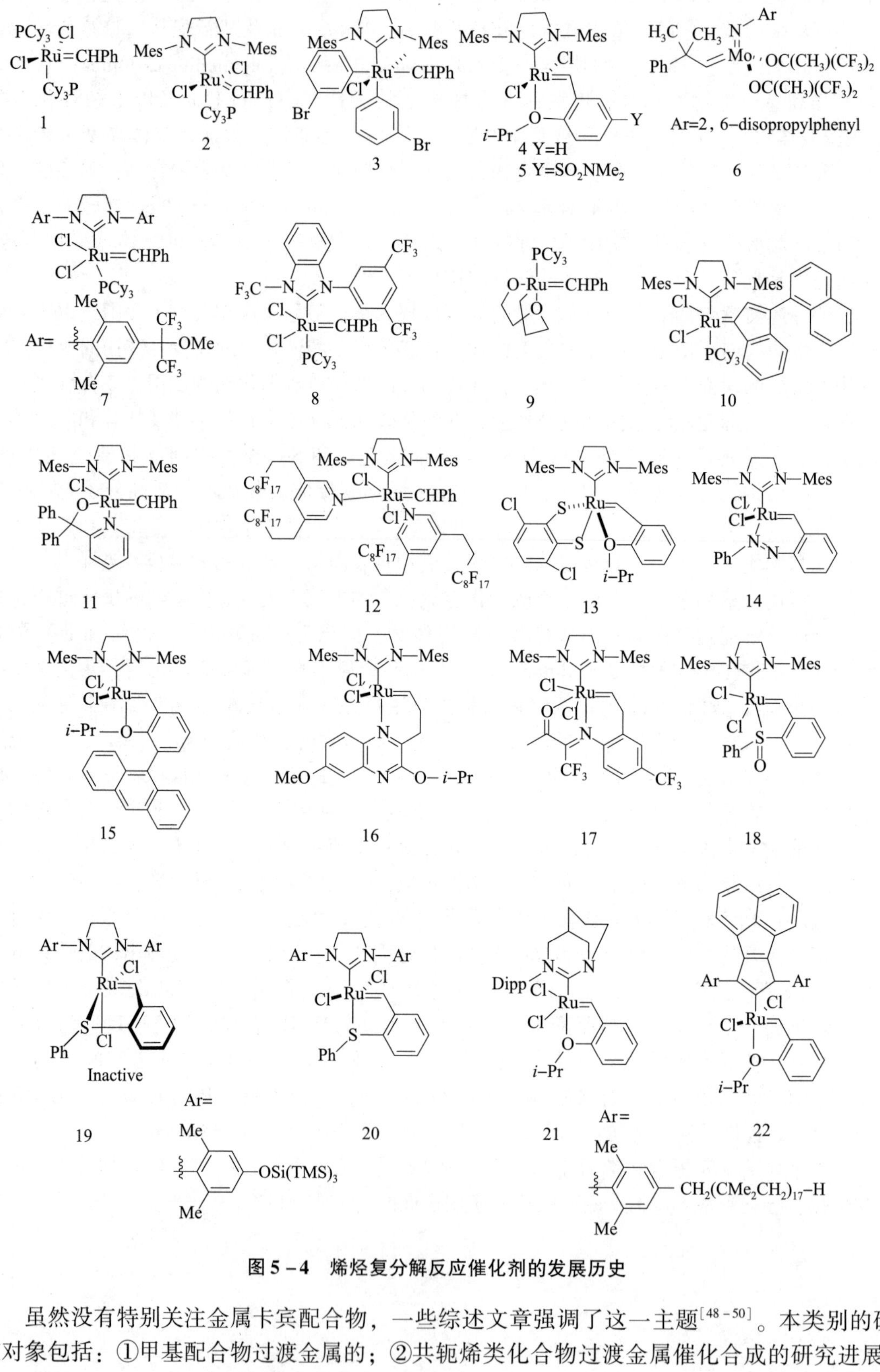

图 5-4 烯烃复分解反应催化剂的发展历史

虽然没有特别关注金属卡宾配合物，一些综述文章强调了这一主题[48-50]。本类别的研究对象包括：①甲基配合物过渡金属的；②共轭烯类化合物过渡金属催化合成的研究进展；

③超临界二氧化碳中均相金属基催化（包括转位和重氮分解部分）；④二炔的金催化反应；⑤通过共轭金属配体界面实现金属纳米粒子的表面功能化界面键；⑥有机合成中的碘化钇；⑦无定向金属催化 C—H 功能化；⑧C—H 功能化反应的演化；⑨金属催化涉及活化和裂解 C—H 键的环化；⑩铑催化的对映选择性 C—H 功能化反应；⑪近年来 C—H 功能化反应的研究进展；⑫第 5 组以 b-二酮胺配体为载体的金属化学；⑬第 11 族金属促进 [2+2] 环加成作用的反应；⑭金催化烯炔、烯炔和烯炔醇的转化；⑮催化中的金烷基；⑯金属催化的环异构化是合成复杂倍半萜类化合物的重要手段；⑰最近在金催化烷基的 N 和 O 官能化方面的进展；⑱金催化合成含氮三环化合物的研究进展；⑲合成杂环化合物用硝基化合物的应用；⑳叠氮化物与炔或炔醇的串联反应；㉑肼引发的反应级联；㉒金催化 1,n-二炔碳酸酯和酯的环异构化；㉓烯烃参与 [2+2+2] 环加成反应；㉔关于核及双核支架，烷基环三聚反应机理研究；㉕功能化 c-内酰胺的合成；㉖有机合成中的重氮烷烃氟化；㉗氟化的制备环丙烷；㉘包裹卟啉和金属-有机材料中的血红素酶；㉙全碳四元立体碳结构的天然产物合成研究进展；㉚cyclopentannulation 利用贵金属催化剂制备杂环化合物；㉛银以及金催化的呋喃环体系路线；㉜七碳糖的合成；㉝点击式反应的多糖合成；㉞棘皮类化合物的总合成 A 和 B；㉟合成 1-氨基-2-乙烯基环的方法；㊱金属键固 p 配体的配位；㊲配价键的性质；㊳NBO 分析的有用性；㊴莫里斯·布鲁哈特在有机金属化学和催化方向的成就[51-53]。

5.2.2 烯烃复分解反应

烯烃复分解反应是 2003 年报道的金属卡宾配合物最常见的反应过程。这一节专门讨论这一过程的论文，以及涉及传统催化剂的其他反应过程的论文。出现了许多聚合（主要是开环转位聚合（ROMP））反应和小分子合成的例子。只有由离散过渡金属-卡宾配合物引发的转位反应或在该反应中对卡宾配合物中间体有重要讨论的转位反应被包括在内[48,50,53,54]。

该反应广泛应用在化学工业，主要用于研发药物和先进聚合物材料。学术界和工业界掀起了研究烯烃复分解反应、设计合成新型有机物质的热潮。新的合成过程更简单快捷，生产效率更高，副产品更少，产生的有害废物也更少，有利于保护环境，是"绿色化学"的典范。它在化工、食品、医药和生物技术产业方面有着巨大的应用潜力。一些科学家正在用这种方法开发治疗癌症、早老性痴呆症和艾滋病等疾病的新药。它还拓展了科学家研究有机分子的手段，例如用于人工合成复杂的天然物质[51,55]。

关于金属催化的烯烃分子的切断与重组，即烯烃复分解反应的研究，可以追溯到 20 世纪 50 年代中期。在以后的 20 多年里，所发展的催化剂均为多组分催化剂，如 MoO_3/SiO_2，Re_2O_7/Al_2O_3，WCl_6/Bu_4Sn 等。但是，由于这些催化体系通常需要苛刻的反应条件和很强的路易斯酸性条件，使得反应对底物容许的功能基团有很大限制。这些问题促使人们去进一步认识和理解反应进行的机制。20 世纪 70 年代初期，Chauvin 提出的烯烃与金属卡宾通过 [2+2] 环加成形成金属杂环丁烷中间体的相互转化过程，是时下被广泛认同的机制。在试图合成金属杂环丁烷化合物的过程中，导致了在 20 世纪 70 年代末 80 年代初的烯烃复分解反应单组分均相催化剂的发现，如钨和钼的卡宾配合物，特别是 Schrock 催化剂用于催化烯烃的复分解反应，都取得了比以往的催化体系更容易引发、更高的反应活性和更温和的反应条件，更重要的是单组分催化剂的发现使人们深入地研究催化剂的结构-性能关系成为可能，从而为发现新一代的、性能更优的催化剂奠定了基础[43,47]。

第一代 Grubbs 催化剂的发现：

20 世纪 90 年代以前的催化剂，以过渡金属（如钛、钨、钼等）卡宾配合物为主，尽管取得了一些成功，但这些催化剂大都对氧和水非常敏感，对含有羰基和羟基的底物也不适用，这样就限制了它们的广泛应用。一个突破性的进展是 1992 年美国加州理工学院的 Robert Grubbs 发现了钌卡宾配合物，并成功应用于降冰片烯的开环聚合反应，克服了其他催化剂对功能基团容许范围小的缺点，该催化剂不但对空气稳定，甚至在水、醇或酸的存在下，仍然可以保持催化活性。在此基础上，于 1996 年 Grubbs 对原催化剂作了改进，该催化剂不但具有比原催化剂更高的活性和相似的稳定性，而且更容易合成，成为应用最为广泛的烯烃复分解催化剂[56]。

第一代 Grubbs 催化剂的应用：

Grubbs 催化剂的诞生，使得过去许多有机合成化学家束手无策的复杂分子的合成变得轻而易举。烯烃的开环复分解聚合反应已经成功应用于一些特殊功能高分子材料，如亲水性高分子、高分子液晶等的合成。关环复分解反应在许多复杂药物、天然产物以及生理活性化合物合成过程中表现出了特殊的优越性和高效率，如 Grubbs 将关环复分解反应应用于环肽化合物以及超分子体系——索烃的高效合成；Nicolaou、Danishefsky 等用于抗癌物质 Epothilone A 及其类似物的合成，Martin 用于抗癌物质 Manzamine A 的合成，其中在 D 环和 E 环的构筑过程中，两次运用关环复分解反应；Furstner 用于具有抗癌活性的 Tricolorin A 和 G 及其类似物的全合成；Schreiber 运用已改进了的催化烯烃交叉复分解反应，用于 FK 1012 的合成等[56-58]。关环复分解反应在昆虫信息素 Peachtwig borer 的生产中已有应用，产量大于 300 kg，E 值为 0.87，具有较好的原子经济性[59]。

第二代 Grubbs 催化剂的开发：

后来，Grubbs 通过系统地对催化剂结构-性能关系进行研究，发现催化剂的活性与其膦配体的解离有关，认为催化循环过程中经过一个高活性的单膦中间体，根据这一设计理念，提出了以比膦配体具有更强给电子能力和更高稳定性的 N-杂环卡宾配体代替其中一个膦配体，于 1999 年发展了第二代 Grubbs 催化剂。第二代 Grubbs 催化剂除了具有第一代催化剂的优点以外，更重要的是其催化活性比第一代催化剂提高了两个数量级，在开环复分解聚合反应中，催化剂用量可以降低至百万分之一，在关环复分解反应中，催化剂用量也仅为万分之五，同时选择性更高，对底物的适应范围更加广泛，催化剂的成本也更低[22,60,61]。

第二代 Grubbs 催化剂的应用：

时下，第二代 Grubbs 催化剂已成功应用于烯烃的开环复分解聚合反应，它不仅对于高张力的环状烯烃，而且对于低张力的环状烯烃以及空间位阻较大的多取代环状烯烃的开环聚合表现出特殊的高催化活性。在关环复分解反应中，特别适用于空间位阻较大的三、四取代烯烃。利用第二代 Grubbs 催化剂首次实现了通过交叉复分解反应合成三取代烯烃，并表现出好的立体化学选择性，这些都是第一代 Grubbs 催化剂所不能达到的。因此，可以预测，第二代 Grubbs 催化剂将获得更为广泛的应用，特别是应用于一些工业催化过程[62,63]。

经过近半个世纪的努力，金属卡宾催化的烯烃复分解反应已经发展成为标准的合成方法并得到广泛应用，Grubbs 催化剂的反应活性以及对反应底物的适用性已经和传统的碳—碳键形成方法（如 Diels-Alder 反应、Wittig 反应，曾分别获得诺贝尔化学奖）相媲美。从其发展历程可以看出，每一次研究的突破，无不归因于长期坚持不懈的基础研究积累，从而不断地创新，广泛的应用前景是其能成为一个热点领域的根本动力[64-67]。

尽管烯烃复分解反应的研究已经取得很大突破，但仍然存在不少挑战。首先，时下的催化体系，对于形成四取代烯烃的交叉复分解反应以及桶烯的开环聚合还不能有效地实现，钌的催化体系还不能适用于带有碱性官能团（如氨基、氰基）的底物，烯烃复分解反应中的立体化学问题，特别是有关催化不对称转化（尽管使用手性 Mo 催化剂已经实现了开环聚合反应的动力学拆分）的问题还没有得到很好的解决，关于交叉复分解反应中产物的顺、反异构体的选择性控制，虽然对于某些特定的底物已经取得一些成功，但还没有普遍的规律可循；另外，烯烃复分解反应的工业应用还很少。所有这些都是需要解决的问题，其关键是在基础研究方面能否有进一步突破，特别是在催化的效率、选择性等方面[68-71]。

5.2.2.1 烯烃化合催化剂的一般研究

众多学者多次尝试开发新的卡宾配合物催化剂（或明显是金属卡宾配合物前体的催化剂），合成了几种具有代表性的卡宾钌配合物 Grubbs 和 Schrock 催化剂衍生物，并测试了它们的转位能力[72]。类似的 Grubbs 催化剂 I 和 II 的结构变化如下：①具有一个 n-烷基和一个 n-芳基的 NHC 配体（和 Hoveyda – Grubbs 类似物）；②含 NHC 配体与 n-芳基相连的三氟甲基（如图 5-4 中 7）（和）Hoveyda – Grubbs 类似物；③含有 N-三氟甲基化 NHC 配体（重要的 Ru – F 相互作用）（如图 5-4 中 8）；④在盐酸处理后激活的含有茚三酮的配合物 8-喹诺酸盐螯合物；⑤含三齿双阴离子的烷基烯配合物配体及其路易斯酸配合物（如图 5-4 中 9）；⑥具有增强空间体积特征的 indenylidene 配合物（如图 5-4 中 10）；⑦具有螯合吡啶醇配体的类似物（如图 5-4 中 11）；⑧以 N-硝基苯为特征的含 NHC 配体基团的茚三酮配合物；⑨含有手性 NHC 配体配合物；⑩含有不对称的 NHC 配体 indenylidene 配合物；⑪与链霉亲和素结合并起金属酶作用的催化剂 2 的生物素化类似物。制备了具有吡啶配体与聚异丁烯结合特征的格鲁伯斯催化剂Ⅲ类似物；多氟吡啶配体（用于氟化溶剂体系的转位（如图 5-4 中 12）[59]。类似物的 Hoveyda – Grubbs 和 Zhan 催化剂具有以下结构特征变体：①螯合二硫代苯配体（如图 5-4 中 13，这些配合物进行立体还原烯烃复分解反应）；②一个同时含 n-邻位取代芳基的改性 NHC 配体和可取代框架[169]；③含有螯合偶氮苯基团的热和光致变色催化剂（如图 5-4 中 14，所述催化剂为活性催化剂，为热力学催化剂产物 – 与另一氮的螯合是动力学产物）；④通过 RCM 合成四取代烯烃的相对受阻类似物（如图 5-4 中 15）；⑤阳离子类似物，其中一个膦配体（或二膦螯合物）取代一个氯配体；⑥用全氟羧酸基取代氯配体（在某些情况下含全氟烷基的 NHC 配体）；⑦喹喔啉螯合物（如图 5-4 中 16）；⑧CNO 螯合物（如图 5-4 中 17）；⑨亚砜螯合物（如图 5-4 中 18）；⑩光活化硫螯合物（如图 5-4 中 19 和 20，非活性的顺式异构体 19 转化为活性的光辐照反式异构体 20）；⑪苄叉二氯以氮或硫螯合物为特征的配合物；⑫抗 bredt NHC 配体（如图 5-4 中 21）；⑬一种 6-取代的芳基卡宾配合物类似物，其活性较低，因为它们在整个转位过程中迫使苄基不受欢迎地螯合构象；⑭一种具有双（芳阈）苊 NHC 配体的复合物，通过 NHC n-芳基与聚异丁烯链相连（如图 5-4 中 22）（以及转位反应通路的 DFT 研究）；⑮利用铵基上的取代 NHC 配体与各种固体载体结合；⑯连接 NHC 配体与生物素部分结合，进一步与链霉亲和素结合转化酶人工酶；⑰固定介孔二氧化硅[184]；⑱固定在 a 有机框架[185-187]；⑲固定在 a 上脂肪酶；⑳固定在氧化石墨烯表面；㉑富勒烯囊泡固定化。采用端炔与 $RuCl_2(NHC)(p-$

cymene)衍生物预混合,原位制备了新型钌催化剂或 RuCl$_3$(PCy$_3$)$_2$ 和重氮乙酸乙酯。新发展起来的六族金属烷基烯配合物转位催化剂包括:①系固钨氧炔配合物,用于降冰片烯的 REMP 聚合(如图 5-5 中 23,由碳化钨配合物与二氧化碳);②以咪唑基甲基为特征的烷基钨配合物配体(如图 5-5 中 24);③具有烷基烯、亚胺和 NHC 配体的钼配合物(如图 5-5 中 25);④以 2-吡啶基苯氧基配体为特征的钼钨卡宾配合物(如图 5-5 中的 26,这些配合物只在需要更高的温度才能激活,以解离吡啶给体配体,而转位伴随着烯烃异构化);⑤烷基化钼酰亚胺配合物,其特征是通过活化 C—H 得到碳桥接的 IMes 配体;⑥接枝到二氧化硅上的三钨(三甲基硅基)配合物(以及嫁接过程的 DFT 研究);以硅为载体,经苯酚配体修饰的烷基滕酮氧化物;⑦阳离子硅基氧烷基化钨 NHC 配合物(如图 5-5 中 27);⑧双(三甲基硅基甲基)钨氧烷基烯配合物(该配合物作为活性模型二氧化硅-氧化钨工业催化剂的种类);⑨以卤化钼为原料,原位制备了有机硅或有机锡化合物的活性配合物;⑩硅基阳离子钨(Ⅵ)均感(全甲基)配合物(催化剂中金属碳炔配合物的副产物)。在分析卤代丙交环丁烷中间体空间环境的基础上,设计了具有 e1-卤代丙烯-1-烯烃衍生物(如图 5-5 中 28)的动力学电子选择性催化剂。通过将催化剂包封在空气稳定的石蜡球团中,制备了一种方便使用的 Schrock 催化剂。涉及其他金属配体体系的催化剂包括:①阳离子烷基锆配合物(如图 5-5 中 29);②烷基化钒配合物(如图 5-5 中 30、31 等配合物),在 ROMP 中表现出顺式选择性,具有很高的活性;③烷基化铌配合物(如图 5-5 中 32);④二烷基铌以及以三齿 ONO 配体为特征的钽配合物体系(如图 5-5 中 33);⑤铼氧炔配合物与硅或硅铝载体结合(如图 5-5 中 34)[73,74]。钌卡宾配合物转位催化剂的合成与开发获得多项专利,包括:①钌 indenylidene 配合物[212];②烷基化钌催化剂的制备与应用;③介绍了含有噻吩取代的 NHC 配体[烷基钌配合物的制备及用途;(4 受阻的 indenylidene 配体)钌立体转位催化剂的应用。专利也报道了用于钌烯烃化合催化剂建立的合成方法的发展,包括:①催化剂与 4/5 有关;②二芳基亚甲基钌配合物;③改进了含有氨基甲基苄基螯合基团催化剂 4 衍生物的制备方法。专利涉及其他金属的记录如下:①钨转位催化剂的合成方法;②含有双吡啶配体的钨卡宾配合物催化剂的制备与应用;③含 1,10-菲罗啉配体的钨卡宾配合物制备和使用[1,17,75]。

利用钌卡宾配合物进行 z-选择性烯烃复分解反应的研究取得了许多进展。采用环金属化钌卡宾配合物(如图 5-5 中 35)对 z-选择性 ROMP 进行了实验和计算研究,结果表明,顺式、共二向选择性来自对立体金属的控制,而微观结构可以归因于 Ru=C 双键烷基烯异构化,一个串联的单罐异位二羟基化环化序列(如四氢呋喃-的制备)。由烯烃 36 和 37(图 5-6)合成的四氢糠醇 38 是用开环法开发的交叉转位,热力学驱动的交叉转位,或 z-选择交叉转位序列。10-十一烯酸甲酯(如图 5-6 中 41)与 1,4-烯炔(如图 5-6 中 40)的 z-选择性转位是大环内酯 a 全合成的关键步骤。此外,还演示了 3e-1,3-二烯(如图 5-6 中 43)在 z-选择性交叉转位反应中的应用,并将其用于昆虫信息素的合成。基于计算研究,"先死后活"的机制更为有利。本文还报道了用 z-选择性催化剂 35 对 z-选择性 RO-CM 反应的计算研究,重点讨论了 z-选择性的起源。一项发明专利报道了用于开发环金属化钌卡宾配合物作为 Zselective 和/或对映选择性烯烃复分解反应的催化剂,以及开发串联 z-选择性转位和烯烃二羟基化体系。制备了几种含 o-异丙氧基苄基配体(如图 5-6 中 45)的钌-膦催化剂,发现其 z-选择性较好。对以儿茶酸盐为基础的 z-选择性催化剂(如图 5-6 中 46、47)进行了详细的研究,重点研究了阴离子配体交换速率、螯合基团和非螯合基团对该性

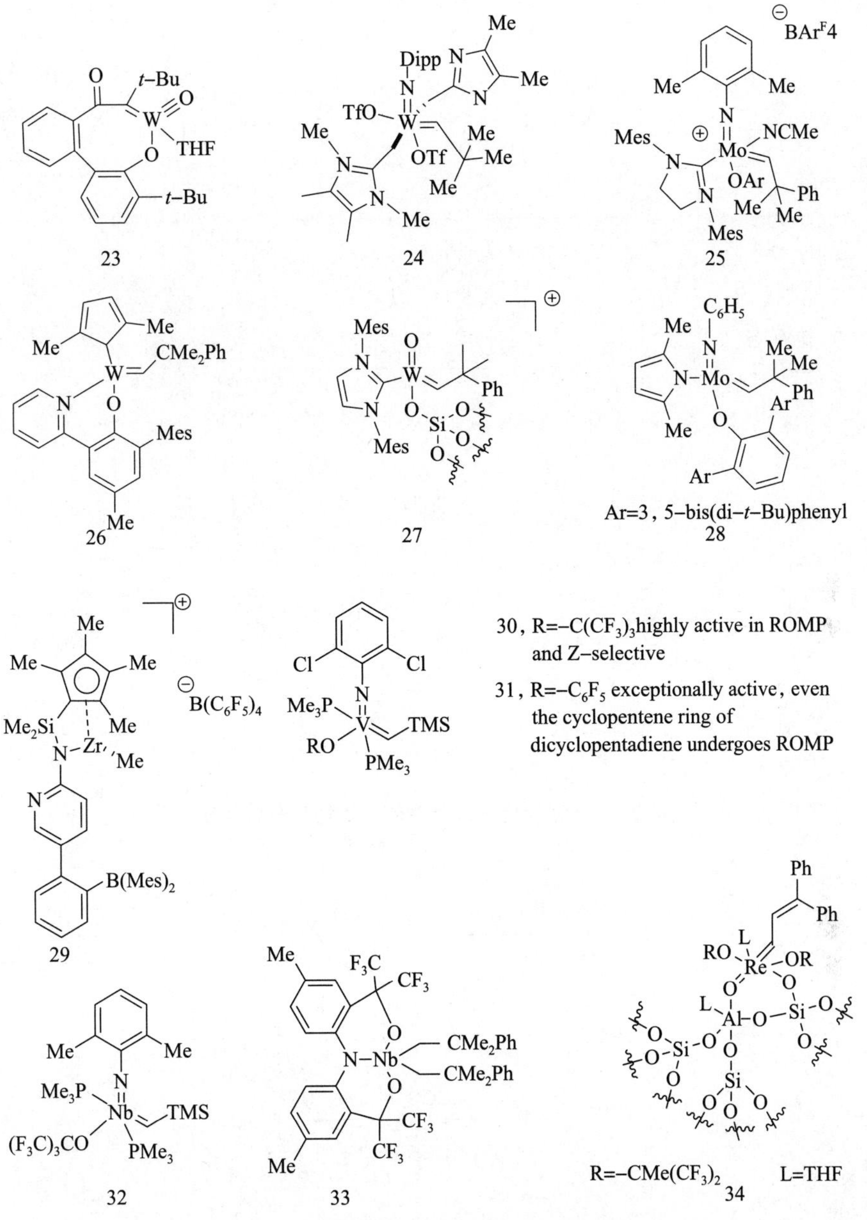
23
24
25
26
27
28
Ar=3, 5–bis(di–t–Bu)phenyl
29
30, R=–C(CF3)3 highly active in ROMP and Z–selective
31, R=–C6F5 exceptionally active, even the cyclopentene ring of dicyclopentadiene undergoes ROMP
32
33
R=–CMe(CF3)2 L=THF
34

图 5－5 以钌以外的金属为主要原料的新型转位催化剂

能的影响，以及结构对起始速率、E/z-选择性和产物释放的影响。采用二硫代阿托溴铵－卡宾配合物催化剂，采用基于机理的立体效应和电子效应的调节以及单体浓度的优化，对降冰片二烯进行了高选择性的共向规 z-选择性聚合[76,77]。

关于 z-选择性烯烃的研究取得了许多进展。以乙腈为溶剂和催化剂，用丙烯酸酯（如烯烃 48 和丙烯酸 t-丁酯）制备 50。催化钼 z-选择性转位，该工艺被应用于月桂酰亚胺全合成的两个关键步骤。在环辛烯的 RO－CM 反应中，制备了多种与钼卡宾配合物 53 有关的单芳酰亚胺衍生物，并对其进行了考察。钨催化剂一般无效，可能是由于与丁腈发生了转位反应。其他亚胺基和不稳定配体组合在与 $B(C_6F_5)_3$（如复合物 54）活化后成为活性催化剂[74,78]（如图 5－7）。

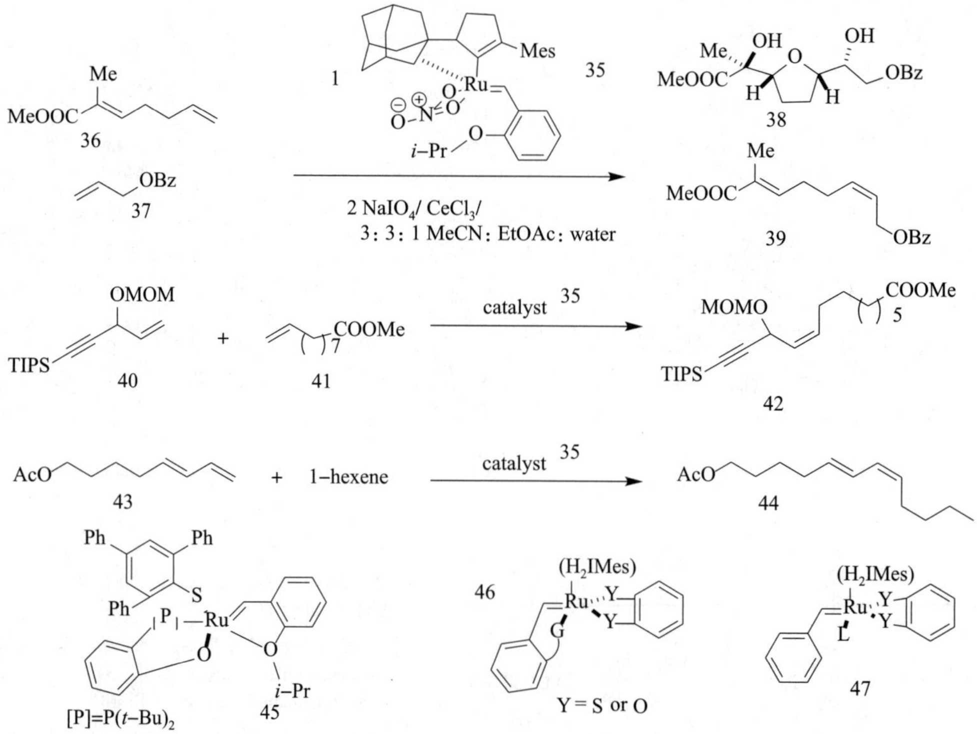

图 5-6 钌催化剂选择性催化烯烃复分解反应

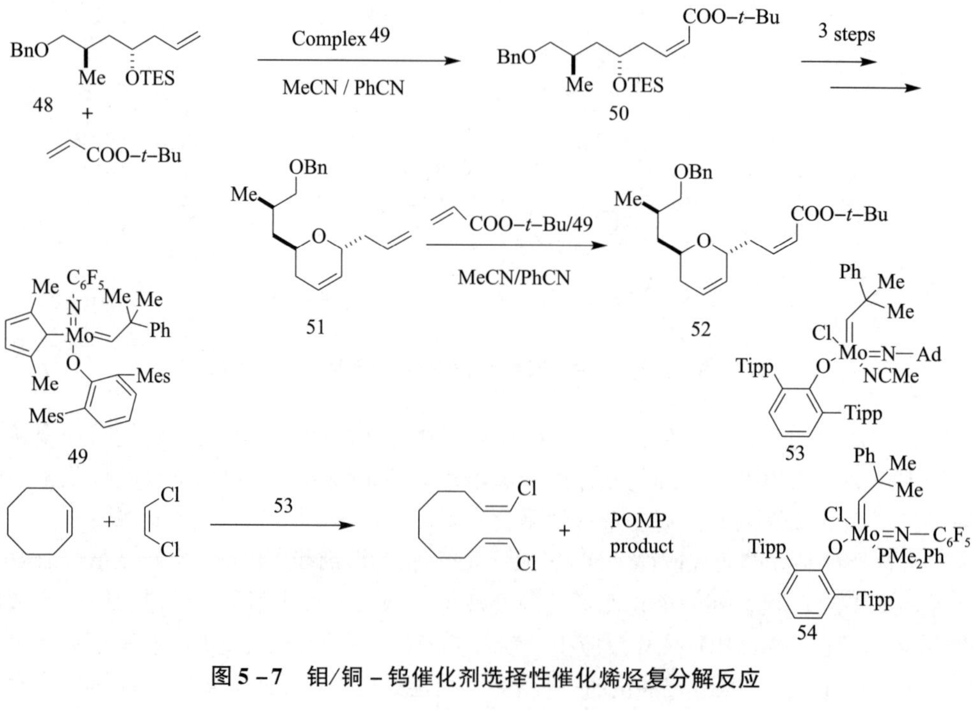

图 5-7 钼/铜-钨催化剂选择性催化烯烃复分解反应

其他以实验为导向的对卡宾络合引发烯烃复分解反应的一般性研究方案包括[74,79]：①通过实验和计算相结合的研究，试图了解为什么传统的钌烯烃复分解反应催化剂在使用具有小取代基的烯烃进行交叉转位和 ROCM 反应时具有 z-选择性（如 56＋57）；②乙烯基硅烷的化学计量转位的实验和计算研究（例如，由乙烯基硅烷 59 和催化剂 2 生成甲基能钌配合物 62），其中首选的途径是形成 a，b-金属配合物环丁烷（例如 60）（高于 a，a-异构体 61），并观察到供电子硅基对金属环丁烷中间体中钌 b-碳键的程度有显著影响；③采用硅负载钨氧过烃基催化剂制备去冰片烯无溶剂 ROMP；④亚甲基钌配合物反应的研究。具有小供体配体的转位过程中的关键中间体（如吡啶），并注意到催化剂的快速失活并形成甲基三环己基磷离子（66）中间亚甲基吡啶连接的膦迁移产物，可以观察到含有 IMes 配体的衍生物为 65；⑤催化剂磷酸解离率的比较并对相应的亚甲基配合物进行了电子和晶体结构的研究；⑥通过 FRET（z-选择性硝酸盐催化剂）评价 E、Z 烯烃参与转位反应的相对速率（35 对 z-烯烃反应更强，而 Hoveyda－Grubbs 催化剂 4 对 e-烯烃反应更强）；⑦配位配合物（包括转位催化剂 1 和 2）中 31P NMR 化学位移、RuAP 键长、反应焓的相关性；⑧优化 MALDI－MS 技术成功分析中性有机金属配合物（以钌转位催化剂为例）的条件；⑨制备 16 电子钨钼合金环丁烷（如 70）及乙烯损失/交换过程的动力学检验；⑩氧二烷基钨催化剂的 ROMP 反应，核磁共振 17O 谱研究；⑪在 RCM 中使用免版税的催化剂 2RCM，并对各种天然化合物进行交叉转位；⑫用炔预处理钌卡宾配合物引发剂，控制 ROMP 反应的分子量；⑬表面结合的甲基钨配合物氢化反应中钨亚甲基配合物的鉴定（NMR 与 DFT 计算谱比较）；⑭有机硅还原活化二氧化硅负载的氧化钨催化剂；⑮固相同位素标记与动态核极化增敏研究相结合，核磁共振波谱技术在烯烃异构化催化剂表面组分分析中的应用可以直接测定键的连通性和测量金属环中碳—碳键的距离；⑯硅负载氧化钨催化剂在丙烯转位过程中活性位点的形成研究（DFT 评价氧化钨－卡宾配合物的形成）；⑰氧化钼和氧化钨烯烃化合催化剂的活化、再生及活性部位鉴定；⑱通过异丙醇、丁酸钾处理，以及手性胺配体转位复分解催化剂的一种（类似于三环己基膦的催化剂 4）转化为不对称酮加氢催化剂；⑲将二甲基锌和六氯化钨接枝到二氧化硅上进行环辛烷转位，并鉴定活性催化剂（SiOWMe$_5$ 衍生物）和分解产物（碳炔配合物）；⑳WH$_3$/Al$_2$O$_3$ 负载催化剂体系对异丁烯/2-丁烯交叉转位金属环丁烷中间能的影响；㉑甲基三氧化二铵在氧化铝上引发的转位反应的固相 NMR 研究中 1－亚甲基铝稀土配合物的鉴定；㉒利用拉曼光谱、同位素开关、程序升温表面光谱学和动力学研究了氧化铼催化氧化铝丙烯转位（同位素开关研究表明，丙烯转位过程中存在 Re＝CH$_2$ 和 Rh＝CHCH$_3$）；㉓利用 aRe$_2$O$_7$/Al$_2$O$_3$ 体系；㉔正丁烯和乙烯在 WO$_3$/SiO$_2$ 和 MgO 催化剂上的转位和异构化反应；㉕介孔硅载体 WO$_3$ 上 1-丁烯自转丙烯；㉖甲基三氧铼的活化－氧化铝催化剂系统通过配体交换（根据固态核磁共振，甲基仍然完好无损，没有转变成亚甲基）[24,31,35,80]。

报道了一些基于计算的烯烃化合研究，包括关注以下主题的出版物：①评价将 NHC 配体熔合成富勒烯体系的钌 NHC 催化剂的潜力（一个系统在转位途径的每一步都显示出较低的活化能）；②化合反应中 4 催化剂苯并呋喃类似物的评价（有的活化能低 4）；③与传统的中性钌催化剂作为烯烃复分解反应催化剂等电子的阳离子铑配合物的评价（反应谱更吸收能量）；④铁催化烯烃复分解反应所需配体性质的评价（应该有一个三齿状供电子配体，中间有最强的供电子体，稳定卡宾配合物和金属环丁烷中间体的单线态）；⑤利用催化剂类似物评价转位反应 NHC 配体被 NHC-硼基阴离子取代（预计为快速催化剂）；⑥催化剂 1 与催化剂 2 的交叉转位反应评价；⑦基团 4 和基团 5 烷基化催化剂化学位移张量的评价；⑧利用钼催化烯烃化合反应，从量子力学的角度发展了真实的过渡态力场证明了该技术[36,81,82]。

5.2.2.2 开环转位聚合反应

引发开环转位聚合（ROMP）（图 5-11），利用卡宾配合物残基进行反应是一个非常热门的研究领域。在所有关于 ROMP 反应的报道中，张力降冰片烯、降冰片烯衍生物以及一种降冰片烯衍生物与另一种降冰片烯的共聚反应占了很大比例。在许多情况下，所述单体与较简单的去冰片烯共聚结构，只有结构上最奇特的单体才被注意到。大量取代降冰片烯并对其他双环［2.2.1］庚烯体系进行研究使用金属卡宾配合物（见图 5-8），包括那些具有以

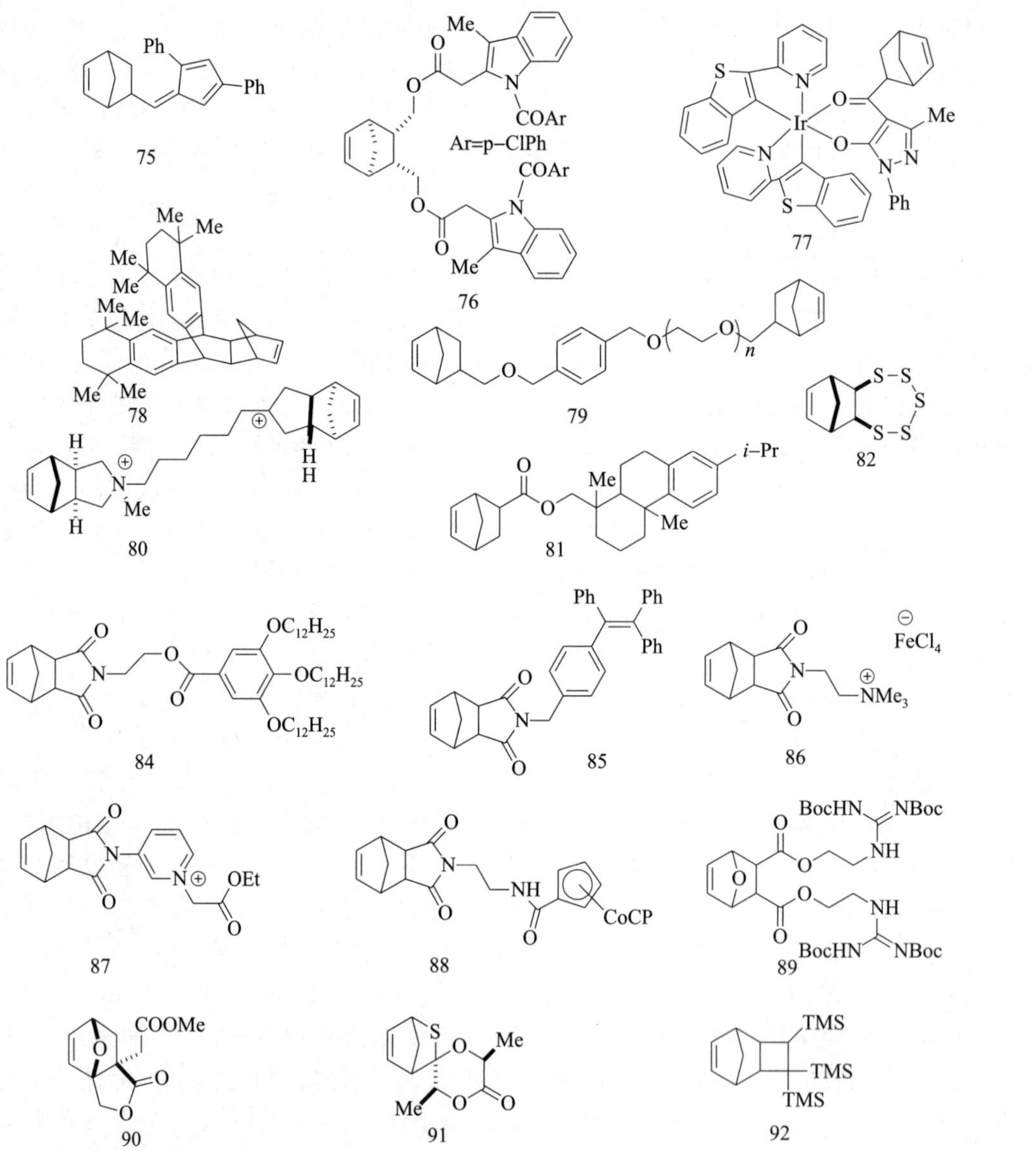

图 5-8　代表性的二环［2,2,1］底物用于 ROMP 反应

下结构特征的物质：①去冰片烯，包括在红棕榈油存在下的去冰片烯，以及使用 PEG 结合芳基卡宾催化剂的去冰片烯；②具有与胺基共价键的降冰片烯衍生物，到苯酚基，到聚乳酸链，到氟化聚丙烯酸酯链，到 a—溴羧酸盐基团，形成二溴亚胺基团，形成聚缩水甘油醚大单体，到富勒烯基团（如图 5-8 中 75），到抗生素万古霉素，对组蛋白去乙酰酶抑制剂曲古抑菌素 A，到抗生素吲哚美辛（如图 5-8 中 76），形成氟化硼甲酸硼环体系，到铜或铱螯合物或到甾体（如图 5-8 中 77），到硅基团，到炔基团，并使二氧化钛粒子通过聚乙烯乙二醇的联系；③接枝到碳纳米管上的降冰片烯；④聚己内酯的双（羟甲基）去冰片烯酯；⑤降冰片烯二醛加合物以及蒽衍生物（如图 5-8 中 78）；⑥与芘基团相连的去冰片烯吡啶；⑦与芘基团相连的去冰片烯吡啶；⑧双（去冰片烯吡咯啉）通过二芳胺基团（297）或双（去冰片烯吡咯啉）盐（如图 5-8 中 80）连接；⑨降冰片二羧酸酯，包括那些具有这种特性的与脱氢枞酸的共价键（如图 5-8 中 81），与一个螺吡喃或螺噁嗪组成罗丹明 B 体系，到聚甲基丙烯酸酯链（和聚合后）交联通过转位，并与三（聚苯乙烯）硼烷体系；⑩熔融成环状聚砜环的去冰片烯（如图 5-8 中 82）；⑪双（降冰片烯羧酸酯）s 通过 2,6-二噁英基 [3.3.0] 辛烷体系（以及各种其他连接基团）连接；⑫5-亚乙基降冰片烯；⑬双环戊二烯[313,314]，包括在环氧树脂或柠檬烯存在下进行聚合；⑭羟基二环戊二烯衍生物（作为无味二环戊二烯替代品）；⑮降冰片羧基酰胺通过三唑键与寡糖衍生物连接；⑯降冰片烯，琥珀酰亚胺，包括与金刚烷基、与 N-硫代羧酸氢化物有关的基团（如图 5-8 中 83），以三氟甲基取代苯环，对苯甲酸枝晶化基团（如图 5-8 中 84）对苯二甲酸酯衍生物含有多个芳基，肉桂酸酯基团，联苯苯甲酸酯体系，四苯乙烯（如图 5-8 中 85），到三（咔唑）体系，到四氢四嗪体系，到唾液酸低聚糖，到寡肽链，连接到各种聚合物，连接到铵与铁离子（Ⅲ）相反的盐（如图 5-8 中 86），到吡啶盐（如图 5-8 中 87），到二茂铁或二钴基盐（如图 5-8 中 88），对钆造影剂（DOTA）配合物，到聚硅氧烷或聚乳酸基团，并发生枝晶化多元醇衍生物；⑰降冰片烯磷酸酯；⑱去冰片烯双（羧基）[344]；⑲氧化降冰片烯二羧酸酯类，包括与胍有关的酯类（如图 5-8 中 89）（或奥沙诺硼烯酰亚胺类似物）（和使用非极化"缓冲"基团的各种共聚物）；⑳噁硼烯酸酐；㉑氧化降冰片烯琥珀亚酰胺，包括那些与生物素或阿霉素有关的；㉒生物衍生的噁硼烯（如图 5-8 中 90）；㉓与聚乳酸前体融合的硫代硼烯体系（如图 5-8 中 91）；与环丁烷体系熔合的去冰片烯（如图 5-8 中 92）。其他已受影响的环系对 ROMP 反应如图 5-9 所示，包括：①取代环丙烯（如 94）；②环丁烯（如 95）；③环戊烯（如 96、97）；④5-trimethylsilylbicyclo (2.2.2) oct-2-ene (98)[361]；⑤4-庚烯-3-1 或 4-辛烯-3-1 衍生出的缩醛（如 99, 100）；⑥顺 2-丁烯-1,4-二醇衍生物的缩醛（如 101）；⑦环辛烯或取代环辛烯衍生物（如 102~104）；⑧与两性离子取代基相连的环辛烯（如 105）；⑨1,5-环辛二烯；⑩三环己基膦四氟硼酸盐 $[4.2.2.0^{2,5}]$ 接枝的十-3,9-二烯衍生物；⑪偶氮苯桥接大环（如 107）；⑫对环己烷三酯（包括制备烯烃官能团的交叉转位，此时为无环）（如 108）；⑬对环己烷内酰胺；⑭ [2.2] 副环磷酰胺（如 109）[379]；⑮桥接的六聚体体系。在一些情况下，通过转位反应生成了卡宾配合物催化剂与烯烃表面结合，表面结合钌，生成碳苯，然后用来引发聚合反应，包括 CdSe/ZnS 量子点结合 7-辛烯基通过硅基羧酸键连接的反应，使用钌卡宾配合物催化剂，然后与去硼二羰基氯反应，然后是 ROMP。一种热固化热固性材料由降冰片二羧酸二酯低聚物组成的树脂，催化剂 2 和抑制剂 DMAP 也被开发出来。有关的部分还介绍了 z-选择性交换其他的例子[32,33,83]。

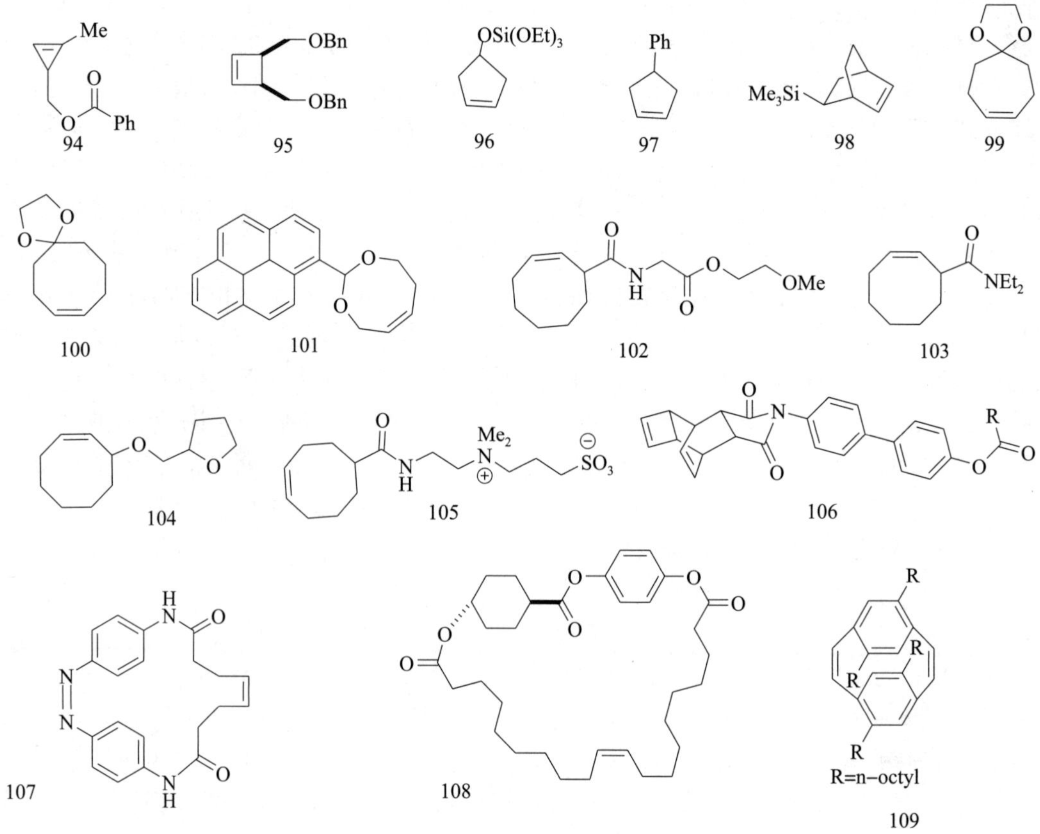

图 5-9 其他环状烯烃系统用于 ROMP 反应

几个使用卡宾配合物引发无环二烯转位聚合（ADMET，图 5-12）的例子。经 ADMET 聚合的单体如图 5-12 所示。对几种具有如下结构特征的 a,x-二烯进行 ADMET 聚合：①聚丁二烯衍生物 a,x-二烯（如图 5-10）；②a,x-二烯通过酯基团连接；③a,x-二烯键通过一个 PEG 基团（如图 5-10）；④a,x-二烯通过马来酸酯连接体系（如图 5-10）；⑤a,通过二酯连接的 x-二烯组（如图 5-10）；⑥a,通过二酯连接的 x-二烯硫化物基团（如图 5-10）；⑦a,x-二烯 s 连接通过二噻烷单元；⑧a,x-二烯通过金刚胺连接部分（如图 5-10）；⑨a,x-二烯通过 a 连接 1,2-二亚胺键（图 5-10）；⑩a,x-二烯连接通过氨基甲酸酯基（和简单的键如碳氢化合物或醚基）（如图 5-10）；⑪a,x-二烯通过 a 连接环己烷环；⑫a,x-二烯通过二环己基甲烷连接（如图 5-10）；⑬a,x-二烯联系在一起，通过邻苯二酚单元（如图 5-10）；⑭a,x-二烯通过磷酸酯基联系在一起；⑮x-dienes 联系在一起[34,84,85]，通过磷酸或磷酸二胺酯键（如图 5-10）；⑯a,x-二烯通过磷酸化基团连接（如图 5-10）；⑰所形成的 ADMET 共聚物磷酸盐连接的 a,x-二烯（如图 5-10）和双（丙烯酰胺）体系（如图 5-10）；⑱a,x-二烯通过膦酸盐基团连接的 x-二烯（C—P 键是连接的一部分）；⑲通过多个芳香环连接的 a,x-二烯（如图 5-10）；⑳由丁香酚衍生的二烯（如图 5-10）；㉑偶氮苯系四丙烯酸酯体系；㉒通过偶氮苯体系连接 a,x-二烯；㉓油酸油（形成五聚物而非聚合物）；㉔羧化山毛榉木质素。从二乙烯基芳香体系中生成 ADMET 聚合物的几个例子，包括从以下单体中得到的例子：①二乙烯基芴衍生物（如图 5-10）；②乙烯基通过多个芳香环连接；

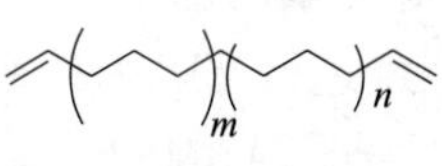

图 5-10 ADMET 聚合的代表性底物

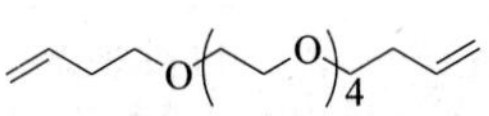

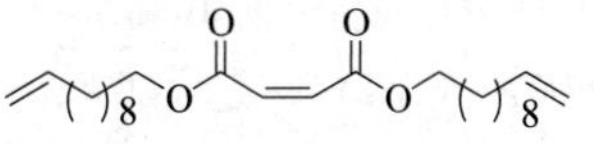

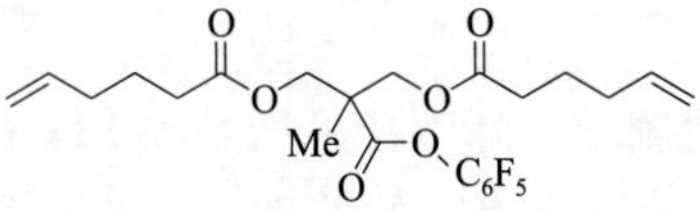

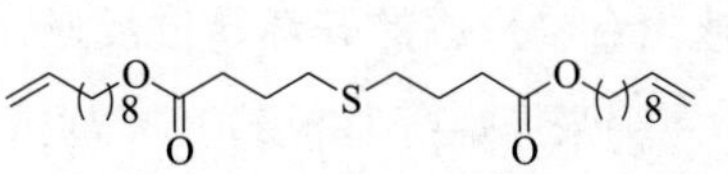

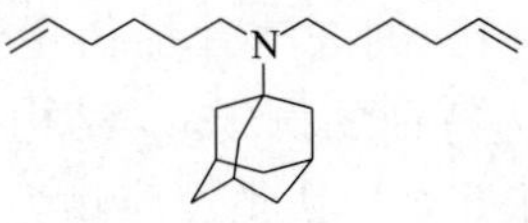

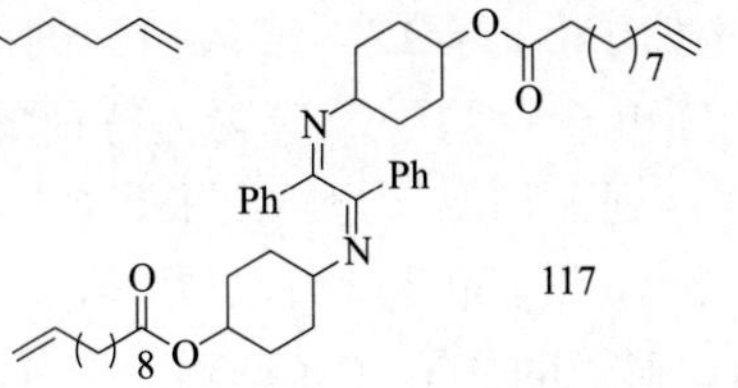

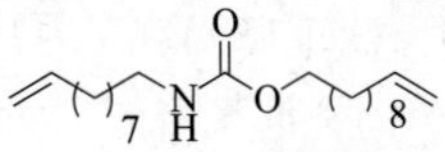

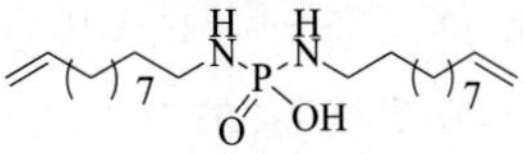

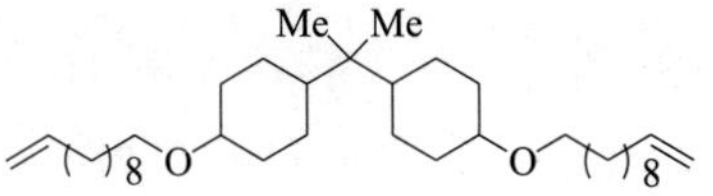

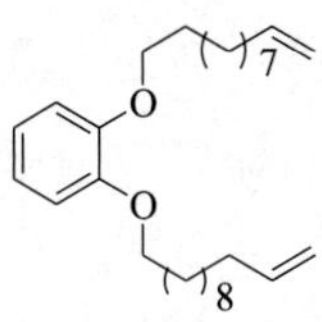

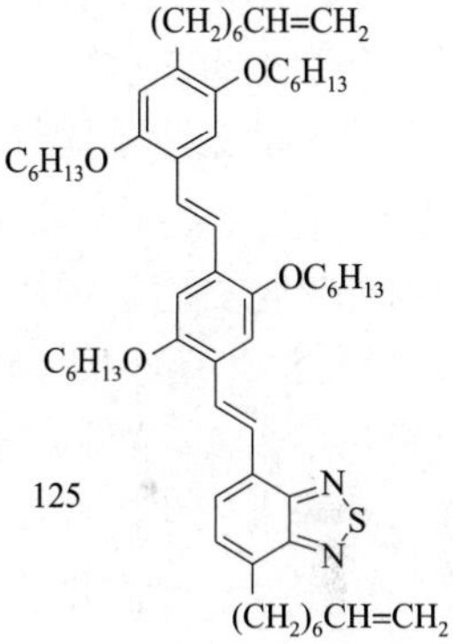

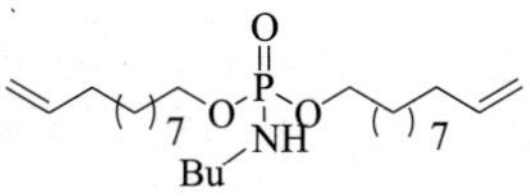

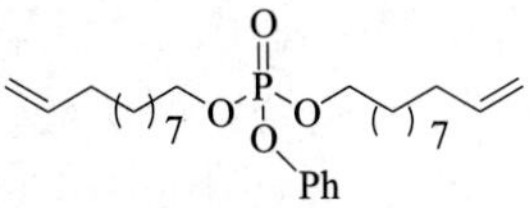

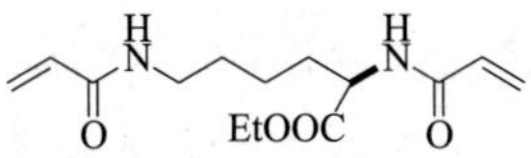

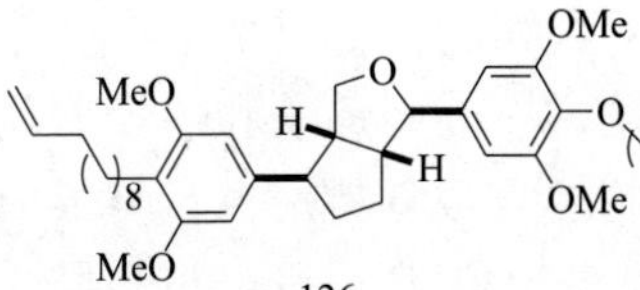

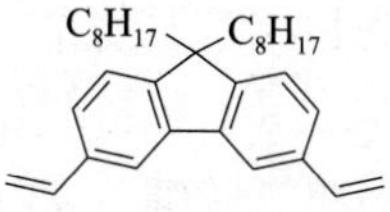

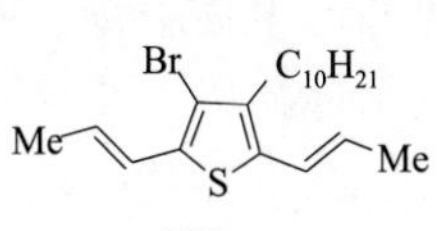

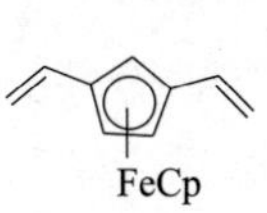

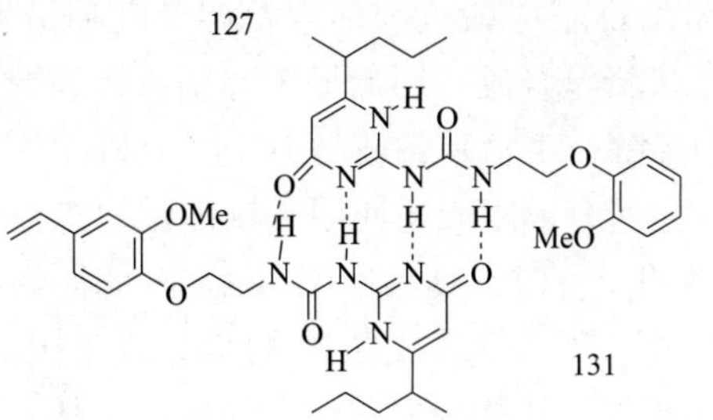

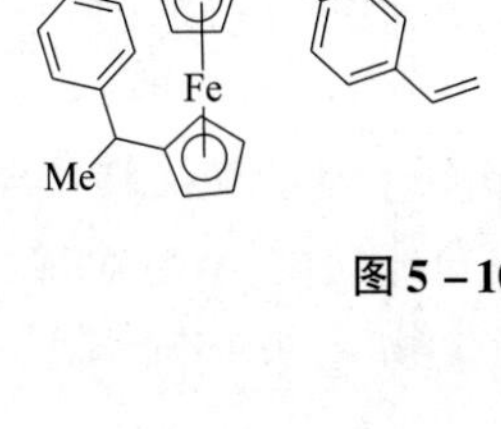

③二烯基噻吩衍生物（如图 5 - 10）；③二茂铁（如图 5 - 10）；⑤双（苯乙烯基）二茂铁衍生物（如图 5 - 10）。烯丙基苯衍生物（图 5 - 10）的自组装二聚体也进行 ADMET 聚合。通过三元醇体系的 ADMET 聚合，制备了一种含氘的交联聚合物，通过结合 ADMET（a,x-二烯通过磷酸盐连接酯基）和 ROMP（七元环磷酸酯）共聚，制备了聚合磷酸酯体系[86-89]。

5.2.2.3 非聚合物形成的开环转位反应

报道了几个使用张力烯烃基板的 ROCM 或 RORCM 的例子。降冰片烯衍生物 134 和乙烯的 RO - CM 是 hippolachnin 全合成的重要事件。对于降冰片烯衍生物的处理，用乙烯和转位催化剂合成了 RO - CM 产品（如 137），随后被双（烯丙基化）形成一种 RCM 底物（如 138）用于三醌类（如 139）或丙戊烷（如 140）合成。结构相关的去冰片烯衍生物（如 141）在 RO - RCM 序列下相似（也给出了几个以炔类反应物为特征的例子）。结构相关的去冰片烯衍生物（如 141）在 RO - RCM 序列下相似（也给出了几个以炔类反应物为特征的例子）。一种萜烯类生物碱的环烯烃衍生物，以十元环醚为原料，经 RO - CM 法制备了环醚（如 143）和乙烯，然后环金属化，使初始形成的 RO - CM 产物二聚（如 144）[11,44,45]。

5.2.2.4 交叉转位和转位二聚反应

有许多使用卡宾配合物引发各种不同烯烃（通常为单取代）交叉转位的例子。遗憾的是，很难合理地组织这些反应。这些被分为两类：①一个或两个伙伴是简单的和消耗性的；②来自同二聚的竞争不能仅仅通过使用一个伙伴的大量过剩来解决[43,47,90,91]。

"消耗品"分类烯烃在交叉化合过程中使用。几篇论文报道了廉价的低分子量 a 的交叉转位，以及其他更珍贵的烯烃的饱和羰基化合物的交叉转位，包括的交叉转位：①丙烯醛与同烯丙基的交叉转位用于制备伪枝藻素 C 合成中间体的醇（如 148），用均烯丙基醇制备异枝孢菌素以及 3-epi-异克拉多菌素[422]和 r-4-戊-2-醇用于脱钙致伸缩素 L 的全合成[423]；②甲丙烯醛与乙烯十氢化乙烯体系（如 149）用于制备 labdane 型二萜天然产物；③异丙醇衍生物巴豆醛用于制备硼酸钠类似物；④含有乙烯基吡咯烷衍生物的甲基乙烯基酮（如 150），用于风信子碱 A5 的全合成，用于制备丝状体的均烯丙醇衍生物碳骨架，并与一个均烯丙基胺为皮尼酮总合成；乙基乙烯基酮和戊基甘氨酸 epi 微孢子素 A 的全合成衍生物；⑤3-戊酮-2-酮（152）和烯烃酮砜（如 151），用于制备氧化石松生物碱；⑥丙烯酸和烯烃取代纤维素衍生物；⑦各种丙烯酸酯与烯丙基四氢吡喃（如 153）进行总合成扁桃醛 A，与烯丙基四氢吡喃衍生物制备扁桃醛 A 段，与烯丙基四氢吡喃衍生物制备扁桃醛 A 段，与烯烃-四醇衍生物（如 154）进行全合成，用烯烃三醇制备穆利卡星，用烯烃多元醇衍生物制备一种 eribulin 片段，用丙烯醇衍生物制备枝晶 D，用于制备具有纯烯丙基的电生理片段，用纯烯丙醇全合成拉索内酯 a（合成路线还使用了铜催化的二叠氮酯插入烷基 C—H），用均烯丙基醇进行丙二醇丙二醇的全合成，具有用于 spinosin 的同烯丙基醇－二硫烷一种全合成，具有同烯丙基胺吲哚衍生物，用于旋律氨酸 A 的全合成。用 1-呋喃-4-烯醇制备具有潜在细胞毒性的试剂，以单取代烯烃－铵盐为原料制备聚酰胺单体；⑧与富勒烯连接的丙烯酸酯，与富勒烯相连的戊基酯；⑨甲基烯丙基哌啶衍生物的丙烯酸酯或苯乙烯；⑩各种 a、b 不饱和羰基化合物和烯烃基团与金纳米粒子结合。使用简单、廉价、低分子量的交叉转位含烯烃较多的官能化烯丙基衍生物，包括：①烯丙基醇与烯丙基甘氨酸异环烷醇 A 与对烯丙基酚衍生物；②顺式 1,4-二乙酰氧基-2-丁烯（156），用同烯丙基胺衍生物（如 155）制备的甘露醇的嘧啶核与烯丙基羟基喹啉，为利帕地福明衍生物的全合成；③烯丙基溴和硅基化 4-戊-1-醇衍生物（如 157）用于全合成 ajudazol B 和乙烯基四氢呋喃，用于制备呋喃 D；④甲代烯丙基醇（如 159）和烯丙基膦酸酯衍生物（如 158）磷酸核苷原药的制备；⑤烯丙基萘甲酸和烯烃 – 二醇衍生物，用于制备脱细胞剂；⑥一种丙烯醛缩醛（如 160）和烯丙基酰胺（如 159），用于制备蜜三嗪；⑦烯丙胺以及 o-烯丙基糖苷。2016 年报道了几个使用简单烯丙基 – 或乙烯基硅烷衍生物与更珍贵烯烃交叉转位的例子，包括：①表面结合的烯丙基硅氧烷与 1-辛烯或高氟模拟物的反应；②硅倍半氧烷和各种单取代烯烃的乙烯基锗类似物。2016 年报道了几个在交叉转位反应中使用相对丰富的天然产物的例子，包括：①油酸甲酯（161）与乙烯的反应，与各种单、二取代烯烃的反应，与各种含氮烯烃的反应（如 162）；②含有乙烯或各种碳氢化合物 1-烯烃的不饱和脂肪酸酯；③大豆油自转位；④各种植物性小油品；⑤棕榈油和 1-丁烯（如 469~472）；⑥含有马来酸的各种植物油，并对该工艺与其他工艺的效率进行了调查；⑦不饱和三酰基甘油酯与各种单取代烯烃（重点是 GC 分析）；⑧脂肪酸衍生烯烃；⑨酒石酸和大米脂肪酸与转位催化剂到生成二羧酸；⑩脂肪酸衍生烯烃；⑪卡丹诺（如 163）具有多种对称结构内部烯烃。其他交叉转位的例子，其中一个合作伙伴很简单，并且很容易找到，包括：①乙烯与 campechic 酸 A 和 B 作为结构上的辅助分配；②烯烃 b 内酯和各种单取代物烯烃后接开环聚合（ROP）；③2-甲基丙烯与双（烯丙基）苯并吡喃的衍生物；④2-甲基-烯丙基喹诺酮类 2-丁烯；⑤费歇尔 – 托普希反应生成的 1-烯烃对高分子量烯烃的转化（价化）；⑥1-己烯与环十二烯；⑦带有烯丙基四氢呋喃的 1-十三烯（如 165）衍生物（如 164）；⑧含有烯丙基醇 – 多元醇的 1-十四烯，制备鞘氨醇衍生物的衍生物，并与同烯丙基醇用于制备鞘氨酸和非自然的安全；⑨1-戊二烯，密集功能化 1-戊烯衍生物，用于制备鞘氨醇；⑩用于制备亲脂氨基酸的各种 1-烯烃和均烯基胺衍生物；⑪各种烯丙基或同烯丙基醇衍生物；⑫各种 1-烯烃和 4-pentenoate 酯；⑬4-戊酸和 a 均烯丙基醇类衍生物用于制备嵌合的脯氨酸类似物；⑭5-己酮-1-醇及其烯丙醇衍生物石油黏液醇全合成；⑮苄烯（167）和用于全合成的烯丙基哌啶衍生物（如 166）；⑯苯乙烯衍生物与环六肽衍生物用于微硬皮病 a 和 J 的全合成及结构修饰，与 R-1-庚-4-醇用于单胞菌素的全合成；⑰丙烯基苯衍生物与乙烯基噁唑烷酮的全合成；⑱具有聚合物结合的乙烯基甘氨酸衍生物烯丙基甘氨酸，并与烯丙胺衍生物 3,4-二羟基叶黄素的制备；⑲一种 5-烯丙基-1,3-二噁烷衍生物和各种单取代烯烃作为泛酰胺衍生物新方法的一部分；⑳3-甲基己二酸乙酯（如 169）和烯丙基或同烯丙基醇（如 168），用于制备芳香类维生素 a；㉑烯丙基甘氨酸与各种单取代烯烃，用于赖氨酸类似物的制备；㉒一种乙烯基硼酸酯（如 171）与乙烯基四氢呋喃酮（如 170）用于褐藻毒素一种全合成，并与一种用于纳米囊藻毒素的均烯丙基醇衍生物进行了全合成；㉓含各种烯烃的聚酯衍生物。在尝试含有庚烯赖氨酸或戊烯赖氨酸的蛋白质交叉转位时遇到了困难（巯基—烯键化学法是蛋白质修饰的首选方法。在转位催化剂存在下，丙烯酸乙酯与二甲苯的反应中发现了 RCM 前后的交叉转位[44,45,92,93]。

2009 报道了几个利用交叉转位或自转位改变聚合物结构的例子，包括：①苯乙烯 – 丁二烯橡胶经单取代烯烃和转位催化剂处理降解；②不同对称 1,2-二取代烯烃的转位反应降解天然橡胶；③与马来酸酯或富马酸酯发生转位反应降解类橡胶分子；④二羟基苯基与丁香酚衍生物通过转位合成聚丁二烯；⑤天然橡胶或苯乙烯 – 丁二烯橡胶与含烯烃的挥发油在钌 – 偏乙烯基配合物催化剂作用下的交叉转位[50]。

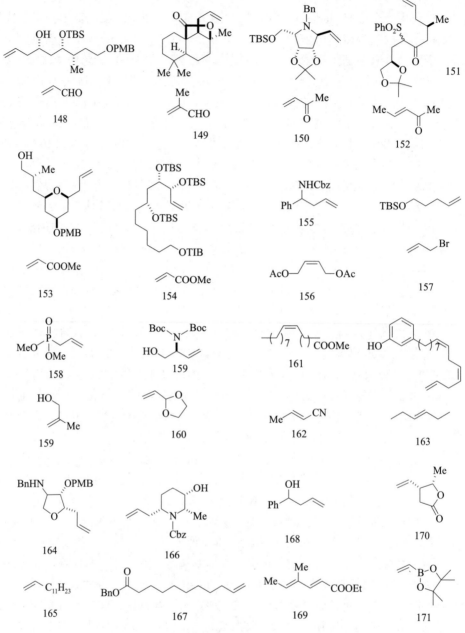

图 5-11 具有代表性的烯烃交叉转位反应

2010 年报道了一些串联单反应事件跨转位和 Michael 加成的例子。在手性磷酸衍生物存在下,四氢吲哚类化合物(如 176)的合成涉及戊基吡咯(如 172)和烯酮的串联交叉转位(如 174)。在这些条件下,初始形成吡咯-烯酮(如 175)经历酸催化对映体选择性迈克尔加成以提供四氢吲哚嗪体系。各种乙烯酮衍生物和 4-戊酮-1-酰基甘氨酸衍生物(如 177)的交叉转位得到了拉长的氨基酸衍生物(如 178),它环化到吡咯烷酮体系(如 179)[94,95]。

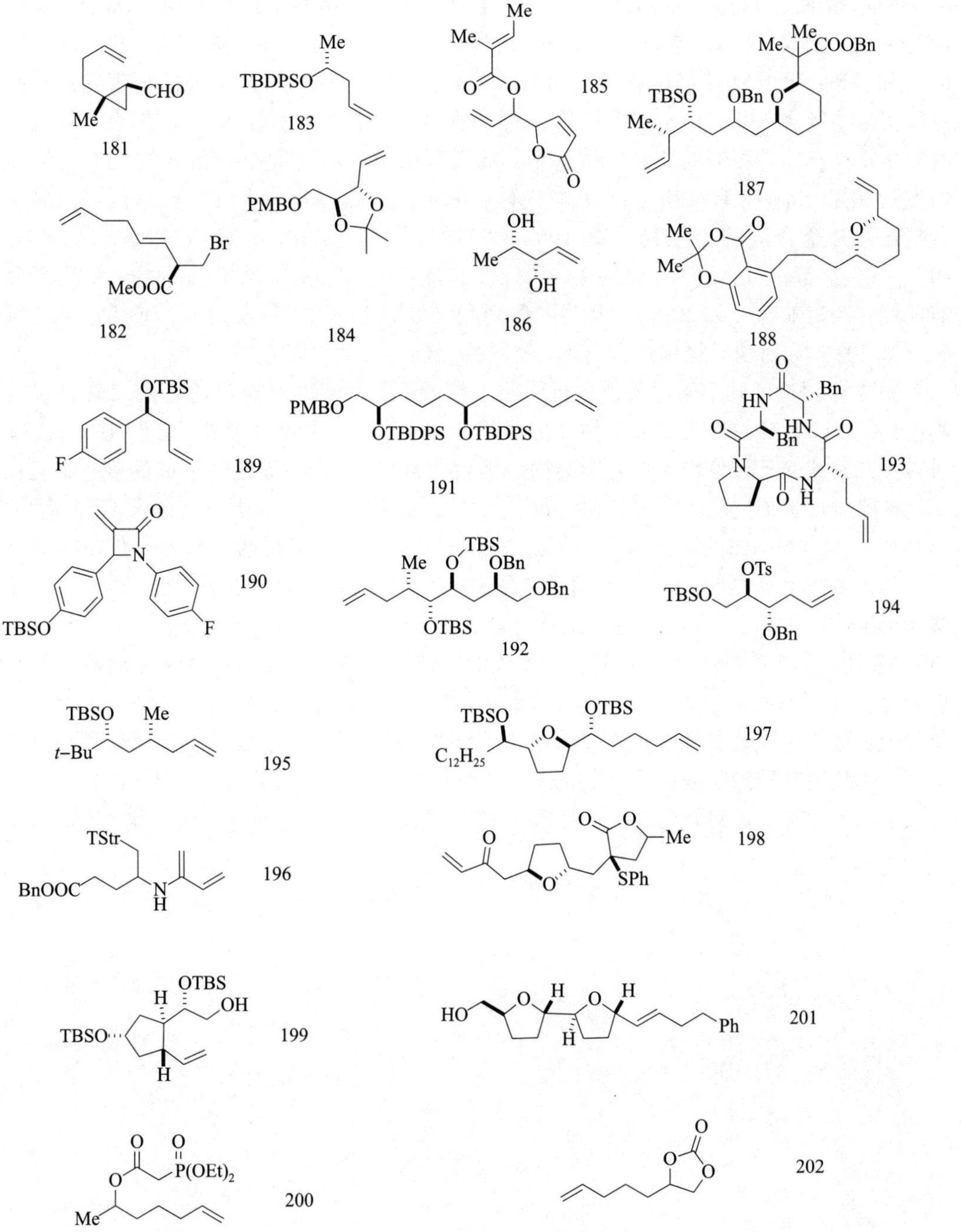

图 5-12 ADMET 反应的代表性底物

2016 年报道了许多涉及两种不同且结构复杂烯烃的成功交叉转位的例子。包括：①烯烃醛（如 181）和 1,5-二烯（如 182），用于制备单 thenolide 类似物；②一种用于总合成 KRN7000 的烯丙醇二烯和 c-烯丙基糖苷（包括一个 RCM 和另一个 CM）1-十四烷和烯丙醇）；③一种对映异构体烯丙醇和烯烃醇，用于制备精素段；④二对映异构体烯丙醇的衍生物短聚酰亚胺 H 总合成；⑤烯丙基多元醇衍生物（如 184）和纯烯丙基醇衍生物（如 183）

paecilomycin F，cochliomycin C，zeaenol 衍生物的合成；⑥丙烯醇-呋喃酮（如 185）和 S,S-1-戊烯-3,4-二醇（186）制备磷酰亚胺 A；⑦同烯丙基醇衍生物（如 187）和乙烯基四氢吡喃（如 188）用于 SCH 351448 全合成；⑧一种同烯丙醇和烯烃多元醇的衍生物；⑨同烯丙基醇衍生物（如 189）和 a-亚甲基黑 actam（如 190）制备依折麦布[525]；⑩两个烯烃–多元醇衍生物具有非常相似的烯烃，用于制备的微观结构环境（如 191 和 192）；⑪均烯丙基醇衍生物（如 194）和环肽衍生物（如 194）；⑫烯烃–硅基醚（如 195）和氨基二烯用于阿普拉毒素 E 全合成的衍生物（如 196）；⑬烯烃–四氢呋喃（如 197）和乙烯基酮（如 197）；⑭乙烯基环戊烷醇（如 199）和烯烃膦酸盐（如 200）用于 brefeldin A 的全合成；⑮烯烃–四氢呋喃（如 201）和烯烃乙酰内酯（如 202）用于制备角苷；⑯烯烃–二氢吡喃酮（如 203）和对映异构烯烃醇（例 204）用于隐叶二酚 E 的制备[96-99]。

2017 年报道了几个通过转位进行同质二聚的例子。卡宾复合催化转位二聚反应的化合物，包括：①乙烯基环己烯氧化物（如图 5–13）；②2-羟基-3-丁烯酸甲酯（图 5–13）（通过转位二聚或交叉转位作为更复杂结构的平台化合物），作为聚合物形成的核心结构；③用于制备神经肽 Y 拮抗剂的烯丙基甘氨酸衍生物（如图 5–13）；④具有 1,2-氨基醇（如图 5–13）或 1,2-二醇基团的烯烃，用于制备半胱氨酸 b 合成酶抑制剂；⑤天然存在的烯丙苯或苯乙烯衍生物（如图 5–13）；⑥用于制备 HDAC 抑制剂的 4-戊酸酰胺衍生物；⑦一种 6-庚酸酯衍生物（如图 5–13），用于制备环状乙酰胆碱类化合物的核；⑧10-十一醇（图 5–13），使用由钌配合物和重氮乙酸乙酯制成的原位催化剂；⑨含苯并噁嗪酯的各种蓖麻油衍生烯烃（如图 5–13）；⑩10-十一烯酸酯；⑪烯丙基化 28-同型油菜素类固醇（如图 5–13）；⑫双吡啶钌衍生物（如图 5–13）；⑬乙烯分解为各种戊酸衍生物和乙烯分解产物的自转位。采用一锅法肉桂酸酶脱羧反应（如图 5–13）和苯乙烯衍生物的转位二聚反应（图 5–13）合成了二苯乙烯。还对含有 3-己基-1-酰基的低聚酯内酯体系进行了转位二聚[100-102]。

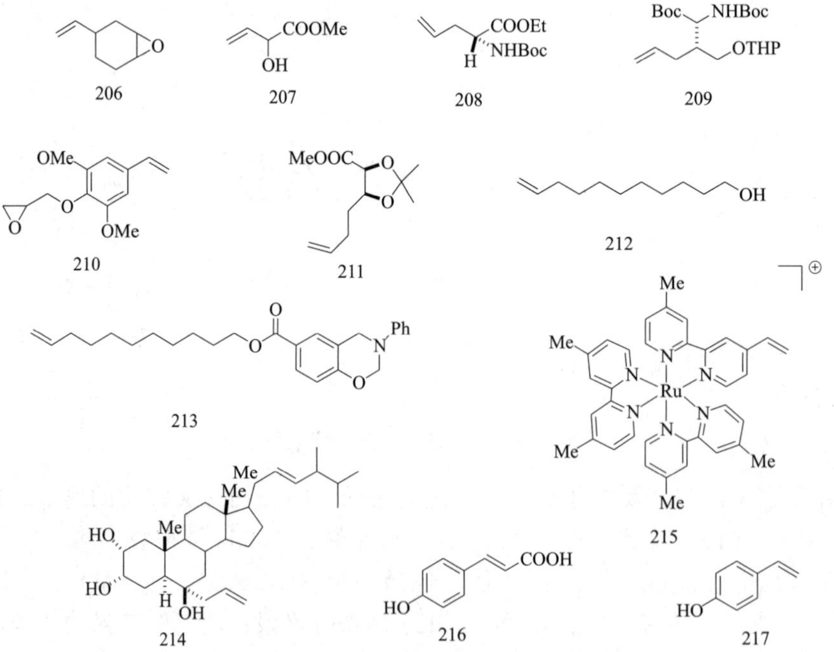

图 5–13 烯烃的转位同二聚反应底物

其他例子的特点是自转位与其他一些转位模式。swinholide A 的全合成（如219）的最后一步是使用复杂的三烯衍生物218进行大环双（内酯）形成环二聚反应。图5-14利用其他几个 RCM 和交叉转位事件制备了环二聚前体218[103]。

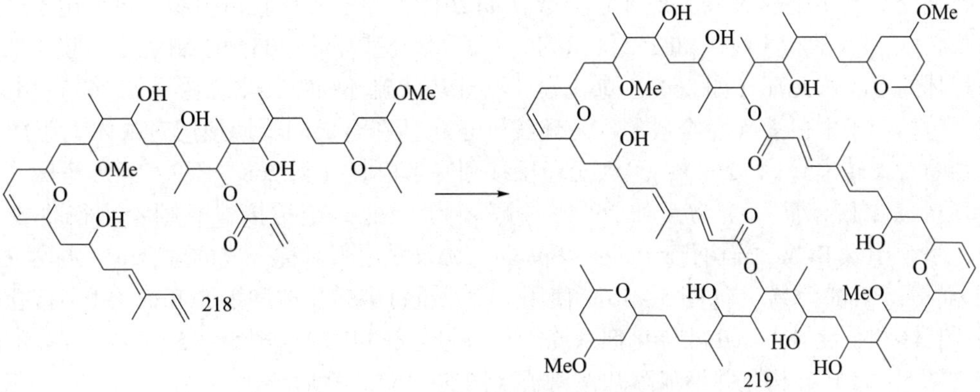

图 5-14 大环的关环复分解反应

5.2.2.5 关环复分解

闭合环转位反应（RCM）已成为有机合成中一种非常重要的方法。许多卡宾配合物引发 RCM 反应。已经被报道许多形成不同尺寸环的例子，包括大环和中环，以及传统的五、六元环形成反应。根据 RCM 形成的环状体系的类型，对反应进行了分类。RCM 反应已被用于多种化合物的合成，在碳环体系中，所示键为通过 RCM 反应形成。例如：①环戊烯，包括用于合成约加霉素的药物。225）；碳水化合物衍生的环戊烷衍生物，菠萝粉虱信息素（226，`合成）路线还包括 Tebbe 亚甲基化步骤，nardoaristoloneB 和双环核苷；②环戊二烯（例227）；③环己烯，包括用于合成去氢雌二醇衍生物 c 环的反应（在通往目标分子的一条失败路线中使用了 Petasis 反应），一种氟化二氢萘，beraprost 前体化合物转位产品（如228）在原位脱水，得到环己二烯（如229），合成 elisabethin A 的中间体，双氢青蒿素酸，c2 对称双（磺胺）配体，3-脱氧新肌醇和异丙醇 E，conduramine A-1（如230）；conduramine f-4，crinane，cyclophellitol epoxides 和 aziridines，环菲利托和康都利托-b，三氟甲基化二氢萘，多羟基 zylates 反式十氢化萘，推进剂含有去冰片烯体系，pericosines，环状吡咯烷酮（如231），17-epi-methoxykauran-3-one，碳环类似物碳水化合物，达菲和相关的碳环糖，ryanodol 和 ryanodine（如232）；④直接合成苯环，包括菲（如233）和属于一个受限的芳香带菲环体系；⑤吲哚醌的形成（如235）在一个单一反应事件中 RCM 氧化序列；⑥环庚烯，天然产物核（如237），萜烯核结构（如238）；⑦双环 [4.3.1] 癸烯体系（如239）；⑧内外熔融双环系统 [4.4.1] 制备 13-草英醇类似物（如240）；⑨环辛烯，包括用于合成环熔体的环辛烯的环辛二烯类（如241）和无节脂内酯 A（如242）；⑩苯并熔融环烯类化合物（如243）；⑪十元环烯烃，包括一个关键的中间体，一种环癸烯酮采用内外融合的环形系统（如245），以及嵌在噻吩内的 e-环癸烯环形系统（如246）。报道了许多 RCM 反应生成氮杂环的例子（图11），包括：①二氢吡咯、聚羟基吲哚嗪（如251）、高氧吡咯里嗪衍生物、吡咯羧酸盐等生物活性化合物的构建块、吡啶（通过后期扩环过程）、取代吡咯；②a、b 不饱和五元环内酯，包括用于环丙氨酸总合成的内酰胺；⑥以四氢吡啶为原料制备五氮杂辛和异氮杂辛（例如255）；⑦六元环 α,β-不饱和内酰胺，包括用于合成半胱氨酸的药物（如 256）；⑧六元环 b,c-不饱和内酰胺，包括用于单核苷和单核苷的全合成（如 257）和氟烯烃伪肽（如 258）；⑨六、七元环与内酰胺环体系融合；⑩六、七元环的锡基化胺衍生品（如 259）；⑪六、七元环与苯并［α］喹诺利嗪支架融合（如 260）；⑫六到九元环环状吡唑（一个吡唑 N 在其他环）导数（如 261）；⑬七元环胺衍生物，包括用于合成纤毛虫酰胺 A 和 B 的衍生物（如 262）；⑭七、八元双羟基环胺；⑮用于制备法高胺类似物和奥斯特林的七、八元环（如 264）；⑯七至十一元环状硫环吲哚类化合物（如 265）；⑰八元环胺，包括用于中根素 A 总合成的八元环胺（也包括在合成的早期使用对映体 1-丁醇-3-醇衍生物的交叉转位）（如 266）；⑱八元环桥接吲哚卡巴唑（如 268）；⑲八元环桥联二胺和十元环桥联二胺苯胺衍生物（如 269）；⑳一个十元的 n-链桥接双（吲哚）衍生物（如 270）。一个串联 RCM /异构化/ Pictet‐Spangler 协议采用不对称合成的融合 pyrrole‐embedded azaheterocyclic 系统（如图 5‐15）使用一个双重钌碳烯复体和手性 Brønsted 酸催化剂体系碳烯复体和手性 Brønsted 酸催化剂系统[633]。后形成的 RCM（图 5‐15），Brønsted 酸催化与胺（图 5‐15）异构化并形成酰基锂离子（图 5‐15），然后环化。

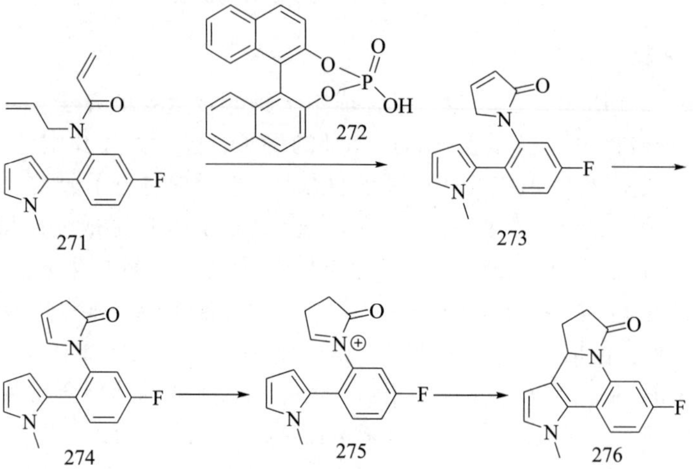

图 5‐15 分子内的关环复分解反应

通过 RCM 反应合成了多种多样的氧杂环，包括：①二氢呋喃，包括用于合成 hippolachnin A 核心环体系的呋喃糖衍生物（如 280）、呋喃糖衍生物（如 281，包括总合成 apiose）和螺环醚；②α,β-不饱和五元环内酯，包括在跨环 RCM（如 282）和双侧 RCM（如 283）过程中用于合成番茄红素 H 和异番茄红素 D 的内酯；③制备环状糖的六元环醚（如 284）；④六元环 α,β-不饱和内酯；⑤c,d-不饱和六元环内酯；⑥二羟吡喃烯醇醚（如 290），包括应用制备了碳环碳水化合物酯偶联物（如 291，合成还包括一个 TebbeRCM 前体化合物制备中的烯烃化）；⑦六至八元环醚（如 292）的使用；⑧用于制备的七元环环醚（如 293）以及类似的氮和硫杂环；⑨六至九元环醚呈阶梯型海洋毒素；⑩七、八元环内酯以及用于合成含氧脂肪的高环低聚酸；⑪七、八元环异环的黄酮类化合物（也包括几个环关闭烯炔的例子）；⑫八元环醚（如 294）芳烃 A 的全合成[669]；⑬呋喃桥联十元环系统（如 295）[670]；⑰tenmembered 环状内酯，包括用于合成的内酯松内酯类化合物（如 296）中，脱阿霉素 J。立体选择制备了 2z-2,4-二烯酸酯（如 301），通过涉及 RCM 的串联过程形成 c，不饱和六元环内酯（如 299）转化为吡喃体系（300），经过电环开口形成 2z-2,4-二烯酸酯。这反应是吸引基洛德曼全合成的关键，综述了该工艺的普遍性及其在改性土和微硅藻土全合成中的应用。

含有 N 和 O 以外元素的杂环化合物也通过 RCM 反应构建。所有的例子在这里显示，无论环的大小。例子包括：①一个环硅氧烷（如 305）用于奥利达霉素 A、雷公藤醌 B 和 C，以及同工树脂；②八元环合成聚酮片段的环硅氧烷；③用于制备 dictyostatin 的八元硅氧烷（如 306）片段；④环状磷酸盐和磷酸盐酰胺（二聚是一个相互竞争的过程）；⑤七元环状磷酸盐作为制备螺旋糖醇；⑥大环二环磷酸盐（如 308）[683]；⑦大环 a、b 不饱和膦酸盐（如 309）、磺酸盐和类似的大环内酯（也具有交叉特性）；⑧十、十一元环环状膦酸盐（如 310）通过苯并噻吩单元栓接而成；⑨五元环硫化物（如 311）。一个三重内键利用 RCM 序列（312）与内位元和转位元（以及系留尺寸依赖性）竞争合成方形平面铱转子。类似的方法使用三配体 RCM，用于羰基亚磷酸铁配合物的包壳砷类似物和二氯化铂配合物。互配体与对照分析包壳铱铼配合物的内位和转位离子迁移率质谱法也有报道。一个采用相关方法制备了分子陀螺，2,5-二硅呋喃衍生物（噻吩/硒吩类似物，313）与内位元和转位元竞争。铬含有轴向手性吲哚基团的芳烃配合物。采用不对称 RCM 对映选择性地制备了（314）使用手性钼催化剂。

近年报道了几个环重排转位（RRM）的例子；在前面的方案 5 中还报告了一些相关的转换。使用烯丙基二环戊二烯衍生物的环重排转位（如 342）导致融合的无环体系（如 343）。环重排转位被证明是几个具有链烯烃基团的环状噁硼烯（如 344）。各种二噁英熔融环戊烷体系（如 347）通过与降冰片烯连接的 RRM 反应制备，烯烃单位通过氧原子（如 346，环重新排列，同时也证明了烯炔转位和简单的 RO – CM 这些底物）。化学计量 RRM 使用去硼烯烯烃基板（如 348）用于生成功能化的转位催化剂，包括亚甲基配合物 351 和二烯 350 由二烯 348 和催化剂合成 349。采用功能化催化剂合成了远端螺旋聚合物。

5.2.2.6　涉及炔类组分的烯烃复分解反应

很多文献报道了使用卡宾配合物进行烯炔的转位的几个例子是关于共轭二烯通过分子间（enyne 交叉转位）或分子内合成。分子间烯炔转位的动力学研究（如 1-己烯与炔 355 反应）表明，烯烃和催化剂的总反应速率为一阶，与端炔的反应速率为零阶。卡宾捕获通过分子内 Buchner 反应（异氰酸酯处理后形成 357，358）表明，芳基（Ph – O – i – Pr）Hoveyda – Grubbs 催化剂 80 倍更有效，比来自 1-己烯的丁基更能促进烯烃复分解反应，然而卡宾中间体加入烷基反应物后，几乎无法检测到卡宾中间体。学者们提出了一种分两步的初始化方法，在初始反应中保留异丙氧基苯基的一半，然后缓慢地由烯烃依赖转化为活性催化剂，这需要较高的烯烃浓度来防止分解。依靠炔烃，采用内烷基 1,4-二乙酰氧基-2-丁炔进行了反应。

举几个使用钌卡宾配合物引发二烷基环聚合/齐聚或简单烷基聚合/齐聚的例子。z-选择性催化剂 35 对 endo（b）环聚合途径（如形成 396）和分子内烯炔转位（如形成 398）具有高度选择性。选择性是由于催化剂的空间体积，有利于钌环丁烯的区域异构体。还报道了多三唑基取代 1,6-庚二烯的环聚合反应。类似地，通过二烷基环聚合反应制备了三氮唑 – 树突状聚合物（如 402）。钌催化烷基环聚合的机理研究发现，配体添加剂抑制了增殖的卡宾配合物的分解，而分解后的钌种是钌配合物催化烷基环聚合的主要副反应，即烷基三聚反应。简单烷基聚合也通过卡宾配合物中间体进行，报道了由转位催化剂引发的几个例子。

5.2.2.7　非转位反应过程涉及 Grubbs、Schrock 和相关催化剂

近年发表的多篇由钌和钼引发的转位的催化剂和结构相关的卡宾配合物反应的报告。转

位过程中一个常见的副反应是烯烃位置异构化。烯烃异构化伴随产物或反应物烯烃位置异构化的例子如图 5-16 所示。采用单锅串联烯烃异构化（使用异构化催化剂图 5-17）和交叉转位法将烯丙基苯类天然产物（如图 5-17）转化为肉桂酸酯衍生物（如图 5-17）。烯烃位置异构化和费希尔卡宾配合物的形成被认为是 n-烯丙基化合物转位的主要催化剂抑制途径。在转位反应中形成的钌纳米颗粒被分离出来，并被证实是烯烃异构化副反应的潜在重要贡献者。烯烃位置异构化钌物种或发起 Brønsted 酸物种的一个重要组成部分是双催化剂前面提到的多环反应。

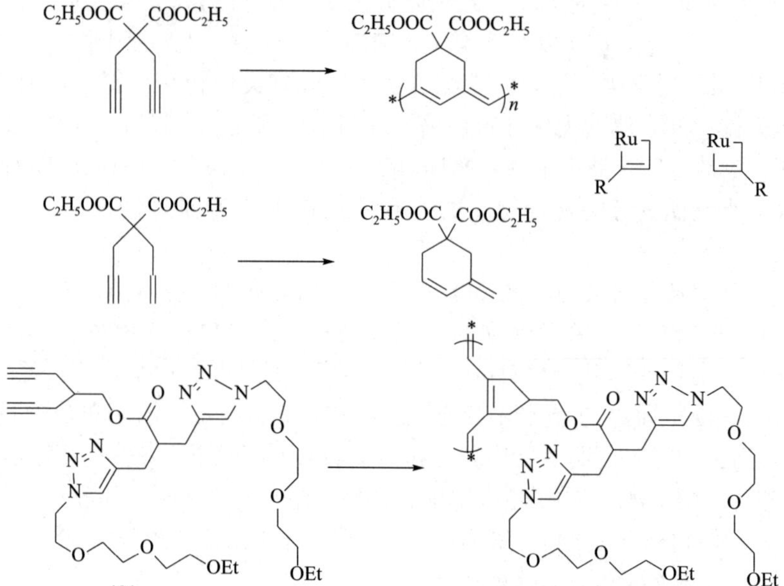

图 5-16　Ru 卡宾催化的炔烃复分解反应

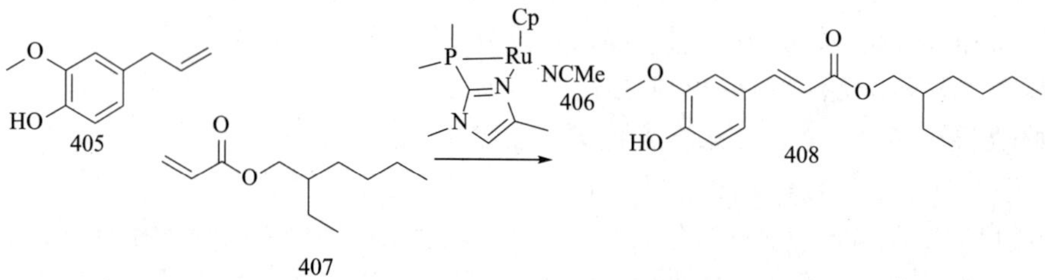

图 5-17　Ru 卡宾催化的分子间的复分解反应

钌卡宾配合物被用作脱氢硅基化（例如从苯乙烯生成 410，图 5-18）或氢硅基化（例如从苯乙烯生成 411）的催化剂。在牺牲氢受体（1,5-环辛二烯为最佳）存在下使用催化剂 1，可得到脱氢硅基化产物。选择催化剂是形成硅氢化产物的最佳催化剂。这两种方法都涉及钌硅衍生物的形成，而不涉及卡宾配体在拟议的机制。钌卡宾配合物（如 412，413）也被用于炔的半氢化。还原过程的立体选择性取决于催化剂的选择。利用醇、碱和手性配体将钌转位催化剂转化为不对称加氢催化剂的研究已在前面提到。

使用转位催化剂启动自由基过程的例子早已有报道。在氯仿室温以上的溶液中，几种烯烃复分解反应催化剂（除异丙基螯合的催化剂外，最显著的是所有常见的催化剂）分解为

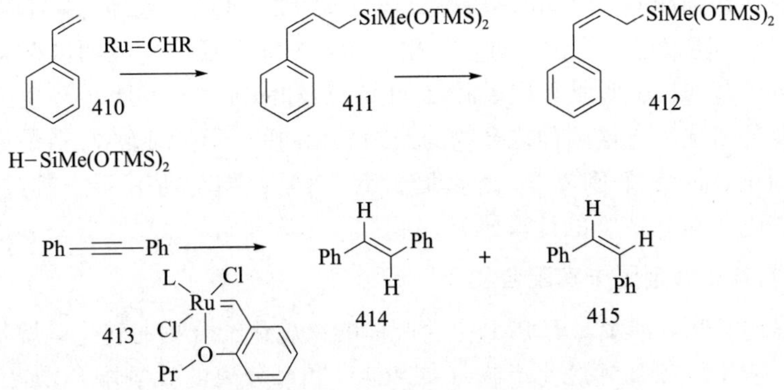

图 5–18 Ru 卡宾催化的硅氢化反应和加氢反应

催化自由基反应的实体（如甲基丙烯酸甲酯和氯仿生成三氯酯 418），但不再催化转位反应。虽然直接分解得到的活性自由基引发催化剂无法表征，但在双吡啶存在下，催化剂 419 在氯仿中分解生成阳离子配合物 420，推测活性催化剂种类为卤化钌。

5.2.3 按金属分类的单个卡宾配合物

有几项研究报道了不同非相邻基团的卡宾化合物。吲哚取代的 a-重氮酮（如 450，图 5–19）与各种催化剂的反应路径依赖于用于金属卡宾配合物（如 451）生成的催化剂。

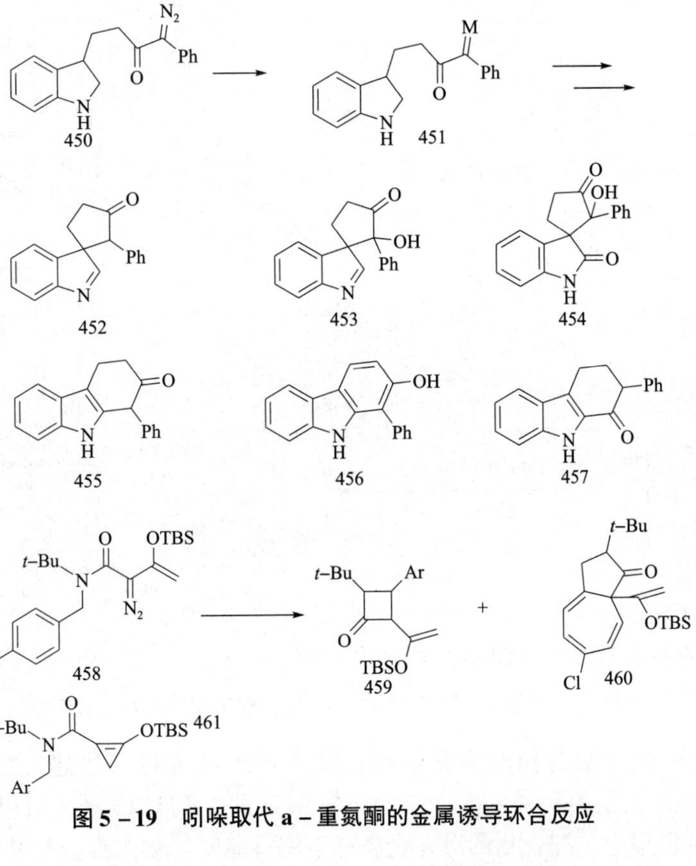

图 5–19 吲哚取代 a–重氮酮的金属诱导环合反应

观察到的主要途径包括净 CAH 活化形成螺旋体（如 452~454）或净 C—H 活化形成咔唑骨架（如 455~457）。还报道了催化剂对重氮化合物 458 除氮反应途径的依存关系。观察到的主要途径是插入苄基 C—H 形成 b-内酰胺（如 459）和添加芳香环形成环庚三烯（如 460）。在大多数被检测的情况下，这两种化合物的比例是相同的，不管起始材料是环丙烯还是重氮化合物［铜（Ⅱ）acac 是个例外］。还报道了 NHC 配合物与所有第一排过渡金属（中性（NHC）M 和（NHC）$_2$M）成键的计算研究。

5.2.3.1 第ⅣB族金属卡宾配合物

图 5-20 描述了几种涉及具有 PNP 螯合配体的钛烷化配合物的转化。烷基化钛 462 与有机羰基化合物反应生成羰基烯烃化产物（如 464）和可分离的钛氧配合物（如 463）。一项利用钛新戊二烯配合物（如 465）通过钛碳炔配合物中间体（如 466）形成新的烷基烯配合物（如 467）来活化 C—H 的计算研究发现，新的构象比以前的计算研究中发现的构象更稳定，在动力学上更具有活性。并对甲烷产物进行了氢交换反应。通过二苯镁处理钛配合物 468 制备了钛苄基配合物（如 469）。用类似的锆或铪配合物观察到一个不同的途径，导致环金属化配合物（如 470）。

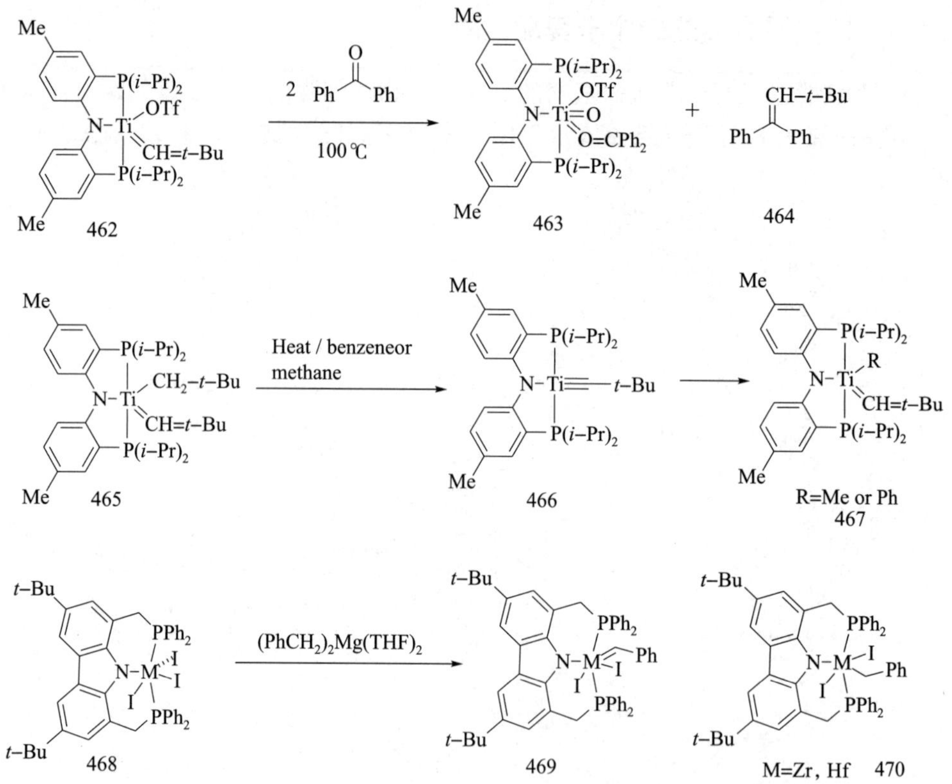

钛PNP夹铗亚烷基络合物

图 5-20 Ti 的 PNP 型螯合烷基烯配合物

ⅣB族卡宾中间体配合物的发展进程在图 5-21 中进行了描述。钛卡宾配合物（如 475、476）被提出作为中间体在胺介导的二氢茚钛配合物异构化-去甲基化过程中（如 471）。在提出的机理中，配合物的潜在金属环丁烷官能团（如互变异构结构 474）经历了复古[2+2]环加成，得到了乙烯基卡宾-二烯基螯合物（475 和 476），在二烯基体系的另一端进行C—C键的形成，以提供重新排列的配合物（477 和 478），从而提供质子化后观察到的产物。该机制可通过碳 13 标记验证。只有 2-氨基杂环（如 472）由于与钛的配位而有效。卡宾钛配合物（例如，通过四甲基硅烷的氢化物消除和还原性消除生成的 480）被提出作为中间体，在温和的热分解作用下，将双（钛）配合物 479 转化为桥接氧配合物 481，最终转化为烷基二（钛）配合物 482。

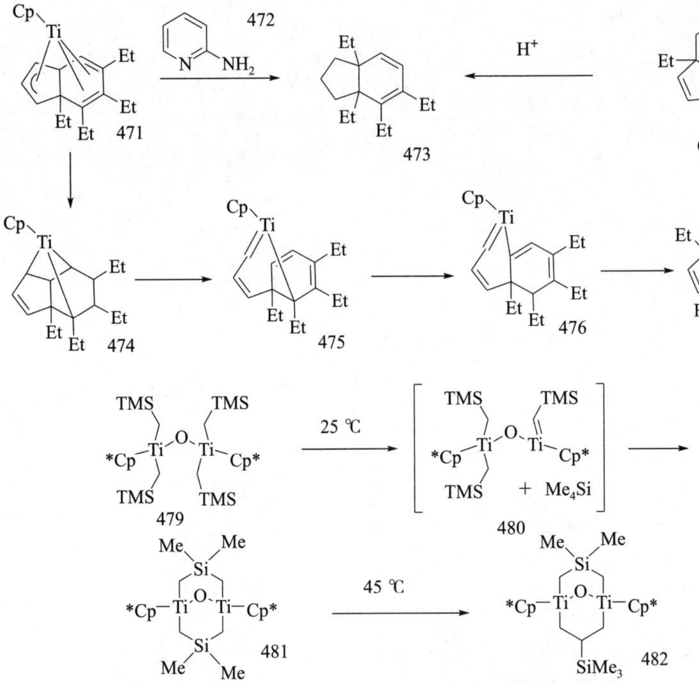

图 5-21　钛卡宾化合物的合成过程

采用原位生成的钛亚甲基配合物中进行了各种羰基烯烃化反应（图 5-22）。使用 Tebbe 试剂的例子包括：①酯（如 483）亚甲基化后 RCM 形成双氢吡喃部分（如 484）的两性酰胺 N 段；②卟啉衍生物的亚甲基化（如 486）。使用 Petasis 试剂的例子包括：①亚甲基化是合成 mandelalide A 的关键步骤；②γ-内酯的亚甲基化（如 489）是合成 aphanamol I 的关键步骤；③γ-烷基 γ-内酯亚甲基化制备卟啉衍生物；④碳水化合物衍生的内酯的甲基化。丙烯基由二茂铁酯或钴类似物（如 491）的尝试甲基化而成。在钛卡宾形成之前的酯的预络合亚甲基化失败的原因是由于 cp-金属体系的强给电子导致甲基酮（如 492），它被甲基化。甲基酮可以被分离出来，如果使用两个当量的 Tebbe 试剂，四等价物反应得到丙烯基衍生物。利用聚醚酯体系（如 494）催化羰基钛与 RCM（钛催化）串联反应合成环烯醇醚（如 495），制备梯形海洋毒素。之前提到的几种使用转位步骤的总合成也使用了钛介导的羰基烯烃化步骤。

5.2.3.2　第VB族金属卡宾配合物

二铌桥接碳炔配合物（如 501）是通过还原桥接碳炔配合物（如 500）而制备的（图 5-23）。通过三苯基甲基氯氧化还原还原成桥联卡宾配合物。之前提到的一些转位催化剂含有第 5 族金属。

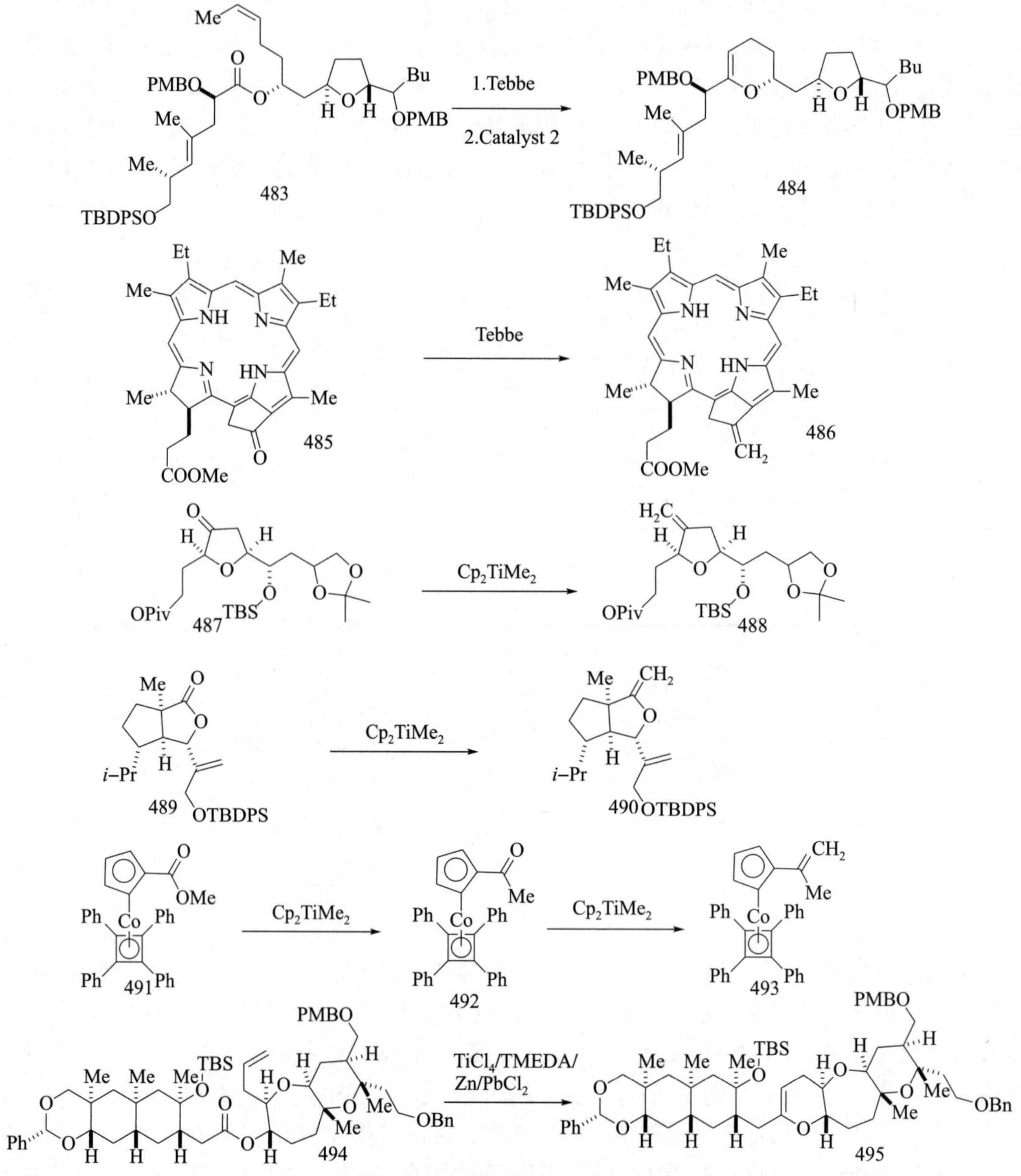

图 5-22 钛烷基化配合物的合成

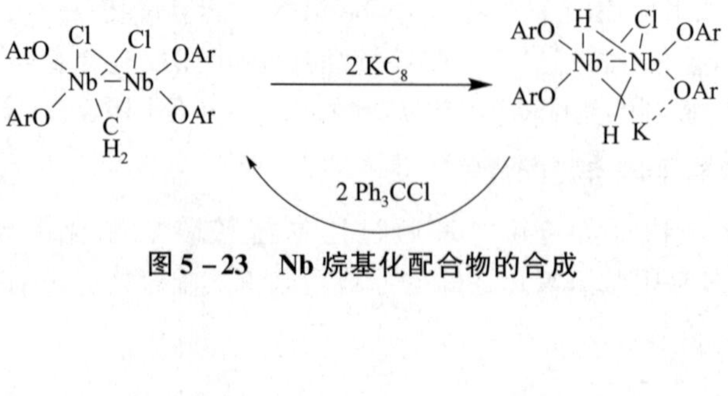

图 5-23 Nb 烷基化配合物的合成

5.2.3.3 第ⅥB族金属卡宾配合物

卡宾配合物所有这些材料已经在烯烃复分解反应中提出；Schrock 催化剂（6）属于这类化合物。专注于第 6 族金属 Fischer 卡宾配合物的合成、形成或物理性质的出版物。合成第 6 类金属卡宾配合物的常用方法是 Fischer 合成法，该方法包括有机硅试剂与第 6 类金属羰基衍生物的偶联，然后生成酰基甲酸酯的烷基化反应。采用费希尔合成法合成了几种含五元环杂芳基（如图 5-24）的卡宾钼配合物，并通过 DFT 计算、电化学、光电子能谱等方法对其进行了研究。同样制备了几种三苯基赖氨酸连接的费舍尔芳基卡宾配合物，并通过晶体结构和 DFT 计算评估了它们的构象偏好。一些双（卡宾）配合物（如图 5-24）是通过单羰基配合物负离子偶联而制备的，它们使用卡宾配合物作为芳基卤化物（如图 5-24）或芳基锌配合物（如图 5-24）。尽管卡宾配合物具有高度亲电性，但通过同时含有芳基锂和卡宾配合物功能的中间体，成功地制备了杂环阴离子当量。研究了含四烷基铵对离子的酸性铬钼配合物作为抗菌协同释放分子的性能。

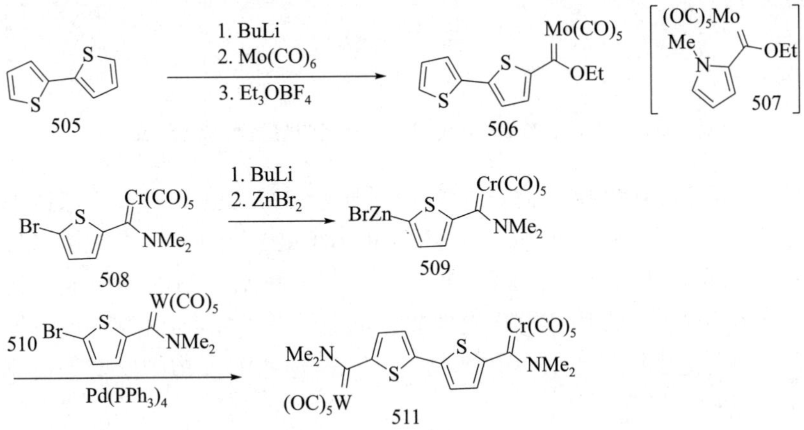

图 5-24 第ⅥB族卡宾配合物的合成

近年来报道了许多第 6 族金属卡宾配合物与烷基苯并化反应使用 a、聚饱和铬-卡宾配合物和炔（通常称为 Dotz 苯并化反应）进行苯并化的例子。采用 2-丁炔-1,4-二醇衍生物（图 5-25）的 Dotz 苯并化反应是构建线性熔融多环芳香族体系的关键步骤[821]。通过 α-烷氧基-α,β 不饱和费希尔卡宾配合物的多兹苯环化反应，得到了高氧合酚。烷基卡宾配合物（图 5-25）的净苯并化反应是通过 Diels Alder 与五甲基环戊二烯反应的多步反应完成的，该反应生成去硼二烯基卡宾配合物（图 5-25），该配合物与提供环己二酮体系（图 5-25）的烷基组分进行苯并化反应。随后在酸性条件下还原并还原 Diels Alder 反应生成净苯并化产物（图 5-25）。整个过程也可以在一个反应釜中进行。

反应发生在共轭 C—C π-键的 α,β-不饱和第 6 族金属卡宾配合物许多反应过程，其中卡宾配合物激活亲核加成或环加成反应的 π-键（即卡宾配合物是活化酯的替代品）。例子主要涉及迈克尔加成反应使用 a,b 不饱和费舍尔卡宾配合物导致迈克尔添加衍生产物。初始形成的烯烃金属配合物（如 527）非水盐酸处理后发生脱硝反应，生成烯醇醚（如 528）。在电子转移和氢原子转移的过程中，尝试氢化物萃取导致净加氢产物（如 529）。采用双（卡宾）配合物衍生物的反应，形成双金属烯烃金属配合物。使用较少亲电性氨基卡宾配合物

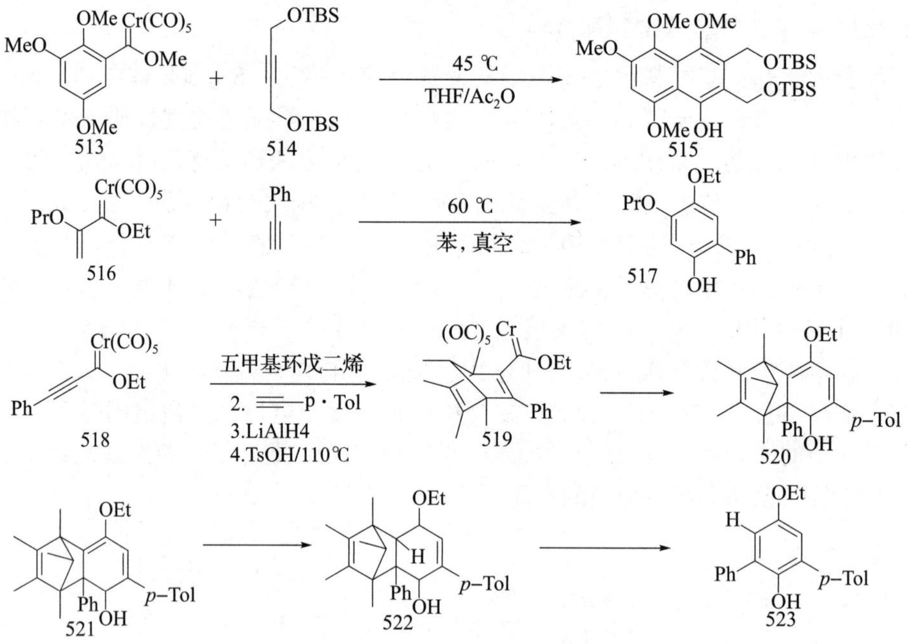

图 5 – 25　金属 Cr 卡宾配合物催化的烷基苯并化反应

的反应（如 530）导致配体交换产物（如 531）。通过 DFT 和 CV 研究，探讨了配合物的电子结构。烷基羰基卡宾配合物（如 518）与稳定的 BODIPY 苯胺衍生物（如 532）反应生成 BODIPY – 乙烯基卡宾配合物（如 533）。通过双烷基卡宾配合物的双加成，制备了双偶联物。研究了配合物的光物理性质和电化学性质，重点研究了配合物的紫外/可见光谱和荧光光谱。与相应的酯类化合物（卡宾氧化产物）相比，这些配合物的发射光谱有所下降。还报道了 DFT 电子结构计算。

非异原子稳定的烷基羰基卡宾配合物（如图 5 – 26）和糠醛亚胺（如图 5 – 26）参与的环加成反应通路的实验和计算研究，强调了结构对决定 [3 + 3] 或 [2 + 2] 环加成反应通路是否有利的影响。在能量优先的机制中，[3 + 3] 环加成途径中氨基苯并呋喃（如图 5 – 26）的形成涉及迈克尔向卡宾配合物中添加亚胺氮以提供两性离子种类（如图 5 – 26），然后进行环化以提供氮杂环体系（如图 5 – 26）。随后环向烯配合物（如图 5 – 26）打开，氢化物发生位移，形成了一个六烯体系（如图 5 – 26），随后发生电环化，最终产物是初始形成的环加合物（图 5 – 26）芳构化后的产物。一个小的区域异构体是通过向卡宾配合物中加入一两个氮而形成的。氮杂二烯配合物的形成（如图 5 – 26）是通过类似的途径进行的，而两性离子氮杂二烯（如图 5 – 26）则是直接环化，而不是 [3 + 3] 环加成途径中发生的高阶环化。高阶环加成可以通过提高烷基 C2 碳的亲核性而得到增强，这种效果通过在该位置放置供电子芳香基得到了实验验证。

亲核试剂加到卡宾碳上的反应，费希尔芳基卡宾配合物（如图 5 – 27）与苯并噁唑（如图 5 – 27）在碱存在下反应生成净 C—H 插入产物（如图 5 – 27）。在本发明的机理中，苯并噁唑被去质子化，生成的阴离子加入卡宾碳以提供加合物（图 5 – 27）。随后质子脱铬得到最终产品。

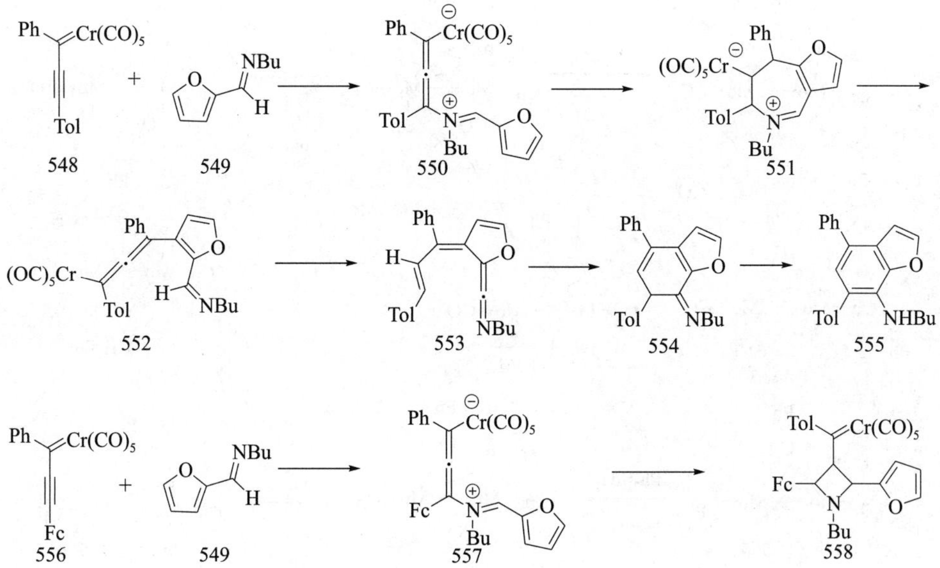

图 5-26 使用烷基羰基卡宾催化糠醛亚胺的杂环胺化反应

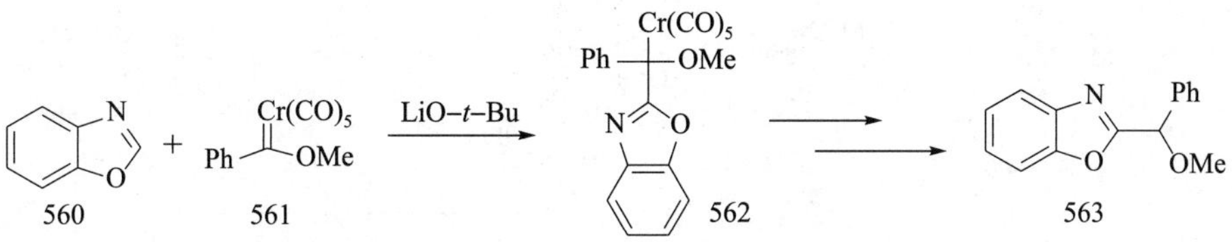

图 5-27 Cr 催化的三组分偶联生成苯丙氮类化合物

如图 5-28，双核钼桥联的卡宾配合物（如 560）与重氮化合物的反应取决于重氮化合物结构。与二苯基重氮甲烷反应得到重氮配合物 561 和 562，所包含的 CO 单位的数量不同，可以通过从环境中添加/移除 CO 来相互转换。与重氮甲烷反应得到桥联烯基配合物（563）。与叠氮苄反应生成桥联亚氨基酰基复合物 564。与炔烃反应生成烷基插入产物（如 565）。由桥接碳炔桥接羰基配合物（566）生成桥接烯基配合物（567），再经空气氧化制得桥接碳炔桥接硅酮配合物（568）。用酸性氯化物处理桥接酰基配合物（如 570/571 流动体系），制备了桥接碳炔双钼配合物（如 572）。

图 5-29 描述了涉及第 6 族金属卡宾配合物及其反应的研究。碳化二钼阴离子活化甲烷的实验研究与计算研究相结合，提出了以卡宾钼为中间体。钨卡宾配合物很可能是三烯－炔体系（如 575）在钨催化下的双环化反应中的中间体，该体系用于全合成内齐果菌素。该过程的一种可能机制包括通过亲核性地将烯醇醚的官能团添加到钨炔配合物中形成环丙基卡宾配合物（577），从而生成两性离子（576），后者接近于形成 577。二乙烯基环丙烷重排和去甲基化得到最终的氢偶氮产物（578）。费希尔次生二茂铁氨基羰基配合物（如 579）转化为亚胺（如 584）的实验和计算力学研究表明，其机制包括构象相互转化、CO 解离和呐氧化加成，从而提供金属叠氮，经过还原消除和分解才能提供亚胺产品。考虑到其他途径，1,2-H 的转移或离解形成自由卡宾种，能量上不那么有利。

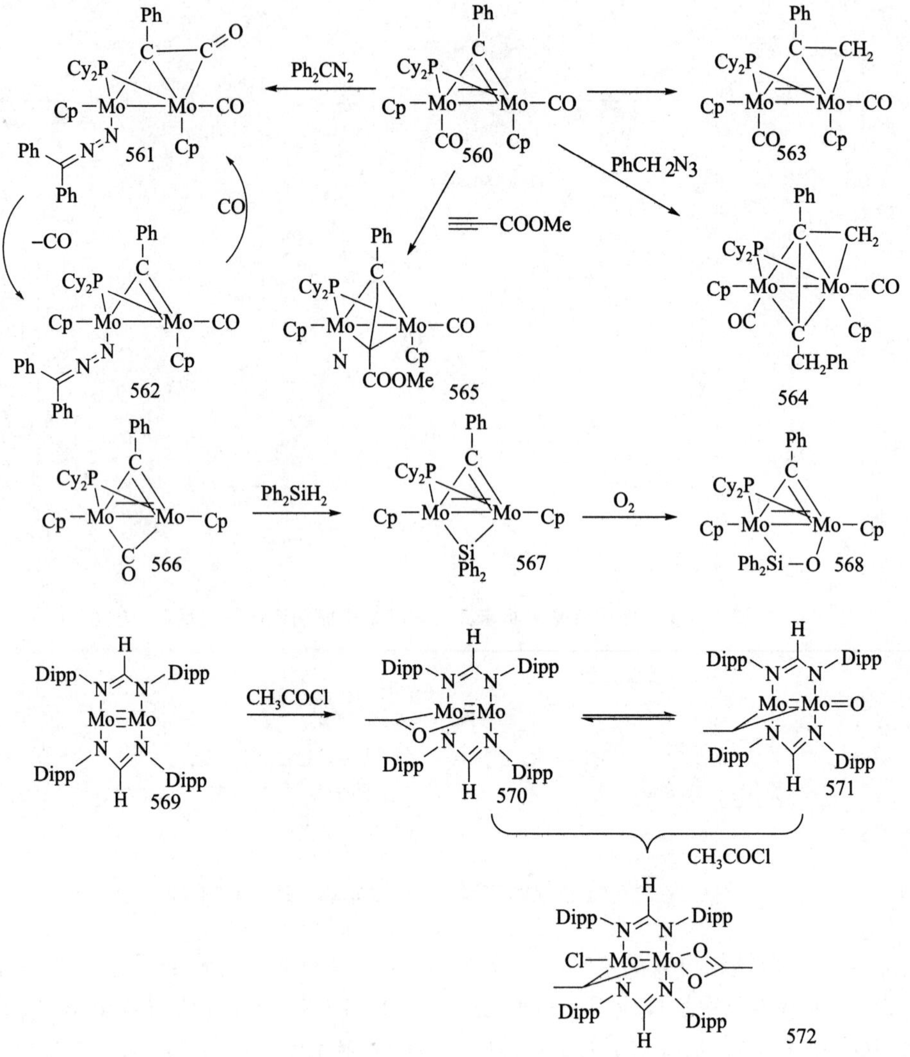

图 5-28 双核 Mo 催化剂的合成

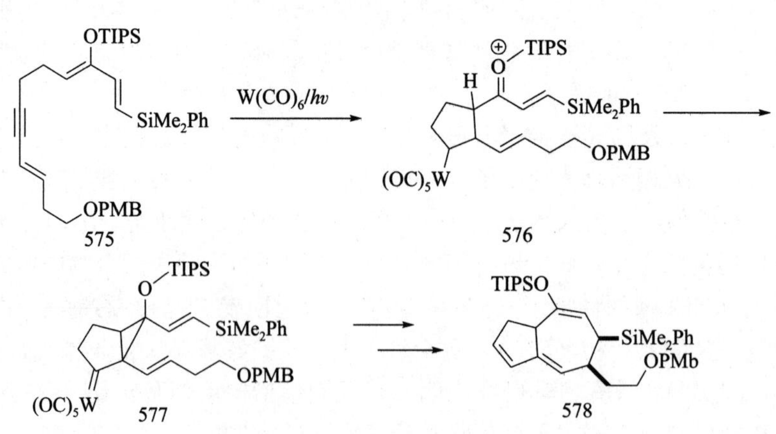

图 5-29 第ⅥB 族金属卡宾配合物

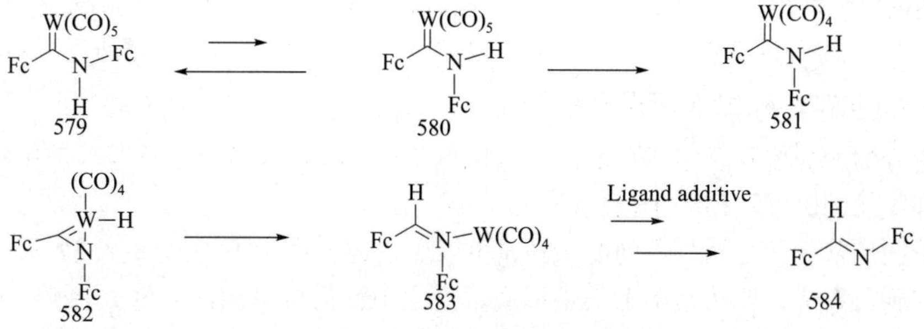

第6组金属卡宾配合物的进一步研究

图 5 – 29　第ⅥB 族金属卡宾配合物（续）

5.2.3.4　第ⅦB 族金属卡宾配合物

图 5 – 30 描述了稳定的第ⅦB 族金属卡宾配合物的典型例子。根据 Fischer 合成法，利用锂化氰化氢（588）制备了 Homo 和异种金属锰/铼卡宾配合物（如589）。通过 DFT 研究，探讨了它们的构象偏好和电子结构，揭示了 OEt 基团的亚甲基 C—H 键与卡宾金属基团的羰基配体之间的稳定相互作用。还报道了不同基团 6 和 7 的氰基卡宾配合物的合成和结构（X 射线和 DFT）比较。采用异氰化物对硼烯锰配合物 590 进行处理，制备了氨基苯锰配合物（如592）。该反应提供了卡宾配合物（592）和氨基酰基配合物（591）的混合物，其分布依赖于空间和电子因素。

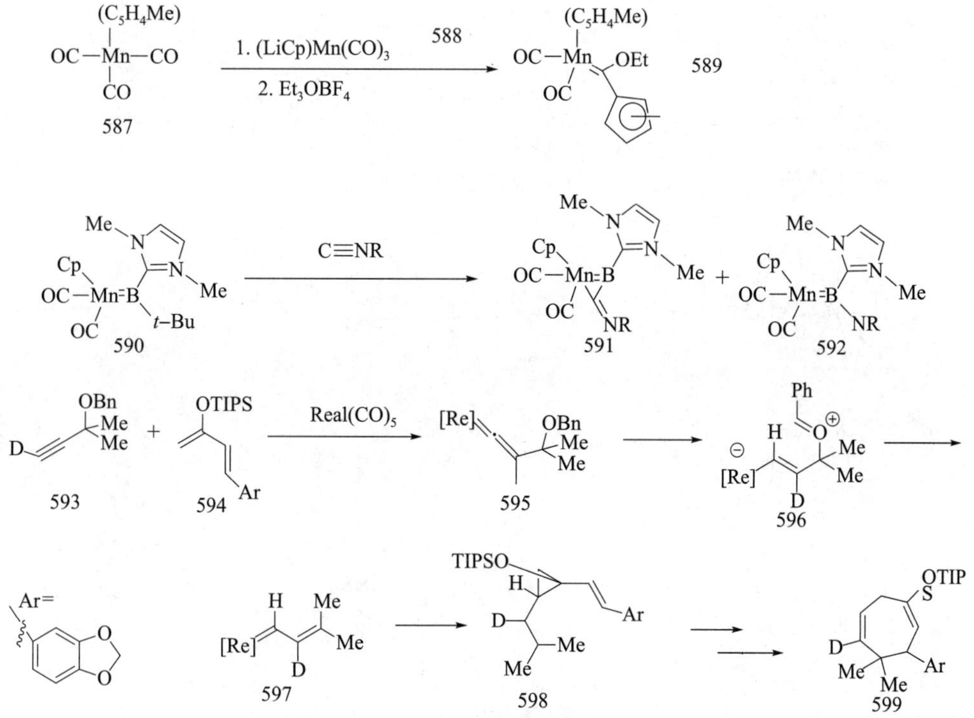

图 5 – 30　第ⅦB 族金属卡宾配合物作为反应中间体

铼卡宾配合物（如597，图 5 – 30）作为中间体被提出用于铼催化的 [5 + 2] 环加成丙炔基苄基醚（如593）和二烯（如594）。在本发明的机理中，形成了烯 – 铼配合物（595），该配合物经过氢化物转移和消除，生成了卡宾配合物（597）。与二烯反应生成二乙烯基环丙烷（598），该二乙烯基环丙烷重排生成七元环产品 599。反应途径通过氘标记研究得到验证。

5.2.3.5 第ⅧB Fe 族金属卡宾配合物

这类化合物的合成和反应活性的许多其他例子已经在烯烃复分解反应一节中给出。格拉布催化剂和相关的钌催化剂属于这一类。

阳离子铁烷基化配合物与不同的亲核试剂发生反应，产生不同的加成或脱质子反应。大多数被测的碳负离子在亚胺基团上发生反应，产生中性的烷基化配合物，伴随 PMe₃ 配体被二氮取代（如 611）。例外的是添加了甲基格里纳德试剂，它添加到铁（导致配合物 612）和甲酰基锂，甲酰基锂使三甲基膦配体之一去质子化，生成碳负离子，然后添加到亚胺组（导致桥联配合物 613）。通过对 610 和 611 配合物电子结构的计算研究，结合 X 射线结构分析发现，配合物 610 最好表示为铁（Ⅱ）配合物稳定的碳正离子（如共振结构 610B），而611 最好表示为亚胺乙烯基配合物（如 611B，如图 5-31）。各种试图制备可能发生转位反应的低受阻卡宾配合物（如 615、616）的尝试均未成功。

钌螯合的卡宾配合物（如 620，图 5-32）由光学纯二价阴离子 618 与 619 反应制备钌（Ⅱ）卤化物配合物。卡宾的反应具有叔丁基硫醇的配合物 620 导致手性钌配合物 621 作为单一非对映异构体。据报道，对于相关的钌（如 622）和钌，也发生了类似的 P—H 活化反应。铱钳片卡宾配合物与羟基膦反应（如 623）。DFT 研究烷基钌配合物 625 的形成揭示了能量上最合理的机理，涉及羟基膦互变异构形式的络合（产生 624），然后是质子转移。

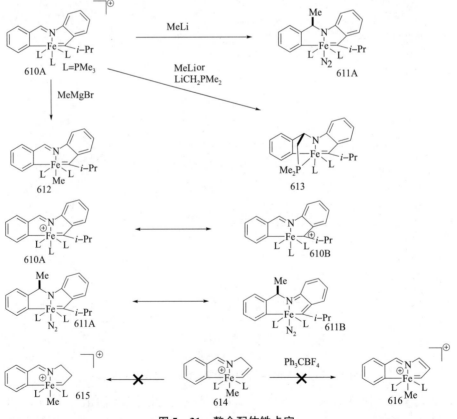

图 5-31 螯合配体铁卡宾

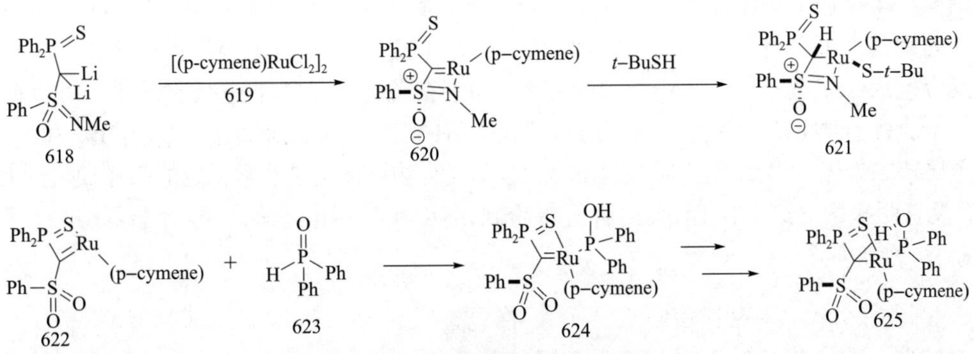

图 5-32 钳形配体配位的钌卡宾

钌卡宾配合物是几个涉及炔或烯的反应过程中的关键中间体（图 5-33）。这里介绍的反应不涉及金属丙烯中间体。在 DFT 研究中，钌 η^2-链烯基配合物（如 630）被鉴定为芳基萘酚（如 626）与钌配合物催化的炔烃反应的 DFT 研究中的中间体，产生螺环化萘系统（如 634）。初始形成的烷基插入产物（629）转变为 η^2-烯烃配合物（630），该配合物经过烯醇和卡宾的偶联和还原消除，得到螺环化合物（631）。随后与乙酸铜（Ⅱ）反应可再生原催化剂。钌 η^2-烯基配合物（如 635）被认为是反滞胀的丙炔醇中间体（如炔醇 632 转化为烯基锡 636）。卡宾配合物（如 640）被认为是钌催化烯醇和二氢呋喃异构化的中间体（如 637）[104,105]。

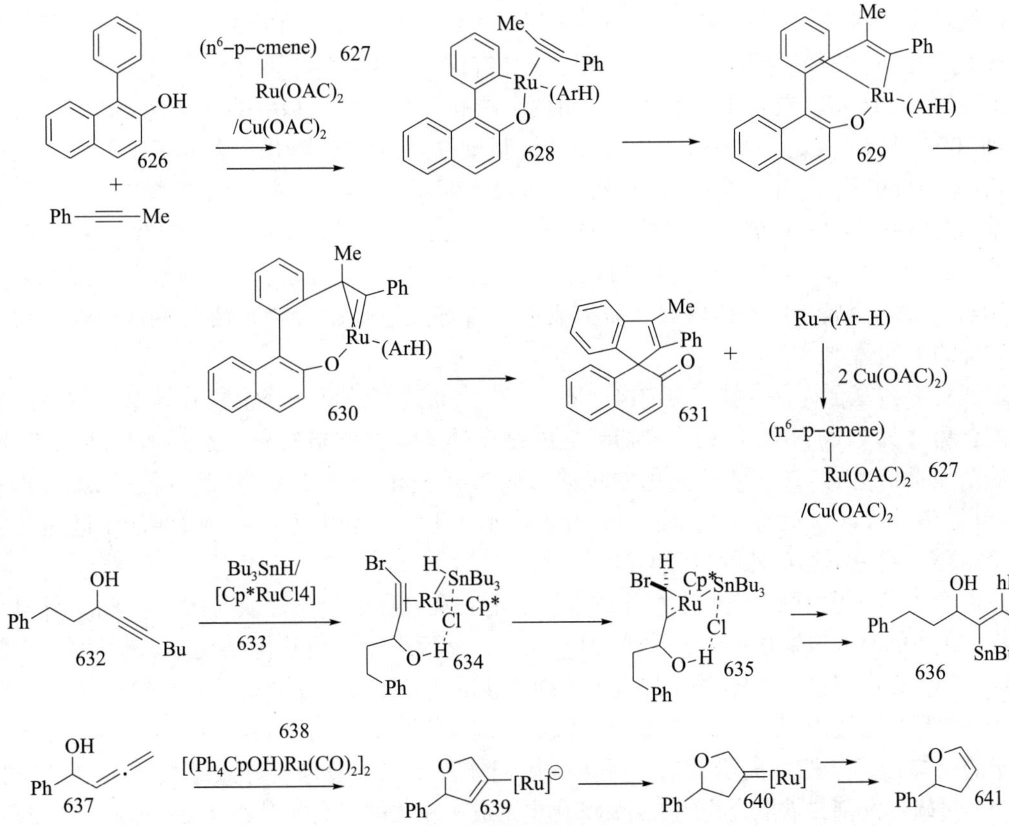

图 5-33 Ru 卡宾涉及的炔烃反应

图 5-34 描述了ⅧB Fe 族金属 Ru 的芳香化合物的例子。铼苯并噻吩通过所述的 C—H 活化序列制备。配合物 674 与烷基的初始反应 675 使羟基烯基钌配合物 676 螯合,在醚中与盐酸反应生成二聚金属苯并噻吩配合物 678。如果在较低的温度下进行质子化,可以分离出硫螯合卡宾配合物 677,并在室温下通过活化 CAH 将其转化为金属苯。用 AgBF$_4$ 和 Tp 配体处理金属苯二聚体,得到单核 Tp 配体 679。这个复合物被证明是非常稳定的,在加热到 120 ℃ 5 天后没有明显的分解。H$_2$O$_2$ 氧化后得噻吩砜衍生物。用电化学方法对配合物进行了进一步的研究[106-109]。

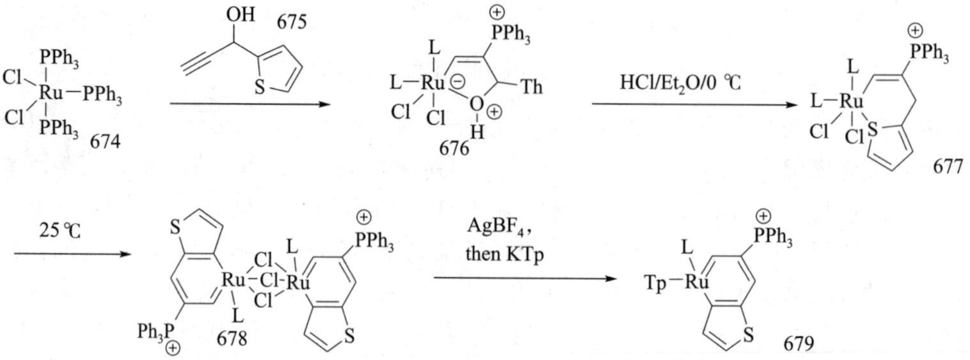

图 5-34 Ru 的韩流卡宾化合物

大量研究表明,钌(Ⅱ)配合物与两个炔的氧化配体偶联得到的钌环戊二烯较好地表征为金属环戊三烯(如 690,图 5-35)。金属戊三烯(如 690)的形成,然后插入形成氮杂并形成氮杂并环庚二烯(如 691)和三元环开是钌催化 [3+2+2] 体系中的关键步骤。类似的中间体(如 696)在含水溶剂体系中由两个炔和一个硫代氨基甲酸酯(如 695)合成噻吩(如 700,图 5-36)。这一过程中的关键机制事件是硫代氨基甲酸盐向双(卡宾)配合物亲核加成(697),与水反应生成甲酰胺(699)和硫代酮-卡宾配合物(698),环化生成所观察到的噻吩产物。钌催化的二炔(如 701)和 1,2-二醇与非氢原子(如 702)的偶联反应导致 [2+2+2] 环加成产物(如 703),在此过程中二醇进行原位氢转移氧化生成 1,2-二酮(704),并与金属环中间体偶联。研究表明,钌环戊三烯配合物是两个烷基和第三组分偶联反应的中间体[74,78]。

钌氨基卡宾复合物螯合物(如 714,图 5-37)通过钌的反应获得具有异氰化物的硅氢化物配合物(如 712)(如 713)。最初形成的络合体 714 最终被转化,通过所描述的机理,二氢硅杂吲哚衍生物 715,涉及氢化物转移形成 N-甲基配合物 717,然后进行 CAH 活化和 C-Si 还原消除。该反应通过氘标记和动力学验证。此外,还开发了一个假性催化过程(完成一个循环,然后添加额外的异氰酸酯)[106,107]。

几篇论文报道了由两个铁原子桥接的卡宾和卡宾配合物的化学性质(图 5-38)。异氰化配合物 720 在低温下与烷基阴离子(如 721)反应,然后进行 n-甲基化,得到氨基碳宾配合物衍生物(如 723)。在这个配合物中加入了各种亲核试剂,在大多数情况下(如 724、726),所有这些试剂都是通过 Michael 反应向烷基中添加试剂来提供简单的添加产物。在与丙二酸盐型阴离子的反应中,亲核加成步骤后,桥接碳炔配体发生二次反应,导致结构更加复杂(如 727)。通过硫代酰基二铁配合物的 S-烷基化也生成了相关的卡宾配合物(如 730)(如 729)。卡宾配合物与亲核试剂在卡宾碳上发生反应,生成相应的桥联乙烯基卡宾配合物(如 731)。

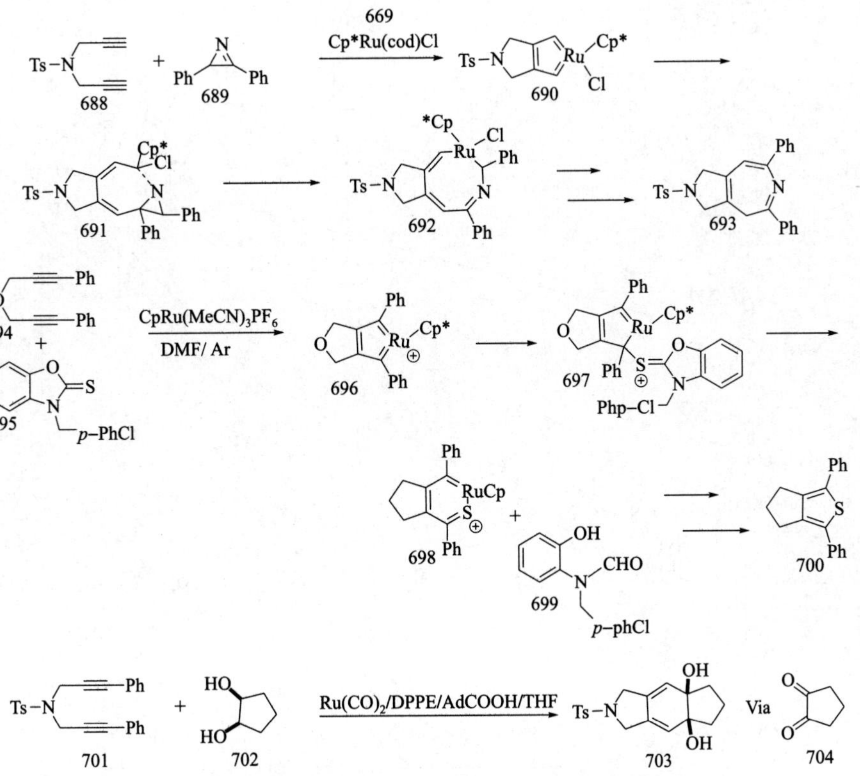

图 5-35　金属钌配合物催化二炔的分子内偶联生成环戊二烯

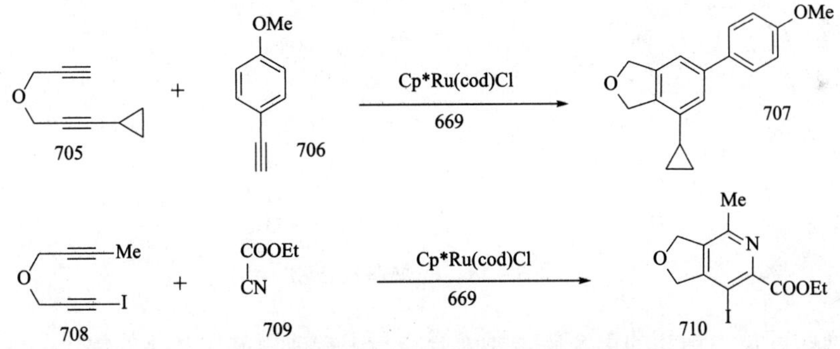

图 5-36　钌戊三烯催化的烷基偶联反应

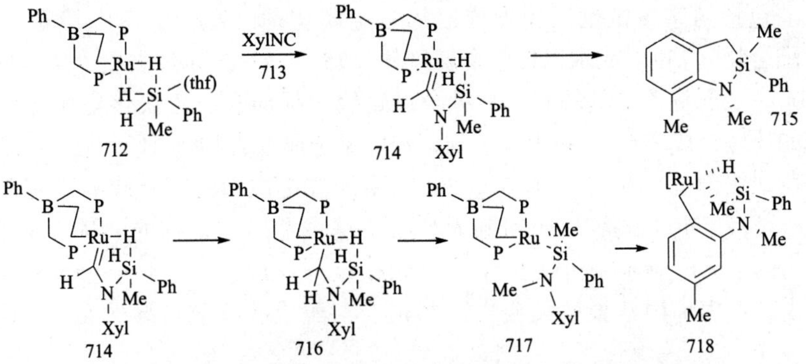

图 5-37　通过异氰化物还原生成氨基碳 Ru 配合物

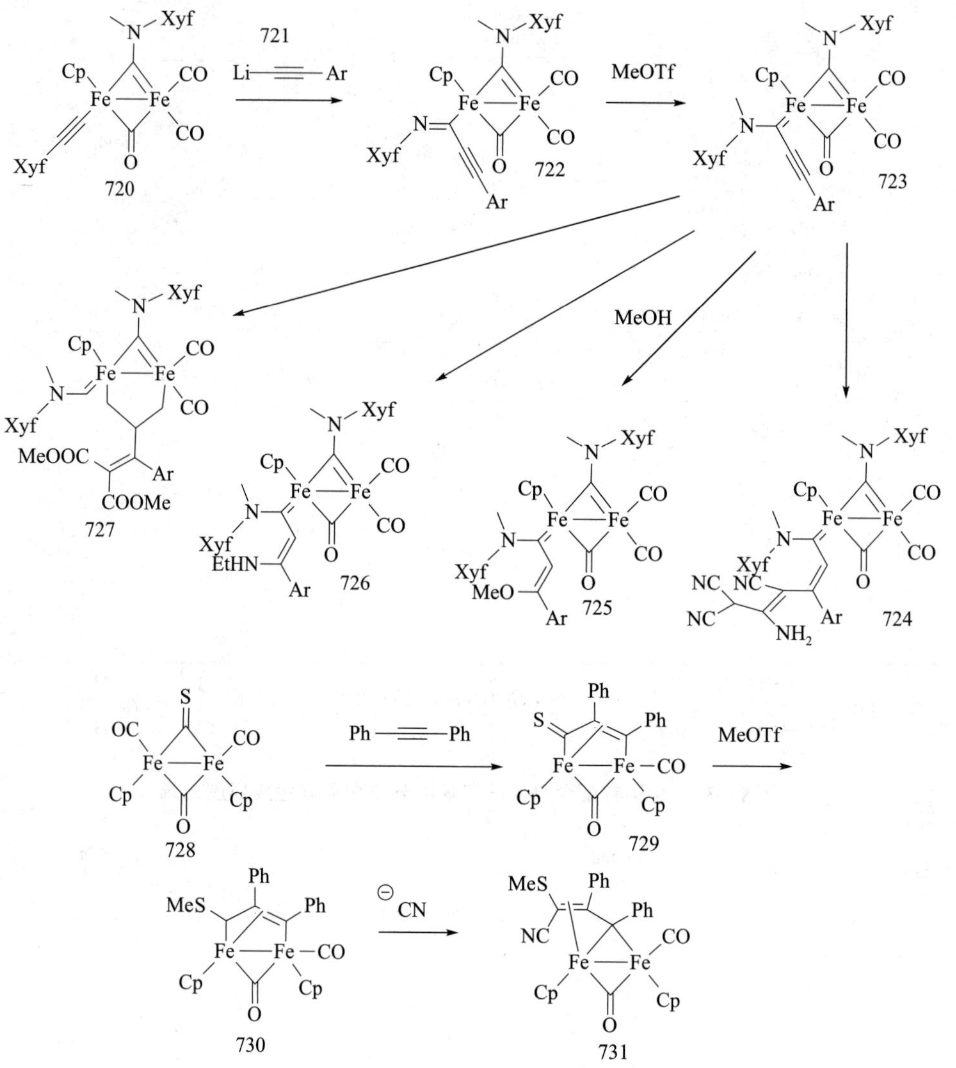

图 5-38 Fe 酰基配合物

报道了通过配位不饱和的第 8 族金属配合物与末端或甲硅烷基化的炔烃的偶联形成金属亚乙烯基配合物（755）的许多实例。代表性的实例如图 5-39 和随后所示。这些配合物的常见反应途径包括与亲核试剂反应形成乙烯基金属物种（758），反应与醇（或胺）形成 Fischer 卡宾配合物（759）或水以形成金属酰基（757），并在 b-位去质子化以形成炔基金属配合物（756）。金属亚乙烯基的其他常见合成路线包括向金属乙炔化物配合物中加入亲电子试剂（例如反应合成 756），和用脱水剂处理酰基金属配合物（即反应合成 757）。金属-高级金属镧（或亚硒基）配合物（761、766）由配位不饱和的第 8 族金属配合物与炔丙醇的偶联，或通过将亲电子试剂加成到链烯基乙炔基-金属配合物的 d-碳上而制备（765）。亚炔基配合物的常见反应途径包括在 γ 位与亲核试剂反应，产生炔基金属配合物（763），或在 γ 位攻击，产生烯丙基金属配合物（764）。与醇或胺反应可导致 a，β 不饱和 Fischer 卡宾配合物（762）。

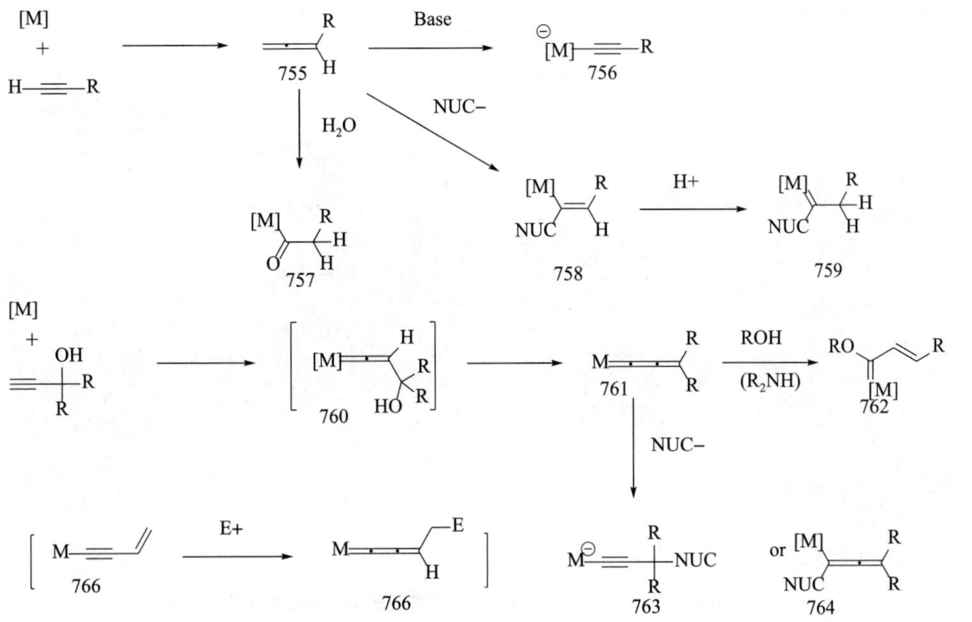

图 5-39　金属酰基化合物的合成及反应活性

更多配合物的例子，涉及第 8 族金属酰基配合物将在后面的段落和方案中讲述。图 5-40 中反应途径的例子包括：①三甲基硅乙炔生成阳离子亲铁偏氯乙烯配合物 769，在回流甲醇中转化为 Fischer 卡宾配合物（如 770）（或使用烷基醇直接生成环状卡宾配合物）；②二苯基重氮甲烷锇配合物（如 771）与苯乙炔在乙醇中反应生成阳离子卡宾锇配合物（重氮化合物解离）；③末端炔与 N–重氮甲烷配合物形成钌偏乙烯基配合物；④以乙基二茂铁为原料，经脱质子反应生成阳离子钌偏乙烯基配合物，制备双金属烷基金属配合物（如 773），在中性烷基钌配合物中加入卤代烷基，得到取代的阳离子偏乙烯基配合物，并与亲氮试剂和亲氧试剂反应，得到烷基偶联产物的任何一种卡宾配合物；⑤从丙炔醇中生成双阳离子（钌–烯丙基）配合物（775）；⑥由相应的丙炔醇生成阳离子富碳（γ,γ-二芳基取代）钌烯二烯烃配合物（如 776），并在固相和溶液中形成含有多芳烃分子的 π-配合物。学者们提出了金属偏氯乙烯配合物作为钌催化转化的可能中间体，将丙炔醇和羧酸转化为 1,3-二烯-1-酰基羧酸（通过光谱可观察到的偏乙烯基配合物）。烷基金属配合物和烷基金属配合物的电化学氧化（如 780）可能产生具有金属碳多重键合特性的物质（如 780 的双电子氧化产物 781）。以二氢 azulene/heptafafvene 体系为特征的烷基钌配合物的形成了末端炔，并进行了电化学研究。采用氢标记红外光解光谱法研究了阳离子钌对苯乙炔配合物与相应乙烯基配合物的比例，并与 DFT 研究结果进行了比较。

采用试剂 783 对烷基钌配合物（如 782）进行亲电氟化反应，制备了阳离子氟化亚乙烯基配合物（如 784，图 5-40）。非甲基化试剂 785 也导致了偏乙烯基配合物的生成，然而，这个过程伴随着一个吡啶基加入偏乙烯基配体中（如 786 的形成）。试图通过热分解取代氟炔导致了膦配体 C—H 活化产物 787。氟代烷与吡啶的反应最初生成了加成产物 788，该产物与过量的吡啶反应生成了吡啶吡啶配合物 789。水解导致的酸氟衍生物（如 791），在大多数情况下检查通过重新排列的 α-氟醛衍生物。通过 DFT 研究评价了配合物的作用机理和电子结构。

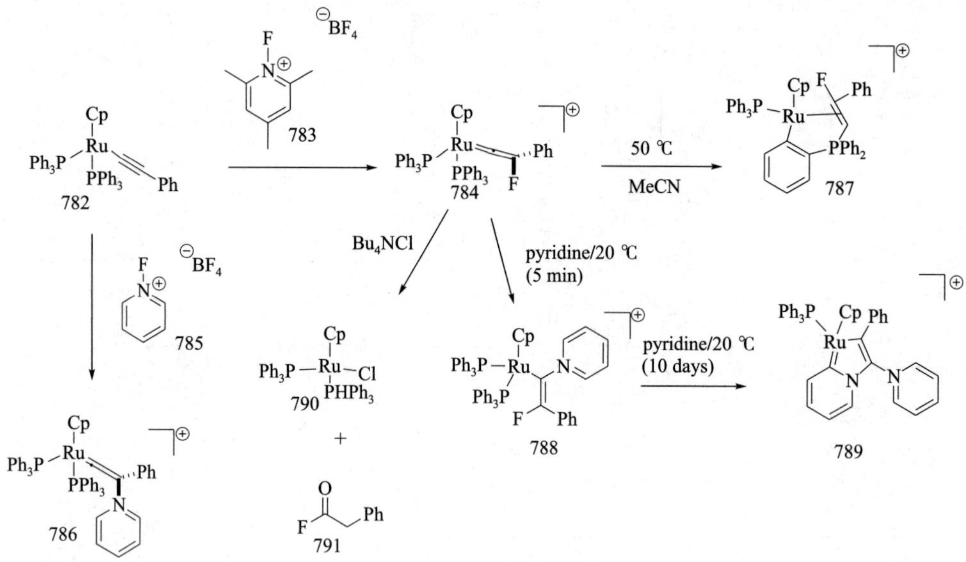

图 5-40 氟代乙二烯钌配合物的合成及反应活性

通过丙炔醇与钌配合物 793 反应制备了含有双（NHC）配体（如 795，图 5-41）的阳离子钌烯二烯烃配合物。二苯基丙炔醇直接提供烯丙基配合物，而取代较少的类似物在中间烯丙基配合物与甲醇反应的过程中提供甲氧基乙烯基配合物（如 796）。丙炔醇只能提供羟基偏乙烯基配合物（如 794）。烯丙基配合物 795 在 α 与多种亲核试剂反应（如与硫醇 797 反应生成硫代烃配合物 798），但在某些情况下，主要的反应过程是在 γ 位置。

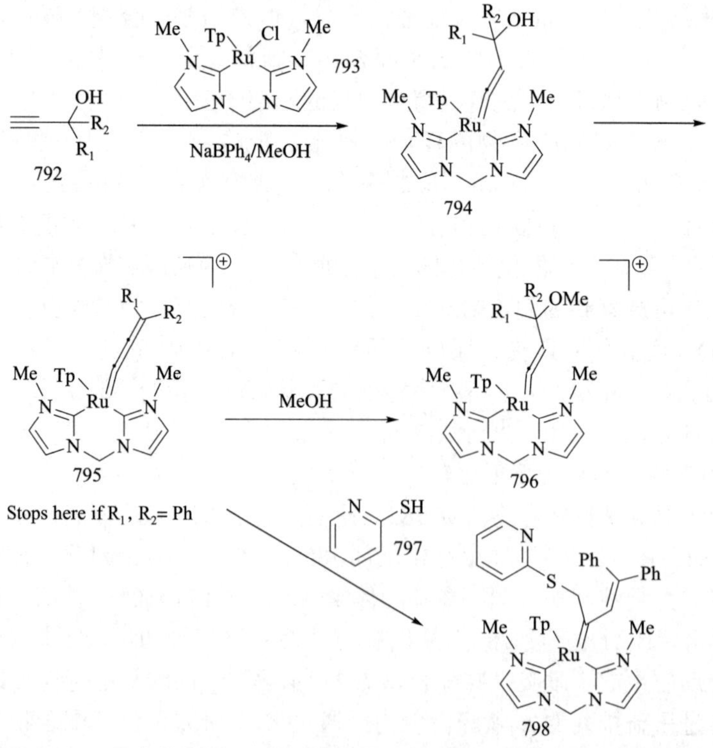

图 5-41 具有螯合型 NHC 配体的烯丙基钌配合物的合成及反应活性

列举 N-丙炔基吡咯烷醛衍生物（如801，图5-42）和相应的亚胺衍生的乙烯基配合物的形成和反应的几个例子。钌配合物 790 和醛衍生物 800 配合物反应生产 801 年稳定的亚乙烯基配合物，与亲核试剂反应生成 α-碳加成产物（如卡宾配合物 802）或与碱反应生成烷基钌配合物（如803），经亲电试剂处理生成取代的偏乙烯基配合物（如 804）。与烯丙胺衍生物反应生成亚胺偏乙烯基配合物（806）形成双环化合物（如805），亚胺偏乙烯基配合物（806）通过质子转移和亲核性将生成的烷基钌类化合物添加到一种亚胺盐中形成初始双环产物 807。然后一系列的氢化物和质子转移产生了所观察到的产物 805。氘化烯丙胺衍生物的标记研究支持了这一机制。预形成的 n-烯丙基 limine 809 通过亲核向乙烯基配合物的对炔配合物前驱体添加氮，生成了不同的双环产物（810）。形成的 N-烯丙基胺 809 通过亲核向乙烯基配合物的对炔配合物前驱体添加氮，生成了不同的双环产物（810）[68,69]。

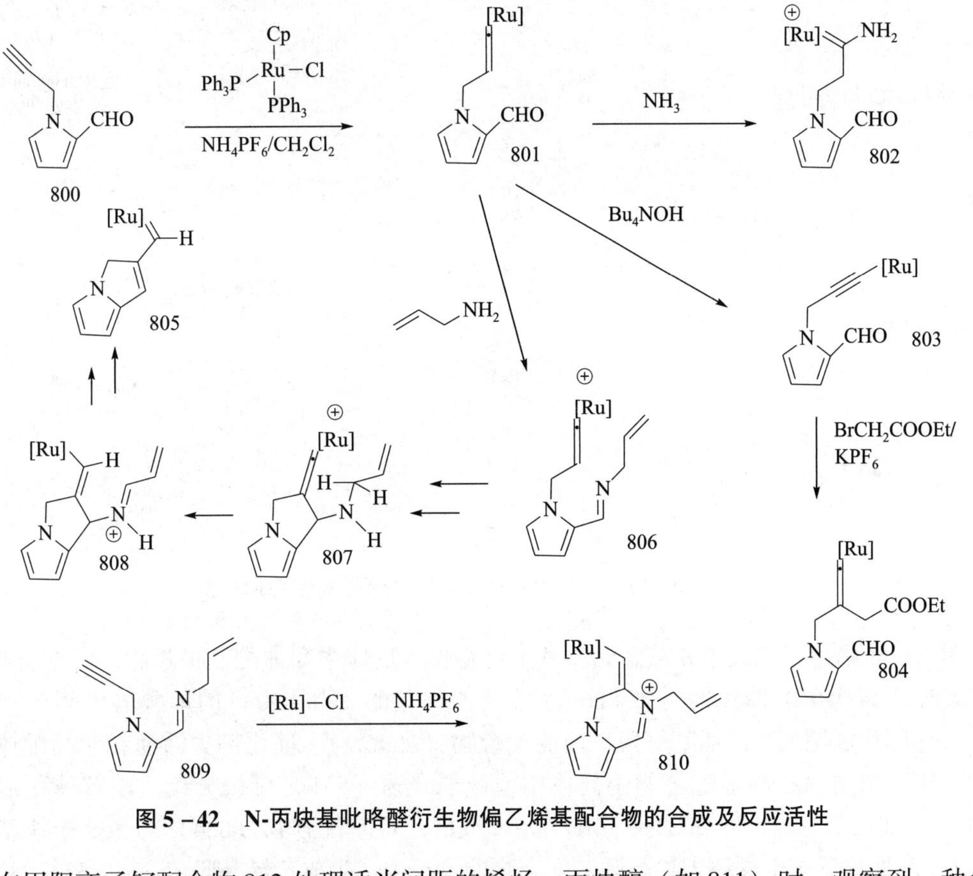

图 5-42 N-丙炔基吡咯醛衍生物偏乙烯基配合物的合成及反应活性

在用阳离子钌配合物 812 处理适当间距的烯烃-丙炔醇（如811）时，观察到一种多米诺骨牌环化，导致形成熔融环双环体系（如818，图5-43）。在本发明的机理中，烯丙基配合物（813）初始形成后，烯烃亲核攻击形成烯炔（815），烯炔（815）通过乙烯基配合物中间体（816）再次环化形成第二环。在氯仿溶剂中，以单环化产物为主，而在醇类溶剂中反应生成双环化产物。只观察到双环化产物，烯烃和烯烃通过苯环连接。钌催化丙炔醇取代环熔融叠氮烯衍生物（如819）向氨基碳宾化合物（如825）的转化过程中，烯丙基钌配合物（如821）和偏乙烯基配合物（如822）被认为是中间体。初始形成的 γ-烯丙基配合物（821）经甲烷分解生成了甲氧基偏乙烯基配合物（822），该配合物受到氮吡啶的攻击氮形成桥状结构（823）。随后的烷基所得到的氧离子（824）与甲醇是最终产物。在氮吡啶没有环融合的体系中，采用的是烷基对配合物途径，而不是金属酰基途径[75-77]。

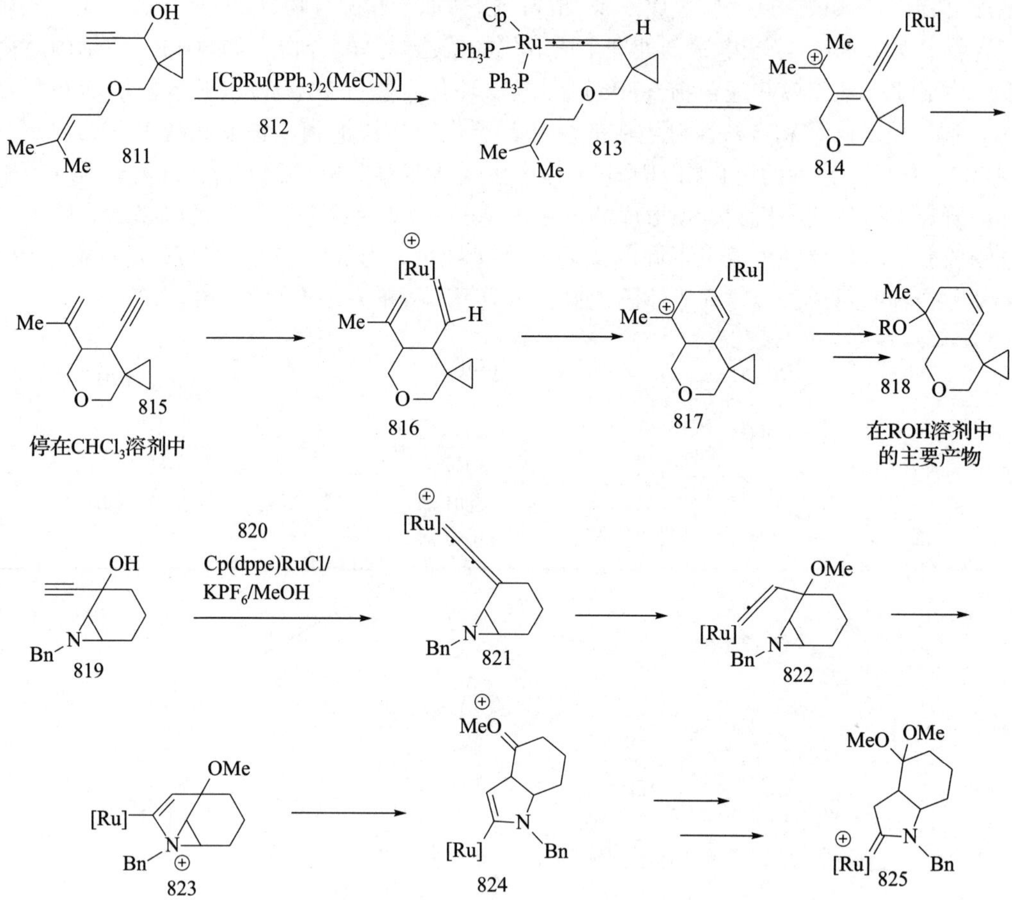

图 5-43　钌卡宾配合物催化环化合成药物达美乐工艺

图 5-44 描述了涉及第 8 族金属酰基配合物作为反应中间体的其他过程。钌配合物 827 是烷基醇环异构化的催化剂（如 826），涉及乙烯基醚（如 830）的烯醇醚中间产物（如 828），它环化成烷氧基乙烯基钌脱矿前的配合物（如 829）。催化剂失活途径包括配体氮分子内亲核添加到偏乙烯基配合物中间体中，该加合物（831）可被分离。用钌催化剂处理 2,20-二乙基联苯衍生物（如 832），在初始形成的乙烯基配合物（834）与另一个炔基进行 [2+2] 环加成反应生成环丁烯基联苯配合物的过程中，生成乙烯基联苯（如 837）。反应途径由氘以及碳 13 标记研究验证。含有三吡咯膦配体（如 839）茚钌配合物用作端炔丙炔醇取代的催化剂反应（例如从丙炔醇 838 和苄醇）。当以 1,3-二酮烯醇酸盐（如 843 得到的阴离子）为亲核试剂时，由 Meyer-Schuster 重排（846）的醛与两个等价的 1,3-二酮缩合反应生成黄酮（如 845）。

五酸钌配合物（如 851，图 5-45）被用作具有 propargyl 离去基的丁二烯钌配合物亲核取代反应的中间体（如 850）。丁二烯钌配合物的烷基化发生在 β 位，以提供取代的偏乙烯基配合物（如 855）。在低温条件下与三酰基阳离子反应可生成五甲酸四烯二烯配合物 851，

并在 γ 位与各种亲核试剂反应后捕获（如形成 856、859、860）。一种不寻常的反应发生与初级胺亲核试剂，在较长的反应时间，逆反应醛类产品（如 857 和二环丙基酮，858）产生。

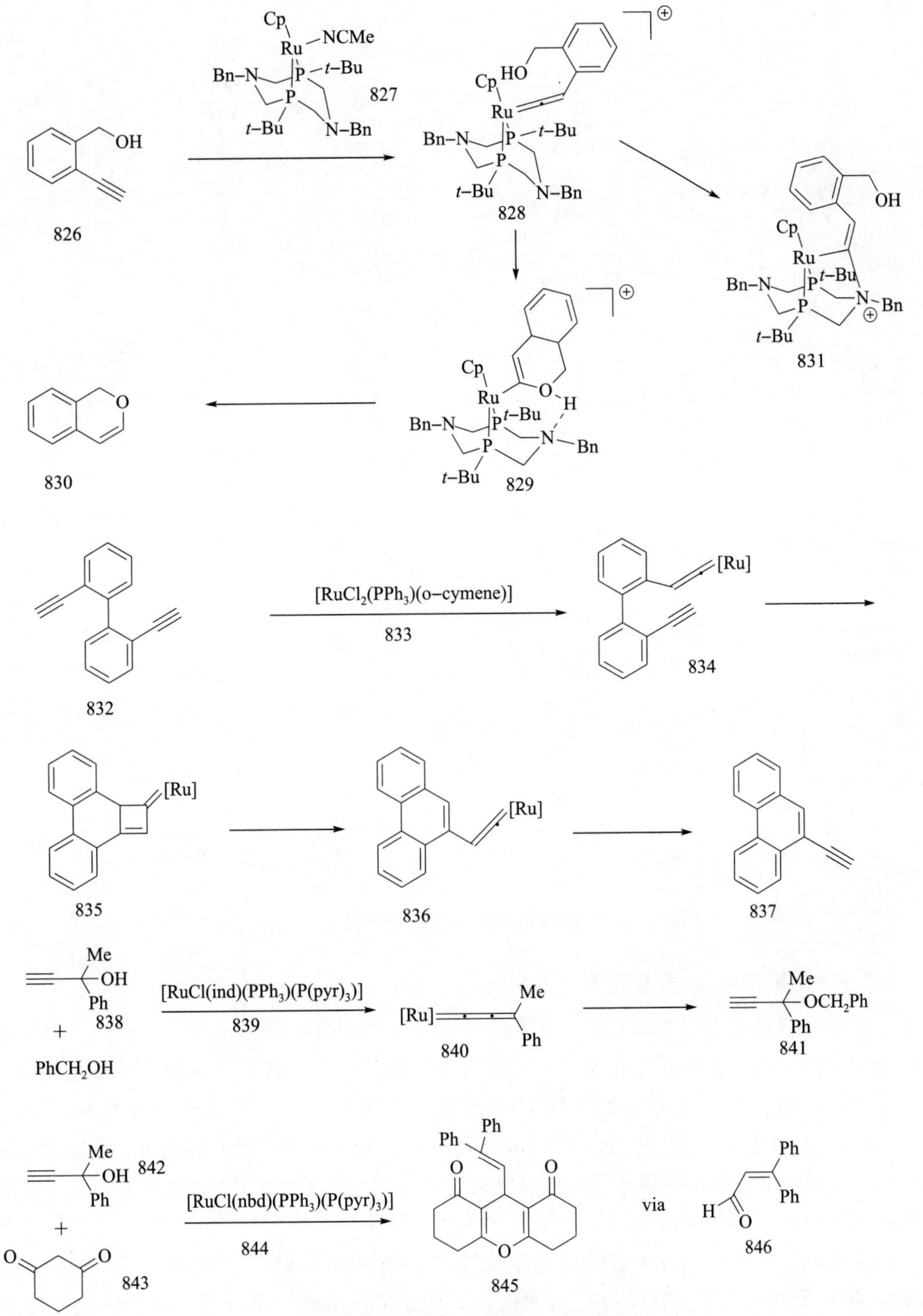

图 5-44 钌催化的炔烃复分解反应

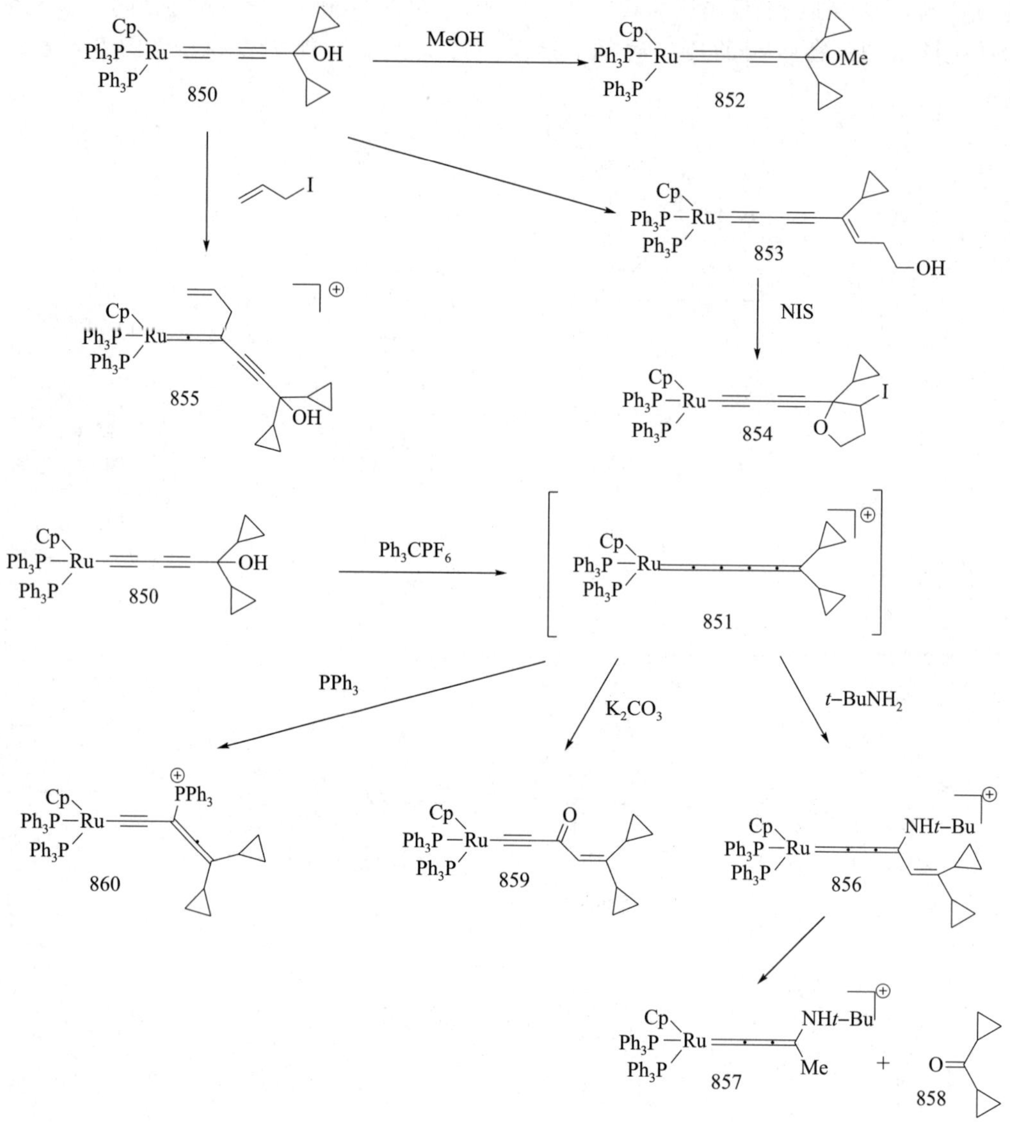

图 5-45 钌炔烃配合物合成

5.2.3.6 第ⅧB Co 族金属卡宾配合物

可分离的或光谱上可观察到的卡宾配合物是重要的研究方向。图 5-46 描述了第 9 族金属螯合物卡宾结合法的例子。铱螯合物 865 经配位体转化为环环氧化物 866 交换之后进行氧化，这是氢化物与环环氧化物配合物加成研究的一部分。类似的环代环氧化物形成（如 869）被报道用于反应性更强的配合物 868。环环氧化物 868 进一步演化为 C—C 键裂解成产物 870。几种铑和铱螯合剂制备了以羰基配体为特征的配合物（如 872），并通过其羰基拉伸频率对配体的相对供体强度进行了评价。结构相关的螯合卡宾配合物 875 是由相应的乙烯基离子制备而成，随后与氢或氢硅烷反应生成加成产物（如 876）。与氢或氢硅烷的反应最初导致了加成产物的产生，但加热时间的延长使初始形成的产物转变为 C—H 活化产物 877。计算评价了 C—H 活化反应途径。类似的具有 NAS 螯合链（如 880、881）的化合物也得到了类似的制备和表征。

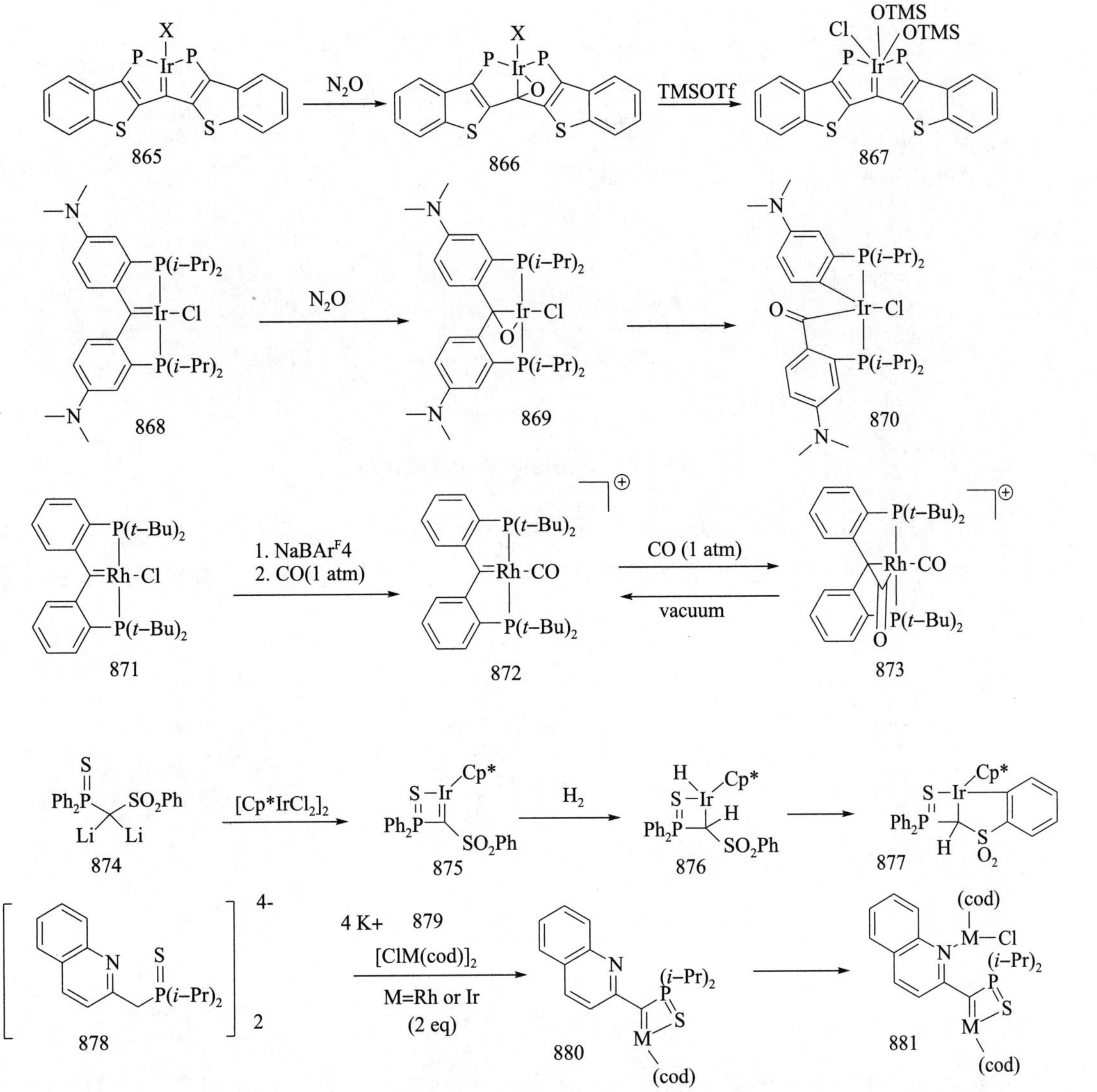

图 5-46　第ⅧB 族金属螯合型卡宾配合物

氨基甲酸铑配合物（如 887，图 5-47）被鉴定为底铑配合物 885 催化的端炔加氢胺化催化循环中的中间体。配合物与各种端炔的化学计量反应生成桥联偏乙烯基配合物（如 886）。在提出的机理中，乙烯基配合物在一个铑上形成，然后在另一个铑上与铑碳双键基形成配合物。在 DMAP 存在下，当其他炔加入该配合物时，可以观察到偏乙烯基配体的交换过程。与仲胺在 90 ℃反应生成稳定的单核氨基甲酸乙酯复合物（如 887），在不同配体添加剂的存在下，经过长时间加热转化为氢胺化产物（如烯胺 888）。

费希尔卡宾杂合物 892（图 5-48）和金属环铱 g4-二烯配合物 889 与对二甲氨基苯甲醛反应得到 891。少富含电子的醛只产生化合物 892。所提出的形成卡宾配合物的机制包括醛络合和 C—H 氧化加成，提供了氢化酰基配合物（894），经历 C—H 还原消除并通过质子化

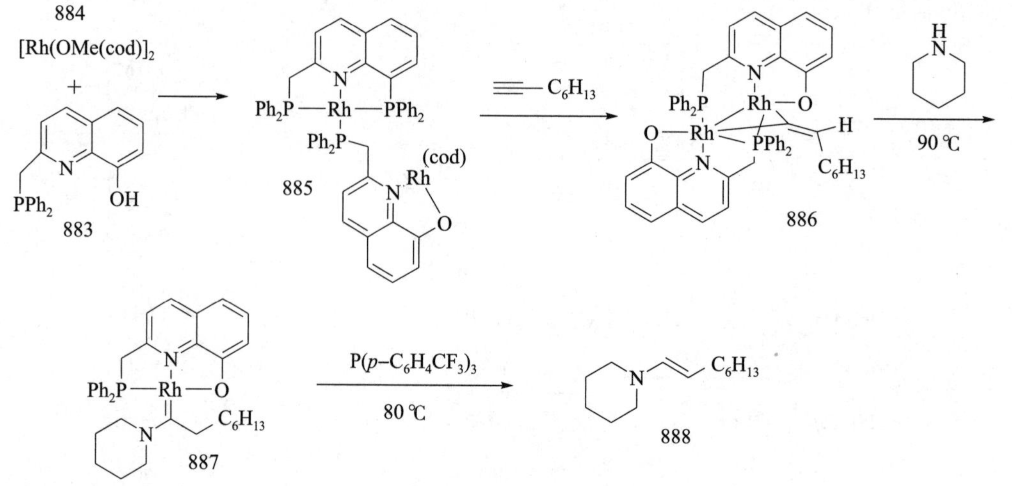

图 5-47 由炔生成铱卡宾配合物

形成了亚叶酸钠-丙烯利钠（896）。这个配合物随后经历亲核过程酰基氧进攻酰基碳形成螺环卡宾配合物（897），发生在分子内铱取代亲电芳香族化合物。该机理得到氘标记和 DFT 研究的支持。

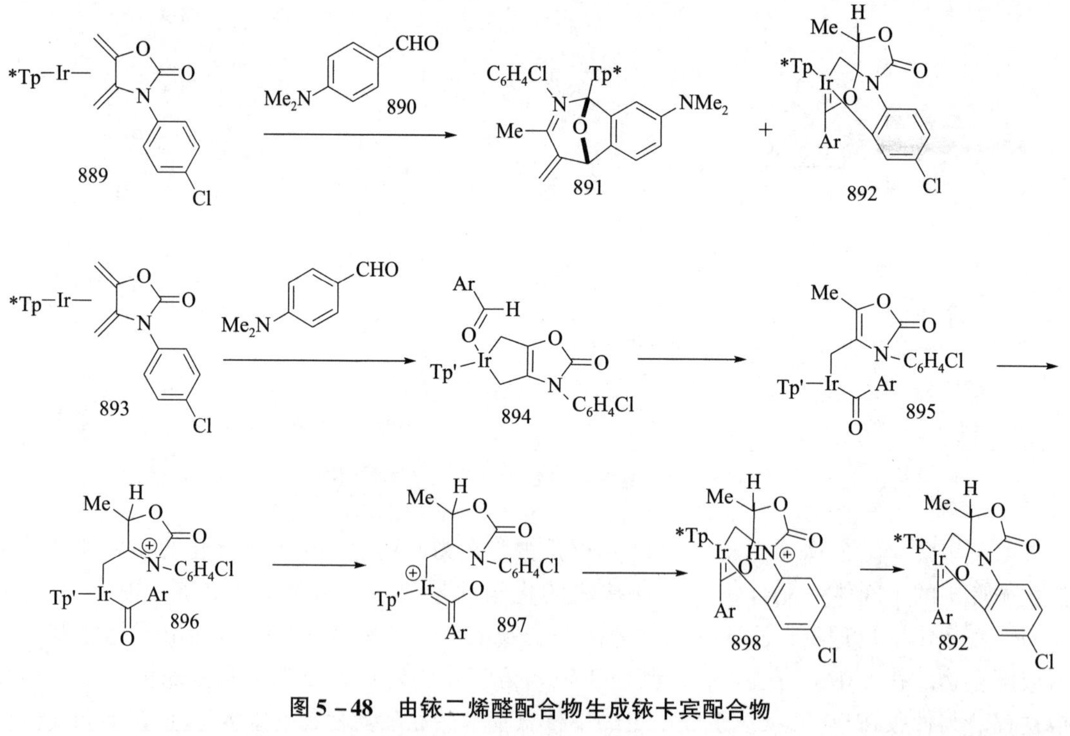

图 5-48 由铱二烯醛配合物生成铱卡宾配合物

第Ⅷ族卡宾配合物为过渡中间体采用不对称分子内 C—H 插入法合成呋喃基吡咯烷酮体系。通过非对称分子内 C—H 插入过程是用于合成呋喃吡咯体系。铑催化的酚代丙炔醇反应生成苯并呋喃基卡宾配合物，并通过分子间和分子内环丙化反应捕获。还报道了通过与亚胺反应获得呋喃基吡啶或芳基硼酸来形成芳基呋喃衍生物的相关卡宾配合物的捕获。铑催化含异芳环的烯醇（如940，图 5-49）在 CO 存在下发生羰基环化反应，从而产生咔唑（如945）。该机制的关键步骤包括通过铑催化烷基化加成反应生成卡宾配合物中间体（943）。最终产物通过 CO 插入形成酮烯中间体（944），然后进行环化。在铑催化反应中，卡宾铑配合物被认为是中间体异芳基丙炔羧酸盐杂环化异芳烃（如947）。最初的卡宾配合物是通过1,2-羧酸盐的移位过程和随后的步骤形成的，包括酮形成后的环合作用。铑催化的分子内环加成（5+2）3-酰基-1,4-烯炔和烯烃在分子内环加成（947）是一种较为理想的反应途径，采用螯合烯丙基-乙烯铑体系。卡宾铑也是烯类分子内 [5+2] 环加成物的可能中间体。

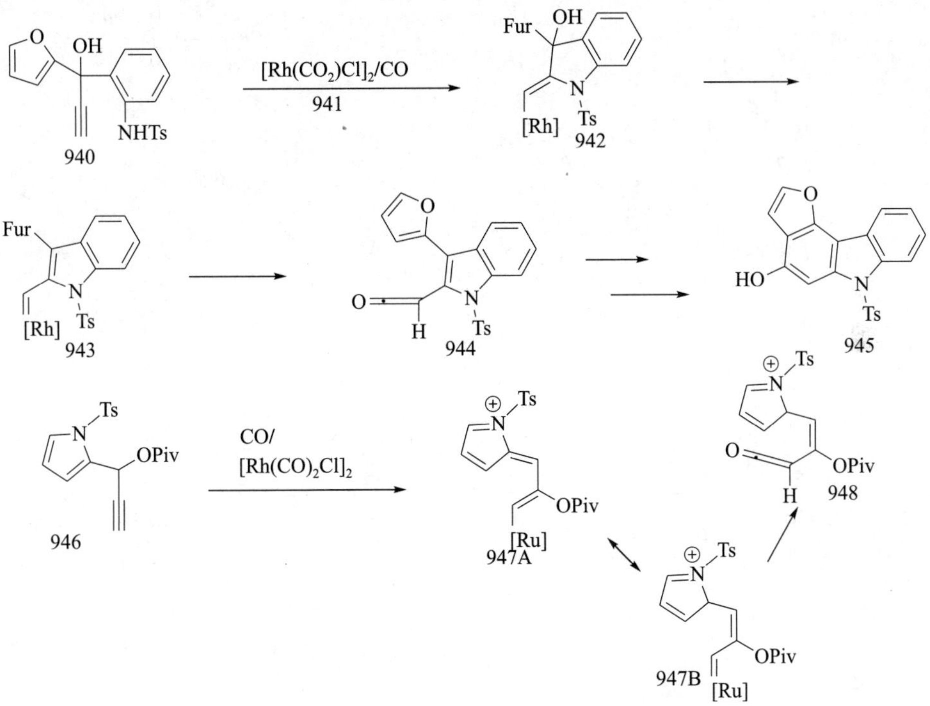

图 5-49　第ⅠB族卡宾催化异芳基取代丙炔醇的苯并环化反应

在实验和计算相结合的研究中，铱 g2-烯基配合物（如958，图 5-50）被认为是铱催化末端炔（如由炔 950 和硅氢化物 951 合成 953 955）的关键中间体。在这些研究中，一个相互竞争的途径是脱氢硅基化，导致三甲基硅基化炔和简单加氢产物 956。在所提出的硅氢化反应机理中，初始的硅烷基吡啶配合物（957）转变为 g2-烯烃配合物（958）。随后形成氢硅烷配合物（959），然后转化为 g1-烯基配合物（960），还原消除得到最终产物。在脱氢硅基化过程中，g2-烯烃配合物 958 转化为烯基铱氢化物配合物（962），然后氢化生成烯烃 956[78,79]。

在阳离子型金属环二茂铁配合物的反应中描述了涉及卡宾配合物中间体的其他过程（不包括卡宾转移过程）（如乙腈配合物 964 转化为膦配合物 966）。二炔铱羰基配合物经中间体转化为乙基金属环丁烯酮，在 a 中具有实质的 Ir—C 双键性质。在铱螯合烷基配合物（如967）的氢交换反应中，提出了铱螯合卡宾配合物（968）作为中间体（并在 DFT 研究中得到能量合理的验证），与 C—H 无水配合物（969）竞争。

铑偏二乙烯基配合物（如1184）被认为是铑催化末端炔（如1181）与肼（如1182）

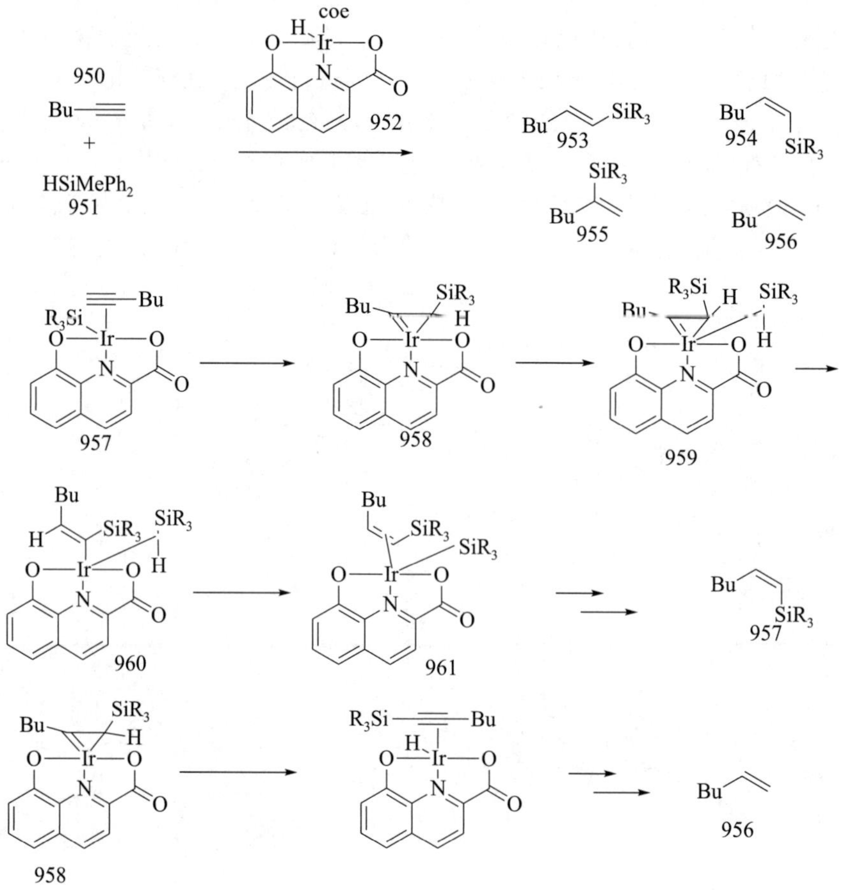

图 5-50 Ir 的三齿卡宾化合物

反应生成硝基（如 1185）的可能中间体（图 5-51）。铱-乙烯基偏二烯配合物（如 1187）被认为是端炔铱催化磷酸化反应的中间体，通过配合物 1186 与苯乙炔的化学计量反应可以分离出铱杂环 1188。通过二烷基铑配合物（如 1189）与亲电试剂反应原位生成铑偏二乙烯基配合物（如 1190）。生成后，偏乙烯基配合物与其他烷基配体自发反应生成偶联产物（如 1191、1192）。通过质子化得到的配合物还与烯丙基膦配体的烯丙基基团结合（如形成 1192）。在 DFT 研究中，发现形成 1192 最合理的途径是乙烯基配体与烯丙基偶联，然后与烷基配体偶联。铱偏乙烯基配合物（如 1194）被认为是乙炔基铱配合物形成的中间体（如 1195），它们是进一步与亚磷酸或分子氧偶联反应的关键中间体，可提供烷基-iridacyclobutenes（如 1196 和相应的脱烷基产物 1197）。铑偏乙烯基配合物在铑催化 [2+2] 末端炔和缺电子烯烃的环加成反应中被鉴定为可能的中间体，并在烷基铑配合物与烯烃发生 Michael 加成反应而形成第一个 C—C 键[79-82]。

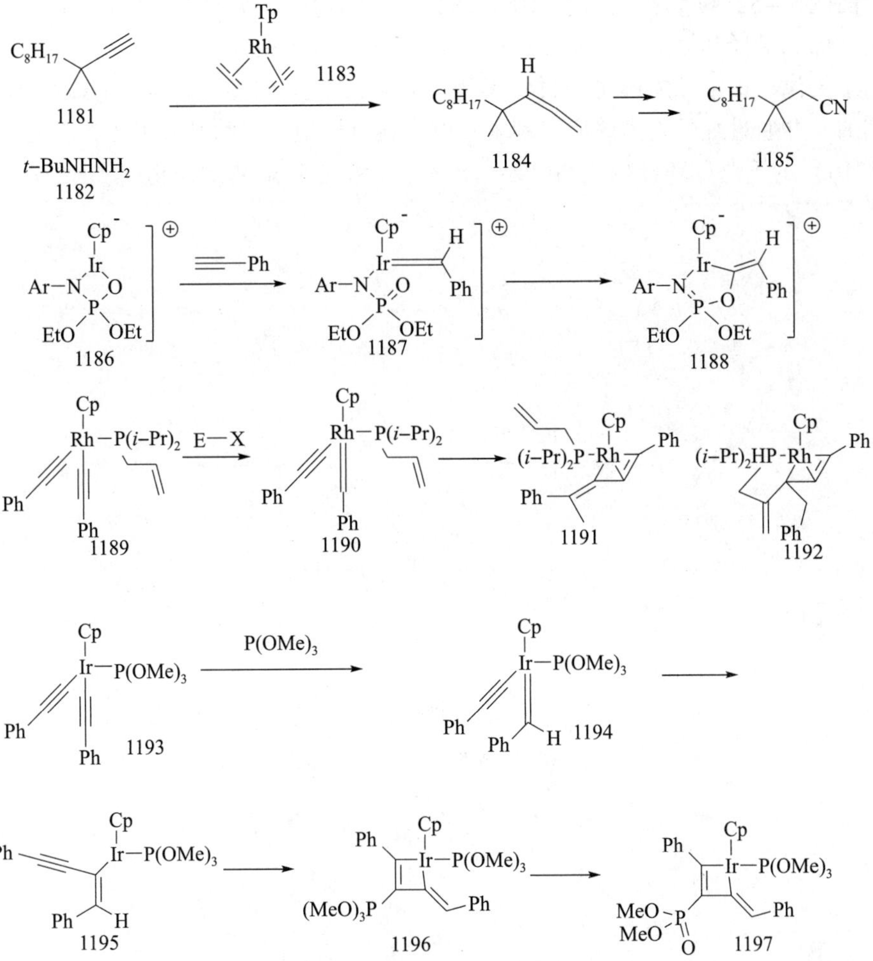

图 5 – 51　第ⅧB Co 族金属卡宾配合物

5.2.3.7　第ⅧB Ni 族金属卡宾配合物

图 5 – 52 描述了可分离基团卡宾配合物的合成和反应活性。钯螯合卡宾配合物（如 1200）与硅氢化物反应生成硅烷基氢化钯（如 1201）。在某些情况下，还观察到区域异构配合物（如钯硅基配合物 1202）。硼氢化物和锗氢化物（如 1204 的形成）也有类似的反应。在某些情况下，可以分离出磷连接的金属钯配合物（如 1203）。在此基础上，结合 DFT 研究，提出了一种协调的四中心过渡态（1205）机制。类似的含异氰化物配体的卡宾镍配合物（1205）也发生了类似的反应，其倾向于与钯类似物相反的区域化学（如 1206）。提出了四中心协同过渡状态。用苯酚处理后，观察到氢化硅的释放和烷基苯氧基镍（1207）的形成。配体交换和还原过程被用于钯（Ⅰ）基类卡宾化合物，具有钳形结构（如 1208）。氨基钯配合物 1209（X = N）还原后得到阴离子配合物 1210（X = N），再通过二茂铁离子氧化还原得到起始配合物。锂类化合物的反应比钠或钾类化合物快得多。反应性较强的锂提供了硫酮配合物（1214）作为副产物，但如果添加 18 冠-6，则观察到这种化合物的量较少。在经典的脱卤过程中，由于卤素置换和环金属化过程的竞争，没有形成螯合卡宾配合物。图 5 – 52 中描述了第 10 族金属硫系的例子。在更复杂的转化过程中，金属丙烯作为中间体的其他

过程在后面图 5-52 中进行了描述，图 5-52 致力于使用铂和金催化剂进行卡宾介导的环异构化反应。烯二烯烃共振形式（如 1215B）对与吡啶基团相连的双（烷基）钯离子的共振贡献得到了关注。铂偏二烯键是通过将 1-十二炔（或氘类似物）与裸露的铂胶体表面结合而观察到的，并通过红外光谱研究得到了支撑。在氘标记研究的基础上，在 2-乙基苯基二茂铁（如 1216）的不对称环异构化的次要途径中，铂偏二乙烯基配合物（如 1218）被提出作为中间体[81,82]。

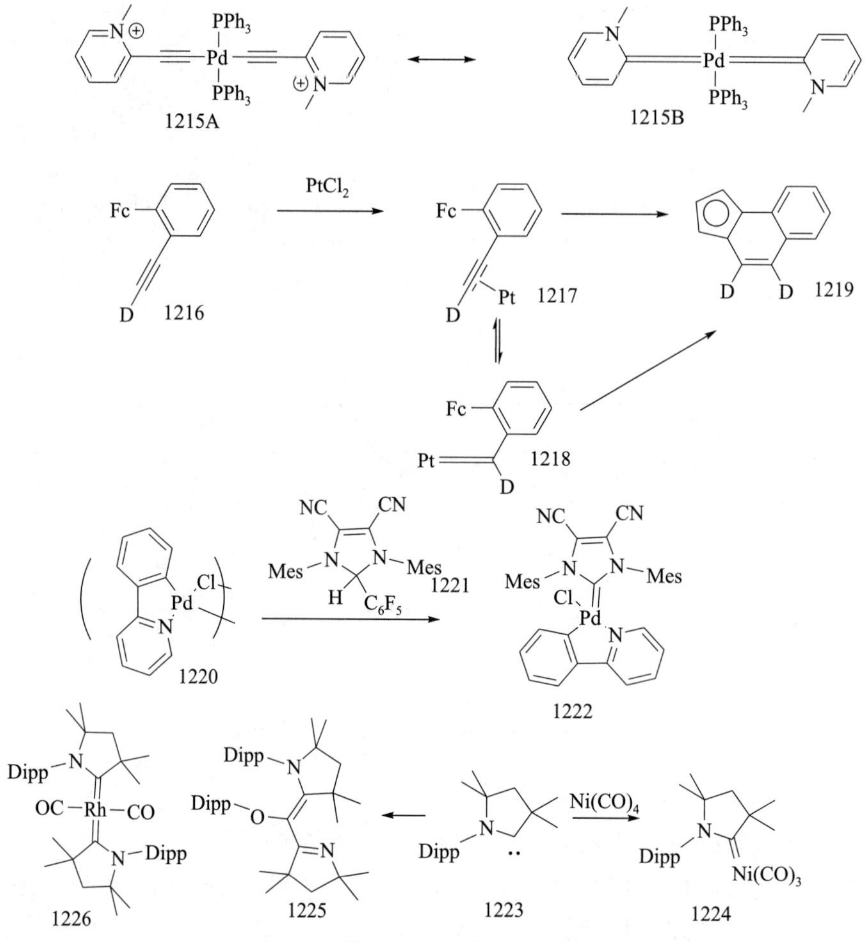

图 5-52　第ⅧB Ni 族金属卡宾配合物

讨论了几个基团 NHC 配合物（以及其他含有稳定卡宾配体的配合物）的例子。含有氰化物基团的 NHC 配合物（如 1222）具有更强的 π 受体特性，并且通过对自由配体衍生的硒脲的 77Se NMR 研究进一步证实了这一特性，而且与没有氰化物基团的类似配合物相比，该配合物的 PdAC 键长更短。制备了多种镍铑 cAAC 配合物（如 1224、1226），并对配体的空间和电子参数进行了评价。结果表明，cAAC 甲基键是一种较典型的 NHC 配合物更强的供体，同时具有更强的对偶性。制备过程中加入了 NHC-CO 加合物 1225。制备了铂（0）双（cAAC）配合物，并与单质硫反应生成（cAAC）$_2$Pt（S$_2$）配合物。采用 ^{15}N 核磁共振方法对第 10 族 cAAC 配合物（以及几种非过渡金属）的正键和反键分布进行了评价。

第 10 族卡宾配合物为过渡中间体，一些文献报道了磺酰肼与碱反应生成钯卡宾配合物，如图 5-53 所示。许多这种偶联作用导致有机卤化物的烯基化。环丙基取代对苯肼（如 1230）与芳基卤代物的钯催化反应，通过钯卡宾配合物（1231）中间体生成环状扩芳基化产物（如 1234）。重氮化合物或对苯肼（如 1235）与烯丙基卤化物的钯催化反应生成 1,3-二烯（如 1239），在此过程中，关键的烯丙基卡宾钯配合物（1237）通过烯丙基迁移转化为

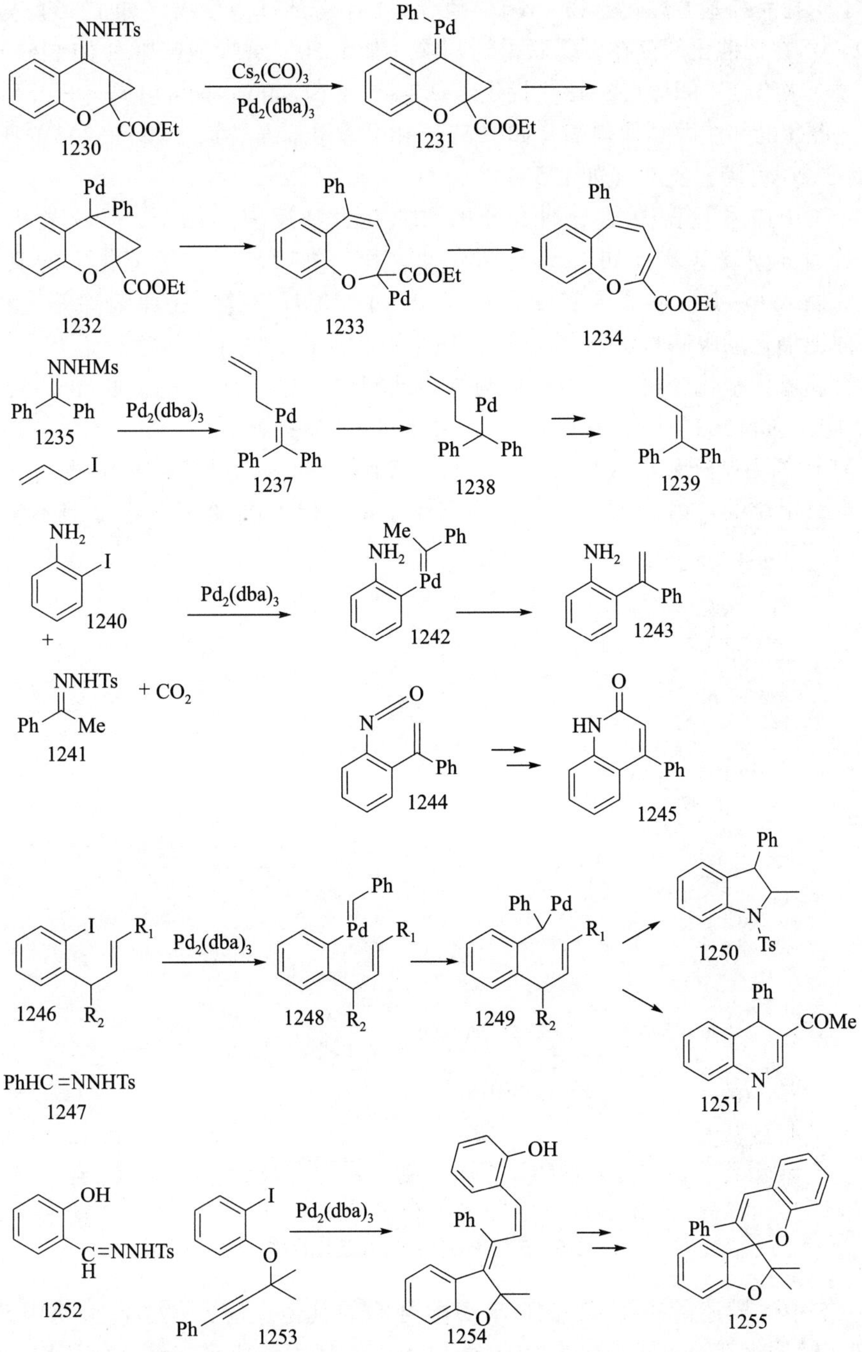

图 5-53 第 10 族卡宾配合物为过渡中间体

二烯，随后发生 β-氢消除。通过吲哚的三组分耦合制备了二乙烯基吲哚，无氯酰肼和芳基碘化物的碱基催化偶联反应生成吲哚–重氮衍生物，该衍生物通过卡宾配合物与芳基碘化物偶联，最终引入芳基。由钯催化偶联对苯肼（如1241）、邻碘苯胺（如1240）和二氧化碳在偶联过程中制备的喹诺酮类化合物（如1245）使 o-烯基苯胺（1243）与二氧化碳反应生成异氰化物（1244）并环化。以4-溴-3-磷取代萘衍生物和 α-四酮对酰肼为偶联物，在钯催化下合成了阿托品烯基芳烃化合物。N-(2-碘芳基)-N-链烯基衍生物（如1246）与甲苯磺酰脒（如1247）在钯催化剂存在下偶联得到吲哚（如1250）或二氢喹啉（如1251），其中关键卡宾的过程中络合中间体（1248）提供苄基钯物种（1249），其可以参与 5-外环或 6-内环化。通过钯催化的邻炔丙氧基碘苯（如1253）和甲醛甲苯磺酰脒（如1252）的偶联产生螺[苯并呋喃-3,20-色烯]支架（如1255）[83]。

图 5–54 中描述了第 10 族金属介导的重氮化合物反应的例子。吲哚类化合物（如1259）是通过 o-溴烷基苯（如1256）和 α-重氮酯（如995）在钯催化下的氧化加成反应，同工酶插入 C—H，形成卡宾配合物（1258）、芳基迁移、还原消除等过程制备的。报道了几种钯催化的吡咯烷酯分子内 C—H 插入的例子，并对反应途径进行了计算评价。钯催化的二偶氮羰基化合物（如984）与烯丙基硼酸（如1260）的偶联导致 γ, δ 不饱和羰基化合物（如1263）。在该机制中，关键事件包括形成卡宾–对烯丙基配合物（1261），然后烯丙基迁移形成烯酸钯（1262）和质子化。几种镍–NHC 配合物被用作使用二苯基重氮甲烷的环丙烷催化剂，在许多体系中，镍-N 重氮配合物（但不包括卡宾配合物）被分离出来。

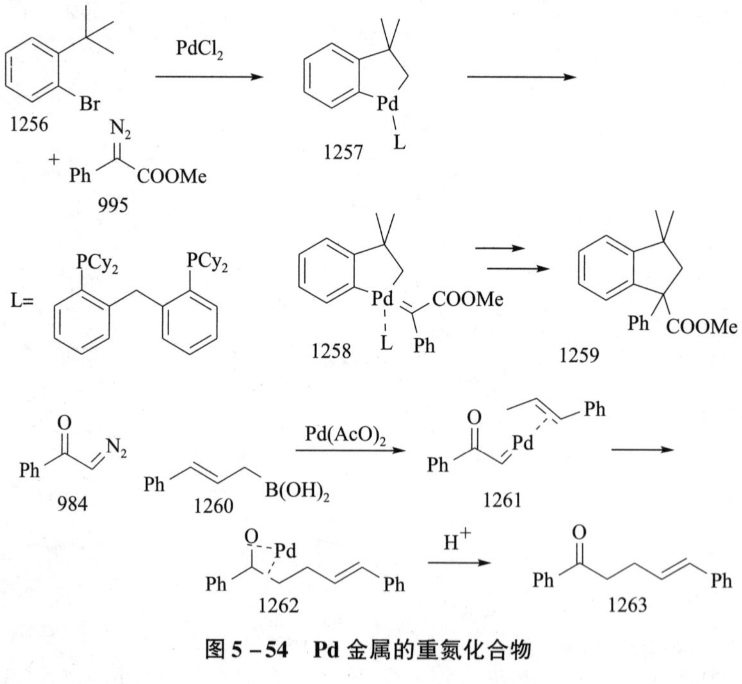

图 5–54 Pd 金属的重氮化合物

图 5–55 中还描述了涉及基团 10 卡宾配合物的其他反应，包括：①使用 Simmons–Smith 试剂，镍催化不饱和羰基化合物（如1265）的环丙烷化反应；②使用双核镍配合物（1268），以二氯甲烷为碳苯源还原环丙烷；③对镍酮配合物（如1270）脱羰基制烯烃

（如1275）机理的实验与计算研究（如1117）；④从膦盐羧酸盐（如1277）和芳基和烯基硼酸二氟甲基化（如1276）生成二氟甲基-钯配合物（如1279），并在一种情况下分离三核配合物（桥联-卡宾配合物）（如1282）（如1118）；⑤噁硼烯体系与乙酸丙酯偶联，钯催化生成乙烯基环丙烷；⑥钯或铂原子在各种碳氢化合物（如烯、乙炔、甲烷）存在下激光汽化生成PtC3和PdC3配合物，并将旋转光谱与计算光谱进行比较；⑦在EPR研究的基础上，确定了丙二酸碘代依利德和烷基烯氧吲哚镍催化不对称环丙化反应是通过金属的络合作用，通过二自由基机制，而不是通过金属的卡宾配合物，使金属的羰基氧与自由基卡宾反应[96]。

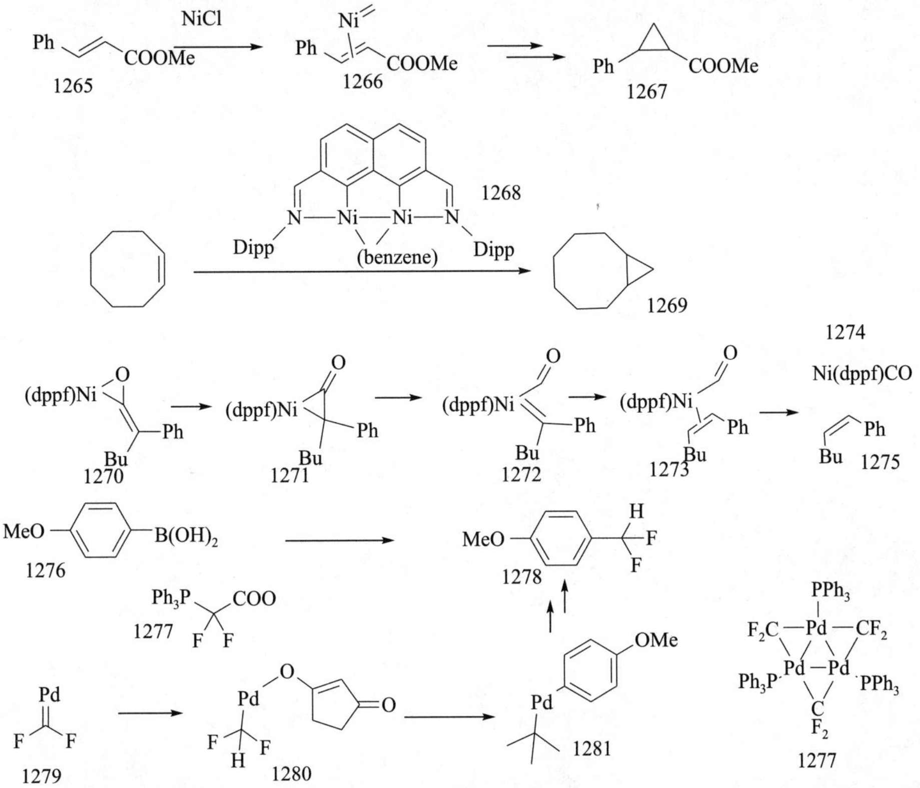

图 5-55　Ni 和 Pd 的金属卡宾配合物

对于铂和金催化炔或烯的反应，学者们已经提出了炔烃和丙二烯的铂和金催化反应的几个实例涉及卡宾配合物中间体。这些中间体是卡宾配合物还是金属稳定的碳正离子是目前争论的话题。本节将介绍这两种金属，因为它们通常可以互换地用作这些转化的催化剂。许多过程包括烯炔环异构化成环丙基卡宾配合物中间体（图5-56）。为这类反应开发的新型通用催化剂如图17所示，包括：①对映体选择性催化烯炔环异构化的副环丙环丙烷-支架式平面手性磷酰胺金配合物（如1285）；②金功能化铂 m_2L_{24} 纳米球；③手性NHC配体的金-NHC配合物（如1286，结构诱导的对映选择性相关）；④铂钛配合物（1287）；⑤取代的磷硫螺旋烯金配合物（如1288）[55,85]。

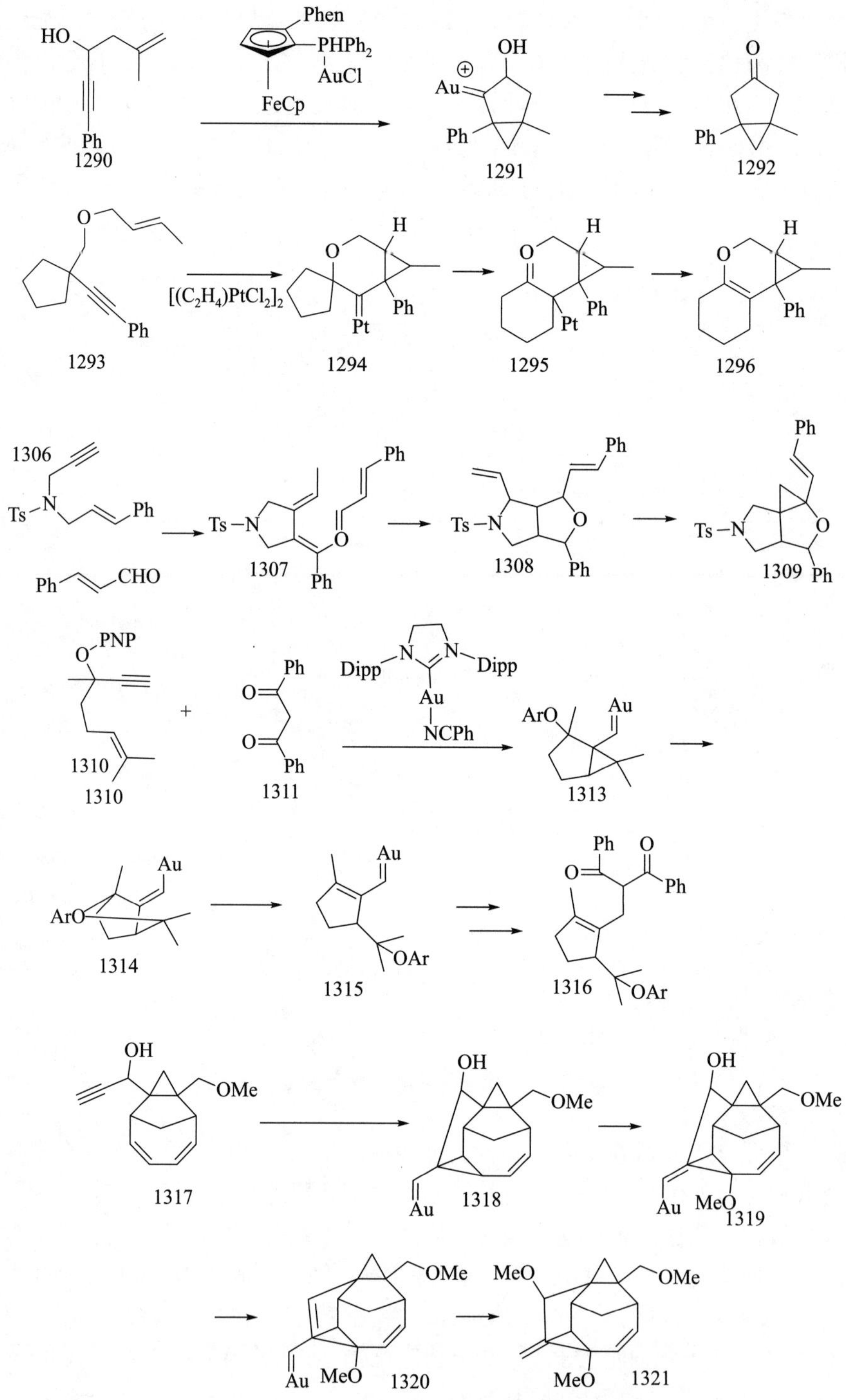

图 5-56 Pt 和 Au 卡宾催化炔或烯的反应

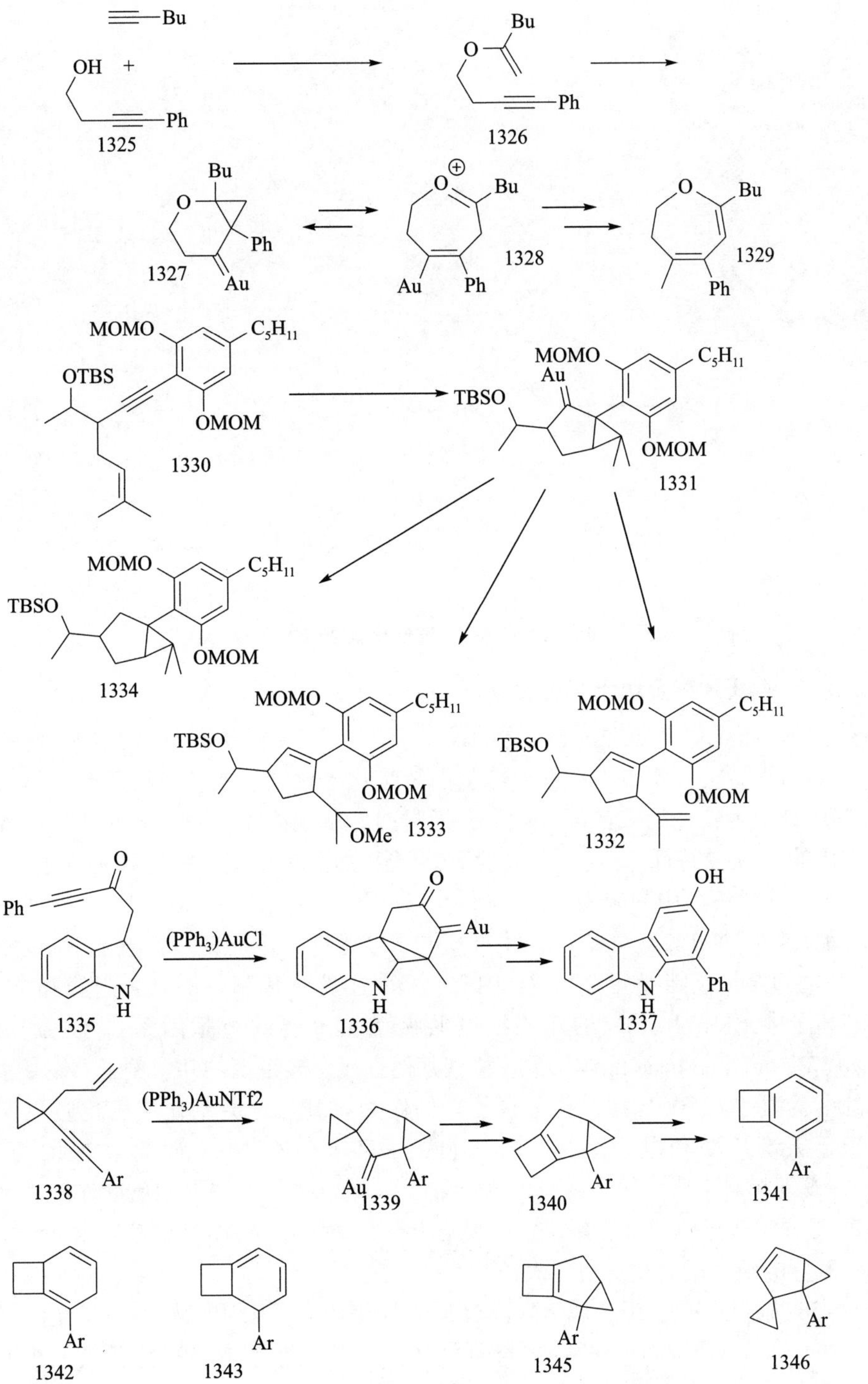

图 5-56 Pt 和 Au 卡宾催化炔或烯的反应（续）

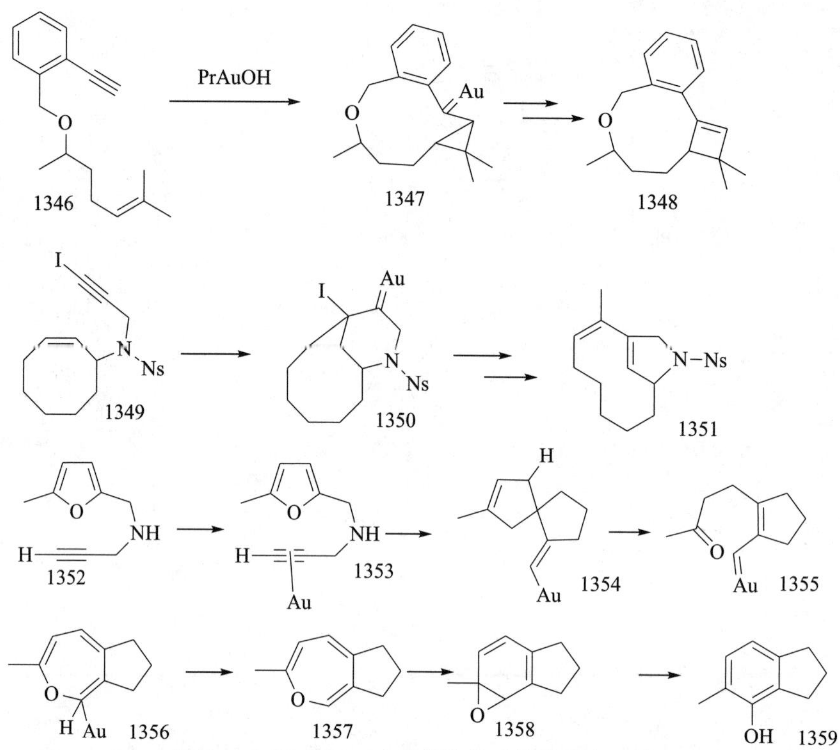

图 5-56 Pt 和 Au 卡宾催化炔或烯的反应（续）

5.2.3.8 第ⅠB族金属卡宾配合物

许多篇论文报道了NHC类复合物的反键问题，典型的例子如图 5-57 所示。采用抗 bredt 金 – nhc 配合物（如1520）作为烷基加氢胺化催化剂，制备了以硝基配体卡宾互变异构物（如1521）为特征的银铜配合物，并通过对硒脲衍生物（1522）的 77Se NMR 研究证实了该配体的 π-接受特性。制备了不同给电子能力的 NHC 配体的各种铜 NHC 配合物，并对其在蓝光电化学细胞中的应用进行了评价。利用稳定的卡宾前驱体制备了几种不同核密度的银卡宾配合物（如1524、1525），并对其电子结构进行了研究。扩展的 NHC 配合物（如1527A）是通过金烷基咪唑配合物（如1526）的 N-烷基化制备的（X射线和 13C NMR 表明，两性离子中，1527B 形成的双乙酰基共振是更重要的贡献因素）。文献中还报道了 Arduengo 和 Bertrand carbene 配体从铜转移到其他过渡金属系统的几个例子。制备了含有额外配位基的金、铜 cAAC 配合物，并考察了它们作为烷基氢化芳基化或氢化胺化催化剂的作用。基于金碳键长度和电子结构计算，制备了环上带有 NAN 键的金 NHC 配合物（如1529），并发现相对于典型的金–NHC 配合物，该配合物具有增强的反键作用。制备了几种具有（P＝C＝O）⁻配体的金、铜 cAAC 配合物，并对金（杂环戊烯基）和铜（与氰酸盐、一氧化二氮等电子）配合物进行了表征[89]。

图 5-58 描述了第 11 组金属卡宾配合物的气相研究。采用气相离子阱光谱仪和计算相结合的方法，研究了阳离子金配合物与丙炔醚、丙酮、酯（如1530）及其他相关化合物的重排反应。在所有被研究的例子中，1,3-重排到烯配合物上（如1532）比 1,2-重排到卡宾上更有利，然而，该过程是动态可达的情况下丙炔酯。采用 FTICR 质谱和计算方法研究了金二甲基阳离子（1533）与甲烷的气相耦合。反应开始于卡宾碳和甲烷的 C—H 键之间的弱

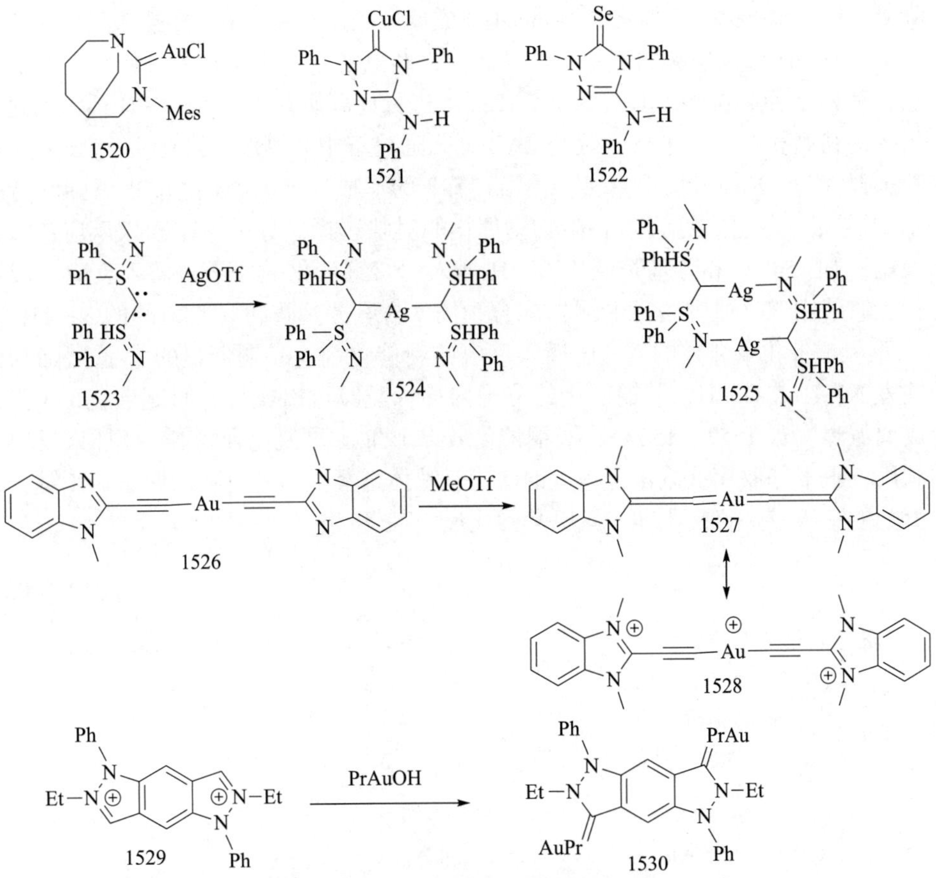

图 5-57 Ag 卡宾催化炔或烯的反应

接触，然后插入，在金和乙烷的 CAH 键之间形成复合物（1534），该配合物要么转化为金和乙烷，要么转化为金-乙烯配合物（1535）和二氢[78,101]。

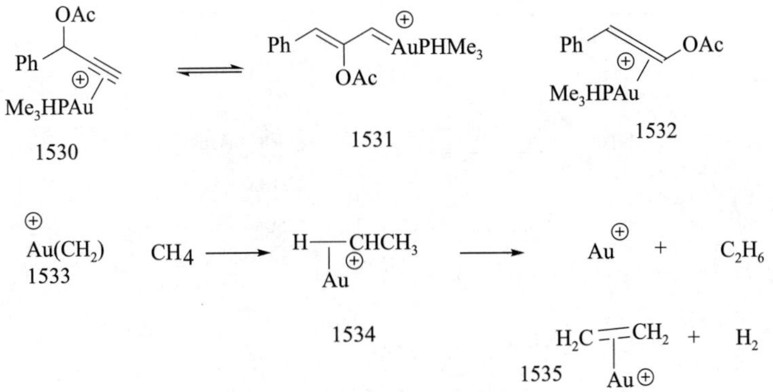

图 5-58 Au 卡宾配合物

卡宾配合物参与 α-键插入通路的过程如图 5-59 所示，包括：①使用 α-重氮氧吲哚（如 1540）和 β-氨基烯酮体系（如 1541）的金催化 C—H 插入反应；②利用轴向手性双吡啶配体不对称铜催化 C—H 芳基化；③铜催化 N-芳基乙基酮亚胺（如 1544）与重氮化合物（如 995）的反应中，烷基 C—H 插入导致取代喹诺酮类化合物（如 1547）；④铜催化重氮化合物与端炔的偶联反应生成烯丙烯的对映选择性；⑤铜催化 β-C-H 插入反应合成乙烯基膦酸盐；⑥α-重氮氧吲哚与胺催化的Michael加成反应联用金催化C—H插入反应；⑦酚类金催化C—H和O—H插入反应的实验与计算研究；⑧以初始卡宾碳与芳香族碳的初始相互作用为重点，利用α-重氮酯对金催化的C—H插入进行计算研究（芳基C—H插入通过卡宾碳与芳香族碳的初始相互作用进行，烷基CAH插入通过三中心过渡态进行）；⑨α-重氮酯铜催化的对映选择性H—F插入反应（如α-氟酯1548的形成）；⑩铜催化α-重氮酯和芳基胺的N—H插入反应；⑪α-重氮酯苯胺衍生物铜催化的对映选择性分子内呐插入反应；⑫铜通过重氮膦酸盐（如1549）和芳基胺催化N—H插入；⑬铜催化的分子内插入反应生成诺吉霉素衍生物；⑭使用双（吡唑啉硼酸铜）配合物插入含有芳基胺和α-重氮酯的N—H；⑮利用苯胺和α-重氮酯催化铜介导的N—H插入反应的新催化剂；⑯铜催化的α-重氮酯和卤代酚或苯胺插入N—H或O—H；⑰铜催化的分子内插入酰胺可以成键；⑱铜催化的C—N可以插入合成偶氮嗪（如1553、1554）；⑲铜催化α-氧亚胺-重氮化合物N—O插入反应生成吡咯；⑳利用三氟甲基取代重氮化合物，铜催化对映体选择性插入各种杂原子—H键；㉑铜催化二偶氮酯的三氟甲基硫代化和三氟甲基硒化反应[23,96]。

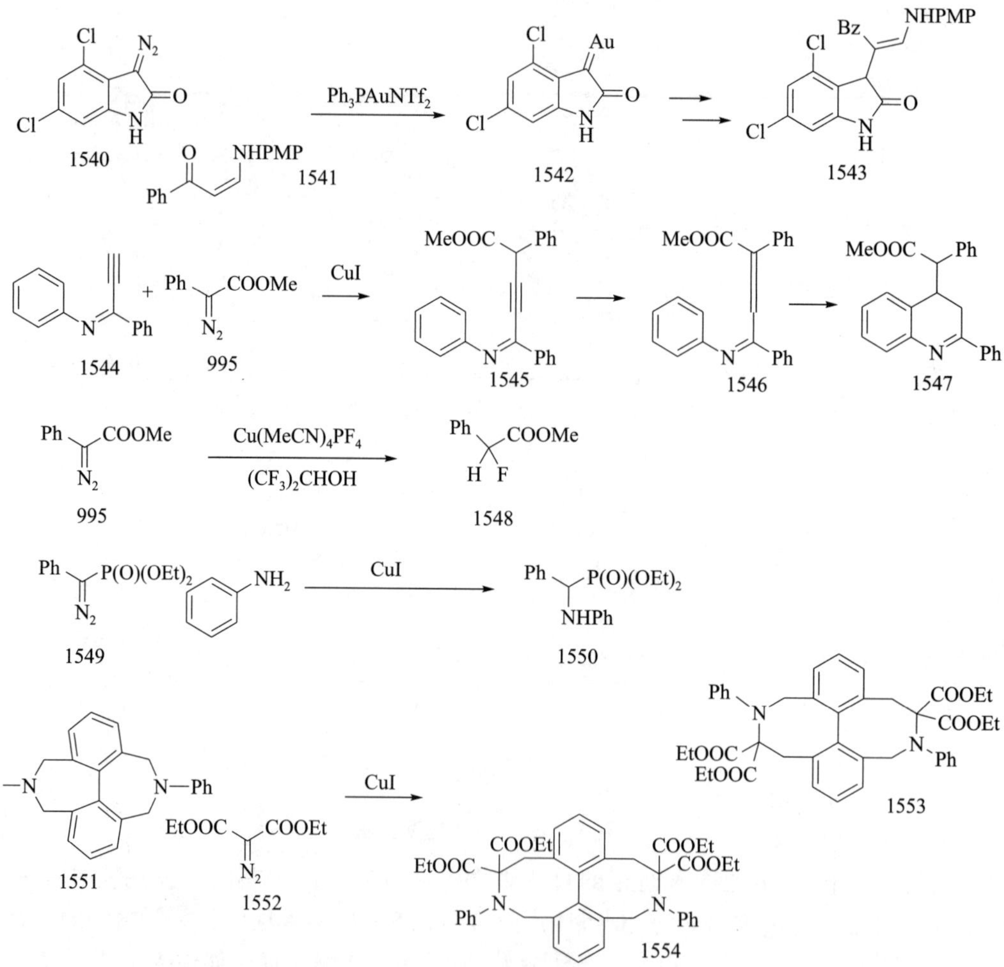

图5-59 Cu和Au卡宾催化的加成反应

5.2.3.9 镧系/锕系金属卡宾配合物

通过有机硅化合物 1666 与甲基钪配合物 1665 的偶联，制备了双齿钪卡宾配合物（如 1667，图 5-60）。体积较小的类似物（甲基取代异丙基和苯基）具有非常短的 Sc—C 键。双键由一个 σ 键和一对孤电子对组成，它们在钪的 π 轨道上以 π 轨道的形式与钪的空 d 轨道相互作用。配合物与亚胺通过 [2+2] 环加成反应（如 1668 形成），与硒通过 [2+1] 环加成反应（如 1669 形成），与端炔通过 C—H 活化反应（如 1670 形成）。研究表明，钪催化重氮化合物与碱基偶联反应生成的钪卡宾配合物可作为核酸插入产物的中间体[5,6,99]。

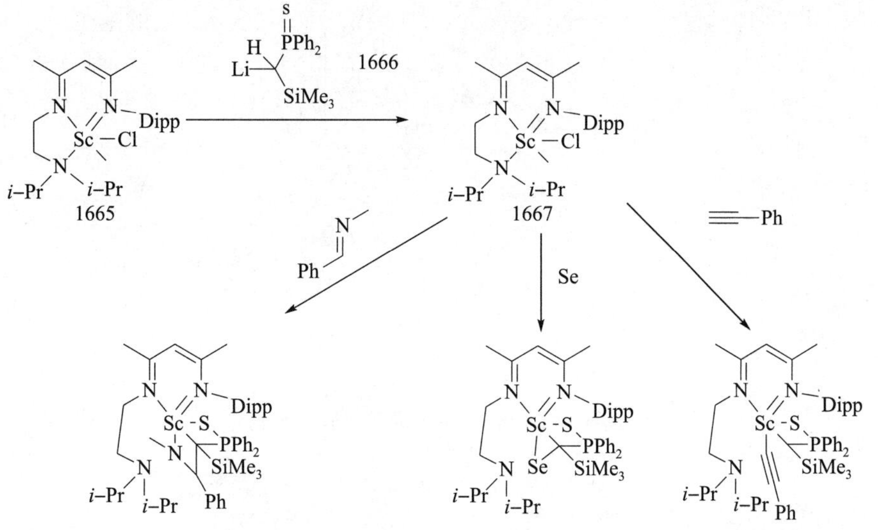

图 5-60 金属 Sc 的螯合型卡宾化合物

通过硼钪配合物 1671 与 CO 反应制备了硼氧基卡宾钪配合物（如 1672，图 5-61）。本实验证明了该配合物的几种类卡宾反应，包括与乙烯的环丙烷反应（如 1673 的形成）和与各种吡啶和芳香底物的 C—H 插入反应（如 1674、1675 的形成）。与 CO 反应生成了卡宾 CO 偶联产物 1676。根据碳 13 标记研究，星号标记的碳来自 CO[74,105]。

铀卡宾酰亚胺配合物 1679（图 5-62）是通过对先前报道的钳形卡宾配合物 1677 进行处理，在三苯基甲胺之后加入苄基锂或苄基钾制备的。最初的反应提供了双（酰胺）配合物 1678，然后去质子化。一种具有金属-杂环戊烯结构的相关配合物（1682，C═U═N 键角近 180°）由以前报道的螯状卡宾络合体 1680 而形成一种双吡啶连接复合体（1681）与 DMAP 配体发生交换[106]。

在双、三、四卤甲烷衍生物与激光烧蚀生成的钇或镧原子气相反应中发现了卡宾配合物。产物被困在氩基体中，通过红外光谱和计算光谱的比较以及同位素标记体系的类似研究进行鉴定。二卤甲烷提供亚甲基配合物（$H_2C═MX_2$），三卤甲烷和四卤甲烷提供亚甲基配合物（$H_2C═MX_2$），配合物提供卤素桥接结构（如 $HXCMX_2$，C 桥的卤素）。虽然没有观察到反应产物，但也计算了碳炔配合物的结构。在氯氟配合物中，所观察到的产物是金属中氟含量最高的产物[108]。

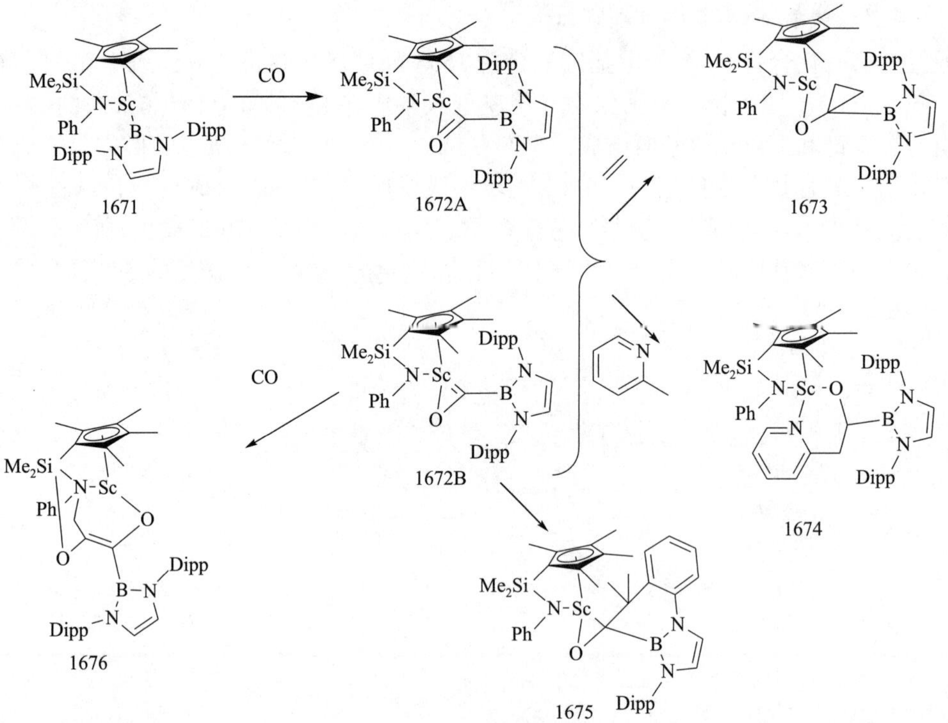

图 5−61　金属 Sc 的单茂卡宾化合物

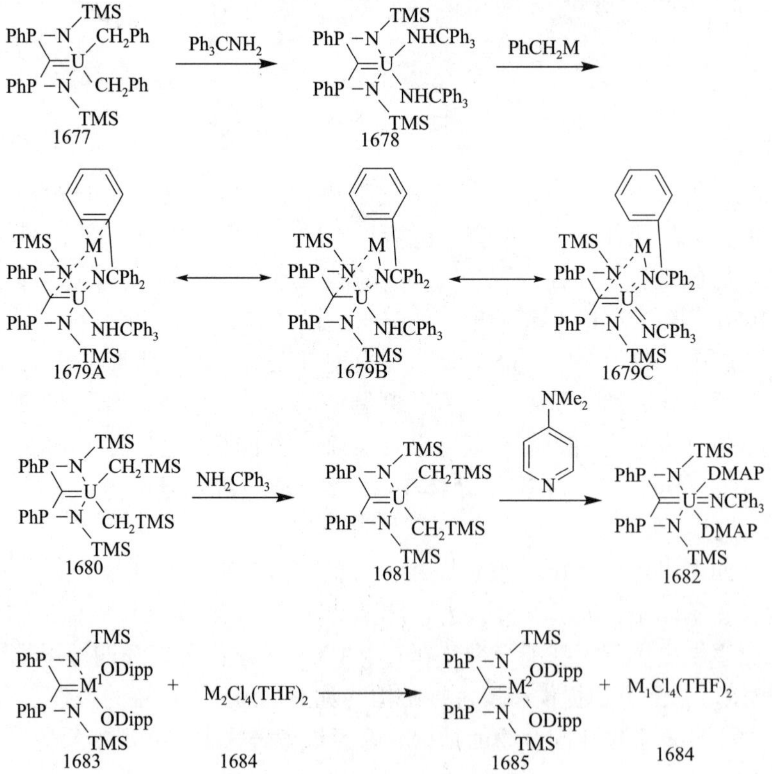

图 5−62　金属 U 的卡宾化合物

参考文献

[1] Filipe R M, Matos H A, Novais A Q. Catalyst Deactivation in Reactive Distillation. In 10*th International Symposium on Process Systems Engineering*, deBritoAlves, R. M.; doNascimento, C. A. O.; Biscaia, E. C., Eds., 2009, 27: 831-836.

[2] Anderson D R, O'Leary D J, Grubbs R H. Model compounds for olefin metathesis intermediates: Synthesis and characterization of ruthenium-olefin complexes. *Abstracts of Papers of the American Chemical Society*, 2006, 231.

[3] Badjic J D, Cantrill S J, Orenes R, et al. Mechanically interlocked bundle via olefin metathesis. *Abstracts of Papers of the American Chemical Society*, 2004, 227: U219-U220.

[4] Benitez D, Stoddart J F. ORGN 782 - Mechanically interlocked polymers by olefin metathesis. *Abstracts of Papers of the American Chemical Society*, 2006, 232.

[5] Biswas S, Zhou T, Wang D Y, et al. Dehydrogenation and metathesis of alkanes catalyzed by pincer-iridium complexes: Mechanistic studies and catalyst design. *Abstracts of Papers of the American Chemical Society*, 2013, 245.

[6] Dixon D A, Vasiliu M. Computational studies of the Grubbs and Schrock catalysts. *Abstracts of Papers of the American Chemical Society*, 2013, 245.

[7] Do L, Friscic T. Ru-catalyzed mechanochemical olefin metathesis polymerization: A solvent-free approach to ROMP and ADMET. *Abstracts of Papers of the American Chemical Society*, 2016, 252.

[8] Dong Y, Mosquera-Giraldo L, Taylor L, et al. Design of functionalized cellulose ethers for amorphous solid dispersion via olefin cross-metathesis. *Abstracts of Papers of the American Chemical Society*, 2016, 251.

[9] Dragutan V, Dragutan I, Dimonie M. Evidence for radical mechanism in olefin metathesis catalyzed by tungsten systems in a low oxidation state. *Abstracts of Papers of the American Chemical Society*, 2004, 227: U116-U116.

[10] Edwards G A, Culp P A, Chalker J M. Allyl sulfides as promoters in challenging olefin metathesis reactions. *Abstracts of Papers of the American Chemical Society* 2013, 245.

[11] Balcar H, Cejka J. Mesoporous molecular sieves as advanced supports for olefin metathesis catalysts. *Coordination Chemistry Reviews*, 2013, 257 (21-22): 3107-3124.

[12] Budagumpi S, Kim K-H, Kim I. Catalytic and coordination facets of single-site non-metallocene organometallic catalysts with N-heterocyclic scaffolds employed in olefin polymerization. *Coordination Chemistry Reviews*, 2011, 255 (23-24): 2785-2809.

[13] Ezugwu C I, Kabir N A, Yusubov M, et al. Metal-organic frameworks containing N-heterocyclic carbenes and their precursors. *Coordination Chemistry Reviews*, 2016, 307: 188-210.

[14] Caskey S R, Johnson M J A, Kampf J W. Ruthenium carbides: Formation via olefin metathesis mediated decomposition of acyloxycarbenes and reactivity thereof. *Abstracts of Papers of*

the American Chemical Society, 2006, 231.

[15] Despagnet – Ayoub E, Grubbs R H. Ruthenium olefin metathesis catalysts with 4 – membered N – heterocyclic carbene ligands. *Abstracts of Papers of the American Chemical Society*, 2004, 228: U876 – U876.

[16] Teator A J, Lastovickova D N, Bielawski C W. Switchable Polymerization Catalysts. *Chemical Reviews*, 2016, 116 (4): 1969 – 1992.

[17] Takahira Y, Usuda T, Morizawa Y. Ruthenium – catalyzed olefin cross – metathesis with tetrafluoroethylene. *Abstracts of Papers of the American Chemical Society*, 2016, 252.

[18] Abd – El – Aziz A S, Okasha R M, Afifi T H. Organoiron polynorbornenes with pendent arylazo and hetarylazo dye moieties. *Macromolecular Symposia*, 2004, 209: 195 – 205.

[19] Abdellatif M M, Nomura K. Precise Synthesis of End – Functionalized Oligo (2,5-dialkoxy-1,4-phenylene vinylene) s with Controlled Repeat Units via Combined Olefin Metathesis and Wittig – Type Coupling. *Organic Letters*, 2013, 15 (7): 1618 – 1621.

[20] Abdur – Rashid K, Fedorkiw T, Lough A J, et al. Coordinatively unsaturated hydridoruthenium (Ⅱ) complexes of N – heterocyclic carbenes. *Organometallics*, 2004, 23 (1): 86 – 94.

[21] Abel G A, Viamajala S, Varanasi S, et al. Toward Sustainable Synthesis of PA12 (Nylon – 12) Precursor from Oleic Acid Using Ring – Closing Metathesis. *Acs Sustainable Chemistry & Engineering*, 2016, 4 (10): 5703 – 5710.

[22] Adlhart C, Chen P. Mechanism and activity of ruthenium olefin metathesis catalysts: The role of ligands and substrates from a theoretical perspective. *Journal of the American Chemical Society*, 2004, 126 (11): 3496 – 3510.

[23] Alcaide B, Almendros P, Alonso J M. Ruthenium – catalyzed chemoselective N – allyl cleavage: Novel Grubbs carbene mediated deprotection of allylic amines. *Chemistry – a European Journal*, 2003, 9 (23): 5793 – 5799.

[24] Coperet C, Comas – Vives A, Conley M P, et al. Surface Organometallic and Coordination Chemistry toward Single – Site Heterogeneous Catalysts: Strategies, Methods, Structures, and Activities. *Chemical Reviews*, 2016, 116 (2): 323 – 421.

[25] Deiters A, Martin S F. Synthesis of oxygen – and nitrogen – containing heterocycles by ring – closing metathesis. *Chemical Reviews*, 2004, 104 (5): 2199 – 2238.

[26] Forgan R S, Sauvage J – P, Stoddart J F. Chemical Topology: Complex Molecular Knots, Links, and Entanglements. *Chemical Reviews*, 2011, 111 (9): 5434 – 5464.

[27] Corbett P T, Leclaire J, Vial L, et al. Dynamic combinatorial chemistry. *Chemical Reviews*, 2006, 106 (9): 3652 – 3711.

[28] Camacho – Fernandez M A, Yen M, Ziller J W, et al. Direct observation of a cationic ruthenium complex for ethylene insertion polymerization. *Chemical Science*, 2013, 4 (7): 2902 – 2906.

[29] Song G, Luo G, Oyamada J, et al. ortho – Selective C – H addition of N, N – dimethyl anilines to alkenes by a yttrium catalyst. *Chemical Science*, 2016, 7 (8): 5265 – 5270.

[30] Wojtecki R J, Wu Q, Johnson J C, et al. Optimizing the formation of 2,6-bis (N-alkyl-benzimidazolyl) pyridine-containing 3 catenates through component design. *Chemical Science*, 2013, 4 (12): 4440-4448.

[31] Franssen N M G, Reek J N H, de Bruin B. Synthesis of functional 'polyolefins': state of the art and remaining challenges. *Chemical Society Reviews*, 2013, 42 (13): 5809-5832.

[32] Reyes S J, Burgess K. Heterovalent selectivity and the combinatorial advantage. *Chemical Society Reviews*, 2006, 35 (5): 416-423.

[33] Kopecny J, Kurc L, Cerveny L. Metathesis Utilization in Synthesis of Fine Chemicals. *Chemicke Listy*, 2004, 98 (5): 246-253.

[34] Canal J P, Ramnial T. The Chemistry of Carbenes and Their Metal Complexes: An Undergraduate Laboratory Experiment, . 2009: 57. Chemistry Edution the ICT Age, 2009: 51-63.

[35] Goodall G W, Hayes W. Advances in cycloaddition polymerizations. *Chemical Society Reviews*, 2006, 35 (3): 280-312.

[36] Kotha S, Meshram M, Tiwari A. Advanced approach to polycyclics by a synergistic combination of enyne metathesis and Diels-Alder reaction. *Chemical Society Reviews*, 2009, 38 (7): 2065-2092.

[37] Tsai M L, Liu C Y, Wang Y Y, et al. Preparation and luminescence properties of polymers containing dialkoxyacenes. *Chemistry of Materials*, 2004, 16 (17): 3373-3380.

[38] Yamashita K-i, Kimura K, Tazawa S, et al. A Forgotten Olefin: A Convenient One-pot Cascade Reaction Involving Suzuki-Miyaura and Mizoroki-Heck Couplings to Form (E)-1,2-Di (pyren-1-yl) ethylene. *Chemistry Letters*, 2011, 40 (12): 1459-1461.

[39] Arumugam K, Varnado C D Jr, Sproules S, et al. Redox-Switchable Ring-Closing Metathesis: Catalyst Design, Synthesis, and Study. *Chemistry-a European Journal*, 2013, 19 (33), 10866-10875.

[40] Crudden C M, Allen D P. Stability and reactivity of N-heterocyclic carbene complexes. *Coordination Chemistry Reviews*, 2004, 248 (21-24), 2247-2273.

[41] Erker G, Kehr G, Frohlich R. Group 4 bent metallocenes and functional groups-Finding convenient pathways in a difficult terrain. *Coordination Chemistry Reviews*, 2006, 250 (1-2), 36-46.

[42] Fischer H, Szesni N. pi-donor-substituted metallacumulenes of chromium and tungsten. *Coordination Chemistry Reviews*, 2004, 248 (15-16): 1659-1677.

[43] Hamad F B, Sun T, Xiao S, et al. Olefin metathesis ruthenium catalysts bearing unsymmetrical heterocylic carbenes. *Coordination Chemistry Reviews*, 2013, 257 (15-16): 2274-2292.

[44] Wang C-M, Wang Y-D, Dong J, et al. Structure sensitivity of double bond isomerization of butene over MgO surfaces: A periodic DFT study. *Computational and Theoretical Chemistry*, 2011, 974 (1-3): 52-56.

[45] Borguet Y, Sauvage X, Bicchielli D, et al. ATRP of Methacrylates Catalysed by Homo- and Heterobimetallic Ruthenium Complexes. *Controlled/Living Radical Polymerization: Pro-

gress in Atrp, Matyjasewski, K., Ed., 2009, 1023: 97 – 114.

[46] Cadierno V, Gamasa M P, Gimeno J. Synthesis and reactivity of alpha, beta – unsaturated alkylidene and cumulenylidene group 8 half – sandwich complexes. *Coordination Chemistry Reviews*, 2004, 248 (15 – 16): 1627 – 1657.

[47] Fogg D E, dos Santos E N. Tandem catalysis: a taxonomy and illustrative review. *Coordination Chemistry Reviews*, 2004, 248 (21 – 24): 2365 – 2379.

[48] Shi C, Jia G. Chemistry of rhenium carbyne complexes. *Coordination Chemistry Reviews*, 2013, 257 (3 – 4): 666 – 701.

[49] Szymanska – Buzar T. Photochemical reactions of Group 6 metal carbonyls with alkenes. *Coordination Chemistry Reviews*, 2006, 250 (9 – 10): 976 – 990.

[50] Wu J – Q, Li Y – S. Well – defined vanadium complexes as the catalysts for olefin polymerization. *Coordination Chemistry Reviews*, 2011, 255 (19 – 20): 2303 – 2314.

[51] Herndon J W. The chemistry of the carbon – transition metal double and triple bond: Annual survey covering the year 2015. *Coordination Chemistry Reviews*, 2016, 329: 53 – 162.

[52] Herndon J W. The chemistry of the carbon – transition metal double and triple bond: Annual survey covering the year 2014. *Coordination Chemistry Reviews*, 2016, 317: 1 – 121.

[53] Rigaut S, Touchard D, Dixneuf P H. Ruthenium – allenylidene complexes and their specific behaviour. *Coordination Chemistry Reviews*, 2004, 248 (15 – 16): 1585 – 1601.

[54] Katayama H, Ozawa F. Vinylideneruthenium complexes in catalysis. *Coordination Chemistry Reviews*, 2004, 248 (15 – 16): 1703 – 1715.

[55] Herndon J W. The chemistry of the carbon – transition metal double and triple bond: Annual survey covering the year 2011. *Coordination Chemistry Reviews*, 2013, 257 (21 – 22): 2899 – 3003.

[56] Herndon J W. The chemistry of the carbon – transition metal double and triple bond: Annual survey covering the year 2006. *Coordination Chemistry Reviews*, 2009, 253 (1 – 2): 86 – 179.

[57] Ding L, Zheng X, An J, et al. Amphiphilic block copolymers via acyclic diene metathesis polymerization: one – step synthesis, characterization, and self – assembly. *Journal of Polymer Research*, 2013, 20 (11): 30 – 31.

[58] Rusu G, Joly N, Bandur G, et al. Inulin mixed esters crosslinked with 2 – ethyl – hexyl acrylate and their promotion as bio – based materials. *Journal of Polymer Research*, 2011, 18 (6): 2495 – 2504.

[59] Bachan S, Tony K A, Kawamura A, et al. Synthesis and anti – tumor activity of carbohydrate analogues of the tetrahydrofuran containing acetogenins. *Bioorganic & Medicinal Chemistry*, 2013, 21 (21): 6554 – 6564.

[60] Yamamoto Y. Copper – catalyzed Conjugate Addition of Organoboronic Acids and Esters to Electron – Deficient Alkynes. *Journal of Synthetic Organic Chemistry Japan*, 2013, 71 (4): 296 – 306.

[61] Agapie T, Schofer S J, Labinger J A, et al. Mechanistic studies of the ethylene trimerization

reaction with chromium – diphosphine catalysts: Experimental evidence for a mechanism involving metallacyclic intermediates. *Journal of the American Chemical Society*, 2004, 126 (5): 1304 – 1305.

[62] Anderson D R, Hickstein D D, O' Leary D J, et al. Model compounds of ruthenium – alkene intermediates in olefin metathesis reactions. *Journal of the American Chemical Society*, 2006, 128 (26): 8386 – 8387.

[63] Bernal M J, Torres O, Martin M, et al. Reversible Insertion of Carbenes into Ruthenium – Silicon Bonds. *Journal of the American Chemical Society*, 2013, 135 (50): 19008 – 19015.

[64] Bertrand A, Hillmyer M A. Nanoporous Poly (lactide) by Olefin Metathesis Degradation. *Journal of the American Chemical Society*, 2013, 135 (30): 10918 – 10921.

[65] Bieniek M, Bujok R, Cabaj M, et al. Advanced fine – tuning of Grubbs/Hoveyda olefin metathesis catalysts: a further step toward an optimum balance between antinomic properties. *Journal of the American Chemical Society*, 2006, 128 (42): 13652 – 13653.

[66] Blacquiere J M, Higman C S, McDonald R, et al. A Reactive Ru – Binaphtholate Building Block with Self – Tuning Hapticity. *Journal of the American Chemical Society*, 2011, 133 (35): 14054 – 14062.

[67] Blencowe A, Qiao G G. Ring – Opening Metathesis Polymerization with the Second Generation Hoveyda – Grubbs Catalyst: An Efficient Approach toward High – Purity Functionalized Macrocyclic Oligo (cyclooctene) s. *Journal of the American Chemical Society*, 2013, 135 (15): 5717 – 5725.

[68] Lin M – Y, Das A, Liu R – S. Metal – catalyzed cycloisomerization of enyne functionalities via a 1,3-alkylidene migration. *Journal of the American Chemical Society*, 2006, 128 (29): 9340 – 9341.

[69] Ma K B, Piers W E, Parvez M. Competitive ArC – H and ArC – X (X = Cl, Br) activation in halobenzenes at cationic titanium Centers. *Journal of the American Chemical Society*, 2006, 128 (10): 3303 – 3312.

[70] MacInnis M C, McDonald R, Ferguson M J, et al. Four – Coordinate, 14 – Electron Ru – II Complexes: Unusual Trigonal Pyramidal Geometry Enforced by Bis (phosphino) silyl Ligation. *Journal of the American Chemical Society*, 2011, 133 (34): 13622 – 13633.

[71] Magill A M, Cavell K J, Yates B F. Basicity of nucleophilic carbenes in aqueous and nonaqueous solvents – theoretical predictions. *Journal of the American Chemical Society*, 2004, 126 (28): 8717 – 8724.

[72] Dragutan I, Dragutan V. Ruthenium Allenylidene Complexes A PROMISING ALTERNATIVE IN METATHESIS CATALYSIS. *Platinum Metals Review*, 2006, 50 (2): 81 – 94.

[73] Miao W, Chan T H. Ionic – liquid – supported synthesis: A novel liquid – phase strategy for organic synthesis. *Accounts of Chemical Research*, 2006, 39 (12): 897 – 908.

[74] Pelletier J D A, Basset J – M. Catalysis by Design: Well – Defined Single – Site Heterogeneous Catalysts. *Accounts of Chemical Research*, 2016, 49 (4): 664 – 677.

[75] Vummaleti S V C, Cavallo L, Poater A. The driving force role of ruthenacyclobutanes. In *9th*

Congress on Electronic Structure: Principles and Applications, RuizLopez, M. F.; DelValle, F. J. O., Eds., 2016, 11: 93 – 98.

[76] Odom S A, Jackson A C, Prokup A M, et al. Visual Indication of Mechanical Damage Using Core – Shell Microcapsules. Acs Applied Materials & Interfaces, 2011, 3 (12): 4547 – 4551.

[77] Yang J – X, Long Y – Y, Pan L, et al. Spontaneously Healable Thermoplastic Elastomers Achieved through One – Pot Living Ring – Opening Metathesis Copolymerization of Well – Designed Bulky Monomers. Acs Applied Materials & Interfaces, 2016, 8 (19): 12445 – 12455.

[78] Zhou S, Li J, Schlangen M, et al. Bond Activation by Metal – Carbene Complexes in the Gas Phase. Accounts of Chemical Research, 2016, 49 (3): 494 – 502.

[79] Parker K A, Sampson N S. Precision Synthesis of Alternating Copolymers via Ring – Opening Polymerization of 1 – Substituted Cyclobutenes. Accounts of Chemical Research, 2016, 49 (3): 408 – 417.

[80] Cesar V, Bellemin – Laponnaz S, Gade L H. Chiral N – heterocyclic carbenes as stereodirecting ligands in asymmetric catalysis. Chemical Society Reviews, 2004, 33 (9): 619 – 636.

[81] Maas G. Ruthenium – catalysed carbenoid cyclopropanation reactions with diazo compounds. Chemical Society Reviews, 2004, 33 (3): 183 – 190.

[82] Nelson D J, Nolan S P. Quantifying and understanding the electronic properties of N-heterocyclic carbenes. Chemical Society Reviews, 2013, 42 (16): 6723 – 6753.

[83] Popoff N, Mazoyer E, Pelletier J, et al. Expanding the scope of metathesis: a survey of polyfunctional, single – site supported tungsten systems for hydrocarbon valorization. Chemical Society Reviews, 2013, 42 (23): 9035 – 9054.

[84] Chattopadhyay S K, Pal B K, Maity S. Combined multiple Claisen rearrangement and ring – closing metathesis as a route to naphthalene, anthracene, and anthracycline ring systems. Chemistry Letters, 2003, 32 (12): 1190 – 1191.

[85] Fuwa H, Noto K, Kawakami M, et al. Synthesis and Biological Evaluation of Aspergillide A/Neopeltolide Chimeras. Chemistry Letters, 2013, 42 (9): 1020 – 1022.

[86] Bernhammer J C, Frison G, Han Vinh H. Electronic Structure Trends in N – Heterocyclic Carbenes (NHCs) with Varying Number of Nitrogen Atoms and NHC – Transition – Metal Bond Properties. Chemistry – a European Journal, 2013, 19 (38): 12892 – 12905.

[87] Bidange J, Fischmeister C, Bruneau C. Ethenolysis: A Green Catalytic Tool to Cleave Carbon – Carbon Double Bonds. Chemistry – a European Journal, 2016, 22 (35): 12226 – 12244.

[88] Bogdan A, Vysotsky M O, Ikai T, et al. Rational synthesis of multicyclic bis 2 catenanes. Chemistry – a European Journal, 2004, 10 (13): 3324 – 3330.

[89] Bray K L, Lloyd – Jones G C, Munoz M P, et al. Mechanism of cycloisomerisation of 1, 6 – heptadienes catalysed by (tBuCN) (2) PdCl2: Remarkable influence of exogenous and endogenous 1, 6-and 1, 5-diene ligands. Chemistry – a European Journal, 2006, 12

(34): 8650-8663.

[90] Jablonka-Gronowska E, Witkowski B, Horeglad P, et al. Testing the 1,1,3,3-tetramethyl-disiloxane linker in olefin metathesis. *Comptes Rendus Chimie*, 2013, 16 (6): 566-572.

[91] Rhers B, Lucas C, Taoufik M, et al. Synthesis and characterization of new aryloxy containing tungsten complexes. *Comptes Rendus Chimie*, 2006, 9 (9): 1169-1177.

[92] Meena J S, Thankachan P P. Theoretical studies of the ring opening metathesis reaction of 3,3-dimethyl cyclopropene with molybdenum catalyst. *Computational and Theoretical Chemistry*, 2013, 1024: 1-8.

[93] Tia R, Adei E. Computational studies of the mechanistic aspects of olefin metathesis reactions involving metal oxo-alkylidene complexes. *Computational and Theoretical Chemistry*, 2011, 971 (1-3): 8-18.

[94] Buchmeiser M R. Tandem Ring-Opening Metathesis/Vinyl Insertion Polymerization-Derived Poly (Olefin) s. *Current Organic Chemistry*, 2013, 17 (22): 2764-2775.

[95] Conrad J C, Fogg D E. Ruthenium-catalyzed ring-closing metathesis: Recent advances, limitations and opportunities. *Current Organic Chemistry*, 2006, 10 (2): 185-202.

[96] Wojtkielewicz A. Application of Cross Metathesis in Diene and Polyene Synthesis. *Current Organic Synthesis*, 2013, 10 (1): 43-66.

[97] Bird G H, Crannell W C, Walensky L D. Chemical synthesis of hydrocarbon-stapled peptides for protein interaction research and therapeutic targeting. *Current Protocols in Chemical Biology*, 2011, 3 (3): 99-117.

[98] Arduengo A J, III, Iconaru L I. Fused polycyclic nucleophilic carbenes-synthesis, structure, and function. *Dalton Transactions*, 2009, (35): 6903-6914.

[99] Ashworth I W, Nelson D J, Percy J M. Solvent effects on Grubbs' pre-catalyst initiation rates. *Dalton Transactions*, 2013, 42 (12): 4110-4113.

[100] Xie X, Gao L, Shull A Y, et al. Stapled peptides: providing the best of both worlds in drug development. *Future Medicinal Chemistry*, 2016, 8 (16): 1969-1980.

[101] Gruttadauria M, Giacalone F, Noto R. "Release and catch" catalytic systems. *Green Chemistry*, 2013, 15 (10): 2608-2618.

[102] Malacea R, Fischmeister C, Bruneau C, et al. Renewable materials as precursors of linear nitrile-acid derivatives via cross-metathesis of fatty esters and acids with acrylonitrile and fumaronitrile. *Green Chemistry*, 2009, 11 (2): 152-155.

[103] Zahel M, Wang Y, Jaeger A, et al. A Metathesis Route to (+)-Orientalol F, a Guaiane Sesquiterpene from Alisma Orientalis. *European Journal of Organic Chemistry*, 2016, (35): 5881-5886.

[104] Ansell M B, Spencer J, Navarro O. (N-Heterocyclic Carbene)(2)-Pd(0)-Catalyzed Silaboration of Internal and Terminal Alkynes: Scope and Mechanistic Studies. *Acs Catalysis*, 2016, 6 (4): 2192-2196.

[105] Ashworth I W, Hillier I H, Nelson D J, et al. Olefin Metathesis by Grubbs-Hoveyda Complexes: Computational and Experimental Studies of the Mechanism and Substrate-De-

pendent Kinetics. *Acs Catalysis*, 2013, 3 (9): 1929-1939.

[106] Chalker J M, Bernardes G J L, Davis B G. A "Tag – and – Modify" Approach to Site – Selective Protein Modification. *Accounts of Chemical Research*, 2011, 44 (9): 730-741.

[107] Chen P. Designing Sequence Selectivity into a Ring – Opening Metathesis Polymerization Catalyst. *Accounts of Chemical Research*, 2016, 49 (5): 1052-1060.

[108] Franck R W, Tsuji M. alpha – C – galactosylceramides: Synthesis and immunology. *Accounts of Chemical Research*, 2006, 39 (10): 692-701.

[109] Hansen E C, Lee D. Search for solutions to the reactivity and selectivity problems in enyne metathesis. *Accounts of Chemical Research*, 2006, 39 (8): 509-519.

第6章
金属有机化合物在有机反应中的应用

6.1 金属有机发展历程

金属有机化合物在有机合成的应用，推动了有机化学的发展。20世纪50年代以前，主要是一、二主族元素的金属有机化合物的合成；20世纪50年代后，由于K. Ziegler，H. O. Brown和G. Wittig的贡献，应用于合成的金属有机化合物扩展到三、五主族元素；之后二茂铁的发现和结构的阐明，使人们对化学键有了新的认识，发现周期表上甚至稀有气体的所有元素，无一不可与碳形成化合物或者配合物。因此，人们预料，主族元素有机化合物应用于有机合成扩展到三、四、五、六族元素，而过渡元素的有机物应用于有机合成，必将是一个百花齐放的前景，同时量子化学、结构化学、物理化学、分析化学、计算化学等亦将随之发展，相辅相成，成为一个金属有机化学空前发展的时代。

近几十年来，估计至少有50%有机合成的新方法是用金属有机试剂或者催化剂来完成的，它有力地推动了精细有机合成和基础有机工业的发展。

在有机合成应用中的金属有机化学反应发现年表：

1827年，发现Zeise's盐（W. C. Zeise）；
1849年，烷基锌应用于有机合成（E. Frankland）；
1855年，Wurtz反应的发现（C. A. Wurtz）；
1864年，Fitig反应的发现（R. Fitig）；
1884年，Sandmeyer反应的发现（T. Sandmeyer）；
1887年，Reformatsky反应的发现（S. Reformatsky）；
1890年，Gettermann反应的发现（L. Gettermann）；
1896年，Ullmann反应的发现（F. Ullmann）；
1901年，Grignard反应的发现（V. Grignard）；
1925年，发现Fischer-Tropsch过程；发展直接制备烷基锂的方法（K. Ziegler, M. Colonius）；首次合成得到丁二烯配合物，$Fe(C_4H_6)(CO)_3$（H. Reihlen）；
1930年，有机锂应用于有机合成；
1938年；$PdCl_2(C_2H_4)$水合为乙醛；
1939年，应用铑催化剂均相催化氢化的发现（M. Iguchi）（S. Winstein，H. J. Lucas）；
1938—1945年，Reppe合成的发现；
1950年，有机铝应用于有机合成（K. Ziegler）；

1951 年，发现二茂铁（T. J. Kealy，P. L. Pauson，S. A. Miller，J. A. Tebboth，J. F. Tremaine 1952）；

1953 年，Ziegler 催化剂的发现；Normant 方法的发现；Wittig 反应的发现（G. Wittig）；

1956 年，硼氢化的发现（H. C. Brown）；

1958 年，Wacker 法的发现（J. Smidt）；硅氢化的发现（J. L. Speier）；

1964 年，金属卡宾配合物的发现（E. O. Fischer）；烯烃复分解反应的发现（R. L. Banks）；

1965 年，Wikinson 催化剂的发现（G. Wikinson，R. S. Coffey）；

1966 年，有机铜试剂的发现（H. O. House）；

1974 年，锆氢化的发现（J. Schwartz）；

1980 年，Sharonpless 不对称环氧化的发现（K. B. Sharonpless）。

1）金属有机化学的产生与基本成形阶段（1823—1950 年）

1827 年，丹麦药剂师 W. C. Zeise 在加热 $PtCl_2$/KCl 的乙醇溶液时无意中得到一种黄色沉淀，由于当时的条件有限，他未能表征出这种黄色沉淀物质的结构。现已证明，这个化合物为金属有机化合物。Zeise 可能不会想到，他无意中得到的有机化合物标志着无机化学与有机化学的交叉学科金属有机化学的开端。

1901 年，法国化学家 V. Grignard 在他的老师 P. Barbier 的引导下，在前人研究的基础上发现了镁有机化合物 RMgX 并将它用于有机合成。这是本阶段金属有机化学发展的最重要的一页。他所发现的新试剂开创了新的有机合成方法在如今仍被广泛应用。由于他的卓越贡献，1912 年，他获得了诺贝尔化学奖，这也是第一个获得诺贝尔奖的金属有机化学家。当时 Grignard 得知自己获奖后，曾写信强烈要求评审委员会让他与他老师 Barbier 一起分享此奖，遗憾的是他的提议遭到了拒绝。

2）金属有机化学的飞速发展阶段（1951 年—20 世纪 90 年代初）

1951 年 P. L. Pauson 和 S. A. Miller 的并非预期的实验结果，偶然地发现了二茂铁，由此引发的对金属有机化学原有理论上的挑战，揭开了金属有机化学发展的新序幕。又凭着 G. Wilkinson 和 R. B. Woodward 的智慧以及 F. O. Fisher 的辛勤工作，借助当时 X 射线衍射、核磁共振、红外光谱等物理发展而提供的先进检测技术手段，二茂铁的结构得以确认为三明治夹心结构。

1953—1955 年，德国化学家 K. Ziegler 和意大利化学家 G. Natt 发现了著名的乙烯、丙烯和其他烯烃聚合的 Ziegler – Natt 催化剂。这又是善于从偶然的事件中看到隐藏在后面的规律并成功应用于工业生产的成功事例。它能使得乙烯在较低压力下得到高密度的聚乙烯。随后在此基础上发展起来的定向聚合技术，不仅使高分子材料的生产上了一个台阶，而且也为配位催化作用开辟了广阔的研究领域，为现代合成材料工业奠定了基础。

1958 年，德国 Wacker Chemie 化学公司的 J. Smidt 实现了在钯催化下乙烯氧化合成乙醛的著名的 Wacker 氧化反应。Smidt 的特殊贡献不在于发现了什么新的化学反应，而是将以前发现的大家熟知的两个化学反应有机地巧妙"组合"在一起，产生了"1＋1＞2"效应。同时他用钯代替汞作催化剂而消除了其对环境的污染危害。另外，Wacker 工艺的发展使价廉的乙烯取代价格昂贵的乙炔成为化学工业的基础原料。

1963 年的第一届金属有机化学国际会议在美国辛辛那提市召开，并开始出版金属有机化学杂志。从此，金属有机化学的发展全方位开始欣欣向荣起来。20 世纪 60 年代末期，大量新的、不同类型的金属有机化合物被合成出来。同时物理学的发展为其提供了更为先进的检测手段，使得通过对它们结构的测定而发现了许多新的结构类型。典型的代表就是 1965 年 G. Wilkinson 合成了铑 - 膦配合物及发现了它优良的催化性能。由 R. B. Woodward 领导下的 B12 合成的成功宣告人类可以合成任何自然界存在的物质。

进入 20 世纪 70 年代，科学家们逐渐归纳形成了一些金属有机化学反应的基元反应，从这些基元反应又发展成一些合成上有应用价值的反应。可以这么说，20 世纪 60 年代金属有机化合物的合成、结构以及 X 射线晶体结构的研究是 20 世纪 70 年代金属有机化合物在催化和合成中应用的前奏。这些反应往往是温和的，具有选择性的。例如，Monsanto 公司的 F. E. Paulik 实现了甲醇羰化制乙酸，而且这还是典型的绿色化学反应过程。W. Keim 发现了镍配合物催化乙烯齐聚合成 α-烯烃的 SHOP 工艺，开创了均相催化复相化的成功先例，解决了催化剂与产物分离的难题。

到 20 世纪 70 年代末，结合金属有机化合物的催化和选择性这两个性质发展成了催化的不对称合成。Monsanto 公司的 W. Knowles 合成了治疗帕金森病的特效药 L - Dopa，开创了不对称催化的新纪元。这又是人们利用金属有机化合物的某些优良特性，然后放大、组合来为人类造福。催化不对称合成经过 20 世纪 80 年代的经验积累，到 20 世纪 90 年代有了飞速的发展。对其作出了卓越贡献的三位科学家 W. Knowles、K. B. Sharpless 和 N. Yoshihiro 也于 2001 年获得了诺贝尔化学奖。

6.2 羰基化反应

18 世纪 de Lassone 在氧化锌与焦炭反应中首次发现一氧化碳（CO）。如今，这种气体被用作廉价且易于获得的 C1 来源，用于各种羰基化反应。早在 20 世纪初，就已经开展了关于过渡金属催化羰基化的第一项工作。从那时起，该领域取得了令人瞩目的进展。值得注意的是，除了学术发展之外，CO 的羰基化反应在工业中以大规模应用。例如，绝大部分乙酸是通过甲醇的羰基化（Monsanto 或 Cativa 工艺）生产的。此外，烯烃/炔烃与亲核试剂（如醇和胺）的羰基化构成了这种反应的另一种重要类型。如图 6 - 1 所示，通过这种和相关的过渡金属催化的羰基化反应可以容易地制备一系列羧酸、酯和酰胺。

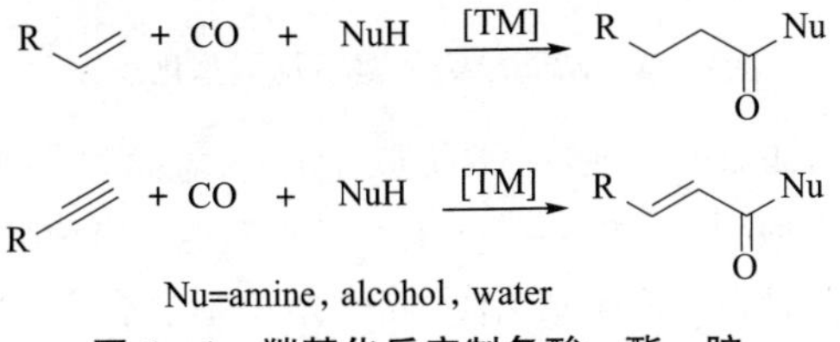

Nu=amine, alcohol, water

图 6 - 1 羰基化反应制备酸、酯、胺

从反应机理的角度来看，尽管催化剂、底物和亲核试剂存在差异，但一般公认的反应机理如图 6 - 2 所示。反应开始于相应的金属氢化物物种，金属氢化物由具有酸添加剂（TsOH、HBF$_4$ 等）的预催化剂或在催化循环期间由合适的酰基金属配合物与亲核试剂反应产生。随后进行配位，插入不饱和底物，然后进一步插入一氧化碳，得到酰基金属配合物。最后，通过亲核试剂对酰基金属物质的亲核攻击完成催化循环，并再生金属氢化物。

不饱和底物羰基化的一个特例是加氢甲酰化,它利用氢作为亲核试剂[1,2]。就规模而言,这一过程代表了最重要的均相催化反应。在工业均相催化开始时,镍和钴催化剂在烷氧基羰基化和加氢甲酰化中占优势。由于自20世纪70年代以来改进的活性和选择性,催化剂开发尤其集中在铑催化剂(用于加氢甲酰化)和钯催化剂(用于烷氧基羰基化)。最近,人们越来越关注开发用于这些反应的较便宜和环境友好的催化剂。在本节中,将简要概述烯烃和炔烃羰基化领域的重要工作。

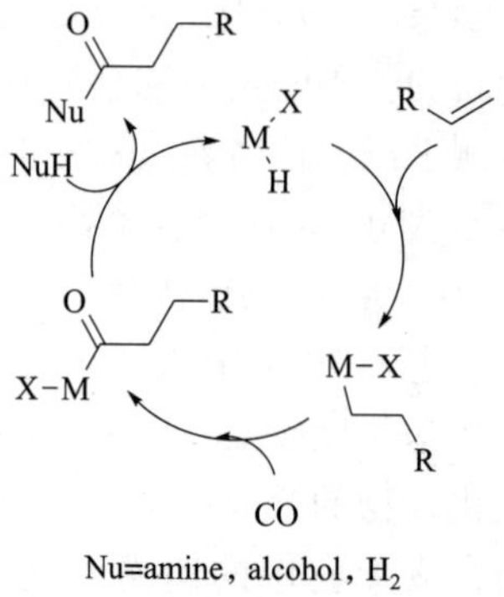

图 6-2 羰基化反应机理

6.2.1 铑催化的加氢甲酰化反应

在二乙胺存在下使用烯烃加氢甲酰化作为模型体系,Beller组开发了一种由阳离子铑前体和Xantphos作为配体组成的有效催化末端烯烃的氢氨基甲基化,以合成具有优异的产率和选择性的线性胺的反应体系(图6-3)[3]。脂族烯烃得到相应的线性产物,其优异的区域选择性>98∶2。值得注意的是,催化剂体系耐受各种反应性官能团。

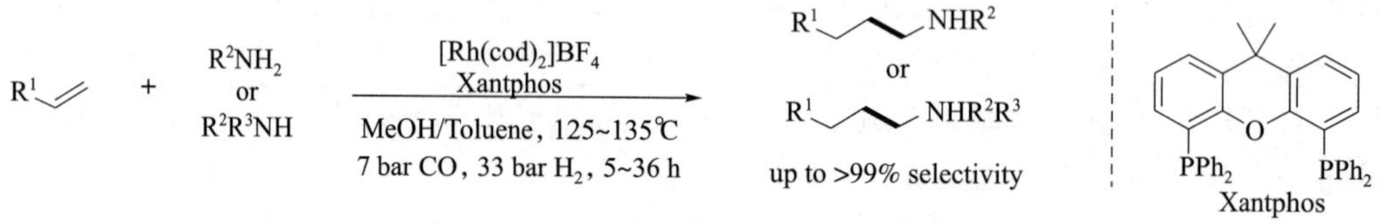

图 6-3 末端烯烃的氢氨基甲基化反应

在Beller组研究的烯烃氢氨基甲基化成的过程中,发现阳离子铑前体[Rh(cod)₂]BF₄与Iphos作为配体的组合允许烯烃高选择性地氢氨基甲基化(图6-4)[4]。不同的脂肪族烯烃首次得到具有良好区域选择性的线性产物。

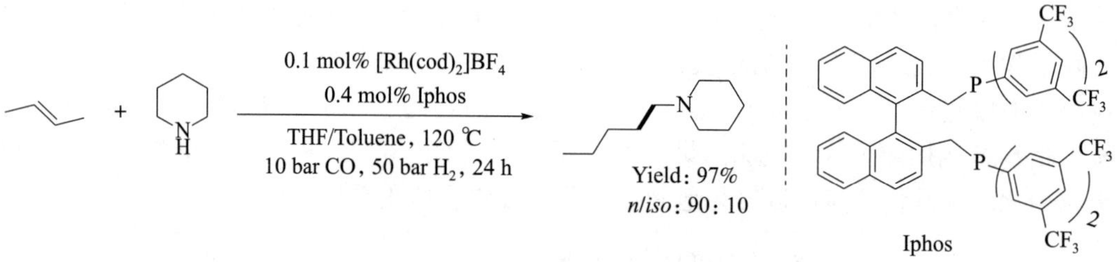

图 6-4 脂肪族烯烃氢氨基甲基化反应

Beller组还测试了Xantphos衍生物在脂肪族烯烃的氢氨基甲基化反应中的活性。使用Xantphenoxaphos获得了最佳结果(图6-5),该反应中显示出优异的选择性。由于碳碳双键的异构化反应,Xantphos配体的空间位阻和大咬合角特别适合于在加氢甲酰化步骤中产生线性醛。

Beller组测试[Rh(cod)₂]BF₄与双膦配体的各种组合,发现在四氟硼酸存在下1,1-双-(二苯基膦基)二茂铁(DPPF)在苯乙烯和苯胺之间的反应中得到最好的结果(分别为96%和12∶88)(图6-6)。不同的芳基乙烯与各种取代的苯胺以高产率得到相应的仲胺,对支化产物具有良好的区域选择性。该催化体系要使用温和的压力和较低的温度。

$R=C_5H_{11}$, C_3H_7, C_2H_5; HNR^1R^2=Various secondary amines

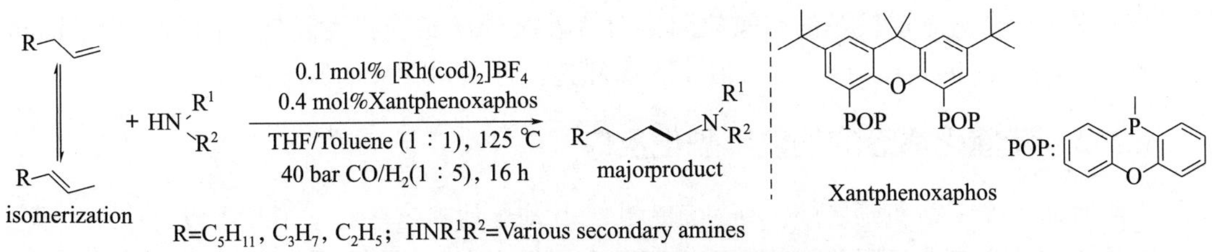

图 6 -5　脂肪族烯烃氢氨基甲基化反应

Ar=C_6H_5, p–ClC_6H_4, p–$MeOC_6H_4$, R=H, –OMe, –CF_3, –CN

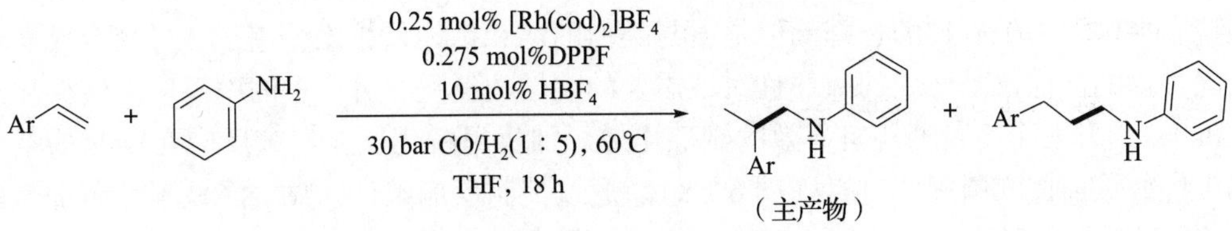

图 6 -6　芳香族烯烃氢氨基甲基化反应

过渡金属结合的 N-杂环卡宾（NHC）配体在各种催化反应中是有效的。其中 Beller 组首次报道了具有 N-杂环卡宾配体的氢氨基甲基化[5]。Beller 组成功探索了铑单碳烯复合物[RhCl(cod)(Imes)](Imes = 1,3-二甲基咪唑-2-亚基）的几个脂肪族环状烯烃或芳基乙烯的氢氨甲基化（图 6 -7）。大多数时候使用这种催化剂可以获得良好的活性。从 1,1-二芳基乙

Imes:

	Selectivity	n/iso
R=C_3H_7	99%	62 : 38
R=C_6H_{13}	85%	68 : 32
R=Ph	95%	21 : 79

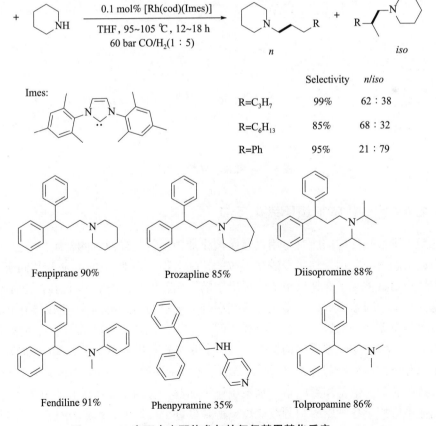

图 6 -7　N-杂环卡宾配体参与的氢氨基甲基化反应

烯开始，由于两个芳基取代基的空间位阻，对线性胺的区域选择性是优异的。在 0.1 mol% 的 [RhCl(cod)-(Imes)] 存在下，以高产率和选择性获得相应的芳基丙胺。

6.2.2 铱催化烯烃的加氢甲酰化反应

如前所述，除了钴和铑之外，到目前为止，其他金属在这些转变中几乎没有应用。其主要原因是相应的金属羰基配合物的低活性以及有副反应如氢化的趋势。另一方面，替代金属可能在合适的配体存在下显示出新的反应性，并提供更容易的反应方式。在这方面，铱催化剂的使用提供了一个有趣的选择。但是，与类似的铑和钴体系相比，用于从烯烃合成醛或醇的铱配合物的活性仅是适中的，并且对不需要的烷烃的氢化有着严重的副反应。值得注意的是，Beller 组开发了一种通用且有效的铱催化烯烃加氢甲酰化反应，该反应在温和的条件下使用市售的铱前体和膦配体进行（图 6-8）。通过控制反应条件，显著降低了竞争加氢副反应。使用过量的一氧化碳（分压 $CO/H_2 = 2/1$）并在加热前引入 CO 压力是反应成功的关键。催化剂体系能够成功地应用于各种脂族和芳族烯烃。对于不同的烯烃，已经实现了 62%~90% 的醛产率[6]。有趣的是，当反应混合物在 0 ℃ 下放置数小时时，[$Ir_2(CO)_6(PPh_3)_2$] 被检测到。使用该配合物作为 1-辛烯加氢甲酰化的催化剂，得到 n-壬醛，产率为 46%，区域选择性为 74∶26。

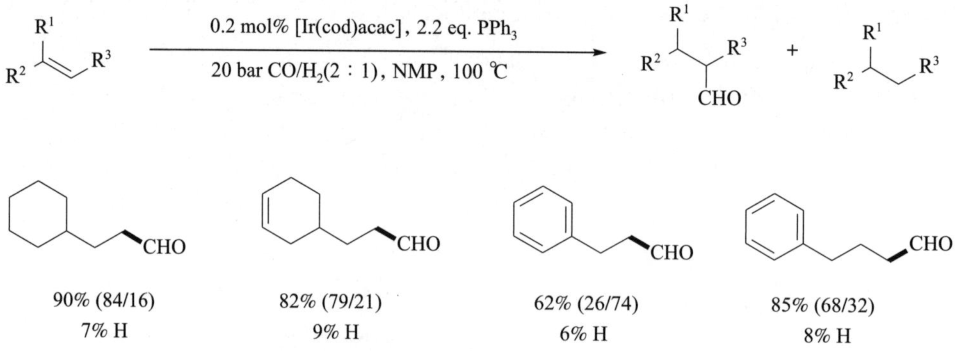

图 6-8 铱催化烯烃加氢甲酰化反应

6.2.3 钌催化的加氢甲酰化反应

在用于羰基化反应的所有可用贵金属催化剂中，钌是最便宜的金属，并且在均相催化中也变得越来越重要。用于加氢甲酰化反应的铑配合物，虽然 Wilkinson 及其同事在 1965 年已经开创性报道钌催化剂在加氢甲酰化反应中的应用，但自那时起几十年来仅描述了少数选择性钌基催化剂。与铱类似，通常仅用这些系统实现窄的底物范围，并且反应通常在具有高催化剂负载的苛刻条件下进行，获得醛和醇的混合物，较高温度优选用于获得醇。此外，也伴有底物的氢化和异构化副反应的发生。最近，Beller 组开发了基于 [$Ru_3(CO)_{12}$] 和咪唑取代的单膦配体的高效钌催化剂体系[7]。该催化剂允许烯烃的加氢甲酰化和氢化来获得选择性的直链脂肪醇。值得注意的是，水被用作添加剂，有助于形成催化活性的氢化钌物质。将催化剂体系应用于各种脂族和芳族烯烃，得到良好至极好的产率和高化学和区域选择性的醇（图 6-9）。

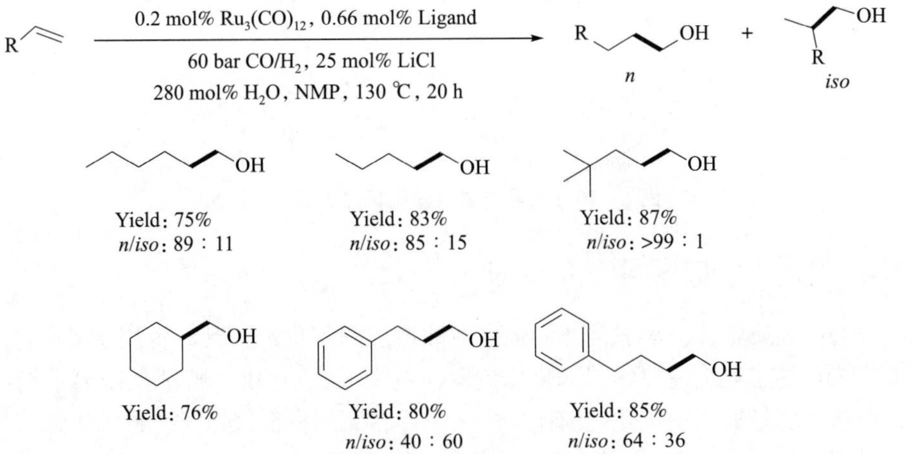

$$R\diagdown \xrightarrow[\substack{60 \text{ bar CO/H}_2,\ 25 \text{ mol\% LiCl} \\ 280 \text{ mol\% H}_2\text{O, NMP, 130 ℃, 20 h}}]{0.2 \text{ mol\% Ru}_3(\text{CO})_{12},\ 0.66 \text{ mol\% Ligand}} R\diagdown\diagdown\text{OH} + \underset{\substack{iso}}{\overset{\substack{R}}{\diagdown\text{OH}}}$$

Yield: 75% n/iso: 89:11

Yield: 83% n/iso: 85:15

Yield: 87% n/iso: >99:1

Yield: 76%

Yield: 80% n/iso: 40:60

Yield: 85% n/iso: 64:36

图 6-9 钌催化加氢甲酰化反应

与加氢甲酰化相似，烯烃的氢氨甲基化主要在铑催化剂存在下进行，并且替代金属的应用仅受到很少的关注。在该领域，仅报道了少数实例，如 Keim 和 Schaffrath 使用一氧化碳进行钌催化的丙烯的氢氨甲基化反应和使用二氧化碳在反向水煤气变换反应中使用 $Ru_3(CO)_{12}$ 催化的氢氨甲基化[8]。由于较窄的底物范围以及所需的高催化剂负载和苛刻的反应条件，需要更普遍的钌催化的氢氨甲基化反应条件。如上所述，Beller 组发现咪唑取代的单膦配体对钌催化的烯烃加氢甲酰化显示出良好的活性和区域选择性。基于观察结果，合成了几种基于咪唑的单膦配体，并在 $Ru_3(CO)_{12}$ 存在下开发了烯烃的氢氨基甲基化（图 6-10）。实验发现，L3 被确定为有希望的配体。使用催化量的十二羰基三钌和 L3，各种类型的烯烃和胺以良好至极好的产率和区域选择性平稳地转化为相应的线性胺（图 6-10）。更有趣的是，该系统在具有挑战性的烯酰胺和内烯烃的氢氨基甲基化中也有活性。

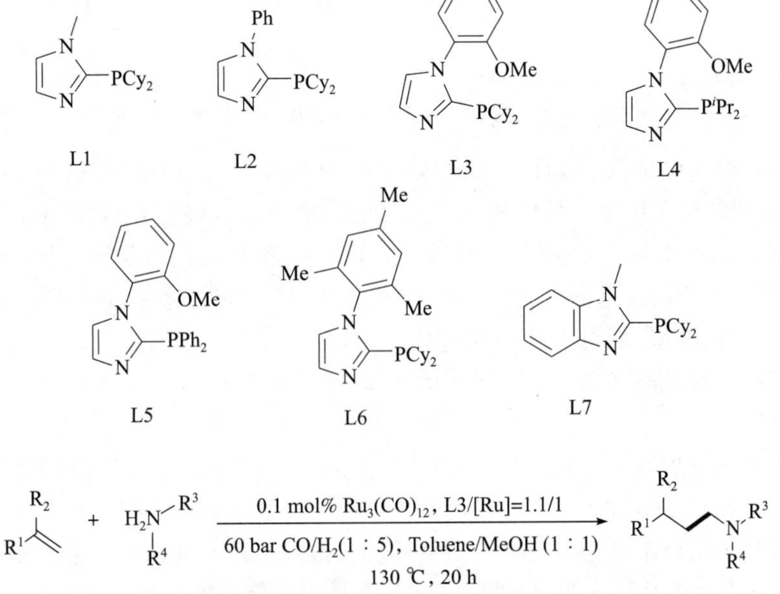

L1   L2   L3   L4

L5   L6   L7

$$\underset{R^1}{\overset{R_2}{\diagdown}}\!\!=\!\! + H_2N\!\!\underset{R^4}{\overset{R^3}{\diagdown}} \xrightarrow[\substack{60 \text{ bar CO/H}_2(1:5),\ \text{Toluene/MeOH} (1:1) \\ 130\ ℃,\ 20\ h}]{0.1 \text{ mol\% Ru}_3(\text{CO})_{12},\ \text{L3/[Ru]}=1.1/1} \underset{R^1}{\overset{R_2}{\diagdown}}\!\!\diagdown\!\!N\!\!\underset{R^4}{\overset{R^3}{\diagdown}}$$

图 6-10 烯烃的氢氨基甲基化反应

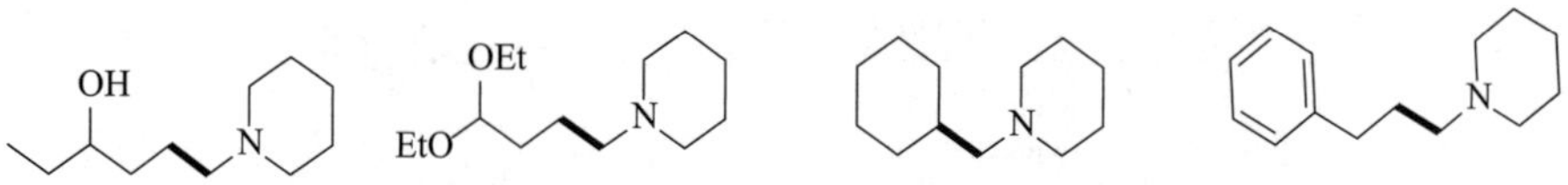

Yield: 76% n/iso: 99 : 1

Yield: 64% n/iso: 86 : 14

Yield: 58%

Yield: 80% n/iso: 45 : 55

图 6 – 10　烯烃的氢氨基甲基化反应（续）

6.2.4　钯催化的加氢甲酰化反应

在所有过渡金属中，钯形成可能是最广泛和通用的催化剂，其广泛用于各种 C—C 键形成中。关于烯烃的工业上重要的羰基化反应，在过去的 20 年中，特别是阳离子钯顺式螯合二膦配合物被证明是通用的催化剂前体。另一方面，文献中仅报道了几种关于钯催化的加氢甲酰化的研究。Beller 组使用了具有苯基吡咯取代的双膦配体的钯配合物，其在脂肪族和芳族烯烃的加氢甲酰化中显示出高效率和选择性[9]。在酸（^{p}TsOH）的氛围中，即使在室温且没有任何氢气压力下，催化剂也导致 1-辛烯的极快异构化，10 min 后，超过 90% 的 1-辛烯转化为内烯烃。在优化的温度、压力和酸条件下，该系统成功地应用于各种底物，得到良好至优异的选择性（图 6 – 11）。实际上，N-乙烯基邻苯二甲酰亚胺以 95% 的产率加氢甲酰化，对于线性醛，区域选择性高达 98%，这是迄今为止报道的该底物的最高值。

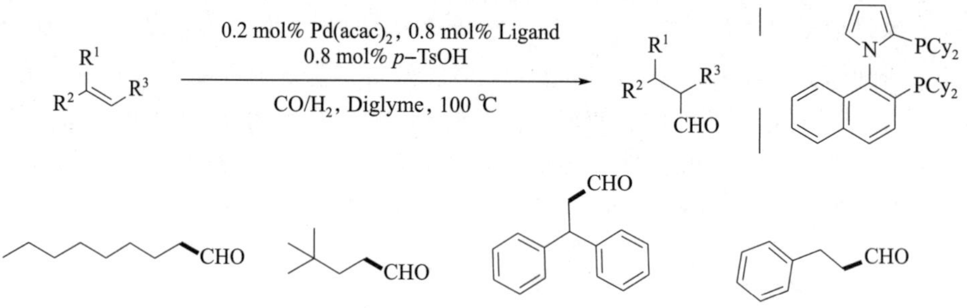

Yield: 72% n/iso: 85 : 15

Yield: 53% n/iso: >99 : 1

Yield: 89% n/iso: >99 : 1

Yield: 88% n/iso: 85 : 15

图 6 – 11　脂肪族和芳族烯烃的加氢甲酰化反应

此外，反应性较低的底物如环辛烯的转化率为 57%，无须进一步优化。与使用 Rh 或 Co 催化剂的烯烃的加氢甲酰化反应相比，炔烃的相应反应仅受到很少的关注。Breit 及其合作人员最近报告了一项改进，他们使用铑催化剂体系，采用自组装配体进行炔烃的选择性加氢甲酰化反应[10]。值得注意的是，竞争性加氢副反应几乎完全被抑制。各种炔烃以良好的收率和良好的立体选择性顺利转化为相应的 α,β-不饱和醛。如图 6 – 12 中所示，具有不同官能团的不对称炔烃的代表性实例以良好的区域选择性和立体选择性，高产率得到相应的 α,β-不饱和醛。

烷氧基羰基化，也称为加氢酯化，是将烯烃、CO 和醇转化成相应酯的直接方法。最初采用镍催化剂，如 Reppe 和 Vetter 的开创性工作所述。现在钯催化剂通常用于这种转化，因为它们在较温和的条件下进行并且允许更宽的底物范围。到目前为止，绝大多数催化烷氧基羰基化使用 CO 作为羰基的来源。显然，CO 是一种多功能且廉价的 C1 构件，然而，其毒性和物理性质（气态形式、可燃性）使其处理和运输不太方便。因此，对易于处理、毒性较

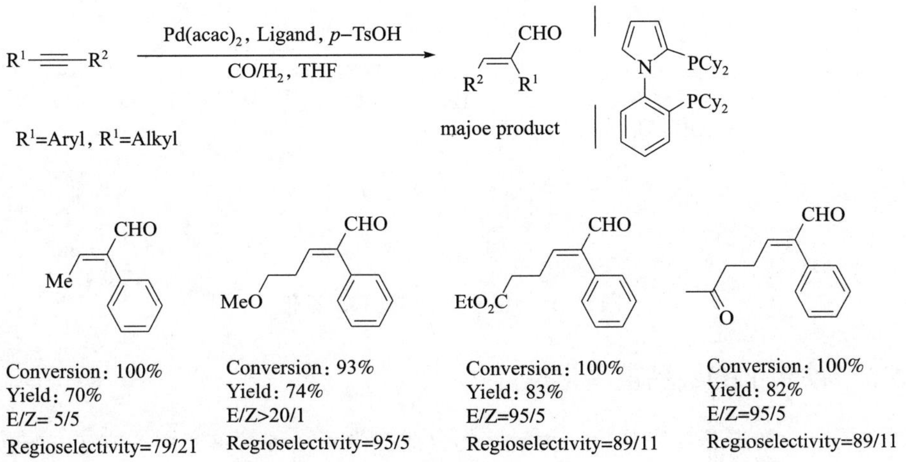

$R^1 \!-\!\!\!\equiv\!\!\!- R^2$ 　Pd(acac)$_2$, Ligand, p-TsOH / CO/H$_2$, THF → 产物（CHO） major product

R^1=Aryl, R^1=Alkyl

（产物结构图略）

Conversion: 100% Yield: 70% E/Z: 5/5 Regioselectivity=79/21

Conversion: 93% Yield: 74% E/Z>20/1 Regioselectivity=95/5

Conversion: 100% Yield: 83% E/Z=95/5 Regioselectivity=89/11

Conversion: 100% Yield: 82% E/Z=95/5 Regioselectivity=89/11

图 6-12　炔烃的选择性加氢甲酰化反应

低的一氧化碳合成的等价物存在显著兴趣。在这方面，甲酸衍生物是特别有前途的替代品，因为它们的价格低和可用性高。Sneeden、Cognion 及其同事在 1983 年第一次报道了烯烃与甲酸酯的酯化反应[11]。他们使用钌配合物在高温（190 ℃）下将乙烯转化为丙酸甲酯。然而从那时起使用钌、铱或钯的催化剂改性很少。并且报道的反应需要苛刻的条件（$T>150$ ℃）和额外的 CO 压力[12,13]。此外，获得的化学和区域选择性差，报道的底物范围窄，通常仅限于乙烯。基于对有机合成和能源应用中甲酸盐的合成和使用的兴趣，Beller 组开发了一种 Pd 催化的使用 BuPox 配体，甲酸盐代替 CO，催化剂体系催化烯烃的烷氧基羰基化[14]。在相对温和的条件下，各种类型的烯烃以良好的收率转化成相应的直链酯，且具有良好的选择性（图 6-13）。

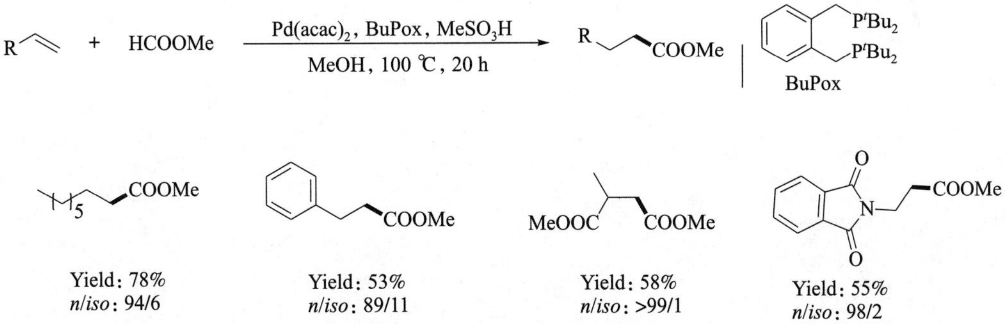

R—= + HCOOMe →（Pd(acac)$_2$, BuPox, MeSO$_3$H / MeOH, 100 ℃, 20 h）→ R—COOMe

Yield: 78% n/iso: 94/6

Yield: 53% n/iso: 89/11

Yield: 58% n/iso: >99/1

Yield: 55% n/iso: 98/2

图 6-13　烯烃的烷氧基羰基化反应

基于对工业相关羰基化反应的兴趣，Beller 组对 1,3-丁二烯的烷氧基羰基化进行了系统研究[15]。事实证明，催化循环的第一步，即由 1,3-丁二烯形成的巴豆基钯配合物，甚至在室温下进行。不同反应条件对产物收率和选择性的影响，表明螯合膦配体和苯甲酸作为添加剂的重要性。从机理的角度来看，活性氢化钯物种对于这种转变至关重要。因此，通过使用 0.25 当量的 TsOH·H$_2$O 作为添加剂来获得定量产率，而在不存在酸添加剂的情况下未观察到期望的二聚产物。例如，氟化苯乙烯与过量苯乙烯的非对称二聚化进行得很顺利（图 6-14）。

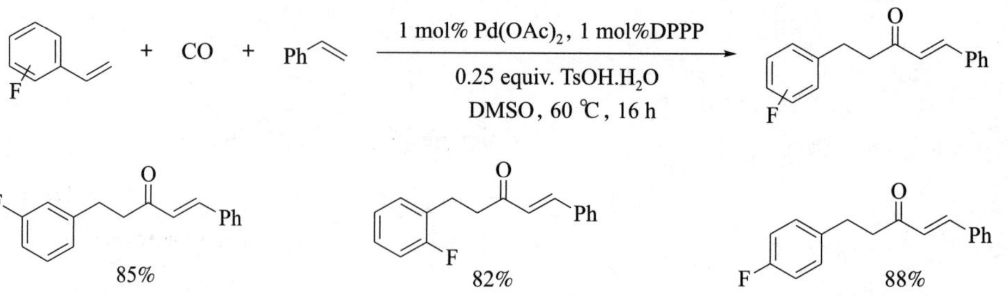

图 6-14 钯催化的非对称二聚化

6.2.5 铁催化的氨基羰基化反应

过渡金属催化的氨基羰基化反应为酰胺的合成提供了一种简单实用的方法，酰胺是大宗化学品和精细化学工业的有价值产品[16]。通常，大多数已知的催化剂基于贵金属的配合物，例如钯、铑、铱和钌。在各种生物相关金属中，特别是与贵金属相比，铁是一种有吸引力的替代品。显然，铁是廉价的、良性的、易于获得的且生态友好的。因此，对铁催化转化的发展感兴趣了很长时间。为了实现铁的催化羰基化，Beller组开始研究炔烃与一氧化碳和不同亲核试剂的反应。选择这类底物的主要原因是与更常见的烯烃相比，其反应性增加。事实上，Beller组通过不同的末端和内部炔烃与氨或胺的双羰基化第一次以良好的选择性和高活性实现了铁催化合成琥珀酰亚胺（图 6-15）[17,18]。

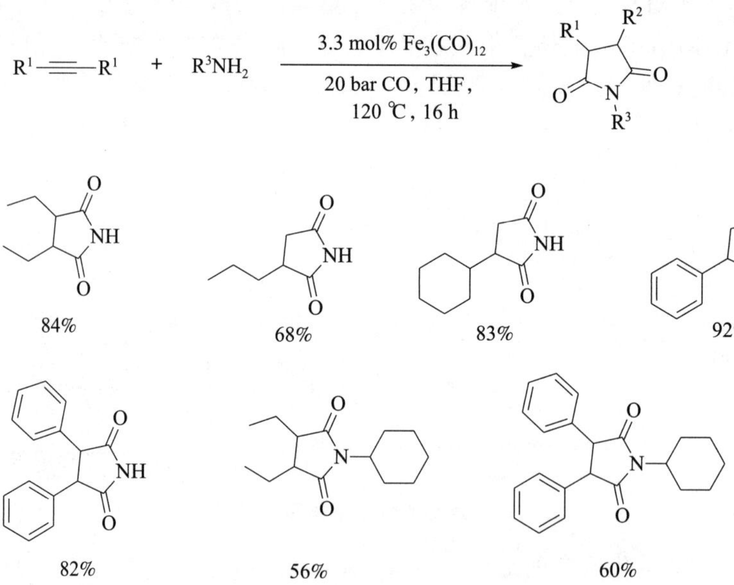

图 6-15 铁催化合成琥珀酰亚胺

关于反应机理，认为环状铁配合物的形成是关键中间体（图 6-16）。从合成的观点来看，通过仅插入一个CO分子来实现合成α,β-不饱和酰胺也是有意义的[19]。从市售的胺和炔烃开始，在催化量的$Fe_3(CO)_{12}$和N,N-(丁烷-2,3-二甲基)双(二异丙基苯胺)存在下，可以顺利地获得一系列结构多样的肉桂酰胺和丙烯酰胺（图 6-16）。值得注意的是，该方法有着高化学和区域选择性，不需要昂贵的催化剂。

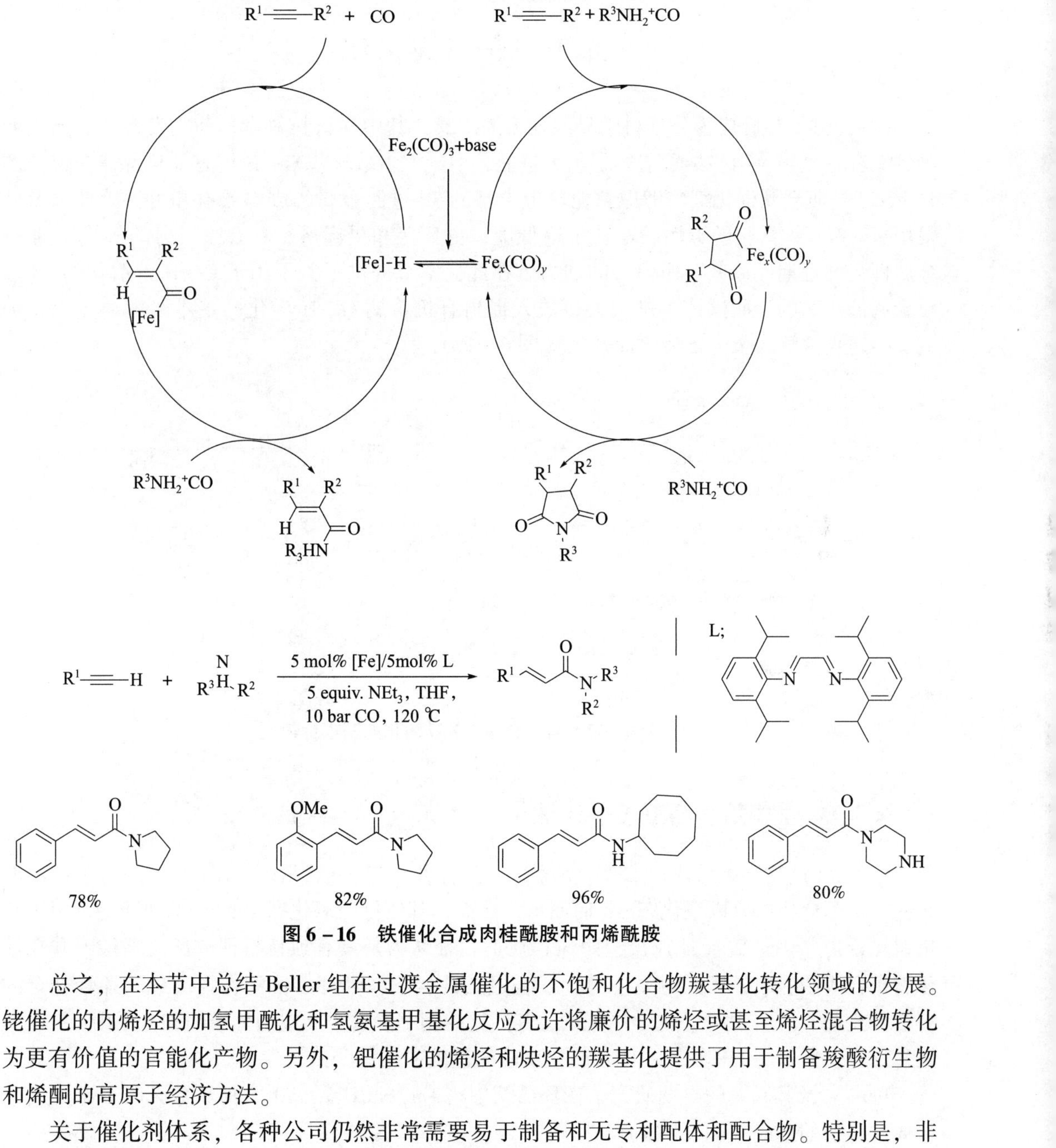

图 6–16　铁催化合成肉桂酰胺和丙烯酰胺

总之，在本节中总结 Beller 组在过渡金属催化的不饱和化合物羰基化转化领域的发展。铑催化的内烯烃的加氢甲酰化和氢氨基甲基化反应允许将廉价的烯烃或甚至烯烃混合物转化为更有价值的官能化产物。另外，钯催化的烯烃和炔烃的羰基化提供了用于制备羧酸衍生物和烯酮的高原子经济方法。

关于催化剂体系，各种公司仍然非常需要易于制备和无专利配体和配合物。特别是，非贵金属配合物对学术和工业研究人员都很有意义。对于反应性较低的烯烃的相关羰基化，需要更活跃和更有效的催化剂。从学术角度来看，更多官能化烯烃的选择性反应仍然是一个重大挑战。除了立体选择性的明显问题之外，区域选择性也不能总是以期望的方式控制。最后，应该提到的是，由于简单金属羰基配合物的挥发性，羰基化反应现在构成了均相催化的领域。更稳定和可回收的非均相催化剂或无金属羰基化（自由基羰基化）的发明将是困难的，但是应该更详细地研究。尽管有超过 80 年的羰基化催化研究，但该领域仍然存在重要的问题和挑战。

6.3 C—H 键活化

C—H 键活化已成为分子科学日益强大的工具,其中在材料科学、药物发现和制药工业等领域有着显著应用。尽管取得了重大进展,但绝大多数这些 C—H 键官能化都需要宝贵的 4d 或 5d 过渡金属催化剂。考虑到地球上丰富的 3d 过渡金属的成本效益和可持续性以及开发用于 C—H 键活化的毒性较小,价格低廉,更环保和更经济,具有吸引力的替代品的 3d 金属催化剂近期已经获得相当大的动力。在此,本节提供了关于用于 C—H 键活化的 3d 过渡金属催化剂的全面概述。过去大多数人提出有机金属 C—H 活化的基本步骤通过氧化加成、σ-键复分解或亲电子活化而发生(图 6-17)。

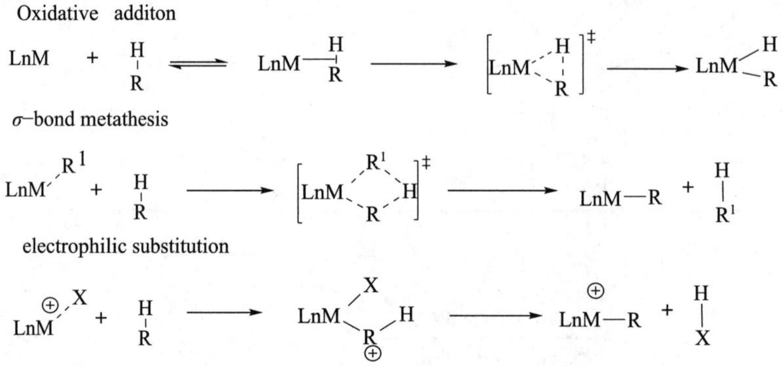

图 6-17 有机金属 C—H 活化的基本步骤

6.3.1 金属钪参与的 C—H 活化

钪是 3d 过渡金属系列的第一个元素,在过去几十年中已经在催化研究中进行了广泛的研究。钪配合物主要以氧化态 +3 而闻名,然而,其较低的氧化态 +2,+1 和 0 也可用于有机钪化合物[20,21]。钪(Ⅲ)盐,如 $Sc(OTf)_3$,被认为是具有独特特征的路易斯酸,并在催化有机合成中引起了极大的关注[22,23]。在过去几年中,半夹心钪配合物已成为烯烃聚合的有效催化剂[24,25]。此外,化学计量钪还有广泛的例子。这个反应为分子间和分子内 C—H 金属化反应,提供新的催化 C—H 官能化反应的基础[26-29]。

Bercaw 及其同事的早期研究,在环己烷中将 $Cp_2^*ScCH_3$ 在 80 ℃加热数天时观察到钪二聚体配合物的形成(图 6-18)[30,31]。

Bercaw 等人提出了 $Cp_2^*ScCH_3$ 或 Cp_2^*ScH 配合物的 σ-键复分解的 C—H 键活化途径(图 6-19)[32]。

同样地,对于许多烯烃,除乙烯和丙烯外,还发生了 $Cp_2^*ScCH_3$ 参与的 σ-键复分解的链烯基 C—H 活化(图 6-20a)。同样,末端炔烃经历插入反应、C—H 键活化,得到炔基配合物(图 6-20b)[33]。

Sadow 和 Tilley 在烃类的 C—H 键活化中研究了新戊基⁻钪配合物(图 6-21)[34]。

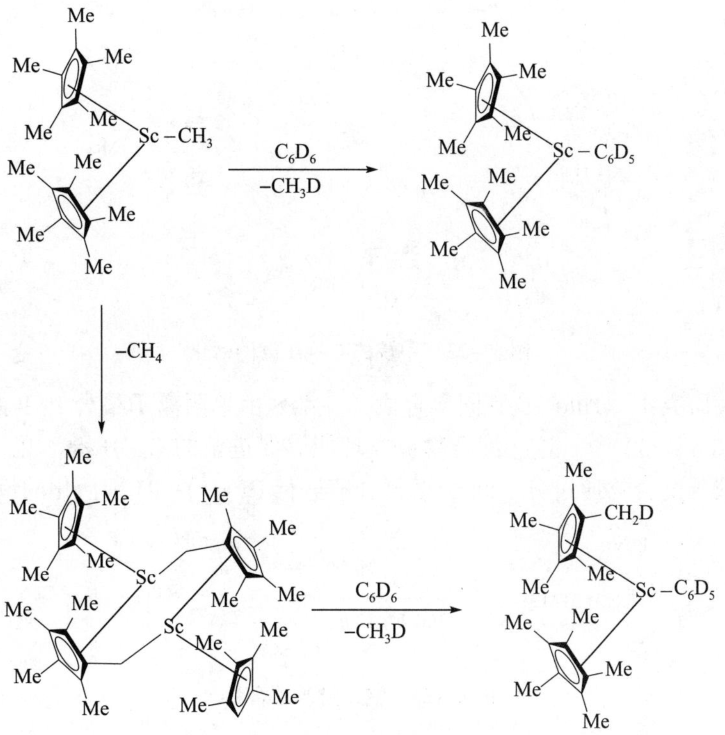

图 6-18 钪二聚体配合物形成过程

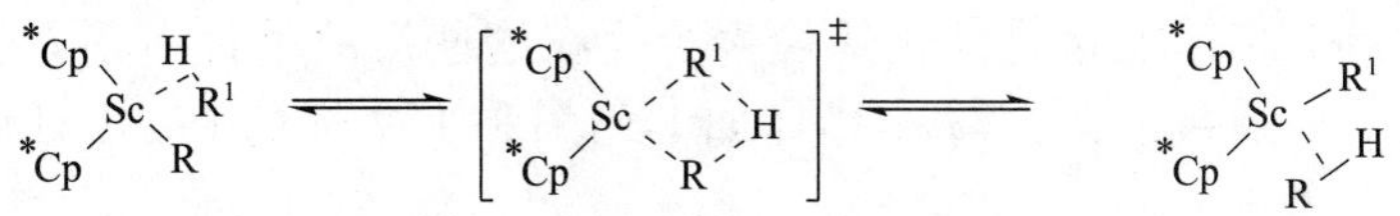

图 6-19 钪配合物 C—H 键活化途径

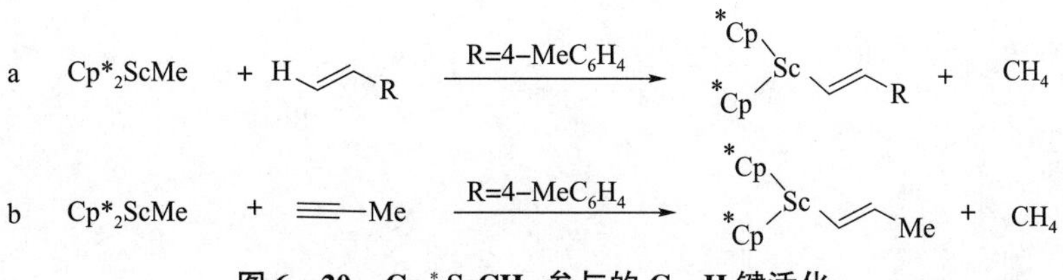

图 6-20 $Cp_2^*ScCH_3$ 参与的 C—H 键活化

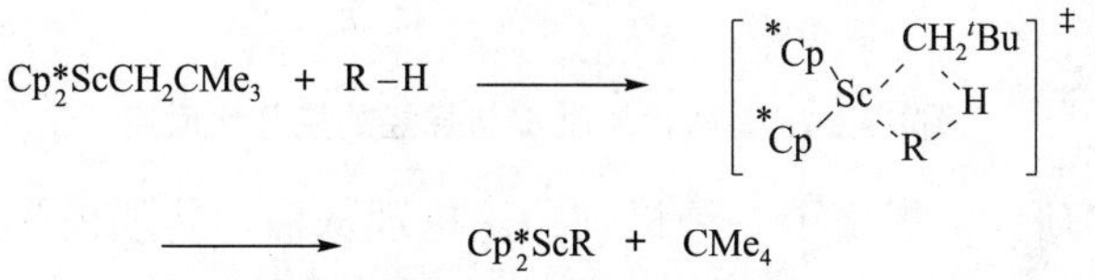

图 6-21 新戊基-钪配合物

配合物与甲烷、苯和环丙烷反应，得到相应的烃基配合物和 CMe_4。在这些研究中，作者还证明了甲烷的 C—H 键的活化是通过 Cp_2^*ScMe 的 σ-键复分解催化丙烯的双键上加成甲烷形成异丁烷（图 6-22）[34,35]。

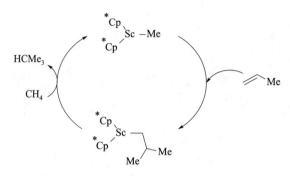

图 6-22 甲烷的 C—H 键的活化

在一项相关研究中，Tilley 及其同事合成了一系列由单阴离子螯合 PNP 配体支持的钪二烷基配合物（图 6-23）[36]。这些配合物被发现能够促进苯的 C—H 键活化，这也是首次非环戊二烯基负载钪配合物通过分子间 σ-键复分解进行 C(sp^2)—H 键活化的例子。

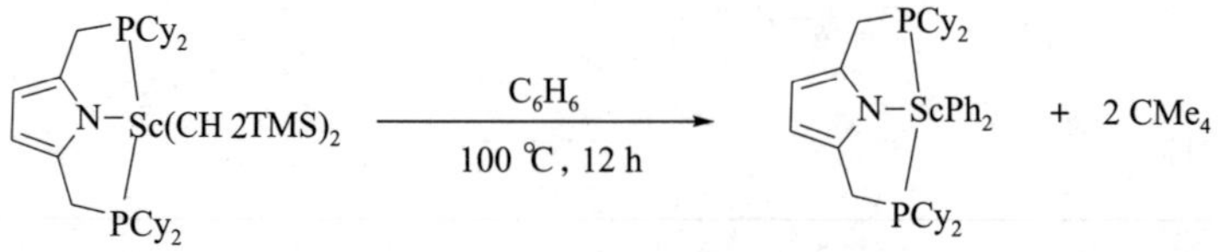

图 6-23 钪二烷基配合物

2011 年，Guan 和 Hou 证明了在催化量的钪配合物存在下，2-取代的吡啶与烯烃发生烷基化反应（图 6-24）[37]。在 3 个大气压下发生，2-取代的吡啶的邻 C—H 键乙基化，通常已知半夹心稀土烷基配合物催化烯烃聚合，在这些反应条件下不发生，直到吡啶底物被完全消耗[25,38]。有趣的是，与 α-烯烃如 1-己烯和 1-辛烯的 C—H 键烷基化反应得到支链产物。

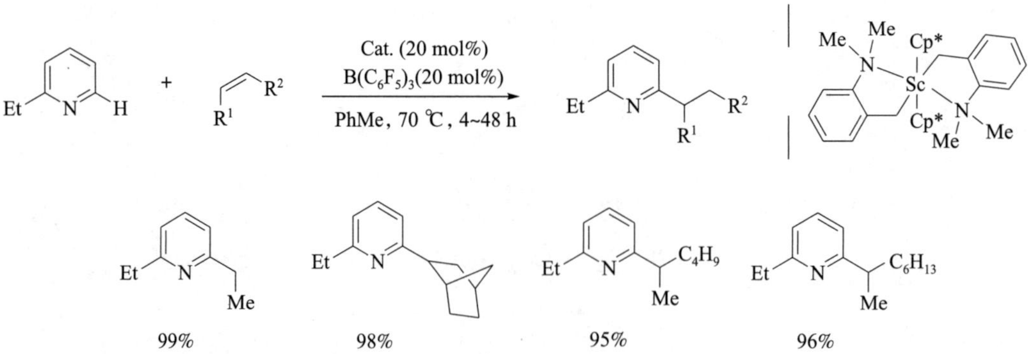

图 6-24 2-取代的吡啶与烯烃的烷基化反应

基于他们的 DFT 研究，提出了一种机理，该机理从活性物质的形成开始（图 6-25），然后将烯烃迁移到活性物质的 C—Sc 键中，产生钪环化合物。另一个吡啶底物与钪环化合物经 σ-键复分解反应释放产物并再次生成催化剂。

2015 年，Hou 和同事利用钪催化的 C—H 键活化策略将吡啶与丙二烯反应[39]。半夹心二烷基配合物有效催化吡啶加成到丙二烯上，以高原子经济得到烯基化吡啶衍生物（图 6-26）。

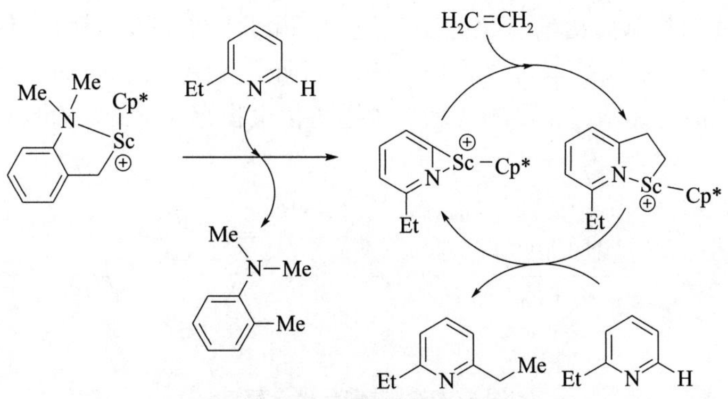

图 6-25 烷基化反应机理

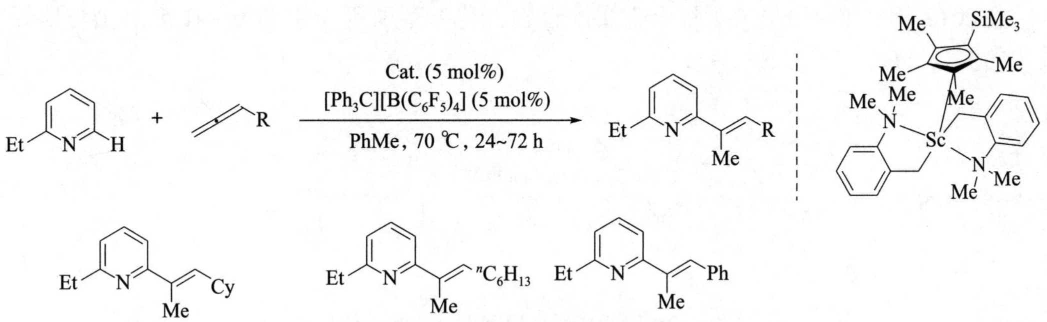

图 6-26 烯基化吡啶衍生物的生成

如图 6-27 所示，阳离子钪吡啶基物质引发催化循环。丙二烯与阳离子钪吡啶基物质的配位，随后将吡啶基单元加入配位丙二烯的中间碳中产生具有高水平的区域控制的单烷基钪配合物。单烷基钪配合物与另一个吡啶 C—H 键通过 σ-键复分解反应得到烯基化产物并再次生成活性催化物质。

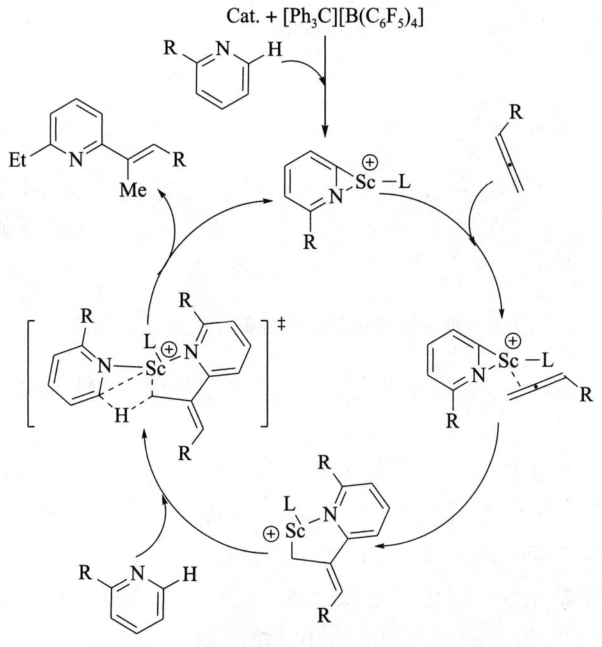

图 6-27 烯基化吡啶衍生物的生成机理

2016 年，Hou 组将钪催化的氢化芳基化应用于聚合物合成。例如，在半夹心钪二烷基配合物的情况，1,4-二甲氧基苯与降冰片二烯发生加聚反应（图 6-28）。随后 Hou 组再次证明了通过钪催化活化邻苯二醚苯乙烯在苯甲醚衍生物存在下的聚合反应[40,41]。

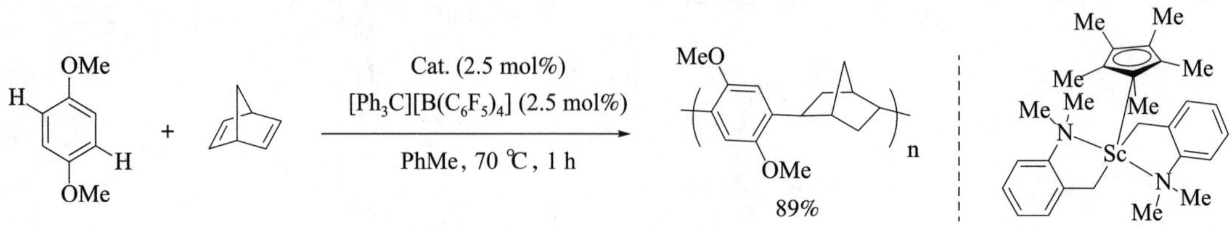

图 6-28 钪催化聚合反应

在 2012 年，Hou 组报道了稀土金属配合物催化苯甲醚邻位甲基 C—H 键活化与烯烃的发生的加氢反应[42]（图 6-29）。

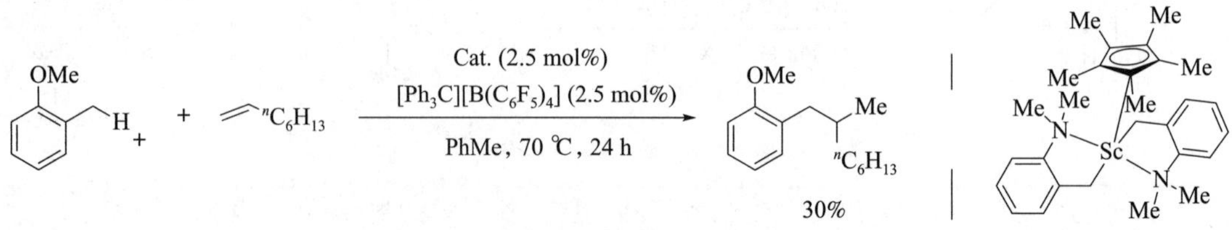

图 6-29 苯甲醚邻位甲基 C—H 键活化反应

Hou 组进一步扩展了该方法，钪三烷基配合物催化的叔烷基胺 α-C—H 键与烯烃发生烷基化反应，生产脂肪族化合物（图 6-30）[43]。有趣的是，乙烯基芳烃和甲硅烷基烯烃反应得到具有线性的产物，而烷基烯烃形成支化产物。

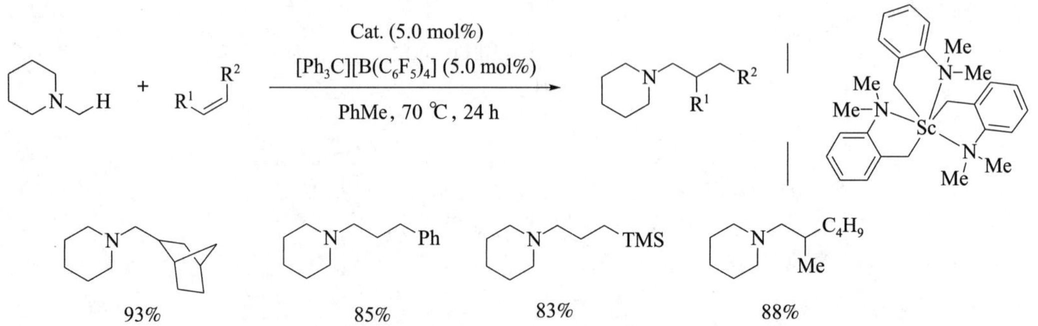

图 6-30 钪三烷基配合物催化的烷基化反应

基于它们的 DFT 计算，作者提出胺配位的 η^2-氮杂环戊二烯复合物是活性催化物种（图 6-31）[44]。

2018 年，Hou 组进一步拓展了钪催化加氢烷基化的范围，包括甲基硫化物[45]。半夹心二烷基钪配合物有效地催化了甲基硫化物 α-C(sp^3)—H 活化区域选择性加成到烯烃（图 6-32a）。有趣的是，发现二烯也能发生类似的加氢烷基化反应（图 6-32b）。例如，甲基硫化物与环己-1,3-二烯硫代甲基化反应得到环己烯产物。此外，未共轭的 1,5-二烯通过顺序插入两个 C—C 键进行环化，以适中的产率得到相应的环戊烷产物。

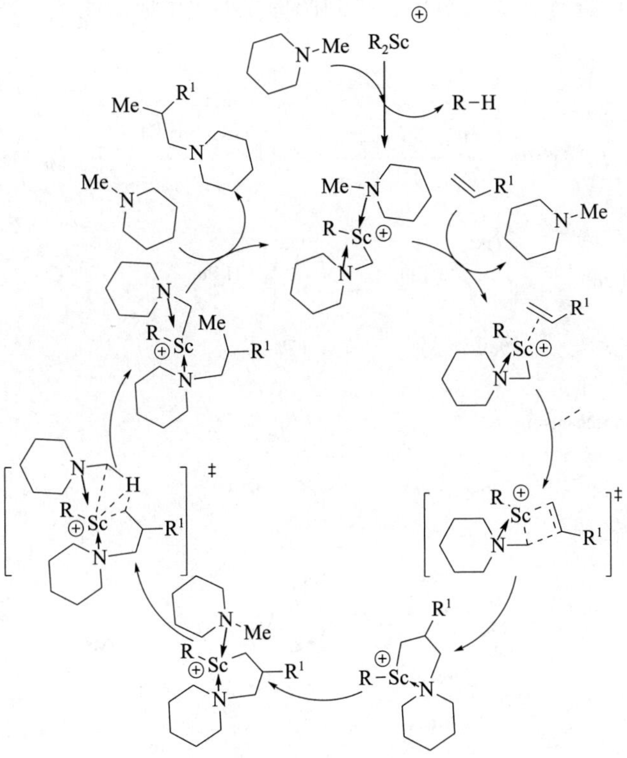

图 6-31 烷基化反应的机理

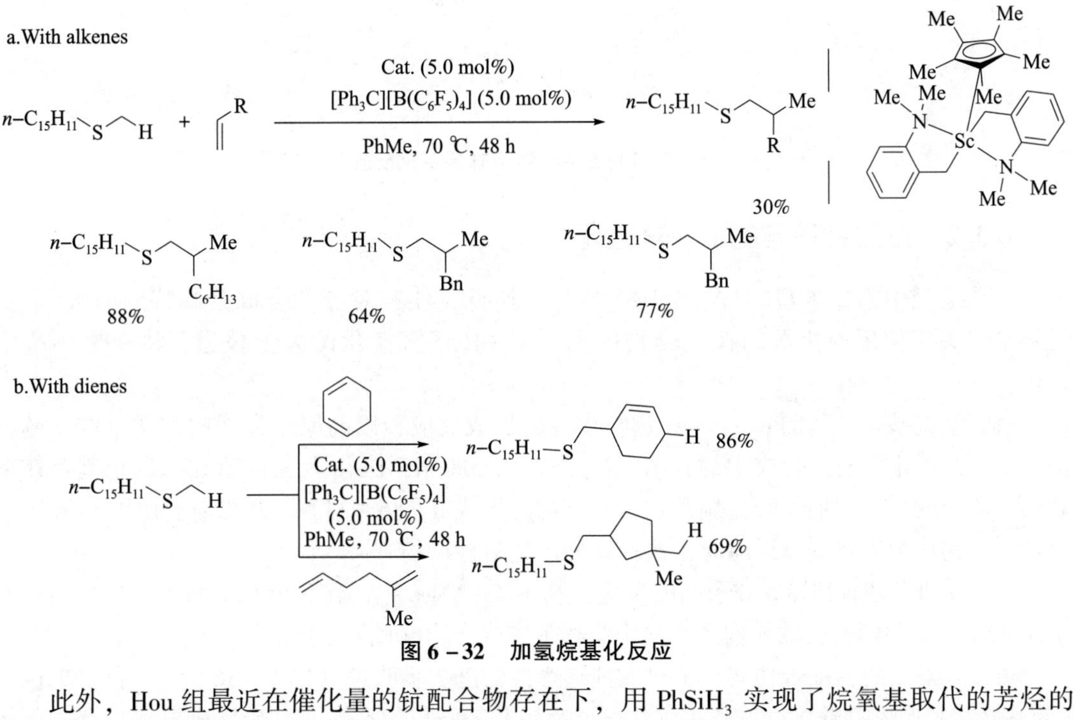

a. With alkenes

图 6-32 加氢烷基化反应

此外，Hou 组最近在催化量的钪配合物存在下，用 PhSiH$_3$ 实现了烷氧基取代的芳烃的选择性 C—H 键甲硅烷基化（图 6-33a）[46]。如图 6-32b 所示，为氢化物配合物由 PhSiH$_3$ 原位反应产生的活性催化剂。通过催化苯甲醚的邻位 C—H 键活化得到环金属化的钪配合物，然后其与 PhSiH₃ 进行 σ-键复分解，得到产物并再次生成活性钪-氢化物催化物质。

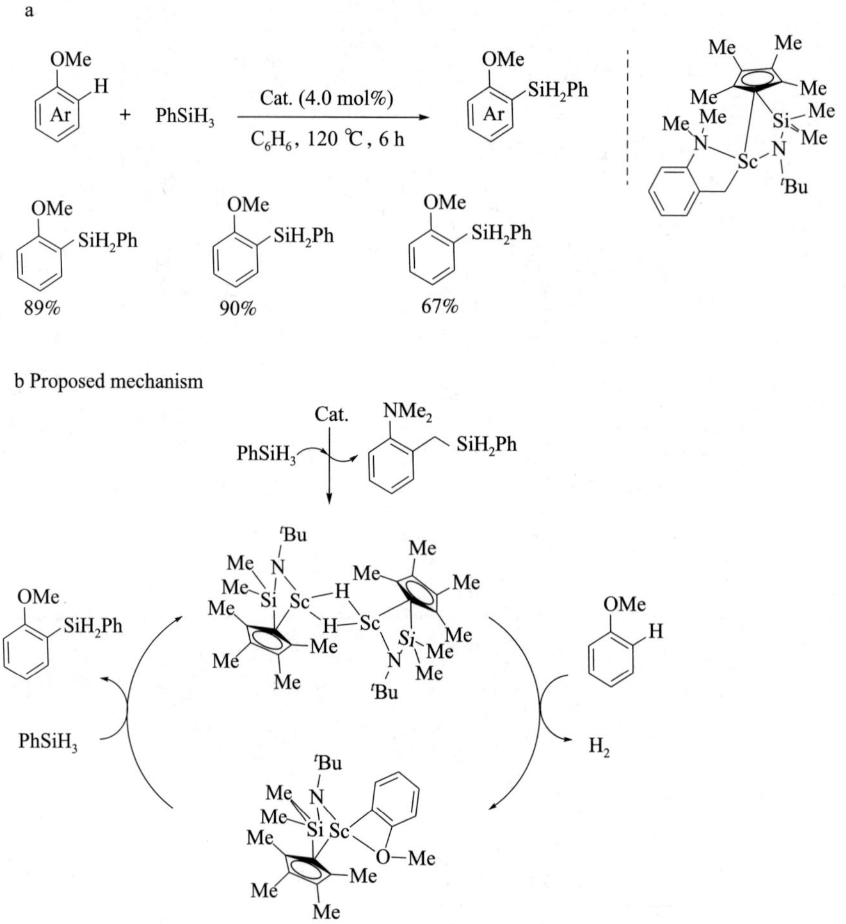

图 6-33 芳烃的 C—H 键甲硅烷基化反应及机理

6.3.2 金属钛参与的 C—H 活化

钛是地壳中第二丰富的过渡金属，并且毒性低，使其对分子合成具有特别的吸引力。近年来，关于使用催化量的钛配合物应用于 C—H 键官能化的大量报道，将在本小节中讨论。

氢氨基烷基化，胺的 α - C—H 键与烯烃的加成反应，以高原子经济的方式生成支链烷基胺，已被确定为有机合成中的有用工具[47,48]。2008 年，Doye 及其同事在钛催化剂存在下观察到烯烃的分子内加氢胺化烷基化反应产物的形成（图 6-34）[49]。当他们使用 1-氨基-6-庚烯衍生物作为底物进行反应时，选择性地产生目标产物[50]。

作者还研究仲胺和烯烃分子间的反应，利用 Ti(NMe₂)₄[51] 作为催化剂在甲苯中于 160 ℃ 反应 96 h，得到两种区域异构体，支化产物是主要产物（图 6-35）。

通过开发新的钛配合物实现了对线性选择性的进一步改进（图 6-36）[52]。利用 2,6-双（苯基氨基）吡啶基钛配合物作为催化剂，N-甲基苯胺与苯乙烯或二烯反应得到具有显著区域选择性的线性 C—H 活化产物。

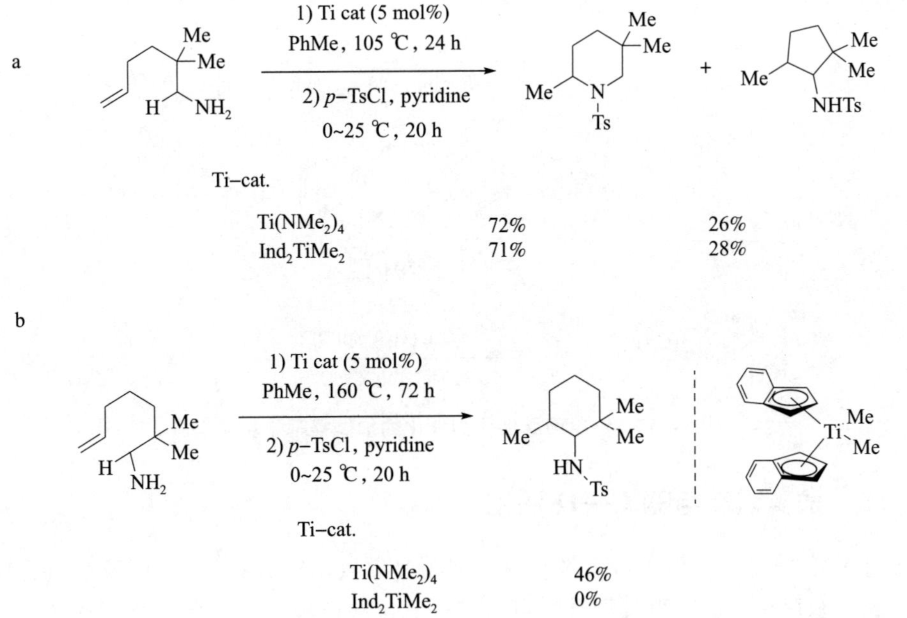

图 6-34 钛催化分子内加氢胺化烷基化反应

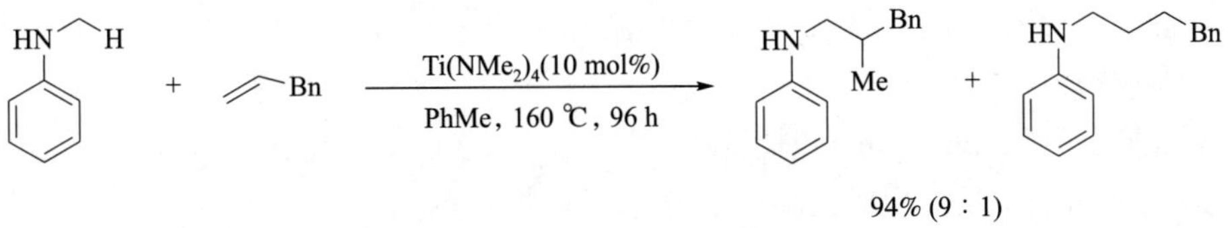

图 6-35 仲胺和烯烃分子间的反应

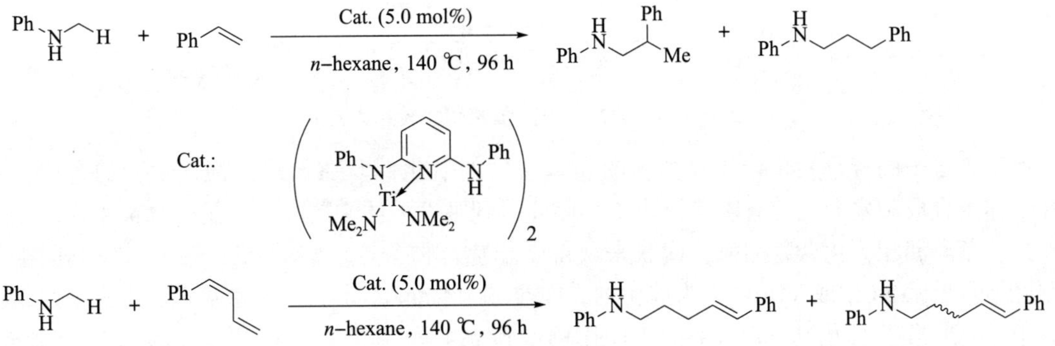

图 6-36 对线性选择性的进一步改进

除了末端烯烃之外，正如 Doye 在 2015 年所报道的那样，使用钛单甲脒催化剂成功地将烯烃用于加氢氨基烷基化反应中。1,1-和 1,2-二取代的烯烃与仲胺偶联，得到具有优异的区域选择性的支化产物。有趣的是，这种钛配合物还能成功地在烯烃的催化加氢氨基烷基化中成功运用于二甲胺中，产率较高（图 6-37）[53]。

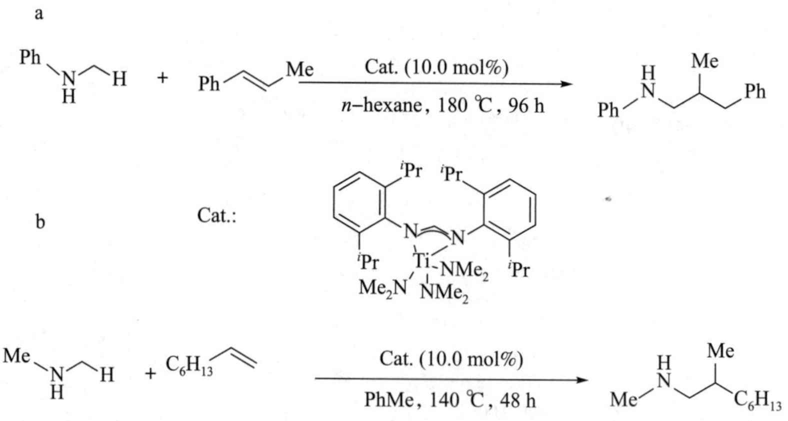

a

$PhNH-CH_2-H + Ph-CH=CH-Me \xrightarrow[n-\text{hexane, 180 ℃, 96 h}]{\text{Cat. (10.0 mol\%)}} PhNH-CH_2-CH(Me)-CH_2Ph$

b Cat.:

[Ti(NMe₂)₃ 甲脒配合物，配体为双(2,6-二异丙基苯基)甲脒]

$MeNH-CH_2-H + C_6H_{13}-CH=CH_2 \xrightarrow[\text{PhMe, 140 ℃, 48 h}]{\text{Cat. (10.0 mol\%)}} MeNH-CH_2-CH(Me)-C_6H_{13}$

图 6-37 钛单甲脒催化剂催化的加氢氨基烷基化反应

6.3.3 金属钒参与的 C—H 活化

钒是生物必需元素，存在于诸多酶中，例如溴过氧化物酶和固氮酶[54,55]。钒可以以 +3 至 +5 的氧化态存在，这使得其配合物可以进行氧化和还原反应。多功能钒配合物已经被证明可以促进几种 C—H 键官能化，例如烃的氧化和氧化 C—H 键偶合[56,58]。通常，这些转化通过均裂的 C—H 键基团机理进行。此外，还有一些钒配合物经历 C(sp²)—H 键和 C(sp³)—H 键的直接 C—H 键金属化以产生烷基和芳香烃钒的配合物，并显示出对聚合反应有着显著的催化活性[59-62]。

在早期的例子中，Shul pin 和同事在氧气或 H_2O_2 存在下使用钒配合物作为催化剂，使甲烷与 CO 在水溶液中反应生成乙酸[63]。随后，Fujiwara 报告了一种由 VO(acac)₂ 作为催化剂，$K_2S_2O_8$ 作为氧化剂，在 CF_3COOH 溶液中有效选择性地将甲烷和 CO 转化为乙酸的方法（图 6-38）[64]。在此过程中，甲烷几乎可以定量转化为乙酸。

$$CH_4 + CO \xrightarrow[K_2S_2O_8, THF, 80\,℃, 20\,h]{VO(acac)_2} CH_3CO_2H$$

图 6-38 VO(acac)₂ 催化甲烷转化为乙酸

富含电子的芳香族化合物（如苯酚和苯胺）的氧化偶联在天然产物化学中的合成，手性配体的合成和聚合反应有着广泛应用，因此受到极大关注[58,65,66]。钒配合物被广泛应用于酚类，萘酚和相关化合物的氧化偶联来获得联苯化合物[67,68]。1969 年，Carrick 及其同事开创性地报道了 VCl_4 或 $VOCl_3$ 作为催化剂，酚类的氧化偶联反应。在室温下，苯酚在四氯化碳中，VCl_4 作为催化剂，以 8∶4∶1 的比例得到 4,4′-联苯酚，2,4′-联苯酚和 2,2′-联苯酚，（图 6-39a）。1-萘酚和 2-萘酚分别以中等产率得到 4,4-二羟基萘和 2,2-二羟基萘基（图 6-39b 和 c）。

钒催化的氧化偶合不局限于简单的酚和萘酚。Sasai 已经使用手型的钒配合物作为催化剂探测了几种手性多环双酚的反应性能[69]。双核钒（V）配合物在温和的反应条件下能催化 2-蒽和 9-菲咯啉的氧化二聚（图 6-40a 和 b）。3-噻吩与 4,4-双（3-菲咯啉）在钒配合物存在下发生偶联反应，得到中等产率和对映选择性（图 6-40c）。

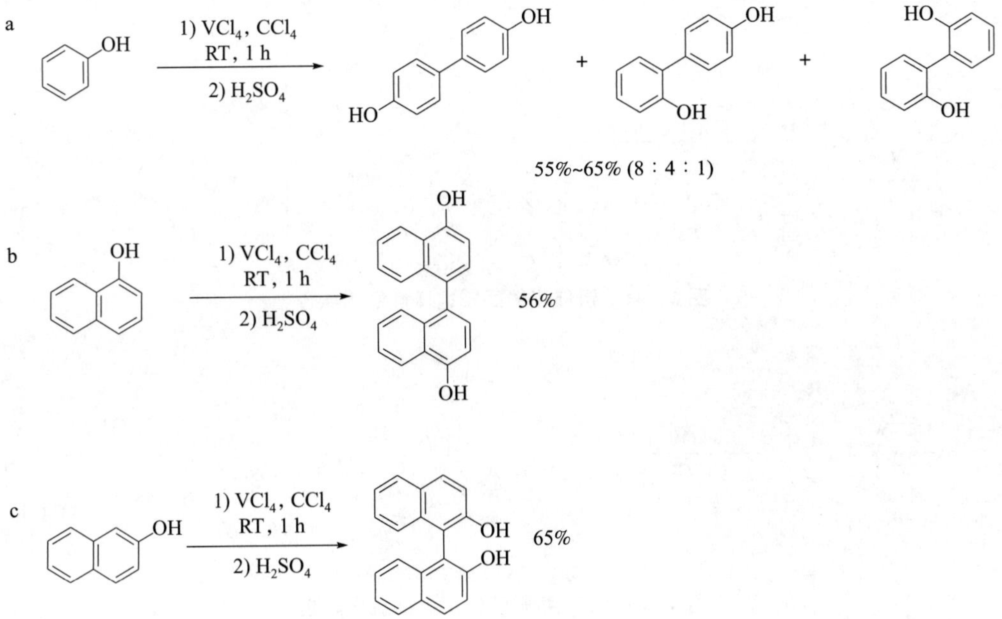

图 6-39 酚类的氧化偶联反应

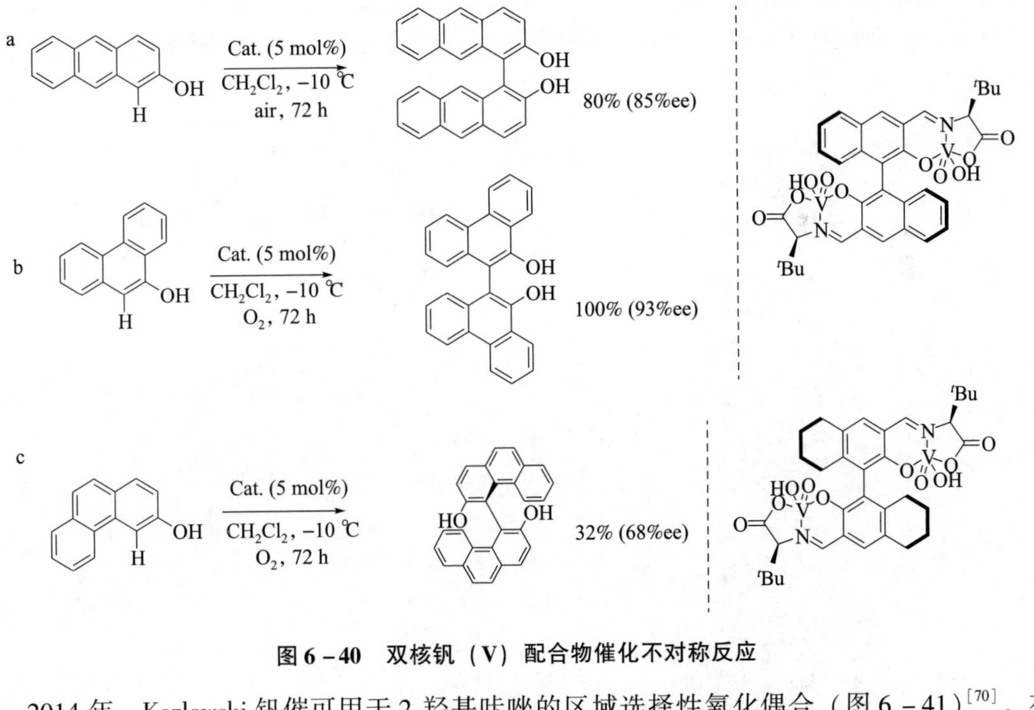

图 6-40 双核钒（V）配合物催化不对称反应

2014 年，Kozlowski 钒催可用于 2-羟基咔唑的区域选择性氧化偶合（图 6-41）[70]。在该方法中，发现该钒配合物在许多其他测试的钒催化剂中是最有效的，反应得到中等产率和区域选择性。

最近，同一组使用改性钒配合物设计了 2-羟基咔唑的不对称氧化偶联（图 6-42）[71]。作者发现添加质子酸如 AcOH 有利于反应的进行。

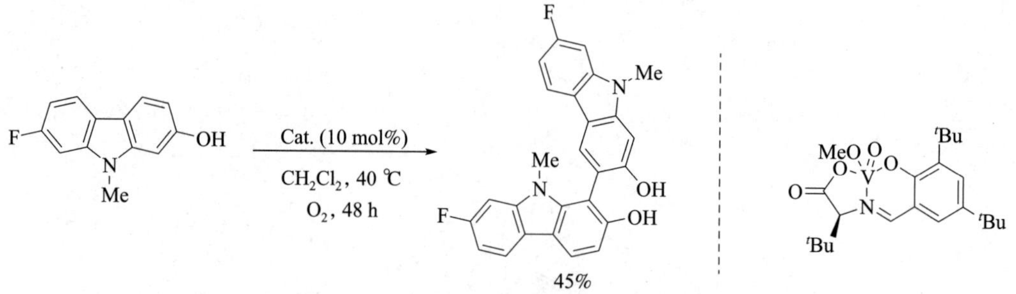

图 6-41 钒催化的区域选择性氧化偶合

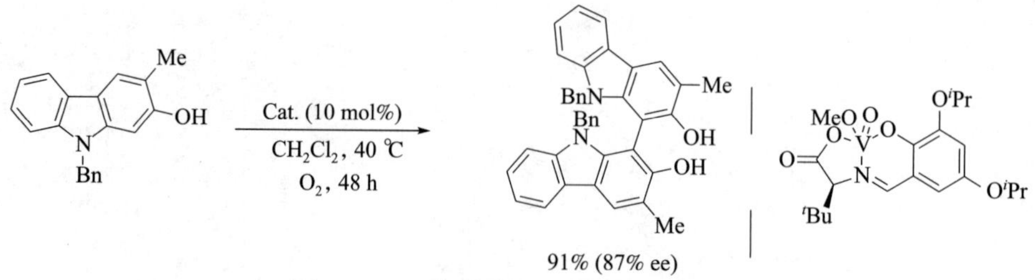

图 6-42 2-羟基咔唑的不对称氧化偶联

2002 年，Hwang 和 Uang 开发了一种使用 VO(acac)$_2$ 作为催化剂用胺 N-氧化物对萘酚进行氨基烷基化的方法（图 6-43）[72]。该反应得到中等至良好产率的多种萘酚和酚。反应通过 VO(acac)$_2$ 催化产生自胺 N-氧化物的亚胺离子，然后进行 Mannich 加成至富含电子的苯酚底物中。

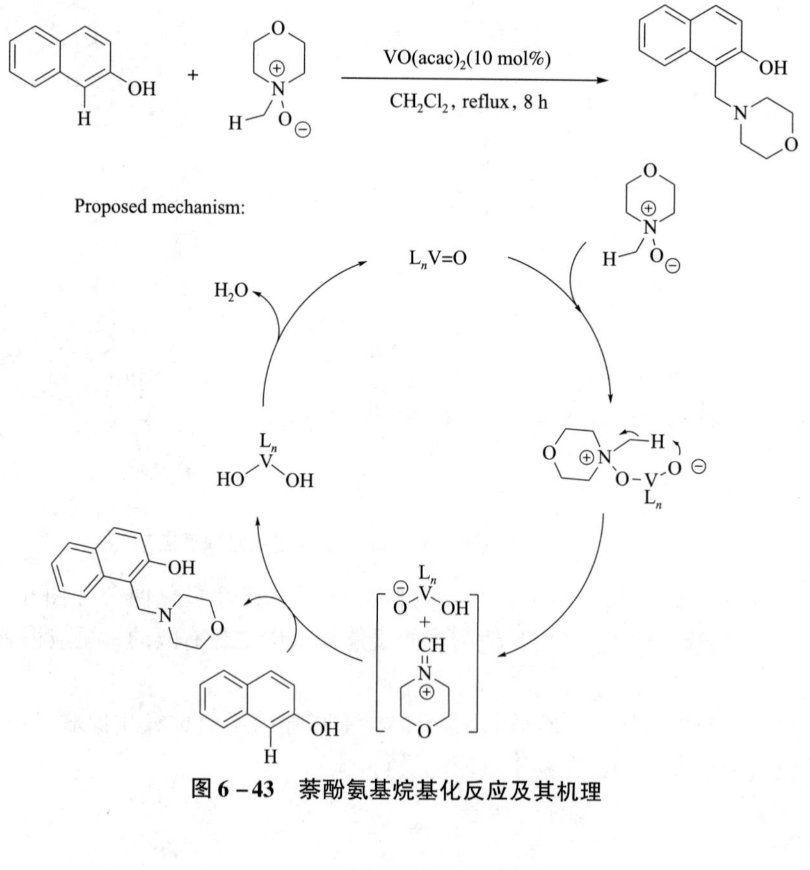

图 6-43 萘酚氨烷基化反应及其机理

将饱和烃直接官能化生成有价值的产品,如醇类、酮类和羧酸,是学术和工业研究中最具吸引力和最具挑战性的任务。在此背景下,众所周知,钒配合物在氧气或过氧化物存在的情况下会氧化碳氢化合物。Mizuno 和 Kamata 以及 Pombeiro 及其同事最近的评论很好地总结了这些反应[56,57]。通常,钒催化的 C—H 键氧化过程在温和的反应温度下进行,并产生烷烃的区域异构体混合物。Fujiwara 报道了含钒的杂多酸 $H_3PV_2Mo_{12}Mo_{40}$ 在 80 ℃ 下在 TFA 或 TFAA 的溶剂中将甲烷转化为三氟乙酸甲酯(图 6-44)[73]。

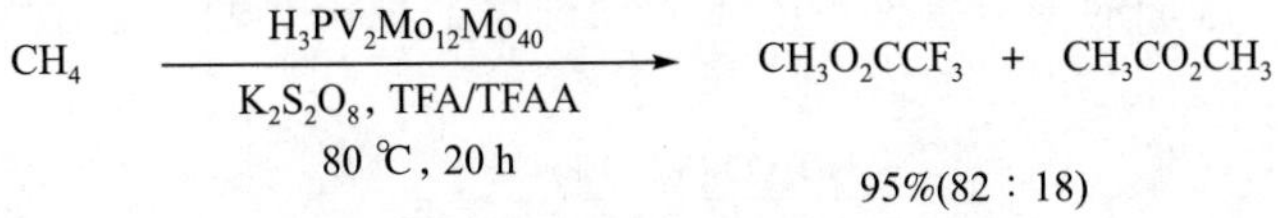

$$CH_4 \xrightarrow[80\ ℃,\ 20\ h]{H_3PV_2Mo_{12}Mo_{40} \atop K_2S_2O_8,\ TFA/TFAA} CH_3O_2CCF_3 + CH_3CO_2CH_3 \quad 95\%(82:18)$$

图 6-44 含钒的杂多酸催化的反应

此后,开发了使用钒配合物氧化液态和气态烷烃的体系。通过钒催化将乙苯转化为苯乙酮(图 6-45)[74]。

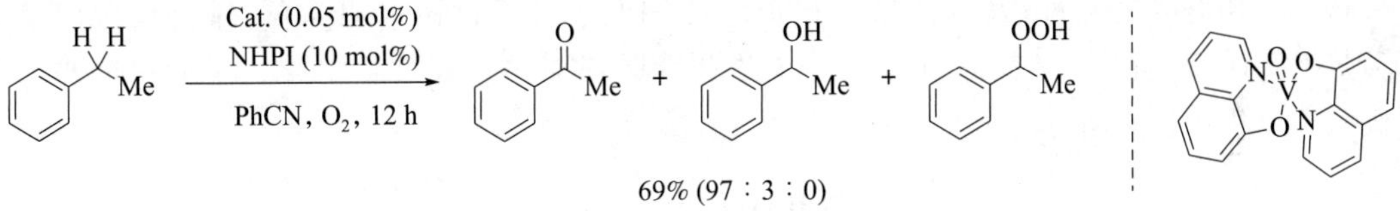

图 6-45 乙苯转化为苯乙酮

Punniyamurthy 及其同事最近报道了钒催化的分子内 C—H 键和 N—H 键的交叉脱氢偶联,以良好的收率得到官能化的吡唑[75]。在室温,空气,5 mol% $VOSO_4$ 条件下不饱和酮与苯基肼原位生成的腙反应,再进一步反应得到取代的吡唑,收率 62%(图 6-46)。作者提出了涉及环金属化的钒中间体的催化循环,其在还原消除时得到最终产物。

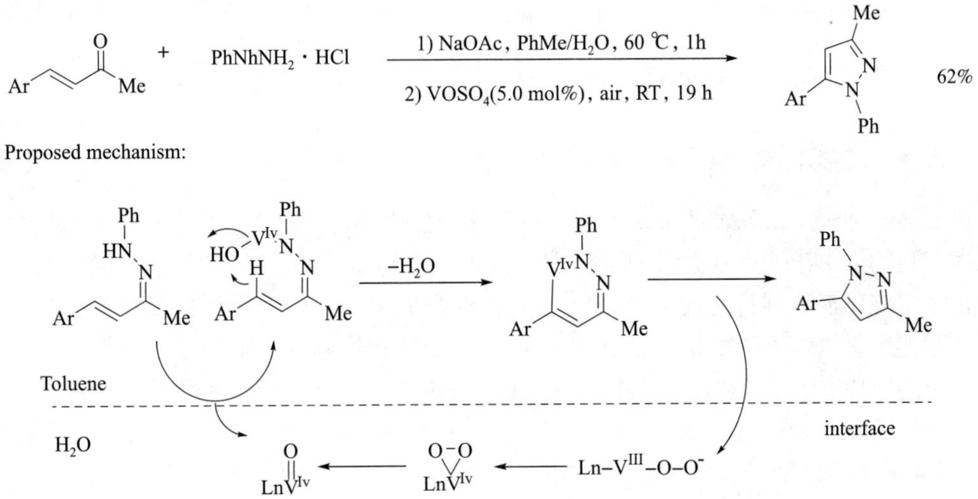

图 6-46 分子内 C—H 键和 N—H 键的交叉脱氢偶联

在仿生方法中,使用钒配合物开发了几种卤化反应。钒和过氧化物体系用于烯烃、炔烃和芳香族化合物的卤化反应[56,76-82]。在早期的例子中,Furia 及其同事实现了使用 NH_4VO_3 和 H_2O_2,在 H_2O 和 $CHCl_3$ 非均相体系中用 KBr 直接选择性溴化芳烃(图 6-47)[77]。

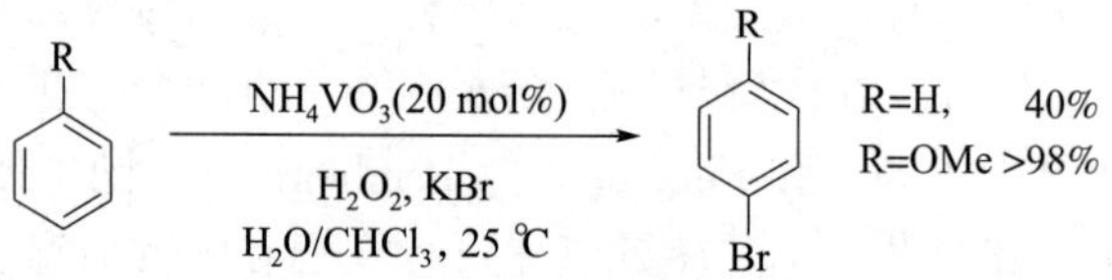

图 6-47 选择性溴化芳烃

Hirao 及其同事在此过程中做了相应的改进[83,84]。作者使用催化量的钒配合物以及布朗斯酸或路易斯酸作为添加剂,对各种富电子芳烃进行了 C—H 键的溴化反应(图 6-48)[84]。

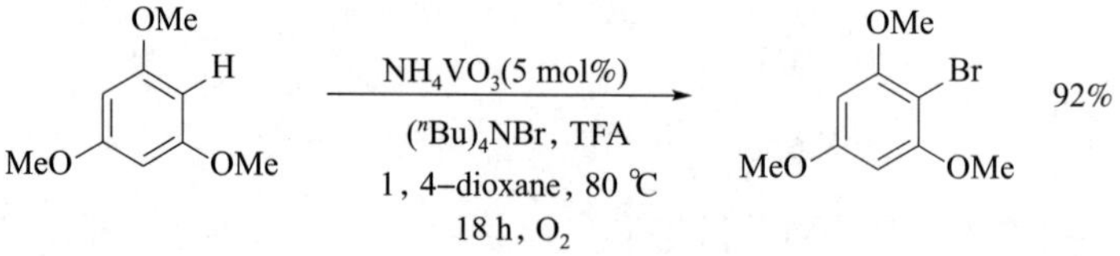

图 6-48 C—H 键的溴化反应

最近,Ruiz - Guerrero 及其同事也报道了使用四丁基溴化铵(TBAB)作为溴源使富电子芳烃 C—H 键溴化[85]。在此过程中,苯酚和苯胺在对位选择性地溴化,反应时间短,产率高(图 6-49)。

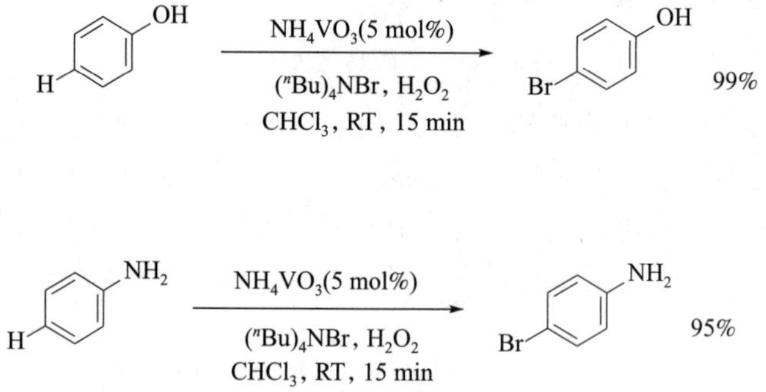

图 6-49 四丁基溴化铵(TBAB)作为溴源发生 C—H 键溴化反应

6.3.4 金属铬参与的 C—H 活化

铬是第七种最丰富的过渡金属,因此在催化中使用铬对于经济有效和可持续的有机合成是非常有利的。由于铬有着大量的氧化态,从 +2 到 +6,它是一种催化过程的极具吸引力的候选金属催化剂。到目前为止,铬已经在有机合成中得到广泛应用,其中最突出的是铬(Ⅵ)氧化物等[86]。不幸的是,铬(Ⅵ)具有高毒性和致癌性,限制了其在环境友好的合成工艺中的应用[87,88]。例如,Nozaki 和 Hiyama 报道了铬(Ⅱ)催化的烯丙基卤化物与醛的偶联反应,后来发展为 Nozaki - Hiyama - Kishi90 反应[89-91]。另一个说明性的例子是铬(Ⅱ)催化醛来合成烯烃,称为 Takai 烯化[92,93]。由 Knochel 及其同事完成在铬催化 C—C 键形成 Csp^2 - Csp^2 交叉偶联反应有显著突破[94]。形成鲜明对比的是,铬催化的 C—H 键官能化迄今为止几乎没有被发现。

关于铬催化的 Csp^2—H 键官能化的第一例报道是由 Knochel 及其同事于 2014 年提出的[95]。作者在 N-杂环导向基团的帮助下,发现了 $CrCl_2$ 催化的芳烃的邻位选择性芳基化反应,其中芳基溴化镁作为芳基化试剂(图 6-50a)。值得注意的是,敏感的醛亚胺能也能平稳地进行 C—H 键芳基化，并且在酸性后处理下得到相应的邻芳基化醛（图 6-50b）。在优化研究反应中，发现 2,3-二氯丁烷（DCB）是最佳溶剂，而其他氯化烷烃显示效果较差。该反应条件温和，反应时间短。为避免 C—H 键的二次芳基化，作者在邻位安装了三甲基甲硅烷基，从而得到单芳基化产物。

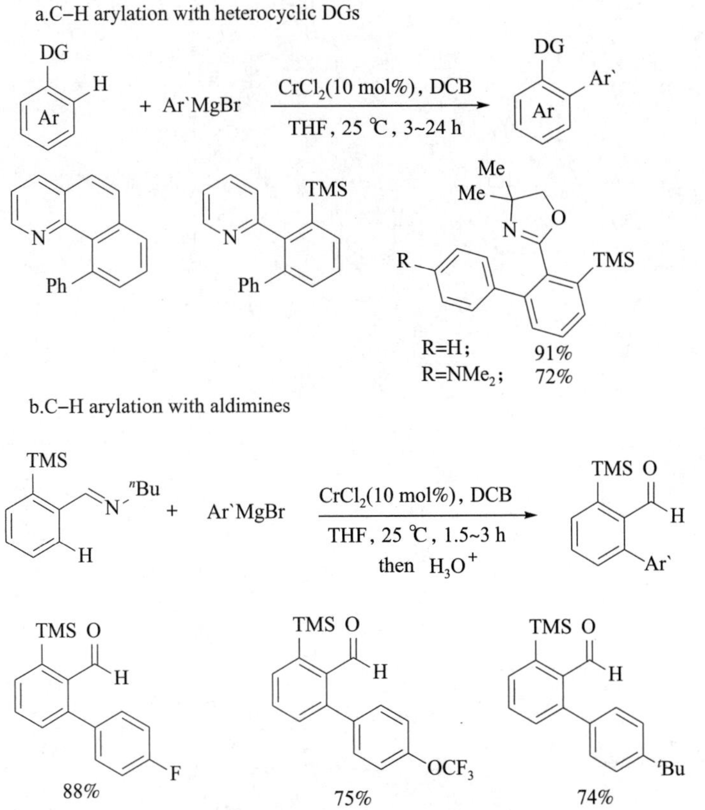

图 6-50　N-杂环导向基团参与的邻位选择性芳基化反应

最近，Yoshikai 及其同事报道了在铬催化用炔烃与二芳基格氏试剂发生 C—H 键环化生成菲蒽（图 6-51）[96]。催化体系由 $CrCl_2$ 作为催化前体和 2,2-联吡啶作为配体。与类似的铁催化的 C—H 键环化合成菲蒽相比，该方法避免使用化学计量的氧化剂。值得注意的是，具有（杂）芳香族和脂族取代基的炔烃都能得到总体中等至高产率产物。

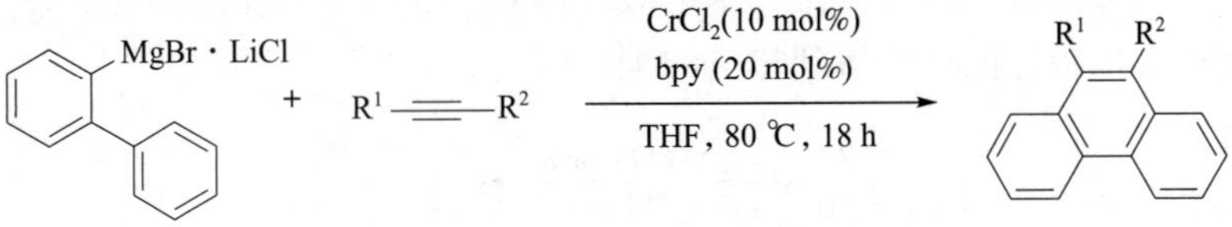

图 6-51　铬催化 C—H 键环化生成菲蒽

基于氘标记研究，作者提出了铬催化 C—H 键环化的催化循环机理，如图 6-52 所示[96]。最初，二芳基格氏试剂与铬通过金属转移反应得到中间体，然后经历氧化反应得到 C—H 键环金属化的复合物。随后，将炔烃迁移插入氢化铬键中，得到中间体，金属转移反应伴随着（E）-二苯乙烯的产生。作者为后续步骤提出了两种机制途径。根据途径 A，中间体可以经历第二炔烃分子的迁移插入，然后还原消除，生成产物和活性铬。在途径 B 中，中间体异构化为可反式配位的中间体，然后进行 σ-键复分解以得到金属茚中间体。随后的炔烃的迁移插入得到中间体，其最终通过还原消除释放产物。

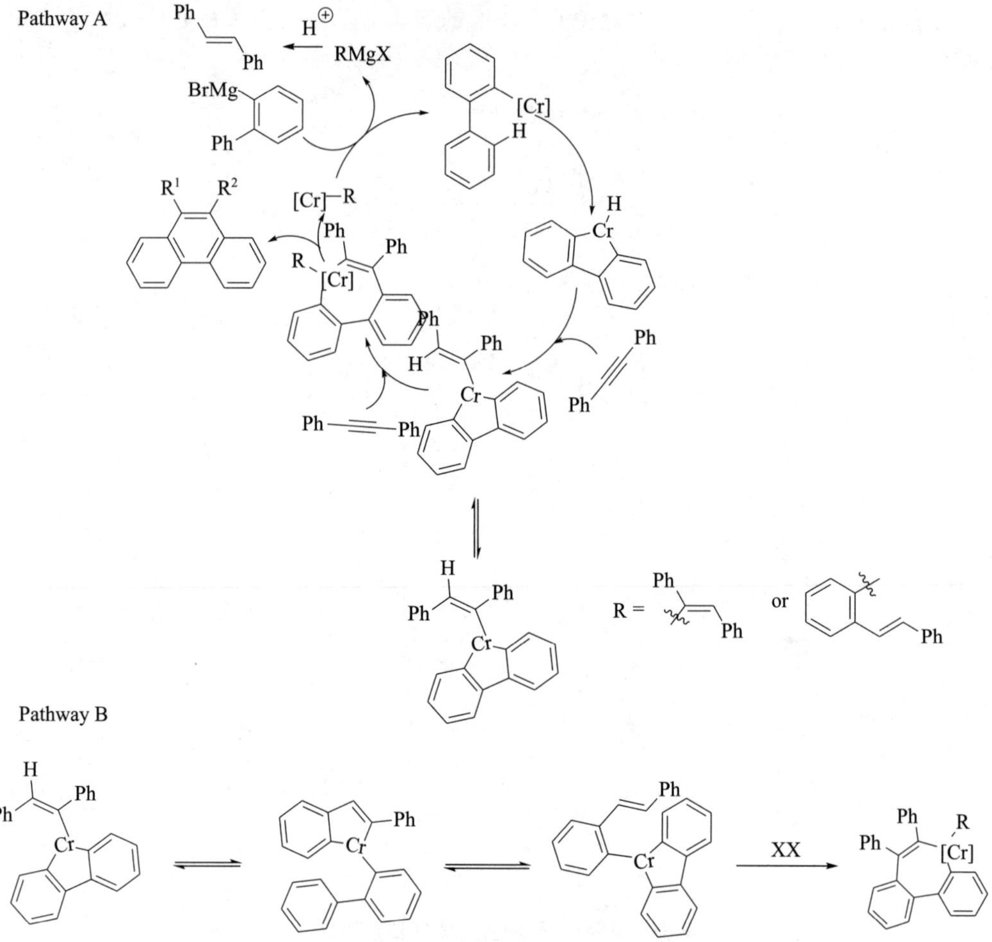

图 6-52　铬催化 C—H 键环化机理

众所周知，使用化学计量的铬盐可以氧化有机官能团如醇和醛。类似地，也已经用铬盐建立了烯烃的氧化。然而，有关烯烃 C—H 键氧化的催化体系报道较少[98,99]。早期的例子主要局限于相对活化的苄基和烯丙基 C—H 键的氧化[100]。例如，Yamazaki 报道以 CrO_3 作为催化剂和高碘酸作为氧化剂使甲苯氧化成苯甲酸（图 6-53）[101]。在这些反应条件下，二芳基甲烷如二苯基甲烷以极好的产率得到相应的酮。

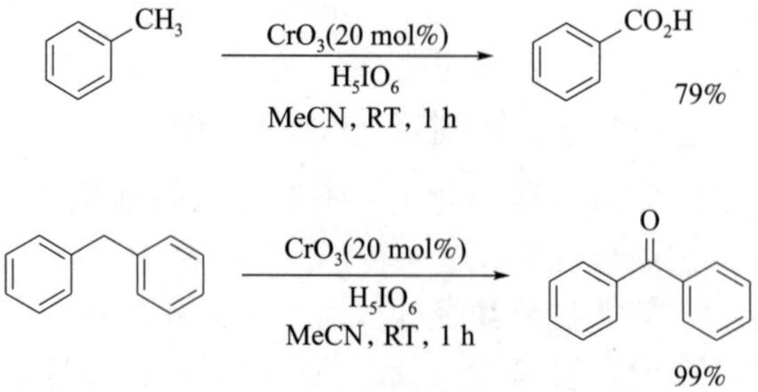

图 6-53　苄基 C—H 键的氧化反应

6.3.5 金属锰参与的 C—H 活化

锰是可持续 C—H 键活化催化的理想候金属，因为它是地壳中第 12 个丰富的元素，并且是铁和钛之后第 3 个丰富的过渡金属，这使得锰催化特别具有成本效益。此外，锰有 +3 至 +7 的大量氧化态，具有形成多种催化活性配合物的潜力。锰是地球上几种生物的必需微量元素，广泛的生物学相关性。例如，锰包括其作为酶中辅助因子的功能，最突出的是超氧化物歧化酶（Mn–SOD）和精氨酸酶。这些性质代表锰具有低毒性，有环境友好型催化过程[102,103]。

开发金属催化的 C—H 键官能化的灵感主要源于金属配合物对化学计量 C—H 键活化的研究。1970 年，Stone 和 Bruce 第一次报道了锰催化的 C—H 键活化，他们通过化学计量的 C—H 键活化从偶氮苯和 MnMe(CO)$_5$ 合成了锰配合物（图 6–54）。

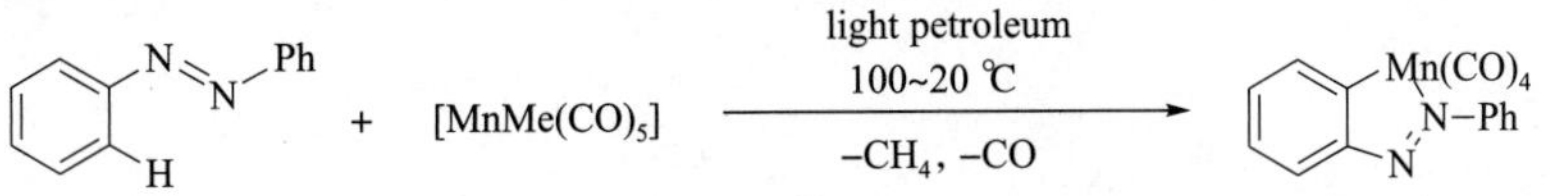

图 6–54 锰化学计量的 C—H 键活化

基于他们的初步研究，三乙基硅烷被证明是实现催化循环的首选试剂。因此，在优化的反应条件下，以中等至良好的产率获得甲硅烷基保护的苄醇（图 6–55a）。值得注意的是，只有锰配合物 MnBr(CO)$_5$ 和 Mn$_2$(CO)$_{10}$ 被证明是该反应中的有效催化剂，而其他锰配合物，如 MnCl$_2$ 和 Mn(acac)$_3$，以及铼、钌、铑和铱的贵金属配合物在其他相同的反应条件下完全无活性。值得注意的是，对映体纯的咪唑啉作为导向基团实现了非常好的非对映选择性（图 6–55b）。

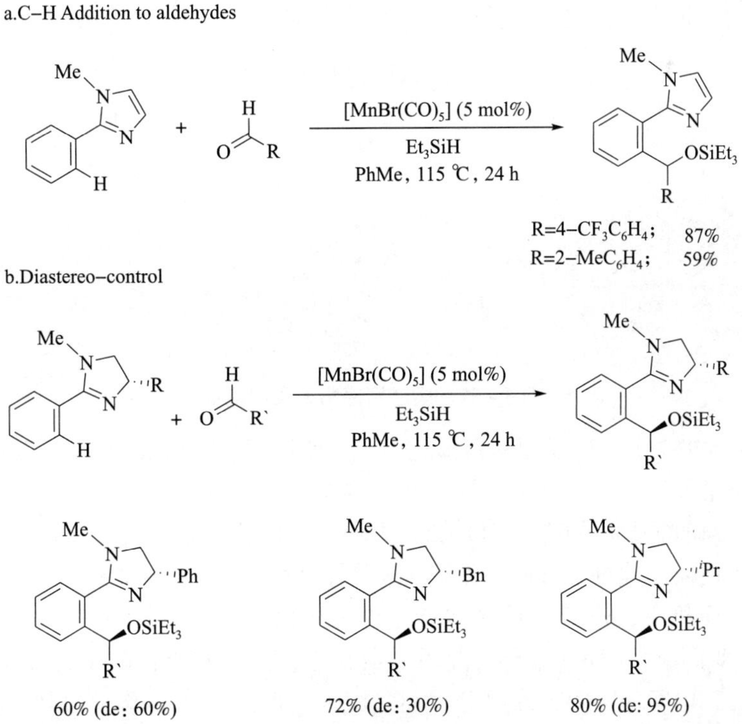

a. C–H Addition to aldehydes

R=4-CF$_3$C$_6$H$_4$; 87%
R=2-MeC$_6$H$_4$;   59%

b. Diastereo-control

60% (de: 60%)   72% (de: 30%)   80% (de: 95%)

图 6–55 导向基团参与的反应

基于机理实验，提出了合理的催化循环（图6-56）[104]。催化活性的锰（Ⅰ）物种通过氧化加成得到氢化锰（Ⅲ）物种。此后，发生极性羰基键迁移插入。最后，三乙基硅烷促进还原消除以形成甲硅烷基保护的苄醇，从而释放活性锰（Ⅰ）催化剂和氢气作为唯一的副产物。尽管上述反应代表了锰在C—H键活化催化的早期突破，但是由于需要化学计量的硅烷的使用，使反应有一定的限制性。同样，关于C—H键对羰基化合物的加成反应的其他报道也强调了硅烷促进催化反应的关键重要性。

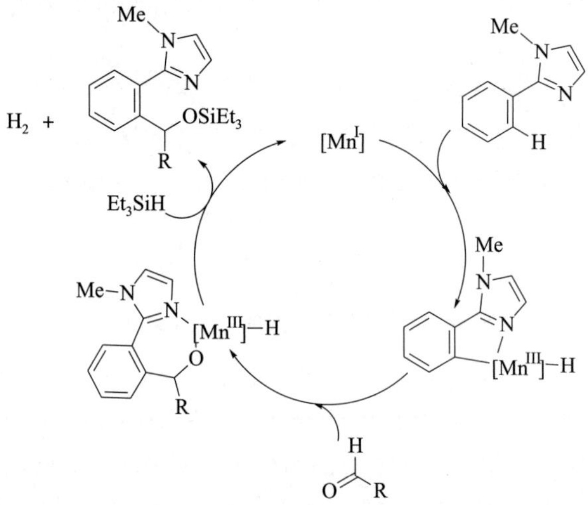

图6-56 导向基团参与的反应机理

同样，作者扩展了底物范围（图6-57）[105]。在酸性水解后，得到具有良好官能团耐受性的酮，即使脂肪腈成功转化为所需的酮。

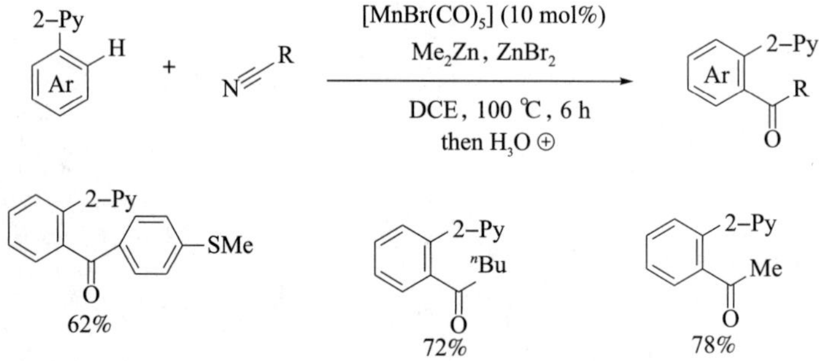

图6-57 脂肪腈底物的反应情况

Ackermann组建立了一种通用的锰催化体系，使得酮和醛能够以无添加剂的方式有效地加氢芳基化，原子经济更好（图6-58）[106]。在他们的优化研究中，作者通过锰（Ⅰ）催化揭示了对N-(2-吡啶基)吲哚的高度C2选择性C—H键官能化，其取代了先天的C3选择性。迄今为止，任何其他过渡金属都无法实现这独特的C2-区域选择性。

为了阐明反应机理，进行了控制实验，得出了以下机理（图6-59）。最初，金属锰C—H键活化得到了活性中间体锰环。此后，羰基化合物的配位、迁移插入碳锰键以产生七元中间体。最后，中间体与第二底物分子通过配体-配体-氢转移（LLHT）1反应形成催化活性的锰环和所需的产物。

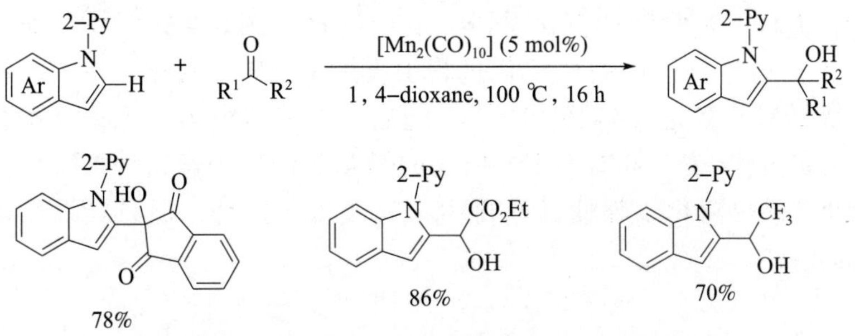

图 6-58 锰催化 C2-区域选择性的 C—H 活化

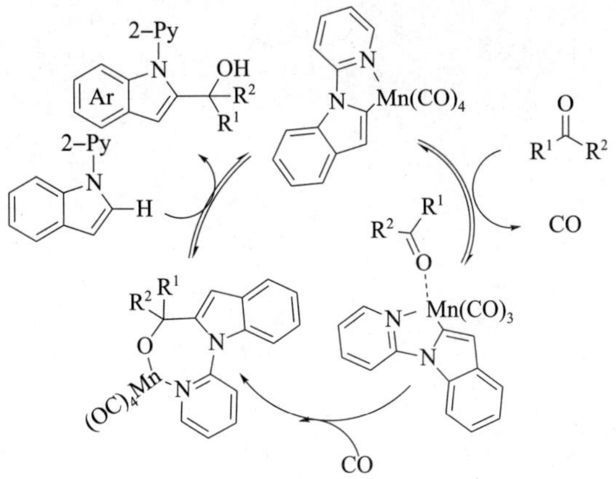

图 6-59 C2-区域选择性的 C—H 活化的反应机理

锰（Ⅰ）配合物在 C—H 键活化催化中的反应性不限于对亲电子 C—H 键的加成反应。实际上，插入固有的极性较小的碳碳键也证明是可行的。Wang 组通过末端炔烃的氢化芳基化揭示了第一例锰催化的 C—H 键烯基化（图 6-60）[108]。值得注意的是，过渡金属催化的末端炔烃转化经常发生不希望的二聚或三聚反应[109,110]。相比之下，优化催化体系后，由 $MnBr(CO)_5$ 作为催化剂和 Cy_2NH 作为碱，2-芳基吡啶的 C—H 键发生烯基化反应。此外，该反应的特点是得到反马尔科夫尼科夫产物，良好 E-非对映异构体。

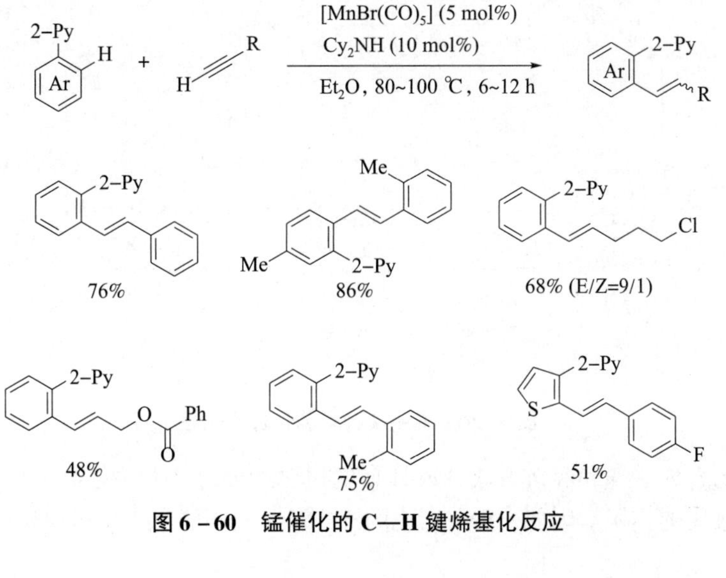

图 6-60 锰催化的 C—H 键烯基化反应

此外，作者进行了实验和计算化学研究反应机理（图 6-61）[108]。作者提出的催化循环是由锰（Ⅰ）通过分子内去质子化过程引发的 C—H 键活化。在末端炔烃的配位之后，迁移插入碳锰键得到七元锰环[111-113]。随后，中间体由第二个炔烃配位，这有助于进行 LLHT 脱金属步骤[107]。同时，生成所需的烯基化产物和锰物种。随后，通过 σ-键复分解的烷基辅助 C—H 活化步骤使锰环再生为完成催化循环，通过计算发现整体放热量是 28.7 kcal/mol。

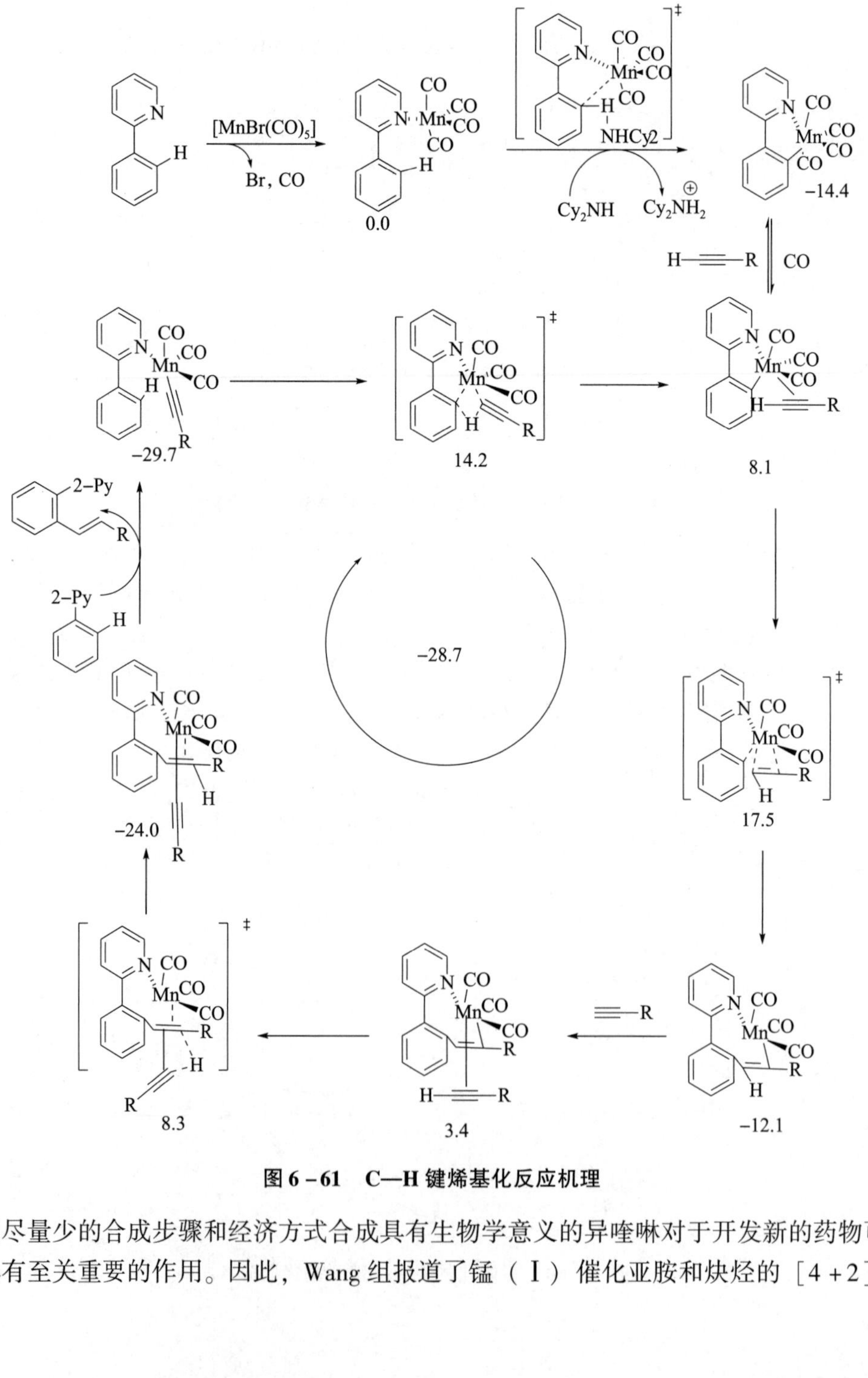

图 6-61　C—H 键烯基化反应机理

以尽量少的合成步骤和经济方式合成具有生物学意义的异喹啉对于开发新的药物可持续途径具有至关重要的作用。因此，Wang 组报道了锰（Ⅰ）催化亚胺和炔烃的 [4+2] 脱氢环化，从而获得异喹啉，氢气作为副产物（图 6-62）[114]。

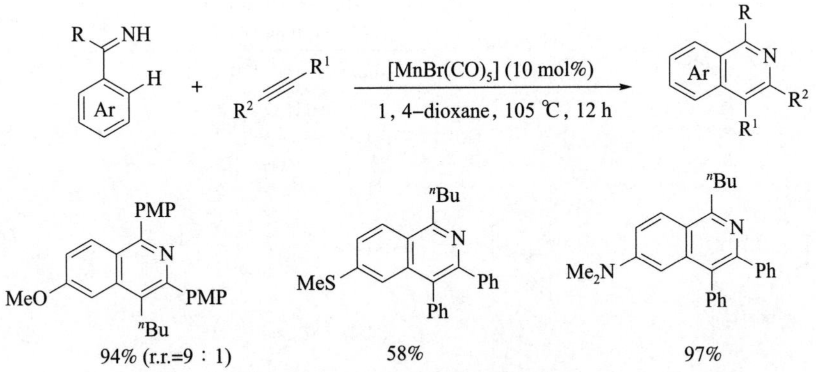

图 6-62 锰催化合成异喹啉

由于无氧化反应条件和 MnBr(CO)$_5$ 催化剂的成本原因，这种方法在原子经济性和可持续性方面超越了已经建立的通过 C—H 键环化合成异喹啉的方法[115,116]。基于机理研究，作者提出了以下简化的催化循环（图 6-63）[114]。在将炔烃与最初形成的锰环配位后，区域选择性迁移插入得到中间体。然后经历 β-氢化物消除以释放产物，同时伴随形成锰-氢化合物。随后，酮亚胺与锰配合物配位，并且随后的选择性 C—H 键活化释放氢气再生锰环，其通过 GC 检测分析。

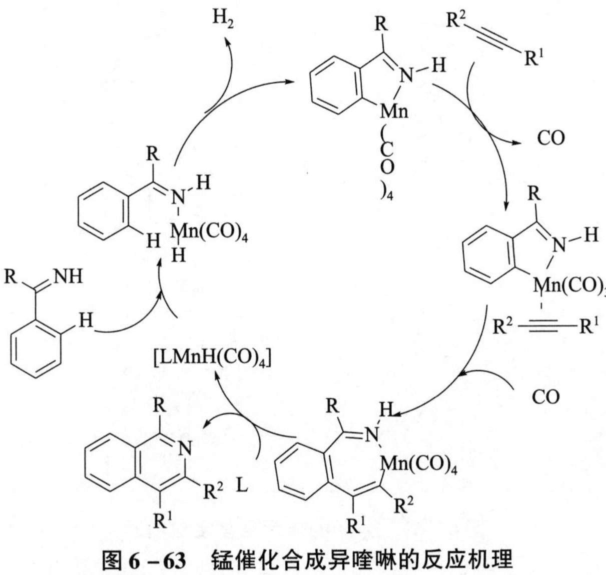

图 6-63 锰催化合成异喹啉的反应机理

烯丙基是较常见的基团，可以很容易地广泛转化为其他官能团[117,118]。因此，对新型 C—H 键烯丙基化方法的需求强烈[119]。Ackermann 及其同事开发了第一例通过使用烯丙基碳酸酯作为烯丙基化试剂与芳烃的 C—H 键发生烯丙基化反应[120]。在酸性后处理时获得具有优异的非对映选择性的烯丙基化的酮（图 6-64）。此外，在优化的反应条件下，高度敏感的官能团有一定的耐受性。

此外，机理研究表明催化循环由 C—H 键活化引发，其中锰-羧酸盐配合物反应得到中间体。与烯丙基碳酸酯配位，随后的区域选择性迁移插入得到锰环，经历 β-氧消除，通过

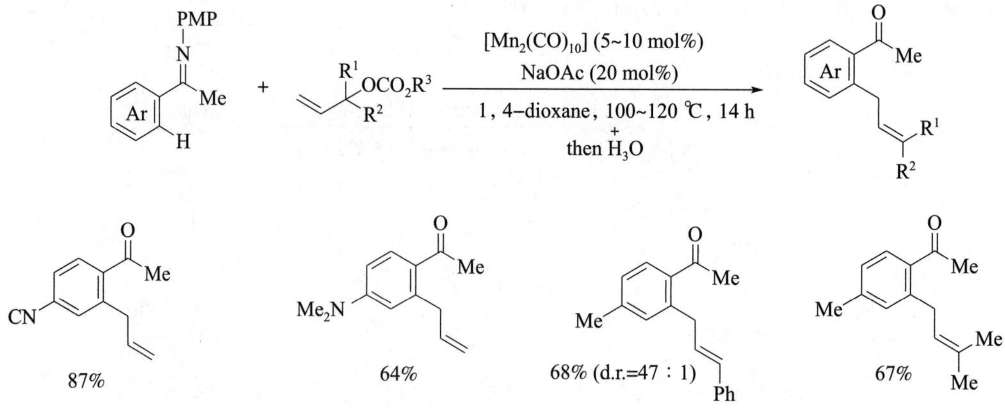

图 6-64 芳烃的烯丙基化反应

原位形成的羧酸的原始脱金属步骤使活性催化剂再生，得到产物，并释放二氧化碳和甲醇作为唯一的副产物（图 6-65）。

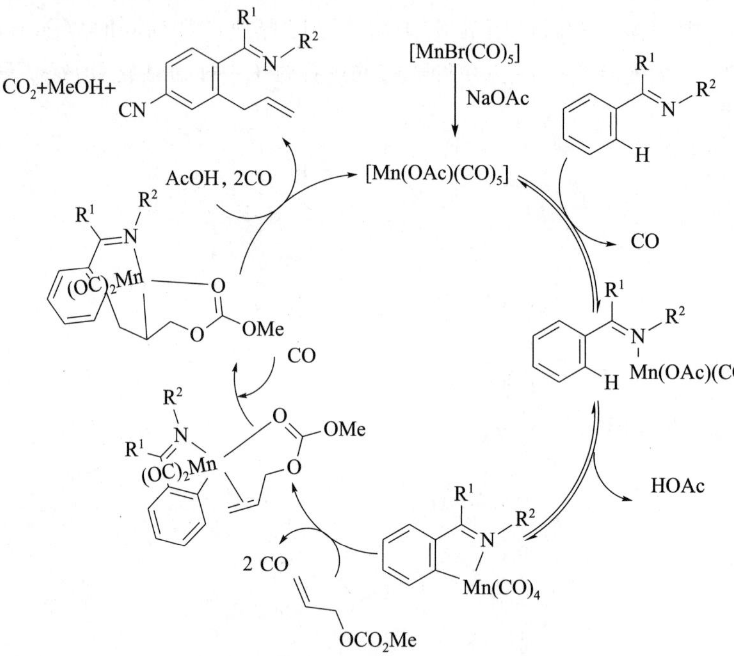

图 6-65 芳烃的烯丙基化反应机理

Ackermann 及其同事报道了第一例锰催化的杂芳烃的 C—H 键氰化反应，其中 N-氰基-N-苯基-对甲苯磺酰胺（NCTS）作为氰化试剂（图 6-66a）[121,122]。详细的优化研究表明，$ZnCl_2$ 作为添加剂，Cy_2NH 作为碱，能获得最佳结果。催化量的 $ZnCl_2$ 作为添加剂也足以实现催化循环，这与 Wang 先前关于锰催化的 C—H 键加成羰基的报道形成对比。值得注意的是，实验实现了对色氨酸的第一次锰催化的 C—H 键官能化（图 6-66b）[105,122]，因为色氨酸衍生物以无外消旋化方式进行 C—H 键氰化。Bao 和他的同事后来报道了使用 N-氰基-N-4-甲氧基苯基-4-甲基苯磺酰胺作为氰化试剂，锰（Ⅰ）催化的 2-苯基吡啶 C—H 键氰化反应[123]。富含电子的氰化试剂将有助于在迁移插入之前的步骤中与锰中心的配位点配位。

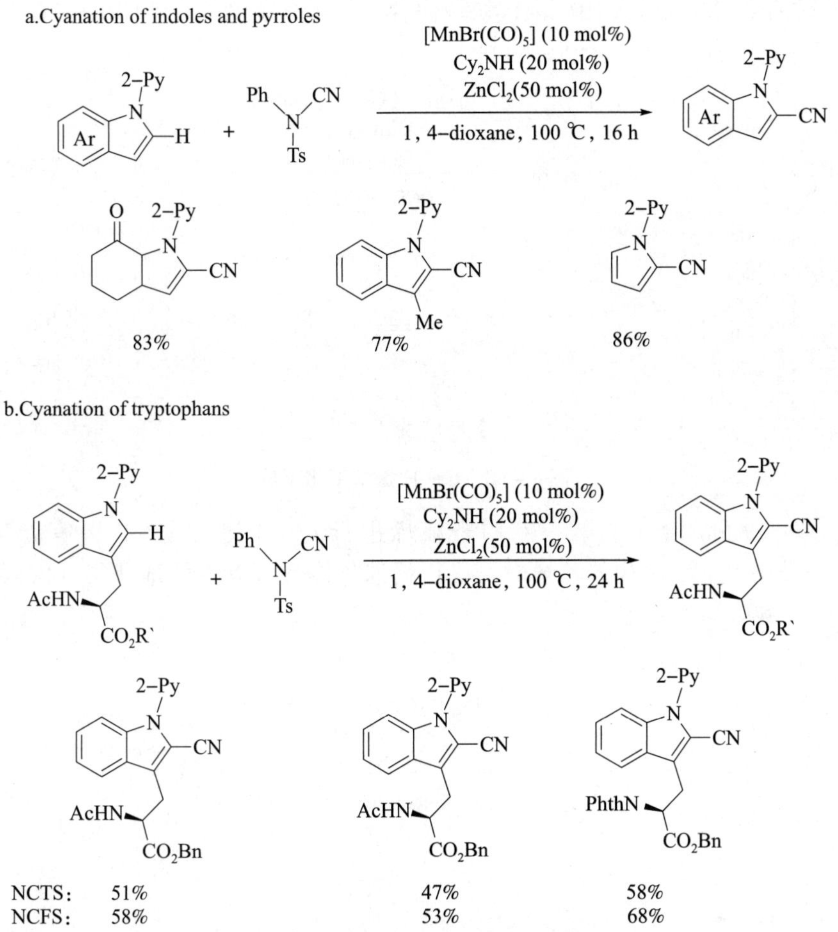

a. Cyanation of indoles and pyrroles

图 6-66 杂芳烃的 C—H 键氰化反应

近年来，出现了几篇关于钴催化的 C—H 键活化的报道[119,120]。相比之下，利用炔丙基碳酸酯通过 β-氢消除来实现反应的策略很少[124]。利用这条路线，Glorius 及其同事设计了一种锰（Ⅰ）催化的 C—H 键与丙炔酸碳酸酯的反应（图 6-67），以高产率得到丙二烯产物[125]。

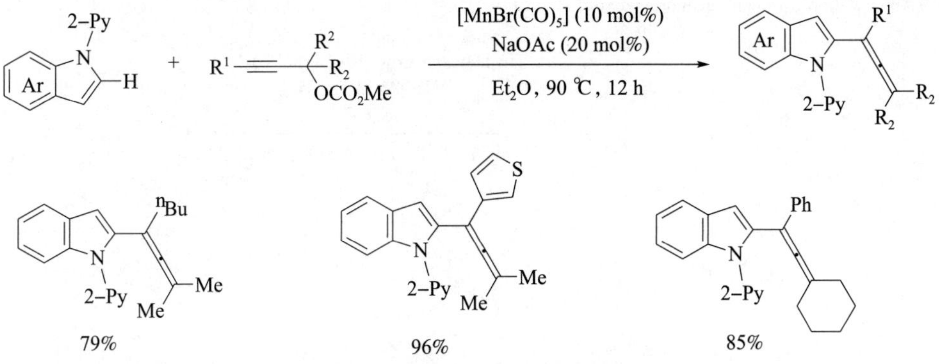

图 6-67 锰催化的 C—H 键活化反应

Ackermann 及其同事报道了第一例锰（Ⅰ）催化的溴代炔烃炔基化反应[126]。在优化的反应条件下锰催化剂成功地使用于卤代炔烃偶合剂与具有亲电子官能团的吲哚以非常高的产率进行 C—H 键炔基化反应（图 6-68）。

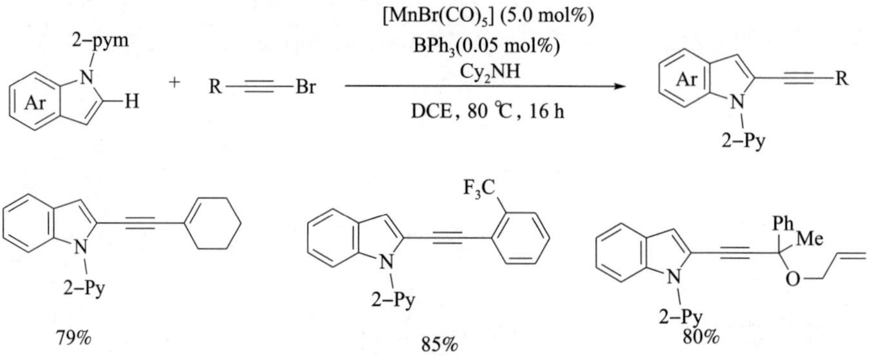

图 6-68　C—H 键炔基化反应

此外，Ackermann 建立了第一例用全氟烯进行 C—H 键和 C—F 键官能化（图 6-69a）[127]。当使用 1,1-二氟代苯乙烯时，优化的催化体系可以方便地获得（Z）-构型的烯基化产物（图 6-69b）。

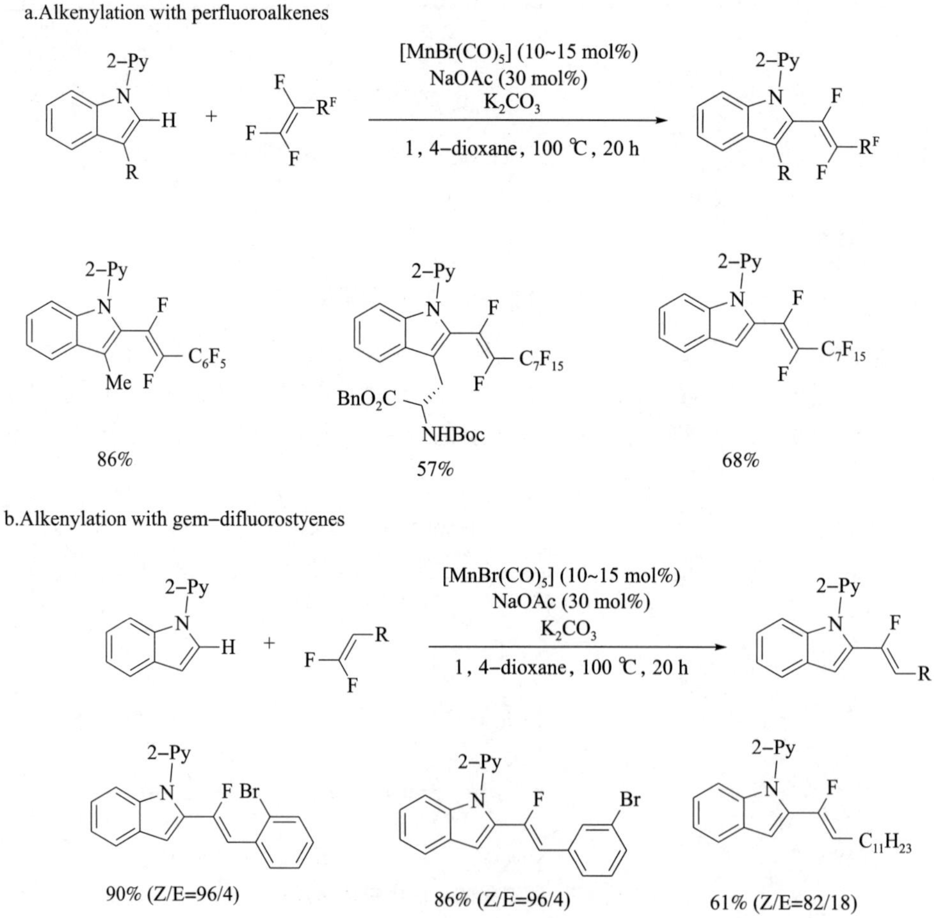

a. Alkenylation with perfluoroalkenes

b. Alkenylation with gem-difluorostyenes

图 6-69　全氟烯参与的 C—H 键和 C—F 键官能化

随后，Loh 及其同事报道了立体络合锰（Ⅰ）-催化的取代二苯乙的烯化 C—H 键和 C—F 键官能化，得到单氟化产物（图 6-69b）[128]。但是，反应条件相当苛刻，需要高反应温度，产生非对映选择性不高。

Ackermann 及其同事完成了第一例锰催化的 C—H 键烷基化，以 $MnCl_2$ 作为催化剂，四甲基乙二胺（TMEDA）为配体，具有挑战性的烷基溴化物作为烷基化试剂，该烷基溴化物易于发生不希望的 β-氢化物消除反应（图 6-70）[129,130]。与相关的铁催化的 C—H 键官能化相反，锰催化的 C—H 键活化策略不需要锌试剂以及昂贵的膦配体[131,132]。具有可去除的三唑基（TAM）导向基团有着充足的底物范围，并且获得了具有良好收率和高水平的单选择性的 C—H 键烷基化产物。

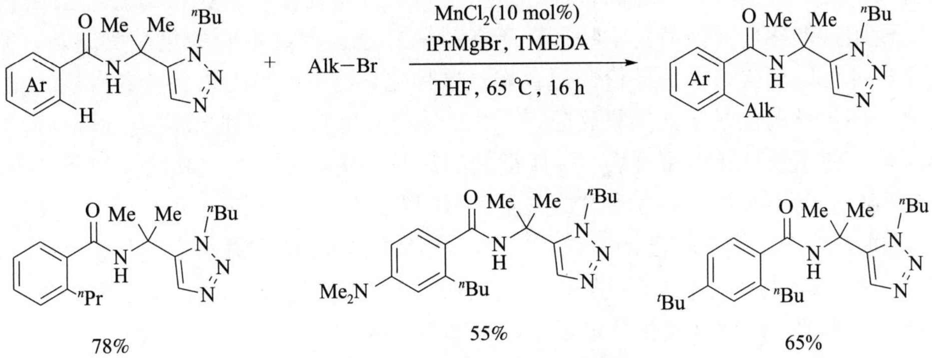

图 6-70 锰催化的 C—H 键烷基化

Ackermann 设计了通过采用可持续的流动技术的锰催化 C—H 键芳基化反应[133]。催化体系由价廉有效的 $MnCl_2$ 做催化剂和新酮嘌呤作为选择的配体组成，可以方便地对吖嗪进行 C—H 键芳基化，反应有着优异的位置选择性和广泛的底物范围（图 6-71）。如在低价锰催化的 C—H 键烷基化中，格氏试剂充当与 DCIB 作为选择的末端氧化剂的偶联配偶体。通过流动化学法对格氏试剂进行的第一次 C—H 键活化可以改善传热和传质，并且能够去除金属污染物。

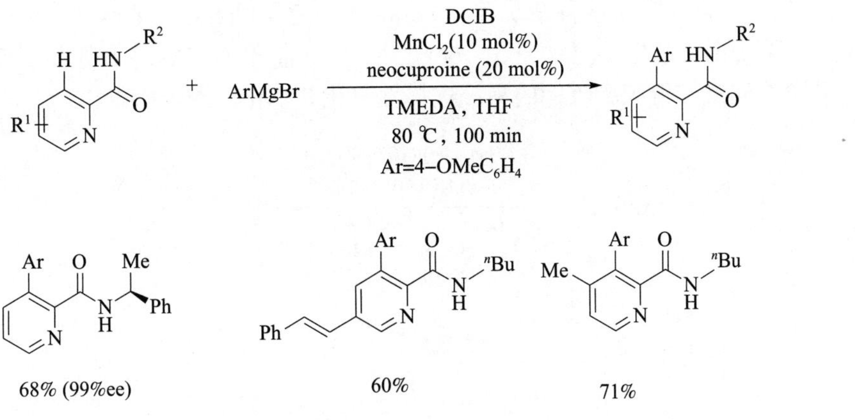

图 6-71 锰催化的 C—H 键芳基化

Hartwig 及其同事于 1999 年在 CO 气氛下使用光化学条件设计了非定向锰（Ⅰ）催化的苯的 C—H 键活化（图 6-72）[134]。作者成功地使用催化剂 $CpMn(CO)_3$ 以良好的收率得到

C—H键硼酸化的苯。

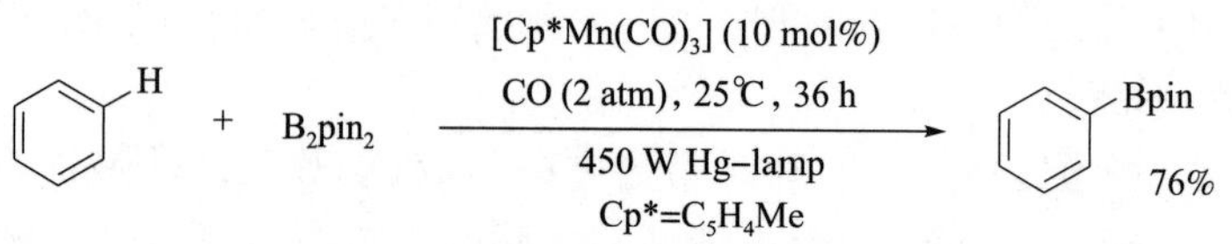

图6-72 锰催化的苯的C—H键活化

6.3.6 金属铁参与的C—H活化

与其他过渡金属相比，铁化合物在催化方面具有极大的吸引力，因为它们在地球丰度、成本效益和低毒性方面具有有益的特性。这些独特的性质促使在制药和农用化学工业化妆品的合成中使用铁催化剂。铁的化学特征在于各种氧化态，允许不同的化学反应性。特别是，减少反应条件可以获得亲核的低价铁化合物，这种化合物可有效促进独特的有机转化，如氢化硅烷化，环化异构化或交叉偶联反应[135,136]。受到催化C—C键形成反应领域反应的启发，科学界探索了使用铁催化剂来开发C—H键激活策略。实际上，在温和的反应条件下，发现低价铁化合物有助于激活热力学稳定的Csp^2–H以及Csp^3–H键，为形成新的C—C键和C—H键提供了原子转化率较高的方法[137,138]。从历史的角度来看，值得注意的是，低价铁羰基或明确定义的铁膦化合物通过氧化加成到铁（0）中心被证明能激活酮亚胺的C—H键，为催化有机金属C—H键官能化奠定了基础（图6-73）[139,140]。

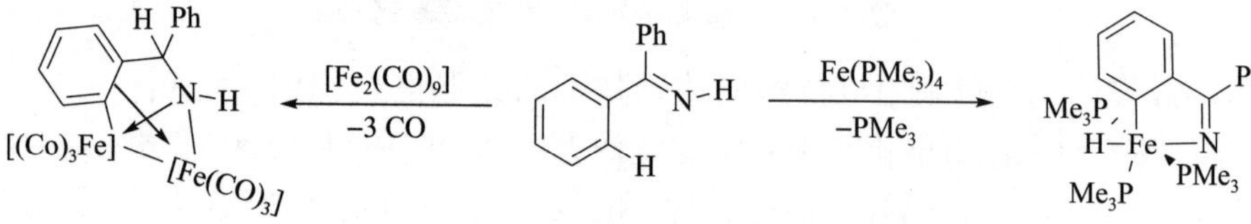

图6-73 铁膦化合物催化酮亚胺的C—H键反应

金属催化的烯烃C—H键活化将烷基引入到芳烃，具有合成意义和原子经济性。通常，在单齿或双齿导向基团存在下的不饱和化合物，使用基于钌、铑、镍或钴的低价金属作为C—H键活化的催化剂。在这种情况下，Yoshikai报道了吲哚醛亚胺与乙烯基芳烃的铁催化定向C—H键活化烷基化反应（图6-74）[141]。卡宾前配体SIXyl·HCl与CyMgCl的组合使用作为有机金属碱，得到高收率的马氏选择性氢化芳基化苯乙烯衍生物。

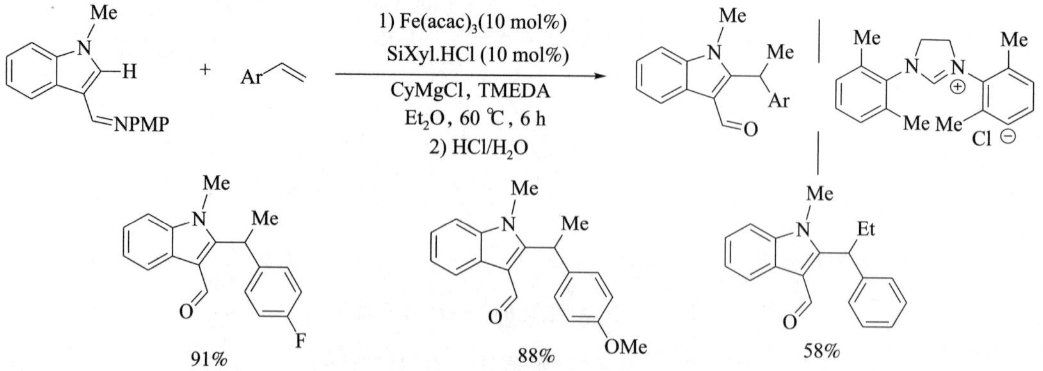

图6-74 铁催化C—H键活化烷基化反应

Yoshikai 报道了亚胺导向基团促进在卡宾预配体存在下使用格氏试剂 PhMgBr, 吲哚铁催化的 C—H 键烯基化反应（图 6 - 75）[141]。该方法显示出优异的顺式选择性并且 C—C 键形成在较低空间要求的位置进行，以良好的收率得到相应的官能化烯烃。

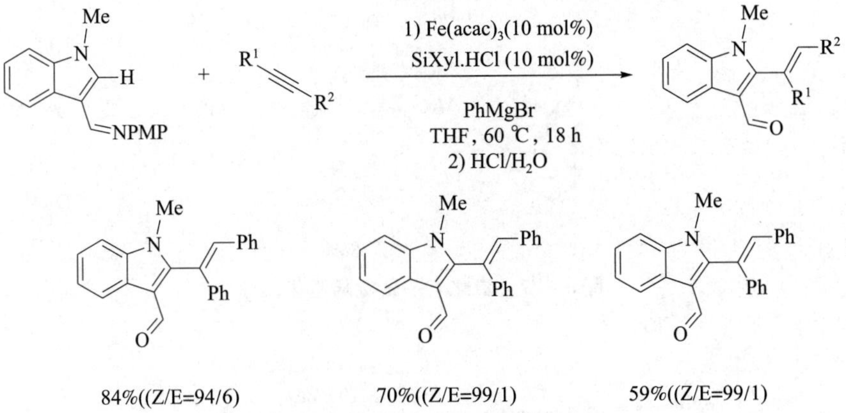

图 6 – 75　铁催化的 C – H 键烯基化反应

最近，Ackermann 报道了一例通过 NHC 卡宾配体铁催化 C—H 键活化烷基化（图 6 - 76）[142,143]。取代 N,N-二芳基-NHC 配体是获得最佳对映选择性成功的关键。该转化方法广泛适用于乙烯基二茂铁，以及苯乙烯衍生物，以良好的产率和高对映体得到相官能化吲哚。

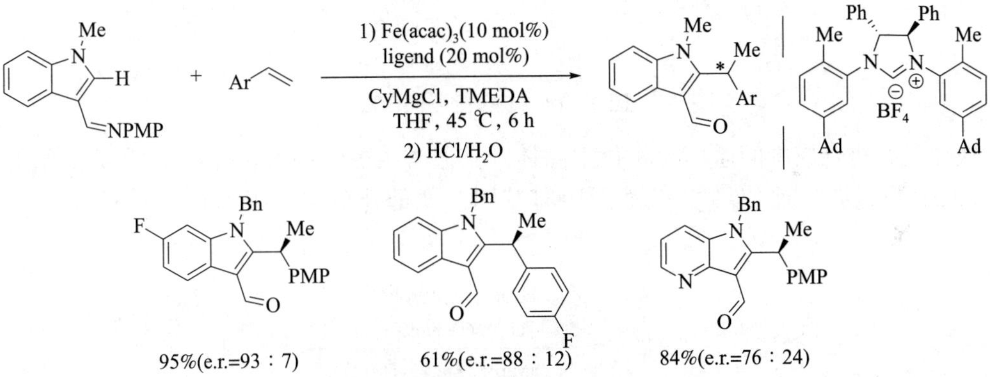

图 6 – 76　铁催化 C – H 键活化烷基化

芳烃 C—H 键与烯烃的氧化官能化，即 Fujiwara Moritani 反应，是一种用于合成高官能化的烯烃的原子经济性方法[144-146]。然而，由于链烯基芳基和链烯基键的立体选择性形成的限制，这种方法直到最近在 4d 和 5d 的过渡金属的帮助下才实现。这是由于 4d 和 5d 轨道与烯烃的 π-键的强相互作用，这可能导致不希望的烯烃异构化产生。相反，Nakamura 报道了铁催化 8-氨基喹啉二齿导向基团促进的有机硼酸盐衍生物进行的氧化 C—H 键烯基化反应（图 6 - 77）[147]。

近年来，通常采用过渡金属催化的 C—H 键官能化氧化炔烃环化方法合成不同类型的多环芳烃和 N-杂环[148,149]。低价态铁化合物和环金属化中间体能够协调 π 电子体，如烯烃和炔烃[150,151]。Nakamura 通过炔烃和二芳基格氏试剂之间的氧化 [4+2] 苯并环化产生菲衍生物（图 6 - 78）。

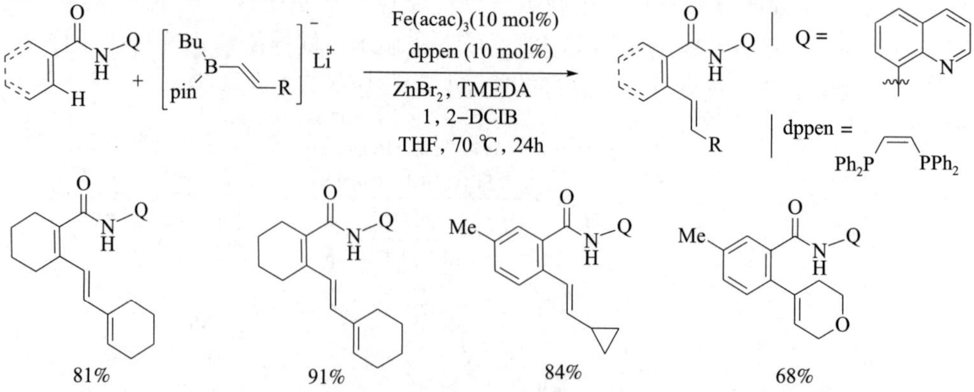

图 6-77 氧化 C—H 键烯基化反应

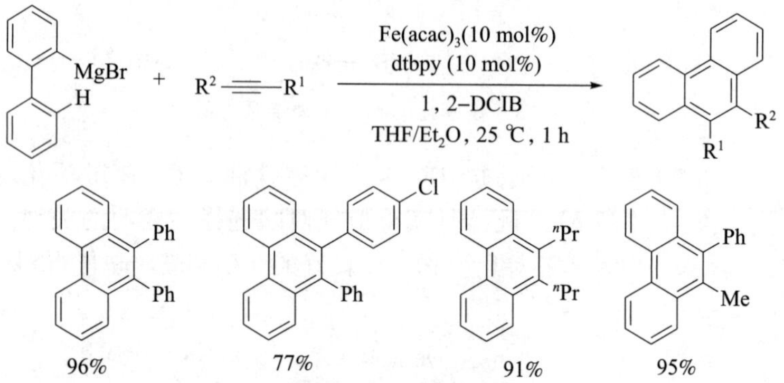

图 6-78 菲衍生物的合成

炔烃是有机合成中的通用模块化中间体，其通常由 Sonogashira 交叉偶联反应合成[152]。Ackermann 小组成功地使用了三唑为导向基团，铁催化的 C—H 键炔基化反应（图 6-79）[153]。

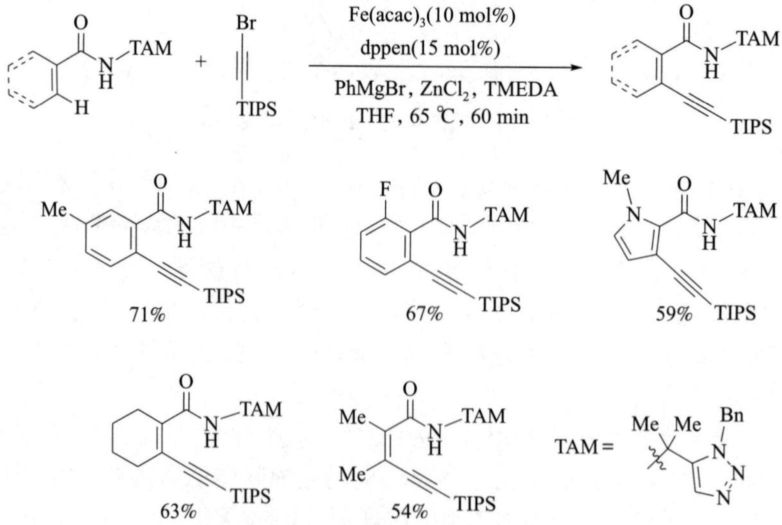

图 6-79 铁催化的 C—H 键炔基化反应

铁催化也是实现 C—H 烯丙基化的可行工具。Nakamura 报道了在二齿双膦配体和有机锌试剂作为碱存在下，使用烯丙基苯醚作为亲电试剂，与喹啉酰胺发生烯丙基化反应（图 6-80）。

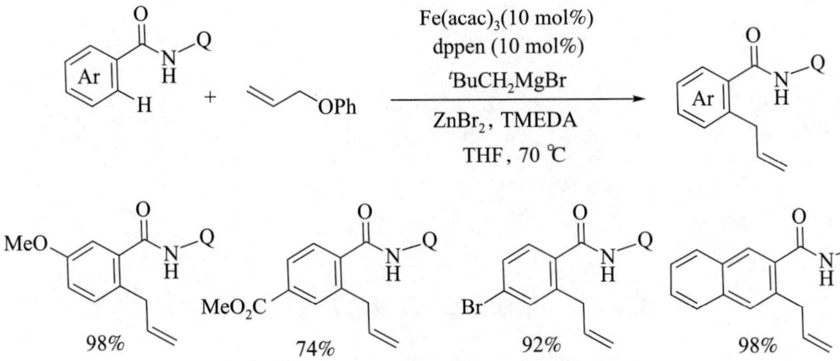

图 6-80 铁催化烯丙基化反应

金属催化的 C—H 键烷基化特别具有挑战性，因为烷基金属中间体通常易于发生不希望的 β-氢化物消除[129]。但是使用双齿导向基团，能够稳定这些中间体。Nakamura 设计了一种通过使用 8-AQ 导向基团实现的铁催化 C—H 键烷基化。使用双齿膦配体与原位产生的芳基锌试剂组合促进伯或仲烷基甲苯磺酸酯进行 C—H 键官能化，高活性高化学选择性得到邻位官能化苯甲酰胺（图 6-81）[154]。

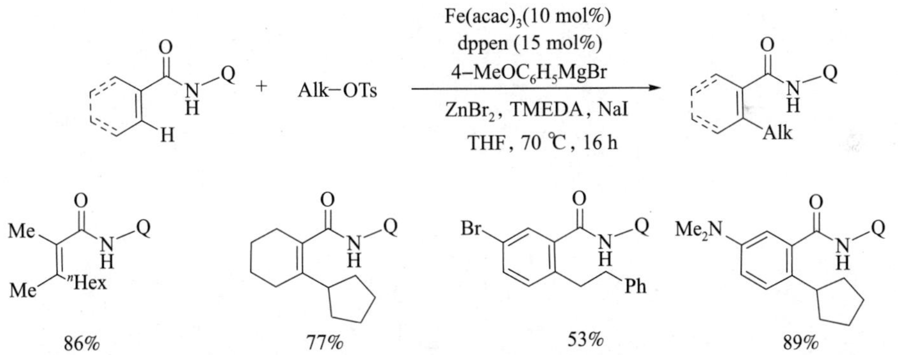

图 6-81 铁催化 C—H 键烷基化反应

过渡金属催化的 C—H 键芳基化代表了环境和经济上更具吸引力的替代传统交叉偶联反应，是合成二芳基化合物的新方法[155]。在此背景下，有机金属铁催化的 C—H 键活化使典型 2-苯基吡啶衍生物的 C—H 键芳基化成为可能[156]。单齿邻位导向的基团促进 C—H 键的芳基化反应（图 6-82）。

通过计算进行的机理研究表明，反应经过 Fe(Ⅱ)/Fe(Ⅲ)/Fe(Ⅰ) 催化循环[157]。Chen 和同事提出 C—H 键激活步骤是由高旋转基态的自旋交叉引发的，到铁（Ⅱ）催化剂的低自旋激发态以产生环金属化物质；发生金属转移，中间体经由二卤代烷烃通过 SET 机理进行氧化。最后，由此获得的铁（Ⅰ）化合物的氧化恢复至有催化活性 Fe(Ⅱ) 中间体（图 6-83）。

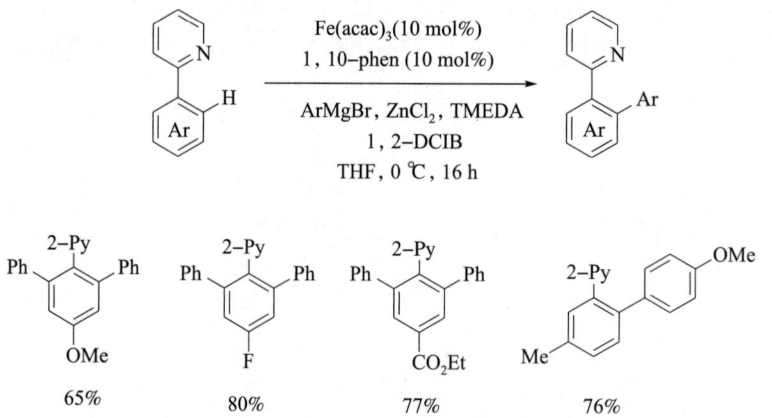

图 6-82 铁催化 C—H 键的芳基化反应

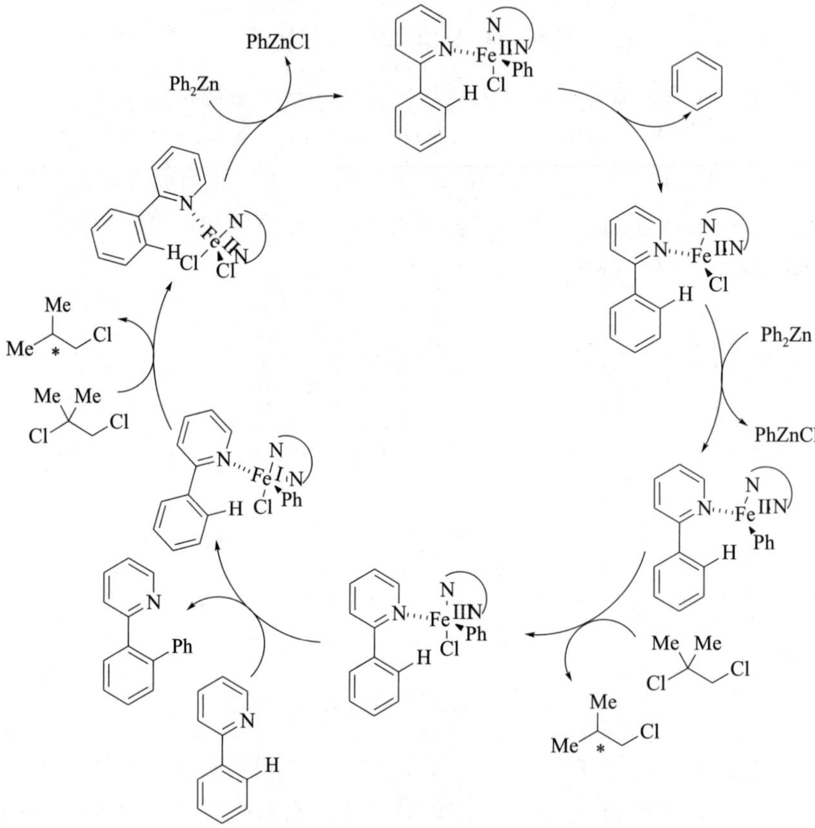

图 6-83 铁催化 C—H 键的芳基化反应机理

胺类在有机合成中是一类重要的分子,因为它们在制药和化学工业、药物化学和材料科学中很普遍。过渡金属催化的 C—H 键胺化以便以原子和步骤经济的方式构成了一种强有力的合成工具[158]。在以 4d 和 5d 过渡金属为主的领域中,用 N-氯胺作为亲电胺化试剂实现了铁催化的 C—H 键活化反应(图 6-84)[159]。同时逐滴加入格氏试剂和 N-氯胺使原料在双齿 8-AQ 辅助下完全转化,得到相应的官能化羧酰胺衍生物。双齿配体在控制 C—H 键胺化过程的化学选择性中起关键作用,其中缺电子二齿膦配体表现最佳。

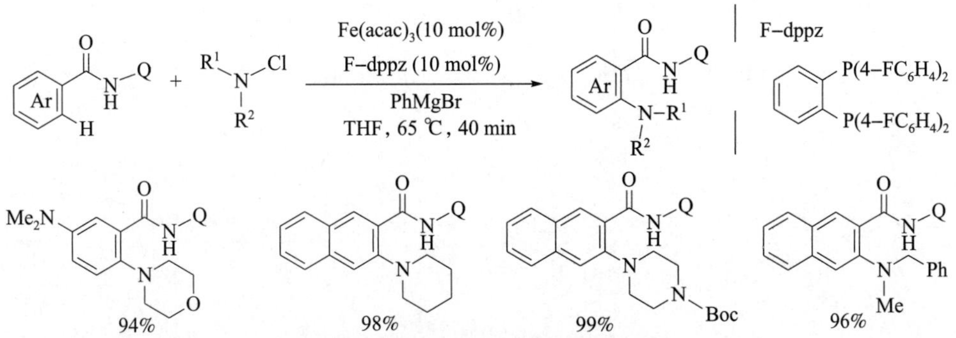

图 6-84 铁催化的 C—H 键胺化反应

直接 C—H 键活化策略是构建交叉偶联反应和电子材料前体的变革方法[160]。在早期贡献中，Hartwig 设计了一种化学计量的铁介导的芳烃化合物的 C—H 键活化[161]。在随后的研究中，芳烃的催化 C—H 键活化是由 Kuang 和 Wang, Mankad, Bontemps, Sortais, Sabo-Etienne 和 Darcel 实现的[162-164]。在这些转化中，区域选择性主要受取代基电子效应对芳香基的控制。此外，Kuninobu 最近报道了铁催化 2-苯基吡啶的邻位选择性的 C—H 键硼化反应（图 6-85）[165]。

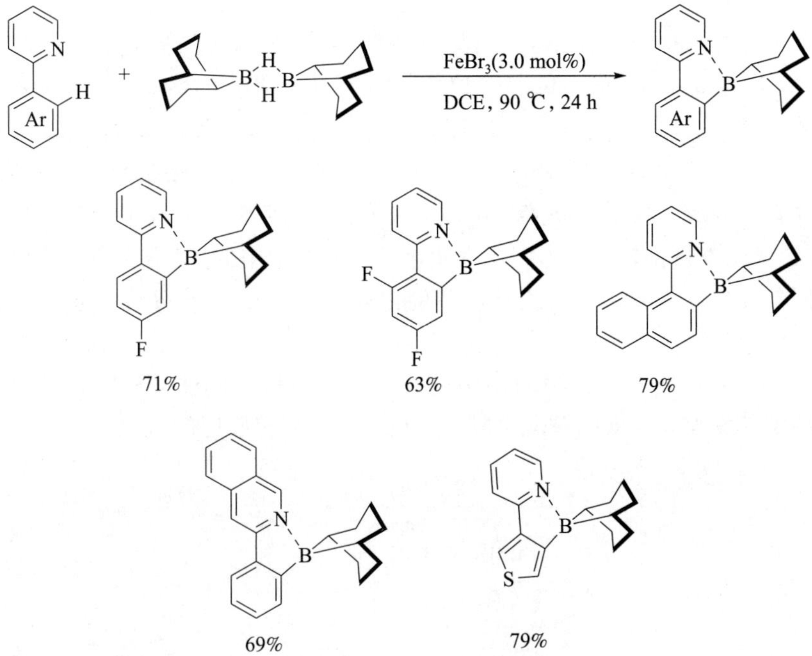

图 6-85 铁催化 C—H 键硼化反应

此处，用市售的三溴化铁和 9-BBN 二聚体处理不同取代的苯基吡啶，得到邻位 C—H 键活化的化合物，产率高，官能团耐受性好。值得注意的是，硼基团增强了 2-苯基吡啶核心的分子间供体受体结构以及 π-共轭，使产物在 UV 照射下在液相和固相中发荧光。

被认为是低价物种的铁催化剂通过 C—H 键氧化加成被证明可激活芳烃的 C—H 键。最近，Chirik 利用这些研究结果通过铁催化氘化和氚化合成同位素标记的化合物。有趣的是，该方法也适用于商业化药物分子（例如 Cinacalcet）的氘标记（图 6-86）。

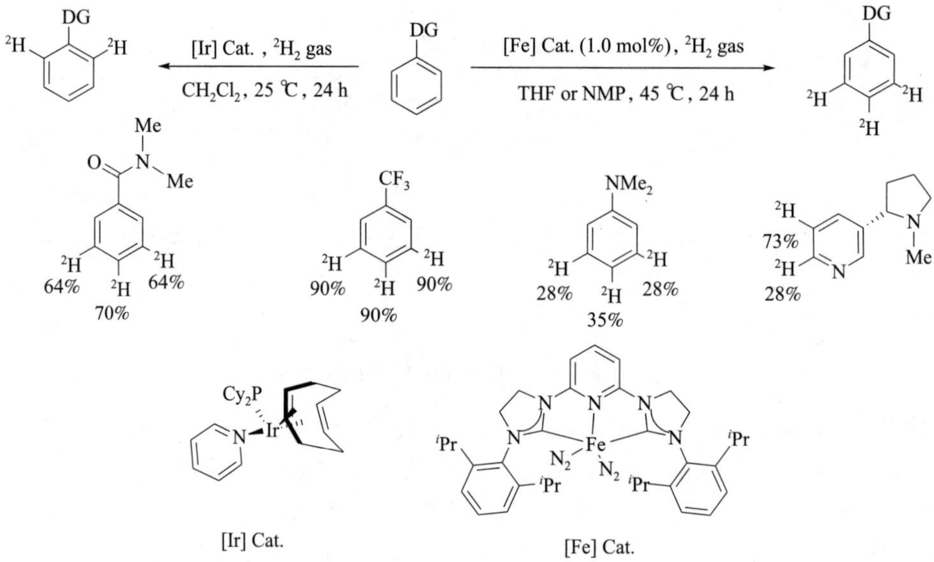

图 6 – 86　铁催化合成同位素标记的化合物

6.3.7　金属钴参与的 C—H 活化

钴是一种地球丰富且毒性较小的元素，在维生素 B12 形式的哺乳动物中起着至关重要的作用。1941 年，Kharasch 和 Fields 开创性报道了关于钴催化的格氏试剂同源偶联反应，并受到极大的关注[166]。此后，又开发了几种有效的方法，例如 Pauson – Khand 反应、加氢甲酰化、环加成反应和交叉偶联反应[167-173]。Murahashi 最早报道钴催化 C—H 活化的实例，邻苯二甲酰亚胺的合成是由希夫碱与 $Co_2(CO)_8$ 的反应实现的（图 6 – 87）[174,175]。从那时起，超过 70 年的研究将钴转化为 C—H 官能化反应最有希望的 3d 金属之一[176-187]。这些反应可以通过低价或高价钴催化进行。低价钴催化通常是通过简单的钴（Ⅱ）盐和格氏试剂或明确定义的钴配合物使用原位生成的络合物实现的[188,189]。相比之下，高价钴催化的 C—H 活化通常通过 Cp*Co(Ⅲ) 配合物的作用进行，其代表易于处理的稳定化合物。在本小节中，我们总结了受成本效益低的钴配合物参与的 C—H 活化反应的进展。

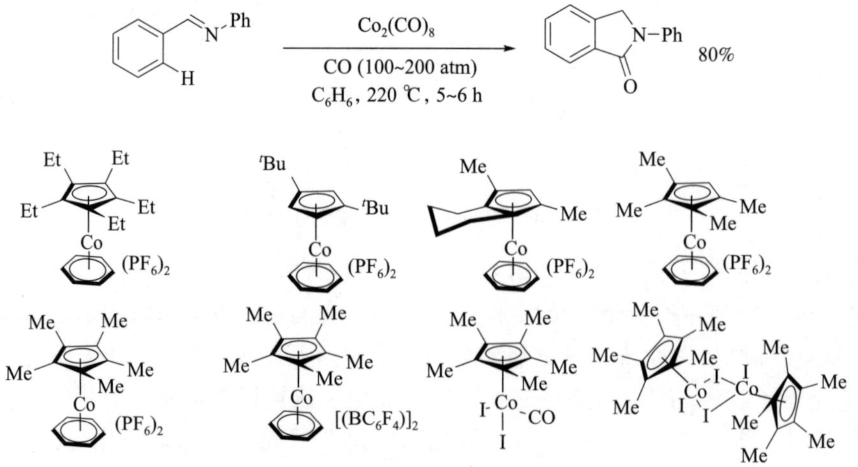

图 6 – 87　邻苯二甲酰亚胺的合成

Cyclocobaltation 通常是钴催化的 C—H 键官能化反应的关键基本步骤。因此，这些有机金属钴中间体的分离和表征对于理解这些催化转化是必不可少的。早期由 Broderick 和 Legg 发表的分离的环金属化物种的例子中，实现了钴配合物催化的分子内 Csp^3 – H 活化（图 6 – 88）[190]。C—H 键活化步骤应该通过来自原位产生的钴（Ⅲ）配合物亲电子攻击发生。Wagenknecht 小组实现了分子内环金属化[191]。Broderick 和 Legg 提出 C—H 键的活化是通过 C—H 键与钴中心先前的相互作用。

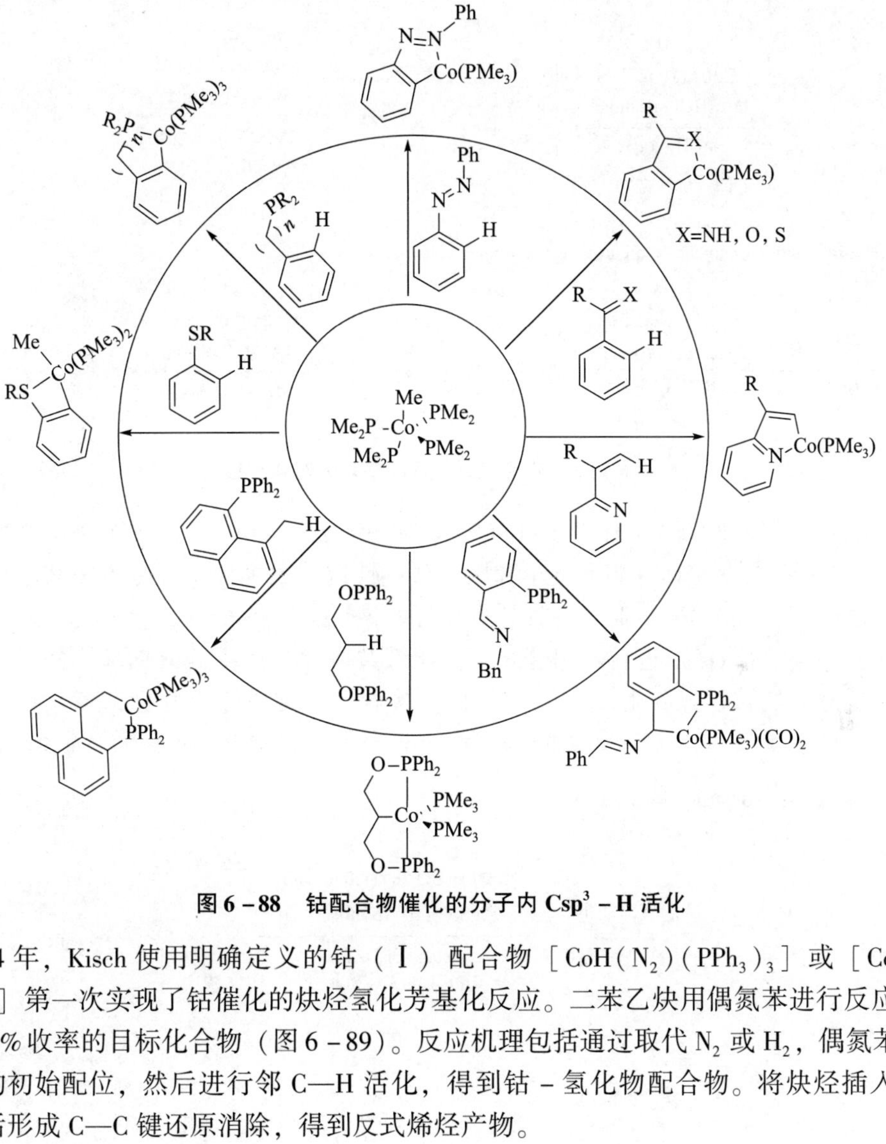

图 6 – 88 钴配合物催化的分子内 Csp^3 – H 活化

1994 年，Kisch 使用明确定义的钴（Ⅰ）配合物 [CoH(N_2)(PPh_3)$_3$] 或 [CoH(H_2)(PPh_3)$_3$] 第一次实现了钴催化的炔烃氢化芳基化反应。二苯乙炔用偶氮苯进行反应，得到 70%~80% 收率的目标化合物（图 6 – 89）。反应机理包括通过取代 N_2 或 H_2，偶氮苯与钴预催化剂的初始配位，然后进行邻 C—H 活化，得到钴–氢化物配合物。将炔烃插入 Co—H 键，然后形成 C—C 键还原消除，得到反式烯烃产物。

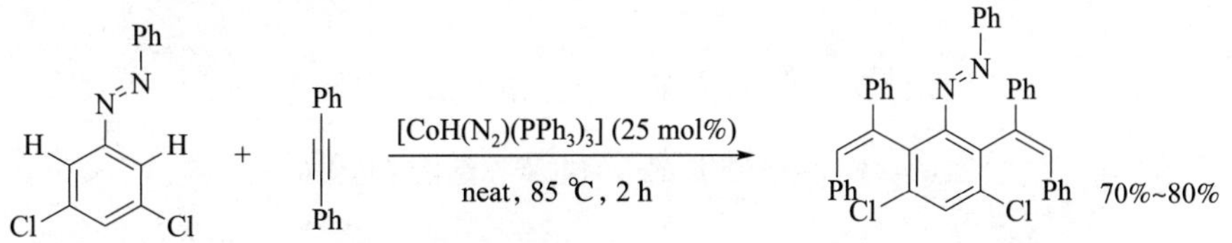

图 6 – 89 钴催化的炔烃氢化芳基化反应

基于他们对炔烃氢化芳基化的报道，Yoshikai 也报道了通过钴催化螯合辅助 C—H 活化芳烃与苯乙烯的氢化芳基化[192]。作者建立了两个催化体系，即钴膦和钴-HCCs，对于苯乙烯与 2-芳基吡啶和芳族酮亚胺的线性和支化选择性氢化芳基化（图 6-90）。通过适当组合三芳基膦和格氏试剂，进一步提高了芳香族酮亚胺在苯乙烯中的支化选择性和加成效率。

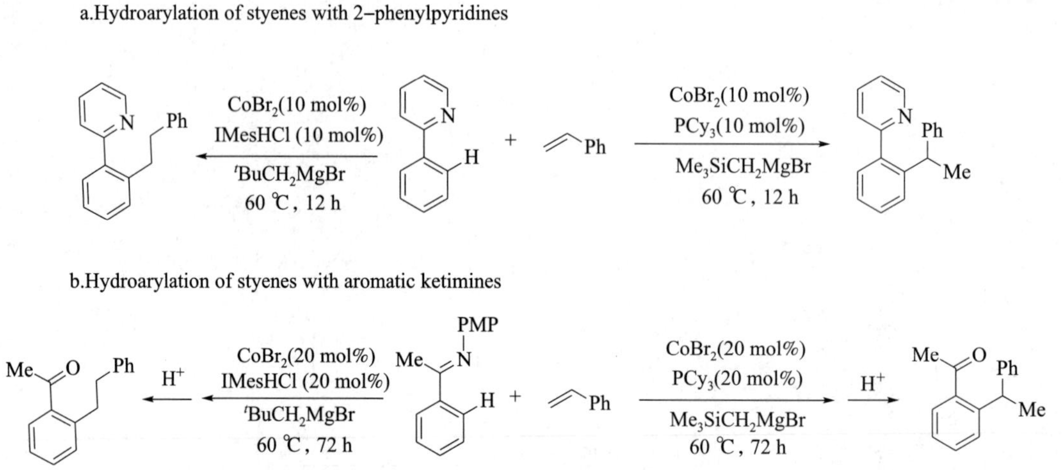

a. Hydroarylation of styenes with 2-phenylpyridines

b. Hydroarylation of styenes with aromatic ketimines

图 6-90　芳烃与苯乙烯的氢化芳基化反应

Ackermann 小组通过钴（Ⅲ）催化实现了对一系列（杂）芳烃的区域选择性氢化芳基化[193]。该方法被发现具有高度化学和区域选择性以步骤和原子经济的方式合成烯基化芳烃。通过阳离子 Cp*Co（Ⅲ）物种的作用开始该反应（图 6-91）。然后，可能通过配体-配体氢转移（LLHT）进行不可逆的 C—H 键共同化，产生五元钴环。随后，在丙二烯的末端位置的迁移插入，形成七元中间体。接着，双键异构化并且钴催化剂的配位球中的质子化产生。最后，脱碳步骤通过与另一分子的芳烃的配体交换得到烯烃产物。

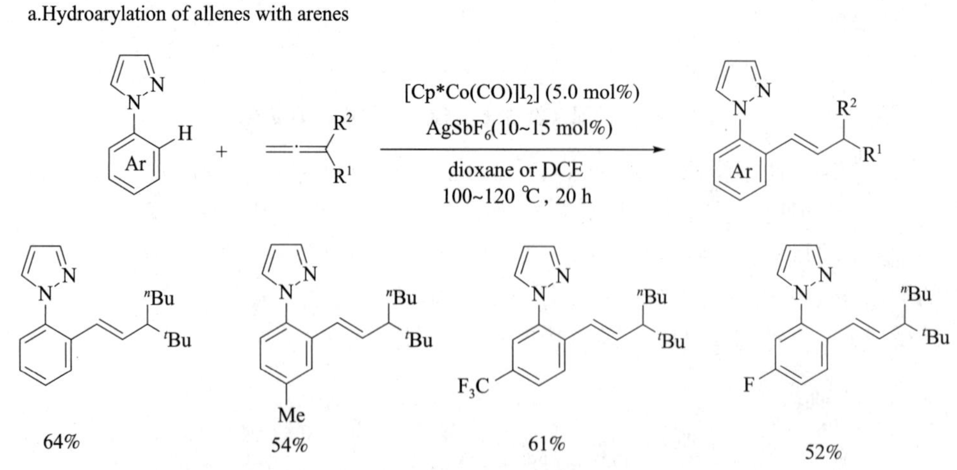

a. Hydroarylation of allenes with arenes

64%　　54%　　61%　　52%

图 6-91　（杂）芳烃的区域选择性氢化芳基化反应

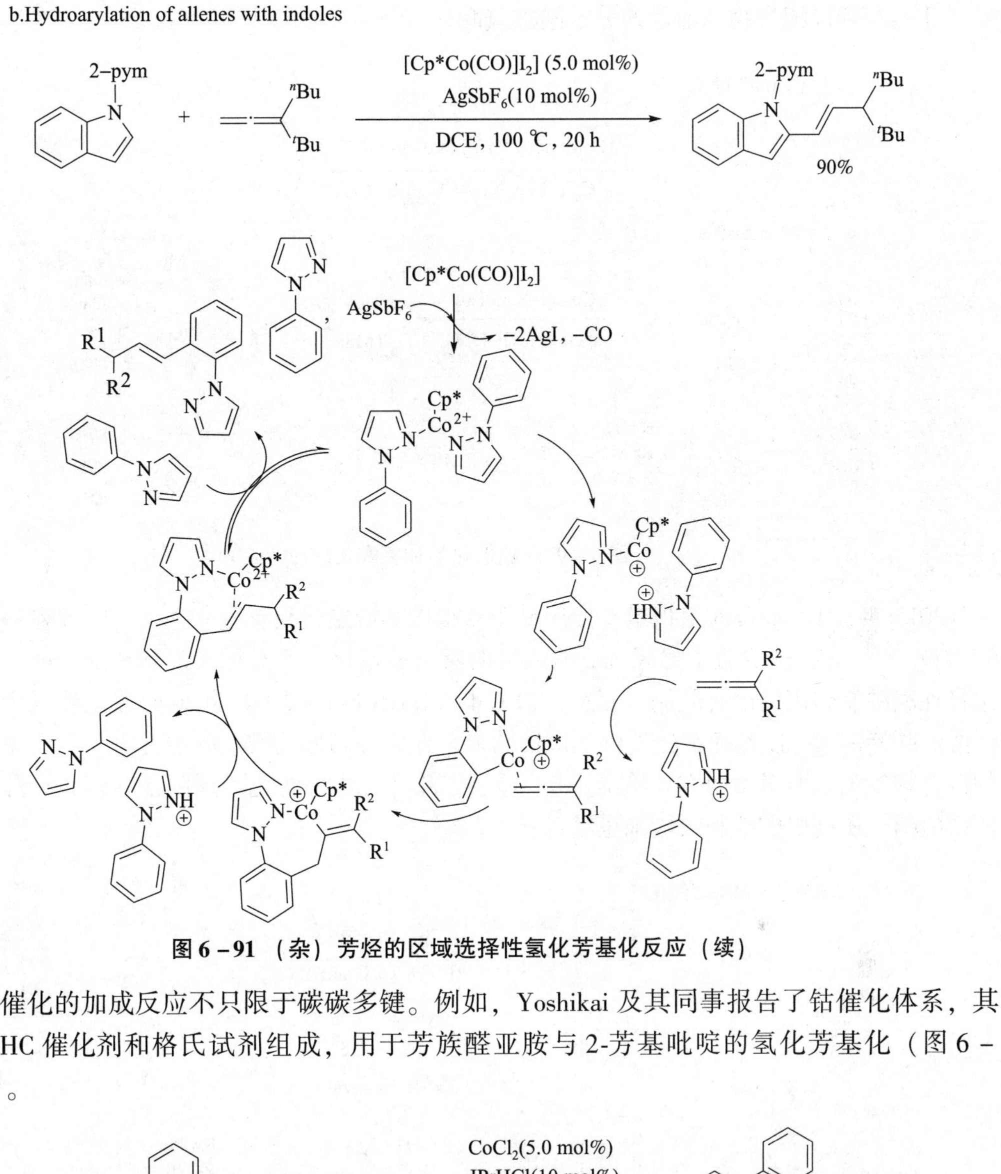

b.Hydroarylation of allenes with indoles

图 6-91 （杂）芳烃的区域选择性氢化芳基化反应（续）

钴催化的加成反应不只限于碳碳多键。例如，Yoshikai 及其同事报告了钴催化体系，其由钴-NHC 催化剂和格氏试剂组成，用于芳族醛亚胺与 2-芳基吡啶的氢化芳基化（图 6-92）[194]。

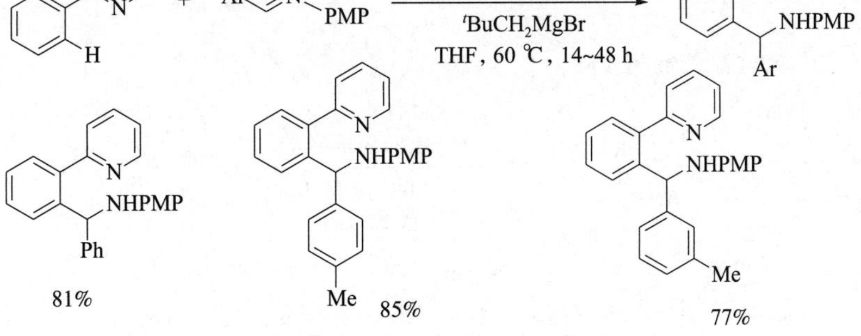

图 6-92 于芳族醛亚胺与 2-芳基吡啶的氢化芳基化反应

Vinogradove 报道了钴催化的加氢酰化反应，其中在钴催化剂 [Co(dppe)(PPh$_3$)$_2$] 催化下将 4-戊烯醛转化为环戊酮（图 6-93a）。后来，Brookhart 在温和的反应条件下观察到使用钴（Ⅰ）-双烯烃配合物与烯烃的分子间加氢酰化（图 6-93b）[188,195,196]。

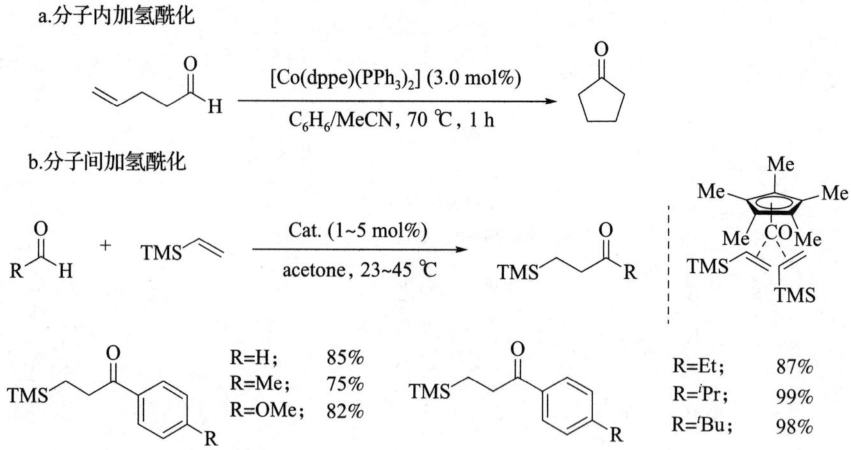

图 6-93 钴催化的加氢酰化反应

2015 年，Ackermann 组报道了使用易于获得的烯醇酯进行钴催化的 C—H 键烯基化（图 6-94）[197]。该方法克服了烯烃合成的炔烃的氢化芳基化、不对称炔烃到环烯烃的不良区域选择性和限制作用的固有限制。相反，由 CoI$_2$、IPrHCl 和 CyMgCl 组成的催化体系为吲哚与烯醇乙酸酯的 C—H 键烯基化提供了最佳结果。在无环烯醇乙酸酯的情况下，非对映体底物的混合物专门以非对称的方式给出（E）-烯烃。此外，这种转化不仅限于烯醇乙酸酯，对烯醇磷酸酯、氨基甲酸酯和碳酸酯也是可行的。

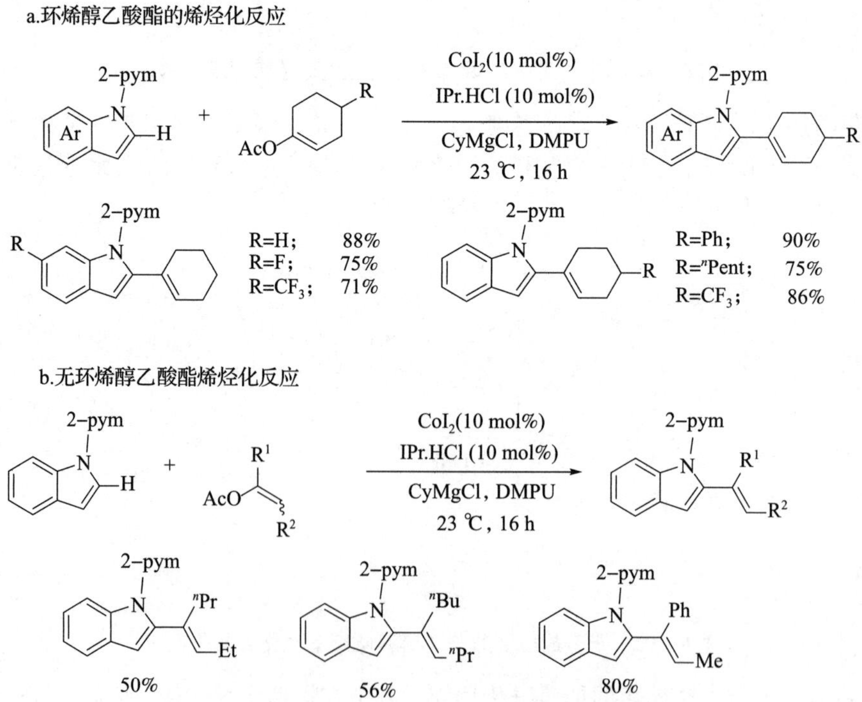

图 6-94 钴催化的 C—H 键烯基化反应

c. 烯醇磷酸酯、氨基甲酸酯、碳酸酯烯基化反应

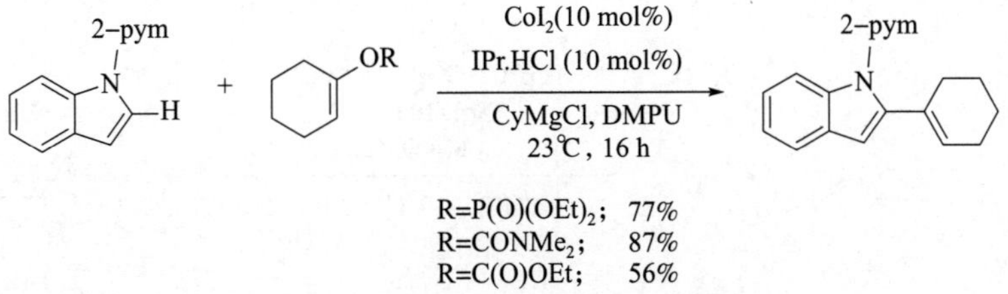

R=P(O)(OEt)$_2$; 77%
R=CONMe$_2$; 87%
R=C(O)OEt; 56%

图 6-94 钴催化的 C—H 键烯基化反应（续）

近年来，通过过渡金属催化的 C—H 键活化合成烯丙基化合物受到极大的关注[119,198]。Glorius、Ackermann 和 Matsunaga-Kanai 同时具有报道了关于钴催化 C—H 键烯丙基化的开创性工作[199-202]。例如，Glorius 小组记录了 Cp*Co（Ⅲ）催化的 N-嘧啶基吲哚与烯丙基碳酸酯的 C—H 键烯丙基化反应（图 6-95a）[199,200]。后来，同一组扩大了它们的反应范围，包括芳基和链烯基酰胺（图 6-95b）。

a. 吲哚烯丙化反应

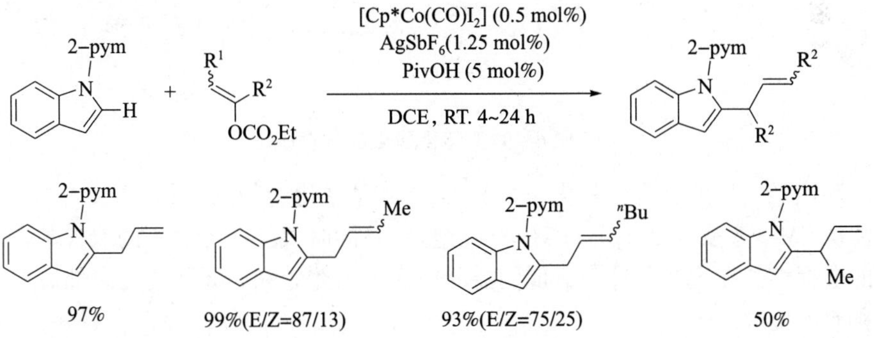

97%　　99%(E/Z=87/13)　　93%(E/Z=75/25)　　50%

b. 芳基和烯酰胺烯丙化反应

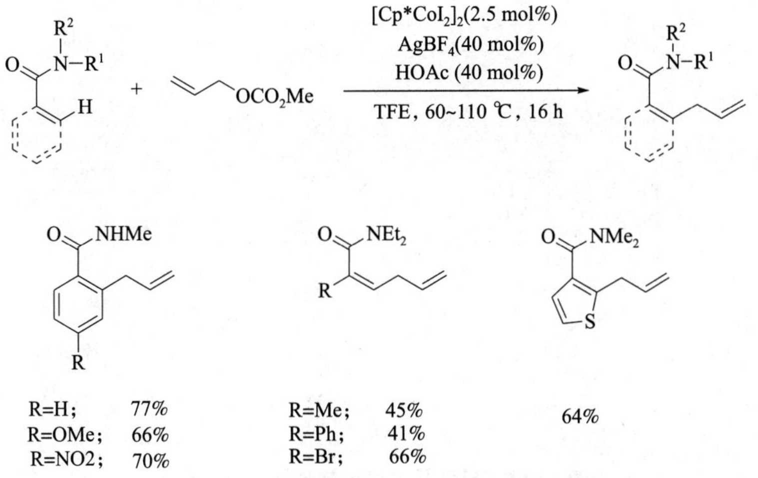

R=H;　77%　　　R=Me;　45%　　　64%
R=OMe;　66%　　R=Ph;　41%
R=NO2;　70%　　R=Br;　66%

图 6-95 钴催化 C—H 键烯丙基化反应

直到最近，过渡金属催化的 C—H 键炔基化主要通过贵金属 4d 过渡金属如钯、铑和钌实现[203-208]。最近，Shi 和 Ackermann 独立报道证明钴配合物也能够实现 C—H 键炔基

化[209,210]。例如，Shi 在 110 ℃下在钴（Ⅲ）催化下使用高价碘-炔烃试剂进行 N-嘧啶基吲哚的 C2-选择性炔基化反应（图 6-96）。

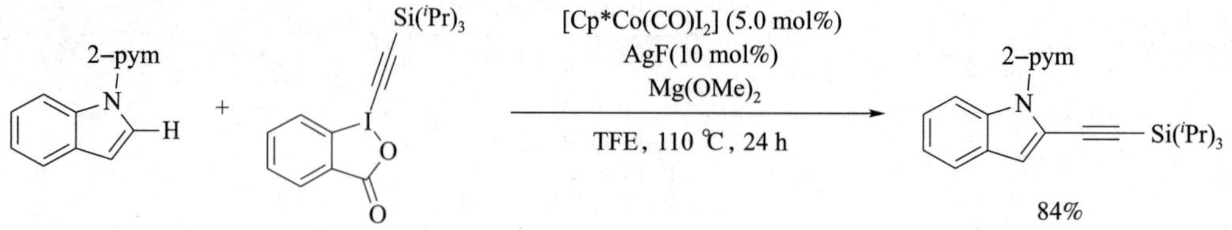

图 6-96　C—H 键炔基化反应

6.3.8　金属镍参与的 C—H 活化

镍是催化的主要金属，其中有许多应用于交叉耦合化学[211,212]，优点包括广泛的催化活性氧化态，地壳中丰富度高，成本相对较低[213]。1963 年，当 Dubeck 通过偶氮苯的 C—H 键加成合成了环化酮化合物，首次显现出来镍对 C—H 键活化的独特潜力（图 6-97）[214]。

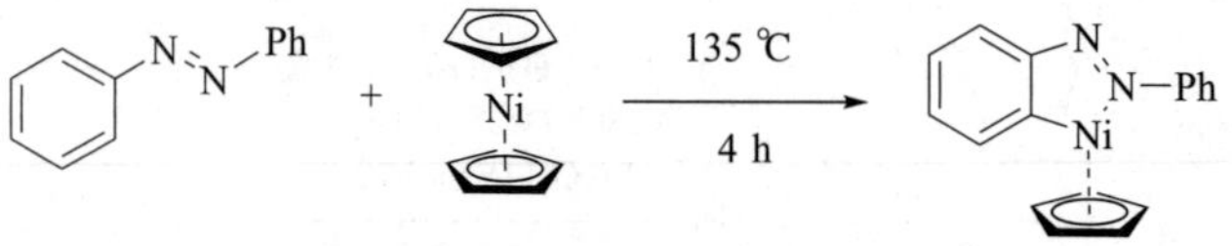

图 6-97　环化酮化合物的好处

考虑到炔烃的早期氢化芳基化作为 Hiyama 芳基氰化中的副产物[215]，Ackermann 可以通过将配体从 PMe$_3$ 改变为 PCyp$_3$（Cyp = 环戊基）并同时改变吲哚底物的取代基来改变对氢化芳基化的选择性。在这些条件下，他们能够用几种杂芳烃和不同取代的内部炔烃进行氢化芳基化（图 6-98）。

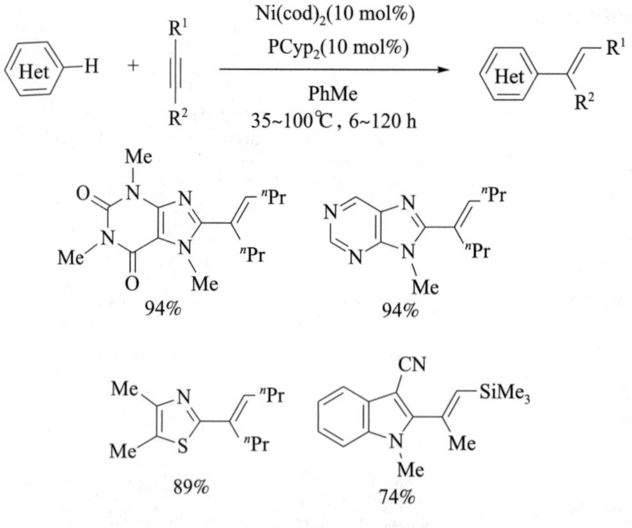

图 6-98　镍催化的氢化芳基化反应

镍已经在各种氢化芳基化反应中被利用，其中 Csp^2-H 活化与不同的活化杂芳烃的。在直接 C—H 键转化中使用 8-氨基喹啉作为双齿导向基团，开发了镍催化炔烃与脂肪酰胺的烯基化反应，得到γ,δ-不饱和羧酸酰胺衍生物[216]。2,2-二取代的丙烷酰胺轴承的线性或环状链以中等至高产率被烯基化。可以使用对称的炔烃，以高产率和非对映选择性提供所需目标产物。此外，机理研究表明 C—H 键激活步骤不是速率决定因素。在通过酰胺的二齿辅助物和随后的 Csp^3-H 配位来协调镍（Ⅱ）物质之后，得到环金属化的配合物。接下来，内部炔烃与镍（Ⅱ）中心配位，然后迁移插入炔烃以形成七元金属环。最后，质子化释放出所需产物并再次生成活性镍（Ⅱ）物质（图 6-99）。

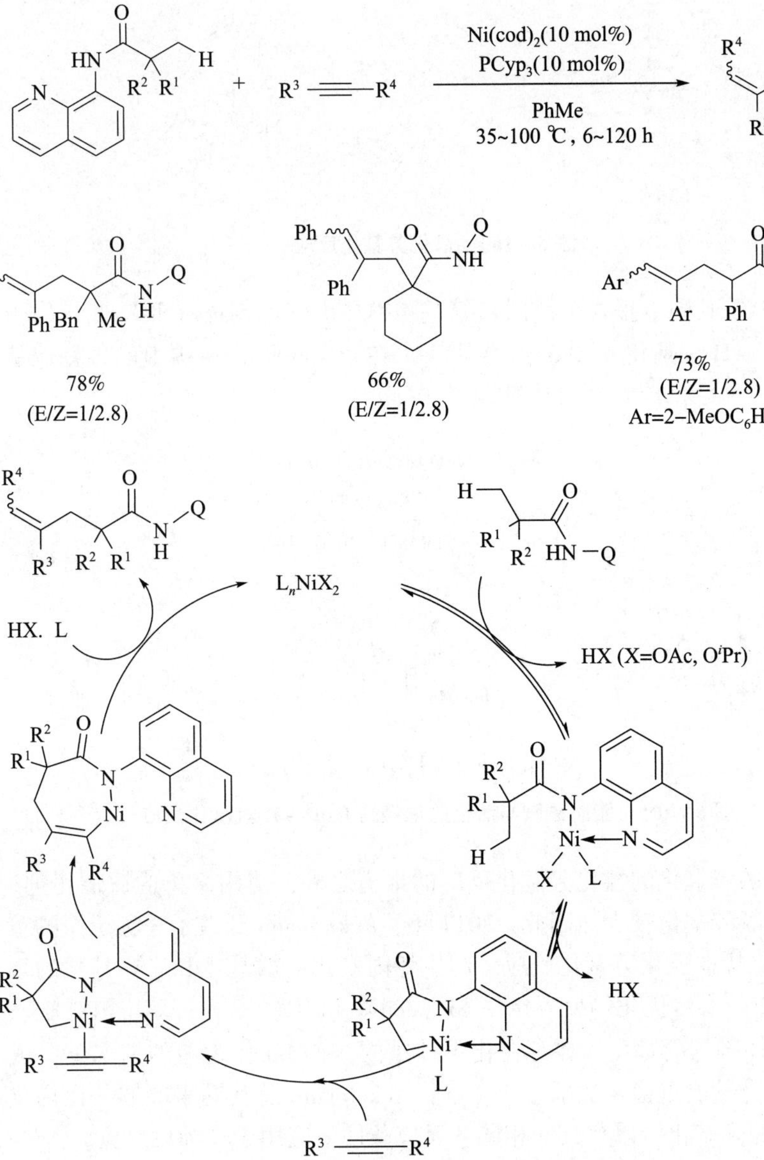

图 6-99 镍催化炔烃与脂肪酰胺的烯基化反应及其机理

在炔烃的氢化芳基化报告中，Miura 还展示了苯乙烯衍生物与噁二唑底物的氢化芳基化的第一个实例（图 6-100）[217]。因此，使得噁二唑的苄基化成为可能，选择性地产生支化的马氏加成的产物，而没有形成相应的线性异构体。通过探测一系列膦配体，发现 Xantphos

与炔烃氢化芳基化相比显著提高了产率,其中 PCy$_3$ 显示出最佳性能。但是值得注意的是,在优化的催化条件下不能使用未活化的烯烃。

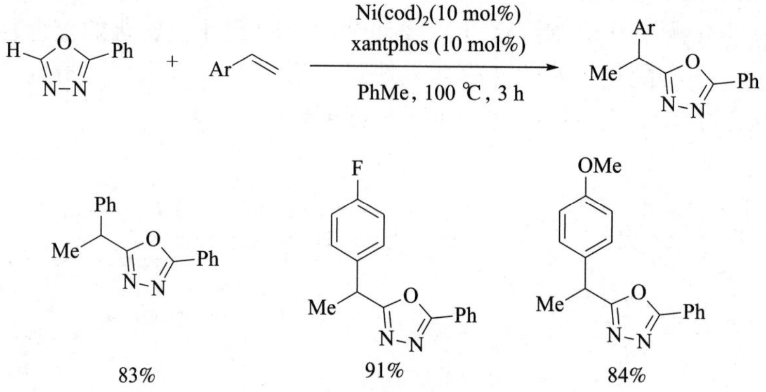

图 6-100 氢化芳基化反应

2015 年,Maiti 及其同事报告了使用 8-氨基喹啉二齿辅助剂镍(Ⅱ)催化的脂肪酰胺与活化的烯烃的 Csp^3—H 烷基化(图 6-101)[218]。在新戊酰胺的 α-碳上的各种烷基、苄基和苯基被很好地耐受,得到中等收率的烷基化产物。

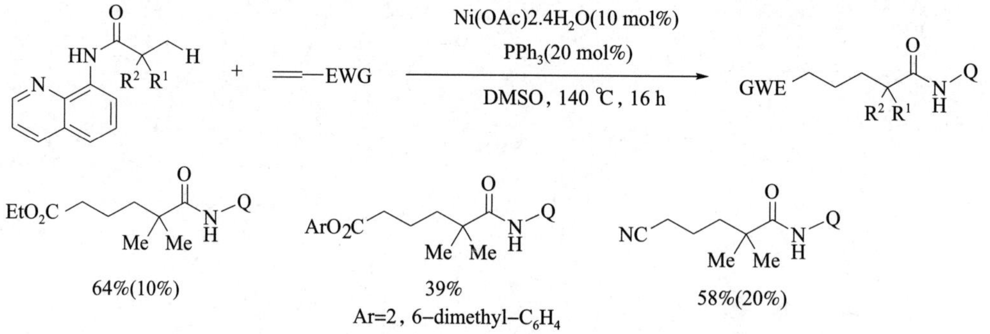

图 6-101 脂肪酰胺与活化的烯烃的 Csp^3—H 烷基化反应

除了关于烯烃的镍催化的氢化芳基化反应的报道之外,使用简单的镍催化剂通过 C—H 键活化的丙二烯的氢芳基化较少。因此,2017 年,Ackermann 开发了一种统一的策略,用于镍(0)催化的丙二烯的氢化芳基化反应,产生烯丙基化、烯基化和二烯基化的杂芳向族结化合物(图 6-102)[219]。优化的反应条件 Ni(cod)$_2$ 和 IPr,其允许苯甲咪唑、嘌呤和咖啡因衍生物的 C—H 键烯丙基化。在存在化学计量的 NaO^{t}Bu 作为碱的情况下,由于烯丙基化产物异构化为热力学上更稳定的烯基化产物,Ackermann 及其同事能够获得烯化产物。此外,镍(0)催化的烯基化可以在其他相同的反应条件下应用于二烯化反应。

烯烃和炔烃的过渡金属催化的加氢酰化对于原子经济地形成 C—C 键是非常有吸引力的[220,221]。1990 年,Tsuda 和 Saegusa 报道了镍催化的醛与炔烃的加氢酰化反应(图 6-103)[222]。通过使用 Ni(α)可以合成 α,β-不饱和酮,Ni(cod)$_2$ 作为催化剂和三正烷基膦作为配体来抑制不利的副反应,例如二烯酮形成。

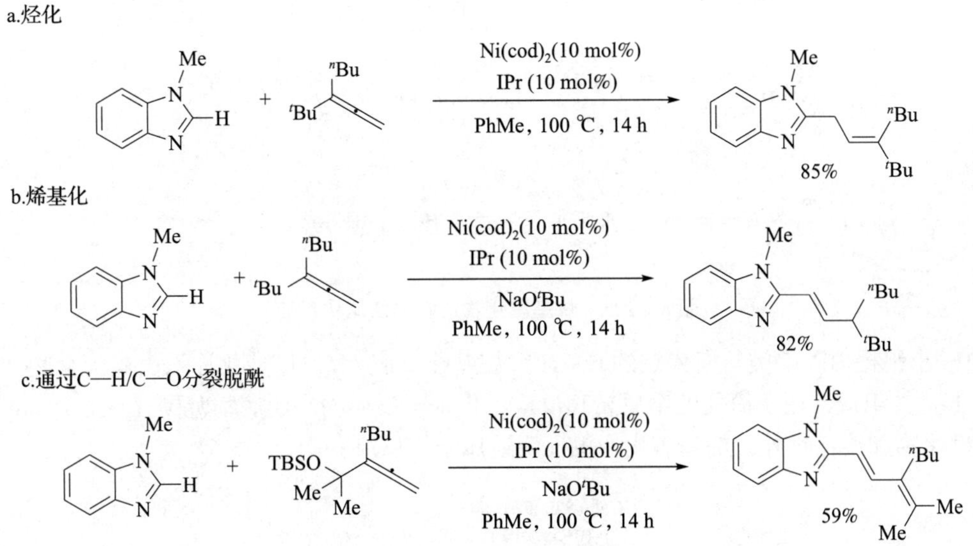

a. 烃化

b. 烯基化

c. 通过C—H/C—O分裂脱酰

图 6-102 丙二烯的氢化芳基化反应

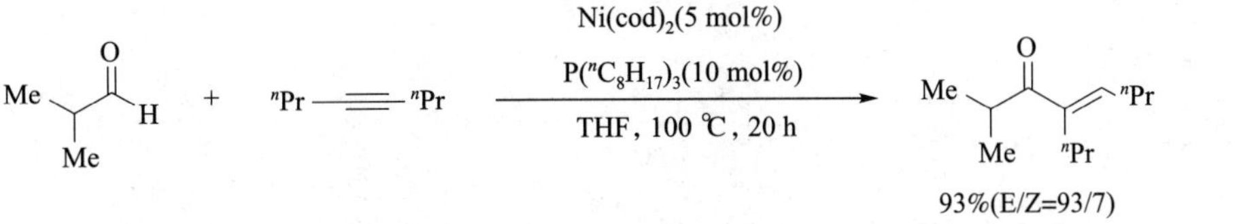

图 6-103 醛与炔烃的加氢酰化反应

直接 C—H 键炔基化被认为是经典 Sonogashira Hagihara 反应的有希望的替代品[223]。2010 年 Miura 报道了镍催化的氧化炔基化反应[224]。该反应选择的环境友好氧化剂 O_2，尽管仅获得了中等产率，但它是使用简单乙炔和 O_2 作为唯一氧化剂的原子经济反应的极好例子（图 6-104）。

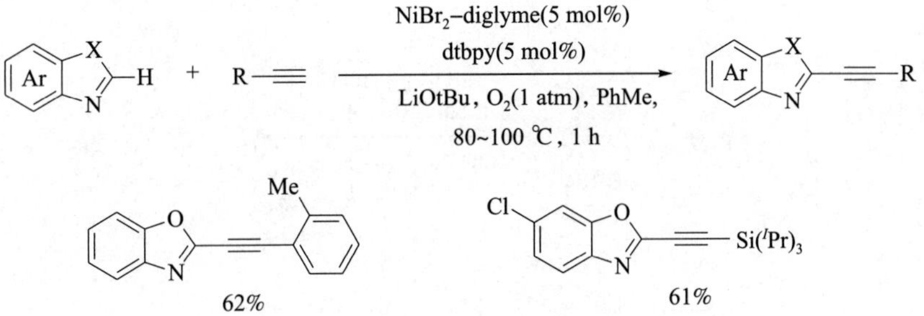

图 6-104 氧化炔基化反应

唑类的直接炔基化代表了 Sonogashira Hagihara 反应的通用替代方法。Miura 小组开发了由 Ni(cod)$_2$ 作为催化剂和 1,2-双（二苯基膦基）苯（dppbz）作为配体组成的最佳催化体系催化的炔基溴化物进行的炔基化反应（图 6-105）[225]。值得一提的是，稳定的 Ni(acac)$_2$ 以及锌作为还原剂也能够实现反应。在某些情况下，催化量的 CuI 显著提高了反应速率，从而可以合成炔基化噁唑和其他杂环化合物。

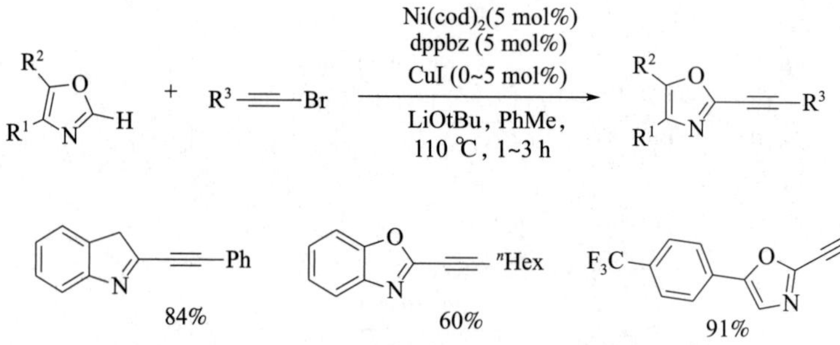

图 6-105 炔基溴化物进行的炔基化反应

Hu 小组提出了唑类与卤代烷的 C—H 键烷基化反应[226]。该催化体系由镍配合物和其他铜（Ⅰ）盐组成，用于简便的金属转移反应，保证了反应的广泛底物范围（图 6-106）。除烷基碘化物和溴化物外，烷基氯化物也证明适用于该反应。

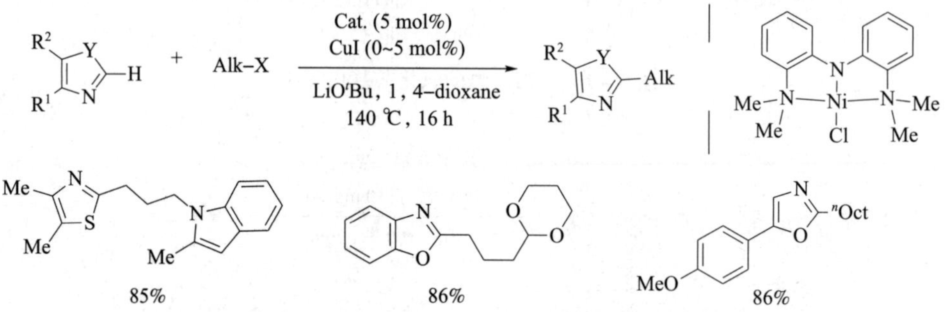

图 6-106 唑类与卤代烷 C—H 键烷基化反应

2009 年，Itami 和 Miura 同时报道了镍催化的唑类直接芳基化[227,228]。Itami 使用 $Ni(OAc)_2$ 和 bipy 催化剂完成了直接芳基化，其稳健性突出了广泛的底物范围和直接合成的非布索坦、黄嘌呤氧化酶的选择性抑制剂（图 6-107）。重要的是，催化剂负载量可以在 100 ℃下降至 1.0 mol%。除芳基碘化物外，芳基氯化物、溴化物和三氟甲磺酸酯也是合适的亲电基质。

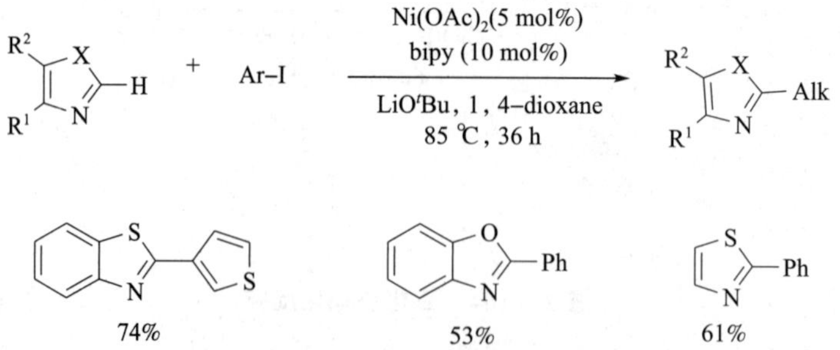

图 6-107 镍催化的唑类直接芳基化反应

2012 年，Duan 组通过镍催化实现了苯并噁唑与仲胺的 C—H 键胺化反应（图 6-108）[229]。这里，$Ni(OAc)_2 \cdot 4H_2O$ 作为催化剂和 TBHP 作为氧化剂的组合给出了最佳结果。值得注意的是，该方法合成有用的胺，例如二烯丙基胺、仲芳胺、N-甲基苯胺，是以良好收率得到相应的 2-氨基唑衍生物。

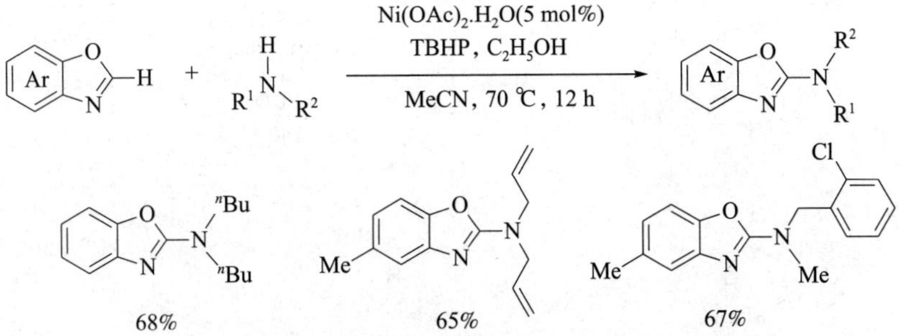

图 6-108 苯并噁唑与仲胺的 C—H 键胺化反应

2016 年，Shi 报道了镍催化方法用廉价且易得的卤化锂直接与邻位卤化芳族酰胺的反应[230]。双齿 PIP 引导组用于确保位点选择性。催化剂不限于溴化和碘化，但是使用具有以 $NiCl_2(PPh_3)_2$ 预催化剂的稍微改性的催化体系的 LiCl（图 6-109）。

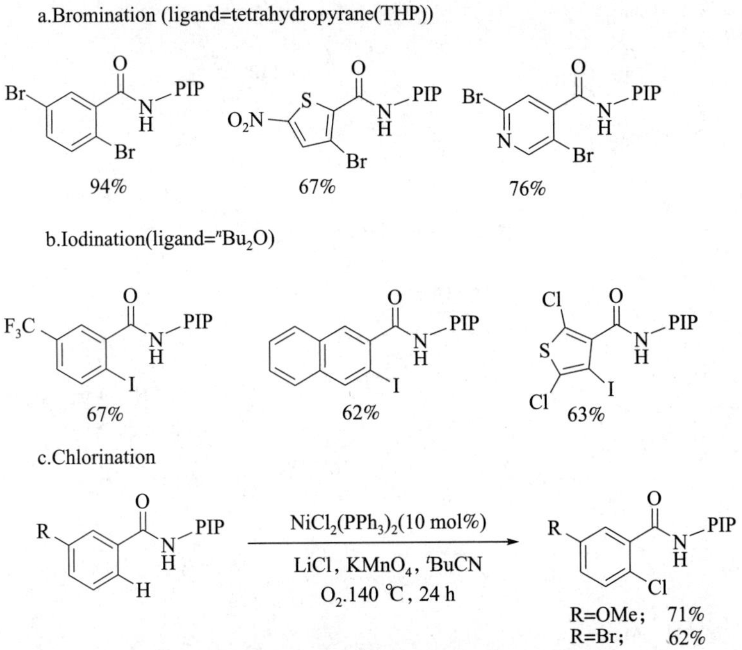

图 6-109 卤化锂与邻位卤化芳族酰胺的反应

Lu 和 Shi 报道了镍催化的在 PIP-二齿辅助剂的帮助下使用芳基二硫化物与苯甲酰胺的直接硫代芳基化反应（图 6-110）[231,232]。在 Lu 的方法中，催化量的 $NiCl_2$ 和 $PhCO_2H$ 以及 DCE 中的化学计量 Ag_2CO_3 给出了最佳结果（图 6-110a）。关于底物范围，在芳烃和噻吩部分上带有不同卤素取代基的苯甲酰胺都具有良好的耐受性。相反，在不存在银盐的情况下，Shi 使用 $NiCl_2·6H_2O$ 作为催化剂，使用 BINOL 作为配体（图 6-110b）。该反应在 C—H 键硫醇化反应中耐受杂芳族酰胺，包括噻吩基和呋喃基。

与 Shi 的报告相反，Lu 提出了通过将二硫化物氧化加成到镍（Ⅱ）夹心复合物上的镍（Ⅱ）和镍（Ⅳ）催化循环的一种苯基硫化物的 SET 型过程[231]。镍（Ⅱ）中间体产生镍（Ⅲ）中间体，其在还原消除之后进行原位金属化，产生所需产物和镍（Ⅰ）物质。二苯基二硫化物然后将镍（Ⅰ）物质氧化成催化活性的镍（Ⅱ）物质和苯基硫化物基团（图 6-111）。

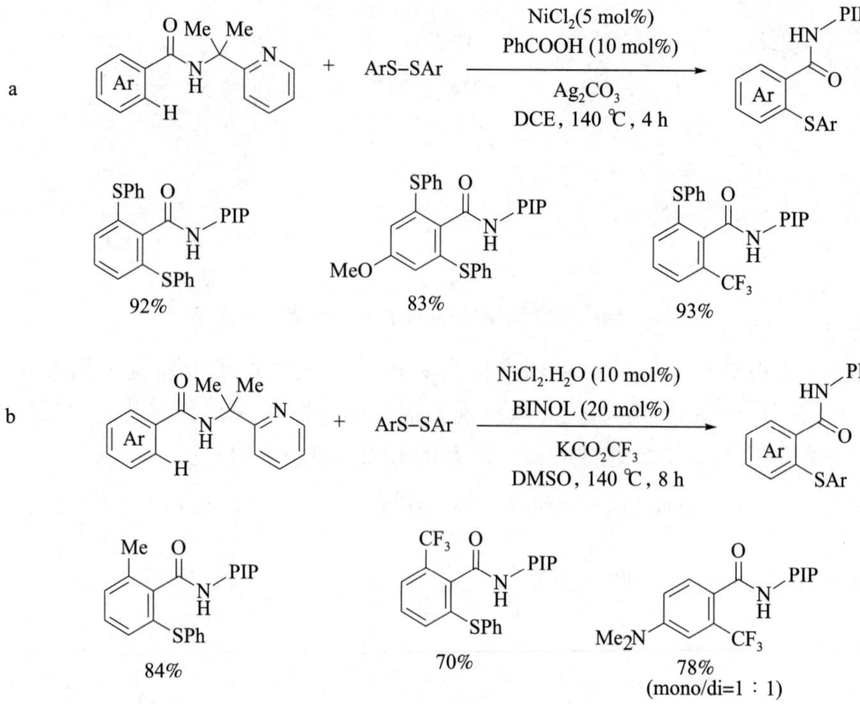

图 6-110 硫代芳基化反应

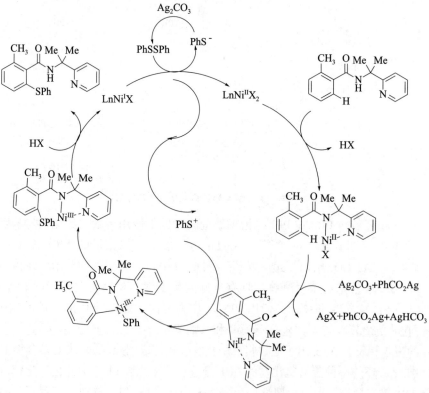

图 6-111 硫代芳基化反应机理

2015 年，Itami 和 Chatani 报告了镍催化的芳烃或吲哚 C—H 键活化反应[233,234]。在 Itami 的研究中，发现 $Ni(cod)_2$，$PCyp_3$ 和 CsF 以 B_2pin_2 作为硼酸化试剂提供最佳结果（图 6-112）。在这些反应条件下，吲哚在 C2 位被区域选择性地硼酸化，相反，Chatani 使用 $Ni(cod)_2$ 作为催化剂，使用 ICyHCl 作为 NHC 前体，HBpin 用作硼酸化试剂。

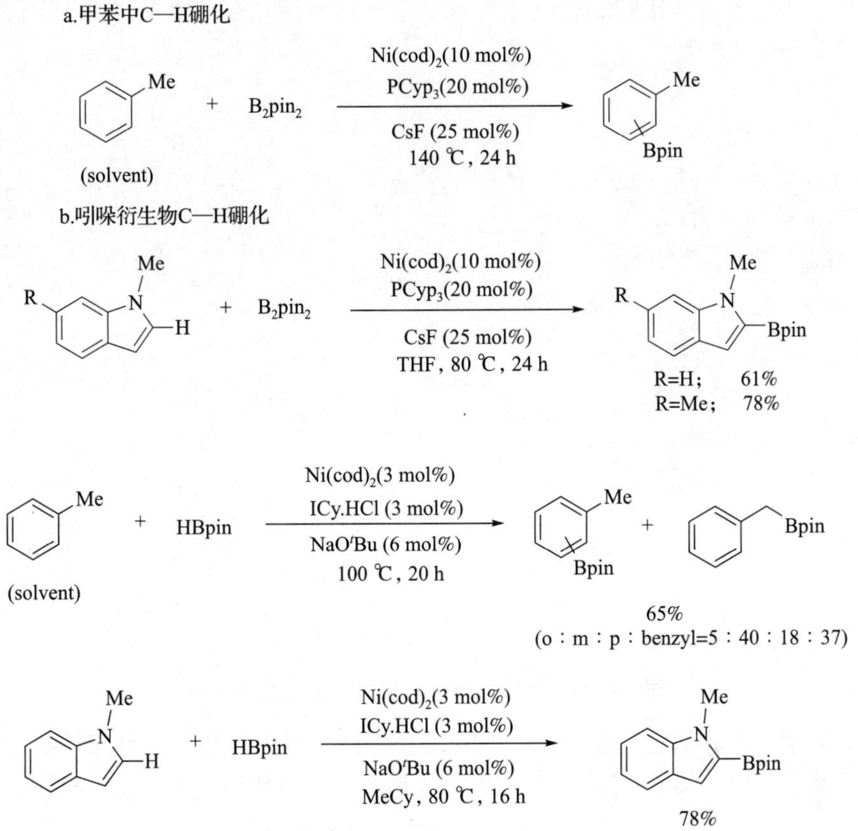

图 6-112　镍催化的 C—H 键活化反应

近年来，合并过渡金属催化和光氧化催化的 C—H 键官能化引起了人们的极大兴趣[235-237]。MacMillan 小组建立了一种显著优雅的方法，将光氧化还原介导的氢原子转移（HAT）过程和镍催化结合起来，形成胺的 Csp^3-H 键的芳基化反应（图 6-113）[238]。用 3-乙酰氧基奎宁环作为 HAT 催化剂，选择性地提取 N-Boc 吡咯烷的氢化 α-氨基 Csp^3-H 键。自由基中间体可以进一步与芳基溴化物发生镍催化的偶联反应。

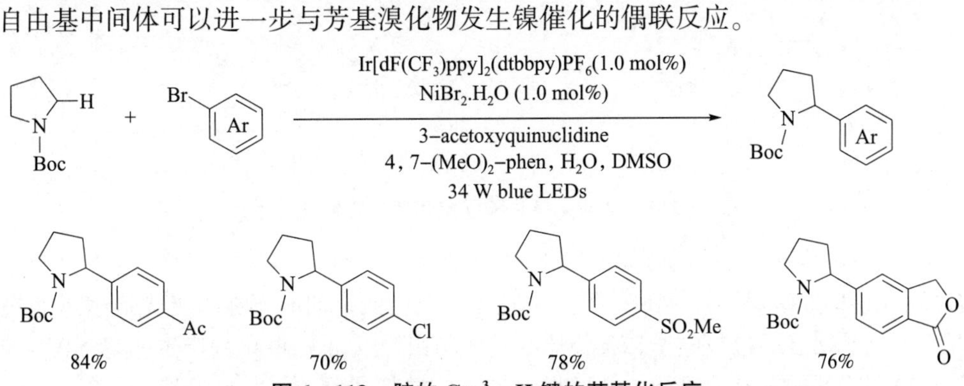

图 6-113　胺的 Csp^3-H 键的芳基化反应

用于所设想的所谓三重催化方法的合理催化循环开始于铱（Ⅲ）催化剂初始激发到光激发态（图6-114）。然后，来自激发的铱（Ⅲ）催化剂的SET叔胺HAT催化剂产生氨基自由基阳离子。在底物的α-C—H键处的选择性HAT过程输送自由基中间体，其进入并行的镍催化循环并且与镍（Ⅱ）氧化加成中间体截取以形成镍（Ⅲ）-芳基-烷基物种。在还原消除后，形成所需的芳基化胺和镍（Ⅰ）配合物，后者通过铱（Ⅱ）光催化剂还原，以关闭光致还原和镍催化循环。

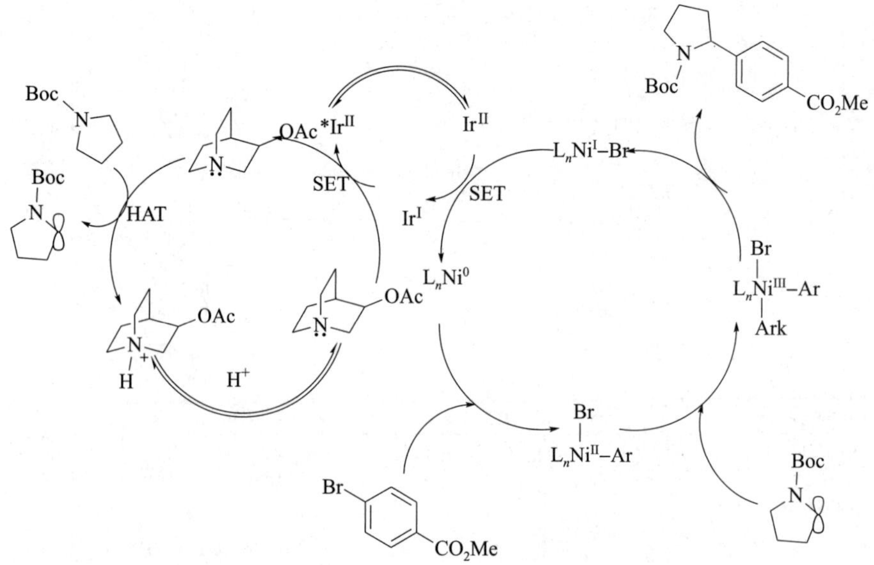

图6-114 胺的Csp³-H键的芳基化反应机理

在继续使用环胺芳基化反应时，MacMillan使用极性匹配HAT结合光催化氧化和镍催化开发了选择性烷基化（图6-115）[239]。烷基溴与胺偶联以中等至良好的产率得到所需的烷基化产物。

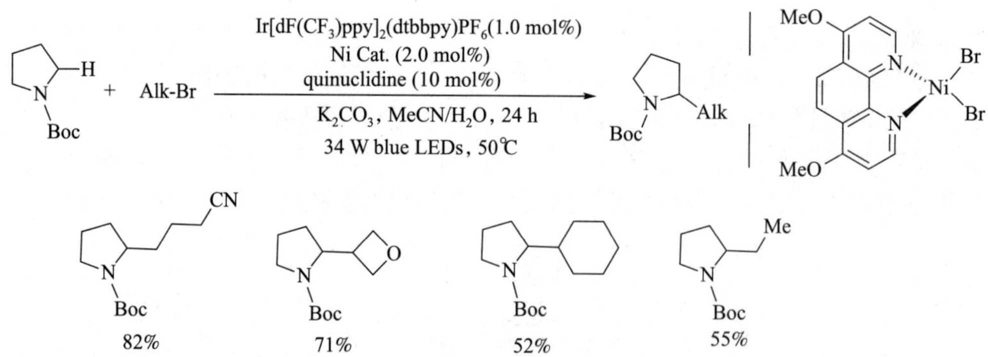

图6-115 光催化氧化和镍催化选择性烷基化反应

2016年，Gu和Yuan采用协同光催化/镍催化体系，通过α-氧代酸和吲哚的自由基脱羧偶联合成3-酰基吲哚（图6-116）[240]。铱光催化氧化催化剂能够在可见光照射下通过脱羧产生开壳有机基团。通过单电子转移将这些基团与由镍（Ⅱ）催化剂产生的镍（0）催化剂连接，使得吲哚的酰化成为可能，从而得到各种3-酰基吲哚。

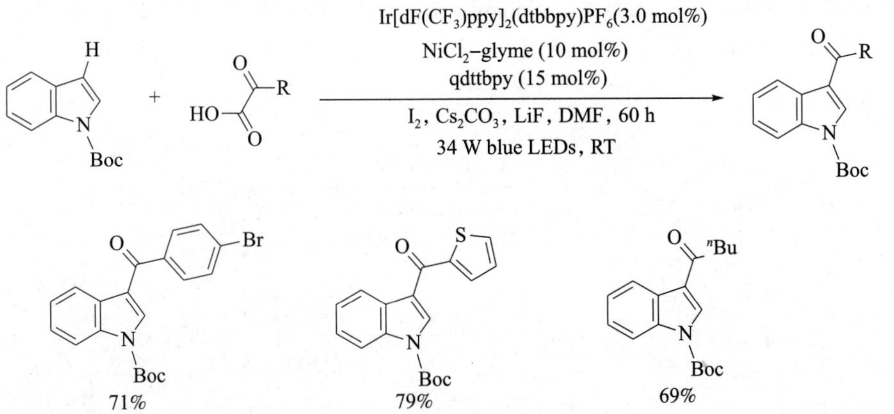

图 6-116 3-酰基吲哚的合成

2017 年，Doyle 组通过光氧化还原合镍双催化选择性官能化 1,3-二氧戊环，报道了芳基氯化物的氧化还原甲酰化反应（图 6-117）。[241]

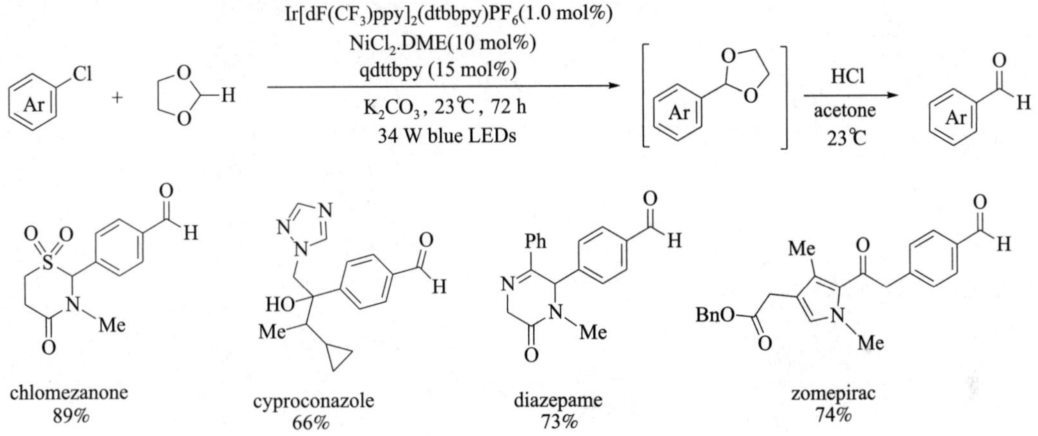

图 6-117 芳基氯化物的氧化还原甲酰化反应

6.3.9　金属铜参与的 C—H 活化

铜配合物是有机合成中无处不在的催化剂，因为它们容易获得氧化态，主要在 0 到 +3 范围内，通过两个自由基途径实现新的键合形成过程，并通过有机金属中间体提出双电子转移。考虑到天然丰度在地壳中的铜，其低毒性和成本效益的性质，铜化学在过去 30 年中有显著发展的势头。根据 Ullmann 和 Goldberg 的开创性研究，通过交叉偶联、氧化、加成和自由基反应，已经报道了大量 C—C 键和 C 杂原子键形成反应[242-245]。较早的铜催化的 C—H 键活化反应，如富电子芳烃的氧化二聚反应，通过提出的 SET 机制进行[246,247]。许多最近的 C—H 键活化研究显示通过有机金属 C—Cu 中间体进行[248,249]。这些机理研究结果为铜配合物在 C—H 键活化反应中的应用[250,253]。

铜催化剂的许多最新进展已经说明了铜配合物作为贵金属催化的芳基化物与芳基卤化物的替代物催化剂的可能性。虽然已知铜配合物自 1968 年以来促进化学计量的 C—H 键芳基化，但是由 Daugulis，Miura 和 Ackermann 涉及铜催化芳基碘化物与杂环 C—H 键芳基化经获得了显著的研究成果[254,255]。因此，Daugulis 在使用 'BuOLi 作为碱的 10 mol% CuI 存在下，在 140 ℃下在 DMF 中开发了咪唑，1,2,4-三唑，吡啶 N-氧化物和咖啡因的芳基化反应（图 6-118）。

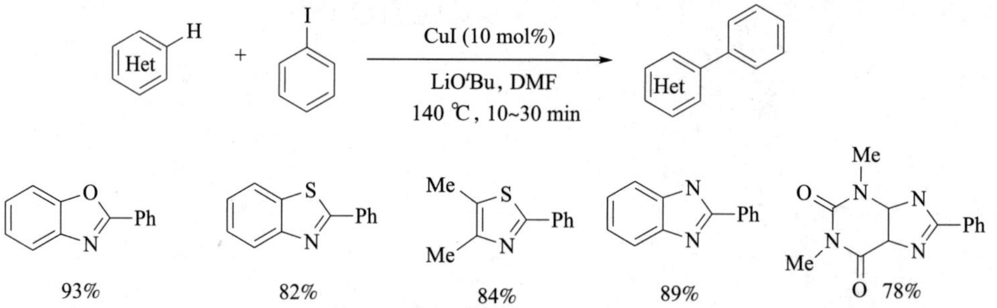

图 6-118 铜催化的芳基化反应

2008 年，Gaunt 小组报道了在温和的铜催化反应条件下，吲哚选择性的 C—H 键芳基化（图 6-119）[256]。化学计量的 2,6-二叔丁基吡啶（dtbpy）添加剂显著提高了转化的产率和

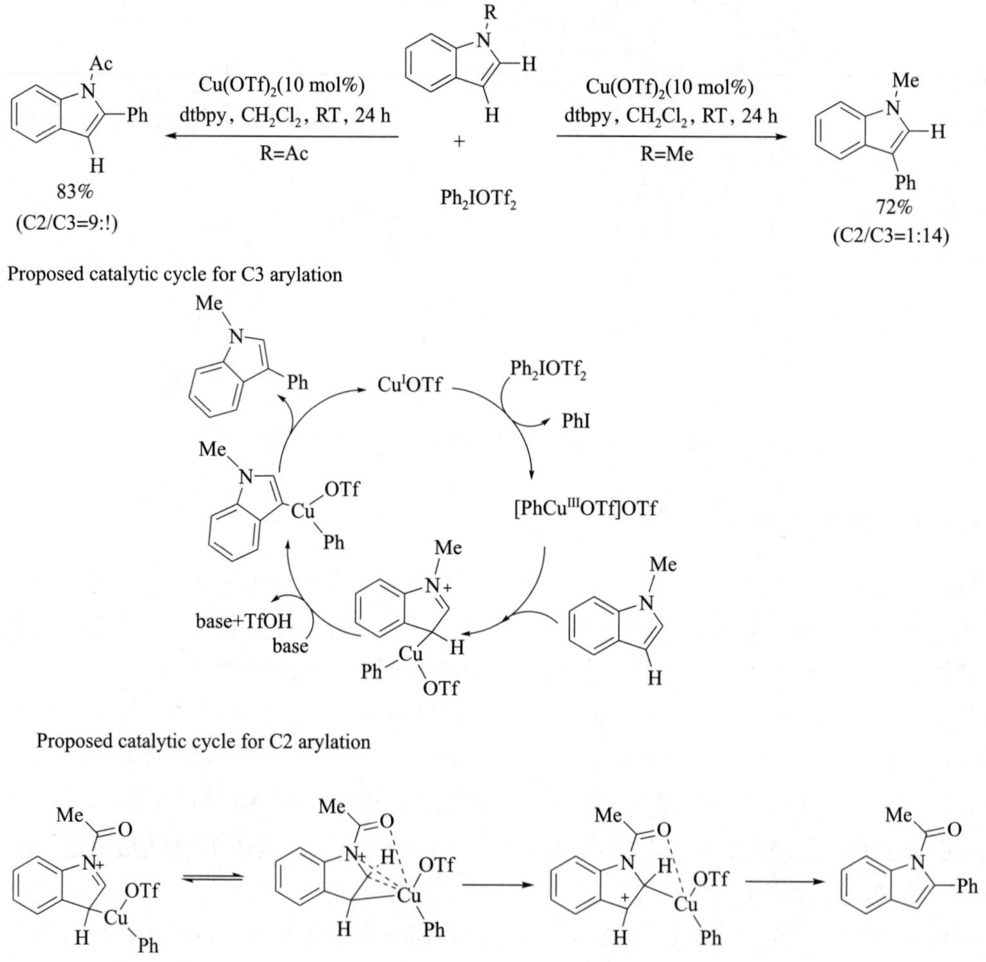

Proposed catalytic cycle for C3 arylation

Proposed catalytic cycle for C2 arylation

图 6-119 吲哚选择性的 C—H 键芳基化

位点选择性,并提出以高亲电子芳基铜(Ⅲ)中间体作为关键中间体。通过仔细选择氮原子上的取代基,实现从 C3 到 C2 的区域选择性转换。N-烷基吲哚在 C3 位置进行芳基化,而对于 N-乙酰基吲哚获得 C2 芳基化产物。多功能区域选择性吲哚芳基化方法可方便地用作合成海洋生物碱二甲基吲哚的关键步骤[257]。此外,吲哚喹啉酮的合成是通过铜催化的吲哚芳基化的策略实现的。

2015 年,Hoover 报道了在化学计量 Ag$_2$O 存在下铜催化的 C—H 键活化芳基脱羧生成杂环的反应(图 6 – 120)[258]。在该反应中,底物范围仅限于苯并噁唑和 2-硝基苯甲酸。

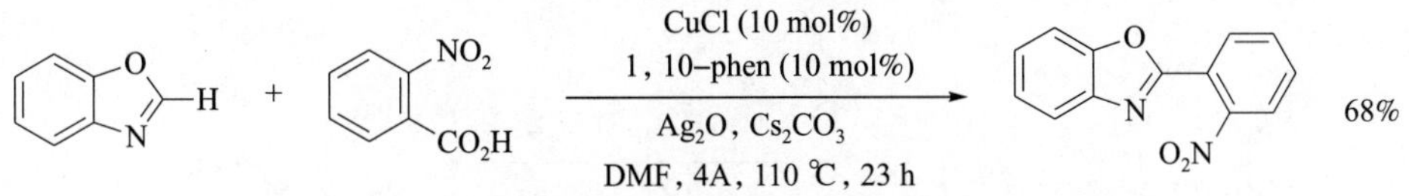

图 6 – 120　催化的 C—H 键活化芳基脱羧生成杂环的反应

在相关反应中,Maiti 发现了一种好氧铜催化体系,用于杂芳烃的脱羧芳基化,并显著改善了底物范围[259]。作者提出了合理的催化循环机理,其涉及铜(Ⅰ)和铜(Ⅲ)中间体(图 6 – 121)。

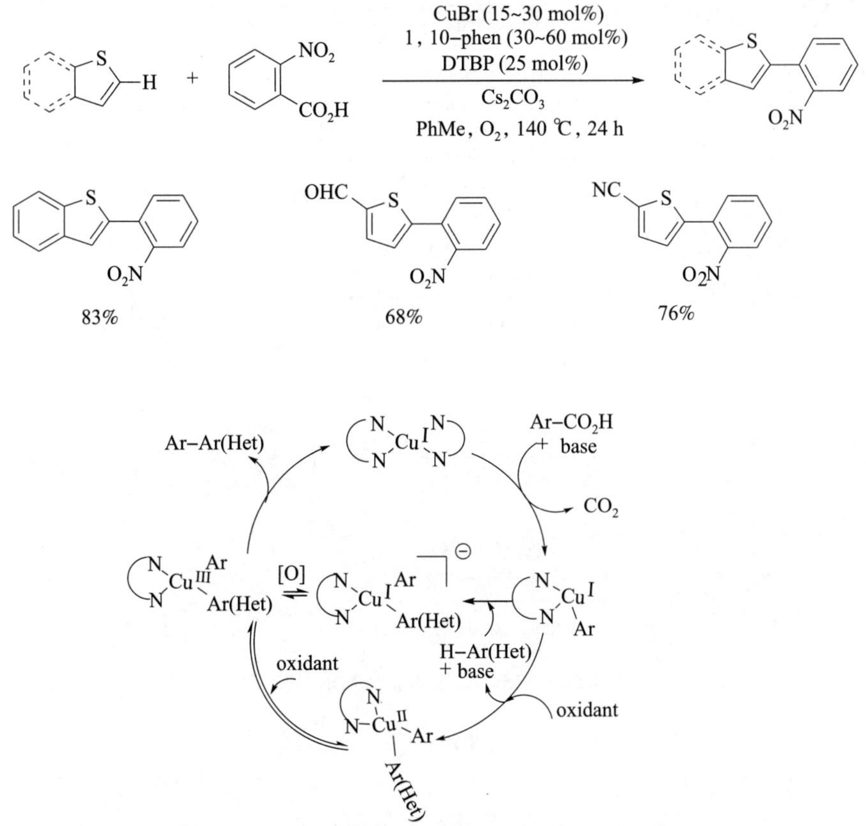

图 6 – 121　用于杂芳烃的脱羧芳基化反应及其机理

与使用芳基亲电子试剂的相应反应相比,使用铜催化的有机金属试剂的 C—H 键活化芳基化相对较少被研究。2008 年 Itami 报告了铜(Ⅱ)催化的富电子物质的直接芳基化反应,如 1,3,5-三甲氧基苯,N-甲基吲哚和 N-甲基吡咯与芳基硼酸的反应(图 6 – 122)[260]。

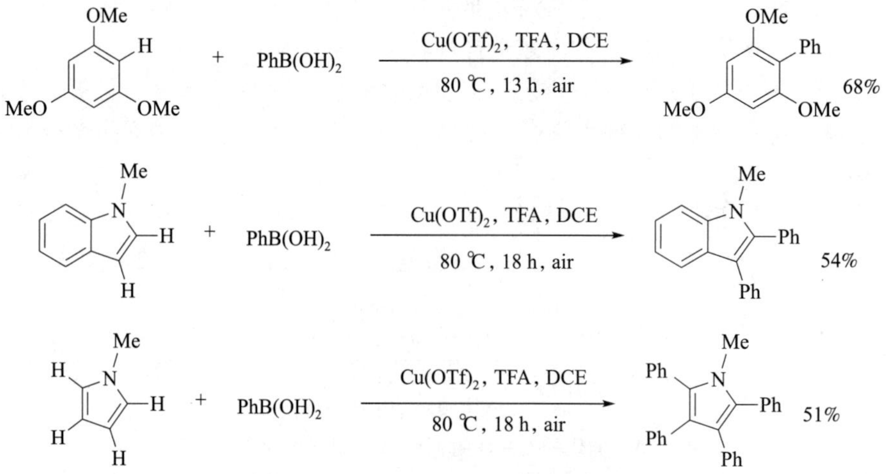

图 6-122 铜（Ⅱ）催化芳基化反应

通过双 C—H 键和 C—H 键裂解合成联芳基化合物是最有吸引力的方法之一，因为可以避免两者的预官能化[261,262]。该脱氢偶联反应的主要挑战是化学选择性和区域选择性的控制。例如，通过铜催化几种杂环的同源偶联形成二芳基化合物（图 6-123）[263,264]。

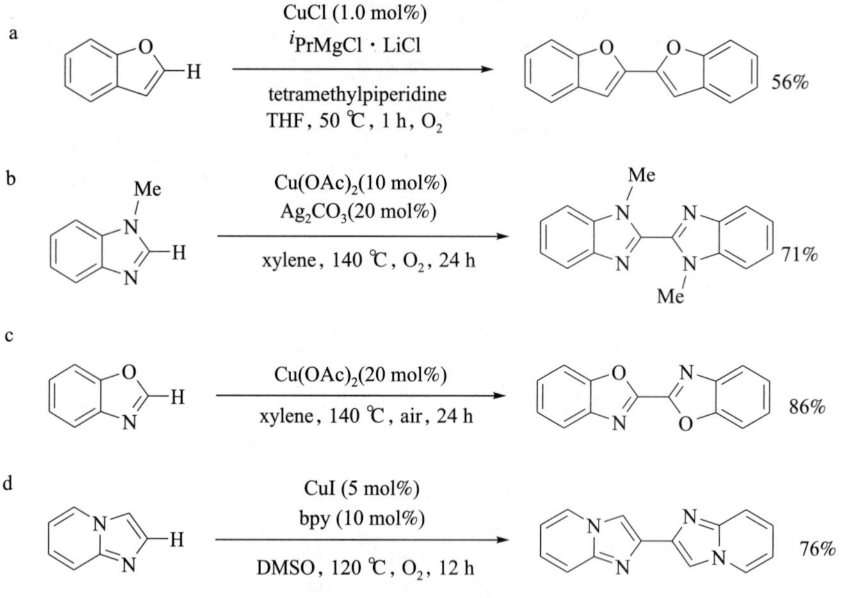

图 6-123 二芳基化合物的合成

2014 年，PoSong 和同事报道了铜催化呋喃或苯并呋喃的 C2 的二氟甲基化反应（图 6-124a）[265]。在这个过程中，它用作为烷基亲电到在苯并呋喃和呋喃的 C2 位置处引入 CF_2CO_2Et 部分 2-溴-2,2-difluoroacetate。作者发现，典型的自由基清除剂的存在并没有显著改变反应效率。Evano 最近报道底物的范围已经扩展了活性烷基亲电到非氟化烷基（图 6-124c）[266]。这次报道的许多测试配体中，三（2-吡啶基甲基）胺（TPMA）优于保证最佳性能。

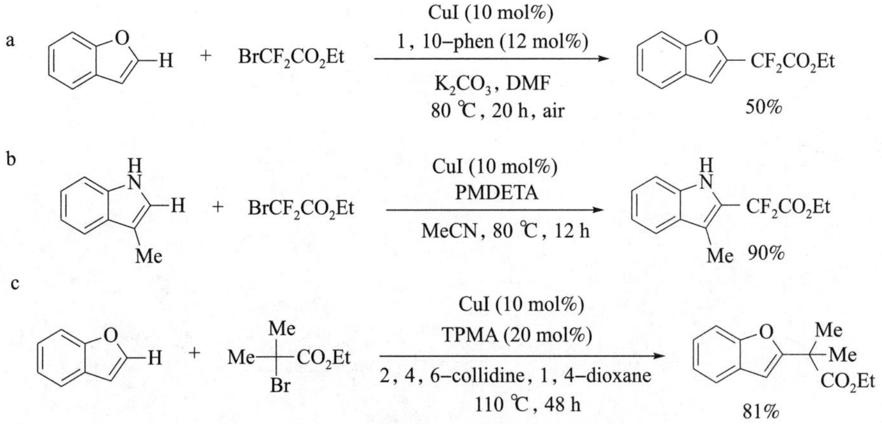

图 6-124 铜催化二氟甲基化反应

Larionov 及其同事所报道铜催化的 C—H 键烷基化方法，由喹啉 N-氧化物和烷基格氏试剂实现 2-取代喹啉的合成（图 6-125）。作者表示加入 $MgCl_2$ 或 LiF 后，反应效率加快且化学选择性更专一。

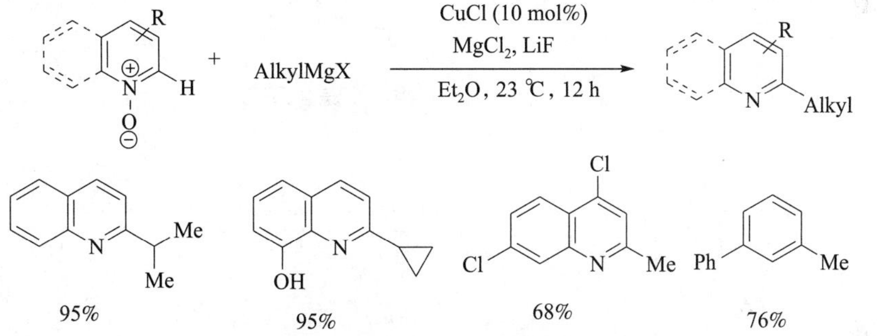

图 6-125 铜催化的 C—H 键烷基化反应

近年来，N-甲苯磺酰腙已成为过渡金属催化的 C—C 键形成的多功能偶联剂[267,268]。2010 年，Wang 报道可以催化量的 CuI 存在下的 1,3-唑类的苄基化反应。含有铜的物质作为关键步骤（图 6-126）。在类似的反应条件下，也获得了 1,3-唑类与带有二茂铁基的 N-甲苯磺酰腙的烷基化反应（图 6-126b）[269]。

Csp^3–H 和 Csp^2–H 键之间的交叉脱氢偶合（CDC）通过铜盐与合适的过氧化物氧化剂介导的自由基偶联在文献中有详细记载[270-273]。Ackermann 最近也涉及基团机理和假定通过有机金属中间体进行的反应的实例。

在催化量的 $Cu(OAc)_2$，过氧化二叔丁基（DTBP）氧化剂和 PhCHO 作为添加剂的存在下，用甲苯作为溶剂 N-嘧啶基吲哚生成 2-苄基化吲哚（图 6-127）[274]。用铜（Ⅱ）物质 C-铜化 N-(2-嘧啶基) 吲哚作为关键步骤，使用 CuO 作为催化剂和 $K_2S_2O_8$ 作为氧化剂，吡啶 N-氧化物进行 C2 选择性烷基化。

Hirano 和 Miura 最近报道了，铜催化的 C—H 键烷基化用作过程中的羧酸也可偶联[275]。使用丙二酸钾单酯借助双齿螯合作用实现了喹啉酰胺的邻位 C—H 键烷基化。在化学计量的 $Cu(OTf)_2$ 用作催化剂，DMSO 做溶剂，温度为 100 ℃，得到中等收率的所需目标产物（图 6-128）。

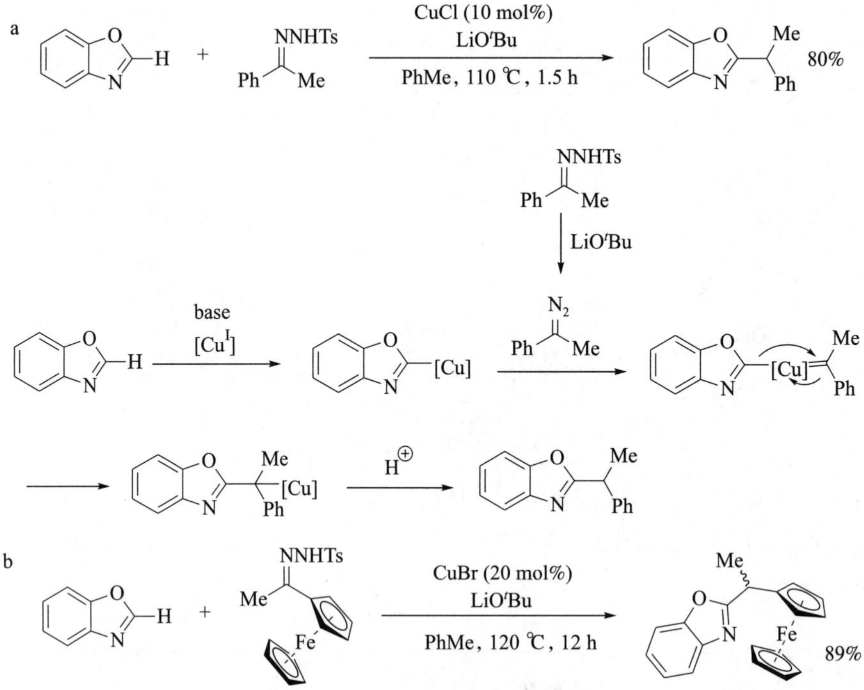

图 6-126 1,3-唑类的苄基化反应

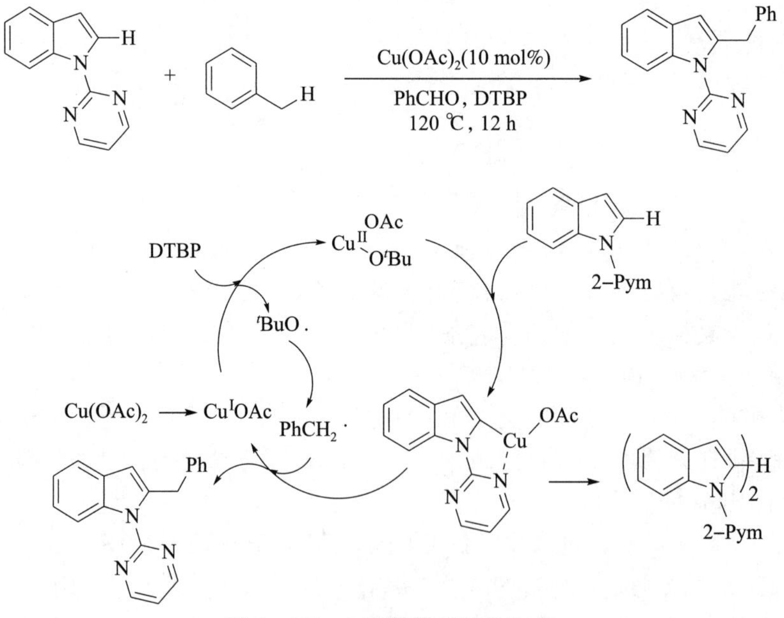

图 6-127 2-苄基化吲哚的生成

在铜催化下链烯基卤化物进行 C—H 键活化合成烯化杂环。例如，Piguel 在催化量的 CuI，2-E-乙烯基取代的噁唑存在下，苯乙烯基与苯乙烯基溴的 C—H 键烯基化反应以良好的收率得到目标产物[276]。铜催化用烯基卤化物进行烯基化反应用于苯并咪唑和多氟芳烃的烯基化（图 6-129）[277]。

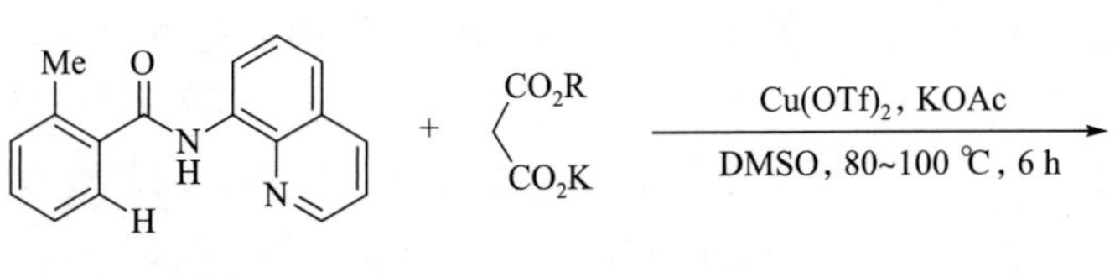

R=Me；42%　Et；59%　R=^{i}Pr；54%　^{t}Bu；56%

图 6－128　铜催化的 C—H 键烷基化反应

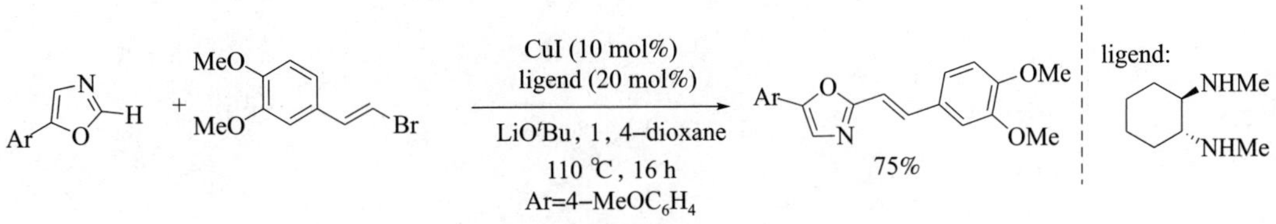

图 6－129　铜的链烯基卤化物反应

铜催化烯胺酮的分子内环化生成的吲哚如图 6－130a 所示[278]。在该方法中，催化循环开始形成烷基铜酸盐中间体。随后的复合物形成、质子化和再芳构化导致中间体。最后，通过还原消除以及 Cu—H 物质产生吲哚产物。通过与碱的共轭酸反应，从 Cu—H 再生活性铜催化剂。Zhang 最近进一步扩大了氧化偶联过程的范围，扩展到一系列含有不同取代基的 N-芳基 β-烯氨基酯和 N-芳基 β-氨基硝基烯烃（图 6－130b）[279]。

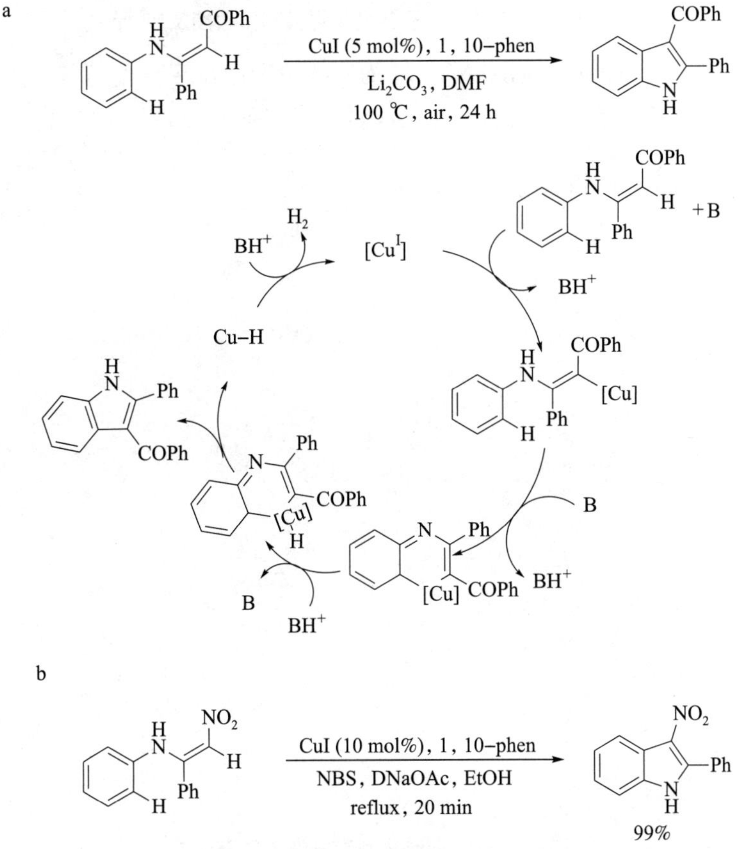

图 6－130　铜催化烯胺酮的分子内环化反应

Hirano 及其同事开发了铜催化剂用于缺电子芳烃与烯丙基磷酸酯反应[280]。反应研究表明，五氟苯与烯丙基磷酸在 Cu(acac)$_2$，1,10-phen 和 LiO^{t}Bu 作为碱存在下反应以高收率得到产物（图 6-131）。有趣的是，该反应一起得到 Z-可饱和产物与 Z-烯丙基磷酸酯。

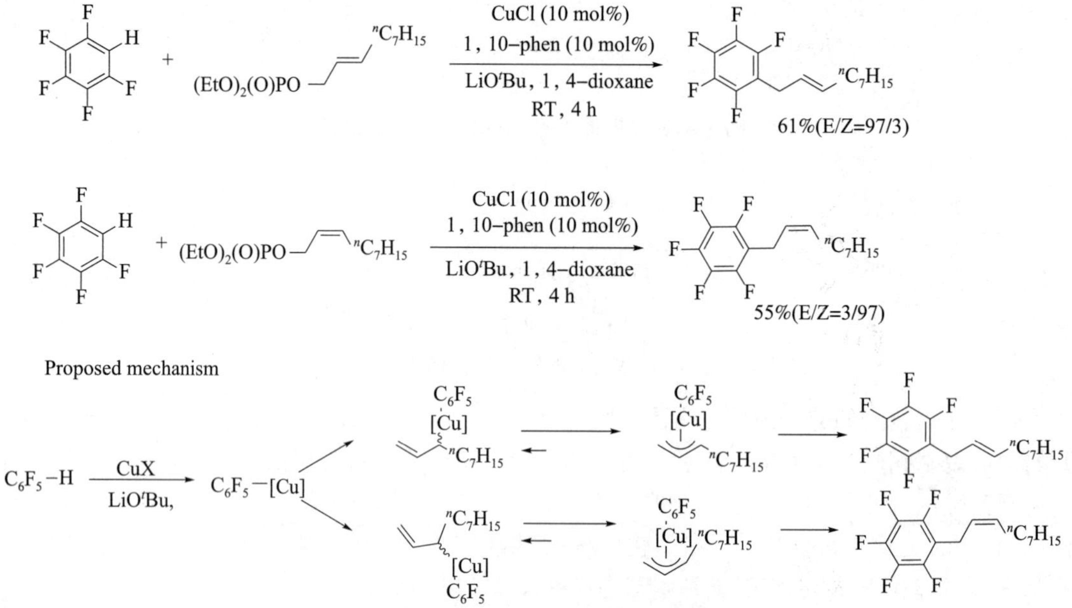

图 6-131 缺电子芳烃与烯丙基磷酸酯反应

在 CuOAc，(Ra)-DTBM-segphos 和 (EtO)$_2$MeSiH 存在下，喹啉 N-氧化物和乙烯基芳烃的反应，以优异的产率和对映选择性制备手性 2-烷基喹啉（图 6-132）[281]。

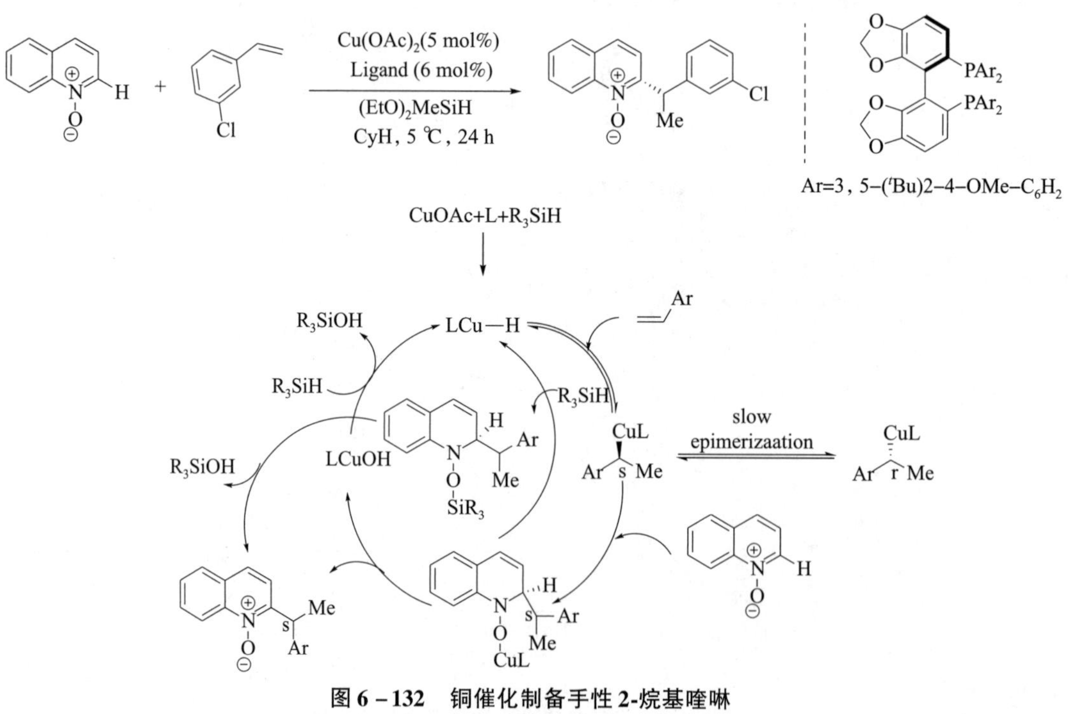

图 6-132 铜催化制备手性 2-烷基喹啉

2010 年，Miura 报道铜催化的唑基 C—H 键与末端炔烃直接炔基化反应（图 6-133a）[282]。作者提出了一个可能的催化循环来解释产物的形成。最初，铜（Ⅱ）盐和末端炔烃之间发生配体交换，得到中间体，其随后经历噁二唑的铜酸盐化以提供复合物。然后，通过还原消除释放炔基化产物。随后，Miura 和 Su 独立地报道了多氟芳烃的 C—H 键炔基化（图 6-133b）。在这些方法中，分子氧在环境反应温度下用作牺牲氧化剂[224,283]。

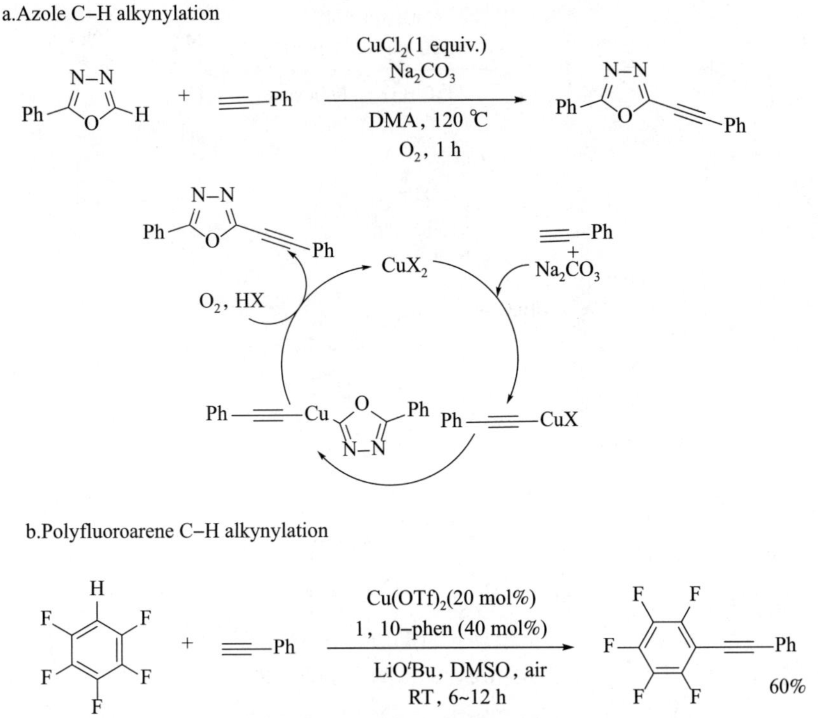

图 6-133 铜催化的炔基化反应

过渡金属催化的一锅方式 C—H 活化是炔烃环化的工具之一。Jiang 组采用这种方法，通过铜催化的苯酚和内炔烃的分子间反应合成苯并呋喃（图 6-134）[284]。优化研究表明，路易斯酸添加 $ZnCl_2$ 显著提高了反应效率。同时，Shi 报告了使用化学计量的 $Cu(OTf)_2$ 以及 5.0 mol% 阳离子铑配合物 $Cp^*Rh(MeCN)_3(SbF_6)_2$ 和 2.0 当量 $AgPF_6$ 的环化方法（图 6-134b）[285]。对照实验证明，反应在没有铑催化剂的情况下进行，但产率较低。

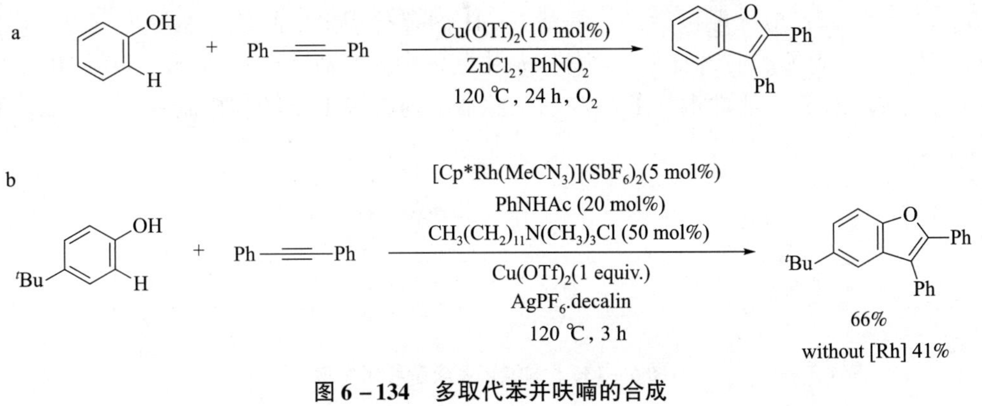

图 6-134 多取代苯并呋喃的合成

Hirano 及其同事报道了铜催化的多氟芳烃与炔丙基磷酸酯直接官能化合成多氟芳基甲苯反应（图 6-135）[286]。例如，反应在催化量的 CuCl 和 1,10-phen 和 LiO^{t}Bu 作为碱的存在下，多氟芳烃和炔丙基磷酸酯在环境温度下得到相应的主要产物 γ-丙二烯。(phen)CuO^{t}Bu 显示通过 CuCl 与 ^{t}BuOLi 和 1,10-菲咯啉的配体交换形成。随后用冷却形成 (phen)CuC$_6$F$_5$。加入底物以及消除磷酸基团产生丙二烯产物（图 6-135）。

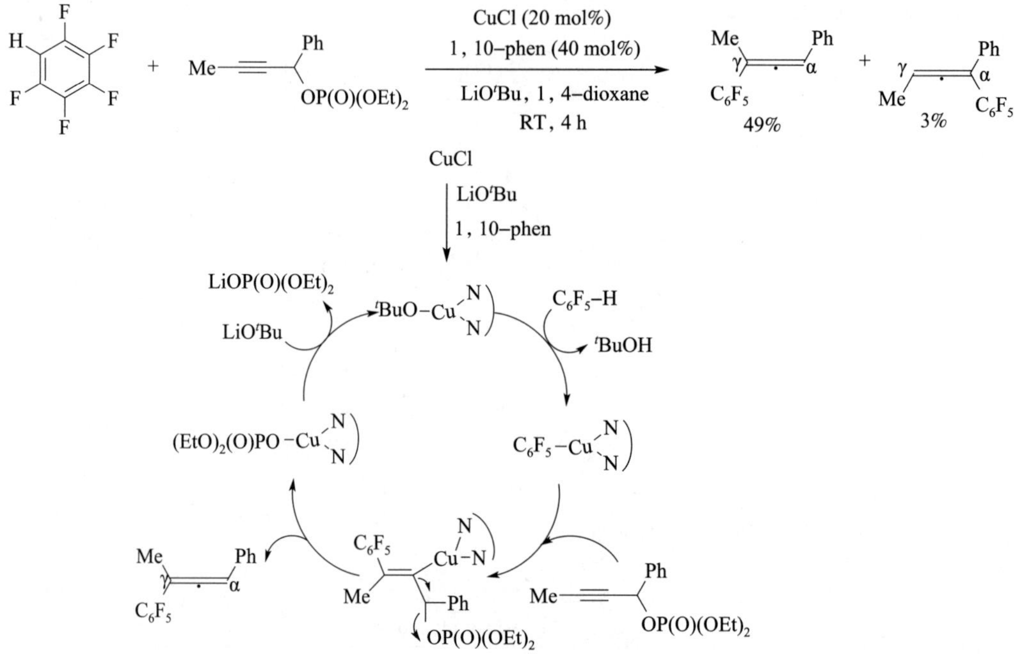

图 6-135 丙二烯产物的合成

铜催化的 C—H 键和 N—H 活化和用炔烃环化提供了合成复杂结构的策略。芳基化合物[287,288]也可用于铜催化的 C—H 键活化反应。对于实施例，N-喹啉苯酰胺与苯炔前体在 Cu(OAc)$_2$ 存在下作为催化剂在氧气氛下反应合成产物（图 6-136a）[289]。机理被认为是涉及导向基参与的邻位 C—H 键活化，产生铜（Ⅱ）环金属化物质。该步骤之后是顺序歧化和插入苄。最后，C—N 键形成还原消除得到产物，所得铜物种可通过有氧化再生。进一步，在铜催化 C—H 键和 N—H 键激活策略已经应用到支架多杂环化合物的合成。

由 Li 和同事开发在氧气氛下使用催化量的 CuCl 在分子内 C—H 键酰化合成杂环化合物（图 6-137）[290]。反应机理包括通过酰基 C—H 键裂解产生中间体，然后进行分子内芳烃 C—H 键活化，导致形成铜（Ⅲ）中间体。从中间体中还原消除产物和铜（Ⅰ）物质，然后通过分子氧氧化以再生活性铜（Ⅱ）物质。随后，通过单电子转移机制观察到铜催化的靛红形成[291,292]。

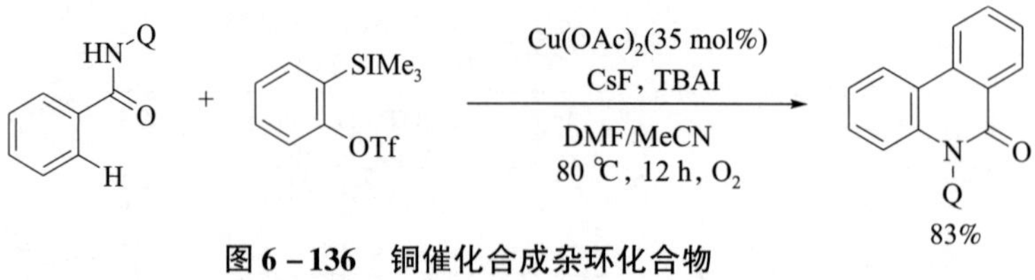

图 6-136 铜催化合成杂环化合物

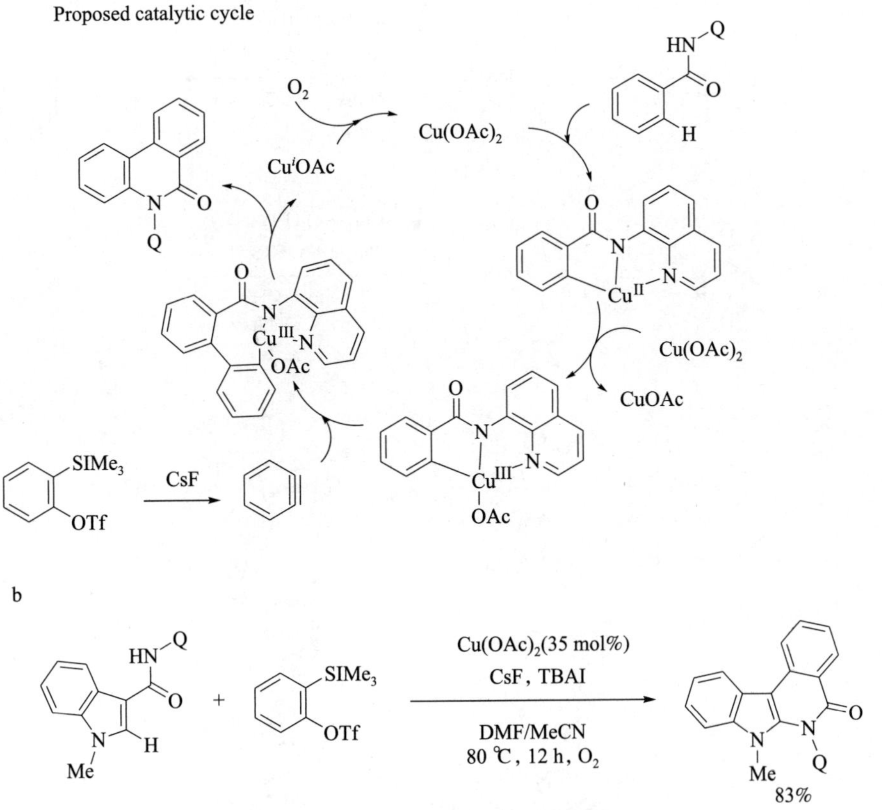

图 6-136 铜催化合成杂环化合物（续）

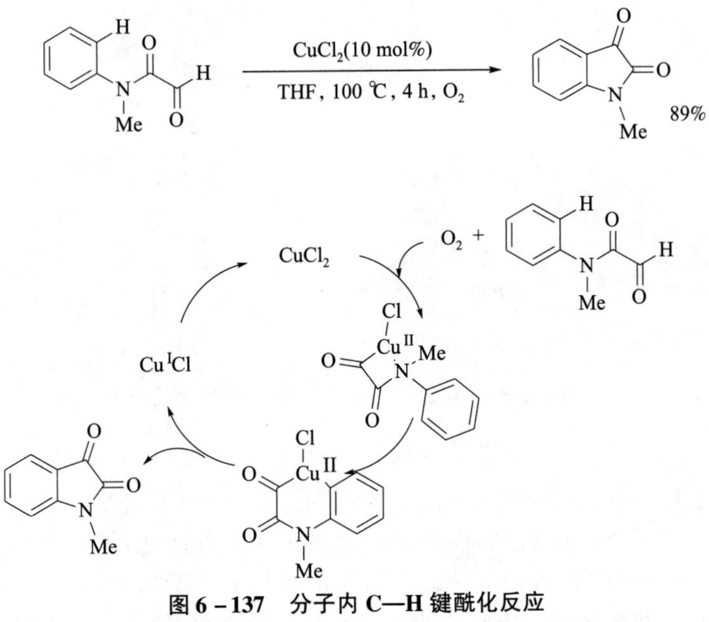

图 6-137 分子内 C—H 键酰化反应

2016 年，Li 及其同事报道了铜促进的 Csp^3-H 和羰基化，使用硝基甲烷作为 CO 源，在化学计量的 Cu(OAc)$_2$ 存在下，由脂族酰胺和硝基甲烷合成琥珀酰亚胺（图 6-138）[293]。

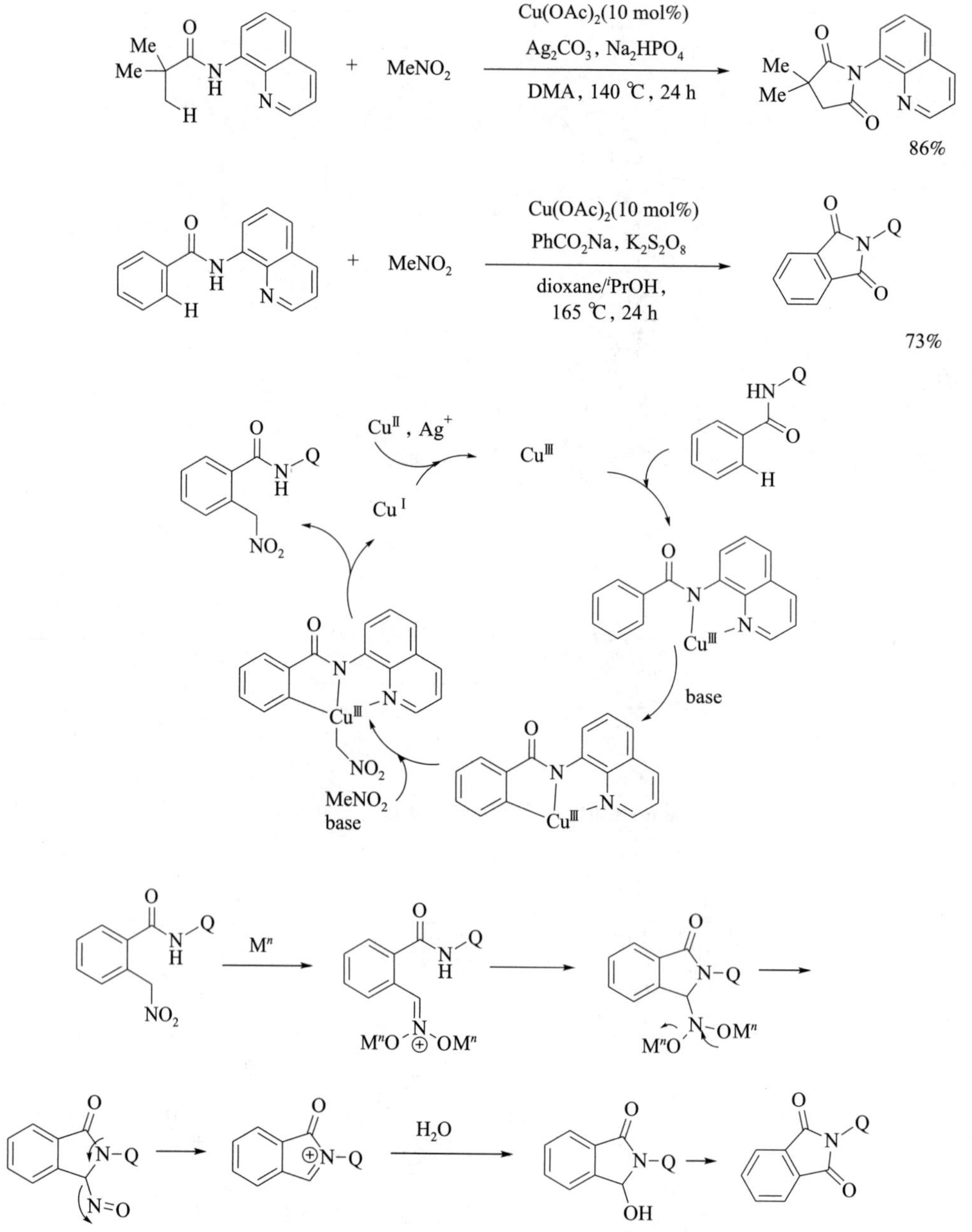

图 6-138　铜促进的 Csp^3-H 和羧基化反应

2015 年，Hirano 及其同事报道了在铜催化的芳基底物的 C—H 键活化反应（图 6-139）[294]。3-亚氨基二氢吲哚酮的合成是通过铜催化的 [4+1] 环加成实现的。苯甲酰胺和异腈在 170 ℃ 的高温下通过双齿导向基团辅助的 C—H 键活化反应。中间体来自 CuBr·SMe_2 的非循环氧化和配位异腈和硫化物。铜催化剂与配体配位，然后是邻 C—H 键裂解，得到中间体。然后，将异腈插入中间体的 Cu 键并随后通过氧化成铜（Ⅲ）物质诱导还原消除，得到所需产物。

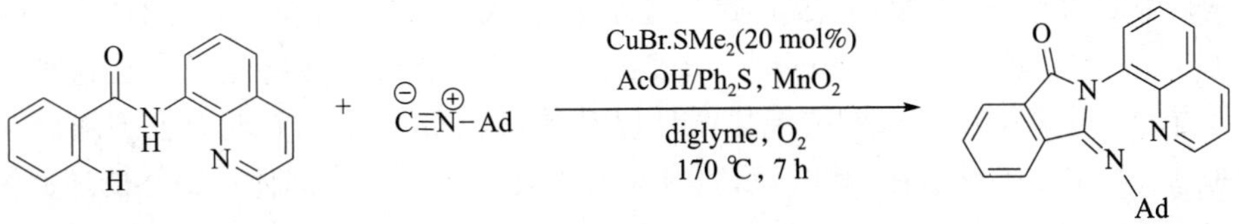

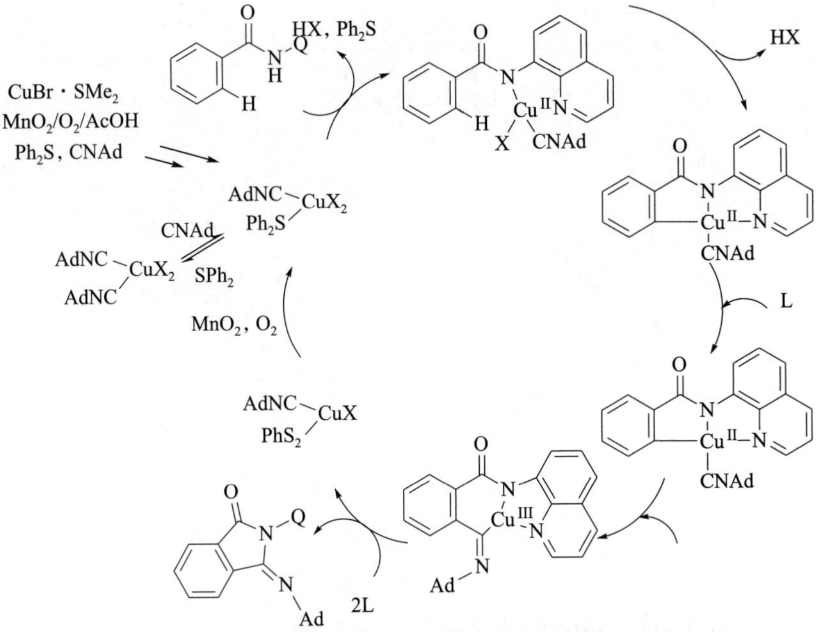

图 6-139 铜催化芳基 C—H 键活化反应

氰基是分子合成中的重要官能团，存在于许多天然化合物中，包括依曲韦林、哌嗪、法倔唑和西酞普兰。学术和工业研究人员对有效合成腈类有强烈需求。过渡金属催化的 C—H 键活化策略通过 C—H 键与氰基源的直接偶联显著改善了 C—CN 的形成。2006 年，Yu 报道了在好氧反应条件下使用 TMSCN 进行铜（Ⅱ）催化的 2-苯基吡啶的邻位氰化反应（图 6-140）。

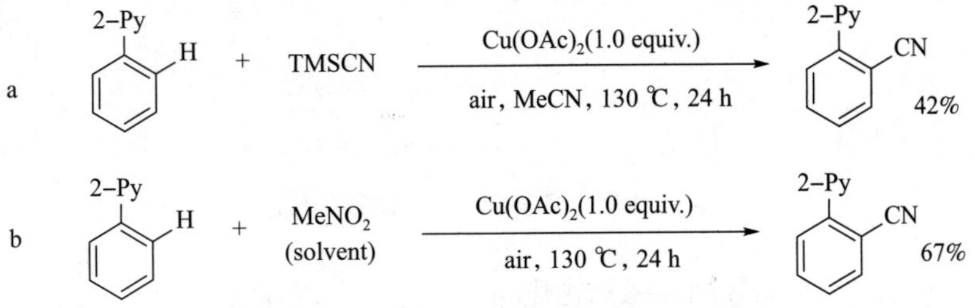

图 6-140 铜（Ⅱ）催化邻位氰化反应

三氟甲基（CF_3）基团因为具有强吸电子性和强疏水性，在有机分子中的引入对药物和农业相关化合物的制备具有深远的影响[295,296]。通过过渡金属催化直接三氟甲基化未活化的 C—H 键，已经取得了相当大的进步[297,298]。

2012 年，Qing 组报道了一种铜催化的 C—H 键活化 CF_3SiMe_3 对杂芳烃和缺电子芳烃的氧化三氟甲基化[299]。例如，1,3,4-噁二唑与 CF_3SiMe_3 反应，高产率得到甘油三甲基化 1,3,4-噁二唑。在略微改变的反应条件下，1,3-唑类、全氟芳烃和吲哚也证明在这种三氟甲基化中是可行的。作者提出了可能的催化循环以开始形成 CF_3Cu-Ln 配合物。随后在中间体存在下通过进行 C—H 键活化得到，然后将其氧化成铜（Ⅲ）中间体。最终的还原消除步骤释放产物和活性中间体铜（Ⅰ）（图 6-141）。

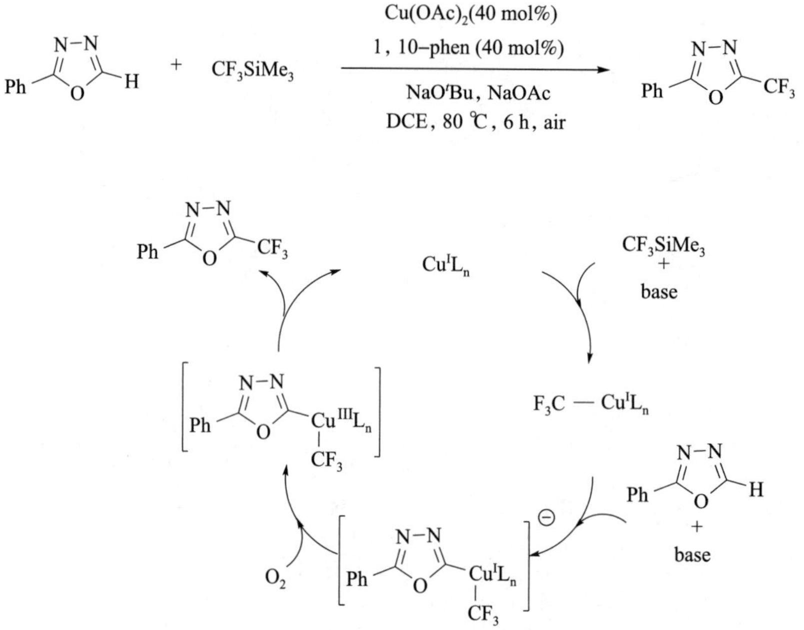

图 6-141 铜催化氧化三氟甲基化反应及机理

2006 年，Yu 组报告了在有氧反应条件下用化学计量的 $Cu(OAc)_2$ 进行铜催化的 2-苯基吡啶与胺类化合物 C—H 键胺化（图 6-142a）[300]。形成鲜明对比，Chatani 报道了通过铜催化将苯基与 2-苯基吡啶进行 C—H 键胺化的反应（图 6-142b）[301]。

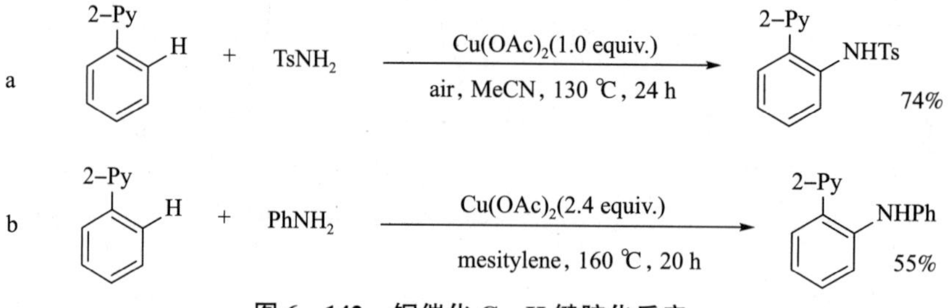

图 6-142 铜催化 C—H 键胺化反应

6.3.10 金属锌参与的 C—H 活化

锌构成第一排 3d 金属的最终成员，并且不被认为是过渡元素，因为该元素及其在 +2 氧化态的稳定化合物特征填充了 3d 电子壳。尽管为了解释涉及化学计量锌试剂的重要化学转化，已经建立了许多名称反应，例如 Reformatsky 反应、Fukuyama 反应和 Negishi 反应，但与其他金属相比，锌催化在有机转化中的应用还不发达。尽管如此，在过去的 30 年中，锌催化的潜力已经在几个重要的有机转化中得到说明，1940 年在水力功能化方面取得了显著进展。

2015年，Marder及其同事报道了使用B_2pin_2在室温反应温度下锌催化的芳基卤化物的C—H键官能化合成1,2-二溴二烯（图6-143）[302]。取代的芳基卤化物的情况下，形成1,3-二溴芳烃。反应总是提供单和二硼芳烃的混合物，其中单硼酸化的芳烃为主要代表。

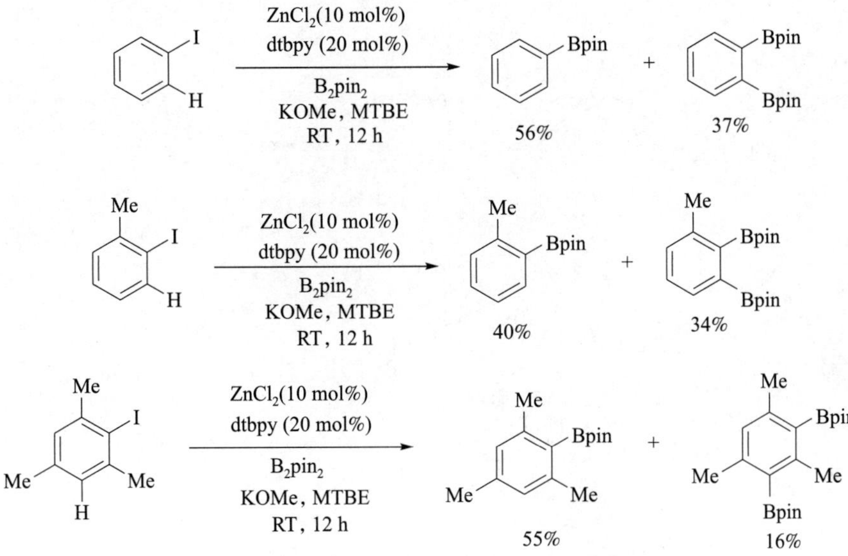

图6-143 锌催化的芳基卤化物的C—H键官能化反应

此外，Lu和Ye在锌催化的炔烃氧化和C—H键官能化策略中实现了底物合成异喹诺酮（图6-144）[303]。在此，发现2,6-二溴吡啶N-氧化物是最佳氧化剂氧原子供体。在该氧化环化过程中，吲哚基酰胺也被鉴定为适合的底物，得到β-咔啉衍生物（图6-144b）。

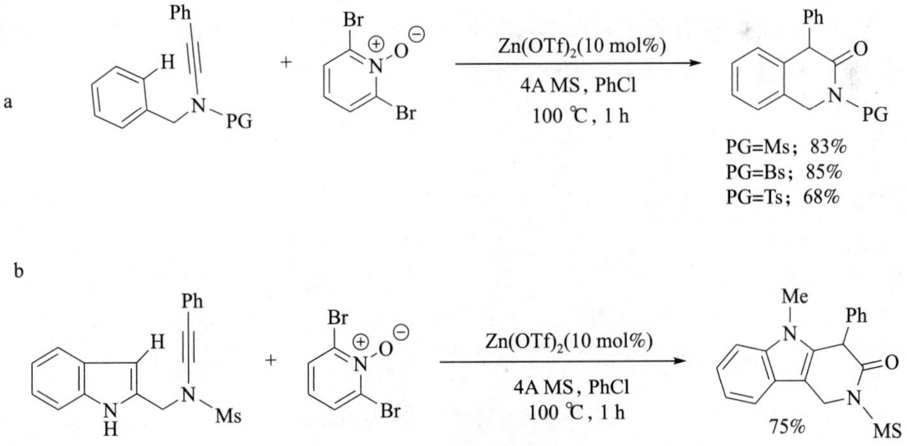

图6-144 异喹诺酮的合成

2015年，通过锌催化的醛与末端炔烃的合成炔酮如图6-145所示[304]。在$Zn(OTf)_2$作为催化剂和$In(OTf)_3$作为添加剂，使用$PhCOCF_3$作为氢受体氧化剂的情况下，多种醛和炔烃反应，以良好的收率得到所需目标产物。机理表明，通过形成炔基锌物质来引发反应。然后，将亲核加成到锌配位的醛中，得到炔丙醇配合物。随后，$PhCOCF_3$与中间体的配位之后是通过六元过渡态的氢转移过程，释放最终产物和锌-醇盐。最后，发生中间体的质子化以释放活性中间体。

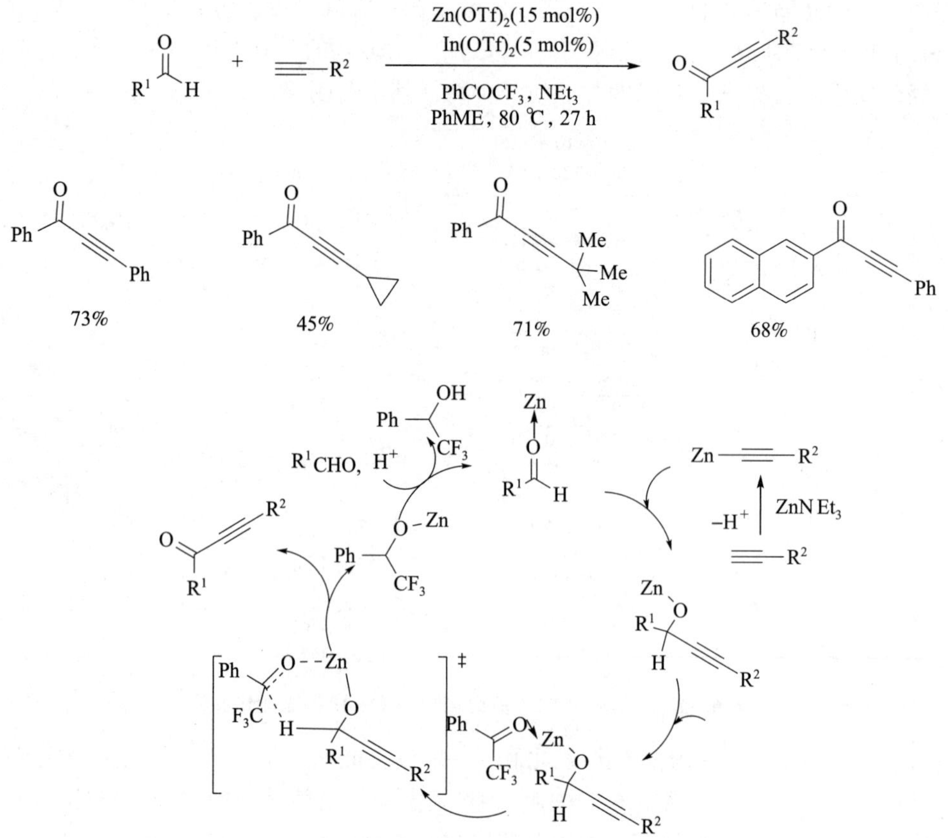

$$R^1CHO + \text{═══}R^2 \xrightarrow[\text{PhME, 80 ℃, 27 h}]{\substack{\text{Zn(OTf)}_2(15\ \text{mol\%}) \\ \text{In(OTf)}_2(5\ \text{mol\%}) \\ \text{PhCOCF}_3,\ \text{NEt}_3}} R^1\text{-CO-C≡C-}R^2$$

73%　　45%　　71%　　68%

图 6-145　锌催化的醛与末端炔烃的合成炔酮

2008 年，Nicholas 报道了在相对温和的反应条件下催化量的 $ZnBr_2$ 存在下，苄基、烯丙基和叔脂族 C—H 键与 PhI=NTs 的酰胺化反应（图 6-146）。

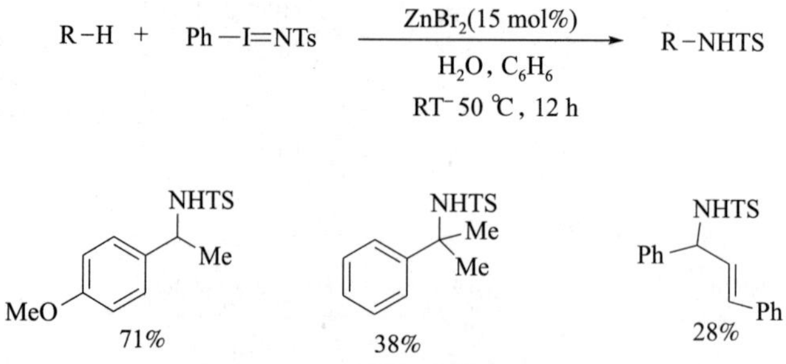

$$R-H + Ph-I=NTs \xrightarrow[\substack{H_2O,\ C_6H_6 \\ RT\text{-}50\ ℃,\ 12\ h}]{ZnBr_2(15\ \text{mol\%})} R-NHTS$$

71%　　38%　　28%

图 6-146　锌催化的酰胺化反应

6.4　偶联反应

碳碳键的偶联反应（coupling reaction）是在金属催化下形成新的碳碳键的反应。在这个反应过程中主要包括氧化加成、转金属化以及还原消除等基本的表示反应（图 6-147）。

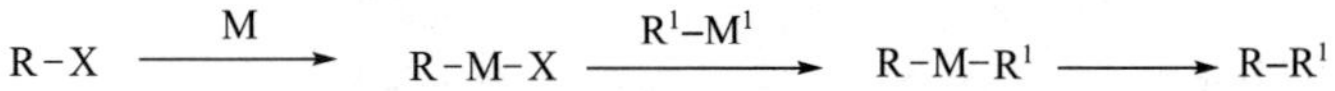

$$R-X \xrightarrow{M} R-M-X \xrightarrow{R^1-M^1} R-M-R^1 \longrightarrow R-R^1$$

图 6-147 偶联反应的基示反应

目前，按照参与催化的金属的不同以及参与反应的两个偶联碳原子的杂化形式的不同，这些偶联反应可以分为 Heck 偶联、Sonogashira 偶联、Kumada 偶联、Negishi 偶联、Stille 偶联、Suzuki 偶联，等等。

6.4.1 Heck 偶联反应

20 世纪 70 年代前后，T. Mizoroki 和 R. F. Heck 分别独立发现苄基卤代物以及苯乙烯基卤代物在有空阻的胺做碱以及钯催化下，可以与烯烃偶联生成芳基、苄基以及苯乙烯基取代的烯烃化合物（图 6-148）。

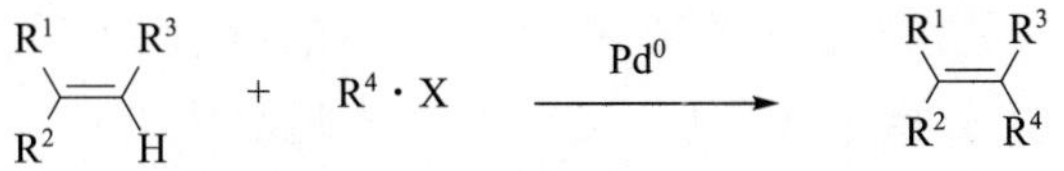

$$\begin{array}{c} R^1 \\ R^2 \end{array}\!\!\!=\!\!\!\begin{array}{c} R^3 \\ H \end{array} + R^4 \cdot X \xrightarrow{Pd^0} \begin{array}{c} R^1 \\ R^2 \end{array}\!\!\!=\!\!\!\begin{array}{c} R^3 \\ R^4 \end{array}$$

图 6-148 取代的烯烃化合物的合成

此后，将芳烃、烯烃与乙烯基化合物在过渡金属催化下形成碳碳键的偶联反应称为 Heck 偶联反应。Heck 反应的具体反应过程如下（图 6-149）：

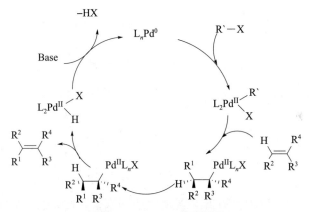

图 6-149 Heck 反应机理

从基元反应分析，这个循环反应可分为 4 个阶段：首先是零价钯或二价钯的催化剂前体被活化，生成能直接催化反应的配位数少的零价钯。紧接着的阶段是卤代烃对新生成的零价钯进行氧化加成。这是一个协同过程，也是整个反应的决速步骤。碘代芳烃反应最快，产率也较高，而且反应条件温和，时间短。反应的第三阶段为烯烃的迁移插入，它决定了整个反应的区域选择性和立体选择性。一般来说，烯烃上取代基空间位阻越大，迁移插入的速率越慢。整个循环的最后一步是还原消除反应，生成取代烯烃和钯氢配合物。后者在碱如三乙胺或碳酸钾等作用下重新生成二配位的零价钯，再次参与催化循环。

Heck 反应最重要的选择性和立体化学问题主要是底物中的碳碳双键究竟是哪个位点优先反应以及最终产物的双键构型是否与底物的一致。从反应机理上分析，在烯烃与 Pd(Ⅱ) 配位后，原先 R^4-X 中的 R^4 基团应该加到烯烃中取代基少的位置上，这个区域选择性与烯烃上的取代基电子效应基本上没有关系：

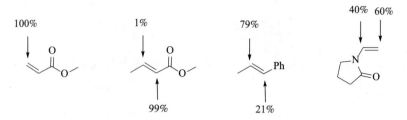

烯烃上取代的给电子基团或吸电子基团对后续基团的进入没有很强的控制力。由于反应中烯烃的取代基数目和位置会影响到后续基团 R^4 的进入，因此取代基少的烯烃反应速率快，多取代的烯烃则反应速率慢。此外，由于后续进入的基团 R^4 为富电子体系，因此吸电子基团取代的烯烃的偶联产物通常产率会比较高。

产物中双键的构型取决于烯烃插入反应以及后续 β–H 的还原消除的立体化学。由于 β–H 的还原消除必须是顺式共平面的要求，因此，在烯烃插入后，必须进行 s 键的旋转，才能使 β–H 与 Pd 处在共平面的位置上，这使得原先烯烃中处在反式的 R^2 和 R^3 两个基团在产物中将处在顺式的位置上（图 6–150）。

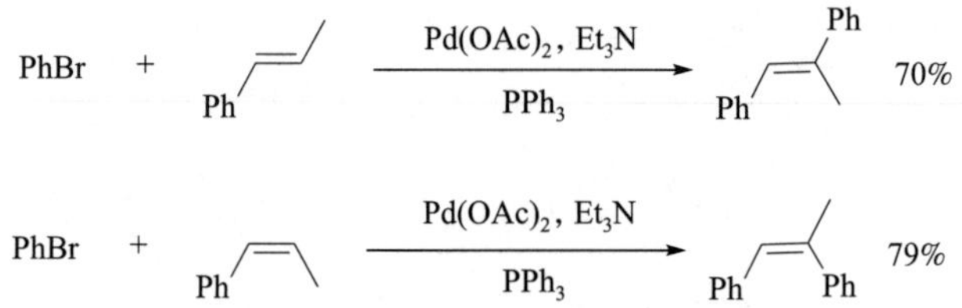

图 6–150　产物中双键的立体化学

对于单取代烯烃而言，产物的碳碳双键构型永远是反式的（图 6–151）。

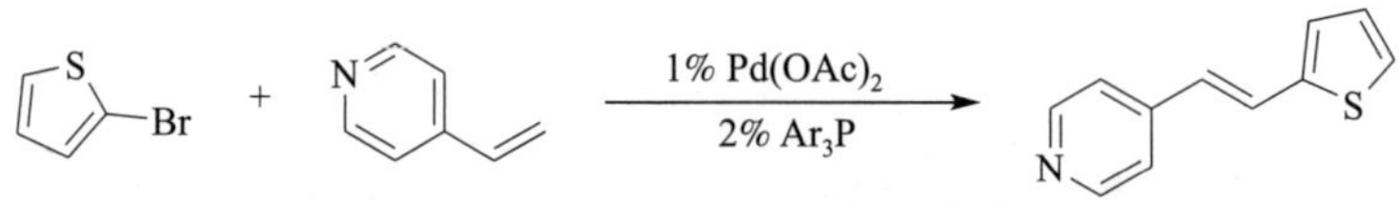

图 6–151　单取代烯烃双键构型

由于反应的启动是在 Pd(0) 对 R^4–X 的氧化加成，因此此反应的难易程度就决定了此反应的成功与否。其氧化加成的反应速率与 C—X 键紧密相关：碘代物 > 溴代物 ~ 三氟甲磺酸酯 ≫ 氯代物。氯代物在很多情况下不反应。对芳基卤代物而言，吸电子基团取代有利于反应的顺利进行。

很多情况下，Heck 反应是 Pd(0) 启动的反应，而通常使用 Pd(OAc)$_2$。这是由于体系中的膦配体、胺以及烯烃均可以将 Pd(OAc)$_2$ 还原为 Pd(0)（图 6–152）。

6.4.2　Sonogashira 偶联反应

1975 年，K. Sonogashira 等首次报道了在温和的条件下利用催化量的 PdCl(PPh$_3$)$_2$ 和 CuI 做共同催化剂，可以使芳基碘代物或烯基溴代物与乙炔气反应生成双取代对称的炔烃衍生物。同年，K. F. Heck 和 L. Cassar 也分别独立报道了在钯催化下利用类似的反应步骤制备取代炔烃衍生物的方法。此后，将在 Pd/Cu 共催化下，芳基或烯基卤代物与端炔偶联生成炔烃衍生物的反应称为 Sonogashira 偶联反应（图 6–153）。

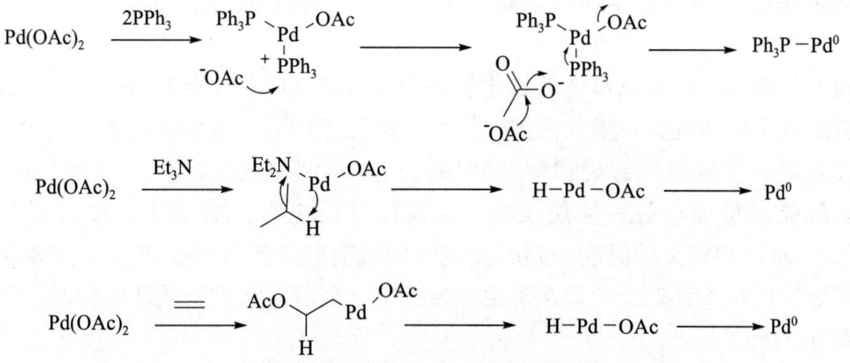

图 6-152 Pd 启动的 Heck 反应

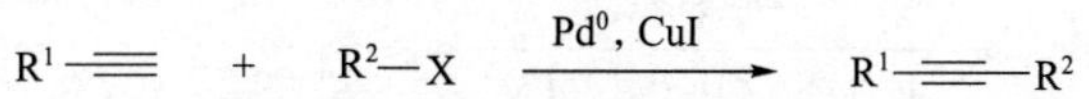

图 6-153 Sonogashira 偶联反应

Sonogashira 反应实质上是 sp^2 杂化碳与 sp 杂化碳的连接反应。其基本的反应机理如图 6-154 所示。

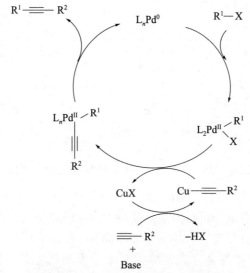

图 6-154 Sonogashira 反应机理

这个循环反应主要包括以下四个过程：

(1) 钯的活化：此过程中稳定的二价钯被端炔还原为不饱和的活性等价钯配合物，进入下一个反应循环。

(2) 氧化加成：在催化循环中活性的零价钯配合物和卤代烃发生氧化加成反应，钯催化剂将碳卤键活化。

(3) 转金属化：此活性中间体与炔的铜配合物发生转金属化反应，卤化亚铜离去，生成由钯原子连接 sp^2 碳与 sp 碳的中间体。此步反应被认为是整个反应的决速步骤。当转金属化结束后，生成的亚铜再次与炔结合，并生成不溶的四级铵盐，体系随即变混浊，此时可以认为反应开始进行。

(4) 还原消除：随后发生还原消除，生成产物，释放出的活性零价钯再次进入循环，催化反应。

活性的零价钯配合物对碳卤键的氧化加成的难易是反应条件温和与否和产率高低的决定因素。碳卤键的反应活性为：碘代或溴代烯烃 > 碘代芳烃 ~ 三氟甲磺酸酯 > 氯代烯烃 > 溴代芳烃 ≫ 氯代芳烃。多数碘代芳烃在室温和加入极少量催化剂（0.001 ~ 0.003 mol）的条件下，几乎大都能定量地与各种端炔反应。而溴代烃反应时，则往往要加入更多的催化剂（0.01 ~ 0.05 mol）和较高的温度。同时反应时间也有较大差异，后者往往需要比前者更长的时间。例如，1,4-二碘-2,5-二苯在室温下与三甲基硅基乙炔进行偶联反应时，其化学选择性为碘（图 6-155）。

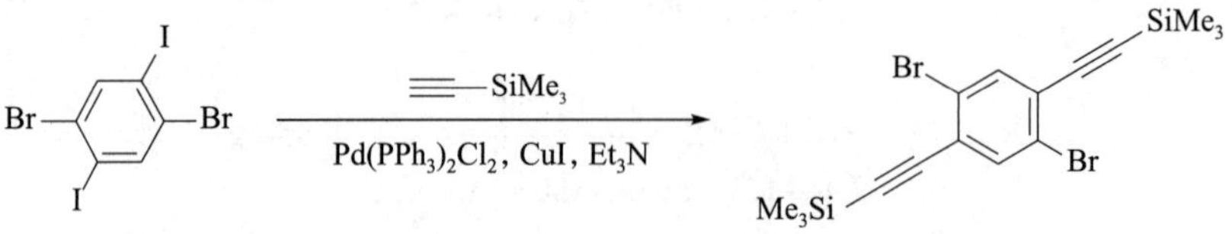

图 6-155　1,4-二碘-2,5-二苯与三甲基硅基乙炔进行偶联反应

如果烯基卤代物参与反应，其双键的构型可以保持不变（图 6-156）。

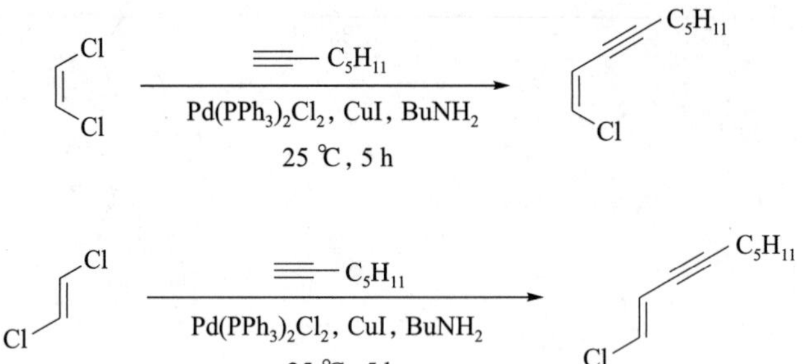

图 6-156　烯基卤代物参与的 Sonogashira 反应

由于 Sonogashira 反应具有条件温和、适用范围广泛、基团兼容性强以及产率高等优点，此反应已经成为当代有机合成中进行芳炔偶联最为常用的方法之一，在天然产物的合成、共轭有机分子的合成以及小分子中引入炔键等方面都有广泛的应用。

由于 Sonogashira 反应在各个合成领域均有十分重要的地位，因此对此反应的深入研究一直在不断进行中，其主要的研究方向有改善反应条件，减少炔的自身偶联，发展新方法以提高反应对氯代物的效率等。通过不断深入研究和改进，此反应将会有更广阔的应用前景。

6.4.3　Kumada 偶联反应

1960 年，B. L. Shaw 等发现卤化镍配合物可以与格氏试剂进行转金属化反应，生成芳基镍衍生物（图 6-157）。

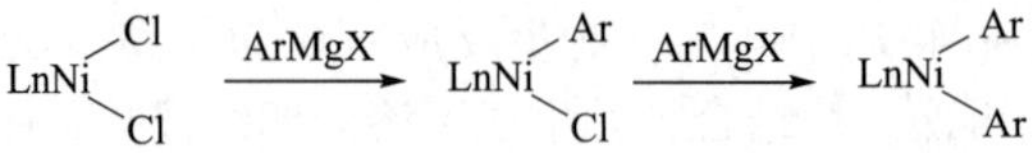

图 6-157　从格氏试剂生成芳基镍衍生物

1970 年，S. Ikean 等发现二芳基镍可与卤化物反应得到芳基与卤化物偶联的产物，二芳基镍转化为单芳基镍（图 6－158）。

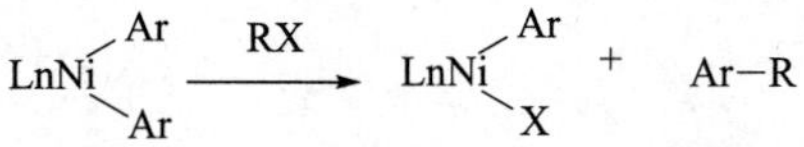

LnNi
Ar
Ar
RX
LnNi
Ar
X
+
Ar—R

图 6－158　二芳基镍与卤化物的反应

1972 年，M. Kumada 和 R. J. P. Corriu 分别独立报道了芳基或烯基卤代物在催化量的 Ni 膦配合物作用下，可以与格氏试剂进行立体选择性的偶联反应。随后几年里，M. Kumada 进一步研究了这个反应的机理以及应用范围。因此，芳基或烯基卤代物与格氏试剂的偶联反应称为 Kumada 交叉偶联反应。Kumada 交叉偶联反应的通式如图 6－159 所示。

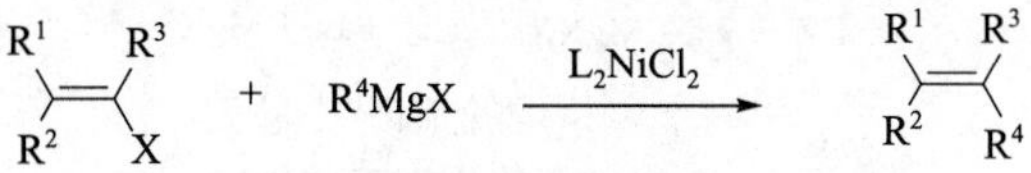

R¹
R³
R²
X
+
R⁴MgX
L₂NiCl₂
R¹
R³
R²
R⁴

图 6－159　Kumada 交叉偶联反应的通式

其具体的催化机理如图 6－160 所示。

L₂NiᴵᴵX₂
2RMgX
转金属化
MgX₂
L₂NiᴵᴵR₂
R`—X`
氧化加成
R－R
还原消除
L₂Niᴵᴵ
R`
X`
R`—R
还原消除
RMgX
转金属化
MgXX`
R`—X
L₂Niᴵᴵ
R`
R
L₂Niᴵᴵ
R`
R
配位
R`—X

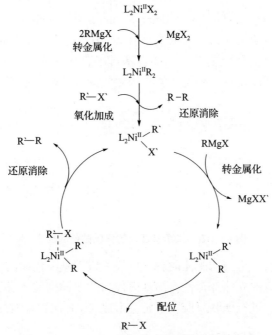

图 6－160　Kumada 偶联反应具体的催化机理

随后，深入研究发现，钯催化剂可以有效地催化有机锂试剂与芳基或烯基卤代物的偶联（图 6－161）。

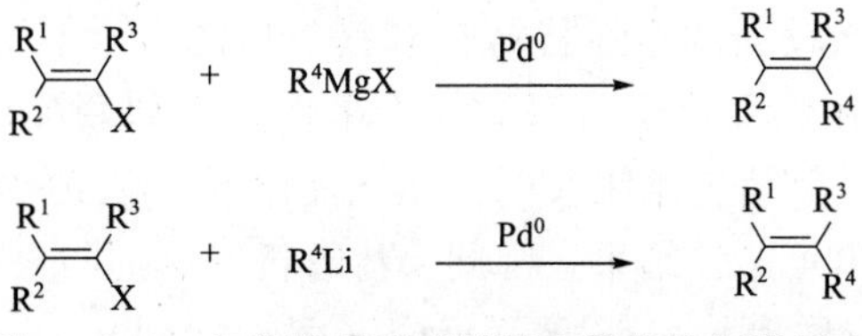

R¹
R³
R²
X
+
R⁴MgX
Pd⁰
R¹
R³
R²
R⁴
R¹
R³
R²
X
+
R⁴Li
Pd⁰
R¹
R³
R²
R⁴

图 6－161　钯催化芳基或烯基卤代物的偶联反应

Pd 催化的过程与 Ni 催化有所不同，其具体过程如图 6-162 所示。

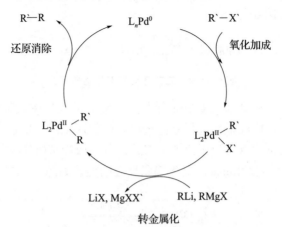

图 6-162　Pd 催化的反应机理

研究结果表明，镍配合物的催化括性与配体紧密相关。双齿膦配体的反应性高于单齿配体。其基本的排序为

$$\text{dppp} > \text{dmpf} > \text{dppe} > \text{dmpe} > \text{dppb} > \text{dppe} > \text{cis}-\text{dpen}$$

在此反应过程中，即使格氏试剂中的烷基有 β-H，也不会发生消除反应。对二级基取代的格氏试剂而言，反应会比较复杂；二级烷基可以直接偶联得到目标产物，也可以发生 β-氢消除生成烯烃，还可以发生二级烷基的异构化成一级烷基的反应（图 6-163）。

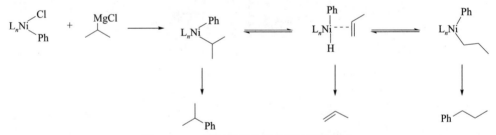

图 6-163　二级基取代的格氏试剂的反应

这种烷基的异构化反应也与膦配体的碱性以及一级芳基卤代物的反应活性有关。

此偶联反应具有一定的立体选择性，烯基卤代物的双键构型不发生变化。但是，如果烯基格氏试剂与芳基卤代物进行偶联反应，通常会形成 Z、E 两种异构的混合物。

6.4.4　Negishi 偶联反应

随着 Heck、sonogashira 以及 Kumada 偶联反应的发现，科学家们开始关心如何改进反应条件，使得大多数官能团都能被兼容。最早开始的是针对 Kumada 反应中的锂试剂和格氏试剂，希望能用一些正电性比较弱的金属代替锂和镁。1976 年，E. i. Negishi 等报道了烯基铝试剂与烯基或芳基卤代物在镍催化下可以立体专一性进行偶联反应。随后，E. i. Negishi 对此反应进行了深入的研究。其研究结果表明，在钯催化下，有机锌试剂在反应速率、产率以及立体选择性等方面均现出了最佳结果。因此，将有机锌试剂与炔基、烯基或芳基卤代物在 Pd 或 Ni 催化下的偶联反应称为 Negishi 偶联反应（图 6-164）。

$$R^1-Zn-X \ + \ R^2 \cdot X \xrightarrow{NiL_n(PdL_n)} R^1-R^2$$

图 6-164 Negishi 偶联反应

其催化机理可以根据催化剂的不同分为两种（图 6-165）：Ni 催化机理和 Pd 催化机理。

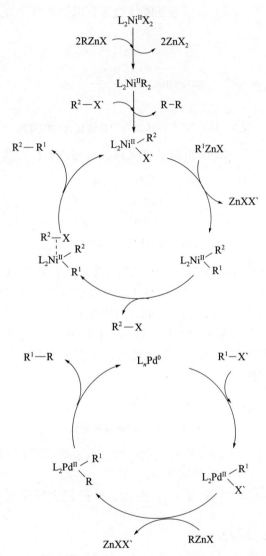

图 6-165 Negishi 偶联反应的反应机理

此反应体系中使用的有机锌试剂通常是原位制备的。常用两种方法：
(1) 金属锌与活泼卤代物的氧化加成反应。
(2) 通过转金属化反应制备。常用 $ZnCl_2$ 的四氢呋喃溶液与有机锂试剂、格氏试剂等进行转金属化反应。

由于使用了亲核性更软的有机锌试剂，Negishi 反应对底物的官能团兼容性更好，反应也具有了更好的反应活性、更高的区域选择性和立体选择性。此外，在偶联过程中，烯基卤代物或烯基有机锌试剂中的碳碳双键构型可以保持不变。但是，此反应也存在一些弱点，如炔丙基锌试剂无法与卤代物偶联，而高炔丙基锌试剂却可以反应；二级或三级烷基锌试剂容易发生异构化反应。

6.4.5 Stille 偶联反应

1976 年，C. Eaborn 等报道了首例芳基卤代物与有机锡化合物在钯催化的偶联反应（图 6-166）。

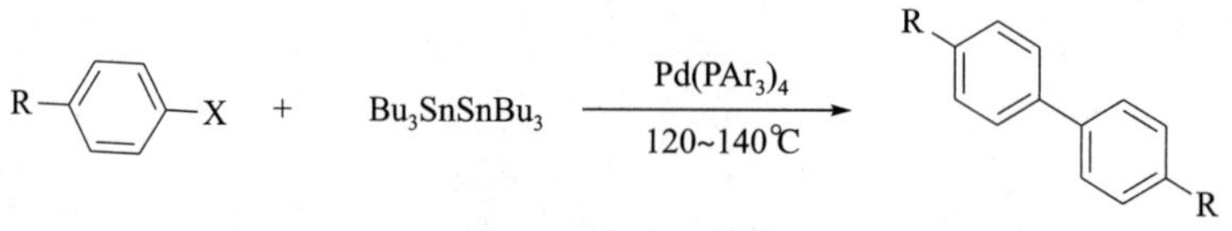

$$R-C_6H_4-X + Bu_3SnSnBu_3 \xrightarrow[120\sim140℃]{Pd(PAr_3)_4} R-C_6H_4-C_6H_4-R$$

图 6-166 芳基卤代物与有机锡化合物的反应

一年后，M. Kosugi 和 T. Migita 报道了有机锡试剂与酰氯在过渡金属催化下的碳碳键偶联反应（图 6-167）。

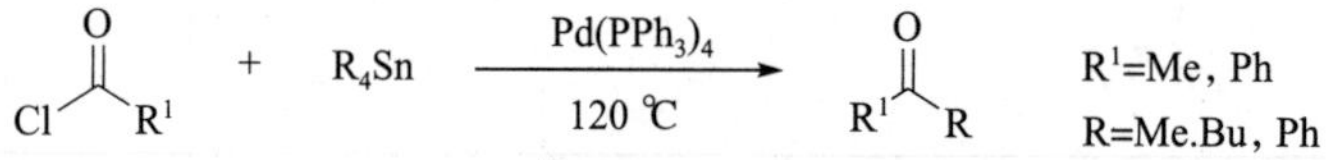

$$\underset{Cl}{\overset{O}{\underset{\|}{C}}}-R^1 + R_4Sn \xrightarrow[120℃]{Pd(PPh_3)_4} \underset{R^1}{\overset{O}{\underset{\|}{C}}}-R \quad R^1=Me, Ph \quad R=Me, Bu, Ph$$

图 6-167 有机锡试剂与酰氯的反应

接着，T. Migita 报道了三烷基烯丙基锡试剂与芳基卤代物和酰氯的反应。实验结果表明，锡试剂上的烯丙基可以迁移至催化剂 Pd 上，并使反应可以在较低的温度下进行。

1978 年，在以上工作的基础上，J. K. Stille 发现烷基锡试剂可以在更为温和的条件下与酰氯反应，以更高的产率制备酮类衍生物。此后，J. K. Stille 对有锡试剂的偶联反应进行了深入的研究。因此，将有机锡试剂与一个有机亲电试剂作用形成新的碳碳 s 键的反应称为 Stille 偶联反应（图 6-168）。

$$R^1-SnR_3 + R^2 \cdot X \xrightarrow{PdLn} R^1-R^2 + R_3SnX$$

图 6-168 Stille 偶联反应

Stille 反应的机理基本上与 Negishi 反应的一致，也包括了以下这些过程：

（1）催化剂 Pd(0) 对 R^1-X 的氧化加成。

（2）氧化加成物 R^1-Pd-X 与 R^2-SnR_3，进行转金属化反应，形成化合物 R^1-Pd-R^2。

（3）还原消除，转化为偶联产物。

在这个催化过程中，常使用 Pd(0) 催化剂，如 $Pd(PPh_3)_4$ 和 $Pd_2(dba)_3$。在此情况下，也可以使用 $Pd(OAc)_2$、$PdCl_2(CH_3CN)_2$ 以及 $PdCl_2(PPh_3)_2$ 等。由于锡上有 4 个取代基，为了保证高产率地合成目标产物，必须使这些取代基在接下来的转金属化过程中存在明显的迁移速率差别。研究结果表明，甲基和正丁基等一级烷基基本上不会发生迁移反应，而其他基团的迁移顺序为：

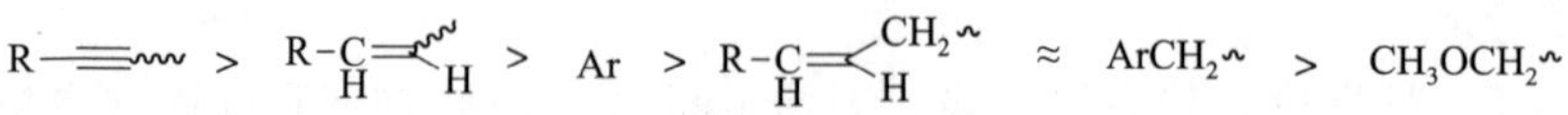

$$R-C\!\!\equiv\!\!\sim > R-\underset{H}{\overset{H}{C}}\!\!=\!\!\underset{H}{\overset{}{C}} > Ar > R-\underset{H}{\overset{}{C}}\!\!=\!\!CH_2\sim \approx ArCH_2\sim > CH_3OCH_2\sim$$

因此，只要选择三甲基或三正丁基锡试剂，另一个取代基可以高化学选择性转移至金属钯上。在此反应条件下，非对称的烯丙基锡试剂大多会发生重排反应，苄基碳原子的手性则会发生翻转，而烯基锡试剂的双键构型保持不变：

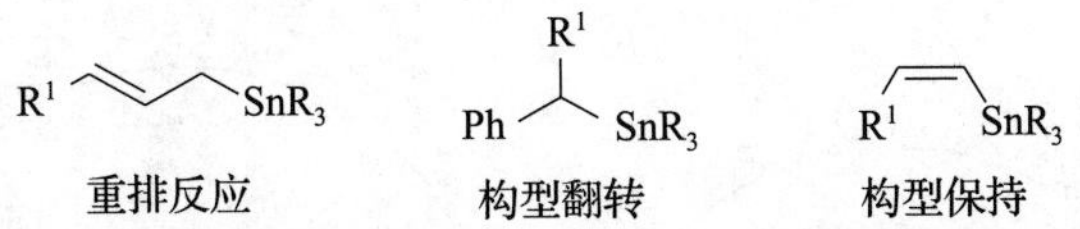

$R^1\diagup\!\!\!\diagup SnR_3$　　$Ph\text{-}CHR^1\text{-}SnR_3$　　$R^1\diagup\!\!\!\diagdown SnR_3$
重排反应　　　　构型翻转　　　　构型保持

虽然有机锡试剂与酰氯的偶联反应可以高产率制备酮类衍生物，但是酰氯合成存在条件的限制并且很难兼容许多官能团。1984 年，J. K. Stille 报道了有机锡试剂、CO 以及一个有机亲电试剂在 Pd 催化下同时实现两根碳碳 s 键的连接反应生成酮，此反应称为 Stille 羰基化偶联反应（图 6 – 169）。

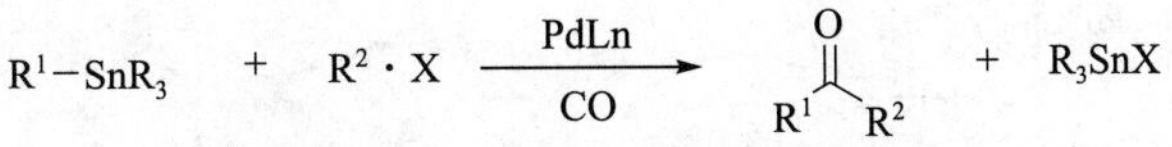

$$R^1-SnR_3 \; + \; R^2\cdot X \; \xrightarrow[CO]{PdLn} \; R^1\text{-}C(=O)\text{-}R^2 \; + \; R_3SnX$$

图 6 – 169　Stille 羰基化偶联反应

这个方法很好地解决了酰氯的制备，反应只需要以卤代物为原料即可。这个反应还具有很好的化学和区域选择性，也体现了很高的立体选择性，在迁移的过程中锡试剂上的烷基构型保持不变（图 6 – 170）。

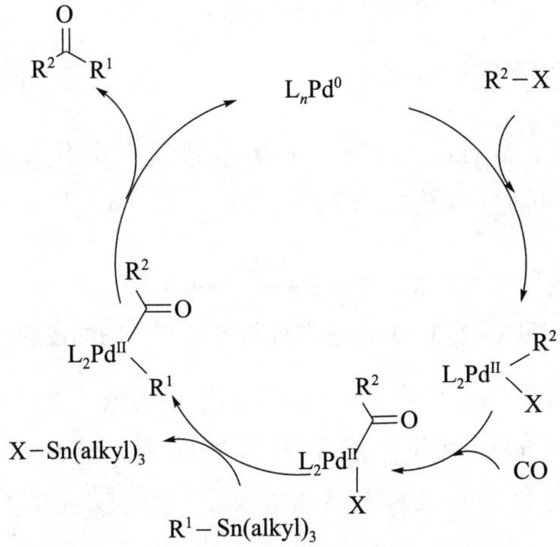

图 6 – 170　Stille 羰基化偶联反应机理

在 C. Eaborn 工作的基础上，1987 年，J. K. Stille 报道了三氟甲磺酸芳基酯（ArOTf）在钯催化剂的作用下可以与 R_3SnSnR_3 反应生成 $ArSnR_3$。这是 Stille 偶联反应中非常重要的锡试剂。1990 年，T. R. Kelly 等报道了在 Stille 反应条件下的分子内偶联反应（图 6 – 171）。

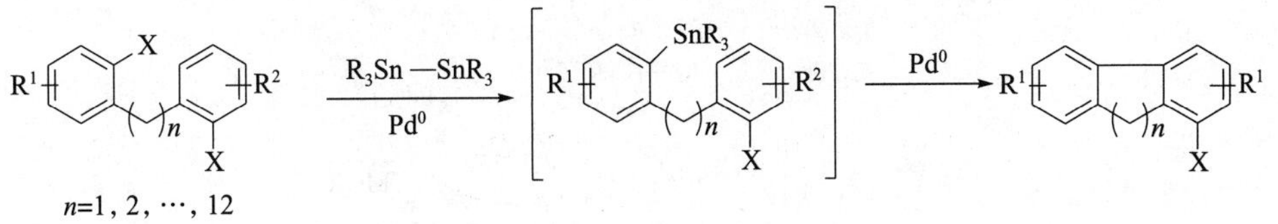

$n=1, 2, \cdots, 12$

图 6 – 171　分子内 Stille 偶联反应

这种在钯催化下的芳基卤代物或三氟甲磺酸芳基酯与 R_3SnSnR_3 反应实现的分子内的偶联反应称为 Stille – Kelly 反应。其反应机理如图 6 – 172 所示。

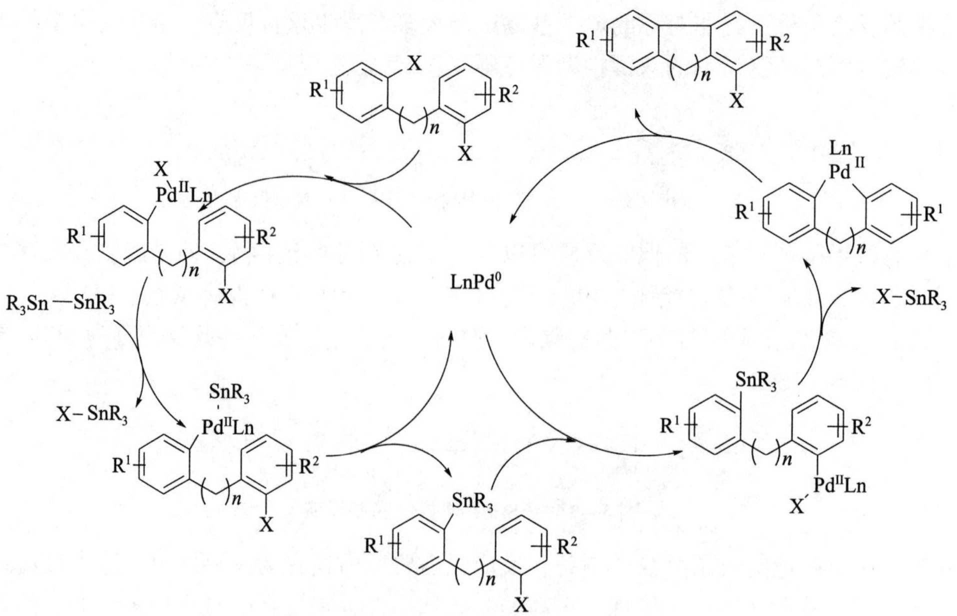

图 6-172 分子内 Stille 偶联反应机理

氯代物由于反应性很差，不能进行此偶联反应。

6.4.6 Suzuki 偶联反应

1979 年，A. Suzuki 和 N. Miyaura 报道了 1-烯基硼烷在催化量的 Pd 催化下与芳基卤代物反应生成芳基取代的（E)-烯烃（图 6-173）。

$$R^1-BR_2 + R^2\cdot X \xrightarrow{PdLn} R^1-R^2 + R_2BX$$

图 6-173 1-烯基硼烷与芳基卤代物的反应

此后，将在 Pd 催化剂的作用下芳基或烯基硼化合物或硼酸酯和卤代物或三氟甲磺酸酯的交叉偶联反应称为 Suzuki 偶联反应。通常大家都认为，这个反应的催化循环过程经历了氧化加成、芳基阴离子向金属中心迁移和还原消除三个阶段（图 6-174）。

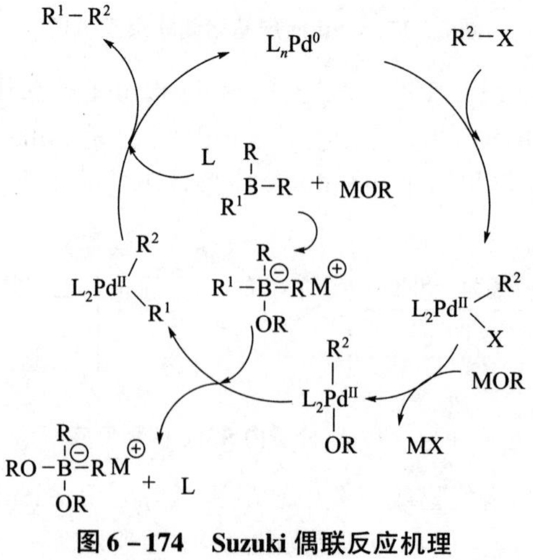

图 6-174 Suzuki 偶联反应机理

实际上，此反应机理与前面讲过的 Heck 反应的机理近似，只是键的作用有所不同而已。由于采用了硼试剂，Suzuki 反应对于官能团的兼容性非常好，如一些比较活泼的基团 —CHO、—COCH$_3$、—COOC$_2$H$_5$、—OCH、—CN、—NO$_2$、—F 等，均不受任何影响。此外，硼试剂也易合成，稳定性好，这使得此反应具有了更大的应用范围。Suzuki 反应中硼试剂的制备方法有很多种。最简单的可以是烯烃或炔烃的硼氢化反应（图 6 - 175）。

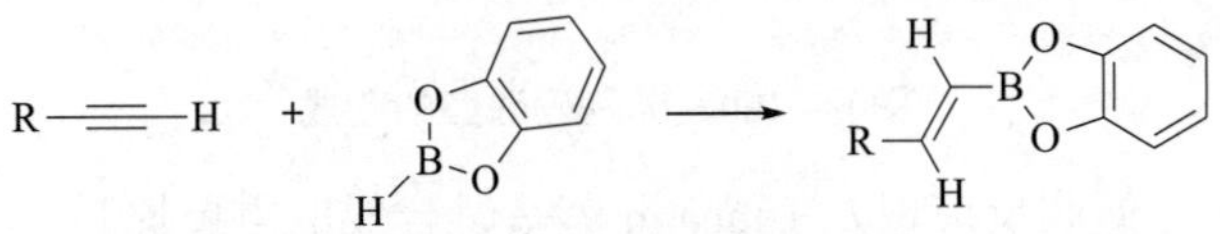

图 6 - 175 炔烃的硼氢化反应

还可以通过以锂试剂或格氏试剂为原料制备（图 6 - 176）。

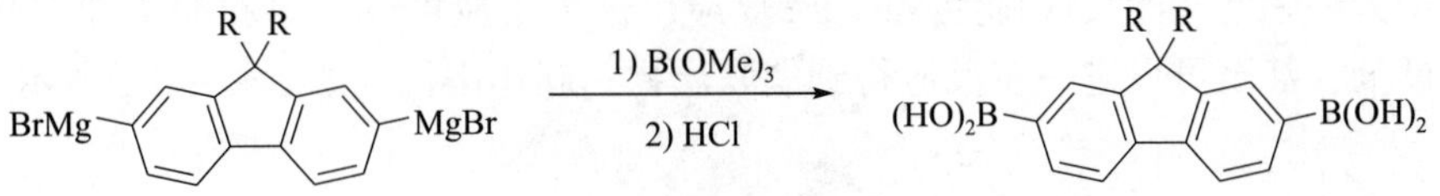

图 6 - 176 制备硼酸

由于卤代物反应活性的差异，在多卤代物中 Suzuki 反应存在着明显的化学选择性（图 6 - 177）。

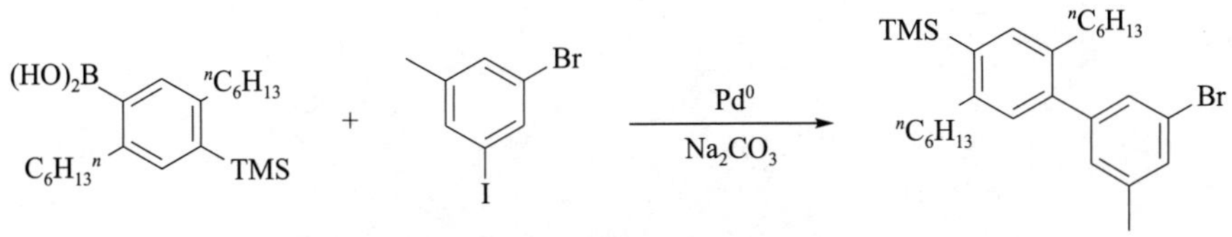

图 6 - 177 多卤代物的 Suzuki 反应

此外，如果芳环上有多个位置同时被同种卤素原子取代，Suzuki 反应也有一定的区域选择性（图 6 - 178）。

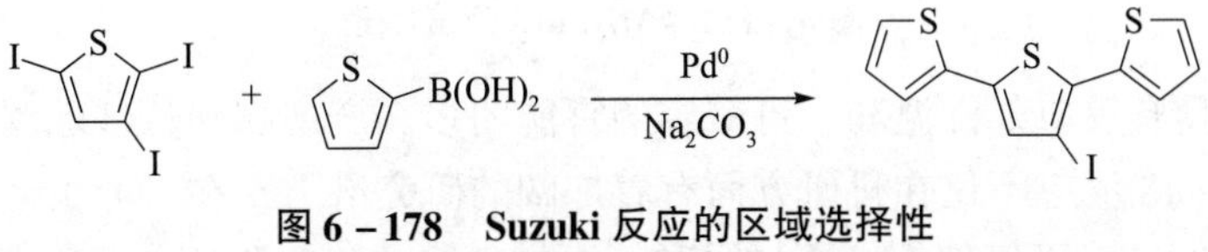

图 6 - 178 Suzuki 反应的区域选择性

制备芳基硼酸最简单的方法就是使用双硼试剂，可以在非常温和的条件下高产率地得到芳基硼酸。Suzuki 反应中碱的选择性也非常多，NaCO$_3$ 是最常用的碱试剂。在无水的条件下也可以使用 Li$_2$CO$_3$ 或者 K$_3$PO$_4$。

1993 年，N. Miyaura 等发现炔烃在催化量 Pt(PPh$_3$)$_4$ 的作用下可以与双硼酸频那酯反应，高效生成双硼酸酯化的烯烃（图 6 - 179）。

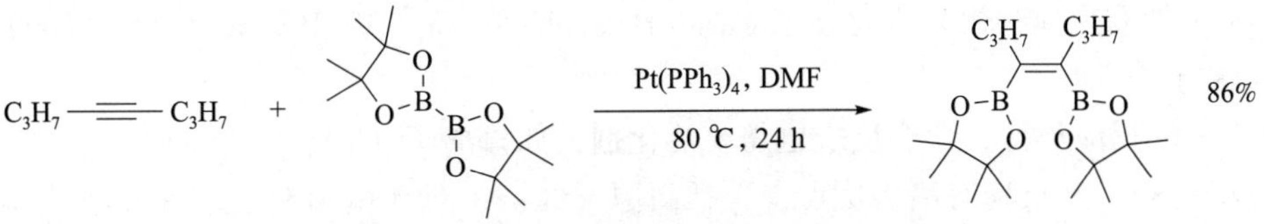

图 6 - 179 双硼酸酯化的烯烃的合成

1995 年，N. Miyaura 发现芳基卤代物在催化剂 PdCl$_2$dppf 的作用下与四烷氧基双硼试剂反应生成芳基硼酸酯（图 6-180）。

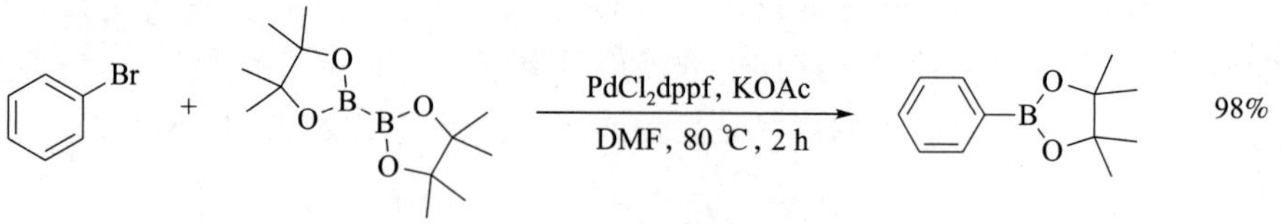

图 6-180 芳基硼酸酯的合成

这个产物是 Suzuki 偶联反应以及 Ullmann 芳基醚合成的重要原料。研究结果表明，在芳基卤代物硼酸酯化的过程中，只有 Pd 催化剂可以有效地催化此反应，其他催花剂没有任何效果。此后，将芳基、杂芳环卤代物或三氟甲磺酸酯在 Pd 催化下与四烷氧基双硼试剂转化为芳基或杂芳环硼酸酯的反应称为 Miyaura 反应，这个反应可以在温和的条件下制备 Suzuki 反应的硼试剂，甚至可以进一步反应得到偶联产物。起作用机理如图 6-181 所示。

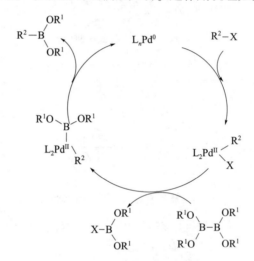

图 6-181 Miyaura 反应机理

Suzuki 反应具有反应条件温和、可兼容的官能团多、产率高和芳基硼酸经济易得且易于保存等优点。Suzuki 反应不仅在科研方面有着广阔的研究潜力，在工业生产方面也有着巨大的发展前途，人们还在不停地探索更加温和、更加经济的工业化的 Suzuki 反应。

前一节主要讨论了在过渡金属催化下的碳碳键的偶联反应。由于碳杂原子之间键的构筑也是有机合成化学重要的研究方向，因此，在以上碳碳键构筑的工作基础上，许多科学家集中研究了碳杂原子键的偶联反应，并实现了此类反应的应用。

6.4.7 Hiyama 偶联反应

Hiyama 偶联反应，由日本化学家 Yasuo Hatanaka 和 Tamejiro Hiyama 在 1988 年首先报道（图 6-182）。

与 Suzuki 反应类似，这个反应也需要活化剂，如氟离子（TASF、TBAF）或碱（如氢氧化钠、碳酸钠）。此反应有诸多优点，包括高原子经济、对环境影响小、有机硅试剂容易储存、易于操作、低毒性、反应条件温和、产率和选择性高以及对其他官能团的耐受性较好

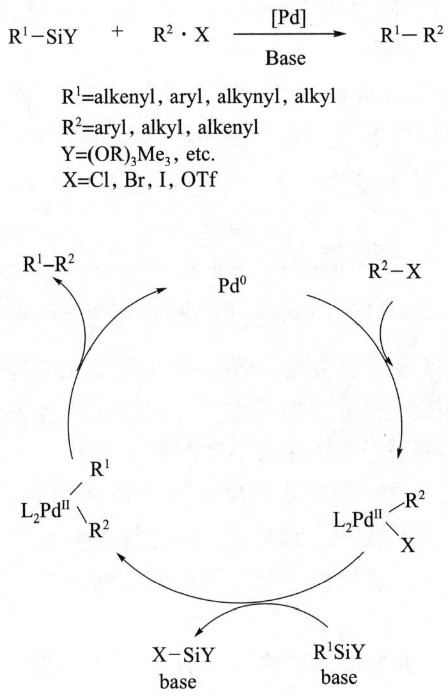

$$R^1-SiY + R^2 \cdot X \xrightarrow[\text{Base}]{[Pd]} R^1-R^2$$

R¹=alkenyl, aryl, alkynyl, alkyl
R²=aryl, alkyl, alkenyl
Y=(OR)₃Me₃, etc.
X=Cl, Br, I, OTf

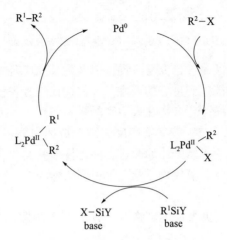

图 6-182 Hiyama 偶联反应及其机理

等。但对硅保护基的不兼容性，有机硅的制备不易以及活化剂的昂贵，在一定程度上限制了此反应的应用。

6.4.8 Buchwald-Hartwig 偶联反应

1983 年，T. Migita 等首次报道了在 $PdCl_2[P(o-tolyl)_3]_2$ 催化下的芳代物与 N,N-二乙基氨基三丁基锡的碳氮键偶联反应（图 6-183）。

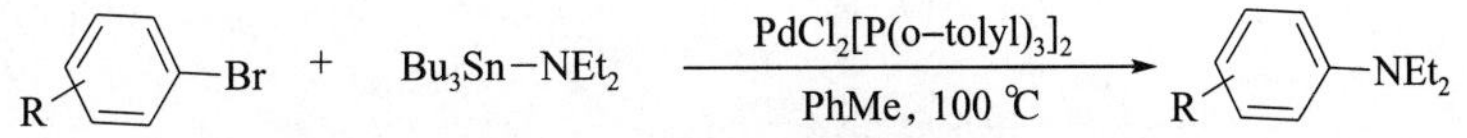

图 6-183 碳氮键偶联反应

研究结果表明，此反应的产率很不稳定，最高可以达到 81%，而最低的只有 16%；而且只有分子极性比较小的、空阻小的底物才能达到高的转化率。

1984 年，D. L. Boger 等报道了在合成 lavendamycin 的过程中采用化学计量的 $Pd(PPh_3)_4$ 实现了碳氮键的构筑（图 6-184）。

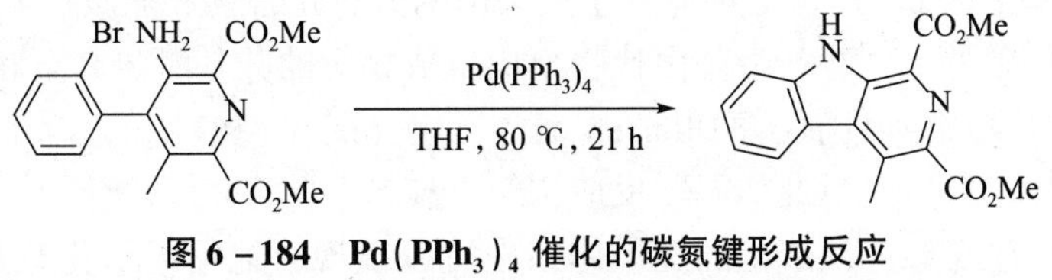

图 6-184 $Pd(PPh_3)_4$ 催化的碳氮键形成反应

这些碳氮键构筑的研究结果一直没有受到科学家们的关注。1994 年，J. F. Hartwig 在 T. Migita 工作基础上，系统研究了不同 Pd 催化剂对反应的影响，提出只有 d10 配合物 Pd[P (o-tolyl)$_3$]$_2$ 才是活性催化物种。J. F. Hartwig 认为，这个反应是以 Pd(0) 对芳基溴代物的氧化加成为整个循环过程的起始点。

同年，S. Buchwald 也在 T. Migita 工作基础上进行了两个重要的改进：首先，通过利用通入氩气的方式排出体系中易挥发的二乙胺，实现 Bu$_3$SnNEt$_3$ 与环状或非环状的二级胺以及一级芳香胺的转氨化反应（图 6-185）。

$$Bu_3Sn-NEt_2 \xrightarrow[Ar]{HNR_2} Bu_3Sn-NR_2$$

图 6-185　Bu$_3$SnNEt$_3$ 参与的转氨化反应

其次，通过增加催化剂的量、提高反应温度以及延长反应时间等方法，使富电子体系和缺电子体系的芳香化合物均能达到良好的产率。邻位取代的芳香化合物当时并没有报道。此后，大量的研究结果表明，胺类化合物在大空阻的强碱作用下，无须锡试剂的参与也能实现碳氮键的构筑，但底物仅限于二级胺。这些反应结果被称为第一代的 Buchwald - Hartwig 催化体系。随后的改进主要集中于膦配体的改进，使得许多胺类化合物和芳基卤代物均能进行此反应。芳基碘代物、溴代物、氯代物以及三氟甲磺酸酯均能进行此反应，反应还可以在较弱的碱以及室温下进行。

在这些工作的基础上，对此反应的转换过程有了非常清晰的认识。其具体转换机理如图 6-186 所示。

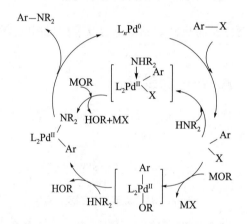

图 6-186　Buchwald - Hartwig 偶联反应机理

此反应机理与碳碳键偶联的反应机理基本一致：首先是 Pd(0) 物种对 C—X 的氧化加成，接着是氨基对氧化加成中间体的配位，并在碱作用下去质子化，最后还原消除。其中的副反应应该是氨基上的 b-H 消除反应，生成去卤的芳香化合物和亚胺。

在类似的反应条件下，醇与芳基卤代物反应生成相应的芳基醚。其温和的反应条件和高的反应产率使得这个反应可以代替 Ullmann 缩合反应（图 6-187）。

硫醇和苯硫酚也可以进行此类偶联反应构筑碳硫键。

钯催化偶联反应总结：从以上的反应体系中可以发现，钯可以催化芳基或烯基卤代物、三氟甲磺酸酯与各类金属有机化合物偶联形成碳碳键的反应（图 6-188）。

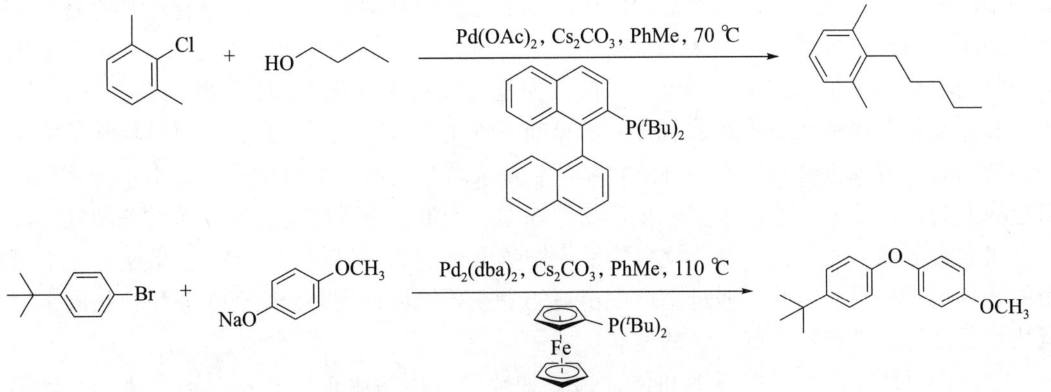

图 6-187 醇与芳基卤代物的反应

图 6-188 钯催化形成碳碳键的反应

其中，金属有机化合物可以是有机锂、有机镁、有机锌、有机铜、有机锡或有机硼试剂；而基团 X 可以是卤素、三氟甲磺酰氧基以及一些具有强离去能力的基团。总的来说，这是在钯催化下的 sp^2 与 sp 以及 sp^2 与 sp^2 杂化的碳原子之间的偶联，形成的产物为双芳基化合物、二烯、多烯以及炔烃类衍生物。其整个反应过程可简单地总结为：

氧化加成： $Pd^0 + R^2 \cdot X \longrightarrow R^2 \cdot Pd^{II} \cdot X$

转金属化反应： $R^2 \cdot Pd^{II} X + M—R^1 \longrightarrow R^2 \cdot Pd^{II} \cdot R^1 + MX$

还原消除： $R^2 \cdot Pd^{II} \cdot R^1 \longrightarrow R^1 \cdot R^2 + Pd^0$

首先，Pd(0) 对 R^2-X 氧化加成。在接下来的转金属化过程中，亲核基团 R^1 从金属 M 转移至钯上，而对离子 X 则是反方向转移至金属 M 上。此时，钯原子有两个亲核配体，经还原消除后形成新的碳碳键，Pd（Ⅱ）被还原为 Pd(0)，继续参与催化循环。由于转金属化后连接在 Pd 上的两个基团可以是不一致的，因此，这种偶联反应被称为交叉偶联反应（cross-coupling reaction）；此外，这两个基团来源于两种金属，因此进一步拓展了这类反应的应用范围。

由于 Pd(0) 首先对 R^2-X 进行了氧化加成反应，因此为了避免 β-H 消除的副反应发生，R^2 基团不能存在 β-H；而对于 R1M 而言，由于 M 不是 Pd，因此可以考虑 R1 基团存在 β-H，这是由于转金属化后，R1 基团连接到 Pd 上，还原消除的速度远远快于 β-H 消除。

总的来说，金属参与的偶联反应具有非常广泛的应用前景。1912 年，F. A. V. Grignard 因此获得了诺贝尔化学奖，E. O. Fischer 和 G. Wilkinson 因三明治型金属有机化合物而获得诺贝尔化学奖；2010 年，R. F. Heck、E. i. Negishi、A. Suzuki 因在金属催化的交叉偶联反应中的杰出贡献获得了诺贝尔化学奖。

6.5 不对称氢化及其相关反应

由于有机化合物在结构上是多样的，因此有机化合物的应用范围是巨大的。它们或者构成许多产品的基础或者是许多产品的重要组成部分，包括塑料、药物、石化产品、食品、炸药和油漆。因此，合成越来越多的新化合物是有机化学中最重要的任务之一。前手性不饱和化合物的不对称氢化已被深入研究，并被认为是合成新手性化合物的通用方法。酮、亚胺、烯烃和芳族化合物是用于不对称氢化的常见前手性不饱和底物[305,306]。与前三种常见的不饱和底物相比，芳族化合物的不对称氢化将产生最大数量的潜在手性化合物。由于芳香环可以与边缘上的其他环融合，产生多环化合物，如萘、喹啉、喹喔啉、吲哚、苯并呋喃等，因此数量将大大增加。此外，芳香族化合物易于制备廉价的起始材料，其中大多数是商业上可获得的并且相对稳定。因此，通过生产更多新的手性环状化合物，研究芳香族化合物的不对称氢化将更好地促进有机合成化学的发展。

已经广泛研究了前手性不饱和化合物（如烯烃、酮和亚胺）的不对称氢化。形成鲜明对比的是，芳烃/杂芳烃的不对称氢化是一个研究较少的区域，尽管它提供了有效和直接的相应手性饱和和部分饱和的带有环状骨架的分子，这些分子作为生物活性构件和关键中间体在有机合成中起着重要作用。原因在于：首先，这些化合物的高稳定性和破坏芳香性所需的苛刻条件，这对对映选择性产生不利影响[307]；其次，一些含氮和硫原子的杂环化合物可能使手性催化剂中毒或失活；再次，简单芳族化合物中缺乏二级配位基团可能导致难以实现其高活性或对映选择性；最后，芳香族化合物的低活性可能是主要原因。

此外，由于芳香性相对较低，双环芳族化合物易于在氢化过程中保留一个芳环，而单环芳族化合物的氢化更加困难。此外，含有氮和氧原子的杂环化合物也相对容易氢化，因为它具有低芳香性和与手性金属催化剂的潜在配位。对于含氮杂环化合物，具有芳香胺作为产物的那些化合物更容易被氢化。因此，目前关于芳香族化合物不对称氢化的研究主要集中在含有氮和氧原子的双环芳香烃和单环杂环化合物上。

6.5.1 烯烃类化合物的不对称氢化反应

钯氢化物也可以在氢气中生成，并用于 α,β - 不饱和酮的 C═C 双键的不对称加氢。Zhou 和同事发现，在温和的条件下（1 atm 的 H_2，室温），在 CF_3CH_2OH(TFE) 中反应顺利进行，没有 1,2 的还原产物[308]（图 6-189）。

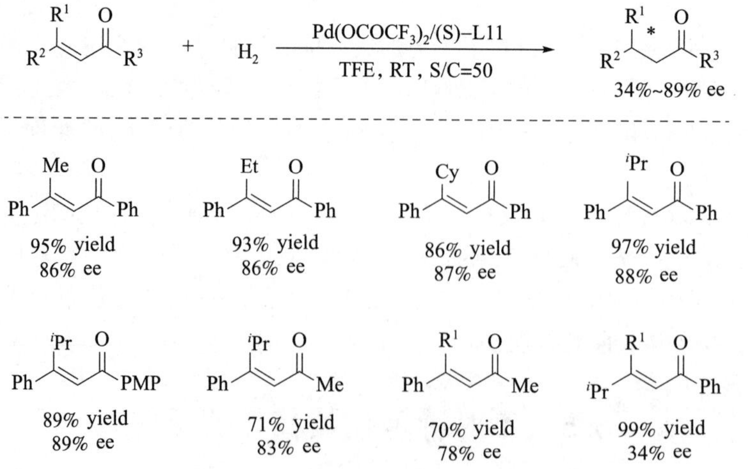

图 6-189 钯催化不对称加氢反应

在钯催化不对称加氢反应中，较低的毒性使卡宾配体取代膦配体更安全。最近，Iglesias 等人成功合成了几种含 N 杂环卡宾和（S）-脯氨酸部分的富电子钯钳配合物（图 6-190）。

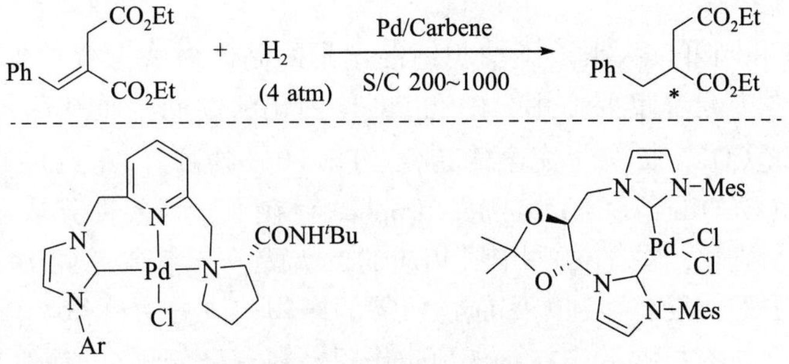

图 6-190 富电子钯钳配合物

6.5.2 炔烃类化合物的不对称氢化反应

炔烃加氢制备烯烃是一个重要的反应，广泛用于合成天然产物、香料、医药等生物相关化合物。这些化合物通常与定义的 E 或 Z 构型结合。尽管已开发出用于炔烃 Z 选择加氢的催化方法，但炔烃的 E 选择加氢仍然具有挑战性。实际上，所有由炔烃选择性合成烯烃的常用方法都是化学计量法，原子经济性差。最近，Furstnez 和同事发现，在化学计量量为 [(Cp*)Ru(COD)Cl]（COD = 1,5-环辛二烯）和 AgOTf 的情况下，炔烃可以氢化，具有高的 E-选择性[309]。在非常温和的条件下，各种炔烃以高产量和高 E 选择性被新型吖啶基 PNP 铁配合物有效地氢化（图 6-191）。

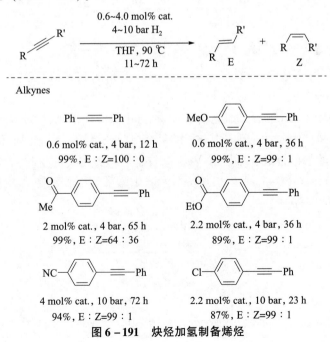

图 6-191 炔烃加氢制备烯烃

6.5.3 酮类衍生物的不对称氢化反应

铁 PNP 钳形配合物在温和的条件下是加氢和脱氢反应的有效催化剂。它们的催化应用包括原子高效和工业上重要的酮、醛和酯类的加氢反应，以得到相应的醇。此外，在氢氧化钠存在下，它们催化二氧化碳加氢制甲酸钠，甲酸的选择性分解为二氧化碳和氢，以及炔的 E-选择加氢制 E-烯烃[310]。

2005 年，Zhou 和同事首次报道了均相钯催化酮的高度对映选择性加氢反应[311]，发现催化剂前体在反应性中起着重要作用。中性 $PdCl_2$ 催化活性低，而具有弱配位阴离子的 Pd 前体，如 OTf^- 和 $CF_3CO_2^-$，提供了完全的转化。Pd（0）物种 [$Pd_2(dba)_3$] 没有催化这种反应的能力。在 $Pd(OCOCF_3)/(R,R)$-Me-Duphos 存在下，将各种芳基和烷基取代的 α-邻苯二甲酰亚胺酮顺利氢化，在 TFE 中生成相应的二级醇，产率高达 92%。由于钯和芳香溴氧化加成的催化剂中毒，没有得到溴基底物所需的产物。该方法可作为合成中的关键步骤。手性克罗顿酰亚胺 B 具有抗癌的潜在化学预防作用[312]。已经研究了其他几种酮，以进一步扩大这种钯催化的酮不对称加氢的效用，但观察到较低的对映选择性（图 6-192）。

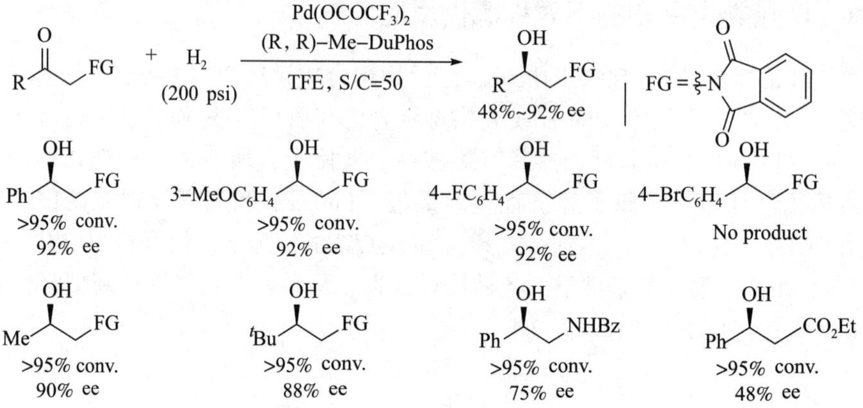

图 6-192　钯催化对映选择性加氢反应

2010 年，Zhang 等合成了一类新的具有广泛二面角的阿托吡酯二膦配体[313]（图 6-193）。发现在钯催化邻苯二甲酰亚胺酮的不对称加氢反应中，配体的二面角与对映选择性之间存在相关性。利用具有最大二面角的配体 (R)-L，可获得高达 99% 的对映选择性，是目前在均相钯催化酮不对称加氢反应中获得的最高对映选择性。均相钯催化不对称加氢也适用于手性 A-羟基膦酸盐的合成，手性 A-羟基膦酸盐是一类重要的生物活性化合物。在大气压下，$Pd(OCOCF_3)_2$-(R)-Meo-BiPhep 作为催化体系的组合，使 α-酮磷酯不对称加氢，产率高，对映选择性中等。

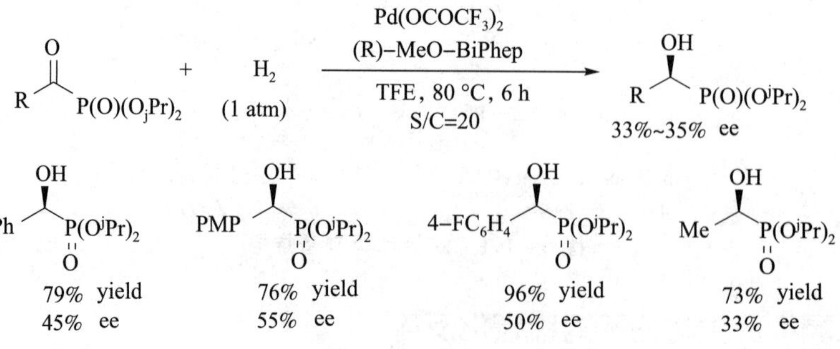

图 6-193　酮的不对称加氢反应

6.5.4 羧酸衍生物的不对称氢化反应

2013 年，Milstein 报道了配合物反式 – [(^{t}Bu – PNP)Fe(H)$_2$(CO)](^{t}Bu – PNP = 2,6-双（二叔丁基膦甲基）吡啶）作为催化剂应用在低温下甲酸选择性分解为 H$_2$ 和 CO$_2$[314]。催化剂在 40 ℃有三烷基胺存在时能有效催化该反应。当甲酸在 1∶1 混合物中与三乙胺在 THF 中分解时，在第一个小时内，仅使用 0.05 mol% 的催化剂，在 40 ℃下获得 836 h^{-1}的 TOF。值得注意的是，催化剂在该温度下的活性高于先前报道的最活跃的铁基催化剂[315]。关于催化剂长期稳定性的研究导致总吨数为 10 万吨。10 天后，在 40 ℃下，在二噁英中 50% 摩尔 NEt$_3$ 存在下，在 0.001 mol% 催化剂负载下观察到催化剂摩尔甲酸的完全转化（图 6 – 194）。

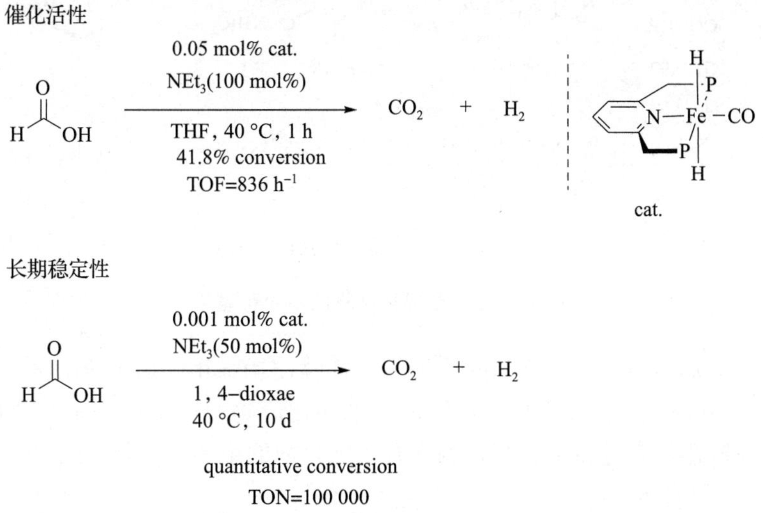

图 6 – 194 甲酸的氢化反应

6.5.5 喹啉衍生物的不对称氢化反应

Murata 及其同事在 1987 年报道了第一例芳香族化合物均相不对称氢化的反应，他们使用 Rh[(S,S) – DIOP] – H 作为催化剂，在氢气条件下氢化 2-甲基喹喔啉，获得了令人沮丧的 2% ee 值[316]。接下来，1995 年 Takaya 及其同事使用手性 Ru 配合物作为催化剂氢化 2-甲基呋喃时实现了显著改善得到 50% ee 值[317]。在 1997 年使用均相 Rh 催化剂在 50 atm 的氢气下对吡嗪羧酸衍生物进行不对称氢化，获得了高达 78% 的 ee 值。1998 年，Bianchini 开发了一种邻苯二甲酸二氢铱配合物，用于将 2-甲基喹喔啉氢化成 1,2,3,4-四氢-2-甲基喹喔啉，ee 值高达 90%（图 6 – 195）[318]。值得注意的是，这是第一例具有 > 90% ee 值的芳香族化合物的对映选择性氢化，但转化率不令人满意。这些开创性的工作证明了芳香族化合物高度对映选择性氢化的可行性，并为从易得的芳香族化合物合成手性杂环化合物开辟了新的途径。

在上述原理的基础上，使用手性有机金属催化剂和有机催化剂实现了芳香族和杂环化合物均相不对称氢化的一些重要进展[319-323]。如图 6 – 196 所示，杂芳烃如喹啉、异喹啉、喹喔啉、吡啶、吲哚、吡咯、咪唑、噁唑和呋喃可以顺利氢化，具有良好的对映选择性。在这

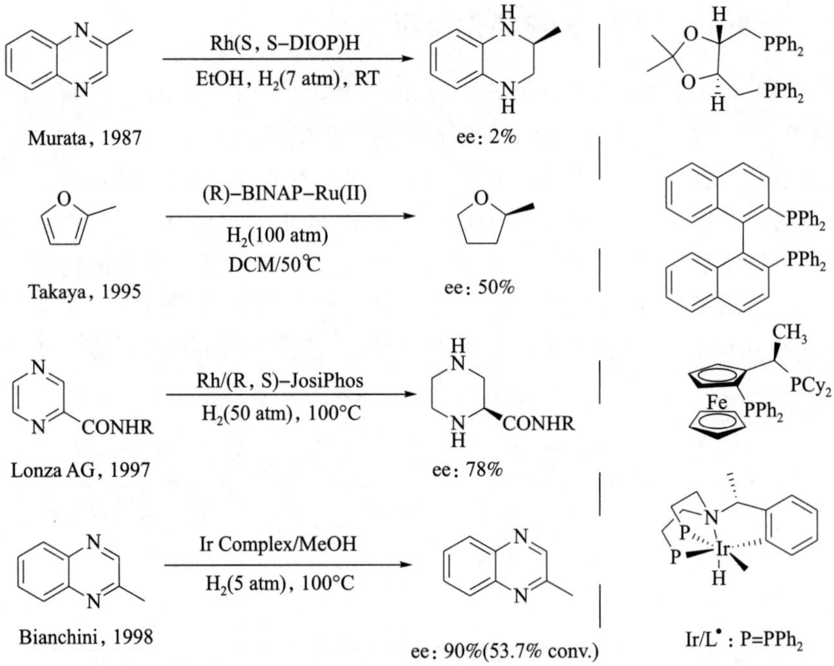

图 6-195 杂环化合物的不对称氢化

些转化中，碘是最常用的活化催化剂的添加剂。连续使用氯甲酸酯和布朗斯酸来活化底物，并且在一些情况下通过在杂原子上引入保护基来活化底物，这也促进了与金属催化剂的配位。本小节旨在概述具有过渡金属配合物和有机催化剂的杂环和芳香烃的对映选择性氢化和转移氢化。

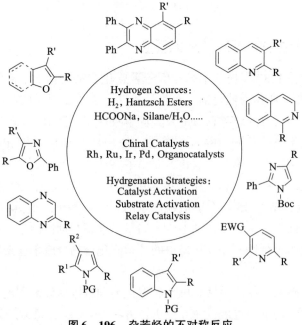

图 6-196 杂芳烃的不对称反应

1,2,3,4-四氢喹啉在天然存在的生物碱和人工分子中普遍存在，并且已经在药物和农业化学合成中得到广泛应用[324-326]，通过易于获得的喹啉的不对称氢化，在简单性方面为这些化合物提供了方便和直接的合成途径，且其较高的原子效率引起了相当大的关注。2003年Zhou组首次报道了喹啉与铱催化剂高度对映选择性加氢反应，许多涉及手性过渡金属催化剂已开发并且用于该催化反应中[327,328]。

在过去的几十年中，过渡金属催化的不对称氢化已经得到广泛的研究，并且在传统的烯烃、酮和亚胺方面取得了巨大的成功。与此形成鲜明对比的是，它在芳香族和杂环化合物如喹啉的不对称氢化中的应用研究较少。这可能归因于这些化合物对传统过渡金属催化剂的低活性。然而，手性铱、钌和铑催化剂相继开发用于喹啉的不对称氢化和底物的活化（图6-197）。

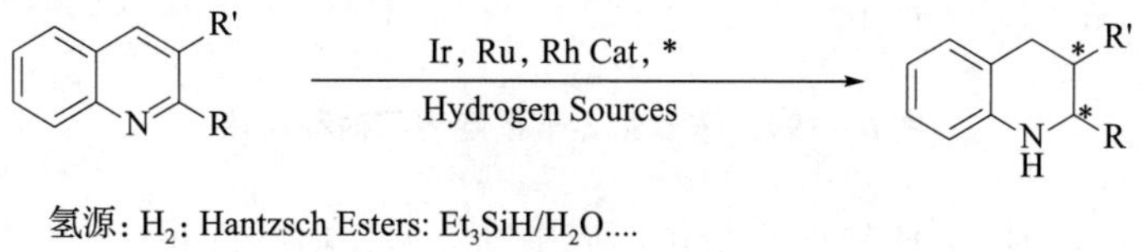

氢源: H_2: Hantzsch Esters: Et_3SiH/H_2O....

图6-197 手性铱、钌和铑催化剂喹啉的不对称氢化反应

用 $[Ir(COD)Cl]_2$ 和轴向手性双膦配体 MeO-BiPhep 原位生成的铱催化剂，加入碘作为活化剂，实现了喹啉的第一次高对映选择性加氢[327]。这个成功的例子后，喹啉不对称氢化备受关注。大多数研究集中在寻找有效配体以实现高活性和对映选择性。双齿磷配体，特别是阻碍旋转的异构二烯基二膦配体、二亚膦酸酯配体、膦亚磷酰胺配体，以及其他含磷配体如N,P-配体、S,P-配体和单齿膦配体，已被证明对铱催化喹啉的不对称氢化有效。无膦配体如手性二胺配体也成功引入喹啉与铱配合物的不对称氢化中。对于这些催化体系，碘是最常用的活化催化剂的添加剂，氯甲酸酯以及布朗斯酸用于活化底物，并且对于某些系统，添加剂是不必要的（图6-198）。

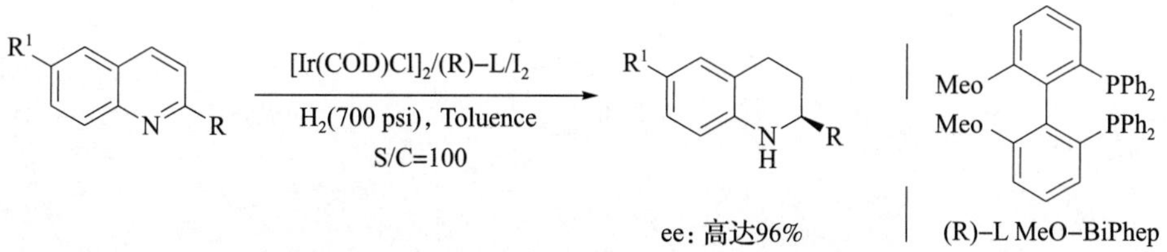

图6-198 铱催化剂喹啉高对映选择性加氢

在Zhou课题组及其同事报道了，由 $[Ir(COD)Cl]_2$ 和(R)-MeOBiPhep(L)原位生成催化剂，以2-甲基喹啉1a作为模型底物，在 CH_2Cl_2 溶液中反应。通过条件优化，一系列的2-苄基喹啉可发生反应。芳基的空间和电子性质对反应无影响，均可获得高收率和高达96%的ee值（图6-199）。

Zhou课题组通过实验和理论计算相结合，提出了一种合理的机制。开始时，Ir(Ⅰ)物种前体A在 I_2 存在下原位氧化生成Ir(Ⅲ)物质（S表示溶剂），随后发生 H_2 的异构裂解，形成催化活性Ir(Ⅲ)—H物质B并释放HI。喹啉底物Q可以与物质B配位形成C，然后1,4-氢化物转移得到中间体D。随后，H_2 与中间体D的异解裂得到烯胺F并再次生成Ir(Ⅲ)—H物种B。烯胺F异构化以产生亚胺G，其可以由上述产生的强布朗斯酸HI催化。

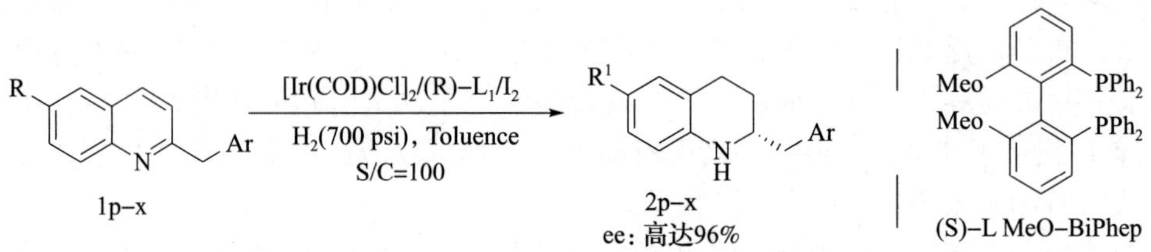

[Reaction scheme: Ir-catalyzed asymmetric hydrogenation of 2-benzylquinolines]

$[Ir(COD)Cl]_2/(R)-L_1/I_2$, H_2(700 psi), Toluence, S/C=100

1p-x → 2p-x, ee: 高达96%

(S)-L MeO–BiPhep

	R	Ar	Ee(%)
2p	H	C_6H_5	94
2q	H	$2\text{-}MeC_6H_4$	95
2r	H	$2\text{-}CF_3C_6H_4$	88
2s	H	$4\text{-}CF_3C_6H_4$	93
2t	H	$4\text{-}FC_6H_4$	94

	R	Ar	ee/%
2u	H	$3,4\text{-}(MeO)_2C_6H_3$	94
2v	H	1-Naphthyl	95
2w	F	C_6H_5	96
2x	Me	C_6H_5	95

图 6-199 铱催化 2-苄基喹啉不对称氢化

亚胺中间体 G 可与 Ir(Ⅲ)–H 物种 B 配位形成中间体 H；随后将 Ir—H 插入 C═N 形成中间体 I，并产生手性中心。最后，产物 1,2,3,4-四氢喹啉 TQ 通过 J 配位的氢气的 s-键复分解得到，完成催化循环（图 6-200）。

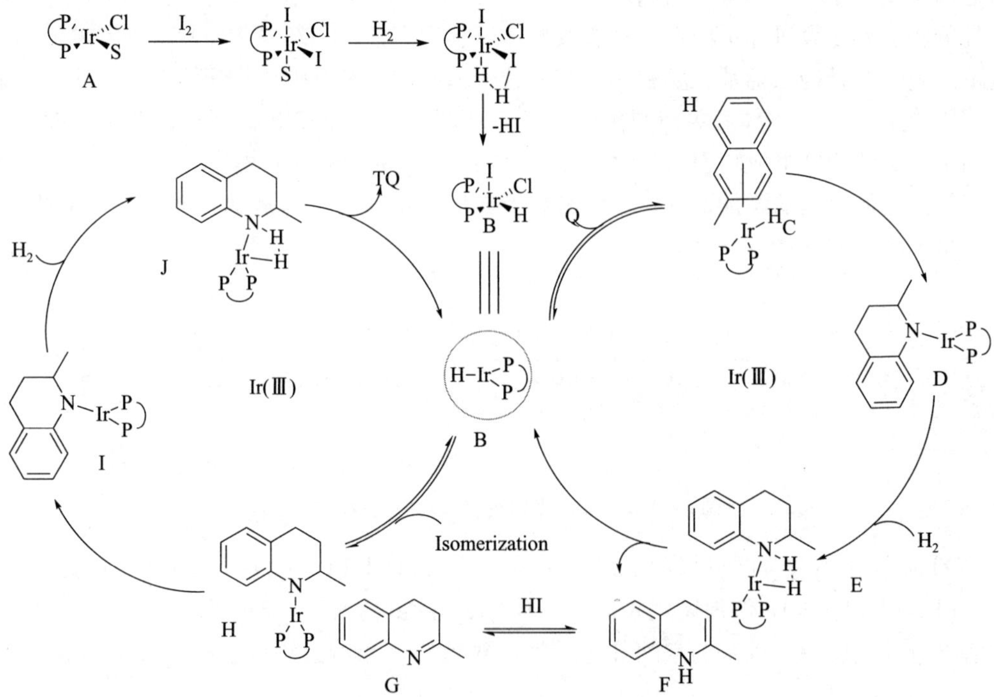

图 6-200 铱催化 2-苄基喹啉不对称氢化反应机理

2010 年 Zhou 和同事发现，$[Ir(COD)Cl]_2$ 和 (R)-SegPhos(L_2) 催化剂在布朗斯酸活化的喹啉不对称氢化中发挥作用[329]。实验筛选了一系列布朗斯酸，发现哌啶三氟甲磺酸在对映选择性和转化率方面表现最佳，并且 ee 值高达 92%（图 6-201）。

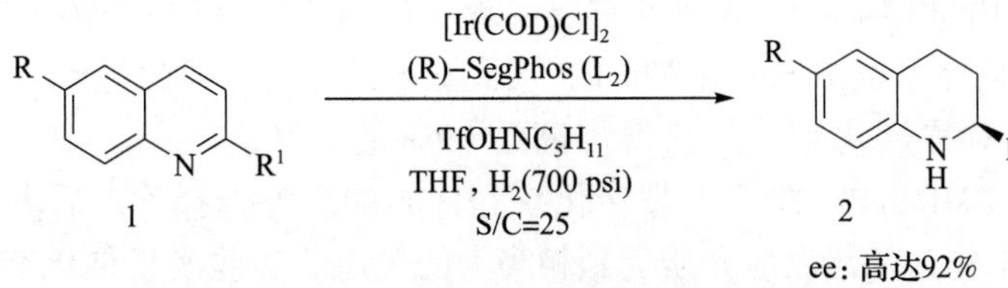

图 6-201 布朗斯酸活化的喹啉不对称氢化

2007年，Zhou 和同事再次发现用汉斯酯代替氢气用作氢源用于手性磷酸催化的喹啉不对称转移氢化中[330]。2-取代喹啉用先前的 Ir、L_2 和 I_2 催化体系还原一系列 2-取代喹啉，其 ee 值达到 88%（图 6-202）。

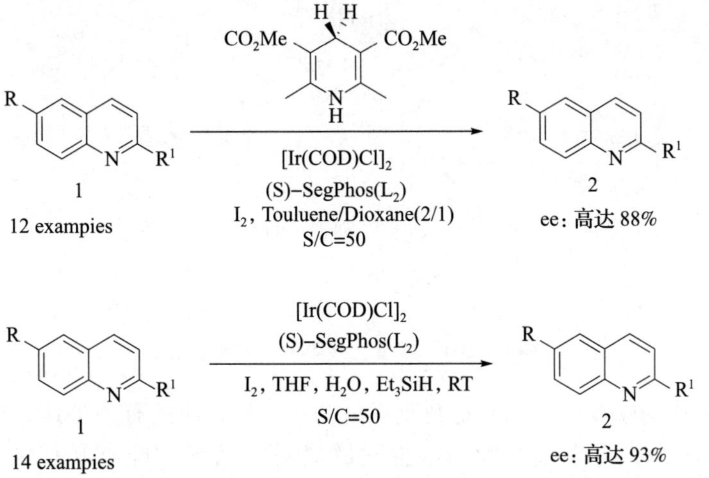

图 6-202 手性磷酸催化的喹啉不对称转移氢化

随后，水被扩展到喹啉的不对称氢化。条件优化表明 Et_3SiH 和 H_2O 是最佳的组合；以 $[Ir(COD)Cl]_2$、L_2 和 I_2 为催化体系，一系列喹啉顺利氢化，最高达 93% ee[331]。

2008年，Fan 和同事们研究了 Ir 和 DPEN 配合物在喹啉不对称氢化反应中的性能，发现 Ir 和 CF_3-TsDPEN 为催化体系时，ee 值高达 99%[332]（图 6-203）。在该方法中，加入 0.2 mol% 催化量的 TFA 以提高催化体系的活性。在未脱气的溶剂中反应平稳，不需要惰性气体保护（图 6-203）。

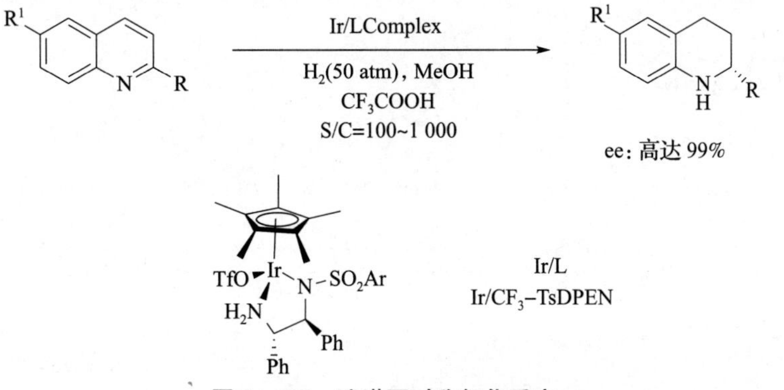

图 6-203 喹啉不对称氢化反应

空气中稳定的 Ru 和 Ts-DPEN 催化剂已发现其在酮的不对称氢化中的应用并引起了很多关注[333-335]。催化体系也被 Fan 和 Chan 扩展到喹啉的不对称氢化。Ru 和 Ts-DPEN 成功地引入到喹啉的不对称氢化中，并获得了高达 99% 的 ee 值（图 6-204）[336,337]。反应在 MeOH 或离子液体[BMIM]PF$_6$ 中都有高转化率和优异的对映选择性。后者属于室温离子液体（RTIL），近年来作为替代反应介质受到相当大的关注。实验发现催化剂在该介质中是稳定的，并且在暴露于空气 30 天后也能显示出相同的活性和对映选择性，而在甲醇中催化剂在 1 周内就被分解。通过用正己烷简单萃取分离还原产物，可以重复使用催化剂，将离子液体与底物一起再加入可进行相同的反应条件。催化剂的性能直至第 6 次循环使用，才观察到反应性的轻微降低。

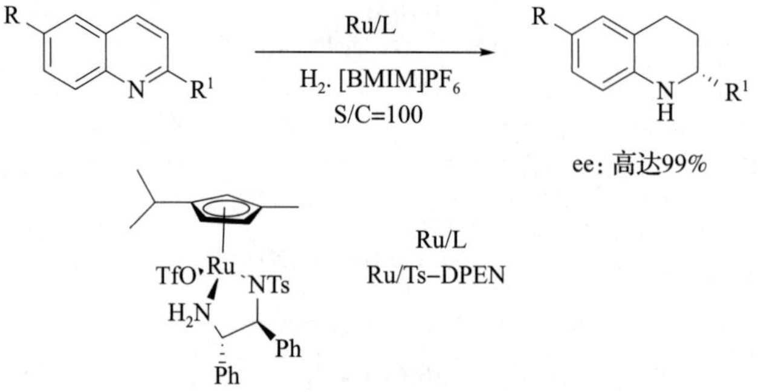

图 6-204 钌催化喹啉的不对称氢化

在过去 10 年中，手性布朗斯酸催化剂已成为不对称合成的有力工具。2006 年，Rueping 使用汉斯酯作为氢源，开发了布朗斯酸催化的高对映选择性喹啉转移氢化反应（图 6-205），这也是杂环化合物有机催化还原的第一个例子[338,339]。具有 9-菲基取代基的空间拥挤的磷酸(R)-La 被证明是最好的催化剂，得到 2-芳基四氢喹啉 2 具有优异的对映选择性（91%~99%）和中等至高产率（54%~93%）。在 2-烷基喹啉的还原中观察到对映选择性略微降低（87%~91%）。通过两个步骤制备生物活性生物碱如 (+)-加利平宁和 α-角鲨烯碱。接下来，Du 小组还研究了 2-和 2,3-取代的喹啉的仿生还原，以测试他们新开发的双-BINOL 衍生的磷酸 Lb 的活性（图 6-205）[340]。借助于这种双轴向手性磷酸较低的（0.2mol%）催化剂负载量足以提供具有优异的对映选择性（86%~98%）的 2-芳基四氢喹啉衍生物和 2-烷基四氢喹啉。此外，2,3-二取代的喹啉也被氢化，得到高的对映选择性（82%~92% ee）。

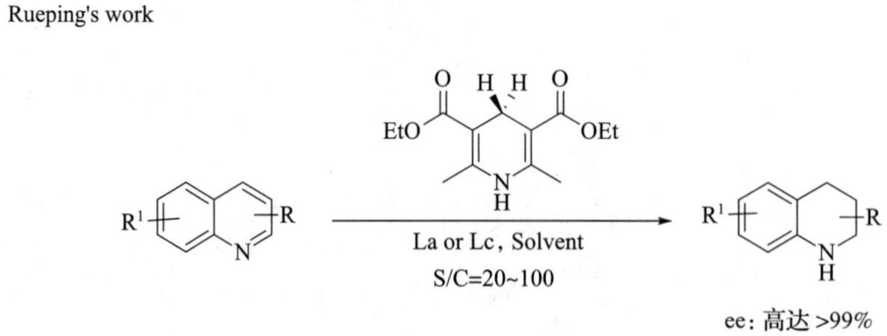

图 6-205 布朗斯酸催化喹啉氢化反应

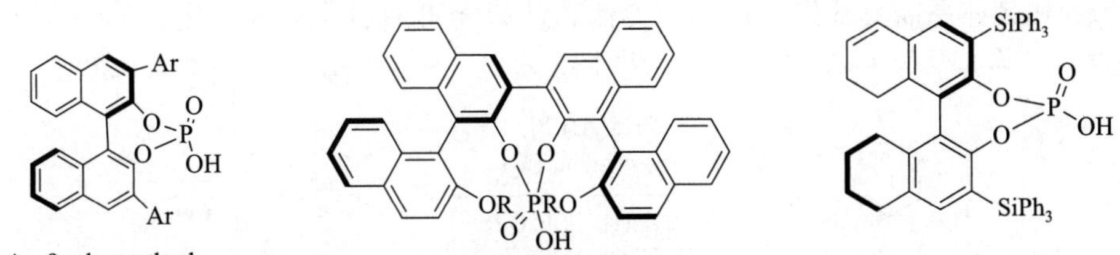

Ar=9-phenanthryl
La

Lb: R=cyclohexyl

Lc

Du's work

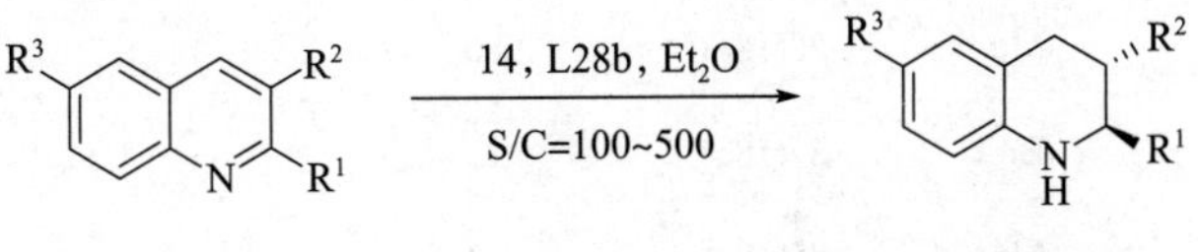

ee: 高达98%

图 6-205　布朗斯酸催化喹啉氢化反应（续）

2011 年，Rueping 通过动力学揭示了参与金属催化的喹啉不对称氢化（图 6-206）[341]。使用外消旋 Ir(Ⅲ) 酰胺配合物和手性布朗斯酸在 2-甲基喹啉氢化中获得高达 82% ee 值。非对映异构体催化剂的催化性能不同，匹配的情况下得到更高的反应性和选择性。手性铱酰胺和布朗斯酸催化剂组合，在喹啉的加氢中可以获得更高的对映选择性（84%~94% ee）。

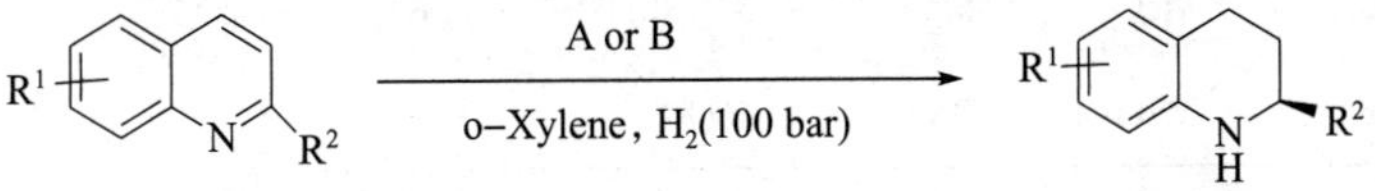

A: Ir-rac-L29 (1%~2 mol%)
B: Ir-(R, R)-L29 (1%~4%), L28e (1%~4%)

ee: 高达82%
ee: 高达94%

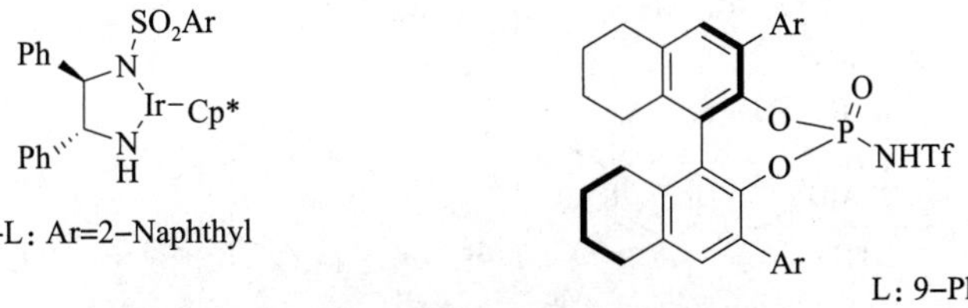

Ir-L: Ar=2-Naphthyl

L: 9-Phenanthryl

图 6-206　金属催化的喹啉不对称氢化

6.5.6　异喹啉衍生物的不对称氢化反应

异喹啉是不对称氢化最具挑战性的底物之一，对于酮、烯烃和亚胺的不对称氢化是有效的催化体系，对异喹啉没有活性。目前，Zhou 和同事在 2006 年仅报道了异喹啉不对称氢化的一个例子[342]。

如上所述，当氯甲酸酯作为活化剂添加到反应混合物中时，喹啉可以通过使用 [Ir(COD)Cl]$_2$ 和 (S)-SegPhos(L$_2$) 氢化成四氢喹啉[342]。这种底物活化方法不是仅对喹啉的氢化有效，也对异喹啉有效。与可完全氢化成四氢喹啉的喹啉相比，异喹啉的不对称氢化更困难，并且获得部分氢化的 1,2-二氢异喹啉作为产物。在优化条件下，仅达到 10%~83% ee 值（图 6-207）。值得注意的是，这是异喹啉衍生物不对称氢化的第一个也是唯一的例子，

493

更有效的催化剂体系需要开发。使用该方法，从异喹啉通过不对称氢化、Pd—C 氢化和 LiAlH₄ 还原三步合成天然存在的四氢异喹啉生物碱和（S）- Carnegine（图 6 - 208）。

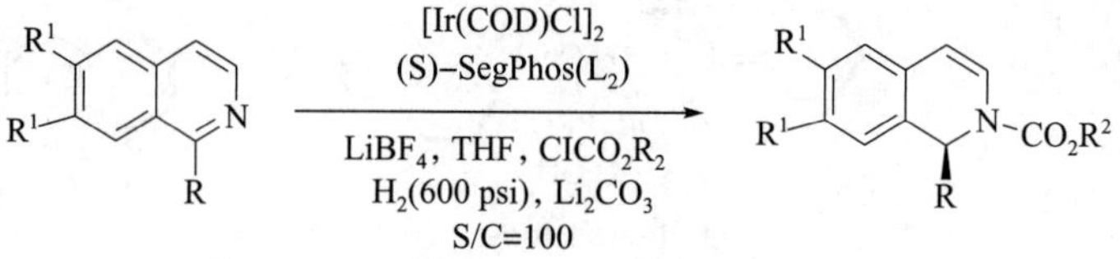

R	R^1	R^2	Yield/%	ee/%
Me	H	Me	85(18a)	80
Me	H	Bn	87(18b)	83
Et	H	Me	85(18c)	62
n-Bu	H	Me	87(18d)	60
Bn	H	Me	83(18e)	10
Ph	H	Me	57(18f)	82
Ph	H	Bn	49(18g)	83
Me	MeO	Me	57(18h)	63
Me	MeO	Bn	46(18i)	65

图 6 - 207　异喹啉的不对称氢化反应

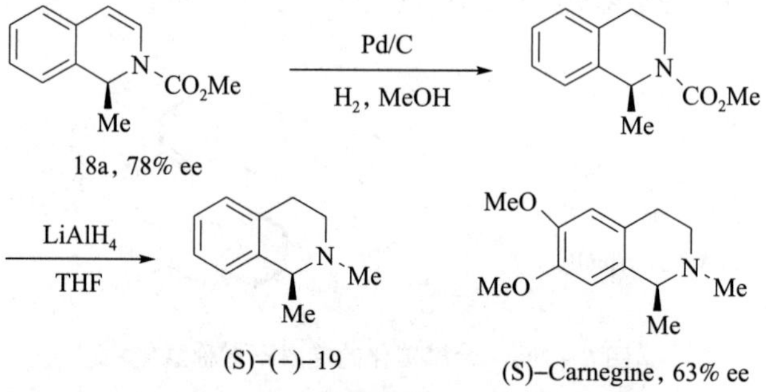

图 6 - 208　天然产物四氢异喹啉生物碱的合成

6.5.7　喹喔啉衍生物的不对称氢化反应

喹喔啉的不对称氢化是一项具有挑战性的任务，并提供具有重大生物学意义的手性四氢喹喔啉[343-346]。开发了喔啉的对映选择性加氢反应涉及铑、铱和钌配合物以及有机催化剂的各种过渡金属催化。过渡金属催化剂和有机催化剂一锅法连续的氢化和转移氢化还原喹喔啉被开发。

如上所述，Murata 及其同事在 1987 年报道了喹喔啉不对称氢化的第一个例子。Rh[（S,S）- DIOP]H 用作 2-甲基喹喔啉（20a）的氢化催化剂，仅得到 2% ee 值（图 6 - 209）[316]。接下来，[（R,R）-（BDPBzP）Rh（NBD）]OTf 配合物用作 2-甲基喹喔啉氢化的催化剂，得到相应的含 11% ee 值的氢化产物[347]。

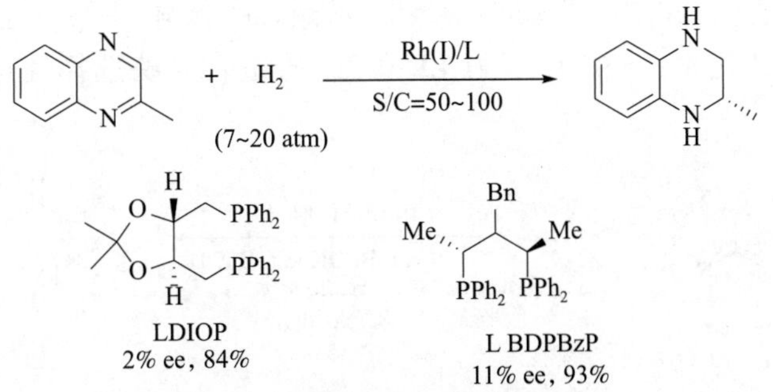

图 6-209 喹喔啉不对称氢化反应

1998 年，Bianchini 小组报道了使用邻甲基化二氢铱配合物作为催化剂（Ir-L）催化 2-甲基喹喔啉芳香烃不对称氢化反应（图 6-210）[311,318]，在 MeOH 中获得中等产率（54%）和优异的对映选择性（90%）。使用 ^{i}PrOH 作为溶剂得到最高产率（97%），但具有较低的对映选择性（73% ee）。这项工作代表了具有优异 ee 值（>90%）的杂环化合物的对映选择性氢化的第一个成功实例。同一组也使用［（R,R）-（BDPBzP）Ir-COD］OTf 配合物用于 2-甲基喹喔啉的氢化，产率为 41%，ee 值为 23%[347]。

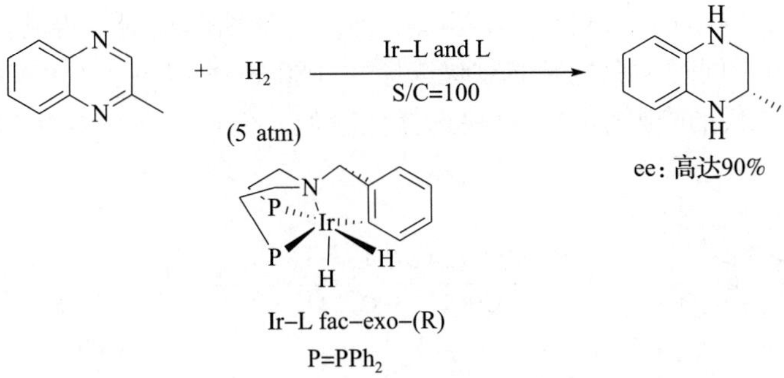

图 6-210 2-甲基喹喔啉芳香烃不对称氢化反应

Ohshima，Mashima 和 Ratovelomanana-Vidal 等描述了阳离子铱和 L 配合物催化的 2-烷基和 2-芳基取代的喹喔啉在高 ee 值（86%~95%）中不加碘的不对称氢化反应（图 6-211）[348]。选择阳离子双核三重卤素桥联的铱配合物带有氯化物而不是碘化物配体，促进对映选择性的显著改善。这种前所未有的卤化物依赖性与他们先前关于 2-取代喹啉盐不对称还原的研究，其中氯-和溴-铱催化剂比相应的碘铱催化剂有更好的催化性能[349]。

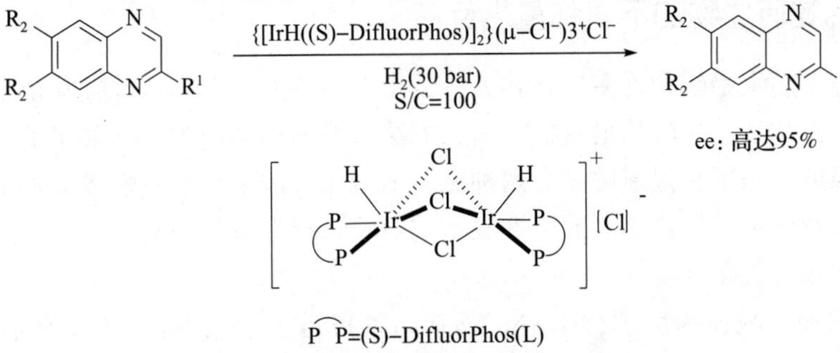

图 6-211 阳离子铱催化喹喔啉不对称氢化反应

2003 年，Henschke 及其同事描述了在 2-甲基喹喔啉的催化对映选择性加氢中使用多种相关的 RuCl₂ 配合物库，并测试了不同二膦和二胺组合的影响[350,351]。在 20 h 内获得中等对映选择性和优异的转化率，S/C 比率为 L1 和 L2 的组合对映选择性达到 73% ee 值（图 6-212）。

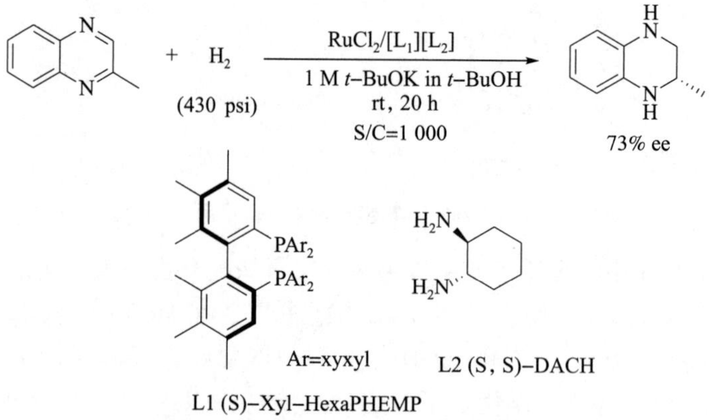

图 6-212　钌催化的喹喔啉对映选择性加氢反应

最近，Rueping 将有机催化转移氢化扩展到四氢喹喔啉的合成中[352]。在催化量的 BINOL 磷酸盐（R）-La 的帮助下活化 2-芳基喹喔啉，与汉斯酯反应，得到四氢喹喔啉，收率良好（73%~98%），同时具有优异的对映选择性（80%~98% ee）（图 6-213）。将这些反应条件应用于烷基取代的喹喔啉时，对映选择性较低。例如，获得具有 64% ee 值的 2-甲基四氢喹喔啉。

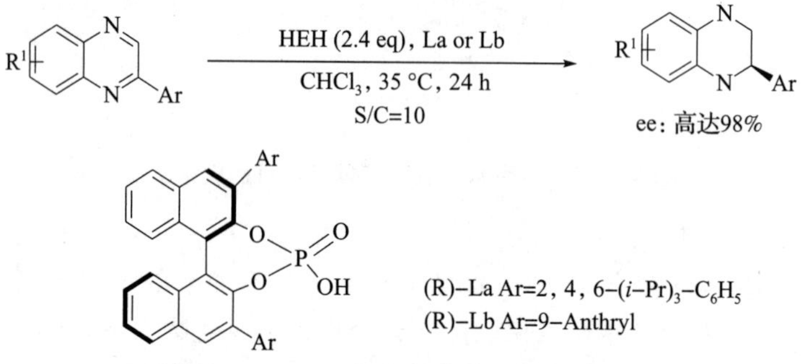

图 6-213　四氢喹喔啉的不对称合成

6.5.8　吡啶衍生物的不对称氢化反应

手性哌啶是天然生物碱和许多生物相关分子中普遍存在的亚结构。吡啶衍生物的不对称氢化无疑是获得光学活性哌啶的最直接有效的方法。然而到目前为止，关于吡啶衍生物的氢化仅有有限的报道。从所有报道中，有两种主要的氢化方法来获得手性哌啶：手性前体的非对映选择性氢化和用手性催化剂对前手性底物的对映选择性氢化。对于后者，催化剂可以是有机金属配合物或有机化合物。

使用手性噁唑烷酮作为助剂，Glorius 及其同事报道了使用 Pd(OH)₂ 和活性炭作为催化剂对 N-(2-吡啶基)-噁唑烷酮进行高效非对映选择性加氢（图 6-214）[353]。使用该催化体系在 100 atm 的氢化压力下，将一系列单取代或多取代的吡啶以高产率和优异的对映选择性氢化成哌啶。更重要的是，该反应有着高选择性手性转移和反应中手性助剂无损失的优点。实验表明，在这种转化中加入酸是必要的，它不仅激活吡啶进行氢化，而且还抑制产物哌啶使催化剂中毒。高非对映选择性归因于乙酸中吡啶鎓和噁唑烷酮部分之间的强氢键作用。

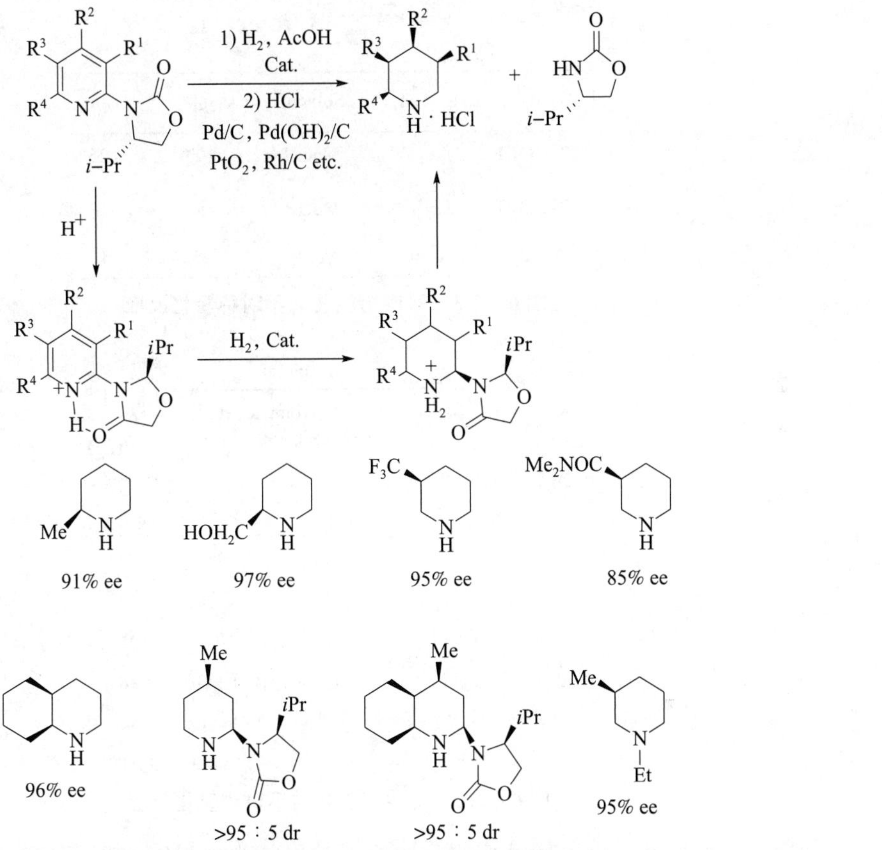

图 6-214 吡啶化合物非对映选择性加氢反应

2000 年，Studer 及其同事通过使用 Rh(NBD)$_2$BF$_4$ 和二膦作为催化剂研究了 2-或 3-取代吡啶衍生物的不对称氢化反应（图 6-215）[354]。为了提高对映选择性，对各种手性配体、溶剂和添加剂进行了筛选。然而，仅获得低对映选择性（高达 25%）。在该催化体系中，需要高 H$_2$ 压力（100 atm）、温度（60 ℃）和 5 mol% 催化剂负载以获得合理的转化率。

2005 年，Charette 及其同事通过使用活化的 N-苯甲酰基亚氨基吡啶鎓叶立德作为底物，开发了吡啶衍生物的不对称氢化[355]。对不同配体和其他反应条件的广泛筛选后实验表明，膦基噁唑啉的阳离子铱配合物用四 [3,5-双(三氟甲基苯基)硼酸盐](BAr$_F$) 作为抗衡离子，得到最高的对映选择性。使用催化量的碘对于获得高产率是至关重要的，这可能对 Ir 催化剂起到活化剂的作用，它非常适用于 2-取代的 N-苯甲酰基亚氨基吡啶叶立德的不对称氢化。在室温 27 atm 的 H$_2$ 下，获得 54%~90% ee 值的产物（图 6-216），得到的氢化加合物可以用兰尼镍或锂来裂解 N—N 键在氨中转化成相应的哌啶衍生物。

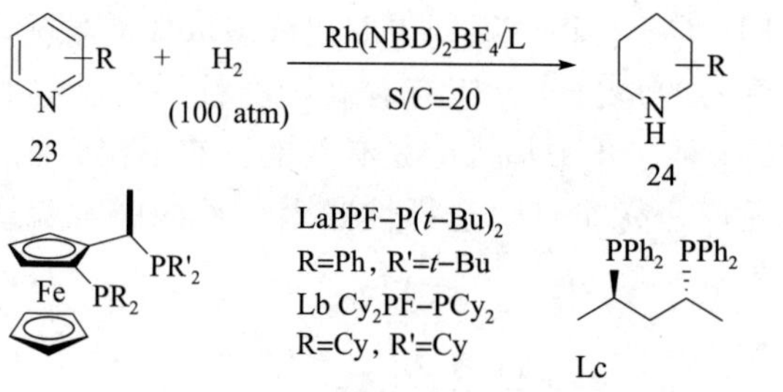

R
+
H_2
(100 atm)
$Rh(NBD)_2BF_4/L$
S/C=20
N
23
R
N
H
24
Fe
PR'_2
PR_2
LaPPF-P(t-Bu)$_2$
R=Ph, R'=t-Bu
Lb $Cy_2PF-PCy_2$
R=Cy, R'=Cy
PPh_2 PPh_2
Lc

R	Ligand	Solvent	Yield/%	ee/%
2–CO_2H	La	MeOH	100	25
3–CO_2H	Lb	MeOH	8	17
3–CO_2H	Lc	EtOH	45	17

图 6－215　吡啶衍生物的不对称氢化反应

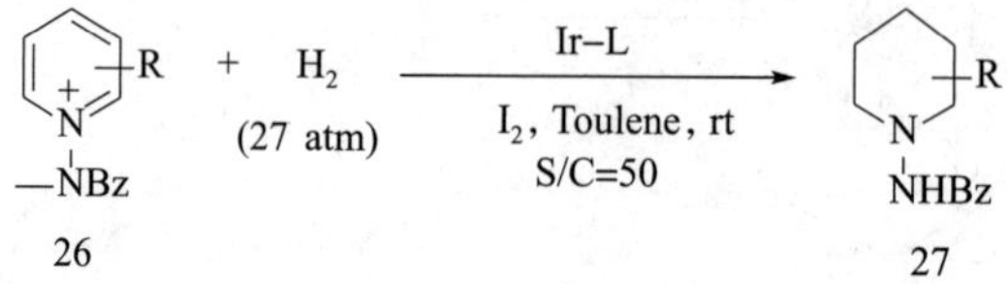

R
N
—NBz
26
+
H_2
(27 atm)
Ir–L
I_2, Toulene, rt
S/C=50
R
N
NHBz
27

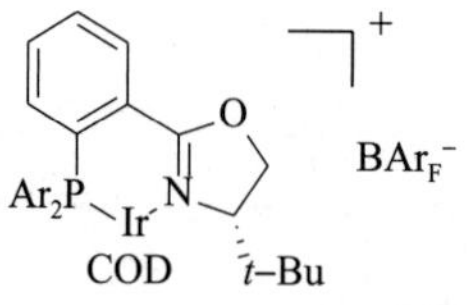

O
Ar_2P
Ir
N
COD
t–Bu
BAr_F^-
+

	R	ee/%
a	2–Me	90
b	2–n–Pr	84
c	2–Bn	58
d	2–$(CH_2)_3OBn$	88
e	2, 3–Me_2	54
f	2, 5–Me_2	86/84[a]

图 6－216　吡啶衍生物的不对称氢化反应

使用手性改性剂，可以使吡啶的非均相不对称氢化也得以实现[356－358]。1999 年，Studer 及其同事描述了从相应的吡啶开始制备手性哌啶的两步法（图 6－217）[356]：首先用 Pd/C 将该物质转化为 1,4,5,6-四氢衍生物；然后用 10,11-二氢辛可尼定改性的贵金属催化剂催化该中间体的氢化。然而即使对金属、载体、溶剂和改性剂浓度最优化之后，产率和对映选择性都很低。最后，使用手性改性的 Pd/C 催化剂，吡啶衍生物的氢化获得了显著的 24% ee 值。

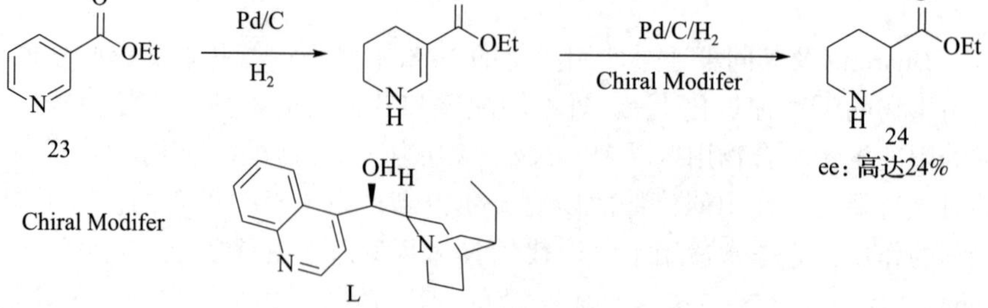

O
OEt
N
23
Pd/C
H_2
O
OEt
N
H
Pd/C/H_2
Chiral Modifer
O
OEt
N
H
24
ee: 高达24%
Chiral Modifer
OH
H
N
N
L

图 6－217　手性哌啶的合成

最近，Rueping 及其同事报道了第一例有机催化使用汉斯酯作为氢源的三取代吡啶的不对称转移氢化（图6-218）[359]。这种不对称转移氢化反应在于吡啶的3-位取代基的强吸电基团的存在。在还原7,8-二氢喹啉-5(6H)-酮中获得了优异的对映选择性（89%~92%）和中等至良好的产率（66%~84%）。对于2,6-二取代的3-甲腈吡啶（m-o），观察到 ee 值略微下降（84%~90%）。

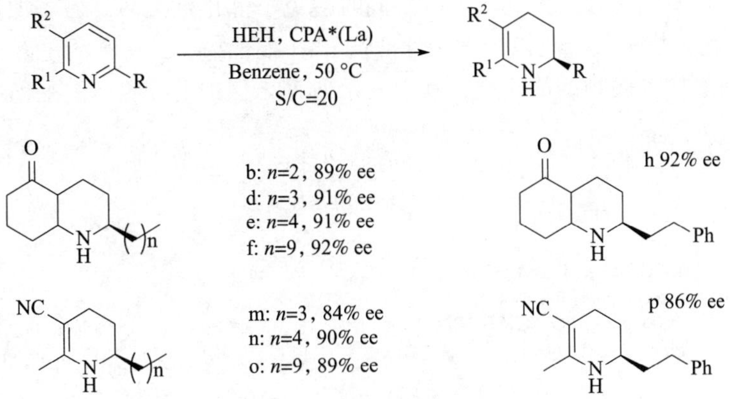

b: $n=2$, 89% ee
d: $n=3$, 91% ee
e: $n=4$, 91% ee
f: $n=9$, 92% ee

h 92% ee

m: $n=3$, 84% ee
n: $n=4$, 90% ee
o: $n=9$, 89% ee

p 86% ee

图6-218 三取代吡啶的不对称转移氢化反应

在图6-219中描述了所提出三取代吡啶的不对称转移氢化的机理。首先，通过质子化由布朗斯酸 L 活化吡啶并得到亚胺离子 A，其随后从汉斯酯进行氢化物转移生成中间体 B。通过布朗斯酸促进的 B 异构化形成亚胺离子 C。最终产物四氢吡啶通过第二次氢化物转移过程获得，其同时再次生布朗斯酸 L 用于下一催化循环[359]。

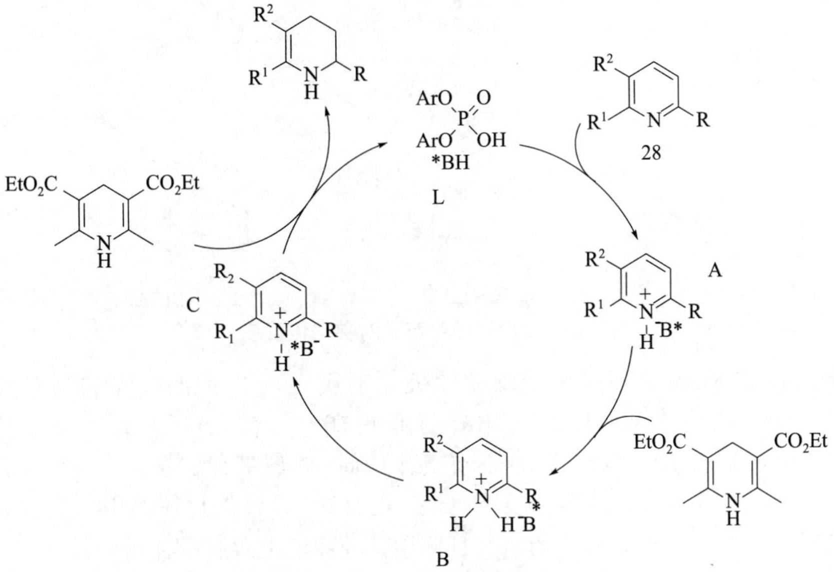

图6-219 吡啶的不对称转移氢化反应机理

6.5.9 吲哚衍生物的不对称氢化反应

易得的吲哚的不对称氢化提供了对手性二氢吲哚的简便途径，手性二氢吲哚是天然存在的生物碱和许多生物活性分子中普遍存在的基础结构单元。自从 2000 年第一次发现了吲哚与均相铑配合物的不对称氢化以来,其他一些钌、铱和钯催化剂连续被引入(图 6 - 220)。双膦配体是这些催化体系中常用的配体,还引入了其他类型的配体,如单齿亚磷酰胺和 P,N-配体。对于这些反应,采用了激活反应底物的策略。在大多数情况下,吲哚基质必须在氮原子上带有吸电子保护基团,例如 Ac、Ts 或 Boc,并且需要催化量的碱 Cs_2CO_3 或 Et_3N 作为添加剂。保护基团诱导底物参与反应,同时避免了催化剂失活。碱添加剂活化催化剂 s 使阳离子 RhH_2 配合物去质子化以产生中性活性 RhH 配合物。另一种活化策略是开发化学计算量的强布朗斯酸作为底物的活化剂,其中一系列 N 未保护的吲哚也能平稳地被氢化。

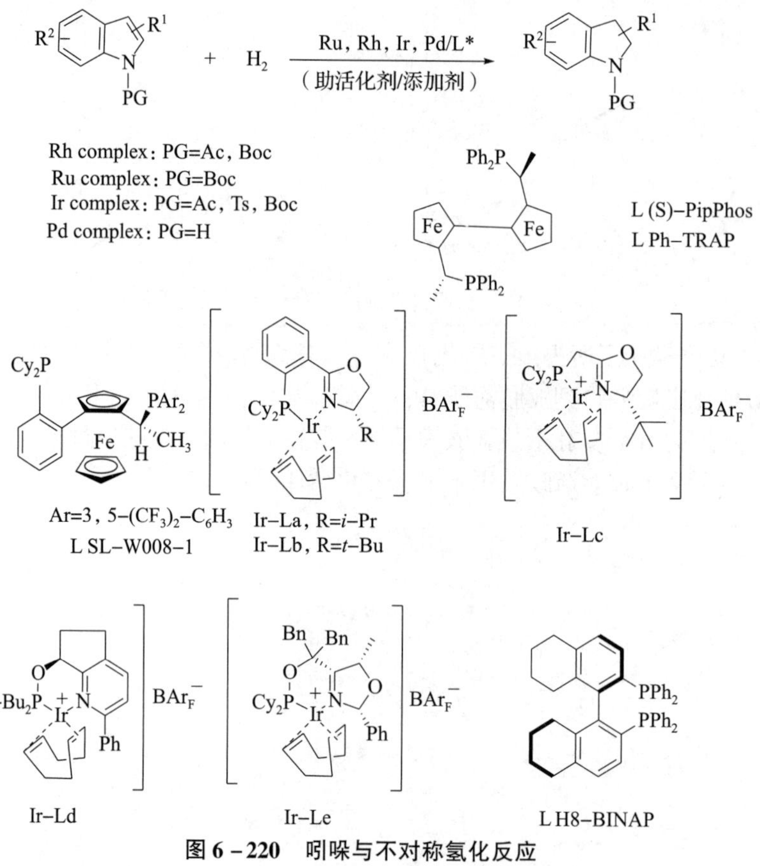

图 6 - 220 吲哚与不对称氢化反应

2000 年,Ito 和 Kuwano 等人使用均相铑催化剂实现 N-保护的吲哚的高对映选择性氢化[360]。使用 [$Rh(nbd)_2$]SbF_6 和 Ph - TRAP(L) 在 60 ℃,50 atm 的 H_2 的条件下,在 ^{i}PrOH 中进行反应,10 mol% 的碱 Cs_2CO_3 或 Et_3N 作为添加剂。2-位带有烷基、芳香基或酯基的 N-乙酰基吲哚被氢化,并获得高达 95% 的 ee (图 6 - 221)。在该催化体系中,反式螯合双膦配体 L 对于高对映选择性是至关重要的,并且使用其他商业上双膦配体得到外消旋产物。实验发现碱添加剂是对反应性和对映选择性影响的另一个关键因素。

2006 年,Kuwano 采用 Ru 和 Ph - TRAP(L) 催化剂实现各种 N - Boc 保护的吲哚的不对称氢化[361]。在早期的工作中,研究了各种金属前体,包括铑、铱和钌。铑催化剂显示出高活性但具有较低的对映选择性。铱催化剂具有低转化率和对映选择性。相反,[$RuCl_2$-(对甲基异丙基)]$_2$,[$RuCl_2$(苯)]$_2$ 或 Ru(η^3-2-甲基烯丙基)-2-(COD) 作为前体的钌催化剂均具

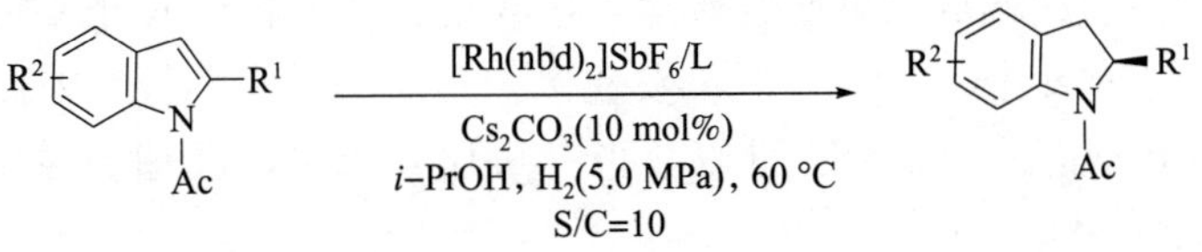

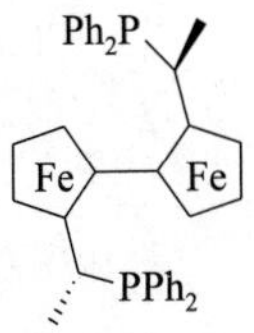

	R^1	R^2	ee/%
a	*n*-Bu	H	94
b	*i*-Bu	H	91
c	Ph	H	87
d	CO_2Me	H	95
e	*n*-Bu	5-Me	94
f	*n*-Bu	5-CF_3	92
g	*n*-Bu	6-CF_3	92
h	n-Bu	6-MeO	94

图 6－221　铑催化吲哚的高对映选择性氢化反应

有高活性和对映选择性。预制 Ru 催化剂，其催化活性和对映选择性与原位生成的催化剂具有相同的催化活性和对映选择性。以 Ru 为催化剂，一系列 N-Boc 保护的 2-取代吲哚和 3-取代吲哚被氢化，得到优异的对映选择性的相应二氢吲哚（图 6－222，85%～95% ee）[361]。有趣的是，这两种取代吲哚的对映选择性是相反的。该催化体系也适用于 N－Boc-2,3-二甲基吲哚（3k），产物是顺式-2,3-二甲基二氢吲哚（k），产率 50%，65% ee 值。当使用原位生成的 Ph－TRAP－Ru 催化剂时，对映选择性提高到 72%。

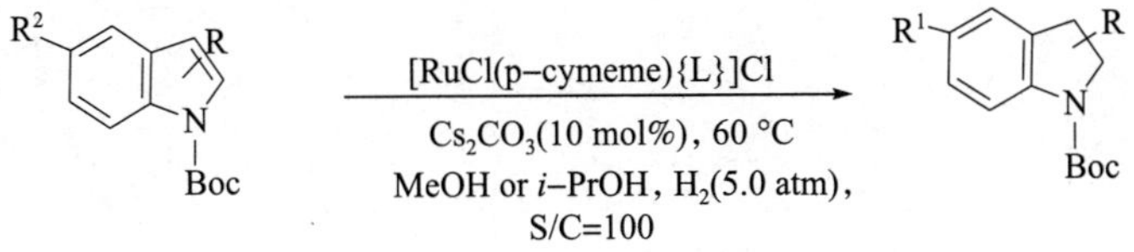

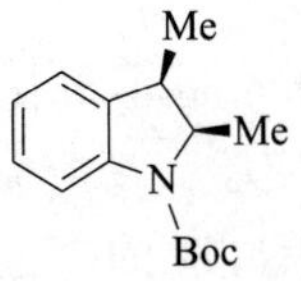

k 72% ee

Ru(η^3-2-methylallyl)$_2$(cod)
as metal precursor

	R	R^1	ee/%
a	2-Me	H	95
b	2-Me	MeO	91
c	2-Me	F	90
d	2-*n*-Bu	H	92
e	2-Cy	H	87
f	2-Ph	H	95
g	2-p-FPh	H	93
h	2-CO_2Me	H	90
i	3-Me	H	87
j	3-Ph	H	94

图 6－222　吲哚的不对称氢化

尽管铱配合物广泛应用于芳香族化合物的不对称氢化，直到 2010 年才由 Pfaltz 及其同事使用一系列 P，N-配体实现吲哚的不对称氢化（图 6－223）[327,362－364]。最初，Pfaltz 及其同事开始对无保护的 2-甲基和 2-苯基吲哚进行不对称氢化。结果表明，这类底物具有中等活性和极低的对映选择性。氮原子甲基化后，转化率提高，但牺牲了对映选择性。添加各种添加剂（包括碱）得到更糟糕的结果。然后他们将注意力转向各种 N-保护的吲哚，用铑和钌催化剂成功将这些吲哚氢化[360,361,365-368]，发现保护基团影响了活性和对映选择性；通过保护基团和手性铱催化剂的适当组合，可以获得一系列 2-或 3-取代吲哚的完全转化率和优异的对映体过量（最高 >99% ee 值）[364]。

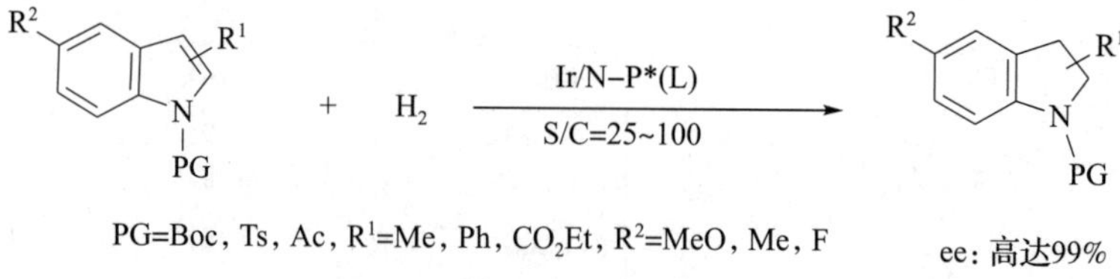

$$\text{indole} + H_2 \xrightarrow[S/C=25\sim100]{Ir/N-P^*(L)} \text{indoline}$$

PG=Boc, Ts, Ac, R^1=Me, Ph, CO_2Et, R^2=MeO, Me, F   ee: 高达99%

图 6 – 223　铱配合物催化的芳香族化合物的不对称氢化反应

在过去几年中，均相钯催化剂已成功应用于亚胺、酮和烯烃的不对称氢化[369-383]。2010 年，这些催化剂也成功应用于杂环化合物的不对称氢化中，Zhou 使用化学计算量的强布朗斯酸作为活化剂，将一系列未保护的吲哚氢化成相应的二氢吲哚。这是第一个未保护吲哚不对称氢化的成功实例，获得了高达 96% 的 ee 值。众所周知，简单吲哚的碳碳双键可以在 3 位被强烈的布朗斯酸质子化并原位形成活性亚胺盐中间体，其芳香性被部分破坏并易于被氢化（图 6 – 224）[385,386]。均相钯催化剂对亚胺的不对称氢化是有效的，它还可以耐受强酸，并且被发现是这种转化的合适催化剂。Pd(OCOCF$_3$)$_2$ 与各种轴向手性双膦配体的配合物表现出优异的性能，并且(R) – H8 – BINAP(L)被证明是对映选择性和反应性方面的最佳选择[384]。反应在二氯甲烷和三氟乙醇的混合溶剂中进行，其中 L-樟脑磺酸（L-CSA）作为活化剂。

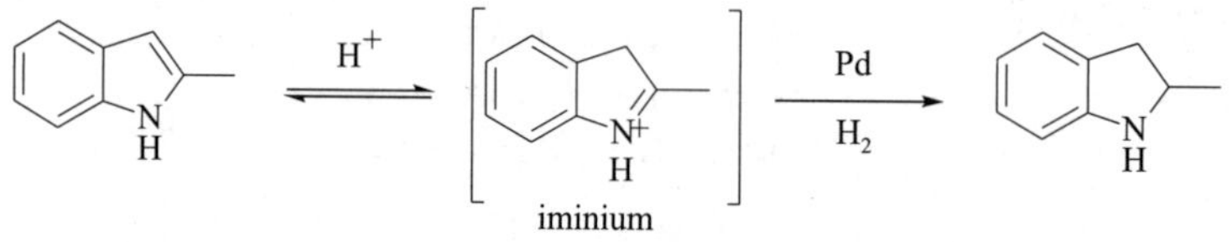

图 6 – 224　钯催化的吲哚不对称氢化

在最佳条件下，将各种 2-取代的吲哚以高产率和 84%～96% ee 值氢化成相应的二氢吲哚（图 6 – 225）。为了探测机理信息，进行了两个同位素标记实验。反应分别在氢气的 TFE 与氘的 TFE 中进行。对于前一种情况，两个氘原子被引入二氢吲哚的 3 位，这表明存在质子化和去质子化的可逆过程并且平衡比氢化更快。在后一种情况下获得具有 92% 的 2-氘基-2-甲基二氢吲哚，表明吲哚通过由布朗斯酸活化的亚胺中间体氢化，并且吲哚在不存在酸的情况下不能被氢化（图 6 – 226）[384]。

6.5.10　吡咯衍生物的不对称氢化反应

2001 年，Tungler 及其同事开发了用 95% ee 值手性助剂改性的吡咯的非均相不对称氢化（图 6 – 227）[387]。尽管如此，直到最近用钌和钯催化剂才实现了均相对映选择性形式转化。

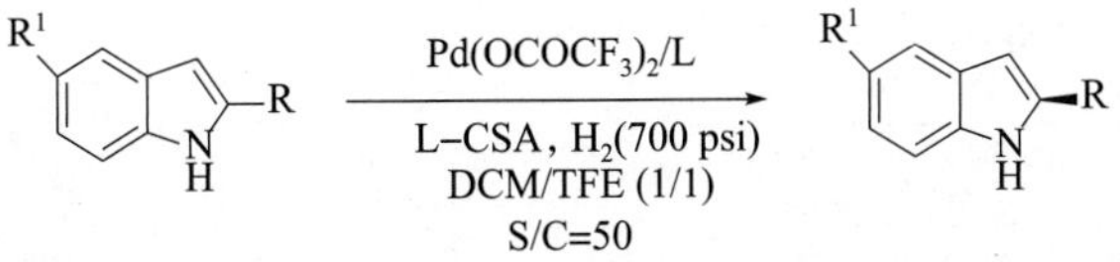

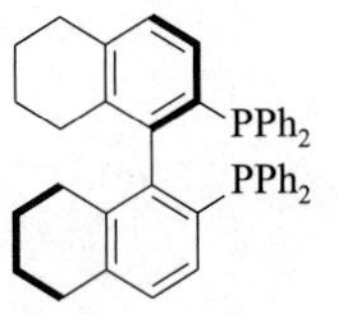

	R	R^1	ee/%
a	Me	H	91
b	n-Bu	H	93
c	n-Pentyl	H	92
d	Cy	H	95
e	c-Pentyl	H	95
f	Bn	H	95
g	Me	F	88
h	Me	Me	84
i	2-MeC$_6$H$_4$CH$_2$	H	94
j	3-MeC$_6$H$_4$CH$_2$	H	94
k	3-MeC$_6$H$_4$CH$_2$	H	93
l	4-MeC$_6$H$_4$CH$_2$	H	96
m	Phenethyl	H	93

图 6-225 吲哚的不对称氢化反应

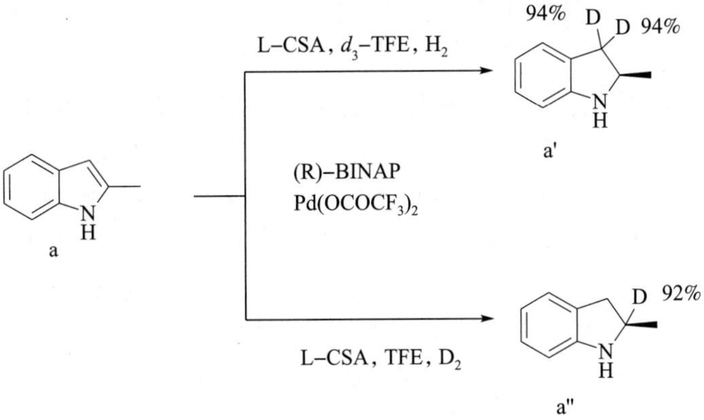

图 6-226 吲哚的不对称氢化反应

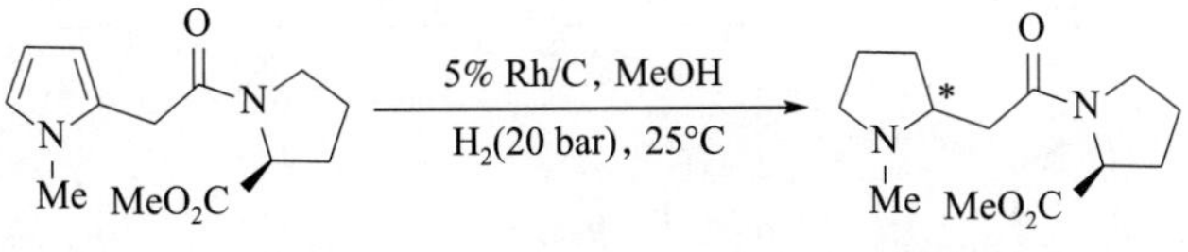

图 6-227 铑催化的不对称氢化反应

Kuwano 及其同事在 2008 年报道了吡咯催化不对称氢化的开创性工作[388]。他们用手性钌配合物开发了高度对映选择性氢化 N-Boc 保护的 2,3,5-三取代吡咯。他们从甲基吡咯-2-羧酸酯（44a）的不对称氢化开始，使用先前报道的 N-Boc 吲哚催化体系，其中手性钌催化剂（1%）由 Ru(η^3-methallyl)$_2$ 原位生成(S,S)-(R,R)-Ph-TRAP(L)[361]。反应能够进行，得到所需产物 S-N-Boc-脯氨酸甲酯（a），其具有 73% ee 值。为了获得高对映选择性，筛选了碱添加剂以及配体的效果，但没有令人满意的结果。考虑到 2,3,5-三取代的 N-Boc 保护的吡咯和 2-取代的 N-Boc-吲哚的相似性，他们将注意力集中在吡咯底物上。在这些情况下，无论底物的取代基如何，分别得到手性吡咯烷或 4,5-二氢吡咯（图 6-228）[388]。

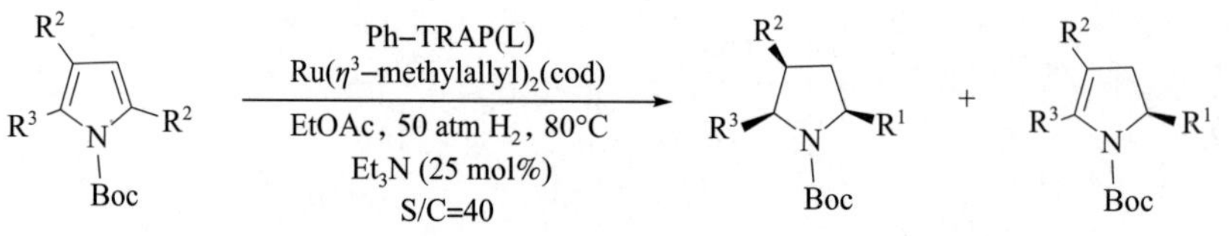

图 6-228 吡咯不对称氢化反应

	R^1	R^2	R^3	45/46	ee/%	
b	Me	Me	CO_2Me	54/46	11(b)	75(b)
c	Me	CO_2Me	Me	98/02	74(c)	43(c)
d	CO_2Me	Me	Me	100/0	96(d)	—
e	Me	$-(CH_2)_4-$	$-(CH_2)_4-$	16/84	91(e)	95(e)
f	Ph	Me	n-Pr	100/0	93(f)	—
g	Ph	Ph	Ph	0/100	—	99.7(g)
h	4-F-C_6H_4	Ph	Ph	0/100	—	99.3(h)
i	4-MeO-C_6H_4	Ph	Ph	0/100	—	98(i)
j	Ph	Ph	4-F-C_6H_4	0/100	—	99.6(j)
k	Ph	Ph	4-MeO-C_6H_4	0/100	—	99.2(k)

手性 1-吡咯啉和相关化合物是许多生物活性化合物中普遍存在的结构单元，其合成在过去几十年中备受关注。其中，简单吡咯的不对称氢化为这些分子提供了最直接的途径。2011年，Zhou 和同事使用钯、双膦配合物和强布朗斯酸作为活化剂，第一次实现不受保护的 2,5-二取代吡咯的不对称氢化，得到了部分氢化产物 1-吡咯，最高达 92% ee 值（图 6-229）[389]。

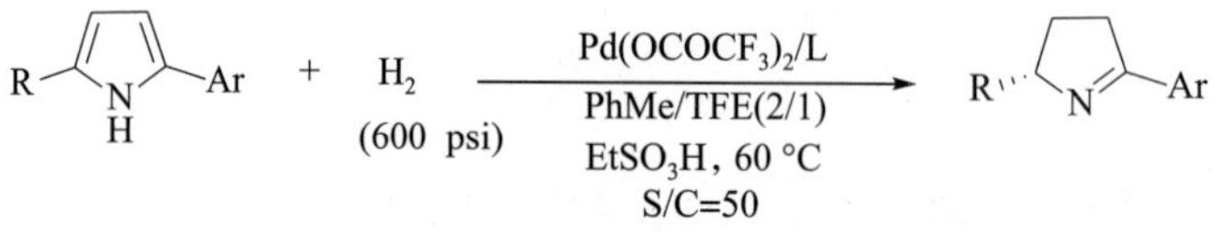

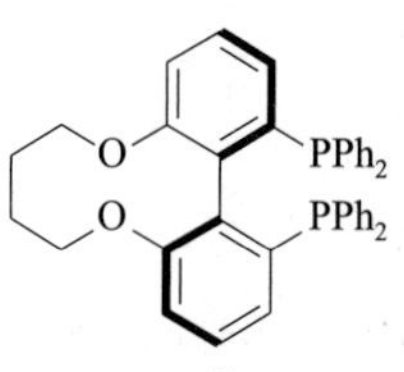

L
C4-TunePhos

	R	Ar	ee/%
a	Me	Ph	92
b	Et	Ph	80
c	n-Pr	Ph	81
d	n-Pentyl	Ph	85
e	i-Bu	Ph	86
f	$CyCH_2$	Ph	86
g	Bn	4-MeC$_6H_4$	80
h	Me	3-MeC$_6H_4$	81
i	Me	2-MeC$_6H_4$	84
j	Me	4-CFC$_6H_4$	85
k	Me	4-FC$_6H_4$	89
l	Me	3,5-FC$_6H_3$	86
m	Me	1-Naphtyl	88
n	Me		90

图 6-229 吡咯的不对称氢化

考虑到吲哚和吡咯的相似性，两者都是富电子芳烃并且可以被布朗斯酸质子化，本小结采用先前的氢化策略[384,390,391]。当2-甲基-5-苯基吡咯作为模型底物，而意外的部分氢化的5-甲基-2-苯基-1-吡咯啉作为唯一产物并且没有完全氢化。在当前催化体系下以80%~92% ee值获得一系列对映体富集的5-烷基-2-芳基-1-吡咯啉[389]。

6.5.11 咪唑的不对称氢化反应

含有两个或更多个杂原子的五元杂环的催化不对称氢化长期以来一直是未解决的问题。最近，Kuwano及其同事报道了首次成功催化不对称氢化咪唑成光学活性的咪唑啉的工作[392,393]。最初，就其与2,3,5-三取代的N-Boc-吡咯的结构相似性，选择N-Boc-4,5-二甲基-2-苯基咪唑作为靶分子。令人沮丧的是，后者在氢化条件下没有发生反应。当在5位没有取代基的N-Boc-4-甲基-2-苯基咪唑（a）用Ru和L催化剂进行氢化时，N得到具有97% ee值的Boc-咪唑啉（S）a，未检测到过氢化产物（图6-230）[394]。

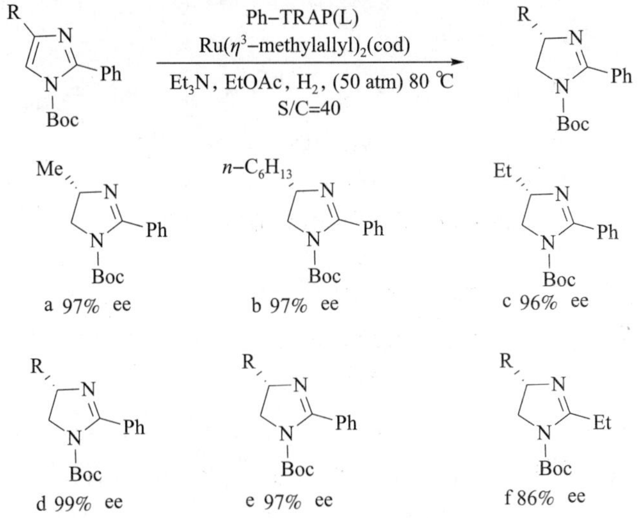

图6-230 咪唑的不对称氢化反应

将具有不同电子和空间性质的一系列烷基取代的N-Boc-咪唑氢化成相应的咪唑啉，具有优异的对映选择性（图6-71，高达99% ee值）[394]。值得注意的是，2,4-二芳基咪唑被转化为产率低于15%，用2-位乙基取代基（f）导致活性和对映选择性降低（86% ee值，45%转化率）。

6.5.12 噁唑的不对称氢化反应

噁唑代表另一种含有两个不同杂原子的五元芳族化合物，由Kuwano组开发了有效的催化噁唑氢化体系。用Ru(η^3-甲代烯丙基)$_2$(cod)、(R,R)-(S,S)-Ph-TRAP(L)配合物氢化2,4-和2,5-二取代的噁唑，得到具有高至优异ee值的产物[394]。在某些情况下，添加额外的碱N,N,NO,NO-四甲基胍（TMG）作为添加剂对于快速转化是必需的。

对于4-取代的2-苯基噁唑（a~h），反应条件的变化不影响立体选择性，但溶剂影响钌配合物的催化活性，并且发现异丁醇是最佳选择（图6-231）[394]。TMG对于缺电子和4-烷基化底物的快速转化也是必需的。4-羧酸取代的底物（g）也可以被氢化，但具有中等的50% ee值。对于5-取代的2-苯基噁唑（i），不需要添加TMG，在这些情况下，就对映选择性而言，发现甲苯是最好的溶剂（图6-232）[394]。吸电子取代的底物需要长时间的反应时间，但对映选择性没有明显降低。5-C上的烷基取代基的大小影响对映选择性和活性，叔丁基由于位阻原因阻碍反应。与4-取代的底物的氢化相反，在这种情况下，2-甲基取代的底物（1）导致产物的产率低，而对映选择性不受影响（36%产率，96%ee）。

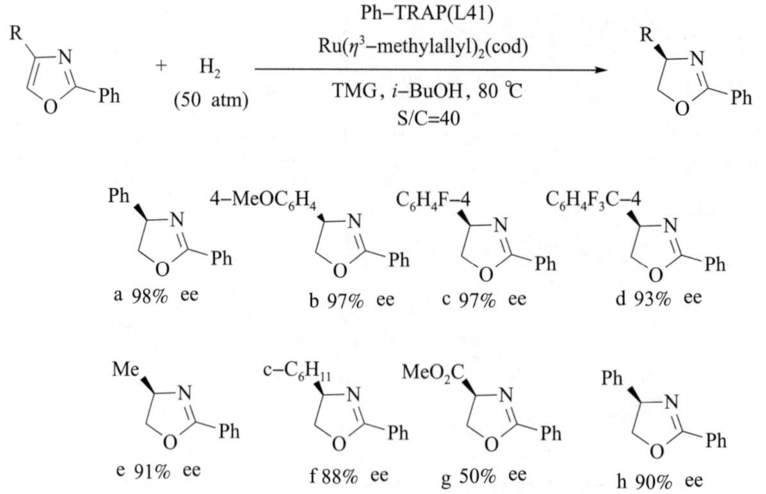

图6-231 钌配合物催化的噁唑氢化反应

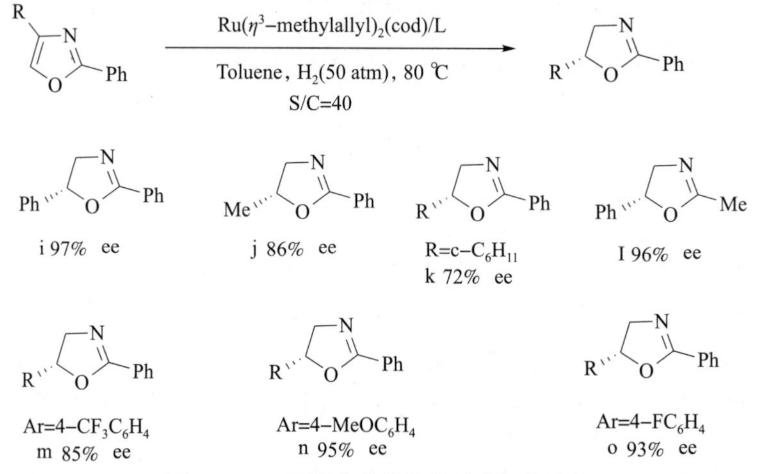

图6-232 钌配合物催化的噁唑氢化反应

6.5.13 呋喃衍生物的不对称氢化反应

迄今为止，手性铱配合物已成功引入呋喃的不对称氢化中，且具有优异的对映选择性；同时，还对钌和铑催化剂进行了扩展，最近还开发了非对映选择性和非均相催化呋喃加氢反应。

1995年，Polyak及其同事报道了镍催化，在H_2存在下，手性2-(2-呋喃基)-3,4-二甲基-5-苯基噁唑烷的非对映选择性氢化反应（图6-233）。在优化的条件下，发生呋喃环的氢化，得到40%~80%的非对映选择性产物。

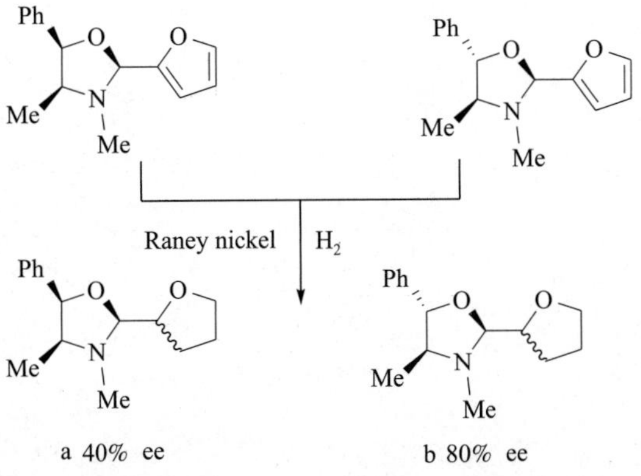

图 6-233 镍催化呋喃衍生物的不对称氢化反应

Takaya 及其同事首次使用配合物 $Ru_2Cl_4-[(R)-BINAP]_2(NEt_3)$ 作为催化剂报道了 2-甲基呋喃（a）的不对称氢化[317]。为确保完全转化，反应在 70 ℃，100 atm 的 H_2 下进行，得到产物 2-甲基四氢呋喃 a，50% ee 值（图 6-234）。

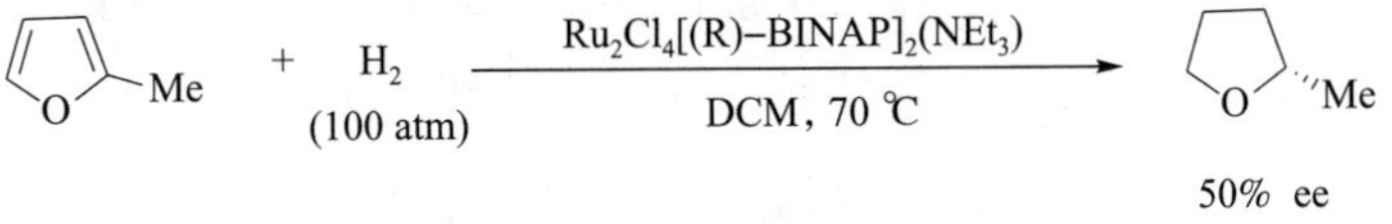

图 6-234 钌催化的呋喃的不对称氢化

除了研究吡啶衍生物的氢化外，Studer 及其同事还研究了 2-取代呋喃的不对称氢化[354]。筛选了铑和不同的双齿二膦配体，但获得了低对映选择性（7%~24% ee）。值得注意的是，所有反应均使用 5 mol% 催化剂在 60 ℃，100 atm H_2 下进行（图 6-235）。

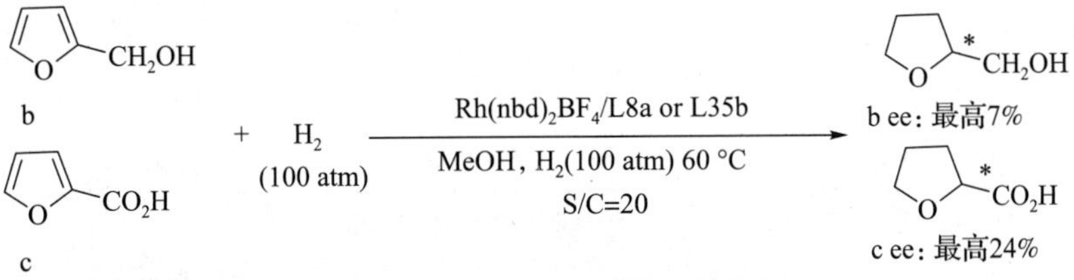

图 6-235 2-取代呋喃的不对称氢化反应

基于 P，N-配体的手性铱配合物通常用于未官能化的烯烃的氢化。Pfaltz 及其同事发现吡啶亚膦酸盐连接的铱配合物（以 BAr_F 作为抗衡离子）具有庞大的富电子 $(t-Bu)_2P$ 基团，对于简单的呋喃和苯并呋喃的不对称氢化是有效的[395]。铱配合物 Ir-Ld 和 Ir-Lf 被证明是这两种取代的呋喃和苯并呋喃的不对称氢化的最有效催化剂，得到相应的手性四氢呋喃和二氢苯并呋喃，具有 78%~93% ee 值和 92>99% ee 值，反应分别在 40 ℃ 或 50 ℃，100 atm 的 H_2 条件下进行（图 6-236）。磷原子上的取代基对反应活性和对映选择性具有重要影响，通过环己基取代叔丁基降低了转化率和对映选择性。

多相催化剂也用于呋喃的不对称氢化。2003 年，Baiker 及其同事利用辛可尼定改性的 Pd 和 Al_2O 催化剂进行呋喃和苯并呋喃羧酸的对映选择性铱配合物（图 6-237）[396]。在室温和 30 atm 的 H_2 下，这种非均相催化剂在 2-丙醇可以氢化呋喃羧酸得到 22% 收率的四氢呋

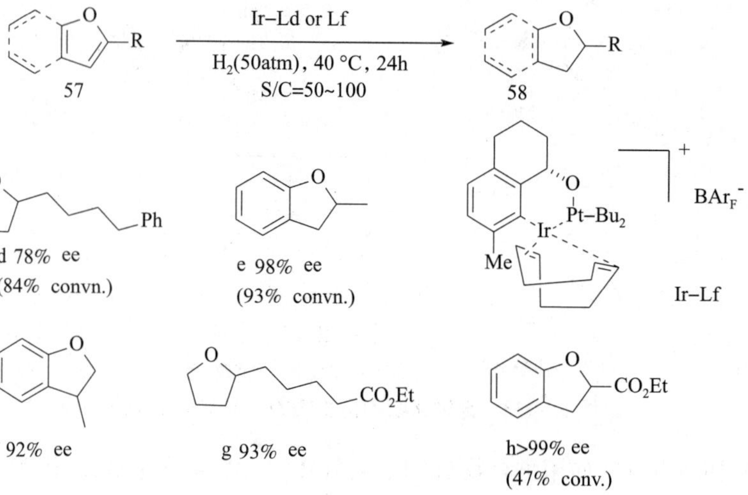

图 6-236 铱配合物催化的呋喃不对称氢化反应

喃-2-羧酸和 36% ee 值。如果反应在甲苯中进行，则得到四氢呋喃-2-羧酸，收率 95%，32% ee 值。苯并呋喃-2-羧酸的氢化，在 29% 转化率下获得 50% ee 值。

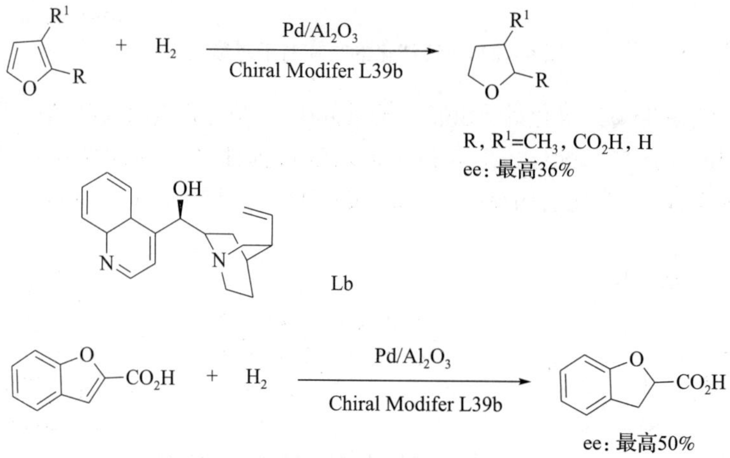

图 6-237 呋喃的不对称氢化反应

6.6 点击化学

无论是在化学、生物学还是表面科学上，通常需要将两个分子碎片结合在一起。Sharpless 强调利用一种快速、可靠且通用的反应-点击化学（Click Chemistry）在室温下达到高产率与高通用性的目的。CuI 催化叠氮化合物与炔烃的区域性环加成反应已经被证明可广泛应用于将分子固定在材料表面、药物发现以及蛋白质化学等领域[394-398]。

本节将重点介绍金属催化的叠氮化物-炔烃环加成（MAAC）的机理方面和最新趋势，即所谓的基于各种金属（Cu，Ru，Ag，Au，Ir，Ni，Zn，Ln）的催化剂点击反应，尽管 Cu（Ⅰ）催化剂仍然是最常用的催化剂。这些 MAAC 反应是迄今为止与绿色化学概念相关的最常见的点击反应。最初由 FokinSharpless 和 Meldal 组于 2002 年与 Cu(Ⅰ) 共同开发，然后由 Fokin 组于 2005 年扩展到 Ru(Ⅱ) 催化剂，最后扩展到许多其他金属催化剂。

Kolb，Finn 和 Sharpless 在 2001 年提出的点击化学概念彻底改变了分子工程，包括有机和药物化学，聚合物科学和材料科学[399-411]。在相应该概念要求的各种点击反应中，最常用的是终端炔烃和叠氮化物（CuAAC）之间的铜（Ⅰ）催化反应，选择性地得到 1,4-二取代的 1,2,3-三唑，这是 Sharpless–Fokin 和梅尔达尔组在 2002 年独立报道的[412,413]。这种反应是 1,3 偶极环加成的催化形式，在前几十年中已知为已经在 19 世纪首次公开的 Huisgen 反应。Cu(Ⅰ) 催化的点击反应的优点是：①它是区域选择性的，而非催化的 Huisgen 反应缺乏区域选择性，产生 1,4-和 1,5-二取代异构体；②它进行在温度低于非催化反应的条件下；③它可以满足绿色化学的要求，只要它可以在水性或醇性介质中发生；④Sharpless 和 Fokin 报道的催化剂简单而廉价；它由 $CuSO_4 \cdot 5H_2O$ + 抗坏血酸钠组成，后一种试剂可以很好地将 Cu(Ⅱ) 还原成 Cu(Ⅰ)，但不能还原 Cu(0)。唯一的缺点是需要大量这种缓慢的催化剂混合物。实际上，各种氮配体加速了点击反应的 Cu(Ⅰ) 催化作用并允许使用 1% 的 Cu(Ⅰ) 催化剂[414]。最近 Wang 组报道了仅在水中使用可循环使用的树枝状纳米反应器，使用 $CuSO_4 \cdot 5H_2O$ + 抗坏血酸钠催化剂可以将 Cu(Ⅰ) 量降低至 1 ppm 或仅仅几 ppm，并可应用于生物医学靶标[415]。二取代的炔烃不能用于 CuAAC 反应，因为在该反应中必须使末端炔烃去质子化以得到 Cu（炔基）中间体物质。然而，对于五甲基环戊二烯基–钌催化剂，Fokin 组显示另一种异构体，即 1,5-二取代的三唑在 RuAAC 反应中区域选择性地形成，甚至根据不同的机理[416]。钌催化剂是通用的，因为其他钌催化剂通过关键的钌–乙炔化物与末端炔烃反应生成 1,4-二取代的三唑。自早期报道以来，已经将过渡金属催化剂用于单或二取代的炔烃和叠氮化物之间的反应。对于 Cu(Ⅰ) 催化反应，已经提出了涉及 Cu(Ⅰ)–芳基中间体的各种机理，其中关键步骤物质包含单核或双核铜物种，还报道了 RuAAC 反应的理论研究[417-419]。鉴于这种机械变化和用于 MAAC 反应的大量过渡金属催化剂（M = 过渡金属），通过回顾文献中的知识状态，对 MAAC 进行理论计算来解决机械问题是必要和及时的，并将这些反应结果与文献中报道的结果进行了比较。

6.6.1 金属铜催化的点击反应

在不到 10 年的时间里，有超过 2000 种出版物，CuAAC 反应非常出色，无疑是有机合成和 Cu(Ⅰ) 催化的突破。尽管大量的 Cu(Ⅰ) 催化剂可有效催化该反应，但传统的 Sharp-less–Fokin 催化剂（$CuSO_4$/抗坏血酸钠）是迄今为止最常用的催化剂[412,413]。催化剂用量大，反应速度慢，反应后难以除去铜，有时在氯化物、溴化物和碘化物存在下对速率和产率有不利影响。例如，观察到 2-叠氮基吡啶的 CuAAC 效率低[420]。因此，使用实验策略如添加离子液体（ILs），简单的加热，超声波辅助以及超声波和 ILs 的组合来加速反应速率[421-424]。

关于 Cu(Ⅰ)(X) 催化剂中 X 配体的优化，Zhang 等人比较了 Cu(Ⅰ) 源（CuCl，CuBr，CuI，$CuSO_4 \cdot 5H_2O$，NaAsc 和 $[(CuOAc)_2]_n$）催化 6 个四唑并 [1,5-a] 吡啶的 CuAAC 反应合成 1-(吡啶-2-基)-1,2,3-三唑，结果表明乙酸铜 (I) 是最有效的催化剂[425,426]。氮（L）配体如胺、吡啶和三唑，特别是三齿配体能够加速 CuAAC 反应[414,427]。Nolans group 报道的 N-杂环卡宾（NHC）是优异的配体，为 CuAAC 反应提供高反应速率和产率。有趣的是，内部炔烃也被成功使用，这表明涉及的机制不同于铜–乙炔化物中间体[428]。即使使用空间位阻叠氮化物和炔烃，Bertrand 的中离子卡宾也是有效的[429,430]。使用配体和 Cu(I) 催化剂，已经使用了多种溶剂，并且该反应与含水溶剂相容。

注意相对于没有金属催化剂观察到的纯热环加成反应加速了 AAC 反应的速率，Sharples 及其同事提出涉及单核铜-炔化中间逐步机构基于 DFT 研究（图 6-238 的顶部）[431]。但是在后一项研究中 Fokin 和 Finn 也指出可能有两个铜中心参与了循环，其下述详细的动力学研究证实了这种可能性，过渡态双金属铜（I）中间体[432,433]。在同一组中进行的后续 DFT 计算通过显示炔单元与第二金属中心（图 6-238 的底部）的络合作用将活化能屏障降低 4~6 kcal/mol，取决于 CuB 原子上配体的性质[434]。α-炔基-Cu(I) 物质的复合效应通过降低 sp 碳原子上的电子密度来增强炔基配体的反应性，从而促进叠氮化物攻击。实际上，炔烃与 CuB 的 α2 配位模式非常扭曲并且取决于配体性质。伴随着 DFT 对 Fokin 及其同事双核过程的研究，Straub 发表了一项关于铜乙炔化合物的计算研究，显示出相同的趋势，即二核和四核物种在 CuAAC 反应中表现出比单核核反应更高的反应性[434,435]。根据该研究，补充铜原子的络合降低了 Cu=C=C 双键特征，因此降低了金属环中间体中的环应变。在之前的工作之后，Straub 的研究小组最近还推出了第一种分子铜炔化物配合物，该配合物在 CuAAC 中具有高活性，即使在 -5 ℃ 时也添加了乙酸[436]。"点击"反应性与不同于双核中间体的乙炔铜属物种的聚集之间的关系有助于该反应的机理解释。实际上，与铜物种结合的乙炔配体的配合物可能是这种非酸性的点击反应混合物中催化剂的静止状态[437]。

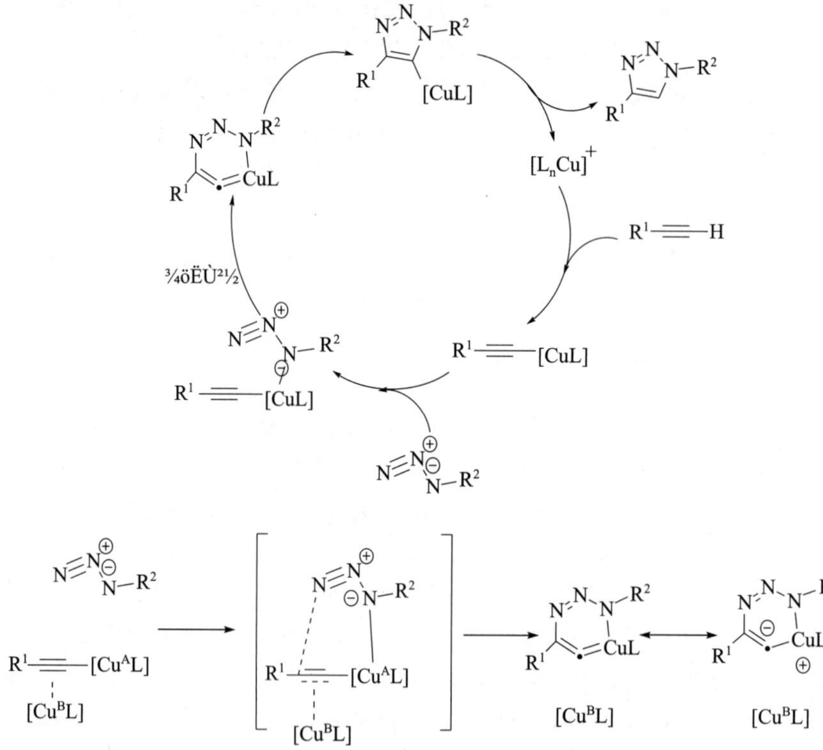

图 6-238　金属铜催化反应的机理

在这些开创性的计算工作之后，对 CuAAC 反应进行了几次理论机械研究，考虑了各种铜系统，其中大多数是多核的，并且基本上导致了类似的定性结论[438]。最近的一项调查指出，该机制的协同与逐步性质的可能性取决于配体性质。Fokin组最近的实验机理研究明确证明了双核铜中间体参与CuAAC反应，其中Cu（Ⅰ）（芳基）配合物和［Cu（Ⅰ）（MeCN）$_4$］的混合物被使用（图6-239）。他们的研究表明，除了存在外源铜催化剂外，单体铜乙炔配合物对有机叠氮化物不起反应。此外，通过飞行质谱（TOF-MS）直接注入用同位素富集的外源铜源进行交叉实验表明，在环加成过程中涉及两个铜中心，产生1,4-取代1,2,3-三唑。这种机制最近也得到了ESI-MS的证实，它采用了中性反应物的方法和Ange-lis组的策略的混合物，该策略涉及离子标记，并对推定的双核铜中间体进行了表征[439]。

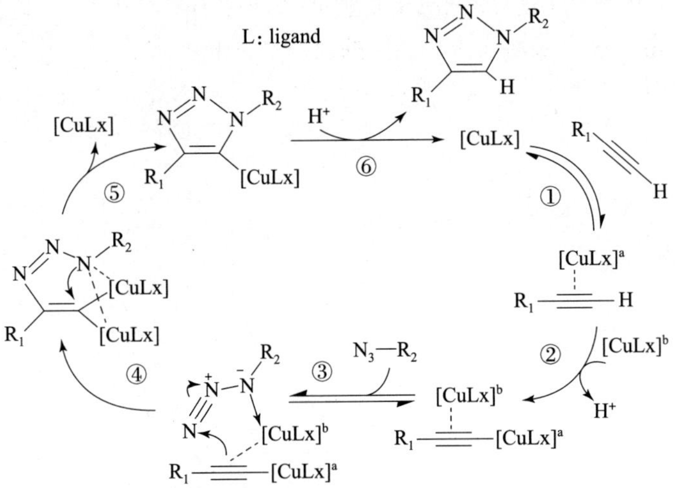

图6-239 双核铜中间体参与的CuAAC反应

CuAAC反应也很好地与单核机制一起工作，如有效的枝状内催化所示，由于明显的空间原因，它不能在活性位点容纳两种金属。位于树枝状聚合物核心或由位于树枝状聚合物系链上的三唑配体活化的Cu催化中心进行的内部树枝状催化是如此有效，以至于有时低至ppm的Cu量足以在环境温度下催化水中的CuAAC反应。在活性Cu（Ⅰ）催化剂的情况下，在配体周围构建树枝状聚合物，在金属树枝状聚合物核上具有Cu，强调单金属机理。在这种情况下，基于DFT计算的建议机制涉及如图6-240所示中间体。

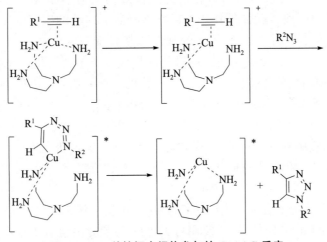

图6-240 单核铜中间体参与的CuAAC反应

然而，使用 NHC-Cu(Ⅰ) 催化剂，Nolan 组的 DFT 计算证实，考虑到内部炔烃的反应性，运行的机制不同。该小组的以下研究报告说，对于带有 N-金刚烷基取代基的 NHC 配体的形式，Cu-碘化物催化剂在水条件下总是优于其他 [Cu(NHC)X] 配合物[440]。基于转化涉及末端和内部炔烃的事实，这些作者提出了 AAC 反应的多重机理途径，这表明炔烃（或去质子化后的乙炔化物）可能结合 Cu 的任一端或侧面（图 6-241）[441]。此外，正如 Gautier 小组报道的那样，向试剂混合物中加入芳香氮供体增加了 AAC 反应活性[442,443]。此外，Nolan 的研究小组还指出了 NHC 盐形成在 AAC 阳离子双卡宾配合物研究中的重要性。实际上，第二个 NHC 配体对末端炔烃去质子化的积极作用有利于产生对 [A] 起关键作用的 [Cu]-乙炔化物物质[444]。

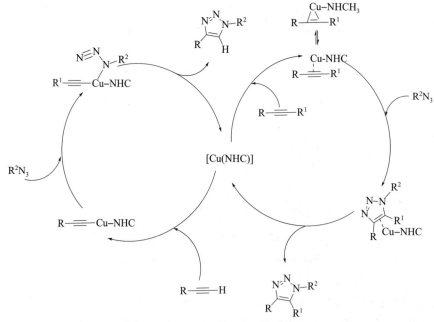

图 6-241　AAC 反应的多重机理途径

最近，Bertrand 小组通过检查这些化学计量反应的动力学曲线，比较了 LCuX 催化的 AAC 反应各个步骤中阴离子配体的作用。X 配体覆盖了广泛的碱性（X = Cl, OAc, OPh, O^{t}Bu, OTf），L 配体是 Bertrand-环状（烷基）（氨基）卡宾（CAAC）。在这些情况下，步骤是末端炔烃的金属化，炔烃双（铜）配合物的形成，产生金属化三唑的环加成，以及后者的质子化，后者使活性催化物质再生并产生最终的三唑。苯基乙炔和苄基叠氮化物被用作底物，结果显著地指出了 X 配体的 Janus 作用。碱性 X 配体有利于金属化，但不利于双核中间体的形成，与非亲核配体相反，醋酸盐是一种很好的折中策略，对于原始脱金属步骤非常有效。在 CuAAC 机制中双核 Cu 物种不受欢迎也是一个与其他研究不一致的有趣结果。

在 CuAAC 反应中，最近出现的产生 Cu(Ⅰ) 的有趣方法之一是通过使用光简单激活的 Cu(Ⅱ) 光还原来诱导点击反应。Tasdelen, Yagci 和 Ramil 等已经回顾了这些应用，特别是对于生物分子系统和大分子合成，光诱导 CuAAC 点击反应的机制涉及 Cu(Ⅱ) 直接（i）和间接（ii）还原途径 Cu(Ⅱ)[445-447]。使用可见光的光点击化学需要自由基生成光引发剂，其有助于 Cu(Ⅱ) 光活性还原为反应性 Cu(Ⅰ) 物质用于 CuAAC 反应（图 6-242，路线

a），如 Bowman 的研究所证实[448-451]。例如，在（350±520）nm 照射时，当溶剂含有至少 15 wt% 的用于光还原过程的甲醇时，不需要存在另外的光引发剂[452]。另一种技术在于通过 UV 光照射直接光解 Cu(Ⅱ) 配合物以产生 Cu(Ⅰ)，因为许多 Cu(Ⅱ) 配合物如 $CuCl_2$ 和 PMDETA，$Cu(AP)_2$-PMDETA，Cu(Ⅱ)-PAC 配合物（PAC = 多核芳族化合物），Cu(Ⅱ) 羧酸盐配合物和 Cu(Ⅱ)-DMEDA 配合物是敏感的紫外线或阳光[453-457]。这里涉及配体，即它吸收 UV 光，促进分子内电子从配体系统转移到中心 Cu 离子（图 6-242，路线 b）。在此过程中，Cu(Ⅱ) 被还原为 Cu(Ⅰ)，配体转化为自由基物种[458]。有趣的是，最近将少量 Cu 掺入 ZnS 量子点（QDs）壳中，部分淬灭了 QD 核（CdSe）发光，使 QDs 光活化载体释放出 CuAAC 的催化活性 Cu^+ 离子[459]。在光照射下，用 S 光氧化的 QD 被氧化成 SOxy，导致 Cu 与叠氮化物形成配合物，该叠氮化物充当牺牲电子受体，允许发生点击反应。

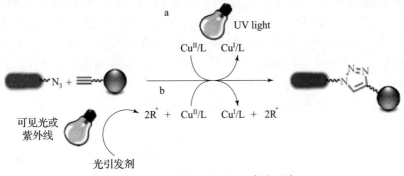

图 6-242 光诱导 CuAAC 点击反应

使用 Cu(0)NPs 生成催化活性物质 Cu(Ⅰ) 的其他有趣方法是通过在 Cu 表面上天然氧化物层中 Cu(0) 和 Cu(Ⅱ) 的歧化[460]。在 Alonso 提出的 CuNP 催化的 AAC 机理中，Cu(Ⅰ) 乙炔化物作为真正的中间物种出现[461]。在乙炔去质子化后假定原位产生 CuCl，同时形成三乙基氯化铵（在 CuNPs 制备的 LiCl 存在下），以及后者对 CuNP 的作用。新生 CuCl 与乙炔化物物质的反应将得到相应的 Cu(Ⅰ) 乙炔化物（图 6-243）[462]。从这个观点来看，反应机制遵循 Noodleman，Sharpless 和 Fokin 等提出的原始逐步途径。

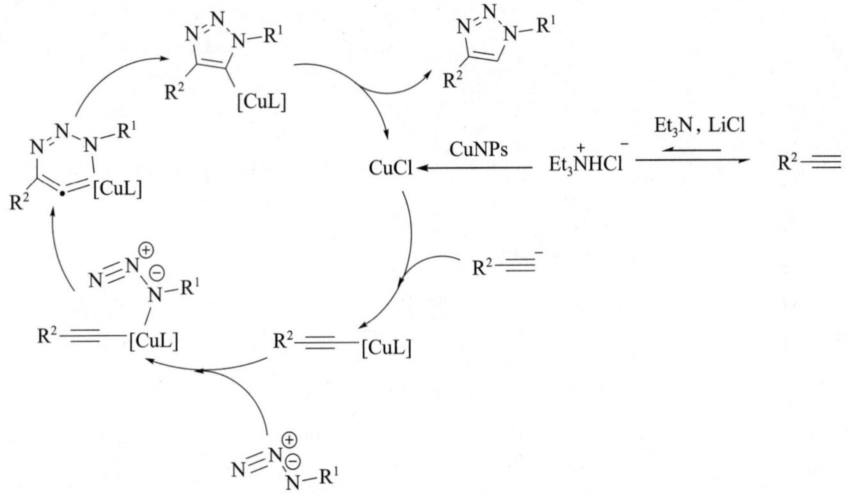

图 6-243 0 价铜和二价铜催化的点击反应

6.6.2　金属钌催化的点击反应

除铜外，最常用的 MAAC 反应催化剂是钌基催化剂，然后将反应缩写为 RuAAC。在所有 Ru 催化剂中，研究最多的是五甲基环戊二烯基氯化钌（注明 [Cp*RuCl] 配合物），尽管 Fokin 组也观察到 Cp*配体赋予的空间阻碍对反应有害。与 CuAAC 催化剂不同，这些配合物催化末端炔烃的区域选择性 RuAAC 反应形成 1,5-二取代的 1,2,3-三唑，并且与 CuAAC 催化剂不同，它们与内部炔烃反应，提供三取代的 1,2,3-三唑[463]。基于 Cp*RuCl 的催化剂提供了最近开发的多种应用。

Lin, Jia, Fokin 及其同事根据 DFT 计算提出了第一次反应机理。首先形成的叠氮化物–炔烃 Ru 配合物被认为产生六元钌环中间体，然后还原消除并形成三唑产物。随后由 Poater, Nolan 及其同事进行的计算发现了一个不同的途径，但确认了关键的钌环中间体[464]。他们的计算机制如图 6-244 所示。最近，Boz 和 Tüzün 发表了详细的 DFT 研究，其中考虑了各种末端和内部炔烃以及 Cp 和 Cp*配体。他们研究了叠氮化物–炔烃 Ru 前体配合物的 4 种可能构型所产生的各种可能机制。这项详细的调查使他们能够评估各种电子和空间效应之间的相互作用。在任何情况下，确认形成关键的六元钌环中间体。他们计算的区域选择性（特别是在内部炔烃的情况下）再现了实验区域。

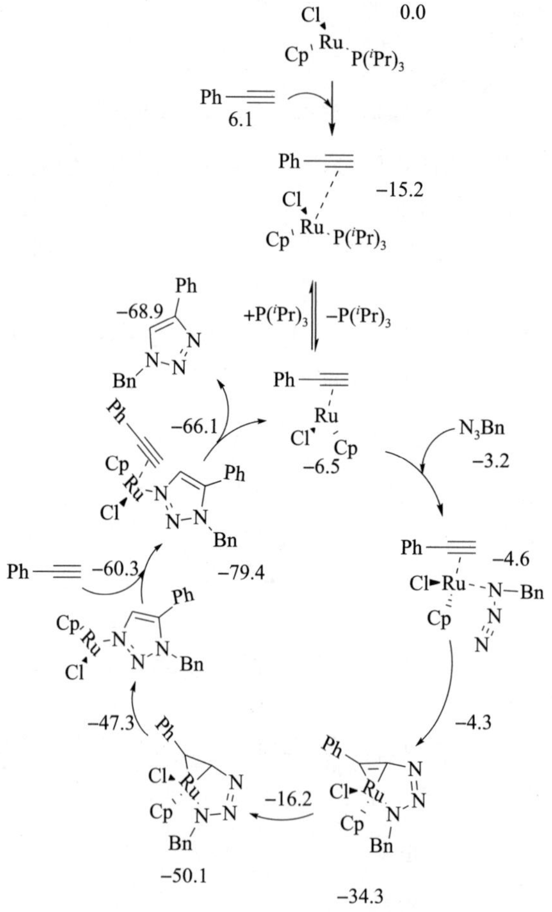

图 6-244　钌催化的反应机理

鉴于钌催化剂的丰富性，公开了其他钌催化剂家族。Jia 组首次报道了使用催化剂 [RuH$_2$(CO)(PPh$_3$)$_3$][465,466]，末端炔烃的 RuAAC 具有 100% 的选择性，可产生 1,4-二取代的 1,2,3-三唑。然后他们比较了一系列不含 Cp 配体的 Ru 催化剂，用于末端炔烃的 RuAAC 反应，选择性地得到 1,4-二取代的 1,2,3-三唑，最有效的催化剂是 [RuH(2-BH$_4$)(CO)(PCy$_3$)$_2$]。文献 [465，466] 实验结果和 DFT 计算均表明反应中的活性物质为 [Ru(CCR)$_2$(CO)(PR$_3$)$_2$]（图 6-245）。在他们提出的机理中，作者指出 Ru-乙炔化物首先正式与叠氮化物进行环加成反应，得到物质 [Ru(三唑基)]，由叠氮化物的初始配位产生。然后，通过四中心过渡态发生 Ru—C 键的末端炔烃复分解，产生 1,4-二取代的 1,2,3-三唑，其再生起始催化剂。

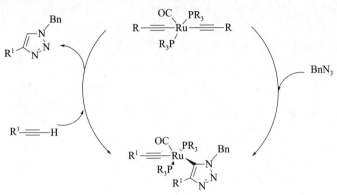

图 6-245　钌催化点击反应的反应机理

Los 小组提出了第一例催化叠氮钌配合物催化末端炔烃与烷基叠氮化物的环加成反应[467,468]。新的钌叠氮鎓配合物由母体 TpRu 配合物 [Ru(Cl)(Tp)(PPh$_3$)$_2$]，Tp = HB(pz)$_3$，pz = 吡唑基) 合成，首先得到 [Ru(N$_3$)(PPh$_3$)[Tp('BuNC)]，然后是胺取代的叠氮钌配合物 [Ru(N$_3$)(Tp(PPh$_3$)(EtNH$_2$)]。虽然无法确定详细的机理，但作者推测了类似的机理，如图 6-246 所示，观察配体（EtNH$_2$，PPh$_3$）的位移产生了活化的中间体，然后通过炔烃的氧化偶合转化为中间体。然后，在中间体中发生配体取代，导致芳香族三唑产物的释放并使催化剂再生。有趣的是，在两种情况下，叠氮钌配合物中的 N$_3$ 配体都不与底物中的末端炔烃偶联。

6.6.3　金属银催化的点击反应

在一份开创性的报告中，McNulty 的小组在室温下发表了第一个没有铜的 AAC 反应的 Ag(Ⅰ) 催化剂实例[469]。单独的银（Ⅰ）盐不能有效促进 AAC 反应，但当 AgOAc 与 P,O-配体 2-二苯基膦基-N,N-二异丙基甲酰胺反应时，P,O 配体-银（Ⅰ）配合物催化了 AAC 反应。进一步的实验表明，乙炔化银中间体激活了乙酰化物叠氮物种的形成，使其环化[470]。因此提出了均相 Ag(Ⅰ) 催化的 AAC 反应的反应机理（图 6-247）。首先，从 18-电子物质中失去乙酸盐产生活性 14-电子催化剂，形成连接的银（Ⅰ）乙炔化物，其亲电性由半不稳定的酰胺取代基调节。叠氮化物在中间体上的亲核反应产生中间体。中间体的半不稳定配体通过酰胺络合介入，产生配位饱和的物质，通过填充的 d 轨道将电荷转移到乙炔的轨道，导致环化。反应通过中间金属环发生。然后氮原子迁移到碳，传输两个电子以形成三唑，通过质子化形成中间体，并且活化催化剂再生。

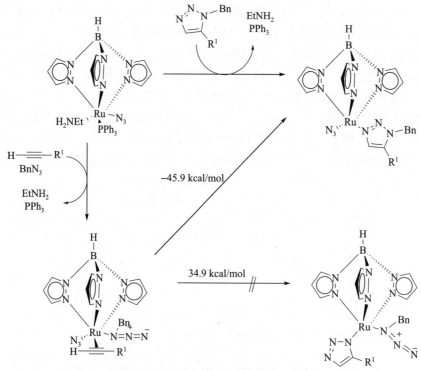

图 6-246 叠氮钌配合物催化的反应

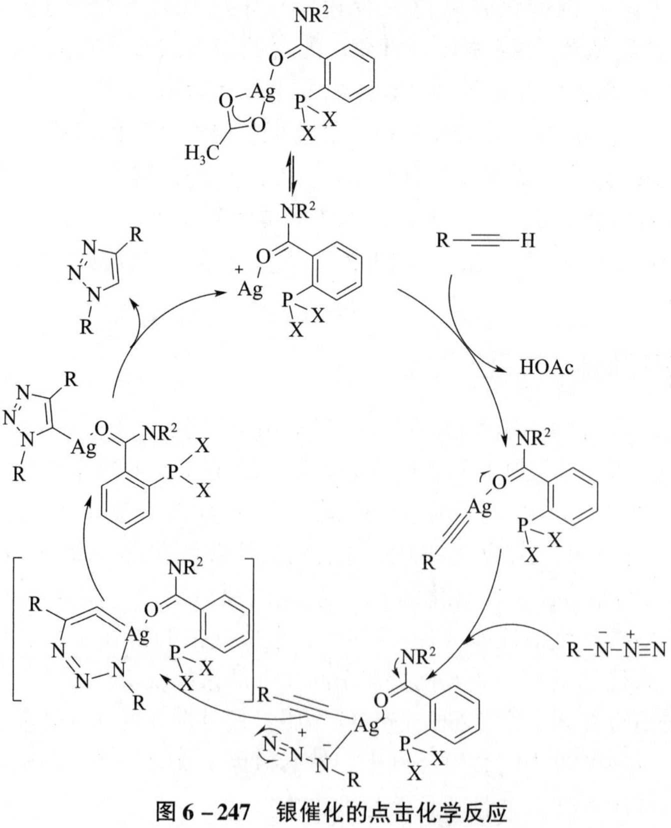

图 6-247 银催化的点击化学反应

Ortega - Arizmendi 等还报道了一种异常的 NHC 复合物 Ag(Ⅰ)-aNHC，它催化 ACC 反应[471]。在这种情况下，氯化银本身以良好的收率催化各种炔烃和叠氮化物的环加成，但是具有副反应。进一步引入 aNHC 配体避免了副反应并促进了最终产物的纯化。还开发了混合 AgNP 催化剂。例如，Salam 及其同事最近报道了基于 AgNP 和氧化石墨烯（Ag/GO）的复合物催化的多组分反应和一锅点击反应（图 6-248）。在他们的方法中，催化剂非常稳定并且没有显示出银浸出或聚集，并且在不损失催化活性的情况下重复使用至少 5 次[472]。然而，当据说 AAC 反应由 Ag 基催化剂或其他金属催化剂催化时，谨慎是适当的，因为痕量的铜污染物足以催化 AAC 反应。的确，康奈尔等发现由分离的配合物 [$Ag_2(L1)_2$](BF_4)$_2$ 催化的叠氮化物和末端炔烃的成功环加成实际上是由催化剂中痕量的铜催化的[473]。

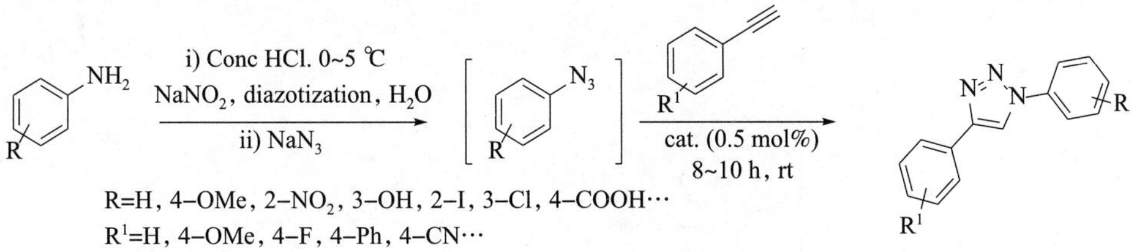

图 6-248 Ag-NHC 复合物催化的点击反应

Ferretti 等最近报道了银（Ⅰ）氧化物纳米粒子（Ag_2O-NPs）催化无水甲苯中的 AAC 反应[474]。虽然 Ag_2O 催化剂的效率低于在相同条件下由 Cu(0) 和 CuO 产生的常规 CuI 催化剂，但 Ag_2O-NPs 在某种程度上是有效的、稳健的和可重复使用的，特别是在少量水的存在下。在这种情况下，注意到取代基效应，并且在叠氮部分上含有吸电子基团的底物产生区域异构环加成物的混合物，这是一种限制。这里应该记得，当底物具有吸电子基团时，产生这种异构环加成物混合物的未催化的 Huisgen 反应在环境或温和条件下起作用。Sarma 的研究小组比较了在环境条件下在 H_2O 和乙二醇（EG）中进行的 AAC 反应中的各种银源，而没有排除空气[475]。配体和溶剂在它们的方法中起着关键作用。优化后，$AgN(CN)_2$ 作为催化剂和 DIPEA 作为碱/配体的组合给出了最好的结果。有人提出该配体在中间步骤中与 CuAAC 反应中的叔胺起相同的作用。在这些非常温和的条件下以高分离产率合成了各种 1,4-二取代-1,2,3-三唑，表明 $AgN(CN)_2$/DIPEA 是 AAC 反应的高效催化体系。

6.6.4　金属金催化的点击反应

在超高真空（UHV）条件下，表面化学是在环境温度下在表面合成共价纳米结构的可行方法[476,477]。该方法也被用于探索 AAC 反应的机理并指导催化剂的设计。Bebensee 等最近报道了 Cu(Ⅲ) 表面上的完全区域选择性 AAC 反应，导致 1,4-三唑（图 6-249a），这是由于在 C—H 键活化和炔基键合到 Cu(Ⅲ) 表面之后形成的乙炔铜。反应以非常低的产率进行。因此，XPS 表明，虽然反应容易进行，但表面吸附时叠氮化物显著降解，特别是表面上可以获得完整的反应物[478]。在 UHV 下使用表面化学，Arado 等探讨了 Au(Ⅲ) 上的 MAAC 反应（图 6-249b）。通过结合低温扫描隧道显微镜（STM）和 DFT 研究，他们证实了 Bebensee 在 Cu(Ⅲ) 上的结果，其中 MAAC 反应发生在表面上。然而，这两个实例之间的差异在于 Au(Ⅲ) 不催化地参与炔烃的 C—H 键活化。它只起到二维（2D）表面的作用，放置反应的两个伙伴，这提供了观察到的选择性。通过表面约束成功控制 MAAC 的区域选择性以及反应物的精心设计，提供了有效的明确定义的纳米结构，而无须催化剂或额外的热活化。最近，突出了使用非均相可重复使用的 Au 和 TiO_2 纳米结构以有效催化 AAC 反应的另一特定情况（图 6-250a）。作者提出了三个步骤的机制（图 6-250b）：①金原子（Ⅰ）降低了炔上的电子密度，使得叠氮化物能够轻易地进行亲核攻击；②六元中间体Ⅱ，然后形成中间体Ⅲ；③除去金，得到 1,4-二取代的 1,2,3-三唑并完成反应循环[479]。

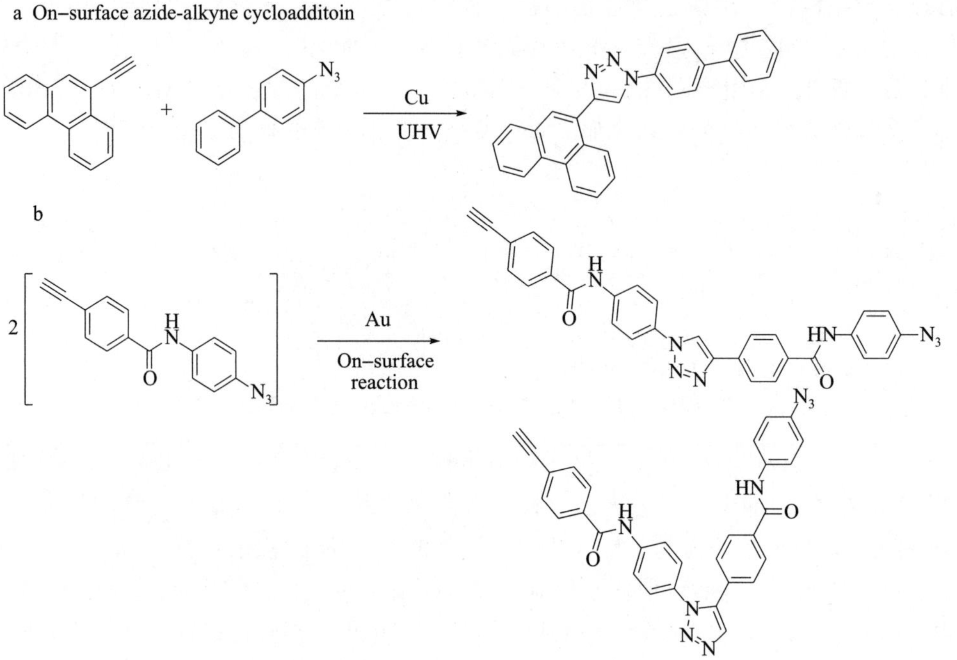

图 6-249 表面合成共价纳米结构催化点击反应

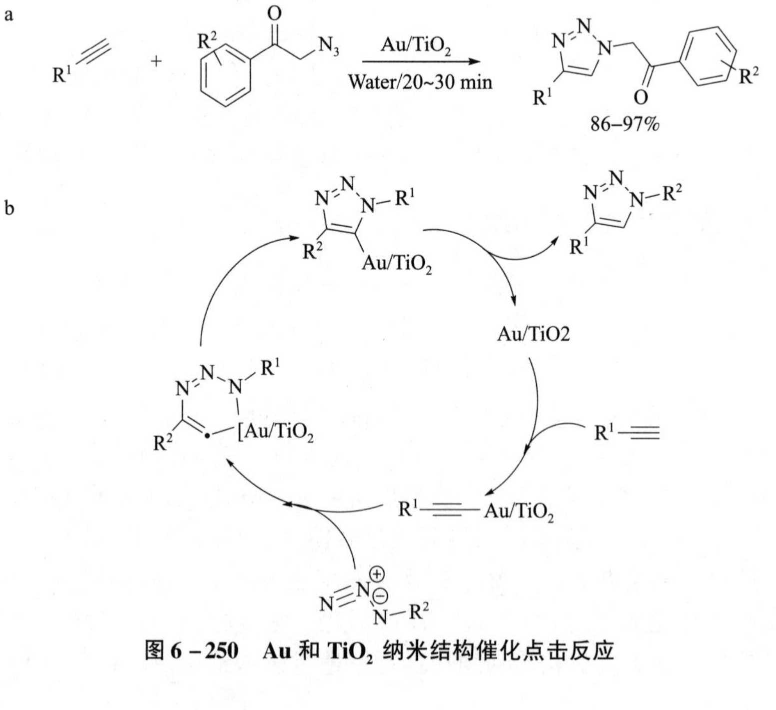

图 6-250 Au 和 TiO_2 纳米结构催化点击反应

6.6.5 金属铱催化的点击反应

铱催化的分子间 AAC(IrAAC) 也被证明是 CuAAC 和 RuAAC 反应的有价值的补充。二聚体铱配合物 [Ir(cod)OMe] 催化直接形成新 1,4,5-三取代三唑[480]。[Ir(cod)OMe]$_2$ 在温和条件下催化 AAC 反应溴代炔烃，产生 1,5-二取代的 4-溴-1,2,3-三唑（图 6-251）。炔烃组分的电子特征强烈影响反应产率，即富电子的芳基烷烃显示出优化的反应性，而缺电子的溴代炔烃提供相应的 4-溴三唑的低产率。在 Pd 催化的 Suzuki - Miyaura 与适当的芳基硼酸反应之后，该催化剂用于制备 1,4,5-三取代的三唑。Ding 等比较了 IrAAC 中富含电子的内部炔烃中的各种 Ir 配合物，并表明使用 [Ir(cod)Cl]$_2$ 优化了反应[481]。对炔烃的空间位阻的增加不影响反应效率，但也观察到电子效应，即缺电子的炔烃导致中等或良好的效率，而富电子和正炔烃显示除芳氧基炔烃之外的低反应性。

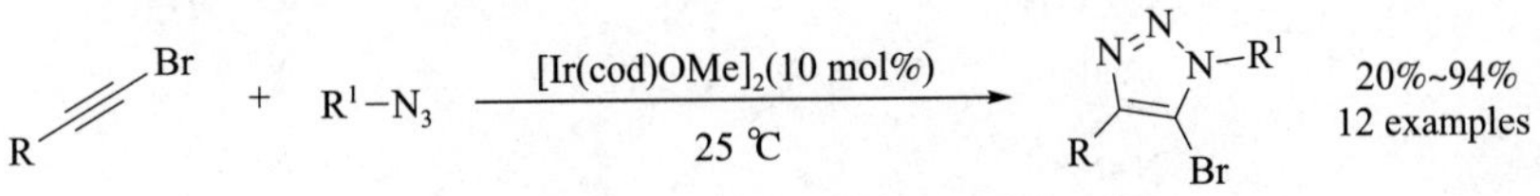

R—≡—Br + R^1—N$_3$ $\xrightarrow[25\ ℃]{[Ir(cod)OMe]_2(10\ mol\%)}$ [三唑产物] 20%~94% 12 examples

图 6-251 铱配合物催化的点击反应

通过 Lin，Jia 及其同事的 DFT 计算，将硫代炔烃和溴代炔烃加成叠氮化物的区域选择性的这些差异合理化[482]。他们的主要发现总结在图 6-252 中。两种机制都始于炔烃和叠氮化物在 [Ir(cod)X] 金属中心上的预配位。在硫代炔烃的情况下，形成通过 2RS 取代基的供体效应稳定的金属双环 Ircarbene 中间体。在溴代炔烃的情况下，这种供体效应要弱得多，并且金属双环中间体不能稳定。相反，形成六元金属环中间体，并且取决于 R 取代基的取代能力，优先形成 4-或 5-溴三唑，如图 6-252 中所示。

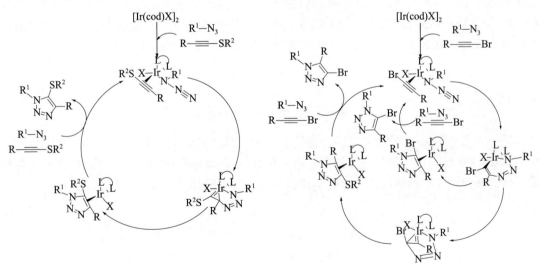

图 6-252 铱配合物催化的点击反应

6.6.6 金属镍催化的点击反应

Rao 的研究小组最近证明，没有额外还原剂的 Raney Ni 可有效催化乙炔叠氮化物环加成反应，形成 1,2,3-三唑[483]。在他们的方法中，Raney 镍催化的组合 NiAAC 具有优异的产率。(图 6-253a) 为了探索 NiAAC 反应途径，在 Ni(0) 存在下进行氘化实验（图 6-253b），表明与 CuAAC 中的铜-乙炔化物形成不同，环加成通过金属环[484]。因此，在他们提出的机理中，反应在阮内镍表面上通过乙炔络合作用开始，导致 π-配合物形成（图 6-253b）。

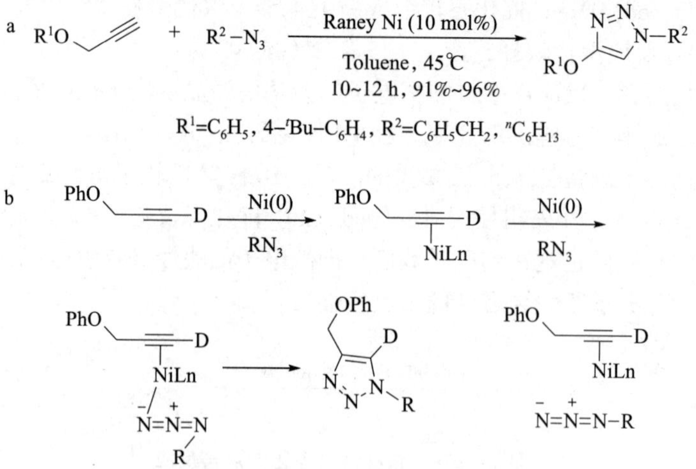

图 6-253 镍催化的点击反应

6.6.7 金属锌催化的点击反应

对于 ZnAAC 反应，Chen 组的开创性贡献表明，非均相锌-炭（Zn/C）在 50 ℃ 下催化芳基、脂肪族叠氮化物和芳基炔烃（包括内部炔烃）在 DMF 中的环加成而不排除空气（产率 63%~94%）（图 6-254）[485]。在这种情况下，没有观察到电子效应，富电子和贫电子叠氮化物都产生类似的良好反应产率。回收催化剂并重复使用至少 5 次而不显著降低活性。当 ZnNPs 与 CuNPs 合金化形成多组分 1,2,3-三唑合成三唑炔基化的催化剂时，Zn 的存在通过牺牲形成 ZnO 来抵抗 Cu 的氧化，这在控制炔基化三唑的形成中起作用。

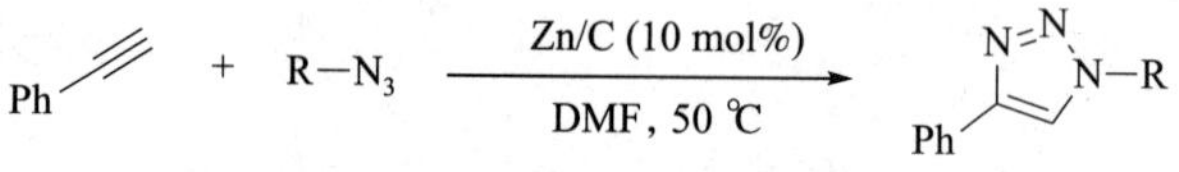

图 6-254 锌催化的点击反应

另一方面，Greoney 的研究小组还描述了区域选择性形成 1,5-取代 1,2,3-三唑的温和方法（图 6-255）[486]。在他们的方法中，需要碱性 N-甲基咪唑（NMI）来帮助形成乙炔锌物质以促进反应性并继续筛选。三唑的 4-位被芳基-锌中间体取代以进一步偶联。

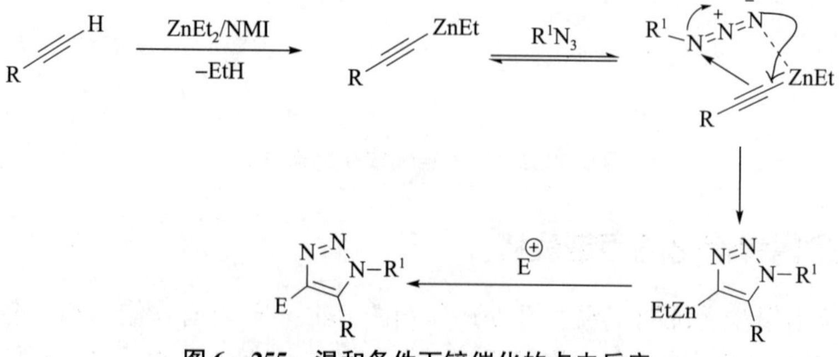

图 6-255 温和条件下锌催化的点击反应

6.6.8 稀土金属催化的点击反应

最近，Zhou 组描述了稀土金属催化的 AAC 与末端炔烃反应导致 1,5-二取代 1,2,3-三唑的开创性实例[487]。在比较稀土金属催化剂 $Ln(NTMS_2)_3$（Ln = Sm，Nd，Y，Gd）后，作者选择 $Sm(NTMS_2)_3$ 作为催化剂。反应条件的优化表明，10 mol% $^nBuNH_2$ 的存在改善了产率（图 6-256a）。相比之下，他们认为乙炔化物中间体复合物的参与对于效率和选择性是必不可少的。所提出的机制如图 6-256b 所示。首先活化末端炔烃的 C—H 键产生 Ln 乙炔化物和 $HN(SiMe_3)_2$。然后在中间体的 Ln—C 键中 1,1-叠氮化物给出物种并且氮原子对配位的炔的抗亲核攻击导致三唑盐。然后，三唑盐的质子化用另一个炔烃分子得到产物并再生活性物质（路径 a）。在另一种途径中，基于有利于环加成的胺添加剂的存在，提出了路径 b。

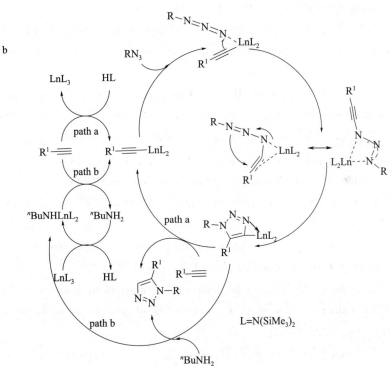

图 6-256 稀土金属催化的点击反应

参考文献

[1] Franke R, Selent D, Boerner A. Applied Hydroformylation. *Chemical Reviews*, 2012, 112: 5675-5732.

[2] Pospech J, Fleischer I, Franke R, et al. Alternative Metals for Homogeneous Catalyzed Hydroformylation Reactions. *Angewandte Chemie - International Edition*, 2013, 52: 2852-

2872.

[3] Ahmed M, Seayad A M, Jackstell R, et al. Amines made easily: A highly selective hydroaminomethylation of olefins. *Journal of the American Chemical Society*, 2003, 125:10311 – 10318.

[4] Seayad A, Ahmed M, Klein H, Jackstell R, et al. Internal olefins to linear amines. *Science*, 2002, 297: 1676 – 1678.

[5] Ahmed M, Buch C, Routaboul L, et al. Hydroaminomethylation with novel rhodium – carbene complexes: An efficient catalytic approach to pharmaceuticals. *Chemistry – a European Journal*, 2007, 13: 1594 – 1601.

[6] Piras I, Jennerjahn R, Jackstell R, et al. A General and Efficient Iridium – Catalyzed Hydroformylation of Olefins. *Angewandte Chemie – International Edition*, 2011, 50: 280 – 284.

[7] Fleischer I, Dyballa K M, Jennerjahn R, et al. From Olefins to Alcohols: Efficient and Regioselective Ruthenium – Catalyzed Domino Hydroformylation/Reduction Sequence. *Angewandte Chemie – International Edition*, 2013, 52: 2949 – 2953.

[8] Srivastava V K, Eilbracht P. Ruthenium carbonyl – complex catalyzed hydroaminomethylation of olefins with carbon dioxide and amines. *Catalysis Communications*, 2009, 10: 1791 – 1795.

[9] Jennerjahn R, Piras I, Jackstell R. et al. Palladium – Catalyzed Isomerization and Hydroformylation of Olefins. *Chemistry – a European Journal*, 2009, 15: 6383 – 6388.

[10] Agabekov V, Seiche W, Breit B. Rhodium – catalyzed hydroformylation of alkynes employing a self – assembling ligand system. *Chemical Science*, 2013, 4: 2418 – 2422.

[11] Isnard P, Denise B, Sneeden R P A, et al. Transition – metal Catalyzed Interaction of Ethylene and Alkyl formates. *Journal of Organometallic Chemistry*, 1983, 256: 135 – 139.

[12] Mlekuz M, Joo F, Alper H. Palladium – chloride CatalyzedOlefin Formate Ester Carbonylation Recations – A Simple, Exceptionally Mild, and Regioselective Route to Branched – Chain Carboxylic Esters. *Organometallics*, 1987, 6: 1591 – 1593.

[13] Konishi H, Ueda T, Muto T, et al. Remarkable Improvement Achieved by Imidazole Derivatives in Ruthenium – Catalyzed Hydroesterification of Alkenes Using Formates. *Organic Letters*, 2012, 14: 4722 – 4725.

[14] Fleischer I, Jennerjahn R, Cozzula D, et al. A Unique Palladium Catalyst for Efficient and Selective Alkoxycarbonylation of Olefins with Formates. *Chemsuschem*, 2013, 6: 417 – 420.

[15] Beller M, Krotz A, Baumann W. Palladium – catalyzed methoxycarbonylation of 1,3-butadiene: Catalysis and mechanistic studies. *Advanced Synthesis & Catalysis*, 2002, 344: 517 – 524.

[16] Brennfuehrer A, Neumann H, Beller M. Palladium – Catalyzed Carbonylation Reactions of Aryl Halides and Related Compounds. *Angewandte Chemie – International Edition*, 2009, 48: 4114 – 4133.

[17] Driller K M, Klein H, Jackstell R, et al. Iron – Catalyzed Carbonylation: Selective and Ef-

ficient Synthesis of Succinimides. *Angewandte Chemie - International Edition*, 2009, 48: 6041 - 6044.

[18] Prateeptongkum S, Driller K M, Jackstell R, et al. Efficient Synthesis of Biologically Interesting 3, 4 - Diaryl - Substituted Succinimides and Maleimides: Application of Iron - Catalyzed Carbonylations. *Chemistry - a European Journal*, 2010, 16: 9606 - 9615.

[19] Driller K M, Prateeptongkum S, Jackstell R, et al. A General and Selective Iron - Catalyzed Aminocarbonylation of Alkynes: Synthesis of Acryl - and Cinnamides. *Angewandte Chemie - International Edition*, 2011, 50: 537 - 541.

[20] Zell D, Bursch M, Mueller V, et al. Full Selectivity Control in Cobalt (Ⅲ) - Catalyzed C - H Alkylations by Switching of the C - H Activation Mechanism. *Angewandte Chemie - International Edition*, 2017, 56: 10378 - 10382.

[21] Arnold P L, Cloke F G N, Nixon J F. The first stable scandocene: synthesis and characterisation of bis (eta - 2,4,5-tri - tert-butyl-1,3-diphosphacyclopentadienyl) scandium (Ⅱ). *Chemical Communications*, 1998: 797 - 798.

[22] Pellissier H. Recent developments in enantioselective scandium - catalyzed transformations. *Coordination Chemistry Reviews*, 2016, 313: 1 - 37.

[23] Kobayashi S. Scandium triflate in organic synthesis. *European Journal of Organic Chemistry*, 1999: 15 - 27.

[24] Zeimentz P M, Arndt S, Elvidge B R, et al. Cationic organometallic complexes of scandium, yttrium, and the lanthanoids. *Chemical Reviews*, 2006, 106: 2404 - 2433.

[25] Nishiura M, Hou Z. Novel polymerization catalysts and hydride clusters from rare - earth metal dialkyls. *Nature Chemistry*, 2010, 2: 257 - 268.

[26] Wolczanski P T. Activation of Carbon - Hydrogen Bonds via 1, 2 - RH - Addition/ - Elimination to Early Transition Metal Imides. *Organometallics*, 2018, 37: 505 - 516.

[27] Nagae H, Kundu A, Inoue M, et al. Functionalization of the C - H Bond of N - Heteroaromatics Assisted by Early Transition - Metal Complexes. *Asian Journal of Organic Chemistry*, 2018, 7: 1256 - 1269.

[28] Johnson K R D, Hayes P G. Cyclometalative C - H bond activation in rare earth and actinide metal complexes. *Chemical Society Reviews*, 2013, 42: 1947 - 1960.

[29] Rothwell I P. Carbon Hydrogen - Bond Activation in Early Transition - Metal Systems. *Polyhedron*, 1985, 4: 177 - 200.

[30] Thompson M E, Bercaw J E. Some Aspects of The Chemistry of Alkyl and Hydride Derivatives of Permethylscandocene. *Pure and Applied Chemistry*, 1984, 56: 1 - 11.

[31] Hajela S, Schaefer W P, Bercaw J E. Structure of A Permethylcyclopentadienyl - μ - tetramethylcyclopentadienylmethylene Scandium Dimer. *Acta Crystallographica Section C - Crystal Structure Communications*, 1992, 48: 1771 - 1773.

[32] Thompson M E, Baxter S M, Bulls A R, et al. sigma. -Bond Metathesis for Carbon - Hydrogen Bonds of Hydrocarbons and Sc - R (R = H, alkyl, aryl) Bonds of Permethylscando-

cene Derivatives. Evidence for Noninvolvement of the. pi. System in Electrophilic Activation of Aromatic and Vvinylic C – H Bonds. *Journal of the American Chemical Society*, 1987, 109: 203 – 219.

[33] Burger B J, Thompson M E, Cotter W D, et al. Ethylene Insertion and. beta. – hydrogen Elimination for Permethylscandocene Alkyl complexes. A study of the Chain Propagation and Termination Seps in Ziegler – Natta Polymerization of Ethylene. *Journal of the American Chemical Society*, 1990, 112: 1566 – 1577.

[34] Sadow A D, Tilley T D. Homogeneous catalysis with methane. A strategy for the hydromethylation of olefins based on the nondegenerate exchange of alkyl groups and sigma – bond metathesis at scandium. *Journal of the American Chemical Society*, 2003, 125: 7971 – 7977.

[35] Barros N, Eisenstein O, Maron L, et al. DFT investigation of the catalytic hydromethylation of alpha – olefins by metallocenes. 1. Differences between scandium and lutetium in propene hydromethylation. *Organometallics*, 2006, 25: 5699 – 5708.

[36] Levine D S, Tilley T D, Andersen R A. C – H Bond Activations by Monoanionic, PNP – Supported Scandium Dialkyl Complexes. *Organometallics*, 2015, 34: 4647 – 4655.

[37] Guan B – T, Hou Z. Rare – Earth – Catalyzed C – H Bond Addition of Pyridines to Olefins. *Journal of the American Chemical Society*, 2011, 133: 18086 – 18089.

[38] Hou Z, Luo Y, Li X. Cationic rare earth metal alkyls as novel catalysts for olefin polymerization and copolymerization. *Journal of Organometallic Chemistry*, 2006, 691: 3114 – 3121.

[39] Song G, Wang B, Nishiura M, et al. Catalytic C – H Bond Addition of Pyridines to Allenes by a Rare – Earth Catalyst. *Chemistry – a European Journal*, 2015, 21: 8394 – 8398.

[40] Yamamoto A, Nishiura M, Oyamada J, et al. Scandium – Catalyzed Syndiospecific Chain – Transfer Polymerization of Styrene Using Anisoles as a Chain Transfer Agent. *Macromolecules* 2016, 49, 2458 – 2466.

[41] Yamamoto A, Nishiura M, Yang Y, et al. Cationic Scandium Anisyl Species in Styrene Polymerization Using Anisole and N, N – Dimethyl – o – toluidine as Chain – Transfer Agents. *Organometallics*, 2017, 36: 4635 – 4642.

[42] Oyamada J, Hou Z, Regioselective C. H Alkylation of Anisoles with Olefins Catalyzed by Cationic Half – Sandwich Rare Earth Alkyl Complexes. *Angewandte Chemie – International Edition*, 2012, 51: 12828 – 12832.

[43] Nako A E, Oyamada J, Nishiura M, et al. Scandium – catalysed intermolecular hydroaminoalkylation of olefins with aliphatic tertiary amines. *Chemical Science*, 2016, 7: 6429 – 6434.

[44] Liu F, Luo G, Hou Z, et al. Mechanistic Insights into Scandium – Catalyzed Hydroaminoalkylation of Olefins with Amines: Origin of Regioselectivity and Charge – Based Prediction Model. *Organometallics*, 2017, 36: 1557 – 1565.

[45] Luo Y, Ma Y, Hou Z. alpha – C – H Alkylation of Methyl Sulfides with Alkenes by a Scandium Catalyst. *Journal of the American Chemical Society*, 2018, 140: 114 – 117.

[46] Oyamada J, Nishiura M, Hou Z. Scandium – Catalyzed Silylation of Aromatic C – H

Bonds. *Angewandte Chemie – International Edition*, 2011, 50: 10720 – 10723.

[47] Roesky P W. Catalytic Hydroaminoalkylation. *Angewandte Chemie – International Edition*, 2009, 48: 4892 – 4894.

[48] Chong E, Garcia P, Schafer L L. Hydroaminoalkylation: Early – Transition – Metal – Catalyzed alpha – Alkylation of Amines. *Synthesis – Stuttgart*, 2014, 46: 2884 – 2896.

[49] Mueller C, Saak W, Doye S. Neutral group – IV metal catalysts for the intramolecular hydroamination of Alkenes. *European Journal of Organic Chemistry*, 2008: 2731 – 2739.

[50] Kubiak R, Prochnow I, Doye S. Titanium – Catalyzed Hydroaminoalkylation of Alkenes by C – H Bond Activation at sp (3) Centers in the alpha – Position to a Nitrogen Atom. *Angewandte Chemie – International Edition*, 2009, 48: 1153 – 1156.

[51] Ackermann L, Bergman R G. A highly reactive titanium precatalyst for intramolecular hydroamination reactions. *Organic Letters*, 2002, 4: 1475 – 1478.

[52] Doerfler J, Preuss T, Schischko A, et al. A 2, 6 – Bis (phenylamino) pyridinato Titanium Catalyst for the Highly Regioselective Hydroaminoalkylation of Styrenes and 1, 3 – Butadienes. *Angewandte Chemie – International Edition*, 2014, 53: 7918 – 7922.

[53] Bielefeld J, Doye S. Dimethylamine as a Substrate in Hydroaminoalkylation Reactions. *Angewandte Chemie – International Edition*, 2017, 56: 15155 – 15158.

[54] Vilter H. Peroxidases from Phaeophyceae: a vanadium (V) – dependent peroxidase from Ascophyllum nodosum. *Phytochemistry*, 1984, 23: 1387 – 1390.

[55] Gambino D. Potentiality of vanadium compounds as anti – parasitic agents. *Coordination Chemistry Reviews*, 2011, 255: 2193 – 2203.

[56] Sutradhar M, Martins L M D R S, da Silva M F C G, et al. Vanadium complexes: Recent progress in oxidation catalysis. *Coordination Chemistry Reviews*, 2015, 301: 200 – 239.

[57] Mizuno N, Kamata K. Catalytic oxidation of hydrocarbons with hydrogen peroxide by vanadium – based polyoxometalates. *Coordination Chemistry Reviews* 2011, 255: 2358 – 2370.

[58] Loxq P, Manoury E, Poli R, et al. Synthesis of axially chiral biaryl compounds by asymmetric catalytic reactions with transition metals. *Coordination Chemistry Reviews*, 2016, 308: 131 – 190.

[59] Dewith J, Horton A D. C – H Bond Addition to a V – NR Bond: Hydrocarbon Activation by a Sterically Crowded Vanadium System. *Angewandte Chemie – International Edition*, 1993, 32: 903 – 905.

[60] Nomura K, Bahuleyan B K, Tsutsumi K, et al. Synthesis of (Imido) vanadium (V) Alkyl and Alkylidene Complexes Containing Imidazolidin – 2 – iminato Ligands: Effect of Imid Ligand on ROMP and 1,2-C – H Bond Activation of Benzene. *Organometallics*, 2014, 33: 6682 – 6691.

[61] Nomura K, Zhang W. (Imido) vanadium (V) – alkyl, – alkylidene complexes exhibiting unique reactivity towards olefins and alcohols. *Chemical Science* 2010, 1, 161 – 173.

[62] Nomura K. (Imido) vanadium (V) – alkyl, Alkylidene Complexes ExhibitingUnique Re-

activities towards Olefins, Phenols, and Benzene via 1,2-C－H Bond Activation. *Journal of the Chinese Chemical Society*, 2012, 59: 139－148.

[63] Nizova G V, Suss－Fink G, Stanislas S, et al. Carboxylation of methane with CO or CO_2 in aqueous solution catalysed by vanadium complexes. *Chemical Communications*, 1998: 1885－1886.

[64] Taniguchi Y, Hayashida T, Shibasaki H, et al. Highly efficient vanadium－catalyzed transformation of CH_4 and CO to acetic acid. *Organic Letters*, 1999, 1: 557－559.

[65] Kozlowski M C, Morgan B J, Linton E C. Total synthesis of chiral biaryl natural products by asymmetric biaryl coupling. *Chemical Society Reviews*, 2009, 38: 3193－3207.

[66] Habaue S, Murakami S, Higashimura H. New asymmetric vanadium catalyst for highly selective oxidative coupling polymerization. *Journal of Polymer Science Part a－Polymer Chemistry*, 2005, 43: 5872－5878.

[67] Wang H. Recent Advances in Asymmetric Oxidative Coupling of 2－Naphthol and its Derivatives. *Chirality*, 2010, 22: 827－837.

[68] Takizawa S, Katayama T, Sasai H. Dinuclear chiral vanadium catalysts for oxidative coupling of 2－naphthols via a dual activation mechanism. *Chemical Communications*, 2008: 4113－4122.

[69] Takizawa S, Kodera J, Yoshida Y, et al. Enantioselective oxidative－coupling of polycyclic phenols. *Tetrahedron*, 2014, 70: 1786－1793.

[70] Liu L, Carroll P J, Kozlowski M C. Vanadium－Catalyzed Regioselective Oxidative Coupling of 2－Hydroxycarbazoles. *Organic Letters*, 2015, 17: 508－511.

[71] Kang H, Lee Y E, Reddy P V G, et al. Asymmetric Oxidative Coupling of Phenols and Hydroxycarbazoles. *Organic Letters*, 2017, 19: 5505－5508.

[72] Hwang D R, Uang B J. A modified Mannich－type reaction catalyzed by VO (acac) (2). *Organic Letters*, 2002, 4: 463－466.

[73] Piao D, Inoue K, Shibasaki H, et al. An efficient partial oxidation of methane in trifluoroacetic acid using vanadium－containing heteropolyacid catalysts. *Journal of Organometallic Chemistry*, 1999, 574: 116－120.

[74] Qin J, Fu Z, Liu Y, et al. Aerobic Oxidation of Ethylbenzene Co－catalyzed by N－Hydroxyphthalimide and Oxobis (8－Quinolinolato) Vanadium (Ⅳ) Complexes. *Chinese Journal of Catalysis*, 2011, 32: 1342－1348.

[75] Sar D, Bag R, Yashmeen A, et al. Synthesis of Functionalized Pyrazoles via Vanadium－Catalyzed C－N Dehydrogenative Cross－Coupling and Fluorescence Switch－On Sensing of BSA Protein. *Organic Letters*, 2015, 17: 5308－5311.

[76] Floris B, Sabuzi F, Coletti A, et al. Sustainable vanadium－catalyzed oxidation of organic substrates with $H2O2$. *Catalysis Today*, 2017, 285: 49－56.

[77] Conte V, Difuria F, Moro S. Mimicking the vanadium bromoperoxidases reactions: mild and selective bromination of arenes and alkenes in a two－phase system. *Tetrahedron Letters*, 1994, 35: 7429－7432.

[78] Conte V, DiFuria F, Moro S, et al. A mechanistic investigation of bromoperoxidases mimicking systems. Evidence of a hypobromite – like vanadium intermediate from experimental data and ab initio calculations. *Journal of Molecular Catalysis a – Chemical*, 1996, 113: 175 – 184.

[79] Rehder D, Santoni G, Licini G M, et al. The medicinal and catalytic potential of model complexes of vanadate – dependent haloperoxidases. *Coordination Chemistry Reviews*, 2003, 237: 53 – 63.

[80] Sabuzi F, Churakova E, Galloni P, et al. Thymol Bromination – A Comparison between Enzymatic and Chemical Catalysis. *European Journal of Inorganic Chemistry*, 2015: 3519 – 3525.

[81] Butler A, Walker J V. Marine haloperoxidases. *Chemical Reviews* 1993, 93, 1937 – 1944.

[82] Conte V, Floris B, Galloni P, et al. Sustainable vanadium (V) – catalyzed oxybromination of styrene: Two – phase system versus ionic liquids. *Pure and Applied Chemistry*, 2005, 77: 1575 – 1581.

[83] Kikushima K, Moriuchi T, Hirao T. Oxidative bromination reaction using vanadium catalyst and aluminum halide under molecular oxygen. *Tetrahedron Letters*, 2010, 51: 340 – 342.

[84] Kikushima K, Moriuchi T, Hirao T. Vanadium – catalyzed oxidative bromination promoted by Bronsted acid or Lewis acid. *Tetrahedron*, 2010, 66: 6906 – 6911.

[85] Mendoza F, Ruiz – Guerrero R, Hernandez – Fuentes C, et al. On the bromination of aromatics, alkenes and alkynes using alkylammonium bromide: Towards the mimic of bromoperoxidases reactivity. *Tetrahedron Letters*, 2016, 57: 5644 – 5648.

[86] Cocker W. The constitution of ψ – santonin. Part II. The preparation of certain dimethyl naphthol. *Journal of the Chemical Society*, 1946: 36 – 39.

[87] Cohen M D, Kargacin B, Klein C B, et al. Mechanisms of chromium carcinogenicity and toxicity. *Critical Reviews in Toxicology*, 1993, 23: 255 – 281.

[88] Egorova K S, Ananikov V P. Toxicity of Metal Compounds: Knowledge and Myths. *Organometallics*, 2017, 36: 4071 – 4090.

[89] Okude Y, Hirano S, Hiyama T, et al. Grignard – type carbonyl addition of allyl halides by means of chromous salt. A chemospecific synthesis of homoallyl alcohols. *Journal of the American Chemical Society*, 1977, 99: 3179 – 3181.

[90] Jin H, Uenishi J, Christ W J, et al. Catalytic effect of nickel (II) chloride and palladium (II) acetate on chromium (II) – mediated coupling reaction of iodo olefins with aldehydes. *Journal of the American Chemical Society*, 1986, 108: 5644 – 5646.

[91] Furstner A. Carbon – carbon bond formations involving organochromium (III) reagents. *Chemical Reviews*, 1999, 99: 991 – 1045.

[92] Takai K, Tagashira M, Kuroda T, et al. Reactions of alkenylchromium reagents prepared from alkenyl trifluoromethanesulfonates (triflates) with chromium (II) chloride under nickel catalysis. *Journal of the American Chemical Society*, 1986, 108: 6048 – 6050.

[93] Okazoe T, Takai K, Utimoto K. (E) – Selective olefination of aldehydes by means of gem-

dichromium reagents derived by reduction of gemdiiodoalkanes with chromium (Ⅱ) chloride. *Journal of the American Chemical Society*, 1987, 109: 951 – 953.

[94] Steib A K, Kuzmina O M, Fernandez S, et al. Efficient Chromium (Ⅱ) – Catalyzed Cross – Coupling Reactions between Csp^2 Centers. *Journal of the American Chemical Society*, 2013, 135: 15346 – 15349.

[95] Kuzmina O M, Knochel P. Room – Temperature Chromium (Ⅱ) – Catalyzed Direct Arylation of Pyridines, Aryl Oxazolines, and Imines Using Arylmagnesium Reagents. *Organic Letters*, 2014, 16: 5208 – 5211.

[96] Yan J, Yoshikai N. Phenanthrene Synthesis via Chromium – Catalyzed Annulation of 2 – Biaryl Grignard Reagents and Alkynes. *Organic Letters*, 2017, 19: 6630 – 6633.

[97] Matsumoto A, Ilies L, Nakamura E. Phenanthrene Synthesis by Iron – Catalyzed 4 + 2 Benzannulation between Alkyne and Biaryl or 2 – Alkenylphenyl Grignard Reagent. *Journal of the American Chemical Society*, 2011, 133: 6557 – 6559.

[98] Muzart J. Chromium – catalyzed oxidations in organic synthesis. *Chemical Reviews*, 1992, 92: 113 – 140.

[99] Shilov A E, Shul'pin G B. Activation of C – H bonds by metal complexes. *Chemical Reviews*, 1997, 97: 2879 – 2932.

[100] Muzart J, Aitmohand S. Chromium – mediated benzylic oxidations by sodium percarbonate in the presence of a phase transfer catalyst. *Tetrahedron Letters*, 1995, 36: 5735 – 5736.

[101] Yamazaki S. Chromium (VI) oxide – catalyzed benzylic oxidation with periodic acid. *Organic Letters*, 1999, 1: 2129 – 2132.

[102] Tchounwou P B, Yedjou C G, Patlolla A K, et al. Heavy metal toxicity and the environment. *Experientia supplementum*, 2012, 101: 133 – 64.

[103] Gilani S H, Alibhai Y. Teratogenicity of metals to chick embryos. J*ournal of Toxicology and Environmental Health*, 1990, 30: 23 – 31.

[104] Kuninobu Y, Nishina Y, Takeuchi T, et al. Manganese – catalyzed insertion of aldehydes into a C – H bond. *Angewandte Chemie – International Edition*, 2007, 46: 6518 – 6520.

[105] Zhou B, Hu Y, Wang C. Manganese – Catalyzed Direct Nucleophilic C(sp(2)) – H Addition to Aldehydes and Nitriles. *Angewandte Chemie – International Edition*, 2015, 54: 13659 – 13663.

[106] Liang Y – F, Massignan L, Liu W, et al. Catalyst – Guided C = Het Hydroarylations by Manganese – Catalyzed Additive – Free C – H Activation. *Chemistry – a European Journal*, 2016, 22: 14856 – 14859.

[107] Guihaume J, Halbert S, Eisenstein O, et al. Hydrofluoroarylation of Alkynes with Ni Catalysts. C – H Activation via Ligand – to – Ligand Hydrogen Transfer, an Alternative to Oxidative Addition. *Organometallics*, 2012, 31: 1300 – 1314.

[108] Zhou B, Chen H, Wang C. Mn – Catalyzed Aromatic C – H Alkenylation with Terminal Alkynes. *Journal of the American Chemical Society*, 2013, 135: 1264 – 1267.

[109] Trost B M, Toste F D, Pinkerton A B. Non – metathesis ruthenium – catalyzed C – C bond formation. *Chemical Reviews*, 2001, 101: 2067 – 2096.

[110] Jahier C, Zatolochnaya O V, Zvyagintsev N V, et al. General and Selective Head – to – Head Dimerization of Terminal Alkynes Proceeding via Hydropalladation Pathway. *Organic Letters*, 2012, 14: 2846 – 2849.

[111] Grigsby W J, Main L, Nicholson B K. Orthomanganated arenes in synthesis. 9. Photochemical reactions of alkynes with orthomanganated triphenyl phosphite. *Organometallics*, 1993, 12: 397 – 407.

[112] Suarez A, Faraldo F, Vila J M, et al. Coupling reactions of manganese (I) cyclometallated compoundsderived from heterocyclic N – donor ligands with alkynes. *Journal of Organometallic Chemistry*, 2002, 656: 270 – 273.

[113] Yahaya N P, Appleby K M, Teh M, et al. Manganese (I) – Catalyzed C – H Activation: The Key Role of a 7 – Membered Manganacycle in H – Transfer and Reductive Elimination. *Angewandte Chemie – International Edition*, 2016, 55: 12455 – 12459.

[114] He R, Huang Z – T, Zheng Q – Y, et al. Manganese – Catalyzed Dehydrogenative 4 + 2 Annulation of N – H Imines and Alkynes by C – H/N – H Activation * *. *Angewandte Chemie – International Edition*, 2014, 53: 4950 – 4953.

[115] Kornhaass C, Li J, Ackermann L. Cationic Ruthenium Catalysts for Alkyne Annulations with Oximes by C – H/N – O Functionalizations. *Journal of Organic Chemistry*, 2012, 77: 9190 – 9198.

[116] Fukutani T, Umeda N, Hirano K, et al. Rhodium – catalyzed oxidative coupling of aromatic imines with internal alkynes via regioselective C – H bond cleavage. *Chemical Communications*, 2009: 5141 – 5143.

[117] Ni G, Zhang Q – J, Zheng Z – F, et al. 2 – Arylbenzofuran Derivatives from Morus cathayana. *Journal of Natural Products*, 2009, 72: 966 – 968.

[118] Trost B M, Thiel O R, Tsui H C. DYKAT of Baylis – Hillman adducts: Concise total synthesis of furaquinocin E. *Journal of the American Chemical Society*, 2002, 124: 11616 – 11617.

[119] Mishra N K, Sharma S, Park J, et al. Recent Advances in Catalytic C(sp(2)) – H Allylation Reactions. *Acs Catalysis*, 2017, 7: 2821 – 2847.

[120] Liu W, Richter S C, Zhang Y, et al. Manganese (I) – Catalyzed Substitutive C – H Allylation. *Angewandte Chemie – International Edition*, 2016, 55: 7747 – 7750.

[121] Anbarasan P, Neumann H, Beller M. A General Rhodium – Catalyzed Cyanation of Aryl and Alkenyl Boronic Acids. *Angewandte Chemie – International Edition*, 2011, 50: 519 – 522.

[122] Liu W, Richter S C, Mei R, et al, Ackermann L. Synergistic Heterobimetallic Manifold for Expedient Manganese (I) – Catalyzed C – H Cyanation. *Chemistry – a European Journal*, 2016, 22: 17958 – 17961.

[123] Yu X, Tang J, Jin X, et al. Manganese – Catalyzed C – H Cyanation of Arenes with

&ITN&IT - Cyano - &ITN&IT - (4 - methoxy) phenyl - &ITp&IT - toluenesulfonamide. *Asian Journal of Organic Chemistry*, 2018, 7: 550 - 553.

[124] Raghuvanshi K, Zell D, Rauch K, et al. Ketone - Assisted Ruthenium (Ⅱ) - Catalyzed C - H Imidation: Access to Primary Aminoketones by Weak Coordination. *Acs Catalysis*, 2016, 6: 3172 - 3175.

[125] Wang H, Lorion M M, Ackermann L. Air - Stable Manganese (Ⅰ) - Catalyzed C - H Activation for Decarboxylative C - H/C - O Cleavages in Water. *Angewandte Chemie - International Edition*, 2017, 56: 6339 - 6342.

[126] Ruan Z, Sauermann N, Manoni E, et al. Manganese - Catalyzed C - H Alkynylation: Expedient Peptide Synthesis and Modification. *Angewandte Chemie - International Edition*, 2017, 56: 3172 - 3176.

[127] Zell D, Dhawa U, Mueller V, et al. C - F/C - H Functionalization by Manganese (Ⅰ) Catalysis: Expedient (Per) Fluoro - Allylations and Alkenylations. *Acs Catalysis*, 2017, 7: 4209 - 4213.

[128] Cai S - H, Ye L, Wang D - X, et al. Manganese - catalyzed synthesis of monofluoroalkenes via C - H activation and C - F cleavage. *Chemical Communications*, 2017, 53: 8731 - 8734.

[129] Ackermann L. Metal - catalyzed direct alkylations of (hetero) arenes via C - H bond cleavages with unactivated alkyl halides. *Chemical Communications*, 2010, 46: 4866 - 4877.

[130] Liu W, Cera G, Oliveira J C A, et al. MnCl$_2$ - Catalyzed C - H Alkylations with Alkyl Halides. *Chemistry - a European Journal*, 2017, 23: 11524 - 11528.

[131] Shen Z, Cera G, Haven T, et al. Tri - Substituted Triazole - Enabled C - H Activation of Benzyl and Aryl Amines by Iron Catalysis. *Organic Letters*, 2017, 19:3795 - 3798.

[132] Cera G, Haven T, Ackermann L. Expedient Iron - Catalyzed C - H Allylation/ Alkylation by Triazole Assistance with Ample Scope. *Angewandte Chemie - International Edition*, 2016, 55: 1484 - 1488.

[133] Zhu C, Oliveira J C A, Shen Z, et al. D Manganese (Ⅱ/Ⅲ/Ⅰ) - Catalyzed C - H Arylations in Continuous Flow. *Acs Catalysis*, 2018, 8: 4402 - 4407.

[134] Chen H Y, Hartwig J F. Catalytic, regiospecific end - functionalization of alkanes: Rhenium - catalyzed borylation under photochemical conditions. *Angewandte Chemie - International Edition*, 1999, 38: 3391 - 3393.

[135] Fuerstner A. Iron Catalysis in Organic Synthesis: A Critical Assessment ofWhat It Takes To Make This Base Metal a Multitasking Champion. *Acs Central Science*, 2016: 2, 778 - 789.

[136] Correa A, Mancheno O G, Bolm C. Iron - catalysed carbon - heteroatom and heteroatom - heteroatom bond forming processes. *Chemical Society Reviews*, 2008, 37: 1108 - 1117.

[137] Nakamura E, Yoshikai N. Low - Valent Iron - Catalyzed C - C Bond Formation - Addition, Substitution, and C - H Bond Activation. *Journal of Organic Chemistry*, 2010, 75:6061 - 6067.

[138] Cera G, Ackermann L. Iron - Catalyzed C - H Functionalization Processes. *Topics in Current*

Chemistry, 2017, 374: 191 – 224.

[139] Camadanli S, Beck R, Floerke U, et al. C – H Activation of Imines by Trimethylphosphine – Supported Iron Complexes and Their Reactivities. *Organometallics*, 2009, 28: 2300 – 2310.

[140] Baker M V, Field L D. Reaction of carbon – hydrogen bonds in alkanes with bis (diphosphine) complexes of iron. *Journal of the American Chemical Society*, 1987, 109: 2825 – 2826.

[141] Wong M Y, Yamakawa T, Yoshikai N. Iron – Catalyzed Directed C2 – Alkylation and Alkenylation of Indole with Vinylarenes and Alkynes. *Organic Letters*, 2015, 17: 442 – 445.

[142] Newton C G, Wang S – G, Oliveira C C, et al. Catalytic Enantioselective Transformations Involving C – H Bond Cleavage by Transition – Metal Complexes. *Chemical Reviews*, 2017, 117: 8908 – 8976.

[143] Loup J, Zell D, Oliveira J C A, et al. Asymmetric Iron – Catalyzed C – H Alkylation Enabled by Remote Ligand meta – Substitution. *Angewandte Chemie – International Edition*, 2017, 56: 14197 – 14201.

[144] Ma W, Gandeepan P, Li J, et al. Recent advances in positional – selective alkenylations: removable guidance for twofold C – H activation. *Organic Chemistry Frontiers*, 2017, 4: 1435 – 1467.

[145] Kozhushkov S I, Ackermann L. Ruthenium – catalyzed direct oxidative alkenylation of arenes through twofold C – H bond functionalization. *Chemical Science*, 2013, 4: 886 – 896.

[146] Zhou L, Lu W. Towards Ideal Synthesis: Alkenylation of Aryl C – H Bonds by a Fujiwara – Moritani Reaction. *Chemistry – a European Journal*, 2014, 20 (3): 634 – 642.

[147] Shang R, Ilies L, Asako S, et al. Iron – Catalyzed C(sp^2) – H Bond Functionalization with Organoboron Compounds. *Journal of the American Chemical Society*, 2014, 136: 14349 – 14352.

[148] Satoh T, Miura M. Oxidative Coupling of Aromatic Substrates with Alkynes and Alkenes under Rhodium Catalysis. *Chemistry – a European Journal*, 2010, 16: 11212 – 11222.

[149] Ackermann L. Carboxylate – Assisted Ruthenium – Catalyzed Alkyne Annulations by C – H/Het – H Bond Functionalizations. *Accounts of Chemical Research*, 2014, 47: 281 – 295.

[150] Greenhalgh M D, Jones A S, Thomas S P. Iron – Catalysed Hydrofunctionalisation of Alkenes and Alkynes. *Chemcatchem*, 2015, 7: 190 – 222.

[151] Sherry B D, Fuerstner A. The Promise and Challenge of Iron – Catalyzed Cross Coupling. *Accounts of Chemical Research*, 2008, 41: 1500 – 1511.

[152] Dudnik A S, Gevorgyan V. Formal Inverse Sonogashira Reaction: Direct Alkynylation of Arenes and Heterocycles with Alkynyl Halides. *Angewandte Chemie – International Edition*, 2010, 49: 2096 – 2098.

[153] Cera G, Haven T, Ackermann L. Iron – Catalyzed C – H Alkynylation through Triazole Assistance: Expedient Access to Bioactive Heterocycles. *Chemistry – a European Journal*, 2017, 23: 3577 – 3582.

[154] Ilies L, Matsubara T, Ichikawa S, et al. Iron – Catalyzed Directed Alkylation of Aromatic and Olefinic Carboxamides with Primary and Secondary Alkyl Tosylates, Mesylates, and Halides. *Journal of the American Chemical Society*, 2014, 136: 13126 – 13129.

[155] Ackermann L, Vicente R, Kapdi A R. Transition – Metal – Catalyzed Direct Arylation of (Hetero) Arenes by C – H Bond Cleavage. *Angewandte Chemie – International Edition*, 2009, 48: 9792 – 9826.

[156] Norinder J, Matsumoto A, Yoshikai N, et al. Iron – catalyzed direct arylation through directed C – H bond activation. *Journal of the American Chemical Society*, 2008, 130: 5858 – 5859.

[157] Sun Y, Tang H, Chen K, et al. Two – State Reactivity in Low – Valent Iron – Mediated C – H Activation and the Implications for Other First – Row Transition Metals. *Journal of the American Chemical Society*, 2016, 138: 3715 – 3730.

[158] Bume D D, Pitts C R, Lectka T. Tandem C – C Bond Cleavage of Cyclopropanols and Oxidative Aromatization by Manganese (Ⅳ) Oxide in a Direct C – H to C – C Functionalization of Heteroaromatics. *European Journal of Organic Chemistry*, 2016: 26 – 30.

[159] Matsubara T, Asako S, Ilies L, et al. Synthesis of Anthranilic Acid Derivatives through Iron – Catalyzed Ortho Amination of Aromatic Carboxamides with N – Chloroamines. *Journal of the American Chemical Society*, 2014, 136: 646 – 649.

[160] Mkhalid I A I, Barnard J H, Marder T B, et al. C – H Activation for the Construction of C – B Bonds. *Chemical Reviews*, 2010, 110: 890 – 931.

[161] Waltz K M, He X M, Muhoro C, et al. Hydrocarbon functionalization by transition metal boryls. *Journal of the American Chemical Society*, 1995, 117: 11357 – 11358.

[162] Yan G, Jiang Y, Kuang C, et al. Nano – Fe_2O_3 – catalyzed direct borylation of arenes. *Chemical Communications*, 2010, 46: 3170 – 3172.

[163] Mazzacano T J, Mankad N P. Base Metal Catalysts for Photochemical C – H Borylation That Utilize Metal – Metal Cooperativity. *Journal of the American Chemical Society*, 2013, 135: 17258 – 17261.

[164] Dombray T, Werncke C G, Jiang S, et al. Iron – Catalyzed C – H Borylation of Arenes. *Journal of the American Chemical Society*, 2015, 137: 4062 – 4065.

[165] Yoshigoe Y, Kuninobu Y. Iron – Catalyzed ortho – Selective C – H Borylation of 2 – Phenylpyridines and Their Analogs. *Organic Letters*, 2017, 19: 3450 – 3453.

[166] Kharasch M S, Fields E K. Factors determining the course and mechanisms of Grignard reactions. IV. The effect of metallic halides on the reaction of aryl Grignard reagents and organic halides. *Journal of the American Chemical Society*, 1941, 63: 2316 – 2320.

[167] Khand I U, Knox G R, Pauson P L, et al. A cobalt induced cleavage reaction and a new series of arenecobalt carbonyl complexes. *Journal of the Chemical Society D – Chemical Communications*, 1971: 36a.

[168] Khand I U, Knox G R, Pauson P L, et al. Organocobalt complexes. Part I. Arene comple-

xes derived from dodecacarbonyltetracobalt. *Journal of the Chemical Society – Perkin Transactions 1*, 1973: 975 – 977.

[169] Hebrard F, Kalck P. Cobalt – Catalyzed Hydroformylation of Alkenes: Generation and Recycling of the Carbonyl Species, and Catalytic Cycle. *Chemical Reviews*, 2009, 109: 4272 – 4282.

[170] Lautens M, Klute W, Tam W. Transition metal – mediated cycloaddition reactions. *Chemical Reviews*, 1996, 96: 49 – 92.

[171] Gandeepan P, Cheng C – H. Cobalt Catalysis Involving pi Components in Organic Synthesis. *Accounts of Chemical Research*, 2015, 48: 1194 – 1206.

[172] Pellissier H, Clavier H. Enantioselective Cobalt – Catalyzed Transformations. *Chemical Reviews*, 2014, 114: 2775 – 2823.

[173] Cahiez G, Moyeux A. Cobalt – Catalyzed Cross – Coupling Reactions. *Chemical Reviews*, 2010, 110: 1435 – 1462.

[174] Murahashi S. Synthesis of phthalimidines from schiff bases and carbon monoxide. *Journal of the American Chemical Society*, 1955, 77: 6403 – 6404.

[175] Murahashi S, Horiie S. The reaction of azobenzene and carbon monoxide. *Journal of the American Chemical Society*, 1956, 78: 4816 – 4817.

[176] Ackermann L. Cobalt – Catalyzed C – H Arylations, Benzylations, and Alkylations with Organic Electrophiles and Beyond. *Journal of Organic Chemistry* 2014, 79: 8948 – 8954.

[177] Moselage M, Li J, Ackermann L. Cobalt – Catalyzed C – H Activation. *Acs Catalysis*, 2016, 6: 498 – 525.

[178] Gao K, Yoshikai N. Low – Valent Cobalt Catalysis: New Opportunities for C – H Functionalization. *Accounts of Chemical Research*, 2014, 47: 1208 – 1219.

[179] Gao K, Yamakawa T, Yoshikai N. Cobalt – Catalyzed Chelation – Assisted Alkylation of Arenes with Primary and Secondary Alkyl Halides. *Synthesis – Stuttgart*, 2014, 46: 2024 – 2039.

[180] Tilly D, Dayaker G, Bachu P. Cobalt mediated C – H bond functionalization: emerging tools for organic synthesis. *Catalysis Science & Technology*, 2014, 4: 2756 – 2777.

[181] Hyster T K. High – Valent Co (Ⅲ) – and Ni (Ⅱ) – Catalyzed C – H Activation. *Catalysis Letters*, 2015, 145: 458 – 467.

[182] Yoshino T, Matsunaga S. (Pentamethylcyclopentadienyl) cobalt (Ⅲ) – Catalyzed C – H Bond Functionalization: From Discovery to Unique Reactivity and Selectivity. *Advanced Synthesis & Catalysis*, 2017, 359: 1245 – 1262.

[183] Wei D, Zhu X, Niu J – L, et al. High – Valent – Cobalt – Catalyzed C – H Functionalization Based on Concerted Metalation – Deprotonation and Single – Electron – Transfer Mechanisms. *Chemcatchem*, 2016, 8: 1242 – 1263.

[184] Wang S, Chen S – Y, Yu X – Q. C – H functionalization by high – valent Cp*Co (Ⅲ) catalysis. *Chemical Communications*, 2017, 53: 3165 – 3180.

[185] Kommagalla Y, Chatani N. Cobalt (Ⅱ) – catalyzed C – H functionalization using an N, N'-bidentate directing group. *Coordination Chemistry Reviews*, 2017, 350: 117 – 135.

[186] Usman M, Ren Z – H, Wang Y – Y, et al. Recent Developments in Cobalt Catalyzed Carbon – Carbon and Carbon – Heteroatom Bond Formation via C – H Bond Functionalization. *Synthesis – Stuttgart*, 2017, 49: 1419 – 1443.

[187] Prakash S, Kuppusamy R, Cheng C – H. Cobalt – Catalyzed Annulation Reactions via C – H Bond Activation. *Chemcatchem*, 2018, 10: 683 – 705.

[188] Lenges C P, Brookhart M. Co (Ⅰ) – catalyzed inter – and intramolecular hydroacylation of olefins with aromatic aldehydes. *Journal of the American Chemical Society*, 1997, 119: 3165 – 3166.

[189] Bolig A D, Brookhart M. Activation of sp^3 C – H bonds with cobalt (Ⅰ): Catalytic synthesis of enamines. *Journal of the American Chemical Society*, 2007, 129: 14544 – 14545.

[190] Broderick W E, Kanamori K, Willett R D, et al. Intramolecular carbon – hydrogen bond activation: preparation, structure, and properties of a unique cobalt (Ⅲ) complex, KCo (Ⅲ)(dacoda)(SO$_3$). cntdot. 5H$_2$O, containing a weak agostic interaction in aqueous solution. *Inorganic Chemistry*, 1991, 30: 3875 – 3881.

[191] Hu C J, Chin R M, Nguyen T D, et al. Chemistry of constrained dioxocyclam ligands with Co (Ⅲ): Unusual examples of C – H and C – N bond cleavage. *Inorganic Chemistry*, 2003, 42: 7602 – 7607.

[192] Gao K, Yoshikai N. Regioselectivity – Switchable Hydroarylation of Styrenes. *Journal of the American Chemical Society*, 2011, 133: 400 – 402.

[193] Nakanowatari S, Mei R, Feldt M, et al. Cobalt (Ⅲ) – Catalyzed Hydroarylation of Allenes via C – H Activation. *Acs Catalysis*, 2017, 7: 2511 – 2515.

[194] Gao K, Yoshikai N. Cobalt – catalyzed arylation of aldimines via directed C – H bond functionalization: addition of 2 – arylpyridines and self – coupling of aromatic aldimines. *Chemical Communications*, 2012, 48: 4305 – 4307.

[195] Lenges C P, Brookhart M, Grant B E. H/D exchange reactions between C_6D_6 and C_5Me_5Co (CH2 = CHR)$_2$(R = H, SiMe$_3$): Evidence for oxidative addition of C – sp^2 – H bonds to the C_5Me_5(L)Co moiety. *Journal of Organometallic Chemistry*, 1997, 528: 199 – 203.

[196] Lenges C P, White P S, Brookhart M. Mechanistic and synthetic studies of the addition of alkyl aldehydes to vinylsilanes catalyzed by Co (Ⅰ) complexes. *Journal of the American Chemical Society*, 1998, 120: 6965 – 6979.

[197] Moselage M, Sauermann N, Richter S C, et al. CH Alkenylations with Alkenyl Acetates, Phosphates, Carbonates, and Carbamates byCobalt Catalysis at 23 degrees C. *Angewandte Chemie – International Edition*, 2015, 54: 6352 – 6355.

[198] Oi S, Tanaka Y, Inoue Y. Ortho – selective allylation of 2 – pyridylarenes with allyl acetates catalyzed by ruthenium complexes. *Organometallics*, 2006, 25: 4773 – 4778.

[199] Yu D – G, Gensch T, de Azambuja F, et al. Co (Ⅲ) – Catalyzed C – H Activation/For-

mal S – N – Type Reactions: Selective and Efficient Cyanation, Halogenation, and Allylation. *Journal of the American Chemical Society*, 2014, 136: 17722 – 17725.

[200] Gensch T, Vasquez – Cespedes S, Yu D – G, et al. Cobalt (Ⅲ) – Catalyzed Directed C – H Allylation. *Organic Letters*, 2015, 17: 3714 – 3717.

[201] Moselage M, Sauermann N, Koeller J, et al. Cobalt (Ⅲ) – Catalyzed Allylation with Allyl Acetates by C – H/C – O Cleavage. *Synlett*, 2015, 26: 1596 – 1600.

[202] Bunno Y, Murakami N, Suzuki Y, et al. Cp * Co – Ⅲ – Catalyzed Dehydrative C – H Allylation of 6 – Arylpurines and Aromatic Amides Using Allyl Alcohols in Fluorinated Alcohols. *Organic Letters*, 2016, 18: 2216 – 2219.

[203] Tobisu M, Ano Y, Chatani N. Palladium – Catalyzed Direct Alkynylation of C – H Bonds in Benzenes. *Organic Letters*, 2009, 11: 3250 – 3252.

[204] Ano Y, Tobisu M, Chatani N. Palladium – Catalyzed Direct Ethynylation of C(sp(3)) – H Bonds in Aliphatic Carboxylic Acid Derivatives. *Journal of the American Chemical Society*, 2011, 133: 12984 – 12986.

[205] Xie F, Qi Z, Yu S, et al. Rh(Ⅲ) – and Ir(Ⅲ) – Catalyzed C – H Alkynylation of Arenes under Chelation Assistance. *Journal of the American Chemical Society*, 2014, 136: 4780 – 4786.

[206] Feng C, Loh T – P. Rhodium – Catalyzed C – H Alkynylation of Arenes at Room Temperature. *Angewandte Chemie – International Edition*, 2014, 53: 2722 – 2726.

[207] Ano Y, Tobisu M, Chatani N. Ruthenium – Catalyzed Direct ortho – Alkynylation of Arenes with Chelation Assistance. *Synlett*, 2012: 2763 – 2766.

[208] Mei R, Zhang S – K, Ackermann L. Ruthenium (Ⅱ) – Catalyzed C – H Alkynylation of Weakly Coordinating Benzoic Acids. *Organic Letters*, 2017, 19: 3171 – 3174.

[209] Zhang Z – Z, Liu B, Wang C – Y, et al. Cobalt (Ⅲ) – Catalyzed C2 – Selective C – H Alkynylation of Indoles. *Organic Letters*, 2015, 17: 4094 – 4096.

[210] Sauermann N, Gonzalez M J, Ackermann L. Cobalt (Ⅲ) – Catalyzed C – HAlkynylation with Bromoalkynes under Mild Conditions. *Organic Letters*, 2015, 17: 5316 – 5319.

[211] Cavalcanti L N, Molander G A. Photoredox Catalysis in Nickel – Catalyzed Cross – Coupling. *Topics in Current Chemistry*, 2017, 374: 37 – 59.

[212] Tobisu M, Chatani N. Nickel – Catalyzed Cross – Coupling Reactions of Unreactive Phenolic Electrophiles via C – O Bond Activation. *Topics in Current Chemistry*, 2017, 374: 129 – 156.

[213] Egorova K S, Ananikov V P. Which Metals are Green for Catalysis? Comparison of the Toxicities of Ni, Cu, Fe, Pd, Pt, Rh, and Au Salts. *Angewandte Chemie – International Edition*, 2016, 55: 12150 – 12162.

[214] Kleiman J P, Dubeck M. The preparation of cyclopentadienyl [o – (phenylazo) phenyl] nickel. *Journal of the American Chemical Society*, 1963, 85: 1544 – 1545.

[215] Nakao Y, Kanyiva K S, Oda S, et al. Hydroheteroarylation of alkynes under mild nickel

catalysis. *Journal of the American Chemical Society*, 2006, 128: 8146 – 8147.

[216] Li M, Yang Y, Zhou D, et al. Nickel – Catalyzed Addition – Type Alkenylation of Unactivated, Aliphatic C – H Bonds with Alkynes: A Concise Route to Polysubstituted gamma – Butyrolactones. *Organic Letters*, 2015, 17: 2546 – 2549.

[217] Mukai T, Hirano K, Satoh T, et al. Nickel – Catalyzed C – H Alkenylation and Alkylation of 1,3,4-Oxadiazoles with Alkynes and Styrenes. *Journal of Organic Chemistry*, 2009, 74: 6410 – 6413.

[218] Maity S, Agasti S, Earsad A M, et al. Nickel – Catalyzed Insertion of Alkynes and Electron – Deficient Olefins into Unactivated sp (3) CH Bonds. *Chemistry – a European Journal*, 2015, 21: 11320 – 11324.

[219] Nakanowatari S, Mueller T, Oliveira J C A, et al. Bifurcated Nickel – Catalyzed Functionalizations: Heteroarene C – H Activation with Allenes. *Angewandte Chemie – International Edition*, 2017, 56: 15891 – 15895.

[220] Hoshimoto Y, Ohashi M, Ogoshi S. Catalytic Transformation of Aldehydes with Nickel Complexes through eta (2) Coordination and Oxidative Cyclization. *Accounts of Chemical Research*, 2015, 48: 1746 – 1755.

[221] Willis M C. Transition Metal Catalyzed Alkene and Alkyne Hydroacylation. *Chemical Reviews*, 2010, 110: 725 – 748.

[222] Tsuda T, Kiyoi T, Saegusa T. Nickel (0) – catalyzed hydroacylation of alkynes with aldehydes to alpha, beta. enones. *Journal of Organic Chemistry*, 1990, 55: 2554 – 2558.

[223] Caspers L D, Nachtsheim B J. Directing – Group – mediated C – H – Alkynylations. *Chemistry – an Asian Journal*, 2018, 13: 1231 – 1247.

[224] Matsuyama N, Kitahara M, Hirano K, et al. Nickel – and Copper – Catalyzed Direct Alkynylation of Azoles and Polyfluoroarenes with Terminal Alkynes under O – 2 or Atmospheric Conditions. *Organic Letters*, 2010, 12: 2358 – 2361.

[225] Matsuyama N, Hirano K, Satoh T, et al. Nickel – Catalyzed Direct Alkynylation of Azoles with Alkynyl Bromides. *Organic Letters*, 2009, 11: 4156 – 4159.

[226] Vechorkin O, Hirt N, Hu X. Carbon Dioxide as the C1 Source for Direct C – H Functionalization of Aromatic Heterocycles. *Organic Letters*, 2010, 12: 3567 – 3569.

[227] Canivet J, Yamaguchi J, Ban I, et al. Nickel – Catalyzed Biaryl Coupling of Heteroarenes and Aryl Halides/Triflates. *Organic Letters*, 2009, 11: 1733 – 1736.

[228] Hachiya H, Hirano K, Satoh T, et al. Nickel – Catalyzed Direct Arylation of Azoles with Aryl Bromides. *Organic Letters*, 2009, 11: 1737 – 1740.

[229] Li Y, Liu J, Xie Y, et al. Nickel – catalyzed C – H direct amination of benzoxazoles with secondary amines. *Organic & Biomolecular Chemistry*, 2012, 10: 3715 – 3720.

[230] Zhan B – B, Liu Y – H, Hu F, et al. Nickel – catalyzed ortho – halogenation of unactivated (hetero) aryl C – H bonds with lithium halides using a removable auxiliary. *Chemical Communications*, 2016, 52: 4934 – 4937.

[231] Yang K, Wang Y, Chen X, et al. Nickel-catalyzed and benzoic acid-promoted direct sulfenylation of unactivated arenes. *Chemical Communications*, 2015, 51: 3582-3585.

[232] Yan S-Y, Liu Y-J, Liu B, et al. Nickel-catalyzed thiolation of unactivated aryl C-H bonds: efficient access to diverse aryl sulfides. *Chemical Communications*, 2015, 51: 4069-4072.

[233] Zhang H, Hagihara S, Itami K. Aromatic C-H Borylation by Nickel Catalysis. *Chemistry Letters*, 2015, 44: 779-781.

[234] Furukawa T, Tobisu M, Chatani N. Nickel-catalyzed borylation of arenes and indoles via C-H bond cleavage. *Chemical Communications*, 2015, 51: 6508-6511.

[235] Colby D A, Tsai A S, Bergman R G, et al. Rhodium Catalyzed Chelation-Assisted C-H Bond Functionalization Reactions. *Accounts of Chemical Research*, 2012, 45: 814-825.

[236] Fagnoni M, Dondi D, Ravelli D, et al. Photocatalysis for the formation of the C-C bond. *Chemical Reviews*, 2007, 107: 2725-2756.

[237] Skubi K L, Blum T R, Yoon T P. Dual Catalysis Strategies in Photochemical Synthesis. *Chemical Reviews*, 2016, 116: 10035-10074.

[238] Shaw M H, Shurtleff V W, Terrett J A, et al. Native functionality in triple catalytic cross-coupling: sp(3) C-H bonds as latent nucleophiles. *Science*, 2016, 352: 1304-1308.

[239] Le C, Liang Y, Evans R W, et al. Selective sp(3) C-H alkylation via polarity-match-based cross-coupling. *Nature*, 2017, 547: 79-83.

[240] Gu L, Jin C, Liu J, et al. Acylation of indoles via photoredox catalysis: a route to 3-acylindoles. *Green Chemistry*, 2016, 18: 1201-1205.

[241] Nielsen M K, Shields B J, Liu J, et al. Mild, Redox-Neutral Formylation of Aryl Chlorides through the Photocatalytic Generation of Chlorine Radicals. *Angewandte Chemie-International Edition*, 2017, 56: 7191-7194.

[242] Hassan J, Sevignon M, Gozzi C, et al. Aryl-aryl bond formation one century after the discovery of the Ullmann reaction. *Chemical Reviews*, 2002, 102: 1359-1469.

[243] Ullmann F, Bielecki J. Synthesis in the Biphenyl series. (I. Announcement). *Berichte Der Deutschen Chemischen Gesellschaft*, 1901, 34: 2174-2185.

[244] Zhu X, Chiba S. Copper-catalyzed oxidative carbon-heteroatom bond formation: a recent update. *Chemical Society Reviews*, 2016, 45: 4504-4523.

[245] Ley S V, Thomas A W. Modern synthetic methods for copper-mediated C(aryl)-O, C(aryl)-N, and C(aryl)-S bond formation. *Angewandte Chemie-International Edition*, 2003, 42: 5400-5449.

[246] Pummerer R, Frankfurter F. On a new organic radical. I. Announcement on the oxidation of phenol. *Berichte Der Deutschen Chemischen Gesellschaft*, 1914, 47: 1472-1493.

[247] Kim K H, Lee D W, Lee Y S, et al. Enantioselective oxidative coupling of methyl 3-hydroxy-2-naphthoate using mono-N-alkylated octahydrobinaphthyl-2,2′-diamine ligand. *Tetrahedron*, 2004, 60: 9037-9042.

[248] Ribas X, Jackson D A, Donnadieu B, et al. Aryl C-H activation by Cu-II to form an organometallic Aryl-Cu-III species: A novel twist on copper disproportionation. *Angewandte Chemie - International Edition*, 2002, 41: 2991-2994.

[249] Wang F, Zhao L, You J, et al. Synthesis of trifluoromethylthiolated azacalix 1 arene 3 pyridines from the Cu(II)-mediated direct trifluoromethylthiolation reaction of arenes via reactive arylcopper (III) intermediates. *Organic Chemistry Frontiers*, 2016, 3: 880-886.

[250] Yang J, Breslow R. Selective hydroxylation of a steroid at C-9 by an artificial cytochrome P-450. *Angewandte Chemie - International Edition*, 2000, 39: 2692-2694.

[251] Allen S E, Walvoord R R, Padilla-Salinas R, et al. Aerobic Copper-Catalyzed Organic Reactions. *Chemical Reviews*, 2013, 113: 6234-6458.

[252] Maaliki C, Thiery E, Thibonnet J. Emergence of Copper-Mediated Formation of C-C Bonds. *European Journal of Organic Chemistry*, 2017: 209-228.

[253] Diaz-Requejo M M, Perez P J. Coinage metal catalyzed C-H bond functionalization of hydrocarbons. *Chemical Reviews*, 2008, 108: 3379-3394.

[254] Bjorklund C, Nilsson M. Preparation of 2,6-Dinitrobiphenyls from m-Dinitrobenzene and Iodoarenes with Copper (I) oxide in Quinoline. *Acta Chemica Scandinavica*, 1968, 22: 2338.

[255] Cornforth J, Sierakowski A F, Wallace T W. Unsymmetrical biphenyl synthesis using copper (I) t-butoxide. *Journal of the Chemical Society - Chemical Communications*, 1979: 294-295.

[256] Phipps R J, Grimster N P, Gaunt M J. Cu (II) - Catalyzed direct and site - selective arylation of indoles under mild conditions. *Journal of the American Chemical Society*, 2008, 130: 8172-8174.

[257] Pitts A K, O'Hara F, Snell R H, et al. A Concise and Scalable Strategy for the Total Synthesis of Dictyodendrin B Based on Sequential C-H Functionalization. *Angewandte Chemie - International Edition*, 2015, 54: 5451-5455.

[258] Chen L, Ju L, Bustin K A, et al. Copper-catalyzed oxidative decarboxylative C-H arylation of benzoxazoles with 2-nitrobenzoic acids. *Chemical Communications*, 2015, 51: 15059-15062.

[259] Patra T, Nandi S, Sahoo S K, et al. Copper mediated decarboxylative direct C-H arylation of heteroarenes with benzoic acids. *Chemical Communications*, 2016, 52: 1432-1435.

[260] Ban I, Sudo T, Taniguchi T, et al. Copper-mediated C-H bond arylation of arenes with arylboronic acids. *Organic Letters*, 2008, 10: 3607-3609.

[261] Fu X-P, Xuan Q-Q, Liu L, et al. Dual C-H activations of electron-deficient heteroarenes: palladium-catalyzed oxidative cross coupling of thiazoles with azine N-oxides. *Tetrahedron*, 2013, 69: 4436-4444.

[262] Ashenhurst J A. Intermolecular oxidative cross-coupling of arenes. *Chemical Society Re-*

views, 2010, 39: 540-548.

[263] Do H-Q, Daugulis O. An Aromatic Glaser-Hay Reaction. *Journal of the American Chemical Society*, 2009, 131: 17052-17053.

[264] Modi A, Ali W, Patel B K. N,N-Dimethylacetamide (DMA) as a Methylene Synthon for Regioselective Linkage of Imidazo 1,2-a pyridine. *Advanced Synthesis & Catalysis*, 2016, 358: 2100-2107.

[265] Belhomme M-C, Poisson T, Pannecoucke X. Copper-Catalyzed Direct C-2 Difluoromethylation of Furans and Benzofurans: Access to C-2 CF_2H Derivatives. *Journal of Organic Chemistry*, 2014, 79: 7205-7211.

[266] Theunissen C, Wang J, Evano G. Copper-catalyzed direct alkylation of heteroarenes. *Chemical Science*, 2017, 8: 3465-3470.

[267] Shao Z, Zhang H. N-Tosylhydrazones: versatile reagents for metal-catalyzed and metal-free cross-coupling reactions. *Chemical Society Reviews*, 2012, 41: 560-572.

[268] Zhao X, Zhang Y, Wang J. Recent developments in copper-catalyzed reactions of diazo compounds. *Chemical Communications*, 2012, 48: 10162-10173.

[269] Teng Q, Hu J, Ling L, et al. Copper-catalyzed direct alkylation of 1,3-azoles with N-tosylhydrazones bearing a ferrocenyl group: a novel method for the synthesis of ferrocenyl-based ligands. *Organic & Biomolecular Chemistry*, 2014, 12: 7721-7727.

[270] Yi H, Zhang G, Wang H, et al. Recent Advances in Radical C-H Activation/Radical Cross-Coupling. *Chemical Reviews*, 2017, 117: 9016-9085.

[271] Guo X-X, Gu D-W, Wu Z, et al. Copper-Catalyzed C-H Functionalization Reactions: Efficient Synthesis of Heterocycles. *Chemical Reviews*, 2015, 115: 1622-1651.

[272] Liu C, Yuan J, Gao M, et al. Oxidative Coupling between Two Hydrocarbons: An Update of Recent C-H Functionalizations. *Chemical Reviews*, 2015, 115: 12138-12204.

[273] Girard S A, Knauber T, Li C-J. The Cross-Dehydrogenative Coupling of C-sp3-H Bonds: A Versatile Strategy for C-C Bond Formations. *Angewandte Chemie-International Edition*, 2014, 53: 74-100.

[274] Zhang H-J, Su F, Wen T-B. Copper-Catalyzed Direct C2-Benzylation of Indoles with Alkylarenes. *Journal of Organic Chemistry*, 2015, 80: 11322-11329.

[275] Takamatsu K, Hirano K, Miura M. Copper-mediated Decarboxylative Coupling of Benzamides with Potassium Malonate Monoesters via Directed C-H Cleavage. *Chemistry Letters*, 2018, 47: 450-453.

[276] Besselievre F, Piguel S, Mahuteau-Betzer F, et al. Stereoselectivedirect copper-catalyzed alkenylation of oxazoles with bromoalkenes. *Organic Letters*, 2008, 10: 4029-4032.

[277] Do H-Q, Daugulis O. Copper-catalyzed arylation and alkenylation of polyfluoroarene C-H bonds. *Journal of the American Chemical Society*, 2008, 130: 1128-1129.

[278] Bernini R, Fabrizi G, Sferrazza A, et al. Copper-Catalyzed C-C Bond Formation through C-H Functionalization: Synthesis of Multisubstituted Indoles from N-Aryl Enami-

nones. *Angewandte Chemie - International Edition*, 2009, 48: 8078 - 8081.

[279] Hu F - Z, Zhao S - H, Chen H, et al. Facile Synthesis of 2,3-Disubstituted Indoles by NBS/CuCl Mediated Oxidative Cyclization of N - Aryl Enamines. *Chemistryselect*, 2017, 2: 1409 - 1412.

[280] Yao T, Hirano K, Satoh T, et al. Stereospecific Copper - Catalyzed C - H Allylation of Electron - Deficient Arenes with Allyl Phosphates. *Angewandte Chemie - International Edition*, 2011, 50: 2990 - 2994.

[281] Yu S, Sang H L, Ge S. Enantioselective Copper - Catalyzed Alkylation of Quinoline N - Oxides with Vinylarenes. *Angewandte Chemie - International Edition*, 2017, 56: 15896 - 15900.

[282] Kitahara M, Hirano K, Tsurugi H, et al. Copper - Mediated Direct Cross - Coupling of 1,3,4-Oxadiazoles and Oxazoles with Terminal Alkynes. *Chemistry - a European Journal*, 2010, 16: 1772 - 1775.

[283] Wei Y, Zhao H, Kan J, et al. Copper - Catalyzed Direct Alkynylation of Electron - Deficient Polyfluoroarenes with Terminal Alkynes Using O_2 as an Oxidant. *Journal of the American Chemical Society*, 2010, 132: 2522 - 2523.

[284] Zeng W, Wu W, Jiang H, et al. Facile synthesis of benzofurans via copper - catalyzed aerobic oxidative cyclization of phenols and alkynes. *Chemical Communications*, 2013, 49: 6611 - 6613.

[285] Zhu R, Wei J, Shi Z. Benzofuran synthesis via copper - mediated oxidative annulation of phenols and unactivated internal alkynes. *Chemical Science*, 2013, 4: 3706 - 3711.

[286] Nakatani A, Hirano K, Satoh T, et al. A Concise Access to (Polyfluoroaryl) allenes by Cu - Catalyzed Direct Coupling with Propargyl Phosphates. *Organic Letters*, 2012, 14: 2586 - 2589.

[287] Garcia - Lopez J - A, Greaney M F. Synthesis of biaryls using aryne intermediates. *Chemical Society Reviews*, 2016, 45 (24): 6766 - 6798.

[288] Pellissier H, Santelli M. The use of arynes in organic synthesis. *Tetrahedron*, 2003, 59: 701 - 730.

[289] Zhang T - Y, Lin J - B, Li Q - Z, et al. Copper - Catalyzed Selective ortho - C - H/N - H Annulation of Benzamides with Arynes: Synthesis of Phenanthridinone Alkaloids. *Organic Letters*, 2017, 19: 1764 - 1767.

[290] Tang B - X, Song R - J, Wu C - Y, et al. Copper - Catalyzed Intramolecular C - H Oxidation/Acylation of Formyl - N - arylformamides Leading to Indoline-2,3-diones. *Journal of the American Chemical Society*, 2010, 132: 8900 - 8902.

[291] Gao F - F, Xue W - J, Wang J - G, et al. Logical design and synthesis of indole-2,3-diones and 2 - hydroxy - 3 (2H) - benzofuranones via one - pot intramolecular cyclization. *Tetrahedron*, 2014, 70: 4331 - 4335.

[292] Salvanna N, Ramesh P, Kumar K S, et al. Copper - catalyzed aerobic oxidative intramo-

lecular amidation of 2 - aminophenylacetylenes: a domino process for the synthesis of isatin. *New Journal of Chemistry*, 2017, 41: 13754 - 13759.

[293] Wu X, Miao J, Li Y, et al. Copper - promoted site - selective carbonylation of sp^3 and sp^2 C - H bonds with nitromethane. *Chemical Science*, 2016, 7: 5260 - 5264.

[294] Takamatsu K, Hirano K, Miura M. Copper - Catalyzed Formal 4 + 1 Cycloaddition of Benzamides and Isonitriles via Directed C - H Cleavage. *Organic Letters*, 2015, 17: 4066 - 4069.

[295] Hagmann W K. The many roles for fluorine in medicinal chemistry. *Journal of Medicinal Chemistry*, 2008, 51: 4359 - 4369.

[296] Gillis E P, Eastman K J, Hill M D, et al. Applications of Fluorine in Medicinal Chemistry. *Journal of Medicinal Chemistry*, 2015, 58: 8315 - 8359.

[297] Tomashenko O A, Grushin V V. Aromatic Trifluoromethylation with Metal Complexes. *Chemical Reviews*, 2011, 111: 4475 - 4521.

[298] Charpentier J, Frueh N, Togni A. Electrophilic Trifluoromethylation by Use of Hypervalent Iodine Reagents. *Chemical Reviews*, 2015, 115: 650 - 682.

[299] Chu L, Qing F - L. Copper - Catalyzed Direct C - H Oxidative Trifluoromethylation of Heteroarenes. *Journal of the American Chemical Society*, 2012, 134: 1298 - 1304.

[300] Chen X, Hao X - S, Goodhue C E, et al. Cu (Ⅱ) - catalyzed functionalizations of aryl C - H bonds using O - 2 as an oxidant. *Journal of the American Chemical Society*, 2006, 128, 6790 - 6791.

[301] Uemura T, Imoto S, Chatani N. Amination of the ortho C - H bonds by the Cu (OAc)$_2$ - mediated reaction of 2 - phenylpyridines with anilines. *Chemistry Letters*, 2006, 35: 842 - 843.

[302] Bose S K, Deissenberger A, Eichhorn A, et al. Zinc - Catalyzed Dual C - X and C - H Borylation of Aryl Halides. *Angewandte Chemie - International Edition*, 2015, 54: 11843 - 11847.

[303] Li L, Zhou B, Wang Y - H, et al. Zinc - Catalyzed Alkyne Oxidation/CH Functionalization: Highly Site - Selective Synthesis of Versatile Isoquinolones and Carbolines. *Angewandte Chemie - International Edition*, 2015, 54: 8245 - 8249.

[304] Tang S, Zeng L, Liu Y, et al. Zinc - Catalyzed Dehydrogenative Cross - Coupling of Terminal Alkynes with Aldehydes: Access to Ynones. *Angewandte Chemie - International Edition*, 2015, 54: 15850 - 15853.

[305] Tang W J, Zhang X M. New chiral phosphorus ligands for enantioselective hydrogenation. *Chemical Reviews*, 2003, 103: 3029 - 3069.

[306] Noyori R. Asymmetric catalysis: Science and opportunities (Nobel lecture). *Angewandte Chemie - International Edition*, 2002, 41: 2008 - 2022.

[307] Bird C W. Heteroaromaticity, 5, a unified aromaticity index. *Tetrahedron*, 1992, 48: 335 - 340.

[308] Wang D-S, Wang D-W, Zhou Y-G. Pd-catalyzed asymmetric hydrogenation of C=C bond of α,β-unsaturated ketones. *Synlett*, 2011, 2011: 947-950.

[309] Srimani D, Diskin-Posner Y, Ben-David Y, et al. Iron Pincer Complex Catalyzed, Environmentally Benign, E-Selective Semi-Hydrogenation of Alkynes. *Angewandte Chemie International Edition*, 2013, 52: 14131-14134.

[310] Zell T, Milstein D. Hydrogenation and dehydrogenation iron pincer catalysts capable of metal-ligand cooperation by aromatization/dearomatization. *Accounts of Chemical Research*, 2015, 48: 1979-1994.

[311] Wang Y-Q, Lu S-M, Zhou Y-G. Palladium-catalyzed asymmetric hydrogenation of functionalized ketones. *Organic Letters*, 2005, 7: 3235-3238.

[312] Teng B, Zheng J, Huang H, et al. Enantioselective synthesis of glutarimide alkaloids cordiarimides A, B, crotonimides A, B, and julocrotine. *Chinese Journal of Chemistry*, 2011, 29: 1312-1318.

[313] Wang C, Yang G, Zhuang J, Zhang W. From tropos to atropos: 5, 5'-bridged 2, 2'-bis (diphenylphosphino) biphenyls as chiral ligands for highlyenantioselective palladium-catalyzed hydrogenation of α-phthalimide ketones. *Tetrahedron Letters*, 2010, 51: 2044-2047.

[314] Zell T, Butschke B, Ben-David Y, et al. Efficient Hydrogen Liberation from Formic Acid Catalyzed by a Well-Defined Iron Pincer Complex under Mild Conditions. *Chemistry - A European Journal*, 2013, 19: 8068-8072.

[315] Boddien A, Mellmann D, Gärtner F, et al. Efficient dehydrogenation of formic acid using an iron catalyst. *Science*, 2011, 333: 1733-1736.

[316] Murata S, Sugimoto T, Matsuura S. Hydrogenation and hydrosilylation of quinoxaline by homogeneous rhodium catalysts. *Heterocycles*, 1987, 26: 763-766.

[317] Ohta T, Miyake T, Seido N, et al. Asymmetric hydrogenation of olefins with aprotic oxygen functionalities catalyzed by BINAP-Ru(II) complexes. *Journal of Organic Chemistry*, 1995, 60: 357-363.

[318] Bianchini C, Barbaro P, Scapacci G, et al. Enantioselective hydrogenation of 2-methylquinoxaline to (-)-(2S)-2-methyl-1, 2, 3, 4-tetrahydroquinoxaline by iridium catalysis. *Organometallics*, 1998, 17: 3308-3310.

[319] Dyson P J. Arene hydrogenation by homogeneous catalysts: fact or fiction? *Dalton Transactions*, 2003: 2964-2974.

[320] Glorius F. Asymmetric hydrogenation of aromatic compounds. *Organic & Biomolecular Chemistry*, 2005, 3: 4171-4175.

[321] Lu S M, Han X W, Zhou Y G. Recent advances in asymmetric hydrogenation of heteroaromatic compounds. *Chinese Journal of Organic Chemistry*, 2005, 25: 634-640.

[322] Zhou Y G. Asymmetric hydrogenation of heteroaromatic compounds. *Accounts of Chemical Research*, 2007, 40: 1357-1366.

[323] Kuwano R. Catalytic asymmetric hydrogenation of 5 - membered heteroaromatics. *Heterocycles*, 2008, 76: 909 – 922.

[324] Jacquemond - Collet I, Hannedouche S, Fabre N, et al. Two tetrahydroquinoline alkaloids from Galipea officinalis. *Phytochemistry*, 1999, 51: 1167 – 1169.

[325] Houghton P J, Woldemariam T Z, Watanabe Y, et al. Activity against Mycobacterium tuberculosis of alkaloid constituents of Angostura bark, Galipea officinalis. *Planta Medica*, 1999, 65: 250 – 254.

[326] Jacquemond - Collet I, Bessiere J M, Hannedouche S, et al. Identification of the alkaloids of Galipea officinalis by gaschromatography - mass spectrometry. *Phytochemical Analysis*, 2001, 12: 312 – 319.

[327] Wang W B, Lu S M, Yang P Y, et al. Highly enantioselective iridium - catalyzed hydrogenation of heteroaromatic compounds, quinolines. *Journal of the American Chemical Society*, 2003, 125: 10536 – 10537.

[328] Rueping M, Sugiono E, Schoepke F R. Thieme Chemistry Journal Awardees – Where Are They Now? Asymmetric Bronsted Acid Catalyzed Transfer Hydrogenations. *Synlett*, 2010: 852 – 865.

[329] Wang D S, Zhou J, Wang D W, et al. Inhibiting deactivation of iridium catalysts with bulky substituents on coordination atoms. *Tetrahedron Letters*, 2010, 51: 525 – 528.

[330] Wang D W, Zeng W, Zhou Y G. Iridium - catalyzed asymmetric transfer hydrogenation of quinolines with Hantzsch esters. *Tetrahedron - Asymmetry*, 2007, 18: 1103 – 1107.

[331] Wang D W, Wang D S, Chen Q A, et al. Asymmetric Hydrogenation with Water/Silane as the Hydrogen Source. *Chemistry - a European Journal*, 2010, 16: 1133 – 1136.

[332] Li Z W, Wang T L, He Y M, et al. Air - Stable and Phosphine - Free Iridium Catalysts for Highly Enantioselective Hydrogenation of Quinoline Derivatives. *Organic Letters*, 2008, 10: 5265 – 5268.

[333] Ohkuma T, Utsumi N, Tsutsumi K, et al. The hydrogenation/transfer hydrogenation network: Asymmetric hydrogenation of ketones with chiral eta (6) - arene/N - tosylethylenediamine - ruthenium (Ⅱ) catalysts. *Journal of the American Chemical Society*, 2006, 128: 8724 – 8725.

[334] Sandoval C A, Ohkuma T, Utsumi N, et al. Mechanism of asymmetric hydrogenation of acetophenone catalyzed by chiral eta (6) - arene - N - tosylethylenediamine - ruthenium (Ⅱ) complexes. *Chemistry - an Asian Journal*, 2006, 1: 102 – 110.

[335] Ohkuma T, Tsutsumi K, Utsumi N, et al. Asymmetric hydrogenation of alpha - chloro aromatic ketones catalyzed by eta (6) - arene/TsDPEN - ruthenium (Ⅱ) complexes. *Organic Letters*, 2007, 9: 255 – 257.

[336] Zhou H F, Li Z W, Wang Z J, et al. Hydrogenation of Quinolines Using a Recyclable Phosphine - Free Chiral Cationic Ruthenium Catalyst: Enhancement of Catalyst Stability and Selectivity in an Ionic Liquid. *Angewandte Chemie - International Edition*, 2008, 47:

8464 – 8467.

[337] Wang T L, Zhuo L G, Li Z W, et al. Highly Enantioselective Hydrogenation of Quinolines Using Phosphine – Free Chiral Cationic Ruthenium Catalysts: Scope, Mechanism, and Origin of Enantioselectivity. *Journal of the American Chemical Society*, 2011, 133: 9878 – 9891.

[338] Rueping M, Antonchick A R, Theissmann T. A highly enantioselective bronsted acid catalyzed cascade reaction: Organocatalytic transfer hydrogenation of quinolines and their application in the synthesis of alkaloids. *Angewandte Chemie – International Edition*, 2006, 45: 3683 – 3686.

[339] Rueping M, Stoeckel M, Sugiono E, et al. Asymmetric metal – free synthesis of fluoroquinolones by organocatalytic hydrogenation. *Tetrahedron*, 2010, 66: 6565 – 6568.

[340] Guo Q S, Du D M, Xu J. The development of double axially chiral phosphoric acids and their catalytic transfer hydrogenation of quinolines. *Angewandte Chemie – International Edition*, 2008, 47: 759 – 762.

[341] Rueping M, Koenigs R M. Bronsted acid differentiated metal catalysis by kinetic discrimination. *Chemical Communications*, 2011, 47: 304 – 306.

[342] Lu S M, Wang Y Q, Han X W, et al. Asymmetric hydrogenation of quinolines and isoquinolines activated by chloroformates. *Angewandte Chemie – International Edition*, 2006, 45: 2260 – 2263.

[343] Fantin M, Marti M, Auberson Y P, et al. NR_2A and NR_2B subunit containing NMDA receptors differentially regulate striatal output pathways. *Journal of Neurochemistry*, 2007, 103: 2200 – 2211.

[344] Tenbrink R E, Im W B, Sethy V H, et al. Antagonist, partial agonist, and full agonist imidazo [1,5-a] quinoxaline amides and carbamates acting through the GABAA/benzodiazepine receptor. *Journal of Medicinal Chemistry*, 1994, 37: 758 – 768.

[345] Li S M, Tian X J, Hartley D M, et al. Distinct roles for Ras – guanine nucleotide – releasing factor 1 (Ras – GRF1) and Ras – GRF2 in the induction of long – term potentiation and long – term depression. *Journal of Neuroscience*, 2006, 26: 1721 – 1729.

[346] Patel M, McHugh R J, Cordova B C, et al. Synthesis and evaluation of quinoxalinones as HIV – 1 reverse transcriptase inhibitors. *Bioorganic & Medicinal Chemistry Letters*, 2000, 10: 1729 – 1731.

[347] Bianchini C, Barbaro P, Scapacci G. Transition metal complexes with the C – 1 – symmetric diphosphines (R)-(R)-3-benzyl-2,4-bis (diphenylphosphino) pentane and (R)-(R)-3-benzyl (p – sulphonate)-2,4-bis (diphenylphosphino) pentane sodium salt. Applications to enantioselective catalysis in different phase systems. *Journal of Organometallic Chemistry*, 2001, 621: 26 – 33.

[348] Cartigny D, Nagano T, Ayad T, et al. Iridium – Difluorphos – Catalyzed Asymmetric Hydrogenation of 2 – Alkyl – and 2 – Aryl – Substituted Quinoxalines: A General and Efficient Route into Tetrahydroquinoxalines. *Advanced Synthesis & Catalysis*, 2010, 352: 1886 – 1891.

[349] Tadaoka H, Cartigny D, Nagano T, et al. Unprecedented Halide Dependence on Catalytic Asymmetric Hydrogenation of 2 - Aryl - and 2 - Alkyl - Substituted Quinolinium Salts by Using Ir Complexes with Difluorphos and Halide Ligands. *Chemistry - a European Journal*, 2009, 15: 9990 - 9994.

[350] Cobley C J, Henschke J P. Enantioselective hydrogenation of imines using a diverse library of ruthenium dichloride (diphospbine)(diamine) precatalysts. *Advanced Synthesis & Catalysis*, 2003, 345: 195 - 201.

[351] Henschke J P, Burk M J, Malan C G, et al. Synthesis and applications of HexaPHEMP, a novel biaryl diphosphine ligand. *Advanced Synthesis & Catalysis*, 2003, 345: 300 - 307.

[352] Rueping M, Tato F, Schoepke F R. The First General, Efficient and Highly Enantioselective Reduction of Quinoxalines and Quinoxalinones. *Chemistry - a European Journal*, 2010, 16: 2688 - 2691.

[353] Glorius F, Spielkamp N, Holle S, et al. Efficient asymmetric hydrogenation of pyridines. *Angewandte Chemie - International Edition*, 2004, 43:2850 - 2852.

[354] Studer M, Wedemeyer - Exl C, Spindler F, et al. Enantioselective homogeneous hydrogenation of monosubstituted pyridines and furans. *Monatshefte Fur Chemie*, 2000, 131: 1335 - 1343.

[355] Legault C Y, Charette A B. Catalytic asymmetric hydrogenation of N - iminopyridinium ylides: Expedient approach to enantioenriched substituted piperidine derivatives. *Journal of the American Chemical Society*, 2005, 127: 8966 - 8967.

[356] Blaser H U, Honig H, Studer M, et al. Enantioselective synthesis of ethyl nipecotinate using cinchona modified heterogeneous catalysts. *Journal of Molecular Catalysis a - Chemical*, 1999, 139: 253 - 257.

[357] Heitbaum M, Glorius F, Escher I. Asymmetric heterogeneous catalysis. *Angewandte Chemie - International Edition*, 2006, 45: 4732 - 4762.

[358] Mallat T, Orglmeister E, Baiker A. Asymmetric catalysis at chiral metal surfaces. *Chemical Reviews*, 2007, 107: 4863 - 4890.

[359] Rueping M, Antonchick A P. Organocatalytic enantioselective reduction of Pyridines. *Angewandte Chemie - International Edition*, 2007: 46 4562 - 4565.

[360] Kuwano R, Sato K, Kurokawa T, et al. Catalytic asymmetric hydrogenation of heteroaromatic compounds, indoles. *Journal of the American Chemical Society*, 2000, 122: 7614 - 7615.

[361] Kuwano R, Kashiwabara M. Ruthenium - catalyzed asymmetric hydrogenation of N - Boc - indoles. *Organic Letters*, 2006, 8: 2653 - 2655.

[362] Wang D W, Wang X B, Wang D S, et al. Highly Enantioselective Iridium - Catalyzed Hydrogenation of 2-Benzylquinolines and 2-Functionalized and 2, 3-Disubstituted Quinolines. *Journal of Organic Chemistry*, 2009, 74: 2780 - 2787.

[363] Dobereiner G E, Nova A, Schley N D, et al. Iridium - Catalyzed Hydrogenation of N - Heterocyclic Compounds under Mild Conditions by an Outer - Sphere Pathway. *Journal of the*

American Chemical Society, 2011, 133: 7547-7562.

[364] Baeza A, Pfaltz A. Iridium-Catalyzed Asymmetric Hydrogenation of N-Protected Indoles. Chemistry-a European Journal, 2010, 16: 2036-2039.

[365] Kuwano R, Kaneda K, Ito T, et al. Highly enantioselective synthesis of chiral 3-substituted indolines by catalytic asymmetric hydrogenation of indoles. Organic Letters, 2004, 6: 2213-2215.

[366] Kuwano R, Kashiwabara M, Sato K, et al. Catalytic asymmetric hydrogenation of indoles using a rhodium complex with a chiral bisphosphine ligand PhTRAP. Tetrahedron-Asymmetry, 2006, 17: 521-535.

[367] Maj A M, Suisse I, Meliet C, et al. Enantioselective hydrogenation of indoles derivatives catalyzed by Walphos/rhodium complexes. Tetrahedron-Asymmetry, 2010, 21: 2010-2014.

[368] Mrsic N, Jerphagnon T, Minnaard A J, et al. Asymmetric hydrogenation of 2-substituted N-protected-indoles catalyzed by rhodium complexes of BINOL-derived phosphoramidites. Tetrahedron-Asymmetry, 2010, 21: 7-10.

[369] Wang Y Q, Lu S M, Zhou Y G. Palladium-catalyzed asymmetrichydrogenation of functionalized ketones. Organic Letters, 2005, 7: 3235-3238.

[370] Wang Y Q, Zhou Y G. Highly enantioselective Pd-catalyzed asymmetric hydrogenation of N-diphenylphosphinyl ketimines. Synlett, 2006: 1189-1192.

[371] Wang Y Q, Lu S M, Zhou Y G. Highly enantioselective Pd-catalyzed asymmetric hydrogenation of activated imines. Journal of Organic Chemistry, 2007, 72: 3729-3734.

[372] Wang Y Q, Yu C B, Wang D W, et al. Enantioselective synthesis of cyclic sulfamidates via Pd-catalyzed hydrogenation. Organic Letters, 2008, 10: 2071-2074.

[373] Yu C B, Wang D W, Zhou Y G. Highly Enantioselective Synthesis of Sultams via Pd-Catalyzed Hydrogenation. Journal of Organic Chemistry, 2009, 74: 5633-5635.

[374] Chen M W, Duan Y, Chen Q A, et al. Enantioselective Pd-Catalyzed Hydrogenation of Fluorinated Imines: Facile Access to Chiral Fluorinated Amines. Organic Letters, 2010, 12: 5075-5077.

[375] Yu C B, Gao K, Wang D S, et al. Enantioselective Pd-catalyzed hydrogenation of enesulfonamides. Chemical Communications, 2011, 47: 5052-5054.

[376] Wang D S, Wang D W, Zhou Y G. Pd-Catalyzed Asymmetric Hydrogenation of C=C Bond of alpha, beta-Unsaturated Ketones. Synlett, 2011: 947-950.

[377] Zhou X Y, Wang D S, Bao M, et al. Palladium-catalyzed asymmetric hydrogenation of simple ketones activated by Bronsted acids. Tetrahedron Letters, 2011, 52: 2826-2829.

[378] Abe H, Amii H, Uneyama K. Pd-catalyzed asymmetric hydrogenation of alpha-fluorinated iminoesters in fluorinated alcohol: A new and catalytic enantioselective synthesis of fluoro alpha-amino acid derivatives. Organic Letters, 2001, 3: 313-315.

[379] Nanayakkara P, Alper H. Asymmetric synthesis of alpha-aminoamides by Pd-catalyzed double carbohydroamination. Chemical Communications, 2003: 2384-2385.

[380] Suzuki A, Mae M, Amii H, et al. Catalytic route to the synthesis of optically active beta, beta – difluoroglutamic acid and beta, beta – difluoroproline derivatives. *Journal of Organic Chemistry*, 2004, 69: 5132 – 5134.

[381] Yang Q, Shang G, Gao W, et al. A highly enantioselective, Pd – TangPhos – catalyzed hydrogenation of N – tosylimines. *Angewandte Chemie – International Edition*, 2006, 45: 3832 – 3835.

[382] Rubio – Perez L, Perez – Flores F J, Sharma P, et al. Stable Preformed Chiral Palladium Catalysts for the One – Pot Asymmetric Reductive Amination of Ketones. *Organic Letters*, 2009, 11: 265 – 268.

[383] Goulioukina N S, Bondarenko G N, Bogdanov A V, et al. Asymmetric Hydrogenation of alpha – Keto Phosphonates with Chiral Palladium Catalysts. *European Journal of Organic Chemistry*, 2009: 510 – 515.

[384] Wang D S, Chen Q A, Li W, et al. Pd – Catalyzed Asymmetric Hydrogenation of Unprotected Indoles Activated by Bronsted Acids. *Journal of the American Chemical Society*, 2010, 132: 8909 – 8911.

[385] Hinman R L, Shull E R. The Structure of Diskatole. *Journal of Organic Chemistry*, 1961, 26: 2339 – 2342.

[386] Chen C B, Wang X F, Cao Y J, et al. Bronsted Acid Mediated Tandem Diels – Aider/Aromatization Reactions of Vinylindoles. *Journal of Organic Chemistry*, 2009, 74: 3532 – 3535.

[387] Hada V, Tungler A, Szepesy L. Diastereoselective heterogeneous catalytic hydrogenation of N – heterocycles Part II. Hydrogenation of pyrroles. *Applied Catalysis a – General*, 2001, 210: 165 – 171.

[388] Kuwano R, Kashiwabara M, Ohsumi M, et al. Catalytic asymmetric hydrogenation of 2, 3, 5 – trisubstituted pyrroles. *Journal of the American Chemical Society*, 2008, 130: 808 – 809.

[389] Wang D S, Ye Z S, Chen Q A, et al. Highly Enantioselective Partial Hydrogenation of Simple Pyrroles: A Facile Access to Chiral 1 – Pyrrolines. *Journal of the American Chemical Society*, 2011, 133: 8866 – 8869.

[390] Wang D S, Tang J, Zhou Y G, et al. Dehydration triggered asymmetric hydrogenation of 3-(alpha – hydroxyalkyl) indoles. *Chemical Science*, 2011, 2: 803 – 806.

[391] Duan Y, Chen M W, Ye Z S, et al. An Enantioselective Approach to 2, 3 – Disubstituted Indolines through Consecutive Bronsted Acid/Pd – Complex – Promoted Tandem Reactions. *Chemistry – a European Journal*, 2011, 17: 7193 – 7196.

[392] Bao B Q, Sun Q S, Yao X S, et al. Bisindole alkaloids of the topsentin and hamacanthin classes from a marine sponge Spongosorites sp. *Journal of Natural Products*, 2007, 70: 2 – 8.

[393] Capon R J, Rooney F, Murray L M, et al. Dragmacidins: New protein phosphatase inhibitors from a southern Australian deep – water marine sponge, Spongosorites sp. *Journal of Natural Products*, 1998, 61: 660 – 662.

[394] Kuwano R, Kameyama N, Ikeda R. Catalytic Asymmetric Hydrogenation of N–Boc–Imidazoles and Oxazoles. *Journal of the American Chemical Society*, 2011, 133: 7312–7315.

[395] Kaiser S, Smidt S R, Pfaltz A. Iridium catalysts with bicyclic pyridine–phosphinite ligands: Asymmetric hydrogenation of olefins and furan derivatives. *Angewandte Chemie–International Edition*, 2006, 45: 5194–5197.

[396] Maris M, Huck W R, Mallat T, et al. Palladium–catalyzed asymmetric hydrogenation of furan carboxylic acids. *Journal of Catalysis*, 2003, 219: 52–58.

[397] Binder W H, Kluger C. Azide/alkyne–"click" reactions: applications in material science and organic synthesis. *Current Organic Chemistry*, 2006, 10: 1791–1815.

[398] Collman J P, Devaraj N K, Chidsey C E. "Clicking" functionality onto electrode surfaces. *Langmuir*, 2004, 20: 1051–1053.

[399] Speers A E, Adam G C, Cravatt B F. Activity–based protein profiling in vivo using a copper (I)–catalyzed azide–alkyne 3+2 cycloaddition. *Journal of the American Chemical Society*, 2003, 125: 4686–4687.

[400] Nandivada H, Jiang X, Lahann J. Click chemistry: Versatility and control in the hands of materials scientists. *Advanced Materials*, 2007, 19: 2197–2208.

[401] Tron G C, Pirali T, Billington R A, et al. Click chemistry reactions in medicinal chemistry: Applications of the 1,3-dipolar cycloaddition between azides and alkynes. *Medicinal Research Reviews*, 2008, 28: 278–308.

[402] Hein C D, Liu X–M, Wang D. Click chemistry, a powerful tool for pharmaceutical sciences. *Pharmaceutical Research*, 2008, 25: 2216–2230.

[403] DeForest C A, Polizzotti B D, Anseth K S. Sequential click reactions for synthesizing and patterning three–dimensional cell microenvironments. *Nature Materials*, 2009, 8: 659–664.

[404] Agalave S G, Maujan S R, Pore V S. Click Chemistry: 1,2,3-Triazoles as Pharmacophores. *Chemistry–an Asian Journal*, 2011, 6: 2696–2718.

[405] Grimster N P, Stump B, Fotsing J R, et al. Generation of Candidate Ligands for Nicotinic Acetylcholine Receptors via in situClick Chemistry with a Soluble Acetylcholine Binding Protein Template. *Journal of the American Chemical Society*, 2012, 134: 6732–6740.

[406] Wu P, Feldman A K, et al. Efficiency and fidelity in a click–chemistry route to triazole dendrimers by the copper (I)–catalyzed ligation of azides and alkynes. *Angewandte Chemie–International Edition*, 2004, 43: 3928–3932.

[407] Fournier D, Hoogenboom R, Schubert U S. Clicking polymers: a straightforward approach to novel macromolecular architectures. *Chemical Society Reviews*, 2007, 36: 1369–1380.

[408] Lutz J–F. 1,3-dipolar cycloadditions of azides and alkynes: A universal ligation tool in polymer and materials science. *Angewandte Chemie–International Edition*, 2007, 46: 1018–1025.

[409] Franc G, Kakkar A. Dendrimer design using Cu (I)–catalyzed alkyne–azide "click–chemistry". *Chemical Communications*, 2008: 5267–5276.

[410] Golas P L, Matyjaszewski K. Marrying click chemistry with polymerization: expanding the

scope of polymeric materials. *Chemical Society Reviews*, 2010, 39: 1338 - 1354.

[411] Liang L, Astruc D. The copper (I) - catalyzed alkyne - azide cycloaddition (CuAAC) "click" reaction and its applications. An overview. *Coordination Chemistry Reviews*, 2011, 255: 2933 - 2945.

[412] Rostovtsev V V, Green L G, Fokin V V, et al. A stepwise Huisgen cycloaddition process: Copper (I) - catalyzed regioselective "ligation" of azides and terminal alkynes. *Angewandte Chemie - International Edition*, 2002, 41: 2596 - 2599.

[413] Meldal M, Tornoe C W. Cu - catalyzed azide - alkyne cycloaddition. *Chemical Reviews*, 2008, 108 (8): 2952 - 3015.

[414] Hein J E, Fokin V V. Copper - catalyzed azide - alkyne cycloaddition (CuAAC) and beyond: new reactivity of copper (I) acetylides. *Chemical Society Reviews*, 2010, 39: 1302 - 1315.

[415] Deraedt C, Pinaud N, Astruc D. Recyclable Catalytic Dendrimer Nanoreactor for Part - Per - Million Cu - I Catalysis of "Click" Chemistry in Water. *Journal of the American Chemical Society*, 2014, 136: 12092 - 12098.

[416] Zhang L, Chen X G, Xue P, et al. Ruthenium - catalyzed cycloaddition of alkynes and organic azides. *Journal of the American Chemical Society*, 2005, 127: 15998 - 15999.

[417] Liang L, Ruiz J, Astruc D. The Efficient Copper (I)(Hexabenzyl) trenCatalyst and Dendritic Analogues for Green "Click" Reactions between Azides and Alkynes in Organic Solvent and in Water: Positive Dendritic Effects and Monometallic Mechanism. *Advanced Synthesis & Catalysis*, 2011, 353: 3434 - 3450.

[418] Worrell B T, Malik J A, Fokin V V. Direct Evidence of a Dinuclear Copper Intermediate in Cu (I) - Catalyzed Azide - Alkyne Cycloadditions. *Science*, 2013, 340: 457 - 460.

[419] Boren B C, Narayan S, Rasmussen L K, et al. Ruthenium - catalyzed azide - alkyne cycloaddition: Scope and mechanism. *Journal of the American Chemical Society*, 2008, 130: 8923 - 8930.

[420] Chattopadhyay B, Vera C I R, Chuprakov S, et al. Fused Tetrazoles as Azide Surrogates in Click Reaction: Efficient Synthesis of N - Heterocycle - Substituted 1, 2, 3-Triazoles. *Organic Letters*, 2010, 12: 2166 - 2169.

[421] Javaherian M, Kazemi F, Ghaemi M. A dicationic, podand - like, ionic liquid water system accelerated copper - catalyzed azide - alkyne click reaction. *Chinese Chemical Letters*, 2014, 25: 1643 - 1647.

[422] Jiang Y, Kong D, Zhao J, et al. A simple, efficient thermally promoted protocol for Huisgen - click reaction catalyzed by $CuSO_4$ center dot 5H (2) O in water. *Tetrahedron Letters*, 2014, 55: 2410 - 2414.

[423] Mady M F, Awad G E A, Jorgensen K B. Ultrasound - assisted synthesis of novel 1,2,3-triazoles coupled diaryl sulfone moieties by the CuAAC reaction, and biological evaluation of them as antioxidant and antimicrobial agents. *European Journal of Medicinal Chemistry*,

2014, 84: 433 – 443.

[424] Marullo S, D'Anna F, Rizzo C, et al. The ultrasounds – ionic liquids synergy on the copper catalyzed azide – alkyne cycloaddition between phenylacetylene and 4 – azidoquinoline. *Ultrasonics Sonochemistry*, 2015, 23: 317 – 323.

[425] Wang D, Li N, Zhao M, et al. Solvent – free synthesis of 1, 4 – disubstituted 1,2,3-triazoles using a low amount of Cu(PPh$_3$)$_2$NO$_3$ complex. *Green Chemistry*, 2010, 12: 2120 – 2123.

[426] Zhang Q, Wang X, Cheng C, et al. Copper (I) acetate – catalyzed azide – alkyne cycloaddition for highly efficient preparation of 1-(pyridin – 2-yl)-1,2,3-triazoles. *Organic & Biomolecular Chemistry*, 2012, 10: 2847 – 2854.

[427] Semakin A N, Agababyan D P, Kim S, et al. Oximinoalkylamines as ligands for Cu – assisted azide – acetylene cycloaddition. *Tetrahedron Letters*, 2015, 56: 6335 – 6339.

[428] Diez – Gonzalez S, Stevens E D, Nolan S P. A (NHC) CuCl complex as alatent Click catalyst. *Chemical Communications*, 2008: 4747 – 4749.

[429] Guisado – Barrios G, Bouffard J, Donnadieu B, et al. Crystalline 1H-1,2,3-Triazol-5-ylidenes: New Stable Mesoionic Carbenes (MICs). *Angewandte Chemie – International Edition*, 2010, 49: 4759 – 4762.

[430] Nakamura T, Terashima T, Ogata K, et al. Copper (I) 1,2,3-Triazol-5-ylidene Complexes as Efficient Catalysts for Click Reactions of Azides with Alkynes. *Organic Letters*, 2011, 13: 620 – 623.

[431] Himo F, Lovell T, Hilgraf R, et al. Copper (I) – catalyzed synthesis of azoles. DFT study predicts unprecedented reactivity and intermediates. *Journal of the American Chemical Society*, 2005, 127: 210 – 216.

[432] Rodionov V O, Fokin V V, Finn M G. Mechanism of the ligand – free Cu – I – catalyzed azide – alkyne cycloaddition reaction. *Angewandte Chemie – International Edition*, 2005, 44: 2210 – 2215.

[433] Rodionov V O, Presolski S I, Gardinier S, et al. Finn M G. Benzimidazole and related Ligands for Cu – catalyzed azide – alkyne cycloaddition. *Journal of the American Chemical Society*, 2007, 129: 12696 – 12704.

[434] Ahlquist M, Fokin V V. Enhanced reactivity of dinuclear Copper (I) acetylides in dipolar cycloadditions. *Organometallics*, 2007, 26: 4389 – 4391.

[435] Straub B F. mu – acetylide and mu – alkenylidene ligands in "click" triazole syntheses. *Chemical Communications*, 2007: 3868 – 3870.

[436] Berg R, Straub J, Schreiner E, et al. Highly Active Dinuclear Copper Catalysts for Homogeneous Azide – Alkyne Cycloadditions. *Advanced Synthesis & Catalysis*, 2012, 354: 3445 – 3450.

[437] Makarem A, Berg R, Rominger F, et al. A Fluxional Copper Acetylide Cluster in CuAAC Catalysis. *Angewandte Chemie – International Edition*, 2015, 54: 7431 – 7435.

[438] Calvo – Losada S, Soledad Pino M, Joaquin Quirante J. On the regioselectivity of the mono-

nuclear copper – catalyzed cycloaddition of azide and alkynes (CuAAC). A quantum chemical topological study. *Journal of Molecular Modeling*, 2014, 20: 2187.

[439] Iacobucci C, Reale S, Gal J – F, et al. Dinuclear Copper Intermediates in Copper (I) – Catalyzed Azide – Alkyne Cycloaddition Directly Observed by Electrospray Ionization Mass Spectrometry. *Angewandte Chemie – International Edition*, 2015, 54: 3065 – 3068.

[440] Diez – Gonzalez S, Escudero – Adan E C, Benet – Buchholz J, et al. (NHC) CuX complexes: Synthesis, characterization and catalytic activities in reduction reactions and Click Chemistry. On the advantage of using well – defined catalytic systems. *Dalton Transactions*, 2010, 39: 7595 – 7606.

[441] Egbert J D, Cazin C S J, Nolan S P. Copper N – heterocyclic carbene complexes in catalysis. *Catalysis Science & Technology*, 2013, 3: 912 – 926.

[442] Teyssot M – L, Chevry A, Traikia M, et al. Improved Copper (I) – NHC Catalytic Efficiency on Huisgen Reaction by Addition of Aromatic Nitrogen Donors. *Chemistry – a European Journal*, 2009, 15: 6322 – 6326.

[443] Teyssot M – L, Nauton L, Canet J – L, et al. Aromatic Nitrogen Donors for Efficient Copper (I) – NHC CuAAC under Reductant – Free Conditions. *European Journal of Organic Chemistry*, 2010: 3507 – 3515.

[444] Diez – Gonzalez S, Nolan S P. (NHC)$_2$Cu X Complexes as Efficient Catalysts for Azide – Alkyne Click Chemistry at Low Catalyst Loadings. *Angewandte Chemie – International Edition*, 2008, 47: 8881 – 8884.

[445] Tasdelen M A, Yagci Y. Light – Induced Click Reactions. *Angewandte Chemie – International Edition*, 2013, 52 (23): 5930 – 5938.

[446] Ramil C P, Lin Q. Photoclick chemistry: a fluorogenic light – triggered in vivo ligation reaction. *Current Opinion in Chemical Biology*, 2014, 21: 89 – 95.

[447] Dadashi – Silab S, Doran S, Yagci Y. Photoinduced Electron Transfer Reactions for Macromolecular Syntheses. *Chemical Reviews*, 2016, 116: 10212 – 10275.

[448] Adzima B J, Tao Y, Kloxin C J, et al. Spatial and temporal control of the alkyne – azide cycloaddition by photoinitiated Cu (II) reduction. *Nature Chemistry*, 2011, 3: 256 – 259.

[449] Gong T, Adzima B J, Baker N H, et al. Photopolymerization Reactions Using the Photoinitiated Copper (I) – Catalyzed Azide – Alkyne Cycloaddition (CuAAC) Reaction. *Advanced Materials*, 2013, 25: 2024 – 2028.

[450] Gong T, Adzima B J, Bowman C N. A novel copper containing photoinitiator, copper (II) acylphosphinate, and its application in both the photomediated CuAAC reaction and in atom transfer radical polymerization. *Chemical Communications*, 2013, 49: 7950 – 7952.

[451] McBride M K, Gong T, Nair D P, et al. Photo – mediated copper (I) – catalyzed azide – alkyne cycloaddition (CuAAC) "click" reactions for forming polymer networks as shape

memory materials. *Polymer*, 2014, 55: 5880 - 5884.

[452] Sandmann B, Happ B, Vitz J, et al. Photoinduced polyaddition of multifunctional azides and alkynes. *Polymer Chemistry*, 2013, 4: 3938 - 3942.

[453] Yagci Y, Tasdelen M A, Jockusch S. Reduction of Cu(II) by photochemically generated phosphonyl radicals to generate Cu (I) as catalyst for atom transfer radical polymerization and azide - alkyne cycloaddition click reactions. *Polymer*, 2014, 55: 3468 - 3474.

[454] Dadashi - Silab S, Kiskan B, Antonietti M, et al. Mesoporous graphitic carbon nitride as a heterogeneous catalyst for photoinduced copper (I) - catalyzed azide - alkyne cycloaddition. *Rsc Advances*, 2014, 4: 52170 - 52173.

[455] Yilmaz G, Iskin B, Yagci Y. Photoinduced Copper (I) - Catalyzed Click Chemistry by the Electron Transfer Process Using Polynuclear Aromatic Compounds. *Macromolecular Chemistry and Physics*, 2014, 215: 662 - 668.

[456] Guan X, Zhang J, Wang Y. An Efficient Photocatalyst for the Azide - Alkyne Click Reaction Based on Direct Photolysis of a Copper (II)/Carboxylate Complex. *Chemistry Letters*, 2014, 43: 1073 - 1074.

[457] Beniazza R, Lambert R, Harmand L, et al. Sunlight - Driven Copper - Catalyst Activation Applied to Photolatent Click Chemistry. *Chemistry - a European Journal*, 2014, 20: 13181 - 13187.

[458] Tasdelen M A, Yilmaz G, Iskin B, et al. Photoinduced Free Radical Promoted Copper (I) - Catalyzed Click Chemistry for Macromolecular Syntheses. *Macromolecules*, 2012: 45, 56 - 61.

[459] Bear J C, Hollingsworth N, McNaughter P D, et al. Copper - Doped CdSe/ZnS Quantum Dots: Controllable Photoactivated Copper (I) Cation Storage and Release Vectors for Catalysis. *Angewandte Chemie - International Edition*, 2014, 53: 1598 - 1601.

[460] Decan M R, Impellizzeri S, Luisa Marin M, et al. Copper nanoparticle heterogeneous catalytic 'click' cycloaddition confirmed by single - molecule spectroscopy. *Nature Communications*, 2014, 5: 4612.

[461] Alonso F, Moglie Y, Radivoy G. Copper Nanoparticles in Click Chemistry. *Accounts of Chemical Research*, 2015, 48: 2516 - 2528.

[462] Alonso F, Moglie Y, Radivoy G, et al. Unsupported Copper Nanoparticles in the 1,3-Dipolar Cycloaddition of Terminal Alkynes and Azides. *European Journal of Organic Chemistry*, 2010: 1875 - 1884.

[463] Rasmussen L K, Boren B C, Fokin V V. Ruthenium - catalyzedcycloaddition of aryl azides and alkynes. *Organic Letters*, 2007, 9: 5337 - 5339.

[464] Lamberti M, Fortman G C, Poater A, et al. Coordinatively Unsaturated Ruthenium Complexes As Efficient Alkyne - Azide Cycloaddition Catalysts. *Organometallics*, 2012, 31: 756 - 767.

[465] Liu P N, Siyang H X, Zhang L, et al. $RuH_2(CO)(PPh_3)_3$ Catalyzed Selective Formation

of 1,4-Disubstituted Triazoles from Cycloaddition of Alkynes and Organic Azides. *Journal of Organic Chemistry*, 2012, 77: 5844 – 5849.

[466] Siyang H X, Liu H L, Wu X Y, et al. Highly efficient click reaction on water catalyzed by a ruthenium complex. *Rsc Advances*, 2015, 5: 4693 – 4697.

[467] Lo Y – H, Wang T – H, Lee C – Y, et al. Preparation, Characterization, and Reactivity of Azido Complex Containing a Tp((BuNC) – Bu – t)(PPh$_3$)Ru Fragment and Ruthenium – Catalyzed Cycloaddition of Organic Azides with Alkynes in Organic and Aqueous Media. *Organometallics*, 2012, 31: 6887 – 6899.

[468] Wang T – H, Wu F – L, Chiang G – R, et al. Preparation of ruthenium azido complex containing a Tp ligand and ruthenium – catalyzed cycloaddition of organic azides with alkynes in organic and aqueous media: Experimental and computational studies. *Journal of Organometallic Chemistry*, 2014, 774: 57 – 60.

[469] McNulty J, Keskar K, Vemula R. The First Well – Defined Silver (I) – Complex – Catalyzed Cycloaddition of Azides onto Terminal Alkynes at Room Temperature. *Chemistry – a European Journal*, 2011, 17: 14727 – 14730.

[470] McNulty J, Keskar K. Discovery of a Robust and Efficient Homogeneous Silver (I) Catalyst for the Cycloaddition of Azides onto Terminal Alkynes. *European Journal of Organic Chemistry*, 2012: 5462 – 5470.

[471] Ortega – Arizmendi A I, Aldeco – Perez E, Cuevas – Yanez E. Alkyne – Azide Cycloaddition Catalyzed by Silver Chloride and "Abnormal" Silver N – Heterocyclic Carbene Complex. *Scientific World Journal*, 2013.

[472] Salam N, Sinha A, Roy A S, et al. Synthesis of silver – graphene nanocomposite and its catalytic application for the one – pot three – component coupling reaction and one – pot synthesis of 1,4-disubstituted 1,2,3-triazoles in water. *Rsc Advances*, 2014, 4: 10001 – 10012.

[473] Connell T U, Schieber C, Silvestri I P, et al. Copper and Silver Complexes of Tris (triazole) amine and Tris (benzimidazole) amine Ligands: Evidence that Catalysis of an Azide – Alkyne Cycloaddition ("Click") Reaction by a Silver Tris (triazole) amine Complex Arises fromCopper Impurities. *Inorganic Chemistry*, 2014, 53: 6503 – 6511.

[474] Ferretti A M, Ponti A, Molteni G. Silver (I) oxide nanoparticles as a catalyst in the azide – alkyne cycloaddition. *Tetrahedron Letters*, 2015, 56: 5727 – 5730.

[475] Ali A A, Chetia M, Saikia B, et al. AgN (CN)$_2$/DIPEA/H$_2$O – EG: a highly efficient catalytic system for synthesis of 1, 4-disubstituted-1, 2, 3 triazoles at room temperature. *Tetrahedron Letters*, 2015, 56: 5892 – 5895.

[476] Gourdon A. On – surface covalent coupling in ultrahigh vacuum. *Angewandte Chemie – International Edition*, 2008, 47: 6950 – 6953.

[477] Perepichka D F, Rosei F. Chemistry Extending Polymer Conjugation into the Second Dimension. *Science*, 2009, 323: 216 – 217.

[478] Bebensee F, Bombis C, Vadapoo S – R, et al. On – Surface Azide – Alkyne Cycloaddition

on Cu (Ⅲ): Does It "Click" in Ultrahigh Vacuum? *Journal of the American Chemical Society*, 2013, 135: 2136 – 2139.

[479] Boominathan M, Pugazhenthiran N, Nagaraj M, et al. Nanoporous Titania – Supported Gold Nanoparticle – Catalyzed Green Synthesis of 1,2,3-Triazoles in Aqueous Medium. *Acs Sustainable Chemistry & Engineering*, 2013, 1: 1405 – 1411.

[480] Rasolofonjatovo E, Theeramunkong S, Bouriaud A, et al. Iridium – Catalyzed Cycloaddition of Azides and 1 – Bromoalkynes at Room Temperature. *Organic Letters*, 2013, 15: 4698 – 4701.

[481] Ding S, Jia G, Sun J. Iridium – Catalyzed Intermolecular Azide – Alkyne Cycloaddition of Internal Thioalkynes under Mild Conditions. *Angewandte Chemie – International Edition*, 2014, 53: 1877 – 1880.

[482] Luo C, Jia G, Sun J, et al. Theoretical Studies on the Regioselectivity of Iridium – Catalyzed 1,3-Dipolar Azide – Alkyne Cycloaddition Reactions. *Journal of Organic Chemistry*, 2014, 79: 11970 – 11980.

[483] Rao H S P. Chakibanda G. Raney Ni catalyzed azide – alkyne cycloaddition reaction. *Rsc Advances*, 2014, 4: 46040 – 46048.

[484] Chassaing S, Sido A S S, Alix A, et al. "Click Chemistry" in zeolites: Copper (Ⅰ) zeolites as new heterogeneous and ligand – free catalysts for the Huisgen 3 + 2 cycloaddition. *Chemistry – a European Journal*, 2008, 14: 6713 – 6721.

[485] Meng X, Xu X, Gao T, et al. Zn/C – Catalyzed Cycloaddition of Azidesand Aryl Alkynes. *European Journal of Organic Chemistry*, 2010: 5409 – 5414.

[486] Smith C D, Greaney M F. Zinc Mediated Azide – Alkyne Ligation to 1,5-and 1,4,5-Substituted 1,2,3-Triazoles. *Organic Letters*, 2013, 15: 4826 – 4829.

[487] Hong L, Lin W, Zhang F, et al. Ln [N(SiMe$_3$)$_2$]$_3$ – catalyzed cycloaddition of terminal alkynes to azides leading to 1,5-disubstituted 1,2,3-triazoles: new mechanistic features. *Chemical Communications*, 2013, 49: 5589 – 5591.